中文版

3ds Max 2024 完全自学一本通

任阿然 编著

電子工業出版社
Publishing House of Electronics Industry
北京·BEIJING

内容简介

本书系统地讲解了 3ds Max 2024 中文版的各种工具和命令的使用方法，全面涵盖了 3ds Max 2024 的界面、建模、灯光、摄影机、材质与贴图、渲染、VRay 渲染器、动画制作等核心知识。通过生动实用的实例，深入讲解了工业造型、角色造型、室内外渲染及实际工作中常用的动画制作方法。书中还穿插了大量技巧提示，帮助读者更好地理解和掌握相关知识点，从而为学习三维动画和工作打好基础。本书汇聚了笔者多年的设计经验和教学经验，讲解简练、直观，实用性强，非常适合初、中级别的三维制作人员阅读和使用。

图书在版编目（CIP）数据

3ds Max 2024中文版完全自学一本通 / 任阿然编著.
北京 : 电子工业出版社, 2025. 3. -- ISBN 978-7-121
-49459-8

Ⅰ. TP391.414

中国国家版本馆CIP数据核字第2025E3T134号

责任编辑：张艳芳　文字编辑：欧俊波
印　　刷：北京缤索印刷有限公司
装　　订：北京缤索印刷有限公司
出版发行：电子工业出版社
　　　　　北京市海淀区万寿路173信箱　　　邮编：100036
开　　本：787×1092　1/16　　印张：23　　字数：883.2千字
版　　次：2025 年3月第 1 版
印　　次：2025 年3月第 1 次印刷
定　　价：118.00 元

凡所购买电子工业出版社图书有缺损问题，请向购买书店调换。若书店售缺，请与本社发行部联系，联系及邮购电话：（010）88254888，88258888。

质量投诉请发邮件至 zlts@phei.com.cn，盗版侵权举报请发邮件至dbqq@phei.com.cn。

本书咨询联系方式：（010）88254161～88254167转1897。

前言

随着计算机软硬件性能的持续提升，人们已不再满足于平面图形效果，三维图形已成为计算机图形领域的热点之一。其中，Autodesk 公司的 3ds Max 已为广大用户所熟知。3ds Max 以其强大的功能、直观易用的使用方法和高效的制作流程，赢得了广大用户的喜爱。3ds Max 作为功能强大的三维制作软件，包含了大量的功能和技术，这些功能虽然很好，但同时也为用户增加了学习难度。

要制作出一幅精美的三维作品，需要综合运用 3ds Max 的各方面功能，如对模型的分析与构建、复杂模型的创建、逼真材质的指定、灯光与环境的设置，以及最终的渲染输出。如此复杂的制作过程，对于初学者而言确实存在挑战。当然，学习任何新技能都需要从基础部分开始，通过不断实践，才能创作出优秀的作品。

在 3ds Max 中，三维模型的制作处于主导地位。软件提供了多种建模方法，如几何体建模、修改器建模、复合建模、多边形建模以及 NURBS 建模等，每种方法都有其独特的应用场景。读者可以根据自己的需求选择合适的建模方法，从而创建出逼真的三维模型。

全书分为 16 章。第 1 章介绍 3ds Max 基础知识；第 2 章和第 3 章讲解基本操作，包括对象的选择和变换、场景文件的管理和界面定制；第 4 章和第 5 章则涵盖基本物体、复合物体和复合对象的创建；第 6 章聚焦工具部分，重点介绍修改器和编辑工具的使用方法；第 7 章深入探讨曲面建模，特别是 NURBS 曲面建模；第 8 章至第 11 章则围绕效果部分展开，详细阐述灯光、材质、VRay 渲染器、摄影机和环境效果的应用；第 12 章进入动画制作领域，讲解关键帧动画、动画约束以及基本动画创建；第 13 章专注于物体建模，以工业级汽车建模为例进行深入剖析；第 14 章至第 16 章则围绕场景渲染展开，分别介绍厨房效果图制作、客厅和会议室场景渲染技巧。

本书各章节之间既有一定的连续性，又可作为完整、独立的章节阅读。书中所列举的实例均具有很强的针对性，旨在帮助读者更好地理解和掌握相关知识点。对于初学者而言，建议从第 1 章开始循序渐进地学习；对于已经掌握初级建模方法的读者，则可以快速浏览前 7 章以开阔视野，然后进入后面高级建模部分进行学习。

本书的特色在于图文并茂，运用大量的图片进行标示和对比，力求让读者通过有限的篇幅，学习尽可能多的知识。基础部分采用参数讲解与案例应用相结合的方法，使读者在明白参数意义的同时，能够最大限度地学会应用。此外，随书还提供了场景文件下载链接，其中包含书中所有实例的源文件、贴图以及效果图。

本书由哈尔滨商业大学任阿然编写，如有不足之处，敬请广大读者指正并提出宝贵意见。

编著者

2024 年 12 月

目录

3ds Max

第1章 3ds Max基础知识

本章导读

3ds Max自1996年发布以来，一直备受3D动画创作者的青睐。它提供了十分友好的操作界面，使创作者能够轻松创作出专业级别的三维图形和动画。在过去几年里，3ds Max软件得到了迅速的发展和完善，其应用领域也得到了不断拓宽。可以毫不夸张地说，3ds Max是目前最优秀、使用最广泛的三维动画制作软件之一。其无比强大的建模功能、丰富多彩的动画技巧、直观简单的操作方式已深入人心。3ds Max已经广泛应用于电影特效、电视广告、工业造型、建筑艺术等各个领域，并不断地吸引着越来越多的动画爱好制作者和三维专业人员。本章我们将详细介绍3ds Max的基础知识。

学习目标 / 本章重点	了解	理解	应用	实践
3ds Max的应用领域	√			
3ds Max 2024的新增功能			√	√
3ds Max的工作流程		√	√	
3ds Max的界面		√	√	
3ds Max的视图布局			√	√
物体场景加速显示			√	√
隐藏与冻结物体			√	√

1.1 3ds Max的应用领域

随着社会的发展，软件技术的进步，从行业上看，三维动画的分工越来越细，目前已经形成了几个比较重要的制作行业。

1.1.1 建筑行业的应用

3ds Max在建筑行业的应用主要表现在建筑效果图的制作、建筑动画以及虚拟展示技术等方面。随着我国经济的蓬勃发展，房地产行业的持续繁荣也带动了相关产业的增长。近年来，在一些大型规划项目中开始广泛应用虚拟展示技术，这说明3ds Max在建筑行业中的应用也日趋完善了。

图1-1所示是3ds Max在建筑行业中应用的截图。

图 1-1

1.1.2 广告包装行业的应用

一个出色的广告包装往往是创意与技术的完美结合，所以广告包装对三维软件的技术要求比较高。它通常涵盖复杂的建模、角色动画、实景合成等很多方面。随着我国广告相关制度的健全和人们对产品品牌意识的提高，这一行业将有更加广阔的发展空间。图1-2所示是广告宣传片截图，这些广告的制作完全由3ds Max完成。

图 1-2

1.1.3 影视行业的应用

3ds Max在影视行业的应用主要分为两个方面：电视片头动画制作和电视台栏目包装。这个行业有其自身的特点，最主要的特点就是高效率。通常情况下，一个完整的片子必须在几天之内完成，这就需要团队合作，最好是从前期策划、场景制作，到后期合成，都能够协同进行，以确保项目的顺利进行和按时完成。图1-3所示是5DS公司制作的一些电视台栏目包装截图。

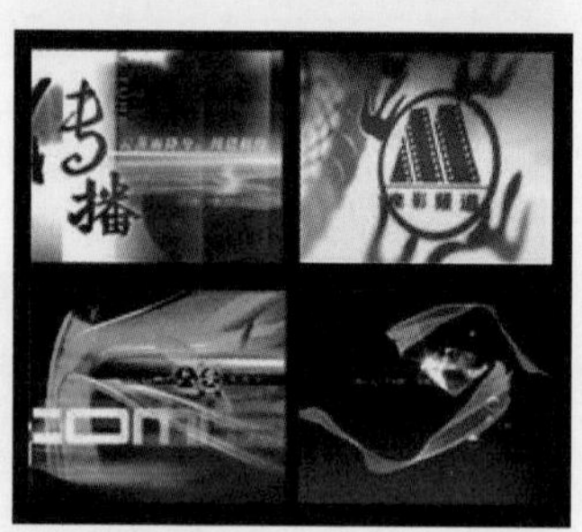

图 1-3

1.1.4 电影特效行业的应用

近几年，三维动画与合成技术在电影特效行业中得到了广泛应用。如在电影《星球大战3：绝地归来》中就使用了大量的三维动画镜头。使用三维动画技术不仅能够创造出许多现实中难以实现的场景，而且也大大地降低了制作成本。

目前，国内的电影特效行业也开始崭露头角。如在电影《英雄》和《功夫》中就使用了大量的电影特效，其效果与欧美大片相比毫不逊色。但是，国内整体技术仍存在一定差距。

在制作电影特效方面，Maya和SoftImage一直是表现优异的软件。但随着3ds Max的不断升级与完善，其功能也日益接近电影特效制作的要求，并已在电影特效制作中得到了广泛应用。图1-4所示是电影《后天》中制作的虚拟三维城市。

图 1-4

1.1.5 游戏行业的应用

3ds Max在全球应用最广的就是游戏行业。游戏开发在美国、日本和韩国都是支柱性的娱乐产业，但在中国，做游戏开发的公司相对较少。这主要是由于国内缺乏高级的游戏开发人员。近几年，随着国外游戏引擎的引进，许多国内投资者看到了这一商机，纷纷推出自己开发的游戏。虽然这在国内游戏市场上也占有一席之地，但始终未能占据市场主流地位。不过，随着国内CG（计算机生成图像）水平的提高，游戏行业有望迎来快速发展。

这个行业所需的制作人员通常要具备良好的美术功底，并熟练掌握多边形建模、手绘贴图、程序开发、角色动画等多项技术。因此就需要团队合作。目前，这一领域国内的技术人员缺口仍然很大。相信在未来几年里，会有越来越多的人投入到这个充满机遇和挑战的行业中去。图1-5所示是韩国CG大师李素雅为网络游戏《A3》制作的女主角形象。

图 1-5

1.2 3ds Max 2024的新增功能

新版的欢迎界面下方有3个按钮，分别是“学习”“开始”“扩展”。单击“学习”按钮，可以进入包含视频教程的页面；单击“开始”按钮，则可以进入新建场景和界面UI布局的页面；而单击“扩展”按钮，则会跳转到一些插件的网站。需要注意的是，这个欢迎界面目前无法设置为自动关闭，每次打开3ds Max 2024时都会自动显示。

1.2.1 “指定控制器”卷展栏更新

“运动”面板中的“指定控制器”卷展栏已经得到改进，现在它能够根据命令面板的长度和宽度进行自适应调整。此外，新的扩展上下文菜单提供了一些实用的功能，例如复制、粘贴副本/实例、粘贴-连线、指定、将控制器重置为默认值，以及在轨迹视图中显示等，如图1-6所示。

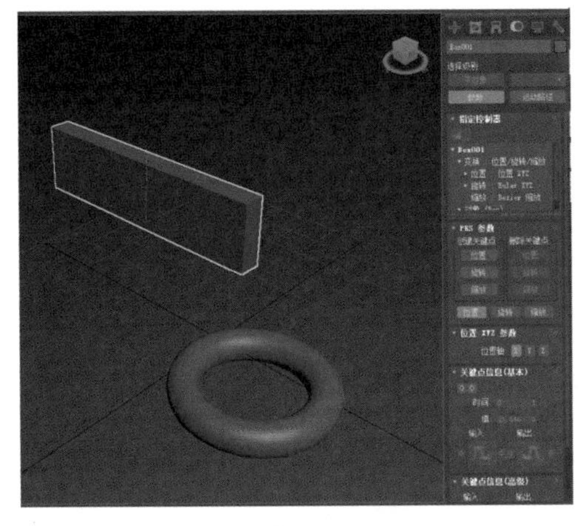

图 1-6

1.2.2 “一致”修改器

“一致”修改器用于将样条线或网格移动到一个或多个其他网格的曲面上，并且它所创建的变形可以被设置为动画，如图1-7所示。

图 1-7

1.2.3 “布尔”修改器更新

本版本包含多个布尔修改器的更新，其中包括在修改器堆栈中实现更出色的子运算对象操控、性能提升、OpenVDB 处理优化以及各种错误修复。现在，通过运算对象引入的动画参数也得到了支持。此外，基于网格的布尔运算的处理速度提高了35%，从而显著提升了整体性能，如图1-8所示。

图 1-8

1.2.4 “体积选择”修改器更新

“体积选择”修改器的性能得到了显著提高，并且现在支持为“材质 ID”和“平滑组”值设置动画，从而能够提供更直观的结果，如图1-9所示。

图 1-9

1.3 3ds Max的工作流程

使用3ds Max可以创造出专业品质的CG模型、照片级别的静态图像及电影品质的动画（见图1-10），因此了解3ds Max的工作流程至关重要。3ds Max的工作流程一般分为六步，分别为设置场景、建立对象模型、使用材质、放置灯光与摄影机、设置场景动画、渲染场景。

图 1-10

1.3.1 设置场景

设置场景包含以下步骤，首先打开3ds Max，如图1-11所示，然后通过设置系统单位、栅格间距、视图显示来构建一个场景。具体的设置方法和细节将在后面的章节中详细讲述。

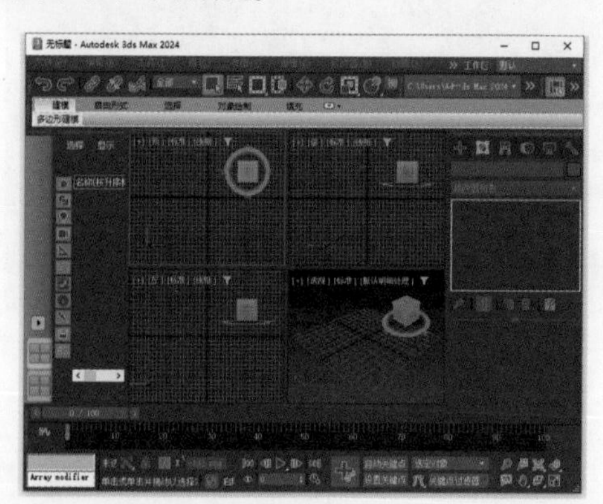

图 1-11

1.3.2 建立对象模型

建立对象模型首先要创建标准对象，例如3D几何体或2D物体，然后将这些对象应用修改器来实现所需形状。此外，利用变换工具可以将这些对象精确地放置在场景中的指定位置。对象模型的建立过程如图1-12所示。

图 1-12

1.3.3 使用材质

可以使用“材质编辑器”来制作材质和贴图，从而控制对象曲面的外观。此外，贴图不仅可用于控制对象曲面的各种属性，如纹理、凹凸度、不透明度和反射，以增强材质的真实感，还可以用来调整环境效果的外观，如灯光、雾和背景等。大多数材质的基本属性都可以通过贴图进行增强。任何图像文件，例如在图像处理软件（如Photoshop）中创建的文件，都可以用作贴图。另外，根据设置的参数，还可以选择创建图案的程序贴图。如图1-13所示，上图为一辆车的模型，下图为其使用材质后的效果。

图 1-13

1.3.4 放置灯光与摄影机

默认照明均匀地为整个场景提供照明，这在建模时非常有用，但可能缺乏美感和真实感。如果希望获得更加逼真的照明效果，则可以从“创建”面板的“灯光”类别中选择并放置适当的灯光。

此外，也可以从“创建”面板的“摄影机”类别中创建和放置摄影机。将摄影机视图作为渲染区域，还可以通过设置摄影机动画来产生电影的效果。如图1-4所示，左图为灯光和摄影机创建图示，右图为利用摄影机视图渲染好的场景。

图1-14

1.3.5 设置场景动画

3ds Max可以对场景中的几乎所有元素进行动画设置。只需单击“自动关键点”按钮，即可启用自动创建动画的功能。拖动时间滑块，并在场景中做出相应更改，即可轻松地生成动画效果。此外，还可以打开“轨迹视图”窗口或更改“运动”面板中的选项来进一步编辑动画。类似电子表格布局的“轨迹视图”会沿着时间线清晰展示动画的关键帧。通过修改这些关键帧，就能够自由地调整动画细节，实现个性化编辑。

1.3.6 渲染场景

渲染就是将颜色、阴影和照明效果等视觉元素应用到几何体上，如图1-15所示，可以根据需要设置最终输出图像的大小和质量。同时，可以完全地控制专业级别的电影和视频属性，如反射、抗锯齿、阴影属性和运动模糊等，帮助实现更加逼真和动态的渲染结果。

图1-15

1.4 3ds Max的界面

3ds Max的界面主要包括：主菜单栏、主工具栏、命令面板、视图区、动画控制区、信息面板和视图控制区7个区域。其中前5个区域是比较常用的。

下面来看一下3ds Max的主菜单栏，它的布局和结构如图1-16所示。主菜单栏包括文件、编辑、工具等多个子菜单，关于子菜单功能的具体应用，在后面的章节中会逐步涉及。

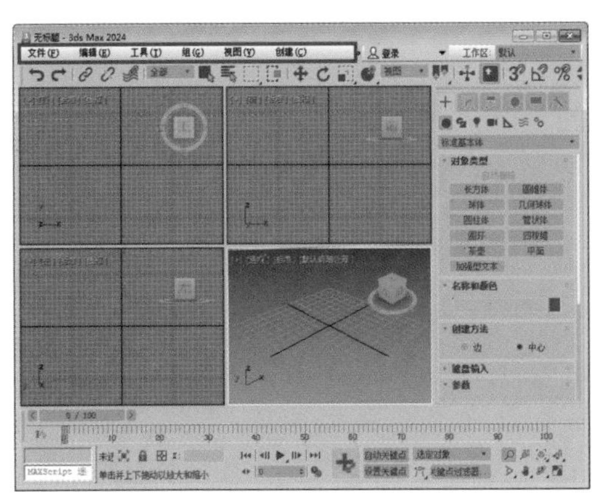

图1-16

3ds Max的主工具栏如图1-17所示，包含许多常用的工具，方便用户快速访问。当计算机屏幕无法完全显示工具栏的内容时，可以通过滚动鼠标中键查看。

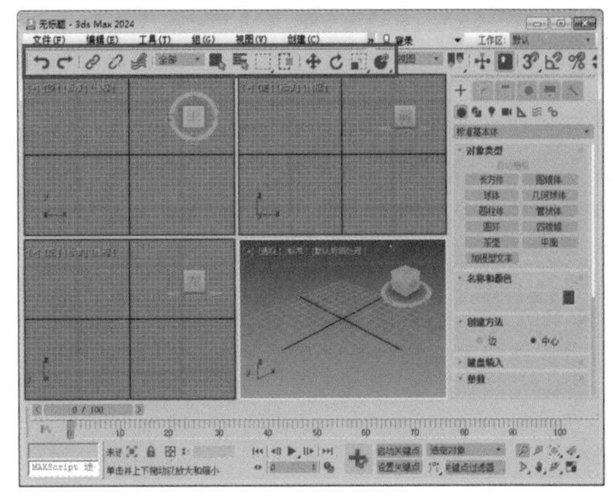

图1-17

在主菜单栏的空白处右击，可以将隐藏的一些工具面板打开，如图1-18所示。这样的操作可以使用户更方便地访问和使用这些工具面板。

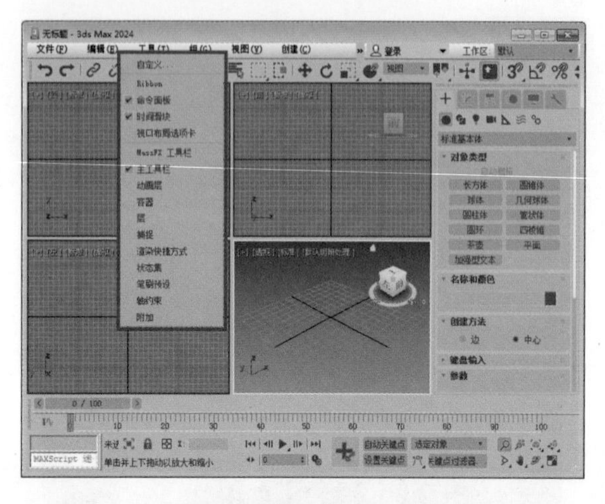

图 1-18

命令面板包含6个板块，分别是：创建命令面板、修改命令面板、层级命令面板、运动命令面板、显示命令面板和程序命令面板，具体布局如图1-19所示。每个面板都提供了特定的功能和工具，用于在3D建模、动画和渲染等过程中执行各种任务。

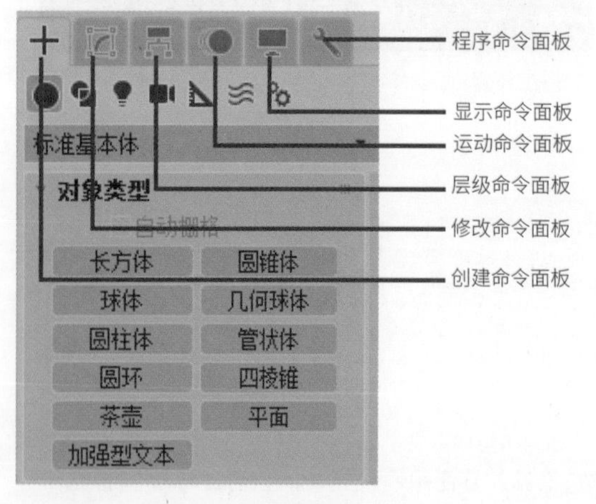

图 1-19

知识拓展

创建命令面板用于创建模型、图形、灯光、摄影机以及辅助体等。修改命令面板主要提供对模型的各种各样的修改功能。层级命令面板用于设置物体的层级关系包括父子连接、IK（反向动力学）等。运动命令面板是设置和调节运动控制器参数的面板，用户可以在此面板中找到相应的设置选项，以实现所需的运动效果。显示命令面板则负责控制场景中模型的显示方式，用户可以根据需要隐藏或显示指定的模型，以便更清晰地查看场景中的特定部分。程序命令面板提供了一些独立的辅助程序，这些程序可以帮助用户执行特定的任务或增强3ds Max的功能，无论是自动化流程还是优化性能，这个面板都为用户提供了额外的支持和便利。

3ds Max界面正中央是视图区，这是主要的工作区域，用于展示和编辑3D场景。视图区可以划分成不同的视图方式，如透视视图、正交视图等，以满足用户在不同工作阶段的需求。此外，用户还可以根据需要调整视图的大小和比例，以便更好地观察和操作场景中的对象，如图1-20所示。

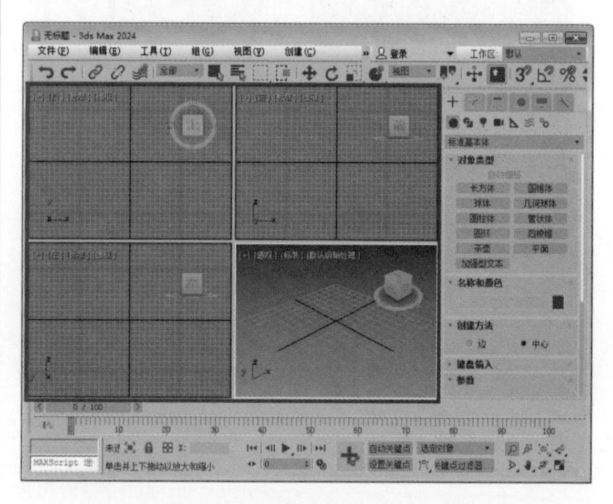

图 1-20

动画控制区是3ds Max中用于管理和播放动画的重要组件。它包含一个用于控制动画播放的滑块，以及一个位于滑块下方的时间轴片段，如图1-21所示，用于显示动画的进度和关键帧。在制作动画的过程中，许多关键操作，如设置关键帧、调整动画时间等，都在这一区域内进行。

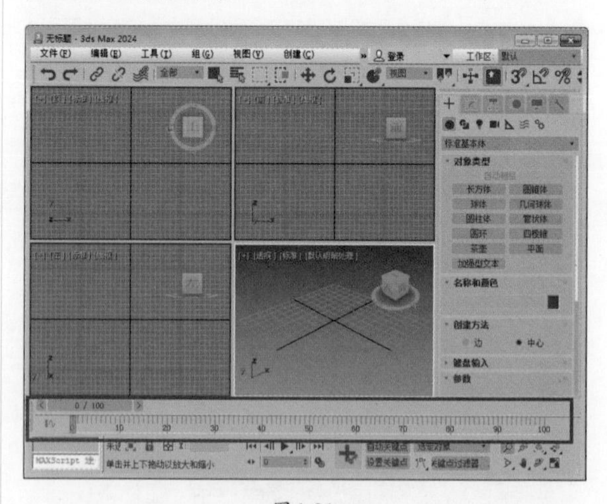

图 1-21

单击场景左下角的图标，将打开“曲线编辑器”，用户可轻松地管理多个场景以及执行复杂的动画控制任务，如图1-22所示。

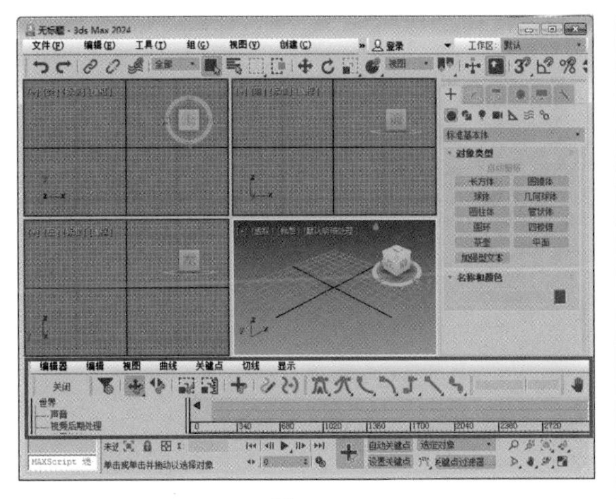

图 1-22

信息面板在3ds Max中扮演着重要的角色，它不仅用于输入脚本语言和命令，还实时显示当前的操作状态，智能地提示用户进行下一步操作。另外，信息面板还集成了固定的坐标输入功能，为用户提供了精确控制对象位置的便利，如图1-23所示。

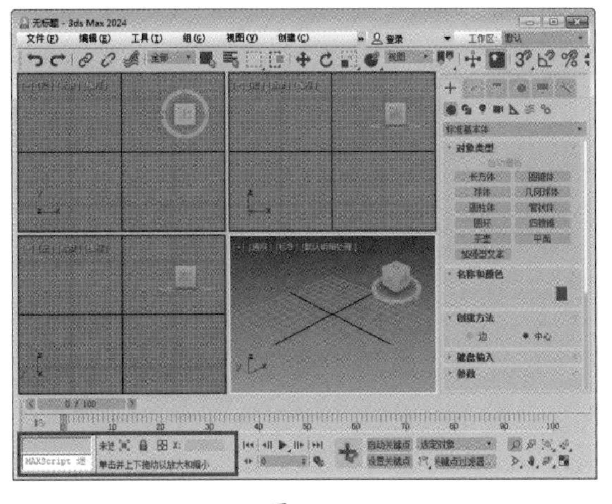

图 1-23

视图控制区是3ds Max中专门用于管理和操作当前视图的重要区域。例如可以控制摄影机的角度、方向和位置，以获得所需的视图效果。此外，还可以将视图切换为单视图显示方式，以便更专注于某个特定方面的编辑和调整，如图1-24所示。

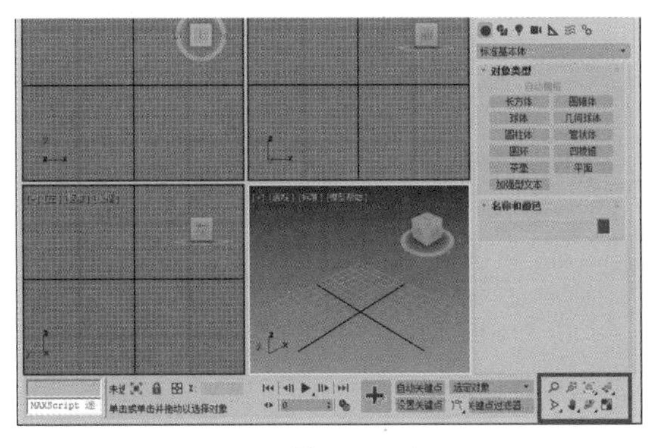

图 1-24

在3ds Max中，模型在视图中的显示方式多种多样，每种显示方式都对应着不同的操作和应用场景。在默认情况下，模型以实体形式展现，呈现其真实的外观和细节。然而，根据工作需求，用户可以选择其他显示模式，如线框模式、边界框模式等，以便更高效地进行编辑、选择等操作。

“默认明暗处理”显示方式即真实的显示方式，可以在视图中精准地展现物体的明暗面及灯光效果。通过这种方式，用户可以更真实地感受到物体的质感和光照情况，仿佛身临其境。然而，值得注意的是，这种高度真实的显示效果需要相对较多的计算资源来支持，因此在某些性能有限的设备上可能会稍显吃力。但总体而言，“默认明暗处理”方式为设计师提供了一个有力的工具，可以更精确地预览和调整其3D作品，如图1-25所示（素材文件：第1章/Scenes/3ds Max中物体的显示方式.max）。

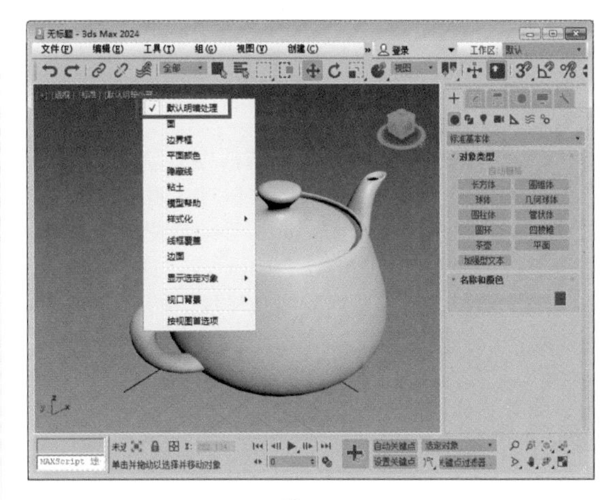

图 1-25

“面”显示方式，即视图中的物体以网格面的效果显示，如图1-26所示。在这种模式下，用户可以清晰地看到构成物体的各个面，从而方便地进行编辑和调整。这种显示方式对于理解和处理物体的几何结构非常有帮助，尤其在建模和纹理映射等工作中发挥着重要作用。

图 1-26

“样式化”显示方式即视图中物体的个性化显示效果，如图1-27所示。通过该模式，用户可以根据需要调整物体的颜色、线条粗细和其他视觉元素，以突出显示特定的部分或增强整体视觉效果。这种个性化的显示方式在设计评审、演示或教学等场景中特别有用，因为它能够帮助用户更清晰地传达他们的创意和意图。

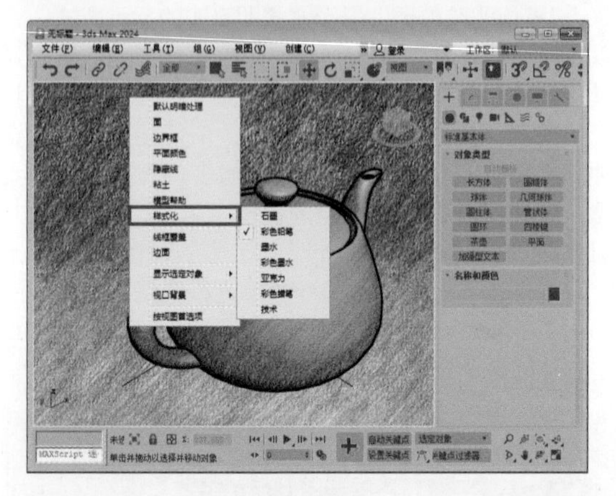

图1-27

“边面”显示方式是一种以线框构造形式来展现物体的视图模式。它通常与其他显示方式如“默认明暗处理”“平面颜色”或“样式化”等结合使用，以提供更全面的视图体验，如图1-28所示。在这种模式下，物体的轮廓和结构以清晰的线条呈现，使用户能够更直观地了解物体的形状和布局。然而，值得注意的是，“边面”显示方式并不展示物体的颜色和质感，它主要侧重于几何结构的可视化。因此，在进行需要关注物体外观和材质的工作时，用户可能需要结合其他显示方式来获得更全面的视图信息。

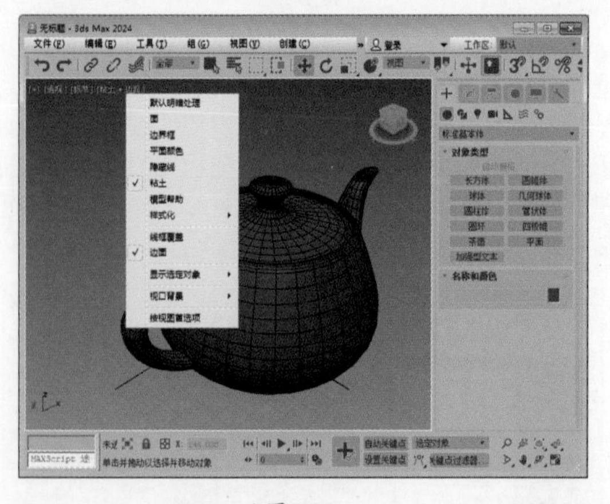

图1-28

“隐藏线”显示方式，即模型以它本身的网格线框形式显示，如图1-29所示。在这种模式下，用户可以清晰地看到模型的结构和轮廓，这对于理解模型的几何形态和布局非常有帮助。然而，由于材质信息被忽略，因此模型的颜色和质感无法在此模式下显示。这种显示方式特别适用于那些需要专注于模型几何结构，而暂时忽略材质细节的工作场景。

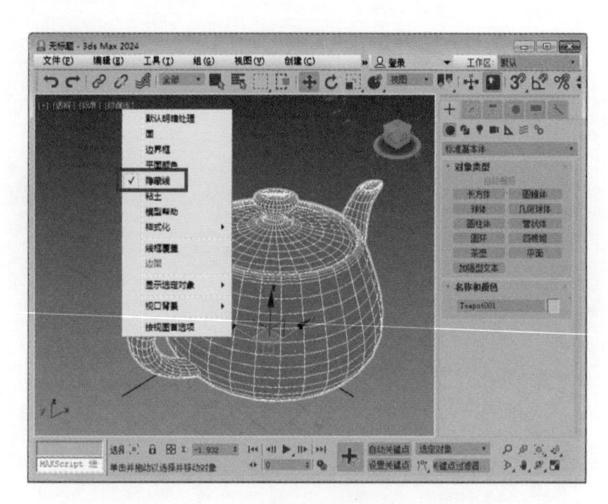

图1-29

“边界框”显示方式是一种简洁而高效的视图显示模式，如图1-30所示。在这种模式下，物体本身不被详细渲染，而是以其边界框的形式显示。这种显示方式的优势在于，它可以显著提高视图的显示速度，特别是在处理大型场景时效果更为显著。

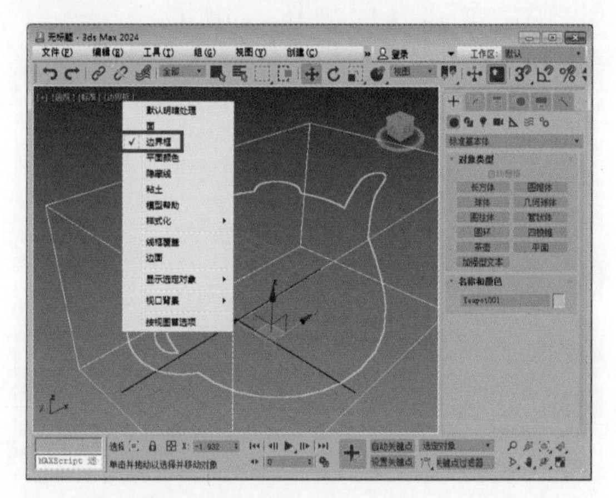

图1-30

在“默认明暗处理”显示方式打开的同时，启用“边面”显示方式，如图1-31所示。这种组合使模型能够同时展现平滑的阴影面以及清晰的线框结构效果。这种显示方式在多个工作场景中都非常实用，尤其是在需要同时观察模型的表面细节和整体结构时。

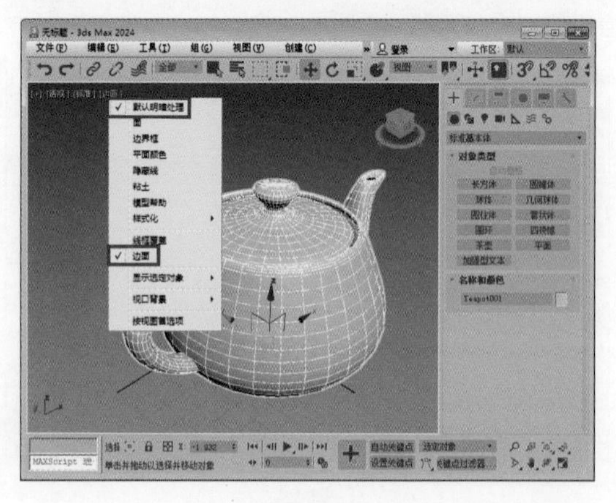

图1-31

3ds Max的视图布局

3ds Max的视图布局默认为四视图布局方式，分别是顶视图、前视图、左视图和透视图。这4个视图为用户提供了不同的观察角度和编辑维度，以便更全面地理解和操作3D场景。顶视图从上方展示场景，前视图从正面展示，左视图从左侧展示，而透视图则提供了带有透视效果的三维视图。

4个常用视图，即顶视图、前视图、左视图和透视图，如图1-32所示。

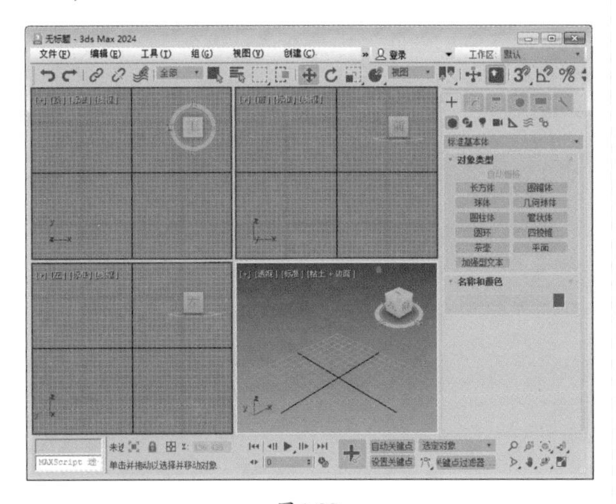

图 1-32

对于需要更改其他视图，操作方法如下：首先用鼠标选择需要更改的视图；然后单击视图左上方的视图名称（例如顶），会弹出如图1-33所示的隐藏菜单。用鼠标选择要更换的视图即可。

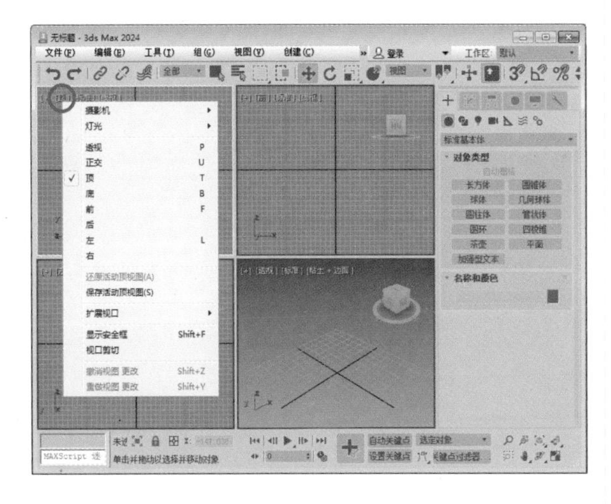

图 1-33

当要进行3ds Max的视图设置时，执行“视图”→“视口配置”命令，随后会弹出“视口配置”对话框，如图1-34所示。

“显示性能”选项卡中的设置，允许用户更改视图中的显示状态，以便与当前操作保持同步，如图1-35所示。

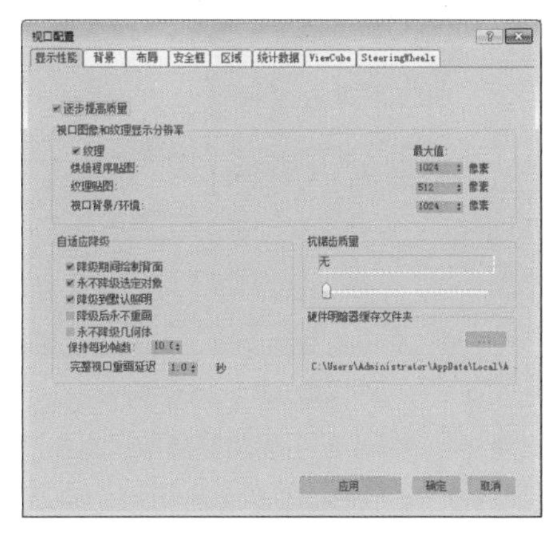

图 1-34

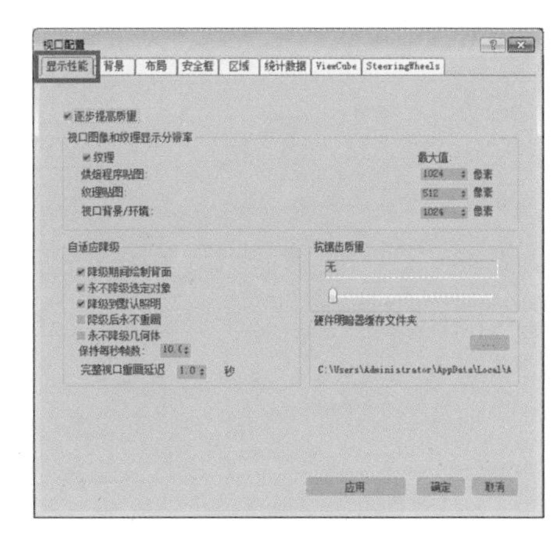

图 1-35

“背景”选项卡主要控制视觉样式外观区域。这个区域可以设置一些不同的渲染级别及渲染属性，如图1-36所示。

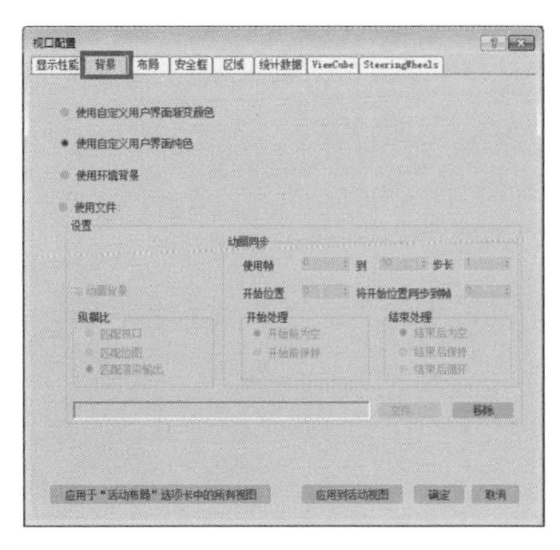

图 1-36

“布局”选项卡允许用户根据工作需要灵活地调整视图的布局。通过更改视图设置，用户可以轻松地定制最适合当前工作任务的视图布局，从而提高工作效率和创作体验，如图1-37所示。

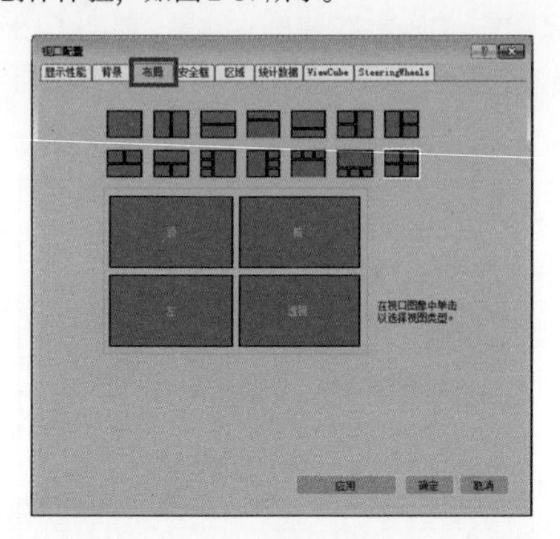

图1-37

“安全框”选项卡的主要功能是标示出在TV监视器上工作时的安全区域，如图1-38所示。这个安全区域确保了内容在不同设备和屏幕上的一致性和可见性，避免了因为屏幕切割或不同显示比例而导致的重要元素被裁剪或遮挡的问题。

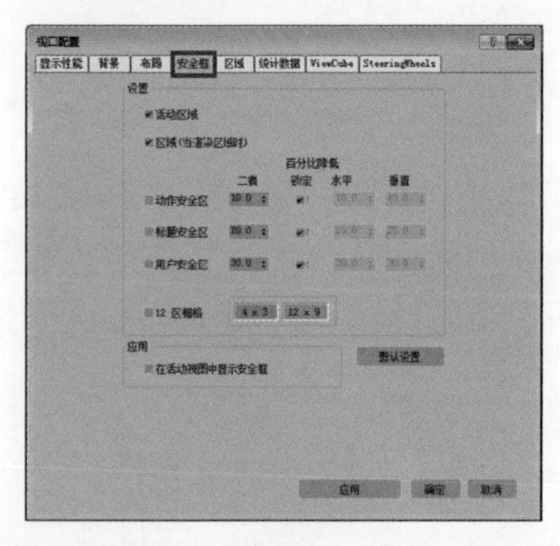

图1-38

“区域”选项卡允许用户精确指定“放大区域”和“子区域”的默认大小，如图1-39所示。

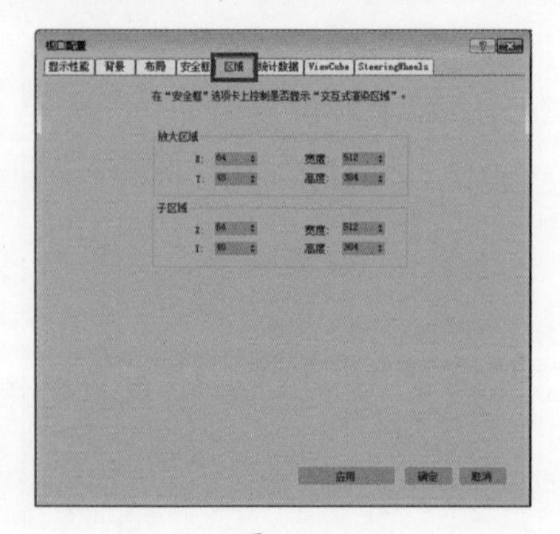

图1-39

实例操作 3ds Max的视图背景

视图背景在3ds Max中扮演着重要的角色，它允许用户在当前窗口区域引入图像，作为制作过程中的参考图像。通过引入参考图像，用户可以更加精确地定位和对齐模型、纹理和其他元素，从而提高工作效率和准确性。下面将详细介绍如何将准备好的图片设置为视图背景并进行显示，以便用户能够充分利用这一功能来辅助3D制作工作。具体的操作步骤如下。

步骤01 执行“视图”→“视口背景”→“配置视口背景”命令，打开“视口配置”对话框，如图1-40所示（素材文件：第1章/Scenes/3ds Max的视图背景.max）。

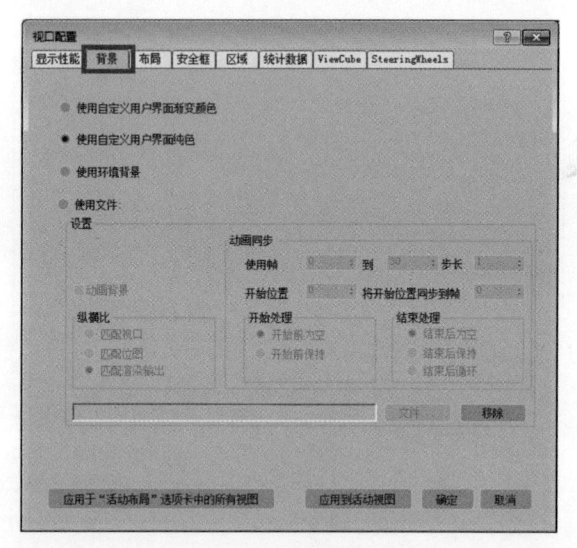

图1-40

步骤02 在“背景”选项卡中选择“使用文件”选项，激活“设置”选项区域，如图1-41所示。

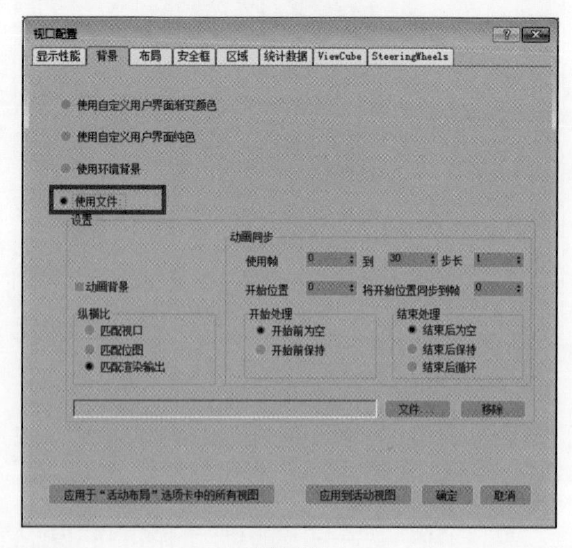

图1-41

知识拓展

除了上述为视口添加背景图片的方法，还可以通过更改视口背景的颜色来设置渐变色或纯色。具体的操作方法是：执行“视图”→“视口背景”→“渐变颜色”或“视图”→“视口背景”→“纯色”命令。

步骤03 单击“文件”按钮，打开“选择背景图像”对话框，如图1-42所示。选择准备好的图片，单击“打开”按钮。

图 1-42

步骤04 在“视口配置”对话框的“纵横比”选项区域中选择“匹配位图”选项，如图1-43所示，这样图片加入背景视图后就会自动匹配视图。

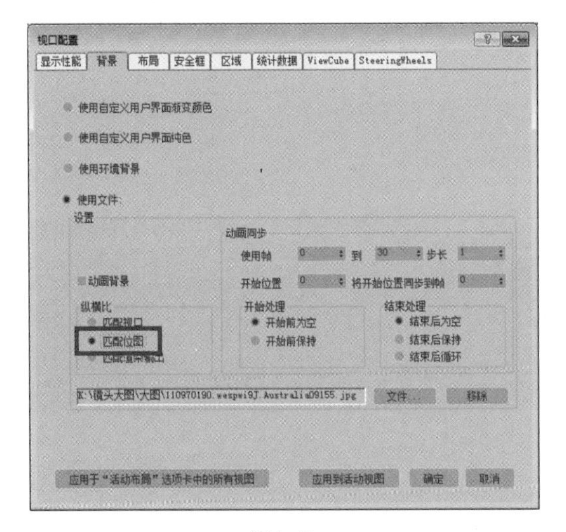

图 1-43

步骤05 单击“确定”按钮。图片就会出现在3ds Max的视图中，该图片可以作为制作模型的参考，如图1-44所示。

图 1-44

1.5.1 操作视图

操作视图主要是通过界面右下角的视图操作工具进行的，视图内容会根据不同情况发生相应变化，如图1-45所示（素材文件：第1章/Scenes/操作视图.max）。各视图操作工具的具体使用方法如下。

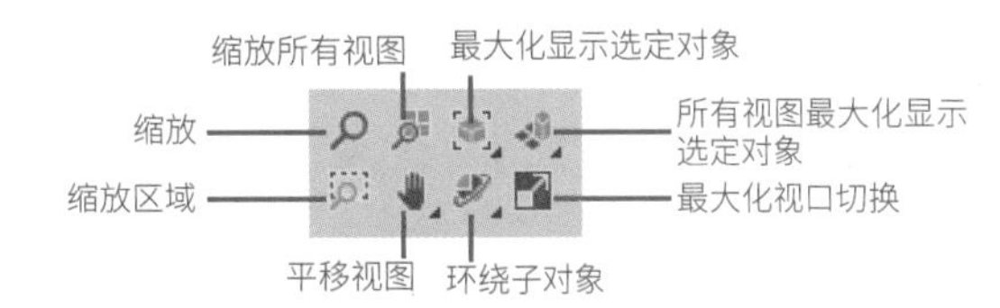

图 1-45

- “缩放”工具：选中该工具，在透视或正交视图中进行拖动时，可以调整视图的放大/缩小值，如图1-46所示，缩放视图后，物体在窗口中显示时会变小。

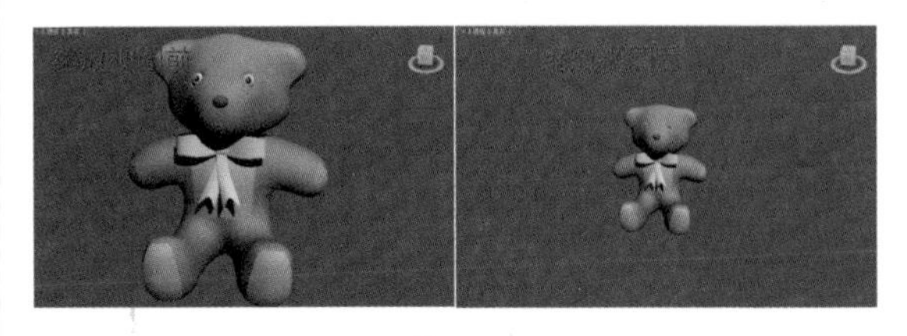

图 1-46

- “缩放所有视图”工具：使用该工具，可以同步调整所有透视和正交视图的放大/缩小值。在默认情况下，使用该工具将会以视图的中心为基准进行放大或缩小，如图1-47所示。执行缩放操作后，所有的视图显示内容均会变小。

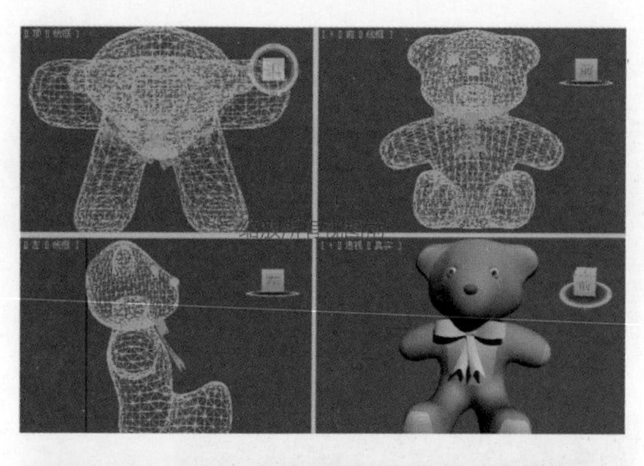

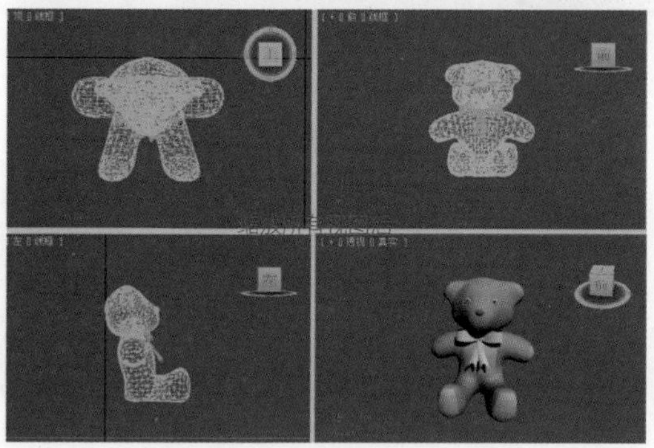

图 1-47

◆ “最大化显示选定对象”工具：该工具可在透视或正交视图中，将选定的对象居中显示。当需要在单个视图中专注于场景的特定对象时，该工具尤为实用，如图1-48所示。

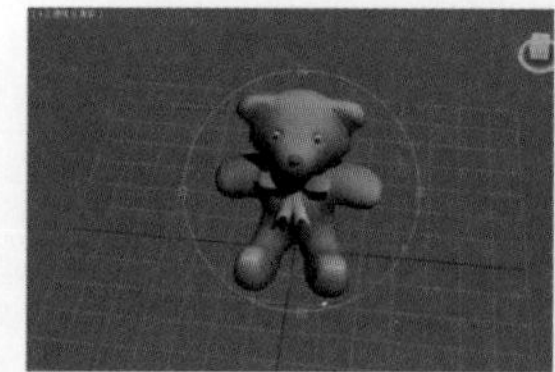

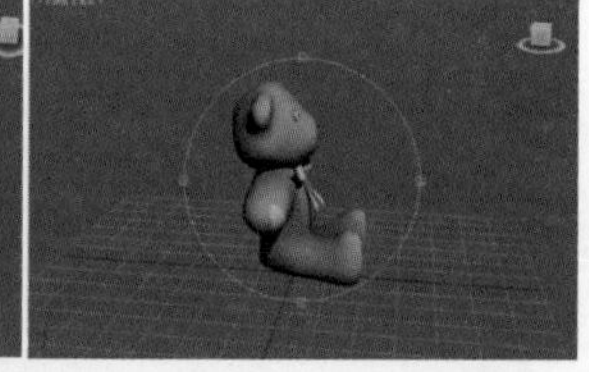

图 1-48

◆ “所有视图最大化显示选定对象”工具：该工具可以将选定的对象或对象集在透视和正交视图中居中显示。该工具特别有用，尤其是要查找的小对象在复杂场景中难以找到时，它可以快速定位并聚焦到目标对象上，如图1-49所示。

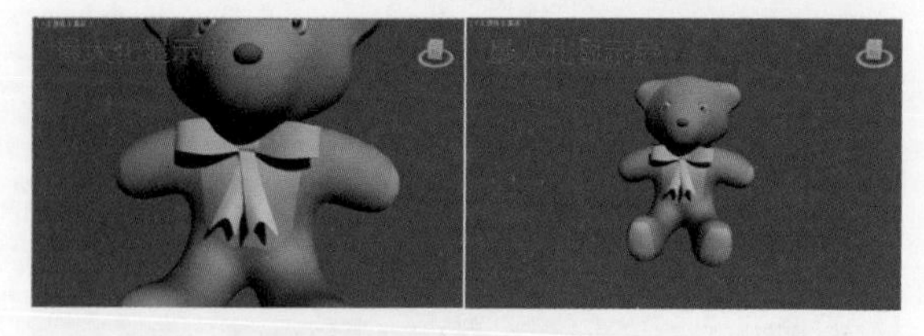

图 1-49

◆ “缩放区域”工具：利用该工具，可以放大在视图内选定的矩形区域。但请注意，该工具仅限于正交视图、透视视图或用户定义的三向投影视图，并不适用于摄影机视图，如图1-50所示。

图 1-50

◆ “平移视图”工具：该工具允许用户在与当前视图平面平行的方向上移动视图。平移操作可以通过按住鼠标中键并在视图中拖动来实现，而无须专门使用“平移”工具，如图1-51所示。

图 1-51

◆ “环绕子对象”工具：该工具允许用户使视图围绕中心点自由旋转，以便从各个角度查看对象，如图1-52所示。

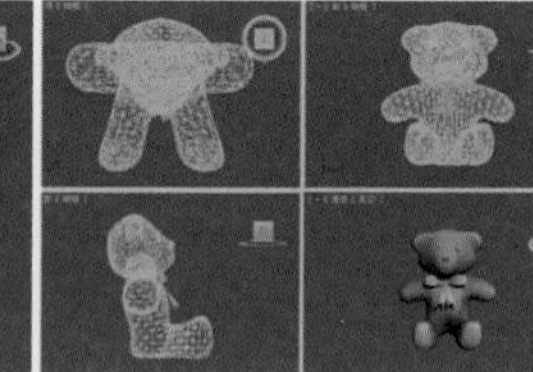

图 1-52

◆ “最大化视口切换”工具：利用该工具，可以在视图的正常大小和全屏显示之间进行切换，如图1-53所示。

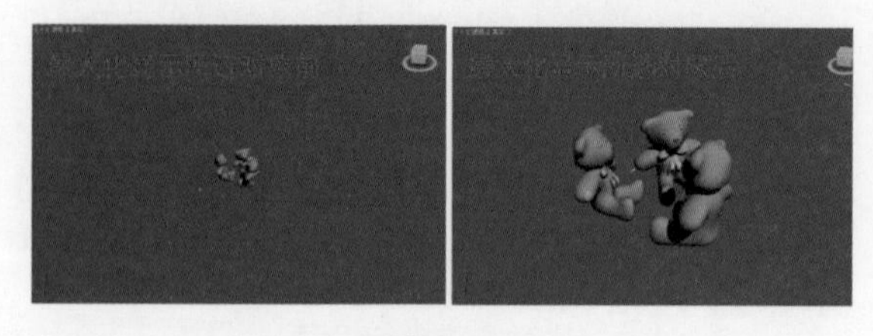

图 1-53

1.5.2 加速显示

在对较大的模型或复杂场景进行显示操作时，为了提升显示效率，可以采用一些显示加速的技巧。例如，在单视图模式下展示复杂的室内模型（见图1-54）时，为了加快显示速度，可以选择去除没必要的细节。具体操作是，执行“视图”→“边界框”命令，如图

1-55所示以启用加速显示功能。这样，在移动或旋转模型时，系统将以模型的边界框形式进行展示，从而显著提高显示速度。

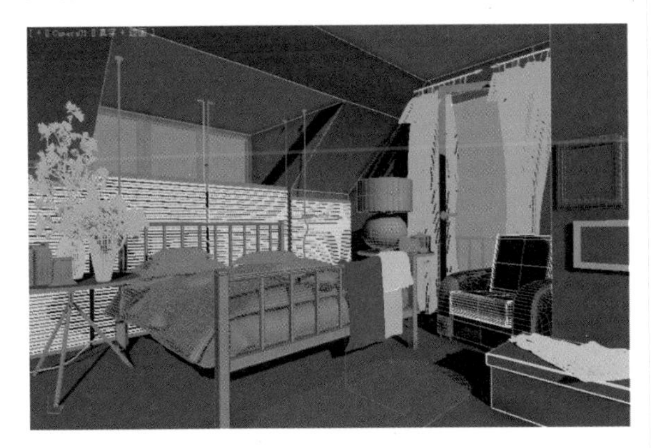

图 1-54

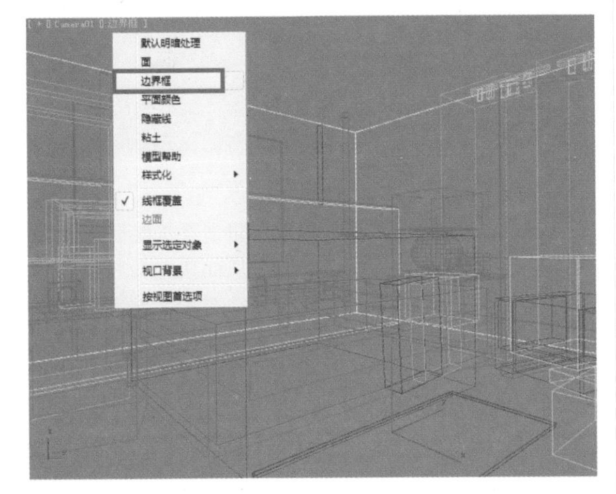

图 1-55

1.5.3 隐藏物体

隐藏与冻结物体是对视图中物体显示进行管理的两种操作。通常，使用显示命令面板来进行隐藏和冻结的设置。首先，关于隐藏功能，有一个专门的卷展栏，单击 按钮即可展开“隐藏”卷展栏，如图1-56所示。

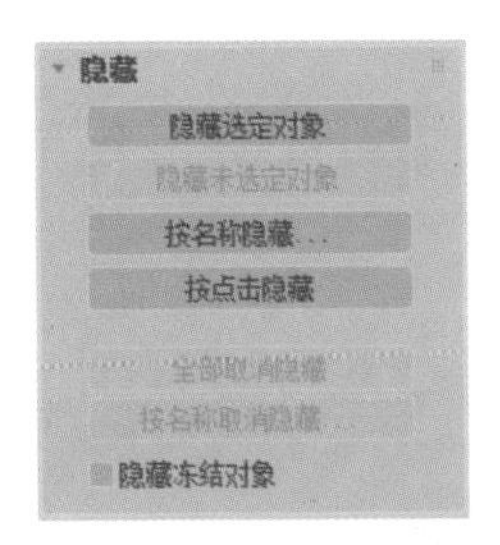

图 1-56

“隐藏”卷展栏中主要按钮的功能解释如下。

- 隐藏选定对象：单击该按钮可以将视图中选中的物体隐藏。例如，当选中Teapot001并单击“隐藏选定对象”按钮后，蓝色的茶壶会立即从视图中消失，实现隐藏效果，如图1-57所示（素材文件：第1章/Scenes/隐藏物体.max）。

 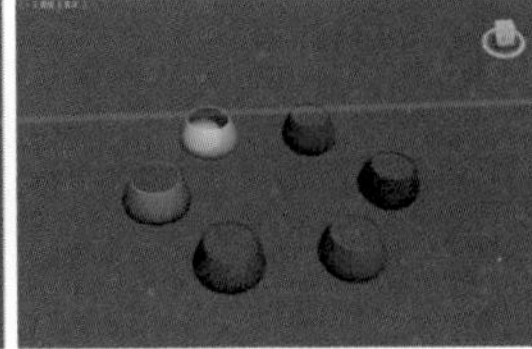

图 1-57

- 隐藏未选定对象：该按钮用于隐藏除选定对象外的所有可见对象。单击该按钮后，用户可以快速隐藏场景中除正在处理的对象外的所有对象。例如，当选择蓝色茶壶物体并单击“隐藏未选择对象”按钮后，其他6个茶杯会立即从视图中消失，被隐藏起来，如图1-58所示。

 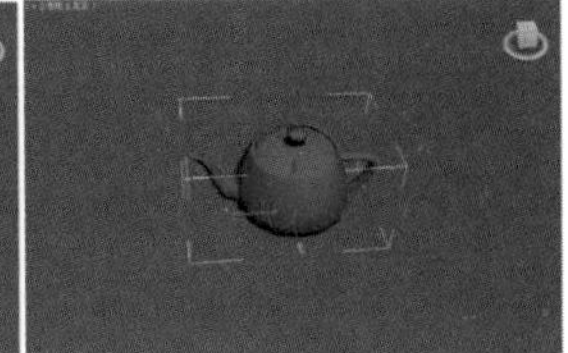

图 1-58

- 按名称隐藏…：单击该按钮会弹出一个对话框，允许用户从中选择并隐藏特定对象。例如，要隐藏名为Teapot001的物体，只需打开“按名称隐藏…”对话框，在列表中选择Teapot001物体，然后单击“隐藏”按钮。执行此操作后，蓝色的Teapot001物体会立即从视图中隐藏，如图1-59所示。

 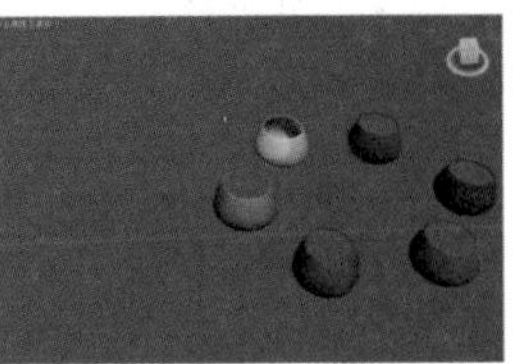

图 1-59

- 按点击隐藏：该按钮允许用户通过单击来隐藏视图中的对象。若在选择对象时按住Ctrl键，则会同时隐藏该对象及其所有子对象。要退出“按点击隐藏”模式，可以右击，按Esc键，或者选择其他功能。当场景中的所有对象都被隐藏时，此模式将自动关闭。例如，单击“按点击隐藏”按钮后，再单击蓝色的茶壶和紫色的茶杯，这两个物体就会立即被隐藏起来，如图1-60所示。

图1-60

◆ 全部取消隐藏：单击该按钮后，可以将所有之前隐藏的对象重新显示出来。只有当场景中至少有一个对象被隐藏时，该按钮才可用。例如，若场景中的所有物体均已被隐藏，只需单击“全部取消隐藏”按钮，被隐藏的物体便会重新出现在视图中，如图1-61右图所示。

图1-61

◆ 按名称取消隐藏：单击该按钮会弹出一个对话框，允许用户从中选择并取消隐藏特定对象。在弹出的“按名称取消隐藏”对话框的列表中选择希望取消隐藏的对象，如Teapot001和Teapot003，然后单击“取消隐藏”按钮。执行此操作后，之前被隐藏的物体便会根据所选名称重新显示在视图中，如图1-62所示。

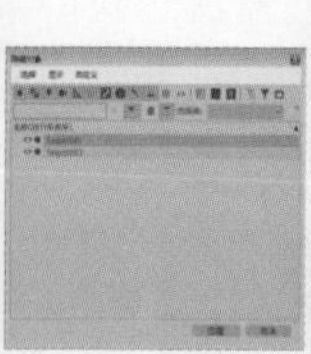

图1-62

1.5.4 冻结物体

“冻结”卷展栏（见图1-63）提供了一种便捷的方式，允许用户选择单个对象来进行冻结或解冻操作。当某个对象被冻结后，它会保留在屏幕上的当前位置，但用户将无法进行任何的选择、变换或修改。这样的设计主要是为了在复杂的场景中，临时“锁定”某些对象，以防止无意地修改。为了区分冻结和未冻结的对象，系统在默认情况下，会将冻结的对象渲染为暗灰色，从而使其更加易于辨识。如需要对冻结对象进行操作，必须先进行解冻。

“冻结”卷展栏中主要按钮的功能解释如下。

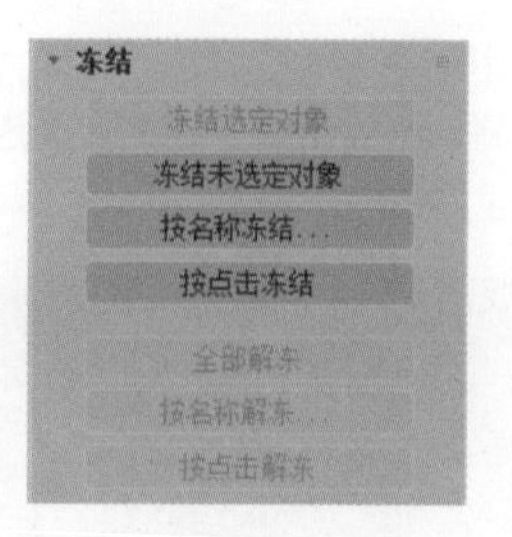

图1-63

◆ 冻结选定对象：单击该按钮将冻结所选的物体。以3个颜色各异的卡通模型为例，若选择了红色的卡通模型并单击“冻结选定对象”按钮，该模型会立即变为暗灰色，这表明该模型已成功被冻结，如图1-64所示（素材文件：第1章/Scenes/冻结物体.max）。

图1-64

◆ 冻结未选定对象：该按钮用于冻结除选定对象外的所有可见对象，从而快速地将场景中除当前处理对象外的其他对象全部冻结。例如，首先选择白色卡通模型，然后单击“冻结未选定对象”按钮，此时除白色模型外的其他两个模型都将被冻结，如图1-65所示。

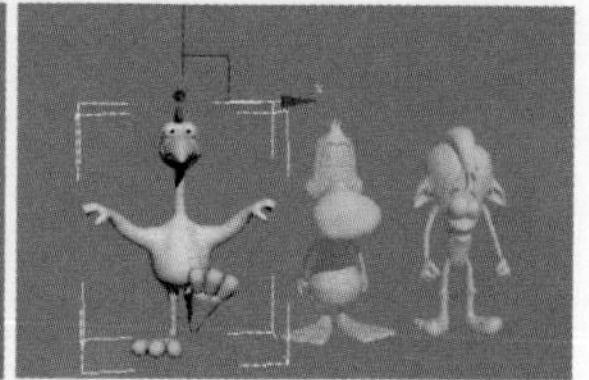

图1-65

◆ 按名称冻结…：单击该按钮会弹出一个对话框，允许用户从列表中选择要冻结的对象。例如，在当前场景中，还没有任何物体被冻结。要冻结灰色的卡通模型，只需单击“按名称冻结…”按钮，在弹出的对话框中选择该模型，然后单击“冻结”按钮。执行此操作后，灰色的卡通模型会被冻结，并变为暗灰色以示区分，如图1-66所示。

图1-66

- 按点击冻结：此功能允许用户通过单击来冻结视图中的对象。若在选择对象时按下Ctrl键，则所选对象及其所有子对象都将被冻结。要退出此模式，可以右击、按Esc键，或者选择其他工具。当场景中的所有对象都被冻结时，此按钮将自动禁用。例如，单击“按点击冻结”按钮后，在视图中分别单击白色卡通模型和红色卡通模型，这两个模型就会被冻结，如图1-67所示。

图1-67

- 全部解冻：单击该按钮后，可以将所有之前冻结的对象一次性解冻。例如，3个物体均处于冻结状态，当单击“全部解冻”按钮后，这3个物体都会被解冻，恢复到可编辑状态，如图1-68右图所示。

图1-68

- 按名称解冻：单击该按钮会弹出一个对话框，允许用户从列表中选择要解冻的对象。如图1-69所示，视图中有两个物体处于冻结状态。若要使红色的卡通模型解冻，只需单击“按名称解冻…”按钮，然后在弹出的对话框中选择对应的对象名称（如pompisred），接着单击“解冻”按钮。执行此操作后，红色的卡通模型就会被解冻，恢复到可编辑状态。

图1-69

- 按点击解冻：单击该按钮后，可以解冻在视图中单击的所有对象。若在选择对象的同时按下Ctrl键，则该对象及其所有子对象都会被解冻。如图1-70所示，要解冻白色卡通模型，首先单击“按点击解冻”按钮，然后在视图中单击白色卡通模型，该模型即被解冻。

图1-70

3ds Max

第2章 对象的选择和变换

本章导读

3ds Max 中的大多数操作都是先选定场景中要操作的对象，然后执行相应的操作命令。因此，学习对象的选择和变换对于前期建模和设置动画至关重要。

本章重点 \ 学习目标	了解	理解	应用	实践
按区域选择			√	√
按名称选择			√	√
使用命名选择集			√	√
使用选择过滤器		√	√	√
孤立当前选择			√	
变换坐标和坐标中心		√	√	√
变换约束		√	√	√
变换工具		√	√	√
对齐工具		√	√	√
捕捉工具			√	√

2.1 选择对象的基本知识

在3ds Max中最基本的选择方法是使用鼠标直接选取，或者鼠标与键盘配合使用。如图2-1所示为在物体不同的显示方式下对物体的选择。

图2-1

选择对象最常用的方法有三种：一是单击工具栏上的“选择”按钮；二是在对象列表中选择；三是在任何视图中将鼠标指针移至要选择的对象上。当鼠标指针位于可选择对象之上时，会变成小十字状态。对象的有效选择区域取决于对象的类型以及视图中的显示模式。在着色模式下，单击对象的任何可见曲面都可以选中对象；在线框模式下，单击对象的任何边或分段都可以选中对象，包括隐藏的线。当鼠标指针显示为小十字状态时，单击选中该对象，并取消选择之前选中的任何对象。如果选中的是线框对象，那么其会显示为白色；如果选中的是着色对象，那么在其边界处会显示白色边框。

2.1.1 按区域选择

借助区域选择工具，可以使用鼠标通过轮廓或特定区域来选择一个或多个对象。在指定区域时，如果按住Ctrl键，受影响的对象将被添加到当前选择集中；如果按住Alt键，受影响的对象则会从当前选择集中移除。

区域选择工具主要包括：“矩形区域选择”工具、“圆形区域选择”工具、“围栏选择区域”工具、“套索选择区域”工具以及“绘制选择区域”工具，如图2-2所示。

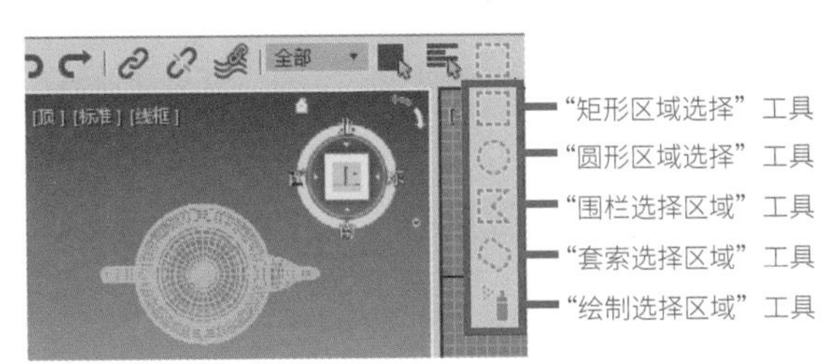

图2-2

各种区域选择工具的使用方法如下。

- “矩形区域选择”工具：首先单击该工具按钮，然后在视图中按住鼠标左键并拖动以确定选择范围，最后释放鼠标完成选择。在此过程中，单击的第一个位置确定了矩形的一个角点，而释放鼠标指针的位置则确定了其对角点。如果想要取消该选择，那么只需在释放鼠标之前右击即可，如图2-3所示。

图2-3

- “圆形区域选择”工具：首先单击该工具按钮，然后在视图中按住鼠标左键并拖动以绘制圆形选择框，最后释放鼠标完成选择。在此过程中，首次单击的位置确定了圆形的圆心，而释放鼠标时的位置则确定了圆形的半径。如果想要取消该选择，那么只需在释放鼠标之前右击即可，如图2-4所示。

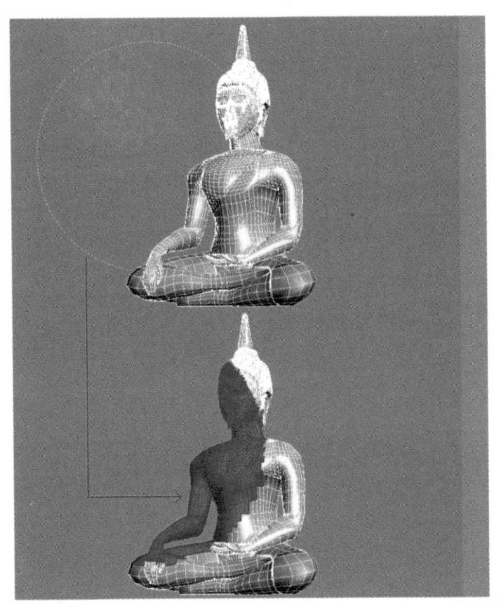

图2-4

- “围栏选择区域”工具：该工具的使用方法相对复杂一些。首先单击该工具按钮，接着在视图中按住鼠标左键并拖动以绘制多边形的第一条线段，然后释放鼠标。此时，鼠标指针会附带一个“橡皮筋线”，它固定在刚刚释放鼠标的位置。接下来，移动鼠标指针并单击，以定义围栏的下一条线段。可以根据需要重复此操作来绘制多边形围栏的各条边。要完成该围栏的绘制，只需单击起始点（即第一个点）或双击即可，如图2-5所示。

图 2-5

知识拓展

需要注意的是，当移动鼠标指针接近起始点（即第一个点）并准备单击时，会出现一对十字线，提示可以封闭围栏，一旦单击就会创建一个封闭的围栏选择区域。而如果双击，则会创建一个开放的围栏，这种情况下，只能通过线段交叉来选择对象。若想取消正在进行的围栏选择操作，只需在释放鼠标之前右击即可。

- “套索选择区域”工具：使用该工具可以在复杂或不规则的区域内通过鼠标操作灵活选择多个对象。具体的使用方法为：单击“套索选择区域”按钮，围绕想要选择的对象拖动鼠标以绘制套索图形，然后释放鼠标完成选择，如图2-6所示。

图 2-6

- “绘制选择区域”工具：使用该工具可以通过将鼠标指针放在多个对象或子对象上方来选择它们。具体的使用方法为：单击“绘制选择区域”按钮，将鼠标光标拖动至对象之上，然后释放鼠标。在进行拖动时，鼠标指针周围会出现一个以笔刷大小为半径的圆圈，该圆圈表示选择范围，如图2-7所示。

图 2-7

2.1.2 按名称选择

按名称选择是一种高效的对象选择方法，它允许用户通过在对话框中输入对象的特定名称来直接选择对象，从而避免了使用鼠标进行烦琐的单击操作。这种方法在场景中包含大量物体时尤为实用，因为它能够帮助用户节省时间、减少精力消耗，并确保能够精准地选中所需的对象。

实例操作 按名称选择

如果场景中有很多物体，那么使用鼠标选择时很容易出错。在这种情况下，可以使用以下方法来避免选择错误，如图2-8所示（素材文件：第2章/Scenes/按名称选择.max）。

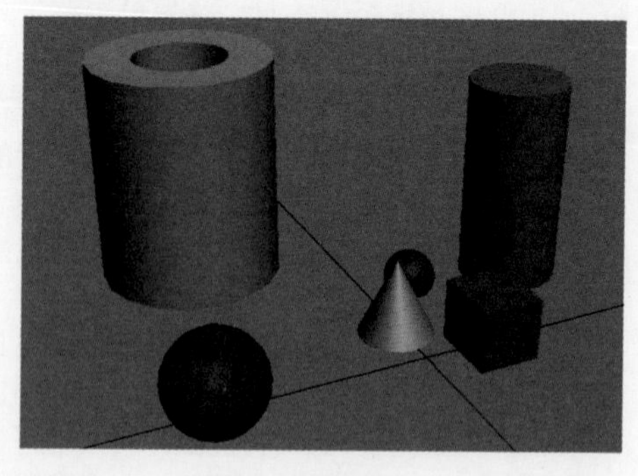

图 2-8

在工具栏中单击“按名称选择”按钮，打开“从场景选择”对话框，选择需要选中的物体选项，单击“确定”按钮，如图2-9所示。此时，在视图中相应的对象会被同时选中，如图2-10所示。

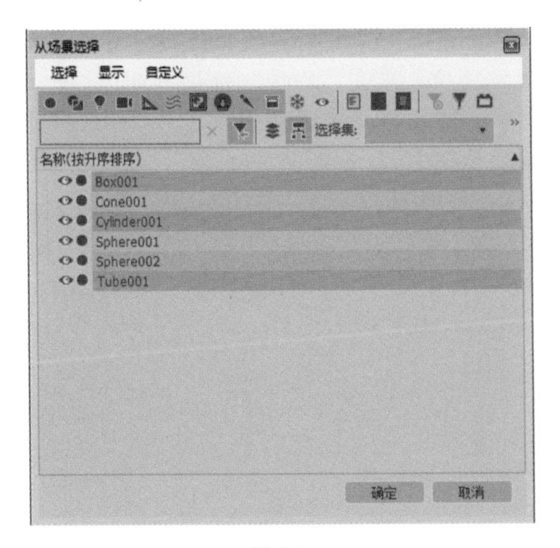

图2-9

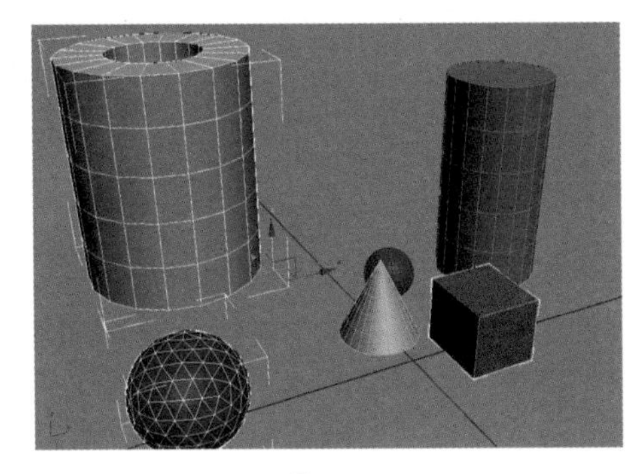

图2-10

2.1.3 使用命名选择集

使用“命名选择集”功能，可以为当前所选的对象指定一个选择集并命名，之后可以通过从列表中选择该选择集来重新选中这些对象。这一功能使用户轻松地将不同类型的物体归类到不同的选择集中，同时保持场景中每个物体的独立性。接下来，将通过一个实例来详细说明如何使用选择集。

实例操作 选择集的应用

首先认识一下“命名选择集”对话框，单击按钮，弹出“命名选择集”对话框，如图2-11所示（素材文件：第2章/Scenes/选择集的应用.max）。

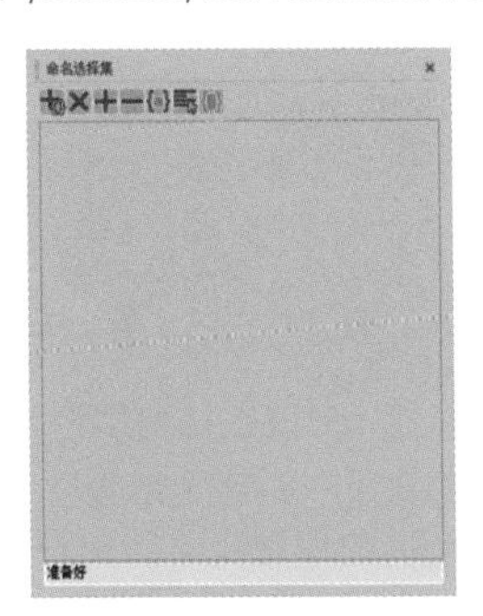

图2-11

步骤01 启动3ds Max软件，创建一个场景。如图2-12所示，可以看出这个场景中有3组不同形状的物体，并且每组形状中有一个物体的颜色与其他两个不同。

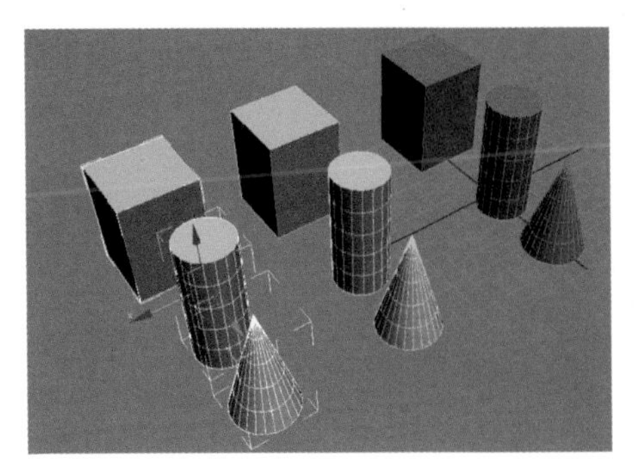

图2-12

步骤02 选择两个颜色相同的物体，单击按钮，弹出“命名选择集”对话框，单击“创建新集”按钮，如图2-13所示，可以看到两个颜色相同的物体自动组成一个集合。

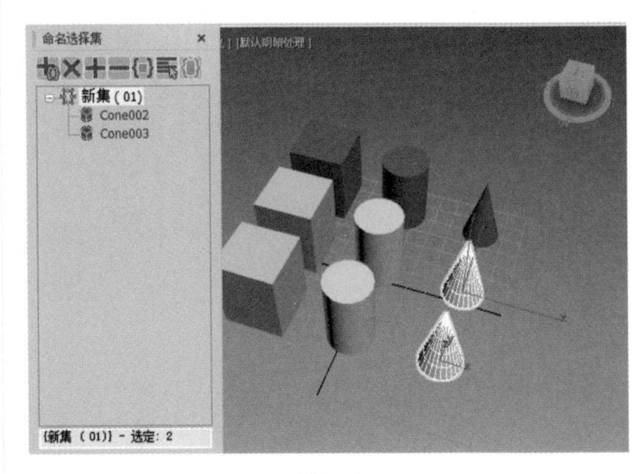

图2-13

步骤03 选择另两个颜色相同的物体，单击“创建新集”按钮，可以看到对话框中又有了一个新的集合，如图2-14所示。

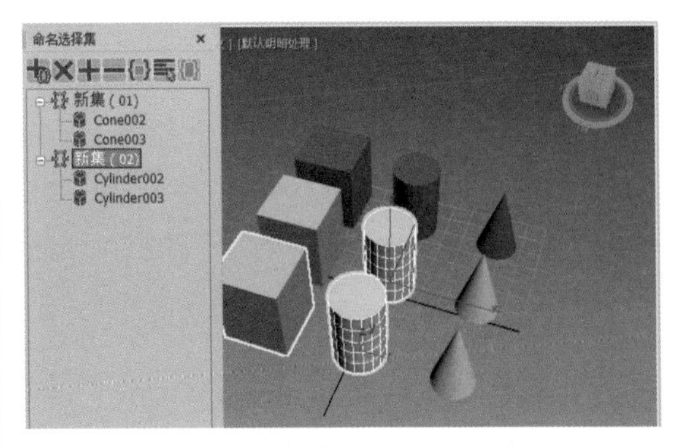

图2-14

步骤04 当然，若要将剩余的一个物体加入刚才由两个颜色相同的物体组成的集合中也很简单，只要选择这个剩余的物体，单击如图2-15所示的按钮即可。

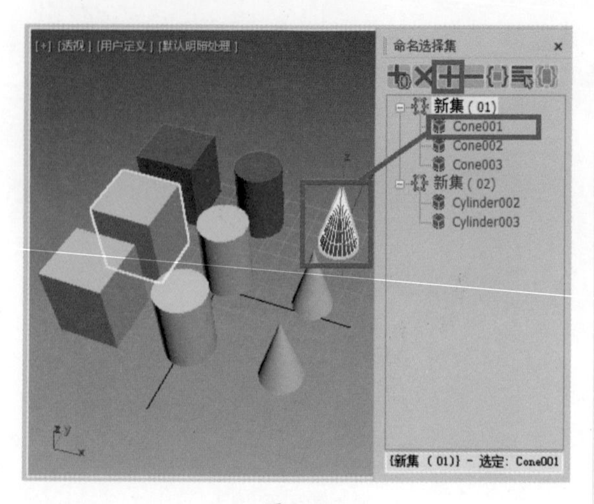

图 2-15

步骤05 若要从现有的集合中去掉一个物体，首先双击要去除的物体，然后只需在对话框中单击▬按钮即可，如图2-16所示。

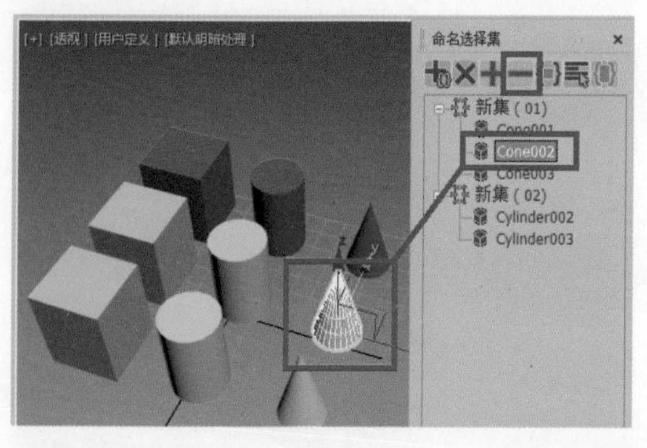

图 2-16

步骤06 在“命名选择集”对话框中，只有双击才能选中视图中的物体。比如，双击“新集（01）”，则场景中Cone001、Cone002、Cone003物体同时被选择；双击Cone001，则视图中的Cone001物体被选中。单击只是选中了物体的名称，视图中的物体不会被选中，但是如图2-17所示，当单击选中Cone001，再单击“选择集合对象”按钮时，则选择集中的所有物体都被同时选择。

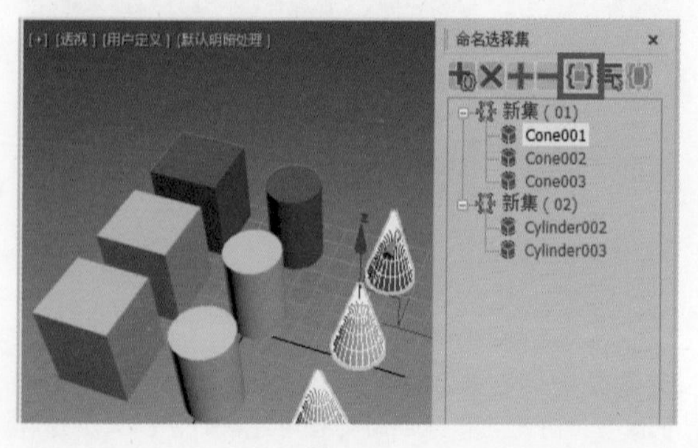

图 2-17

步骤07 单击“按名称选择对象”按钮，如图2-18所示，打开“选择对象”对话框，选择将要加入新选择集的对象选项，单击“选择”按钮。回到“命名选择集”对话框中，再单击按钮，选中的物体将组成一个新的选择集。

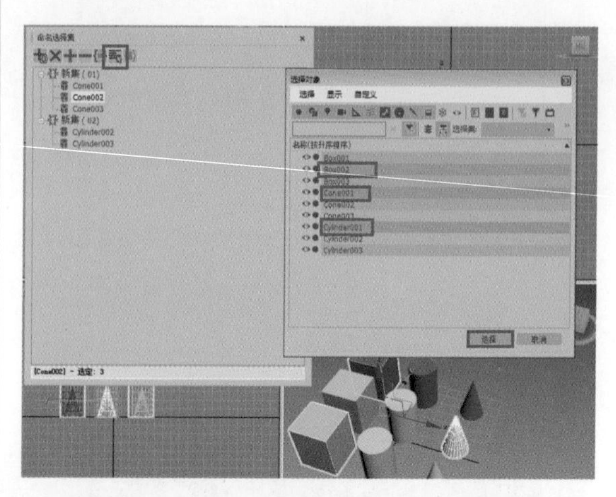

图 2-18

2.1.4 使用选择过滤器

单击主工具栏中的选择过滤器列表，可以禁用特定类别对象的选择功能。在默认情况下，系统可以选择所有类别的对象，但可以通过设置选择过滤器来限制选择范围，例如，仅选择“L-灯光”这一类别。此外，还可以创建自定义的过滤器组合，并将其添加到列表中以便日后使用。在处理动画时，为了提高操作便捷性，可以选择特定的过滤器，以便选择骨骼、IK链中的对象或点等特定元素。选择过滤器列表如图2-19所示。

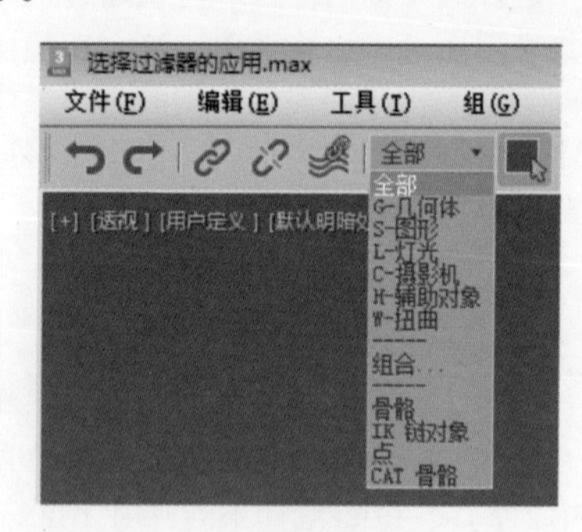

图 2-19

- 全部：可以选择所有类别，这是默认选项。
- G-几何体：只能选择几何体，包括网格、面片以及该列表未明确包括的其他类型对象。
- S-图形：只能选择图形。
- L-灯光：只能选择灯光及其目标。
- C-摄影机：只能选择摄影机及其目标。
- H-辅助对象：只能选择辅助对象。
- W-扭曲：只能选择空间扭曲对象。
- 组合…：显示用于创建自定义过滤器的“过滤器组合”对话框。

- 骨骼：只能选择骨骼对象。
- IK链对象：只能选择IK链中的对象。
- 点：只能选择点对象。
- CAT骨骼：只能选择CAT骨骼系统。

实例操作 选择过滤器的应用

步骤01 打开一个实例场景，如图2-20所示。在主工具栏的选择过滤器列表中选择“G-几何体”选项，表示只能选择几何体，此时视图中的灯光是不能被选中的（素材文件：第2章/Scenes/选择过滤器的应用.max）

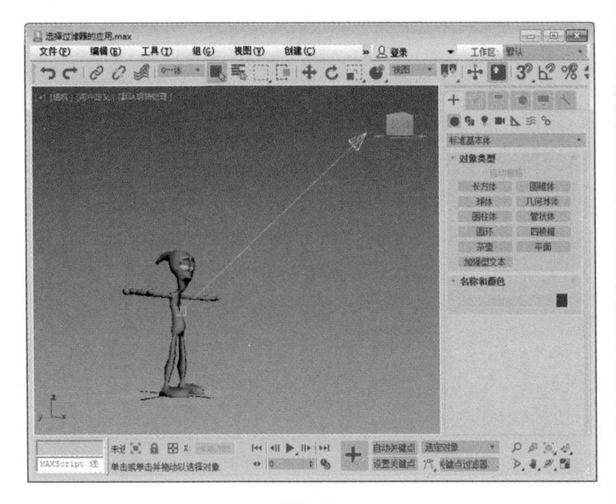

图2-20

步骤02 在选择过滤器列表中选择“L-灯光”选项，表示只能选择灯光及其目标，此时视图中的几何体是不能被选中的，如图2-21所示。

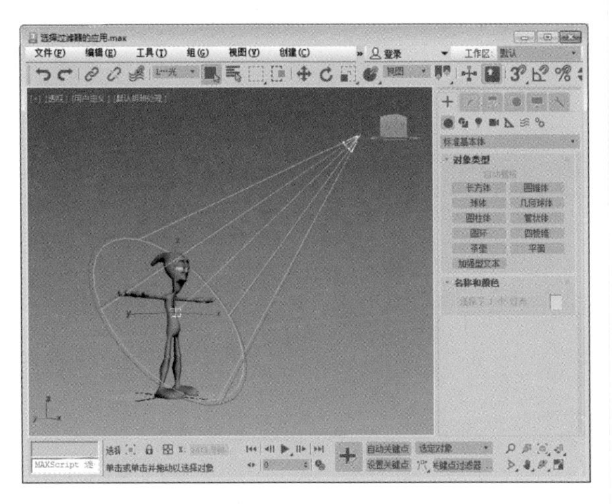

图2-21

实例操作 创建组合过滤器

创建组合过滤器的具体操作步骤如下。

步骤01 在选择过滤器列表中选择“组合…”选项，弹出“过滤器组合”对话框，如图2-22所示。

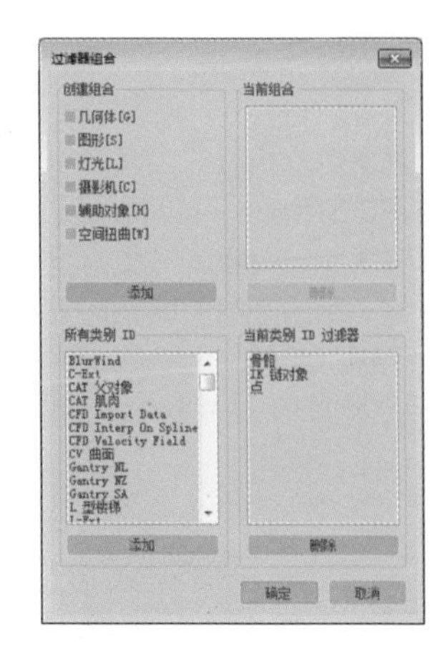

图2-22

步骤02 在“创建组合”选项区域中选中一个或多个复选框，如图2-23所示，勾选“几何体”“灯光”“摄影机”复选框，然后单击“添加”按钮，在“当前组合”选项区域中会出现一个GLC选项，表示创建组合成功。

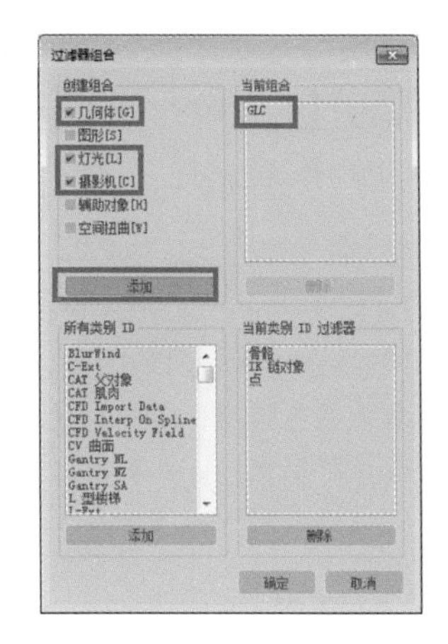

图2-23

步骤03 单击“确定”按钮，新组合选项将显示在选择过滤器列表中，如图2-4所示。

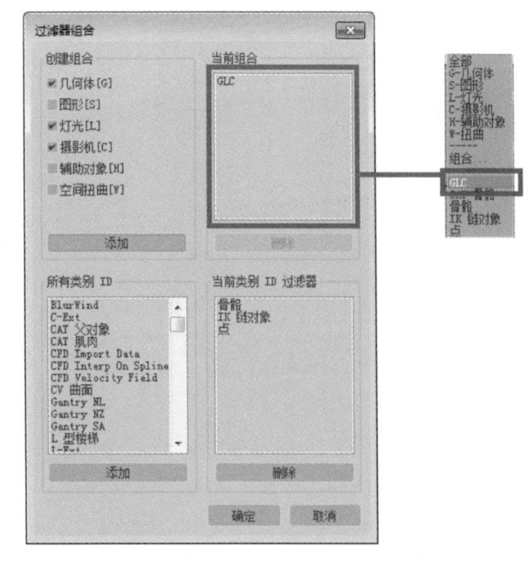

图2-24

2.1.5 孤立当前选择

选中一个对象后，执行“工具”→“孤立当前选择”命令，如图2-5所示，可以暂时隐藏场景中的其他对象，从而编辑单一对象或一组对象。这样能够防止误选其他对象，专注于需要编辑的对象，而不会被周围的对象所干扰。此外，还能减少因视图中显示过多其他对象而导致的显示速度降低的问题。

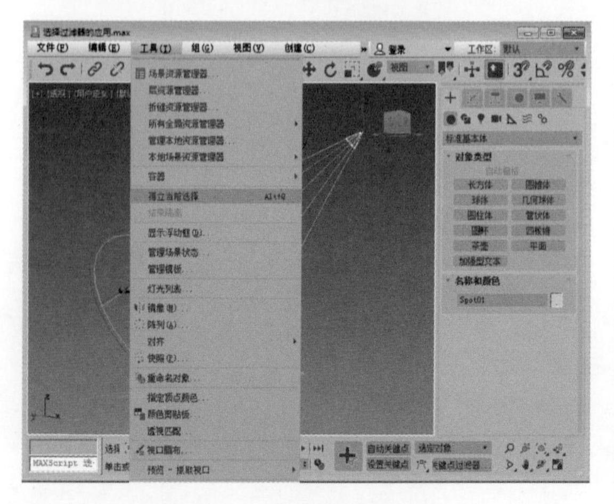

图2-25

实例操作 孤立当前选择

步骤01 在一个实例场景中，如图2-26所示，存在两个管状体：一个是蓝色模型，另一个是黄色模型。若要对蓝色模型进行特定操作，此时就可以选择“孤立当前选择”命令。通过执行该命令，可以方便地选中并专注于蓝色模型，而不受其他对象的干扰（素材文件：第2章/Scenes/孤立当前选择实例.max）。

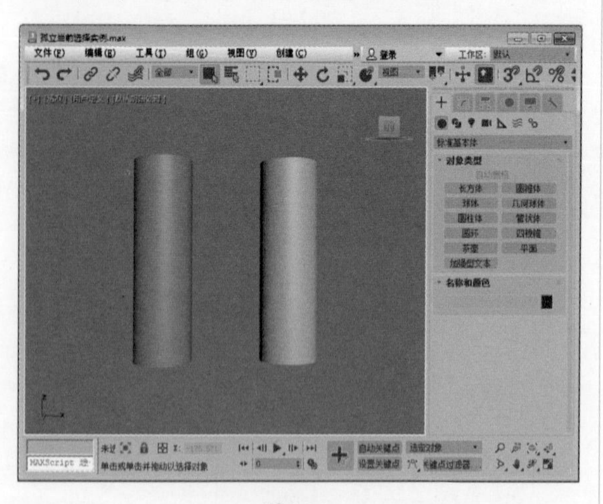

图2-26

步骤02 选择蓝色模型，执行“工具”→“孤立当前选择”命令。如图2-27所示，蓝色模型将被孤立出来，这样就可以对其进行任意操作，而不会受到其他物体的干扰。若想要退出当前模式，也非常简单，只需单击退出孤立模式即可。

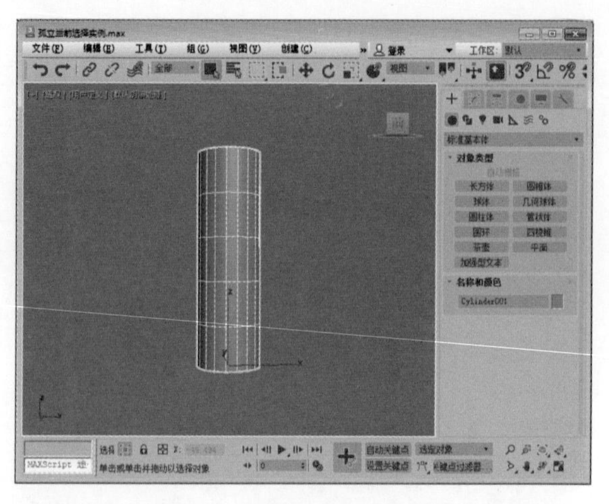

图2-27

步骤03 也可以使用快捷键Alt+Q来快速孤立当前选中的对象。首先选中相应的模型，然后使用快捷键Alt+Q，此时该模型将被孤立显示，如图2-28所示。

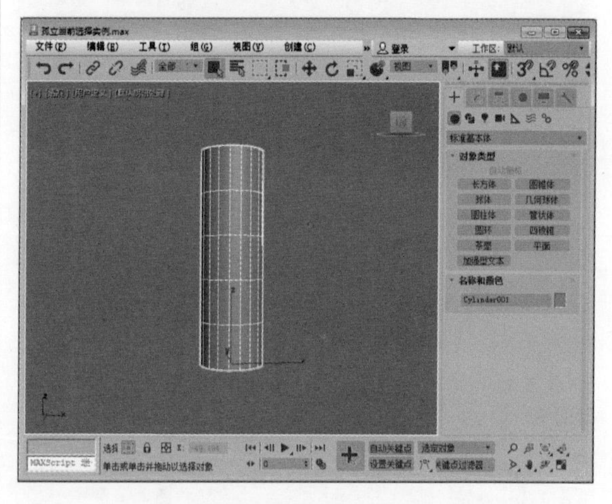

图2-28

变换命令

基本的变换命令是修改对象位置、角度和尺寸的最直接方式。这些命令位于主工具栏中，并且在默认的四元菜单中也可以找到。通过执行这些命令，可以轻松地调整对象在场景中的状态。

2.2.1 选择并移动

通过使用“选择并移动”工具，可以选择并移动对象。若要移动单个对象，无须预先选中该对象，只需选中“选择并移动”工具，在该对象上按住鼠标左键并拖动即可。但是如果要同时移动多个对象，就需要先选中这些对象，然后再使用“选择并移动”工具进行位置调整，如图2-29所示。

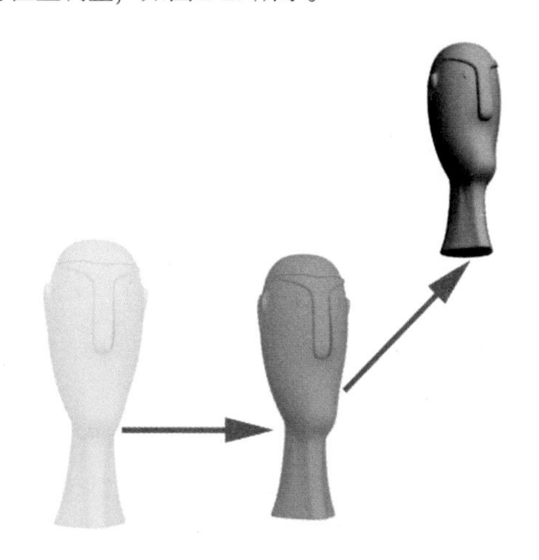

图 2-29

2.2.2 选择并旋转

使用“选择并旋转”工具，可以选择并旋转对象。若要旋转单个对象，无须预先选中该对象，只需选中“选择并旋转”工具，在该对象上按住鼠标左键并拖动即可，如图2-30所示。在围绕某个轴旋转对象时，请注意，不必按照鼠标的运动方向来旋转对象，只需垂直拖动鼠标。朝上拖动鼠标与朝下拖动鼠标分别实现对象的正向和逆向旋转。

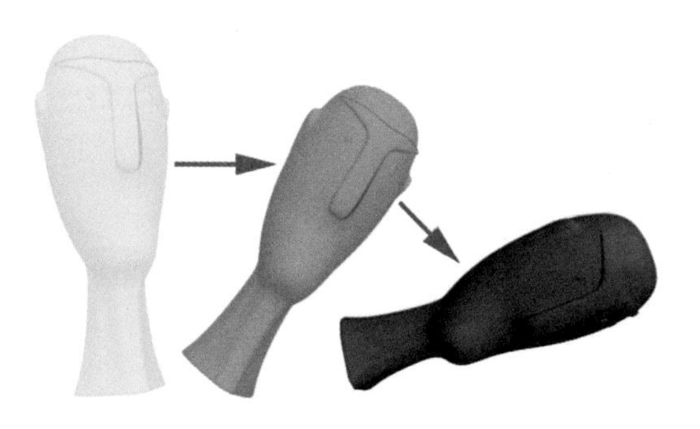

图 2-30

2.2.3 选择并缩放

“选择并缩放”工具包含3个子工具，它们分别提供了3种不同的方式来调整对象的大小。这3个子工具依次是：“选择并均匀缩放”工具、“选择并非均匀缩放”工具以及“选择并挤压”工具。通过使用这些工具，可以更加灵活地控制对象的缩放效果，具体的使用方法如下。

- “选择并均匀缩放”工具：允许用户沿3个轴以相同的比例缩放对象，从而保持对象的原始比例不变。使用该工具，需要在“选择并缩放”弹出按钮中选择“选择并均匀缩放”工具，如图2-31所示。

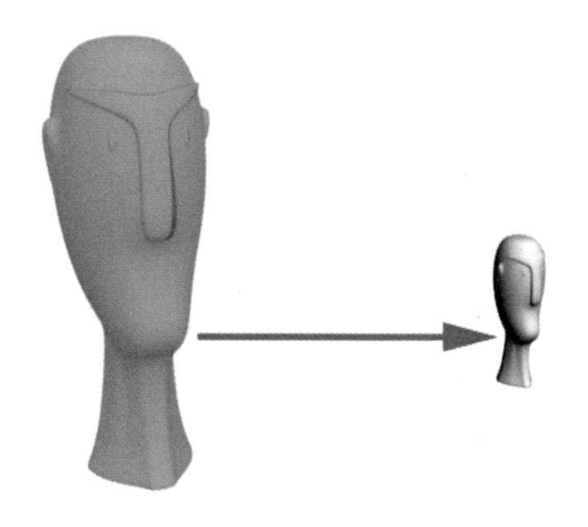

图 2-31

- “选择并非均匀缩放”工具：允许用户根据活动轴约束，以非均匀方式缩放对象。要使用该工具，需要在“选择并缩放”弹出按钮中选择“选择并非均匀缩放”工具，如图2-32所示。

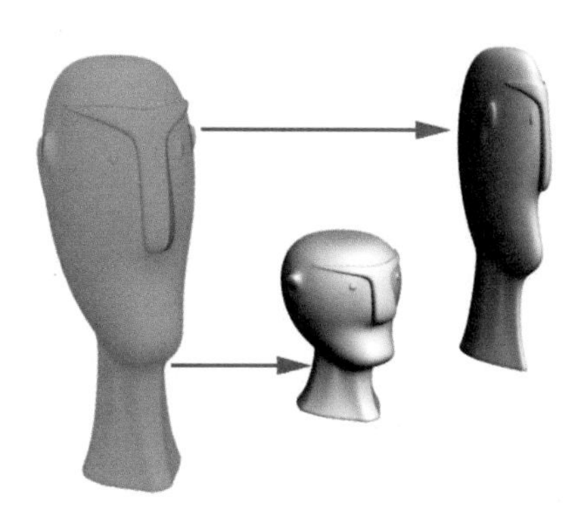

图 2-32

- “选择并挤压”工具：位于“选择并缩放”弹出按钮中，它允许用户根据活动轴约束来缩放对象。使用此工具时，对象会在一个轴上按比例缩小，同时在另外两个轴上均匀地按比例增大，这种操作通常被称为“挤压”，如图2-33所示。

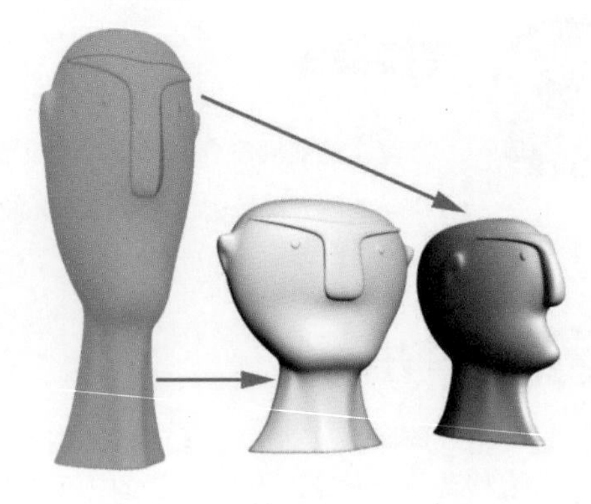

图2-33

2.3 变换坐标和坐标中心

用于设置坐标系的控件，以及确定变换操作中心点的选项，均位于默认的主工具栏中。这些工具允许用户调整变换坐标和坐标中心，从而更精确地进行变换操作。

2.3.1 参考坐标系

通过使用参考坐标系列表，可以指定用于移动、旋转和缩放等变换操作的坐标系。该列表提供了多种选项，包括视图、屏幕、世界、父对象、局部、万向、栅格、工作、局部对齐及拾取坐标系，如图2-34所示。

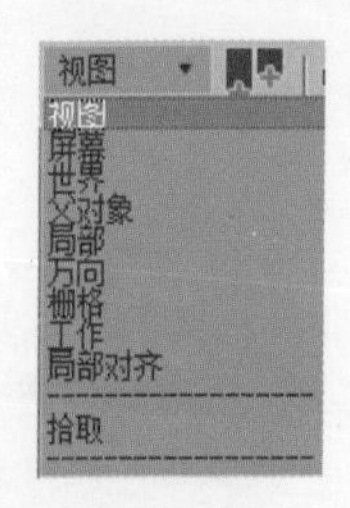

图2-34

其中常用的坐标轴如下。

- 视图：在默认的“视图”坐标系中，X轴、Y轴和Z轴在所有正交视图中的方向都是一致的。当使用此坐标系移动对象时，对象会相对于视图空间进行移动。如图2-35所示，这是一个国际象棋的模型场景，若选择棋盘部分，可以观察到视图坐标系的以下3个特点：X轴始终指向右侧，Y轴始终指向上方，而Z轴则始终垂直于屏幕并指向用户（素材文件：第2章/Scenes/参考坐标系.max）。

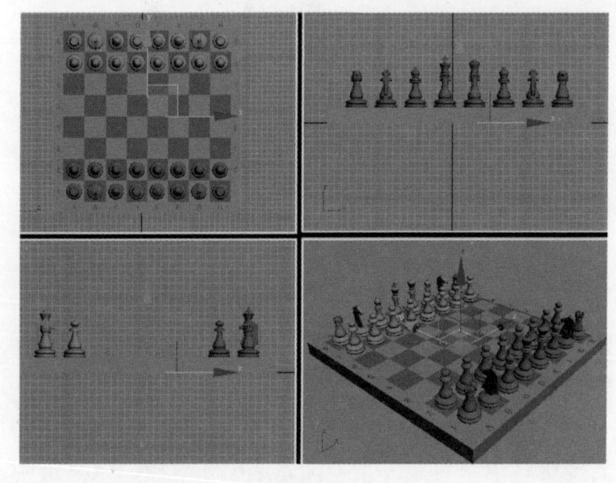

图2-35

- 屏幕：在“屏幕”坐标系中，活动视图被用作参考坐标。由于“屏幕”模式依赖当前活动视图的方向，因此非活动视图中的三轴架上的X、Y和Z标签会显示当前活动视图的方向。当激活包含三轴架的视图时，这些标签会随之改变。“屏幕”坐标系始终与观察点相对。如图2-36所示，在选择棋盘模型时，可以观察到屏幕坐标系的以下3个特点：X轴沿水平方向延伸，正方向指向右侧；Y轴沿垂直方向延伸，正方向指向上方；Z轴则表示深度方向，其正方向始终指向用户。

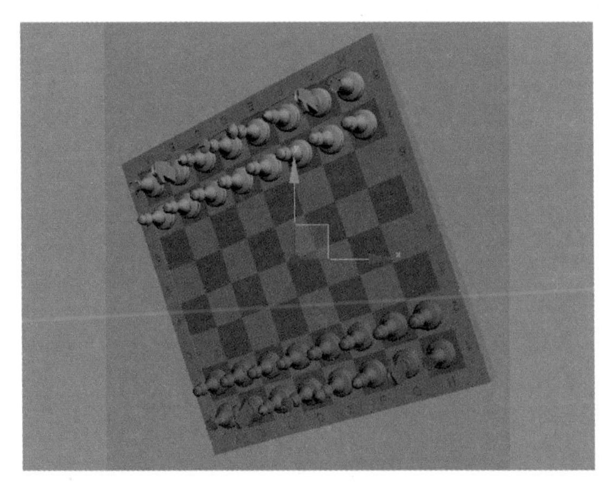

图 2-36

- 世界：在“世界”坐标系中，坐标轴的方向是固定不变的。如图2-37所示，当选择棋盘模型时，世界坐标系展现以下3个特点：X轴的正方向朝向右侧；Z轴的正方向朝向上方；Y轴的正方向指向背离用户的方向。这种坐标系常用于确定对象在三维空间中的绝对位置和方向。

图 2-37

- 父对象：“父对象”坐标系是基于选定对象的父对象来确定的。如果某个对象没有被链接到其他特定对象，那么它将被视为世界坐标系的子对象，此时其父坐标系与世界坐标系是一致的。这种坐标系有助于在相对父对象进行变换时保持对象的相对位置和方向不变。
- 局部：“局部”坐标系是基于选定对象自身的坐标系来定义的。对象的局部坐标系由其轴点来支撑。通过调整“层次”命令面板中的选项，用户可以调整局部坐标系的位置和方向，使其相对于对象进行变换。当“局部”坐标系处于激活状态时，“使用变换中心”按钮将变为非激活状态，此时所有的变换操作都会以对象的局部轴作为变换中心。在选择集中包含多个对象时，每个对象都会使用其自身的中心进行变换。“局部”模式确保每个对象都使用独立的坐标系进行变换，如图2-38所示。

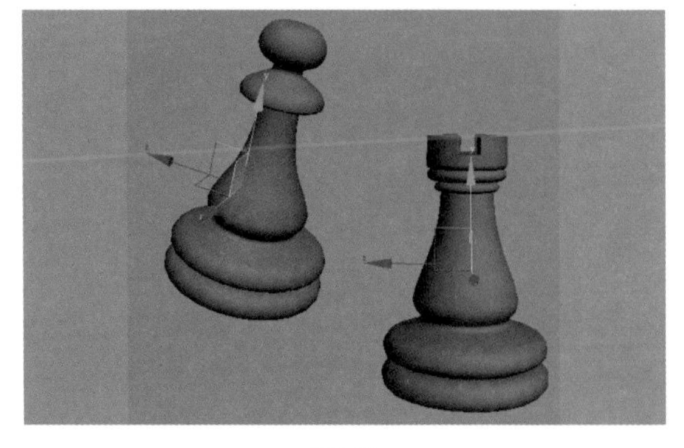

图 2-38

- 万向：“万向”坐标系与“局部”坐标系类似，但其3个旋转轴并不一定相互垂直。在进行移动和缩放变换时，“万向”坐标系的表现与“父对象”坐标系是一致的。这种坐标系提供了更多的灵活性，允许对象在旋转时沿非直角的轴进行变换。
- 栅格：“栅格”坐标系是基于当前活动的栅格系统来定义的。当使用该坐标系时，对象的变换将相对于活动栅格的坐标系统进行。这种坐标系常用于在特定的栅格布局中对齐和定位对象，如图2-39所示。

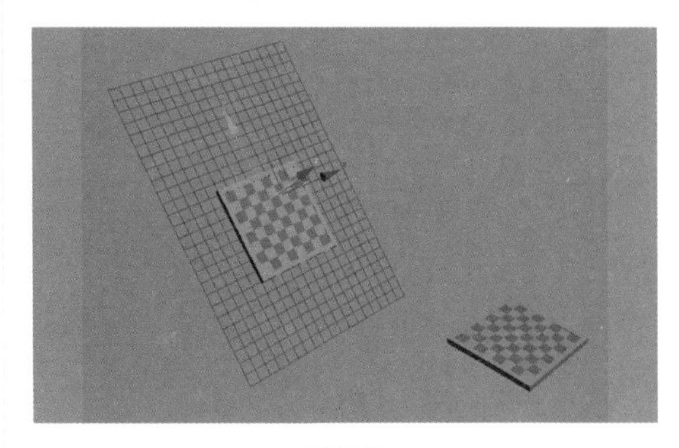

图 2-39

- 拾取：“拾取”功能允许用户使用场景中另一个对象的坐标系来进行变换。在选择“拾取”选项后，用户只需单击想要使用其坐标系的单个对象即可。所选对象的名称将显示在“变换坐标系”列表中，便于识别。由于软件会保存这些对象名称，因此用户可以轻松更改活动坐标系，并在以后再次使用之前拾取过的对象的坐标系。该列表最多保存4个最近拾取的对象名称，方便用户快速切换坐标系，如图2-40所示。

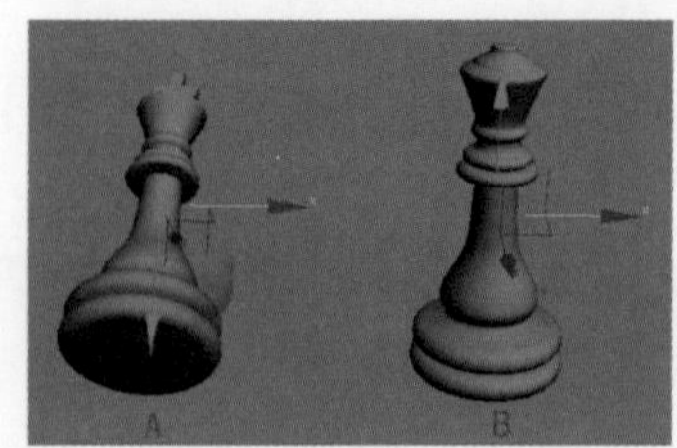

图2-40

若要使模型A采用模型B的坐标系，应先选择模型A，然后选择“拾取”坐标系选项，接着单击模型B。这样，模型A就会采用与模型B一致的坐标系，如图2-41所示。这一操作能够确保两个物体在相同的坐标空间内进行变换和对齐。

图2-41

2.3.2 使用轴点中心

通过“使用轴点中心”功能，用户可以围绕一个或多个对象的各自轴点进行旋转或缩放操作。如图2-42所示，这一功能使对象能够以其自身的中心点为基准进行变换，从而更加精确地控制旋转和缩放的效果。当对单独的对象进行旋转操作时，该工具能够确保对象围绕其轴点平稳旋转。

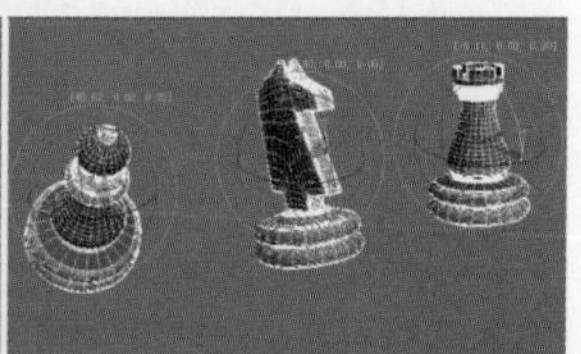

图2-42

2.3.3 使用选择中心

“使用选择中心”功能允许用户围绕一个或多个对象共同的几何中心进行旋转或缩放操作。当变换多个对象时，软件会自动计算所有对象的平均几何中心，并将这个中心作为变换的中心点。如果激活“使用选择中心”按钮，那么软件将使用经过平均计算的坐标系来旋转对象。如图2-43所示，当同时选择3个对象进行旋转时，可以观察到它们是围绕一个共同的几何中心进行转动的，这样可以确保它们在旋转过程中保持相对位置的稳定。

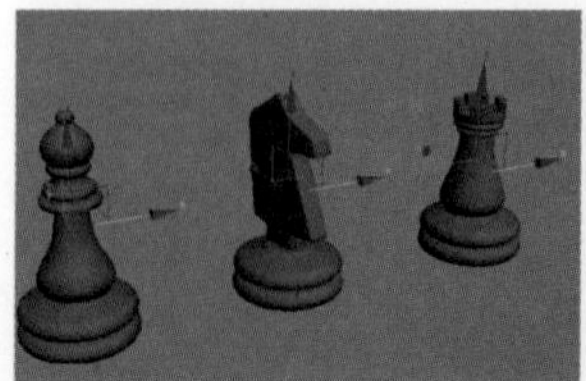
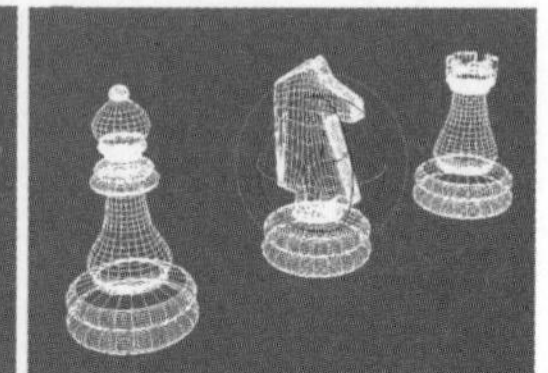

图2-43

2.3.4 使用变换坐标中心

“使用变换坐标中心”功能，使用户能够围绕当前坐标系的中心对一个或多个对象进行旋转或缩放。当通过“拾取”功能选择其他对象作为坐标系时，坐标中心将位于该对象的轴点上。如图2-44所示，在选择中间的一个对象并使用变换坐标中心进行旋转时，该对象会围绕所选坐标系的中心点进行旋转，从而实现精确的变换控制。

图2-44

2.4 变换约束

变换约束是用于限制对象沿特定轴或在特定平面内进行变换（如移动、旋转和缩放）的工具。这些控件位于轴约束工具栏中，该工具栏在默认情况下可能不显示。要启用轴约束工具栏，可以右击主工具栏的空白区域，并从弹出的快捷菜单中选择“轴约束”选项。启用后，即可利用这些控件来精确地控制对象在三维空间中的变换行为了。

2.4.1 限制到*X*轴

“限制到*X*轴”功能允许用户将对象的所有变换操作（包括移动、旋转和缩放）限制在*X*轴上进行。当选中“选择并移动”工具并同时激活“限制到*X*轴”按钮时，你会发现对象只能沿着*X*轴方向进行移动，这大幅提高了操作的精确性和效率，如图2-45所示。

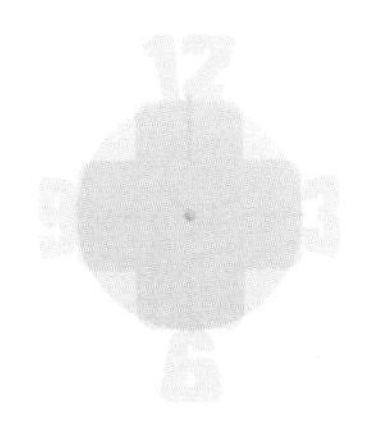
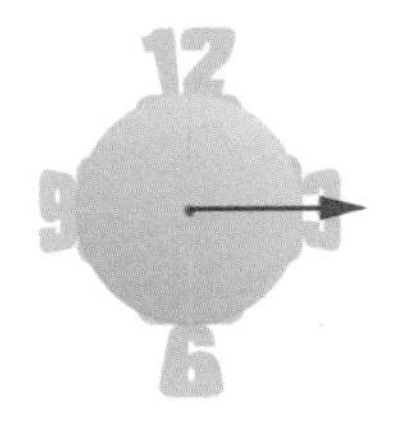

图 2-45

2.4.2 限制到Y轴

“限制到Y轴”功能能够将对象的所有变换操作（包括移动、旋转和缩放）精确地限制在Y轴上进行。当选择了“选择并移动”工具，并同时激活了“限制到Y轴”按钮时，你会发现对象只能沿着Y轴方向进行移动，这可以极大地提升精确操作的便捷性，如图2-46所示。

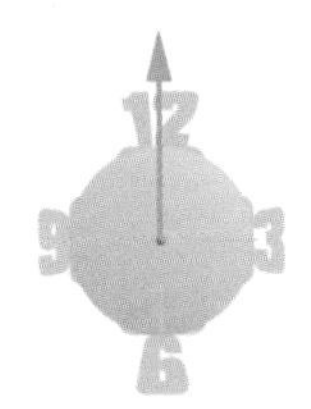
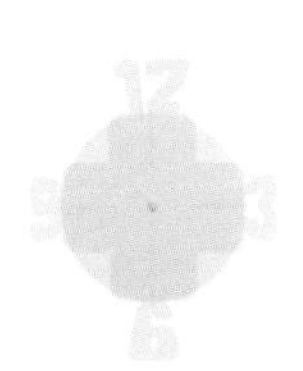

图 2-46

2.4.3 限制到Z轴

“限制到Z轴”功能允许用户将所有变换操作（包括移动、旋转和缩放）精确地限制在Z轴上进行。当选择了“选择并移动”工具并同时激活“限制到Z轴”按钮时，对象将只能在Z轴方向上移动，这在进行三维空间中的精确操作时非常有帮助，如图2-47所示。

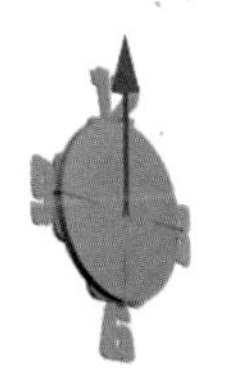
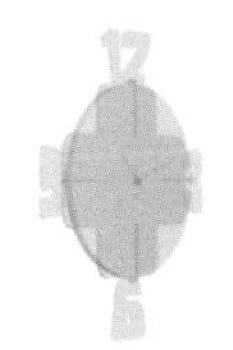

图 2-47

2.4.4 限制到XY平面

利用“限制到XY平面”功能，可以将所有变换操作（包括移动、旋转和缩放）限制在XY轴构成的平面内进行。这一平面在默认设置下与顶视图保持平行。通过该功能，可以更便捷、精确地在XY平面上进行变换操作，同时避免对象在其他轴向上发生没必要的移动或旋转，如图2-48所示。

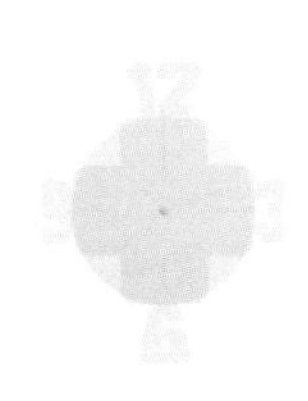
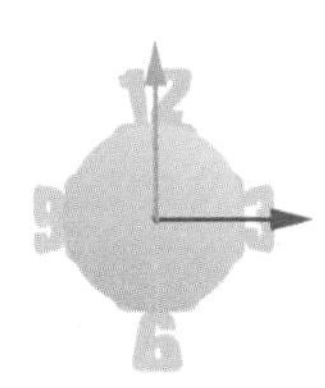

图 2-48

2.5 变换工具

变换工具在3ds Max中扮演着至关重要的角色，它们允许用户根据特定条件对对象进行变换。这些工具不仅功能强大，而且十分常用，能够大幅提高我们的工作效率。

2.5.1 镜像工具

使用“镜像”对话框，可以方便地沿着特定方向镜像一个或多个对象，并且可以选择是否移动这些对象。此外，还可以选择围绕当前坐标系的中心进行镜像操作。在镜像过程中，会弹出“镜像：屏幕 坐标”对话框，其中还提供了克隆当前选择的选项，这样就可以在保留原始对象的基础上得到其镜像副本，如图2-49所示。

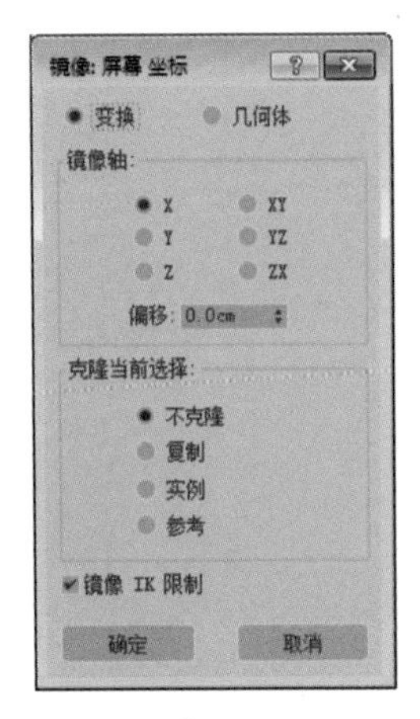

图 2-49

镜像对象的一般操作步骤如下。

步骤01 选择需要镜像的对象。

步骤02 在主工具栏中单击“镜像”按钮。

步骤03 在弹出的“镜像：屏幕 坐标”对话框中设置镜像参数，然后单击“确定”按钮。

如图2-50所示，在学习“镜像”之前，先了解一下轴点的知识（素材文件：第2章/Scenes/“镜像”工具的使用.max）。

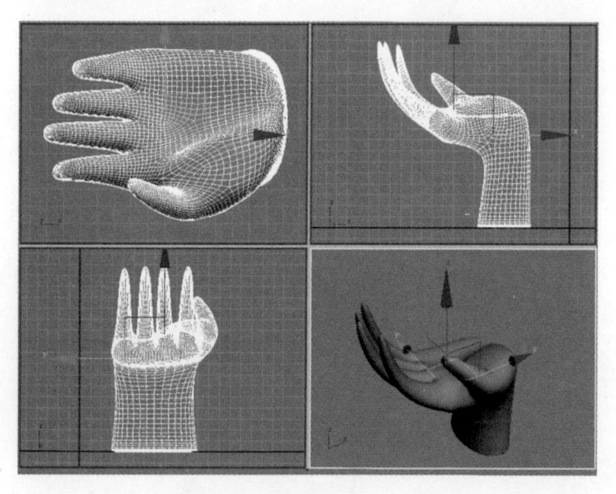

图2-50

“轴点”是对象的局部中心和局部坐标系，在选中“轴点变换中心”时，它成为旋转和缩放的中心点。通过使用“层次”命令面板中的轴点功能，可以随时显示并调整对象的轴点位置和方向。这种调整是灵活的，轴点可以被放置在对象之外的任何位置，而不会影响链接该对象的任何子对象。这意味着，通过改变轴点的位置，我们可以更精确地控制对象的旋转和缩放行为，同时保持与其他对象的链接关系不变。

实例操作 “镜像”工具的使用

了解了关于轴点的相关知识后，下面讲述“镜像”工具的具体使用方法。

步骤01 进入“层次”命令面板，默认的“轴点”位置是在物体的几何中心处，单击“仅影响轴”按钮，然后移动轴点到如图2-51所示的位置。

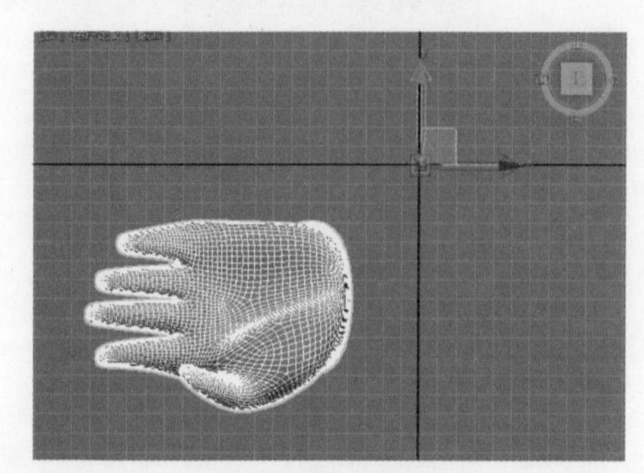

图2-51

步骤02 选择顶视图，然后选择物体，在主工具栏中单击“镜像”按钮，在弹出的“镜像：屏幕 坐标”对话框中设置参数。镜像轴选择X轴，镜像前后的对比效果，如图2-52所示。

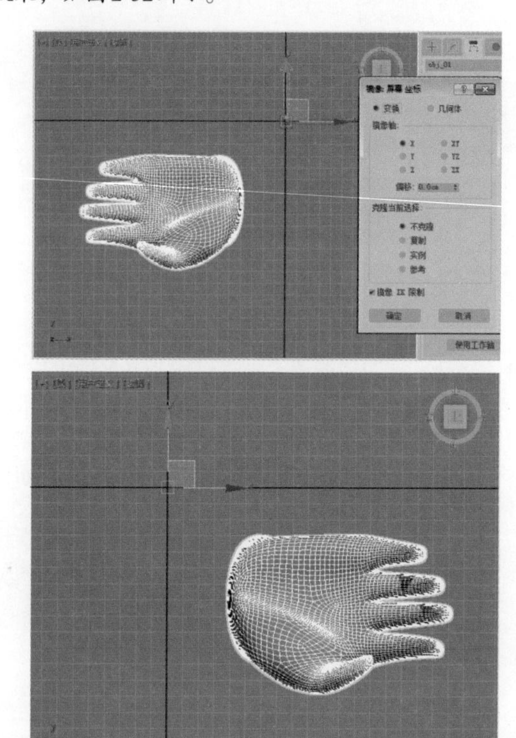

图2-52

步骤03 在“镜像：屏幕 坐标”对话框中，选择Y轴，单击“确定”按钮，镜像前后的对比效果，如图2-53所示。

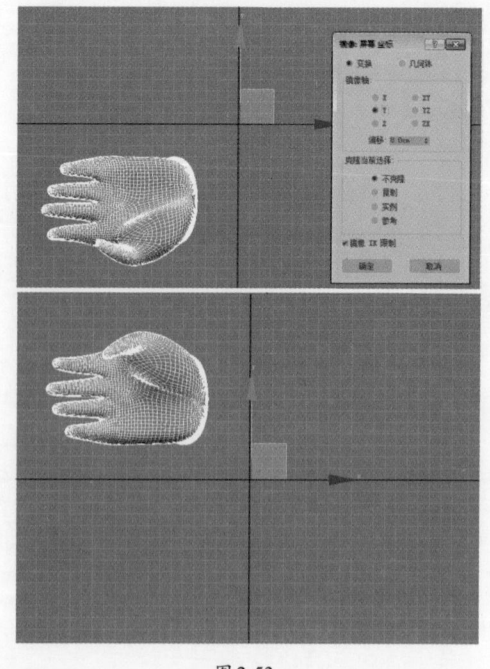

图2-53

步骤04 在“镜像：屏幕 坐标”对话框中，选择Z轴，单击“确定”按钮，镜像前后的对比效果，如图2-54所示。

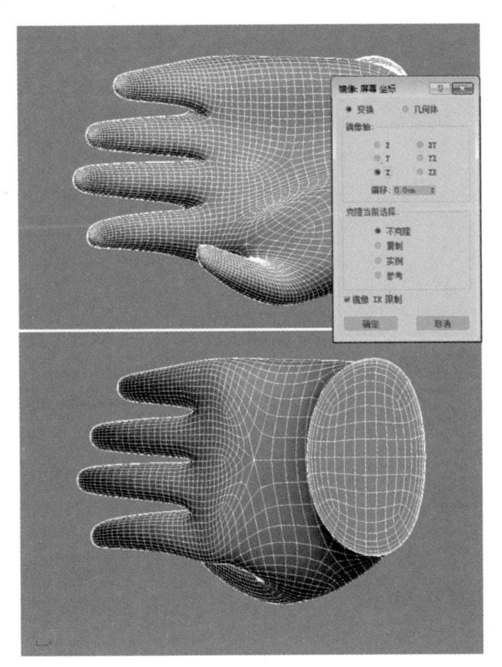

图2-54

步骤05 同样在顶视图中，选择物体，在主工具栏中单击“镜像”按钮，弹出“镜像：屏幕 坐标”对话框，选择*XY*轴，并选中“复制”单选按钮，再单击“确定”按钮，镜像前后的对比效果，如图2-55所示，复制出了一个新的物体。

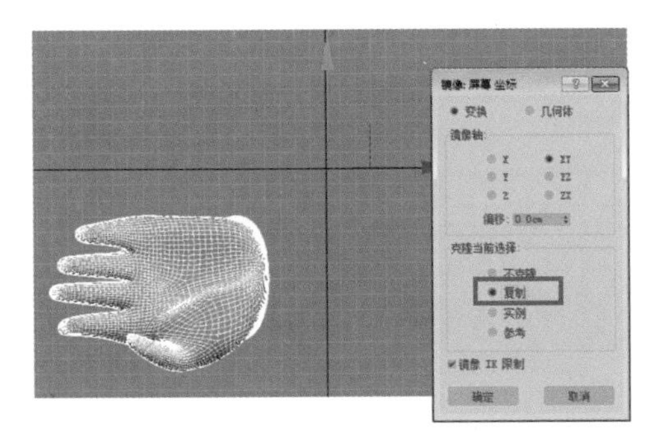

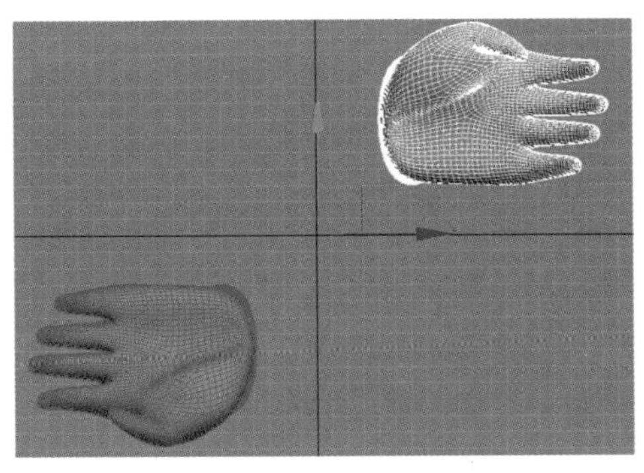

图2-55

步骤06 在“镜像：屏幕 坐标”对话框中选择*YZ*轴，并选中“复制”单选按钮，单击“确定”按钮，镜像前后的对比效果，如图2-56所示。

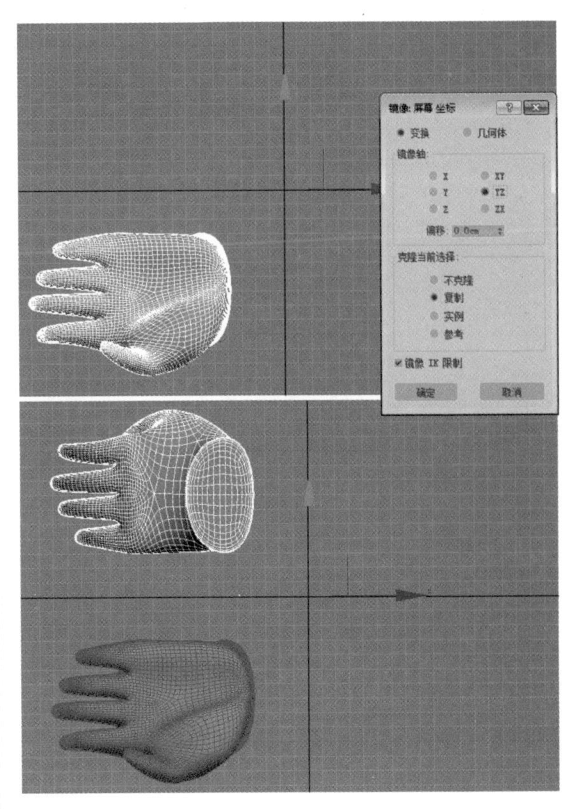

图2-56

步骤07 在“镜像：屏幕 坐标”对话框中选择*ZX*轴，并选中“复制”单选按钮，单击“确定”按钮，镜像前后的对比效果，如图2-57所示。

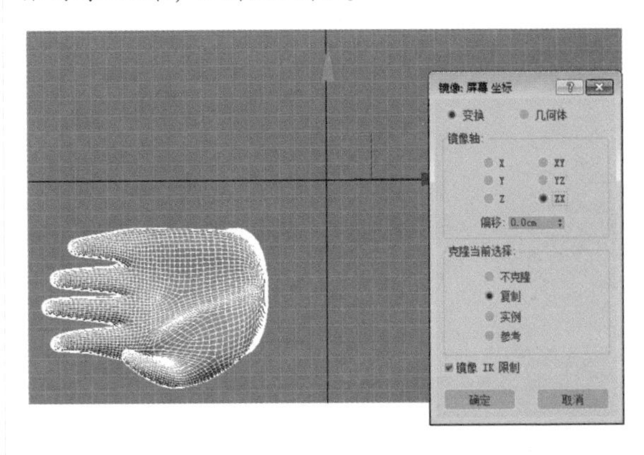

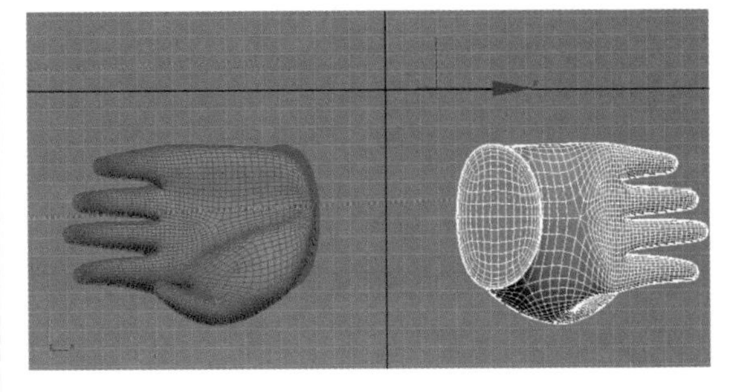

图2-57

关于“克隆当前选择”选项区域中的“实例”和“参考”单选按钮，在“镜像”功能中的表现确实与复制相似，但实际上它们之间存在微妙的差异。这些差异涉及对象之间的关联性、更新方式以及对原始对象的依赖程度。为了更深入地理解这些概念及其在实际应用中的影响，我们将在后续的相关章节中进行详细探讨。

2.5.2 阵列工具

使用“阵列”对话框可以根据当前的选择来创建对象阵列。单击“阵列”按钮，会弹出“阵列”对话框，该对话框提供了强大的功能，支持创建一维、二维和三维的阵列，从而满足你在各个方向上的排列需求。如图2-58所示，通过阵列维度组，你可以轻松选择所需的阵列类型，并按照预设的参数进行排列。“阵列”功能在场景设计中尤为实用，无论是布置场景元素、制作重复对象，还是进行模式排列，都可以通过该功能快速、高效地完成。

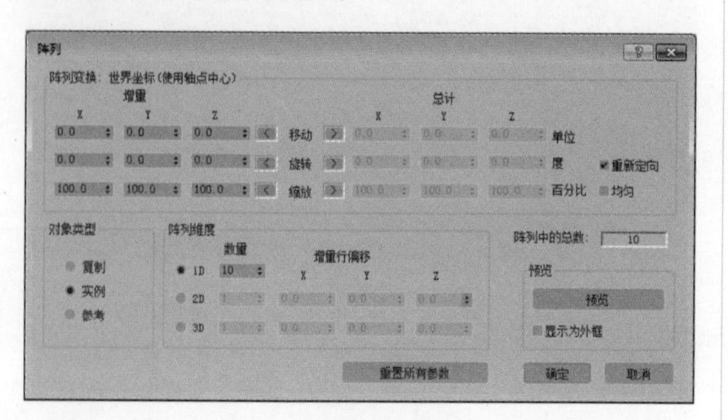

图2-58

“阵列”对话框中，主要的参数和控件的使用方法如下。

- “增量”选项区域
  - » 移动：指定阵列中每个对象沿X、Y和Z轴方向之间的距离。通过调整这些值，可以控制对象在三维空间中的位置分布。单位是场景中的标准测量单位，如米、厘米等。
  - » 旋转：设置阵列中每个对象绕X、Y或Z轴旋转的角度。实现具有旋转效果的对象阵列，例如螺旋形排列等。旋转的角度以度为单位进行测量。
  - » 缩放：设置阵列中每个对象沿X、Y或Z轴的缩放比例。通过调整缩放值，可以实现对象在尺寸上的渐变效果，从而创建出具有视觉层次感的阵列。缩放比例以百分比形式表示，100%表示原始大小，小于100%表示缩小，大于100%表示放大。
- “总计”选项区域
  - » 移动：指定沿X、Y和Z轴方向，阵列中两个外部对象轴点之间的总距离。例如，为6个对象编排阵列，并将“移动X”总计设置为100个单位，那么这6个对象将在一行中排列，且行中两个最外侧对象的轴点之间的距离恰好为100个单位。这一设置有助于精确控制阵列的整体尺寸和对象之间的间距。
  - » 旋转：指定对象沿X、Y、Z轴旋转的总度数。例如，当需要创建一个总旋转角度为260°的阵列时，可以通过调整此参数来实现。这允许用户创建具有特定旋转效果的复杂阵列，如螺旋状或环绕式排列。
  - » 重新定向：当选中该复选框时，生成的对象在围绕世界坐标旋转的同时，还会围绕其自身的局部轴进行旋转。这种双重旋转效果可以创建出更加动态和自然的阵列姿态。如果未选中该复选框，那么对象将保持其原始方向，仅根据世界坐标进行旋转。
  - » 缩放：指定对象沿X、Y、Z轴缩放的总比例。通过调整这些值，可以控制阵列中对象在尺寸上的整体变化范围，从而创建出具有视觉层次感和变化性的阵列效果。
- “对象类型”选项区域
  - » 复制：这是默认设置。当选中该单选按钮时，阵列功能将在指定位置创建选定对象的独立副本。这些副本与原始对象没有关联性，意味着对原始对象的修改不会影响这些副本，反之亦然。
  - » 实例：选中该单选按钮，阵列功能将在指定位置创建选定对象的实例。这些实例与原始对象是相互关联的，对原始对象或任何一个实例的修改都会影响到其他所有实例。这种设置可以节省计算机内存空间，因为所有的实例都共享相同的几何数据。
  - » 参考：选中该单选按钮，阵列功能将在指定位置创建选定对象的参考副本。这些参考对象与原始对象之间建立了一种特殊的链接关系。虽然对原始对象的修改会影响到参考对象，但对参考对象的修改不会影响到原始对象或其他参考对象。此外，如果删除了原始对象，那么参考对象将变为独立的对象，不再受原始对象的影响。
- “阵列维度”选项区域
  - » 1D：选中该单选按钮，将基于“阵列变换”选项区域中的参数创建一个线性（一维）的阵列。设置“数量”值而生成一维阵列中对象的总数。例如，设置为5，那么将沿着定义的方向创建包含5个对象的阵列。

- 2D：创建二维阵列。设置“数量”值而生成在二维阵列中对象的总数；设置X/Y值指定沿二维阵列的每个轴方向的增量偏移距离。
- 3D：创建三维阵列。设置“数量”值而生成在三维阵列中对象的总数；设置X/Y/Z值指定沿三维阵列的每个轴方向的增量偏移距离。

实例操作 阵列对象

步骤01 打开一个实例场景文件，如图2-59所示（素材文件：第2章/Scenes/阵列工具的使用.max）。

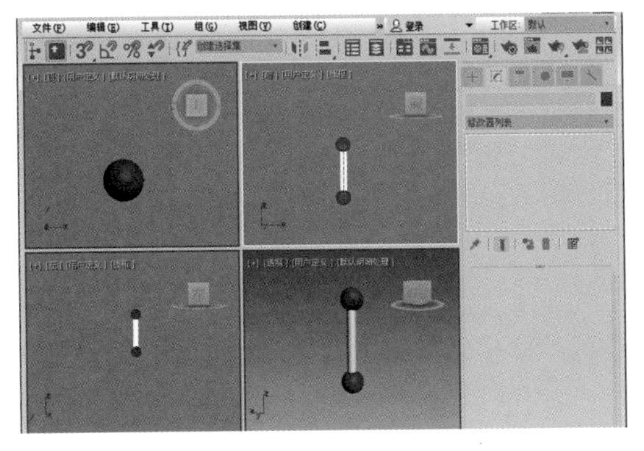

图2-59

步骤02 选择所有物体，执行“工具”→“阵列”命令，打开“阵列”对话框，按照图2-60所示设置其参数。

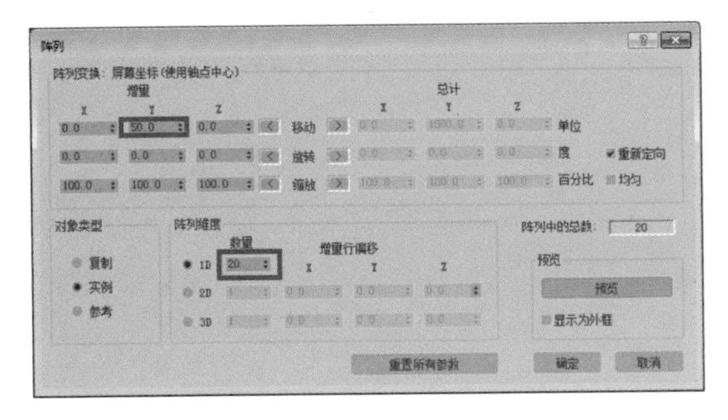

图2-60

步骤03 单击“确定”按钮后，沿Y轴的方向排列出共20个相同的物体，如图2-61所示。

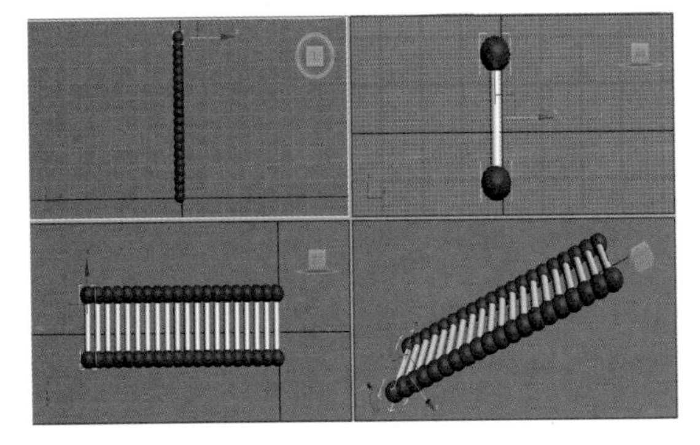

图2-61

步骤04 再次打开实例场景，重新进行参数设置，这次设置增加了沿Y轴方向的旋转角度，如图2-62所示。

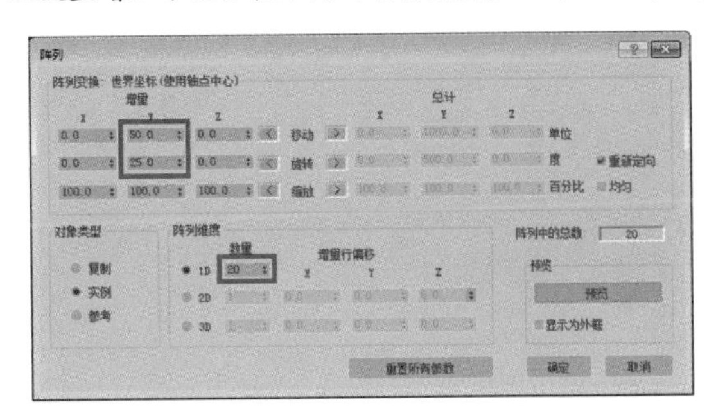

图2-62

步骤05 单击“确定”按钮后，物体在沿Y轴方向排列的同时，伴随着自身的旋转，得到了与基因链类似的物体，如图2-63所示。

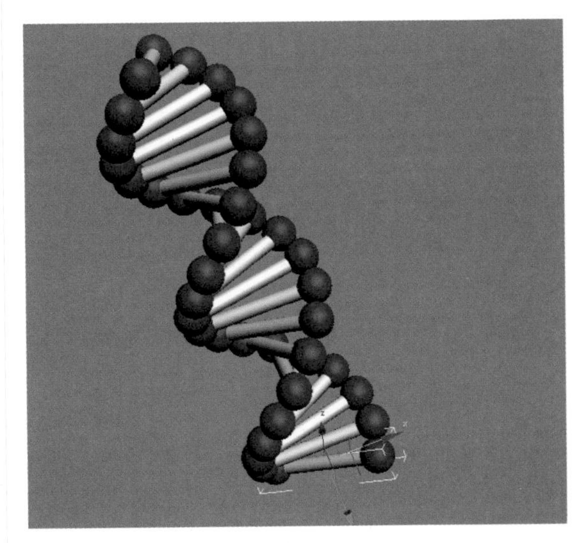

图2-63

步骤06 下面进行2D阵列，也就是二维空间的阵列，选中所有对象，按照图2-64所示设置其参数。

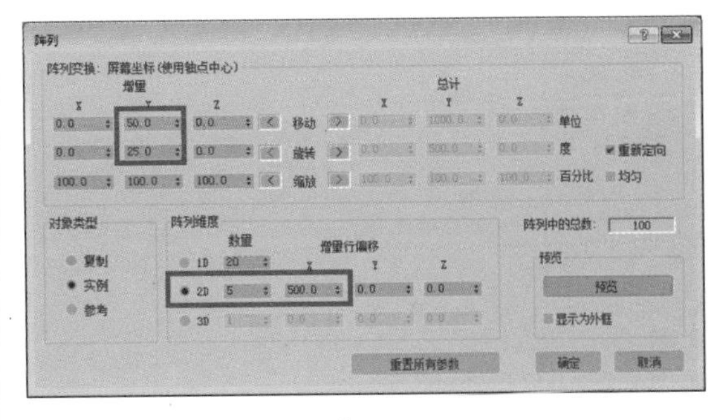

图2-64

步骤07 单击“确定”按钮后，如图2-65所示，物体在原来的基础上又沿X轴方向移动了500个单位。

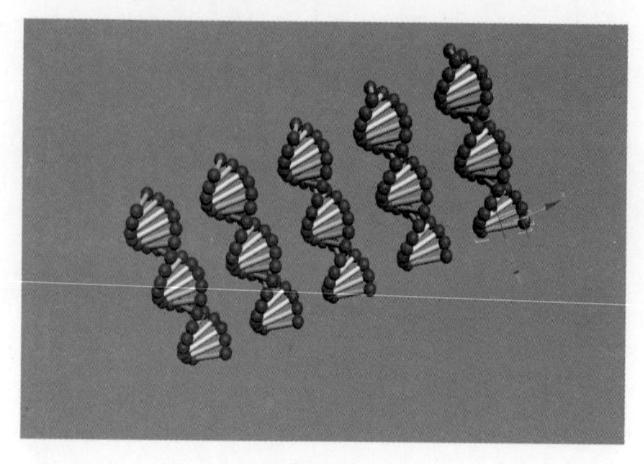

图2-65

步骤08 下面进行3D阵列，也就是创建三维阵列。选中所有对象，按照图2-66所示设置其参数。

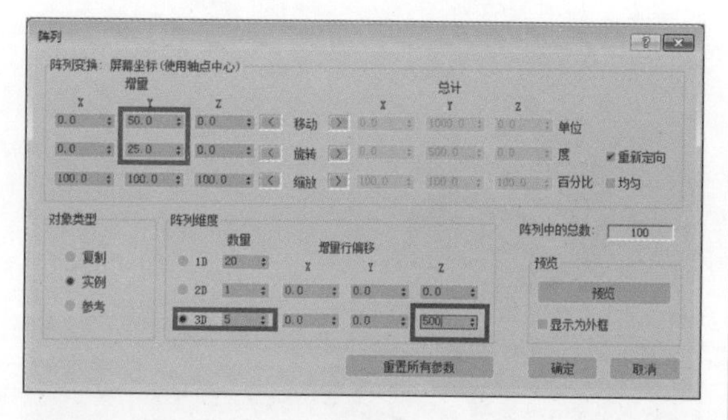

图2-66

步骤09 单击“确定”按钮后，如图2-67所示，在*Z*轴方向上又排列出5组新的物体。

图2-67

2.5.3 间隔工具

使用“间隔”功能可以沿着样条线或两个点定义的路径分布对象。该功能不仅可以选择分布对象的类型（复制、实例或参考），还提供了多种参数来精确控制对象的分布方式和位置。

通过拾取样条线，或者定义两个点，并设置相关参数，可以轻松定义对象应该遵循的路径。此外，“间隔工具”还可以指定对象之间的间隔方式，例如是否等距分布，或者基于特定的距离或百分比来设置间隔，如图2-68所示。

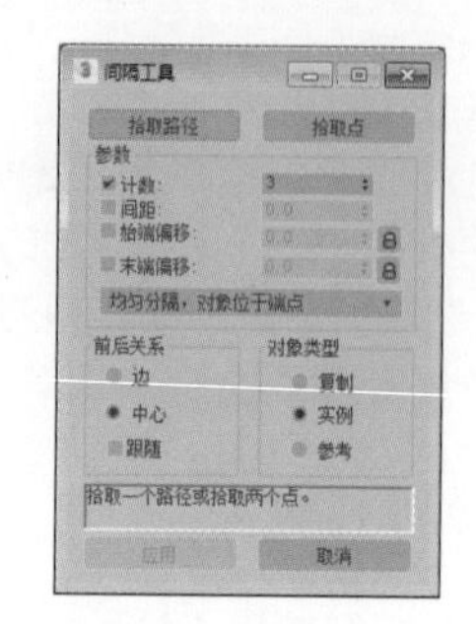

图2-68

另一个有用的功能是能够控制对象的轴点是否与样条线的切线对齐。这种对齐方式可以确保对象在沿着路径分布时保持正确的方向，从而创建出更加自然和流畅的视觉效果。

若要沿路径分布对象，可以进行以下操作。

步骤01 选择要分布的对象，这是执行“间隔工具”命令的第一步。

步骤02 执行“工具”→“对齐”→“间隔工具”命令，弹出“间隔工具”对话框。

步骤03 该命令提供了两种方式来定义路径：拾取现有的样条线或手动拾取两个点来创建一条新的样条线。如果单击“拾取点”按钮，那么创建的样条线在执行完“间隔工具”命令后会被删除。

步骤04 在“参数”选项区域中，可以选择不同的间隔复选框，并通过调整“计数”“间距”“始端偏移”“末端偏移”等参数来精确控制对象的分布。

步骤05 在“前后关系”选项区域中，选择“边”单选按钮，将通过对象的边界框确定间隔；选择“中心”单选按钮，将以中心确定间隔，这取决于具体需求。

步骤06 如果希望对象的轴点与样条线的切线对齐，则可以选中“跟随”复选框。

步骤07 在“对象类型”选项区域中，确定输出的对象是“复制”“实例”，还是“参考”类型。

步骤08 完成所有设置后，单击“应用”按钮并查看结果。

实例操作 间隔工具的使用

步骤01 打开实例场景，如图2-69所示，这是一个模型和一个线条组成的场景，下面将用这个场景演示“间隔工具”命令的使用方法（素材文件：第2章/Scenes/间隔工具的使用.max）。

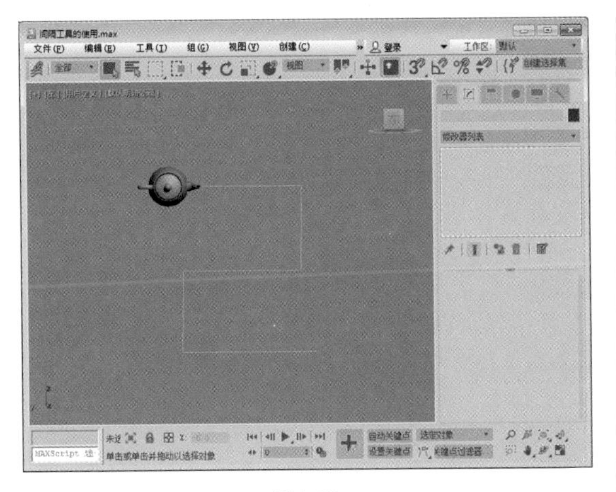

图 2-69

步骤02 执行“工具”→“对齐”→“间隔工具”命令，弹出“间隔工具”对话框，按照图2-70所示设置参数，并单击“应用”按钮，模型就会均匀地分布在线条上。

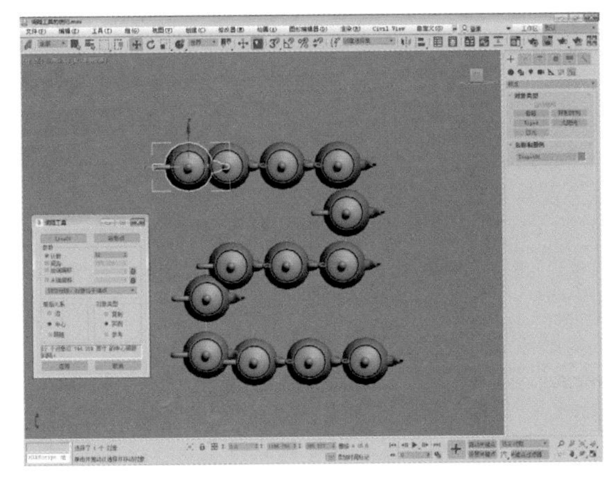

图 2-70

2.5.4 克隆并对齐工具

“克隆并对齐”工具允许用户基于当前选择将一个或多个源对象分布到多个目标对象上。该工具在场景设计、建筑设计或游戏制作中特别有用，因为它可以快速复制并对齐对象，从而节省大量时间。

例如，想将一些家具布置到多个房间（目标对象）中，那么“克隆并对齐”工具就是完成这个任务的理想选择。你只需选择源对象，然后指定目标对象，软件就会自动将源对象复制到每个目标对象的位置，并根据需要进行对齐。

此外，该工具还提供了丰富的参数设置，以满足不同的克隆和对齐需求。你可以选择克隆对象的类型（复制、实例或参考），指定克隆的数量，以及在*X*、*Y*、*Z*轴上的位置和方向偏移。

当使用多个源对象时，“克隆并对齐”工具会保持每个克隆组成员之间的相对位置关系不变，并以目标对象的轴为中心进行对齐。这意味着，如果选择了一组相互关联的对象作为源对象，那么这些对象在克隆后仍然会保持原有的相对位置关系，从而保持场景的整体协调性，如图2-71所示。

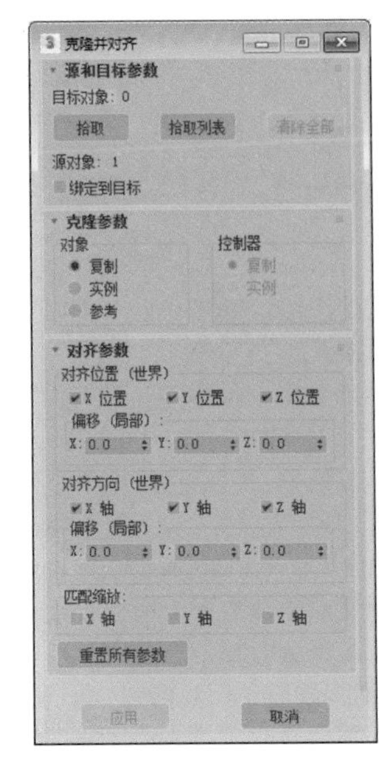

图 2-71

若要克隆并对齐对象，可以进行以下操作。

步骤01 选择想要克隆的对象，这些对象将作为克隆的基础，也被称为源对象。

步骤02 执行“工具”→“对齐”→“阵列”命令，弹出“克隆并对齐”对话框。

步骤03 单击“拾取”按钮，并依次单击每个目标对象。接着，再次单击“拾取”按钮将其禁用。或者单击“拾取列表”按钮，利用弹出的“拾取目标对象”对话框，拾取目标对象。

步骤04 在“克隆并对齐”对话框中，可以设置克隆的选项。例如，可以选择克隆的对象类型是“复制”“实例”，还是“参考”。此外，还可以指定克隆的数量，以及是否在*X*、*Y*、*Z*轴上应用位置和方向偏移。

步骤05 完成所有设置后，单击“克隆并对齐”对话框中的“应用”按钮。此时，源对象将被克隆到每个目标对象的位置，并根据设置进行对齐。

步骤06 完成所有操作后，关闭“克隆并对齐”对话框。

2.5.5 对齐工具

在3ds Max中，主工具栏上的“对齐”弹出按钮提供了6种不同的对齐工具，这些工具可以帮助用户精确地调整对象的位置和方向。当单击“对齐”按钮并选择对象后，会弹出“对齐”对话框，该对话框提供了丰富的选项来控制对齐的方式，如图2-72所示。

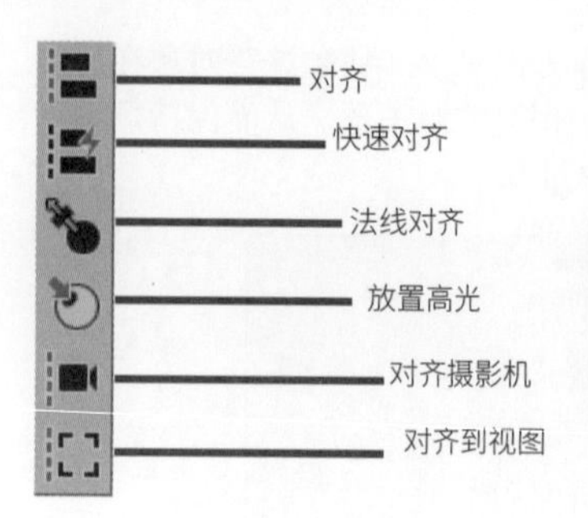

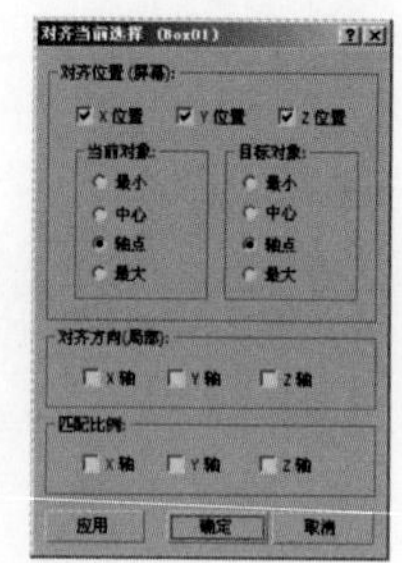

图 2-72

“对齐”对话框中主要的参数含义如下。

- “对齐位置”区域。
  - X位置/Y位置/Z位置：指定要在其中进行对齐操作的一个或多个轴。选中3个复选框，可以将当前对象移至目标对象位置。
- “当前对象”和“目标对象”区域：允许用户定义对象边界框上用于对齐的特定点。例如，可以选择将当前对象的轴点（即其旋转和缩放的中心点）与目标对象的中心点对齐，或者选择其他对齐点，如最小、中心、最大等。
  - 最小：将具有最小X、Y和Z值的对象边界框上的点与其他对象上的选定点对齐。
  - 中心：将对象边界框的中心与其他对象上的选定点对齐。
  - 轴点：将对象的轴点与其他对象上的选定点对齐。
  - 最大：将具有最大X值、Y值和Z值的对象边界框上的点与其他对象上的选定点对齐。
- “对齐方向（局部）”区域：用于匹配两个对象之间的局部坐标系方向。这与位置对齐是分开的，意味着用户可以仅旋转当前对象以使其与目标对象的方向相匹配，而不改变其位置。注意，位置对齐是基于世界坐标系的，而方向对齐是基于局部坐标系的。
- “匹配比例”区域：通过使用X轴、Y轴和Z轴的选项，可以匹配两个选定对象之间的缩放轴值。然而，这并不意味着两个对象在视觉上的大小会完全相同，因为它只是匹配了变换输入中显示的缩放值。如果两个对象在之前都没有被缩放过，那么它们的实际大小不会因为这个操作而改变。

要想将对象与点对象对齐，需要进行以下操作。

步骤01 在场景中创建一个点辅助对象，并将其放置在希望源对象对齐的目标位置上。点辅助对象可以作为一个参考点或目标点来定位其他对象。如果需要，则可以旋转该点以设置特定的方向。

步骤02 选择想要对齐的源对象，这是将要移动到点辅助对象位置的对象。

步骤03 在主工具栏上单击“对齐”按钮，或者执行“工具”→“对齐”命令。此时，鼠标指针会变成一个带有十字线的图标，表示现在处于对齐模式。

步骤04 将鼠标指针移至点辅助对象上并单击，以选择它作为对齐的目标。此时，会弹出“对齐当前选择”对话框。

步骤05 在“对齐当前选择”对话框的“对齐位置（屏幕）”选项区域中，选中“X位置”复选框，源对象会在X轴上与点辅助对象对齐。接着选中“Y位置”和“Z位置”复选框，源对象的中心会移至点辅助对象的位置。

步骤06 如果还希望源对象的方向与点辅助对象匹配，则可以在“对齐方向（局部）”选项区域中选中“X轴”“Y轴”“Z轴”复选框。这样，源对象的局部坐标系统将与点辅助对象的坐标系统一致。

要按位置和方向对齐对象，需要进行以下操作。

步骤01 选择想要对齐的源对象，这是将要移至目标对象位置或与之对齐的对象。

步骤02 在主工具栏上单击“对齐”按钮，或者执行“工具”→“对齐”命令。此时，鼠标指针会变成对齐工具的图标，当将鼠标指针悬停在可以作为对齐目标的对象上时，会显示十字线。

步骤03 将鼠标指针定位到想要对齐的目标对象上并单击。此时，会弹出“对齐当前选择”对话框，其中包含了用于对齐的各种选项。

步骤04 在“当前对象”和“目标对象”选项区域中，选择想要在哪个点上进行对齐，例如“最小”、“中心”、“轴点”或“最大”，这些点将作为对齐的参考点。

步骤05 根据需求，选中“X位置”“Y位置”“Z位置”复选框的任意组合来开始对齐操作。源对象会根据所选的参考坐标系轴与目标对象进行对齐。通过调整这些选项，可以精确地控制对象的移动。

步骤06 如果还希望源对象的方向与目标对象一致，则可以在“对齐方向”选项区域中选中“X轴”“Y轴”“Z轴”复选框的任意组合。源对象会根据所选的轴进行旋转以匹配目标对象的方向。如果两个对象的方向已经相同，那么启用这些轴不会产生任何效果。另外，如果选择对齐两个轴的方向，那么第三个轴的方向将自动确定。

实例操作 对齐对象

步骤01 打开一个实例场景，其中包含两个Box物体，下面通过这个场景，详细说明对齐工具的具体使用方法（素材文件：第2章/Scenes/对齐工具的使用.max）。

步骤02 在顶视图中，选择想要对齐的源对象。在主工具栏上单击“对齐”按钮，或者执行“工具”→“对齐”命令。在弹出的“对齐当前选择”对话框的“对齐位置”选项区域，选中“X位置”复选框，两个Box物体分别以“最小”与“最小”、“最小”与“中心”、

“最小”与“轴点”、“最小”与“最大”的方式对齐，如图2-73~图2-76所示。

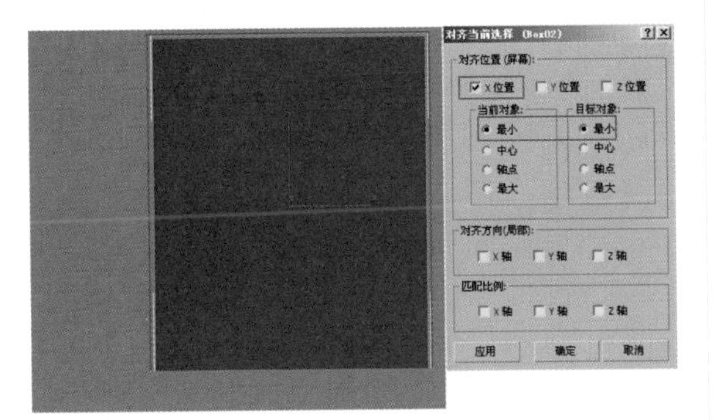

图2-73

图2-74

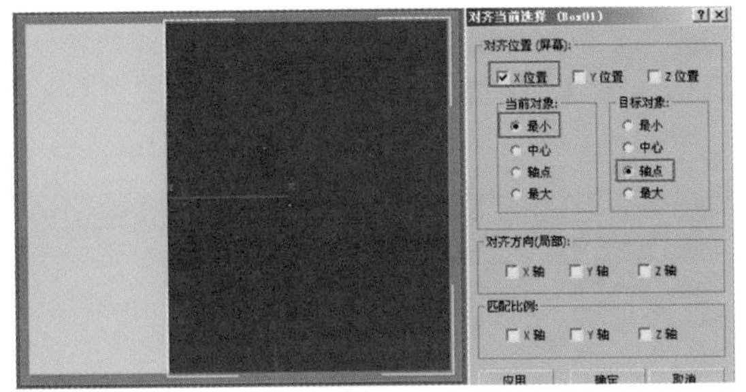

图2-75

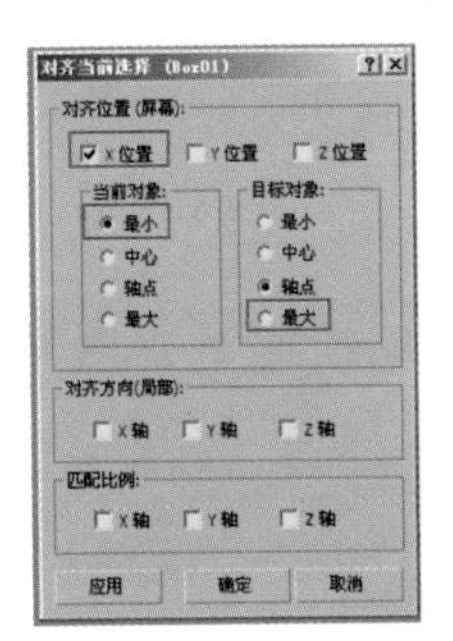

图2-76

步骤03 在“对齐位置”选项区域，选中“*X*位置”和“*Y*位置”复选框，两个Box物体分别以“最小”与“最小”、“最小”与“中心”、“最小”与“轴点”、“最小”与“最大”的方式对齐，如图2-77~图2-80所示。

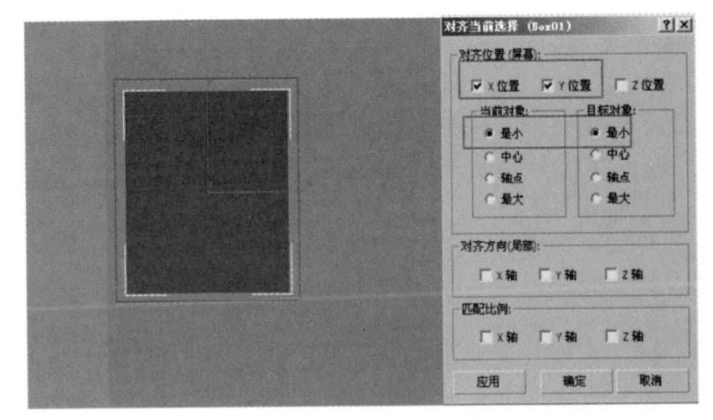

图2-77

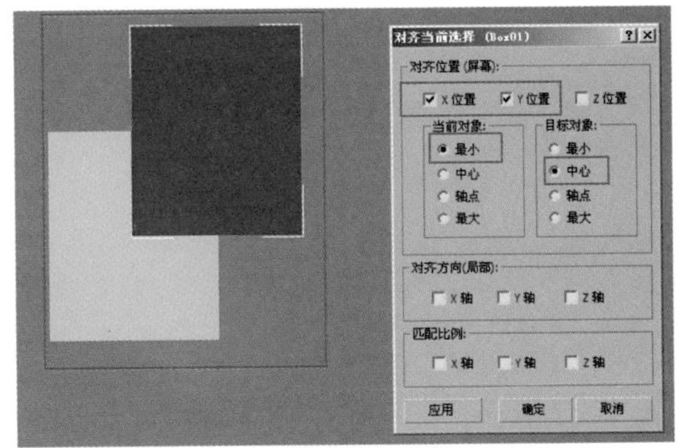

图2-78

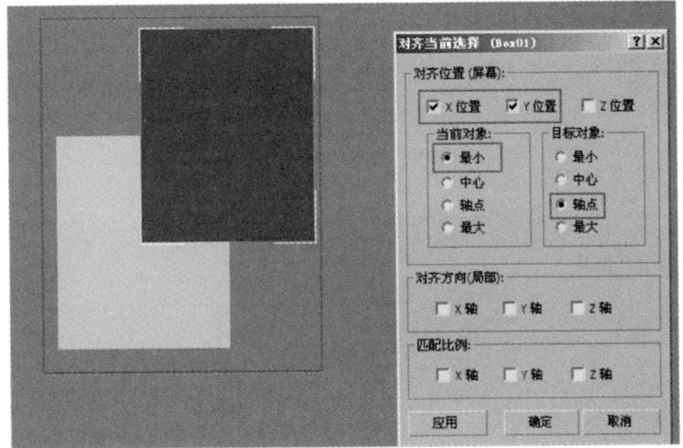

图2-79

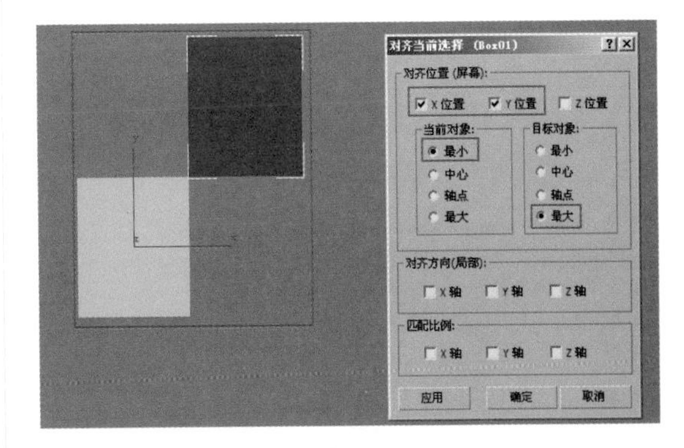

图2-80

步骤04 切换到前视图中，在“对齐位置”选项区域，选择“*X*位置”“*Y*位置”“*Z*位置”复选框，两个Box物体分别以“最小”与“最小”、“最小”与“中心”、“最小”与“轴点”、“最小”与“最大”的方式对齐，如图2-81~图2-83所示。

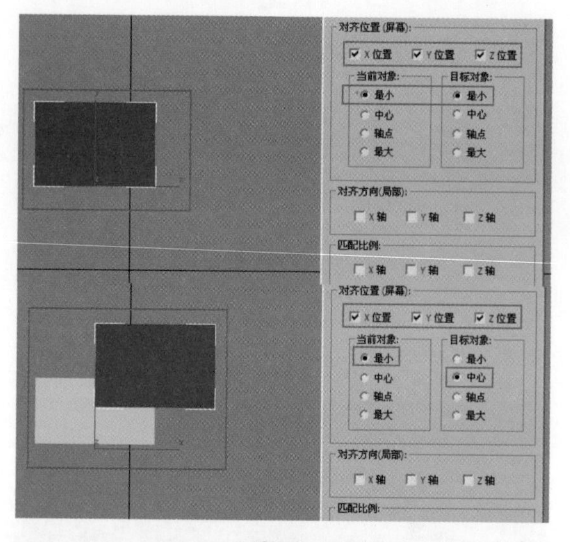

图2-81

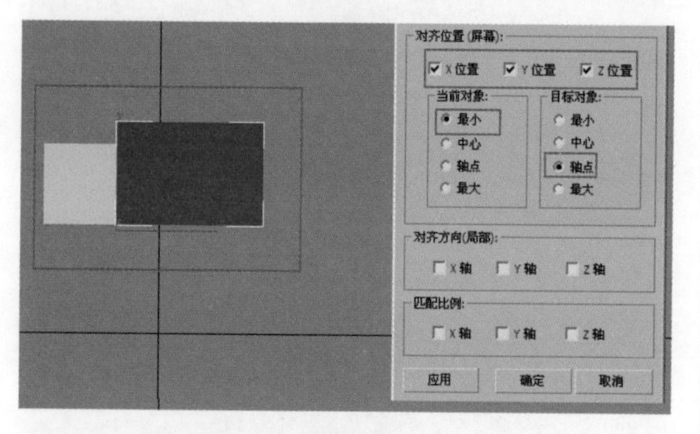

图2-82

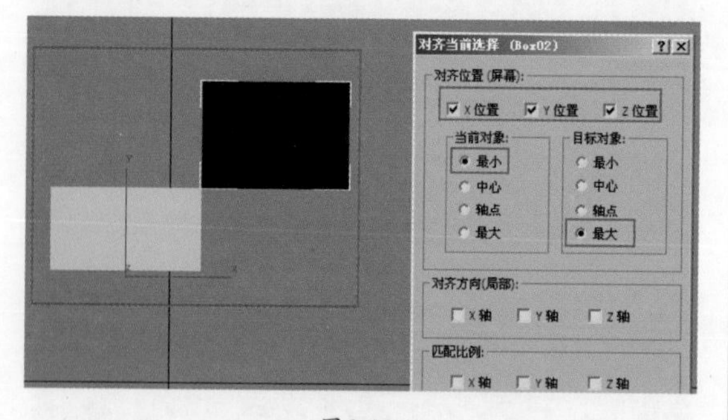

图2-83

步骤05 将蓝色Box物体随意旋转并缩放，如图2-84所示。

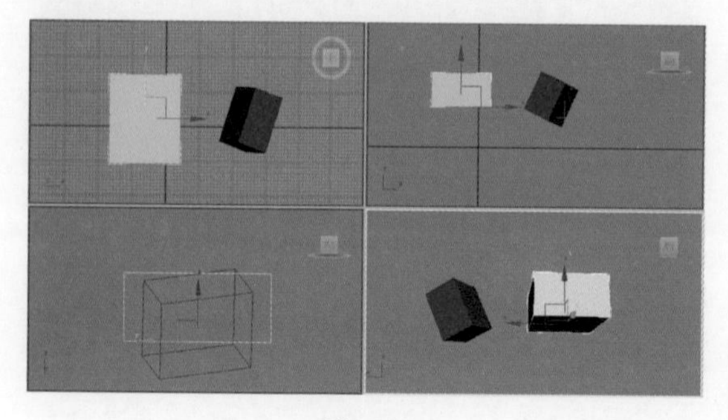

图2-84

步骤06 在“方向对齐”选项区域，选中“X轴”和“Y轴”复选框，可以看到X和Y轴方向已经对齐了，然后单击“应用”按钮，确定它们在方向上对齐，如图2-85所示。

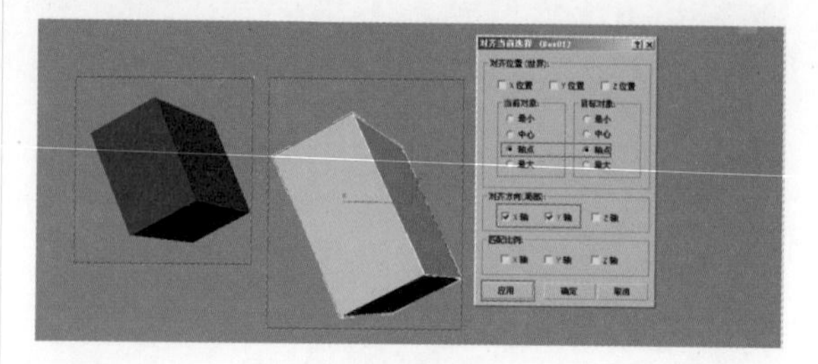

图2-85

步骤07 在“匹配比例”选项区域，选中“X轴”和“Y轴”复选框，此时蓝色Box物体会在比例上匹配绿色Box物体，单击“应用”按钮，如图2-86所示。

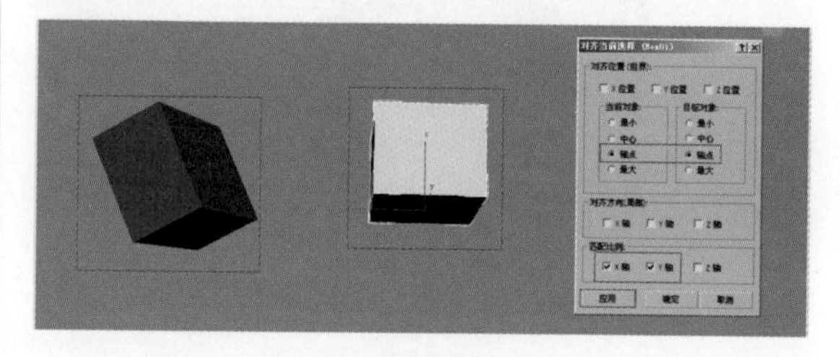

图2-86

步骤08 在“对齐当前选择”对话框中，按照图2-87所示进行设置，此时发现两个Box物体已经完全重合在一起。

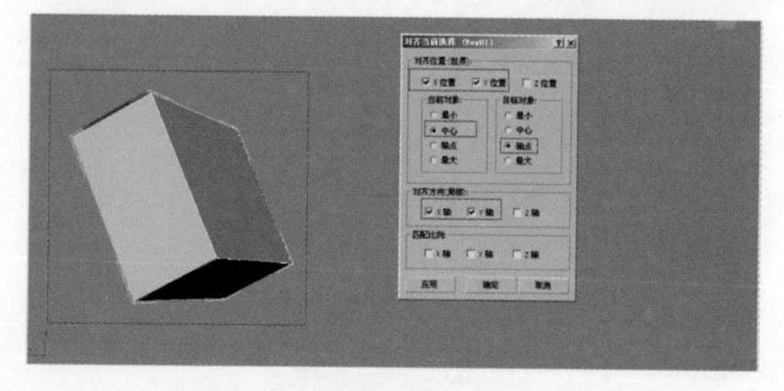

图2-87

实例操作 使用快速对齐功能

使用“快速对齐”功能，可以迅速将当前选择的对象位置与目标对象的位置对齐。若当前选择的是单个对象，该功能将会利用两个对象的轴线来进行对齐。若当前选择包含多个对象或子对象，则使用“快速对齐”功能可以将所选内容的中心与目标对象的轴线对齐。具体的操作步骤如下。

步骤01 由于“快速对齐”没有用户界面或选项，这里用一个实例讲述它具体是如何实现的，打开场景文件，如图2-88所示（素材文件：第2章/Scenes/快速对齐工具的使用.max）。

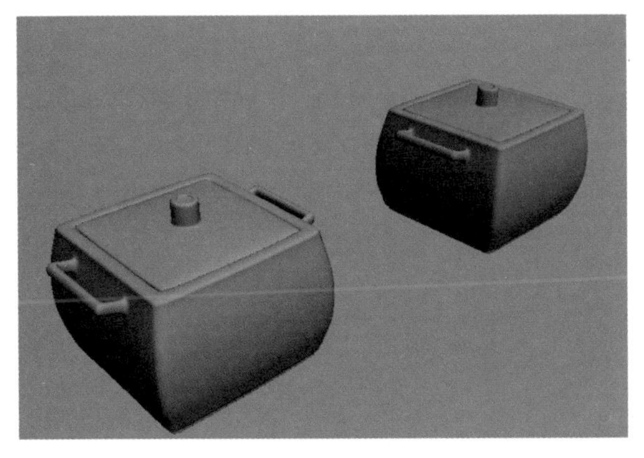

图 2-88

步骤02 在视图中选择灰色的物体，单击“快速对齐”按钮，或者执行“工具”→“快速对齐”命令，当鼠标指针变为“闪电”形时，单击蓝色物体，如图2-89所示，两个物体完全对齐了。

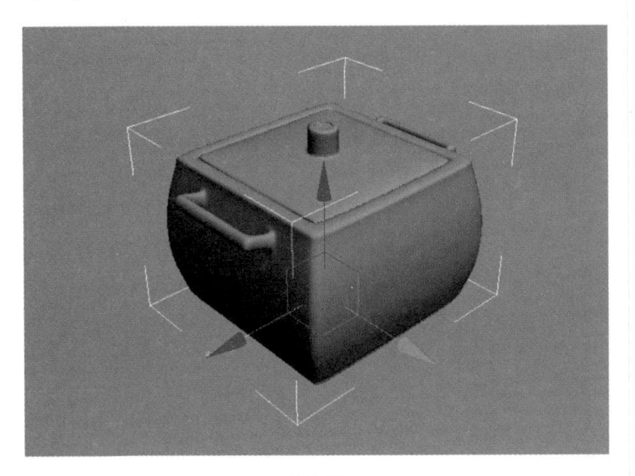

图 2-89

实例操作 使用法线对齐功能

使用“法线对齐”功能，可以根据对象的面或所选的法线方向，将两个对象对齐。要使用“法线对齐”功能，先单击“法线对齐”按钮，再选择要对齐的对象，接着单击该对象上的一个面，然后再单击第二个对象上的一个面。当释放鼠标时，将弹出“法线对齐”对话框。如果在子对象选择处于激活状态时，单击“法线对齐”按钮，那么将只会对齐该选定部分。

知识拓展

法线是定义面或顶点指向方向的向量，它指示了面或顶点的前方或外曲面的方向。

步骤01 打开一个场景文件，如图2-90所示，该场景中有两个物体，现在通过使用“法线对齐”功能，将两个物体结合到一块（素材文件：第2章/Scenes/法线对齐工具的使用.max）。

图 2-90

步骤02 在主工具栏中单击“法线对齐”按钮，首先在蓝色的物体底面上拖动鼠标，将显示“法线对齐”鼠标指针，其上附有一对十字线，如图2-91所示。鼠标指针的蓝色箭头指示当前法线。然后在另外一个物体的一个面上拖动鼠标，鼠标指针的绿色箭头指示当前法线。

图 2-91

步骤03 在弹出的“法线对齐”对话框中设置相应的参数，确保在各个轴向上的对齐，最后单击“确定”按钮，如图2-92所示。

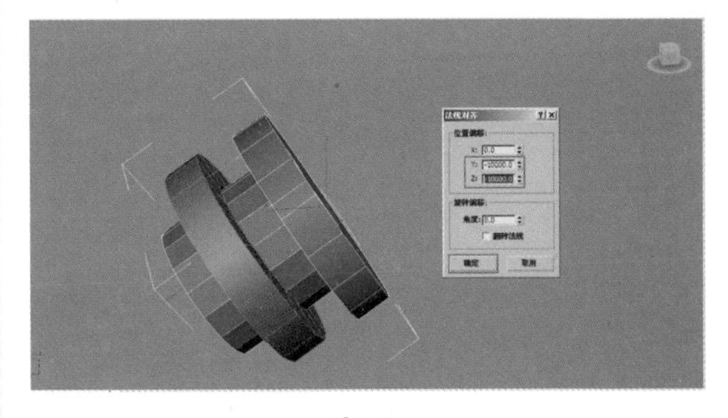

图 2-92

实例操作 使用放置高光功能

“放置高光”功能可以将灯光或对象与另一个对象对齐，从而精确定位其高光面或反射面。在使用“放置高光”功能时，可以在任意视图中按住鼠标左键并拖动，以完成操作。请注意，“放置高光”是一种依赖于视图的功能，因此建议使用准备进行渲染的视图。当在场景中拖动鼠标时，会从鼠标指针位置射出一束“光线”，以帮助完成对齐操作。具体的操作步骤如下。

步骤01 打开实例场景，如图2-93所示，是一个杯子的模型，现在通过这个模型演示“放置高光”功能的操作步骤（素材文件：第2章/Scenes/放置高光工具的使用.max）。

图2-93

步骤02 创建一个自由灯光，如图2-94所示。

图2-94

步骤03 选中创建的自由灯光，单击“放置高光”按钮，在模型上按住鼠标左键并拖动，以放置高光。如图2-95所示，鼠标指针指示的面显示面法线，当法线或目标指示要高光显示的面时释放鼠标，完成对齐操作。

图2-95

实例操作 使用对齐摄影机功能

对齐摄影机功能是一种在3D建模和渲染软件中常见的工具，它允许用户将虚拟摄影机的视角与场景中的某个面的法线对齐。这样做的好处是可以确保渲染或拍摄的图像从特定的、与选定面垂直的视角呈现，这在许多情况下都非常有用，比如在产品展示、建筑设计或动画制作中。该功能具体的操作步骤如下。

步骤01 打开实例场景，如图2-96所示，这是一个奖杯的模型和一台摄影机组成的场景。下面，将使用这个场景演示对齐摄影机功能（素材文件：第2章/Scenes/对齐摄影机工具的使用.max）。

图2-96

步骤02 选择摄影机，在工具栏中单击“对齐摄影机”按钮，然后在对象曲面上单击以选择面。当选定的面法线在鼠标指针下显示为蓝色箭头时，释放鼠标以进行对齐操作。软件会自动移动摄影机，以使其居中面向摄影机视图中的选定法线，如图2-97所示。

图2-97

实例操作 使用对齐到视图功能

“对齐到视图”是一种在3D建模软件中常见的功能，它允许用户将对象或子对象的局部轴与当前视图的轴对齐。

当使用“对齐到视图”功能时，软件会弹出一个对话框，其中包含用于对齐对象的选项。这些选项允许用户选择要将对象的哪个局部轴（如X轴、Y轴或Z轴）与当前视图的对应轴对齐。此外，还提供了“翻转”等选项，用于改变对齐的方向。具体的操作步骤如下。

步骤01 打开实例场景，如图2-98所示，该场景与上一个实例的场景相比，这个场景存在一些细微的差别。具体而言，模型底座上的颜色与整个模型的颜色并不一致。这种设计的目的旨在更清晰地展示在使用对齐到视图功能时，模型所发生的变化（素材文件：第2章/Scenes/使用对齐到视图功能.max）。

图2-98

步骤02 选择模型，在主工具栏中单击“对齐到视图”按钮，弹出“对齐到视图”对话框。在“轴”选项区域中选中“对齐X”单选按钮和“翻转”复选框，单击“确定”按钮查看效果，如图2-99所示。

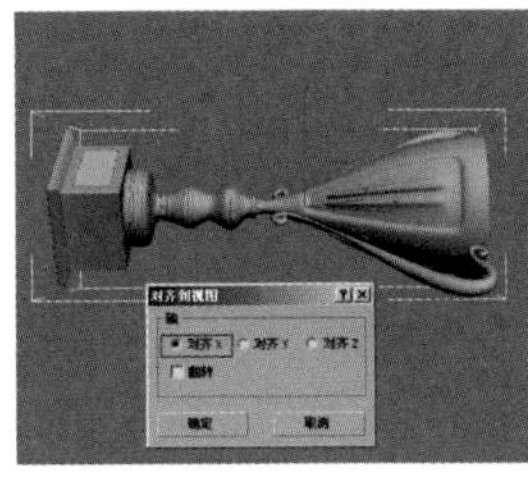

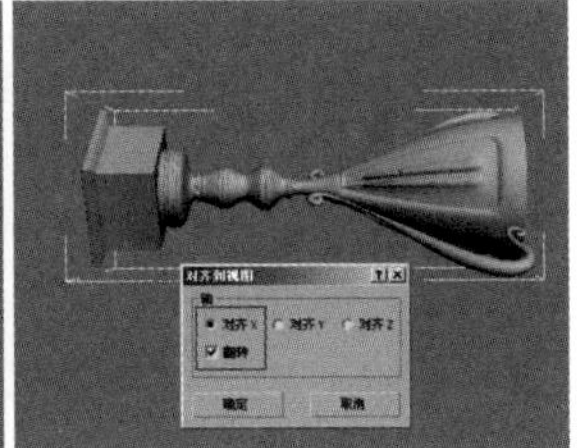

图2-99

步骤03 选择模型，在主工具栏中单击“对齐到视图”按钮，弹出“对齐到视图”对话框。在“轴”选项区域中选中“对齐Y”单选按钮和“翻转”复选框，单击“确定”按钮查看效果，如图2-100所示。

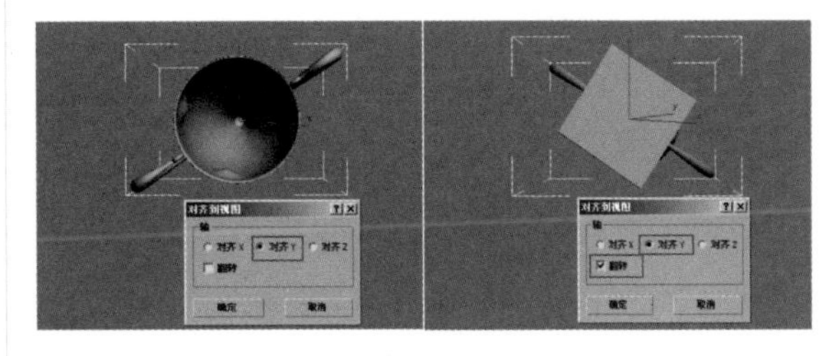

图2-100

步骤04 选择模型，在主工具栏中单击“对齐到视图”按钮，弹出“对齐到视图”对话框。在“轴”选项区域中选中“对齐Z”单选按钮和“翻转”复选框，单击“确定”按钮查看效果，如图2-101所示。

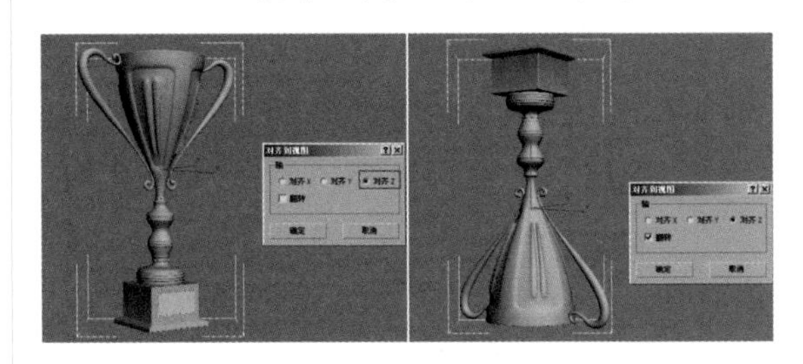

图2-101

2.6 捕捉

在3ds Max中使用“捕捉”功能可以在创建、移动、旋转和缩放对象时精确控制。这一功能通过使鼠标指针在创建和变换对象或子对象时“跳”到现有几何体和其他场景元素的特定部分，从而实现了精确的定位和操作。

2.6.1 捕捉工具

如图2-102所示，这里展示了全部关于捕捉的功能按钮，它包括2D捕捉、2.5D捕捉、3D捕捉、角度捕捉、百分比捕捉和微调器捕捉。它们具体的使用方法分别如下。

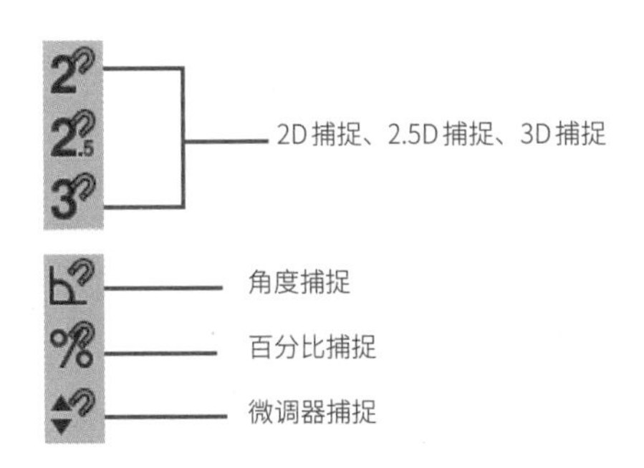

图2-102

- 2D捕捉：当启用2D捕捉时，鼠标指针仅捕捉活动模型栅格上的点，包括该栅格平面上的任何几何体。这意味着在进行操作时，软件会忽略Z轴（垂直尺寸）上的变化，只关注栅格平面内的位置。这种捕捉模式特别适用于在平面内创建和移动几何体，无须考虑三维空间中的深度或高度。
- 2.5D捕捉：这种捕捉方式是介于2D和3D之间的捕捉模式。在这种模式下，鼠标指针捕捉的是活动栅格上对象投影的顶点或边缘。这意味着，即使对象在三维空间中，捕捉也是基于它们在活动栅格上的二维投影来进行的。
- 3D捕捉：这种捕捉方式是默认设置，鼠标指针直接捕捉三维空间中的任何几何体。这种模式提供了最大的灵活性和精确性，因为它不受任何特定平面的限制，可以直接在三维环境中进行操作。

- 角度捕捉：这种捕捉方式用于确定旋转操作的增量。当启用时，对象会以设置的增量围绕指定轴旋转，而不是连续平滑地旋转。这对于需要精确控制对象旋转角度的场景非常有用，如制作动画或排列对象时。
- 百分比捕捉：这种捕捉方式允许用户通过指定的百分比来进行对象的缩放创作。这意味着当调整对象大小时，它会以预设的百分比增量进行缩放，而不是连续平滑地变化。这在需要按比例精确调整对象大小时非常有用。
- 微调器捕捉：启用微调器捕捉并设置适当的增量值，用户可以更精确地控制通过微调器进行的调整，无论是位置、旋转还是缩放等操作。

2.6.2 捕捉类型

捕捉类型大致分为4类。第1类是2D空间捕捉，它包括顶点、边/线段、面、中心面、中点和端点；第2类是平面捕捉，它包括垂足和切点；第3类是物体捕捉，包括轴心和边界框；第4类是栅格捕捉，它包括栅格点和栅格线，如图2-103所示。

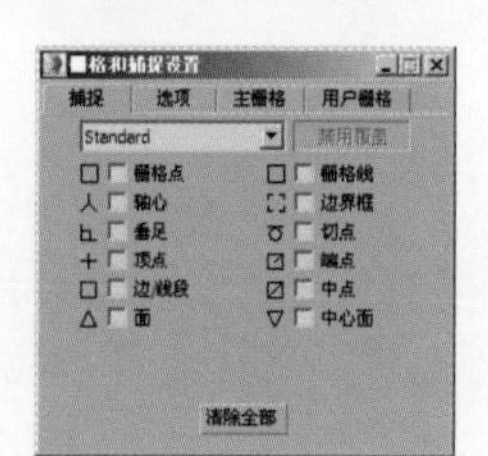

图2-103

实例操作 使用捕捉功能

捕捉的基本作用有两个，创建物体和物体对齐，下面通过实例讲解具体操作流程。

步骤01 在“栅格和捕捉设置”对话框中，选中“顶点”复选框，如图2-104所示，上图通过捕捉使A、B两点重合，下图通过捕捉创建一个球体，球体的半径等于绿色线框的高度，实现了精确创建物体的目的（素材文件：第2章/Scenes/使用捕捉功能.max）。

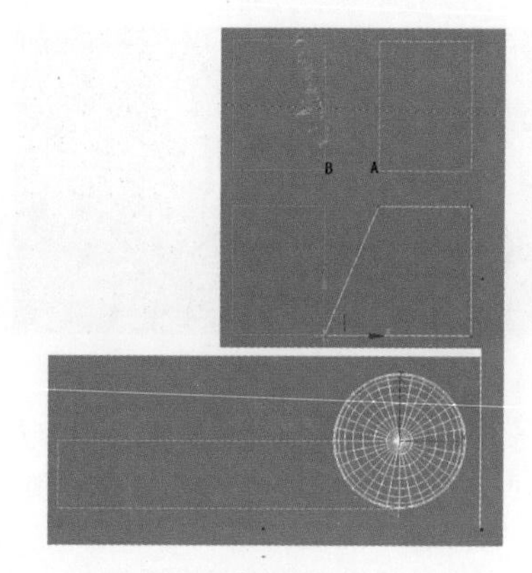

图2-104

步骤02 在“栅格和捕捉设置”对话框中，选中“边/线段”复选框，此时如图2-105所示，上面是边与边的对齐操作，下面是在长方体的一条边上创建球体，球体中心始终在这条边上。

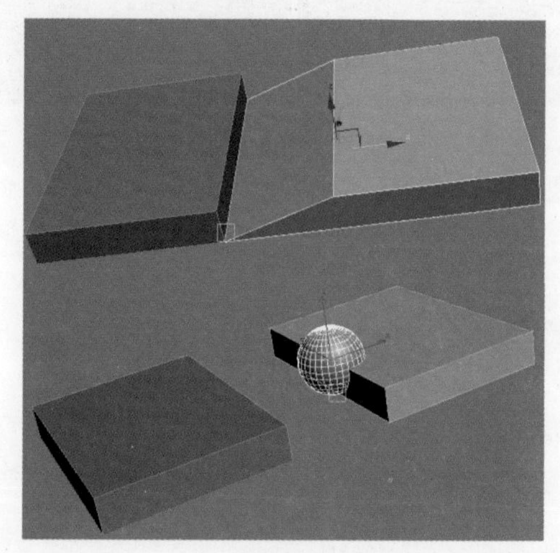

图2-105

步骤03 在“栅格和捕捉设置”对话框中，选中“面”复选框，此时如图2-106所示，上面是两个长方体相邻的两个面对齐，下面是通过捕捉，在长方体上创建一个茶壶模型，其底面和长方体的上面相切。

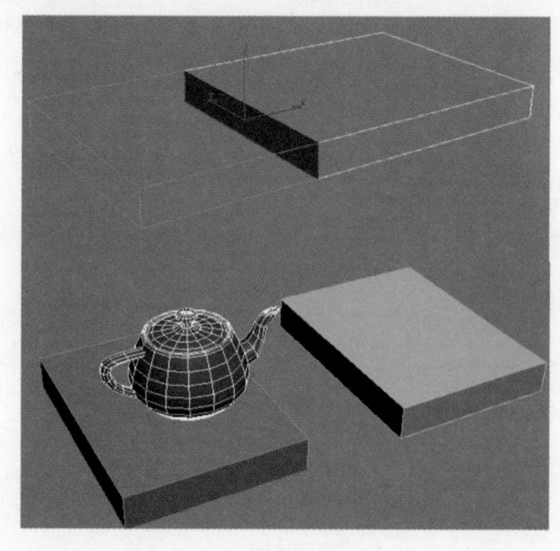

图2-106

步骤04 在“栅格和捕捉设置”对话框中，选中“中心面”复选框，此时如图2-107所示，左侧是在面的中心点绘制一条线，右侧是在面的中心点分别创建一个茶壶模型。

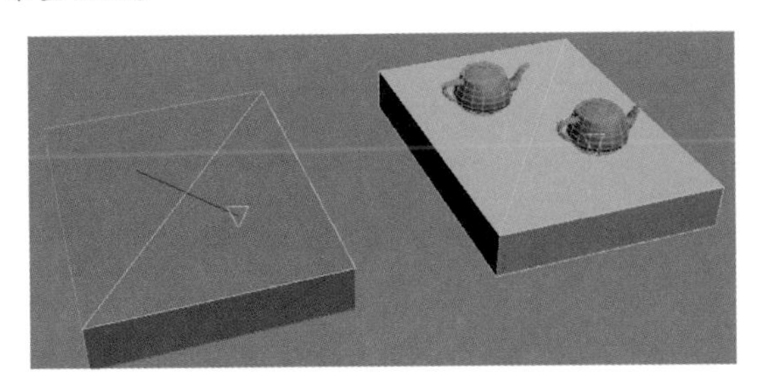

图2-107

步骤05 在“栅格和捕捉设置”对话框中，选中“中点”复选框，此时如图2-108所示，左侧是以长方体一条边的中点为圆心创建一个球体，右侧是在长方体的中点绘制相互垂直的两条线。

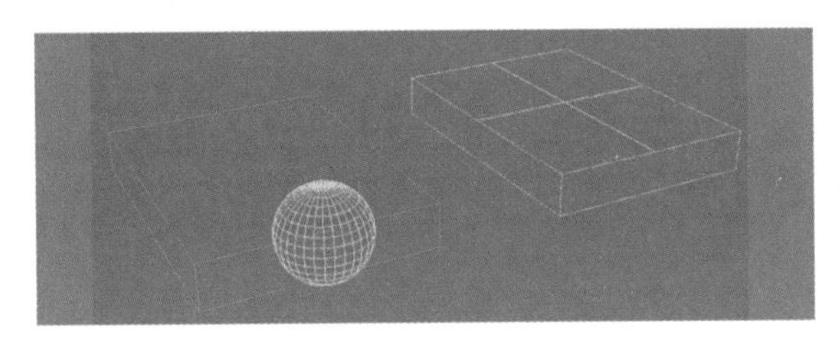

图2-108

步骤06 在“栅格和捕捉设置”对话框中，选中“端点”复选框，此时如图2-109所示，左侧是利用端点捕捉在长方体上表面创建一个圆，右侧是在长方体一条边的两个端点上创建以端点为球心的球体。

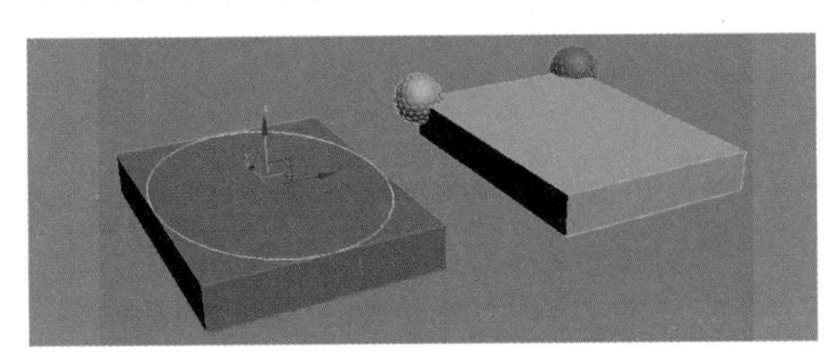

图2-109

步骤07 利用“垂足”捕捉可以创建一个矩形，它的4个点均在绿色的圆上；利用“切片”捕捉可以绘制一条线与圆相切，如图2-110所示。

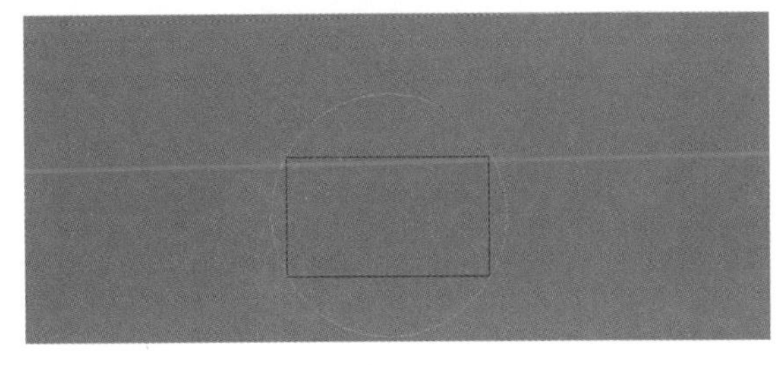

图2-110

步骤08 “轴心”和“边界框”主要用于一个物体与另外一个物体的对齐，如图2-111所示。

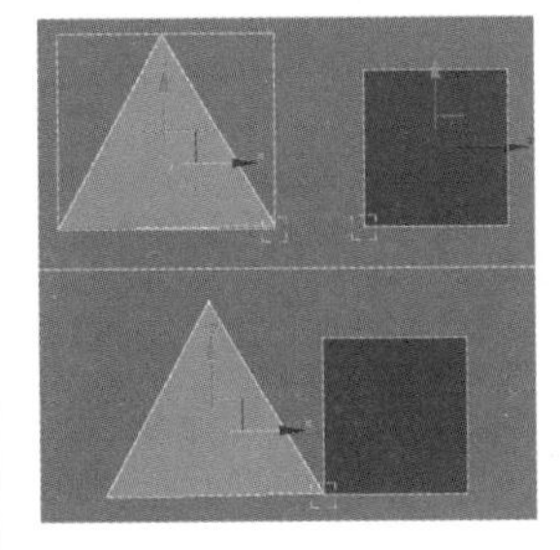

图2-111

步骤09 “栅格点”和“栅格线”捕捉主要用于直接在栅格上画线或者创建模型，如图2-112所示。

图2-112

3ds Max

第3章 场景文件的管理和界面定制

本章导读

当制作一个较大的场景时，如何有效地按照自己的意愿统一管理场景中的模型，确实是一个很棘手的问题。在本章中，将通过介绍群组、图解视图和选择集合这3个实用命令，来讲解如何有条理且方便地进行场景管理。同时，还将以实例来巩固所学知识。

本章重点 \ 学习目标	了解	理解	应用	实践
组		√	√	√
设置快捷菜单			√	√
自定义工具		√		√
设置菜单		√	√	√
设置颜色		√	√	√

3.1 组

使用组功能可以对物体进行成组操作。一般情况下在模型创建完成后，要按照类别对模型进行成组。

“组”菜单中包含关于群组的所有命令，如图3-1所示。主要命令的具体使用方法如下。

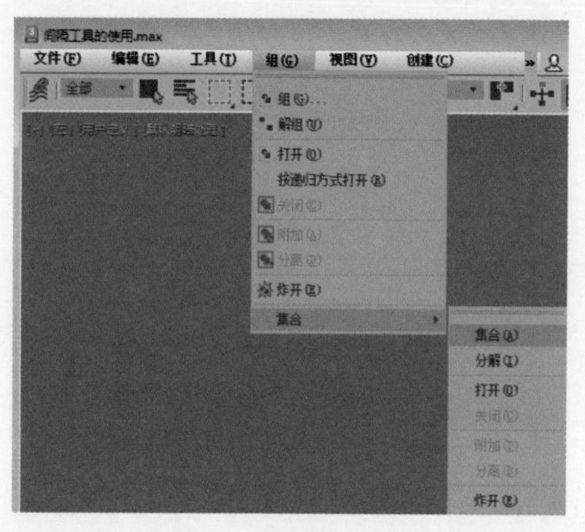

图3-1

- 组：执行该命令可以将对象或选择集组成一个组。将对象分组后，可以将其视为场景中的单个对象，并可以通过单击组中的任何对象来选择整个组。我们可以像对待单个对象一样对组进行变换，并且可以为组应用修改器。此外，一个组还可以包含其他组，而且层次不限。组的名称显示在方括号内，例如“[组01]”。如果已选定某个组，则其名称会在“名称和颜色”卷展栏中以粗体文本显示。
- 解组：执行该命令可以将当前组分离为其组件对象或子组。这与“炸开”命令不同，“解组”命令只解组一个层级，而“炸开”命令会解组嵌套的多个层级。当解组时，该组内的对象会丢失应用于非零帧上的所有组变换，但它们会保留各自的动画。所有被解组的实体都会保留在当前选择集中。
- 打开：执行该命令可以暂时对组进行解组，并访问组内的对象。可以在组内独立变换和修改对象，然后使用“关闭”命令还原原始组。

- 关闭：执行该命令可重新组合已打开的组。对于嵌套组，关闭最外层的组将同时关闭所有打开的内部组。将对象链接至已关闭的组时，该对象会成为此父组的子对象，而不是组内任意成员的子对象。整个组会闪烁，表示已有对象链接至该组。
- 附加：该命令可以使选定对象加入现有组。选定对象后选择此命令，然后单击场景中的组即可。
- 分离：执行该命令可从组中分离出选定对象。在执行“打开”命令打开组后，会激活此命令。
- 炸开：执行该命令会解组所有对象，包括嵌套组，与只解组一个层级的“解组”命令不同。如同“解组”命令一样，所有炸开的实体都保留在当前选择集中。
- 集合：执行该命令将对象选择集、集合和/或组合并成单个集合。当集合对象后，可以将其视为场景中的单个对象，并且可以进行整体变换或应用修改器。集合可以包含其他集合和/或组，而且层次不限。
- 分解：执行该命令可将当前集合分离为其组件对象或子集合，但只分离一个层级，与“炸开”命令的多层级分离不同。当分解集合时，所有组件都保持选定状态，但不再属于该集合。应用于该集合的变换动画都将丢失，对象将保持分解操作时的状态，但保留各自的动画。所有被分解的实体都会保留在当前选择集中。

实例操作 使用组命令

步骤01 下面通过一个实例详细阐述群组命令在场景管理中的应用。如图3-2所示，创建一个圆柱体模型、一个圆锥体模型和一个球体模型（素材文件：第3章/Scenes/使用组命令.max）。

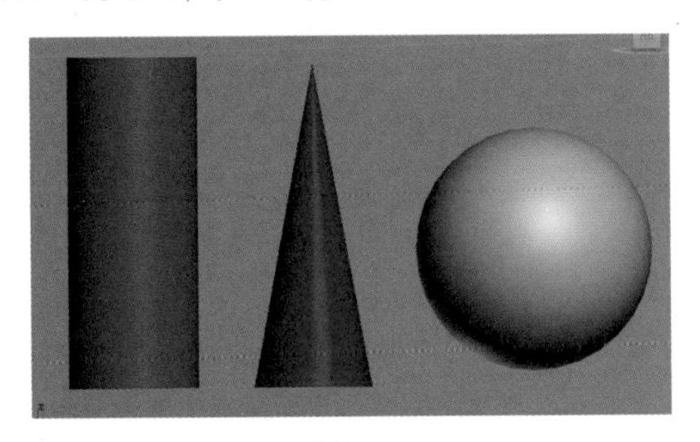

图3-2

步骤02 为了方便整体操作，需要将两个模型成组。首先选中圆柱体模型和圆锥体模型，执行“组”→“组”命令，此时会弹出“组”对话框，在其中输入组名，单击“确定”按钮，如图3-3所示。

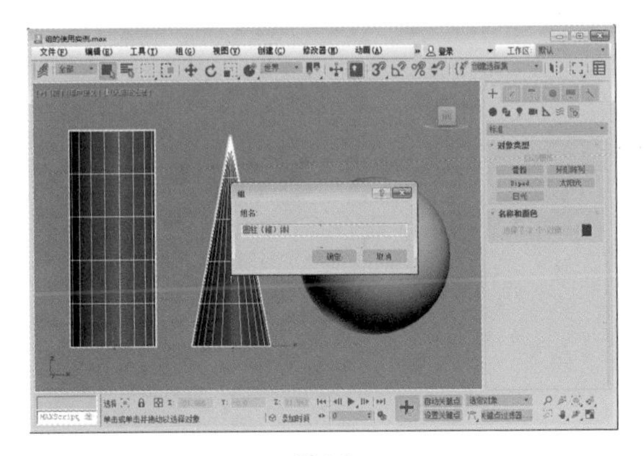

图3-3

步骤03 成组后如果想打开成组，则执行“组”→“解组”命令即可。此时又可以对单个模型进行独立的操作了，如图3-4所示。

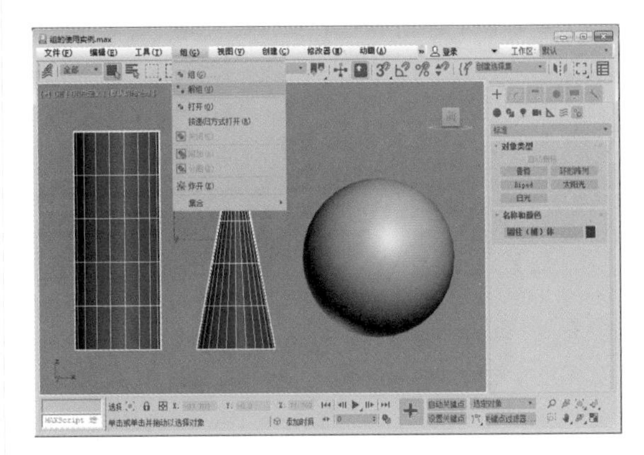

图3-4

步骤04 将圆柱体模型和圆锥体模型成组后，如果想在不解组的情况下修改其中的某个物体，就需要执行“组”→“打开”命令。此时，圆柱体模型和圆锥体模型又会成为两个单独的模型，与“解组”命令不同的是，“打开”组后两个物体还在一个组内，还在一个红色的边界框内，如图3-5所示。

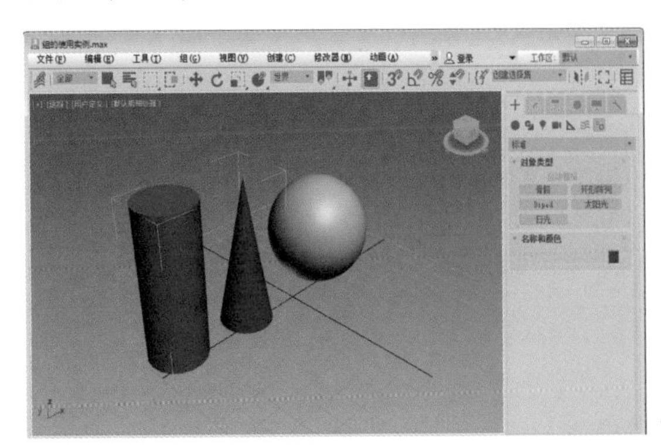

图3-5

步骤05 当执行“打开”命令后，对组内的模型修改完毕后，再执行“组”→“关闭”命令，此时圆柱体模型和圆锥体模型又会成为一个组，如图3-6所示，“关闭”命令和“打开”命令是相对应的。

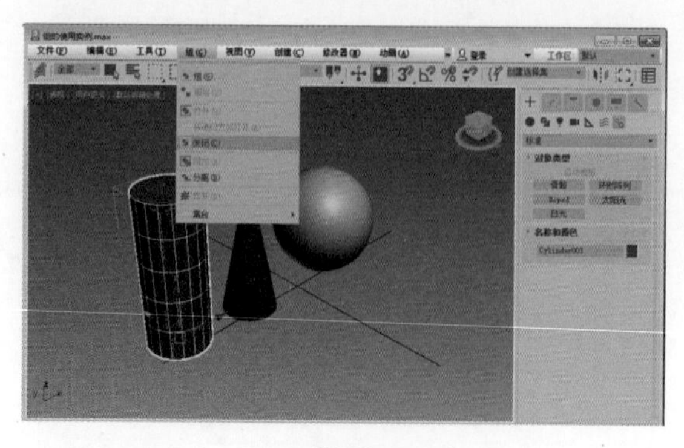

图 3-6

步骤06 先将圆柱体模型和圆锥体模型成组（“组01”）。如果需要将球体模型添加到“组01”组中，就需要执行“附加”命令。首先选中球体模型，然后执行“组”→“附加”命令，再单击“组01”。此时，球体模型就会被添加到“组01”组中，如图3-7所示。

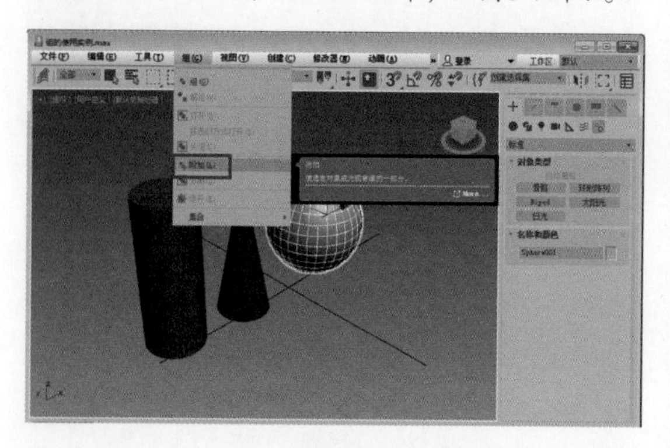

图 3-7

步骤07 在上一步中将球体模型添加到了“组01”组中，如果想让球体模型再从这个组中分离出去，就需要执行“分离”命令。首先选择“组01”，然后执行“组”→“打开”命令，打开当前组，如图3-8所示。

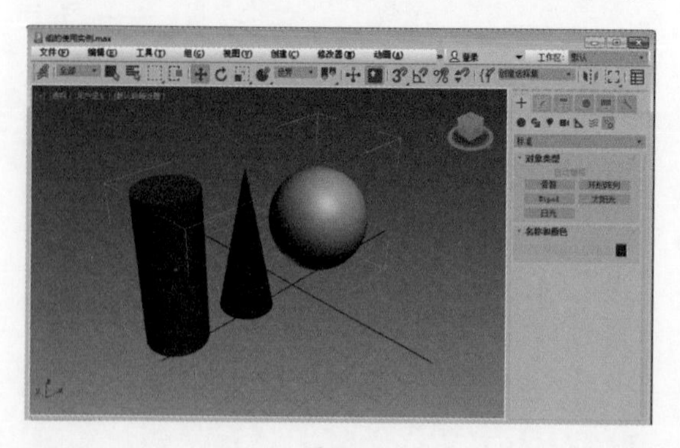

图 3-8

步骤08 选择球体模型，执行“组”→“分离”命令，如图3-9所示。

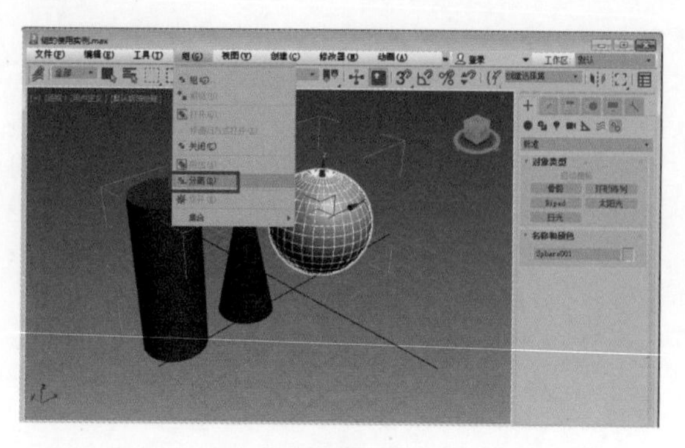

图 3-9

步骤09 此时可以从视图中看出，球体模型已经从“组01”中被分离出去，组中只剩下圆柱体模型和圆锥体模型，效果如图3-10所示。

图 3-10

步骤10 现在重新打开场景，选择场景中的所有模型，然后执行“组”→“组”命令，如图3-11所示。

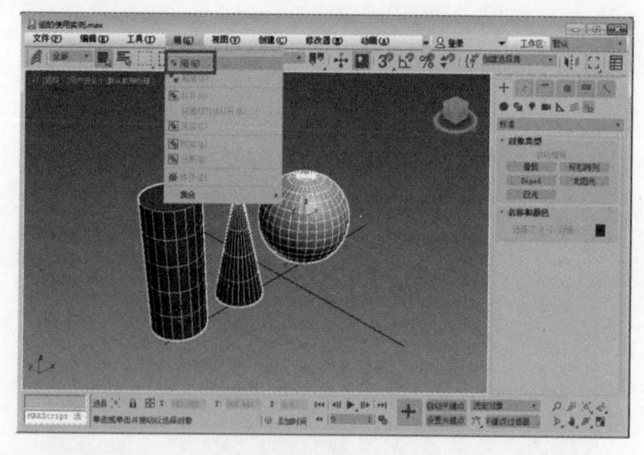

图 3-11

步骤11 现在如果想一次性将所有的物体都分离开来，则可以执行“炸开”命令，如图3-12所示，首先选中组，然后执行“组”→“炸开”命令。场景中的模型都变成了单独的个体，此时又可以选择单个物体进行各种操作了。

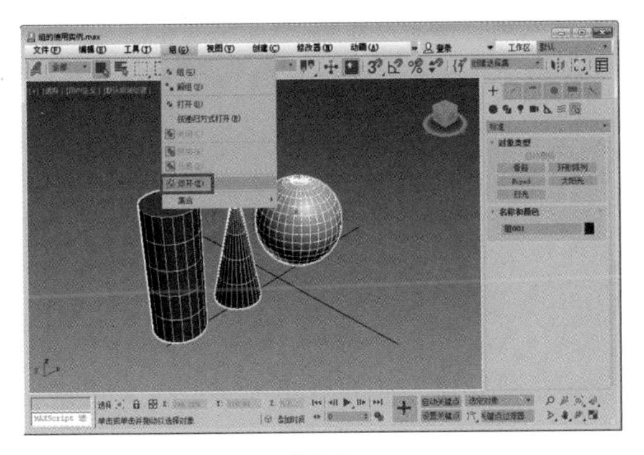

图 3-12

“集合”命令的具体使用方法与“组”类似，“集合”命令可以将对象选择集、其他集合或组合并成单个集合。合并后，可以将集合视为场景中的单个对象。通过单击集合中的任意对象，可以选择整个集合。此外，还可以将集合作为单个对象进行变换，并为其应用修改器，就像对待单个对象一样。集合还可以包含其他集合或组，而且层次不限。集合的名称与对象名称相似，但集合名称会显示在方括号内，例如：[集合名称]。在与“按名称选择”对话框相似的列表中，也可以看到这样的显示方式。

3.2 设置快捷键

3ds Max本身定义了许多快捷键，为常用操作提供了便捷的键盘操作方式。如果需要修改或添加新的快捷键，则可以通过“自定义用户界面”对话框中的键盘面板执行此操作。

“自定义用户界面”对话框如图3-13所示。其主要选项的含义如下。

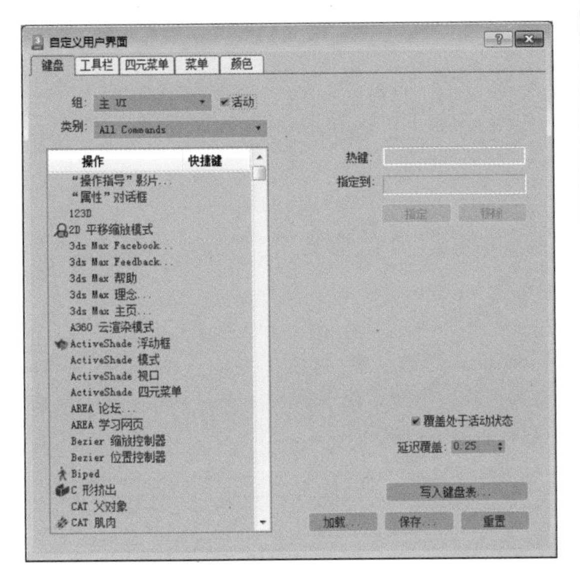

图 3-13

- 组：在该下拉列表中，可以选择想要自定义命令的类别，例如“主 UI”“轨迹视图”“材质编辑器”等。
- 活动：该复选框用于切换特定命令的快捷键是否可用。选中该复选框后，可以在整个用户界面的不同主命令使用重复的快捷键。例如，A键既可以是“主UI”中“捕捉角度”切换的快捷键，也可以是“材质编辑器”中“将材质指定给选定对象”的快捷键。不选该复选框后，则为相应命令定义的快捷键将不可用。
- 类别：在该下拉列表中列出了所选主命令的所有可用类别。
- 操作：在该列表中，展示了选定主命令和类别的全部可用操作及其对应的快捷键。
- 热键：在该文本框中输入快捷键。输入后，“指定”按钮将被激活。
- 指定：当在“热键”文本框中输入快捷键后，单击“指定”按钮后，将快捷键信息传输到对话框左侧的“操作”列表中。
- 移除：在“操作”列表中选中已经含有快捷键的命令，单击该按钮后，将其快捷键删除。
- 写入键盘表：单击该按钮后，弹出“文件另存为”对话框，将对快捷键所做的任何更改保存到一个TXT文件中。
- 加载：单击该按钮后，弹出“加载快捷键文件”对话框，将自定义的快捷键通过KBD文件加载到场景中。
- 保存：单击该按钮后，将弹出“保存快捷键文件为”对话框，将对快捷键所做的任何更改保存到KBD文件中。
- 重置：单击该按钮后，将所有对快捷键所做的更改恢复到默认设置。

要创建新的快捷键，可以进行以下操作。

步骤01 选择“自定义”→“自定义用户界面”→“键盘”命令，弹出“自定义用户界面”对话框。

步骤02 在“组”和“类别”下拉列表中查找要创建快捷键的命令。

步骤03 选中操作列表中的命令，可将其高亮显示。

步骤04 在“热键”文本框中，输入要指定给命令的快捷键。

步骤05 单击“指定”按钮。

3.2.1 自定义工具

自定义工具是3ds Max中一个重要的功能，它允许用户根据个人的工作习惯和需要，自主调用和设置工具。通过“自定义用户界面”对话框中的“工具栏”选项卡，用户可以轻松地完成这一操作，如图3-14所示。

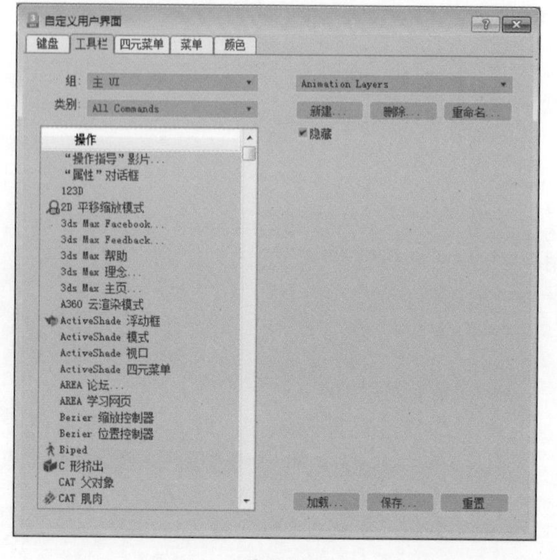

图3-14

“自定义用户界面”对话框和“工具栏”选项卡中主要选项的含义如下。

- 组：在该下拉列表中，可以选择想要自定义工具的类别，例如“主 UI”“轨迹视图”“材质编辑器”等。
- 类别：在该下拉列表中列出了所选类别界面的所有可用子类别。
- 操作：显示所选组和类别的所有可用操作。
- 工具栏：在该下拉列表中，提供了包括“轴约束”“附加”“层”“Reactor”在内的现有工具栏选项，以及通过“新建”按钮创建的其他工具栏选项。
- 新建：单击该按钮后，弹出“新建工具栏”对话框，在该对话框中输入要创建的工具栏的名称，然后单击“确定”按钮。新工具栏作为小浮动框出现。创建新工具栏后，有3种方法可以添加命令：(1) 从“自定义用户界面”对话框中的“工具栏”选项卡的“操作”列表中拖动操作到新工具栏上；(2) 按住Ctrl键的同时，从其他工具栏上拖动按钮到新工具栏，这样会在新工具栏上创建此按钮的一个副本；(3) 按住Alt键的同时从其他工具栏上拖动按钮到新工具栏上，这样会将按钮从原工具栏上移至新工具栏上。
- 删除：单击该按钮后，删除“工具栏”下拉列表中显示的工具栏项。
- 重命名：单击该按钮后，弹出“重命名工具栏”对话框。从“工具栏”下拉列表中选择工具栏选项，单击“重命名”按钮，更改工具栏名称，然后单击“确定”按钮。浮动工具栏上的工具栏名称将改变。
- 隐藏：该复选框用于切换“工具栏”下拉列表中活动工具栏是否显示。
- 加载：单击该按钮后，弹出“加载UI文件”对话框，可以加载自定义用户界面文件到当前场景中。
- 保存：单击该按钮后，弹出“保存UI文件为”对话框，可以保存对用户界面所做的任何修改到.cui文件中。
- 重置：将对用户界面所做的任何修改重置为默认设置。

想要创建自定义的工具栏，可以进行以下操作。

步骤01 执行“自定义”→“自定义用户界面”→“工具栏”命令。

步骤02 在弹出的“自定义用户界面”对话框中，单击“新建”按钮，弹出“新建工具栏”对话框。

步骤03 输入工具栏的名称，然后单击“确定”按钮，新工具栏作为小浮动框出现。

实例操作 自定义工具

步骤01 打开场景文件，执行“自定义”→“自定义用户界面”→“工具栏”命令。在弹出的“自定义用户界面”对话框中，单击“新建”按钮。在弹出的“新建工具栏”对话框中输入Tools，然后单击“确定”按钮，如图3-15所示。

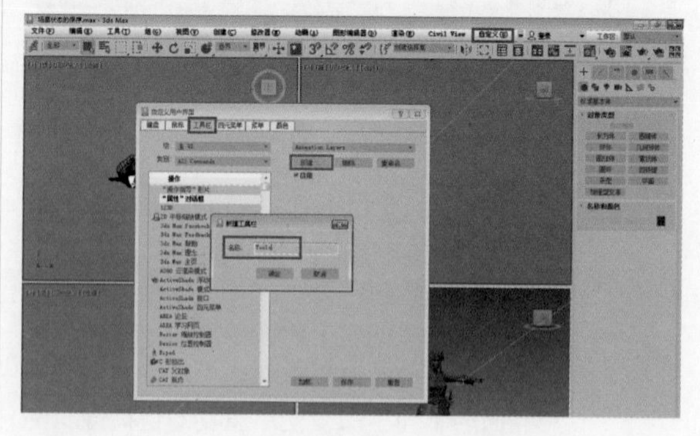

图3-15

步骤02 在视图中出现了一个名为Tools的浮动框，如图3-16所示，这就是创建的自定义工具栏。

步骤03 使用前面介绍的3种方法为工具栏添加命令，如图3-17所示。

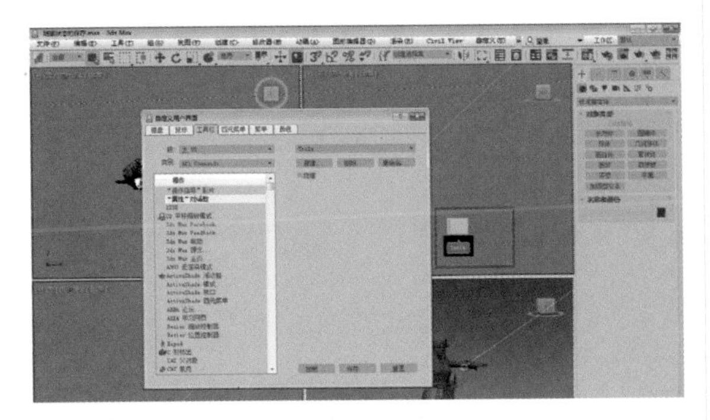

图3-16

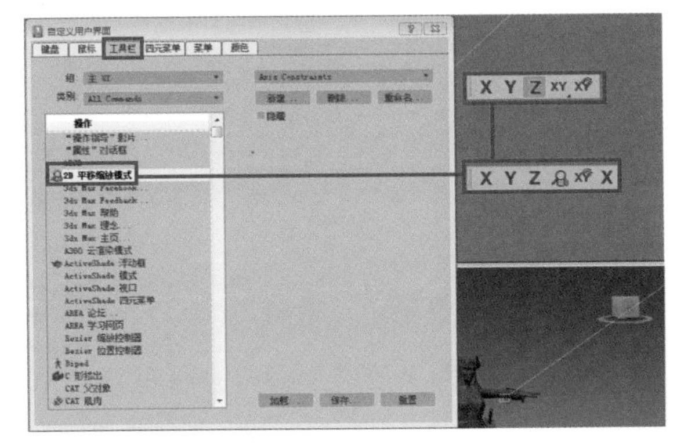

图3-17

3.2.2 设置快捷菜单

本节主要学习如何设置四元菜单中的内容。在视图中，右击可以显示四元菜单，而且该菜单中的命令均可以进行自由定制。用户可以通过执行“自定义”→“用户自定义界面”命令，弹出“自定义用户界面”对话框并进入“四元菜单”选项卡，进行相应的操作，如图3-18所示。

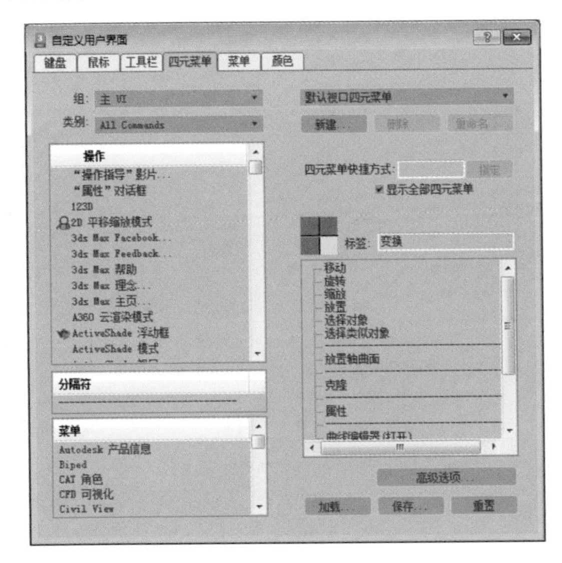

图3-18

“自定义用户界面”对话框及“四元菜单”选项卡中主要选项的含义如下。

- 组：在该下拉列表中，可以选择想要自定义四元菜单的类别，例如“主 UI”“轨迹视图”“材质编辑器”等。
- 类别：在该下拉列表中显示所选类别的可用命令选项。
- 操作：在该窗口中，显示所选组和类别中的所有可用操作。若要将操作添加到特定的四元菜单集中，需要选择该操作并将其拖至对话框右侧的四元菜单窗口中。
- 分隔符：在该窗口中显示分隔线，用于区分四元菜单中的不同菜单组。将分隔符拖至四元菜单窗口中，可以添加到特定的四元菜单集中。
- 菜单：在该窗口中，列出3ds Max的所有菜单名称。通过拖动菜单到四元菜单窗口，可以将其添加到特定的四元菜单集中。右击菜单可以进行删除、重命名、新建或清空操作。
- 四元菜单集：在该下拉列表中，显示所有可用的四元菜单集。
- 新建：单击该按钮后，弹出“新建四元菜单集”对话框，在该对话框中输入新四元菜单集的名称并单击“确定”按钮，新的四元菜单集将会添加到“四元菜单集”下拉列表中。
- 删除：单击该按钮后，从“四元菜单集”下拉列表中删除所选条目。
- 重命名：选择四元菜单集后单击该按钮后，弹出“重命名四元菜单集”对话框，在该对话框中输入新名称并单击“确定”按钮，完成重命名操作。
- 四元菜单快捷方式：定义显示四元菜单集的键盘快捷方式，通过输入快捷键并单击“指定”按钮进行确认。
- 显示全部四元菜单：选中该复选框后，在视图中右击会显示所有四元菜单；反之，则只显示一个四元菜单。
- 标签：高亮显示当前选中的四元菜单的标签(标签的左侧显示为黄色)。
- 四元菜单：该窗口显示当前选中的四元菜单及其集内的菜单选项。可以通过从“操作”和“菜单”窗口中拖放选项来进行添加。仅在相关命令可用时，对应的四元菜单项才会显示。例如，若四元菜单中包含“轨迹视图选择”命令，则仅当选中一个对象并打开四元菜单时，此命令才会显示。在四元菜单窗口中右击某个条目，会出现两种可用的操作。
  - 删除菜单项：从四元菜单中删除选中的操作、分隔符或菜单。

» 编辑菜单项名：弹出“编辑菜单项名”对话框。必须勾选“自定义名称”复选框才能编辑菜单项名。在“名称”文本框中输入想要的名称，然后单击“确定”按钮。在四元菜单中，菜单项的名称发生更改，但在四元菜单窗口中却没有发生更改。

- 高级选项：单击该按钮后，显示高级四元菜单选项。
- 加载：单击该按钮后，弹出“加载菜单文件”对话框，可以将自定义的菜单文件加载到场景中。
- 保存：单击该按钮后，弹出“保存菜单文件为”对话框，可以将对四元菜单所做的更改保存为MNU文件。
- 重置：单击该按钮后，将对四元菜单的更改重置为默认设置。

要创建一个新的四元菜单集，可以进行以下操作。

步骤01 执行“自定义”→“自定义用户界面”→“四元菜单”命令。

步骤02 在弹出的“自定义用户界面”对话框中，单击“新建”按钮，弹出“新建四元菜单集”对话框。

步骤03 输入四元菜单集的名称，并进行相应的设置，然后单击“确定”按钮，新的四元菜单集将显示在四元菜单集列表中。

实例操作 设置四元菜单

步骤01 执行“自定义”→“自定义用户界面”→“四元菜单”命令。在弹出的“自定义用户界面”对话框中单击“新建”按钮，弹出“新建四元菜单集”对话框，如图3-19所示，在“名称”文本框中输入要创建的四元菜单集的名称，如“工具”，然后单击“确定”按钮，一个名为“工具”的四元菜单集将显示在四元菜单集列表中。

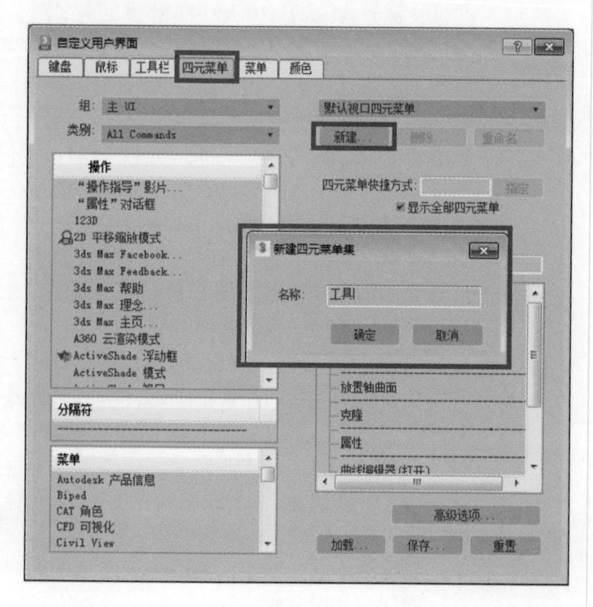

图3-19

步骤02 当设置完成后，可以单击“保存”按钮，在弹出的对话框中输入文件名称，再单击“保存”按钮，保存设置，如图3-20所示。

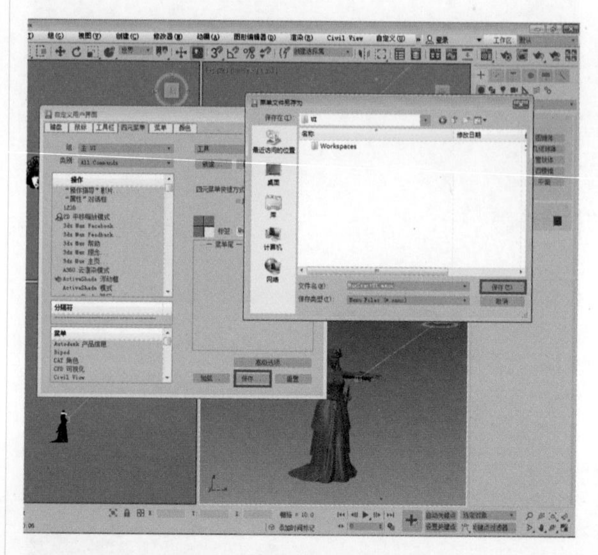
图3-20

3.2.3 设置菜单

菜单面板允许用户自定义软件中的菜单。用户可以选择编辑现有菜单或创建全新的自定义菜单。此外，还可以根据个人喜好自定义菜单的标签、功能及布局。要进行这些自定义设置，需要执行“自定义”→“自定义用户界面”→“菜单”命令，弹出“自定义用户界面”对话框并进入“菜单”选项卡。如图3-21所示，该选项卡中主要的选项含义如下。

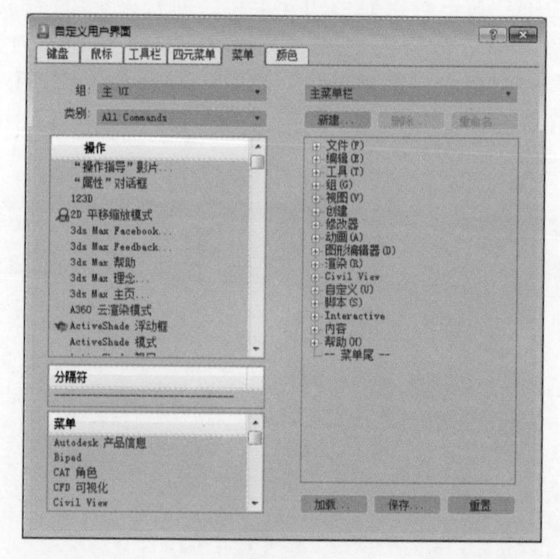

图3-21

- 组：在该下拉列表中，可以选择想要自定义菜单的类别，例如“主 UI”“轨迹视图”“材质编辑器”等。
- 类别：在该下拉列表中显示所选类别的可用命令选项。
- 操作：在该窗口中，展示所选组和类别的所有可用操作。若要将某项操作添加到特定菜单中，需选择该操作并将其拖至对话框右侧的菜单窗口内。

- 分隔符：在该窗口中显示分隔线，用于分隔菜单项中的不同组。若要向特定菜单中添加分隔符，可以选择分隔符并将其拖至对话框右侧的菜单窗口中。
- 菜单：在该窗口中，列出所有菜单的名称。若要将一个菜单添加到另一个显示在“菜单”列表中的菜单内，可以选择该菜单并将其拖至对话框右侧的菜单窗口中。在该窗口内右击某个菜单，可以对其进行删除、重命名、新建或清空操作。
- 新建：单击该按钮后，弹出“新建菜单”对话框，输入想要创建的菜单名称并单击“确定”按钮。新菜单将出现在对话框左侧的“菜单”窗口中，并同时被添加到菜单列表中。
- 删除：单击该按钮后，可以删除“菜单”窗口中选中的条目。
- 重命名：单击该按钮后，弹出“编辑菜单项名”对话框，可以为菜单列表窗口中选中的命令指定新的名称。若想在自定义名称中设置快捷键，可在名称前加上“&”字符。
- 主菜单栏：显示菜单列表中当前选中的菜单及其包含的子菜单选项。添加新菜单或命令时，只需从“操作”和“菜单”窗口中选中并拖放至此窗口。在此窗口内右击某个条目，将出现多个可操作选项。
- 加载：单击该按钮后，弹出“加载菜单文件”对话框，可以加载自定义的菜单文件到当前场景中。
- 保存：单击该按钮后，弹出“保存菜单文件为”对话框，可以将对菜单所做的更改保存为Mnu文件。
- 重置：单击该按钮后，将对菜单所做的更改重置为默认设置。

要创建一个新菜单，可以进行以下操作。

步骤01 执行“自定义”→“自定义用户界面”→“菜单”命令。

步骤02 在弹出的“自定义用户界面”对话框的“菜单”选项卡中，单击“新建”按钮，弹出“新建菜单”对话框。

步骤03 输入菜单的名称，然后单击“确定”按钮，在菜单列表中显示新菜单。

要向菜单中添加命令，可以进行以下操作。

步骤01 执行“自定义”→“自定义用户界面”→“菜单”命令。

步骤02 在弹出的“自定义用户界面”对话框的“菜单”选项卡中，选择要编辑的菜单。如果要更改菜单的名称，则单击“重命名”按钮，然后在弹出的对话框中输入一个新名称。

步骤03 回到“自定义用户界面”对话框，在下拉菜单中选择相应的组和类别。

步骤04 在“操作”窗口中选择一个命令，然后将其拖至菜单列表中。使用同样的步骤向菜单中添加菜单和分隔符。

步骤05 如果要删除一个菜单，那么从主菜单栏中选择要删除的菜单，单击“删除”按钮即可。

实例操作 自定义菜单

3ds Max也可以根据个人需要增加或减少现有的菜单，甚至支持自行汉化，这充分展示了3ds Max用户自定义功能的强大。接下来，将介绍如何实现这两个方面的操作。

步骤01 执行“自定义”→“用户自定义界面”命令，如图3-22所示。

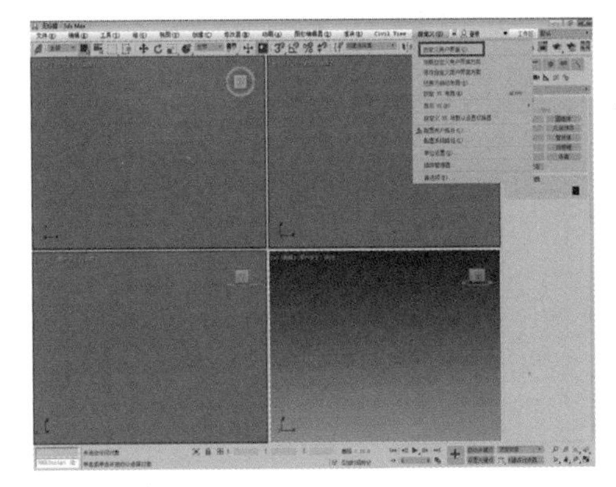

图 3-22

步骤02 在弹出的“自定义用户界面”对话框的“菜单”选项卡中，选择“新建”选项，弹出“新建菜单”对话框，在“名称”文本框中输入想添加的工具名称，然后单击“确定”按钮，如图3-23所示。

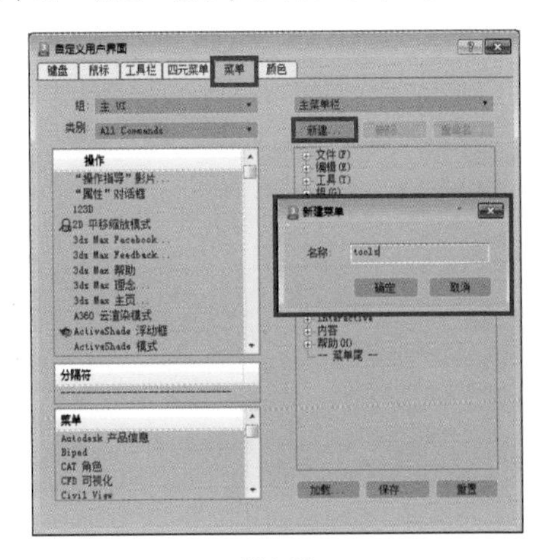

图 3-23

步骤03 回到“自定义用户界面”对话框，在左下角的“菜单”类别中找到刚才创建的菜单选项，如图3-24所示。

图 3-24

步骤04 按住鼠标左键并拖动到右侧菜单中的“帮助”菜单中，新建一个菜单，如图3-25所示。

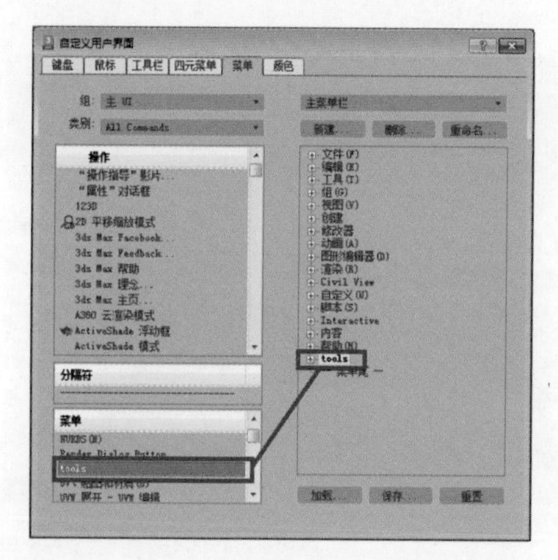

图 3-25

步骤05 在该菜单选项上右击，在弹出的快捷菜单中选择“编辑菜单项名称”选项，如图3-26所示。

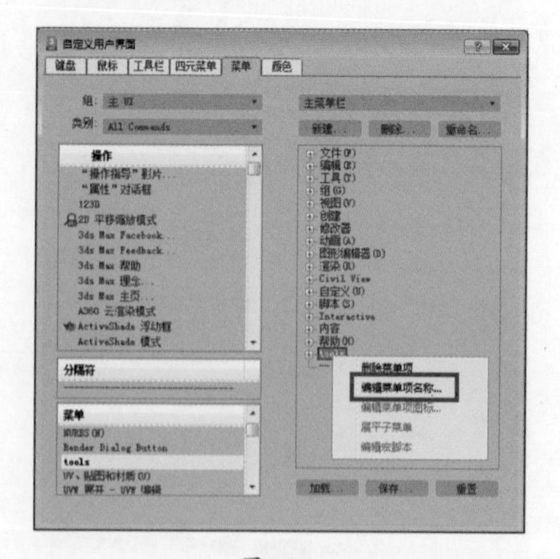

图 3-26

步骤06 在弹出的“编辑菜单项名称”对话框的“名称”文本框中将名称改为good Tools，最后单击“确定”按钮，如图3-27所示。

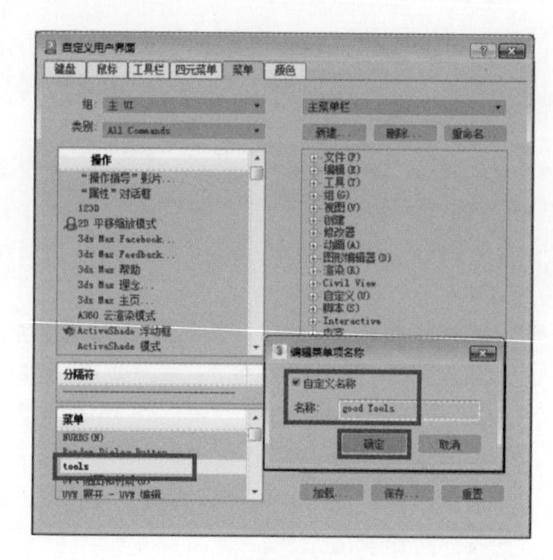

图 3-27

步骤07 回到“自定义用户界面”对话框中，如图3-28所示，在“菜单”列表中出现good tools菜单选项，这说明新的菜单添加成功。

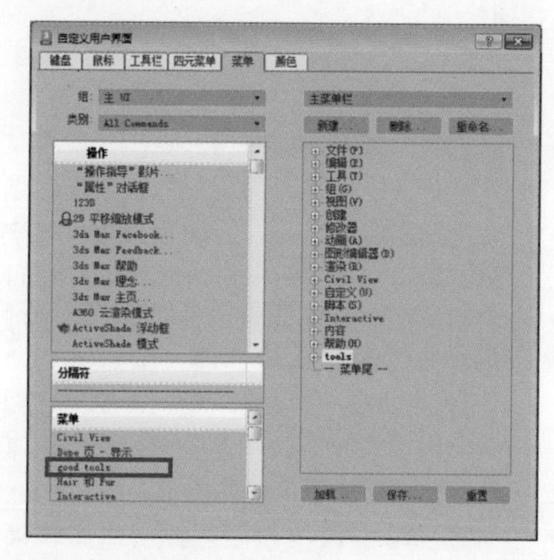

图 3-28

3.2.4 设置颜色

“自定义用户界面”对话框的“颜色”选项卡，允许用户自定义软件界面的外观，通过调整界面中几乎所有元素的颜色，用户可以自由设计出独特的风格。要实现这一点，执行“自定义”→“自定义用户界面”→“颜色”命令，弹出“自定义用户界面”对话框，并进入“颜色”选项卡，如图3-29所示。

“自定义用户界面”对话框的“颜色”选项卡中，主要的选项使用方法如下。

- 元素：在下拉列表中可以选择轨迹栏、几何体、视图、Gizmos、对象、图解视图、卷展栏、动态着色、轨迹视图、操纵器和栅格等选项，用于选择要调整颜色的元素位置。
- 颜色：显示了选中元素的当前颜色。单击该按钮将弹出“颜色选择器”对话框，可以在其中更改颜色。选中新颜色后，单击“应用颜色”按钮，以在界面中进行颜色更改。

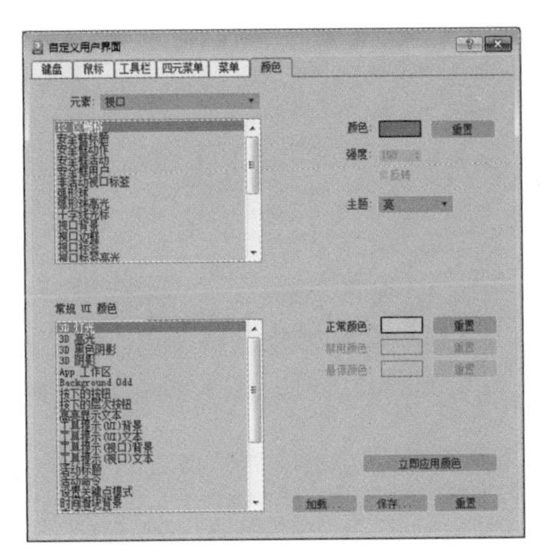

图3-29

- 重置：单击该按钮后，将颜色恢复默认设置。
- 强度：该文本框用于设置栅格线的灰度显示值，范围从0（黑色）到255（白色）。
- 反转：选中该复选框，将栅格线的灰度显示值进行反转。
- 主题：在该下拉列表中，可以选择是将主UI颜色设置为默认的Windows颜色，还是自定义颜色。若选择"使用标准Windows颜色"选项，则"常规UI颜色"列表中的所有元素将被禁用，且无法自定义UI颜色。
- 常规UI颜色：在该列表中列出了所有可以更改的用户界面元素。
- 正常颜色/禁用颜色/悬停颜色/重置（位于UI外观部分）：与上述功能类似，但针对的是选定的UI外观项。
- 立即应用颜色：单击该按钮后，在对话框中所做的任何更改将应用到当前活动的用户界面。
- 加载：单击该按钮后，弹出"加载颜色文件"对话框，可以将自定义的颜色文件加载到场景中。
- 保存：单击该按钮后，弹出"保存颜色文件为"对话框，可以将对用户界面颜色所做的任何更改保存到CLR文件中。
- 重置：单击该按钮后，将所有对颜色所做的更改恢复为默认设置。

实例操作 设置视图背景颜色

3ds Max自带了多种工作模式，并且界面颜色的更改非常灵活。然而，这并不意味着可以使用任何颜色，因为某些颜色的更改可能会影响我们的操作。下面以更改视图背景颜色为例，说明如何自定义界面颜色。

步骤01 执行"自定义"→"用户自定义界面"命令，如图3-30所示。

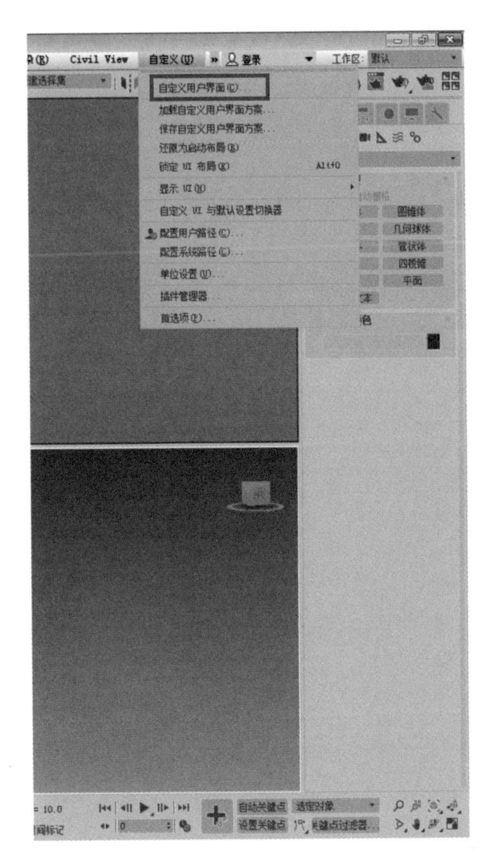

图3-30

步骤02 在弹出的"自定义用户界面"的"颜色"选项卡中，选中"视口背景"选项，单击右侧"颜色"按钮，如图3-31所示。在弹出的"颜色选择器"对话框中选择要更改的颜色。

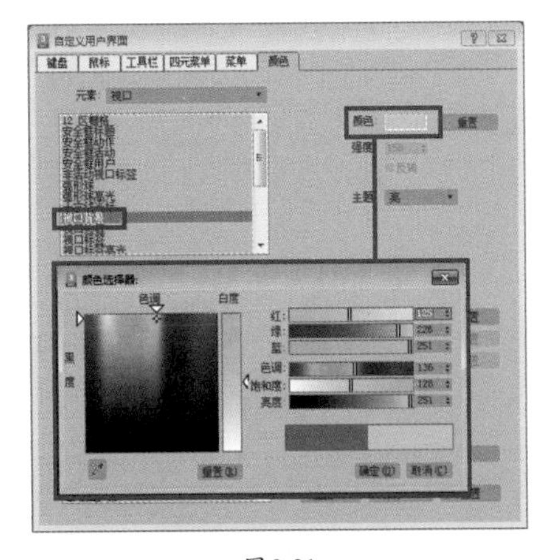

图3-31

步骤03 设置完后单击"立即应用颜色"按钮，视图背景的颜色立即变成了所设置的颜色，如图3-32所示。

步骤04 完成设置后，单击"保存"按钮，在弹出的"保存颜色文件为"对话框中输入相应名称，保存为一个后缀名为*.clr的文件，方便以后使用，如图3-33所示。

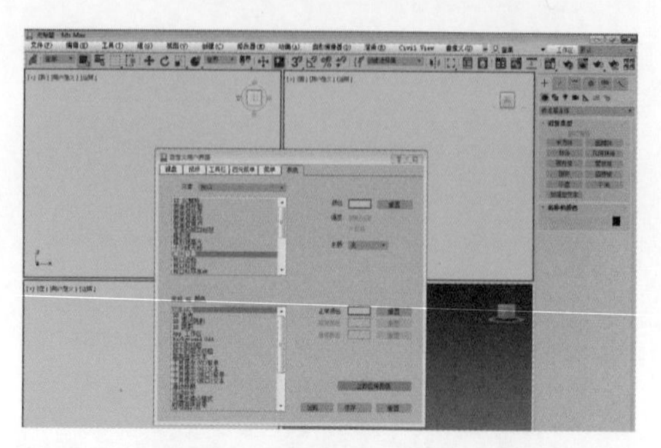

图3-32

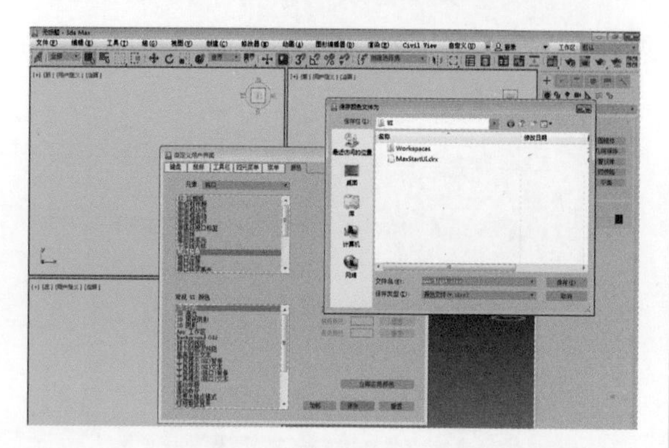

图3-33

步骤05 其他界面颜色的设置在操作上是完全相同的，如果对颜色的设置不满意，则可以单击“重置”按钮，在弹出的“还原颜色文件”对话框中单击“是”按钮，进行恢复，如图3-34所示。

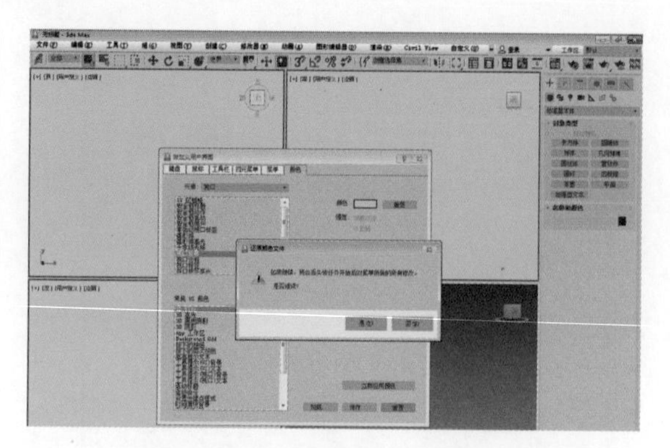

图3-34

步骤06 恢复后可以重新设置颜色，如图3-35所示。

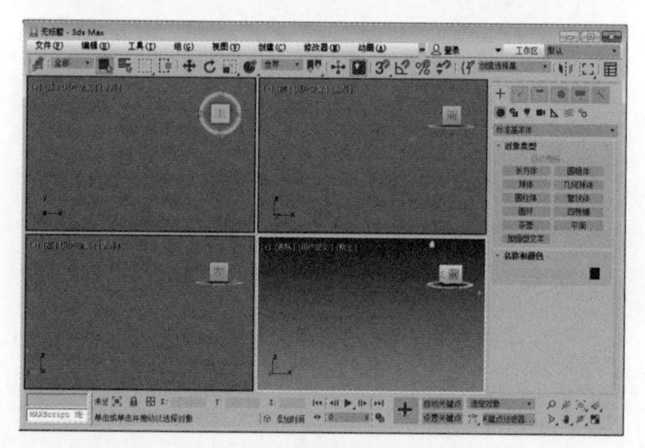

图3-35

3ds Max

第4章 基本物体的创建

本章导读

通过学习标准基本体和扩展基本体的创建方法，可以深入理解3ds Max的基本建模元素及其参数变化。为了进一步巩固所学知识，我们将通过实例进行动手实践。

本章重点 \ 学习目标	了解	理解	应用	实践
创建面板	√	√	√	√
标准基本体	√	√	√	√
扩展基本体	√	√	√	√
创建图形			√	√
制作古董相机模型			√	√
制作手模型			√	√
制作座椅模型			√	√
制作桌面摆件模型			√	√

4.1 创建面板

创建面板是3ds Max中构建新场景的关键起点，它提供了丰富的控件用于创建各类对象。在项目的推进过程中，我们可能会不断地利用这些控件来增添新对象，以丰富场景内容。

该面板将对象划分为7个主要类别：几何体、图形、灯光、摄影机、辅助对象、空间扭曲和系统。每个类别都有专门的按钮，这些类别内部还进一步细分了多个对象子类别，使用下拉列表可以选择所需的子类别，单击相应的按钮即可开始创建。

3ds Max中的创建面板如图4-1所示，其中主要控件的使用方法如下。

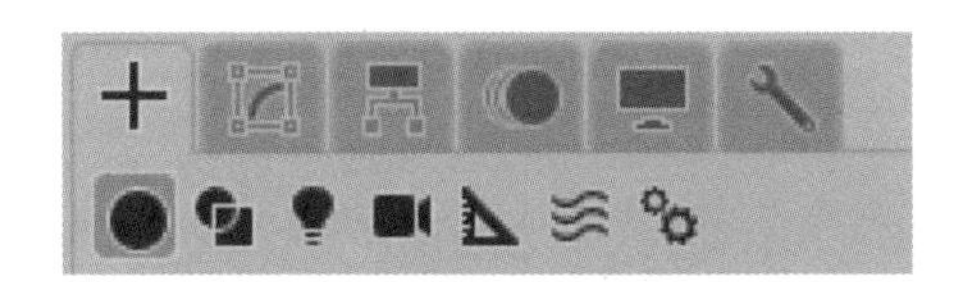

图4-1

- 几何体：几何体是指场景中可渲染的三维几何体。这些几何体包括标准基本体，如长方体、球体、锥体等，也包括更高级的几何体，例如通过布尔运算或粒子系统生成的形状。
- 图形：图形是由样条线或NURBS曲线构成的二维形状。虽然它们可以存在于二维空间（例如长方形）或三维空间（例如螺旋形），但它们仅在一个局部维度上具有实际厚度。
- 灯光：灯光在场景中起到照明作用，从而增强场景的真实感。3ds Max中存在多种类型的灯光，每种灯光都旨在模拟现实世界中不同类型的光源。
- 摄影机：摄影机对象提供观察场景的视角。摄影机在标准视图中的表现尤为出色，因为其控制方式与现实世界中的摄影机相似，并且可以设置摄影机位移的动画。

- 辅助对象：辅助对象对场景构建非常有帮助。它们可以协助定位、测量场景中的可渲染几何体，并为其设置动画。
- 空间扭曲：空间扭曲在围绕其他对象的空间中产生各种独特的扭曲效果。某些空间扭曲特别适用于粒子系统。
- 系统：将对象、控制器和层次结构组合在一起，以提供与特定行为相关联的几何体。此外，系统还包括模拟场景中阳光效果的日光系统。

4.2 标准基本体

在3ds Max中，标准基本体工具被广泛应用于构建具有三维空间结构的造型实体。它涵盖了18种类型，包括“标准基本体”“扩展基本体”“NURBS曲面”“门”“窗”“AEC 扩展”“动力学物体”“楼梯”等。这些标准基本体与现实世界中常见的物体形态紧密相连，比如球体、管道、长方体、圆环、圆锥体、楼梯、火炬等。

在3ds Max的建模过程中，我们首先创建这些标准基本体，然后通过复合物体运算将它们组合在一起。并使用各种修改器进行进一步的编辑，从而完成模型的制作。

在3ds Max中，可以使用诸如球体、管道、长方体、圆环、圆锥体等这样的标准基本体（见图4-2）来轻松建模，还可以将这些基本体进行组合，构建出更为复杂的对象，并使用修改器进一步进行细化。

标准基本体的创建命令如图4-3所示。

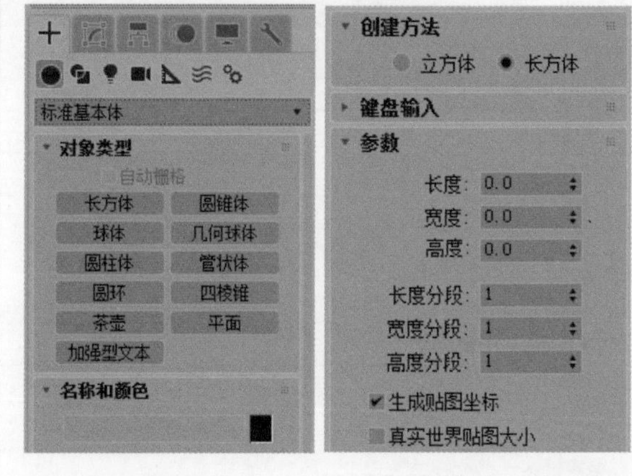

图4-2　　图4-3

4.3 扩展基本体

扩展基本体是3ds Max中一系列复杂基本体的总称。后面会介绍每种类型的扩展基本体及其创建参数。可以在创建面板的“对象类型”卷展栏中查找，或者执行“创建”→“扩展基本体”命令创建这些基本体。

扩展基本体的创建命令如图4-4所示。下面以实例的方式讲述这些扩展基本体的创建方法。

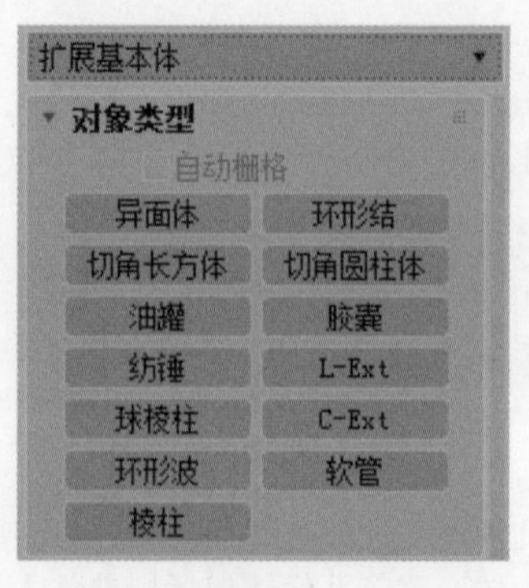

图4-4

实例操作 创建切角长方体

步骤01 执行“创建”→“扩展基本体”→“切角长方体”命令，或者在创建面板中选中“扩展基本体”选项，并单击“切角长方体”按钮，如图4-5所示（素材文件：第4章/Scenes/创建切角长方体.max）。

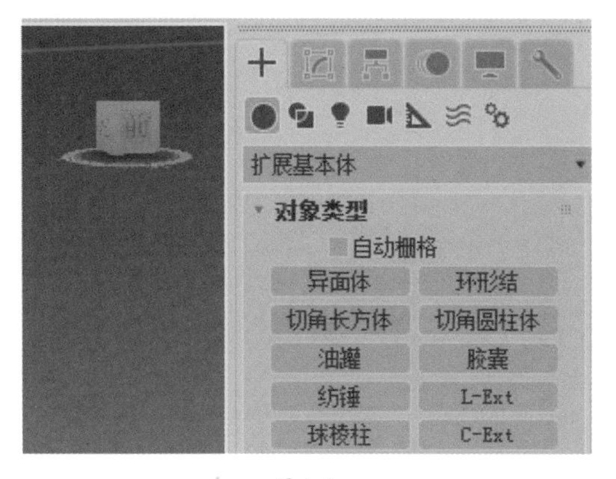

图4-5

步骤02 在创建中按住鼠标左键并拖动，定义切角长方体底部尺寸（按住Ctrl键可将底部约束为方形），如图4-6所示。

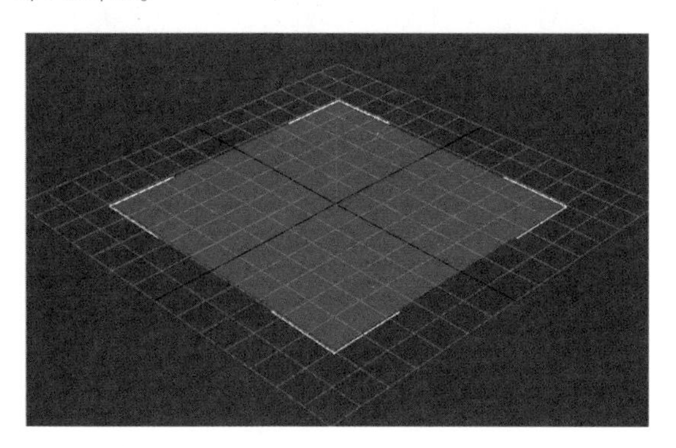

图4-6

步骤03 释放鼠标左键，然后垂直拖动鼠标，以定义切角长方体的高度，单击可设置高度，如图4-7所示。

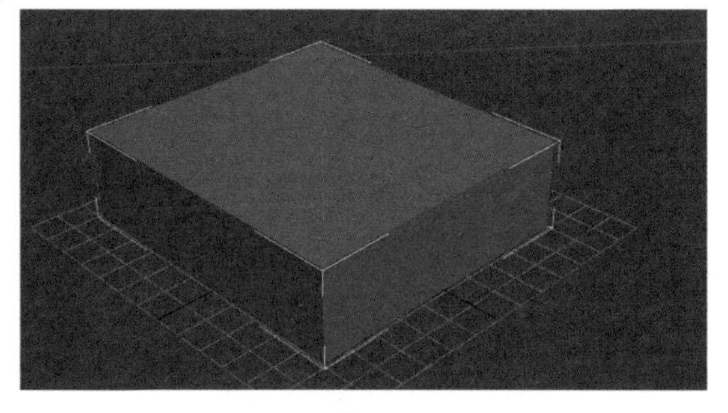

图4-7

步骤04 拖动鼠标可定义圆角或切角的高度（向左上方拖动可以增加宽度；向右下方拖动可以减小宽度），如图4-8所示。

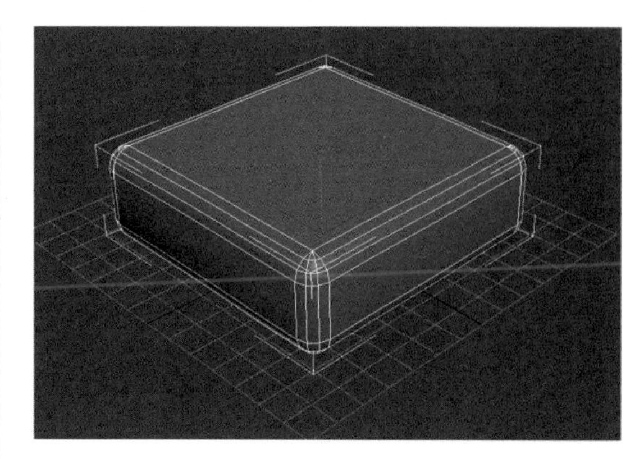

图4-8

步骤05 再次单击以完成切角长方体的创建，如图4-9所示。

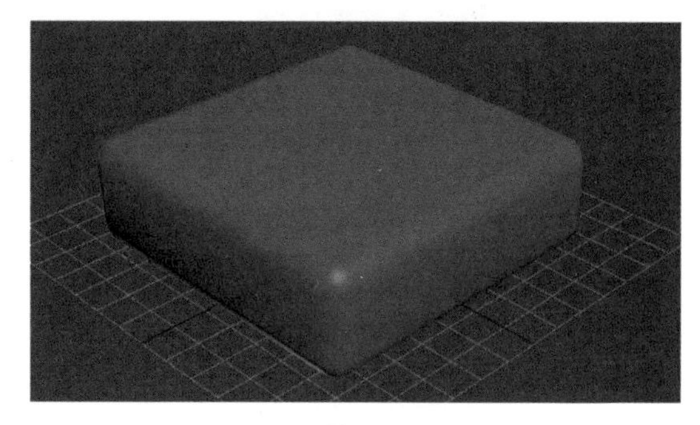

图4-9

4.4 创建图形

图形是由一条或多条曲线构成的对象，在3ds Max中，这些曲线被划分为样条线曲线和NURBS曲线两大类。这些曲线可以用作其他对象组件的二维或三维元素，从而辅助创建出各种形体。

如图4-10所示是利用曲线辅助创建的一个形体示例。

图 4-10

图形在3D建模中的主要作用包括：生成面片和薄的3D曲面、定义放样组件（如路径和图形）以创建复杂形状，并拟合曲线以实现更平滑的过渡、生成旋转曲面来创建对称物体，通过挤出操作生成具有深度的对象，以及定义运动路径来控制动画中的物体运动。

4.4.1 样条线

在创建面板中“对象”类别的“样条线”层级和“扩展样条线”层级提供了在日常生活中能够经常看到的几何图形。

样条线包括圆形、椭圆形、矩形、扇形、多边形、截面等13种图形，每种图形都具有特定的属性参数，如图4-11所示。

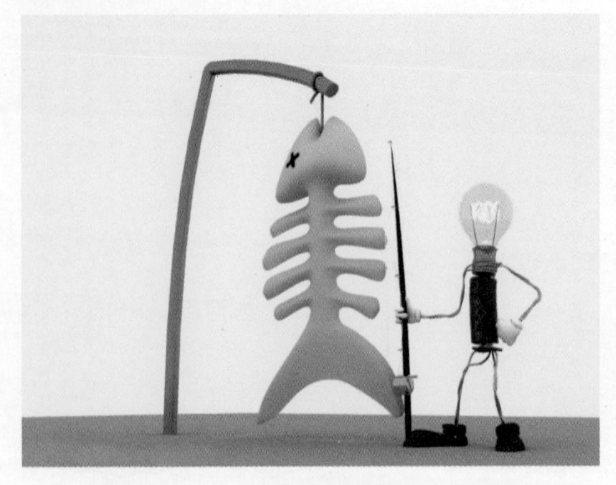

图 4-11

1. 特殊样条线

样条线包含的几何图形与标准基本体相似，都是常见且规则的图形。这些图形既可以通过鼠标操作进行绘制，也可以通过键盘输入来创建，具体的创建方法因图形而异。

此外，除了“线”“文本”“截面”这3种图形，其他所有图形都具有与其外观相匹配的变量参数。

- 线：使用“线”工具，可以创建由多个分段组成的自由形式的样条线。这种样条线包括“顶点”“线段”“样条线”3个子层级。
- 文本：使用“文本”工具，可以创建文本图形，并且支持使用系统中已安装的Windows字体，支持中文输入，如图4-12所示。

图 4-12

- 截面：“截面”是一种特殊类型的对象，可以通过网格对象基于横截面切片生成其他形状。

这3种特殊的样条线在创建方式上与其他样条线略有差异。具体来说，“线”的创建是通过绘制点和控制点的属性来实现最终效果的；“文本”则可以通过选择字体等操作完成简单的排版设计；“截面”则更为特殊，创建截面的目的是得到一个物体的截面图形，比如快速获取建筑结构的剖面图，如图4-13所示。

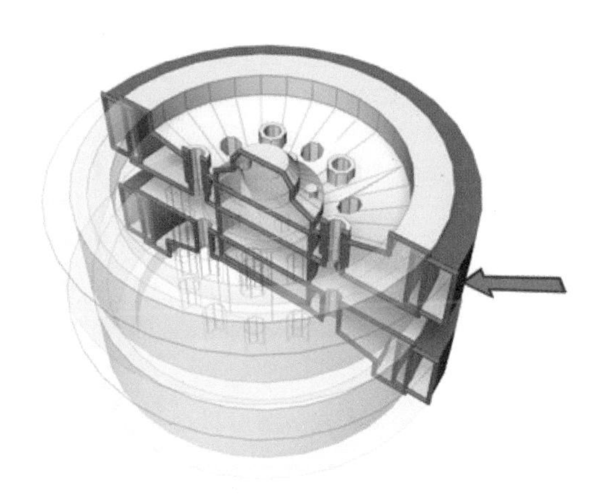

图 4-13

知识拓展

截面对象显示为相交的矩形，只需简单地移动并旋转它，即可通过一个或多个网格对象进行切片，然后单击“生成形状”按钮，即可基于2D相交生成一个全新的形状。在通过截面创建新图形时，截面与对象的位置关系决定了新图形的外形。这里主要指当截面无限放大时与对象的相交位置，而截面本身是否与对象相交完全不影响新图形的创建。

实例操作 获取卡通角色截面图

步骤01 打开场景文件，在左视图中创建一个截面图形，此时切换到透视图中可以发现截面图形与场景中的对象相交处有一圈黄色的线，如图4-14所示（素材文件：第4章/Scenes/获取卡通角色截面图.max）。

图 4-14

步骤02 在截面图形的修改参数面板中单击“创建图形”按钮，此时对象表面的一圈线被创建成一个新的图形，如图4-15所示。

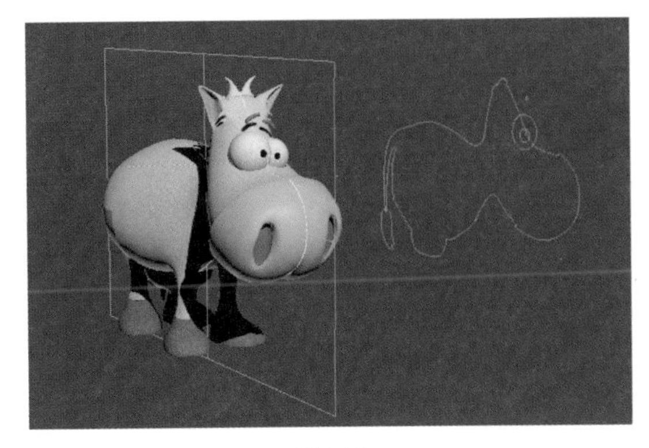

图 4-15

2. 样条线精度的控制

即便是同一种样条线图形，若对其属性参数进行不同的设置，图形也会产生不同的形状变化。这里主要指的是图形自身的变量参数，例如圆的半径等。

此外，所有样条线的精细程度都可以通过“插值”卷展栏中的“步数”值来进行调整。对半径相同的圆设置不同的“步数”值，会得到截然不同的显示结果。值得注意的是，如图4-16所示，当圆的“步数”值被设置为0时，将得到右侧的图形。

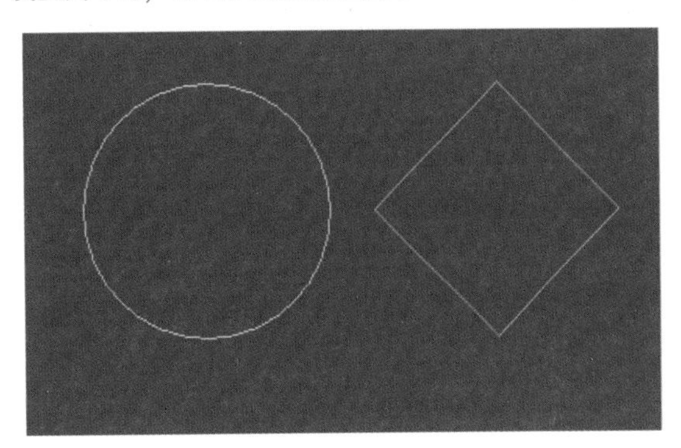

图 4-16

4.4.2 扩展样条线

扩展样条线是3ds Max 7.5版本中引入的样条线类别，为用户提供了5种独特的扩展样条线：“墙矩形”“通道”“角度”“T形”“宽法兰”。这些图形之所以被3ds Max列为独立的创建工具，是因为它们在建筑和工业造型设计中具有广泛的应用。要创建这些样条线，只需在“创建”命令面板中的“图形”次命令面板中找到相应的创建命令按钮。在该面板的顶部，通过下拉列表选择“扩展样条线”选项，即可轻松打开扩展样条线的创建命令面板，如图4-17所示。

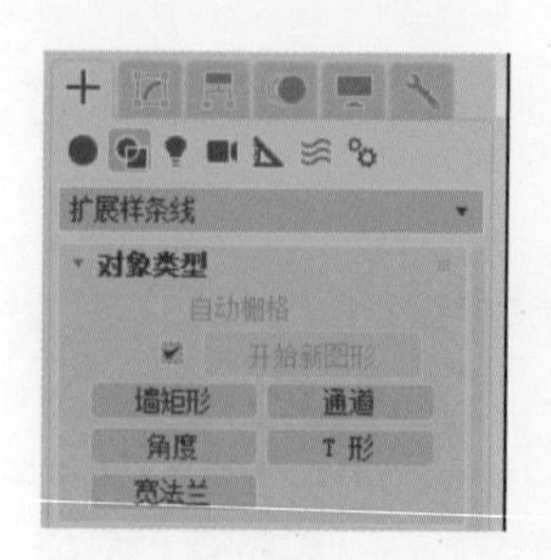

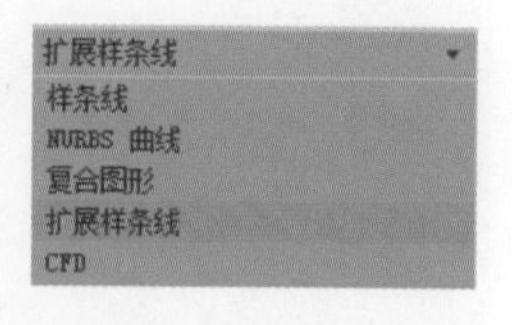

图4-17

1. 墙矩形

利用“墙矩形”工具，用户可以创建由两个同心矩形组成的封闭形状。这两个矩形各自拥有4个顶点，该工具在操作上类似“圆环”工具，区别在于其基础形状是矩形而非圆形，如图4-18所示。

图4-18

用户可以在“参数”卷展栏中对创建的“墙矩形”对象进行修改，主要的参数如图4-19所示。

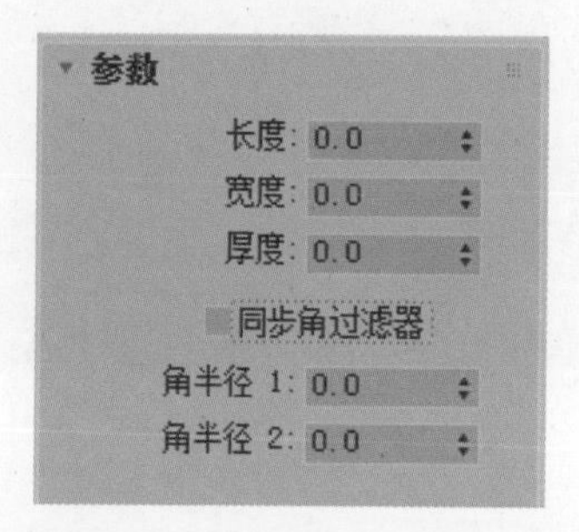

图4-19

- 长度、宽度：设定墙矩形的外围矩形的长度和宽度数值。
- 厚度：设定墙矩形的厚度，也就是内外墙矩形的间距。
- 同步角过滤器：选中此复选框后，“角半径1”参数将控制墙矩形内外矩形的圆角半径，同时保持截面厚度不变，此时下方的“角半径2”参数将不可用。
- 角半径1、角半径2：可分别设置墙矩形的内外矩形的圆角数值。

2. 通道

使用“通道”工具，可以轻松创建一个形状类似字母“C”的闭合样条线。此外，该工具还允许用户将图形的内部角和外部角设置为圆角，从而增加形状的多样性和美观度，如图4-20所示。

图4-20

在“参数”卷展栏中，用户可以修改创建通道时的各项具体参数，主要的参数如图4-21所示。

图4-21

- 长度、宽度：设定C形槽的高度、顶部和底部水平部分的宽度。
- 厚度：设定C形槽的厚度。
- 同步角过滤器：选中此复选框后，“角半径1”将控制图形内外角的半径，同时保持通道的厚度不变。该复选框默认处于选中状态。
- 角半径1、角半径2：可以分别设置外侧和内侧的圆角数值。

3. 角度

利用“角度”工具，可以轻松创建一个闭合的“L”形样条线。此外，用户还可以指定垂直部分和水平部分之间的角半径，从而根据需要调整形状，如图4-22所示。

图4-22

在“参数”卷展栏中可以对创建的角度样条线的具体参数进行修改。其中主要参数如图4-23所示。

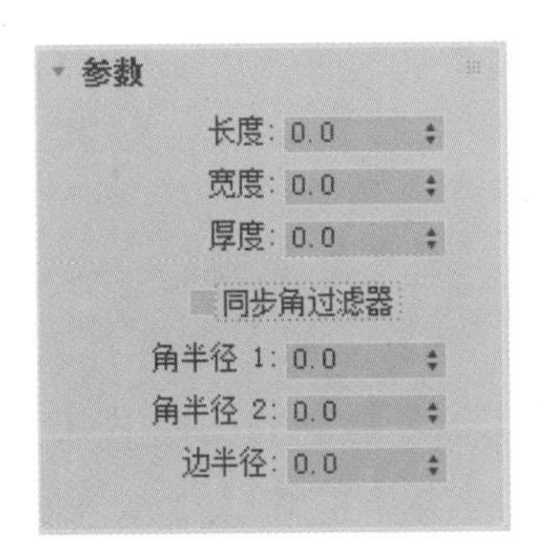

图4-23

- 长度、宽度：分别用于设置高度和宽度。
- “厚度”：用于设置图形的厚度。
- “同步角过滤器”：选中该复选框后，“角半径1”将控制垂直部分与水平部分之间内外角的半径，同时保持图形的厚度不变。
- 角半径1、角半径2：用于分别设置外侧和内侧角的圆角数值。
- 边半径：用于设置角度两个顶端内侧的圆角数值。

4. T形

利用“T形”样条线工具，用户可以轻松创建一个闭合且形状为“T”形的样条线。此外，用户还可以指定垂直与水平部分之间的两个内部角半径，从而根据需要调整形状的细节，如图4-24所示。

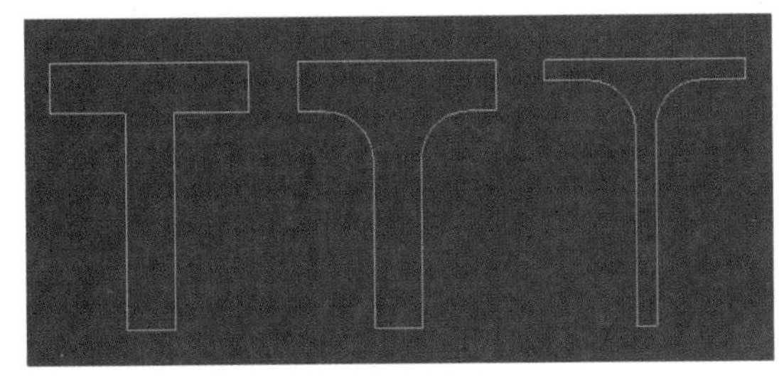

图4-24

通过“参数”卷展栏可以对“T形”样条线的具体参数进行设置。其中主要参数如图4-25所示。

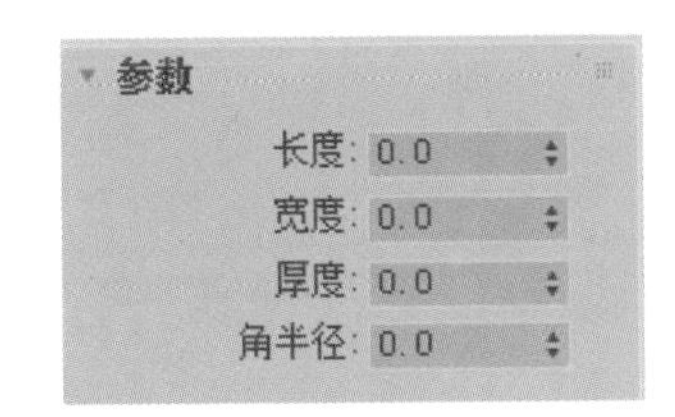

图4-25

- 长度、宽度：用于分别设置T形高度和宽度。
- 厚度：用于设置T形的整体厚度。
- 角半径：用于设置T形中垂直部分与水平部分之间的两个内部角的半径。

5. 宽法兰

利用“宽法兰”工具，用户可以轻松创建出一个闭合且形状类似工字的图形。此外，还可以指定垂直部分与水平部分之间的内部角为圆角，从而增加图形的美观度和实用性，如图4-26所示。

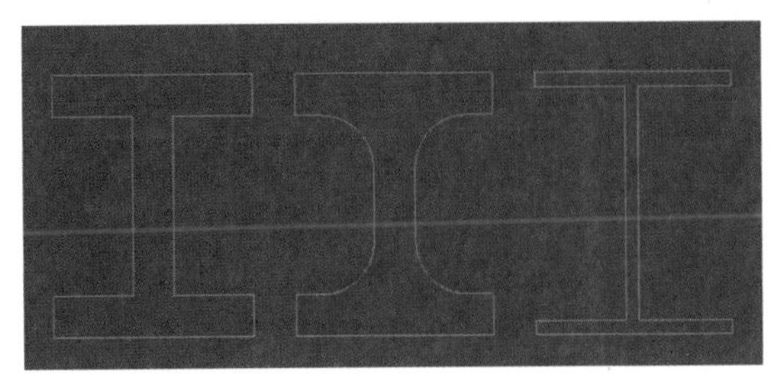

图4-26

在“参数”卷展栏中可以对创建的“宽法兰”样条线的具体参数进行设置。其中主要参数如图4-27所示。

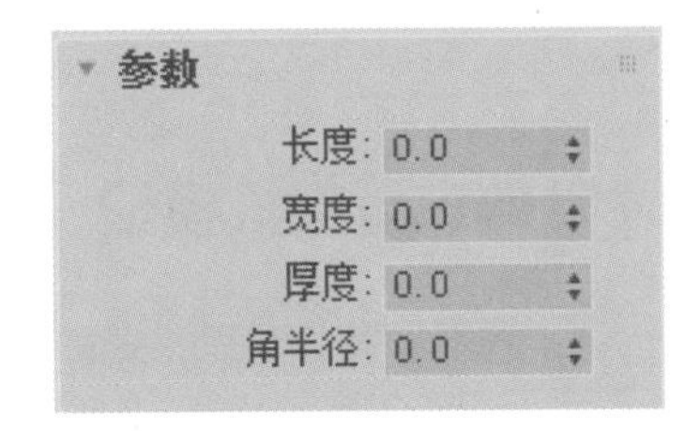

图4-27

- 长度、宽度：用于设置宽法兰边界长方形的长度和宽度。
- 厚度：用于设置宽法兰的整体厚度。
- 角半径：用于设置垂直部分与水平部分之间的4个内部角的半径。

4.4.3 NURBS曲线

NURBS（Non-Uniform Rational B-Spline），即非均匀有理B样条曲线，是一种与多边形模型（如Mesh、Poly、Patch）截然不同的计算方法。该方法通过曲线来精确控制三维对象的表面，而非依赖于网格，因此特别适用于复杂曲面对象的建模。

从外观上看，NURBS曲线与样条线颇为相似，甚至可以实现相互转换。然而，它们的数学模型却存在显著差异。相比之下，NURBS曲线的操控更为简便，而且所生成的几何体表面也更为光滑。

- 点曲线：点曲线是通过节点来控制其形状的曲线，这些节点直接位于曲线上，从而实现对曲线形态的精确把控，如图4-28所示。

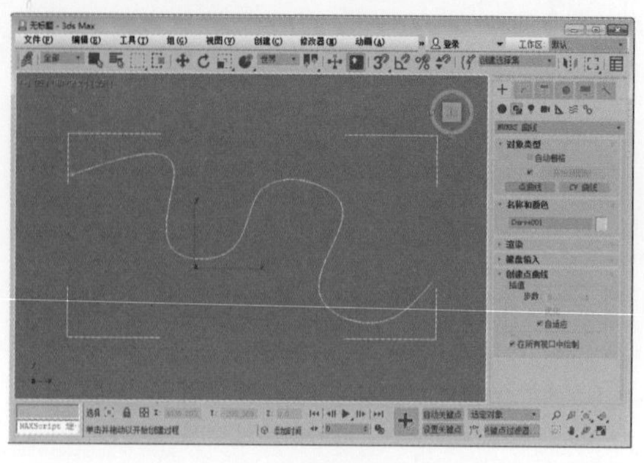

图 4-28

- CV曲线：CV曲线是通过CV控制点来调节曲线形态的，这些控制点并不直接位于曲线上，而是位于曲线的切线上，从而以间接的方式实现对曲线形状的精确控制，如图4-29所示。

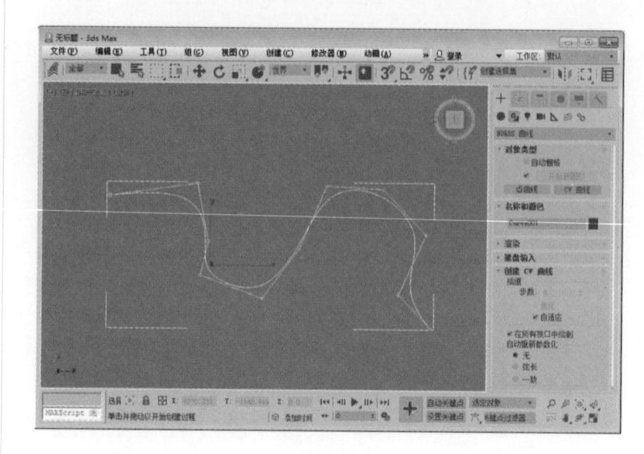

图 4-29

4.5 制作古董相机模型

在本例中，我们重点探讨多边形建模的技术流程。起初，我们在场景内创建了一个基本体，随后将其转换为可编辑的多边形模型，以便进行精细调整。紧接着，深入学习如何创建样条曲线，并将其转换为可编辑状态，从而实现对曲线形态的灵活编辑。最终，将二维的样条曲线成功转换为三维立体模型。在日常的学习与实践中，关注并处理好细节问题，不仅能有效提升建模的精确度，还能节省时间成本。

如图4-30所示为古董相机模型参考图和渲染效果图，具体的绘制方法如下。

图 4-30

4.5.1 制作相机外壳模型

步骤01 打开3ds Max，单击●按钮，切换到“标准基本体”创建面板，然后单击“长方形”按钮，在场景中创建一个长方体模型，并将模型转换为可编辑多边形。按2键切换到边级别，选择如图4-31左图所示的边，使用快捷键Ctrl+Shift+E对模型进行细分，效果如图4-31右图所示。

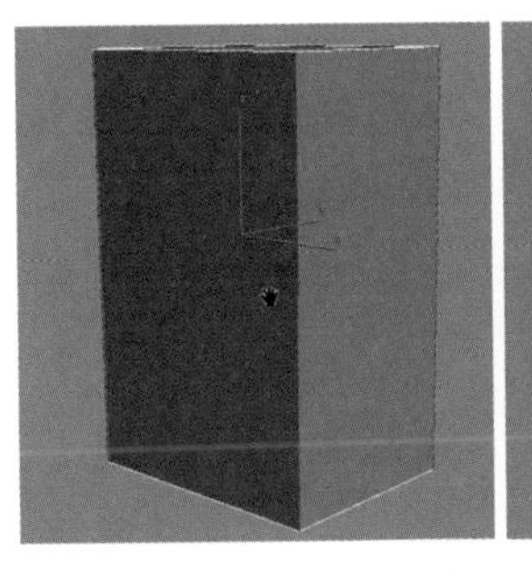
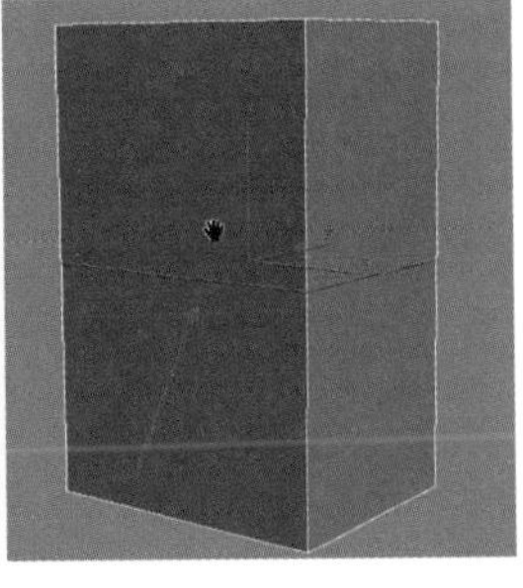

图4-31

步骤02 使用同样的方法继续对模型进行细分，使用快捷键Ctrl+Q对模型进行光滑显示，效果如图4-32左图所示。按1键切换到顶点级别，调节节点到如图4-32右图所示的位置。

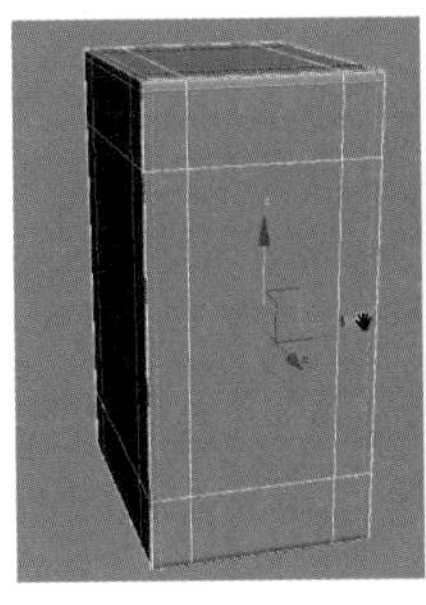
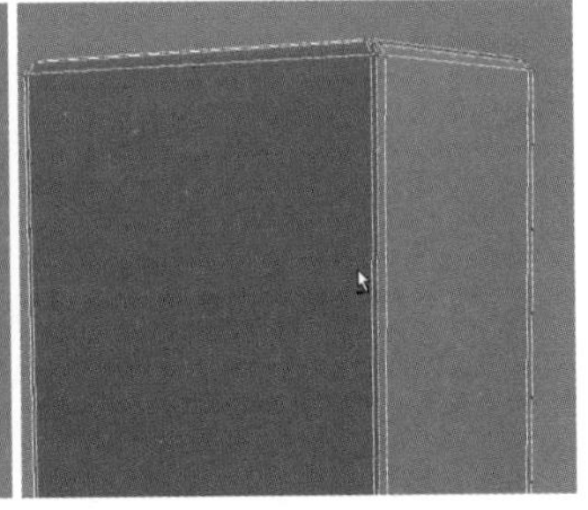

图4-32

步骤03 按2键切换到边级别，选择如图4-33左图所示的边，使用快捷键Ctrl+Shift+E对模型进行细分。继续使用同样的方法对模型进行细分，按1键切换到顶点级别，调节节点到如图4-33右图所示的位置。

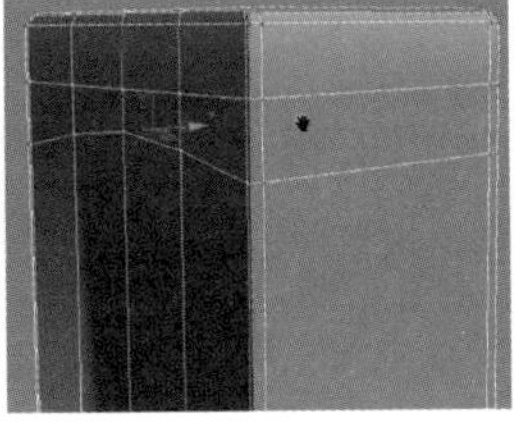

图4-33

步骤04 按4键切换到面级别，选择如图4-34左图所示的面，单击“挤出”按钮，并设置参数，如图4-34右图所示。

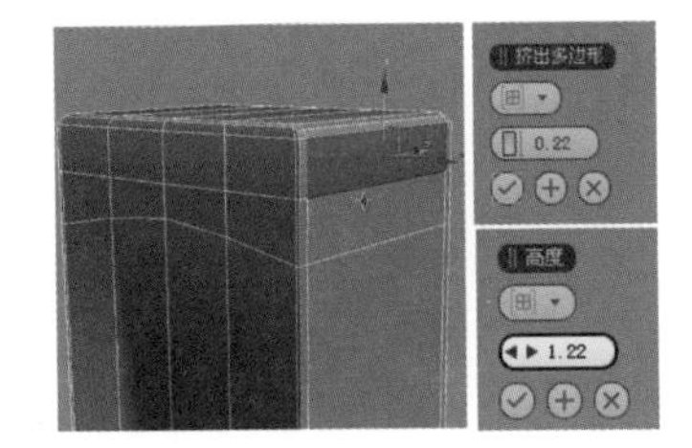

图4-34

步骤05 继续设置挤出参数，对模型进行挤压操作，效果如图4-35左图所示。单击“倒角”按钮，并设置参数，效果如图4-35右图所示。

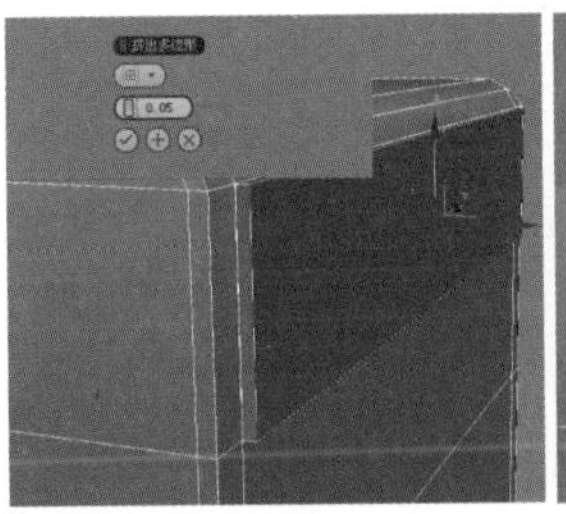
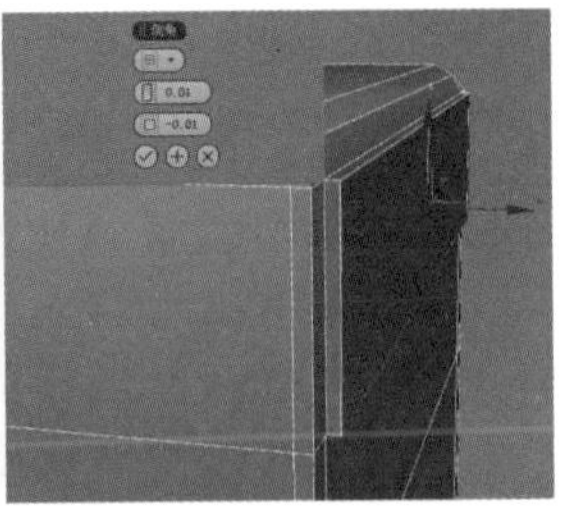

图4-35

步骤06 切换到边级别，选择如图4-36左图所示的边，单击“循环”按钮，得到循环的边，单击“切角”按钮，并设置参数，如图4-36右图所示。

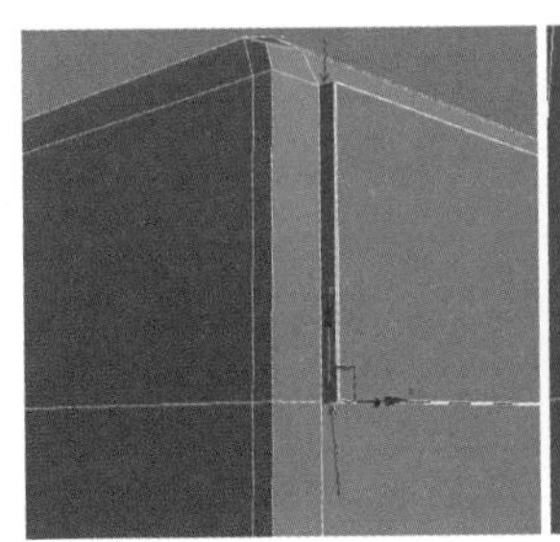
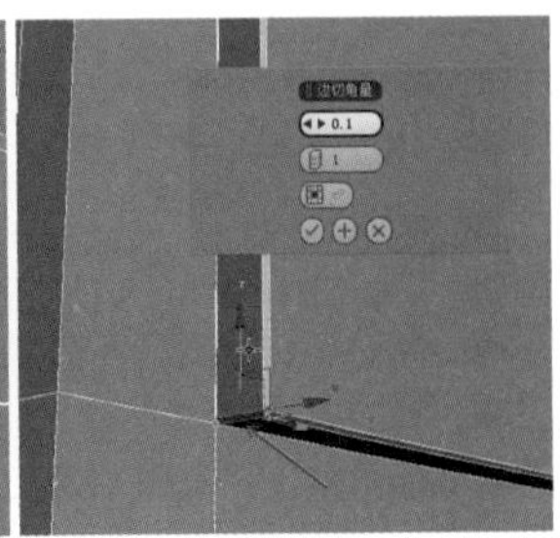

图4-36

步骤07 单击“目标焊接”按钮，目标焊接节点，效果如图4-37左图所示。切换到边级别，选择如图4-37右图所示的边。

图4-37

步骤08 右击，在弹出的快捷菜单中选择“连接”选项，并设置参数，如图4-38左图所示。使用快捷键Ctrl+Q对模型进行光滑显示，效果如图4-38右图所示。

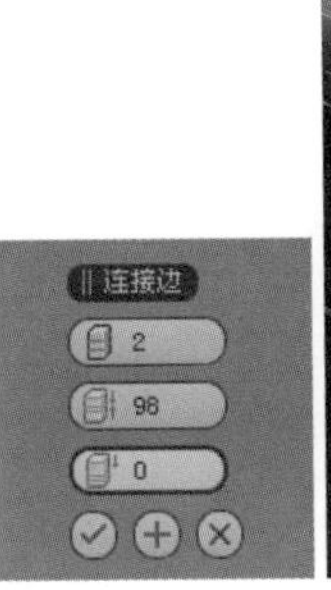

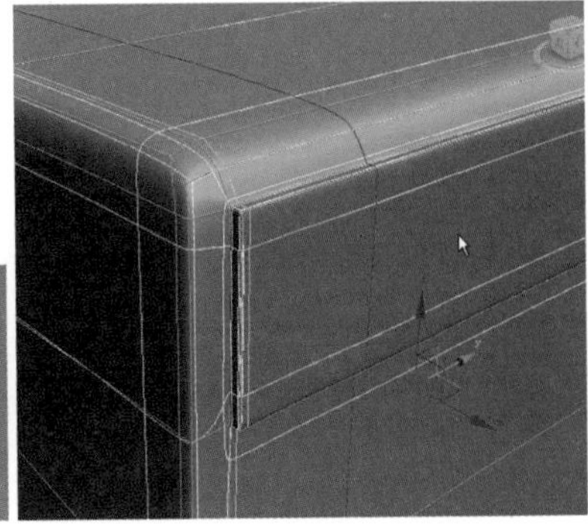

图4-38

步骤09 退出光滑显示模式，继续使用同样的方法对模型进行细分。切换到点级别，调节节点到如图4-39

左图所示的位置。切换到边级别，选择如图4-39右图所示的一圈平行边。

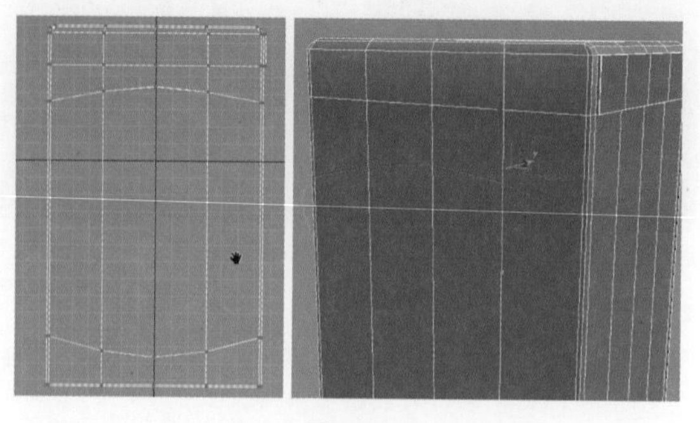

图4-39

步骤10 单击“切角”按钮，并设置参数，如图4-40左图所示，切角效果如图4-40右图所示。

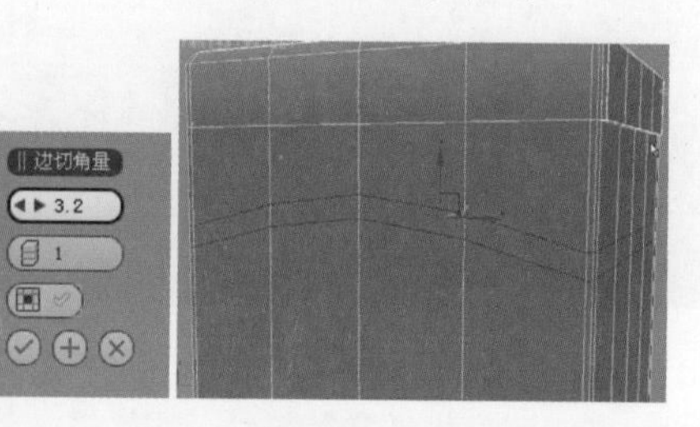

图4-40

步骤11 按4键切换到面级别，选中如图4-41左图所示的面。单击“倒角”按钮，并设置参数，如图4-41右图所示。

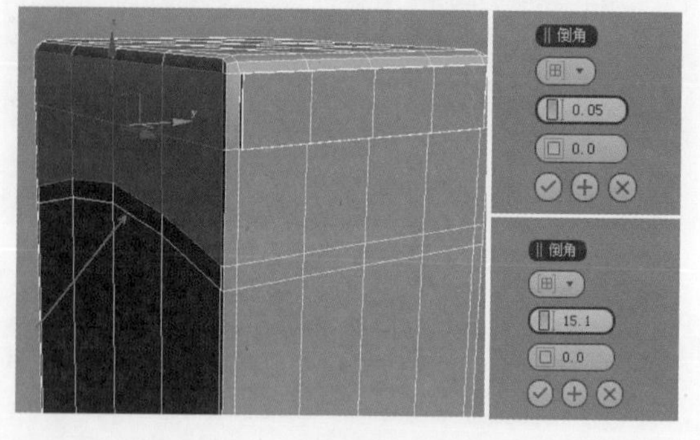

图4-41

步骤12 切换到点级别，调节节点到如图4-42左图所示的位置。切换到边级别，继续选择如图4-42右图所示的边。

图4-42

步骤13 右击，在弹出的快捷菜单中选择“连接”选项，并设置参数，如图4-43左图所示。继续使用同样的方法对模型进行细分，效果如图4-43右图所示。

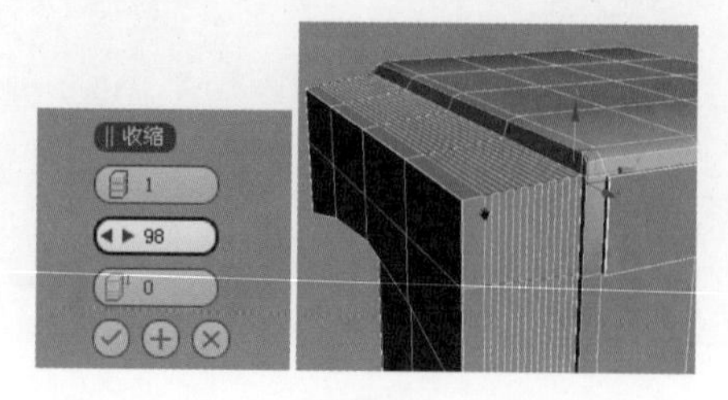

图4-43

知识拓展

“连接”命令的默认快捷键是Ctrl+ Shift+E。该命令用于在选定的边之间创建新的边，但仅适用于同一多边形上的边。重要的是，执行“连接”命令时，新创建的边不会交叉，从而确保多边形结构的整洁性和一致性。

步骤14 切换到面级别，选择如图4-44左图所示的面。单击“倒角”按钮，并设置参数，如图4-44右图所示。

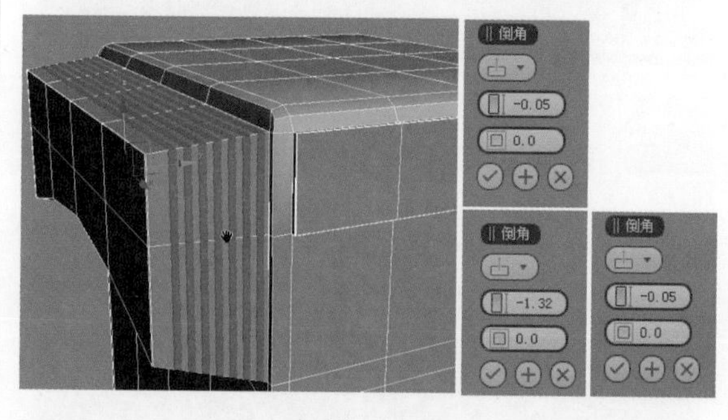

图4-44

步骤15 此时，图像效果如图4-45左图所示。使用同样的方法继续制作模型，使用快捷键Ctrl+Q对模型进行光滑显示，然后按F9键对模型进行渲染，渲染效果如图4-45右图所示。

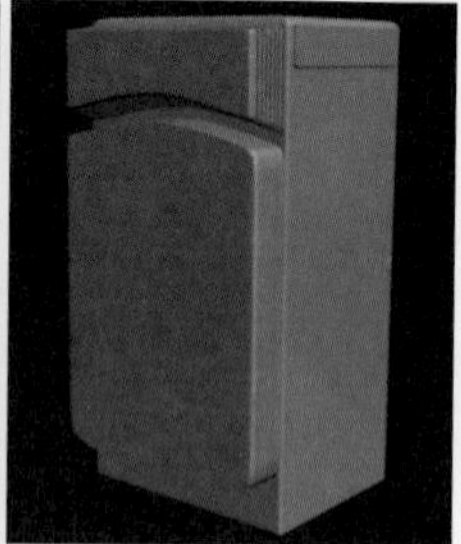

图4-45

步骤16 退出光滑显示模式，切换到面级别，选择如图4-46左图所示的面，按住Shift键使用“移动”工具对模型进行复制，在弹出的“克隆部分网格”对话框中，选中“克隆到对象”单选按钮，并单击“确定”按钮，如图4-46右图所示。

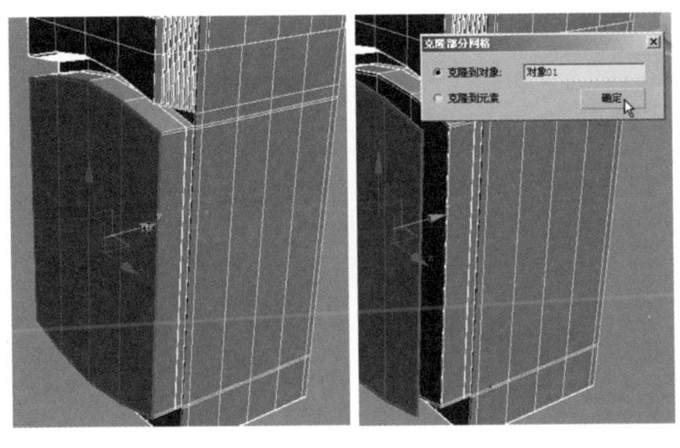

图4-46

步骤17 使用快捷键Alt+Q对模型进行独立化显示，按3键切换到边界级别，选择如图4-47左图所示的边，按住Shift键对边进行复制，然后单击“封口”按钮，对边进行封口操作，效果如图4-47右图所示。

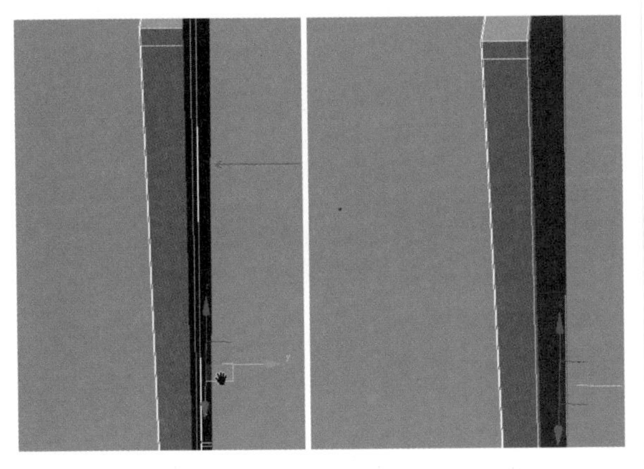

图4-47

步骤18 切换到点级别，选择如图4-48左图所示的两个点，使用快捷键Ctrl+Shift+E，在选中的两点之间创建边。使用同样的方法继续创建边，效果如图4-48右图所示。

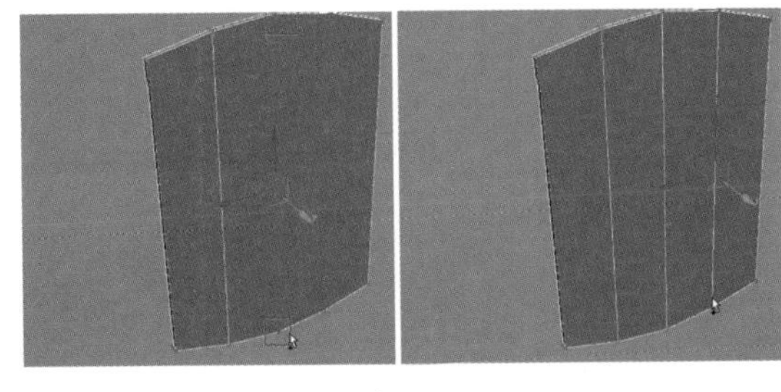

图4-48

步骤19 切换到边级别，选中如图4-49左图所示的边。右击，在弹出的快捷菜单中选择“连接”选项，并设置参数，如图4-49右图所示。

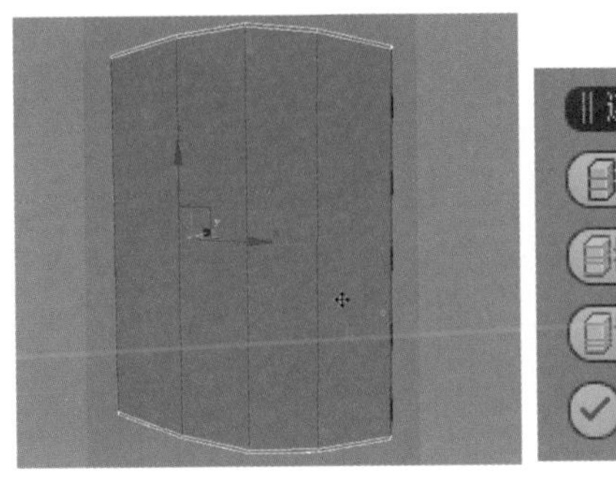

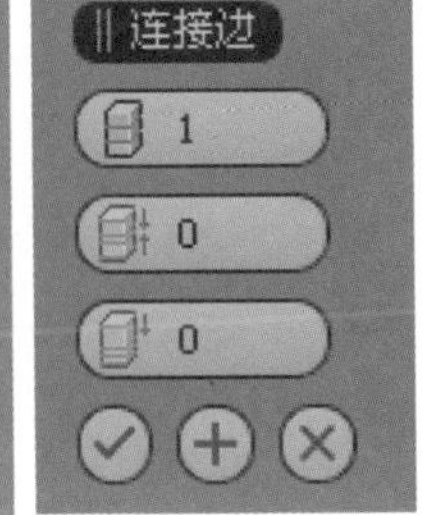

图4-49

步骤20 继续使用同样的方法对模型进行细分，效果如图4-50左图所示。右击，在弹出的快捷菜单中选择“剪切”选项，使用“剪切”工具对模型进行加线处理，效果如图4-50右图所示。

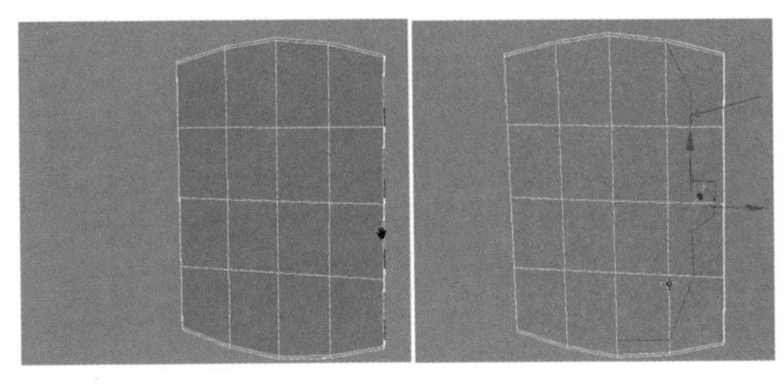

图4-50

步骤21 继续为模型加线，切换到面级别，选择如图4-51左图所示的面。单击“挤出”按钮，并设置参数，效果如图4-51右图所示。

图4-51

知识拓展

选中要被挤出的线框，在修改命令面板中为其添加“挤出”修改器，然后在其参数面板中设置挤压参数，进行挤压。

步骤22 使用同样的方法继续制作模型，效果如图4-52左图所示。退出子物体层级，在修改器下拉列表中选择“对称”选项，为模型添加“对称”修改器，效果如图4-52右图所示，然后将模型塌陷为可编辑多边形。

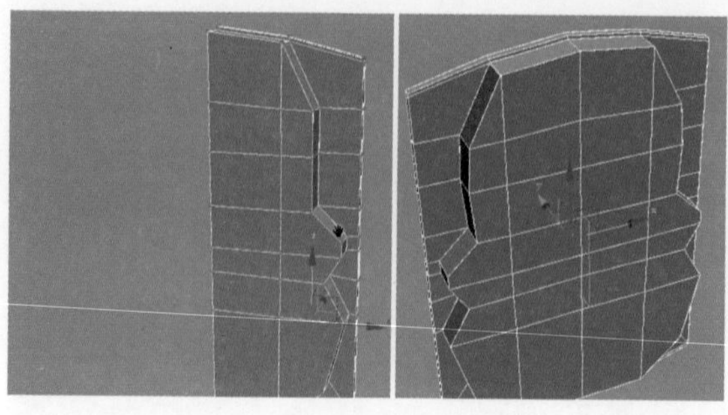

图4-52

步骤23 单击按钮，切换到“样条线”创建面板，单击“圆”按钮，在场景中创建一个圆形，如图4-53左图所示，对照样条曲线，调节节点到图4-53右图所示的位置。

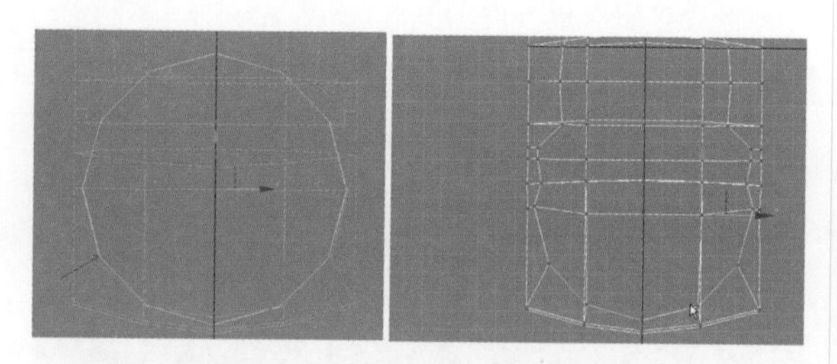

图4-53

步骤24 退出子物体层级，按Delete键删除圆形。单击“圆”按钮，继续在场景中创建圆形，然后按住Shift键对圆形进行复制，效果如图4-54左图所示。将样条曲线转化为可编辑的样条曲线，单击“附加”按钮，将样条曲线焊接在一起。选择主体模型，切换到“复合对象”面板，单击“图形合并”按钮，然后单击“拾取图形”按钮，再选择圆形，最后按Delete键删除创建的圆形，效果如图4-54右图所示，然后将模型转化为可编辑多边形。

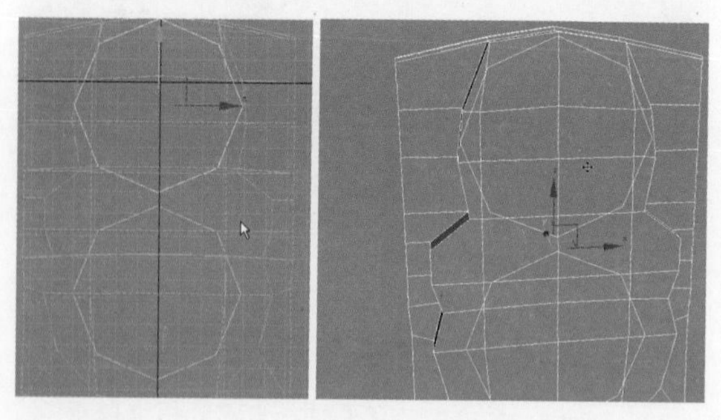

图4-54

4.5.2 制作镜头和读数器

步骤01 按1键切换到顶点级别，按BackSpace键移除多余的节点，然后单击“目标焊接”按钮，使用“目标焊接”工具目标焊接节点，效果如图4-55左图所示。删除模型的一半，按2键切换到边级别，并选择如图4-55右图所示的边。

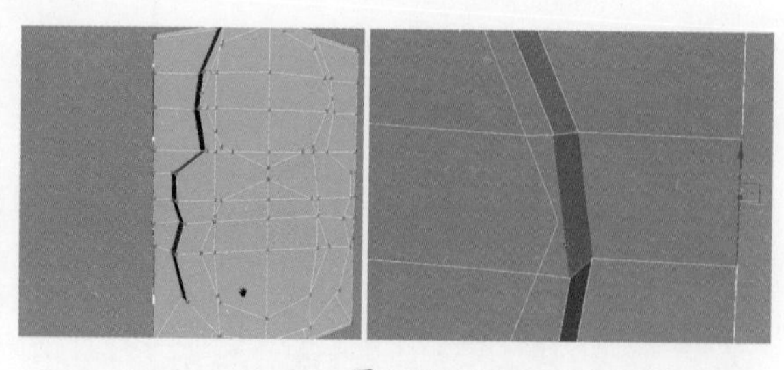

图4-55

步骤02 使用快捷键Ctrl+Shift+E对模型进行细分，然后按BackSpace键移除多余的节点，再单击“目标焊接”按钮，目标焊接节点，效果如图4-56左图所示。为模型添加“对称”修改器，然后将模型塌陷为可编辑多边形，切换到面级别，选择如图4-56右图所示的面。

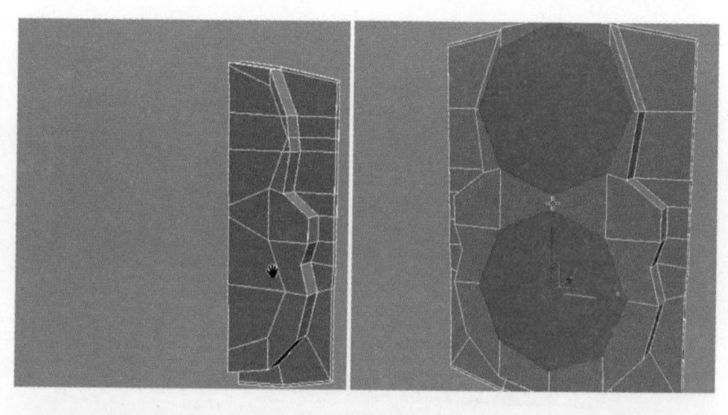

图4-56

步骤03 单击“倒角”按钮，并设置参数，如图4-57左图所示，图像效果如图4-57右图所示。

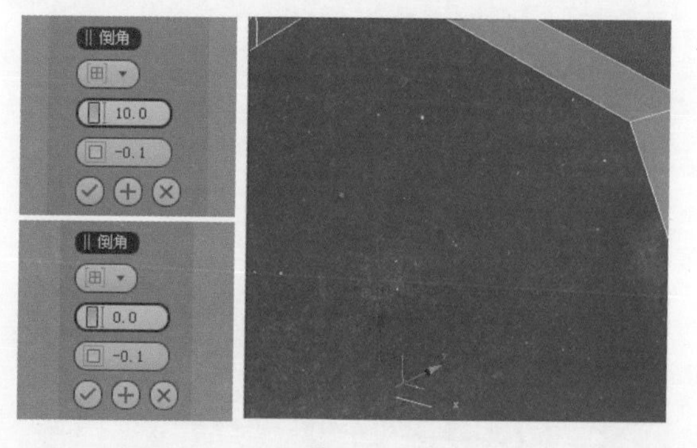

图4-57

步骤04 使用同样的方法继续对面进行倒角挤压操作，图像效果如图4-58左图所示。切换到点级别，调节节点到如图4-58右图所示的位置。

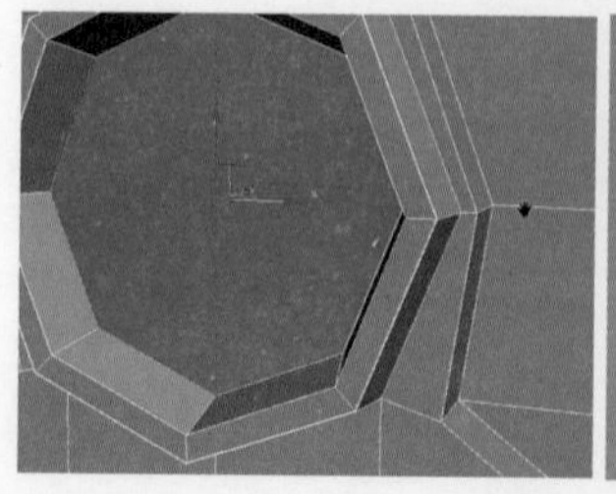

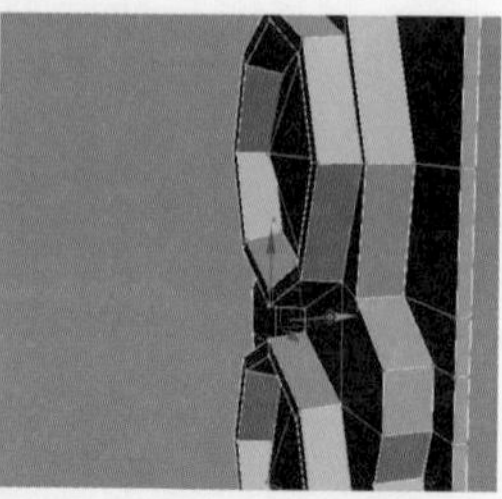

图4-58

步骤05 退出子物体层级，使用快捷键Ctrl+Q对模型进行光滑显示，设置光滑级别为3，退出独立化显示模式。为模型更换颜色，并按F9键进行渲染，渲染效果如图4-59左图所示。使用同样的方法继续制作模型，效果如图4-59右图所示。

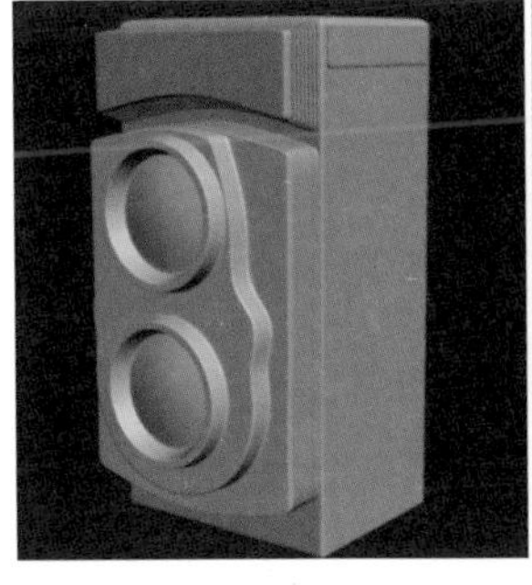
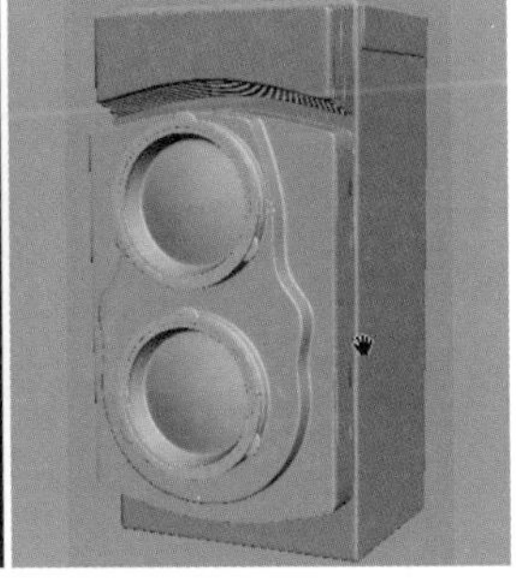

图4-59

步骤06 切换到“标准基本体”创建面板，再单击“圆柱体”按钮，在场景中创建一个圆柱体模型，将圆柱体模型转化为可编辑多边形。切换到面级别，选择如图4-60左图所示的面，单击“挤出”按钮并设置参数，如图4-60右图所示。

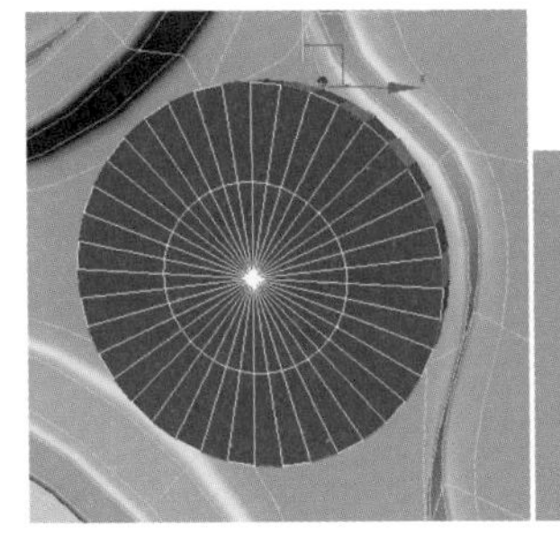

图4-60

步骤07 此时，图像效果如图4-61左图所示，按2键切换到边级别，选择如图4-61右图所示的边。

图4-61

步骤08 右击，在弹出的快捷菜单中选择“连接”选项，并设置参数如图4-62左图所示，细分效果如图4-62右图所示。

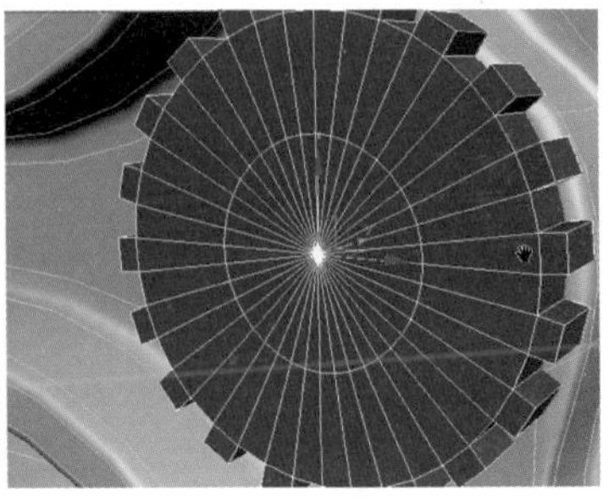

图4-62

步骤09 退出子物体层级，按住Shift键对模型进行复制，并调节复制得到的模型，效果如图4-63左图所示。切换到“标准基本体”创建面板，单击“圆柱体”按钮，在场景中创建一个圆柱体模型，如图4-63右图所示。

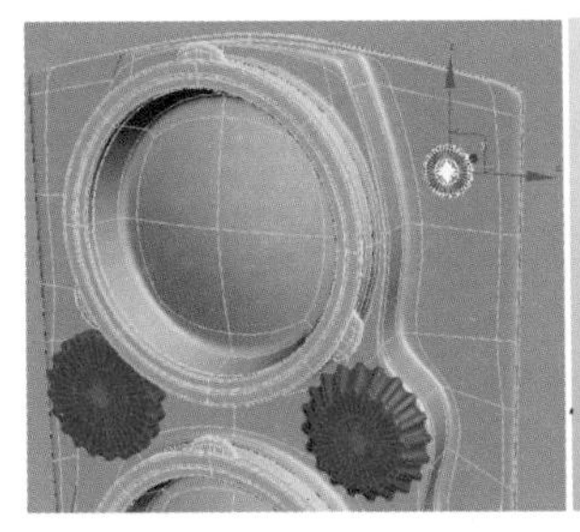

图4-63

步骤10 切换到样条线级别，单击“矩形”按钮，在场景中创建一个矩形样条曲线，设置“修改”面板中的参数，如图4-64左图所示，图像效果如图4-64右图所示，然后将矩形曲线转换为可编辑样条曲线。

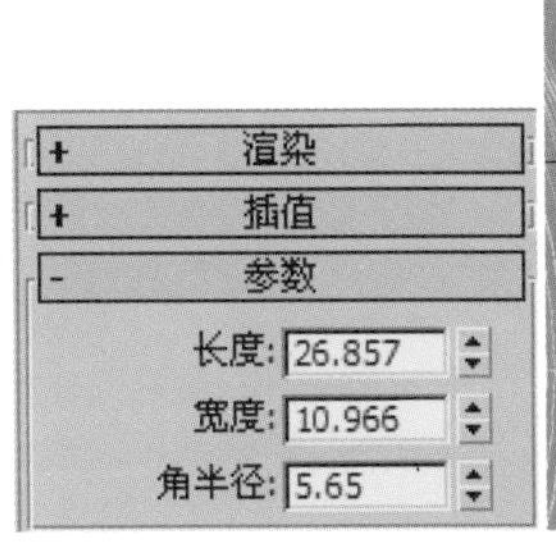

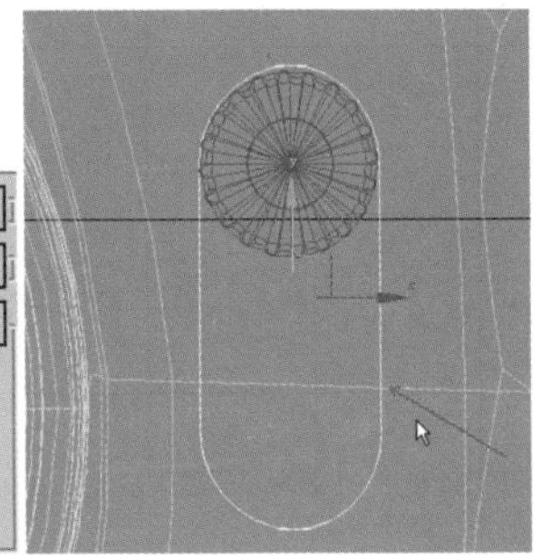

图4-64

步骤11 切换到点级别，单击“焊接”按钮，焊接多余的节点，并调节节点到如图4-65左图所示的位置。退出子物体层级，调节样条曲线到如图4-65右图所示的位置。

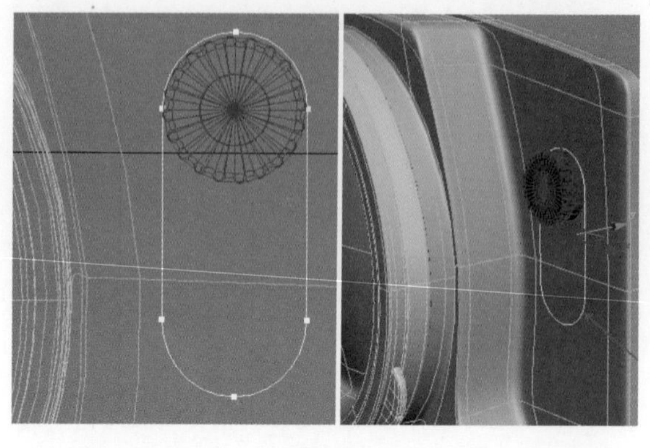

图4-65

知识拓展

如果焊接时遇到焊接不成功的问题，这通常是因为在尝试焊接的两个顶点之间存在截面，那么只需删除这两个顶点之间的截面即可解决问题。

步骤12 在修改器下拉列表中选择“挤出”命令，为样条曲线添加“挤出”修改器，并设置“修改”面板参数，如图4-66左图所示，调节模型到如图4-66右图所示的位置。

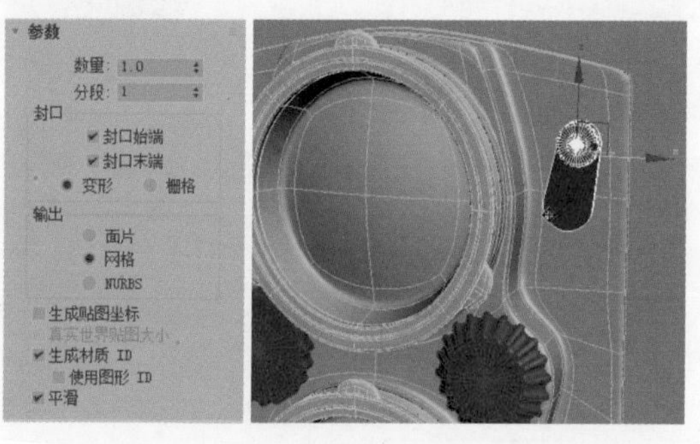

图4-66

步骤13 单击按钮，对模型进行镜像复制，效果如图4-67左图所示。单击“矩形”按钮，在场景中创建一个矩形样条曲线，并将其转换为可编辑样条曲线。切换到点级别，调节节点到如图4-67右图所示的状态。

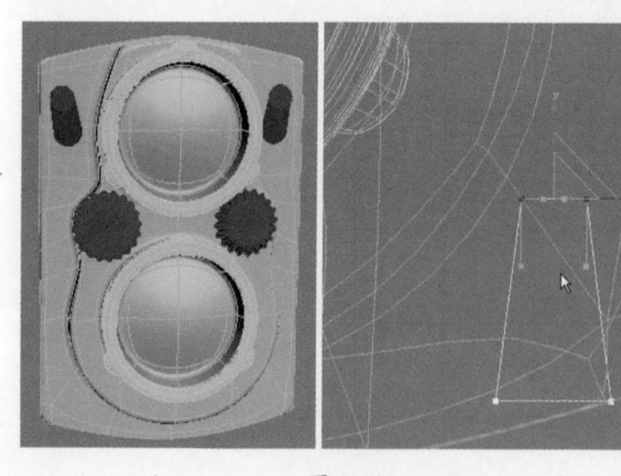

图4-67

步骤14 选择矩形样条曲线的所有节点，单击“圆角”按钮，对模型进行圆角处理，效果如图4-68左图所示。单击“焊接”按钮，焊接多余的节点。退出子物体层级，在修改器下拉列表中单击“挤出”命令，为样条曲线添加“挤出”修改器，调整模型到如图4-68右图所示的状态。

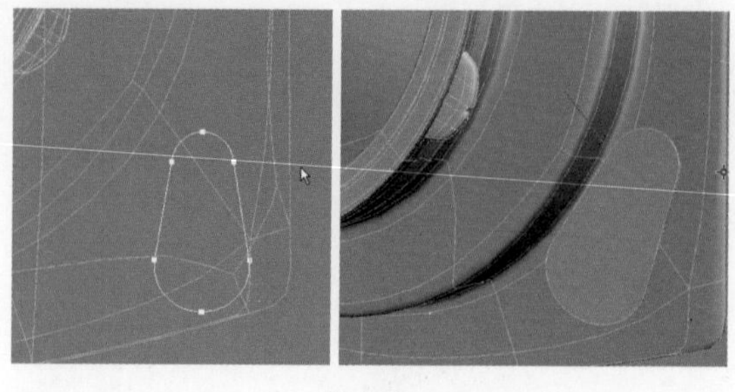

图4-68

步骤15 切换到“标准基本体”创建面板，单击“管状体”按钮，在场景中创建一个管状体模型，并将其转化为可编辑多边形。切换到边级别，选择如图4-69左图所示的边。右击，在弹出的快捷菜单中选择“连接”选项并设置参数，如图4-69右图所示。

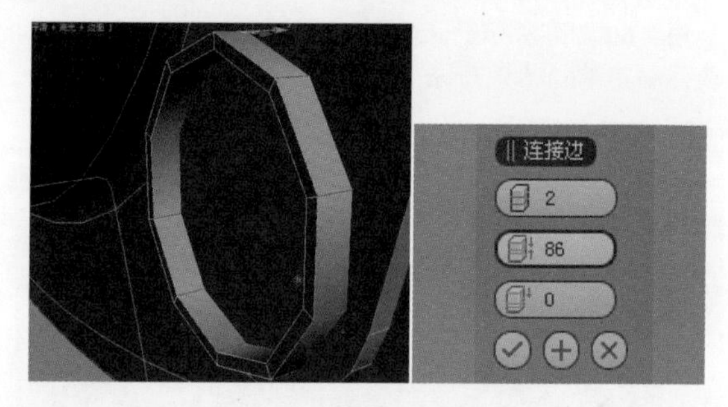

图4-69

步骤16 使用快捷键Ctrl+Q对模型进行光滑显示，设置光滑级别为2，效果如图4-70左图所示，退出子物体层级，按住Shift键对模型进行复制，并对其进行缩放，如图4-70右图所示。

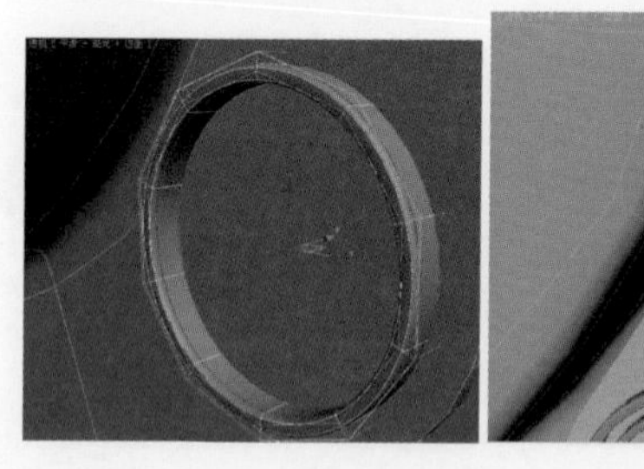

图4-70

步骤17 单击“圆柱体”按钮，在场景中创建一个圆柱体模型，如图4-71左图所示，单击按钮，继续对模型进行镜像复制，取消独立化显示模式，效果如图4-71右图所示。

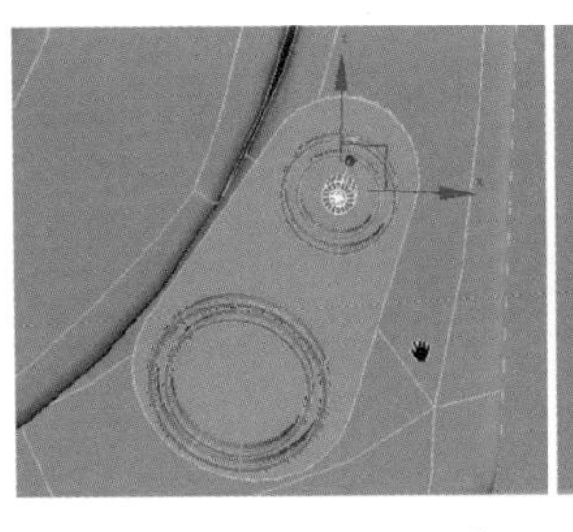

图4-71

步骤18 继续对模型进行独立化显示，切换到“标准基本体”创建面板，单击“长方体”按钮，在场景中创建一个长方体模型，将其转化为可编辑多边形。切换到点级别，调节节点到如图4-72左图所示的位置。切换到边级别，调节边的位置，并选择如图4-72右图所示的边，单击“环形”按钮，得到一圈边。

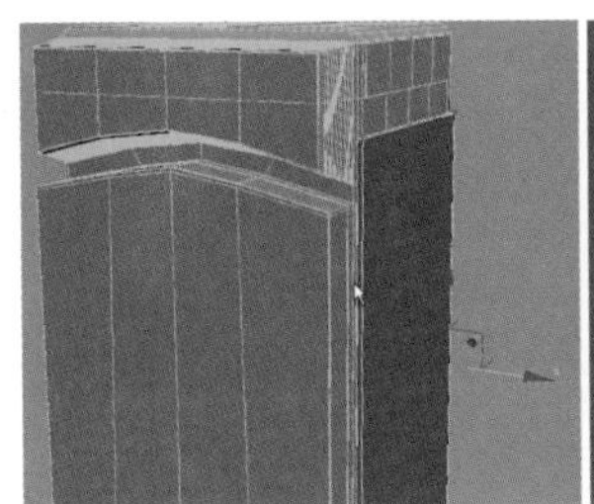

图4-72

步骤19 使用快捷键Ctrl+Shift+E对模型进行细分，切换到点级别，调节节点到如图4-73左图所示的位置。继续对模型进行独立化显示，使用同样的方法继续对模型进行细分，并调节节点到如图4-73右图所示的位置。

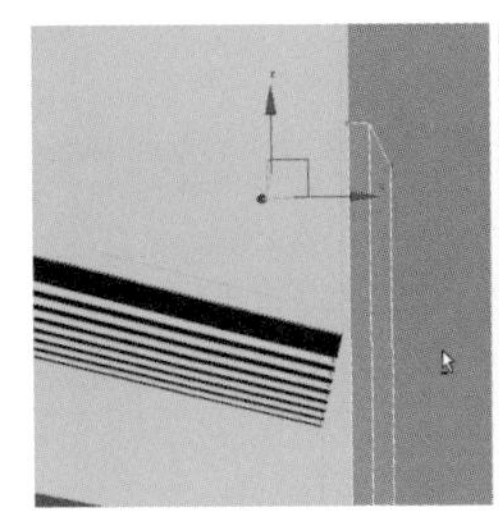
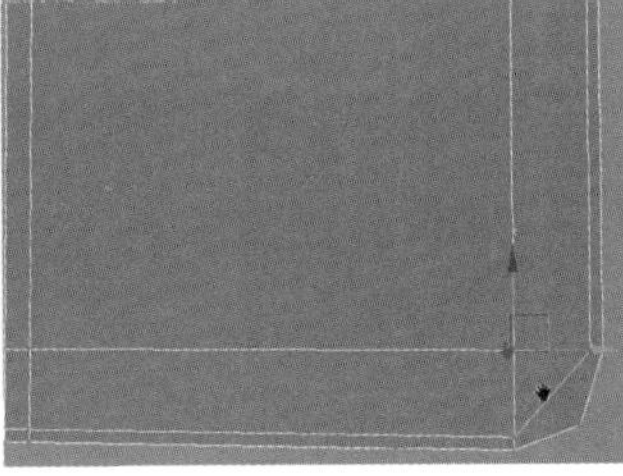

图4-73

步骤20 切换到点级别，选择如图4-74左图所示的点，单击“切角”按钮，并设置参数，效果如图4-74右图所示。

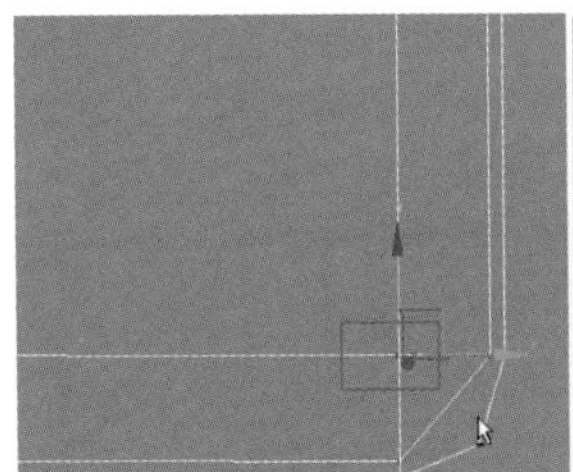
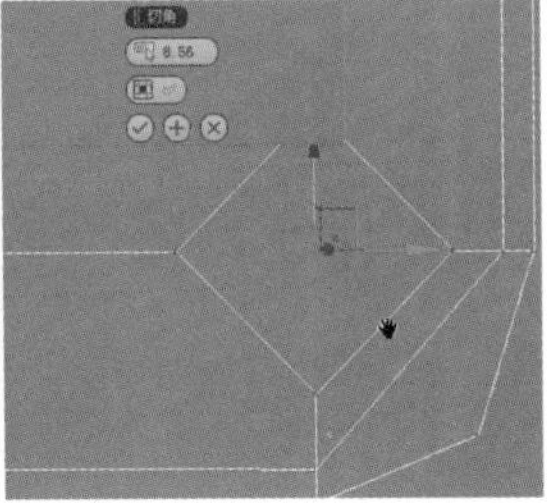

图4-74

步骤21 单击“目标焊接”按钮，焊接多余的节点，效果如图4-75左图所示。继续对模型进行细分，切换到点级别，选择如图4-75右图所示的点，使用快捷键Ctrl+Shift+E在选中的两点之间创建边。

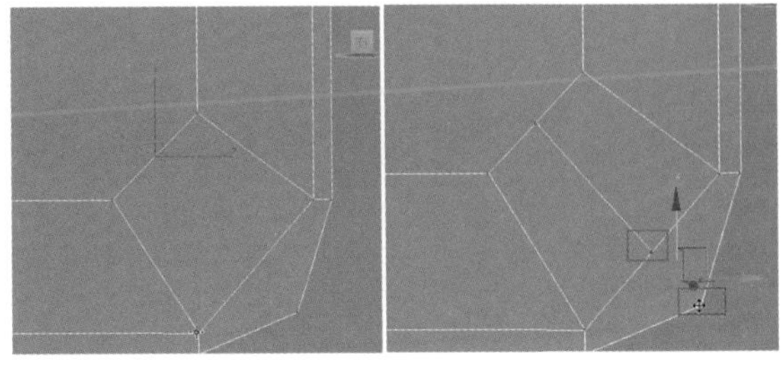

图4-75

步骤22 调节节点到如图4-76左图所示的位置，切换到面级别，按Delete键删除多余的面。切换到边级别，选择如图4-76右图所示的边。

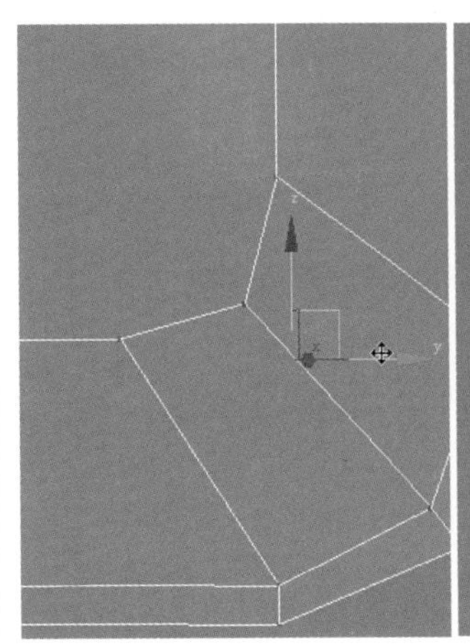
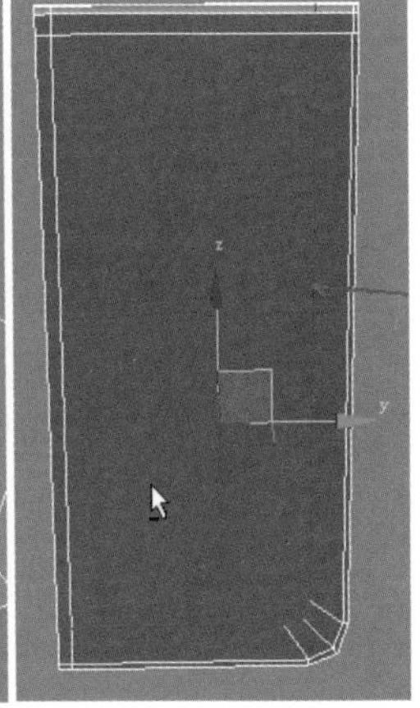

图4-76

步骤23 单击“切角”按钮，设置参数如图4-77左图所示，切角效果如图4-77右图所示。

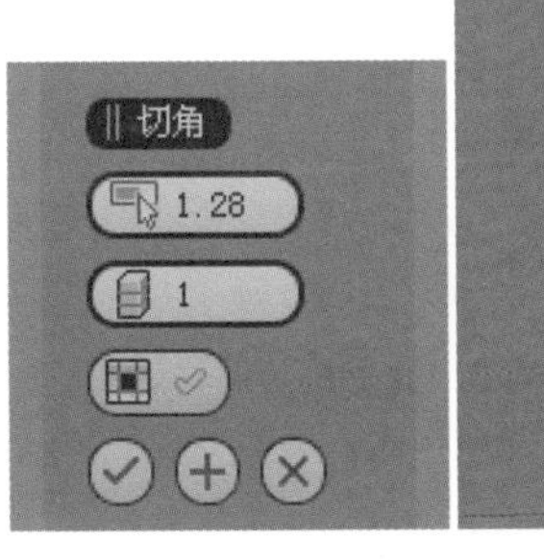

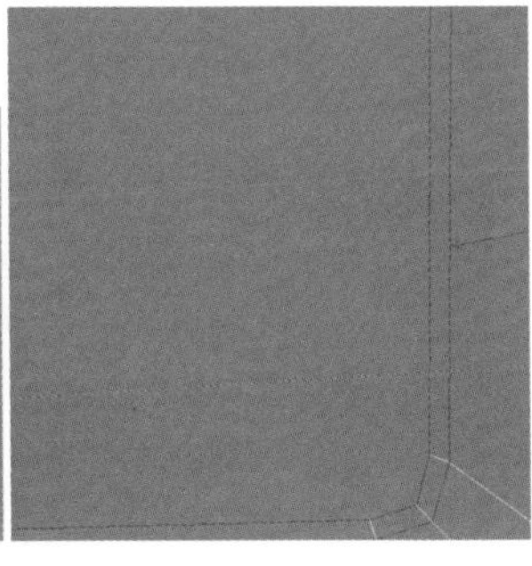

图4-77

步骤24 切换到面级别，选择如图4-78左图所示的面，单击“挤出”按钮，并设置参数，如图4-78右图所示。

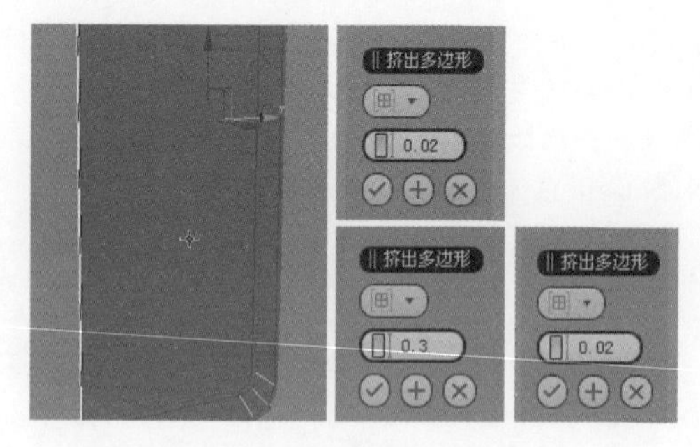

图 4-78

步骤25 继续对模型进行细分，退出子物体层级，然后取消独立显示模式，效果如图 4-79 左图所示，然后为模型变化一种颜色，效果如图 4-79 右图所示。

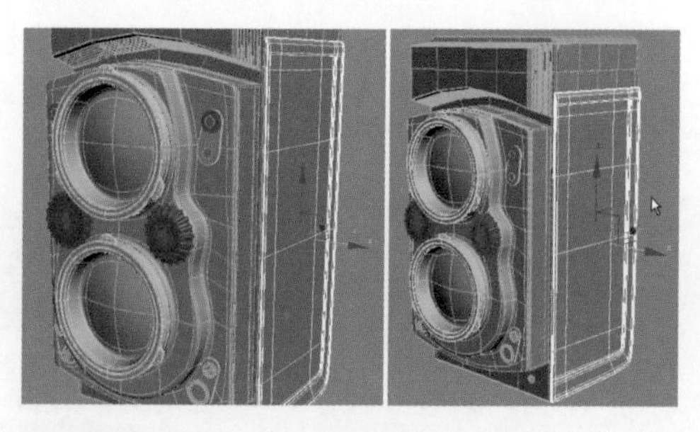

图 4-79

4.5.3 制作相机模型细节

步骤01 使用快捷键 Alt+Q 对模型进行独立化显示，单击按钮，切换到“样条线”创建面板，单击“圆”按钮，在场景中创建一个圆形，如图 4-80 左图所示，切换到样条线级别，选择圆形，单击“轮廓”按钮，对圆形曲线进行扩边处理，效果如图 4-80 右图所示。

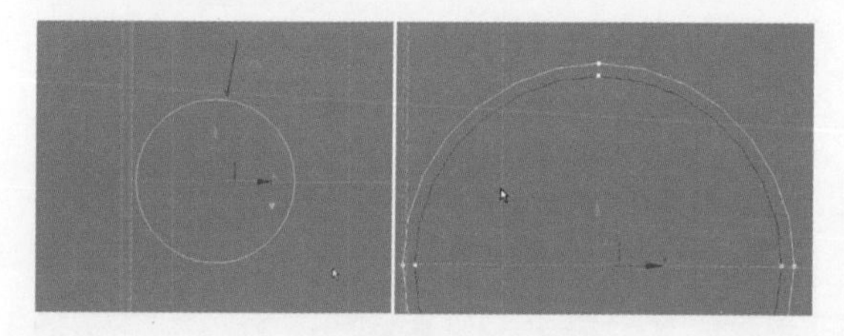

图 4-80

步骤02 继续创建圆形曲线，然后将圆形曲线转换为可编辑样条曲线。切换到点级别，按 Delete 键删除多余的点，效果如图 4-81 左图所示。右击，在弹出的快捷菜单中选择“细化”选项，为样条曲线加点，然后删除多余的边，并调节节点到如图 4-81 右图所示的位置。

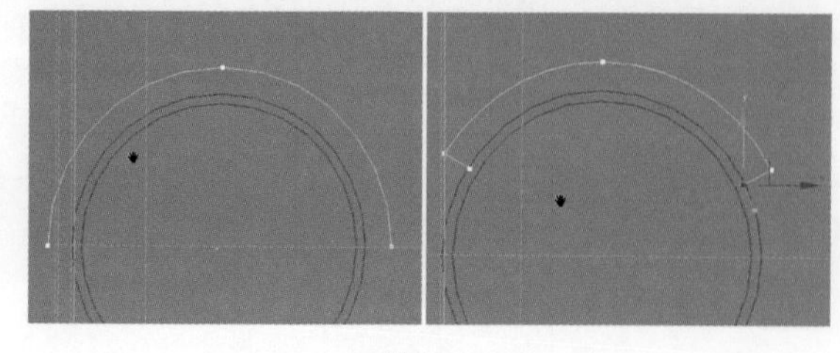

图 4-81

步骤03 切换到样条线级别，选中样条曲线，如图 4-82 左图所示。单击“轮廓”按钮，对样条曲线进行扩边操作，效果如图 4-82 右图所示。

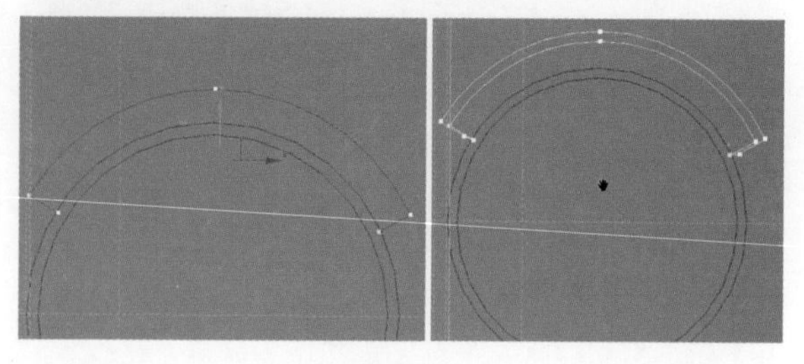

图 4-82

步骤04 切换到点级别，调节节点到如图 4-83 左图所示的位置，退出子物体层级，单击“附加”按钮，将样条曲线和圆形曲线焊接在一起，效果如图 4-83 右图所示。

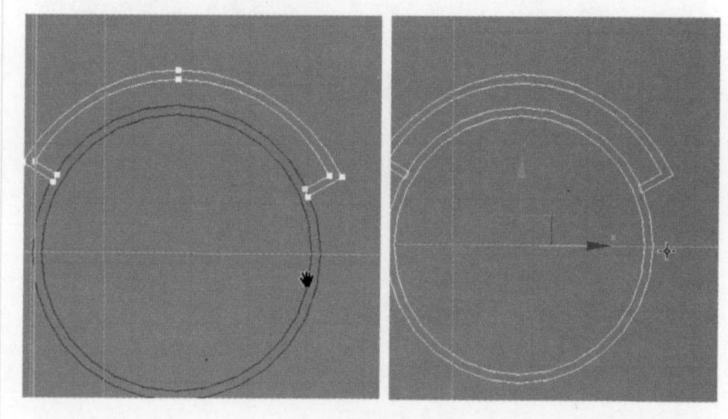

图 4-83

步骤05 在修改器下拉列表中选择“挤出”命令，为模型添加“挤出”修改器，样条曲线挤压效果如图 4-84 左图所示，然后调节模型到如图 4-84 右图所示的位置。

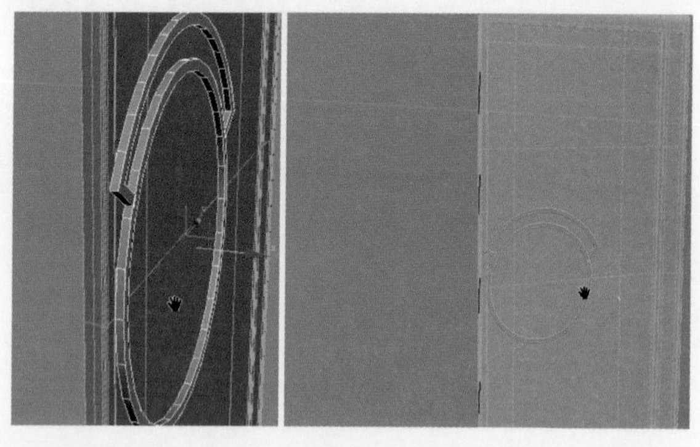

图 4-84

步骤06 单击按钮，切换到“标准基本体”创建面板，单击“圆柱体”按钮，在场景中创建一个圆柱体模型，按 4 键切换到面级别，再按 Delete 键删除如图 4-85 左图所示的面。调节模型的位置，并切换到点级别，调节节点到如图 4-85 右图所示的位置。

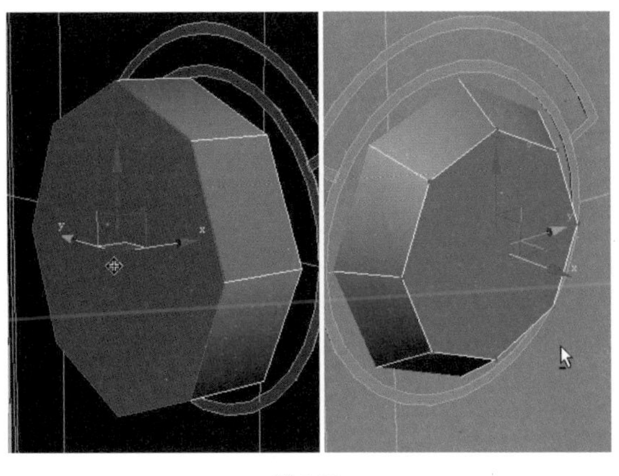

图4-85

步骤07 按4键切换到面级别，选择如图4-86左图所示的面。单击“挤出”按钮，并设置参数，如图4-86右图所示。

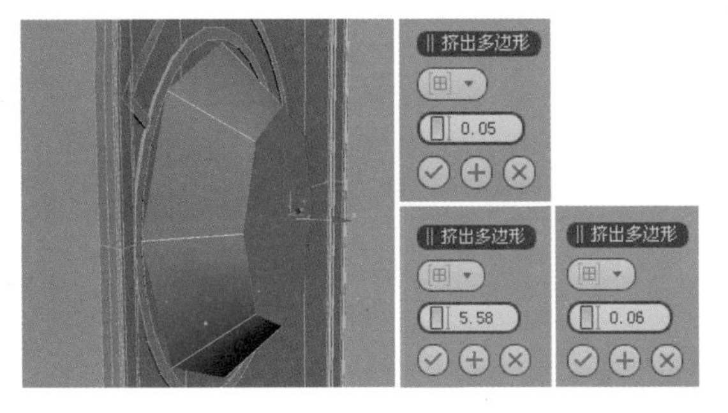

图4-86

步骤08 此时，挤压效果如图4-87左图所示。单击“插入”按钮并设置参数，如图4-87右图所示。

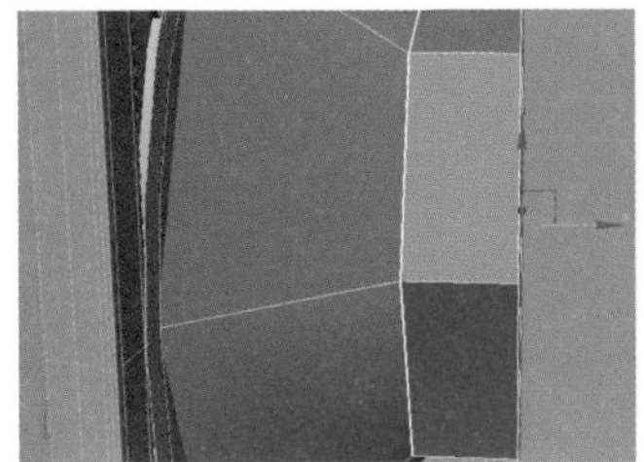

图4-87

步骤09 此时的效果如图4-88左图所示，使用快捷键Ctrl+Q对模型进行光滑显示，然后取消独立化显示模式，效果如图4-88右图所示。

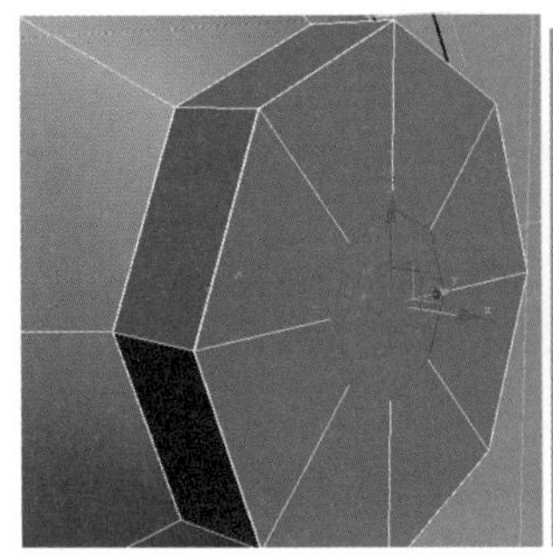

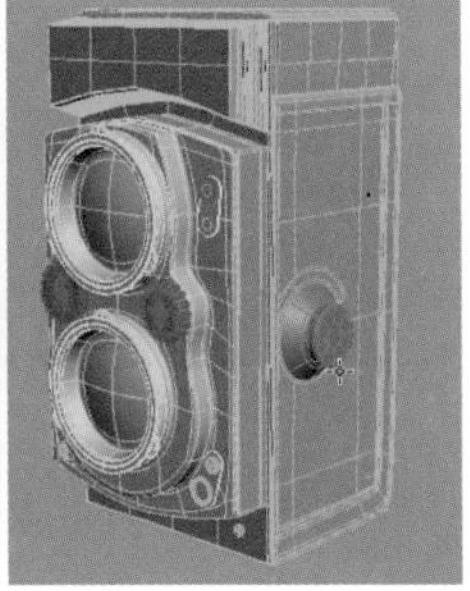

图4-88

步骤10 选择如图4-89左图所示的模型，按住Shift键对模型进行复制，并调节模型到如图4-89右图所示的位置。

图4-89

步骤11 使用快捷键Alt+Q对模型进行独立化显示，切换到点级别，按Delete键删除多余的节点，效果如图4-90左图所示。按3键切换到边界级别，选择如图4-90右图所示的边，单击“桥”按钮，对选中的边进行桥接。

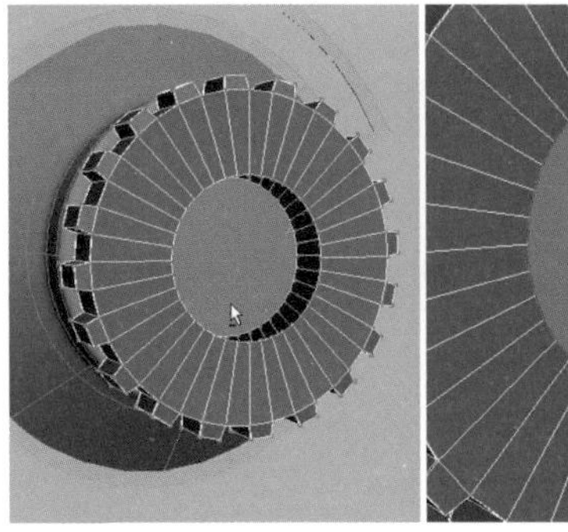

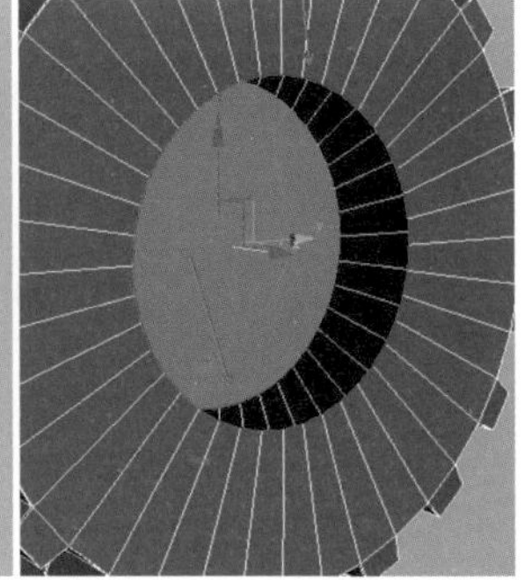

图4-90

步骤12 切换到边级别，选择如图4-91左图所示的一圈多形边。右击，在弹出的快捷菜单中选择“连接”选项，并设置参数如图4-91右图所示。

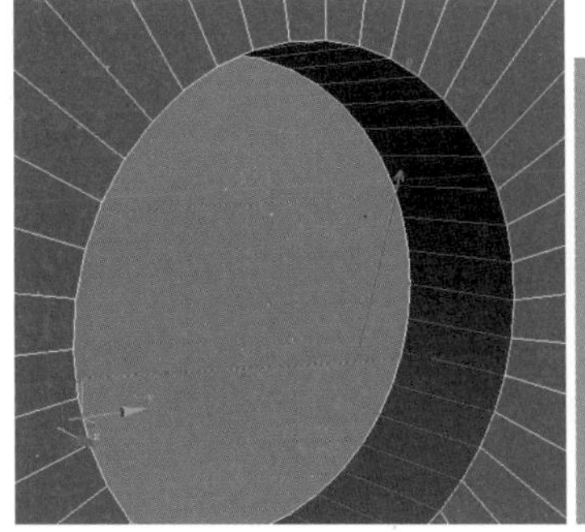

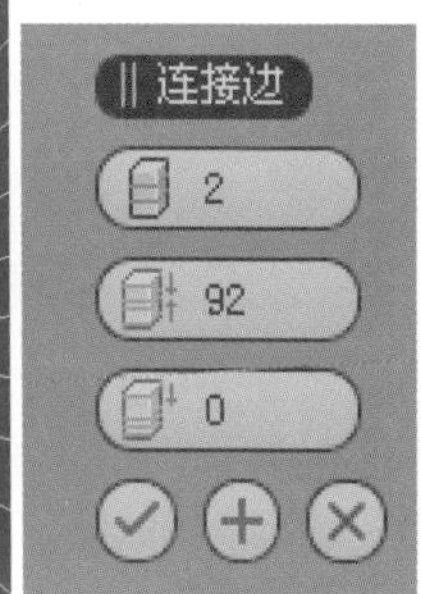

图4-91

步骤13 细分效果如图4-92左图所示，使用快捷键Ctrl+Q对模型进行光滑显示，调整模型到如图4-92右图所示的位置。

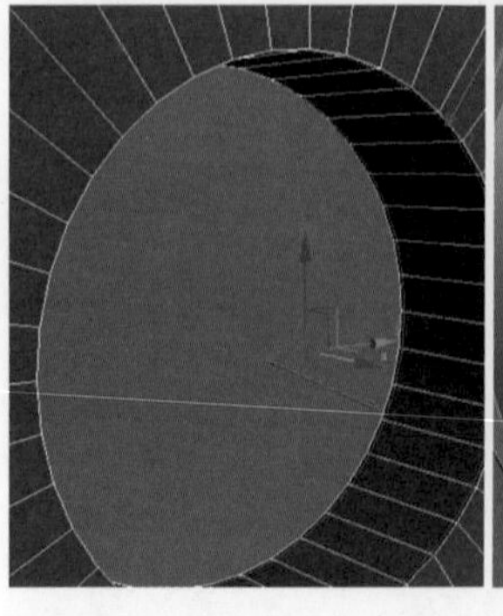
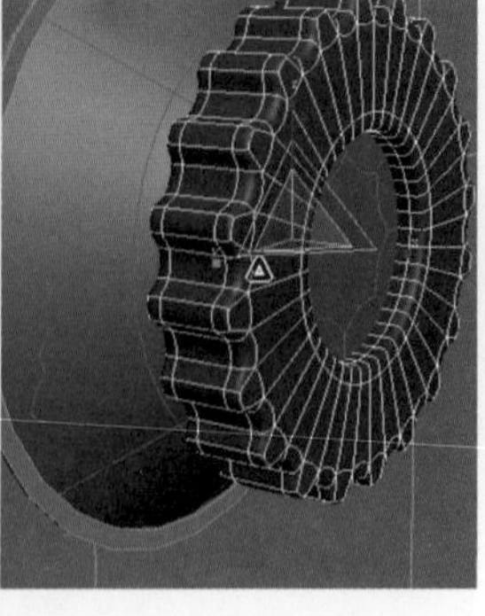

图 4-92

步骤14 切换到点级别，调节节点到如图4-93左图所示的位置，退出子物体层级。单击“长方体”按钮，在场景中创建一个长方体模型，将其转换为可编辑多边形，切换到面级别，按Delete键删除如图4-93右图所示的面。

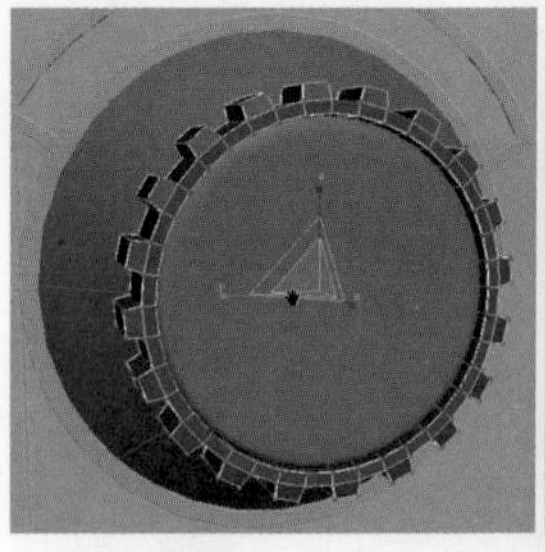
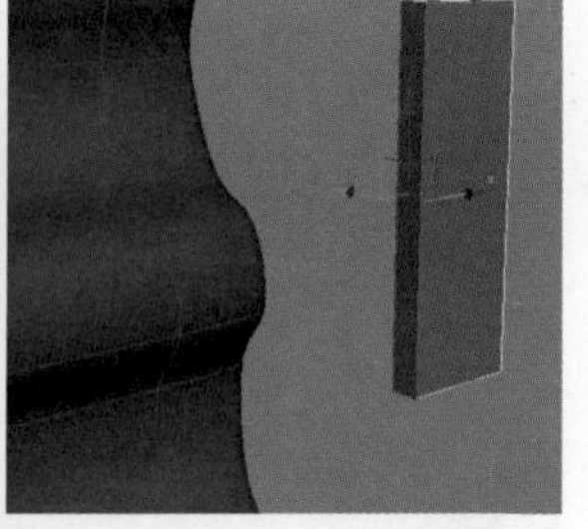

图 4-93

步骤15 移动模型，并调节节点到如图4-94左图所示的位置。切换到边级别，继续对模型进行细分，效果如图4-94右图所示。

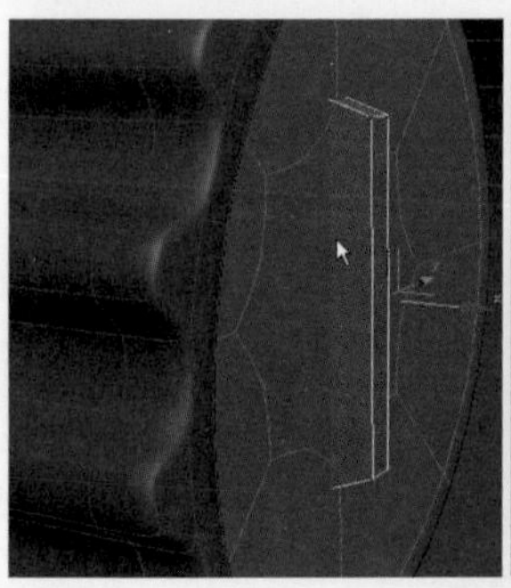

图 4-94

步骤16 退出独立显示模式，继续对模型进行复制，然后删除“挤出”修改器，效果如图4-95左图所示。对样条曲线进行独立化显示，删除多余的边和节点，然后右击，在弹出的快捷菜单中选择“细化”选项，对样条曲线进行加线，效果如图4-95右图所示。

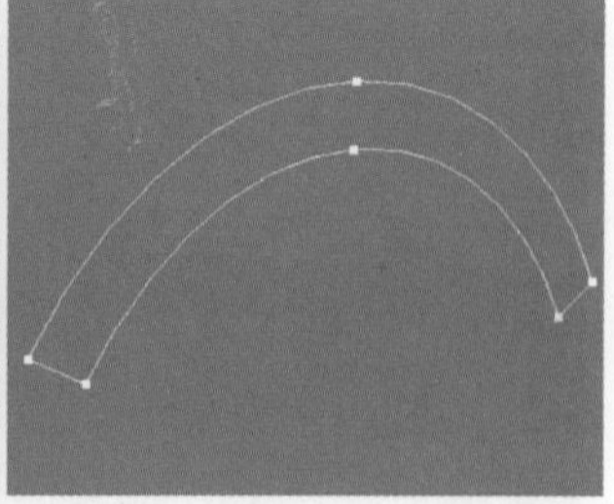

图 4-95

步骤17 将样条曲线转化为可编辑多边形，切换到面级别，选择如图4-96左图所示的面。单击“挤出”按钮，并设置参数，如图4-96右图所示。

图 4-96

步骤18 取消独立化显示模式，调整模型到如图4-97左图所示的状态，继续单击“长方体”按钮，在场景中创建一个长方体模型，将其转化为可编辑多边形，切换到点级别，调节节点到如图4-97右图所示的位置。

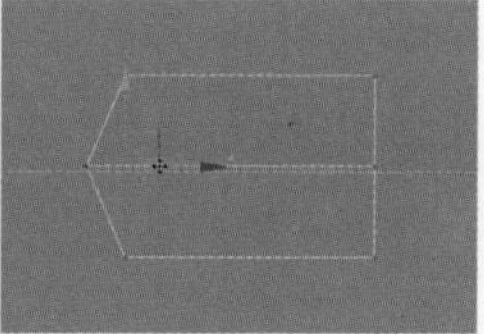

图 4-97

步骤19 对模型进行细分，然后调节模型的位置。切换到面级别，选择如图4-98左图所示的面。单击“挤出”按钮，并设置参数，如图4-98右图所示。

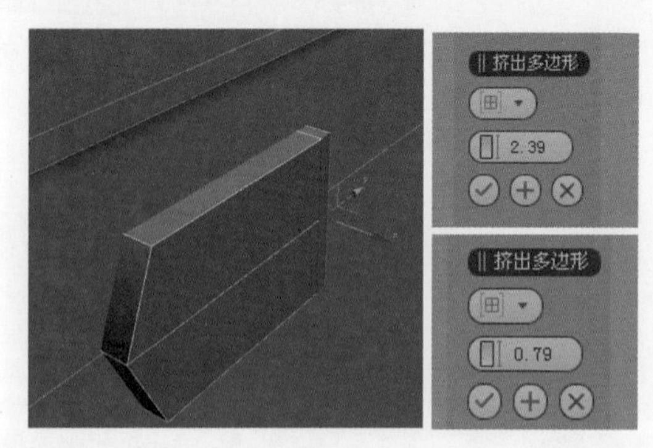

图 4-98

步骤20 使用同样的方法继续对模型进行挤压处理，并对模型进行细分，效果如图4-99左图所示。为模型添加默认的材质，并设置线框颜色为黑色，效果如图

4-99右图所示。

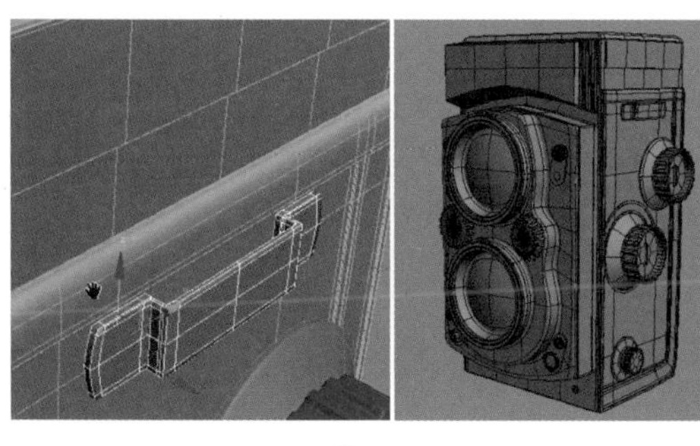

图4-99

4.5.4 制作背带及其他零件

步骤01 继续制作如图4-100左图所示的模型，单击“平面”按钮，在场景中创建一个面片模型，将其转换为可编辑多边形，切换到边级别，选择如图4-100右图所示的边。

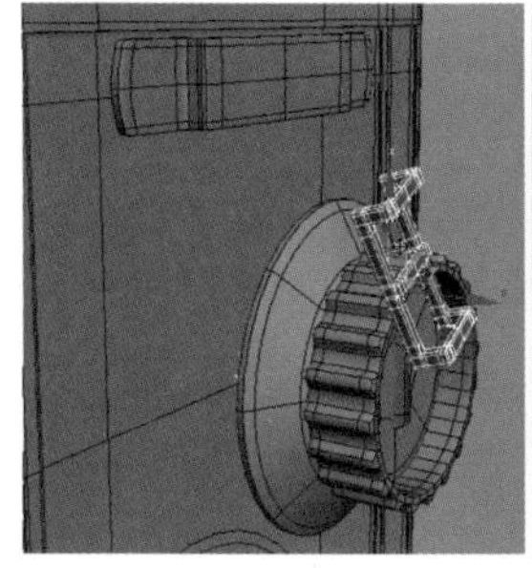
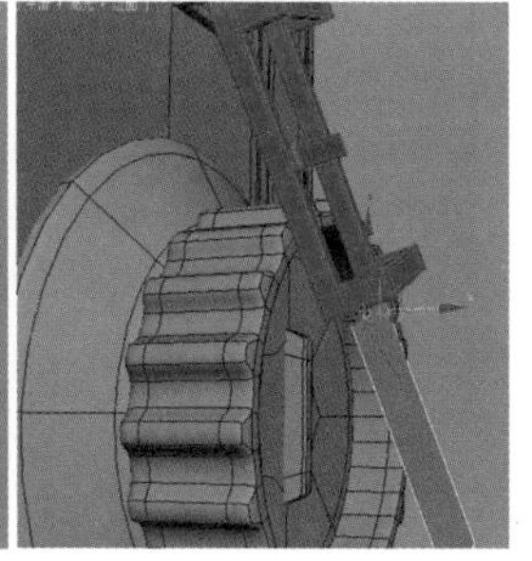

图4-100

步骤02 按住Shift键对边进行复制，并调节边到如图4-101左图所示的位置。切换到点级别，调节节点到如图4-101右图所示的位置。

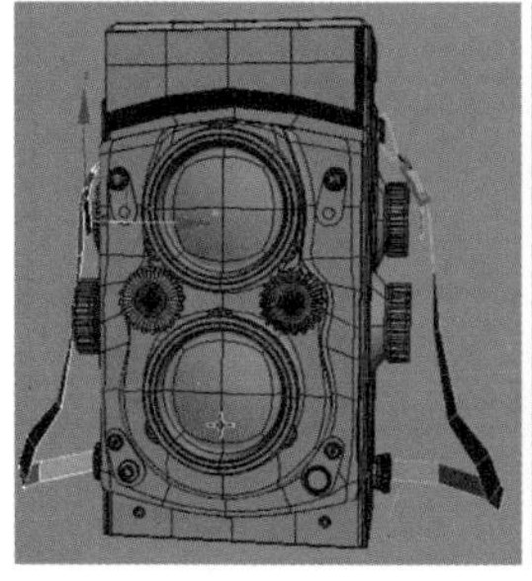
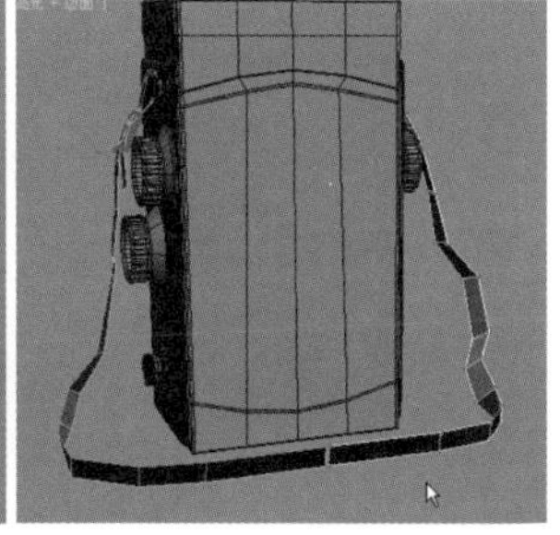

图4-101

步骤03 单击“附加”按钮，将面片模型焊接在一起，切换到点级别，选择如图4-102左图所示的点。单击“焊接”按钮，并设置参数，如图4-102右图所示，对选择的节点进行焊接。

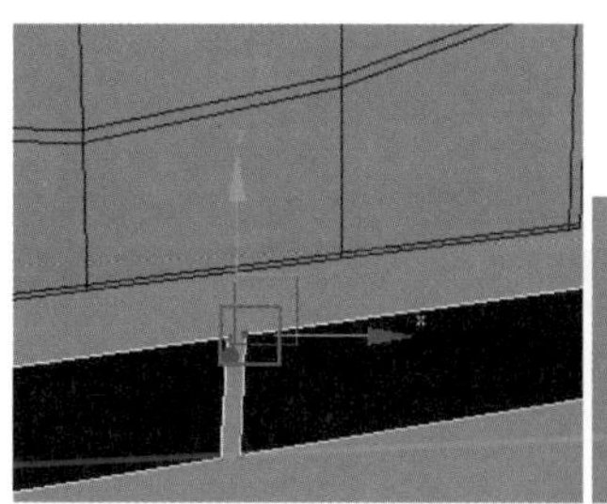
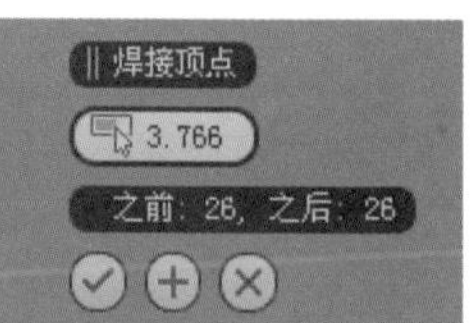

图4-102

步骤04 使用同样的方法继续对节点进行焊接，焊接完成后，退出子物体层级，选择如图4-103左图所示的模型。在修改器下拉列表中选择“壳”选项，为模型添加“壳”修改器，效果如图4-103右图所示，将模型塌陷为可编辑多边形。

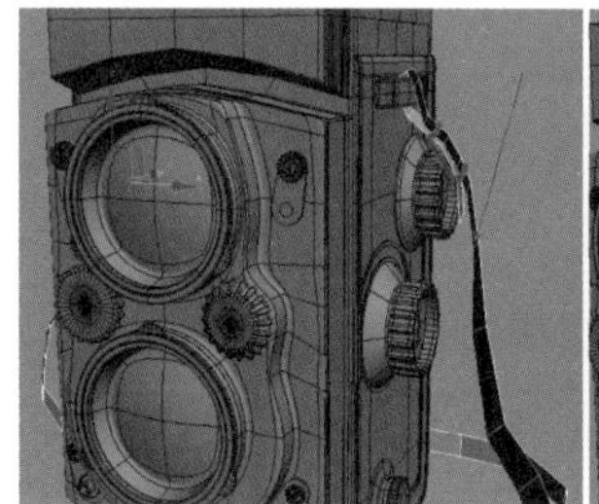
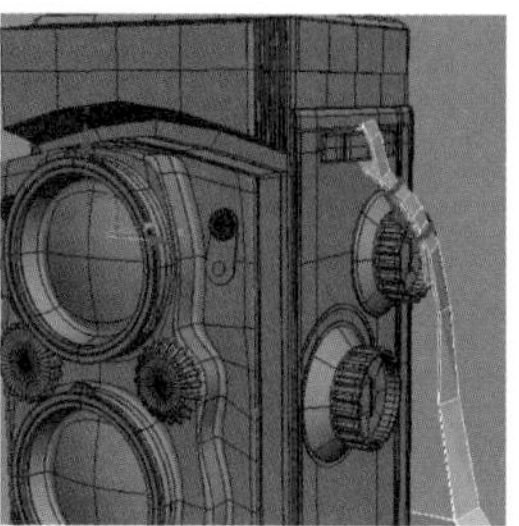

图4-103

步骤05 切换到点级别，调节节点到如图4-104左图所示的位置。切换到边级别，选择如图4-104右图所示的边，单击“环形”按钮，得到环形的一圈边。

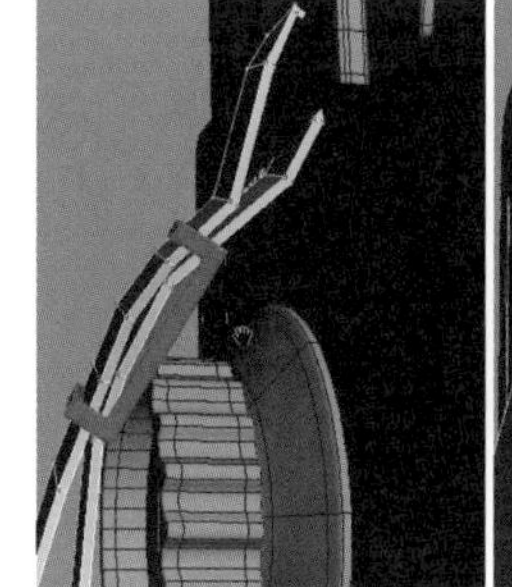
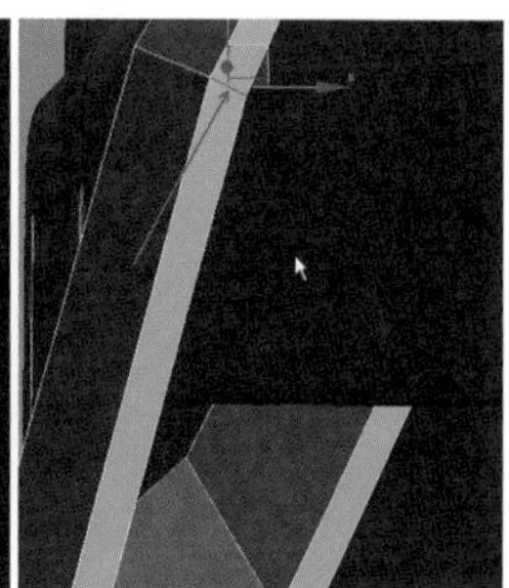

图4-104

步骤06 右击，在弹出的快捷菜单中选择“连接”选项，并设置参数，如图4-105左图所示，使用快捷键Ctrl+Q对模型进行光滑显示，效果如图4-105右图所示。

图4-105

步骤07 取消光滑显示模式，使用同样的方法继续对模型进行细分，效果如图4-106左图所示。此时的整体效果如图4-106右图所示。

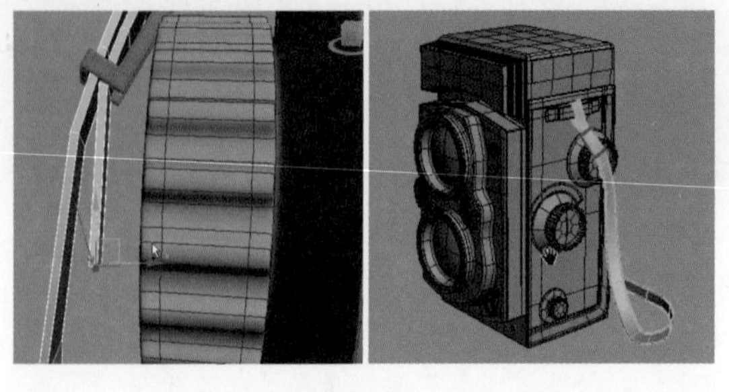

图4-106

步骤08 切换到“标准基本体”创建面板，单击“平面”按钮，在场景中创建一个平面模型，如图4-107左图所示。单击按钮，切换到“样条线”创建面板，单击“圆”按钮，在场景中创建一条圆形样条曲线，如图4-107右图所示。

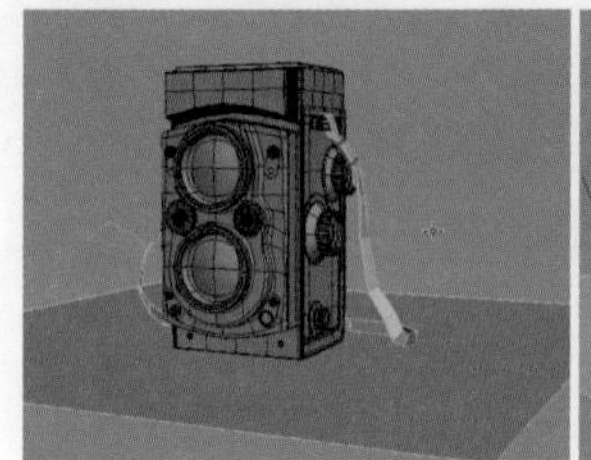

图4-107

步骤09 使用快捷键Alt+Q对模型进行独立化显示，单击按钮，设置修改面板中的参数，如图4-108左图所示。将样条曲线转换为可编辑多边形，效果如图4-108右图所示。

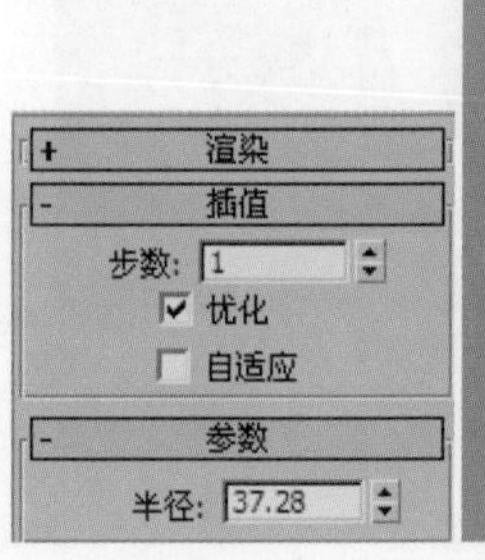

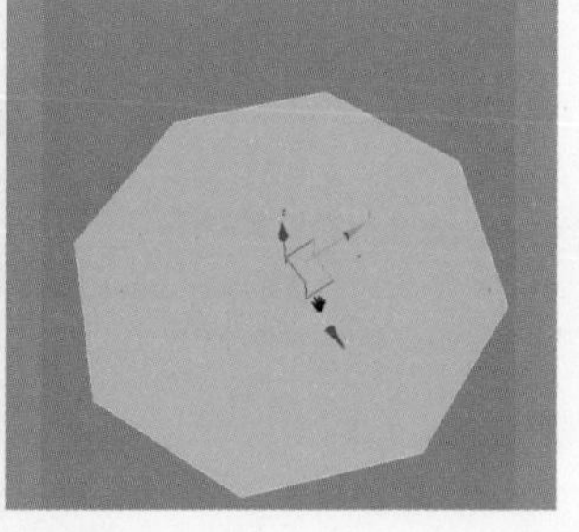

图4-108

步骤10 按住Shift键对模型进行复制，然后单击“附加”按钮，将模型焊接在一起，切换到边级别，选择如图4-109左图所示的边，单击“桥”按钮对边进行桥接。切换到面级别，选择如图4-109右图所示的面。

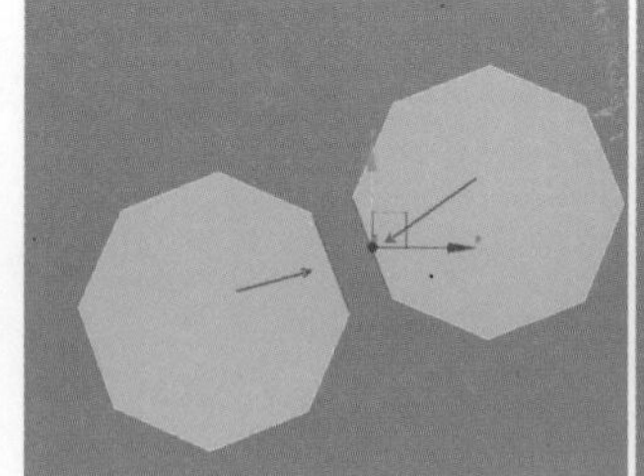
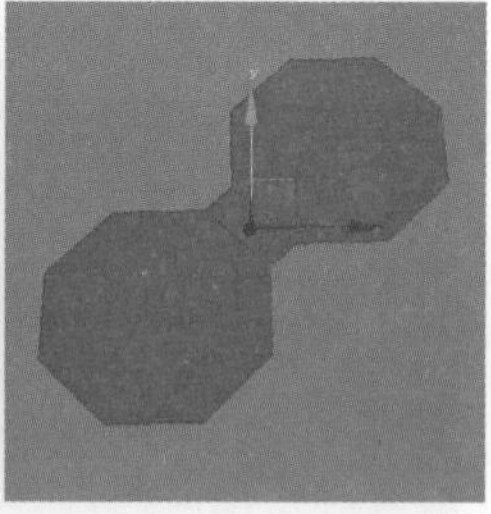

图4-109

步骤11 单击“倒角”按钮，并设置参数，如图4-110左图所示，倒角挤压效果如图4-110右图所示。

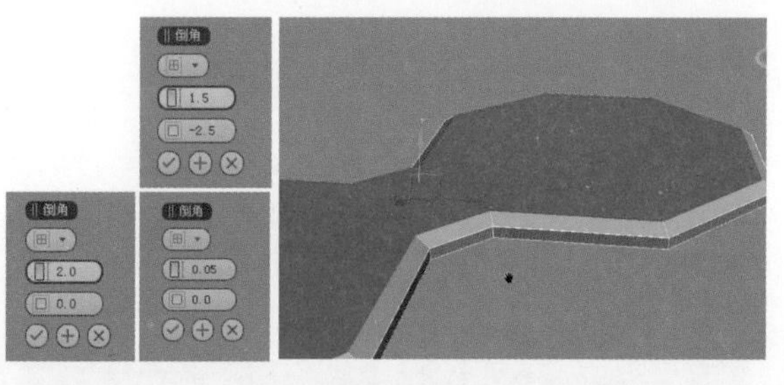

图4-110

步骤12 使用同样的方法继续对模型进行倒角挤压操作，效果如图4-111左图所示。按Delete键删除多余的面，效果如图4-111右图所示。

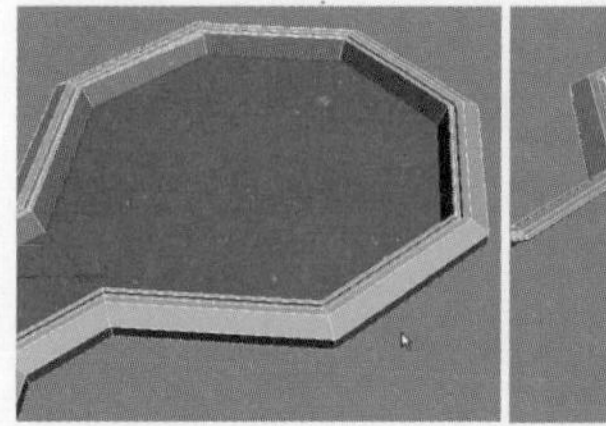
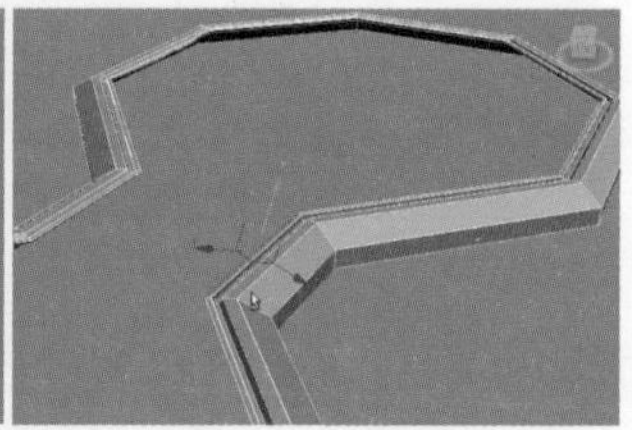

图4-111

步骤13 切换到边级别，选择如图4-112左图所示的边，此时的效果如图4-112右图所示。

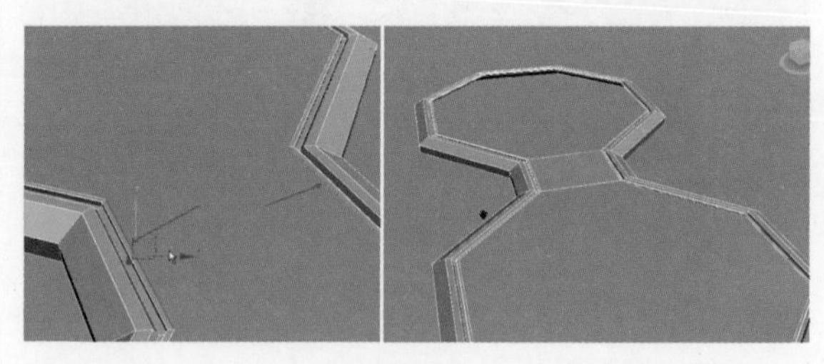

图4-112

步骤14 按3键切换到边界级别，选择如图4-113左图所示的开放边，按住Shift键对模型进行移动复制，效果如图4-113右图所示。

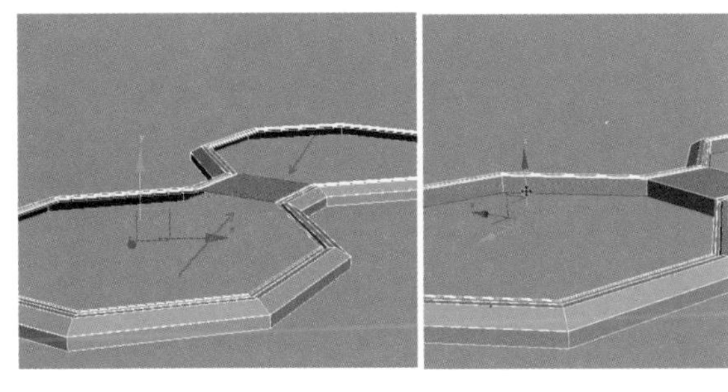

图4-113

步骤15 继续选择边，如图4-114左图所示，单击“环形”按钮，得到环形的两圈边，右击，在弹出的快捷菜单中选择“连接”选项并设置参数，如图4-114右图所示。

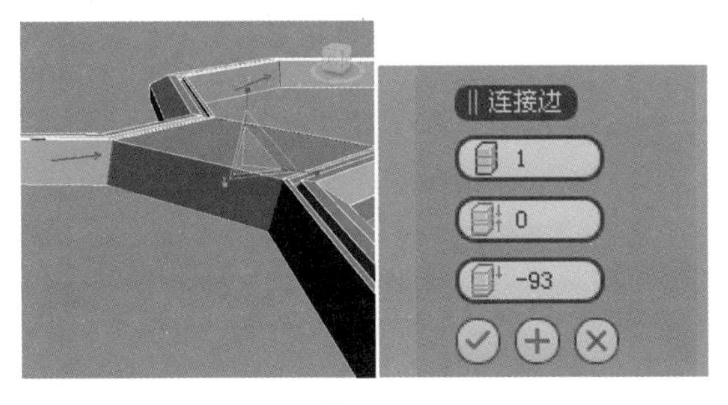

图4-114

步骤16 继续选择如图4-115左图所示的边，使用同样的方法，对模型进行细分，使用快捷键Ctrl+Q对模型进行光滑显示，效果如图4-115右图所示。

图4-115

步骤17 单击“长方体”按钮，在场景中创建一个长方体模型，如图4-116左图所示。切换到点级别，调节节点到如图4-116右图所示的位置。

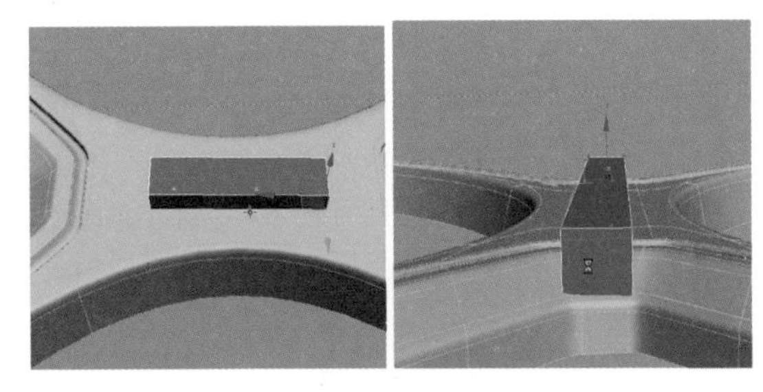

图4-116

步骤18 按2键切换到边级别，选择如图4-117左图所示的平行边。使用快捷键Ctrl+Shift+E对模型进行细分，并调节模型到如图4-117右图所示的位置。

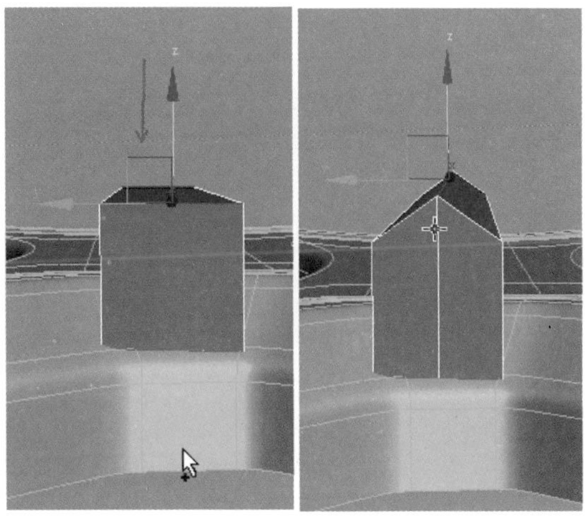

图4-117

步骤19 选择如图4-118左图所示的边，右击，在弹出的快捷菜单中选择“连接”选项并设置参数，如图4-118右图所示。

图4-118

步骤20 此时的效果如图4-119左图所示，使用同样的方法继续对模型进行细分，切换到点级别，选择如图4-119右图所示的点。

图4-119

步骤21 单击“切角”按钮并设置参数，如图4-120左图所示，对点进行切角操作。切换到面级别，按Delete键删除如图4-120右图所示的面。

图 4-120

步骤22 按3键切换到边界级别，选择如图4-121左图所示的开放边，单击“桥”按钮进行桥接。切换到边级别，选择如图4-121右图所示的边，单击“环形”按钮得到环形边。

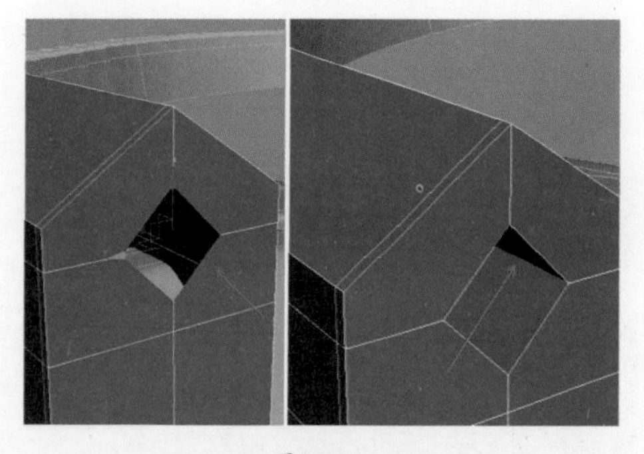

图 4-121

步骤23 继续选择边，并使用同样的方法对模型进行细分，效果如图4-122左图所示。单击“挤出”按钮并设置参数，如图4-122右图所示。

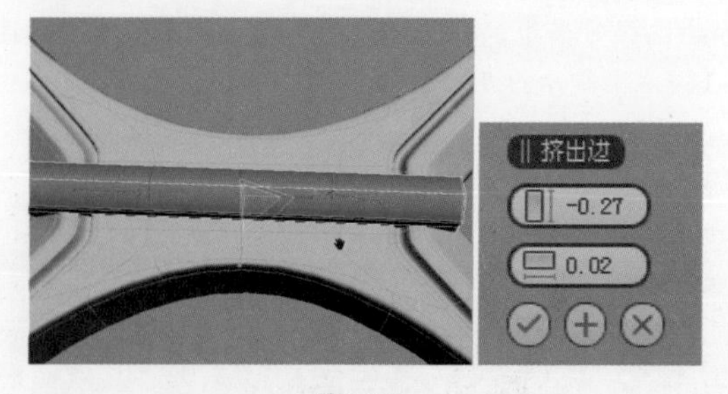

图 4-122

步骤24 单击“切角”按钮并设置参数，如图4-123左图所示，图像效果如图4-123右图所示。

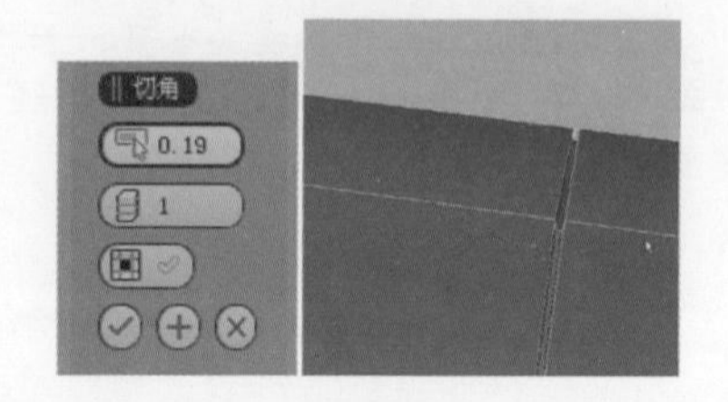

图 4-123

步骤25 继续选择边，对模型进行细分。切换到面级别，选择如图4-124左图所示的面，单击“倒角”按钮并设置参数，如图4-124右图所示。

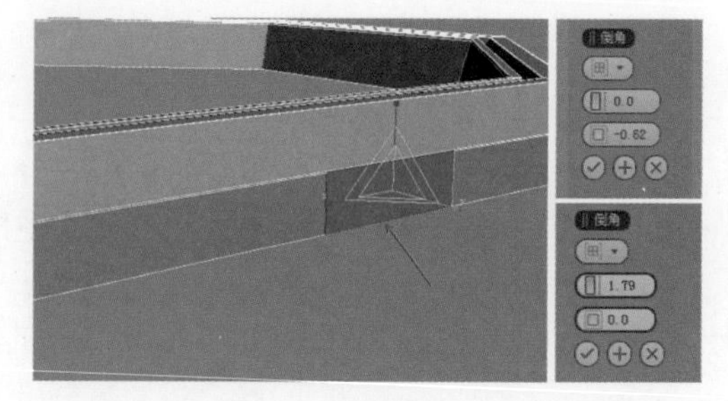

图 4-124

步骤26 此时的效果如图4-125左图所示，继续选择边，并对边进行细分，然后切换到点级别，调节节点到如图4-125右图所示的位置。

图 4-125

步骤27 退出子物体层级，显示场景中的所有模型。按M键打开材质编辑器，选择材质球，单击 按钮，为模型附加一个默认的材质球，如图4-126左图所示。单击修改命令面板中的■彩色块，弹出“对象颜色”对话框，设置颜色为黑色，如图4-126右图所示，将线框颜色修改为黑色。

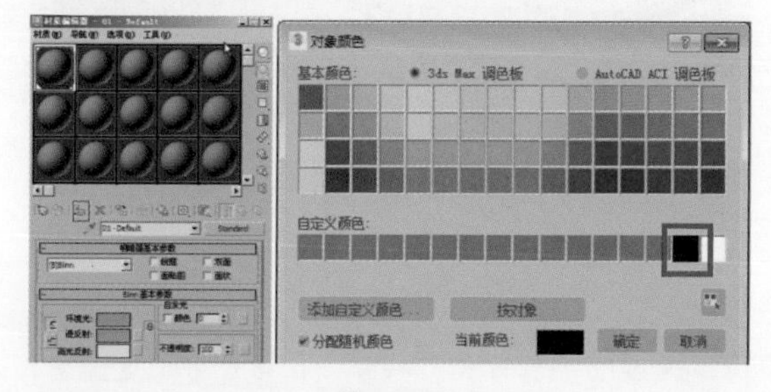

图 4-126

步骤28 调整模型的位置，得到的效果如图4-127所示。

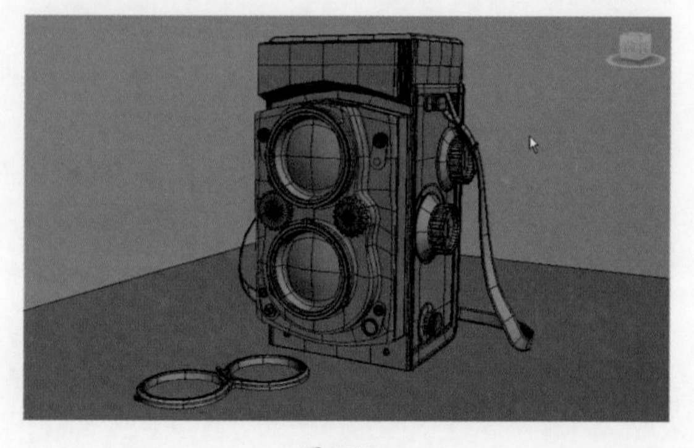

图 4-127

4.6 制作手模型

本案例介绍了多边形建模在制作雕塑模型时的一些应用技巧，主要涉及对物体造型特点的精准把握和对多边形命令的熟练操作。

如图4-128所示为手模型的白模渲染效果图和线框渲染效果图，具体的操作步骤如下。

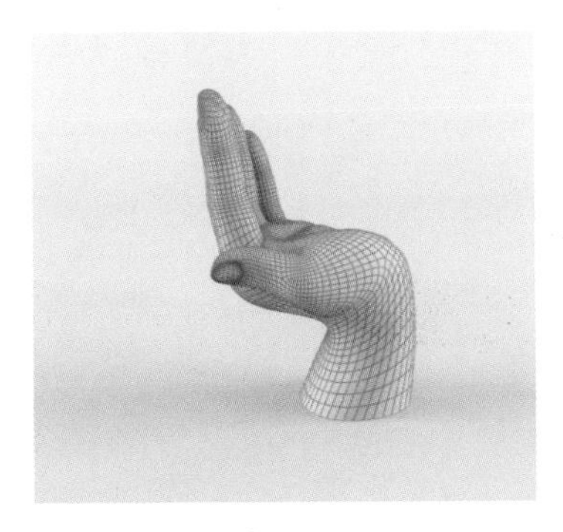

图4-128

4.6.1 创建中指模型

步骤01 打开3ds Max，激活顶视图，执行“视图”→“视口背景”→“配置视口背景”命令，或者使用快捷键Alt+B，在弹出的“视口配置”对话框中进入“背景”选项卡，单击“文件”按钮，在本地磁盘中选择相应的参考图像，如图4-129所示。

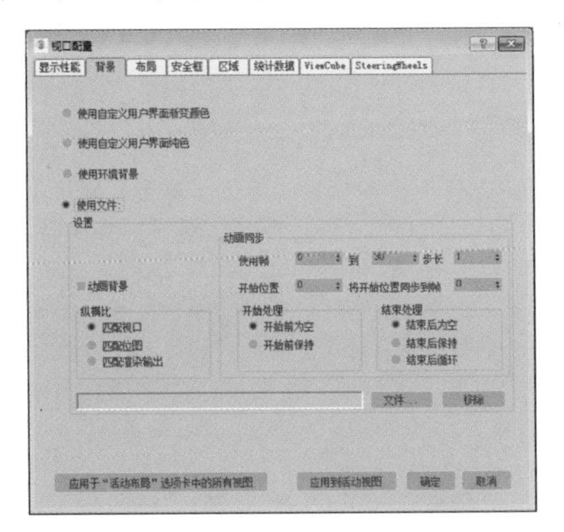

图4-129

步骤02 在“标准基本体”创建面板中，单击“对象类型”卷展栏中的“长方体”按钮，在顶视图中创建一个长方体对象，如图4-130所示。

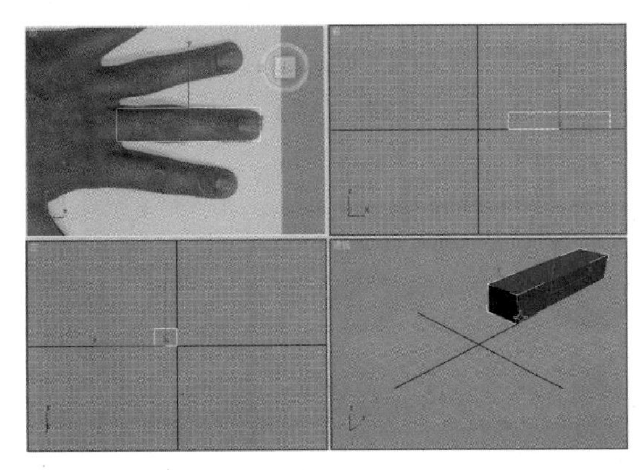

图4-130

步骤03 选中长方体对象，单击修改面板中名称栏右侧的色块，在弹出的“对象颜色”对话框中选择一种较亮的颜色，如图4-131左图所示。单击“确定”按钮，完成对象颜色的设定，效果如图4-131右图所示。

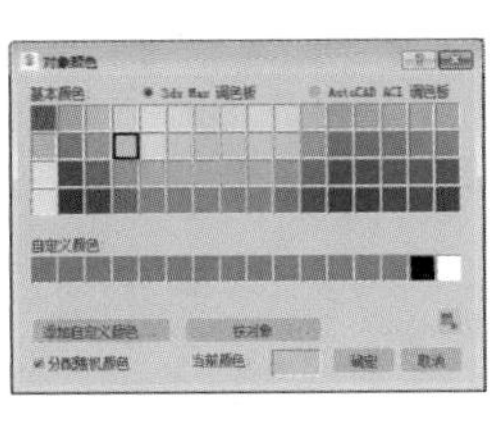

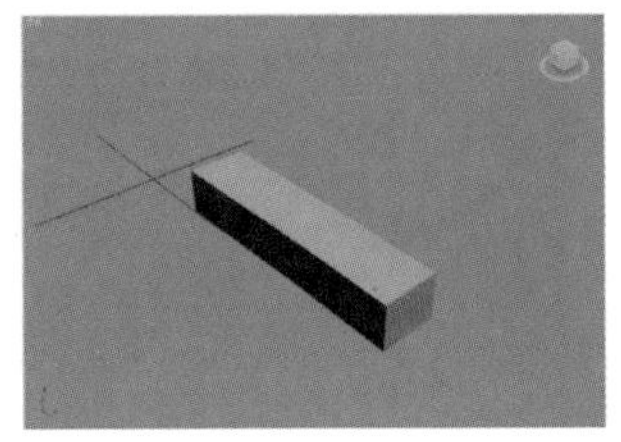

图4-131

步骤04 选中长方体，在修改面板中设置长方体的长、宽、高的分段数值分别为2。右击，在弹出的快捷菜单中选择“转换为可编辑多边形”选项，将长方体转换为可编辑多边形。按1键切换到物体的顶点级别，在左视图中框选对象的4个顶点，利用“缩放”工具对所选的顶点沿*XY*轴缩放，再次将全部顶点选中，沿*Y*轴进行缩放，如图4-132所示。

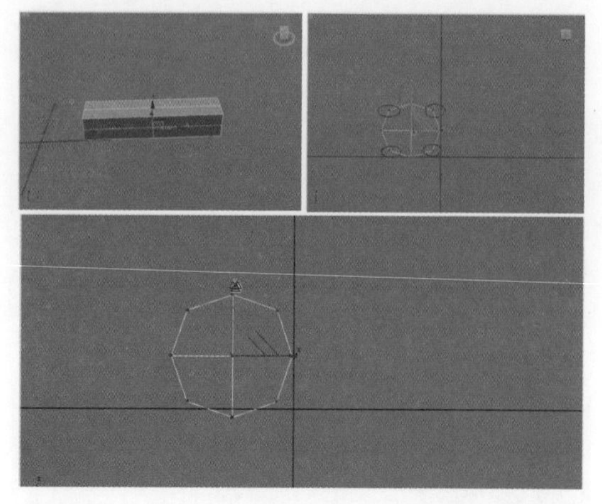

图4-132

步骤05 按T键切换到顶视图，选择中间的顶点，利用“移动”工具调整顶点的位置到手指的关节处。按2键切换到边级别，选择一圈连续的边。单击“编辑边”卷展栏中的“连接”按钮，对模型加边并细分，如图4-133所示。

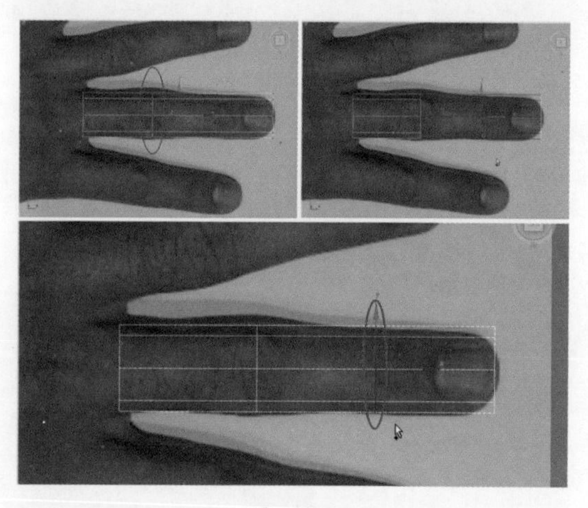

图4-133

步骤06 利用“缩放”工具对所加的边线进行缩放，如图4-134左图所示。按F键切换到前视图，在物体的顶点级别下调整指头前端的形状，效果如图4-134右图所示。

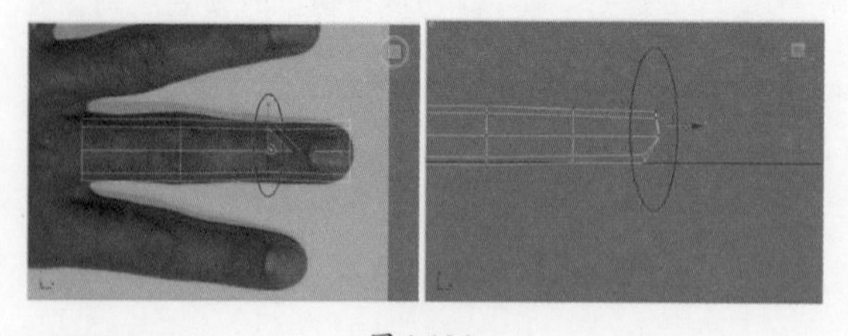

图4-134

步骤07 在边级别下，用同样的方法对模型进行加边并细分处理，如图4-135所示。

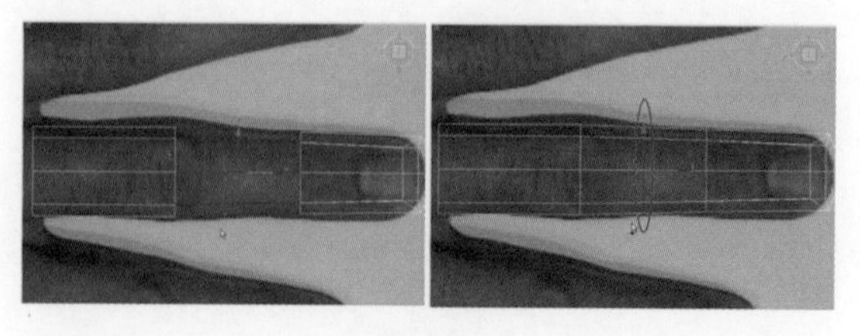

图4-135

步骤08 在顶视图中调整所加边的位置，并继续对模型进行加边并细分处理，如图4-136所示。

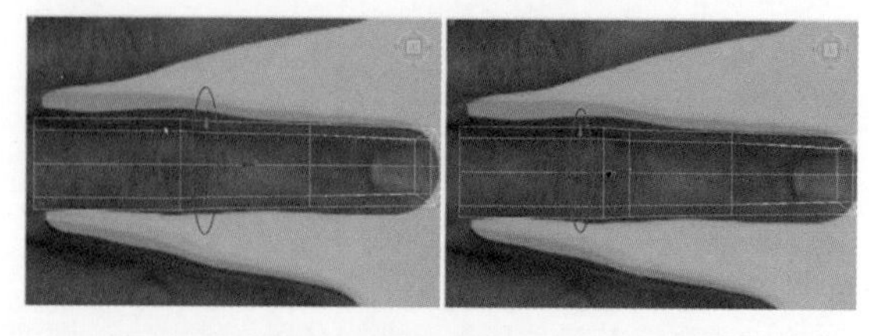

图4-136

步骤09 继续对手指模型进行细分，在关节处添加两圈边线。选择手指背面的两条边，利用“移动”工具沿Z轴方向调整它们的位置，如图4-137所示。

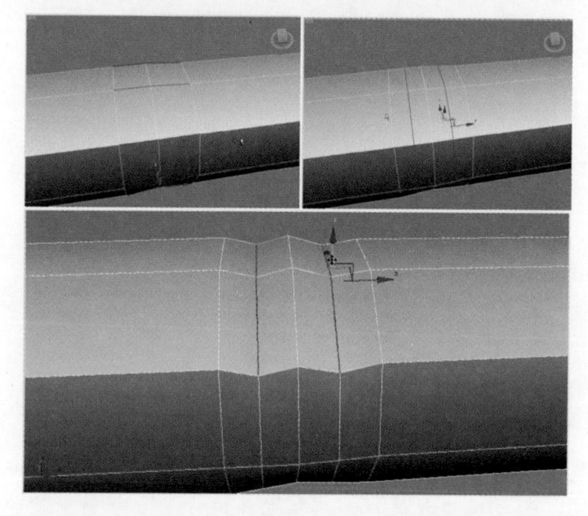

图4-137

知识拓展

在对模型进行细分时，应该根据模型的结构逐步增加线条以进行细化，因为边线较少时更容易进行控制。

步骤10 选择手指关节背面的边，单击“编辑边”卷展栏中的“连接”按钮，为模型添加一条径向的边，如图4-138所示。

步骤11 采用同样的方法在对称位置再加一条边，如图4-139左图所示。按1键切换到物体的顶点级别，并调整关节处顶点的位置，效果如图4-139右图所示。

图4-138

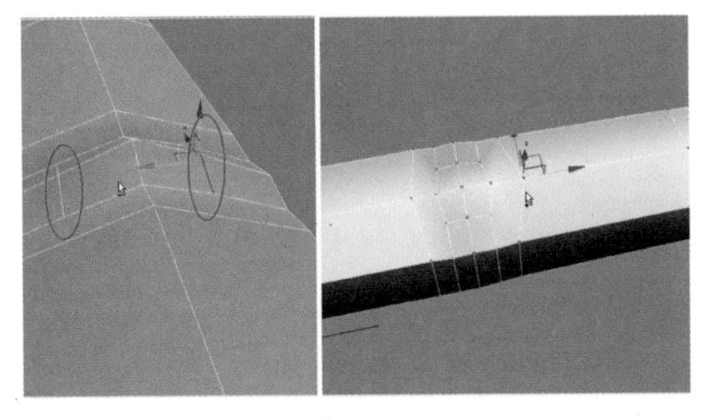

图4-139

步骤12 选择手指前端关节处的边，单击“编辑边”卷展栏中的“切角”按钮，并设置切角参数，如图4-140所示。

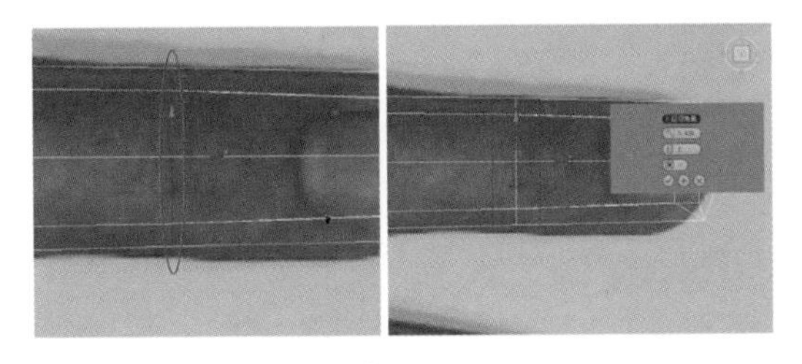

图4-140

步骤13 分别选择手指前端关节处背面和腹面中间的边，调整它们到合适的位置。在手指的前端处加一圈边线，分割出手指的指甲区域，如图4-141所示。

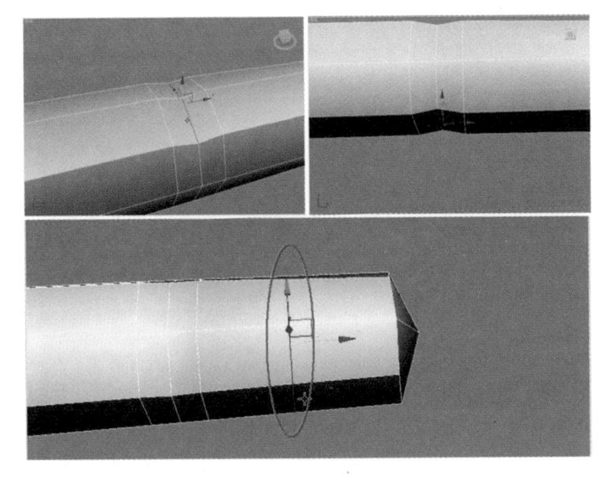

图4-141

步骤14 按4键切换到物体的多边形级别，选择指甲区域的多边形面，如图4-142左图所示。单击“编辑多边形”卷展栏中的“倒角”按钮，设置倒角参数，如图4-142右图所示，单击⊕按钮，应用当前参数设置。

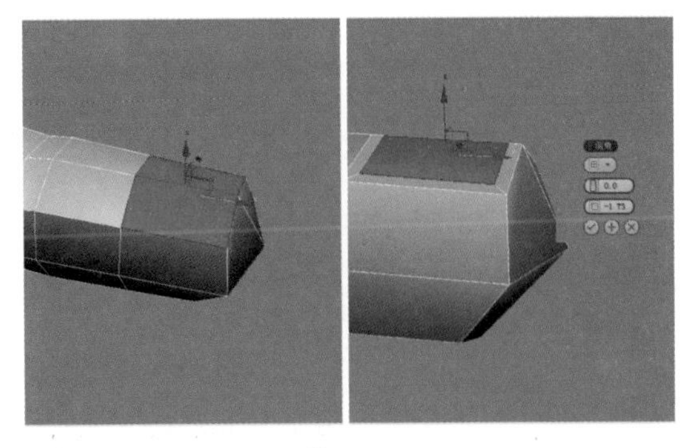

图4-142

步骤15 继续调整倒角多边形的参数，如图4-143左图所示，单击⊕按钮应用当前参数设置。最终调整的参数如图4-143右图所示，单击☑按钮完成倒角多边形的操作。

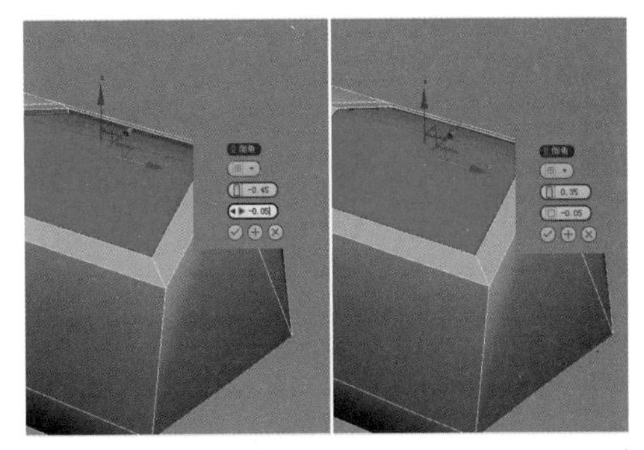

图4-143

步骤16 利用“旋转”工具对所选的面进行轻微的旋转，再利用“移动”工具调整所选的面在Z轴方向上的位置。按1键切换到物体的顶点级别，利用“移动”工具调整指甲盖前端顶点的位置，如图4-144所示。此时指甲的模型就制作好了。

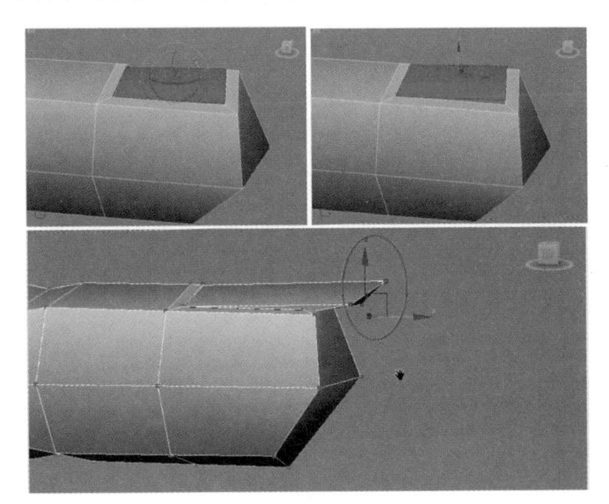

图4-144

步骤17 选择手指底端的面将所选的面删除，按6键退出模型的子级别，利用“缩放”工具调整手指的长短。选中“细分曲面”卷展栏中的“使用NURMS细分”选项，对模型光滑显示，如图4-145左图所示。使用快捷键Shift+Q渲染透视图的模型，效果如图4-145右图所示。

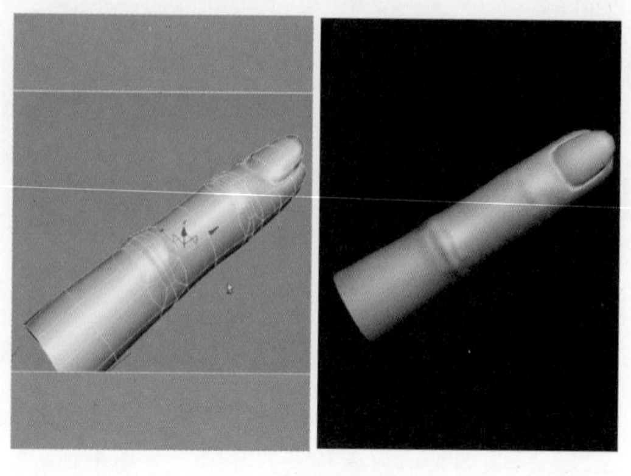

图4-145

4.6.2 创建其他手指模型

步骤01 按住Shift键，利用“移动”工具移动复制出其他3根手指，如图4-146左图所示。对照参考图分别对各手指的造型进行调整，选中其中一个手指模型，单击“编辑几何体”卷展栏中的“附加”按钮，回到视图中单击其他手指，将它们附加在一起，效果如图4-146右图所示。

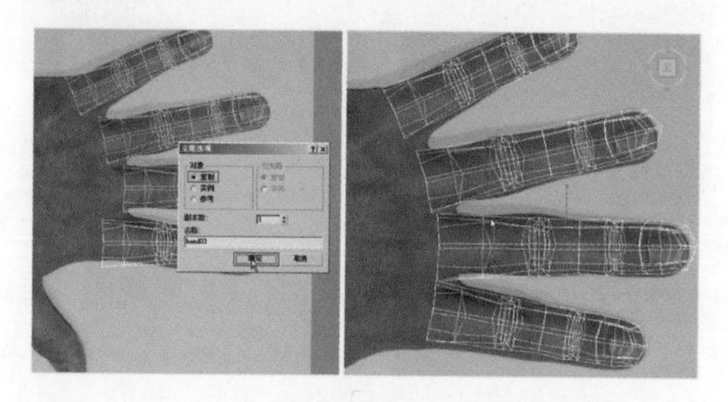

图4-146

步骤02 按5键切换到物体的元素级别，选择一根手指，按住Shift键利用“移动”工具移动复制出一个大拇指的模型，并对复制的手指进行旋转和缩放。对照参考图将手指多余的面删除，如图4-147所示。此时指甲的模型就制作好了。大拇指与其他四根手指的外形及位置区别最大，所以需要重点调整。

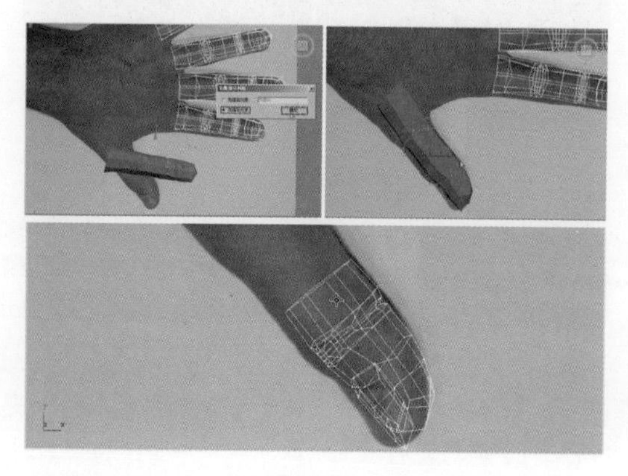

图4-147

步骤03 选择大拇指开口处的边界线，按住Shift键移动生成一段手指结构，如图4-148左图所示。利用“缩放”工具对所选的边界线进行缩放，如图4-148右图所示。

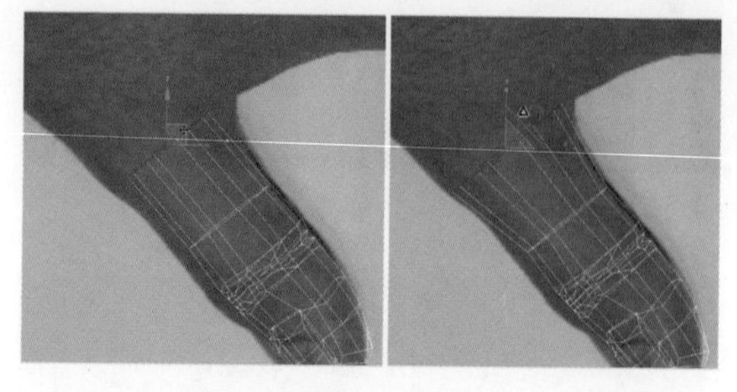

图4-148

4.6.3 创建手掌模型

步骤01 在“标准基本体”创建面板中，单击“对象类型”卷展栏中的“长方体”按钮，在顶视图中创建一个长方体。在修改面板中设置长方体的长、宽、高分段数值分别为4、2、2。右击，在弹出的快捷菜单中选择“转换为可编辑多边形”选项，将长方体转为可编辑的多边形，调整长方体两侧的边，如图4-149所示。

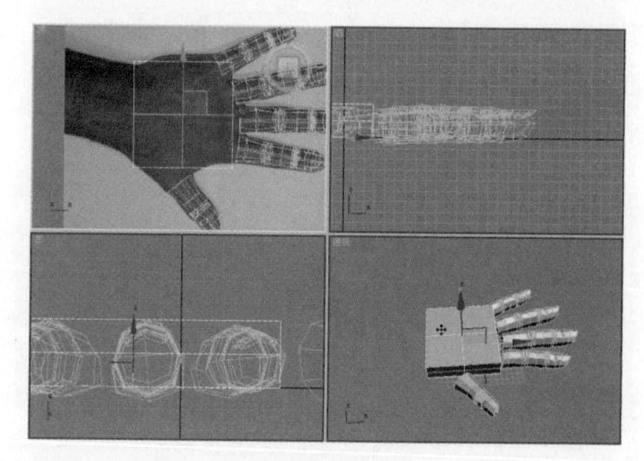

图4-149

步骤02 在顶视图中对照参考图，按1键切换到物体的顶点级别，调整手掌模型的形状。按2键切换到物体的边级别，对手掌进行加边并细分处理，如图4-150所示。

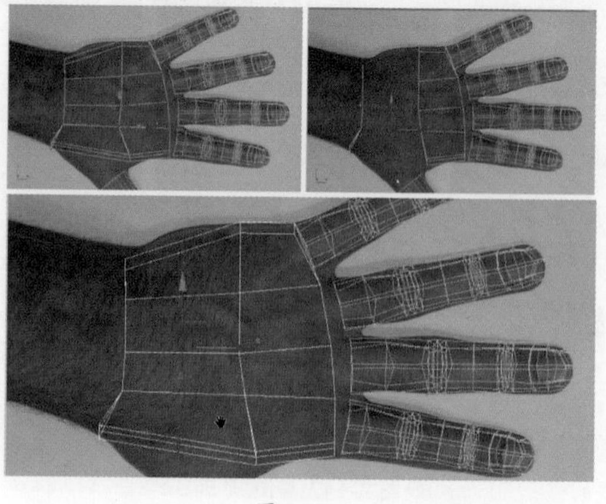

图4-150

步骤03 在透视图中，分别调整手背和手掌模型的凹凸效果，如图4-151所示。

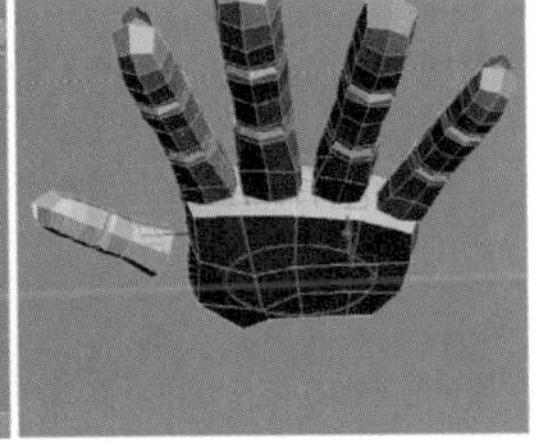

图4-151

步骤04 选择上下连续的3条边，单击“编辑边”卷展栏中的“连接”按钮，对模型进行加边并细分处理，如图4-152所示。

图4-152

步骤05 选择手指缝之间的边，单击“编辑边”卷展栏中的“切角”按钮，并设置切角量。按4键切换到物体的多边形级别，将手掌与手指拼接位置的面删除，如图4-153所示。

图4-153

步骤06 选中手掌模型，单击“编辑几何体”卷展栏中的“附加”按钮，在视图中单击手指模型，将手掌和手指模型附加在一起。按1键切换到物体的顶点级别，单击“编辑顶点”卷展栏中的“目标焊接”按钮。在视图中分别单击手掌和手指接缝处相对应的顶点，用相同的方法将所有的手指焊接到手掌上，如图4-154所示。

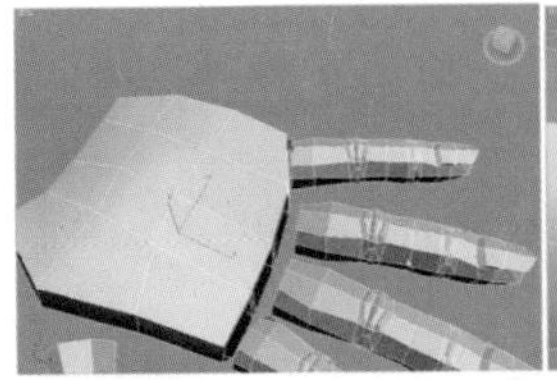

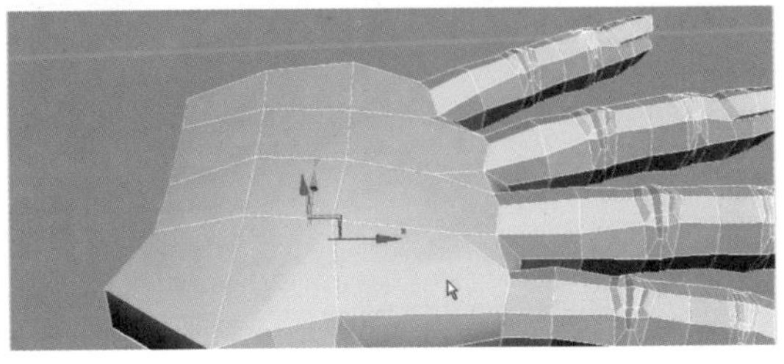

图4-154

步骤07 单击“编辑几何体”卷展栏中的“切割”按钮，在手掌模型上切割出相应的凸凹结构。按2键切换到物体的边级别，选择手腕处的边，按住Shift键利用“移动”工具移动手腕处的模型结构。在透视图中调整开口处的形状，效果如图4-155所示。

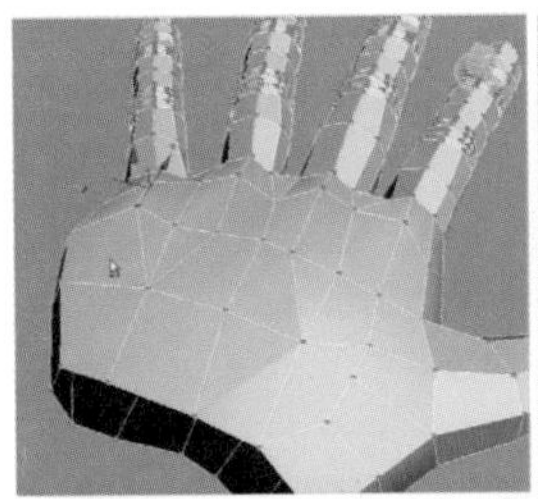
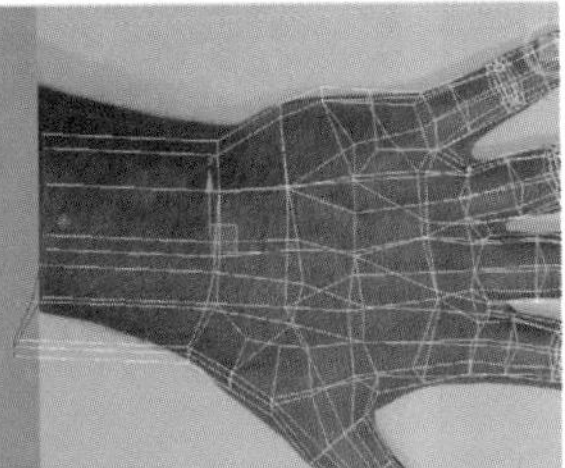
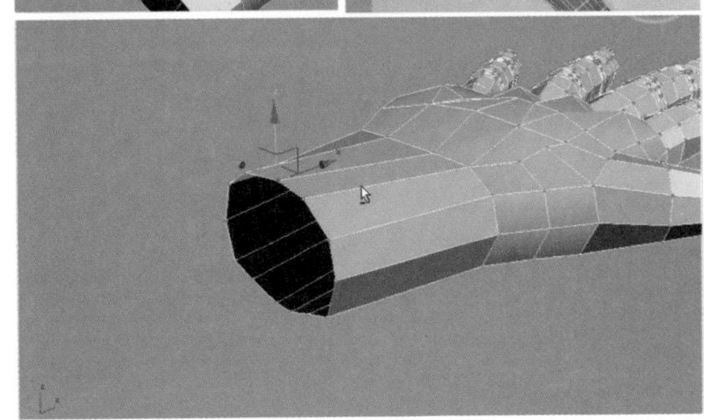

图4-155

步骤08 选择手腕处连续的边，单击“编辑边”卷展栏中的“连接”按钮，对手腕进行细分处理，如图4-156所示。

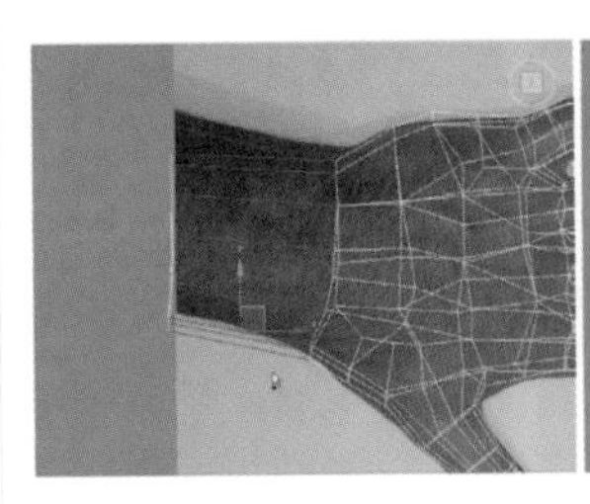
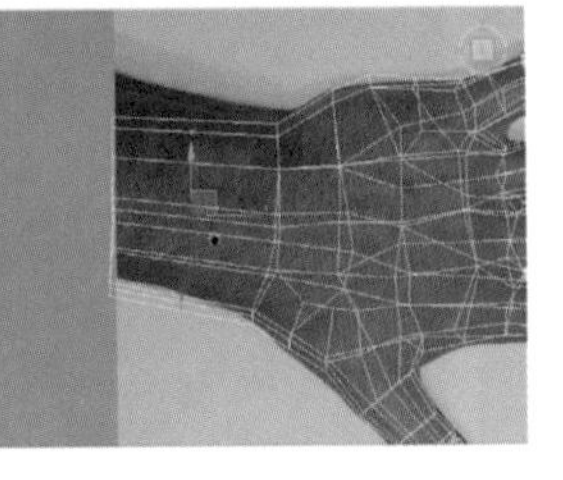

图4-156

步骤09 在物体级别下，对模型进行细致的调整，使模型产生逼真的凹凸效果，如图4-157左图所示。使用快捷键Shift+Q渲染透视图，效果如图4-157右图所示。

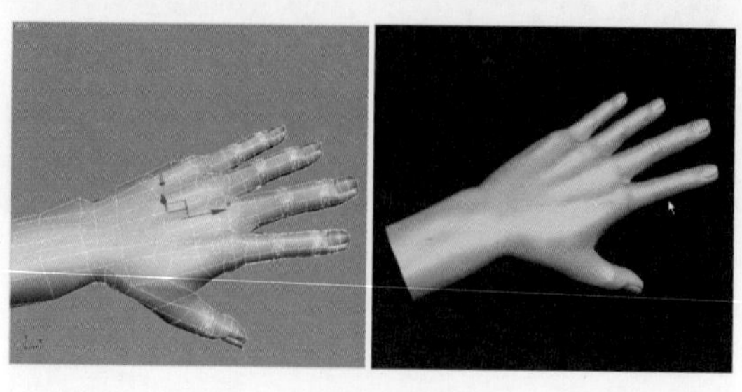

图4-157

4.6.4 调整手的姿势

步骤01 选中模型，单击工具栏中的“镜像”按钮，在弹出的“镜像”对话框中设置镜像参数，如图4-158左图所示。在修改面板中的“修改器”下拉列表中选择“FFD长方体”选项，效果如图4-158右图所示。

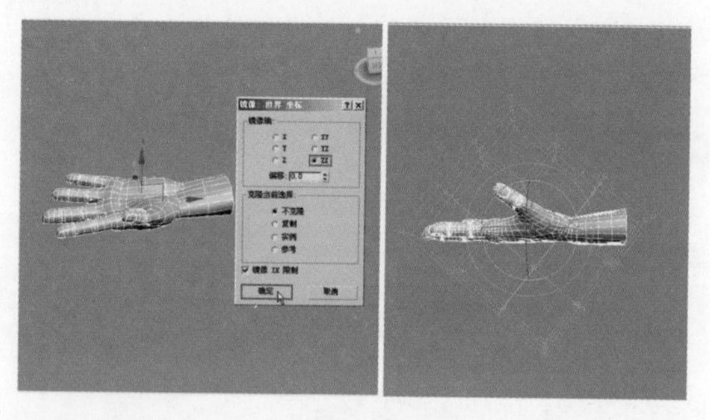

图4-158

步骤02 在修改器堆栈列表中，单击展开“FFD长方体”选项，在列表中选择“晶格”选项，切换到前视图中利用“旋转”工具对晶格进行旋转，如图4-159左图所示。单击“FFD参数”卷展栏中的“设置点数”按钮，在弹出的对话框中分别设置“长度”“宽度”“高度”的数值，如图4-159右图所示。

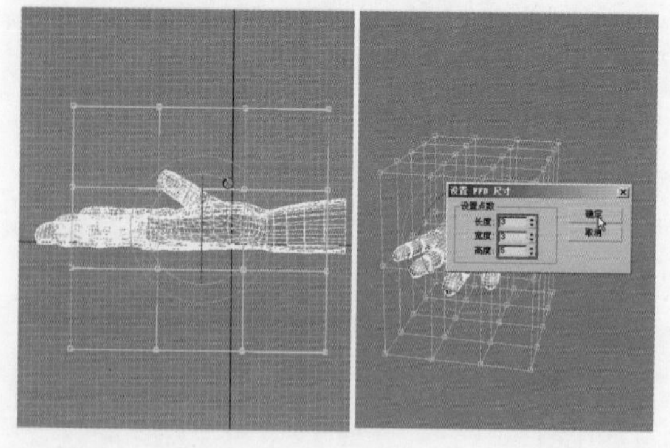

图4-159

知识拓展

3ds Max的对象空间修改器（FFD）具有非常强大的空间对象编辑能力，使用户能够随心所欲地修改对象的空间形态。

步骤03 在修改器堆栈列表中选中“FFD长方体”下的“晶格”选项，利用“缩放”工具对晶格的大小进行调整，使晶格的体积和模型的体积相符，如图4-160左图所示。选中“FFD长方体”下的“控制点”选项，在视图中选择控制点，利用“移动”工具和“旋转”工具对控制点进行调整，如图4-160右图所示，最终得到满意的造型效果。

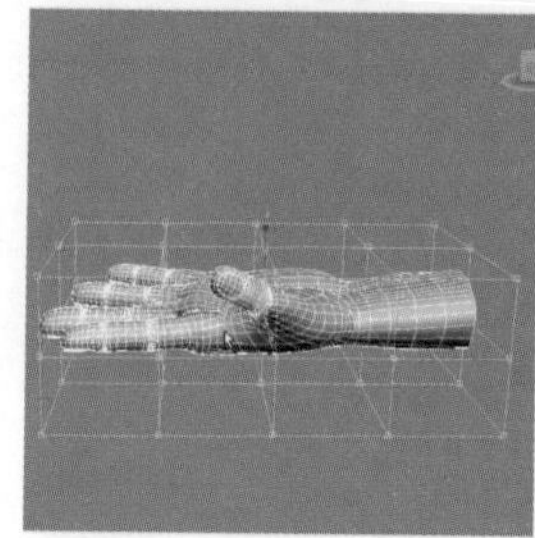

图4-160

步骤04 右击，在弹出的快捷菜单中选择“转换为可编辑多边形”选项，将含有修改器的模型转为可编辑多边形。按1键切换到物体的顶点级别，调整手腕和手指的造型，如图4-161所示。

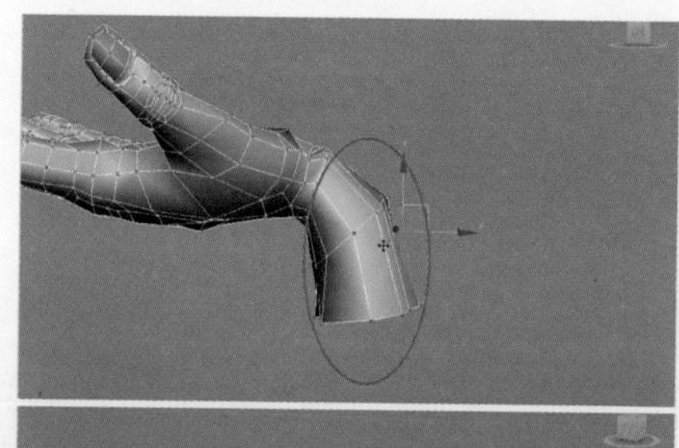
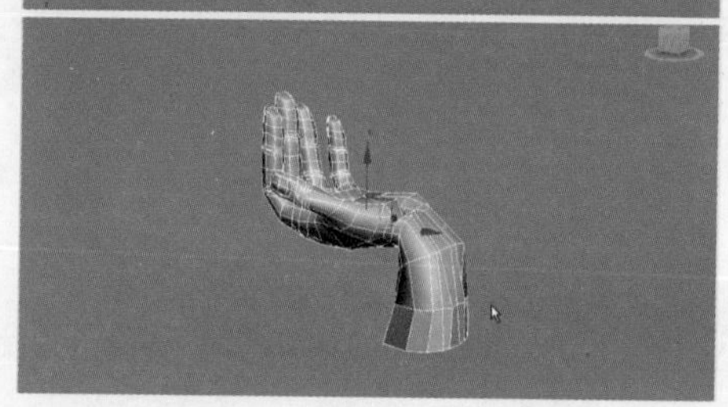

图4-161

步骤05 最终的渲染效果如图4-162所示。

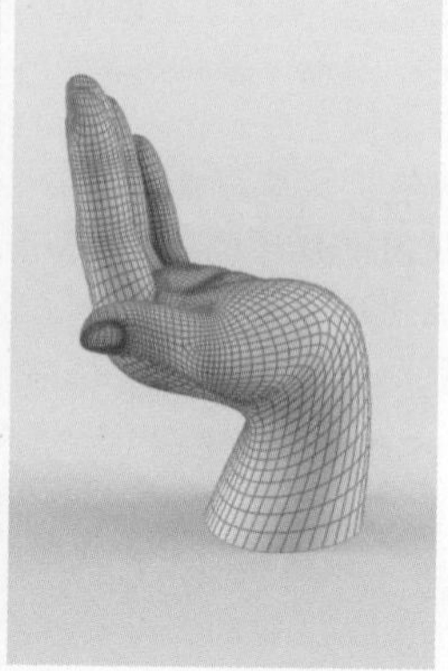

图4-162

4.7 制作座椅模型

本实例主要介绍了网格体建模的初级方法，其中涉及的关键知识点包括“编辑网格”和“编辑多边形”修改器的使用方法，以及“对称”“挤出”等修改器的操作技巧。

如图4-163所示为座椅模型的白模渲染效果图和线框渲染效果图，具体的操作步骤如下。

图4-163

4.7.1 创建并编辑平面对象

步骤01 打开3ds Max，在“标准基本体”创建面板中，单击“对象类型”卷展栏中的“平面”按钮，在透视图中创建一个平面对象，如图4-164左图所示。在“参数”卷展栏中将平面对象的“长度分段”和“宽度分段”分别设置为1，如图4-164右图所示。

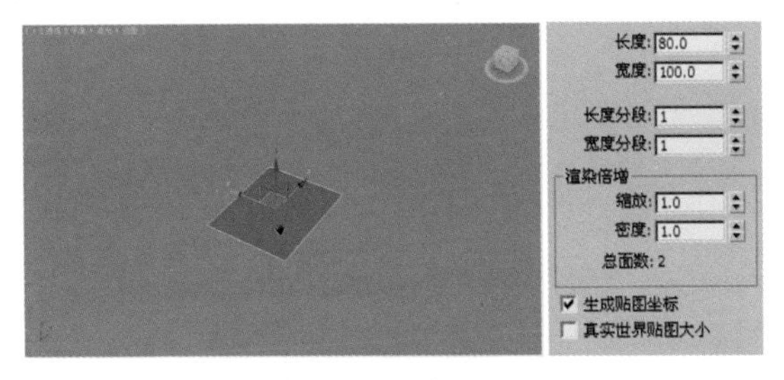

图4-164

步骤02 选中平面对象并右击，在弹出的快捷菜单中选择“转换为可编辑网格”选项，将平面对象转换为可编辑网格体。按2键切换到网格物体的边级别，选择平面的一个边，按住Shift键，利用“移动”工具移动，生成网格体的一个分段结构，如图4-165所示。

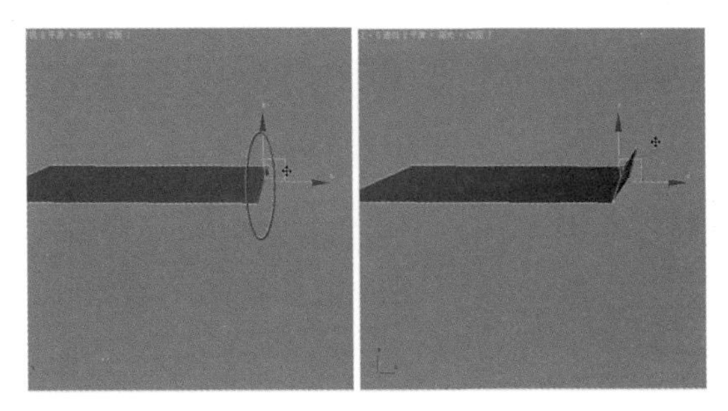

图4-165

步骤03 继续按住Shift键，利用“移动”工具对所选的边进行移动，生成相应的分段结构，如图4-166所示。

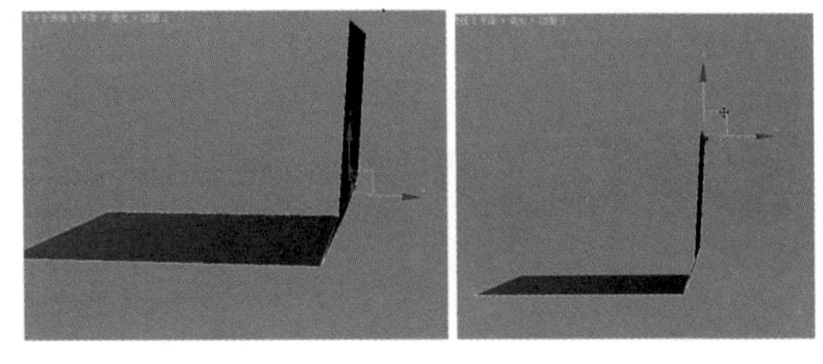

图4-166

步骤04 继续根据座椅的造型对所选的边进行移动，生成网格体的不同分段结构，如图4-167所示。此时座椅靠背的大体造型就完成了。

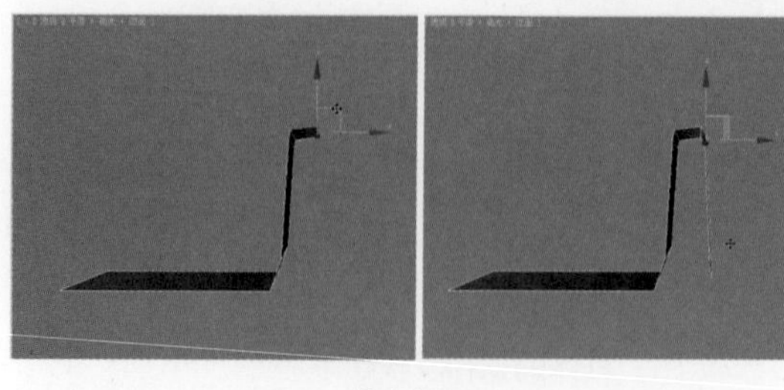

图 4-167

步骤05 选择侧面的一条边，按住Shift键利用“移动”工具移动，生成座椅的扶手结构，如图4-168所示。

图 4-168

步骤06 单击“编辑几何体”卷展栏中的“剪切”按钮，在座椅的靠背上切出一条边，如图4-169左图所示。按1键切换到顶点级别，单击“编辑几何体”卷展栏中的“目标”按钮，将相应的两点焊接，如图4-169右图所示。

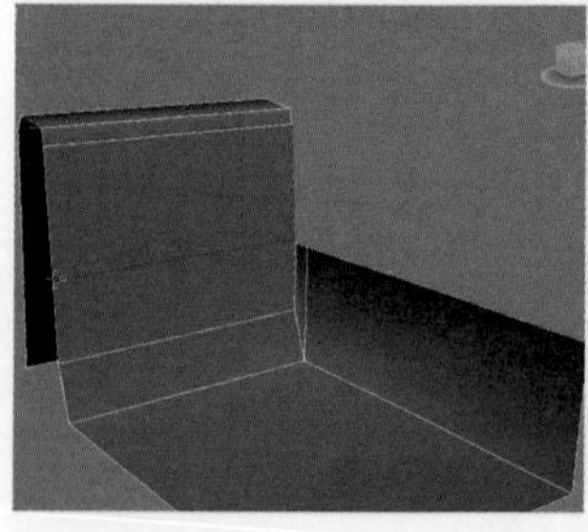
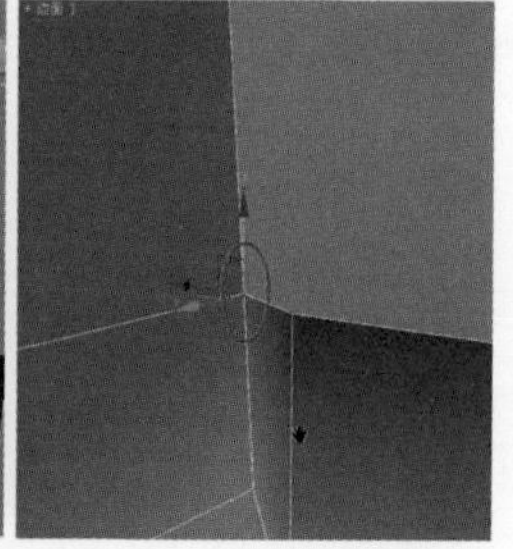

图 4-169

步骤07 按2键切换到边级别，选择座椅一侧的边，按住Shift键利用“移动”工具移动，生成座椅的扶手结构。采用同样的方法，利用边生成扶手前端的结构，如图4-170所示。

图 4-170

步骤08 按1键切换到顶点级别，单击“编辑几何体”卷展栏中的“目标”按钮，将原点拖至目标点上进行目标焊接，将相应的顶点焊接起来。按2键切换到边级别，利用边生成座椅的前端结构，如图4-171所示。

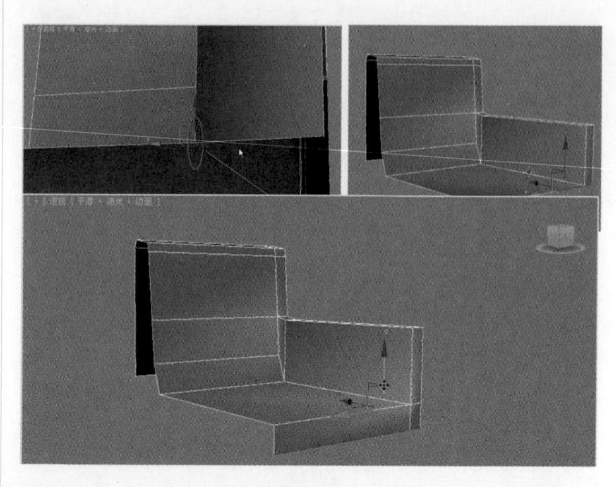

图 4-171

步骤09 在边级别下，单击“编辑几何体”卷展栏中的“切片平面”按钮，利用“旋转”工具对切片图标旋转90°，调整好切片图标的位置后单击“切片”按钮，在网格对象上产生一个截面切片，如图4-172左图所示。利用“移动”工具调整座椅内侧边的位置，效果如图4-172右图所示。

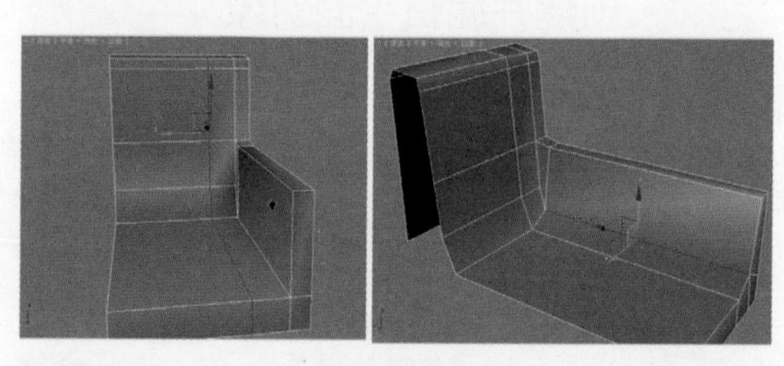

图 4-172

步骤10 退出边级别。在修改器列表中单击“对称”按钮，为网格对象加载“对称”修改器，如图4-173所示，此时座椅的大体造型已经形成。

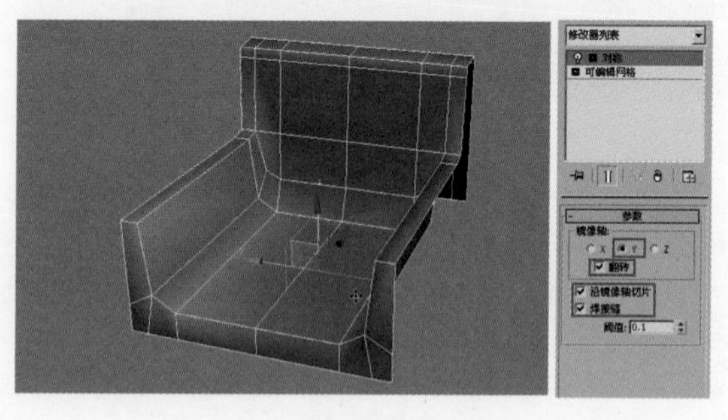

图 4-173

知识拓展

在多边形或元素子对象层级，“切片平面”功能只会影响选定的多边形。若要对整个对象进行切片操作，则应该在其他子对象层级或对象层级使用“切片平面”功能。

步骤11 右击，在弹出的快捷菜单中选择“转换为可编辑多边形”选项，将模型转换为可编辑多边形。按2键切换到边级别，选择模型上连续的边，如图4-174所示。

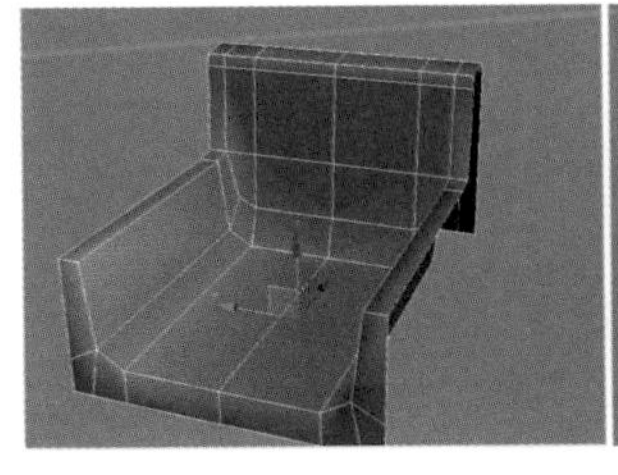

图4-174

步骤12 单击“编辑几何体”卷展栏中的“切片平面”按钮。利用“移动”工具和“旋转”工具调整切片图标的位置，单击“切片”按钮，在切片图标处产生一个截面切片，如图4-175所示。

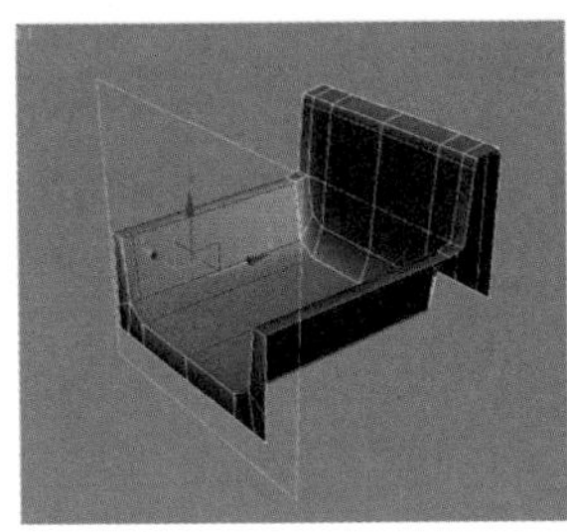
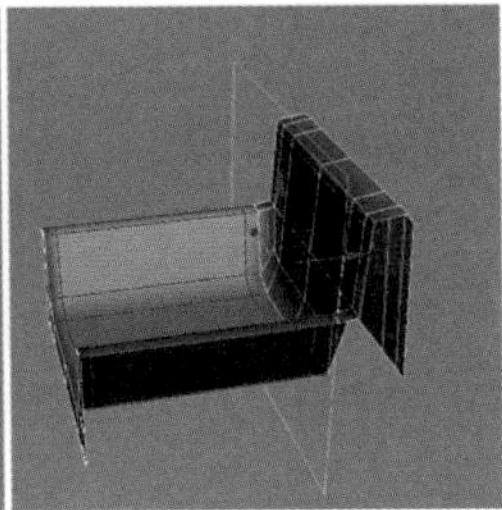

图4-175

步骤13 单击“切片平面”按钮，结束切片操作。按6键退出边级别，在修改器列表中选择“壳”选项，为模型加载“壳”修改器，增加模型厚度，如图4-176所示。

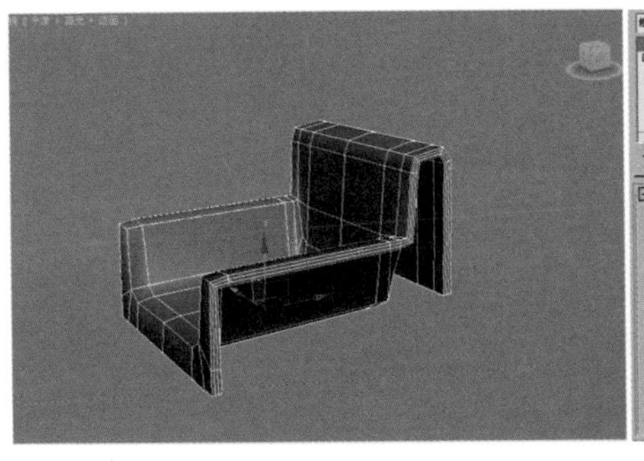
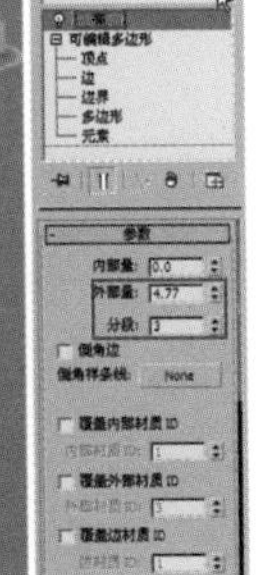

图4-176

步骤14 在修改器列表中选择“网格平滑”选项，为模型加载“网格平滑”修改器，使模型效果变得光滑，效果如图4-177所示。

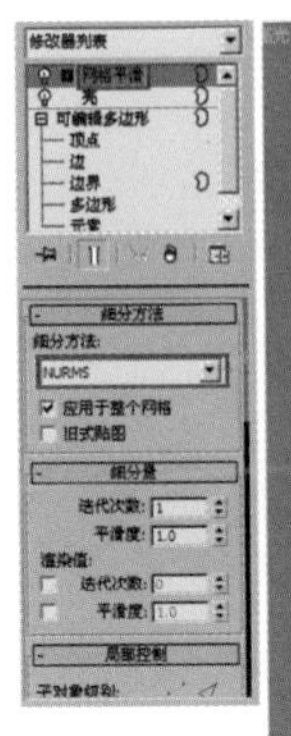
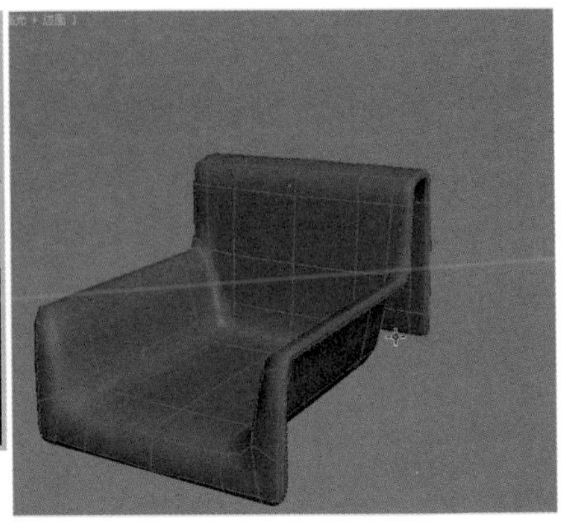

图4-177

4.7.2 创建座椅

步骤01 执行“创建”→“图形”→“样条线”命令，单击“线”按钮，在前视图中创建一条封闭的样条曲线。按1键切换到样条曲线的顶点级别，选择样条线上的所有顶点，单击“几何体”卷展栏中的“圆角”按钮，将鼠标指针停留在顶点上并拖动，使尖角变成圆角，如图4-178所示。

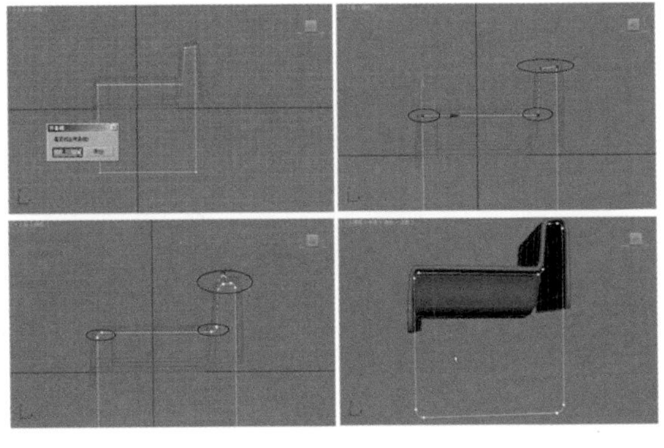

图4-178

步骤02 选中“渲染”卷展栏中的“在渲染中启用”和“在视口中启用”复选框，调整“径向”区域的厚度值来控制样条线的粗细。将调整好的样条线复制一个副本到另一侧，座椅制作完成，如图4-179所示。

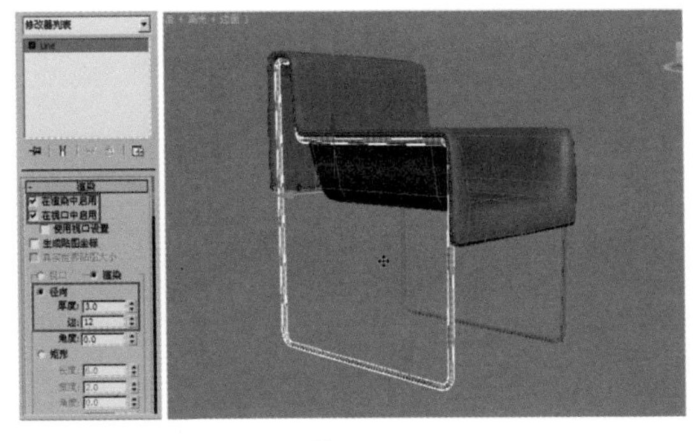

图4-179

知识拓展

在3ds Max中，默认设置下的“样条线”是无法被渲染的。然而，通过调整“样条线”的渲染属性，可以将其转变为可渲染的模型对象。

步骤03 最终效果图如图4-180所示。

图4-180

4.8 制作桌面摆件模型

本案例介绍了多边形建模在创建不规则模型时的一些应用技巧，其中涉及的主要知识点包括曲面细分、用边生成面等建模技巧。

如图4-181所示为桌面摆件模型的白模渲染效果图和线框渲染效果图，具体的操作步骤如下。

图4-181

4.8.1 创建螺旋线

步骤01 打开3ds Max，打开“桌面摆件.max”场景文件，如图4-182所示。

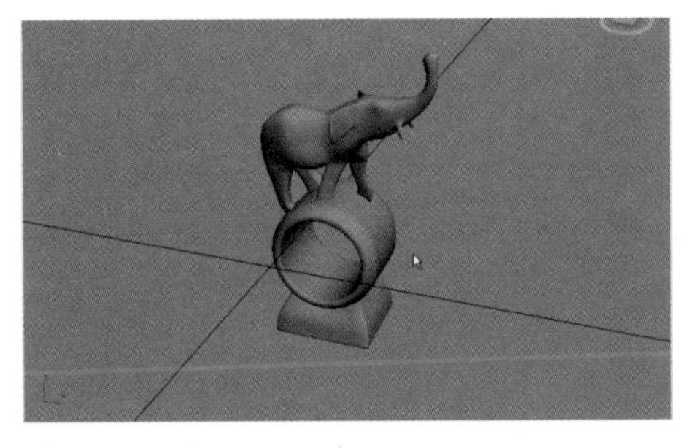

图 4-182

步骤02 在“标准基本体”创建面板中，单击“对象类型”卷展栏中的“螺旋线”按钮，在前视图中创建一条螺旋线。在修改面板中调整螺旋线的参数设置，使螺旋线的“高度”值为0.0，所有的线保持在一个平面上，如图4-183所示。

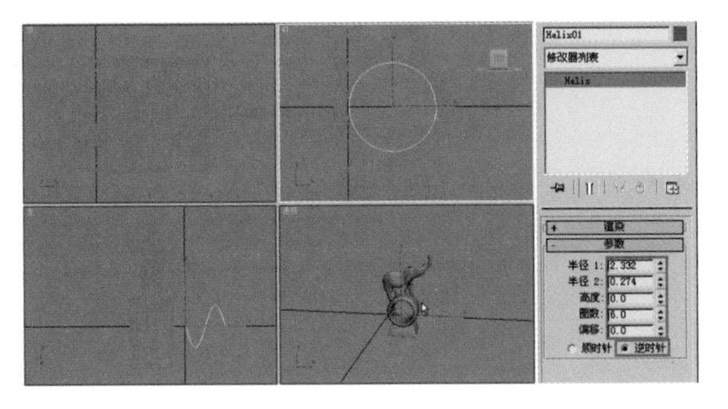

图 4-183

4.8.2 增加物体的厚度

步骤01 选中螺旋线，在修改器列表中选择“挤出”选项，为螺旋线添加“挤出”修改器。在“参数”卷展栏中设置“挤出数量”值，调整物体的长度，效果如图4-184左图所示。再次在修改器列表中选择“壳”选项，为其添加“壳”修改器，在“参数”卷展栏中设置“外部量”值，调整物体的厚度，效果如图4-184右图所示。

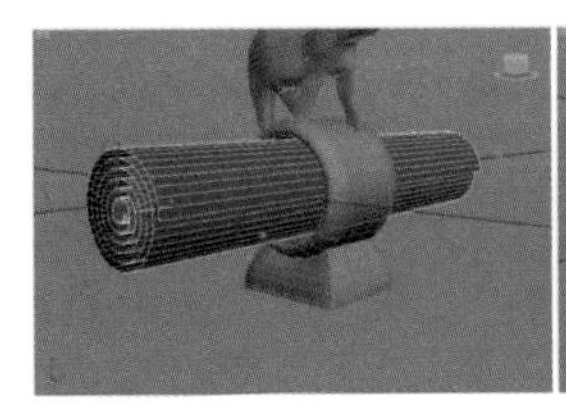 

图 4-184

步骤02 右击，在弹出的快捷菜单中选择“转换为可编辑多边形”选项，将卷状物体转换为可编辑多边形。按2键切换到物体的边级别，选择卷状物体所有的径向边，如图4-185左图所示。单击“编辑边”卷展栏中的“连接”按钮，在弹出的“连接边”对话框中设置分段值，效果如图4-185右图所示。

图 4-185

步骤03 在修改器列表中选择“弯曲”选项，为卷状物体添加“弯曲”修改器，在“参数”卷展栏设置“角度”和“方向”值，如图4-186所示。

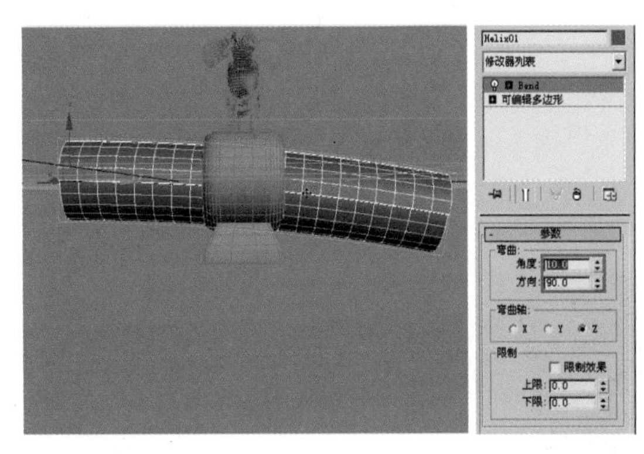

图 4-186

知识拓展

“弯曲”修改器是一种非线性变形修改器，它不仅能使模型绕着指定的轴进行整体弯曲，还可以在模型的局部产生弯曲效果。

步骤04 利用“旋转”工具和“移动”工具将卷状物体调整到合适的位置。右击，在弹出的快捷菜单中选择“转换为可编辑多边形”选项，将卷状物体转换为可编辑多边形。按1键切换到顶点级别，将卷状物体调整成粗糙不平的效果，如图4-187左图所示。按2键切换到边级别，选择物体两端的轮廓边，利用“缩放”工具进行缩放，调整卷状物体边缘的厚度，效果如图4-187右图所示。

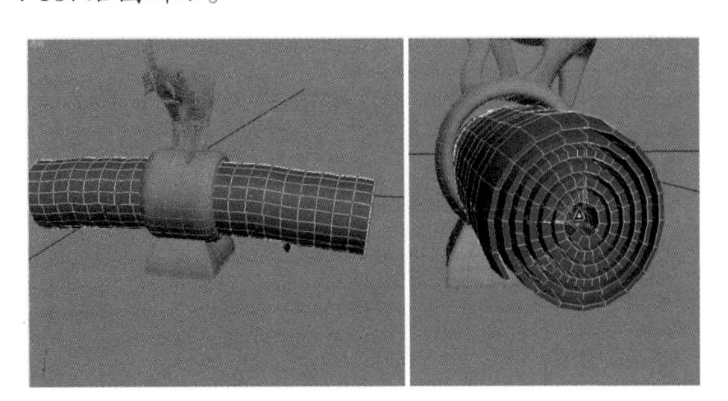

图 4-187

步骤05 按4键切换到多边形级别，选择物体的多边形面，如图4-188左图所示。单击“编辑多边形”卷展栏中的“倒角”按钮，在弹出的“倒角多边形”对话框中设置“轮廓量”值，如图4-188右图所示，单击按钮，应用当前参数设置。

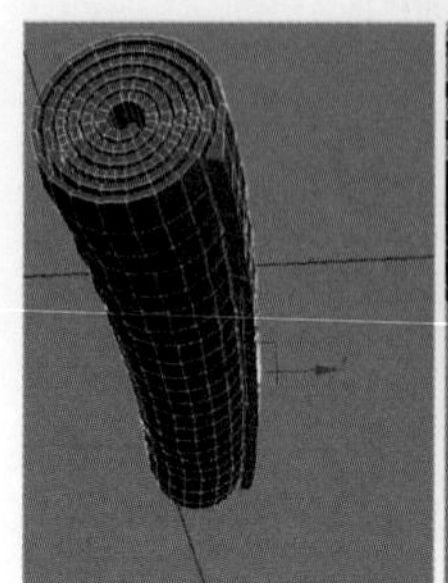
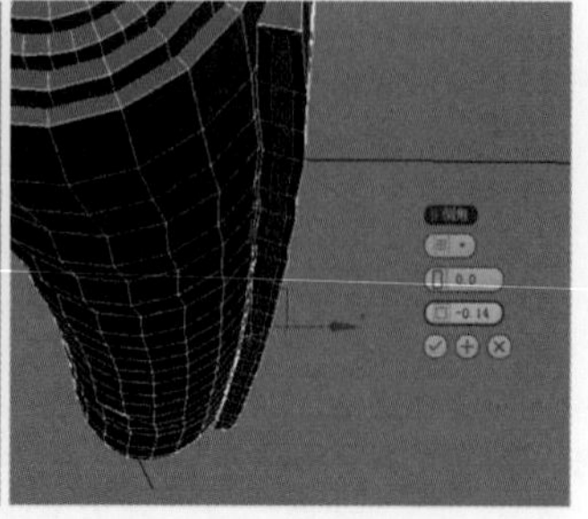

图4-188

步骤06 再次调整“高度”和“轮廓量”值，如图4-189左图所示。单击按钮，完成倒角多边形操作。选中“曲面细分”卷展栏中的“使用NURMS细分”复选框，对模型进行光滑显示，效果如图4-189右图所示。

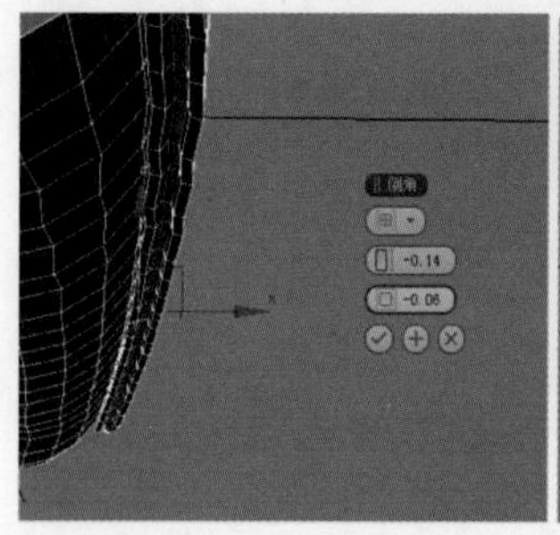

图4-189

知识拓展

只有当“使用NURMS细分”复选框被选中时，该卷展栏中的其他控件才会生效。

步骤07 最终效果图如图4-190所示。

图4-190

3ds Max

第5章 创建复合物体和复合对象

本章导读

本章主要介绍如何创建复合物体和复合对象。复合对象是将两个以上的物体通过特定的合成技术融合成一个整体的过程。在这个过程中，不仅可以反复地细致调整，还可以表现为动画的形式，使一些高难度造型和动画（诸如毛发效果、变形动画等）的制作成为可能。

学习目标 / 本章重点	了解	理解	应用	实践
变形复合对象		√	√	√
散布复合对象		√	√	√
水滴网格复合对象		√	√	√
一致复合对象		√	√	
制作床模型			√	√
制作电脑椅模型			√	√

5.1 复合对象

复合对象包含几种特殊的对象类型。通过执行“创建”→“复合对象”命令，或者选择（创建）面板中的（几何体）下拉列表中的“复合对象”选项，都可以进入“复合对象”面板。

复合对象包括的类型有:“变形”“散布”“一致”“连接”“水滴网格”“图形合并”“布尔”“地形”“放样”“网格化”等12种，如图5-1所示。

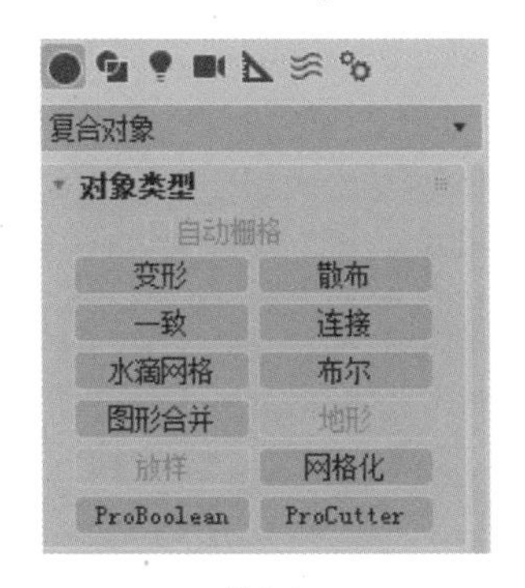

图5-1

5.1.1 变形复合对象

变形复合对象能够将两个或多个对象进行合并，使这些对象的顶点位置与另一个对象的顶点位置相匹配。如果连续进行这种插补操作，则将会生成变形动画，如图5-2所示。

图5-2

实例操作 物体变形

步骤01 打开实例场景文件（素材文件：第5章/Scenes/物体变形.max），如图5-3所示，是由两个茶壶模型组成的场景。

图5-3

步骤02 选择蓝色的茶壶模型，执行“创建”→“几何体”→“复合对象”→“变形”命令，将时间滑块拖至第25帧的位置，再单击“拾取目标”按钮，选择已经变形的黄色茶壶模型。此时蓝色的茶壶模型已经完成了一段变形动画，如图5-4所示。

图5-4

步骤03 播放动画，效果如图5-5所示。

图5-5

5.1.2 散布复合对象

散布功能可以将选定的对象分布到另一个对象的表面上，如图5-6所示。

图5-6

实例操作 散布复合对象的应用

步骤01 打开实例场景文件（素材文件：第5章/Scenes/散布复合对象的应用.max），场景由一个地面和一棵树组合而成，如图5-7所示。本例要将树通过散布命令分布在地面上。

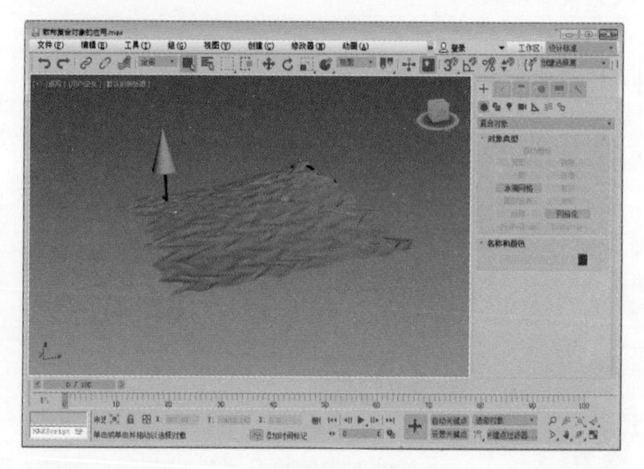

图5-7

步骤02 选择树模型，执行“创建”→“几何体”→“复合对象”→“散布”命令，然后在“拾取分布对象”卷展栏中单击“拾取分布对象”按钮，选择地面模型，结果如图5-8所示。

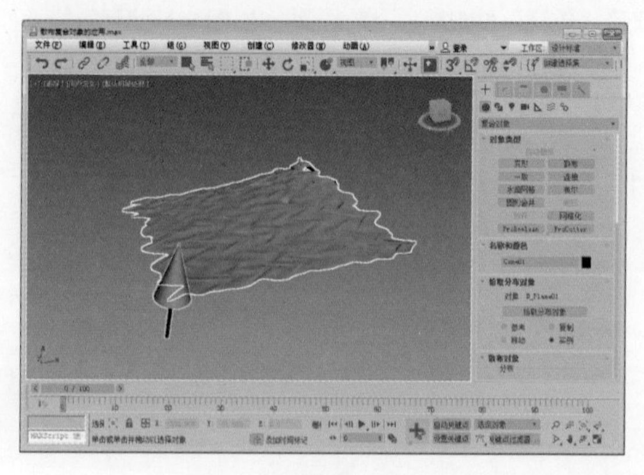

图5-8

步骤03 调整树模型的“重复”值为32，表示有32棵树分布在地面模型之上，如图5-9所示。

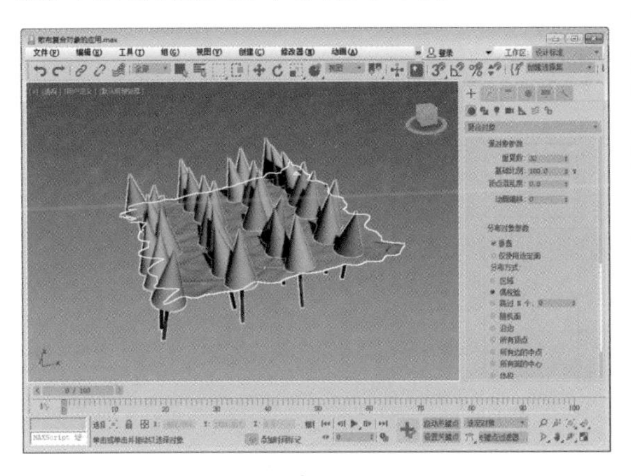

图5-9

步骤04 渲染图像，效果如图5-10所示。

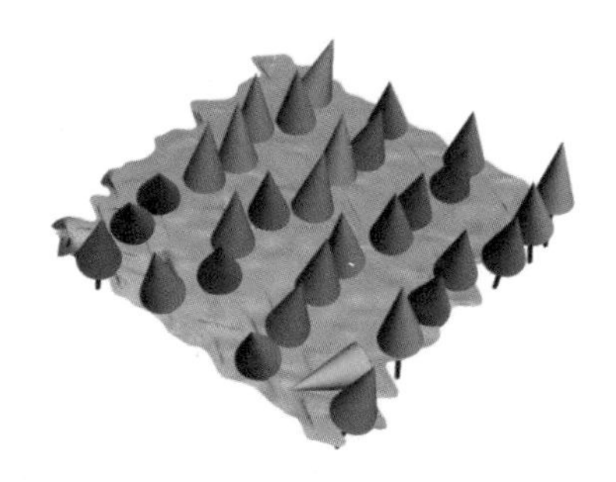

图5-10

5.1.3 一致复合对象

一致对象是一种特殊的复合对象，它是通过将某个对象（称为“包裹器”）的顶点投影到另一个对象（称为“包裹对象”）的表面上而创建的，如图5-11所示。粗略的操作步骤如下。

图5-11

步骤01 定位两个对象，其中一个为包裹器，另一个为包裹对象。

步骤02 选择包裹器对象，然后执行“创建”→“几何体”→“复合对象”→“一致”命令。

步骤03 在顶点投射方向区域指定顶点投射的方法。

步骤04 选中“参考”“复制”“移动”或“实例”复选框，指定要对包裹对象进行的克隆类型。

步骤05 单击拾取包裹对象，然后单击顶点要投射到其上的对象。在列表中显示了两个对象，通过将包裹器对象一致到包裹对象，从而创建复合对象。

步骤06 使用各种参数和设置改变顶点投射方向，或者调整投射的顶点。

知识拓展

在“一致”操作中，所使用的两个对象必须为网格对象，或者可以转换为网格对象。如果所选的包裹器对象不符合要求，那么“一致”按钮将无法被激活。

5.1.4 连接复合对象

使用连接复合对象，可以将两个或多个对象通过它们表面的“洞”进行连接。为了完成这一操作，需要在每个对象上删除一些面，在其表面创建一个或多个洞，并确保这些洞的位置是相互对应的，使洞与洞之间能够面对面地对接。之后，应用连接操作，效果如图5-12所示。

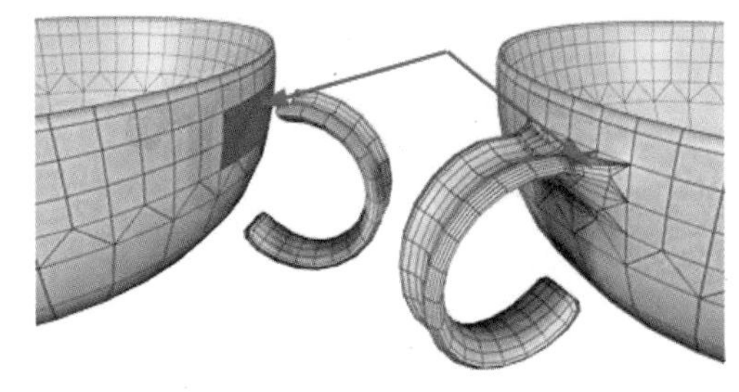

图5-12

实例操作 连接复合对象的应用

步骤01 打开一个实例场景文件（素材文件：第5章/Scenes/连接复合对象的应用.max），如图5-13所示。这是由A、B两个半球模型组成的一个场景，下面通过“连接”命令将它们连接起来。

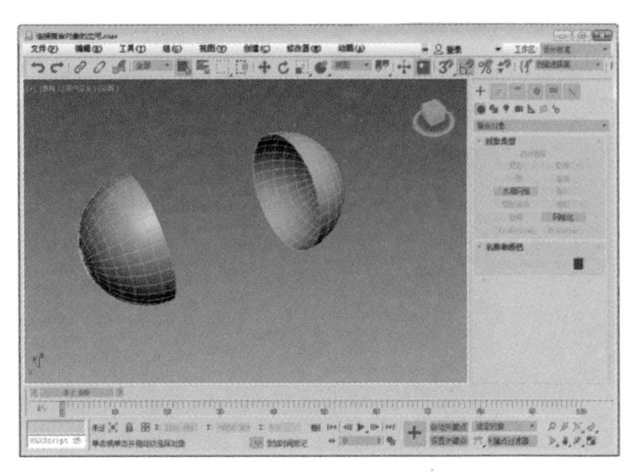

图5-13

步骤02 选择左半球，然后执行“创建”→“几何体”→“复合对象”→“连接”命令，在“拾取运算对象”卷展栏中单击“拾取运算对象”按钮，然后选择右半球，如图5-14所示，两个半球被连接为一个整体。

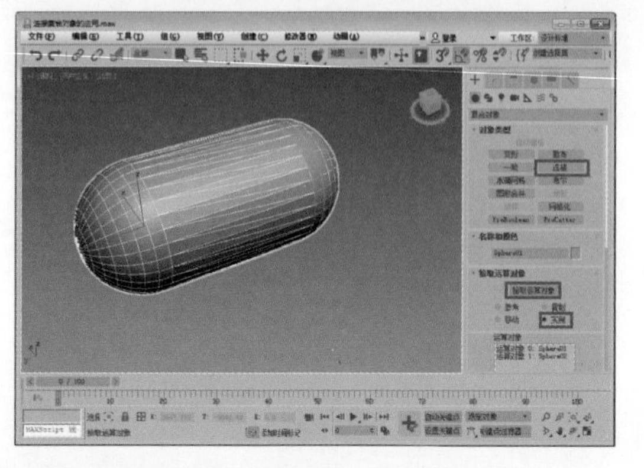

图5-14

步骤03 渲染图像，效果如图5-15所示，可以看出通过“连接”命令制作出了一个类似胶囊的物体。

图5-15

5.1.5 水滴网格复合对象

使用水滴网格复合对象可以通过几何体或粒子系统创建一组球体，并将这些球体以类似柔软液态物质的方式连接起来。当球体移动到彼此一定范围内时，它们会自动连接。如果球体相互远离，那么它们会恢复原本的球体形状，这一过程如图5-16所示。粗略的操作步骤如下。

图5-16

步骤01 创建一个或多个几何体或辅助对象。如果需要制作动画，就根据需要设置对象的动画。

步骤02 单击“水滴网格”按钮，然后在视图的任意位置单击，以创建初始变形球。

步骤03 选择修改命令面板，在水滴对象区域中，单击“添加”按钮，选择要用来创建变形球的对象。此时，变形球会显示在每个选定对象的每个顶点处或辅助对象的中心点上。

步骤04 在参数卷展栏中，根据需要设置“大小”参数，以便于连接变形球。

5.1.6 图形合并复合对象

图形合并功能用于创建包含网格对象和一个或多个图形的复合对象。在这个过程中，图形可以被嵌入网格中，或者从网格中删除。如图5-17所示，使用图形合并命令将字母、文本图形与蛋糕模型网格进行合并。

图5-17

实例操作 图形合并复合对象的应用

步骤01 打开实例场景文件（素材文件：第5章/Scenes/ 图形和并复合对象的应用.max），如图5-18所示。

图5-18

步骤02 选择长方体模型，执行“创建”→“几何体”→“复合对象”→“图形合并”命令。在“拾取运算对象”卷展栏中单击“拾取图形”按钮，并选择图形，如图5-19所示，此时图形被嵌入长方体模型的网格中。

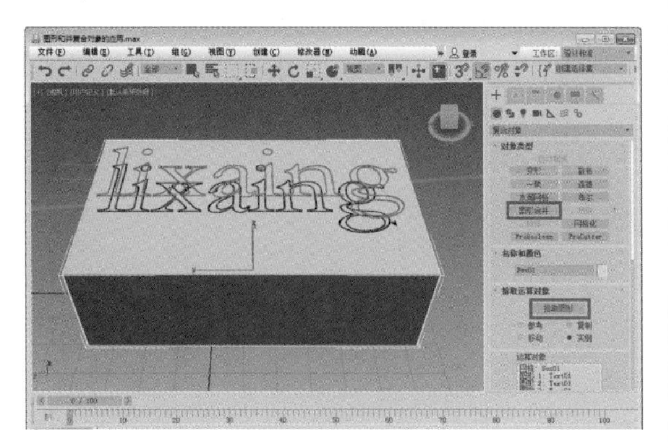

图5-19

步骤03 为了看清楚制作效果，选择长方体模型，右击，在弹出的快捷菜单中选择“转换为可编辑多边形”选项，然后在修改卷展栏选择多边形层级，如图5-20所示。选择映射的文字区域后，在编辑几何体卷展栏中单击“挤出”按钮。

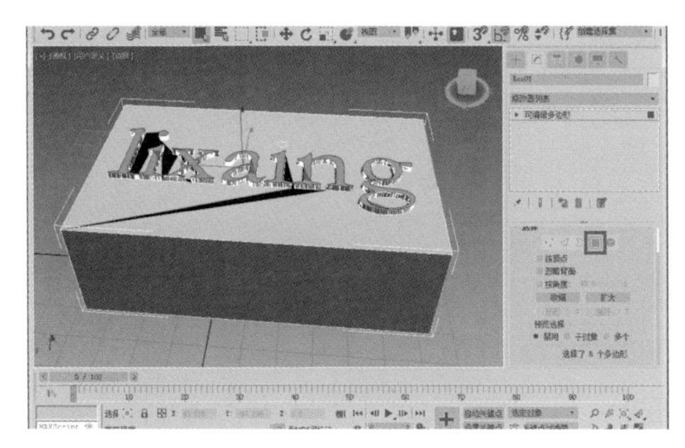

图5-20

步骤04 渲染图像，效果如图5-21所示。

图5-21

5.1.7 布尔复合对象

布尔对象是通过对两个对象进行布尔运算来将它们组合在一起的，如图5-22所示。粗略的操作步骤如下。

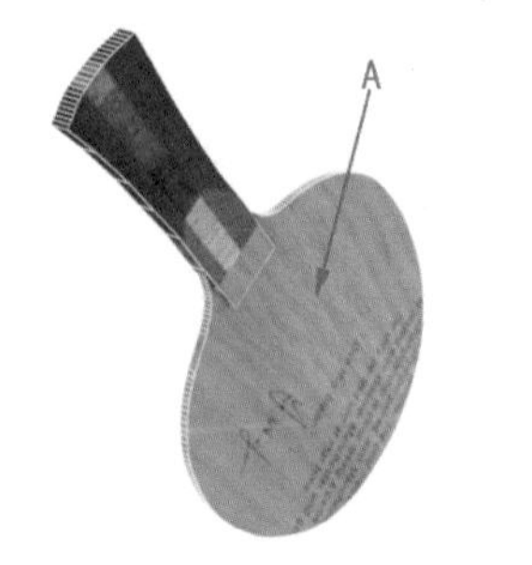

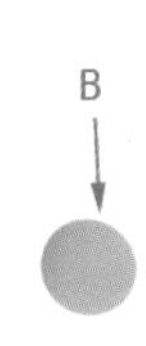

图5-22

步骤01 选择对象，此对象为操作对象A。

步骤02 单击“布尔”按钮，操作对象A的名称显示在参数卷展栏的操作对象列表中。

步骤03 在“拾取布尔”卷展栏中选择操作对象B的复制方法：引用、移动、复制或实例。

步骤04 在参数卷展栏中选择要执行的布尔操作：并集、交集、差集（A-B）或差集（B-A）。

步骤05 在“拾取布尔”卷展栏中，单击“拾取操作对象B”按钮，并选择操作对象B，3ds Max将执行布尔操作。

5.1.8 地形复合对象

3ds Max能够利用轮廓线数据来创建地形对象。用户可以选定代表海拔轮廓的可编辑样条线，并在这些轮廓上构建网格曲面。此外，还能创建具有“梯田”特征的地形对象，这样每个层级的轮廓数据都会形成一个台阶，与传统的土地形态研究模型相似，具体效果如图5-23所示。

图5-23

实例操作 地形复合对象的应用

步骤01 打开实例场景文件（素材文件：第5章/Scenes/地形复合对象的应用.max），如图5-24所示。

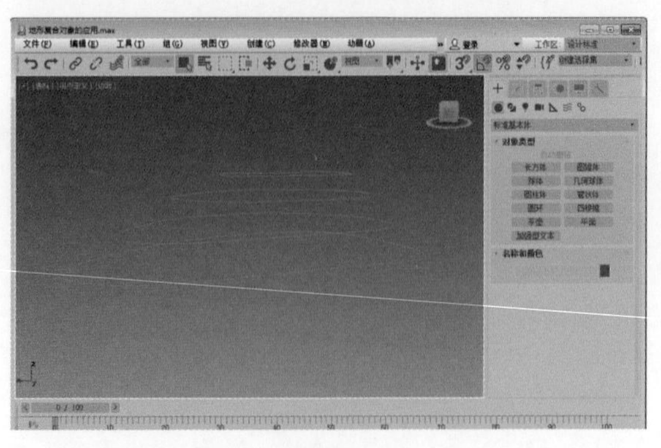

图5-24

步骤02 选择底层的一条线，执行“创建”→“几何体”→“复合对象”→“地形”命令，在“拾取运算对象”卷展栏中，单击“拾取运算对象”按钮，然后从下往上依次单击其他几条线，效果如图5-25所示。

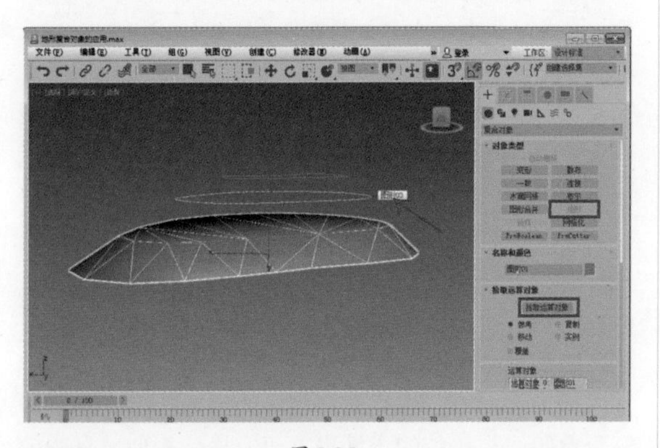

图5-25

步骤03 依次单击完成地形的创建，如图5-26所示。这里只是一个示例，在实际的地形创建过程中，等高线的分布要密得多。

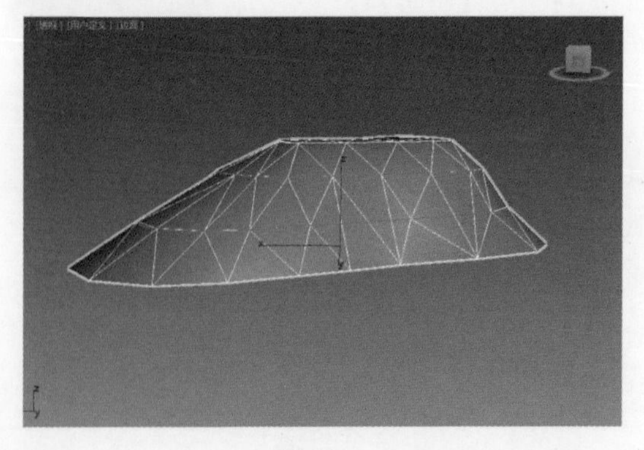

图5-26

步骤04 单击“创建默认值”按钮，如图5-27所示，此时，3ds Max将在每个区域的底部列出海拔高度，并用不同的颜色表示。

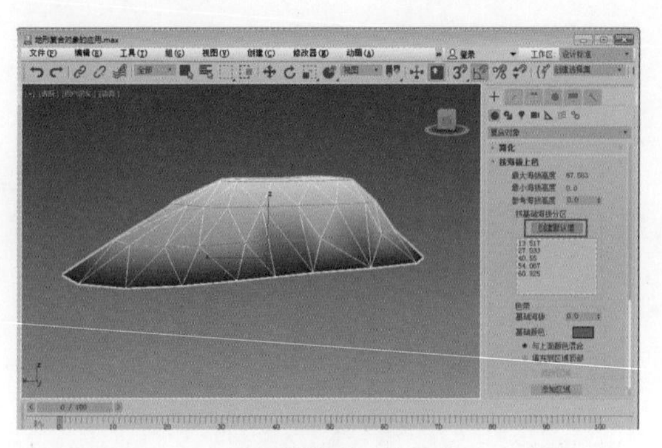

图5-27

5.1.9 放样复合对象

放样复合对象是沿着第3个轴挤出的二维图形，可以从两个或多个现有的样条线对象中生成。在这些样条线中，有一条线会被选作路径，其余的则作为放样对象的横截面或图形。当这些图形沿着路径排列时，3ds Max会在图形之间生成曲面。可以创建作为路径的图形对象以及任意数量的横截面图形。该路径可以视作一个框架，用于支撑构成对象的各个横截面。如果只在路径上指定一个图形，那么3ds Max会默认在路径的每个端点都有一个相同的图形，并在这些图形之间生成曲面，如图5-28所示。

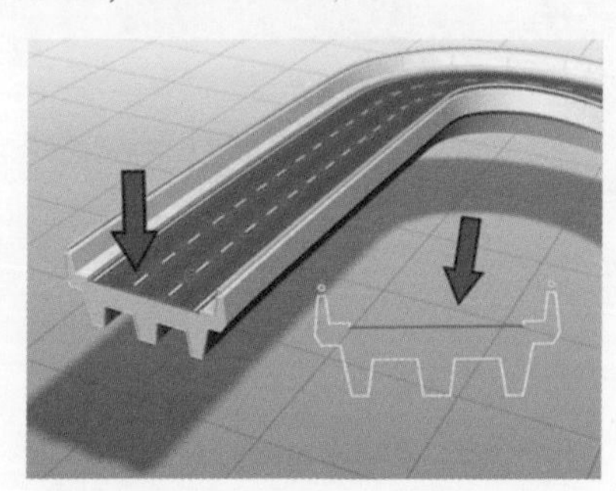

图5-28

实例操作 放样复合对象的应用

步骤01 打开实例场景文件（素材文件：第5章/Scenes/放样复合对象的应用.max），如图5-29所示。

图5-29

步骤02 在透视图中创建一个“星形”图形对象，如图5-30所示。

图 5-30

步骤03 选择样条线，然后在“复合对象”卷展栏中单击“放样”按钮，如图5-31所示。

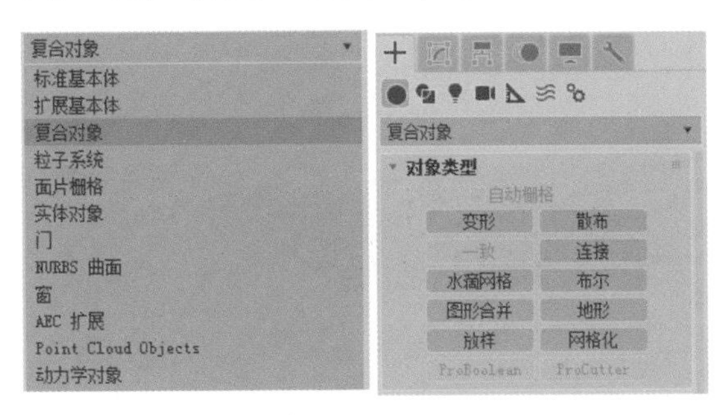

图 5-31

步骤04 在放样参数面板中单击“获取图形”按钮，并在视口中选择星形图形对象，如图5-32所示。

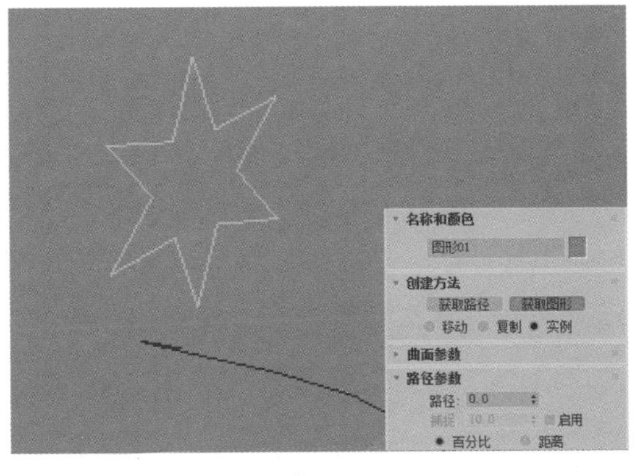

图 5-32

步骤05 拾取图形对象后，新的放样对象将会在视口中生成，如图5-33所示。

图 5-33

5.1.10 网格化复合对象

网格化复合对象能够以每帧为基准，将程序对象转化为网格对象，从而使诸如弯曲或UVW贴图等修改器得以应用。此功能虽然适用于任何类型的对象，但主要是为使用粒子系统而设计的。同时，网格化在处理具有复杂修改器堆栈的低多边形实例化对象时，同样表现出其实用性。粗略的操作步骤如下。

步骤01 添加并设置粒子系统。

步骤02 执行“创建”→“几何体”→“复合对象”→“网格化”命令。

步骤03 在视图中拖动，添加网格对象，其方向应该和粒子系统的方向一致。

步骤04 进入修改面板，单击“拾取对象”按钮，然后选择粒子系统。网格对象变为该粒子系统的克隆体，并在视图中将粒子显示为网格对象，无须考虑粒子系统的视图显示。

步骤05 将修改器应用于修改网格对象，然后设置其参数，播放动画。

5.2 制作床模型

灵活利用3ds Max的建模工具和命令来创建模型，可以大大简化建模工作。本节将讲述如何创建床模型，主要聚焦于床体的构建、床头的制作以及被子效果的制作。

如图5-24所示为床模型的白模渲染效果图和线框渲染效果图，具体的操作步骤如下。

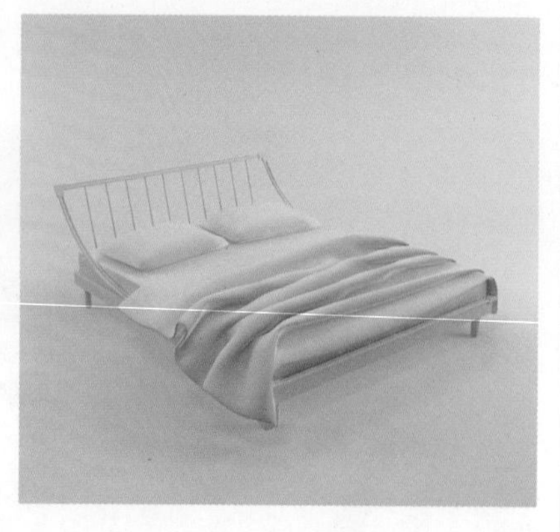

图 5-34

5.2.1 制作床主体模型

步骤01 执行“创建”→“几何体”→“扩展基本体”命令，在“对象类型”卷展栏中单击“切角长方体”按钮，在顶视图中创建一个切角长方体，效果如图5-25所示。

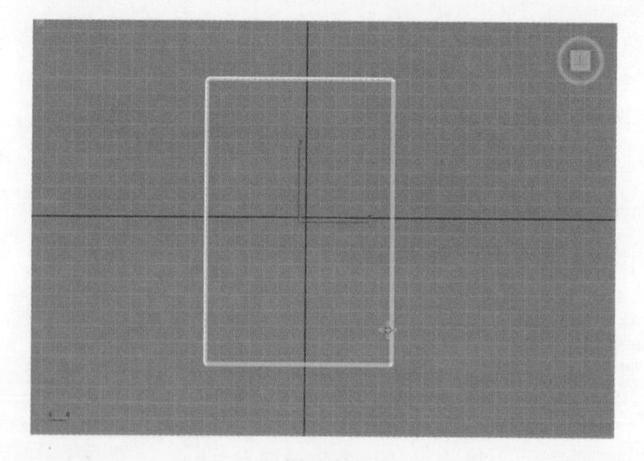

图 5-35

步骤02 单击命令面板中的 按钮，进入修改命令面板。在“参数”卷展栏中调整床的尺寸，如图5-36所示。

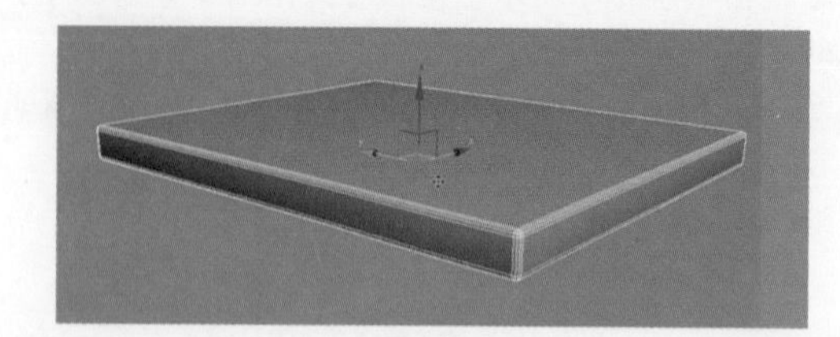

图 5-36

步骤03 按住Shift键，利用“移动”工具沿*Z*轴移动复制，复制出一个床垫的副本，效果如图5-37所示。

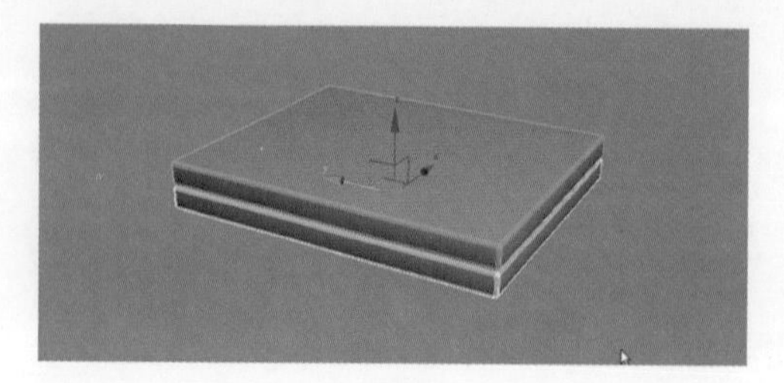

图 5-37

步骤04 执行“创建”→“几何体”→“标准基本体”命令，在“对象类型”卷展栏中单击“圆柱体”按钮，在视图中创建一个圆柱体。在修改命令面板中调整圆柱体的大小，利用此圆柱体来作为床腿模型，效果如图5-38所示。

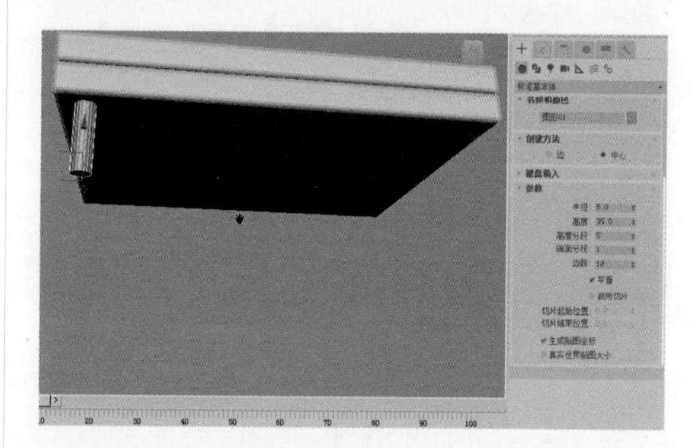

图 5-38

步骤05 选中圆柱体，按住Shift键进行移动复制，复制出3个圆柱体副本。利用“移动”工具分别调整圆柱体的位置，使这些圆柱体都处于床角的位置，效果如图5-39所示。

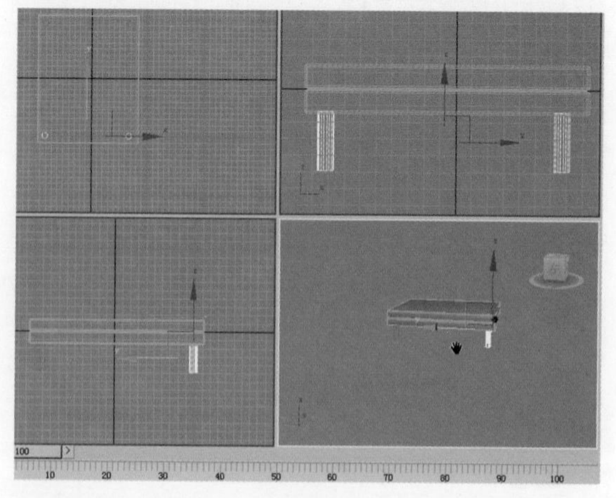

图 5-39

步骤06 单击工具栏中的“缩放”工具按钮，在顶视图中沿*XY*轴对床垫模型进行缩放，使上面的床垫模型略小于下面的床板，效果如图5-40所示。

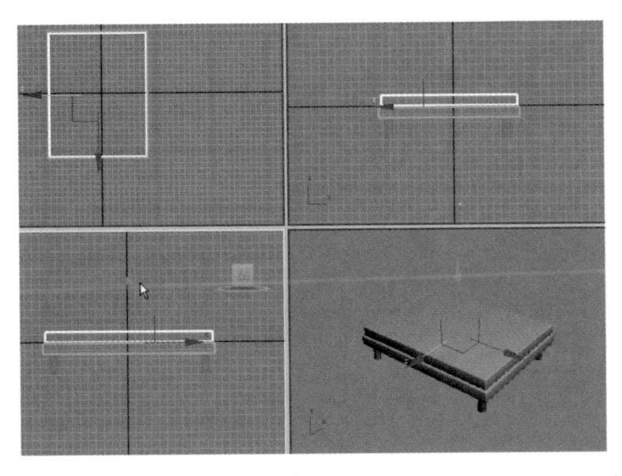

图 5-40

步骤07 执行“创建”→“图形”→“样条线”命令，在“对象类型”卷展栏中单击“线”按钮，在左视图中创建一条样条线，如图5-41所示。

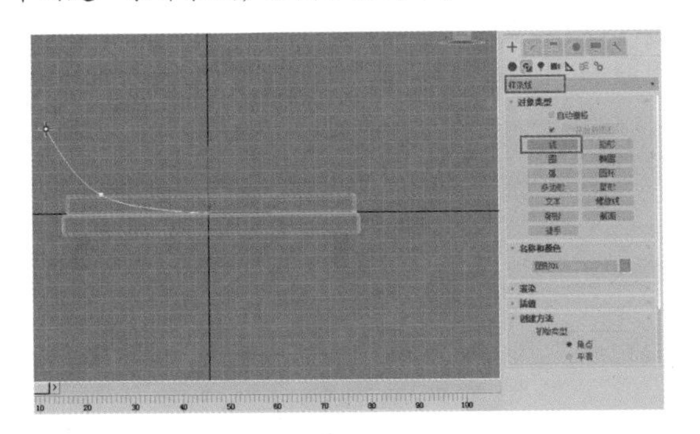

图 5-41

步骤08 在透视图中利用“移动”工具沿X轴调整样条线的位置到床垫的一侧。右击，在弹出的快捷菜单中选择“细化连接”选项，在样条线的起点处单击，产生一条线段，如图5-42所示。

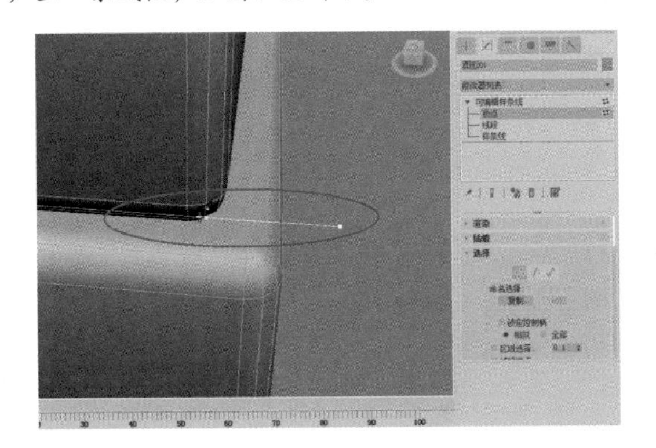

图 5-42

知识拓展

使用“细化连接”命令可以在样条曲线上单击以生成线段。

步骤09 在顶视图中利用“移动”工具调整样条线床尾端顶点的位置，效果如图5-43所示。

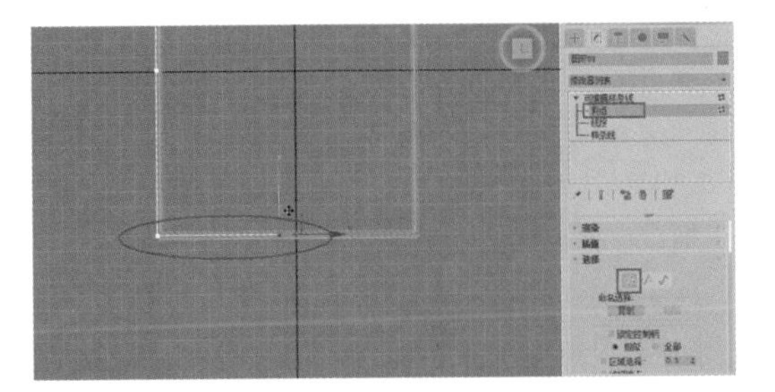

图 5-43

步骤10 在样条线上右击，在弹出的快捷菜单中选择“细化连接”选项。在样条线床头端的顶点附近单击，此时样条线增加一条线段，效果如图5-44所示。

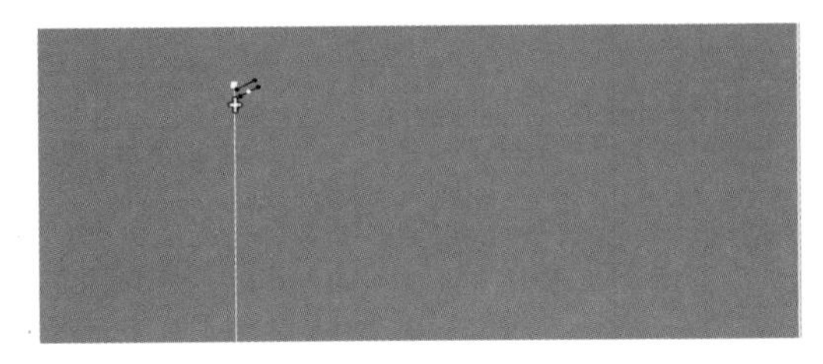

图 5-44

步骤11 利用“移动”工具调整样条线床头端的顶点位置，效果如图5-45所示。床架图形的一半已经画好了，接下来通过镜像复制操作得到床架图形的另一半。

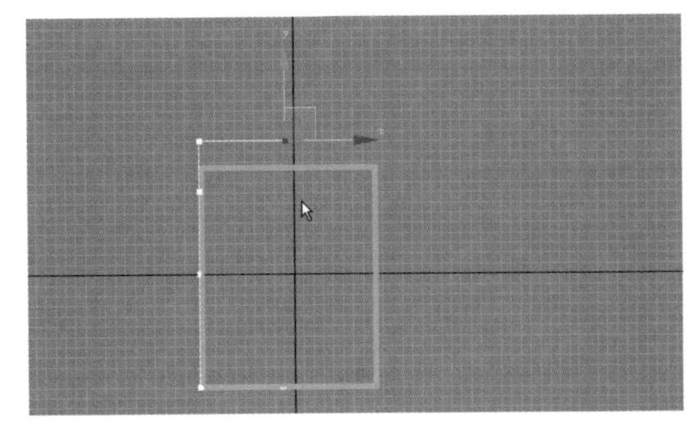

图 5-45

步骤12 单击工具栏中的“镜像”工具按钮，在弹出的“镜像：世界 坐标”对话框中设置以X轴为镜像轴复制当前选中的对象，如图5-46所示。利用“移动”工具调整所复制样条线的位置到床的另一侧。

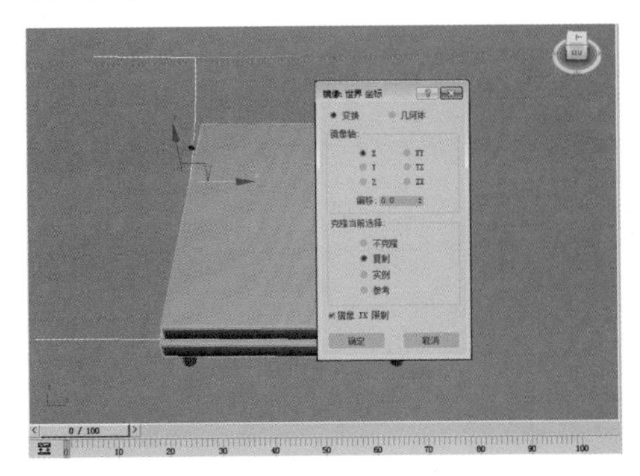

图 5-46

步骤13 单击工具栏中的“附加”按钮，在视图中单击另一条样条线，将两条样条线附加在一起。按1键进入顶点级别，调整“几何体”卷展栏中的“焊接”值。选中两个接口处的顶点，单击“焊接”按钮将所选择的两点焊接起来，如图5-47所示。

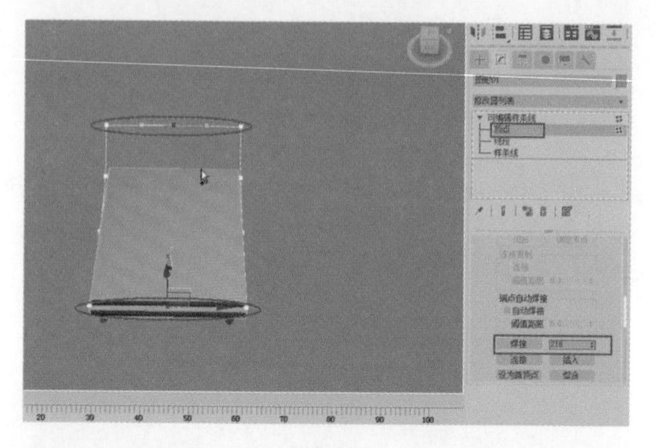

图5-47

步骤14 按Delete键将床架中间的两个顶点删除。选中“渲染”卷展栏中的“在渲染中启用”和“在视口中启用”复选框。调整“厚度”值和“边”值来控制床架的粗细和形状。按1键，退出顶点级别，如图5-48所示。

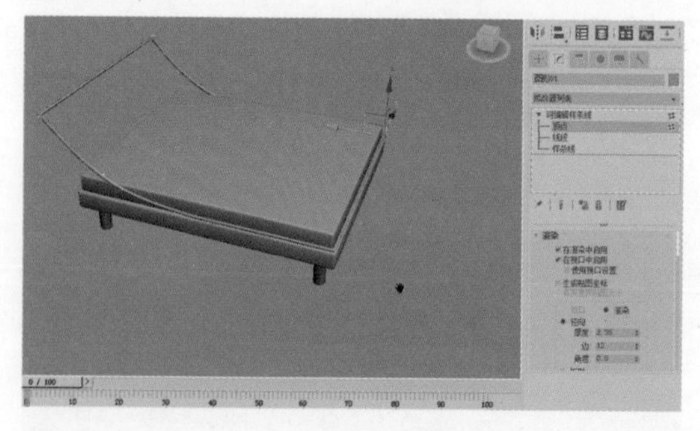

图5-48

步骤15 按住Shift键，利用“缩放”工具进行缩放复制。按1键进入顶点级别，分别在不同的视图中调整所复制的床架，使两个床架互相平行地嵌套在一起，效果如图5-49所示。

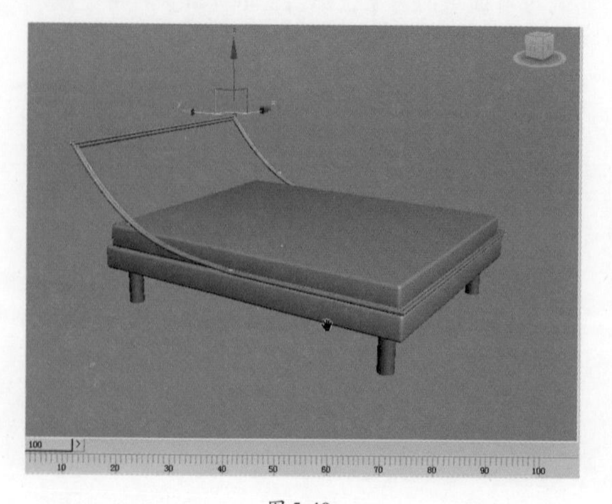

图5-49

步骤16 执行“创建”→“几何体”→“标准基本体”命令，在“对象类型”卷展栏中单击“长方体”按钮，在视图中创建一个长方体，如图5-50所示。右击，在弹出的快捷菜单中选择“转换为可编辑多边形”选项，将长方体转为可编辑多边形。

图5-50

步骤17 按2键，进入边级别，在长方体上添加一条边。利用“移动”工具调整边的位置，如图5-51所示。

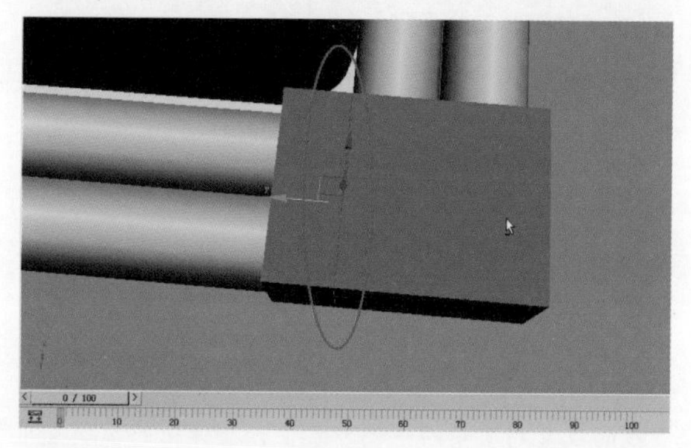

图5-51

步骤18 按4键进入多边形级别。选择长方体上的面，单击“编辑多边形”卷展栏中“挤出”按钮，在弹出的“挤出多边形”对话框中设置挤出值，如图5-52所示。

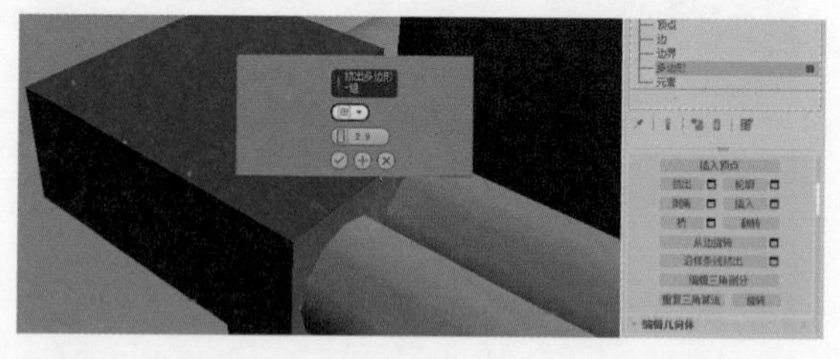

图5-52

步骤19 单击工具栏中的工具按钮，对选中的物体进行镜像复制。利用“移动”工具将所复制的物体调整到床的另一侧，效果如图5-53所示。

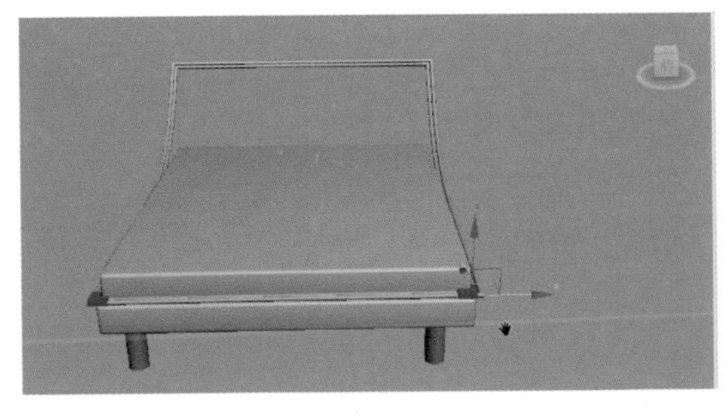

图5-53

步骤20 再次单击工具栏中的 工具按钮，对所选中的物体进行镜像复制。利用"移动"工具和"旋转"工具将所复制的物体调整到床头的一侧，效果如图5-54所示。

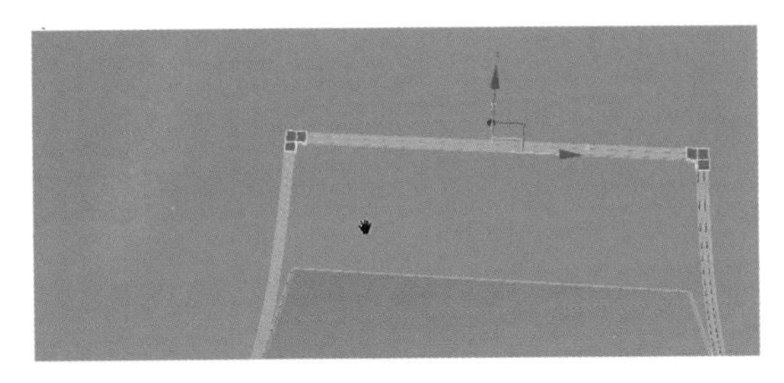

图5-54

步骤21 选择"创建"→"几何体"→"标准基本体"命令，在"对象类型"卷展栏中单击"圆柱体"按钮，在视图中创建一个圆柱体，如图5-55所示。

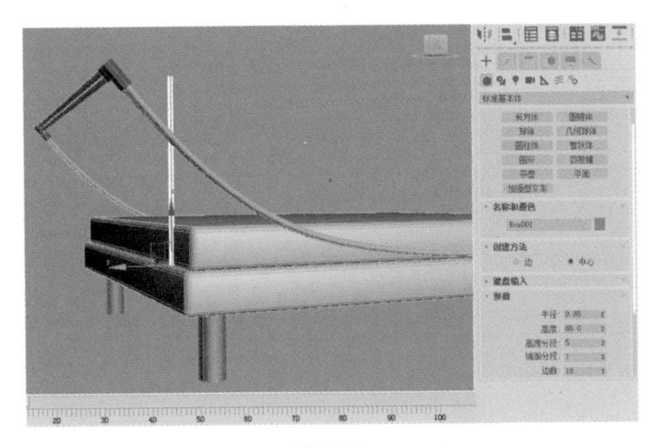

图5-55

步骤22 利用"旋转"工具对创建的圆柱体进行旋转，使其另一端搭在床架上。按住Shift键，利用"移动"工具对圆柱体进行移动复制，复制出若干个圆柱体作为床头，此时床体模型就制作好了，效果如图5-56所示。

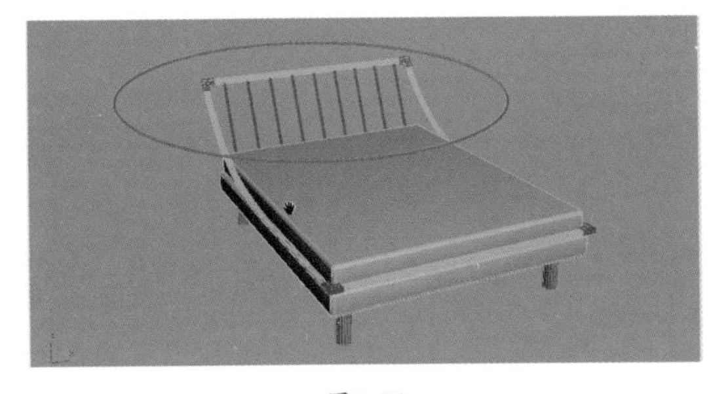

图5-56

5.2.2 制作枕头模型

步骤01 执行"创建"→"几何体"→"标准基本体"命令，在"对象类型"卷展栏中单击"长方体"按钮，在视图中创建一个长方体，如图5-57所示。

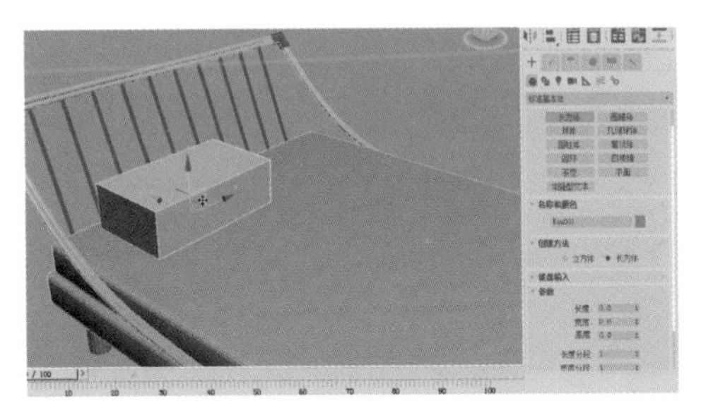

图5-57

步骤02 使用快捷键Alt+Q对长方体进行孤立显示。右击，在弹出的快捷菜单中选择"转换为可编辑多边形"选项。按2键进入边级别，为长方体模型添加多条边线，效果如图5-58所示。

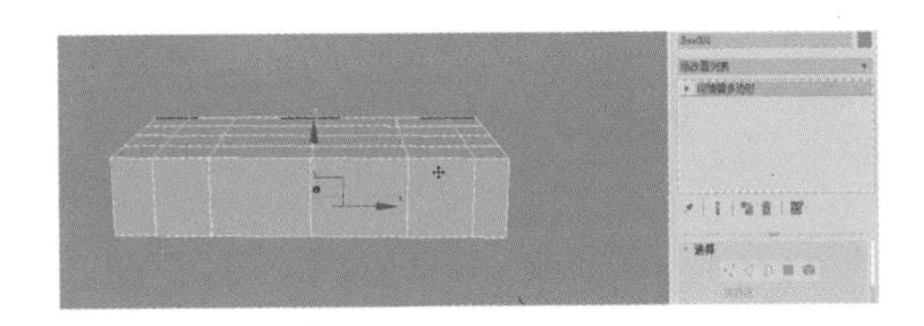

图5-58

步骤03 按1键，进入顶点级别。选择长方体边界处的顶点，单击工具栏中的 工具按钮，沿Z轴对所选的顶点进行缩放，如图5-59所示。

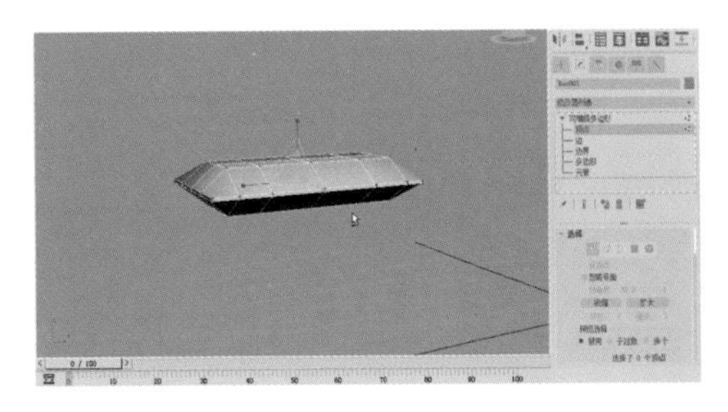

图5-59

步骤04 在顶点级别下，利用"移动"工具分别在不同的视图中调整模型的形状，使模型的形状接近枕头造型，如图5-60所示。

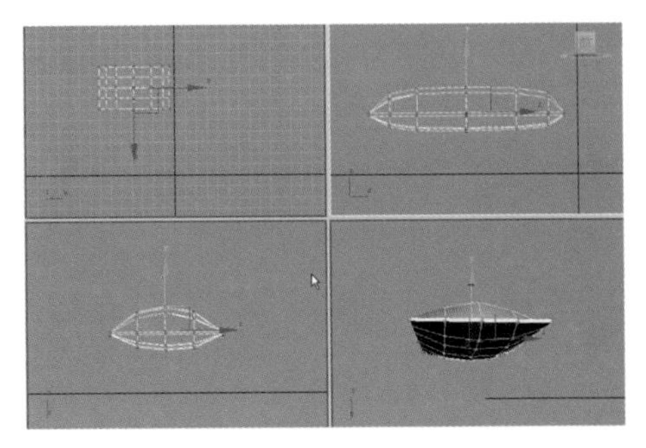

图5-60

步骤05 继续在顶点级别下对枕头的造型进行调整。右击，在弹出的快捷菜单中选择“NURMS 切换”选项，对模型进行光滑显示，观察枕头的模型效果，如图5-61所示。

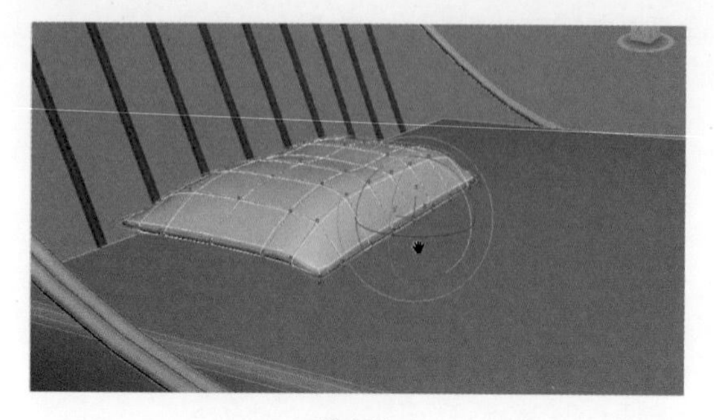

图5-61

步骤06 退出枕头物体的子级别。按住Shift键，利用“移动”工具对所选的枕头模型进行移动复制，复制出另一个枕头，放置在床的另一侧。此时枕头模型就制作好了，效果如图5-62所示。

图5-62

5.2.3 制作床单模型

步骤01 选择“创建”→“几何体”→“标准基本体”命令，在“对象类型”卷展栏中单击“平面”按钮，在视图中创建一个平面对象。在修改面板中分别调整其“长度分段”和“宽度分段”值，利用平面对象制作床单模型，如图5-63所示。

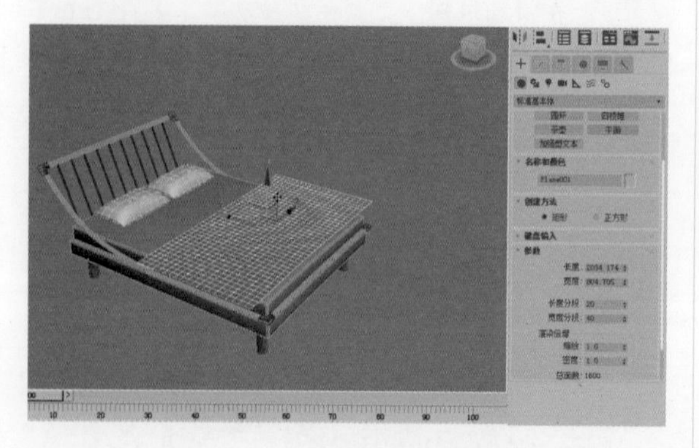

图5-63

步骤02 选中平面对象，右击，在弹出的快捷菜单中选择“转换为可编辑多边形”选项，将所选的平面物体转为可编辑多边形。进入修改面板中，单击“绘制变形”卷展栏的“推/拉”按钮，在视图中按住鼠标左键拖动进行绘制，如图5-64所示。

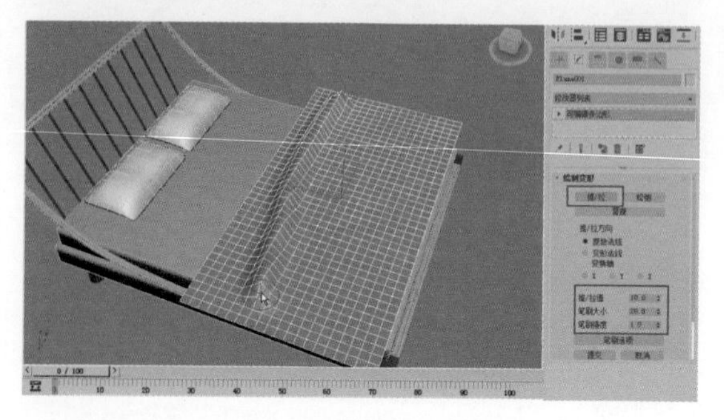

图5-64

步骤03 在“绘制变形”卷展栏中调整“推/拉”值和“笔刷强度”值，在平面物体上绘制出不同的造型，如图5-65所示。在绘制过程中，按住Alt键使笔刷的“推/拉”方向为反方向。

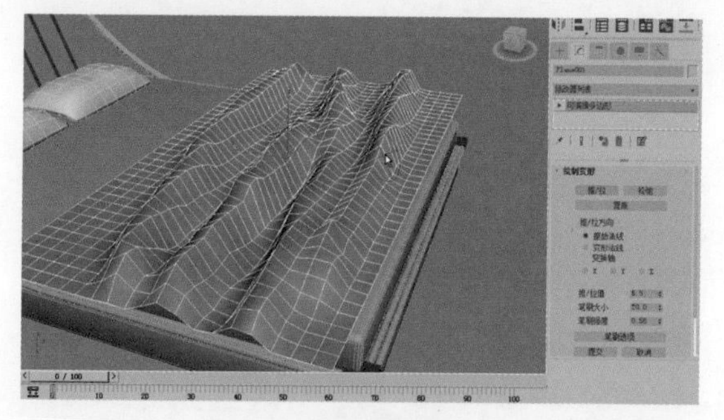

图5-65

步骤04 在“软选择”卷展栏中选中“使用软选择”复选框。使用“移动”工具在物体的顶点级别下对其形状进行调整，如图5-66所示。

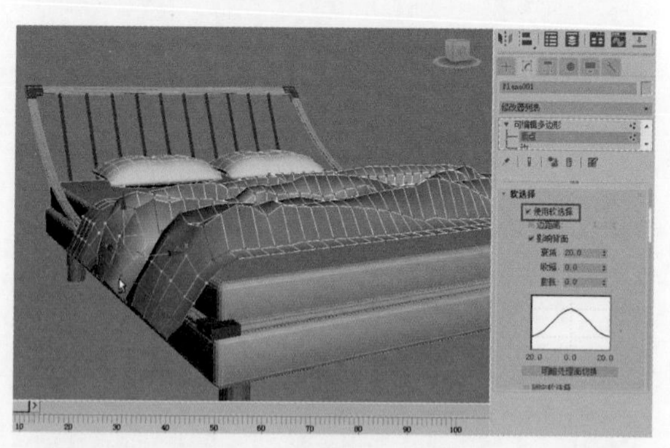

图5-66

步骤05 在修改器列表中选择“壳”选项，为布料物体加载“壳”修改器，并在“参数”卷展栏中设置数值，如图5-67所示。

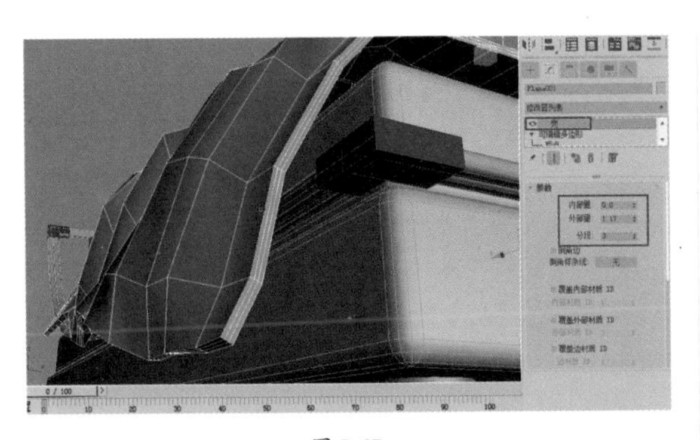

图 5-67

知识拓展

为模型添加“壳”修改器，可以使模型具有一定的厚度。

步骤06 右击，在弹出的快捷菜单中选择“转换为可编辑多边形”选项，将平面对象转为可编辑多边形。

右击，在弹出的快捷菜单中选择“NURMS 切换”选项，对模型进行光滑显示，效果如图5-68所示。此时整个床模型就制作好了。

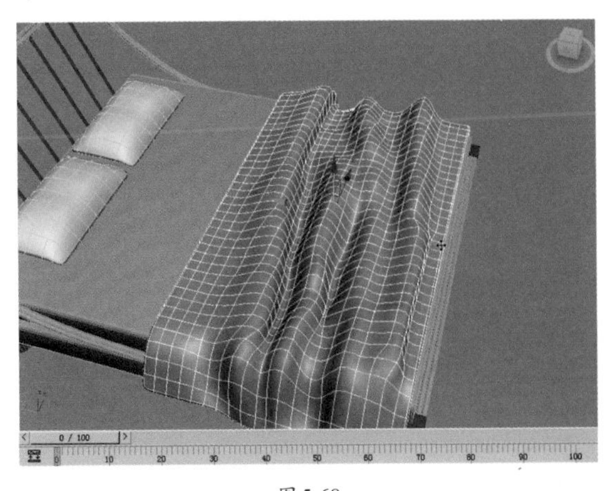

图 5-68

5.3 制作电脑椅模型

本节学习如何制作电脑椅模型。在制作过程中，精准地描绘坐垫与靠垫的褶皱细节至关重要，这是打造逼真电脑椅模型的关键。至于模型的其余部分，则可以采用基础建模技术来轻松实现。

如图5-69所示为电脑椅模型的白模渲染效果图和线框渲染效果图，具体的操作步骤如下。

图 5-69

5.3.1 制作电脑椅靠垫模型

步骤01 执行“创建”→“几何体”→“标准基本体”命令，在“对象类型”卷展栏中单击“长方体”按钮，在视图中创建一个长方体，效果如图5-70所示。右击，在弹出的快捷菜单中选择“转换为可编辑多边形”命令，将长方体转为可编辑多边形。

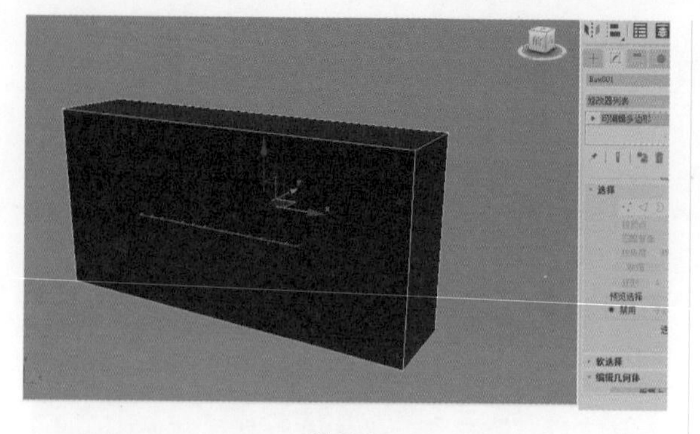

图5-70

步骤02 单击名称栏右侧的色块，在弹出的“对象颜色”对话框中选择需要的颜色，单击“确定”按钮，为所选对象修改颜色，如图5-71所示。

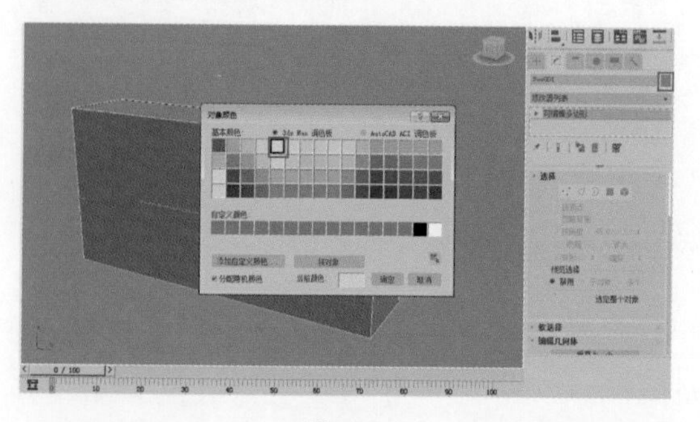

图5-71

步骤03 按2键或单击“选择”卷展栏中的◁按钮，进入边级别。在长方体的边级别下，为长方体添加多条边线，如图5-72所示。

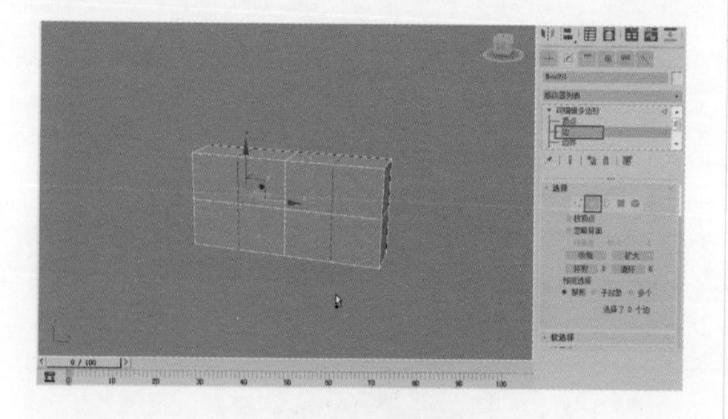

图5-72

步骤04 按1键，进入物体的顶点级别。利用“移动”工具在顶点级别下调整对象的形状，如图5-73所示。

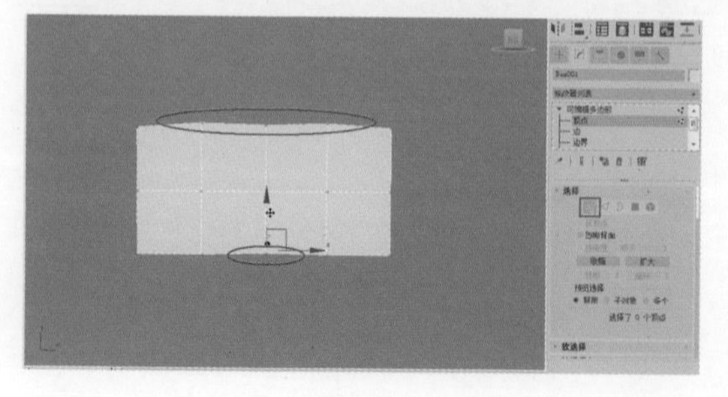

图5-73

步骤05 按4键，进入物体的多边形级别。选择长方体两侧的面，单击“编辑多边形”卷展栏中“倒角”按钮，在弹出的“倒角多边形”对话框中设置参数，如图5-74所示。

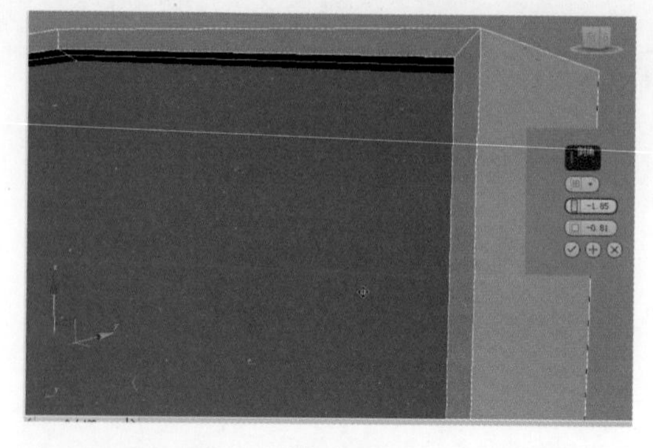

图5-74

步骤06 继续调整“倒角多边形”对话框中的参数，观察视图中模型的变化效果。得到需要的模型效果后单击“确定”按钮，完成操作，如图5-75所示。

图5-75

步骤07 按6键进入物体的子级别。选中“细分曲面”卷展栏中的“使用NURMS细分”复选框，或者右击，在弹出的快捷菜单中选择“NURMS切换”选项，设置“迭代次数”值为2，对物体进行光滑显示，如图5-76所示。

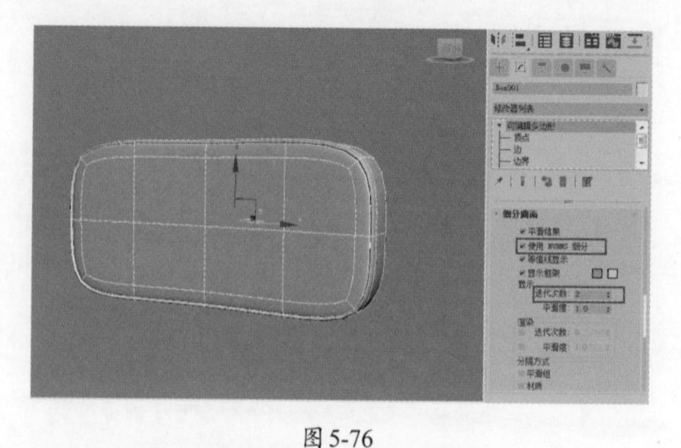

图5-76

知识拓展

选中“使用NURBS细分”复选框，可以细分物体表面，从而使物体变得更加光滑。光滑的程度由迭代次数决定，迭代次数越大，物体表面越光滑。

步骤08 右击，在弹出的快捷菜单中选择“NURMS切换”选项，切换到模型的正常显示状态。按2键进入边级别，在模型的两侧分别添加一条边线，再次选中“细分曲面”卷展栏中的“使用NURMS细分”复选框，观察加线后的效果如图5-77所示。

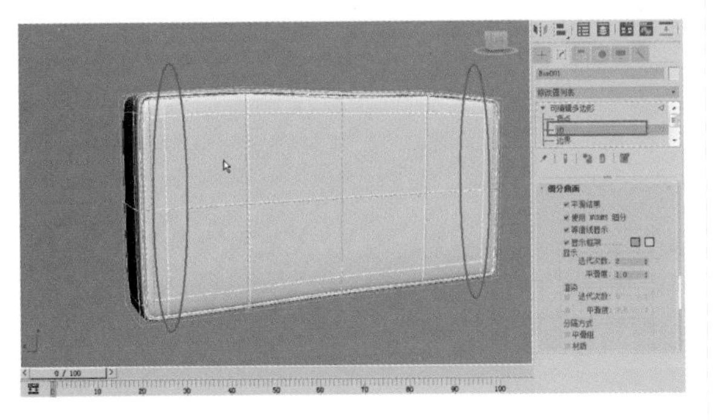

图5-77

步骤09 右击，在弹出的快捷菜单中选择“NURMS切换”选项，切换到模型的正常显示状态。在边级别下为模型添加两条边线，如图5-78所示。

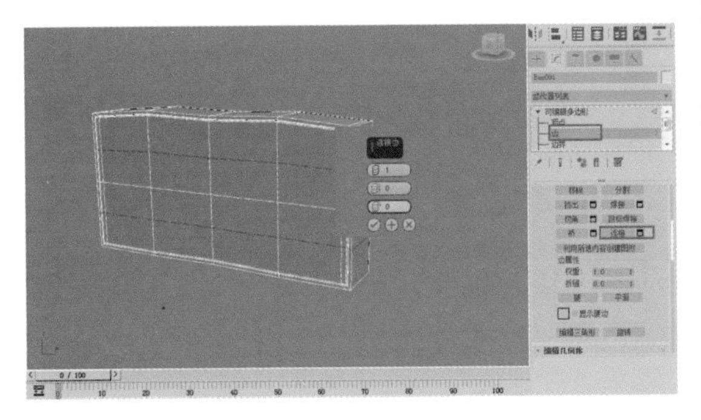

图5-78

步骤10 按1键进入顶点级别。选择对象的两个顶点，单击“编辑顶点”卷展栏中“切角”按钮，在弹出的“切角顶点”对话框中设置切角量并观察模型的变化，效果如图5-79所示。

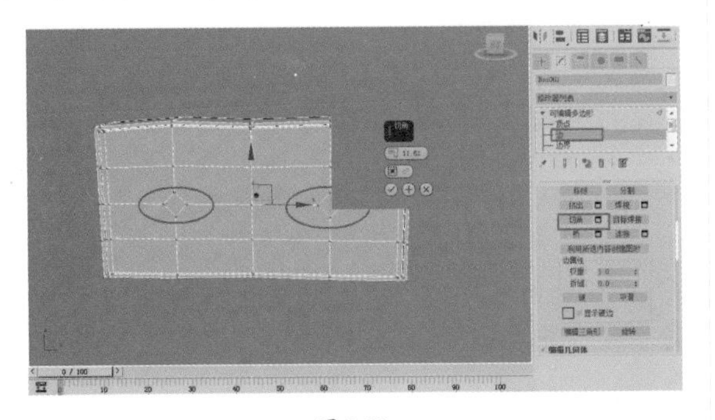

图5-79

步骤11 按4键进入多边形级别。选择切角操作产生的面，单击“编辑多边形”卷展栏中“倒角”按钮，在弹出的“倒角多边形”对话框中设置倒角参数，观察模型的变化，效果如图5-80所示。

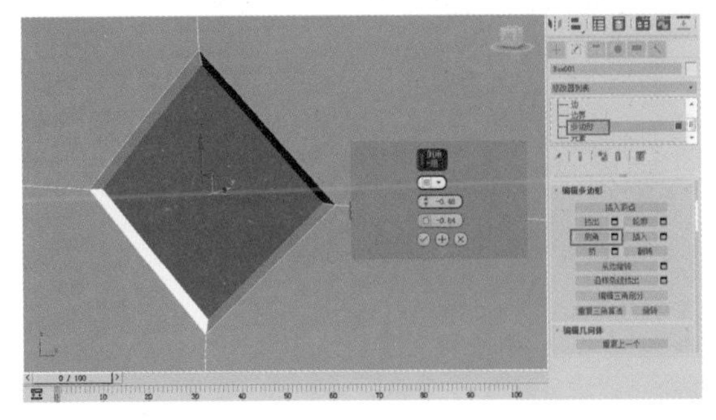

图5-80

步骤12 将参数调整好后，单击“倒角多边形”对话框中的“添加”按钮应用当前的参数设置。继续调整倒角参数，得到需要的模型效果，如图5-81所示。

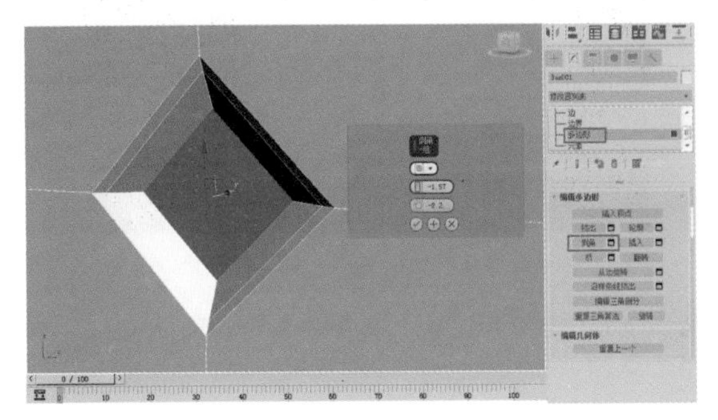

图5-81

步骤13 单击“添加”按钮，应用当前的参数设置。再次调整倒角的参数，使模型上选中的面向外凸起，效果如图5-82所示。

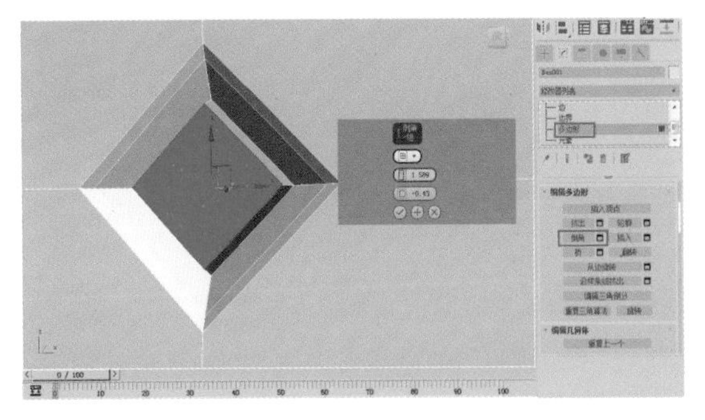

图5-82

步骤14 单击“添加”按钮，应用当前的倒角参数设置。再次调整倒角的参数设置，观察模型的变化。最终得到需要的模型效果后，单击对话框中的“确定”按钮结束倒角操作，效果如图5-83所示。

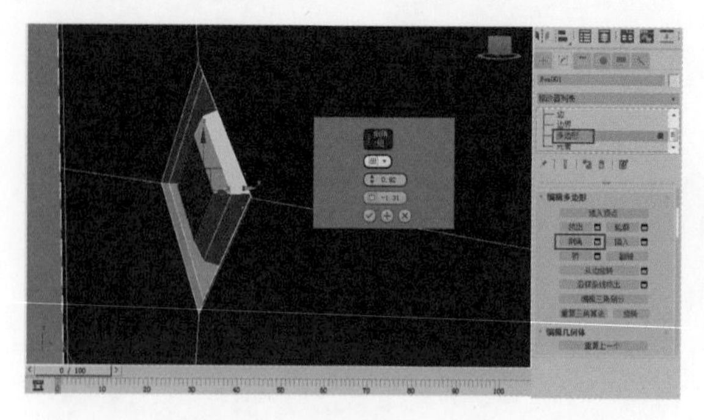

图 5-83

步骤15 退出模型的子级别。右击，在弹出的快捷菜单中选择“NURMS切换”选项，将模型进行光滑显示。激活透视图，按F9键，对透视图进行渲染，观察模型的效果，如图5-84所示。

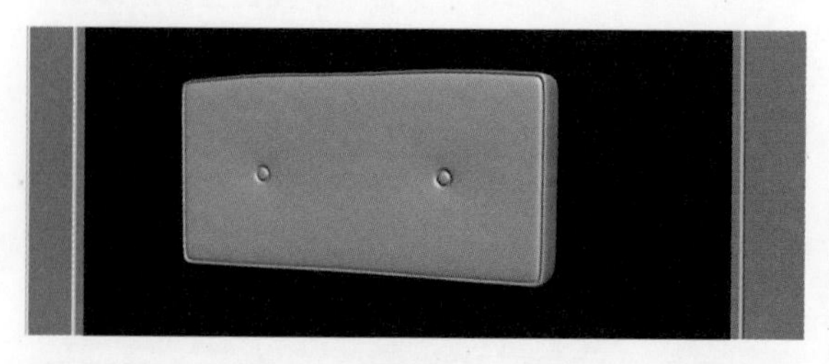

图 5-84

步骤16 右击，在弹出的快捷菜单中选择“NURMS切换”选项，使模型恢复正常显示。按2键，进入边级别。单击“连接”按钮分别在模型的相应位置添加4条边，如图5-85所示。

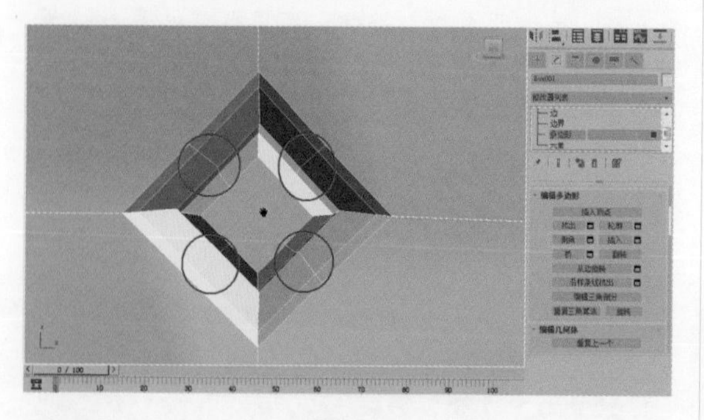

图 5-85

步骤17 按1键进入顶点级别。单击“编辑几何体”卷展栏中的“切割”按钮，利用“切割”工具在视图中将相对的两点连接起来，如图5-86所示。

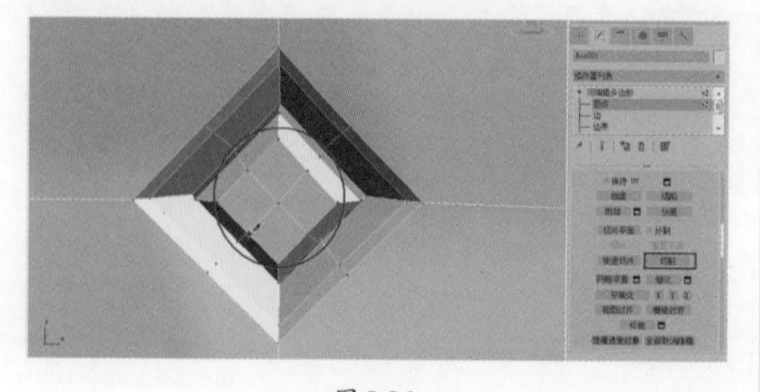

图 5-86

步骤18 切换到前视图，选择如图5-87所示的顶点。单击工具栏中的“缩放”工具按钮，沿*XY*轴对所选顶点进行缩放调整。

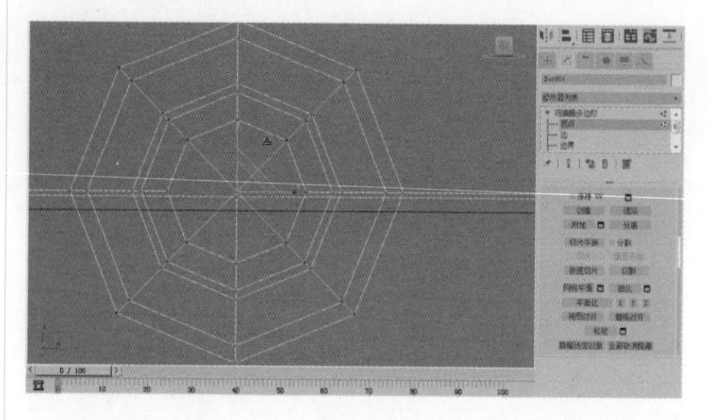

图 5-87

步骤19 单击“编辑几何体”卷展栏中的“切割”按钮，利用“切割”工具在视图中加线，如图5-88所示。我们将利用所加的边线制作褶皱效果。

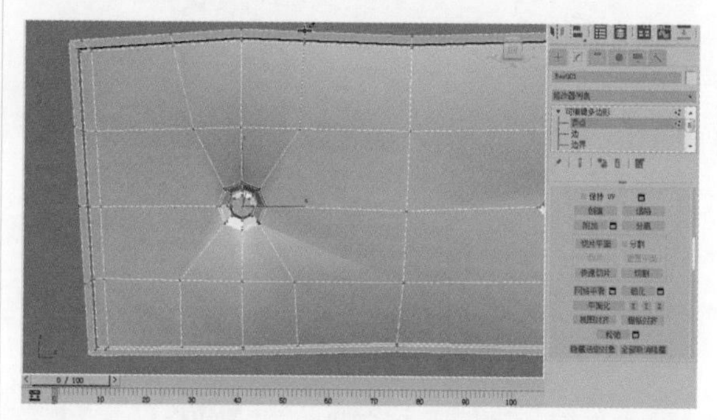

图 5-88

步骤20 继续在顶点级别下利用“切割”工具在模型上加线，使模型上产生褶皱的地方产生3条边线。按2键进入边级别，利用“移动”工具调整中间边的位置，使模型产生凹进去的效果，如图5-89所示。

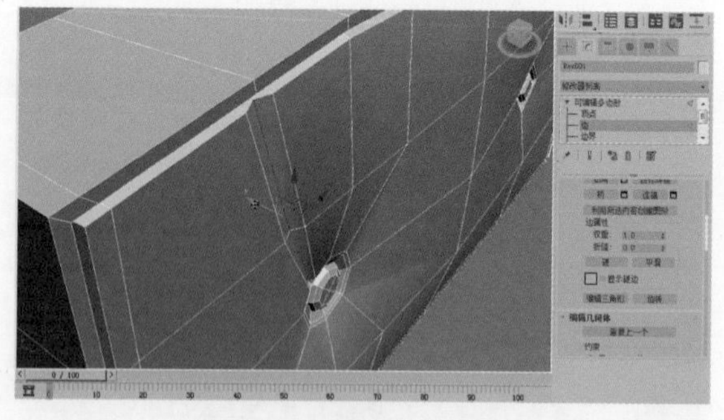

图 5-89

步骤21 利用同样的方法为模型的两处加线，使模型产生自然的凹凸褶皱效果。退出模型的子级别，右击，在弹出的快捷菜单中选择“NURMS切换”选项，将模型进行光滑显示，效果如图5-90所示。

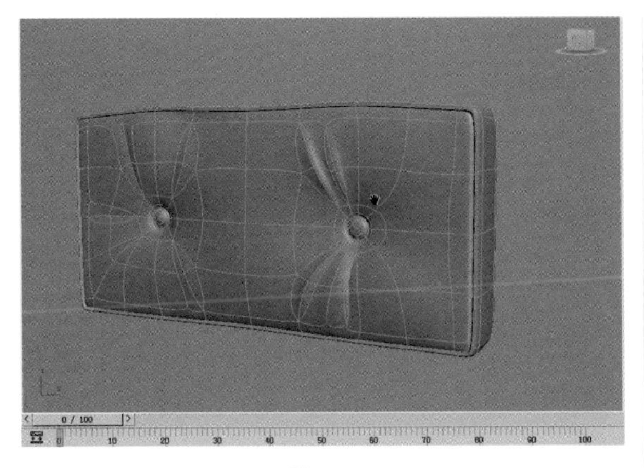

图 5-90

步骤22 按住Shift键，利用“移动”工具沿Z轴进行移动复制。单击“编辑几何体”卷展栏中的“附加”按钮，在视图中单击另一个对象，将两个物体附加在一起。单击工具栏中的“旋转”按钮，旋转模型，如图5-91所示。

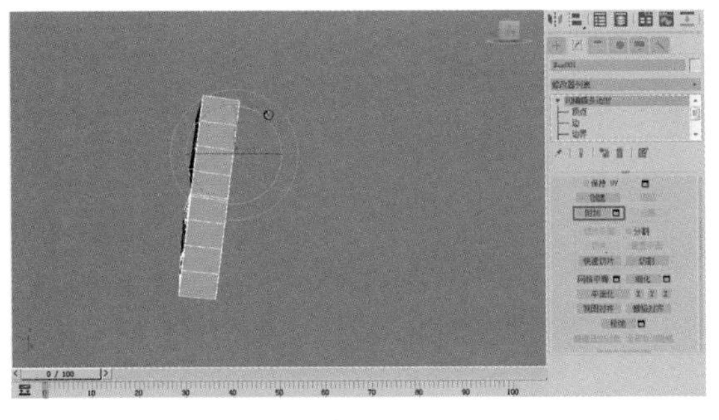

图 5-91

5.3.2 制作电脑椅的坐垫和扶手模型

步骤01 按5键，进入物体的元素级别。按住Shift键，利用“移动”工具沿Z轴进行复制。在弹出的“克隆部分网格”对话框中选中“克隆到对象”复选框，如图5-92所示。单击“确定”按钮完成复制。

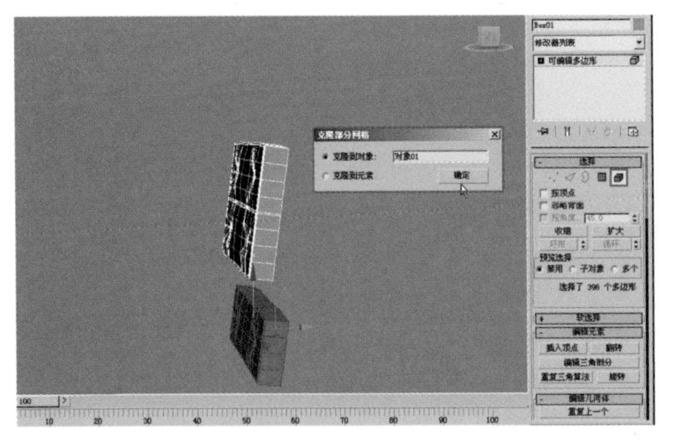

图 5-92

步骤02 选中所复制的对象，单击“层次”按钮进入层次面板。单击“调整轴”卷展栏中的“仅影响轴”按钮显示轴心坐标，再单击“对齐”区域中的“居中到对象”按钮，将物体的轴心对齐到物体的中心位置，如图5-93所示。

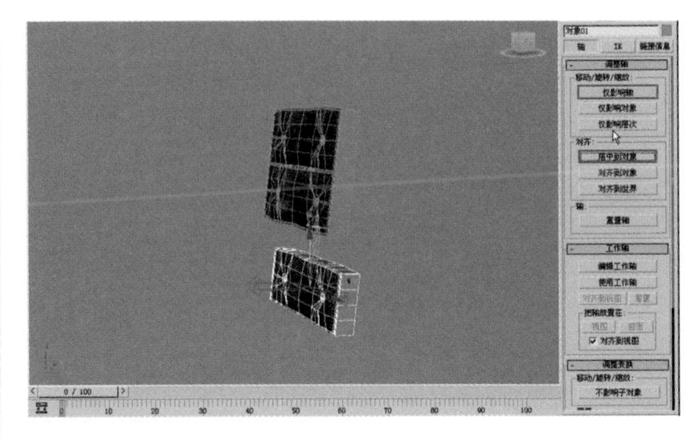

图 5-93

步骤03 单击工具栏中的“旋转”按钮，旋转模型。按1键进入顶点级别，利用“移动”工具调整顶点的位置，使模型的大小符合电脑椅坐垫的大小，如图5-94所示。

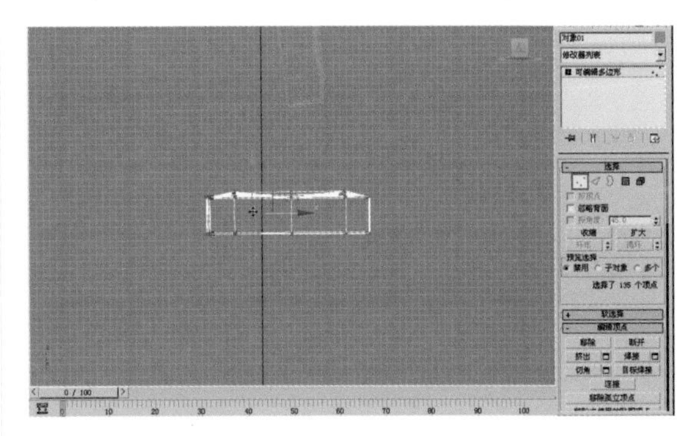

图 5-94

步骤04 利用“移动”工具将坐垫调整到合适的位置。按2键进入边级别，在边级别下为坐垫添加3条边，位置如图5-95所示。

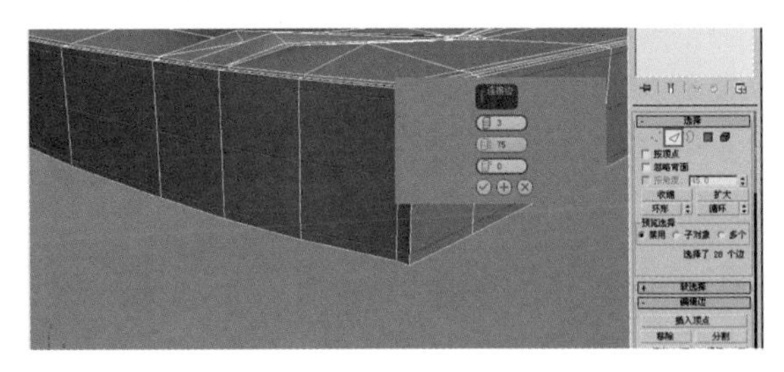

图 5-95

步骤05 按4键进入物体的多边形级别。选择坐垫模型上的面，单击“编辑多边形”卷展栏中“倒角”按钮，在弹出的“倒角多边形”对话框中设置参数，并观察模型的变化，如图5-96所示。

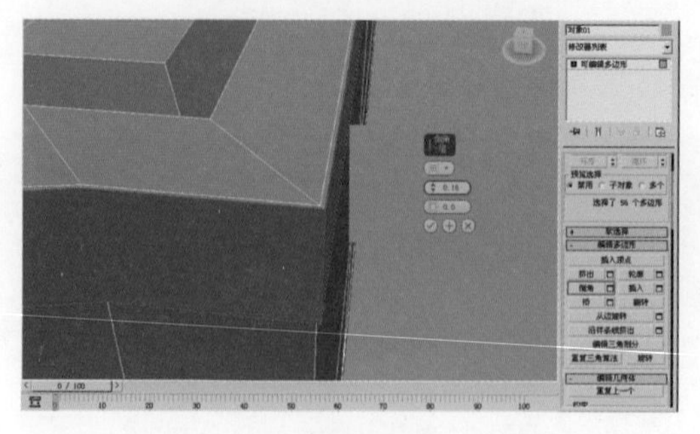

图 5-96

步骤06 单击“应用”按钮，应用当前的参数设置。再次调整“倒角多边形”对话框中的参数，得到需要的模型效果后单击“确定”按钮结束倒角操作。此时坐垫模型已经产生棱角，如图5-97所示。

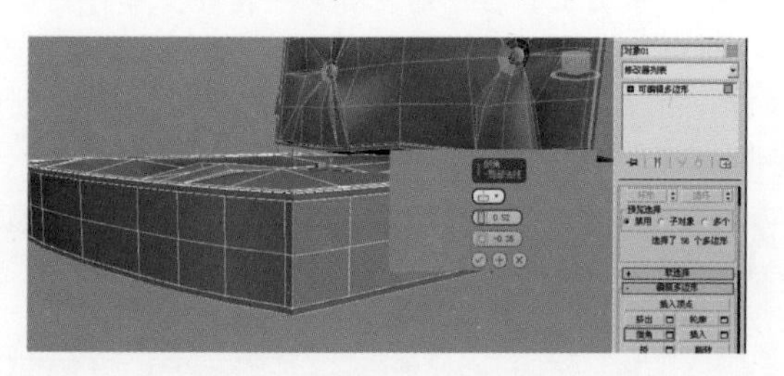

图 5-97

步骤07 右击，在弹出的快捷菜单中选择“NURMS 切换”选项，将坐垫模型光滑显示。按F9键渲染透视图，效果如图5-98所示，此时电脑椅的坐垫模型就制作好了。

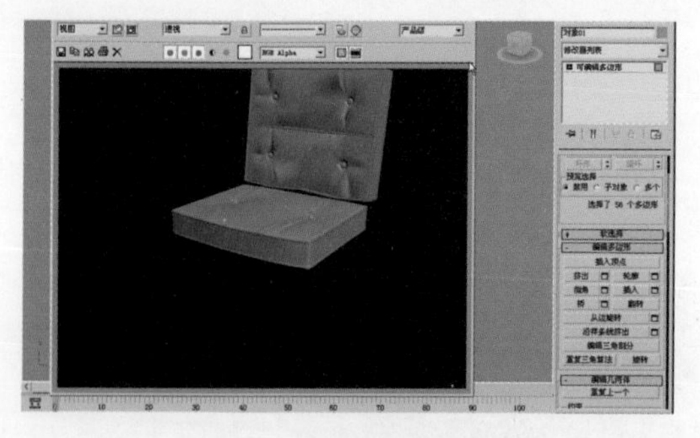

图 5-98

步骤08 执行“创建”→“几何体”→“标准基本体”命令，在“对象类型”卷展栏中单击“平面”按钮，在左视图中创建一个平面对象。进入修改面板，分别设置平面对象的“长度分段”和“宽度分段”值为1，如图5-99所示。

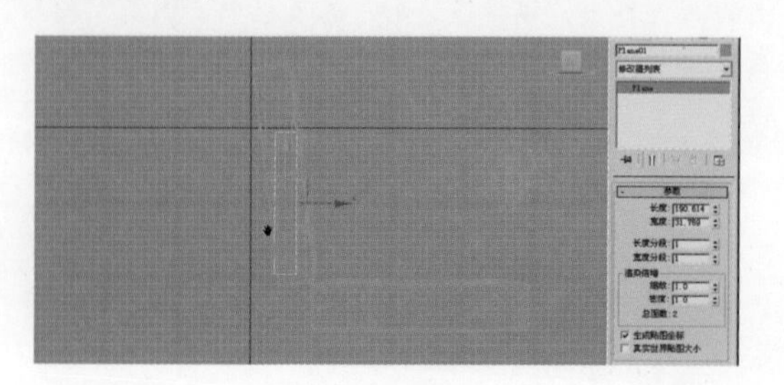

图 5-99

步骤09 右击，在弹出的快捷菜单中选择“转换为可编辑多边形”命令，将平面对象转为可编辑多边形。按2键，进入边级别，选择模型上的边，利用“移动”工具调整模型的形状，如图5-100所示。

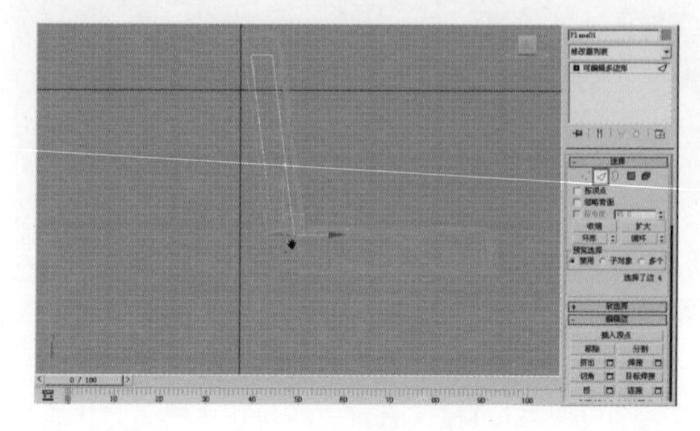

图 5-100

步骤10 在模型的边级别下，选中模型上的边。按住Shift键，利用“移动”工具移动复制，如图5-101所示。

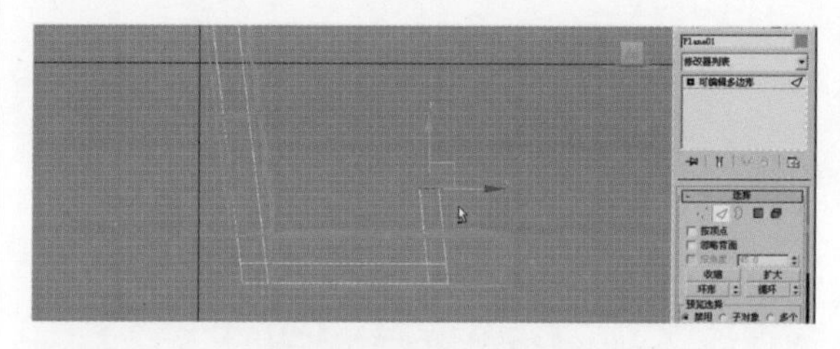

图 5-101

步骤11 按6键退出模型的子级别。切换到透视图中，利用“移动”工具将平面对象调整到电脑椅的一侧。再次按2键进入平面对象的边级别，复制出电脑椅的扶手造型，如图5-102所示。

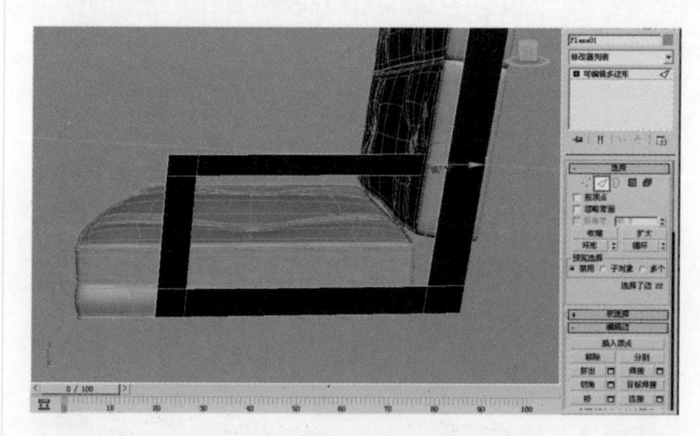

图 5-102

步骤12 此处要将扶手和靠背焊接在一起，靠背模型上需要一个和扶手相对应的分段。选择靠背的两条边，单击“编辑边”卷展栏中的“连接”按钮，在靠背上加一条边线，效果如图5-103所示。

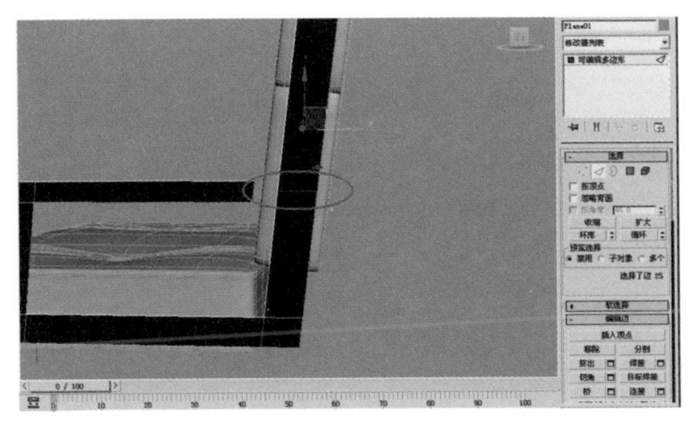

图 5-103

步骤13 选中所添加的边线，单击“编辑边”卷展栏中的“切角”按钮，在弹出的“切角边”对话框中设置“切角量”值，观察模型的变化，单击“确定”按钮结束切角边的操作，如图5-104所示。

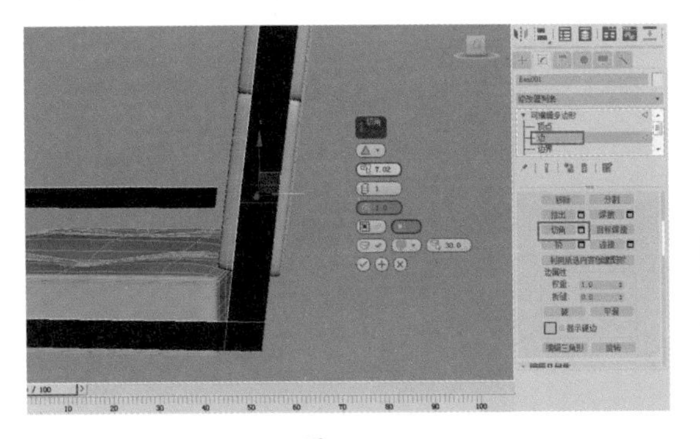

图 5-104

步骤14 在边级别下，选中模型接口处的两条边，单击“编辑边”卷展栏中的“桥”按钮，将所选的两条边连接起来，如图5-105所示。

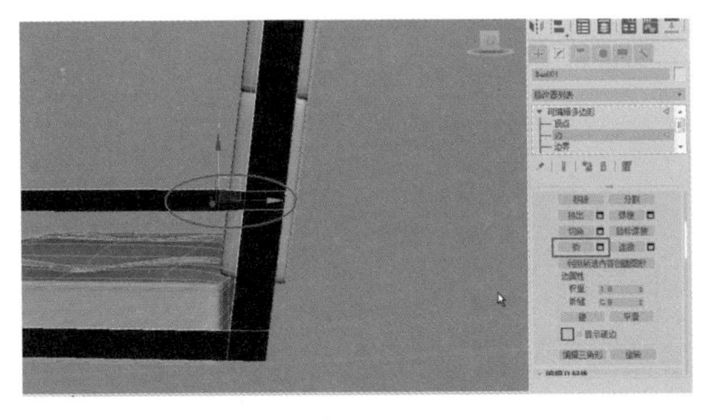

图 5-105

步骤15 按6键退出模型的子级别。在修改器列表中选择“壳”选项，为平面对象加载“壳”修改器。在“参数”卷展栏中设置壳的“内部量”“外部量”“分段”值，如图5-106所示。

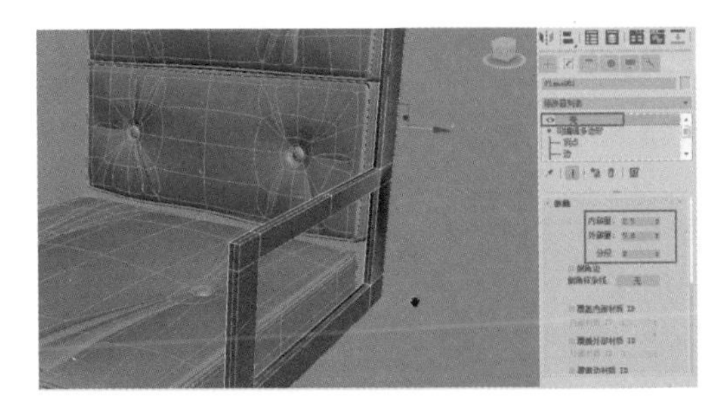

图 5-106

步骤16 右击，在弹出的快捷菜单中选择“转换为可编辑多边形”命令，将所选的模型转换为可编辑多边形。按2键进入物体的边级别，为模型添加边线，如图5-107所示。

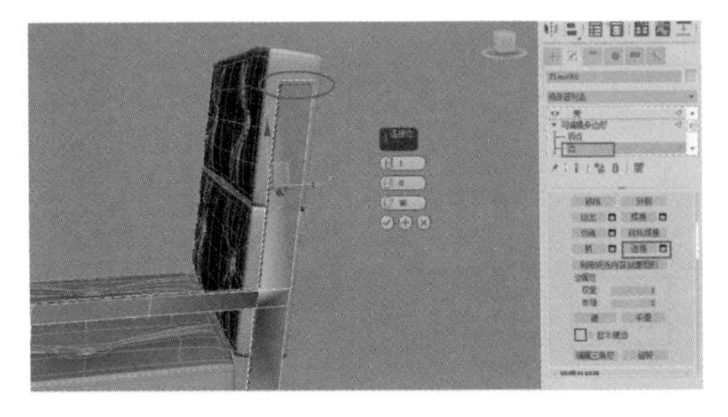

图 5-107

步骤17 在边级别下，采用同样的方法在模型的拐角处加线，效果如图5-108所示。

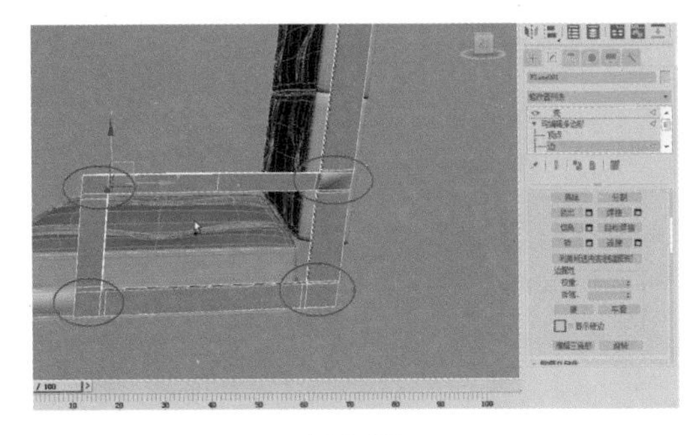

图 5-108

步骤18 按6键退出模型的子级别。右击，在弹出的快捷菜单中选择“NURMS切换”选项，对物体进行光滑显示，如图5-109所示。

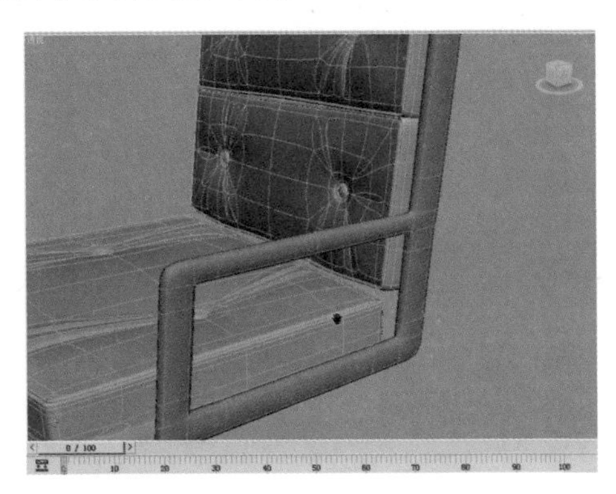

图 5-109

步骤19 执行“创建”→“几何体”→“标准基本体”命令，在“对象类型”卷展栏中单击“长方体”按钮，在视图中创建一个长方体。利用“移动”工具调整长方体的位置，右击，在弹出的快捷菜单中选择“转换为可编辑多边形”命令，将其转换为可编辑多边形，如图5-110所示。

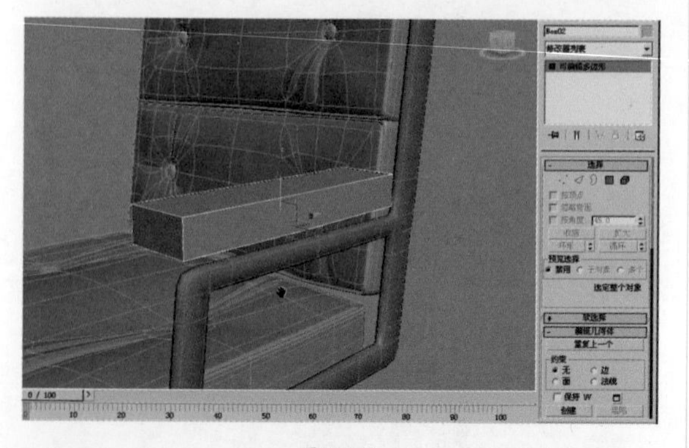

图5-110

步骤20 按2键，进入边级别。在长方体上添加一圈边线，选中所添加的边线，单击工具栏中的“缩放”工具按钮，对所选的边进行缩放，如图5-111所示。

图5-111

步骤21 按4键进入多边形级别。选择模型上的面，单击“编辑多边形”卷展栏中的“倒角”按钮，在弹出的“倒角多边形”对话框中调整参数，并观察模型的变化，效果如图5-112所示。

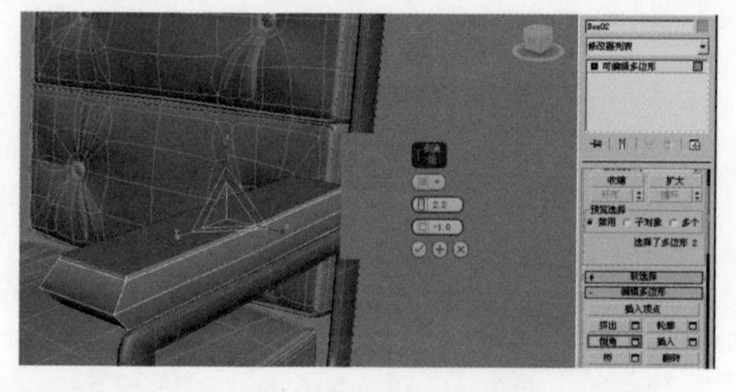

图5-112

步骤22 单击“应用”按钮，应用当前的参数设置。再次调整参数设置，观察模型的变化，得到需要的模型效果时，单击“应用”按钮，应用当前的参数设置，如图5-113所示。

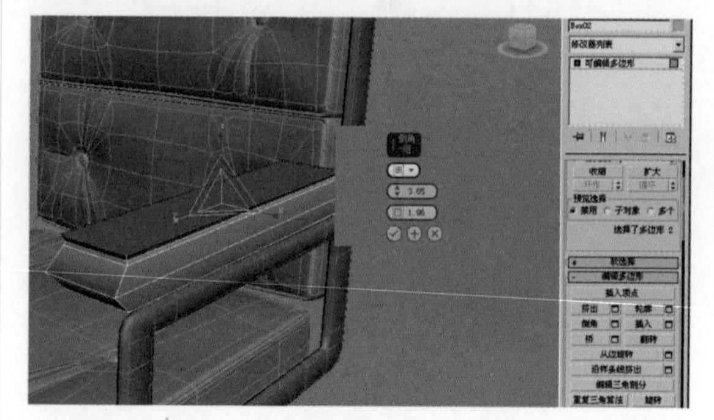

图5-113

步骤23 再次在“倒角多边形”对话框中调整参数设置，观察模型的变化，得到需要的模型效果时单击“应用”按钮，如图5-114所示。

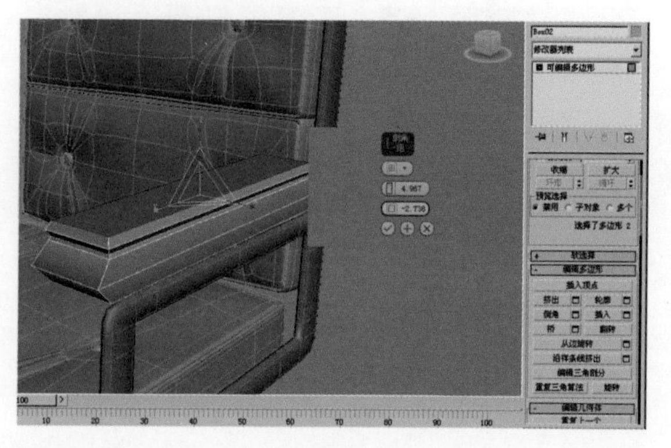

图5-114

步骤24 反复调整“倒角多边形”对话框中的参数设置，并单击“应用”按钮进行应用，得到最终需要的模型效果时，单击“确定”按钮结束倒角多边形操作。按6键退出多边形子级别，如图5-115所示。

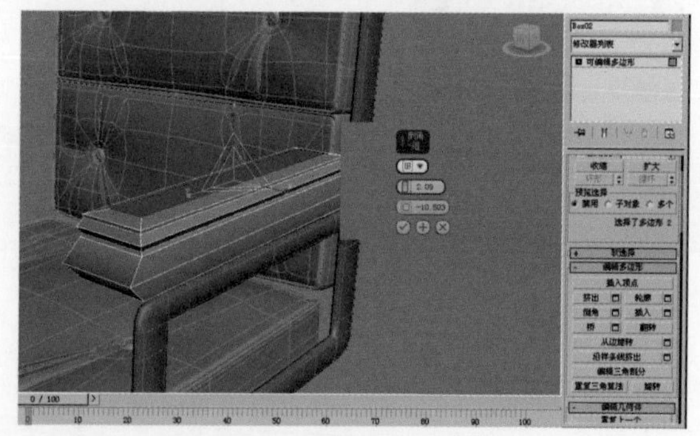

图5-115

步骤25 按2键进入边级别。分别在模型上添加纵横4条边线。按6键退出模型的子级别。右击，在弹出的快捷菜单中选择“NURMS切换”选项，对模型进行光滑显示，效果如图5-116所示。

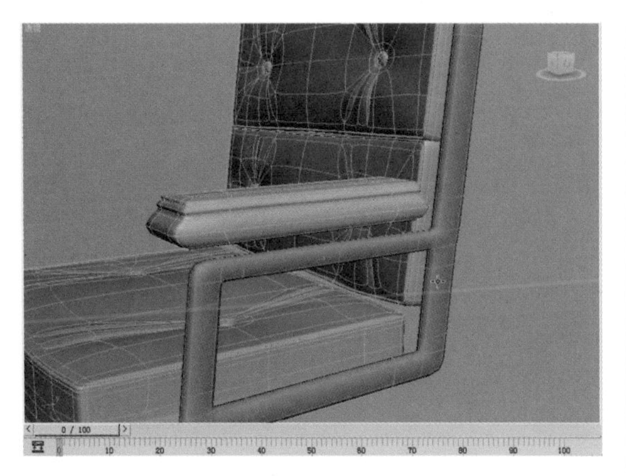

图5-116

步骤26 选中制作好的扶手模型，单击工具栏中的“镜像”工具按钮。在弹出的“镜像：屏幕 坐标”对话框中设置以X轴镜像复制当前所选的对象，效果如图5-117所示。

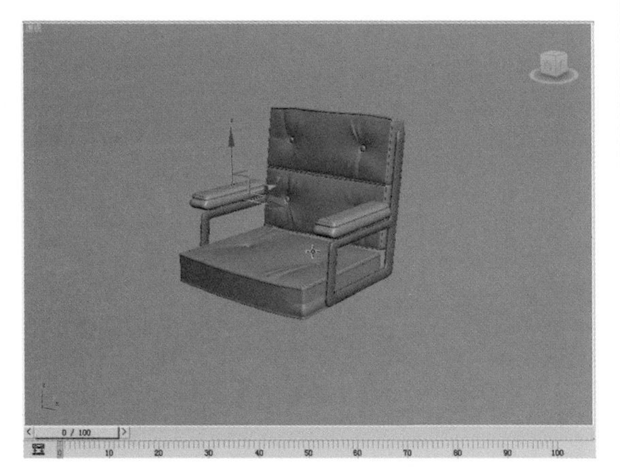

图5-117

5.3.3 制作电脑椅的支架模型

步骤01 执行“创建”→“几何体”→“标准基本体”命令，在“对象类型”卷展栏中单击“圆柱体”按钮，在坐垫模型的底部创建一个圆柱体。进入修改面板，调整圆柱体的分段数，如图5-118所示。

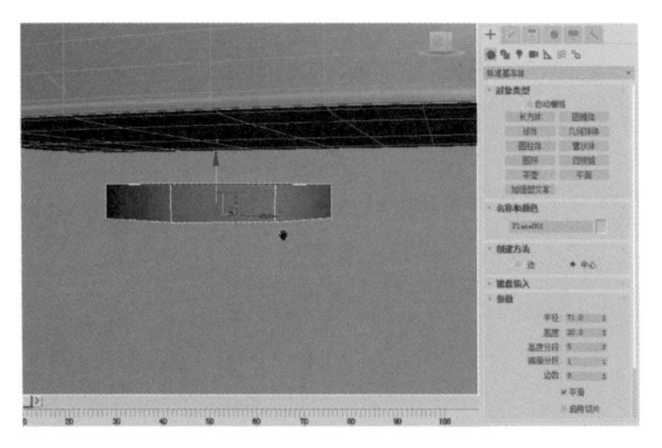

图5-118

步骤02 将圆柱体转为可编辑多边形。按4键，进入多边形级别。选择圆柱体的底面，按Delete键将所选的面删除。按3键，进入边界级别。选择删除面产生的边界线，按住Shift键利用“缩放”工具沿XY轴进行缩放复制，如图5-119所示。

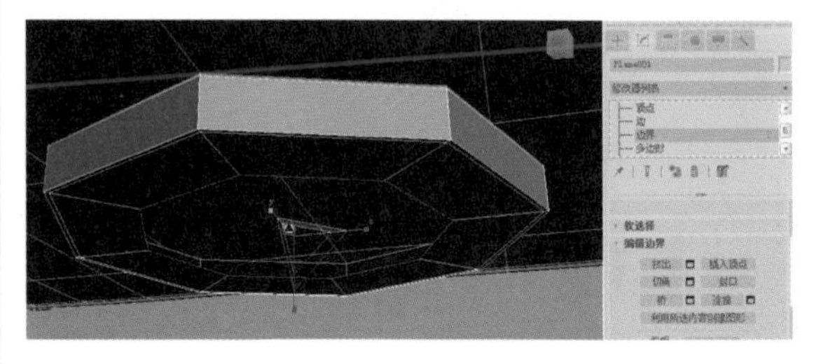

图5-119

步骤03 按住Shift键，利用“移动”工具沿Z轴进行多次移动复制，效果如图5-120所示。

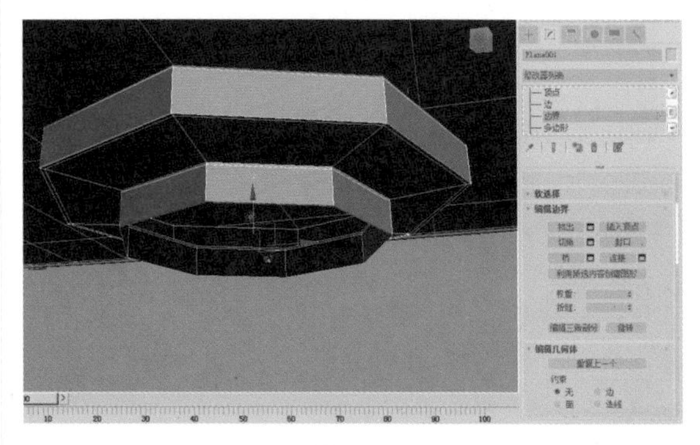

图5-120

步骤04 单击工具栏中的“缩放”工具按钮，按住Shift键对所选边界线进行多次缩放复制，如图5-121所示。

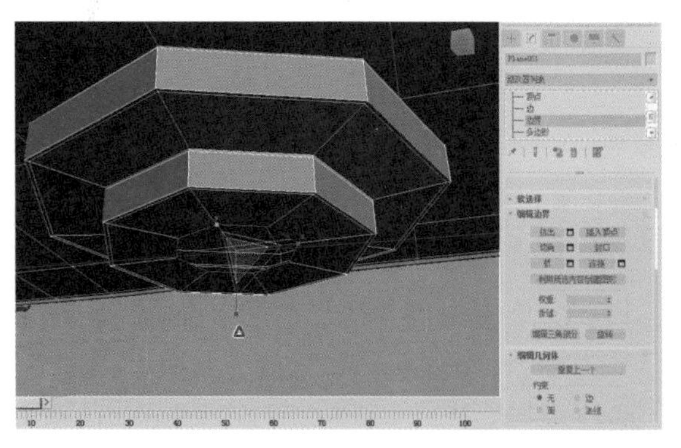

图5-121

步骤05 单击工具栏中的“移动”工具按钮。利用“移动”工具沿Z轴调整选中边界线的位置，如图5-122所示。

步骤06 按住Shift键，反复利用“移动”工具和“缩放”工具复制生成模型。选中制作好的模型，右击，在弹出的快捷菜单中选择“NURMS切换”选项，对模型进行光滑显示，效果如图5-123所示。

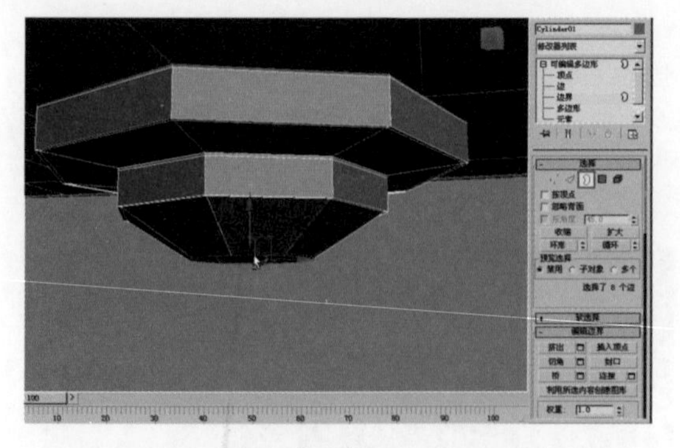

图 5-122

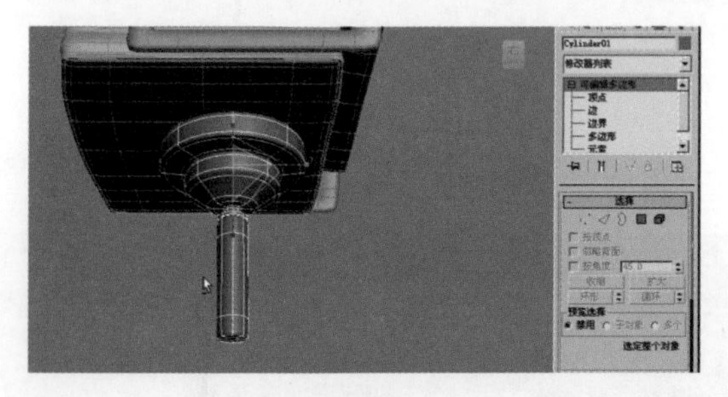

图 5-123

步骤07 执行“创建”→“几何体”→“标准基本体”命令，单击“对象类型”卷展栏中的“圆柱体”按钮，在视图中创建一个圆柱体，利用“移动”工具调整圆柱体的位置，效果如图 5-124 所示。

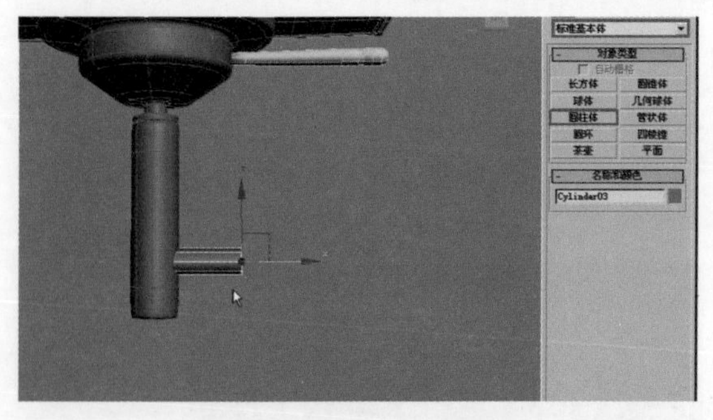

图 5-124

步骤08 右击，在弹出的快捷菜单中选择“转换为可编辑多边形”命令，将圆柱体转为可编辑的多边形。按4键进入多边形级别，选择圆柱体的底面，按Delete键将所选面删除，如图 5-125 所示。

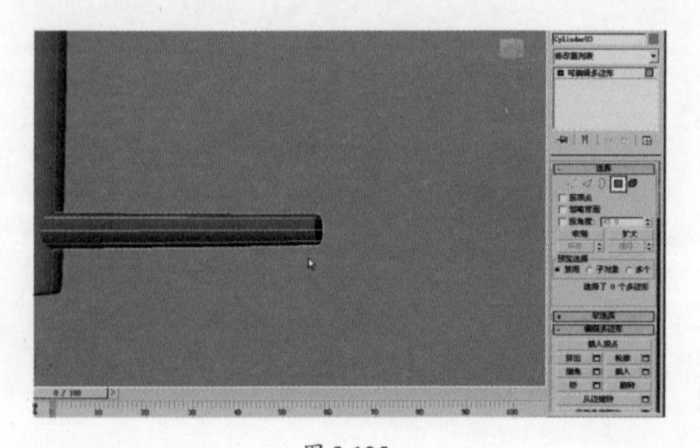

图 5-125

步骤09 按3键，进入边界级别。选中边界线，单击工具栏中的“旋转”工具按钮，对所选的边界线进行旋转，如图 5-126 所示。

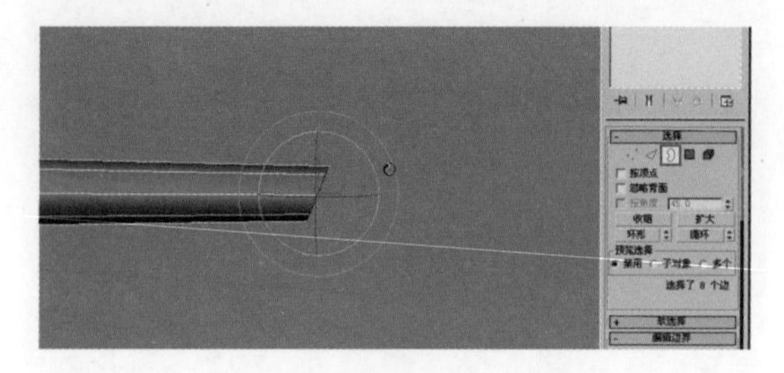

图 5-126

步骤10 按住Shift键，利用“移动”工具对所选边界线进行移动复制，并利用“旋转”工具对其进行旋转，效果如图 5-127 所示。

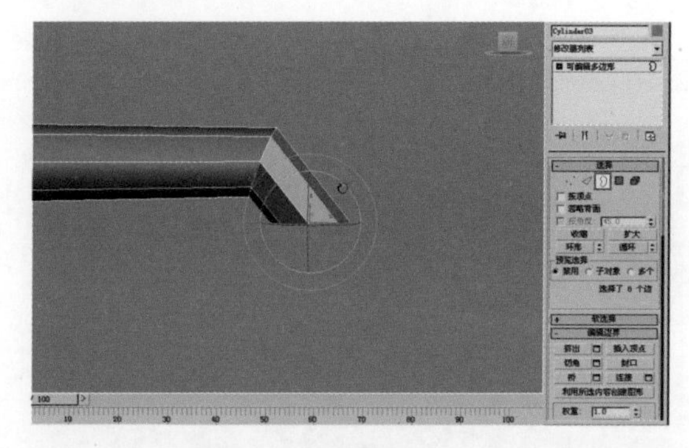

图 5-127

步骤11 按住Shift键，利用“移动”工具配合“缩放”工具进行复制，生成模型结构，如图 5-128 所示。

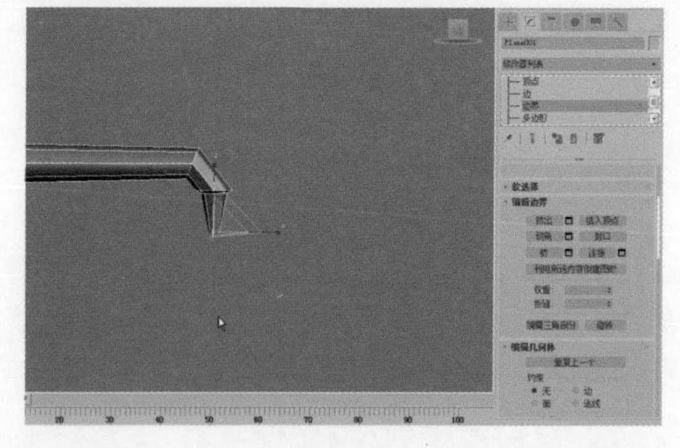

图 5-128

步骤12 执行“创建”→“几何体”→“标准基本体”命令，单击“对象类型”卷展栏中的“管状体”按钮，在视图中创建一个圆管模型，如图 5-129 所示。

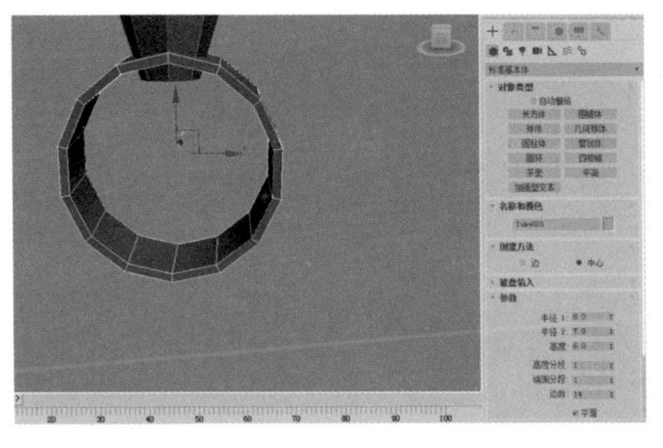

图 5-129

步骤13 选中圆管物体，右击，在弹出的快捷菜单中选择“转换为可编辑多边形”命令，将圆管物体转为可编辑多边形。按1键，进入顶点级别，将圆管物体的部分顶点删除，如图5-130所示。

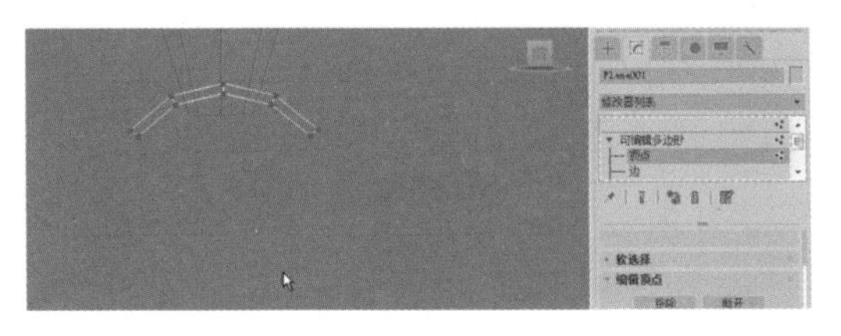

图 5-130

步骤14 按6键，退出模型的子级别。单击工具栏中的“旋转”工具按钮，旋转模型，效果如图5-131所示。

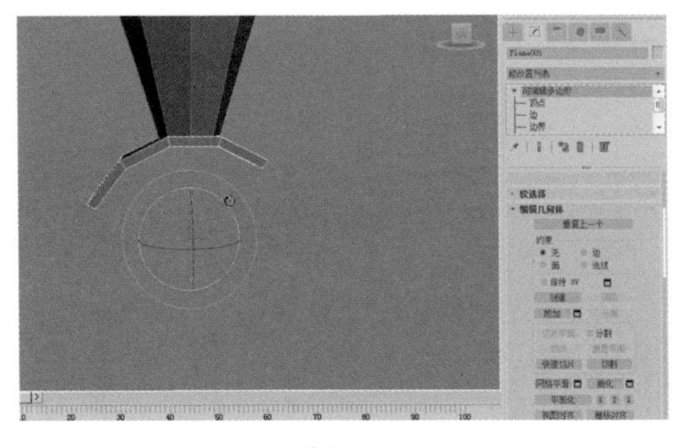

图 5-131

步骤15 按2键，进入边级别。选择模型Z轴方向的边，单击“编辑边”卷展栏中的“连接”按钮，在弹出的“连接边”对话框中设置参数，单击“确定”按钮结束操作，如图5-132所示。

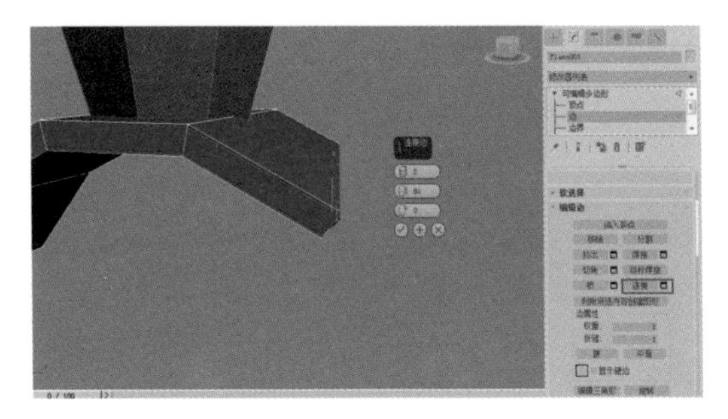

图 5-132

步骤16 继续在边级别下使用“连接”命令在模型的棱角处加线，效果如图5-133所示。

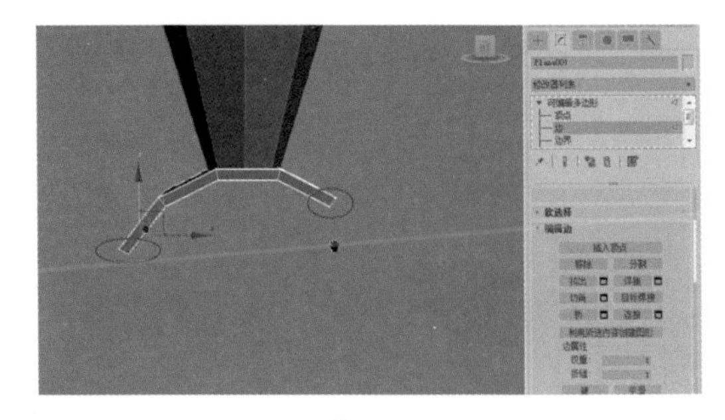

图 5-133

步骤17 执行“创建”→“几何体”→“标准基本体”命令，在“对象类型”卷展栏中单击“圆柱体”按钮，在前视图中创建一个圆柱体。利用“移动”工具调整圆柱体的位置，如图5-134所示。

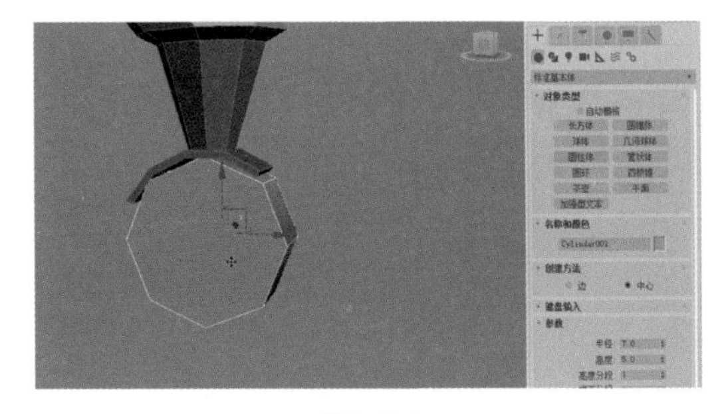

图 5-134

步骤18 将圆柱体转换为可编辑多边形。按4键进入多边形级别，选中圆柱体的顶、底两个面。单击“编辑多边形”卷展栏中的“倒角”按钮，在弹出的“倒角多边形”对话框中设置参数，如图5-135所示。

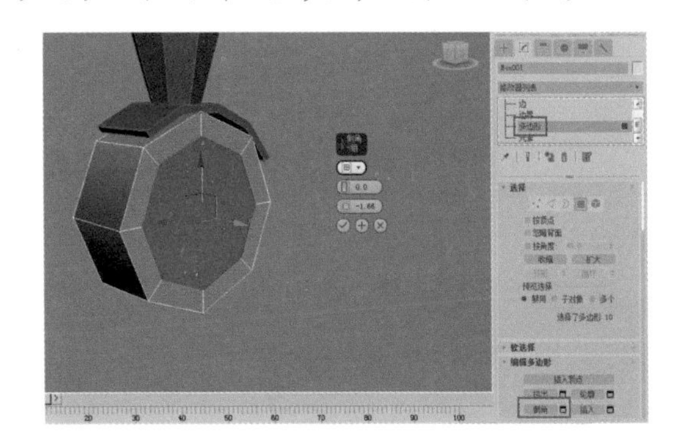

图 5-135

步骤19 单击“应用”按钮，应用当前的参数设置。再次调整参数设置，观察模型的变化，得到需要的效果时单击“应用”按钮，应用当前的参数设置。反复进行此操作可制作出需要的物体造型，单击“确定”按钮结束倒角多边形操作，效果如图5-136所示。

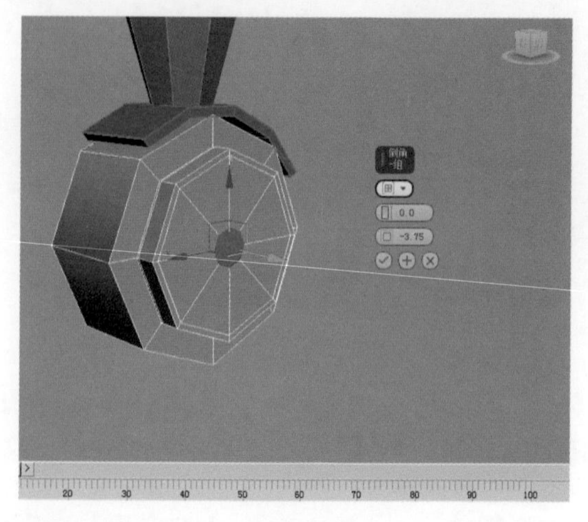

图 5-136

步骤20 按2键，进入边级别。选择模型Y轴上的边，单击“编辑边”卷展栏中的“连接”按钮，在弹出的“连接边”对话框中设置参数，如图5-137所示。

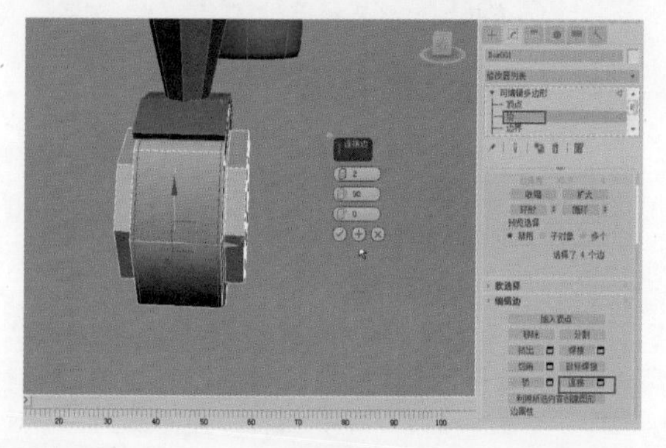

图 5-137

步骤21 按6键退出模型的子级别。右击，在弹出的快捷菜单中选择“NURMS切换”选项，对模型进行光滑显示，效果如图5-138所示。

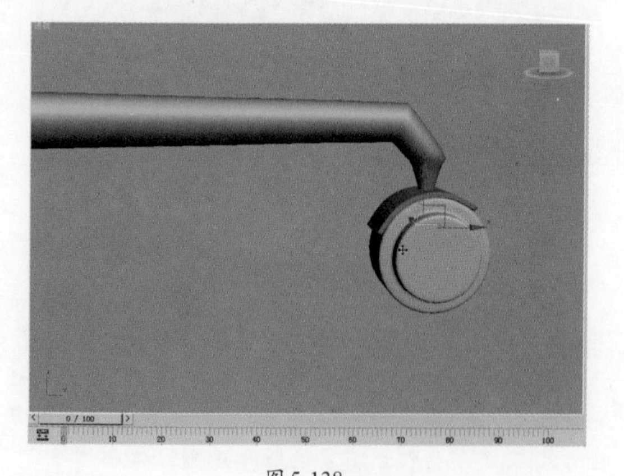

图 5-138

步骤22 选中轮子模型，在“参考坐标系”列表中选中“拾取”选项，单击支架模型，拾取支架模型的坐标系。切换“使用变换坐标中心”设置，执行“工具”→“阵列”命令，在弹出的“阵列”对话框中设置参数，以支架的坐标中心为轴心进行阵列复制，如图5-139所示。

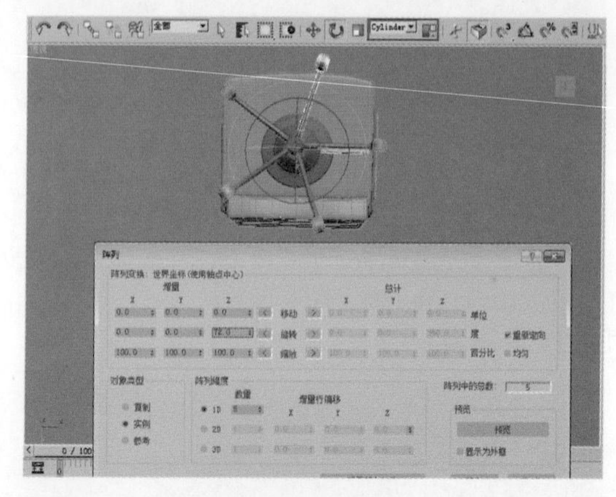

图 5-139

步骤23 电脑椅的模型制作好了，对其各个部件的大小和比例进行微调，以得到更好的模型效果，如图5-140所示。

图 5-140

3ds Max

第6章 修改器和编辑工具

本章导读

本章将学习如何使用修改器和编辑工具，在“创建”面板中可以创建图形、几何体、灯光、摄影机、辅助对象和空间扭曲等多种类型的物体。这些物体在创建时都附带各自的创建参数，它们在三维场景中独立存在。若想修改这些初始创建参数，就需要在“修改”面板中进行相应操作。

本章重点 \ 学习目标	了解	理解	应用	实践
修改器的基本知识	√	√	√	
修改器堆栈的应用		√	√	√
常用世界空间修改器		√	√	
常用对象空间修改器		√	√	
可编辑多边形			√	√
编辑网格			√	√
编辑面片			√	√
制作U盘模型			√	√
制作冰激凌模型			√	√

6.1 修改器的基本知识

从“创建”面板添加对象到场景中之后，通常会使用“修改”面板来更改对象的初始创建参数，并应用各种修改器。修改器是调整基础几何体的基础工具。

6.1.1 认识修改器堆栈

修改器堆栈（简称为“堆栈”）是“修改”命令面板中的一个列表。它记录了对象的修改记录，包括所有已应用的修改器。在内部处理过程中，3ds Max会从堆栈底部开始计算对象，并依次向上移动到堆栈顶部，逐步应用各项更改。因此，应该从下往上读取堆栈，沿着3ds Max使用的序列来显示或渲染最终对象，如图6-1图所示。

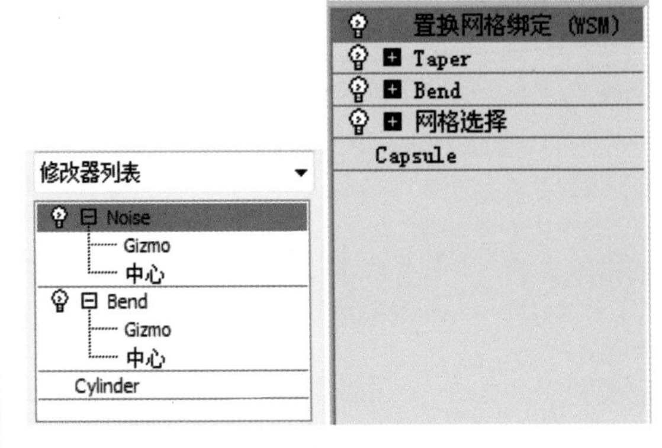

图6-1

在修改器堆栈的底部，第一个条目始终显示对象的类型。单击此条目，可以显示原始对象的创建参数，以便进行调整。如果在该对象上尚未应用过任何修改器，那么这个条目将是堆栈中唯一的内容。

在对象类型条目的上方，会显示空间修改器。单击某个修改器条目，可以显示并调整该修改器的参数，或者删除该修改器。

如果某个修改器具有子对象（或称为“子修改器”）层级，那么它们的前面会带有加号或减号图标。

在堆栈的顶部，显示的是绑定到模型上的世界空间修改器（在图6-1右图中，【置换网格】是世界空间修改器）和空间扭曲修改器。这些修改器总是显示在堆栈的顶部，并被称为“绑定”。

实例操作 修改器的基本操作

修改器的基本操作如下。

步骤01 在修改器命令面板中的修改器堆栈上单击“配置修改器集”按钮，打开修改器集的菜单，如图6-2所示。

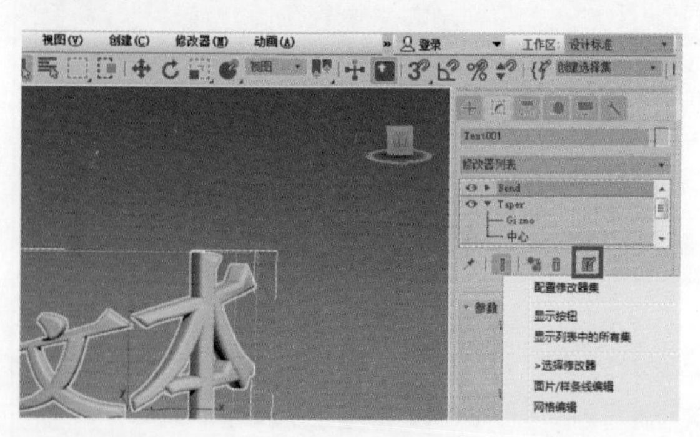

图6-2

步骤02 在菜单中选择“显示按钮”选项，当前修改器集中的修改器将以按钮形式显示在命令面板中，如图6-3所示。

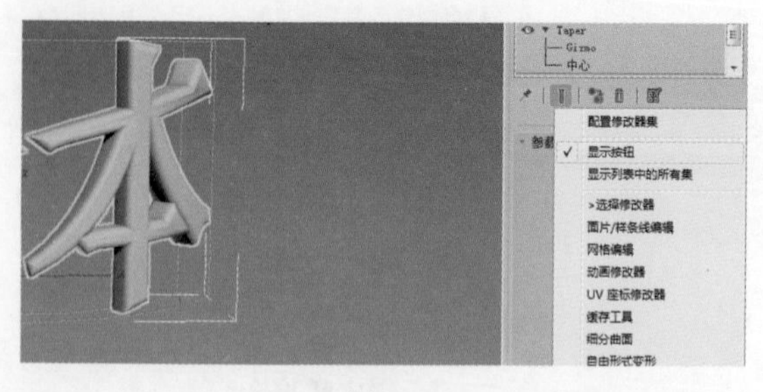

图6-3

步骤03 再次打开修改器集菜单，并选择“曲面修改器”选项，如图6-4所示。

步骤04 选择“曲面修改器”选项后，该修改器集的所有修改器将以按钮形式出现在命令面板中，如图6-5所示。

步骤05 如果选择“配置修改器集”选项，则会弹出“配置修改器集”对话框。在该对话框中，可以修改或创建修改器集，如图6-6所示。

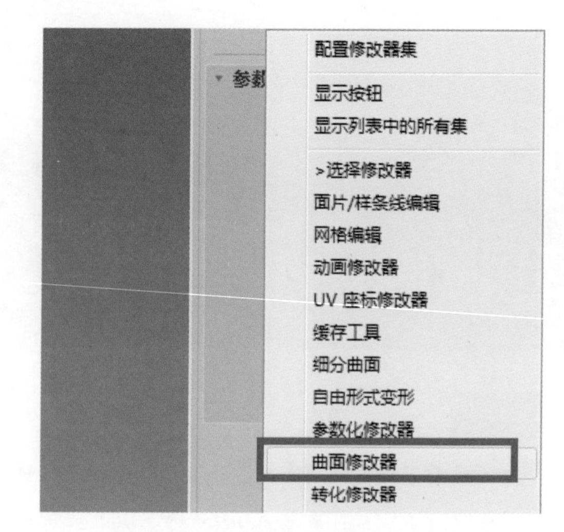

图6-4

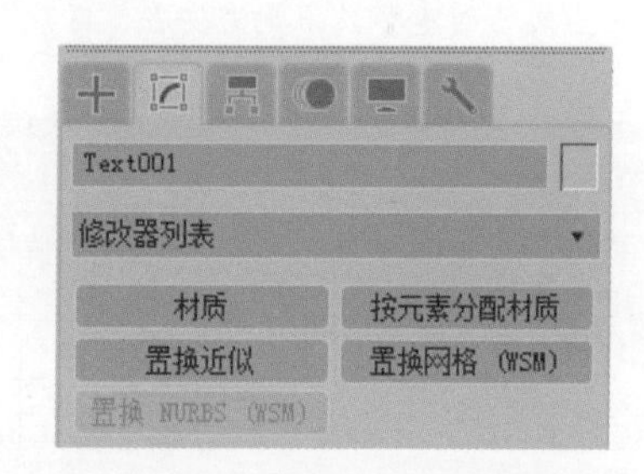

图6-5

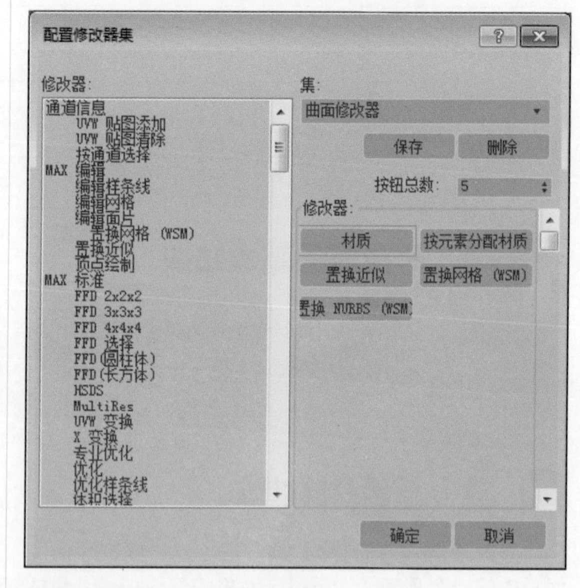

图6-6

步骤06 在“配置修改器集”对话框的右侧，可选择各种修改器，使用鼠标拖曳的方式可将选中的修改器移至右侧的修改器区域，如图6-7所示。

步骤07 完成按钮的设置并为该修改器集命名后，单击“保存”按钮进行保存，如图6-8所示。

步骤08 在修改器命令面板中，再次打开修改器集菜单，可观察到新创建的修改器集被添加其中，如图6-9所示。

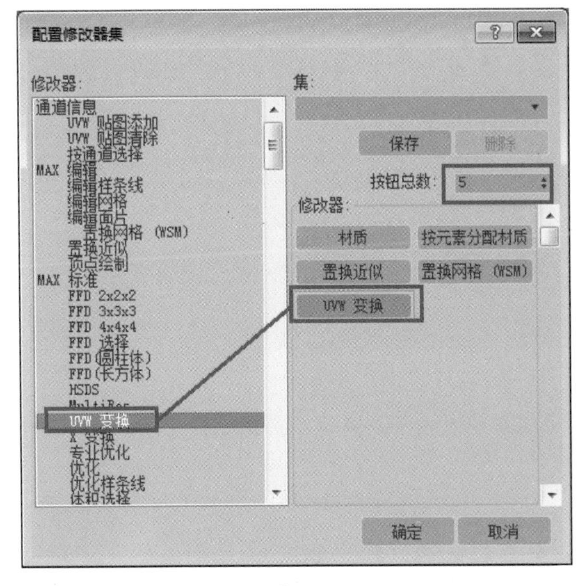

图 6-7

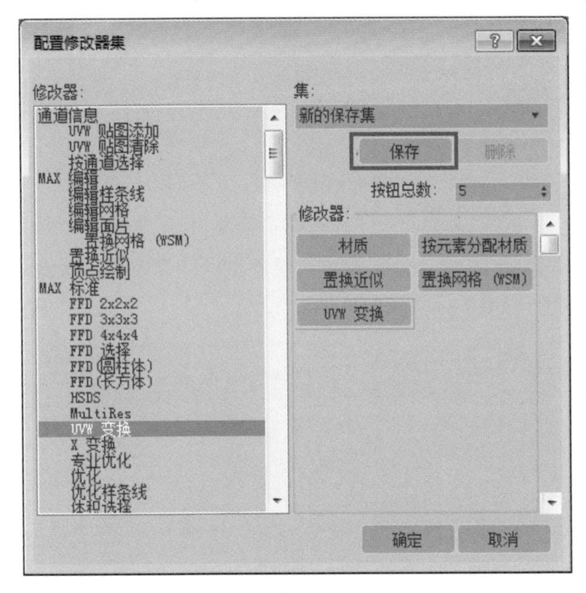

图 6-8

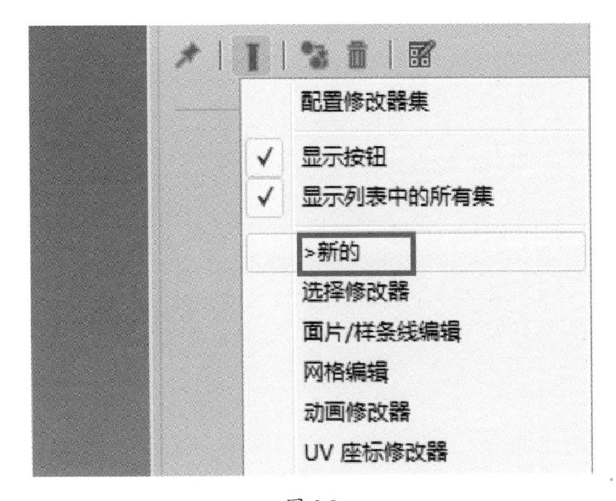

图 6-9

6.1.2 修改器堆栈的应用

堆栈的一个关键功能是可以进行非永久性的修改。通过单击堆栈中的项目，可以回到进行修改的具体环节。这样，我们就可以重新作出决定，暂时禁用某个修改器，或者删除修改器以完全舍弃它。此外，还可以在堆栈中的任意位置插入新的修改器。所做的更改会沿着堆栈向上传递，从而改变对象的当前状态。

1. 添加多个修改器

可以为对象应用任意数量的修改器，甚至包括重复应用同一个修改器。当开始为对象应用修改器时，这些修改器会按照应用的顺序被添加到堆栈中。第一个应用的修改器会出现在堆栈的底部，而紧接着应用的修改器会依次出现在其上方。

2. 堆栈顺序的影响

3ds Max 会按照修改器在堆栈中的顺序来应用它们（从底部开始向上执行，变化会一直累积），因此修改器在堆栈中的位置至关重要。堆栈中的两个修改器，如果它们的执行顺序颠倒，那么对象会产生截然不同的效果。例如，在如图6-10左图所示的管道示例中，先应用了一个“锥化”修改器，后应用了一个“弯曲”修改器；而在如图6-10右图所示的管道示例中，则是先应用了“弯曲”修改器，后应用了一个“锥化”修改器。

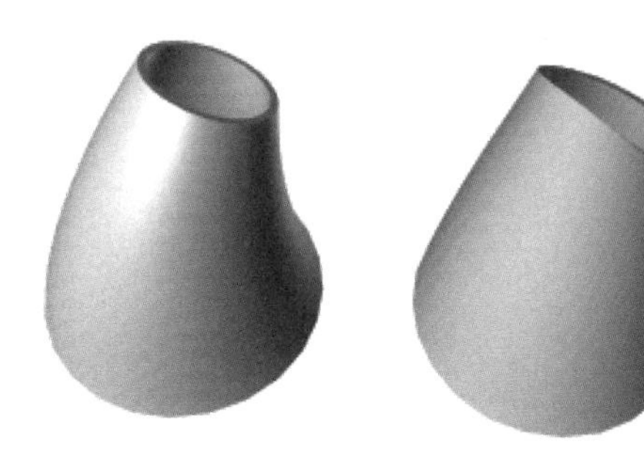

图 6-10

实例操作 添加多个修改器

调整堆栈顺序的具体操作步骤如下。

步骤01 在场景中创建一个文本，如图6-11所示（素材文件：第6章/Scenes/添加多个修改器.max）。

图 6-11

步骤02 在左视图中，创建“矩形”样条线，右击，并在弹出的快捷菜单中选择“转换为”→“转换为可编辑样条线”选项，如图6-12所示。

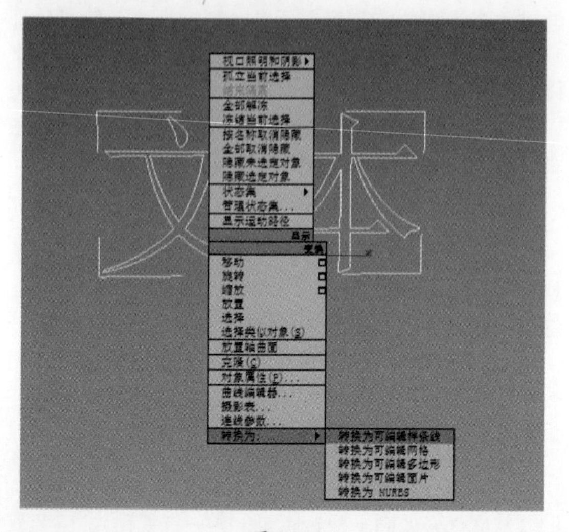

图6-12

步骤03 在场景中移动视图位置，可以看到另一个倒角放样线，如图6-13所示。

图6-13

步骤04 选择文本，在修改器列表中添加“倒角剖面”修改器，效果如图6-14所示。

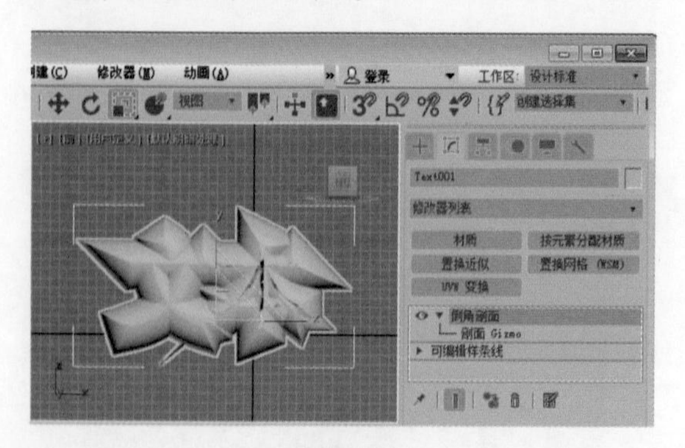

图6-14

步骤05 打开“倒角剖面”的Gizmo层级，缩放Gizmo即可得到如图6-15所示的效果。

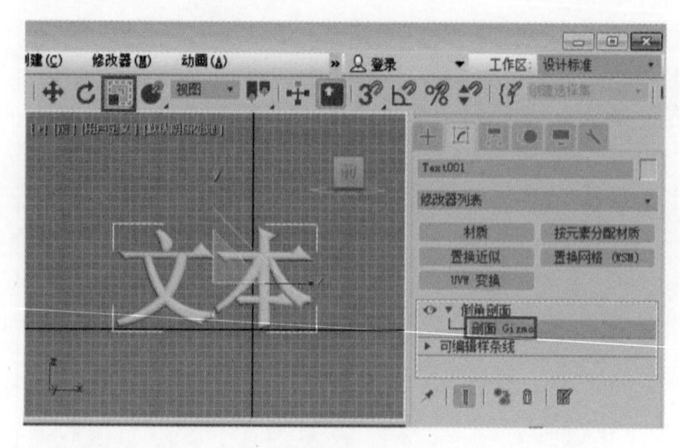

图6-15

步骤06 在修改器列表中，添加“锥化”修改器，如图6-16所示。

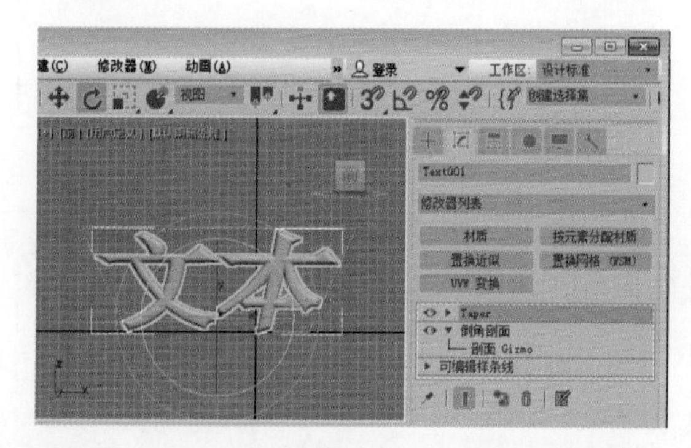

图6-16

步骤07 在修改器列表中，继续添加“弯曲”修改器，得到如图6-17所示的效果。

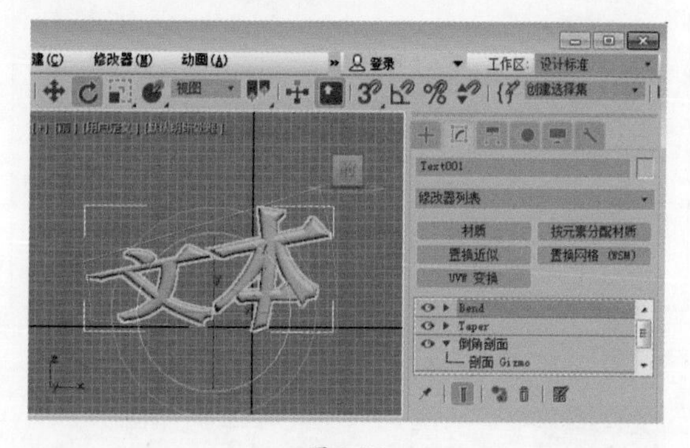

图6-17

6.2 常用修改器

修改器与变换的主要区别在于它们影响对象的方式。使用修改器并不能直接改变对象的当前状态，但可以塑形和编辑对象，进而改变对象的几何形状及属性。

6.2.1 常用世界空间修改器

世界空间修改器的行为与空间扭曲相似，它们都作用于对象，但其效果使用的是世界空间坐标而非对象空间坐标。与空间扭曲不同，世界空间修改器无须绑定到单独的空间扭曲装置（Gizmo），这使它们更便于修改单个对象或选择集。

应用世界空间修改器的方法与应用标准对象空间修改器相同。可以从“修改器”菜单、修改面板中的修改器列表以及可应用的修改器集中访问世界空间修改器。世界空间修改器通常用星号或修改器名称旁边的WSM文本来标识（星号或WSM用于区分相同修改器的对象空间版本和世界空间版本）。

将世界空间修改器指定给对象后，该修改器会显示在修改器堆栈的顶部。

1. 摄影机贴图修改器

“摄影机贴图”世界空间修改器与摄影机贴图修改器类似，它基于指定的摄影机将UVW贴图坐标应用于对象。因此，如果在应用于对象时，将相同的贴图指定为背景的屏幕环境，那么在渲染的场景中，该对象不可见。

“摄影机贴图”的世界空间版本和对象空间版本之间的主要区别在于：当使用对象空间版本移动摄影机或对象时，该对象会变得可见，因为相对于对象的局部坐标，UVW贴图是固定的。而使用世界空间版本移动摄影机或对象时，该对象仍然不可见，因为使用了世界坐标，如图6-18所示。

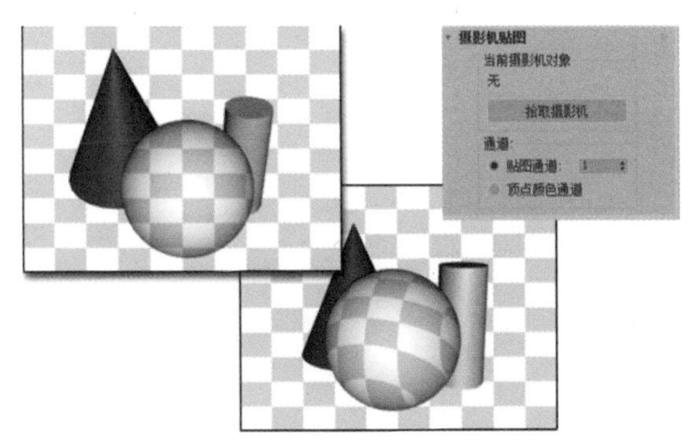

图6-18

2. 头发和毛发修改器

“头发和毛发”修改器是“头发和毛发”功能的核心组件。它可以应用于任何需要生长毛发的对象，无论是网格对象还是样条线对象。如果对象是网格对象，那么毛发将从整个曲面上生长出来，除非选择了子对象。如果对象是样条线对象，那么毛发将在样条线之间生长。

当选择应用了“头发和毛发”修改器的对象时，毛发会在视口中显示出来。此时，毛发导向物体是可选的，但视口中显示的毛发物体本身并不可选，如图6-19所示。

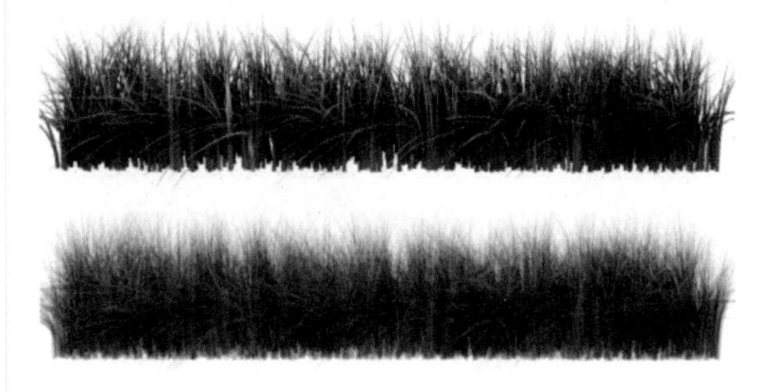

图6-19

实例操作 头发和毛发的基本应用

步骤01 创建球体，并将其转换为可编辑多边形，在修改器列表中添加头发和毛发修改器，头发在视口中显示为棕色线条，如图6-20所示（素材文件：第6章/Scenes/头发和毛发的基本应用.max）。

图6-20

步骤02 按4键选择■，在视图选择面，然后单击“更新选择”按钮。这样只会在选择的面上出现毛发，如图6-21所示。

步骤03 激活“透视”或“摄影机”视口，然后渲染场景。毛发不能在正交视口中渲染，如图6-22所示。

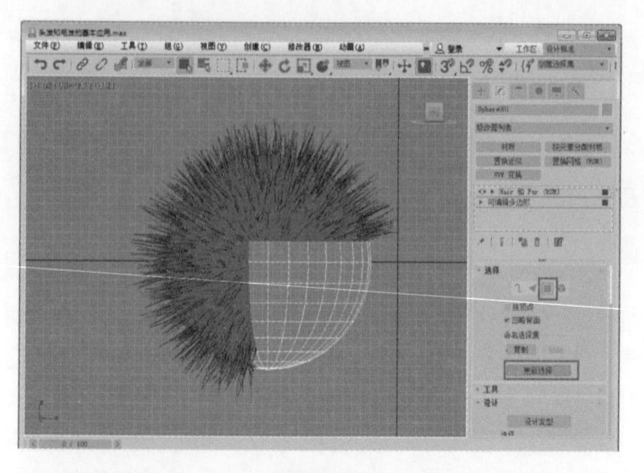

图 6-21

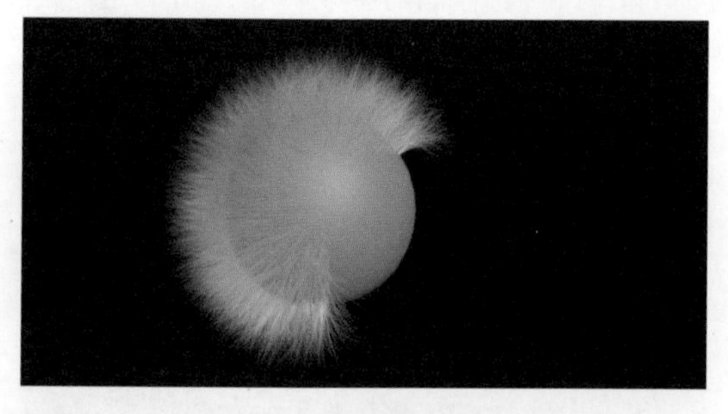

图 6-22

步骤04 在常规参数中，可以设置毛发的参数，如图 6-23 所示。

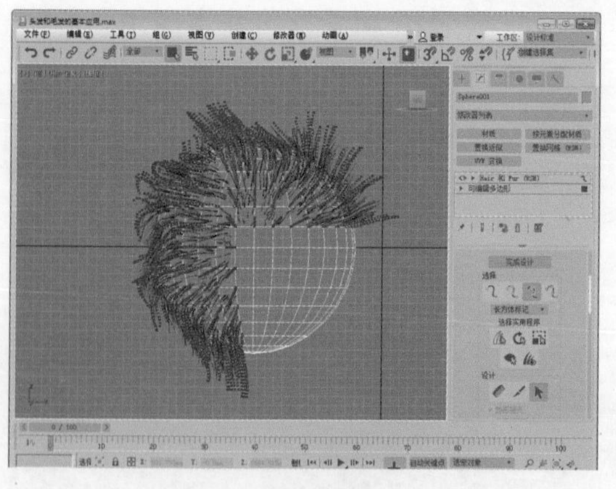

图 6-23

步骤05 返回到“选择”卷展栏，单击 按钮，编辑毛发，然后渲染场景，如图 6-24 所示。

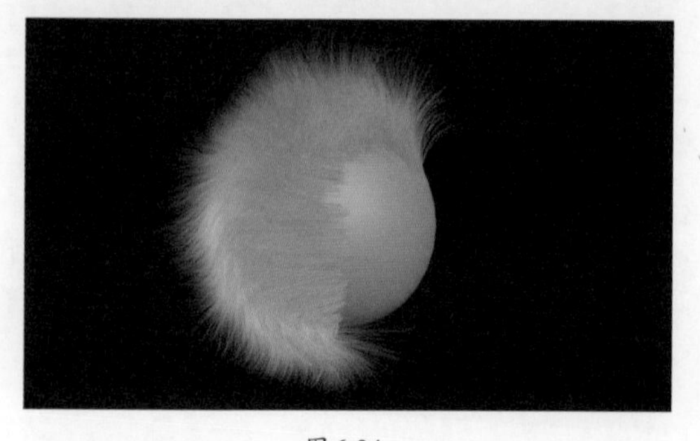

图 6-24

步骤06 在 工具 卷展栏中，单击“加载”按钮，弹出毛发预设面板。在面板中可以选择预设的各种毛发类型，如图 6-25 所示。

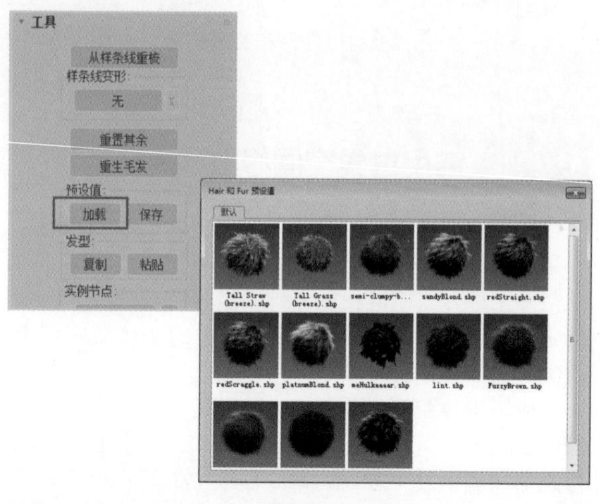

图 6-25

3. 路径变形

“路径变形”世界空间修改器根据图形、样条线或 NURBS 曲线路径变形对象。除了在“界面”部分有所不同，世界空间修改器与路径变形对象空间修改器的工作方式完全相同。

实例操作 模拟绕地球的月球轨道

步骤01 在顶视口中，创建半径为 100 mm 的圆，如图 6-26 所示（素材文件：第 6 章 /Scenes/ 模拟绕地球的月球轨道 .max）。

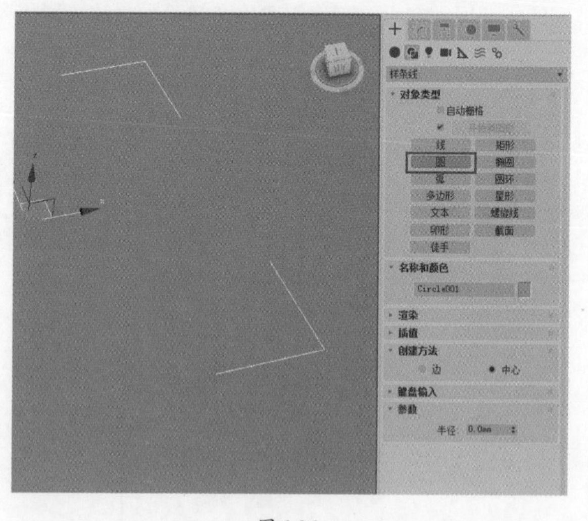

图 6-26

步骤02 在前视口中，创建一个有六或七个字母，大小为 100mm 的文本图形，如图 6-27 所示。

步骤03 将一个“挤出”修改器应用到该文本图形上，并将“数量”设置为 10mm，如图 6-28 所示。

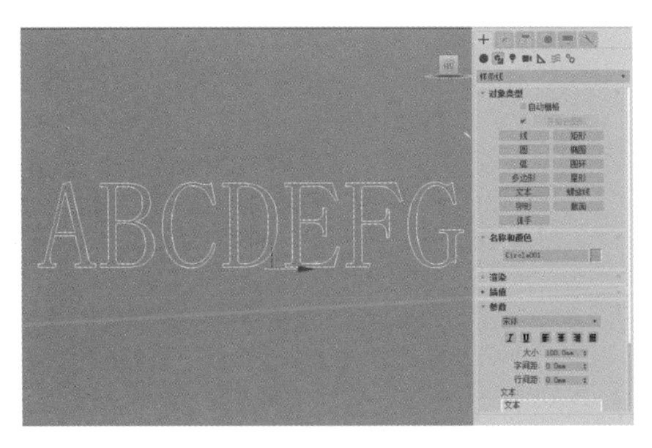

图6-27

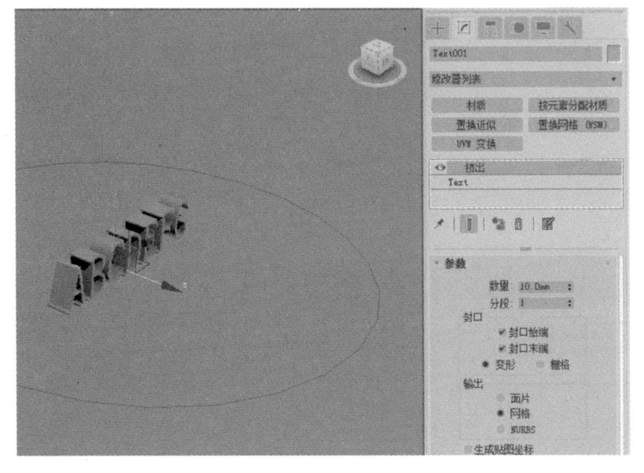

图6-28

步骤04 在主工具栏上，将“参考坐标系”设置为“局部”。观察挤出文本对象的三轴架，可以看到其Z轴相对于世界空间从后向前移动，如图6-29所示。

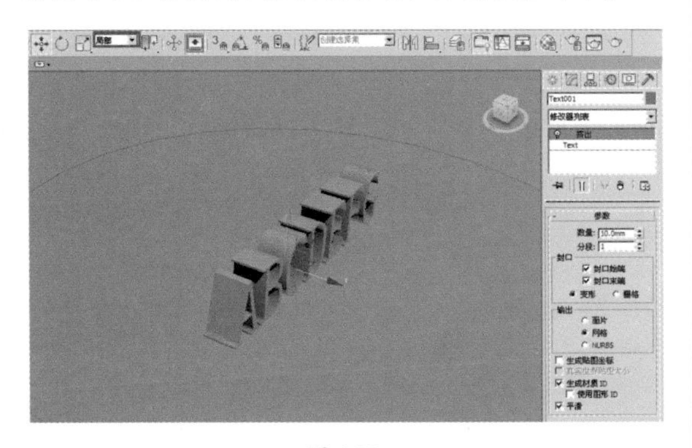

图6-29

步骤05 将一个路径变形子对象修改器应用到文本对象上。单击“拾取路径”按钮，然后选择圆。会出现一个圆Gizmo。该圆穿过文本对象的局部Z轴移动。因为其方向的缘故，所以产生的影响最小，但是可以从顶视图中看到轻微的楔子形状变形，如图6-30所示。

步骤06 在“路径变形轴”组中，先选择Y选项，然后选择X选项。圆Gizmo旋转以穿过指定的轴移动，并根据每次更改对文本对象进行不同的变形，如图6-31所示。

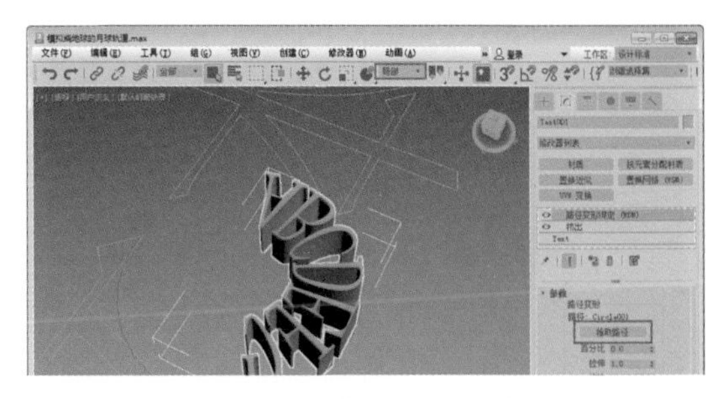

图6-30

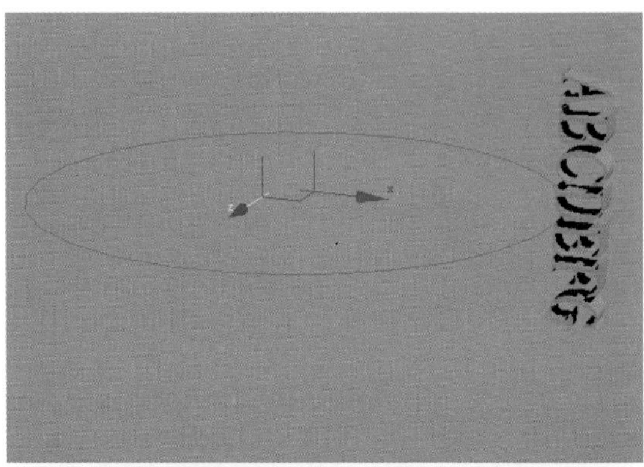

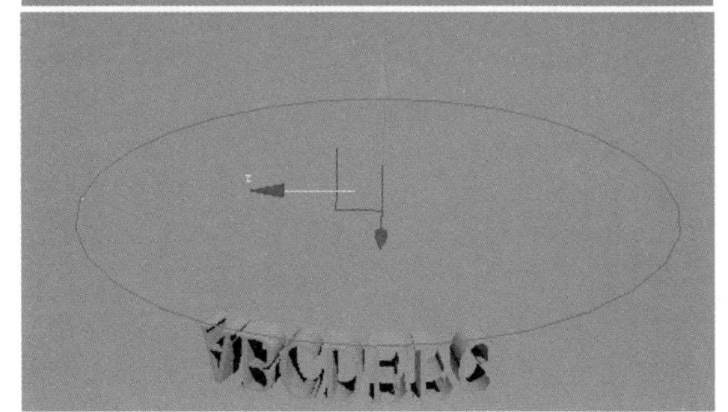

图6-31

步骤07 调整“百分比”微调器以查看其影响，然后将其设置为0。用同样的方法查看“拉伸”“旋转”“扭曲”的影响，然后将它们恢复为其原始值。

步骤08 启用“翻转”来切换路径的方向，然后禁用该选项，如图6-32所示。

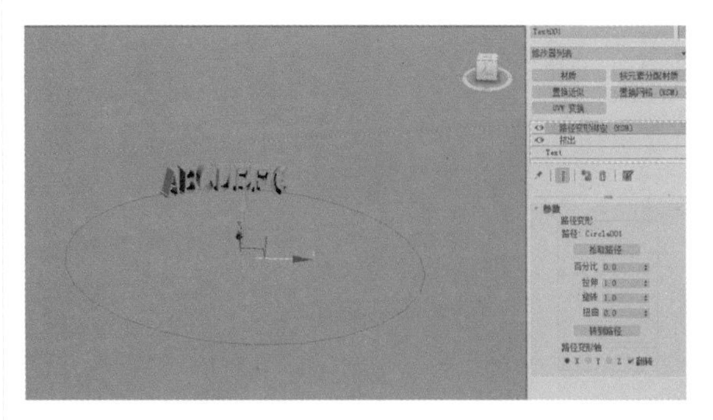

图6-32

步骤09 单击“转到路径”按钮，并左右移动Gizmo路径。文本对象根据自身与Gizmo的相对位置进一步变形，如图6-33所示。

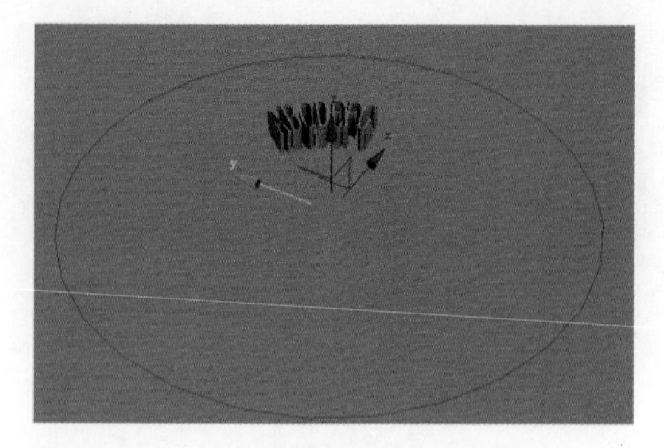

图6-33

步骤10 选择初始的圆形，并更改其半径。文本对象的变形会改变，因为其 Gizmo 是图形对象的一个实例，如图6-34所示。

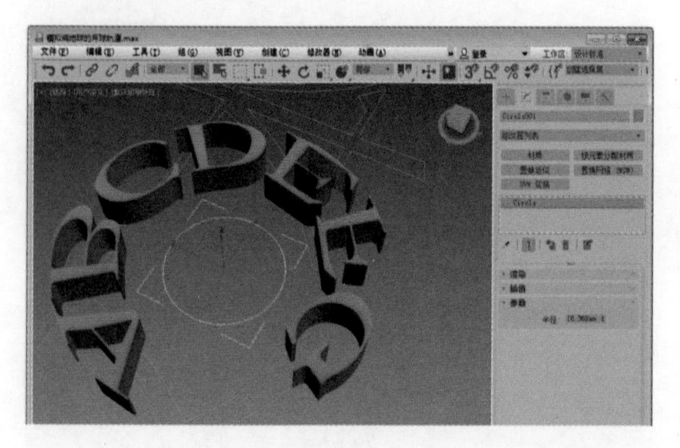

图6-34

6.2.2 常用对象空间修改器

对象空间修改器直接影响局部空间中对象的几何体。在应用对象空间修改器时，如果存在其他对象空间修改器位于修改器堆栈中，则这些修改器会直接显示在对象的上方。修改器堆栈中显示的顺序会影响最终的几何体结果，如图6-35所示。

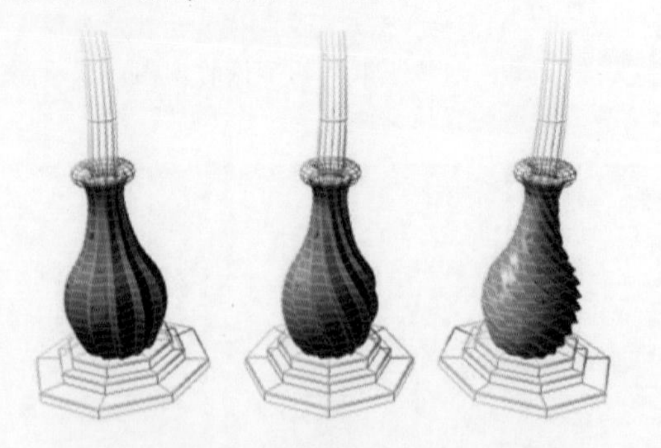

图6-35

1. 常用修改器

- 弯曲修改器：可以将当前选中对象围绕单独轴弯曲 360 °，产生均匀的几何体弯曲。可以在任意3个轴上控制弯曲的角度和方向，也可以对几何体的一端限制弯曲。
- 晶格修改器：将图形的线段或边转化为圆柱体结构，并在顶点上产生可选的关节多面体。可用于基于网格拓扑创建可渲染的几何体结构，或作为获得线框渲染效果的另一种方法。
- 噪波修改器：沿着3个轴的任意组合调整对象顶点的位置，用于模拟对象形状的随机变化，是重要的动画工具。
- 锥化修改器：通过缩放对象几何体的两端产生锥化轮廓，使一端放大而另一端缩小。可以在两组轴上控制锥化的量和曲线，也可以对几何体的一端限制锥化。
- 扭曲修改器：在对象几何体中产生旋转效果（类似拧湿抹布）。可以控制任意3个轴上的扭曲角度，并设置偏移来压缩扭曲相对于轴点的效果。也可以对几何体的一端限制扭曲。
- UVW 贴图：提供了各种方法来管理 UVW 坐标，并将材质贴到几何体上。

实例操作 通过修改器制作卷轴

步骤01 首先制作卷轴的造型。新建一个场景文件，单击“标准基本体”工具栏中的“平面”按钮，在前视图创建一个平面，并设置平面的各个参数，如图6-36所示（素材文件：第6章/Scenes/通过修改器制作卷轴.max）。

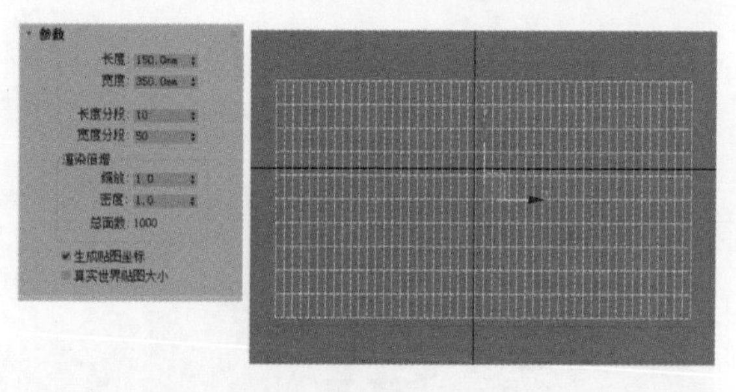

图6-36

步骤02 选择平面，单击按钮进入修改面板，给物体添加“壳”修改器，使平面成为双面。然后给物体添加“弯曲”修改器，效果如图6-37所示。可以通过移动“Gizmo”或“中心”子物体的位置控制卷轴展开或卷起。

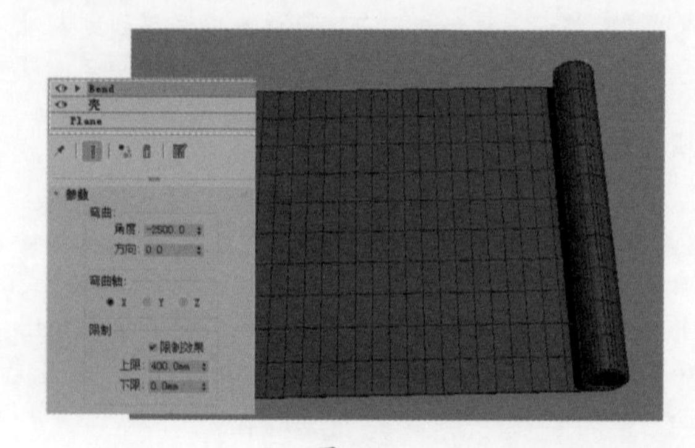

图6-37

步骤03 在前视图中选择卷轴造型，单击主工具栏上的按钮，以关联的方式镜像复制一个相同的造型。选择“实例”选项，如图6-38所示。

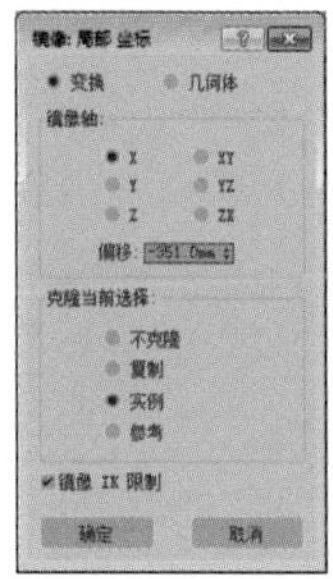

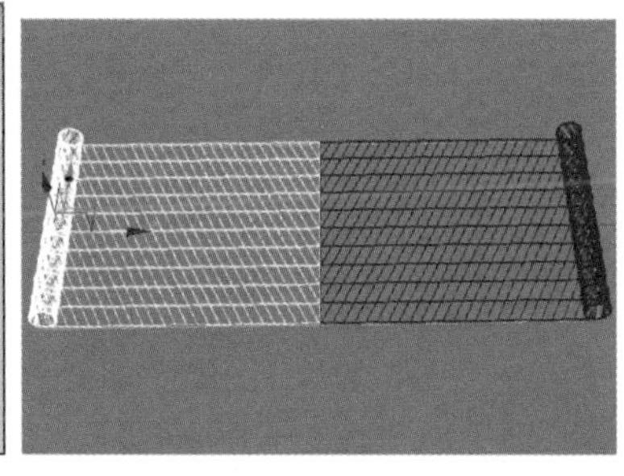

图6-38

步骤04 接下来创建一个圆柱体，作为卷轴中的轴造型。在轴造型的上方创建一个球体，将球体复制一个并移至轴的下方，然后将球体和圆柱体进行布尔运算，如图6-39所示。

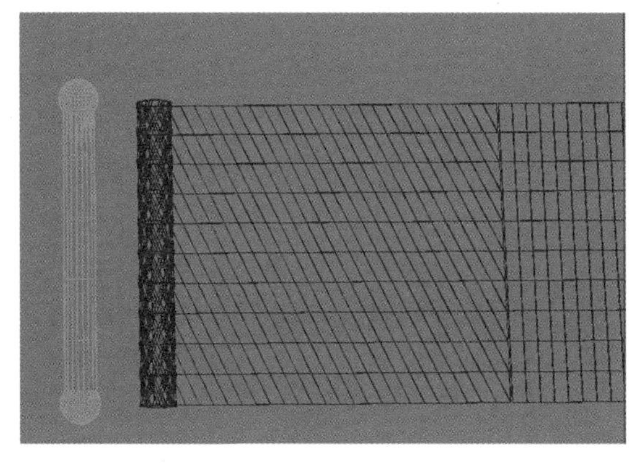

图6-39

步骤05 在前视图中选择轴，再一次镜像复制出一个卷轴，然后将其放置到合适的位置，如图6-40所示。

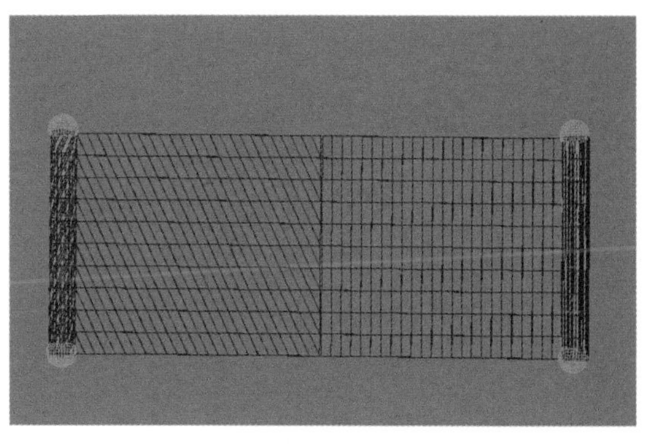

图6-40

2. 将二维物体转化为几何体的修改器

当在场景中创建一个二维图形时，若要将该二维图形作为几何体的截面进行转换，则可以使用挤出修改器、倒角修改器、倒角剖面修改器、壳修改器和车削修改器。

- 挤出修改器：挤出修改器将深度添加到图形中，并使其成为一个参数对象。
- 壳修改器：通过添加一组朝向现有面相反方向的额外面，壳修改器“凝固”对象或者为对象赋予厚度，无论曲面在原始对象中的任何地方消失，边将连接内部和外部曲面。可以为内部和外部曲面、边的特性、材质ID以及边的贴图类型指定偏移距离。
- 车削修改器：车削修改器通过绕轴旋转一个图形或NURBS曲线来创建3D对象。
- 倒角修改器：倒角修改器将图形挤出为3D对象并在边缘应用平或圆的倒角。此修改器的一个常规用法是创建3D文本和徽标，而且可以应用于任意图形。
- 倒角剖面修改器：倒角剖面修改器使用一个图形作为路径或倒角剖面来挤出另一个图形。它是倒角修改器的一种变量。

6.3 可编辑对象

要访问对象的子对象，首先要将该对象转换为可编辑对象，或者将修改器应用于该对象上，如编辑网格修改器等，这些修改器只是为了给子对象指定选择集。将对象转换为可编辑对象和将“编辑”修改器应用于对象之间的区别在于前者会保留对象的原始参数，而后者则会在转换过程中丢失这些参数。

6.3.1 可编辑多边形

可编辑多边形是一种可编辑对象，它包含5个子对象层级：顶点、边、边界、多边形和元素。其用法与可编辑网格曲面的用法相同。可编辑多边形具有各种控件，可以在不同的子对象层级将对象作为多边形网格进行操作。然而，与三角形面不同的是，可编辑多边形对象的面是由任意数量的顶点组成的多边形，如图6-41所示。

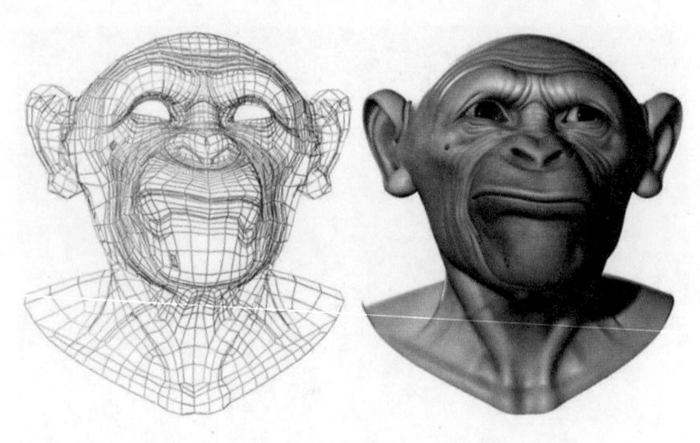

图 6-41

多边形卷展栏提供了下列选项：

可编辑多边形物体包括5个次物体级别：顶点、边、边界、多边形和元素。可以在任何一个次物体级别对物体形态进行深层加工。

可以进行基本的修改操作，如移动、旋转和缩放，也可以按住Shift键的同时拖动复制。

可使用“编辑”卷展栏中提供的选项来修改选定内容或对象。后面的主题将讨论每个多边形网格组件的选项。

可以将子对象选择传递给堆栈中更高级别的修改器，并且选择应用一个或多个标准修改器。

可使用“细分曲面”卷展栏中的选项来改变曲面的特性。

由于在修改器命令中没有直接转换为可编辑多边形物体的命令，因此在转换为多边形物体后，以前的创建参数会塌陷。如果想保留以前的创建参数，那么可以执行“多边形选择”修改命令。

1. 选择次物体级别

“选择”卷展栏提供了各种工具，用于访问不同的子对象层级和显示设置，以及创建和修改选定内容，还显示了与选定实体有关的信息，如图6-42所示。

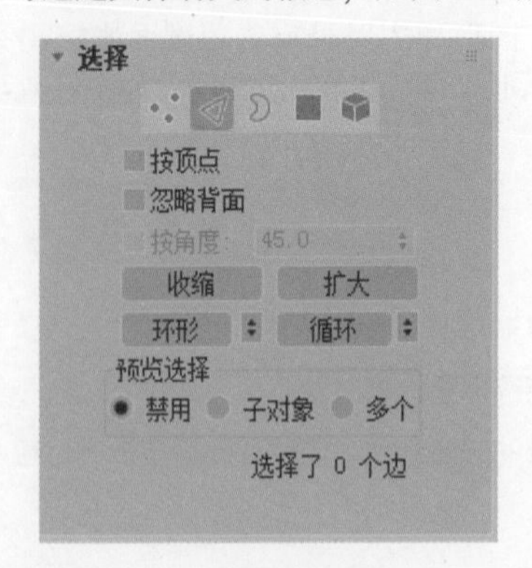

图 6-42

如果首次访问“修改”面板时选定某个可编辑多边形，将会处于“对象”层级。此时，可以访问可编辑多边形（对象）中所述的几种功能。单击“选择”卷展栏顶部的按钮，可以切换各种子对象层级，还可以访问相关的功能。

单击此处的按钮与在修改器堆栈显示中选择子对象类型相同。再次单击该按钮可将其禁用，然后返回到“对象”选择层级。

知识拓展

使用Ctrl和Shift键，可以采用以下两种不同的方式转换选定的子对象：在“选择”卷展栏中，按住Ctrl并单击子对象按钮，可以将当前选择转换为新层级。同时，选择与前一个选择相关的新层级中的所有子对象。例如，选择了某个顶点，然后按住Ctrl键并单击“多边形”按钮，将会选中使用该顶点的所有多边形。

要将选定内容仅转换为以前已经选定其源组件的所有子对象，请在更改相关的层级时同时按住Ctrl和Shift键。例如，如果按住Ctrl+Shift键并单击，则将选定的顶点转化为选定的多边形，生成的选定内容只包括那些原来已经选定其所有顶点的多边形。

- 顶点：启用用于选择鼠标指针下的顶点的“顶点”子对象层级；选择区域时可以选择该区域内的顶点，如图6-43所示。

图 6-43

- 边：启用用于选择鼠标指针下的多边形的“边”子对象层级；选择区域时可以选择该区域内的边，如图6-44所示。

图 6-44

- 边界：启用“边界”子对象层级。使用该层级，可以选择为网格中的孔洞设置边界的边序列。边界始终由面只位于其中一边的边组成，且始终是完整的环。例如，长方体没有边界，但茶壶对象包含下面一组边界，即壶盖、壶身、壶嘴各有一个边框，而手柄有两个边框。如果创建球体，然后删除一个端点，那么围绕该端点的那行边将会形成一个边界，如图6-45所示。

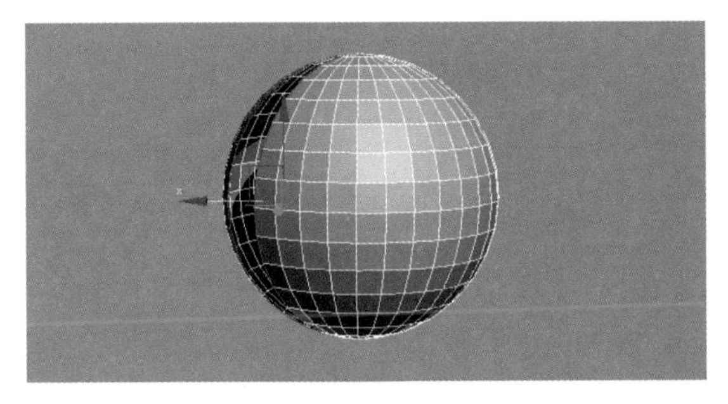

图6-45

- 多边形：启用可以选择鼠标指针下的多边形的“多边形”子对象层级。区域选择会选择该区域中的多个多边形，如图6-46所示。

图6-46

- 元素：启用“元素”子对象层级，从中选择对象中的所有连续多边形。区域选择用于选择多个元素，如图6-47所示。

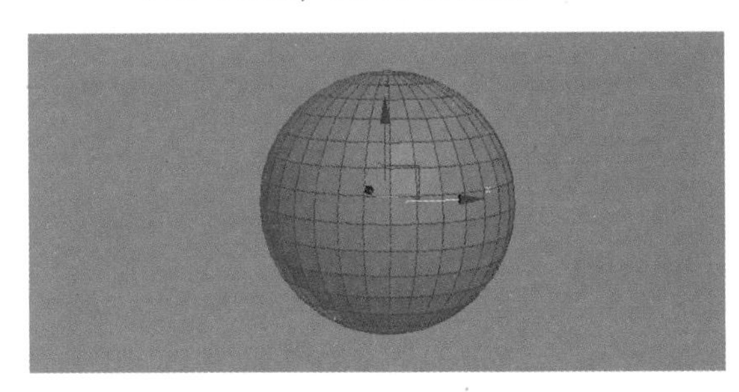

图6-47

- 按顶点：启用时，只有通过选择所用的顶点，才能选择子对象。单击顶点时，将选择使用该选定顶点的所有子对象。
- 忽略背面：启用后，选择子对象将只影响朝向你的那些对象。禁用（默认值）时，无论可见性或面向方向如何，都可以选择鼠标指针下的任何子对象。如果鼠标指针下的子对象不止一个，那么可以反复单击，在其中循环切换。同样，如果禁用“忽略背面”选项，那么区域选择会包含所有子对象，而无须考虑它们的朝向。
- 按角度：启用并选择某个多边形时，也可以根据复选框右侧的角度数值选择邻近的多边形。该数值可以确定要选择的邻近多边形之间的最大角度。仅在“多边形”子对象层级可用。

知识拓展

“显示”面板中的“背面消隐”设置的状态不影响子对象选择。这样，如果“忽略背面”选项已禁用，那么仍然可以选择子对象，即使看不到它们。

例如，如果单击长方体的一个侧面，且角度值小于90度，则仅选择该侧面，因为所有侧面相互成90度角。但如果角度值为90度或更大，则将选择所有长方体的所有侧面。使用该功能，可以加快连续区域的选择速度。其中，这些区域由彼此间角度相同的多边形组成。通过单击一次任何角度值，可以选择共面的多边形。

- 收缩：通过取消选择最外部的子对象来缩小子对象的选择区域。如果无法再减小选择区域的大小，那么将会取消选择其余的子对象，如图6-48所示。

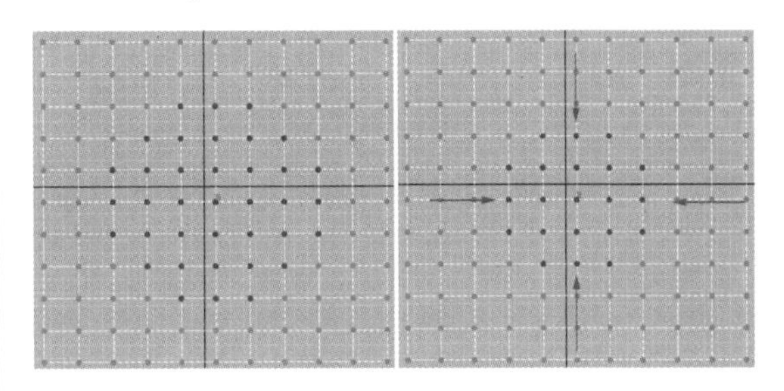

图6-48

- 扩大：朝所有可用方向外侧扩展选择区域，如图6-49所示。

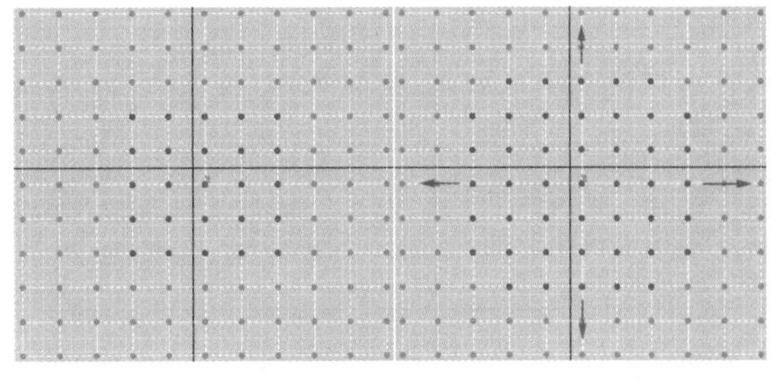

图6-49

- 环形：通过选择与选定边平行的所有边来扩展边选择。环形仅适用于边和边界选择，如图6-50所示。

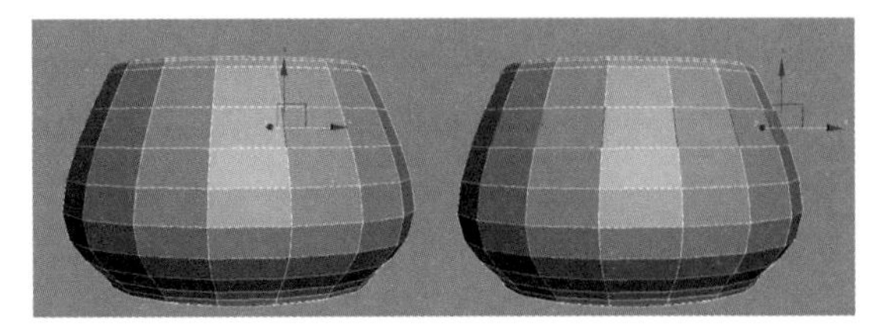

图6-50

- 循环：尽可能扩大选择区域，使其与选定的边对齐。循环仅适用于边和边界选择，且只能通过四路交点进行传播，如图6-51所示。

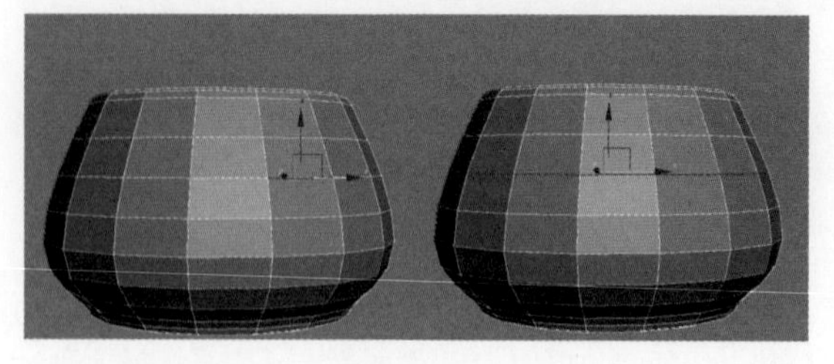

图6-51

2. 命名选择

用于复制和粘贴对象之间的子对象的命名选择集。首先创建一个或多个命名选择集，复制其中一个，选择其他对象，并切换到相同的子对象层级，然后粘贴该选择集。

- 复制：打开一个对话框，使用该对话框，可以指定要放置在复制缓冲区中的命名选择集。
- 粘贴：从复制缓冲区中粘贴命名选择集。
- 完全交互：切换“切片”和“切割”工具的反馈层级及所有的设置对话框。

启用时，如果使用鼠标操纵工具或更改数值设置，那么将会一直显示最终的结果。使用“切割”和“快速切片”工具时，如果禁用“完全交互”选项，则单击之前，只会显示橡皮筋线。如果使用“切片平面”工具，那么只有在变换平面后释放鼠标按钮时，才能显示最终的结果。同样，如果使用相应对话框中的数值设置，那么只有在更改设置后释放鼠标按钮时，才能显示最终结果。

“完全交互”的状态不会影响使用键盘对数值设置的更改。无论启用该选项还是禁用该选项，只有通过按Tab或Enter键或者在对话框中单击其他控件退出该字段时，该设置才能生效。

多边形属性卷展栏如图6-52所示。

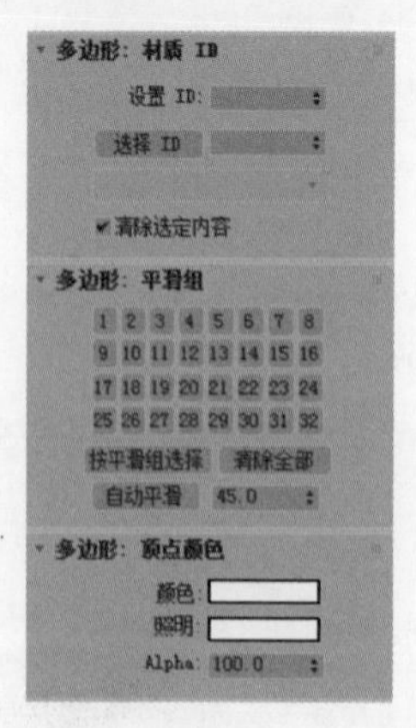

图6-52

3. 材质 ID 区域

- 设置ID：用于向选定的子对象分配特殊的材质ID编号，以供“多维/子对象材质”和其他应用使用。可以使用该微调器或键盘输入编号。可用的ID总数是65,535个。
- 选择ID：选择与相邻ID字段中指定的“材质ID”对应的子对象。键入或使用该微调器指定ID，然后单击“选择ID”按钮。
- 按名称选择：该下拉列表显示了对象包含为其分配的“多维/子对象材质”时子材质的名称。单击下拉箭头，然后从列表中选择某个子材质。此时，将会选中分配该材质的子对象。如果对象没有分配到“多维/子对象材质”，那么将不会提供名称列表。同样，如果选定的多个对象已经应用“编辑平面”“编辑样条线”或“编辑网格”修改器，那么名称列表将会处于非活动状态。
- 清除选定内容：启用时，如果选择新的ID或材质名称，那么将会取消选择以前选定的所有子对象。禁用后，选定内容是累积结果，因此，新ID或选定的子材质名称将会添加到现有的平面或元素选择集中。默认设置为启用状态。

知识拓展

子材质名称是那些在该材质的“多维/子对象”基本参数卷展栏中的“名称”列中指定的名称；这些名称不是在默认情况下创建的，因此，必须使用任意材质名称单独指定。

4. 平滑组区域

- 按平滑组选择：显示说明当前平滑组的对话框。通过单击对应编号按钮选择组，然后单击“确定”按钮。如果启用“清除选定内容”选项，那么首先会取消选择以前选择的所有多边形。如果“清除选定内容”选项为禁用状态，那么将新选择添加到以前的所有选择集中。
- 清除全部：从选定多边形移除任何平滑组指定。
- 自动平滑：根据多边形间的角度设置平滑组。如果任意两个相邻多边形法线间的角度小于该按钮右侧的微调器设置的角度阈值，那么这两个多边形处于同一个平滑组中。
- 阈值：使用该微调器（“自动平滑”按钮右侧的数值框），可以指定相邻多边形的法线之间的最大角度。通过阈值可以确定这些多边形是否处于同一个平滑组中。

5. 顶点颜色区域

- 颜色：单击色样可更改选定多边形或元素中各顶点的颜色。
- 照明：单击色样可更改选定多边形或元素中

各顶点的照明颜色。使用该选项可以更改照明颜色，而不会更改顶点颜色。

- Alpha：用于向选定多边形或元素中的顶点分配Alpha透明值。微调器值是百分比值；参数为0代表完全透明，100代表完全不透明。

6.3.2 编辑网格

“编辑网格”修改命令面板主要针对网格物体的不同次级别进行编辑。可以通过在场景中网格物体上右击，从弹出的快捷菜单选择进入不同的次物体级别；也可以在修改堆栈中按下+号图标，从下拉的缩进子级项目中进入不同的次级结构。更快地进入次级的方法是直接按下键盘的1、2、3、4、5快捷键，分别进入不同的次级物体级，如图6-53所示。

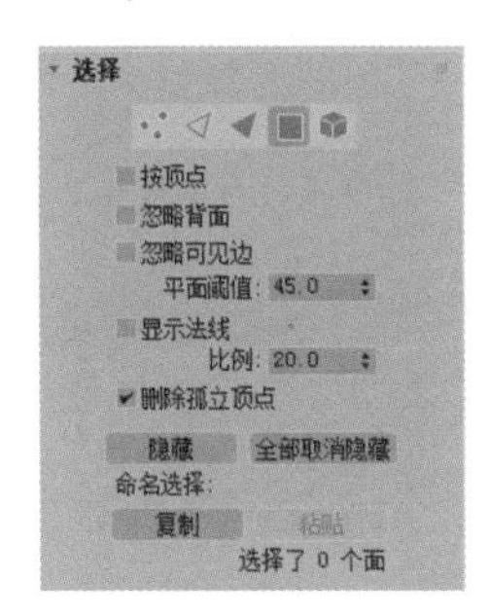

图6-53

其中常用的命令功能如下。

- 顶点：启用用于选择鼠标指针下的顶点的“顶点”子对象层级；选择区域时可以选择该区域内的顶点。
- 边：启用“边”子对象层级，这样可以选择鼠标指针下的面或者多边形的边；选择区域时可以在区域中选择多个边。在“边”子对象层级，选定的隐藏边显示为虚线，可以做更精确的选择。
- 面：启用“面”子对象层级，这样可以选择鼠标指针下的三角面；选择区域时可以在区域中选择多个三角面。如果选定的面有隐藏边并且着色选定面处于关闭状态，那么边显示为虚线。
- 多边形：启用“多边形”子对象层级，这样可以选择鼠标指针下的所有共面的面。通常，多边形是在可视线边中看到的区域。选择区域时，可以选择该区域中的多个多边形。
- 元素：启用“元素”子对象层级，可以选择对象中所有相邻的面。选择区域时可以选择多个元素。
- 按顶点：当该复选框处于勾选状态时，单击顶点，将选中所有使用此顶点的子对象。也可以使用“区域选择”按区域选择子对象。
- 忽略背面：启用时，选定子对象只会选择视图中显示其法线的那些子对象。禁用时，无论法线方向如何，选择对象包括所有的子对象。
- 忽略可见边：当选择了“多边形”面选择模式时，该功能将启用。当“忽略可见边”选项处于禁用状态时，单击一个面，无论“平面阈值”微调器的设置如何，选择不会超出可见边。当该功能处于启用状态时，面选择将忽略可见边，使用“平面阈值”设置作为指导。
- 通常情况下，如果想选择“面”，则将“平面阈值”设置为1.0。另一方面，如果想选择曲线曲面，那么根据曲率量增加该值。
- 平面阈值：指定阈值的值，该值决定对于“多边形”面选择来说哪些面是共面。
- 显示法线：当处于启用状态时，程序在视图中显示法线，法线显示为蓝线。
- 比例：当“显示法线”选项处于启用状态时，指定视图中显示的法线大小。
- 删除孤立顶点：在启用状态下，删除子对象的连续选择时，3ds Max将消除任何孤立顶点。在禁用状态下，删除选择会完好不动地保留所有的顶点。该功能在“顶点”子对象层级上不可用。默认设置为启用状态。
- 孤立顶点是指没有与之相关的面几何体的顶点。
- 隐藏：隐藏任何选定的子对象。边和整个对象不能隐藏。

3ds Max的“编辑”菜单上的“反选”命令对选择要隐藏的面很有用。选择想要聚焦的面，执行“编辑”→“反选”命令，然后单击“隐藏”按钮。

- 全部取消隐藏：还原任何隐藏对象使之可见。只有在处于“顶点”子对象层级时，才能将隐藏的顶点取消隐藏。

1. 命名选择区域

- 复制：将命名选择放置到复制缓冲区。
- 粘贴：从复制缓冲区中粘贴命名选择。
- 创建：既可以创建顶点，还可以构建新的面；在多边形子对象层级，可以创建任意边数的多边形，如图6-54所示。

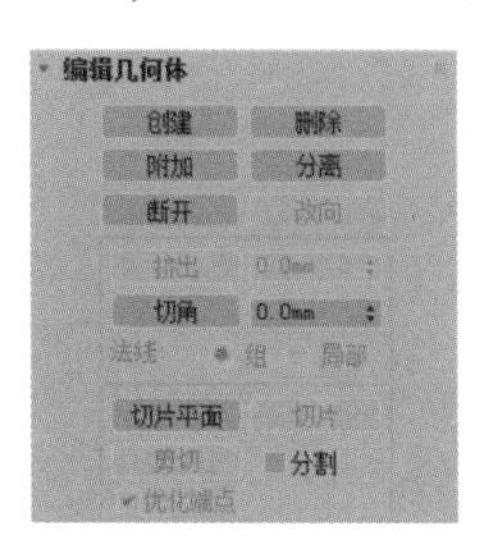

图6-54

- 要创建面，则单击“创建”按钮。此时，将会高亮显示对象中的所有顶点，其中包括删除面后留下的孤立顶点。单击现有的3个顶点，然后定义新面的形状。另外，还可以在“多边形”和“元素”子对象层级创建新面。在“面”和“元素”子对象层级，只要在第三次单击之后，都会创建新面。在“多边形”子对象层级，可以根据需要单击多次，以便向新多边形中添加顶点。要绘制完新多边形，请单击两次，或重新单击当前多边形中现有的任何顶点。
- 通过按住Shift键并在空间中单击，可以在这种模式下添加顶点；此时，这些顶点将被合并到正在创建的面或多边形中。在任何视图中，都可以创建面或多边形，但是后续的所有单击操作必须在同一个视图中进行。
- 删除：删除选定的子对象。
- 附加：将场景中的另一个对象附加到选定网格。可以附加任何类型的对象，包括样条线、片面对象和NURBS曲面。附加非网格对象时，该对象会转化成网格。单击要附加到当前选定网格对象中的对象。
- 分离：将选定面作为单独的对象（默认情况）或将当前对象的元素进行分离。 使用“作为克隆对象进行分离”选项可以复制面，但不能将其移动。系统会提示你输入新对象的名称。如果不使用“作为克隆对象进行分离”选项，将分离的对象移至新位置之后，那么会在原始对象中留下一个孔洞。
- 断开：将面分成3个较小的面。即便处于“多边形”或“元素”子对象层级，该功能也适用于面。单击“断开”按钮，然后选择要断开的面。每个面都可以在单击的位置处进行断开。可以根据需要依次单击尽可能多的面。要停止断开，请重新单击“断开”或右击。
- 挤出：单击此按钮，然后垂直拖动任何面，以便对其进行倒角处理。
- 切角：单击此按钮，然后垂直拖动任何面，以便对其进行倒角处理。释放鼠标按键，然后垂直移动鼠标指针，以便对挤出对象进行倒角处理。
- 法线：将“法线”设置为“组”（默认值）时，将会沿着一组连续面的平均法线进行挤出处理。如果挤出多个这样的组，每个组就会沿着自身的平均法线方向移动。 如果将“法线”设置为“局部”，那么会沿着每个选定面的法线方向进行挤出处理。
- 切片平面：一个方形化的平面，可以通过移动或者旋转改变将要剪切物体的位置，单击该按钮后，“切片”按钮为可用状态。
- 切片：单击该按钮后，将在切片平面处剪切选择的次物体。
- 分割：勾选该复选框时，在进行切片或者剪切操作时，会在细分的边上创建双重的点，这样，可以很容易地删除新的面来创建洞，或者像分散的元素一样操作新的面。
- 优化端点：勾选该复选框时，在相邻的面之间进行光滑过渡，反之，则在相邻的面之间产生生硬的边。

2. 焊接区域

- 选定项：焊接“焊接阈值”微调器（位于按钮的右侧）指定的公差范围内的选定顶点。所有线段都会与产生的单个顶点连接，如图6-55所示。

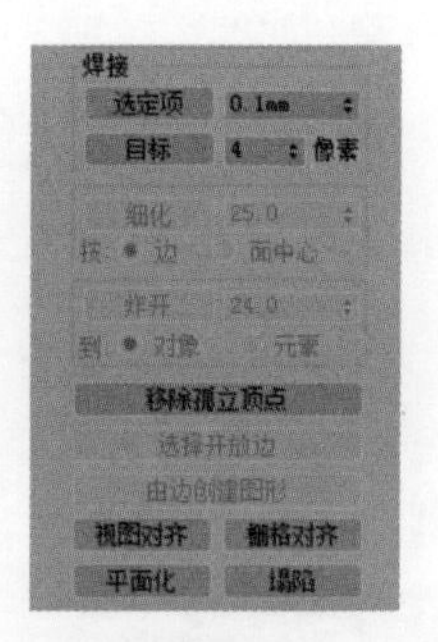

图6-55

- 目标：进入焊接模式，可以选择顶点并将它们移来移去。当移动时，鼠标指针照常变为“移动”鼠标指针，但是将鼠标指针定位在未选择的顶点上时，它就变为+号。在该点释放鼠标以便将所有选定顶点焊接到目标顶点上，选定顶点下落到该目标顶点上。
- 细化：根据“边”“面中心”和“张力（微调器）”的设置，单击该按钮即可细化选定的面。

在增加局部网格密度和建立模型时，可以使用细化功能。可以对选择的任何面进行细分。

- 炸开：根据边所在的角度将选定的面炸开为多个元素或对象。
- 移除孤立顶点：无论当前选择如何，删除对象中所有的孤立顶点。
- 选择开放边：选择所有只有一个面的边。在大多数对象中，该选项可以显示丢失面存在的地方。
- 从边创建图形：选择一条或多条边后，单击此按钮，从选定的边创建样条线图形，弹出“创建图形”对话框，可以命名图形，将其设为“平滑”或者“线性”及忽略隐藏边。新图形的轴点位于网格对象的中心。
- 平面化：强制所有选定的边成为共面。该平面的法线是与选定边相连的所有面的平均曲面法线，如图6-56所示。

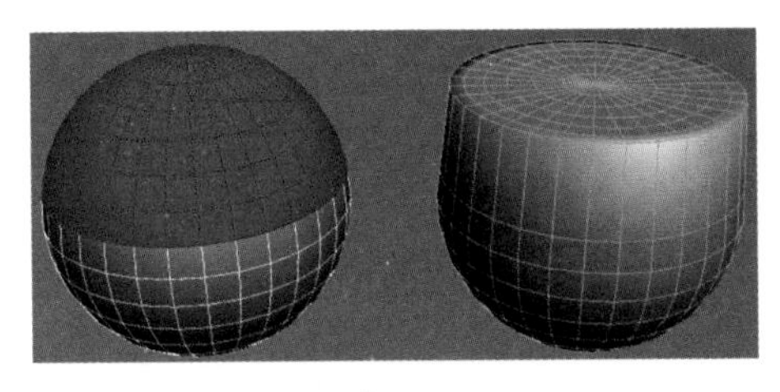

图 6-56

- ◆ 视图对齐：将选定的边与活动视图的平面对齐。如果是正交视图，则其效果与对齐构建栅格（当主栅格处于活动状态时）一样。在与透视视图（包括“摄影机”和“灯光”视图）对齐时，将会对平面进行重定向，使其与某个平面对齐。其中，该平面与摄影机的查看平面平行（透视视图具有不可视的摄影机平面）。在这些情况下，除发生旋转外，选定的边不会进行转换。
- ◆ 栅格对齐：使选定的边与当前的构建平面对齐。启用主栅格的情况下，当前平面由活动视图指定。在使用栅格对象时，当前平面是活动的栅格对象。
- ◆ 塌陷：将选中的边塌陷，将一条选定边末端的顶点焊接到另一端的顶点上，如图6-57所示。

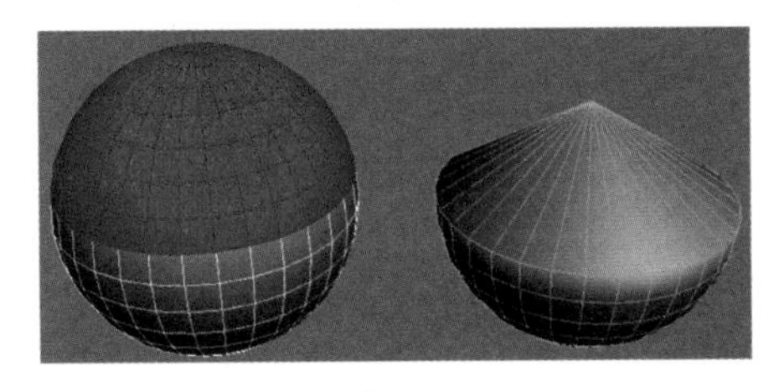

图 6-57

3. 法线区域

- ◆ 翻转：将选定面的曲面法线方向反转。
- ◆ 统一：使对象的法线指向相同的方向，通常为向外。这个选项在将对象的面还原到原始方向时非常有用。有时，作为DXF文件的组成部分合并到3ds Max的对象的法线不是常规的，具体情况取决于创建对象时使用的方法。使用该功能可以对其进行纠正。
- ◆ 翻转法线模式：单击任何面即可翻转其法线。要退出该模式，则重新单击此按钮，或在程序界面的任何位置右击。

知识拓展

使用翻转法线模式的最佳方式是，对所用的视图进行设置，以便在启用“平滑+高亮显示”和“边面”时进行显示。如果将“翻转法线”模式与默认设置结合使用，那么可以使面沿着背离你的方向翻转，但不能将其翻转回原位。为了获得最佳的结果，请禁用“选择”卷展栏中的“忽略背面”选项。无论当前方向如何，在进行上述操作时，可以单击任何面，使其法线的方向发生翻转。

4. 材质区域

- ◆ 设置ID：用于向选定的子对象分配特殊的材质ID编号，以供多维/子对象材质和其他应用使用。使用该微调器或通过键盘输入编号。可用的ID总数是65,535个。
- ◆ 选择ID：选择与相邻ID字段中指定的“材质ID”对应的子对象。键入或使用微调器指定ID，然后单击“选择ID”按钮。
- ◆ 按名称选择：该下拉列表显示了对象包含为其分配“多维/子对象”材质时子材质的名称。单击下拉箭头，然后从列表中选择某个子材质。此时，将会选中分配该材质的子对象。如果对象没有分配到“多维/子对象”材质，则将不会提供名称列表。同样，如果选定的多个对象已经应用“编辑平面”“编辑样条线”或“编辑网格”修改器，则名称列表将会处于非活动状态。

子材质名称是那些在该材质的“多维/子对象基本参数”卷展栏的“名称”列中指定的名称；这些名称不是在默认情况下创建的，因此，必须使用任意材质名称单独指定。

- ◆ 清除选定内容：启用时，如果选择新的ID或材质名称，则将会取消选择以前选定的所有子对象。禁用时，选定内容是累积结果，因此，新ID或选定的子材质名称将会添加到现有的平面或元素选择集中，如图6-58所示。

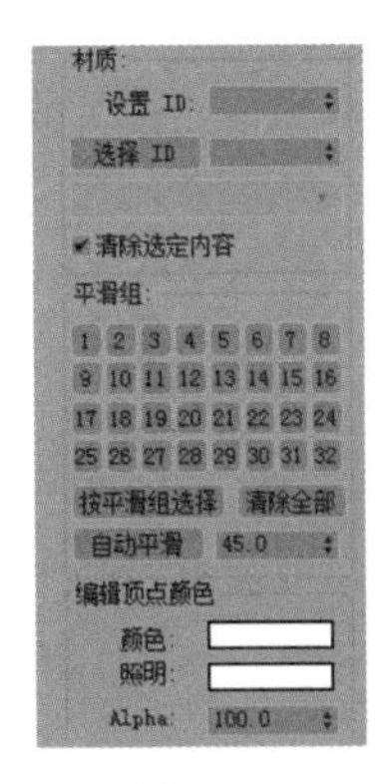

图 6-58

5. 平滑组区域

- ◆ 按平滑组选择：显示说明当前平滑组的对话框。通过单击对应编号按钮选择组，然后单击“确定”按钮。如果启用“清除选定内容”选项，则首先会取消选择以前选择的所有面。如果“清除选定内容”为禁用状态，则将新选择添加到以前的所有选择集中。

- 清除全部：从选定面中删除所有的平滑组分配。
- 自动平滑：根据面间的角度设置平滑组。如果任意两个相邻面法线间的角度小于该按钮右侧的微调器设置的角度阈值，则表示这两个面处于同一平滑组中。
- 阈值：使用该微调器（位于“自动平滑”按钮右侧），可以指定相邻面的法线之间的最大角度。通过阈值可以确定这些面是否处于同一个平滑组中。
- 5.编辑顶点颜色区域
- 使用这些控件可以分配颜色、照明颜色（着色）和选定面中各顶点的Alpha透明值。
- 颜色：单击色样可更改选定面中各顶点的颜色。在面层级分配顶点颜色时，可以防止面与面的融合。
- 照明：单击色样可更改选定面中各顶点的照明颜色。使用该选项可以更改照明颜色，而不会更改顶点颜色。
- Alpha：用于为选定面上的顶点分配Alpha透明值。微调器值是百分比值；参数为0代表完全透明，100代表完全不透明。

6.3.3 编辑面片

平面建模是一种基于Patch平面的建模方法，它是在多边形建模的基础上发展而来的一种独立模型类型。它解决了多边形表面难以进行弹性（光滑）编辑的问题，可以使用类似于编辑Bezier曲线的方法来编辑曲面。

平面建模的优点在于需要编辑的顶点很少，与NURBS曲面建模非常相似，但不像NURBS要求那么严格。只要是三角形和四边形的平面，都可以自由地拼接在一起。平面建模适用于生物模型，不仅容易制作出光滑的表面，而且容易生成表皮的褶皱，同时易于产生各种变形体，如图6-59所示。

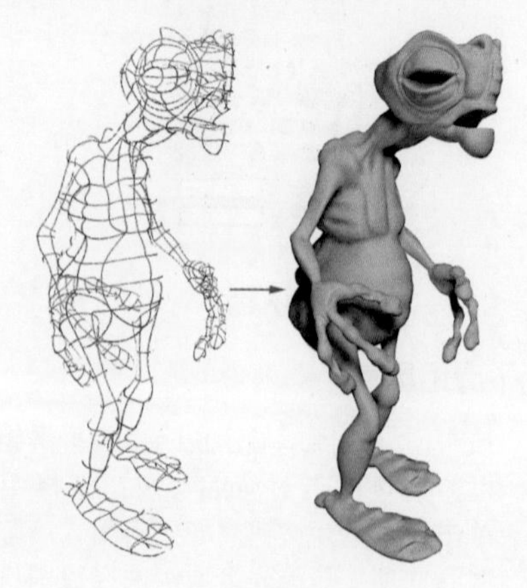

图6-59

要将创建的模型转换为平面进行编辑，首先选择对象，然后右击该对象，在弹出的四元菜单中选择“转换为可编辑平面”选项，即可进入编辑平面菜单。

“选择”卷展栏提供了各种按钮，用于选择子对象层级和使用命名的选择集和过滤器等信息，还显示了与选定实体有关的信息，如图6-60所示。

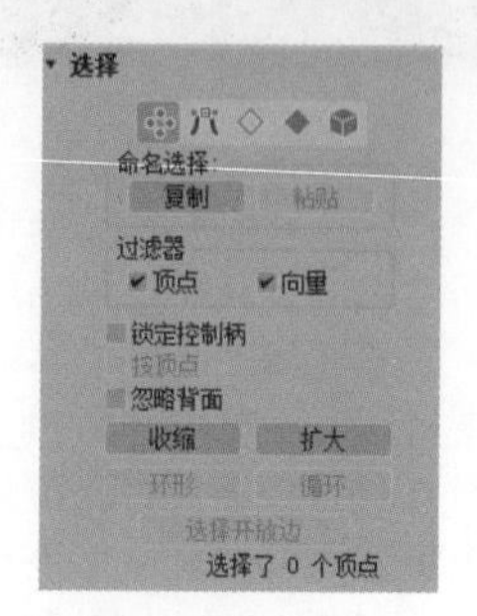

图6-60

“可编辑平面”包含5个子对象编辑层：顶点、控制柄、边、平面和元素。在每个层级所做的选择将会在视图中显示为平面对象的组件。每个层级都保留自身的子对象选择。 返回到某个层级时，选择将会重新显示。

单击此处的按钮和在“修改器堆栈”卷展栏中单击子对象类型的作用是相同的。重新单击该按钮将其禁用，然后返回到对象选择层级。

- 顶点：用于选择平面对象中的顶点控制点及其向量控制柄。在该层级中，可以对顶点进行焊接和删除操作。

在默认情况下，变换Gizmo或三轴架将会显示在选定顶点的几何中心。

- 控制柄：用于选择与每个顶点有关的向量控制柄。当位于该层级时，可以对控制柄进行操纵，而无须对顶点进行处理。变换Gizmo或三轴架将会显示在选定控制柄的几何中心。
- 边：用于选择平面对象的边界边。在该层级可以细分边，还可以向开放的边添加新的平面。变换Gizmo或三轴架显示在单个选定边的中心。对于多条选定的边，相关的图标位于选择中心。
- 平面：用于选择整个平面。在该层级可以分离或删除平面，还可以细分其曲面。在细分平面时，其曲面将会分裂成较小的平面。其中，每个平面有自己的顶点和边。
- 元素：用于选择和编辑整个元素。

1. 命名选择区域

这些功能可以与命名的子对象选择集结合使用。要创建命名的子对象选择，首先进行相关的选择，然后在该工具栏的“命名选择集”字段中输入所需的名称。

- 复制：将命名子对象选择置于复制缓冲区。单击该按钮之后，从弹出的“复制命名选择”对话框中选择命名的子对象选择。

- ◆ 粘贴：从复制缓冲区中粘贴命名的子对象选择。
- ◆ 使用“复制”和“粘贴”功能，可以在不同对象之间复制子对象选择。

2. 过滤器区域

【顶点】和【向量】复选框只能在“顶点”子对象层级使用。使用这两个复选框，可以选择和变换顶点和/或向量（顶点上的控制柄）。当禁用某个复选框时，不能选择相应的元素类型。这样，如果禁用“顶点”复选框，则可以对向量进行操纵，而不会意外地移动顶点。

不能同时禁用这两个复选框。当禁用其中一个复选框时，另外一个复选框将不可用。此时，可以对与启用的复选框对应的元素进行操纵，但不能将其禁用。

- ◆ 顶点：启用时，可以选择和移动顶点。
- ◆ 向量：启用时，可以选择和移动向量。
- ◆ 锁定控制柄：只能影响“角点”顶点。将切线向量锁定在一起，以便于在移动一个向量时，其他向量会随之移动。只有在位于“顶点”子对象层级时，才能使用该选项。
- ◆ 按顶点：当单击某个顶点时，将会选中使用该顶点的所有控制柄、边或平面，具体情况视当前的子对象层级而定。只有处于“控制柄”“边”“平面”子对象层级时，才能使用该选项。
- ◆ 忽略背面：启用时，选定子对象只会选择视图中显示其法线的那些子对象。禁用时（默认情况），无论法线方向如何，选择对象包括所有的子对象。如果只需选择一个可视平面，那么可以对复杂平面模型使用该选项。
- ◆ 收缩：通过取消选择最外部的子对象来缩小子对象的选择区域。如果无法再减小选择区域的大小，则将会取消选择其余的子对象。如果处于“控制柄”子对象层级，则不能使用该选项。
- ◆ 扩大：朝所有可用方向外侧扩展选择区域。如果处于“控制柄”子对象层级，则不能使用该选项。
- ◆ 环形：通过选择所有平行于选定边的边来扩展边选择。只有在处于“边”子对象层级时，才能使用该选项。
- ◆ 循环：尽可能扩大选择区域，使其与选定的边对齐。只有在处于“边”子对象层级时，才能使用该选项。
- ◆ 选择开放边：选择只由一个平面使用的所有边。只有在处于“边”子对象层级时，才能使用该选项。可以使用该选项解决曲面问题；此时，将会高亮显示开放的边。
- ◆ 选择信息：“选择”卷展栏的底部是提供与当前选择有关的信息的文本显示。如果选中多个子对象或未选中任何子对象，那么该文本将会提供选定的子对象数目和类型。如果选择了一个子对象，那么该文本会给出选定项目的标识编号和类型。

3. 细分区域

- ◆ 细分：对选择的表面进行细分处理，得到更多的面，使表面更光滑，细分参数如图6-61所示，细分效果如图6-62所示。

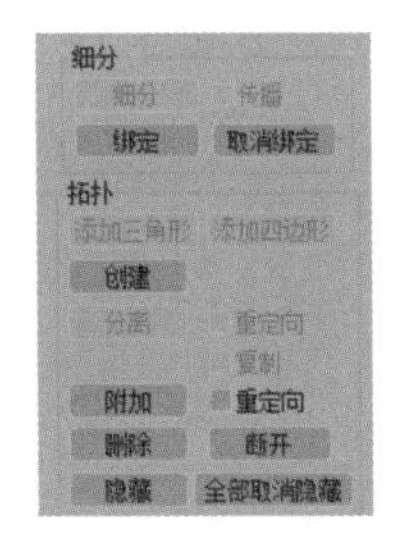

图 6-61

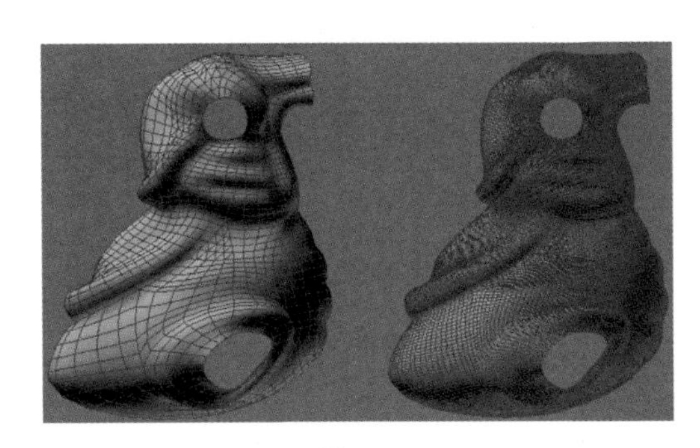

图 6-62

- ◆ 传播：控制细分设置是否以衰减的形式影响到选择平面的周围。
- ◆ 绑定：用于在同一个物体的不同平面之间创建无缝合的连接，并且它们的顶点数可以不相同。单击“绑定”按钮后，移动鼠标指针到不是拐角处的点上，当指针变为+号后，拖动指针到另一平面的边线上。同样，当指针变为+号后，释放鼠标：选择点会跳到选择线上，完成绑定，绑定的点以黑色显示。如果取消绑定，则选择绑定的点后，单击取消绑定即可。

4. 拓扑区域

- ◆ 增加三角形：在选择的边上增加一个三角形平面，新增的平面会沿当前平面的曲率延伸，并且保持曲面的光滑。
- ◆ 增加四边形：在选择的边上增加一个方形平面，新增的平面会沿当前平面的曲率延伸，并且保持曲面的光滑。
- ◆ 创建：在现有的几何体或自由空间创建点、三角形或四边形平面。三角形平面的创建可以在连续单击三次后以单击鼠标右键结束。

- 分离：将当前选择的平面从当前物体中分离出来，使其成为一个独立的新物体。可以通过“重定向”选项对合成后的物体进行重新设置。
- 附加：单击该按钮后，可以选择另一个物体，并将其转换并合并到当前平面中。可以通过“重定向”选项对合并后的物体进行重新设置。
- 删除：将当前选择的平面删除。在删除点和线的同时，也会删除共享这些点和线的平面，如图6-63所示。

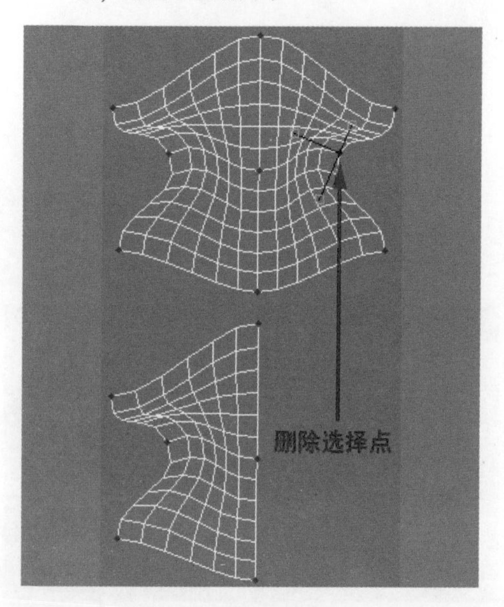

图6-63

- 断开：将当前选择点打断，单击此按钮后不会看到效果，但是如果移动断点处，就会发现它们已经分离。
- 隐藏：将选择的平面隐藏，如果选择的是点或者线，则将隐藏点线所在的平面。
- 全部取消隐藏：将隐藏的平面全部显示出来。

5. 焊接区域

- 选定：确定可进行顶点焊接的区域面积，当与顶点直接的距离小于此值时，它们就会被焊接为一个顶点，焊接参数如图6-64所示，焊接效果如图6-65所示。

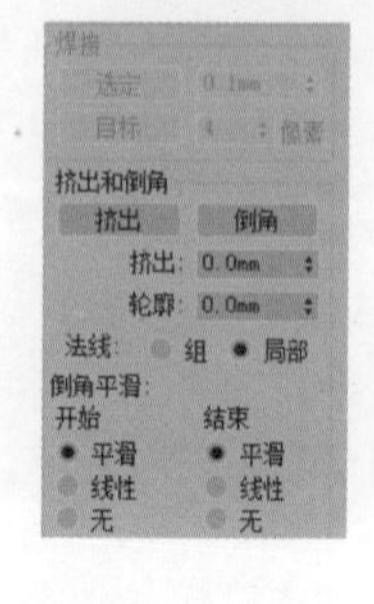

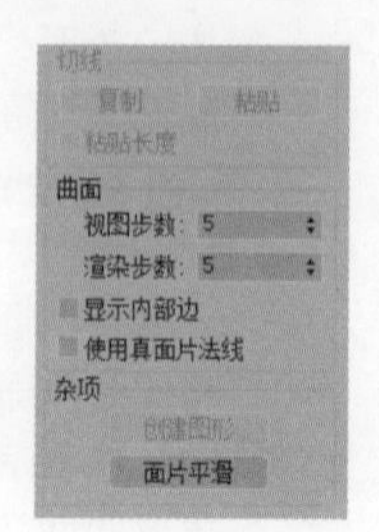

图6-64

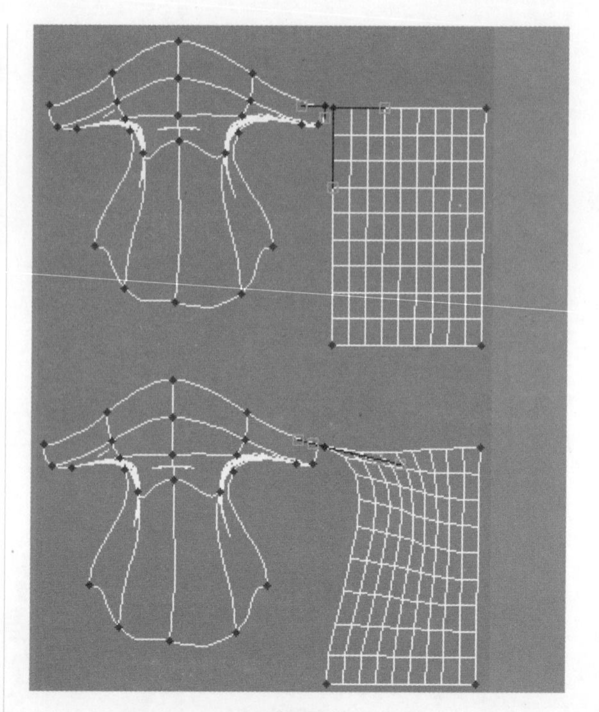

图6-65

- 目标：在视图中将选定的点（或点集）拖动到要焊接的顶点上（尽量接近），以便自动进行焊接。
- 挤出/倒角：控制对当前选择进行挤出操作还是进行倒角操作。
- 挤出：为当前选择的面设置一个厚度值，使其凸出或凹入表面，厚度值由“数量”值决定。
- 倒角：单击此按钮后，移动鼠标指针到选定的平面上，指针显示会发生变化。按住鼠标左键并上下拖动，产生凸出或凹陷效果，释放鼠标左键并继续移动鼠标，产生导边效果，也可以在释放鼠标左键后单击鼠标右键，结束倒角操作。
- 轮廓：调节轮廓的缩放数值。
- 法线：当选择“组”选项时，选定的平面将沿着整个平面组的平均法线方向挤出；当选择“局部”选项时，平面将沿着自身法线方向挤出。
- 倒角平滑：通过三种选项获得不同的倒角表面。
- 视图步数：调节视图显示的精度。数值越大，精度越高，表面越光滑。但视图刷新速度也会降低。
- 渲染步数：调节渲染的精度。
- 显示内部边：控制是否显示平面物体中央的横断表面。
- 使用真平面法线：基于选定的边创建曲线，如果没有选择边，则创建的曲线基于所有平面的边。

6.4 制作U盘模型

本例学习如何使用修改器来完成U盘模型的制作。首先创建一个长方体模型，然后使用挤出命令对面进行挤压操作，使用细分命令对边进行细分，最后使用切角命令和封口命令来完成本例的制作。

如图6-66所示为U盘模型的白模渲染效果图和线框渲染效果图。

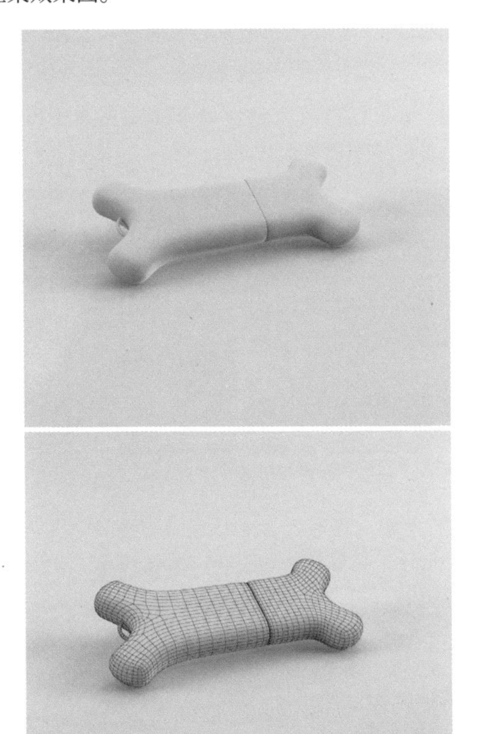

图6-66

6.4.1 制作U盘主体轮廓

步骤01 打开3ds Max软件，在创建命令面板中单击“长方体”按钮，弹出隐藏菜单，在场景中创建一个长方体模型，如图6-67左图所示。单击按钮进入修改命令面板，设置长方体模型的参数如图6-67右图所示。

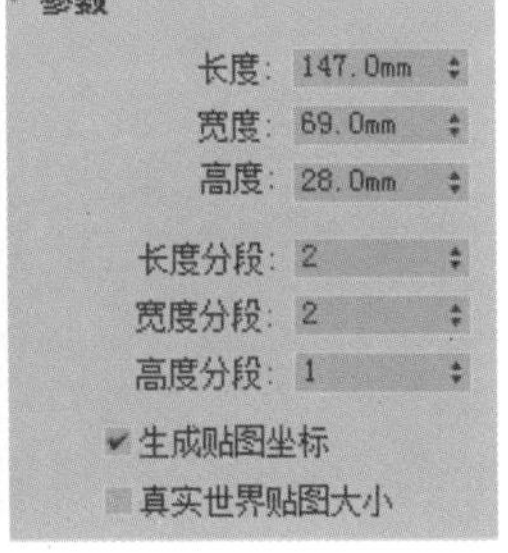

图6-67

步骤02 右击，在弹出的快捷菜单中选择如图6-68左图所示的命令，将长方体模型转换为可编辑多边形，对长方体模型进行编辑。按4键切换到“多边形”级别，选择如图6-68右图所示的面。

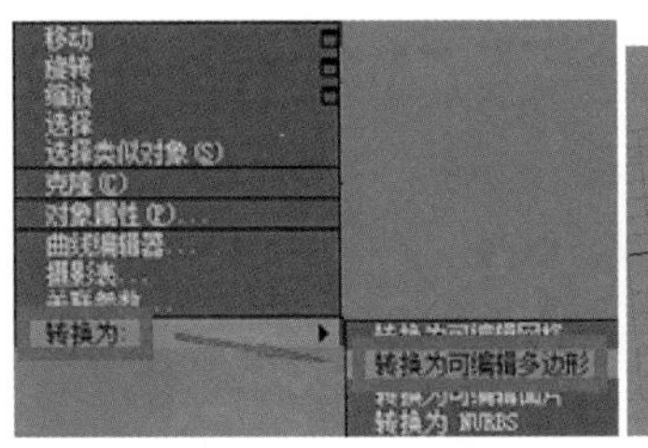

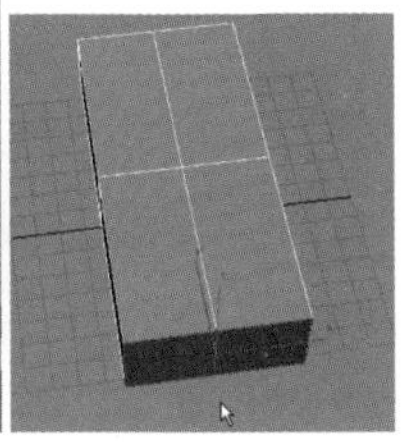

图6-68

步骤03 单击“挤出”按钮，设置参数如图6-69左图所示。此时，模型效果如图6-69右图所示。

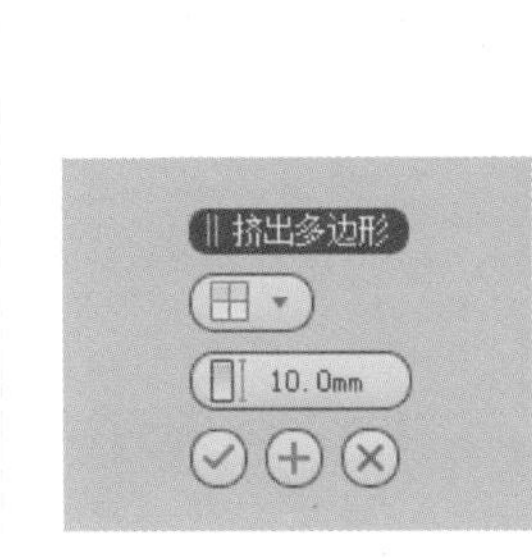

图6-69

步骤04 将面移至如图6-70左图所示的位置。单击“旋转”按钮，对面进行旋转，效果如图6-70右图所示。

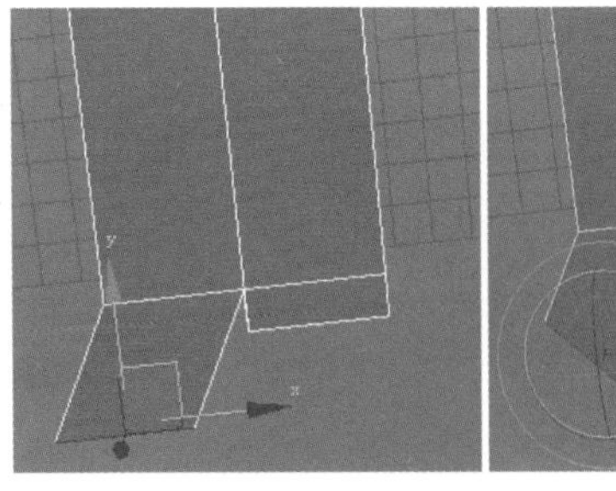
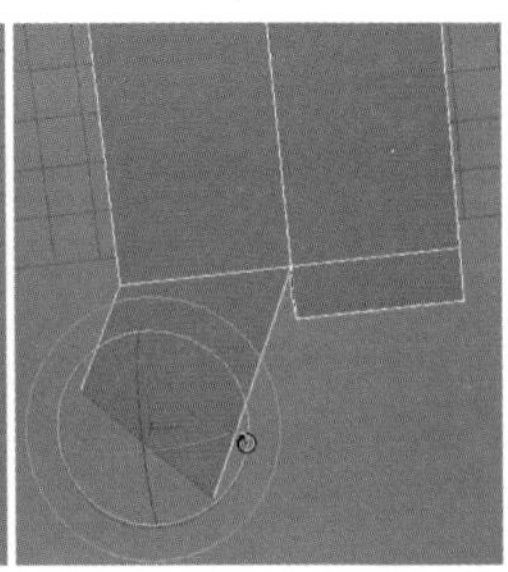

图6-70

步骤05 继续调节面到如图6-71左图所示的位置。选择如图6-71右图所示的面。

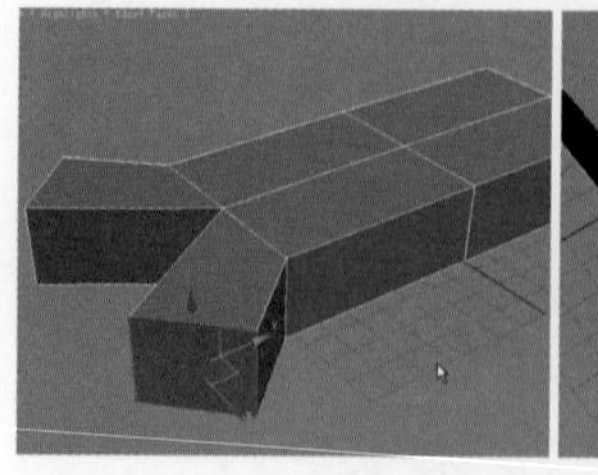
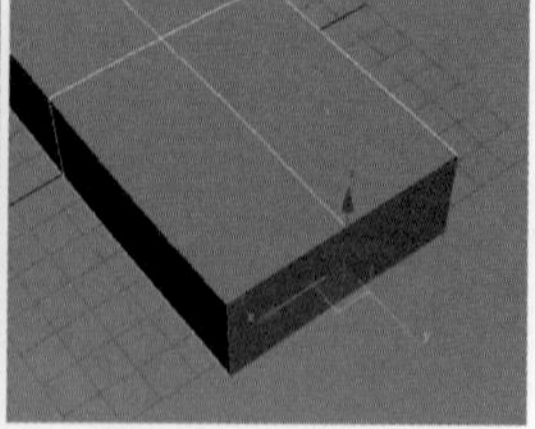

图 6-71

步骤06 单击“挤出”按钮，设置参数如图6-72左图所示。调节节点到如图6-72右图所示的位置。

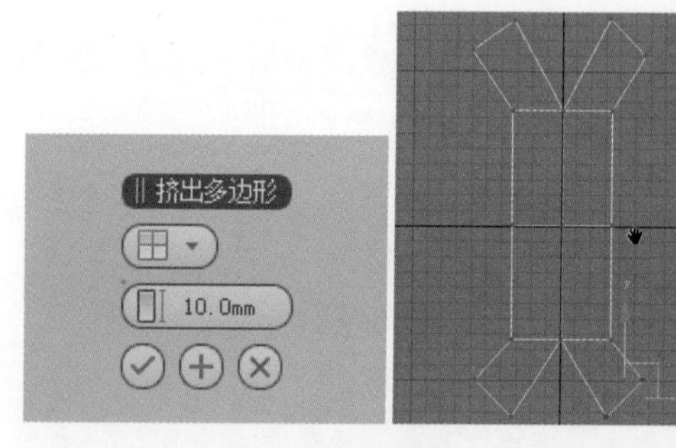

图 6-72

步骤07 此时，模型效果如图6-73所示。

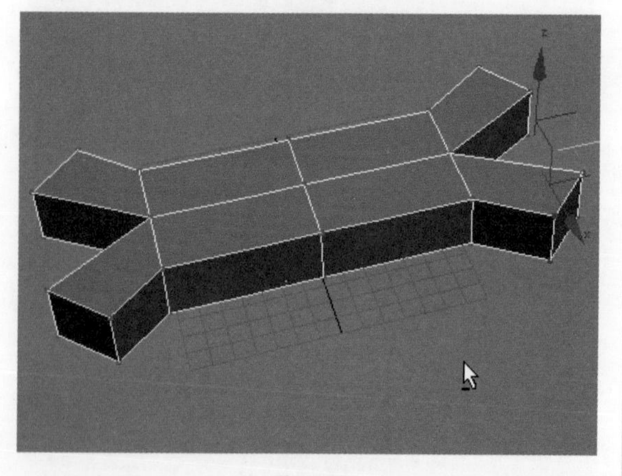

图 6-73

6.4.2 制作U盘细节部分

步骤01 选择如图6-74左图所示的边。使用快捷键Ctrl+Shift+E对模型进行细分，并移动边到如图6-74右图所示的位置。

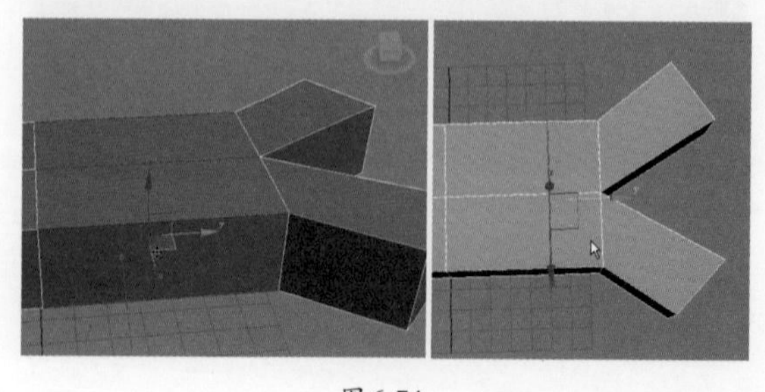

图 6-74

步骤02 调节节点到如图6-75左图所示的位置。选择如图6-75右图所示的边，使用快捷键Ctrl+Shift+E对模型进行细分。

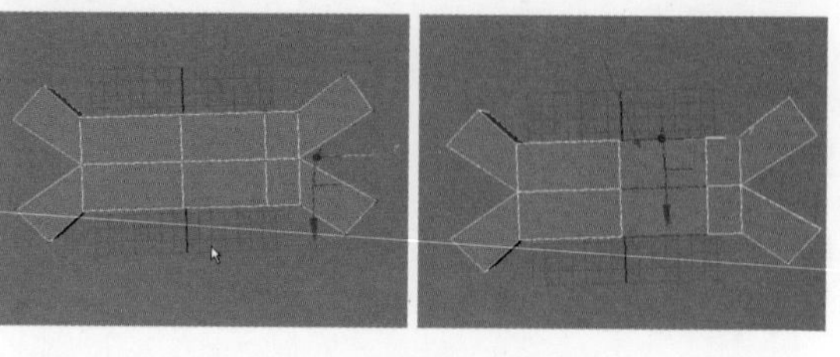

图 6-75

步骤03 细分模型后，模型效果如图6-76左图所示。选择如图6-76右图所示的边。

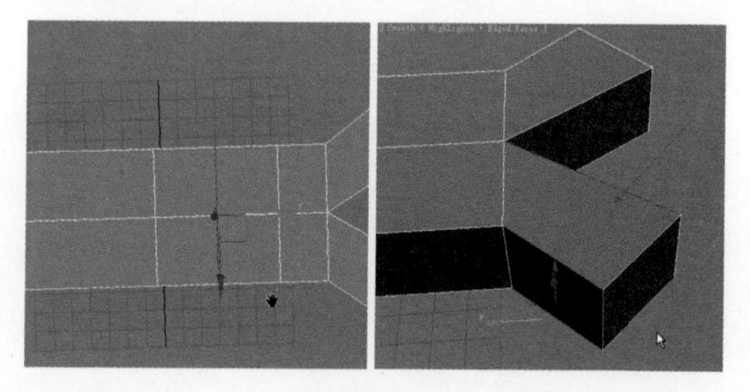

图 6-76

步骤04 单击“连接”按钮，设置参数如图6-77左图所示。此时，模型效果如图6-77右图所示。

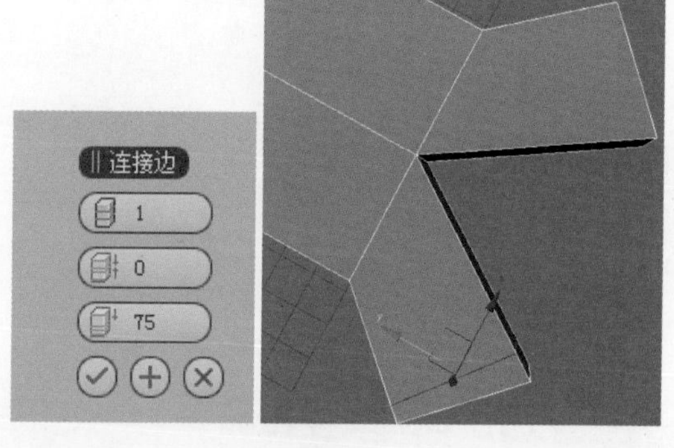

图 6-77

步骤05 选择如图6-78左图所示的边。单击“连接”按钮，设置参数如图6-78右图所示。

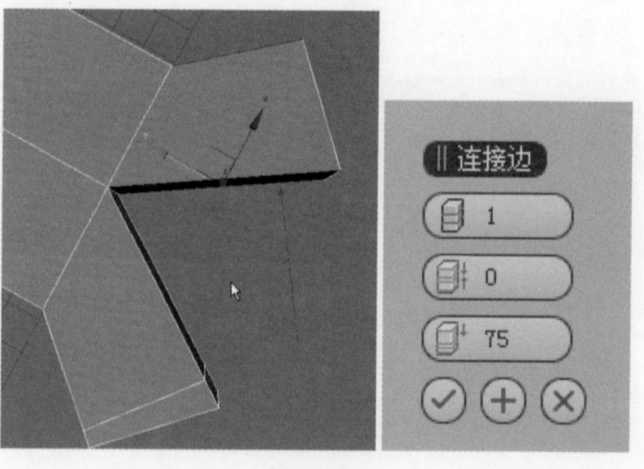

图 6-78

步骤06 继续对边进行细分，效果如图6-79左图所示。选择如图6-79右图所示的边。

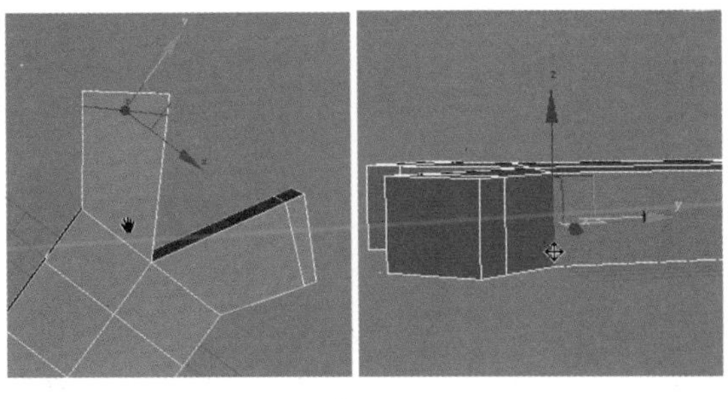

图6-79

步骤07 单击“环形”按钮，选择平行的一圈边，如图6-80左图所示。单击“连接”按钮，对模型进行细分，设置参数如图6-80右图所示。

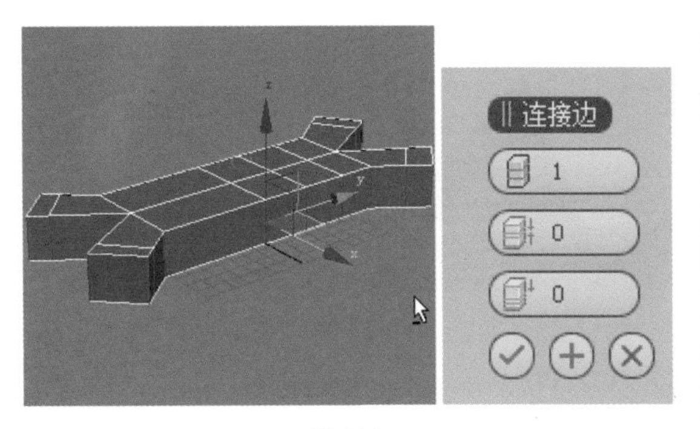

图6-80

步骤08 此时，模型效果如图6-81左图所示。使用快捷键Ctrl+Q对模型进行光滑显示，查看效果如图6-81右图所示。

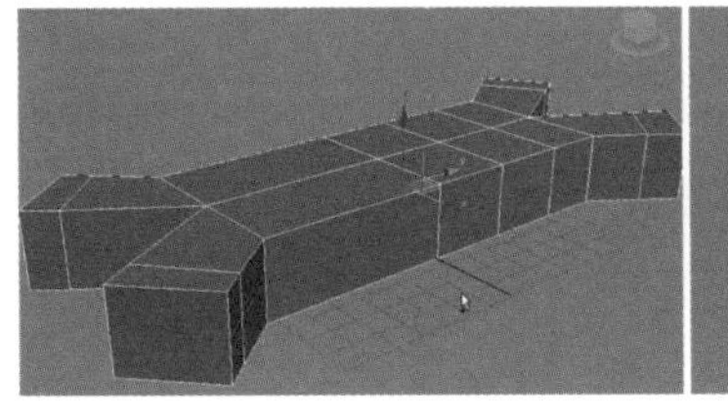
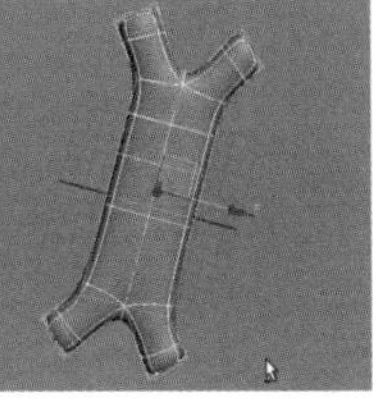

图6-81

步骤09 取消光滑显示模式，选择如图6-82左图所示的一圈边。单击“切角”按钮，设置参数如图6-82右图所示。

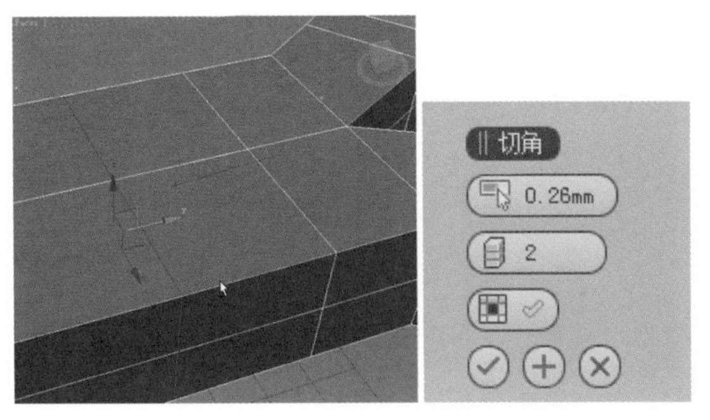

图6-82

步骤10 切角完成后，模型效果如图6-83所示。

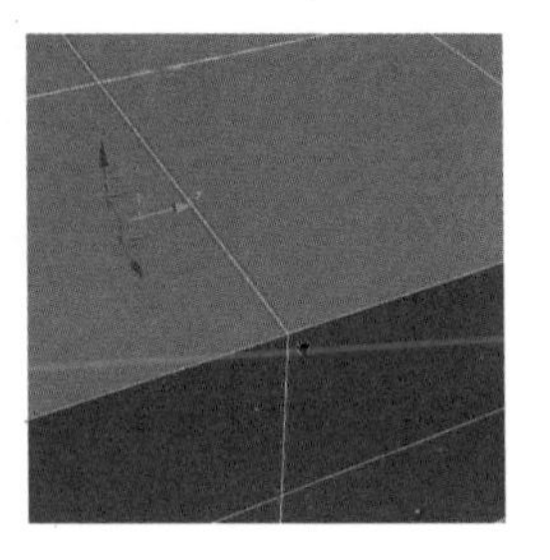

图6-83

步骤11 选择如图6-84左图所示的一圈边。使用“缩放”工具，调节边到如图6-84右图所示的位置。

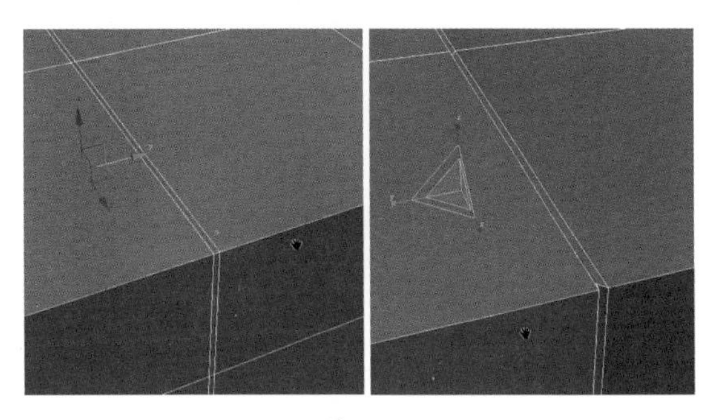

图6-84

步骤12 单击“切角”按钮，设置参数如图6-85左图所示。此时，模型效果如图6-85右图所示。

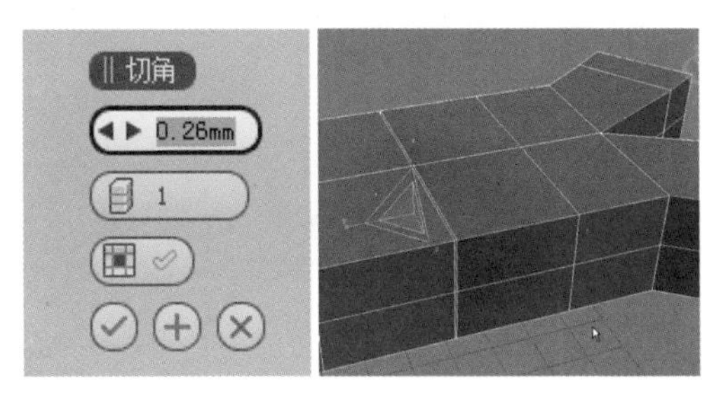

图6-85

步骤13 对模型进行光滑显示，使用快捷键F9进行渲染，U盘渲染效果如图6-86左图所示。选择如图6-86右图所示的边。

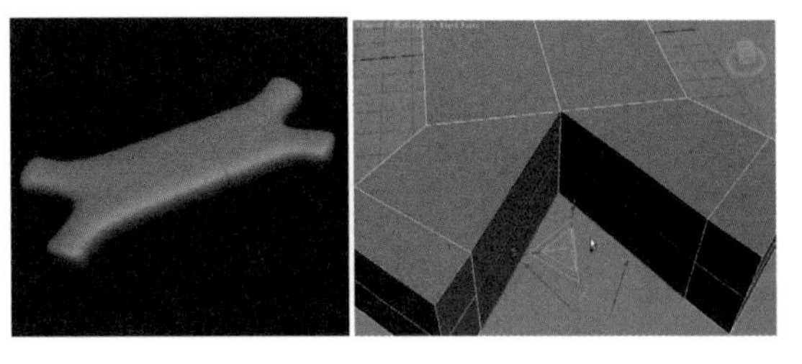

图6-86

步骤14 右击，在弹出的快捷菜单中单击“连接”选项，设置参数如图6-87左图所示。选择如图6-87右图所示的面。

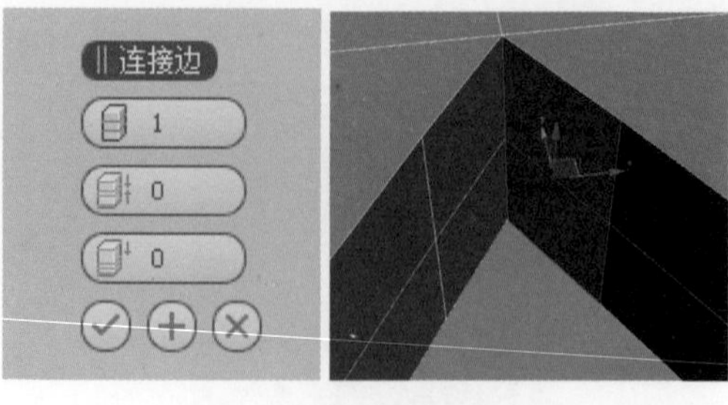

图 6-87

步骤15 单击“挤出”按钮，设置参数如图6-88左图所示。挤压效果如图6-88右图所示。

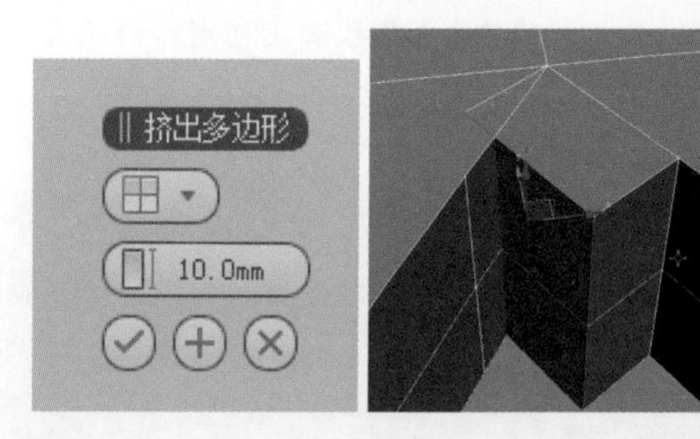

图 6-88

步骤16 移动挤压得到的面，选择如图6-89左图所示的面，使用Delete键将其删除。继续删除多余的面，效果如图6-89右图所示。

图 6-89

步骤17 使用快捷键1切换到“顶点”级别，单击“目标焊接”按钮，对点进行焊接，完成焊接后，模型效果如图6-90左图所示。选择如图6-90右图所示的面，使用Delete键将面删除。

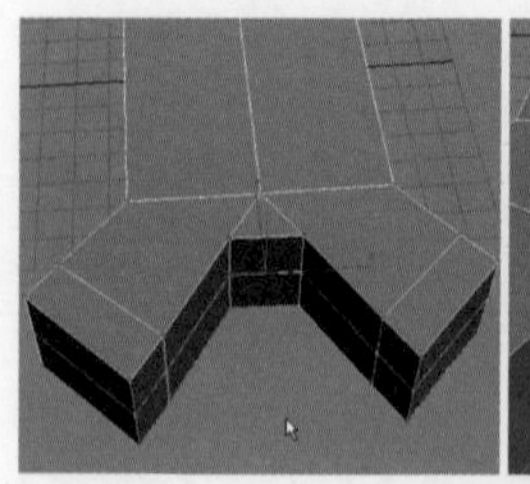
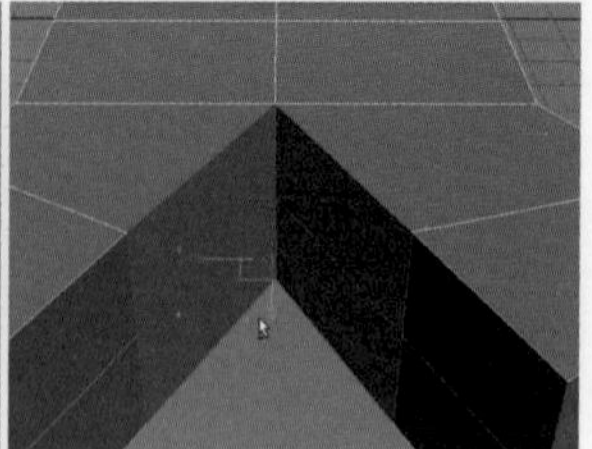

图 6-90

知识拓展

“目标焊接”的作用是在试图中将选择的点（或点集）拖动到要焊接的顶点上（尽可能地接近），这样会自动进行焊接。

步骤18 单击按钮，选择开放的边，如图6-91左图所示。单击“封口”按钮，进行封面，效果如图6-91右图所示。

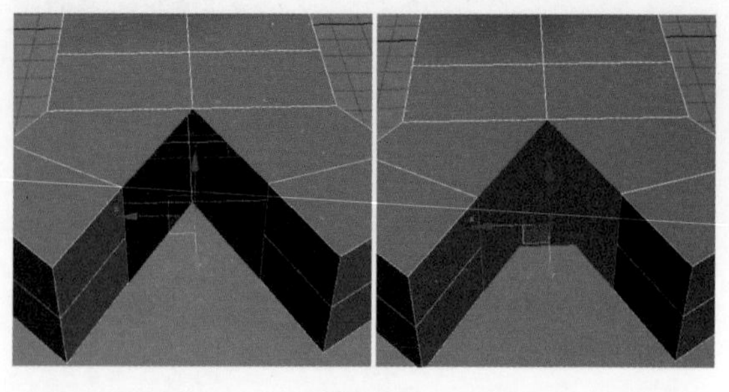

图 6-91

步骤19 选择如图6-92左图所示的两点，使用快捷键Ctrl+Shift+E创建边，效果如图6-92右图所示。

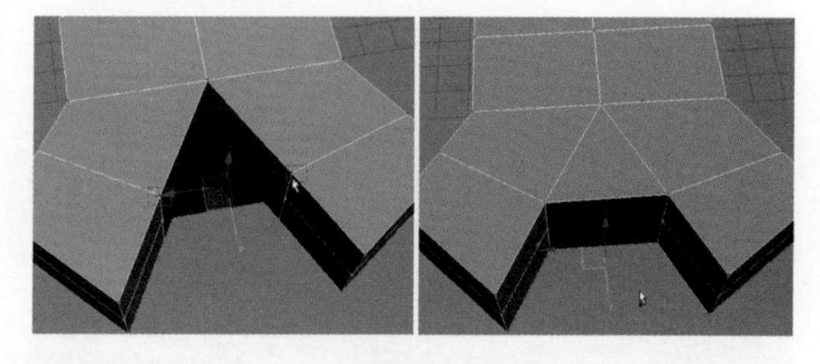

图 6-92

步骤20 选择如图6-93左图所示的所有平行边。使用快捷键Ctrl+Shift+E对模型进行细分，效果如图6-93右图所示。

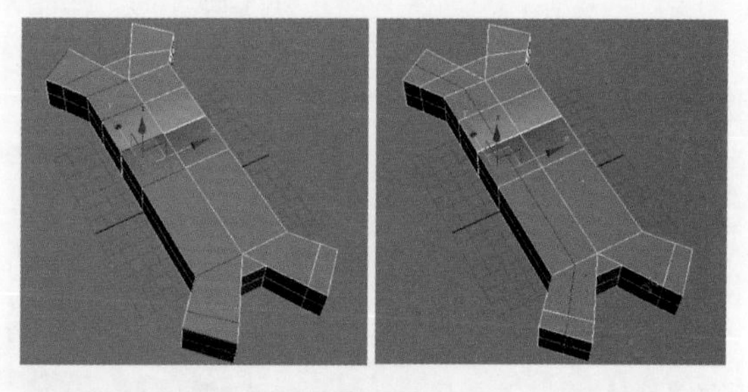

图 6-93

步骤21 使用同样的方法，继续对模型进行细分，效果如图6-94左图所示。按1键切换到顶点级别，调节节点到如图6-94右图所示的位置。

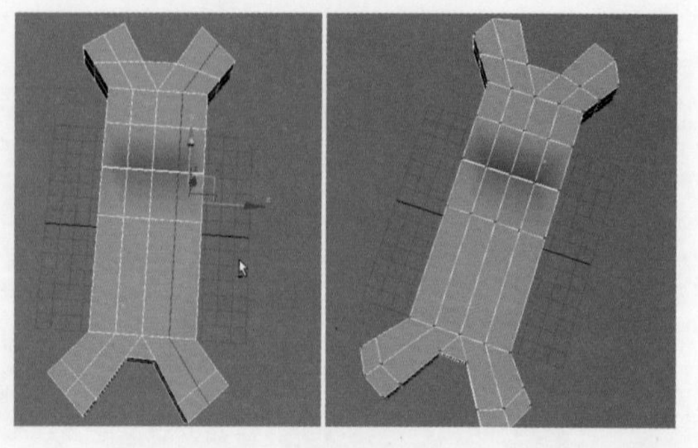

图 6-94

步骤22 使用快捷键Ctrl+Q对模型进行光滑显示，并使用快捷键F4取消边框显示，模型效果如图6-95所示。

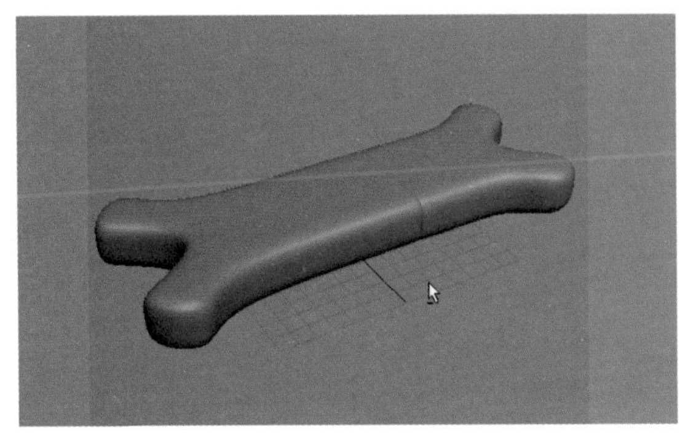

图6-95

6.4.3 继续制作U盘细节部分

步骤01 选择如图6-96左图所示的一圈边。使用“缩放”工具对边进行缩放，效果如图6-96右图所示。

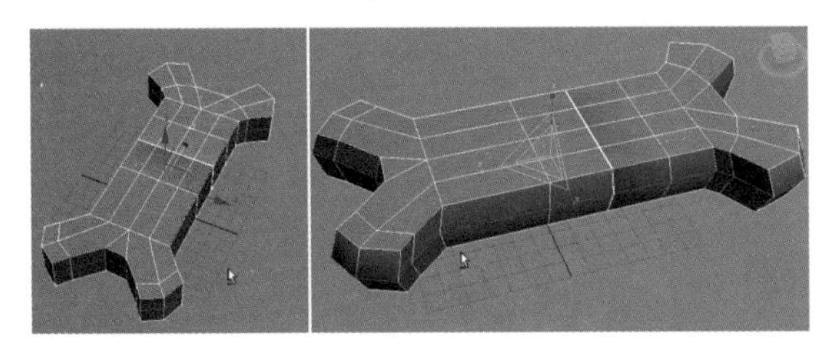

图6-96

步骤02 调节节点到如图6-97左图所示的位置。选择如图6-97右图所示的边。

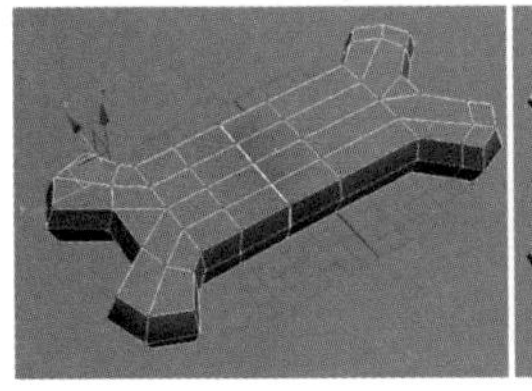
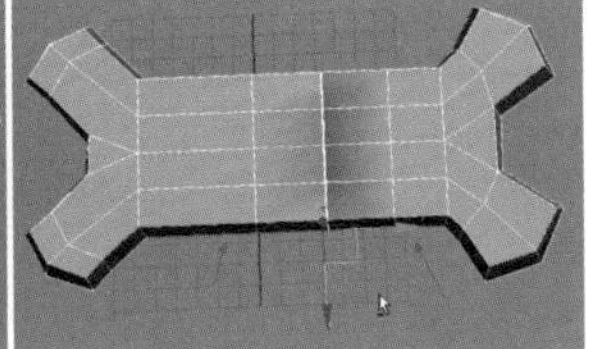

图6-97

步骤03 移动边到如图6-98左图所示的位置。使用快捷键Ctrl+Q对模型进行光滑显示，然后按F9键进行渲染，渲染效果如图6-98右图所示。

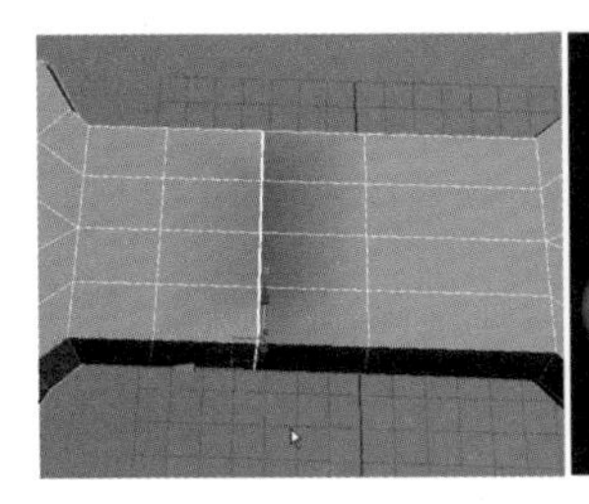
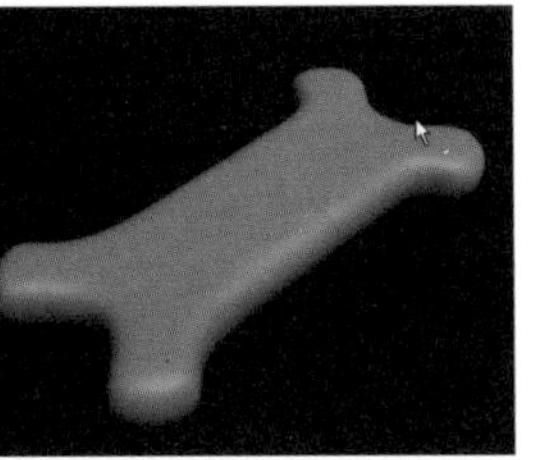

图6-98

步骤04 选择如图6-99左图所示的边，单击“循环”按钮，选择凹槽的两圈边。使用“缩放”工具，设置坐标为，调节边到如图6-99右图所示的位置。

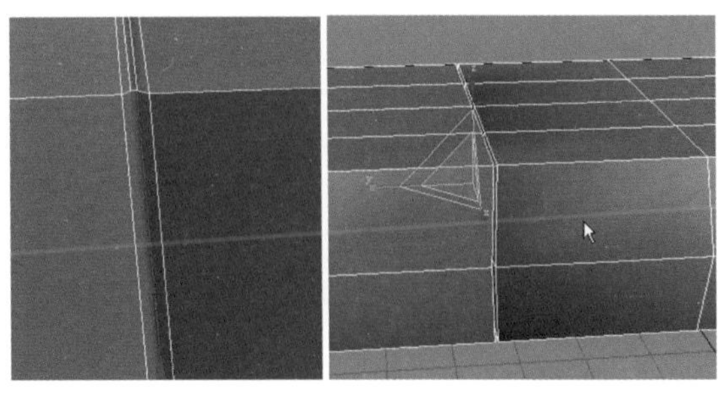

图6-99

步骤05 我们也可以使用光滑修改器，对模型进行光滑显示，在下拉列表中选择“涡轮平滑”命令，为模型添加涡轮平滑修改器，设置修改器面板参数如图6-100左图所示。此时，模型效果如图6-100右图所示。

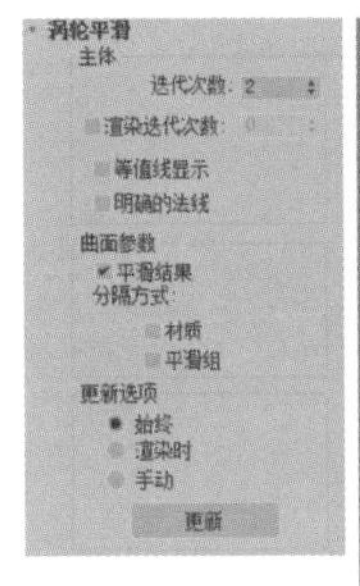

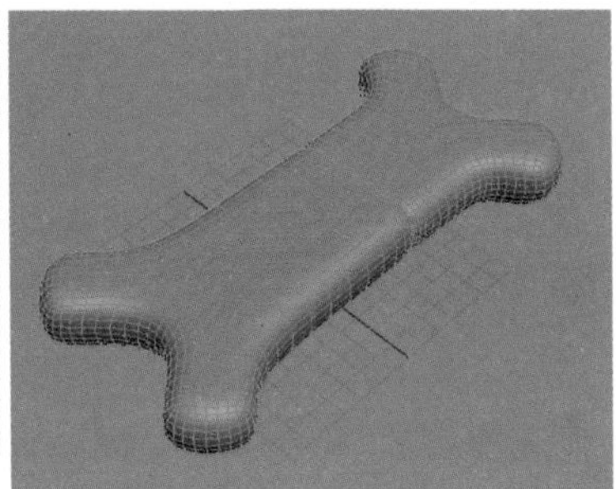

图6-100

6.4.4 制作U盘吊环部分

步骤01 单击按钮，切换到“标准基本体”创建面板，然后单击“圆环”按钮，在场景中创建一个环形物体，单击按钮，设置修改面板参数如图6-101左图所示。将环形物体移至如图6-101右图所示的位置。

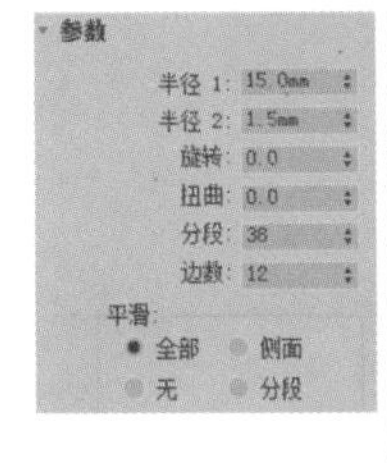

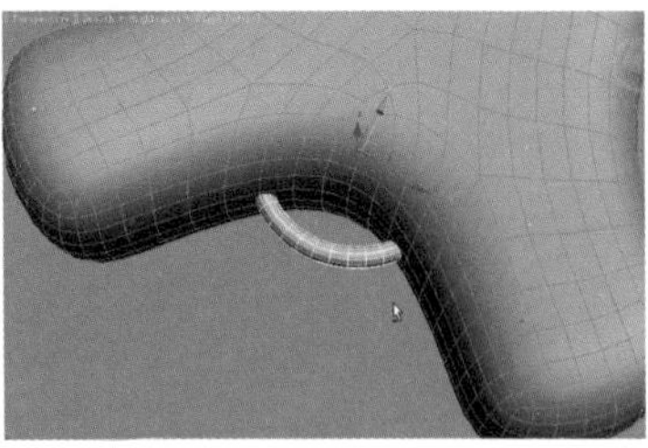

图6-101

步骤02 右击，在弹出的快捷菜单中选择“转换为可编辑多边形”，将环形转化为“可编辑多边形”，使用快捷键1切换到“顶点”级别，选择如图6-102左图所示的点，按Delete键将其删除。删除后，图像如图6-102右图所示。

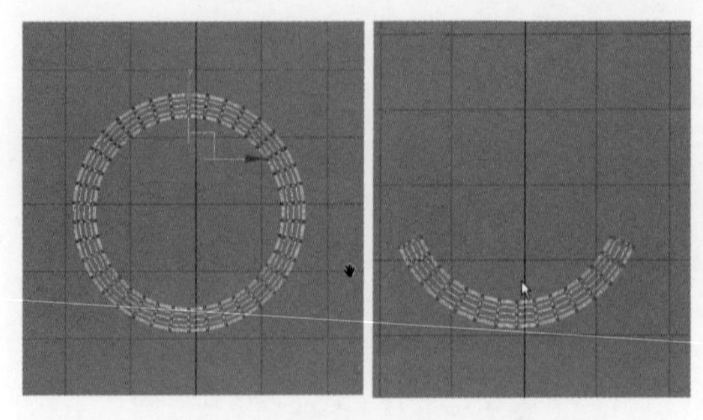

图 6-102

步骤03 继续删除多余的节点，效果如图 6-103 所示。

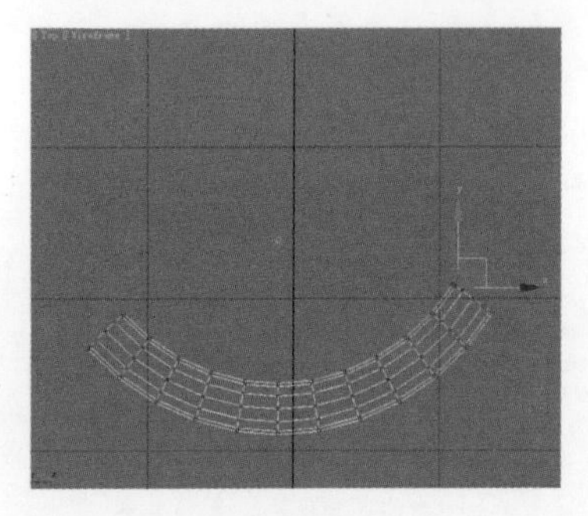

图 6-103

步骤04 使用快捷键 Ctrl+Q 对模型进行光滑显示，使用快捷键 F4 取消边框显示，此时，模型效果如图 6-104 所示。

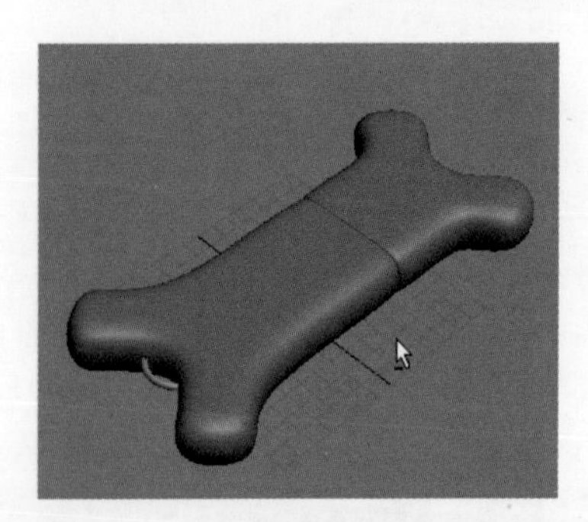

图 6-104

步骤05 选择场景中的所有模型，使用快捷键 M，打开材质编辑器，如图 6-105 所示，单击按钮，为模型附加材质。

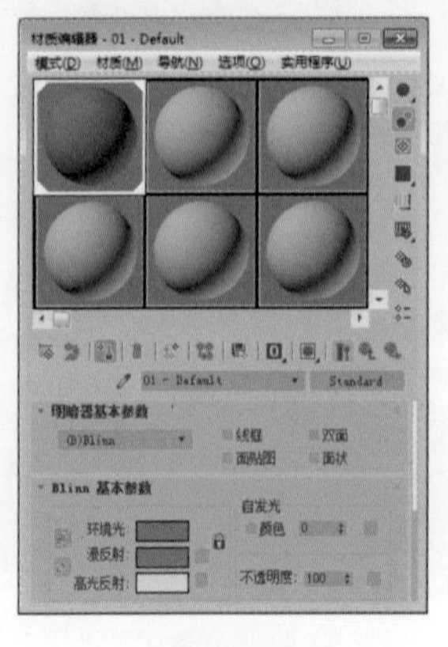

图 6-105

步骤06 此时，模型效果如图 6-106 所示。

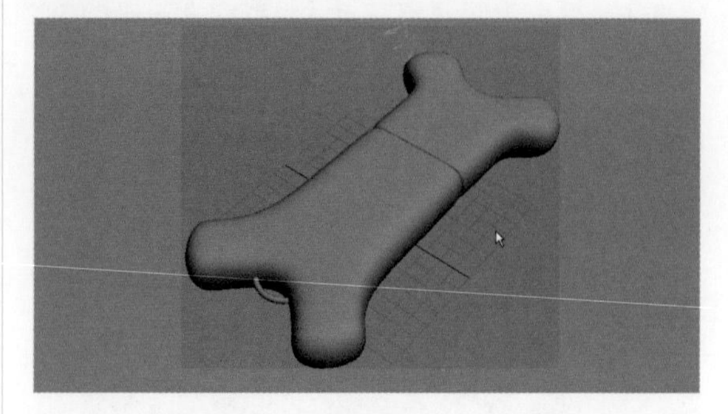

图 6-106

步骤07 继续选择场景中的全部物体，单击按钮，在弹出的“对象颜色”对话框中设置参数，如图 6-107 所示，单击“确定”按钮。

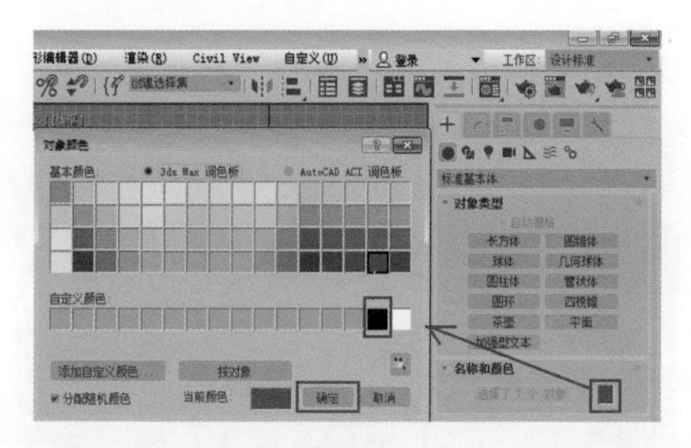

图 6-107

步骤08 使用快捷键 F4 显示边框，效果如图 6-108 所示，完成本实例的制作。

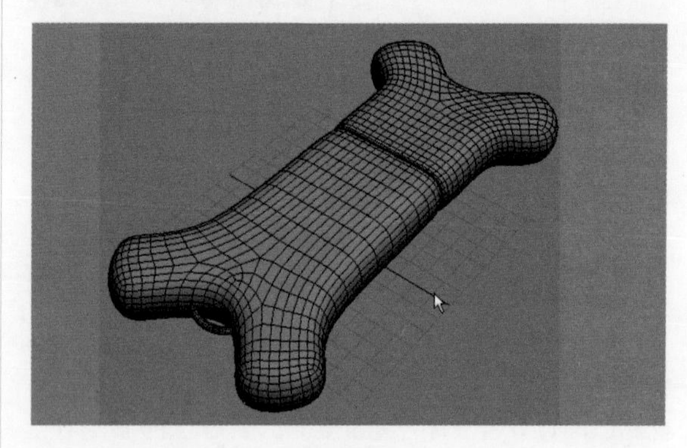

图 6-108

6.5 制作冰激凌模型

本案例主要学习修改器的建模方法，所涉及的命令有“车削”“圆角”“优化”“轮廓”“切角”“扭曲”“锥化”修改器来完成模型的制作。

如图6-109所示为冰激凌模型的白模渲染效果图和线框渲染效果图。

图6-109

6.5.1 制作冰激凌底部模型

步骤01 单击按钮，切换到“样条线”创建面板，单击“线”按钮，在场景中创建一条样条曲线，如图6-110左图所示。在下拉菜单中选择“车削”命令，为样条曲线添加车削修改器，效果如图6-110右图所示。

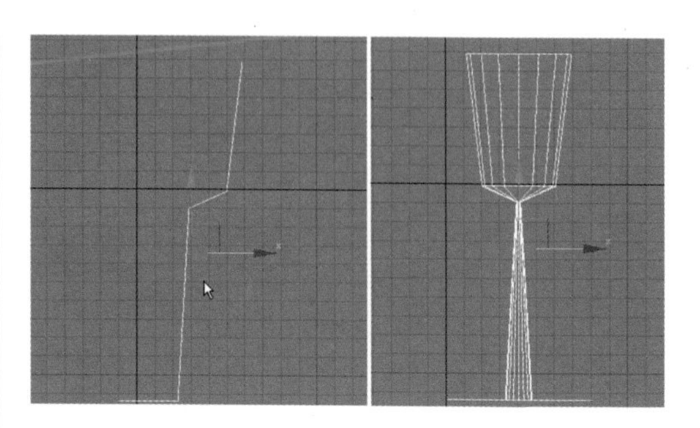

图6-110

步骤02 单击如图6-111左图所示的按钮。此时，模型效果如图6-111右图所示。

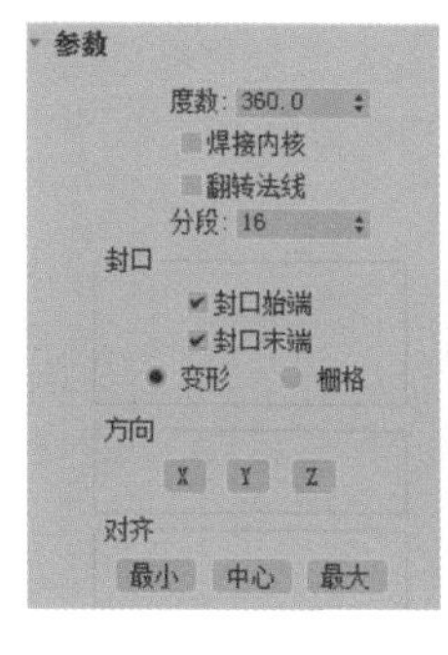

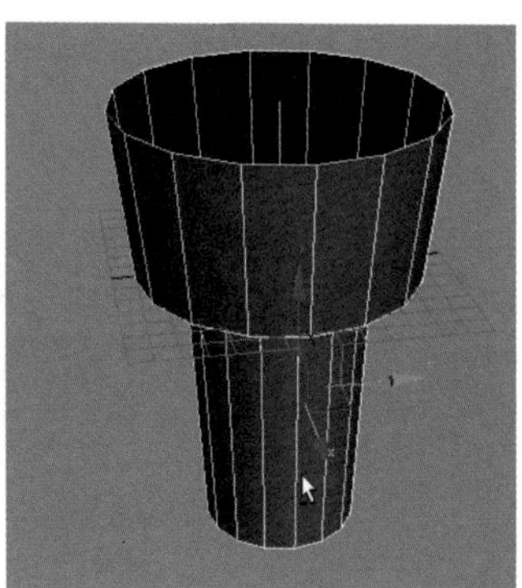

图6-111

步骤03 回到样条曲线编辑模式，选择如图6-112左图所示的点。单击“圆角”按钮，对点进行圆角处理，此时，模型效果如图6-112右图所示。

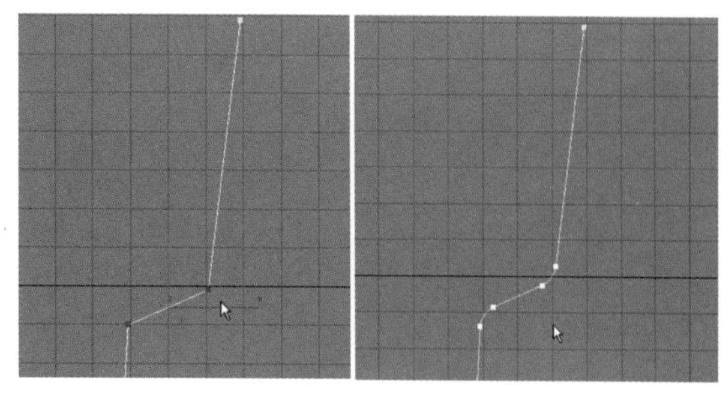

图6-112

步骤04 继续对节点进行圆角处理，效果如图6-113左图所示。右击，在弹出的快捷菜单中选择“优化”命令，为样条曲线添加节点，效果如图6-113右图所示。

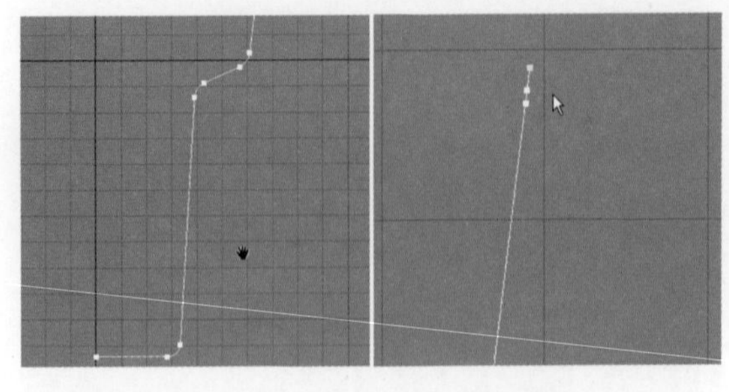

图 6-113

步骤05 调节节点到如图6-114左图所示的位置。选择如图6-114右图所示的点。

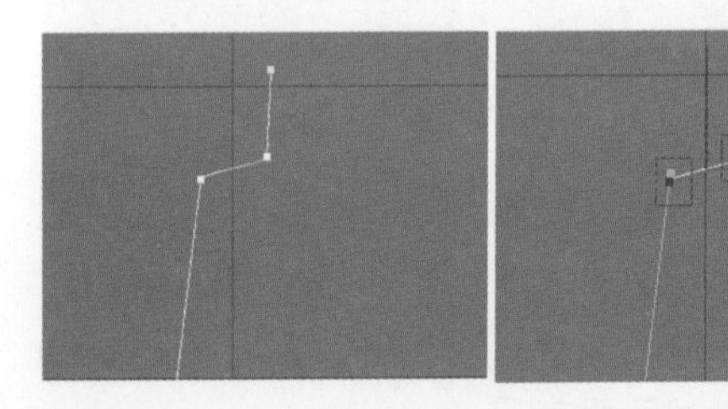

图 6-114

步骤06 单击“圆角”按钮，对点进行圆角处理，此时，模型效果如图6-115左图所示。调节节点到如图6-115右图所示的位置。

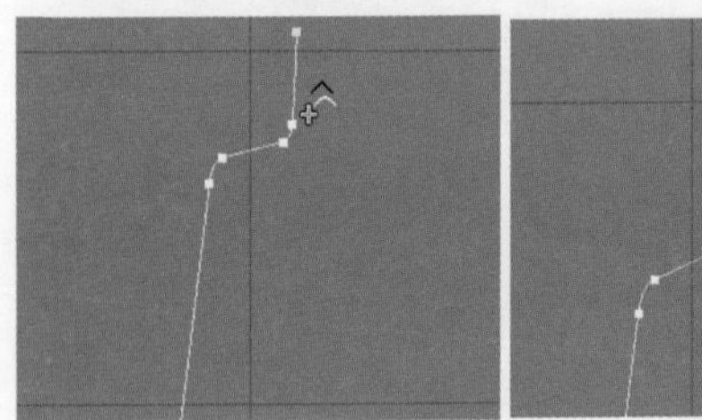

图 6-115

步骤07 选择如图6-116左图所示的线。单击“轮廓”按钮，对线进行扩边，效果如图6-116右图所示。

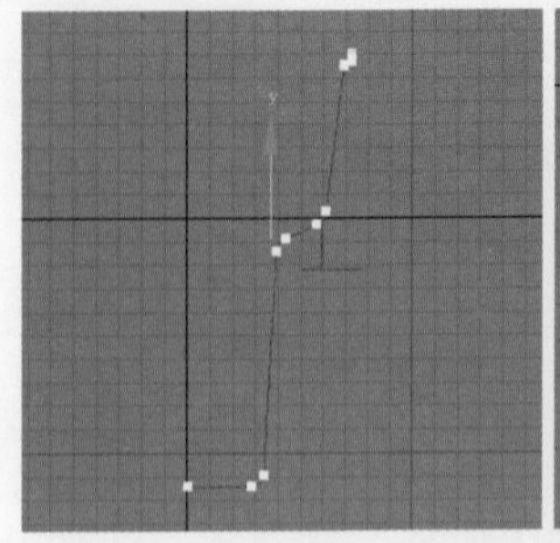
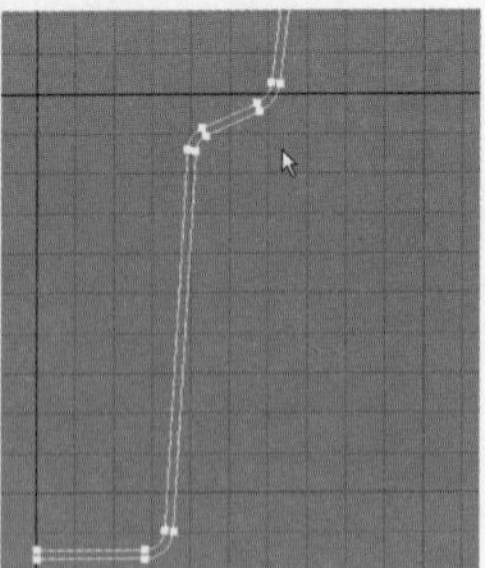

图 6-116

步骤08 选择如图6-117左图所示的线，将其删除。回到“车削”修改器层级，此时，模型效果如图6-117右图所示。

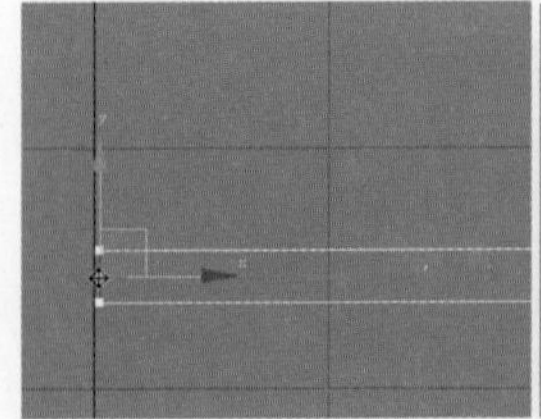

图 6-117

步骤09 由上图可以看出法线反了，设置修改器面板参数如图6-118左图所示。此时，模型效果如图6-118右图所示。

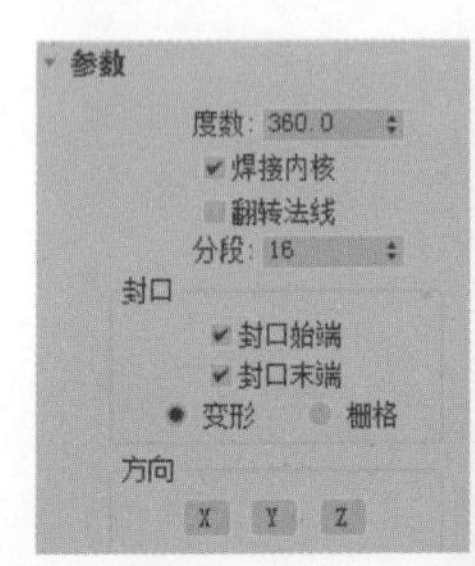

图 6-118

步骤10 使用快捷键“F4”取消边框显示，此时模型效果如图6-119左图所示。继续回到“线”层级，调节节点到如图6-119右图所示的位置。

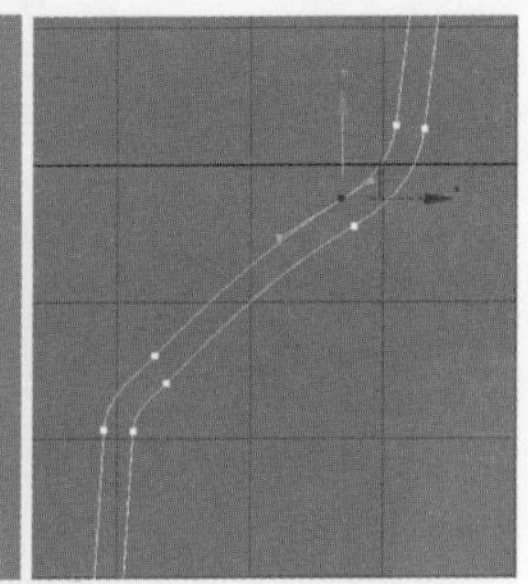

图 6-119

步骤11 此时，模型效果如图6-120所示。

图 6-120

6.5.2 制作冰激凌上部模型

步骤01 单击●按钮，切换到“标准基本体”创建面板，单击“圆柱体”按钮，在场景中创建一个圆柱体模型，如图6-121左图所示。单击按钮，设置修改面板参数如图6-121右图所示。

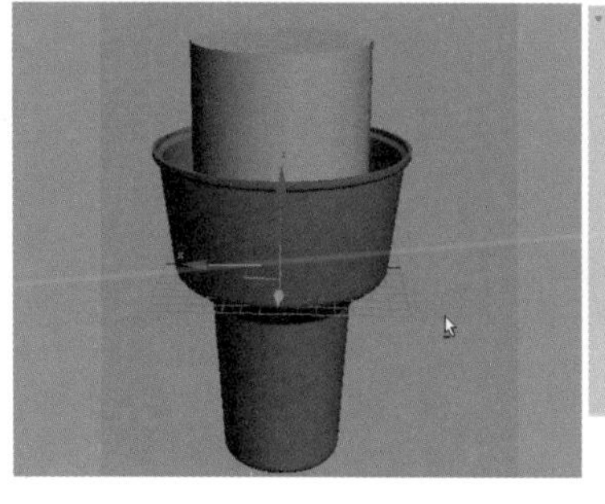
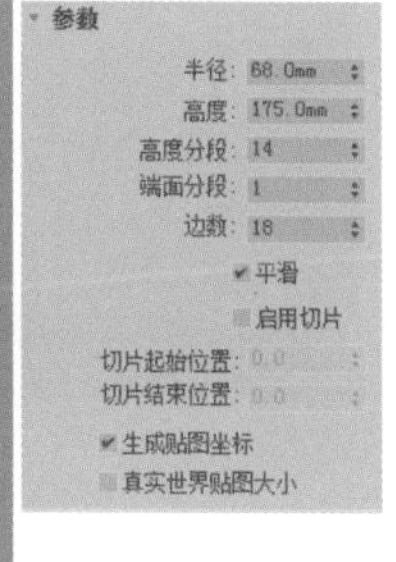

图6-121

步骤02 此时，模型效果如图6-122左图所示。右击，在弹出的快捷菜单中选择如图6-122右图所示的命令，将圆柱体转换为可编辑的多边形。

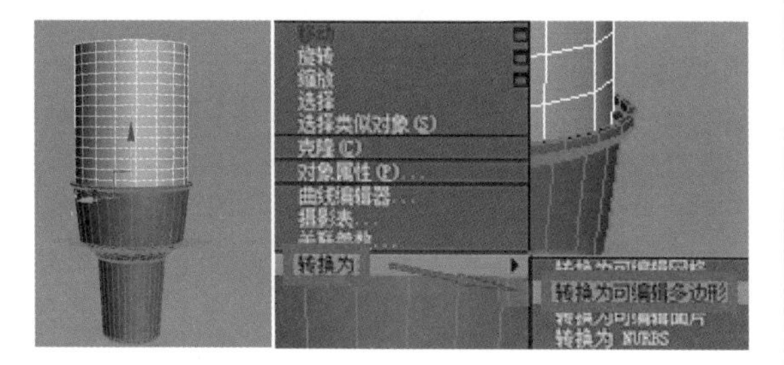

图6-122

步骤03 选择如图6-123左图所示的面，使用Delete键将选择的面删除。选择圆柱体的底面，如图6-123右图所示，删除底面。

图6-123

步骤04 此时，模型效果如图6-124左图所示。然后，选择如图6-124右图所示的边。

图6-124

步骤05 单击“循环”按钮，得到如图6-125左图所示的边。使用“缩放”工具对边进行缩放操作，模型效果如图6-125右图所示。

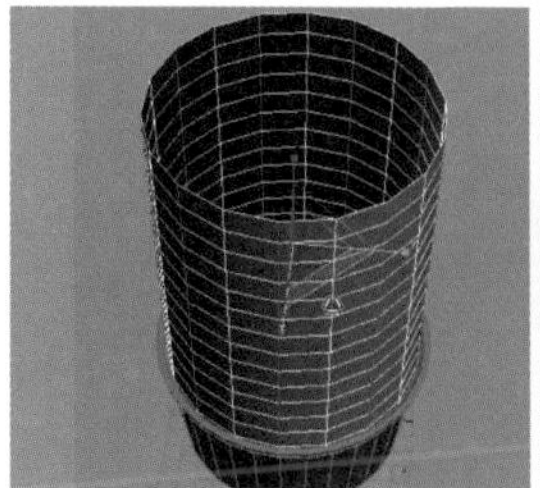
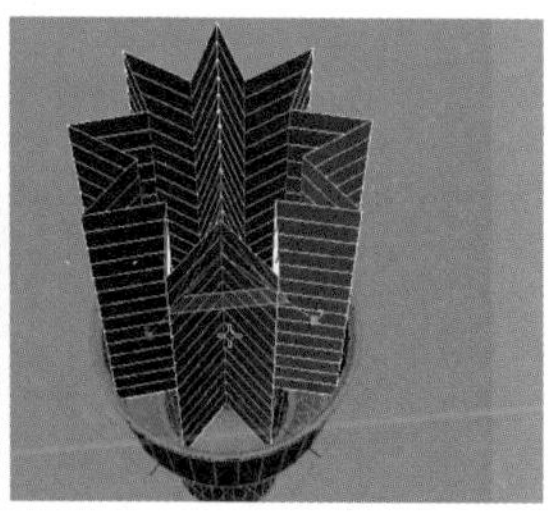

图6-125

步骤06 选择如图6-126左图所示的边。单击“节角”按钮，设置参数如图6-126右图所示。

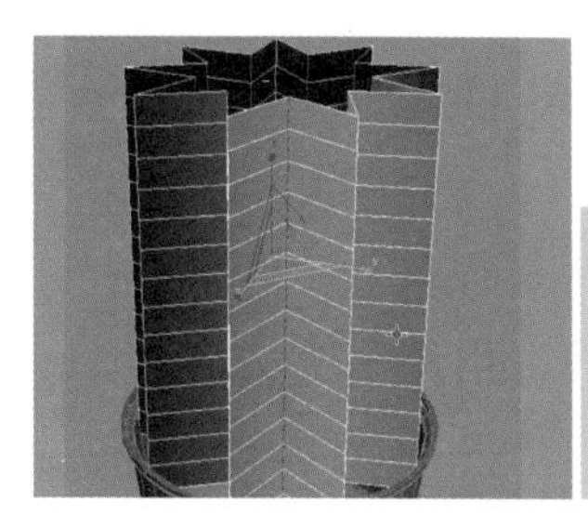
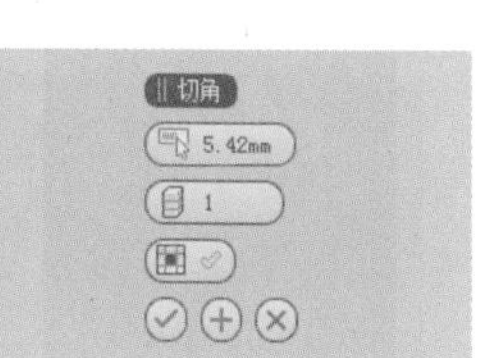

图6-126

步骤07 此时，模型效果如图6-127左图所示。然后，选择如图6-127右图所示的边。

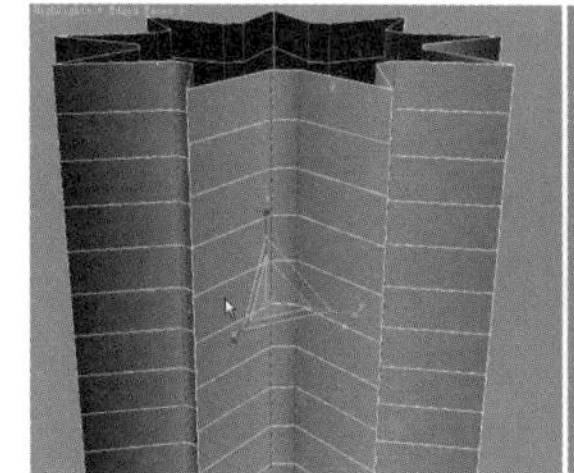
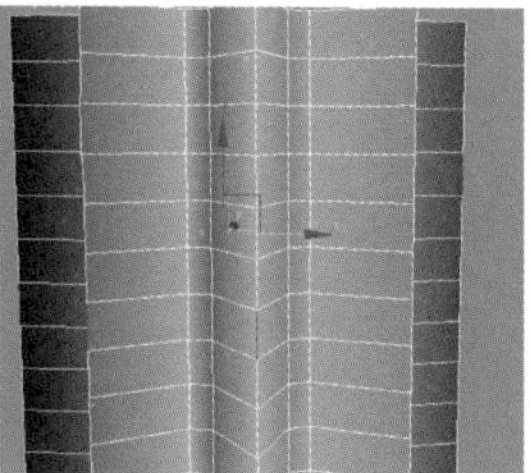

图6-127

步骤08 单击“循环”按钮，得到如图6-128左图所示的边。单击“切角”按钮，设置参数如图6-128右图所示。

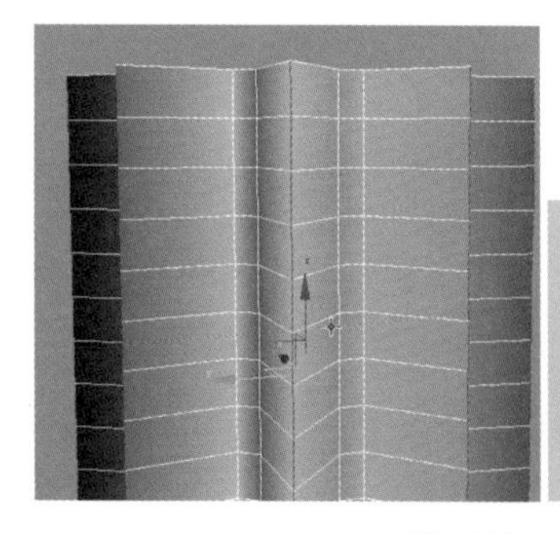
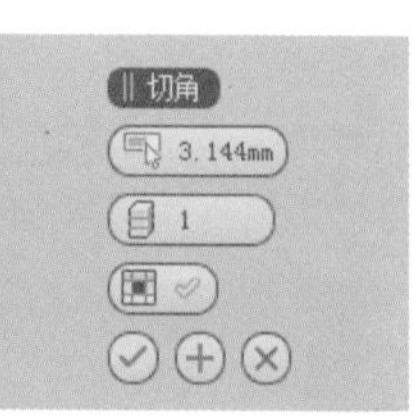

图6-128

步骤09 此时，模型效果如图6-129左图所示。退出子物体层级，在修改器下拉菜单中选择“锥化”命令，为模型添加锥化修改器，设置修改器面板参数如图6-129右图所示。

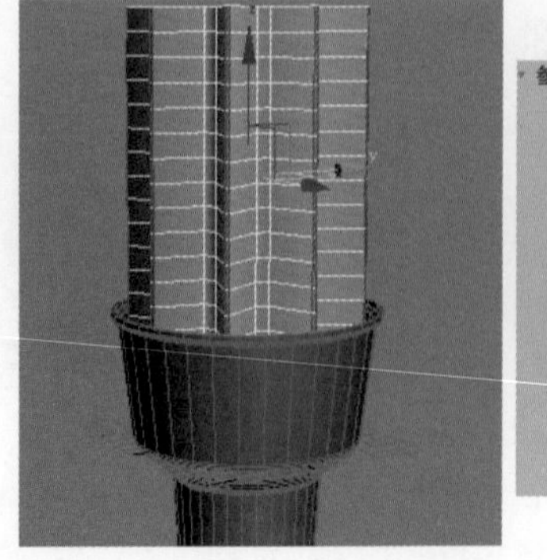
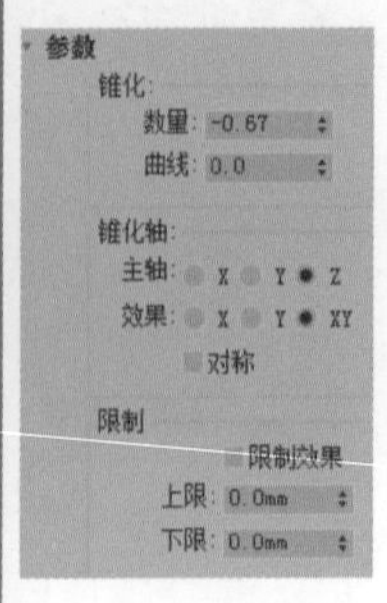

图 6-129

步骤10 在修改器下拉菜单中选择“扭曲”命令，为模型添加扭曲修改器，设置修改器面参数如图 6-130 所示。

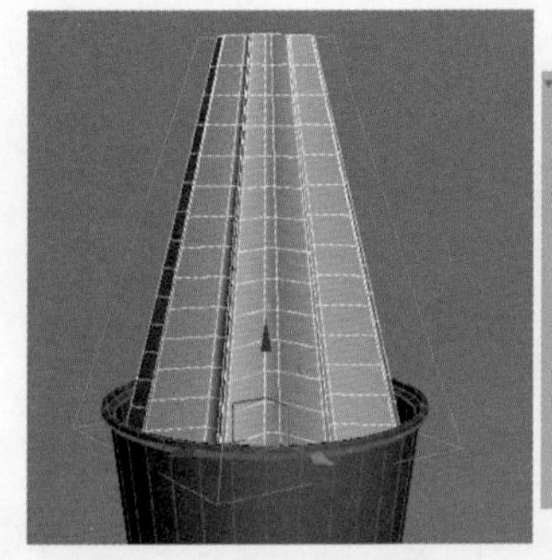
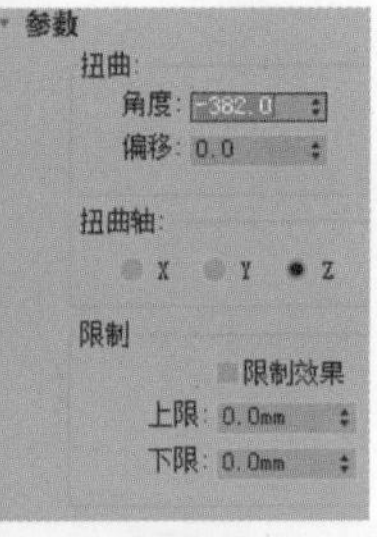

图 6-130

步骤11 此时，模型效果如图 6-131 所示。

图 6-131

步骤12 此时可以发现分段数不合适，切换到“可编辑多边形”层级，单击◁按钮，选择如图 6-132 左图所示的边。单击“循环”按钮，得到如图 6-132 右图所示的边，使用快捷键 Ctrl+ Backspace 将边移除。

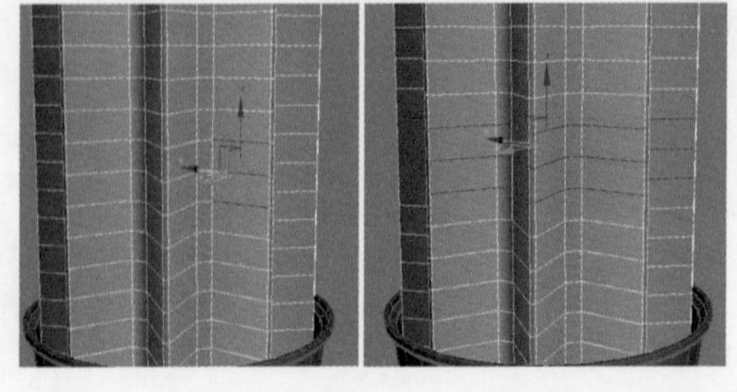

图 6-132

步骤13 此时，模型效果如图 6-133 左图所示。然后，选择如图 6-133 右图所示的边。

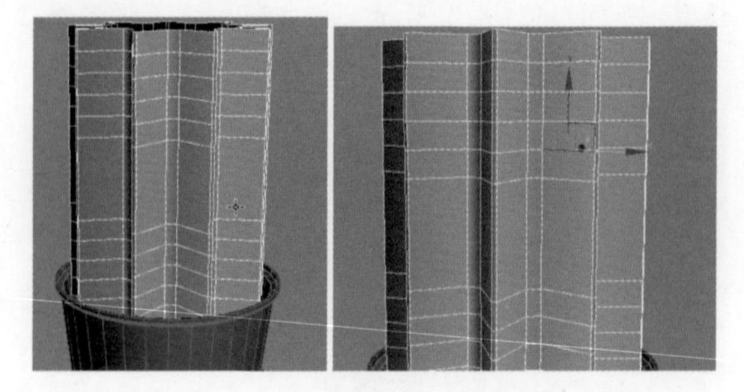

图 6-133

步骤14 单击“循环”按钮，选择如图 6-134 左图所示的边，使用快捷键 Ctrl+ Backspace 将边移除。选择如图 6-134 右图所示的边，单击“环形”按钮。

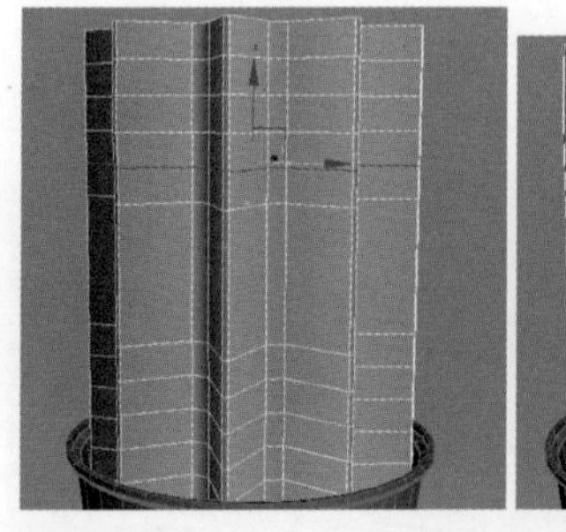
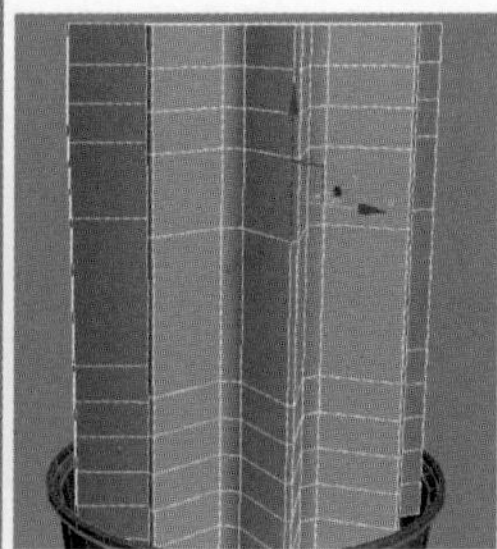

图 6-134

步骤15 此时，得到如图 6-135 左图所示的边。单击“循环”按钮，得到如图 6-135 右图所示的边。

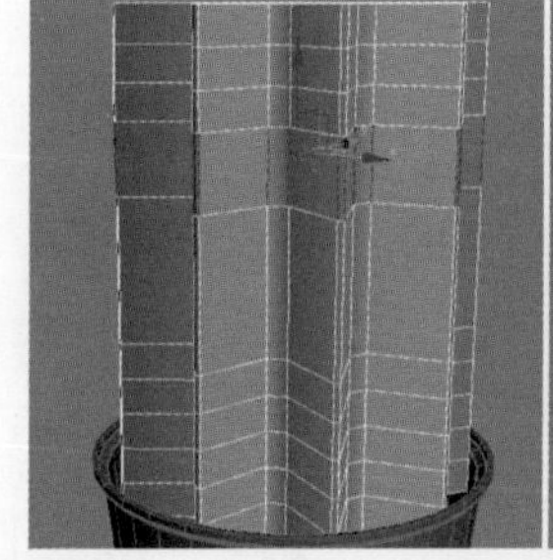
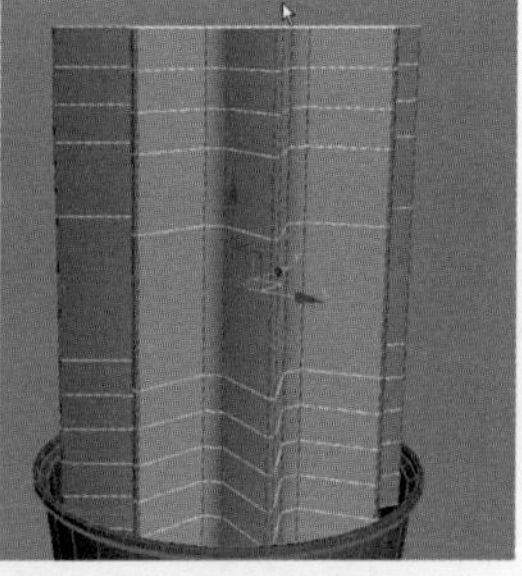

图 6-135

步骤16 单击“循环”按钮，在弹出的快捷菜单中选择如图 6-136 左图所示的选项。在弹出的“循环工具”对话框中，单击如图 6-136 右图所示的按钮。

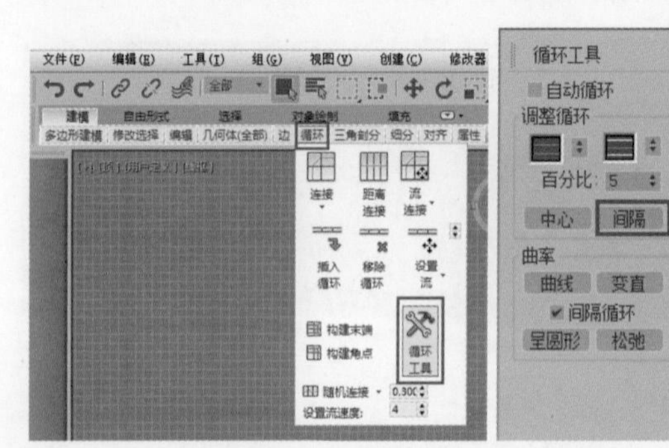

图 6-136

步骤17 此时，分段数分配完成，效果如图6-137所示。

图6-137

6.5.3 制作冰激凌细节

步骤01 回到“扭曲”修改器层级，设置修改器面板参数如图6-138左图所示。此时，模型效果如图6-138右图所示。

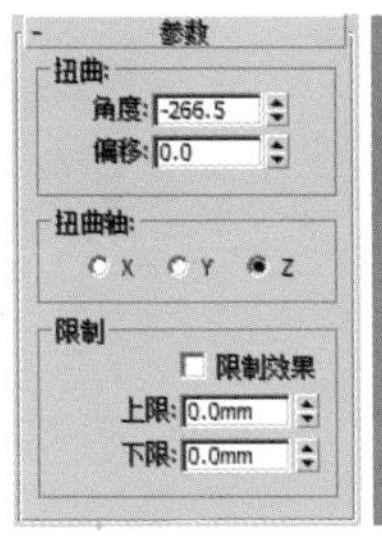

图6-138

步骤02 单击“移动”按钮，按住Shift键，沿着边进行复制，然后使用“缩放”工具，对复制得到的边进行缩放，模型效果如图6-139所示。

图6-139

步骤03 继续对边进行复制，将复制得到的边进行缩放，然后单击按钮，对边进行旋转，模型效果如图6-140左图所示。选择如图6-140右图所示的边。

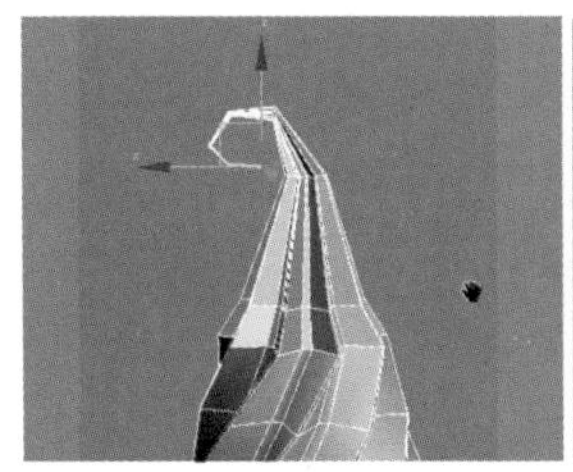

图6-140

步骤04 单击“循环”按钮，在弹出的隐藏菜单中选择如图6-141左图所示的选项。在弹出的“循环工具”对话框中，单击“中心”按钮，进入多边形次物体级别，选择如图6-141右图所示的面。

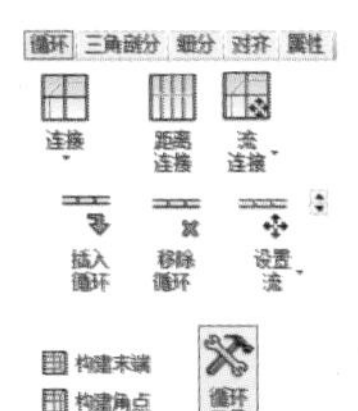

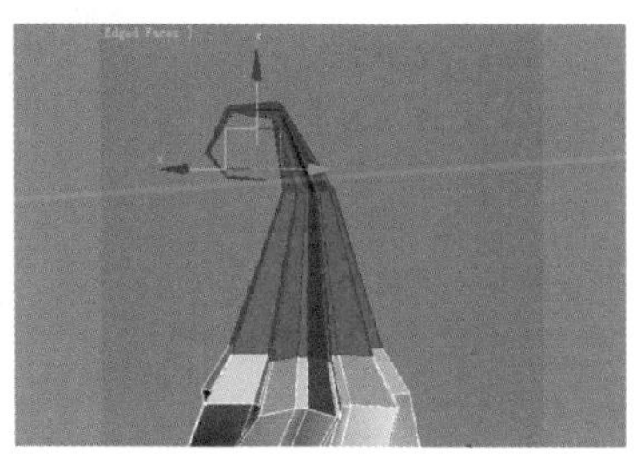

图6-141

步骤05 单击“分离”按钮，将选择的面独立出来。选择如图6-142左图所示边。在“循环工具”对话框中，单击如图6-142右图所示的按钮。

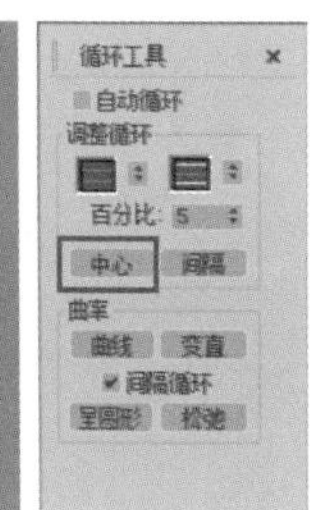

图6-142

步骤06 此时，模型效果如图6-143左图所示。使用快捷键Ctrl+Z，返回之前的步骤，效果如图6-143右图所示。

图6-143

步骤07 在修改器下拉列表中选择“网格平滑”命令，为模型添加光滑修改器，模型效果如图6-144左图所示。在修改器下拉列表中选择“FFD 4×4×4”命令，切换到“控制点”级别，调节修改器节点到如图6-144右图所示的位置。

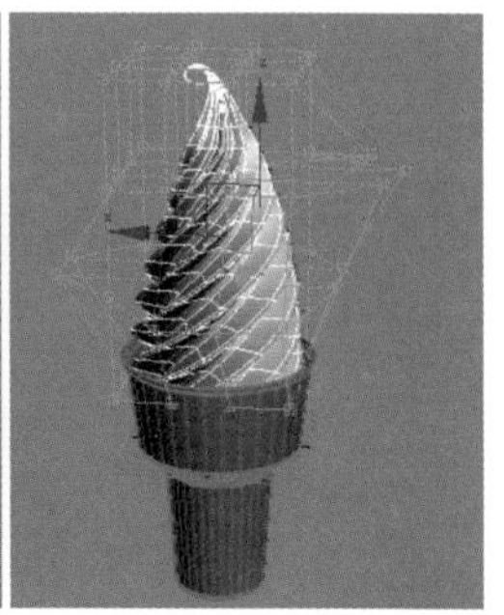

图6-144

步骤08 取消边框显示，此时模型效果如图6-145左图所示。选择如图6-145右图所示的边。

图6-145

步骤09 单击“切角”按钮，设置参数如图6-146左图所示。此时，模型效果如图6-146右图所示。

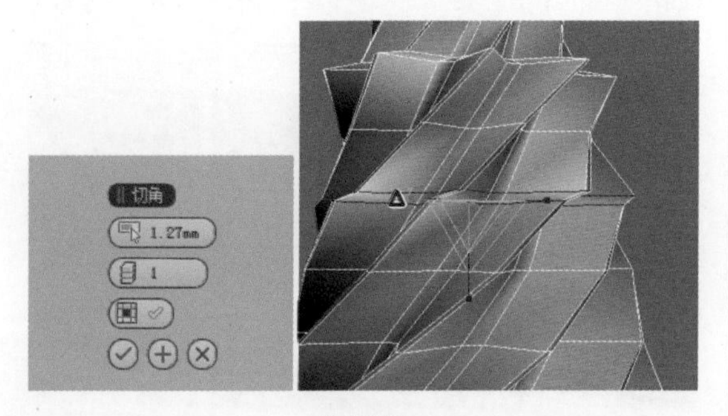

图6-146

步骤10 继续对边进行“切角”操作，并使用“缩放”工具对边进行缩放，模型效果如图6-147左图所示。使用快捷键F4取消边框显示，模型效果如图6-147右图所示，完成本实例的制作。

图6-147

3ds Max

第7章 NURBS曲面建模

本章导读

NURBS是工业曲面设计和建造的标准，特别适合创建由复杂曲线构成的表面。NURBS造型系统由点、曲线和曲面三种元素构成，其功能比Patch（面片）和Mesh（网格体）更为强大。它的造型原理是通过可视化的线条和曲面进行直观造型，就像实时雕刻一样，在视图中使用各种工具调节按钮进行创建，使我们能够感受到它强大的造型能力。NURBS使用数学运算来计算曲面，因此具有非常准确和快速的造型能力。

本章重点 \ 学习目标	了解	理解	应用	实践
NURBS标准建模方法	√	√	√	
通过标准基本体转换NURBS模型			√	√
通过曲线转换NURBS模型			√	√
通过放样转换NURBS模型			√	√
制作茶具模型			√	√
制作盆栽模型			√	√

7.1 NURBS标准建模方法

标准的NURBS建模方法，一般可以直接创建NURBS类型的曲线，包括点曲线和CV曲线（可控曲线）两种。

实例操作 NURBS曲线的基本操作

步骤01 单击创建命令面板中的“平面造型”按钮，在下拉列表框中选择“NURBS曲线”选项，如图7-1所示。

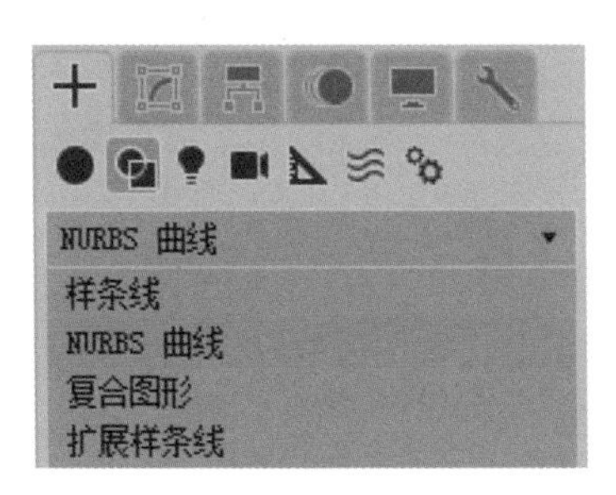

图7-1

步骤02 此时进入NURBS曲线创建命令面板，如图7-2所示。

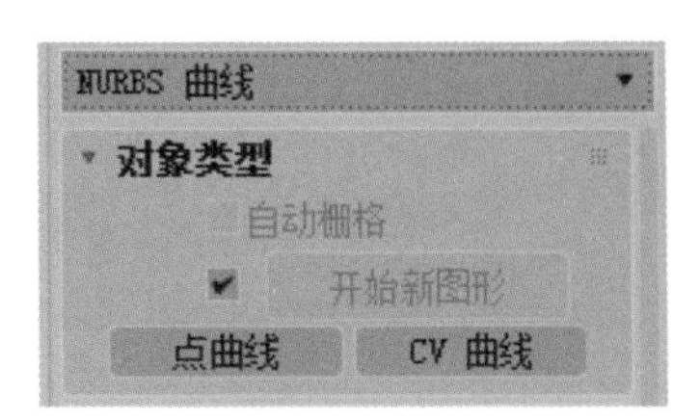

图7-2

步骤03 点曲线绘制的曲线是由点控制的，如图7-3所示，它的每一个点上的曲度是系统内定的，无法进行单个的控制，这种曲线不易掌握它的曲度。

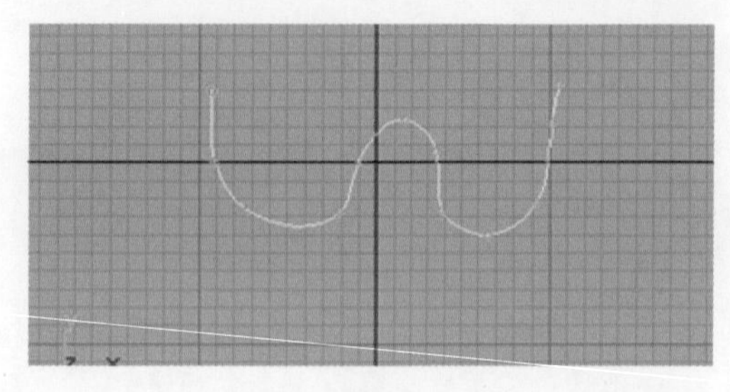

图 7-3

步骤04 CV曲线是通过在曲线周围的控制点来描绘曲线的，如图7-4所示。

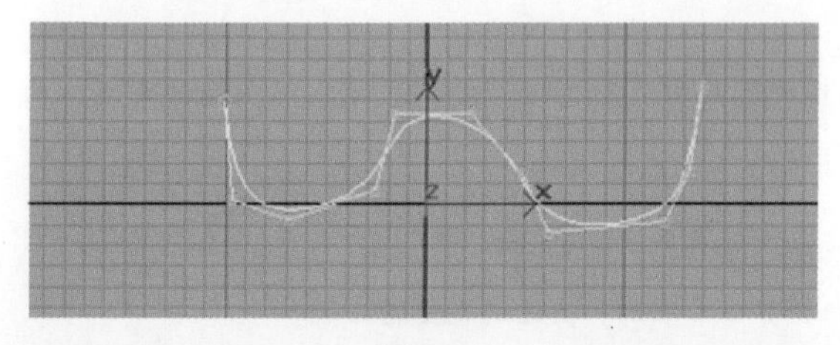

图 7-4

步骤05 CV曲线控制点的优点是不仅可以调节它的位置，还可以通过调节它的权重值来改变曲线的形状，这样使NURBS曲线的调节方式更加多样，曲线的形态也更易控制，所以我们多使用这种方式来绘制NURBS曲线。如图7-5所示，权重值为20和0的曲线效果。

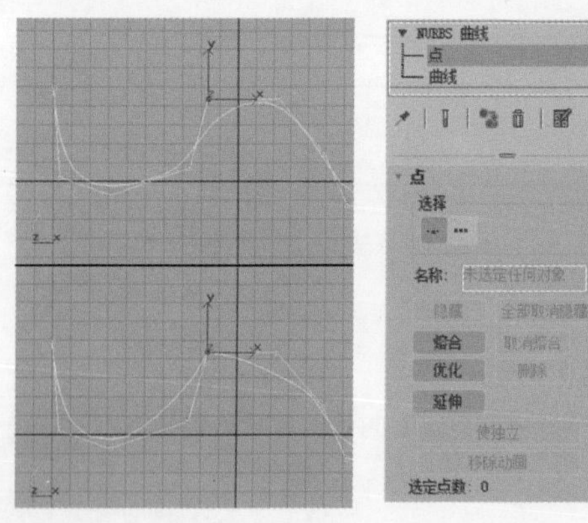

图 7-5

步骤06 在完成了NURBS曲线绘制以后，在修改命令面板中单击按钮，打开NURBS工具面板，如图7-6左图所示，可以直接进行NURBS的制作，在NURBS工具面板中提供了各种工具，可以进行NURBS建模编辑操作，这是标准的NURBS建模过程。

步骤07 还有一种方式是通过直接创建NURBS类型的表面。单击创建命令面板中的几何体按钮，从下拉列表框中选择“NURBS曲面”选项，如图7-6右图所示，进入NURBS曲面创建面板。

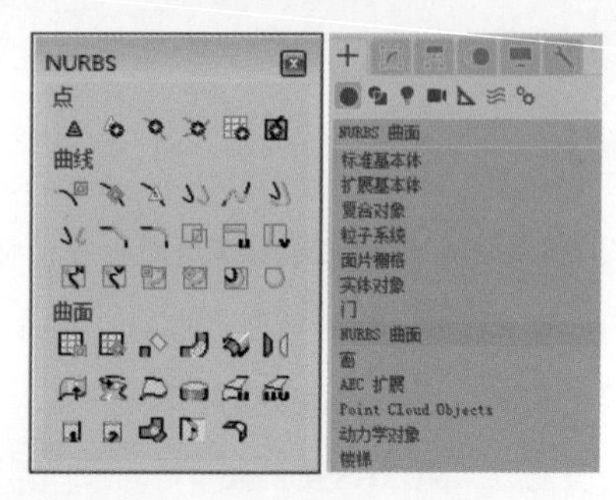

图 7-6

步骤08 在NURBS曲面创建面板中，包括由点直接控制的点曲面和由CV控制的CV曲面两种按钮，如图7-7所示。

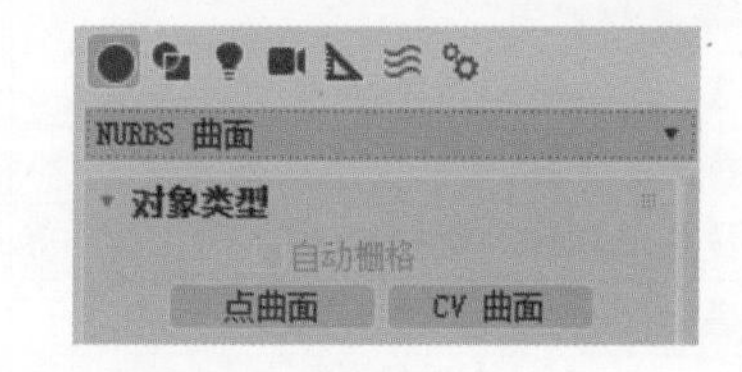

图 7-7

步骤09 使用这种方法建立的表面已经属于NURBS曲面类型，可以直接对其进行编辑操作。这两种方法都是标准的NURBS建模方式。它们有一定的缺点，无法直接创建具有良好建模属性的物体。这是因为NURBS建模往往是通过NURBS工具面板中的工具来实现的。所以这两种方式只能作为NURBS建模的初步手段。

7.2 NURBS模型的转换方法

本节我们将介绍四种NURBS模型的转换方法，它们分别是通过标准基本体、曲线、放样转换NURBS模型和万能转换NURBS模型。

7.2.1 通过标准基本体转换NURBS模型

NURBS建模方法有几种，一种可以通过标准基本体转换为NURBS以后进行编辑操作。标准基本体有10种类型，它的创建命令面板如图7-8所示。

图 7-8

实例操作 标准基本体转换NURBS的应用

步骤01 单击＋按钮进入创建命令面板，单击●按钮，在几何体命令面板中单击“球体”按钮，在视图中创建一个球体模型，如图7-9所示（素材文件：第7章/Scenes/标准基本体转换NURBS的应用.max）。

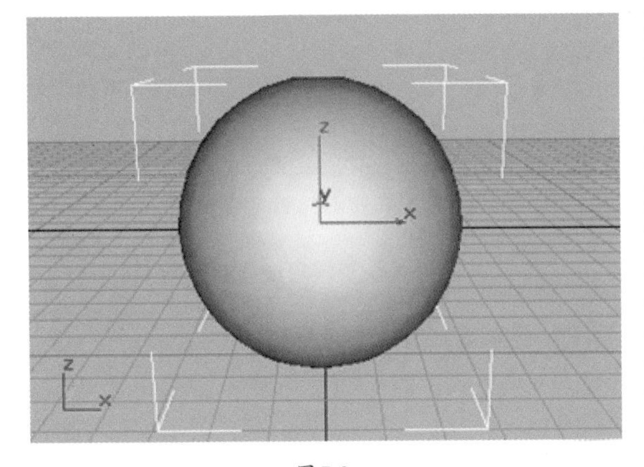

图 7-9

步骤02 选择球体并右击，在弹出的快捷菜单中选择转化为命令，我们可以选择四种塌陷方式，如图7-10所示。

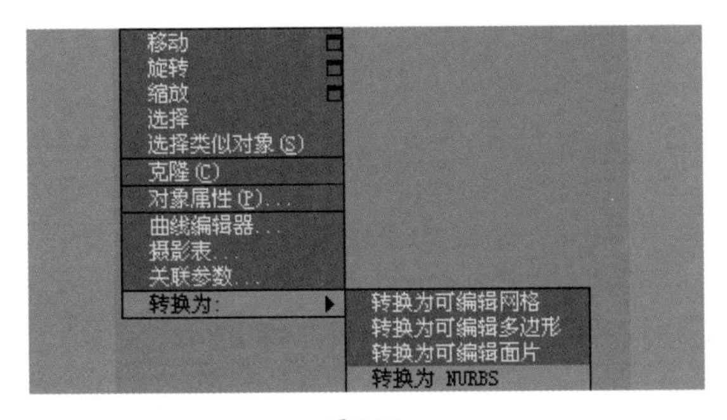

图 7-10

步骤03 在这四种塌陷方式中，选择“转换为NURBS”选项，将球体塌陷为NURBS。此时，修改命令面板如图7-11所示。

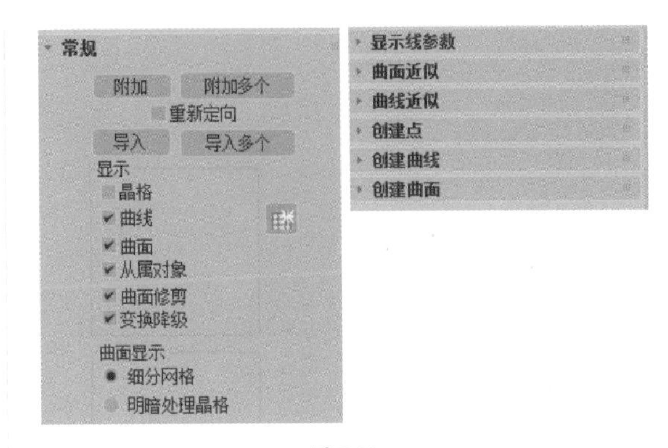

图 7-11

步骤04 将球体塌陷为NURBS以后，就可以对它进行NURBS的曲面编辑了。单击“NURBS曲面”按钮，进入NURBS的曲面CV次物体编辑状态，如图7-12所示。

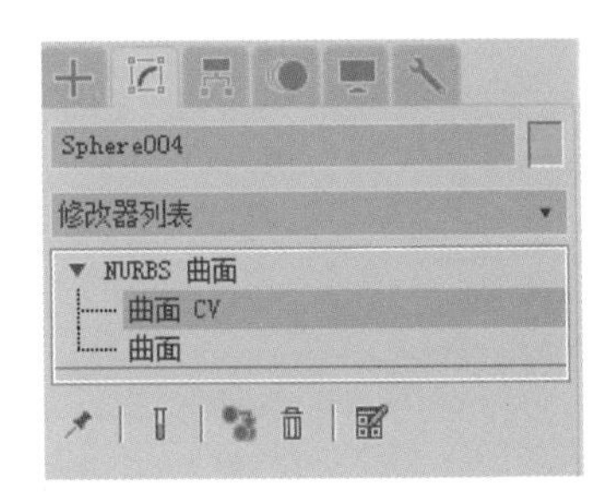

图 7-12

步骤05 此时，视图中的球体上出现了可控点，如图7-13所示。

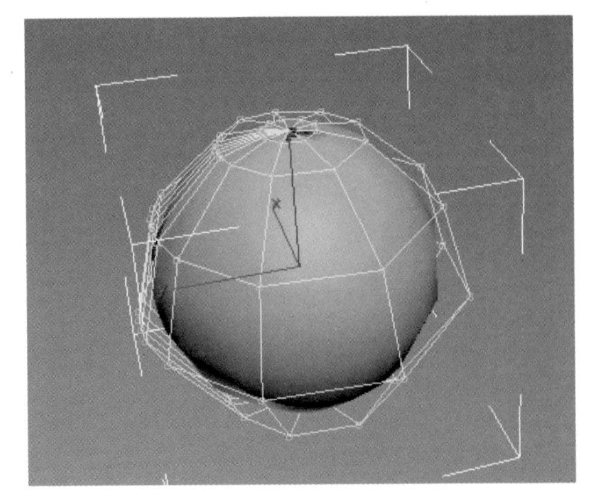

图 7-13

步骤06 可以通过球体表面的控制点来调整它的形态，效果如图7-14所示。

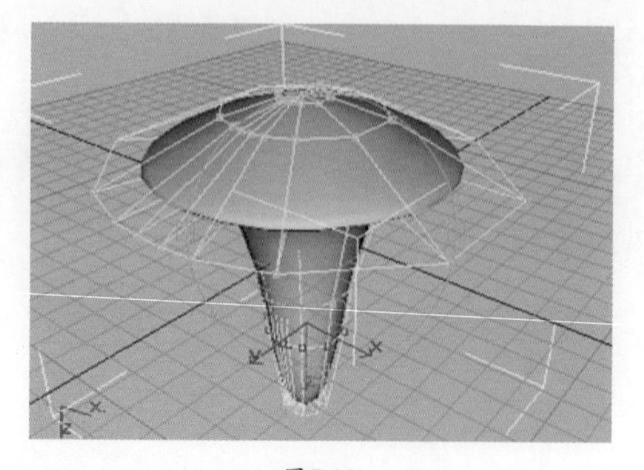

图 7-14

步骤07 通过调整控制点的权重值，如图7-15所示，可以对物体的形态进行吸引和挤压。

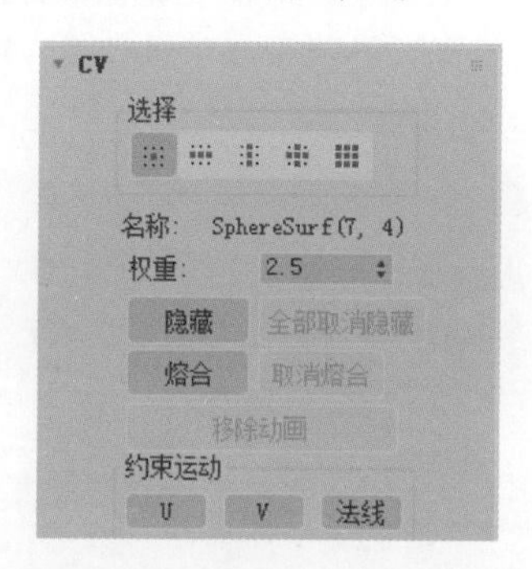

图 7-15

步骤08 如图7-16和图7-17所示是权重值分别为2.5和5时的顶点拉伸效果。

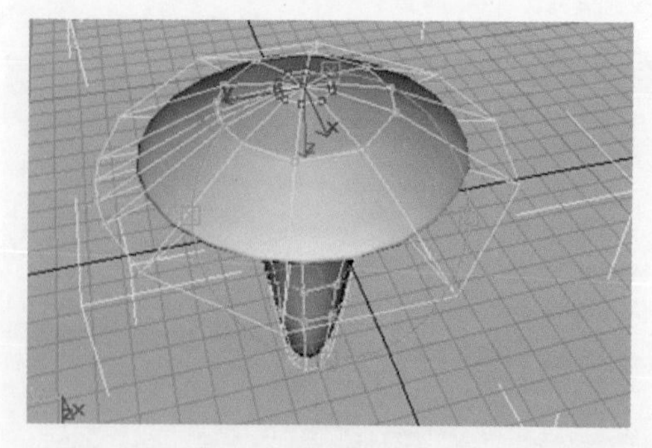

图 7-16

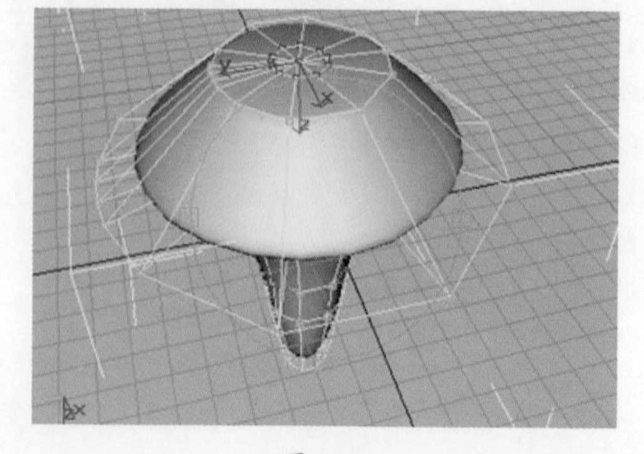

图 7-17

步骤09 这里要注意的一点是，只有标准基本体才能进行NURBS模型的转换。扩展基本体是无法进行转换的。扩展基本体的创建命令面板如图7-18所示。

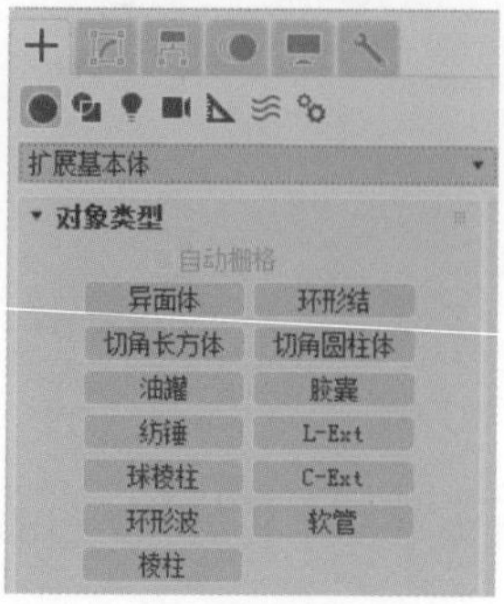

图 7-18

7.2.2 通过曲线转换NURBS模型

第二种转换为NURBS模型的方法是通过绘制轮廓线，然后在修改命令面板中进行挤压放样或旋转放样。这种经过挤压放样或旋转放样的模型可以输出为NURBS模型。在完成操作后，我们可以进行NURBS塌陷，使其成为真正的NURBS模型。此外，我们还可以通过移动和改变顶点的位置来修改模型。

实例操作 曲线转换NURBS的应用

步骤01 单击创建命令面板中的平面造型按钮，在平面造型命令面板中单击“线”按钮，在视图中创建一条曲线，如图7-19所示（素材文件：第7章/Scenes/曲线转换NURBS的应用.max）。

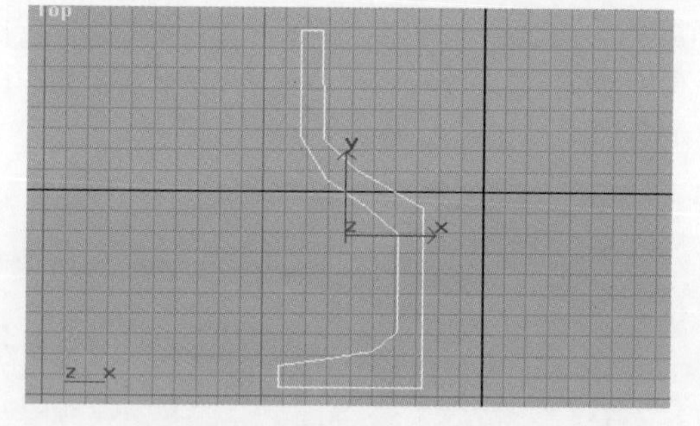

图 7-19

步骤02 进入修改命令面板，通过添加“车削”修改器对曲线进行旋转变形，如图7-20所示。

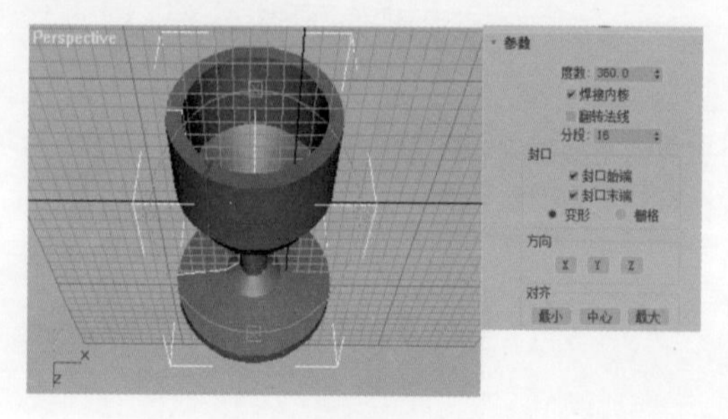

图 7-20

步骤03 这种经过旋转放样或挤压放样的模型可以输出为NURBS模型，单击修改命令面板中的NURBS选项即可，如图7-21所示。

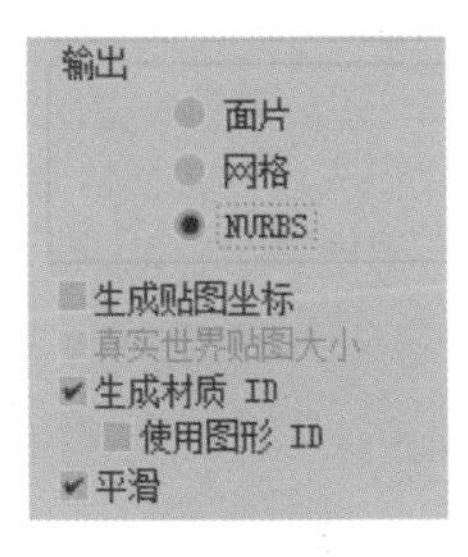

图7-21

步骤04 在完成操作以后进行塌陷，塌陷的结果就是一个NURBS曲面模型，将其转化为NURBS，如图7-22所示。

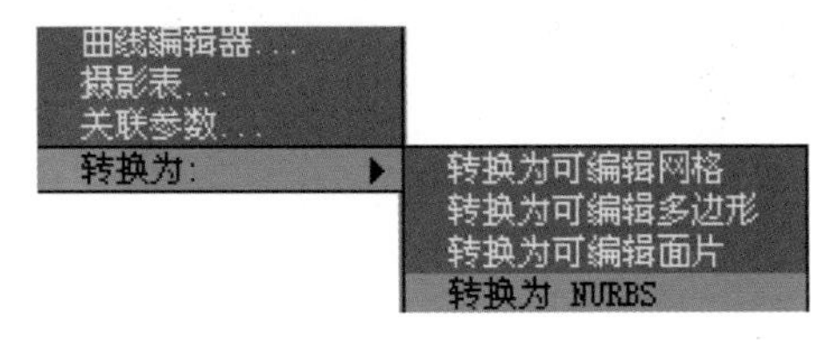

图7-22

步骤05 我们也可以通过对顶点进行移动变换来修改模型，如图7-23所示。

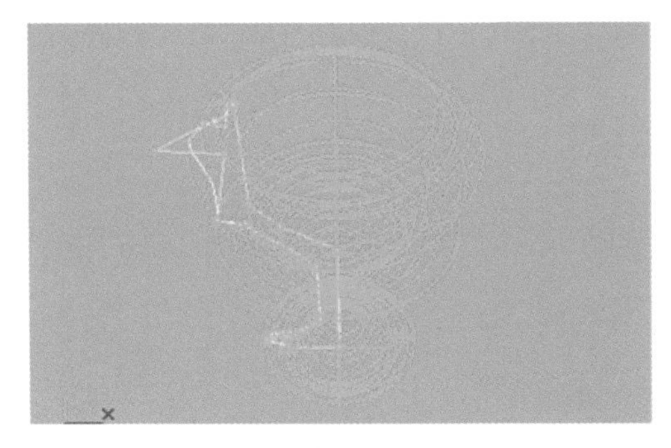

图7-23

7.2.3 通过放样转换NURBS模型

第三种可以进行NURBS模型转换的方法是将放样模型进行NURBS模型的转换，放样本身完成后是一个多边形模型。

实例操作 放样转换NURBS的应用

步骤01 单击创建命令面板中的平面造型按钮，在平面造型命令面板中单击“星形”按钮，在视图中创建一个星形作为放样剖面之一，如图7-24所示（素材文件：第7章/Scenes/放样转换NURBS的应用.max）。

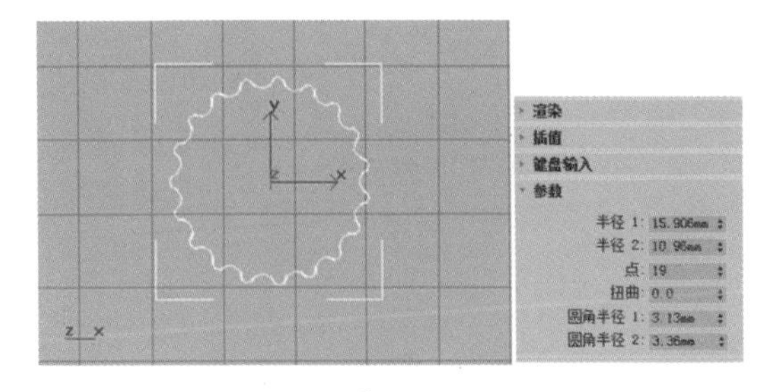

图7-24

步骤02 单击“圆”按钮，在星形正中央绘制圆形，作为瓶盖的另一个放样剖面。如果有必要则可单击按钮将两个剖面中心对齐。

步骤03 单击“线”按钮，在侧视图中绘制瓶盖的高度直线。这样，所有的放样元素绘制完成。将两个剖面曲线放置到如图7-25所示的位置。

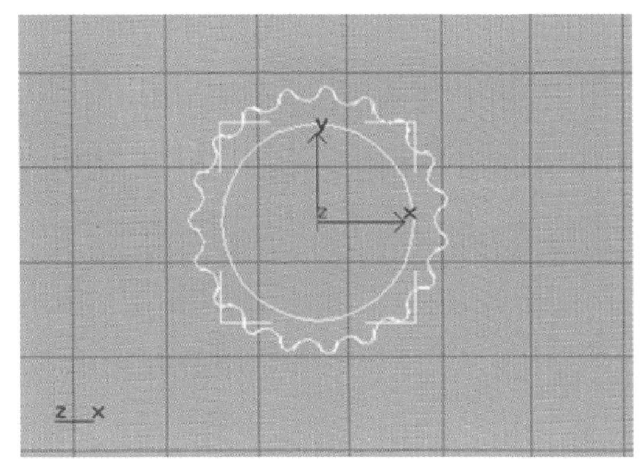

图7-25

步骤04 单击创建命令面板中的几何体按钮，从下拉列表框中选择“复合对象”选项，进入合成物体创建面板。单击“放样”按钮，准备开始模型放样，如图7-26所示。

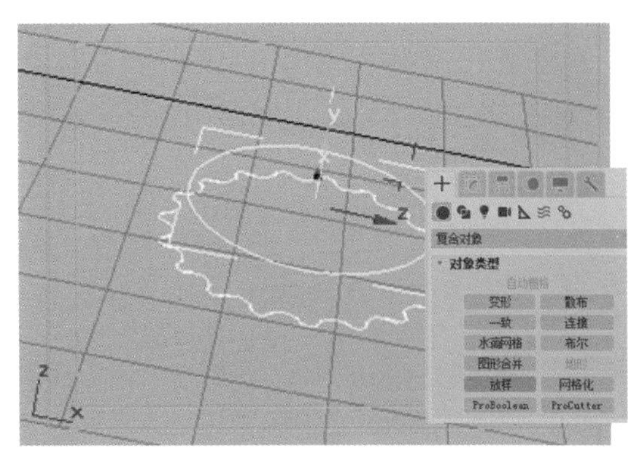

图7-26

步骤05 在视图中选择放样剖面后，完成一个放样的基本放样模型，如图7-27所示。

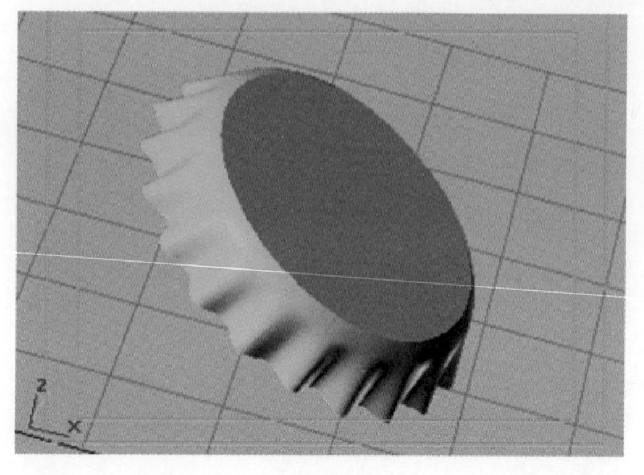

图 7-27

步骤06 当模型完成以后，我们可以在修改命令面板中将它进行NURBS模型的转换，这样就可以将一个放样模型转换为NURBS的曲面模型，如图7-28所示。

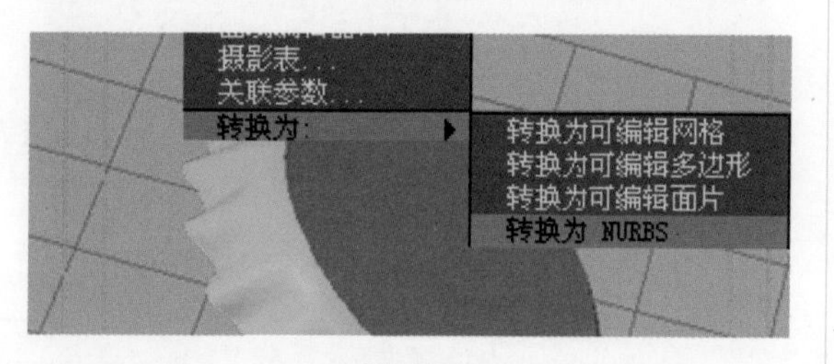

图 7-28

7.2.4 万能转换NURBS模型

在3ds Max中，NURBS提供了一种万能的转换方法，就是将任何种类的几何体，包括从外部引入的多边形几何体，都可以转换为NURBS，但是这种方法不切实际，往往我们先通过转换命令将几何体转换为面片物体，如图7-29所示。

图 7-29

在3ds Max内部，面片面体是可以转换为NURBS物体的，虽然这个步骤是可行的，但是没有实际意义，如果转换为NURBS物体，那么所得到的物体将会非常复杂，无法编辑，而且经常会使系统陷入瘫痪状态，因此不建议使用这种方法进行转换。

7.3 NURBS曲面成形工具

NURBS提供了多种曲面成形的方法，可以通过NURBS工具面板中的工具来实现。下面我们进行NURBS曲面成形工具的介绍。

7.3.1 挤出工具

使用挤出工具可以将NURBS曲线挤出成形，该工具的用途非常广泛。

实例操作 挤出工具的基本操作方法

步骤01 首先绘制NURBS曲线，在修改命令面板提供的快捷工具面板中有各种各样的NURBS成形方式。单击挤出工具图标，如图7-30所示（素材文件：第7章/Scenes/挤出工具的基本操作方法.max）。

步骤02 通过挤出直接产生曲面，如图7-31所示，这就是通过拉伸产生的曲面。

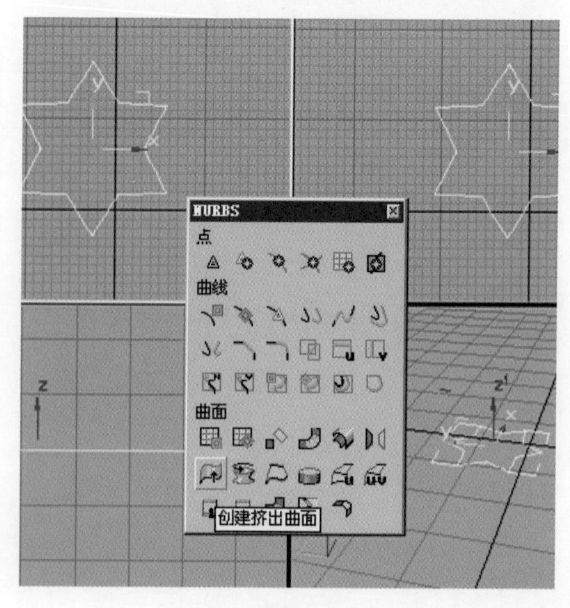

图 7-30

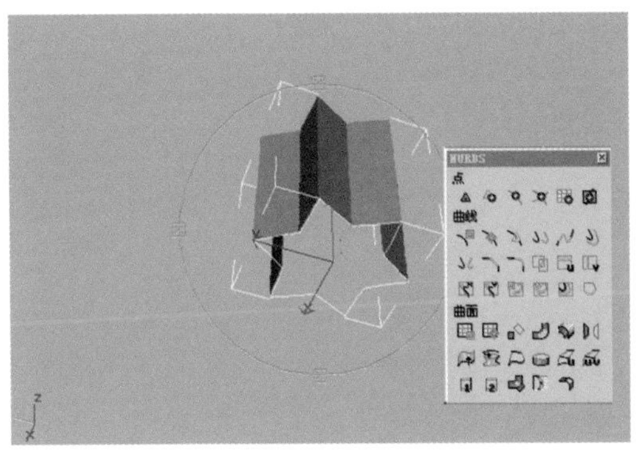

图 7-31

步骤03 单击“NURBS 曲面”按钮，如图 7-32 所示，进入曲面次物体层级。

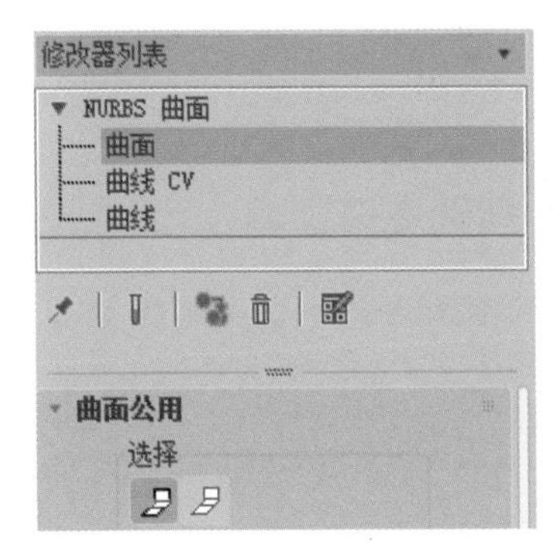

图 7-32

步骤04 单击曲面物体，选择挤出的曲面，如图 7-33 所示。

图 7-33

步骤05 在修改命令面板的最下方，可以看到初始创建拉伸曲面的控制参数，如图 7-34 所示。

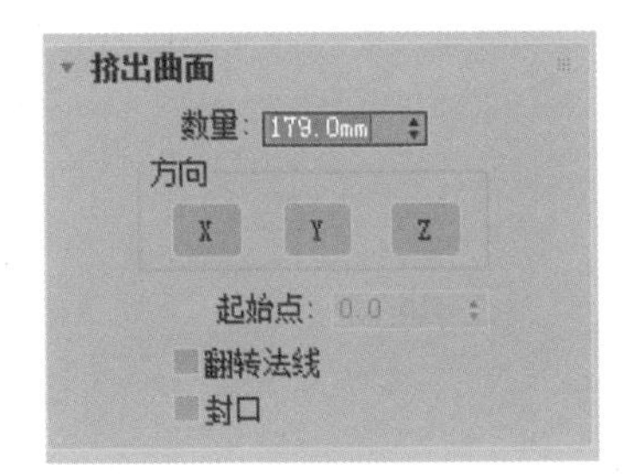

图 7-34

步骤06 通过调整参数我们可以重新调节拉伸的高度，还有拉伸的轴向，这就是基本的曲线拉伸表面的工具。

7.3.2 车削工具

在NURBS内部可以通过车削工具的旋转命令将曲线进行旋转放样。

实例操作 车削工具的基本操作方法

步骤01 使用曲线工具绘制一条旋转剖面曲线，如图 7-35 所示（素材文件：第 7 章 /Scenes/ 车削工具的基本操作方法.max）。

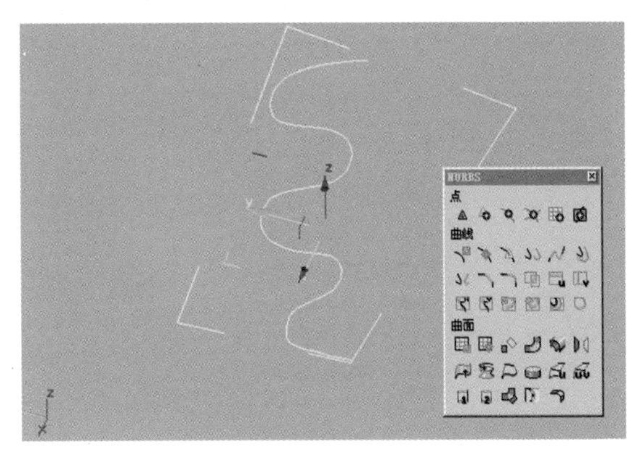

图 7-35

步骤02 选择车削工具，单击曲线，可以得到一个 360° 的旋转模型，如图 7-36 所示。

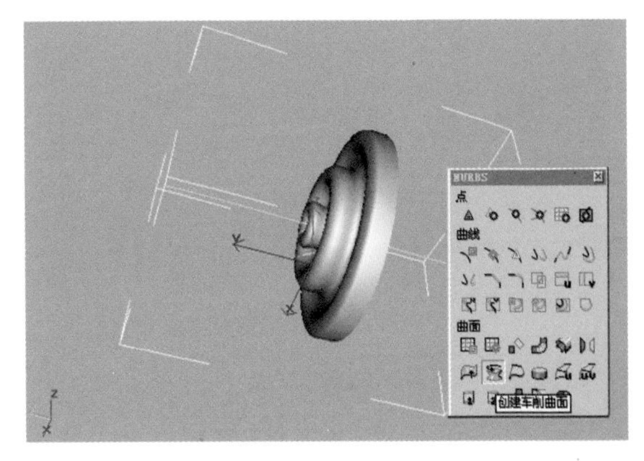

图 7-36

步骤03 通过角度调节可以产生不完整的表面，如图 7-37 所示。

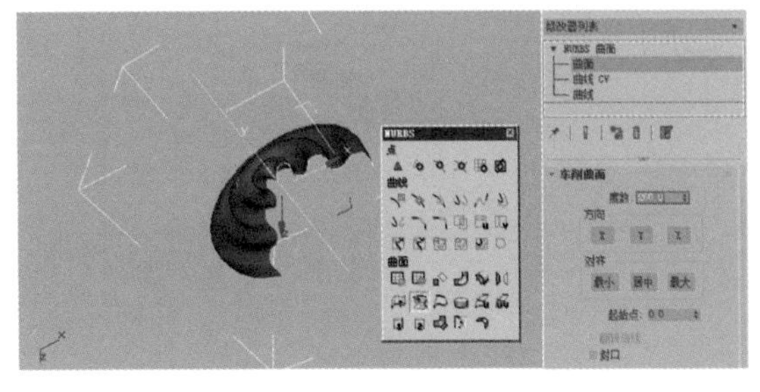

图 7-37

步骤04 选择物体并右击，在弹出的快捷菜单中选择 对象属性(P)... 选项，如图7-38所示。

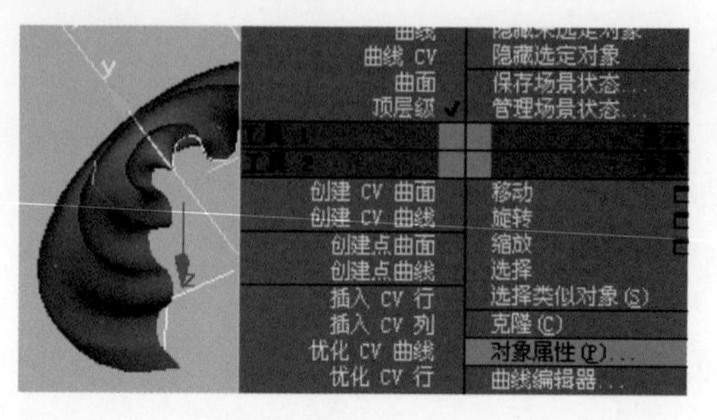

图7-38

步骤05 在弹出的对象属性对话框中，取消勾选“背面消隐”复选框，如图7-39所示。

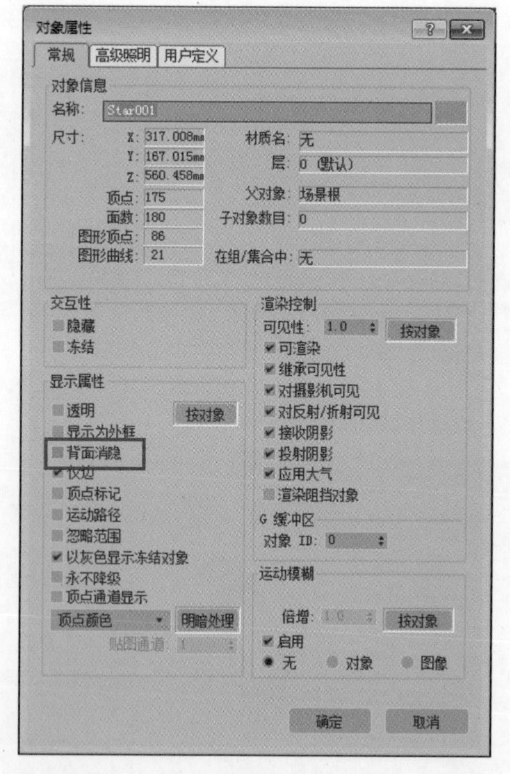

图7-39

步骤06 这样我们就可以看到曲面的反面，如图7-40所示。

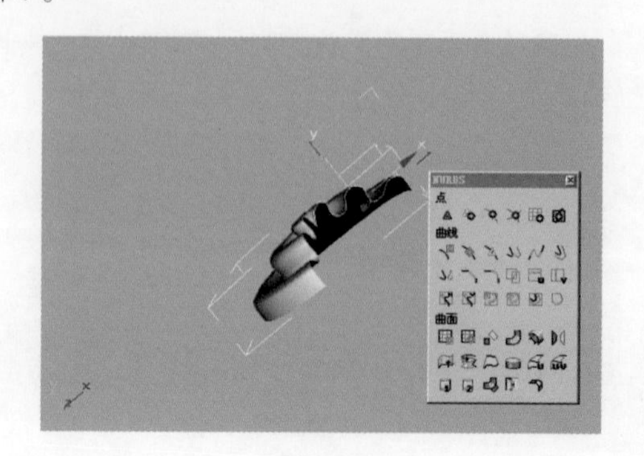

图7-40

步骤07 选择车削放样的表面，进入它的曲面次物体层级，可以选择旋转所依靠的轴向，还有各种各样的对齐方式，如图7-41所示。

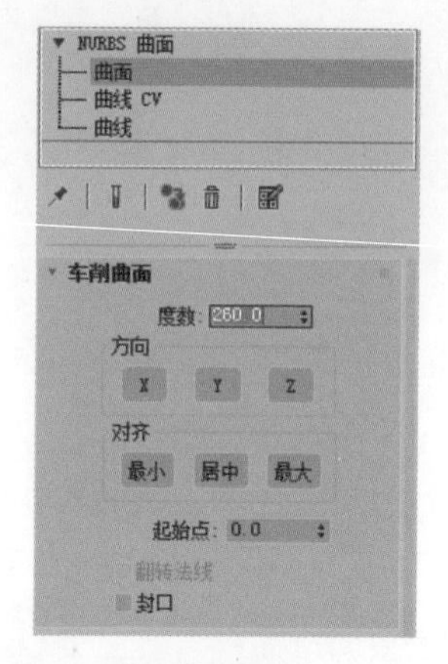

图7-41

7.3.3 规则成形工具

使用规则成形工具可以制作规则成形的NURBS，通过两条任意的空间曲线在任意空间中产生一个表面，这就是规则成形方法。这些曲线也可以是空间类型的，这样就可以产生空间类型的曲面。

实例操作 规则成形工具的基本操作方法

步骤01 首先绘制两条任意的NURBS曲线，如图7-42所示（素材文件：第7章/Scenes/规则成形工具的基本操作方法.max）。

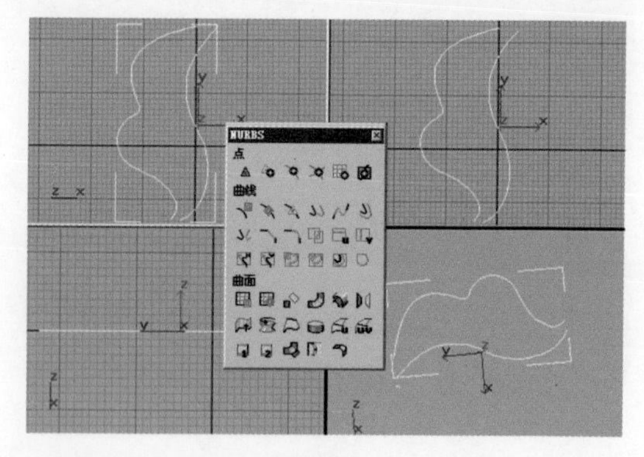

图7-42

步骤02 单击修改命令面板中的附加按钮，如图7-43所示，将它们组合在一起。

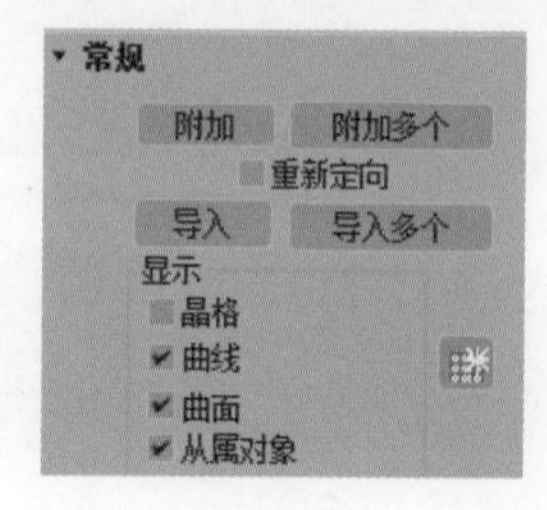

图7-43

步骤03 单击规则成形工具图标，依次选择两条曲线，如图7-44所示。

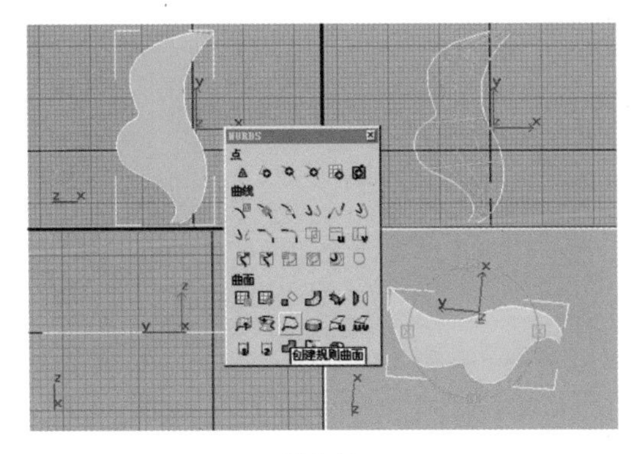

图7-44

步骤04 在顶点次物体模式下，在不同的视图中移动顶点，可以产生空间类型的曲面，如图7-45所示。

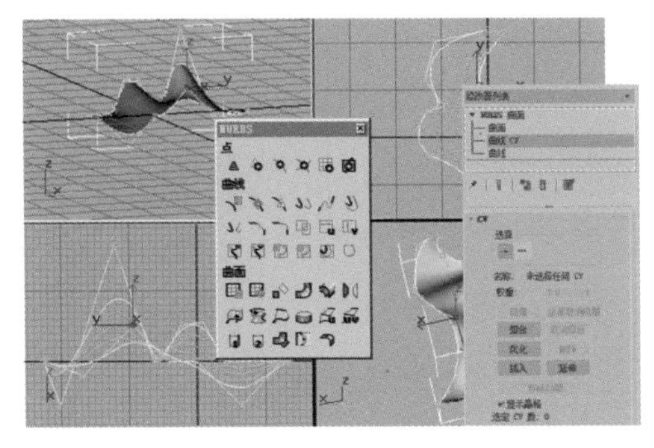

图7-45

7.3.4 封口成形工具

封口成形工具是一个补充建模的工具，使用它可以对物体表面的洞进行填补。例如，一个使用车削工具产生的模型，在曲面的顶部是一个空洞，可针对闭合的曲线对曲面进行封闭，而产生一个封闭的曲面模型。

实例操作 封口成形工具的基本操作方法

步骤01 首先利用前面学习的车削工具对制作好的曲线进行旋转操作，如图7-46所示（素材文件：第7章/Scenes/封口成形工具的基本操作方法.max）。

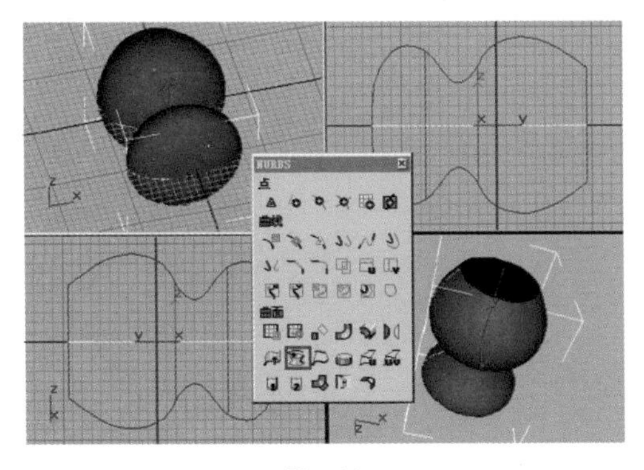

图7-46

步骤02 单击封口成形工具图标，选择没有封闭的曲线。此时便产生了封盖效果，如图7-47所示。

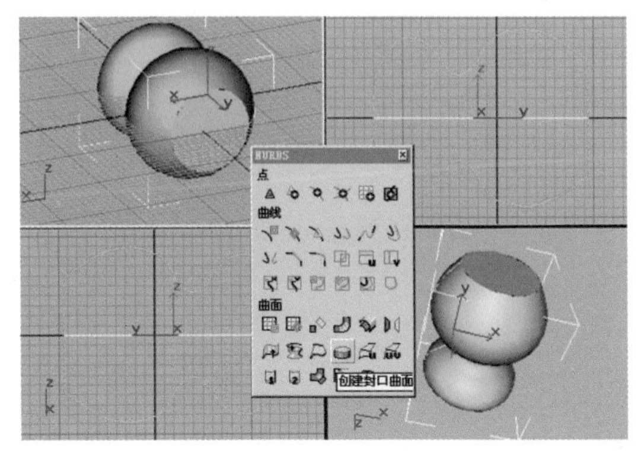

图7-47

7.3.5 U向放样工具

U向放样工具是一种NURBS的曲面建模方法，它根据U向的轴点进行放样，类似于一种蒙皮操作。

实例操作 U向放样工具的基本操作方法

步骤01 首先建立CV曲线，如图7-48所示（素材文件：第7章/Scenes/U向放样工具的基本操作方法.max）。

图7-48

步骤02 在创建完曲线以后，在曲线的内部对曲线进行复制，按住Shift键复制出一条相同的曲线，如图7-49所示。

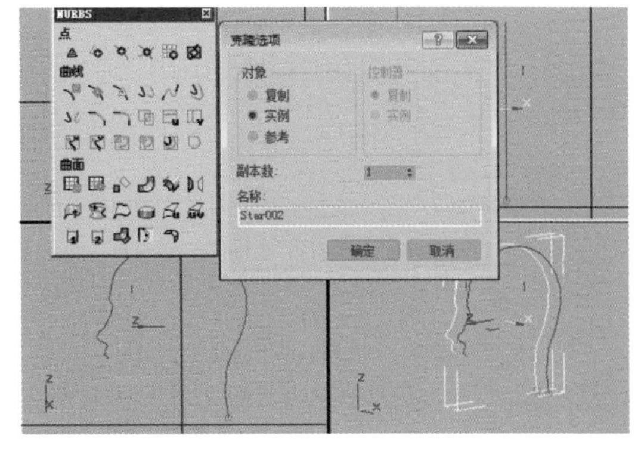

图7-49

步骤03 使用这样的复制方法，可以产生与原曲线类型相似的曲线，也可以直接绘制新的曲线，通过内部的创建曲线命令可以绘制新的曲线，U向放样工具对每条曲线控制点的多少不进行严格的要求。

步骤04 下面将多条曲线排列在一起，单击U向放样工具图标，依次单击每条曲线，如图7-50所示，单击鼠标右键结束命令。

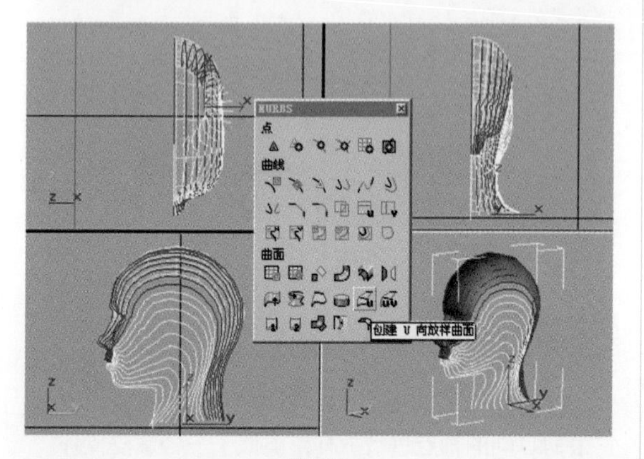

图7-50

步骤05 观察修改命令面板中四条曲线的顺序，如图7-51所示的就是产生的蒙皮模型。

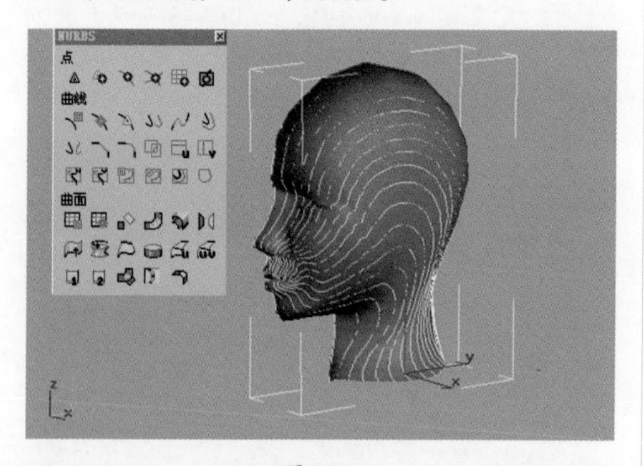

图7-51

步骤06 在模型创建完成以后，还可以继续对每一条曲线进行编辑操作，从而改变曲线的形状和曲面的形状。对每一条曲线上的控制点也可以进行编辑操作，从而改变曲面的类型，U向放样是一种非常强大的建模方式。

7.3.6 UV向放样工具

UV放样工具是更为先进的NURBS放样方法，可根据所提供的两个方向的曲线来控制造型。

实例操作 UV向放样工具的基本操作方法

步骤01 首先绘制几条U向的NURBS曲线，在NURBS内部进行曲线次物体U向的复制，如图7-52所示（素材文件：第7章/Scenes/UV向放样工具的基本操作方法.max）。

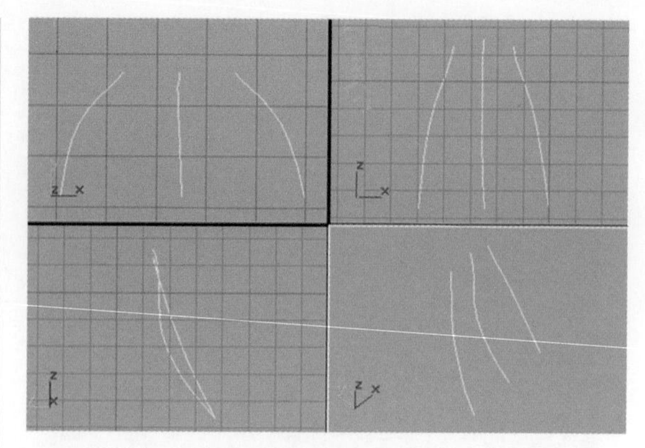

图7-52

步骤02 再绘制V向的曲线，并对曲线进行一些编辑操作，这样我们就得到了U向和V向两个轴向的曲线，如图7-53所示。

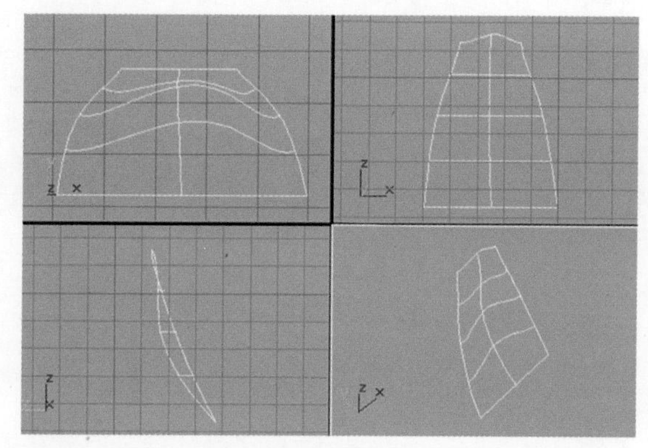

图7-53

步骤03 单击UV向放样工具图标，然后依次单击U向的曲线，单击鼠标右键结束U向曲线的实体操作，再依次单击V向的曲线，单击鼠标右键结束操作，这样我们就得到了一个曲面模型，如图7-54所示。

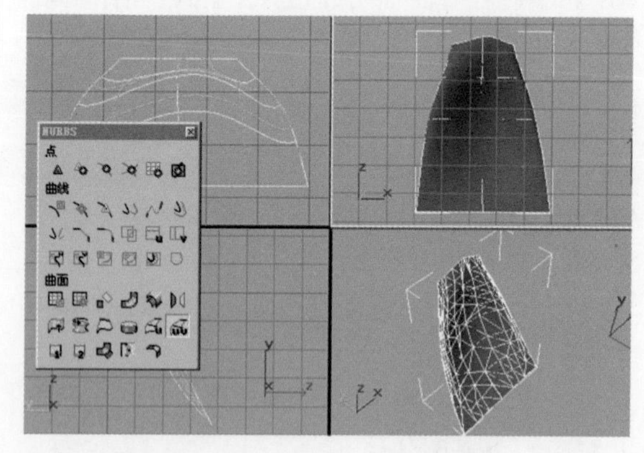

图7-54

步骤04 在修改命令面板中，可以看到U向和V向的曲线名称和顺序，如图7-55所示。

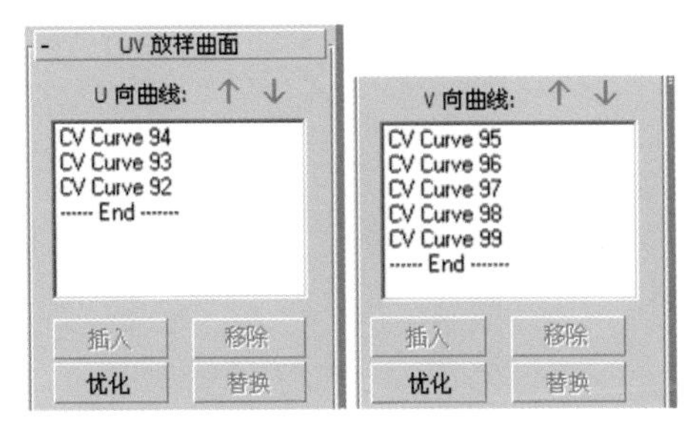

图 7-55

这种控制方式非常类似于曲面面片建模。对UV向曲线控制点的多少、曲线类型、曲线是否搭接都没有要求，只要在UV向存在不同的曲线就可以产生曲面模型，对曲线进行编辑操作可以使模型产生形态的变化。

7.3.7 单轨扫描工具

单轨扫描工具是更高级的挤压命令，使用它可以制作出类似放样的模型。

实例操作 单轨扫描工具的基本操作方法

步骤01 首先创建用于扫描的剖面图形，在曲线内部创建作为路径的曲线，如图7-56所示（素材文件：第7章/Scenes/单轨扫描工具的基本操作方法.max）。

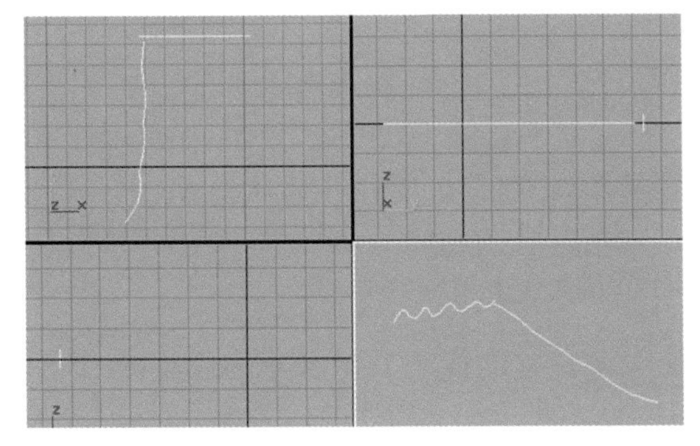

图 7-56

步骤02 单轨扫描工具允许在同一条路径上放置多条不同的剖面曲线。绘制一条新的曲线，将不同的剖面线放置在路径上，如图7-57所示。

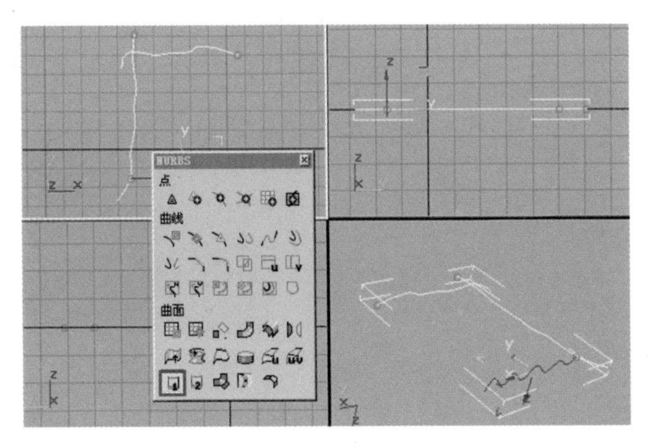

图 7-57

步骤03 单击单轨扫描工具图标，然后单击作为扫描路径的曲线，再依次单击横叠曲线，单击鼠标右键结束操作，如图7-58所示。

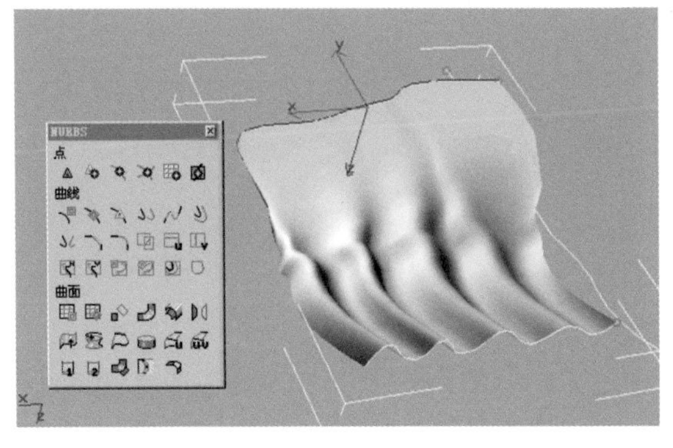

图 7-58

步骤04 作为路径上的横剖面曲线可以放置若干个，而且对它的形态和点不作要求。作为路径的曲线可以是空间曲线，这样我们就得到了一个由一维扫描产生的曲面模型。

7.3.8 双轨扫描工具

双轨扫描工具是由两条路径曲线控制的扫描命令。使用它可以产生更为复杂的NURBS曲面。

实例操作 双轨扫描工具的基本操作方法

步骤01 绘制用于控制路径的第一条曲线，取消勾选“开始新图形”复选框，如图7-59所示，这样我们以下创建的曲线都在同一个模型内部（素材文件：第7章/Scenes/双轨扫描工具的基本操作方法.max）。

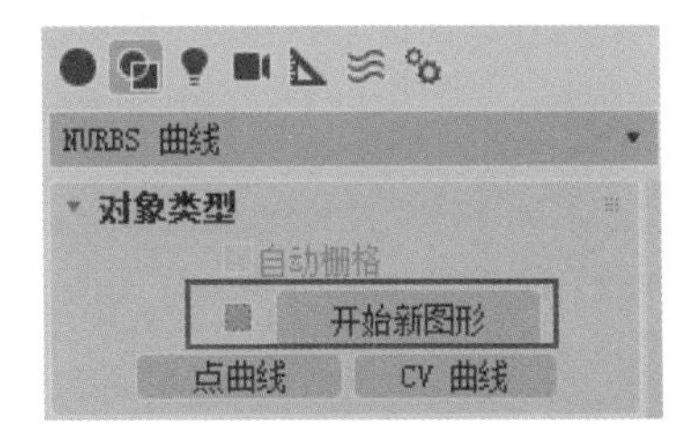

图 7-59

步骤02 创建用于控制路径的第二条曲线。

步骤03 我们还可以使用基本的图形来绘制标准曲线。在创建命令面板的下拉列表框中选择“样条线”选项，打开标准曲线命令面板，单击“多边形”按钮，绘制一条多边形曲线，如图7-60所示。

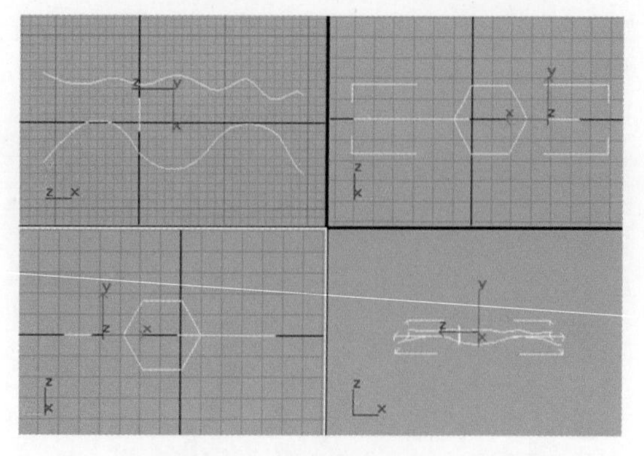

图 7-60

步骤04 单击按钮，进入NURBS曲面编辑操作面板，单击双轨扫描工具图标，选择第一条路径曲线，再选择第二条路径曲线，最后选择作为横剖面的曲线，这样就产生了一个双轨扫描模型，如图 7-61 所示。

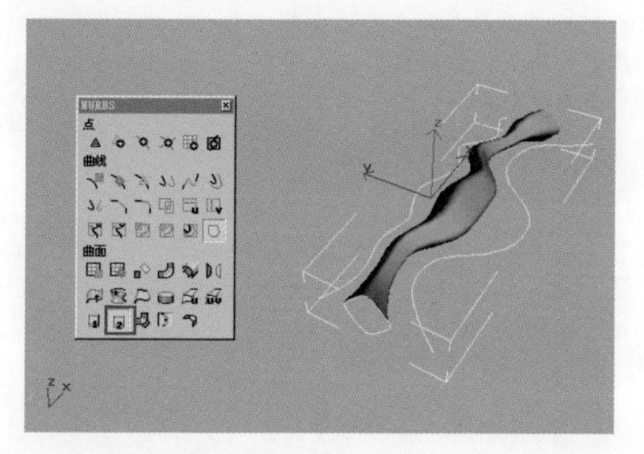

图 7-61

双轨扫描模型不仅可以通过两条路径曲线控制自身的形态，还可以通过多个剖面图形来控制曲面的形态。在双轨扫描模型创建完成之后，仍可以为它增加新的横剖面曲线，创建圆作为新的横剖面曲线。

步骤05 进入NURBS物体曲线次物体层级，单击附加按钮，将圆导入模型中，将新的横剖面曲线移到相应的位置，如图 7-62 所示。

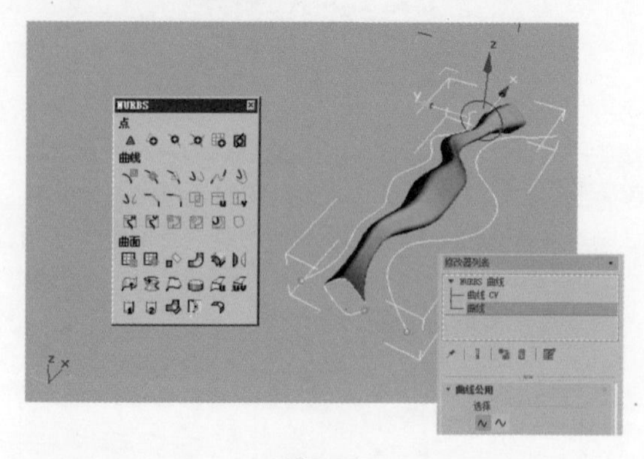

图 7-62

步骤06 进入曲面次物体层级，选择刚才创建的双轨扫描曲面，在修改命令面板的最下方是双轨扫描工具的控制面板，如图 7-63 所示。

图 7-63

步骤07 单击插入按钮，然后单击圆形曲线作为新的横剖面曲线加入，如图 7-64 所示，这样我们就有两条曲线来控制它的横剖面形状，使用这种方法还可以加入若干条新的横剖面曲线，从而产生形态各异的曲面模型。

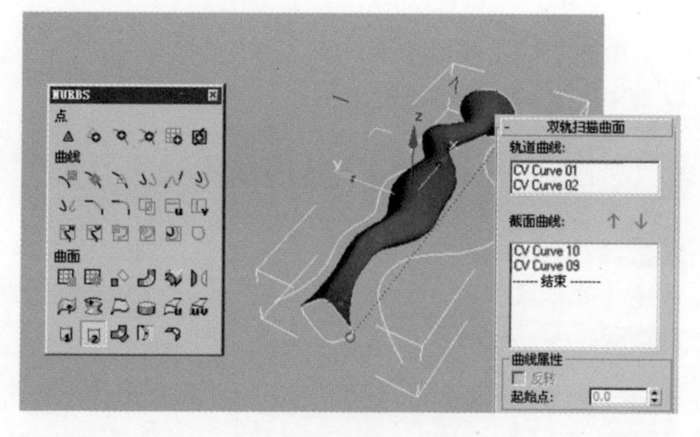

图 7-64

7.3.9 变换工具

使用变换工具相当于执行移动复制操作，可以对指定的曲面进行移动复制。

实例操作 变换工具的基本操作方法

步骤01 首先创建一个曲面，如图 7-65 所示（素材文件：第 7 章 /Scenes/ 变换工具的基本操作方法 .max）。

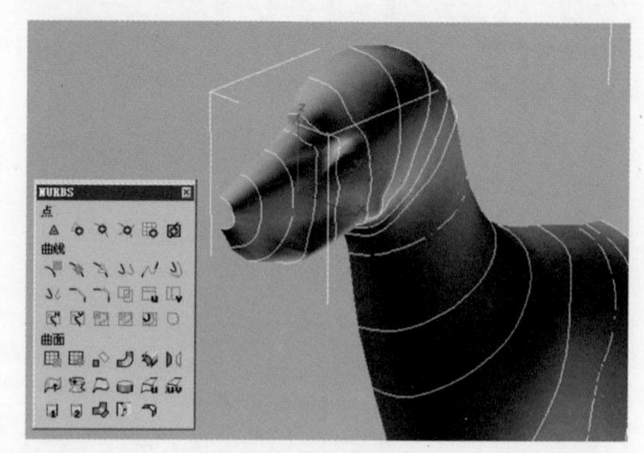

图 7-65

步骤02 单击变换工具图标，选择曲面并移动，我们将看到曲面被移动复制，如图 7-66 所示。

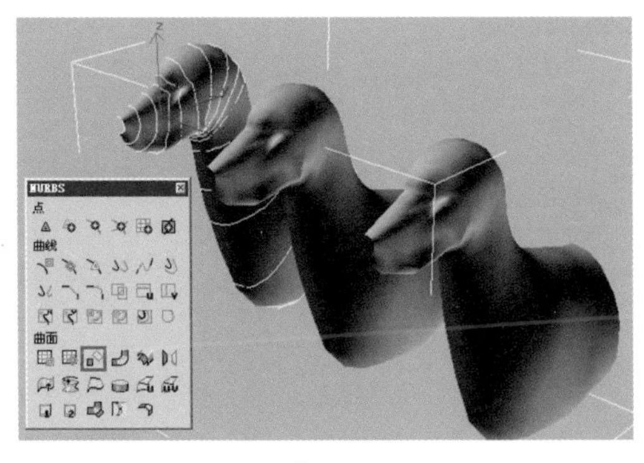

图 7-66

7.3.10 偏移工具

偏移工具是一种类似于变换复制的复制方式，在复制的同时，它可以将曲面进行放大或缩小，从而产生内缩或者放大的复制曲面，类似于一种外轮廓。

实例操作 偏移工具的基本操作方法

步骤01 首先创建一个曲面，如图7-67所示（素材文件：第7章/Scenes/偏移工具的基本操作方法.max）。

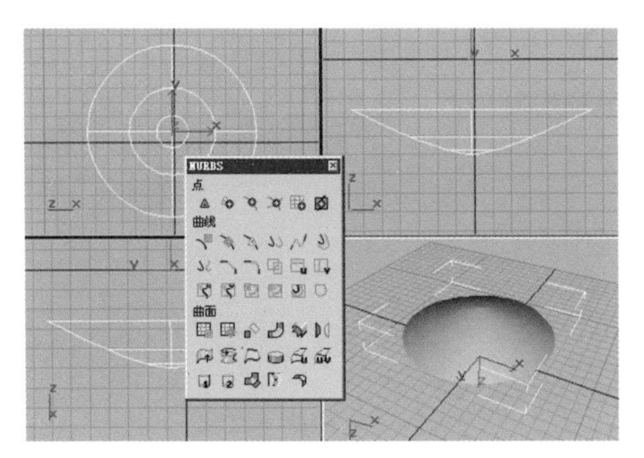

图 7-67

步骤02 单击偏移工具图标，选择曲面并移动，我们将看到曲面好像产生了一个外轮廓，如图7-68所示。

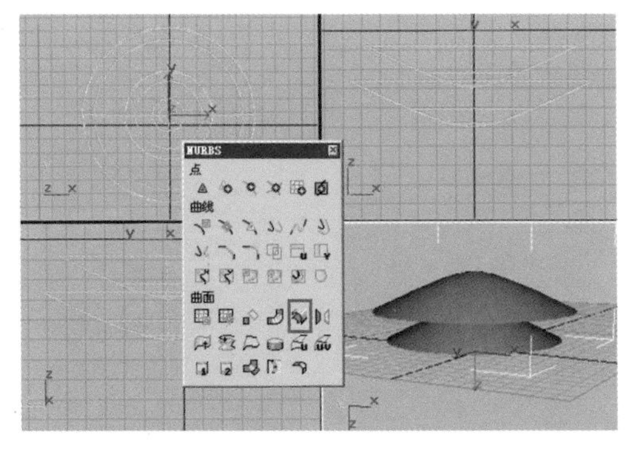

图 7-68

7.3.11 混合工具

使用混合工具可以将两个分离的曲面进行混合，产生中间的过渡曲面。该工具通常和偏移工具等联合使用。

实例操作 混合工具的基本操作方法

步骤01 首先创建两个曲面，如图7-69所示（素材文件：第7章/Scenes/混合工具的基本操作方法.max）。

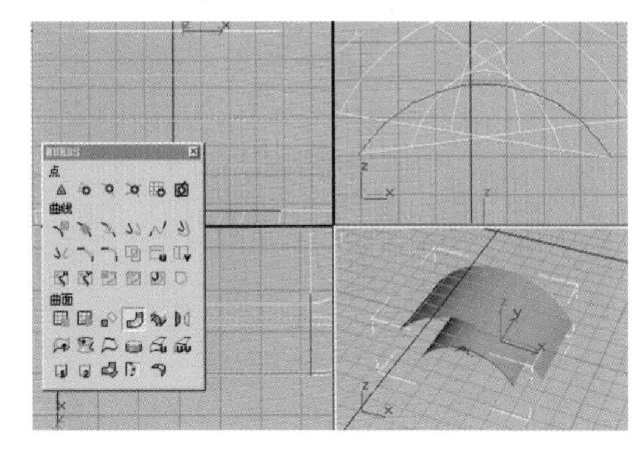

图 7-69

步骤02 单击混合工具图标，选择第一个曲面，然后选择第二个曲面。此时我们将看到两个曲面相互混合在一起（中间产生了曲面），如图7-70所示。

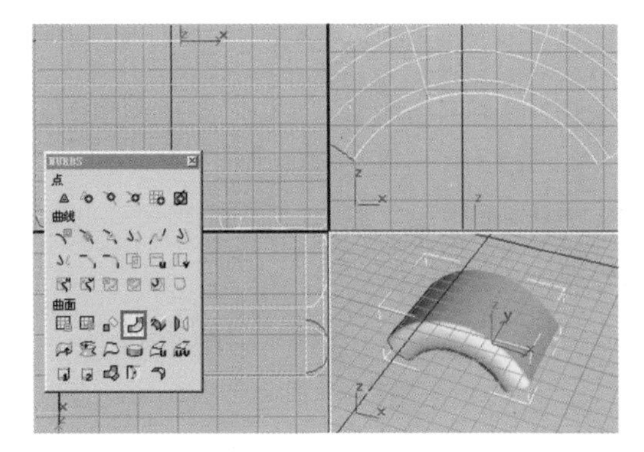

图 7-70

步骤03 在命令面板底部可以调节过渡曲面的参数，勾选“翻转末端1”和“翻转末端2”复选框可以调节曲面的反向和正向，“张力1”和“张力2”的值是两个曲面的张力值，如果将值都设置为0，则产生直角的切面。增大张力值可以使产生的融合曲面产生弧度，如图7-71所示。

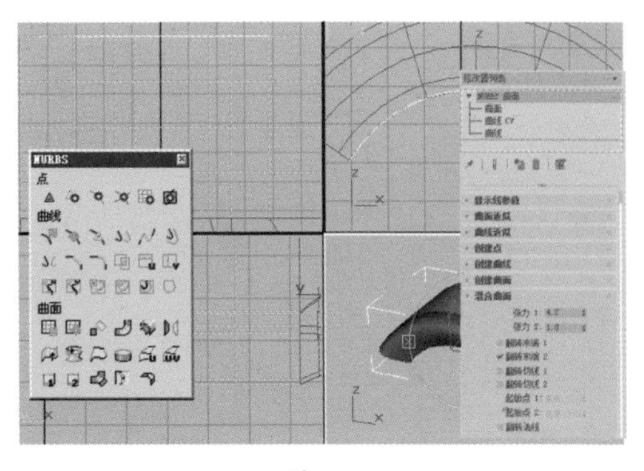

图 7-71

7.3.12 镜像曲面工具

镜像曲面工具的作用是将NURBS内部的曲面进行镜像操作。

实例操作 镜像曲面工具的基本操作方法

步骤01 首先创建一个曲面，如图7-72所示（素材文件：第7章/Scenes/镜像曲面工具的基本操作方法.max）。

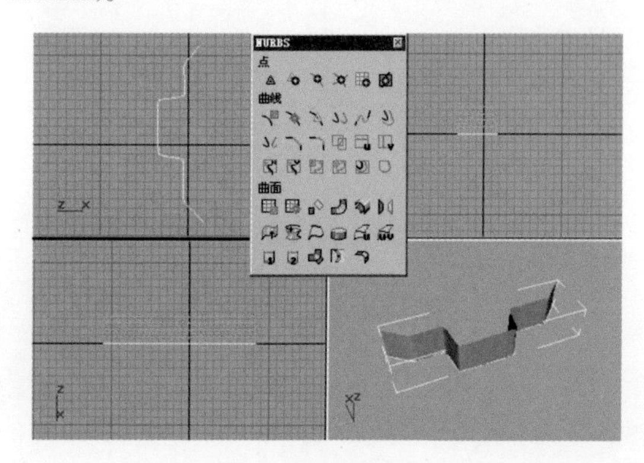

图 7-72

步骤02 单击镜像曲面工具图标，选择将要镜像的曲面，从而产生一个镜像的新曲面，通过修改命令面板中的参数可以调节不同的镜像轴，通过“偏移”参数可以调节镜像曲面之间的位置，如图7-73所示。

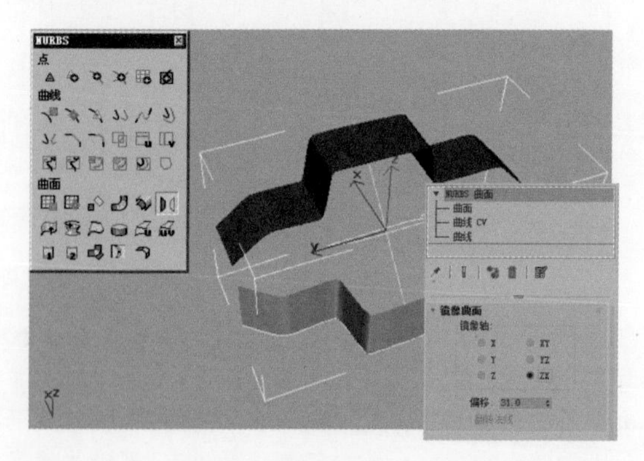

图 7-73

步骤03 单击工具，准备将两个新产生的曲面进行融合。

步骤04 单击第一个曲面的边线，再单击第二个曲面的边线，在参数面板中分别控制它们的起始点和张力值，对它们之间的曲度变化进行调节，这样我们就得到了一个融合的曲面，如图7-74所示。

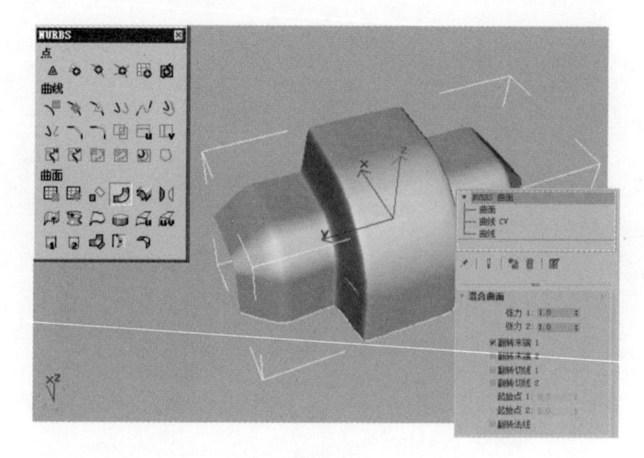

图 7-74

7.3.13 多边融合曲面工具

使用多边融合曲面工具可以对多个分离物体之间的边所产生的空洞进行缝补，产生融合的表面。

实例操作 多边融合曲面工具的操作方法

步骤01 创建一个简单场景，这是单个合并在一起的曲面，如图7-75所示。通过多边融合曲面工具，可以产生它们之间的过渡曲面（素材文件：第7章/Scenes/多边融合曲面工具的操作方法.max）。

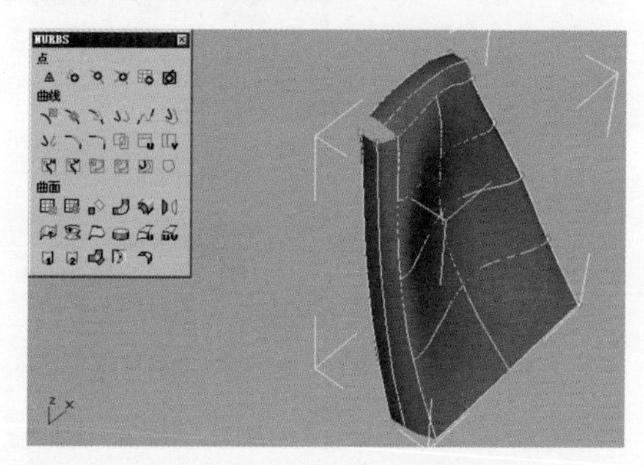

图 7-75

步骤02 先单击多边融合曲面工具图标，然后分别单击两个曲面，再单击绿色的曲线，最后单击鼠标右键结束操作，这样我们就完成了曲面融合操作，如图7-76所示。

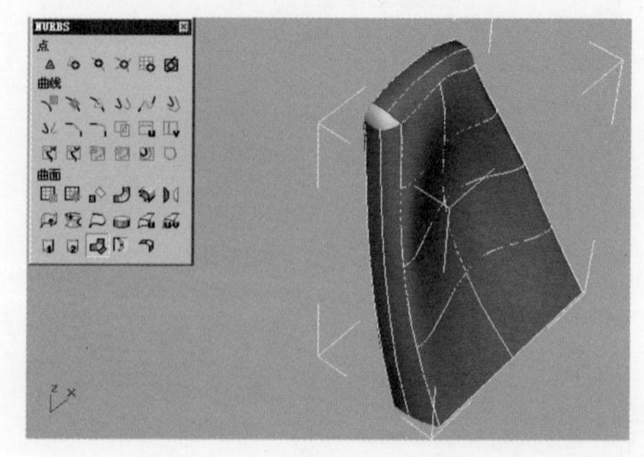

图 7-76

这样我们就将这个空洞进行了缝补，产生了融合的表面，这个表面和其他相邻的面都是无缝衔接的光滑曲面。

7.3.14 多重剪切工具

多重剪切工具是一个比较复杂的剪切工具，使用它可对表面上多条曲面同时进行剪切。

实例操作 多重剪切工具的基本操作方法

步骤01 首先创建一个简单的场景，这是一个弧形曲面。单击工具，在NURBS物体内部绘制4条单独的曲线，如图7-77所示，在曲线绘制完成之后，是不能直接进行多重曲面剪切的，首先要进行映射操作（素材文件：第7章/Scenes/多重剪切工具的基本操作方法.max）。

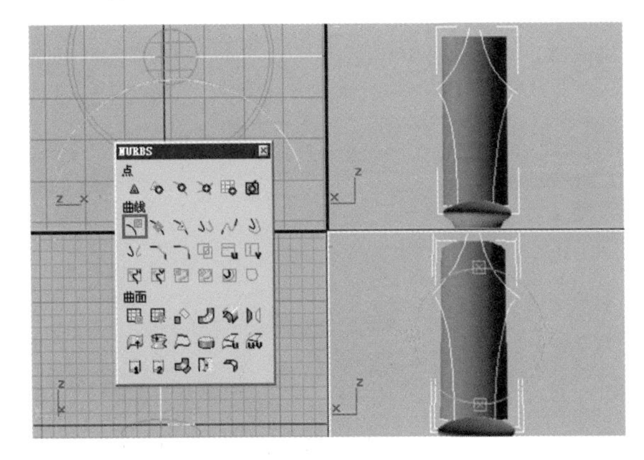

图7-77

步骤02 单击工具，然后选择一条曲线，再选择曲面，将它映射到表面上，如图7-78所示。重复这个操作，将其余曲线映射到表面上。将原来的曲线删除。

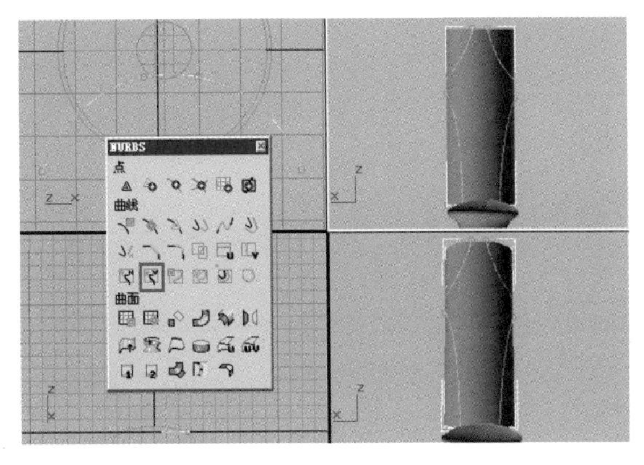

图7-78

这时我们已经可以看到映射到曲面表面的曲线，这种曲线是可以直接进行多重剪切操作的。

步骤03 单击多重剪切工具图标，选择将要剪切的表面，选择一条曲线，可以看到曲线的一侧进行了剪切，单击鼠标右键结束操作。再次选择要剪切的表面，选择第二条曲线，单击鼠标右键结束操作。如果发现所得到的剪切翻转了，则激活“翻转修剪”复选框即可。继续选择要剪切的表面，再次选择曲线，单击鼠标右键结束操作。这样我们就得到了一个剪切曲面，单击鼠标右键结束最后的操作。剪切效果如图7-79所示。

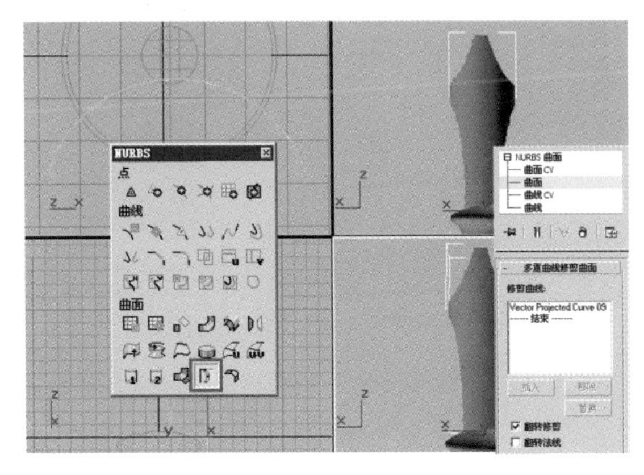

图7-79

7.3.15 圆角工具

使用圆角工具可以对尖锐的直角边进行圆角操作，这对于产生光滑的棱角非常有帮助。

实例操作 圆角工具的基本操作方法

步骤01 首先创建一个标准的立方体，如图7-80所示，在修改命令面板中，将它塌陷为NURBS属性的物体（素材文件：第7章/Scenes/圆角工具的基本操作方法.max）。

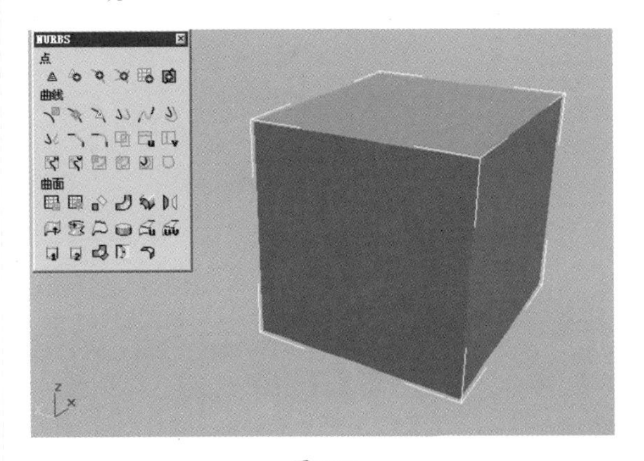

图7-80

步骤02 单击圆角工具图标，选择将要进行圆角操作的两条边，在修改命令面板中可以通过“起始半径”和“结束半径”参数调节圆角起点和末端的大小，如图7-81所示。

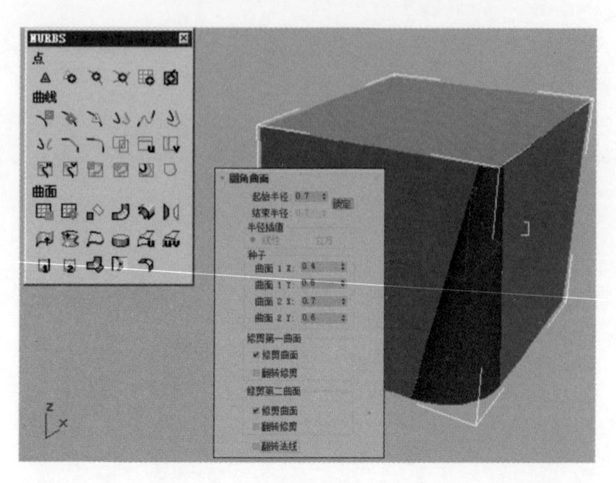
图 7-81

步骤03 激活"修剪曲面"复选框后可以执行表面的剪切操作，这样可以将圆角两边的面进行剪切，只留下最后的圆角结果。

步骤04 选中所得的圆角表面，可以在修改命令面板中进行其他修改操作。

步骤05 这种圆角操作非常有用，尤其是在剪切操作中。现在我们使用工具直接在曲面上绘制一条曲线，然后激活"修剪曲面"复选框，可将曲面所包含的表面进行剪切处理，这样就得到一个表面的空洞，如图7-82所示。

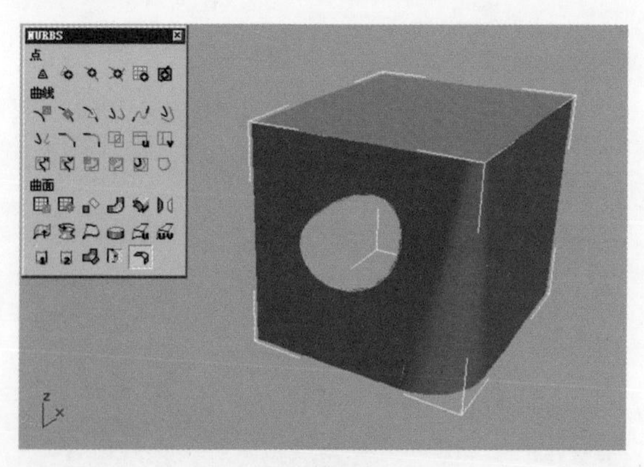
图 7-82

步骤06 使用工具对空洞的边界线进行挤压操作，这样可以得到一个挤伸出来的表面。操作完成后，所得到的边界往往是直角的，如图7-83所示，此时就要进行圆角操作。

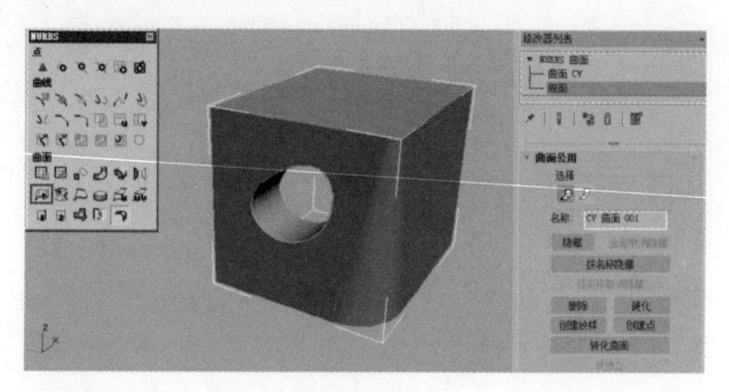
图 7-83

步骤07 单击圆角工具图标，分别单击要进行圆角操作的两个表面，激活"修剪曲面"复选框，将表面剪切操作打开。

步骤08 由于表面的角度太大，单击"锁定"按钮先关闭角度的锁定，以得到均匀的圆角，然后再调节圆角的"起始半径"参数。此时的效果如图7-84所示。

图 7-84

7.4 制作茶具模型

NURBS曲线和NURBS曲面是专门为使用计算机进行3D建模而创建的，在传统的制图领域中并不存在。在3D建模的内部空间中，使用曲线和曲面来表现物体的轮廓和外形。接下来，我们将使用NURBS建模方法来制作一款茶具模型。

如图7-85所示为茶具模型的白模渲染效果图和线框渲染效果图。

图 7-85

7.4.1 制作茶杯主体模型

下面我们来制作茶具模型。

步骤01 打开3ds Max软件，选择“创建→图形→样条线”命令，在“对象类型”卷展栏中单击“线”按钮，在前视图中连续单击，创建一条样条线。我们将对此样条线进行编辑，最终生成实体模型，如图7-86所示。

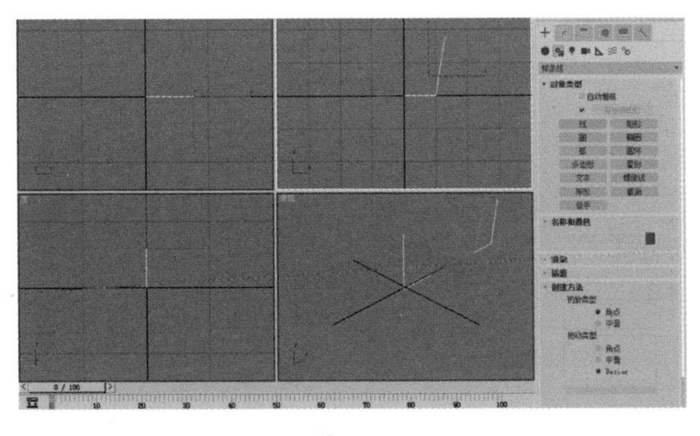

图 7-86

步骤02 单击按钮进入修改命令面板。单击“选择”卷展栏中的按钮，进入顶点级别。选择样条线拐角处的顶点，单击“几何体”卷展栏中的“圆角”按钮，将鼠标指针停留在选中的顶点上单击并拖动，此时拐角被圆角化。单击鼠标右键结束圆角操作，如图7-87所示。

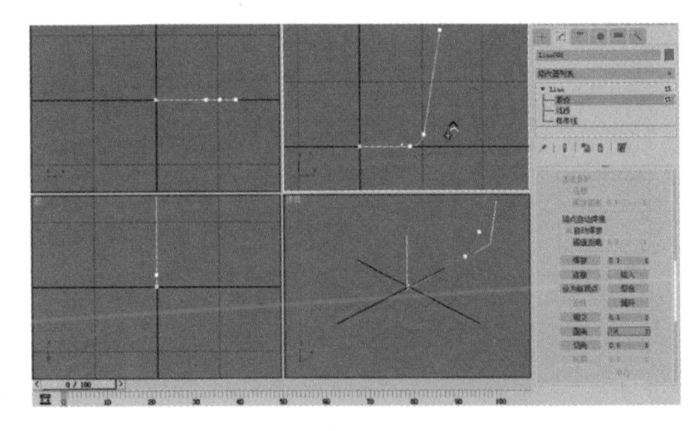

图 7-87

知识拓展

使用“线”工具可创建多条分段组成的自由形式的样条线。在创建线时，可以预设样条线顶点的默认类型，当拖动顶点时，设置所创建顶点的类型。顶点位于第一次单击所在的位置。

步骤03 在顶点级别下，按住鼠标左键并拖动，将样条线上的顶点全部选中；右击，在弹出的快捷菜单中选择Bezier命令，将所有顶点的属性修改为Bezier。此操作可以避免在图形属性转换过程中产生错误，如图7-88所示。

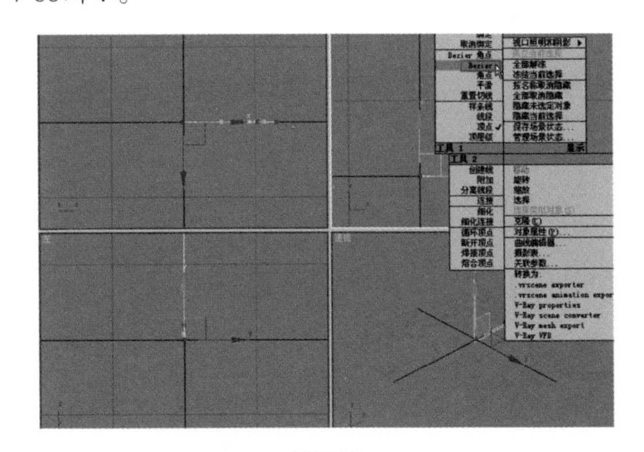

图 7-88

步骤04 单击“选择”卷展栏中的按钮，进入样条线级别。选中样条线，单击“几何体”卷展栏中的“轮廓”按钮，将鼠标指针停留在样条线上，按住鼠标左键并拖动，此时，样条线产生轮廓线条，如图7-89所示。

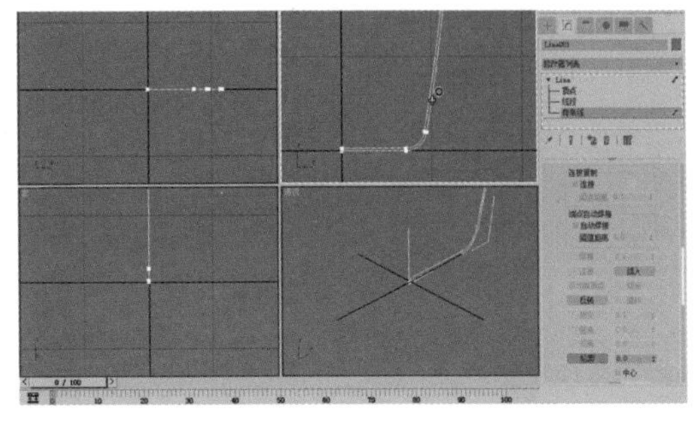

图 7-89

步骤05 使用快捷键1进入样条线的顶点级别。选择样条线上的两个拐角点，单击“几何体”卷展栏中的“圆角”按钮，将鼠标指针停留在选中的顶点上，按住鼠标左键并拖动，将被选择的拐角圆角化。单击鼠标右键结束圆角操作，如图7-90所示。

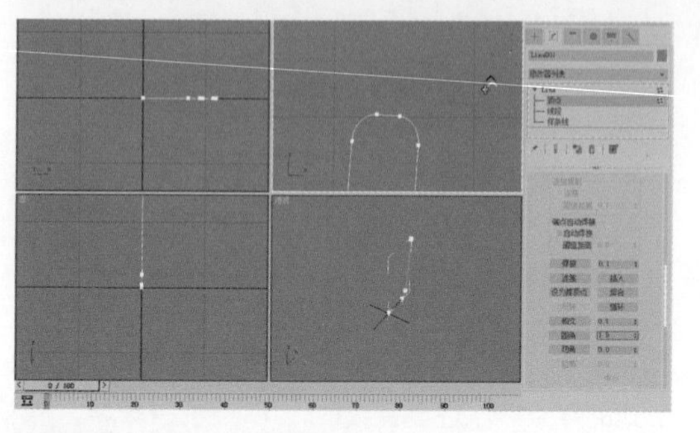

图7-90

步骤06 使用快捷键1或单击“选择”卷展栏中的按钮退出样条线的子级别。右击，在弹出的快捷菜单中选择“转换为NURBS”命令，将样条曲线转换为NURBS，如图7-91所示。

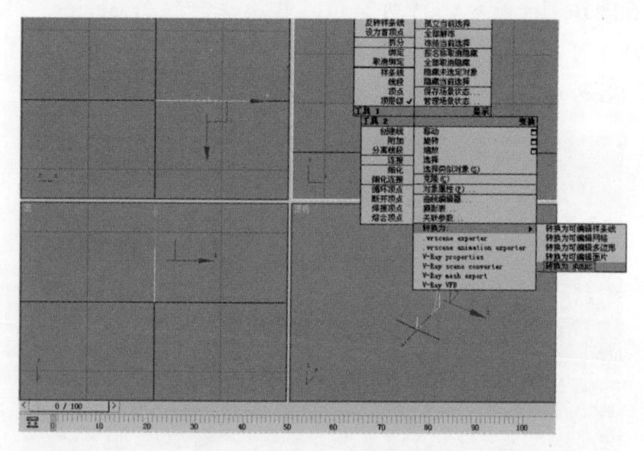

图7-91

步骤07 单击NURBS对话框中的图标，再单击曲线，此时生成一个实体；勾选“翻转法线”复选框可以修正模型的显示。若将样条曲线转换为NURBS后没有弹出NURBS对话框，则可以单击“常规”卷展栏中的图标弹出NURBS对话框，如图7-92所示。

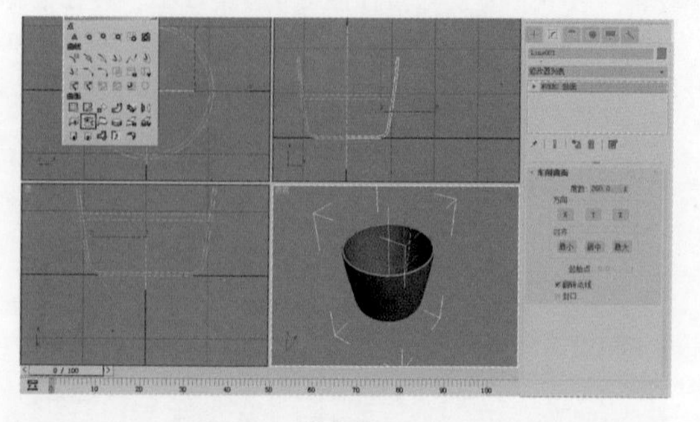

图7-92

7.4.2 制作茶杯手柄模型

步骤01 执行“创建”→“几何体”→“标准基本体”命令，单击“对象类型”卷展栏中的“管状体”按钮；激活前视图，在前视图中拖动鼠标创建一个圆管对象。进入修改面板，在“参数”卷展栏中分别设置圆管对象的分段数，如图7-93所示。

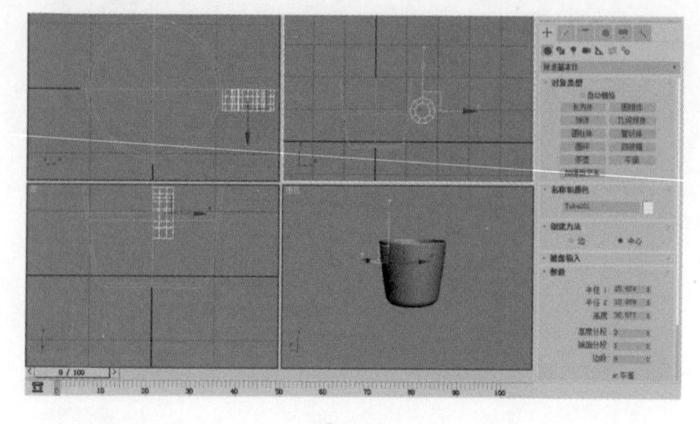

图7-93

步骤02 右击，在弹出的快捷菜单中选择“转换为可编辑多边形”命令，将圆管转换为可编辑多边形。使用快捷键1，进入物体的顶点级别。单击工具栏中的缩放工具图标，在前视图中选中部分顶点进行缩放，如图7-94所示。

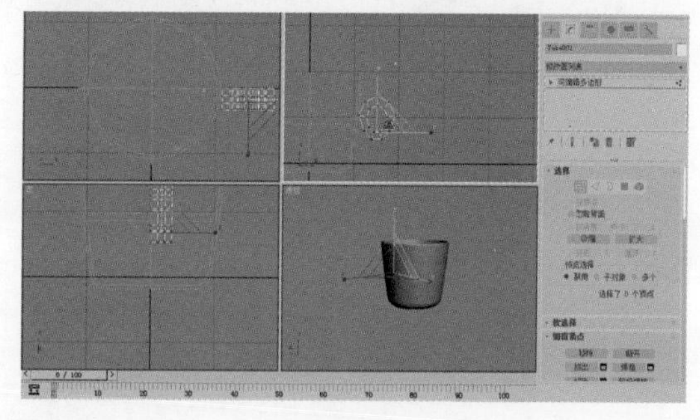

图7-94

步骤03 在顶点级别下，利用“缩放”工具和“移动”工具调整圆管的形状；将其调整成茶杯手柄的样子。使用快捷键4进入物体的多边形级别。选择手柄模型上的一部分面，按Delete键将所选择的面删除，如图7-95所示。

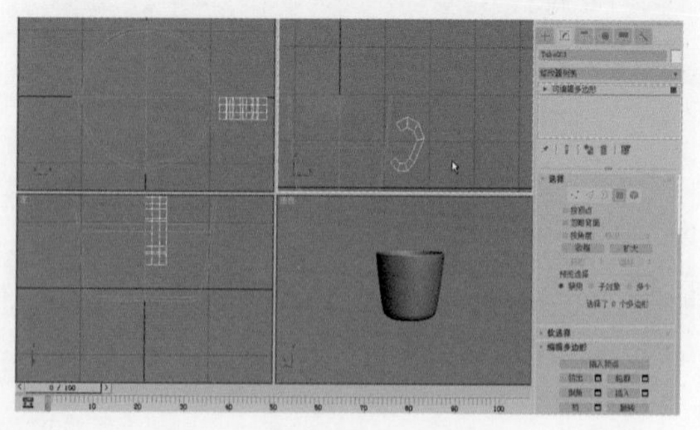

图7-95

步骤04 使用快捷键6退出模型的子级别。勾选“细分曲面”卷展栏中的“使用NURMS细分”复选框，设置迭代次数为2。此时茶杯手柄以光滑模式显示，变得非常光滑。此时，茶杯手柄模型制作完成，利用“缩放”工具将其调整到合适的大小，如图7-96所示。

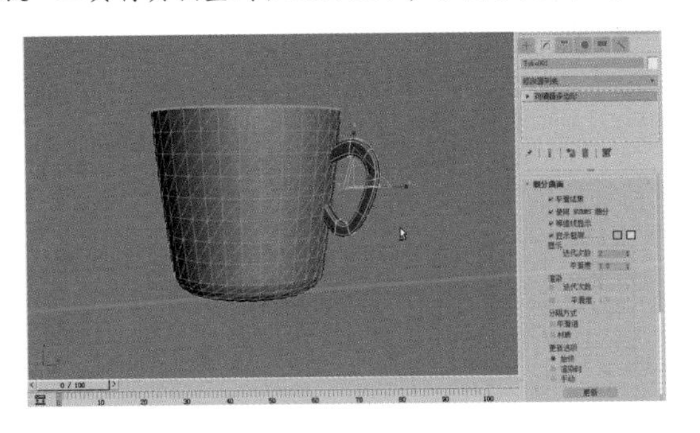

图 7-96

步骤05 利用同样的方法，创建样条曲线，生成轮廓线；将样条曲线转换为NURBS，使用NURBS工具生成盘子模型，如图7-97所示。

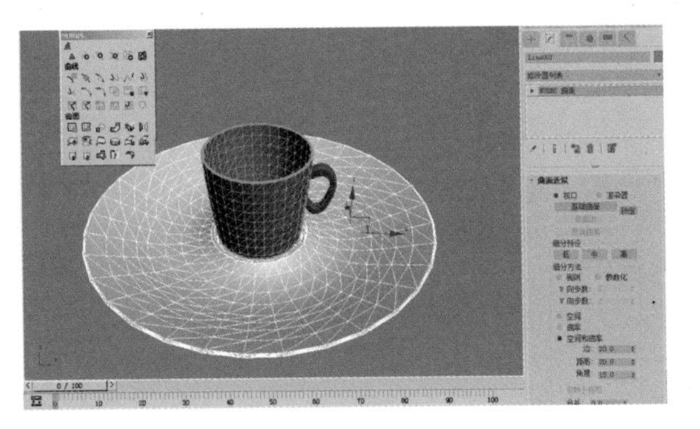

图 7-97

步骤06 按下快捷键Shift+Q，渲染出场景模型的白模渲染效果图，如图7-98所示。

图 7-98

步骤07 按下快捷键Shift+Q，渲染出场景模型的线框渲染效果图，如图7-99所示。

图 7-99

7.5 制作盆栽模型

本节我们使用NURBS曲面建模及多边形建模等多种建模方法来完成对盆栽中花盆、泥土和植物的创建。

如图7-100所示为盆栽模型的白模渲染效果图和线框渲染效果图。

图 7-100

7.5.1 制作花盆和泥土模型

下面我们来制作花盆和泥土模型。

步骤01 打开3ds Max软件，执行“创建”→“图形”→“样条线”命令，在“对象类型”卷展栏中单击“矩形”按钮，在顶视图中创建一个矩形。单击鼠标右键结束矩形的创建，如图7-101所示。

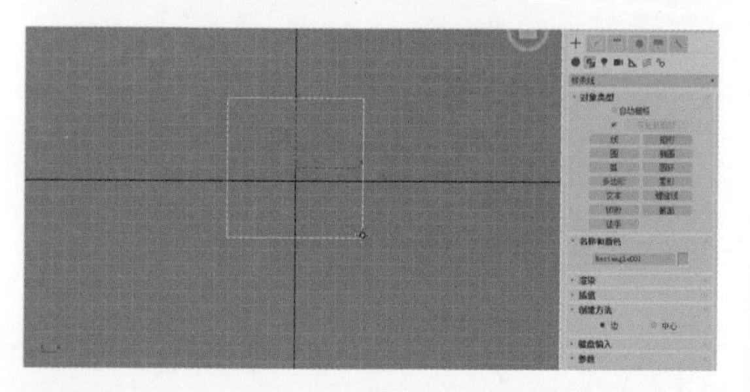

图 7-101

步骤02 选中矩形，右击，在弹出的快捷菜单中选择“转换为可编辑样条线”命令，将矩形转为可编辑样条线，如图7-102所示。

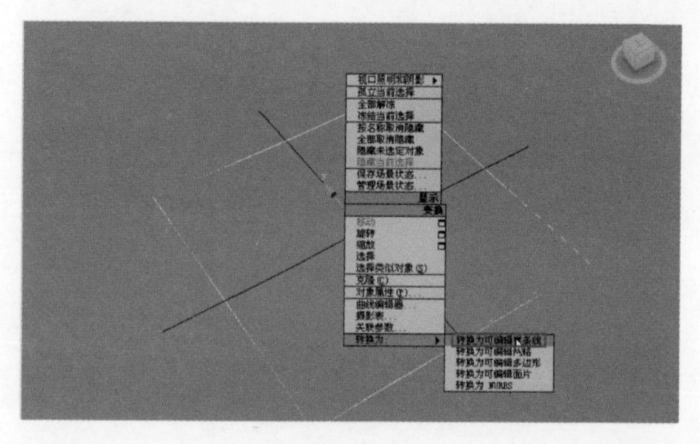

图 7-102

步骤03 进入修改命令面板，在“选择”卷展栏中单击∴按钮，进入顶点子级别。使用快捷键Ctrl+A选择四个顶点，在“几何体”卷展栏中单击“圆角”按钮。回到视图中，将鼠标光标停留在顶点上单击并拖动，此时，矩形的四个顶点产生圆角，得到理想的圆角效果后松开鼠标左键，单击鼠标右键结束圆角操作，如图7-103所示。

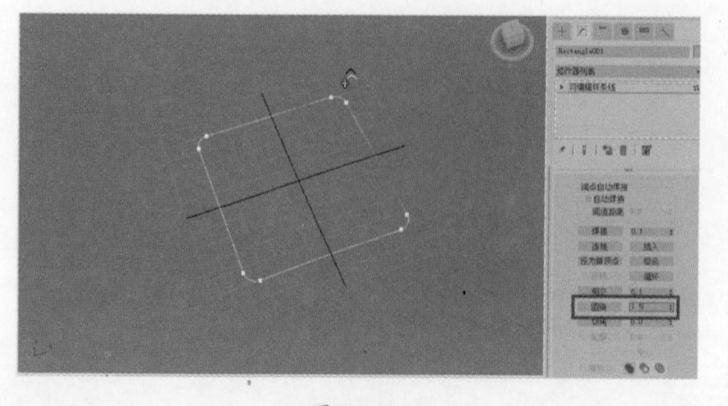

图 7-103

步骤04 切换到左视图中，按住Shift键，利用“移动”工具沿Y轴方向进行移动，复制出一个副本，如图7-104所示。

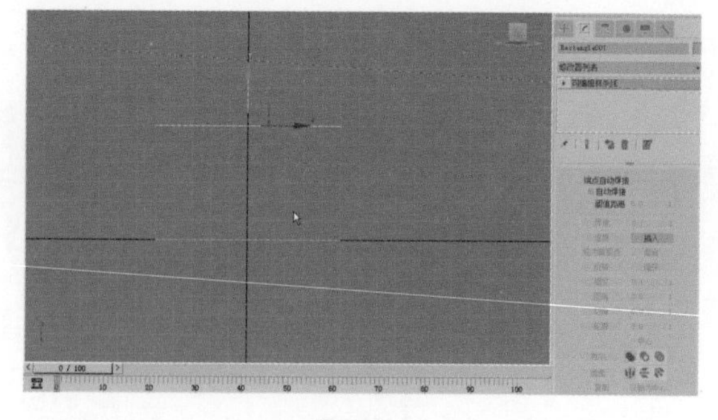

图 7-104

步骤05 单击工具栏中的缩放工具图标，按住Shift键对所复制的矩形副本进行缩放复制，如图7-105所示。

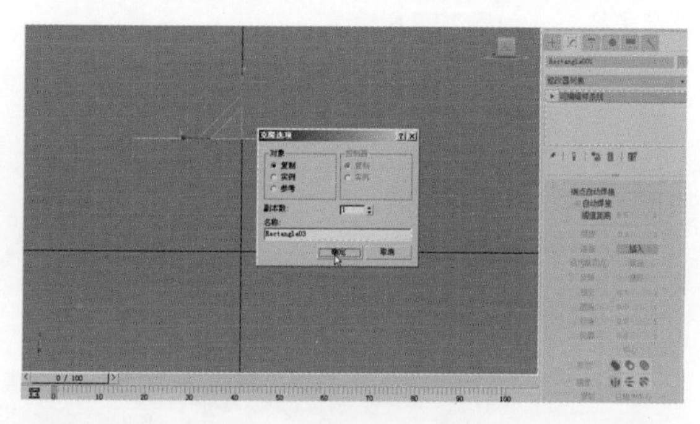

图 7-105

步骤06 单击工具栏中的移动工具图标，按住Shift键对所复制的矩形副本再一次进行复制，如图7-106所示。

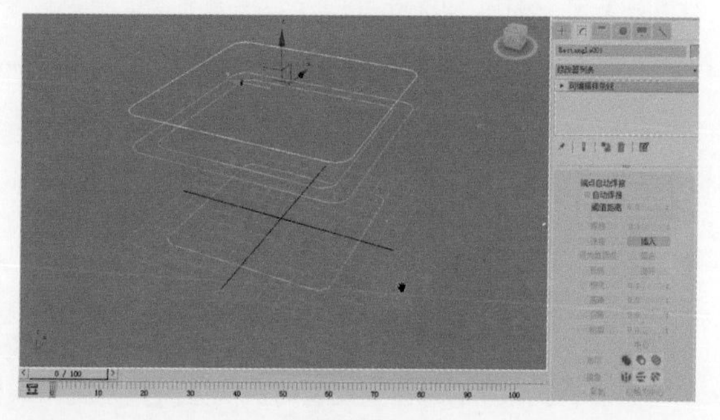

图 7-106

步骤07 再次复制两个小矩形，如图7-107、图7-108所示。

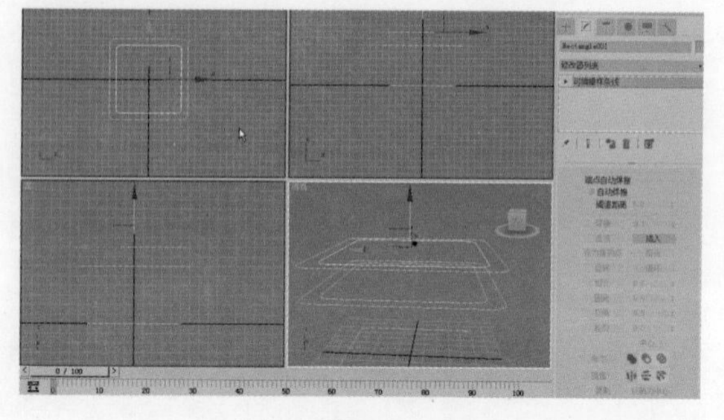

图 7-107

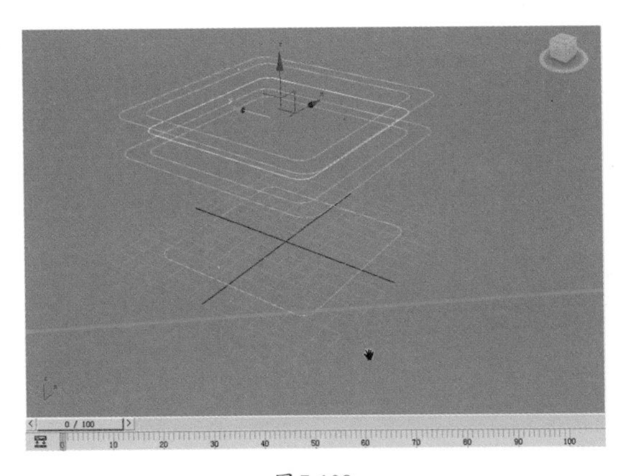
图7-108

知识拓展

使用NURBS曲线创建较规则的物体时，需要对所创建的物体进行整体剖析；将其整体结构进行分段，利用确定好的分段进行NURBS曲线的创建，最终确定物体的造型。

步骤08 在透视图中选择底部的矩形，右击，在弹出的快捷菜单中选择“转换为NURBS”命令，将其转换为NURBS曲面，弹出“NURBS”对话框，如图7-109所示。

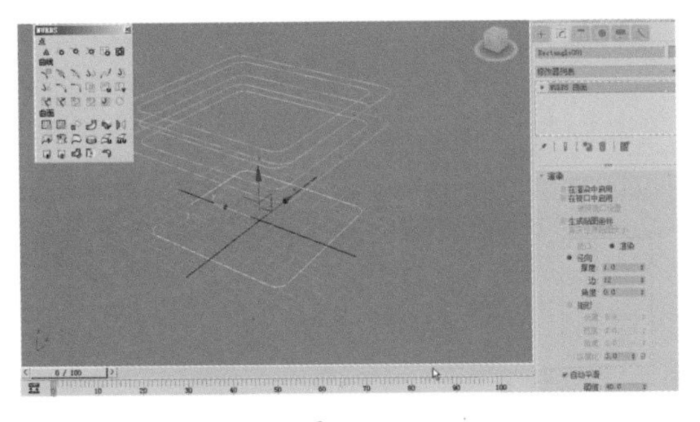
图7-109

步骤09 在修改命令面板中的“常规”卷展栏中单击“附加”按钮。回到视图中按顺序单击其他矩形，将它们附加在一起，如图7-110所示。

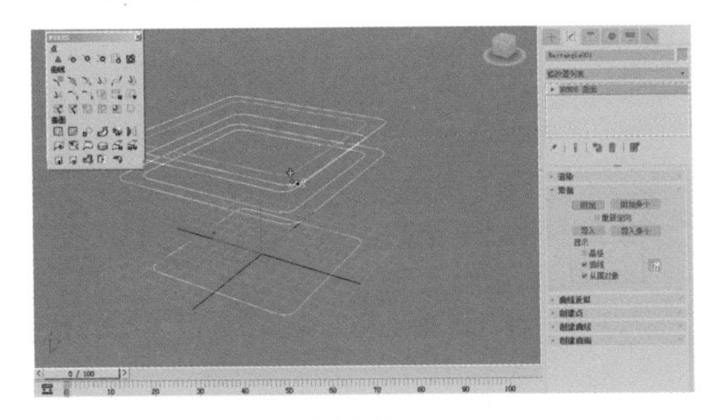
图7-110

步骤10 在“NURBS”对话框中单击U向放样工具图标，在视图中按顺序单击矩形线，如图7-111所示。

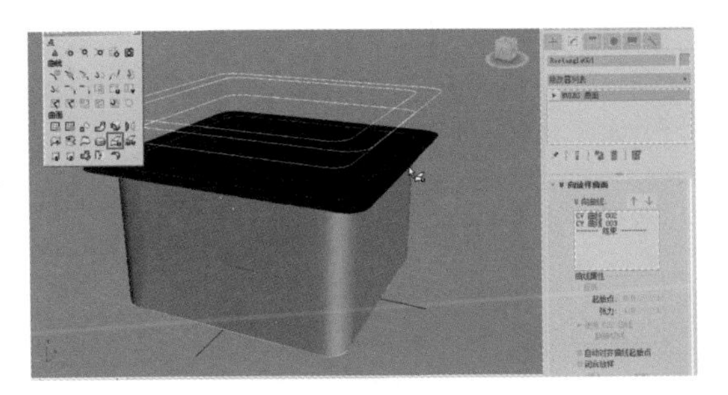
图7-111

步骤11 在“NURBS”对话框中单击封口成形工具图标，在视图中单击花盆底部的线框，对花盆的底部进行封口，此时花盆的底部产生了一个面，如图7-112所示。

图7-112

步骤12 虽然花盆的底部已经封口，但是底部面的法线是反的。在修改命令面板中的“封口曲面”卷展栏中勾选“翻转法线”复选框，此时花盆底部的面显示正常，如图7-113所示。

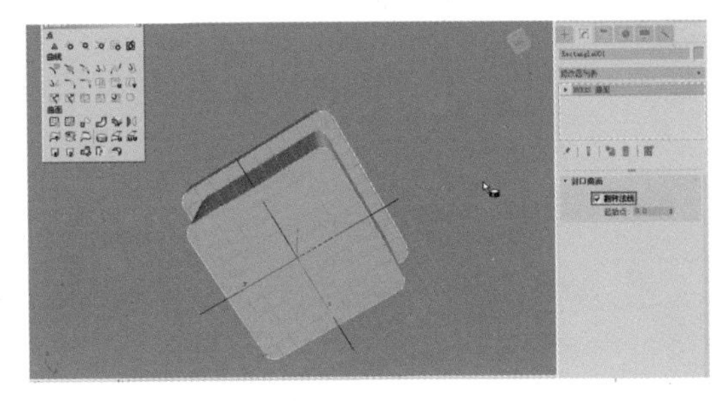
图7-113

步骤13 执行“创建”→“几何体”→“标准基本体”命令，在“对象类型”卷展栏中单击“平面”按钮。在顶视图中参考花盆的大小创建一个平面物体。我们将利用此平面物体来制作花盆中的泥土，如图7-114所示。

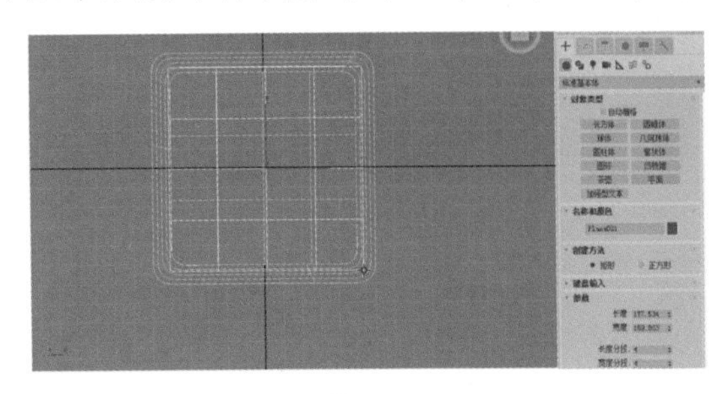
图7-114

步骤14 在修改面板中调整“参数”卷展栏中的长度分段和宽度分段，如图7-115所示。下一步我们将为平面物体加载“噪波”修改器，所以应该为平面物体设置适当的分段数，以便产生漂亮的噪波效果。

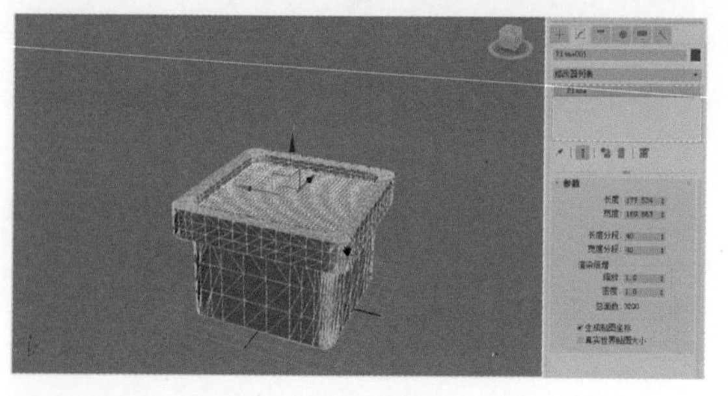

图7-115

步骤15 选中平面物体，在修改器列表中选择“噪波”命令，为平面物体加载“噪波”修改器。在“参数”卷展栏中调整“噪波”的参数。加载“噪波”修改器之后，泥土的大体效果已经出来了，但还是有些平坦，需要进一步对泥土的造型进行调整，如图7-116所示。

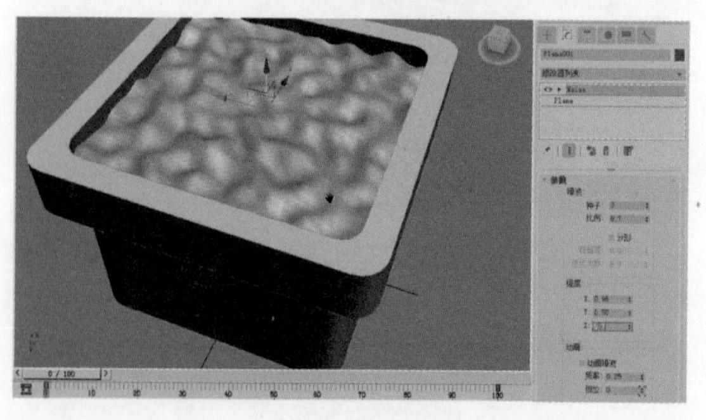

图7-116

知识拓展

在设置物体分段数时，应该在保证物体造型的基础上尽量减少分段数。这样以便减轻系统的运行负担，同时也为后期渲染节省了资源。

步骤16 右击，在弹出的快捷菜单中选择“转换为可编辑多边形”命令，将模型转为可编辑多边形。在“绘制变形”卷展栏中单击“推/拉”按钮，调整“推/拉”值和笔刷大小，在视图中绘制泥土造型。单击“松弛”按钮，在视图中对刚才创建的泥土进行平滑处理，如图7-117所示。

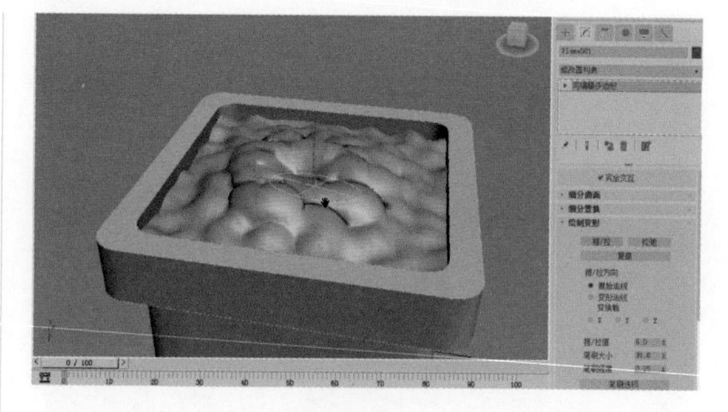

图7-117

7.5.2 制作植物模型

下面我们来制作植物模型。

步骤01 选择“创建”→“几何体/NURBS曲面”命令，在“对象类型”卷展栏中单击“点曲面”按钮，在前视图中创建一个NURBS曲面。单击鼠标右键结束曲面的创建，如图7-118所示。

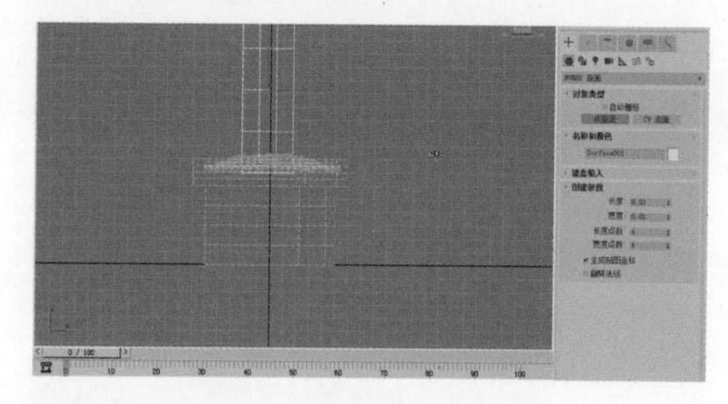

图7-118

步骤02 单击按钮，进入修改命令面板。选择“点”按钮，切换到点级别，利用“移动”工具调整曲面上点的位置，将曲面调整成植物的叶片形状，如图7-119所示。

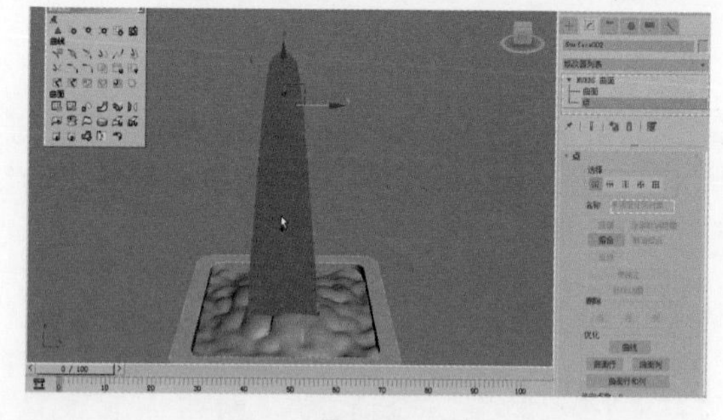

图7-119

步骤03 按住Alt键，按住鼠标中键在透视图中进行拖动，对场景进行旋转观察。选中植物叶片中间的点，利用“移动”工具调整这些点的位置，使植物的叶片产生弧度，如图7-120所示。

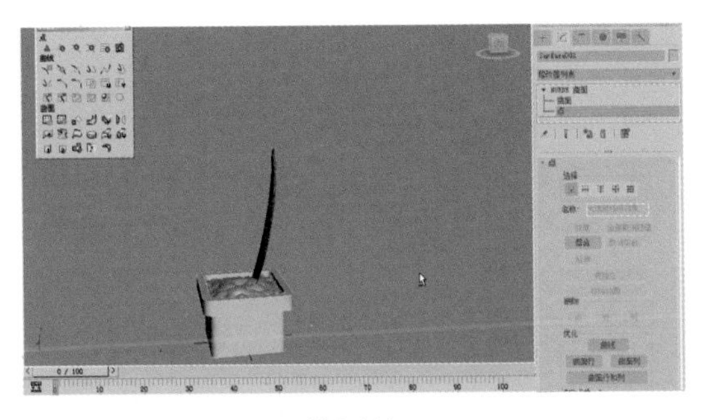

图7-120

步骤04 选中植物的叶片，右击，在弹出的快捷菜单中选择“转换为可编辑多边形”命令，如图7-121所示。

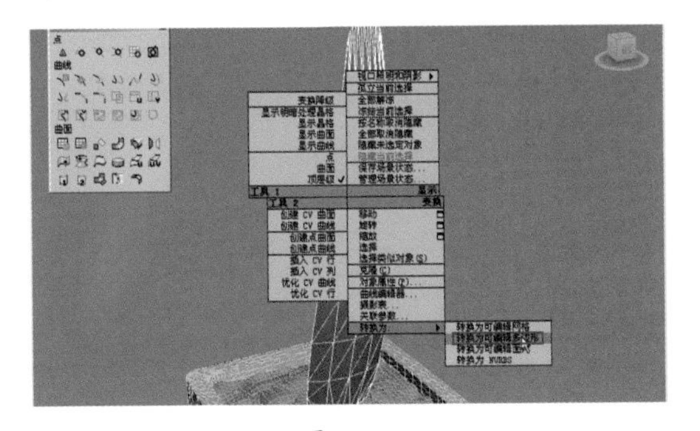

图7-121

步骤05 使用快捷键2进入边级别，选择模型上多余的边，单击“编辑边”卷展栏中的“移除”按钮，将杂乱的边线移除，如图7-122所示。

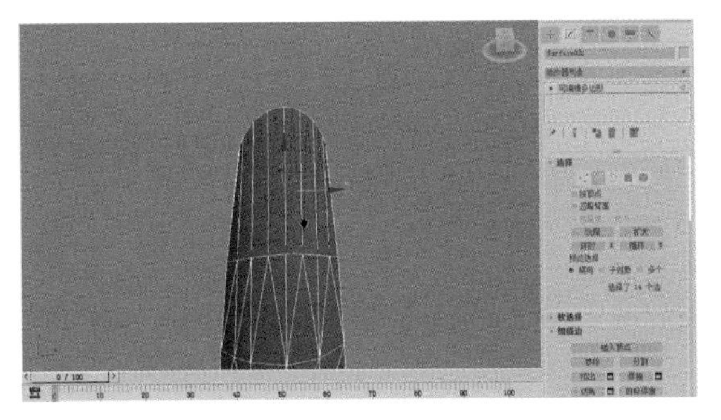

图7-122

步骤06 将多余的边移除后，选择纵向的边。单击“编辑边”卷展栏的“连接”按钮，为模型加线，如图7-123所示。

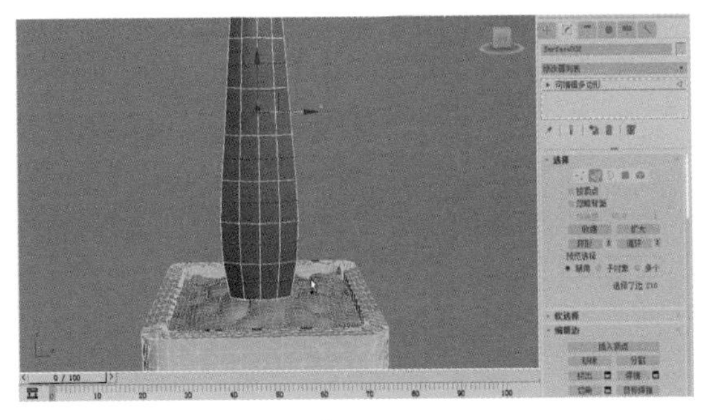

图7-123

知识拓展

利用移除命令可以将模型上多余的边线删除，但此操作不会影响模型的结构。移除的快捷键为Backspace。

步骤07 此时的植物叶片模型为单面，需要为其加载一个“壳”修改器来制作成双面。选中植物叶片模型，在修改器列表中选择“壳”命令，通过在修改命令面板中设置内部量或外部量的参数来调整叶片的厚度，如图7-124所示。

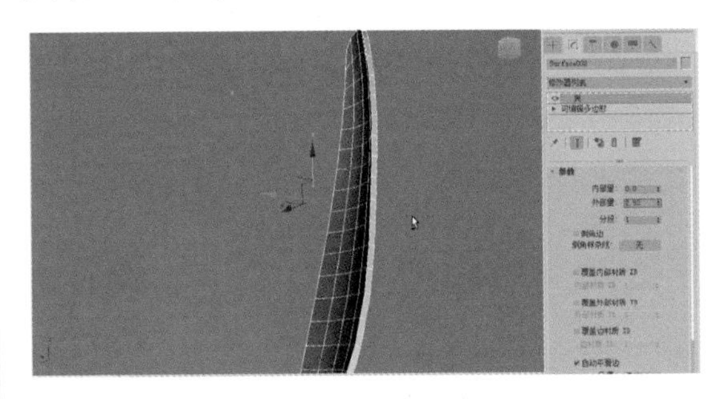

图7-124

步骤08 右击，在弹出的快捷菜单中选择“转换为可编辑多边形”命令，将叶片模型转换为可编辑多边形。使用快捷键4，进入多边形级别。选择叶梢的两个面，单击“倒角”按钮，设置倒角参数，如图7-125所示。

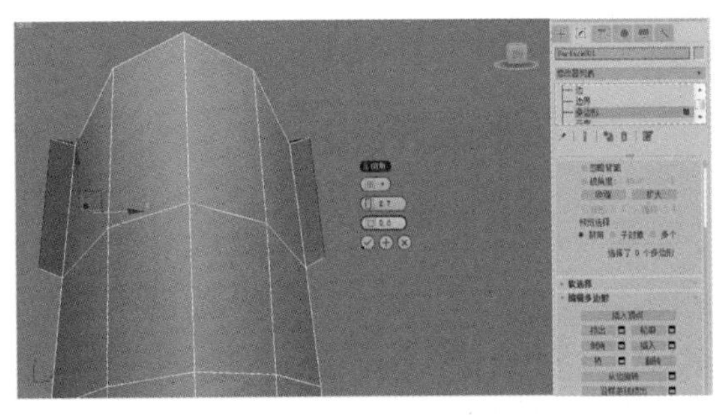

图7-125

步骤09 使用快捷键1进入顶点级别，利用“移动”工具对叶梢的造型进行调整，如图7-126所示。

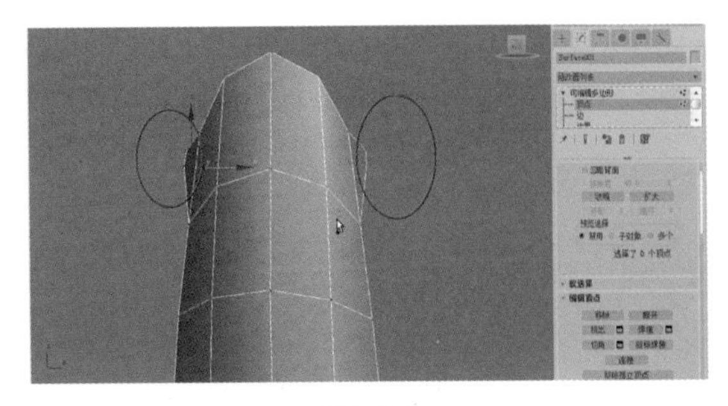

图7-126

步骤10 使用快捷键4，进入多边形级别。选择叶梢的两个面，单击“倒角”按钮，设置倒角参数，如图7-127所示。

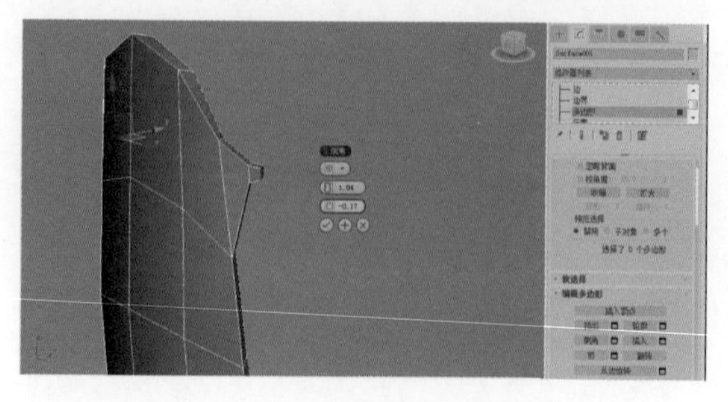

图 7-127

步骤11 使用快捷键2，进入边级别。选择叶片侧面的两条边，单击“切角”按钮，设置切角参数，如图7-128所示。

图 7-128

步骤12 对所选的边进行切角之后，在切角处产生一个面。使用快捷键4进入多边形级别。选择切角产生的面，单击“倒角”按钮，设置倒角参数，如图7-129所示。

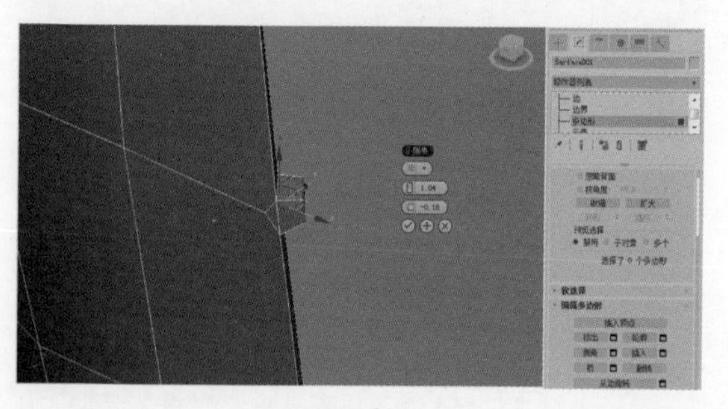

图 7-129

步骤13 继续利用步骤11、12的方法为叶片制作叶刺，最终右击，在弹出的快捷菜单中选择“NURMS切换”命令，对叶片模型进行光滑显示，效果如图7-130所示。

图 7-130

步骤14 将制作好的叶片模型复制出3个副本作为外围的主叶。利用“移动”工具和“旋转”工具调整它们的位置，效果如图7-131左图所示。再复制出若干个叶片模型副本，对它们进行缩放，并调整它们的位置，效果如图7-131右图所示。

图 7-131

7.5.3 制作包纸模型

步骤01 将制作好的花盆模型复制出一个副本，单击工具栏中的按钮，将复制的花盆模型副本在Z轴方向上镜像。执行“创建”→“几何体”→“标准基本体”命令，在“对象类型”卷展栏中单击“平面”按钮，在花盆模型的上方创建一个平面，如图7-132所示。

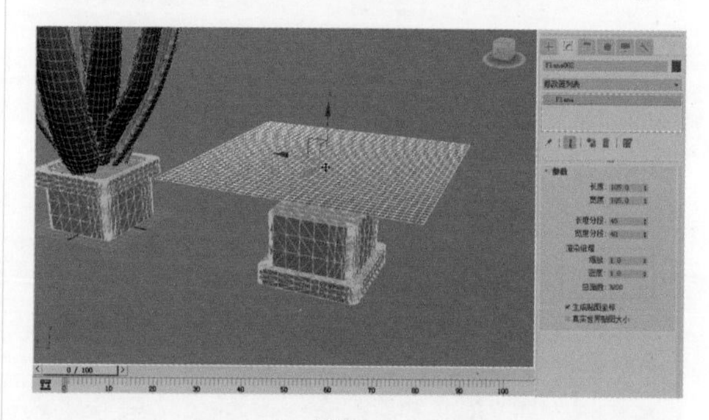

图 7-132

步骤02 选中平面物体，在修改器列表中选择Cloth命令，为其加载Cloth修改器。在“对象”卷展栏中单击“对象属性”按钮，弹出“对象属性”对话框。设置平面物体的属性，如图7-133所示。

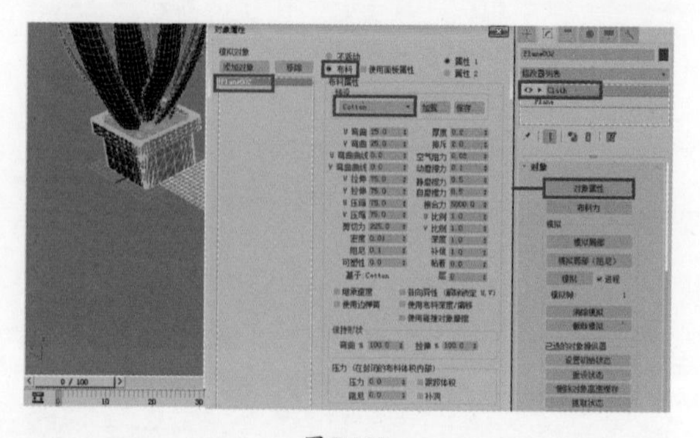

图 7-133

步骤03 在“对象属性”对话框中单击“添加对象…”按钮，弹出“添加对象到Cloth模拟”对话框，选择花盆模型副本的名称，单击“添加”按钮。此时已将花盆模型副本添加到“对象属性”对话框的“模拟对象”列表中。在该列表中选中花盆模型副本的名称，设置其为“模拟对象”，如图 7-134 所示。

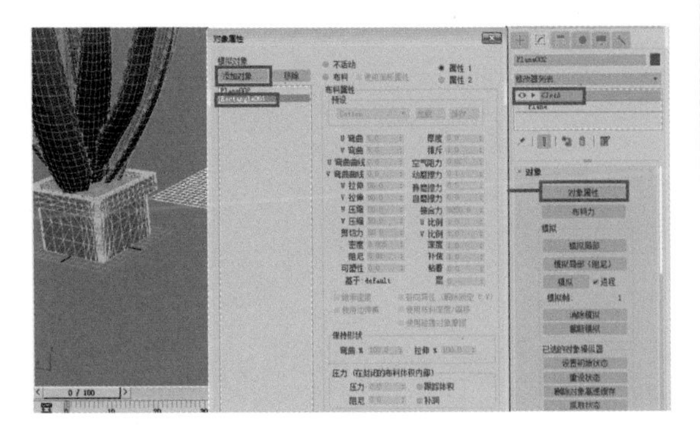

图 7-134

步骤04 在“对象”卷展栏的“模拟”区域单击模拟局部按钮，系统开始计算布料物体落到花盆上的效果。此时，包纸模型已经制作好了，如图 7-135 所示。

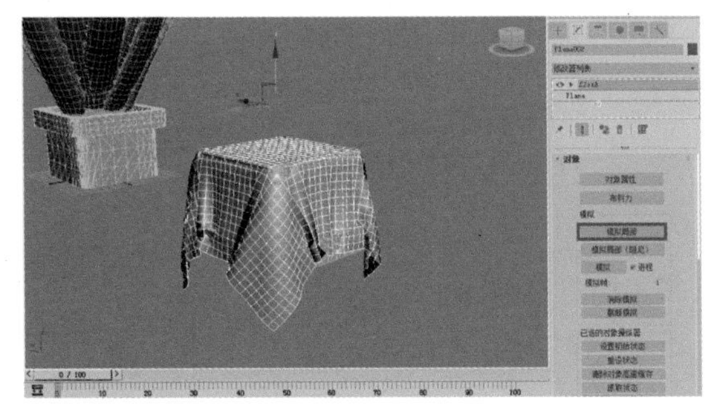

图 7-135

步骤05 将花盆模型副本删除，选中布料物体，单击工具栏中的按钮，将布料物体在Z轴方向上镜像，如图 7-136 所示。

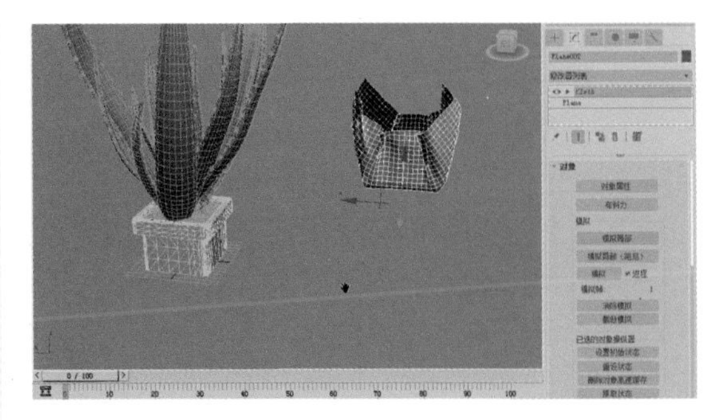

图 7-136

步骤06 利用“移动”工具调整包纸模型到花盆模型的下方，使其将花盆模型包住，如图 7-137 所示。

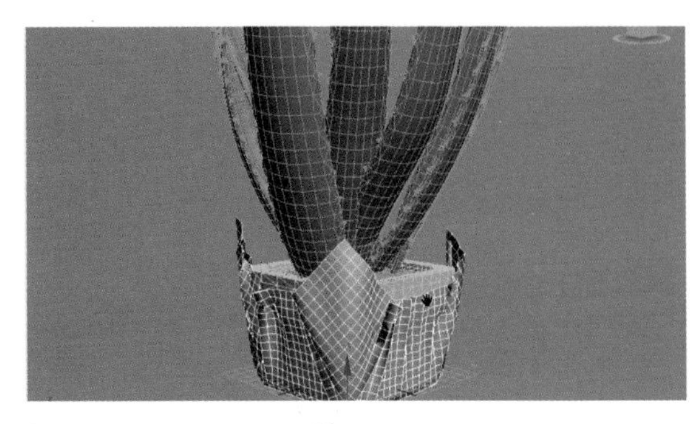

图 7-137

步骤07 案例最终渲染效果如图 7-138 所示。

图 7-138

第8章 灯光

本章导读

本章将通过学习灯光系统，使读者了解在3ds Max中制作灯光的原理和流程。主要学习泛光灯、聚光灯和天光灯的制作方法，了解通用灯光的制作技巧。此外，还将学习光度学灯光和全局光灯的使用方法，使读者了解全局光照模拟的打光方法，各种参数的用法，并为简单的场景布光。

在3ds Max中，灯光主要用于模拟真实光。因此，使用者需要对3D原理有一定的了解。本章主要介绍自然光，并简要提及人造光，着重讲述如何利用出色的打光技术来实现具有照片真实感的图像。首先介绍光的原理，然后逐步制作模拟灯光下的3D图像。

学习目标 本章重点	了解	理解	应用	实践
真实光理论	√	√		
自然光属性	√	√		√
标准灯光		√	√	√
光度学灯光		√	√	√
VRay灯光		√	√	√
卧室场景灯光表现			√	√
公共卫生间场景灯光表现			√	√

8.1 真实光理论

灯光在制作三维图像时扮演着关键的角色，用于表现造型、体积和环境气氛。我们希望在制作三维图像时能够创建与真实世界相差无几的灯光效果。然而，由于我们在现实生活中对很多光照效果已经非常熟悉，我们对灯光并不敏感，这降低了我们在三维世界中探索和模拟真实世界光照效果的能力。因此，本节将介绍光照的认知程度，帮助读者提高在3ds Max中使用灯光模拟真实光照的能力。

灯光为我们的视觉感官提供了基本的信息，通过摄影机镜头使物体的三维轮廓更加清晰可见。然而，灯光的功能远不止于此，它还满足了视觉艺术的需求，为场景注入了生命和灵性，使场景中的模型栩栩如生。在场景中，不同的灯光效果能够使人产生不同的感受：快乐、悲伤、神秘、恐怖……这些变化是戏剧性的、微妙的。可以这样说，光线投射到物体上，为整个场景注入了浓厚的感情色彩，并直观地反映到视图中。如图8-1所示，温暖柔和的灯光为画面增添了温馨的氛围。

图 8-1

设计、造型、表面处理、布光、动画、渲染和后期处理是我们在每个项目中涉及的主要流程。我遇到的大多数制作人都将主要精力放在造型方面，而对其他方面的考虑相对较少，其中最被忽视的可能是布光。在场景中随意放置几盏灯，然后依赖软件和渲染器的渲染引擎，这样做只能产生不真实的图像。我们的目标是产生照片般真实感的图像，这就要求不仅要有好的造型，还要有好的贴图和好的布光。在3D中模拟太阳光是一项具有挑战性的任务，如图8-2所示。

图 8-2

当然，若要专门模拟太阳光，则必须对自然光的反射、折射以及色彩变化有深入的了解。模拟太阳光需要考虑光源的位置、强度和颜色等因素。下面我们将从几个方面进行探讨。

1. 颜色

光的颜色取决于光源。白色光由各种颜色组成。当白色光遇到障碍物时，它的颜色会发生变化，但不会变为白色或黑色。如果遇到白色的物体，则会反射回来同样的光线。而如果遇到黑色的物体，则所有的光，无论最初是什么颜色，都会被物体吸收而不会产生反射。因此，当你看到一个全黑的物体时，你所看到的黑色只是因为没有光从那个方向进入你的眼睛。为了验证这个理论，请闭眼一秒钟，你看到的是什么颜色？

2. 反射与折射

完全反射只有在反射物绝对光滑的情况下才能实现，如图8-3所示。

图 8-3

在现实中，并非所有的入射光线都是按照同一方向反射的。其中一些会以其他角度反射出去，这导致反射光线的强度大大降低，如图8-4左图所示。

光在折射时也是如此。入射光并不是按照同一方向弯曲的，而是根据折射面的情况被分成几组，按不同的角度折射，如图8-4右图所示。

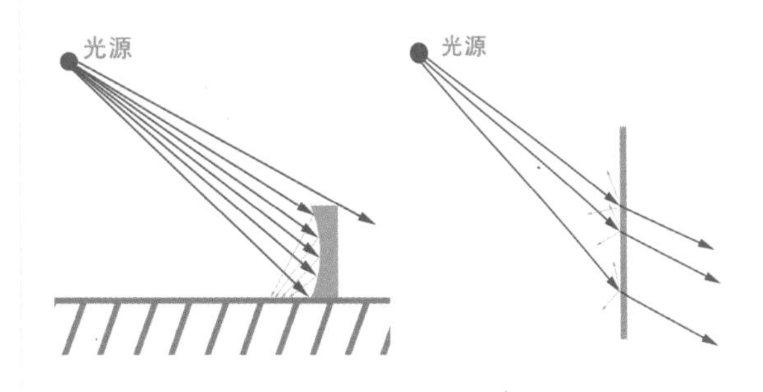

图 8-4

这种不规则的反射和折射会产生界限模糊的反射光和折射光。这也引出一个事实，即反射光源并非来自一个单一方向的点光源，而是具有一定的发散性。反射光的强度会逐渐减弱，并最终融入环境色中。

现在的3D软件已经能够支持基本的反射效果。任何被定义为具有反射特性的物体都可以找到入射光线。光线被反弹的次数受光线递归限度的控制，这可以在3ds Max软件中设置。

3. 强度衰减

光线的强度会随着距离光源的距离和光照面积的大小而衰减。在大多数3D软件中，光线的衰减通常按照线性刻度来计算，而3ds Max直接支持灯光衰减控制。

在实际制作之前，大家应该已经对光的特性有了一定的了解。现在我们看看这些特性如何影响自然光的。

8.2 自然光属性

自然光，即真实世界中的光，有无数种。要研究每一种自然光可能需要花费大量的时间，但在本文中，我们只介绍最基本和常见的几种。

在户外，阳光是我们最主要的光源。它的颜色微微偏黄，但当你仔细观察周围的物体时，会发现黄色并不是影响周围环境的唯一颜色。尽管太阳光是最主要的光源，但在户外还能发现无数种其他颜色的光。在描述光的特性时提到了一种颜色的光在遇到与入射光线颜色不同的障碍物时会改变成另一种颜色，还提到了有些光在反射和折射时会分散。现在想象一下户外的世界，大树是褐色和绿色的，小草是纯绿色的，道路是灰色的……一个真实世界的光是由许多种颜色组成的，但是最活跃的颜色还是太阳光的颜色。即使周围没有太多这样的光线，也还有其他环境光。

每片树叶、每块砖头，甚至人类自己都在扮演二次光源！但是，这些二次光源都完全独立于其所反射的光的颜色和强度。如果反射物体是黑色的，它就不会反射太多的光，大部分会被吸收，加上光的减弱，反射光的范围就会减少更多。但是如果反射物的颜色较亮，比如一堵白色的墙，那么它就会对周围事物的光照分布产生极大的影响。在图8-5中，白色比橘色射出的光要多得多。

图 8-5

光在一天的不同时段呈现出不同的颜色。黎明时，阳光呈现红色调；日落时分，红色更加明显。在这两者之间，阳光主要呈现黄色调。

在一天中，阴影的位置和形状也在发生变化。在黎明时，没有基色源，我们所看到的光都是经过大气反射的。假设有一个地方，有一些物体挡在你和太阳之间，在这种情况下，想找到一个清晰的阴影是很困难的。整个天空就是一个基色源。其他物体当然也在反射光，但效果较小。

正午时分，太阳高照，阴影边缘十分清晰。太阳的角度决定了阴影的清晰程度。阴影清晰度的变化如图8-6所示（为了更好地说明问题，我夸大了平面上随距离增大阴影柔和度的变化）。在现实中，阴影清晰度的变化还受光源大小的影响，光源越大，阴影越柔和。

图 8-6

在日落时，如果物体没有被阳光直射，那么它的阴影就会非常柔和。在黎明时也是一样的，整个天空作为一个大的光源，它发出的光会遮盖大部分阴影。此外，在阴影中的物体只有在离地面非常近的情况下，才能投射出边缘柔和的阴影，如图8-7所示。

图 8-7

8.3 标准灯光

在目标聚光灯、自由聚光灯、目标平行光、自由平行光、泛光和天光这些灯光对象中，聚光灯和泛光灯是最常用的。它们相互配合可以获得最佳的效果。泛光灯是一种具有穿透力的照明方式，它不受场景中任何对象的遮挡。如果将泛光灯比作不受任何对象遮挡的灯，那么聚光灯则类似于带着灯罩的灯。在外观上，泛光灯是一个点光源，而目标聚光灯有一个明确的光源点和一个投射点。与泛光灯相比，目标聚光灯在修改命令面板中多了聚光参数的控制选项。

以下是6种类型的标准灯光对象：目标聚光灯、自由聚光灯、目标平行光、自由平行光、泛光和天光，如图8-8所示。

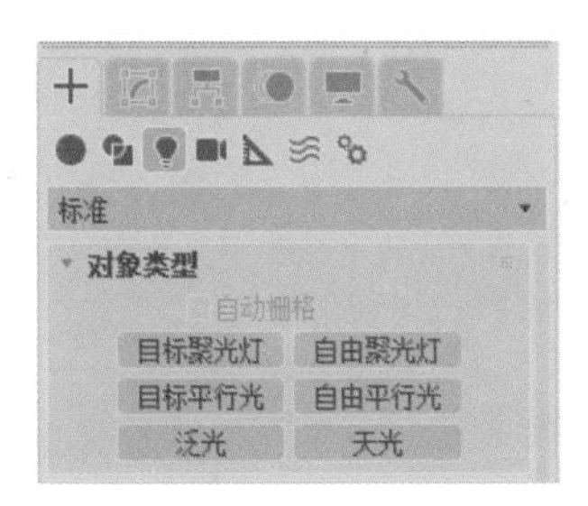

图8-8

8.3.1 泛光灯

泛光灯没有方向控制，均匀地向四周发散光线。它的主要作用是作为辅助光源，帮助照亮场景。其优点是易于创建和控制；缺点是不能创建太多，否则场景对象会显得平淡而无层次感。

实例操作 创建泛光灯

步骤01 在顶视图创建一个物体。

步骤02 进入＋命令面板中的灯光创建面板。

步骤03 单击“泛光”按钮，在顶视图的左上方创建一盏泛灯光。注意此时系统将自动关闭默认的灯光，场景反而变暗了。

步骤04 在顶视图的右下方再创建一盏泛灯光，并将两盏灯调整到如图8-9所示的位置。

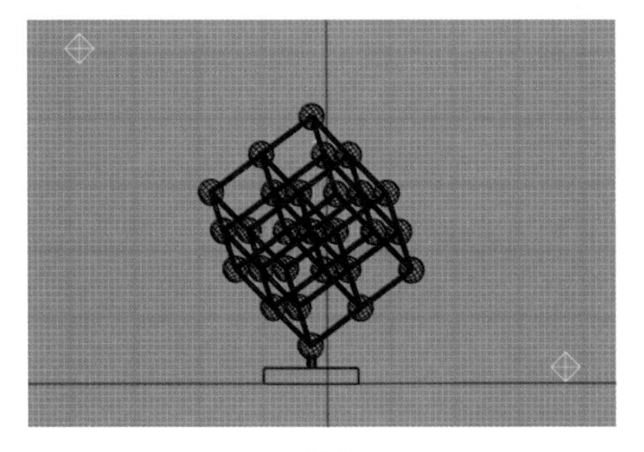

图8-9

步骤05 在3ds Max中所有不同的灯光对象都共享一套参数控制系统。它们控制着灯光的最基本特征，比如亮度、颜色、贴图或投影等。

8.3.2 聚光灯

相对于泛光灯，聚光灯具有对投射目标的控制能力。在3ds Max中，聚光灯分为目标聚光灯和自由聚光灯。这两种强大的聚光灯工具成为3ds Max环境中基本但至关重要的照明工具。与泛光灯不同，它们的方向是可以控制的，并且它们的照射形状可以是圆形或长方形。

实例操作 创建聚光灯

步骤01 先创建一个物体。

步骤02 进入＋命令面板中的灯光创建面板。

步骤03 单击“目标聚光灯”按钮，在左视图的左上方单击鼠标左键确定聚光灯源的位置，拖动鼠标在适当位置再次单击左键确定目标点，创建聚光灯之后，再创建一盏泛光灯，如图8-10所示。聚光灯又分为聚光区和衰弱区。聚光区是灯光中间最明亮的部分，衰弱区是聚光灯能力所及的部分。通过对聚光区与衰弱区的调整，可以模拟灯光强弱的效果。

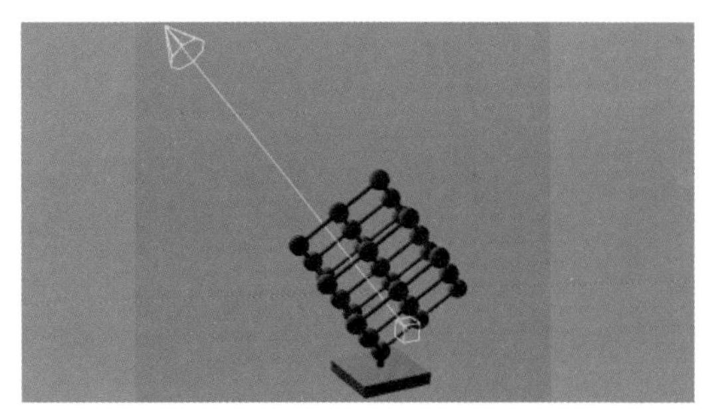

图8-10

步骤04 调节聚光灯的衰弱区，使灯光的周围变得柔和一些。确认聚光灯为当前的选择对象，浅蓝色代表聚光区，深蓝色代表衰弱区。

8.3.3 天光

天光主要运用了全局照明技术，使物体产生热辐射效果，如图8-11所示。

图 8-11

实例操作 天光的应用

步骤01 打开一个场景，如图8-12所示（素材文件：第8章/Scenes/天光的应用.max）。

图 8-12

步骤02 在场景中设置一盏天光，如图8-13所示。

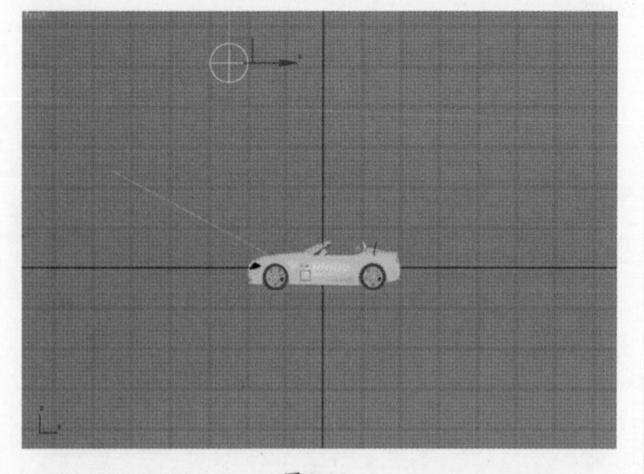

图 8-13

步骤03 执行主菜单“渲染”→“渲染设置”→“光跟踪器”命令，打开高级照明渲染页面，如图8-14所示。在其中可以指定灯光的全局属性，确定“天光”复选框为勾选状态即可。

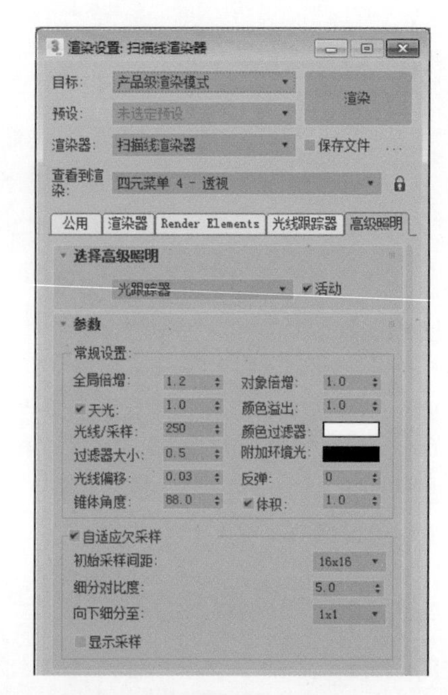

图 8-14

步骤04 渲染摄影机视图，我们将看到全局照明的天光效果，如图8-15所示。全局照明被广泛运用于室内外装饰效果图和表现图中。

图 8-15

步骤05 在修改命令面板中将天光的灯光“倍增”参数设置为1.2，在“高级照明”页面中将“全局倍增”参数也设置为1.2，渲染出来的天光效果将更亮，效果更清晰，如图8-16所示。

图 8-16

8.4 光度学灯光

光度学灯光使用光度学（光能）值，通过这些值可以更精确地定义灯光，就像在真实世界中一样。我们可以创建具有各种分布和颜色特性的灯光，或者导入照明制造商提供的特定光度学文件，如图8-17所示。

图 8-17

光度学灯光包括三种类型：目标灯光、自由灯光和太阳定位器，如图8-18所示。

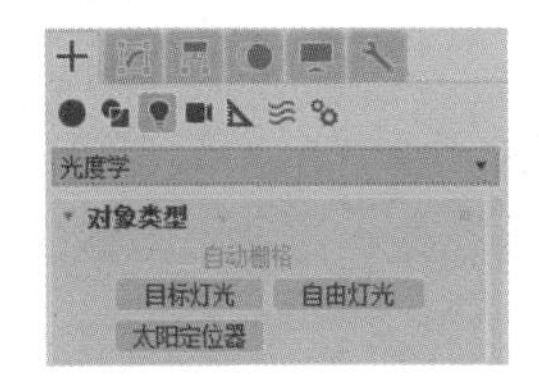

图 8-18

8.4.1 目标灯光

目标灯光像标准的泛光灯一样从几何体点发射光线。可以设置灯光分布，此灯光有3种类型的分布，并对应相应的图标。使用目标对象指向灯光，如图8-19所示。

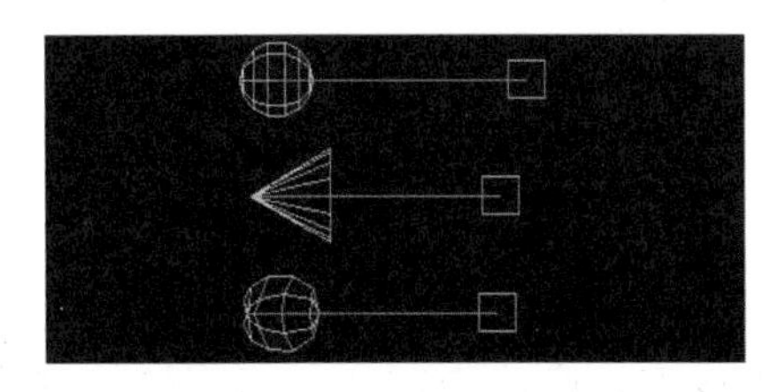

图 8-19

创建目标灯光的步骤：

（1）在创建命令面板中单击“灯光”按钮。从下拉列表中选择“光度学”选项。在“对象类型”卷展栏中单击“目标灯光”按钮。

（2）在视图中拖动鼠标。拖动的初始点是灯光的位置，释放鼠标的点就是目标位置。设置创建参数。可以使用移动变换工具来调整灯光。

8.4.2 自由灯光

自由灯光像标准的泛光灯一样，从几何体点发射光线。可以设置灯光分布，此灯光有3种类型的分布，并对应相应的图标。自由灯光没有目标对象。可以使用变换以指向灯光，如图8-20所示。

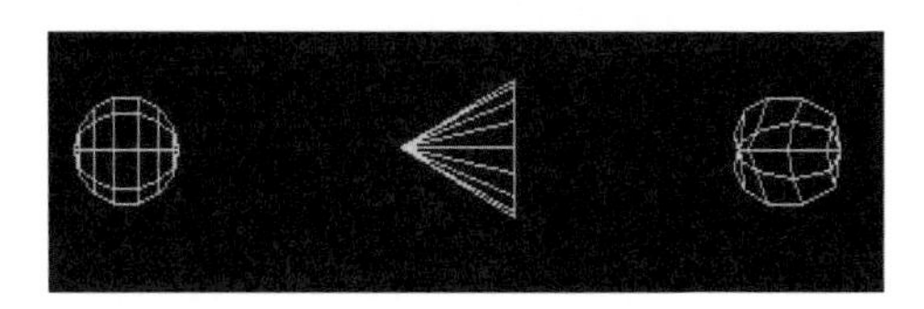

图 8-20

实例操作 灯光投射投影

步骤01 首先创建一个场景，这里的灯光物体和幕布在同一条直线上，如图8-21所示，这样能确保物体在当前的幕布上产生投影（素材文件：第8章/Scenes/灯光投射投影.max）。

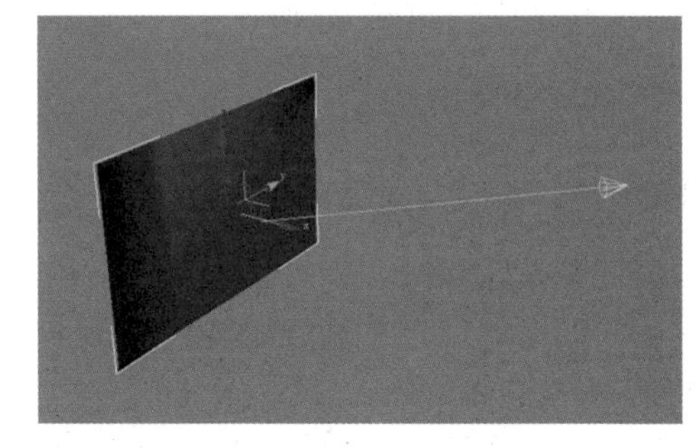

图 8-21

步骤02 在默认的设置中灯光是没有阴影的，这就需要手动调节一下，打开灯光的设置面板，设置投射阴影，如图8-22所示。将材质的阴影类型调整为半透明明暗器类型，如图8-23所示，这可以确保材质中拥有可以对半透明的属性进行设置的通道。

图 8-22

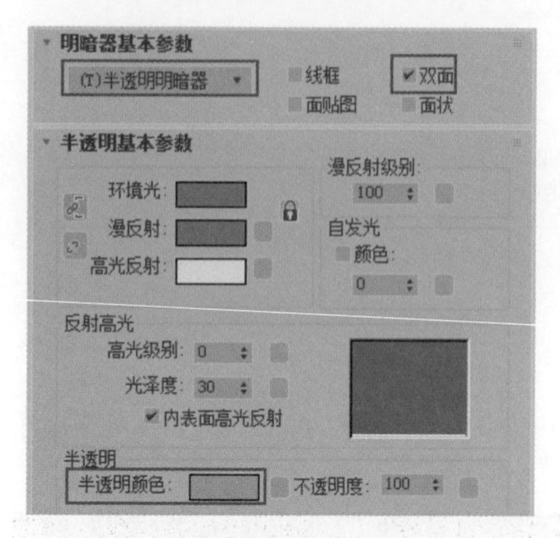

图8-23

步骤03 勾选双面复选框，这样就可以在背面看到物体了，如图8-24上图所示。将“半透明颜色”设置为一种非黑的颜色，到材质的背面进行渲染，如图8-24下图所示。

图8-24

步骤04 调整投射形状为矩形，如图8-25左图所示，这样就可以调节长宽比例，得到长方形的投射效果。但是在很多情况下直接使用一张位图来拟合投射图像的比例，这样得到的比例是和使用的投射图片的比例完全相同的，高级效果面板如图8-25右图所示。

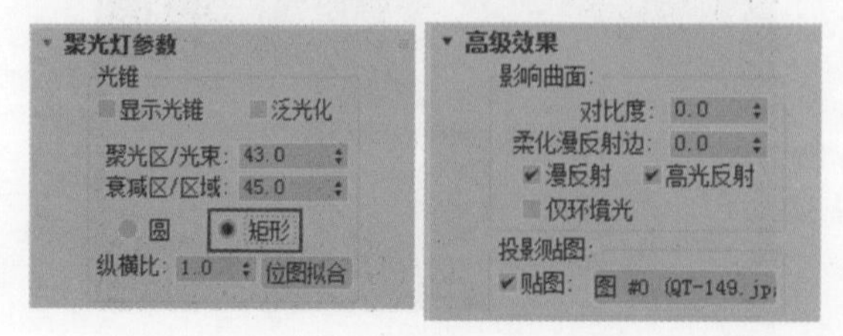

图8-25

步骤05 使用聚光灯属性为灯光添加一个灯光投射贴图。进入贴图浏览器中拾取一张贴图，然后为这张贴图指定比例，如图8-26所示，使用位图拟合功能来控制光照的纵横比。

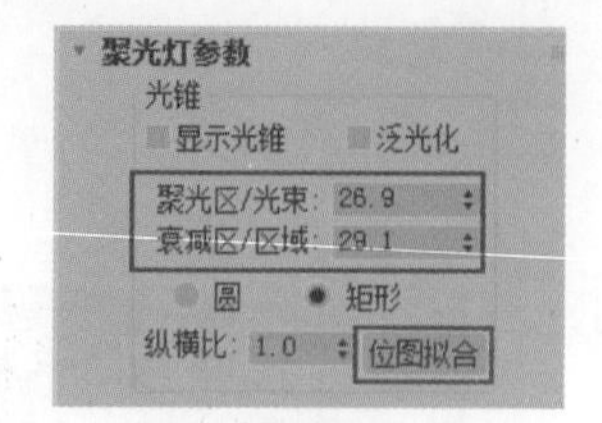

图8-26

步骤06 这时可看到灯光投射出一个方形的光束，并且有了贴图效果，如图8-27所示，然后为灯光添加一些质量光效果。

图8-27

步骤07 在环境特效面板中单击“添加...”按钮，添加体积光后单击“确定”按钮，如图8-28所示，这样就添加了一个体积光特效。渲染后可以看到和真实的电影院里的环境非常相似的投射光线效果，如图8-29所示。

图8-28

图8-29

8.5 VRay灯光

VRay灯光是VRay渲染器的专用灯光，几乎不用设置就可以自动产生无与伦比的真实光影效果。

8.5.1 基本参数设置

VRay灯光的参数设置面板如图8-30所示。

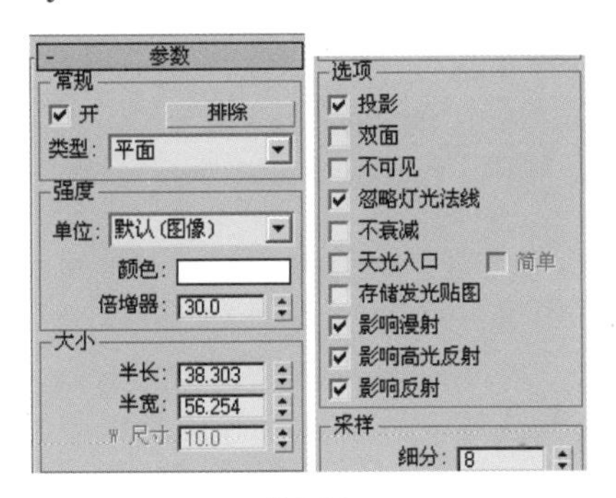

图8-30

其中常用的参数如下。

- 开：控制VRay灯光的开关与否。
- 颜色：设置灯光的颜色。
- 倍增器：设置灯光颜色的强度倍增值。
- 投影：设置灯光是否产生投影。
- 双面：在灯光被设置为平面类型的时候，该复选框决定是否在平面的两边都产生灯光效果。该复选框对球形灯光没有作用。如图8-31所示的是勾选“双面”复选框前后的灯光效果。

图8-31

- 不可见：设置在最后的渲染效果中光源形状是否可见。
- 忽略灯光法线：一般情况下，光源表面在空间的任何方向上发射的光线都是均匀的，在不勾选这个复选框的情况下，VRay灯光会在光源表面的法线方向上发射更多的光线。如图8-32所示的是勾选“忽略灯光法线”复选框前后的灯光效果。

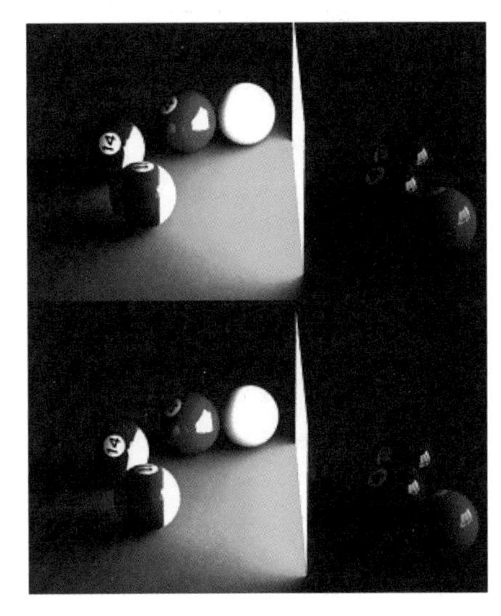

图8-32

- 不衰减：在真实世界中，远离光源的表面会比靠近光源的表面显得更暗。勾选该复选框后，灯光的亮度将不会因为距离而衰减。
- 天光入口：勾选该复选框后，前面设置的颜色和倍增值都将被VRay忽略，取而代之以环境的相关参数进行设置。
- 存储发光贴图：勾选该复选框后，如果计算GI的方式使用的是发光贴图方式，那么系统将计算VRay灯光的光照效果，并将计算结果保存在发光贴图中。
- 细分：设置在计算灯光效果时使用的样本数量，较高的取值将产生平滑的效果，但是会耗费更多的渲染时间。

8.5.2 阴影参数设置

如果设置了3ds Max内置的灯光，为了产生较好的阴影效果，那么可以选择VrayShadows阴影模式，此时在修改命令面板中会出现一个“VrayShadows params”（VRay阴影参数）卷展栏。在这个卷展栏中可以设置与VRay渲染器匹配的阴影参数。

下面介绍VRay阴影参数。

VRay阴影通常被3ds Max标准灯光或VR灯光用于产生光线跟踪阴影，其参数如图8-33所示。

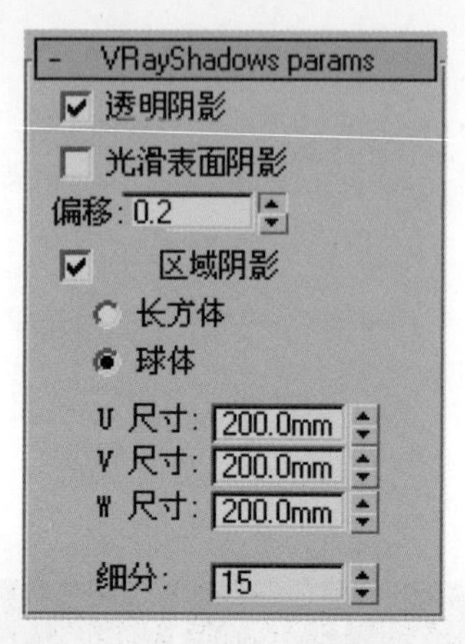

图 8-33

知识拓展

标准的3ds Max光线跟踪阴影无法在VRay中正常工作，此时必须使用VRay阴影，除支持模糊（或面积）阴影外，还可以正确表现来自VRay置换物体或者透明物体的阴影。

- 透明阴影：该参数确定场景中透明物体投射阴影的行为，勾选该复选框后，VRay将不考虑灯光中物体的阴影参数设置（颜色、密度、贴图等）来计算阴影，此时来自透明物体的阴影颜色将是正确的。取消勾选该复选框后，将考虑灯光中物体的阴影参数设置，但是来自透明物体的阴影颜色将变成单色（仅为灰度梯度）。
- 光滑表面阴影：勾选该复选框后，VRay将在低面数的多边形表面产生更加平滑的阴影。
- 偏移：设置阴影的偏移值。
- 区域阴影：控制是否作为面积阴影类型。
- 长方体：VRay计算阴影时将它们视作长方体状的光源投射。
- 球体：VRay计算阴影时将它们视作球状的光源投射。
- U尺寸：当VRay计算面积阴影时，表示VRay获得的光源的U向的尺寸（如果光源为球状，则相应地表示球的半径）。
- V尺寸：当VRay计算面积阴影时，表示VRay获得的光源的V向的尺寸（如果光源为球状，则没有效果）。
- W尺寸：当VRay计算面积阴影时，表示VRay获得的光源的W向的尺寸（如果光源为球状，则没有效果）。
- 细分：计算面积阴影效果时使用的样本数量，较高的取值将产生平滑的效果，但是会耗费更多的渲染时间。

8.6 卧室场景灯光表现

本节讲述卧室夜景效果图的制作，卧室效果图的制作应注重材质的搭配，整体气氛尽量温馨。相对于日景的表现，夜景的表现相对难一些，对灯光的布置要求更高一些。

如图8-34所示是卧室场景渲染效果图。

图 8-34

如图8-35所示为卧室场景渲染效果图在Photoshop软件中进行处理后的最终效果。

图 8-35

8.6.1 确定筒灯光源

步骤01 打开卧室.max场景文件。在“创建”面板中单击“灯光”按钮，在“灯光”面板中单击“目标聚光灯”按钮，创建一盏“目标聚光灯”，并阵列泛光灯位置如图8-36~图8-39所示。

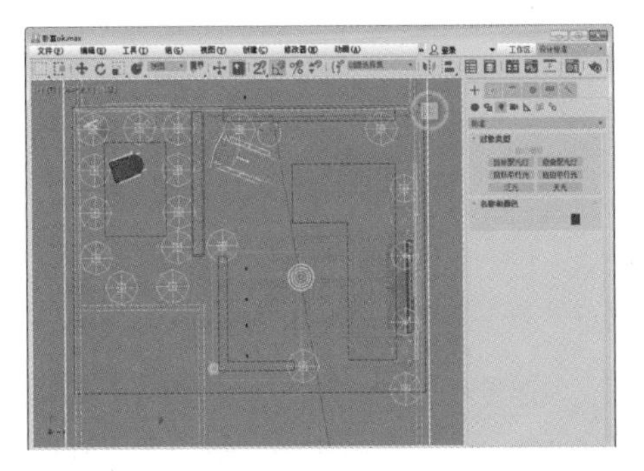

图8-36

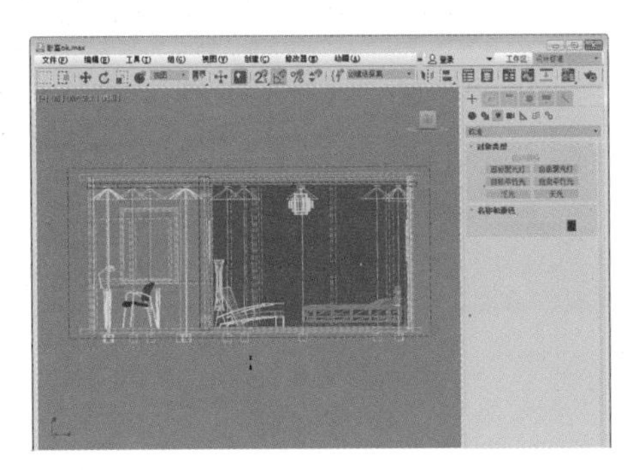

图8-37

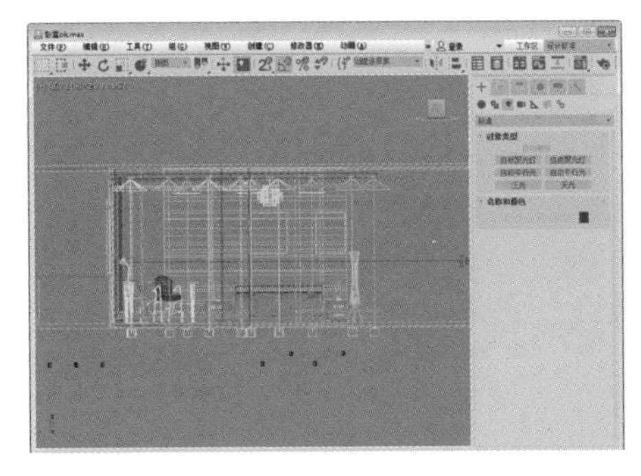

图8-38

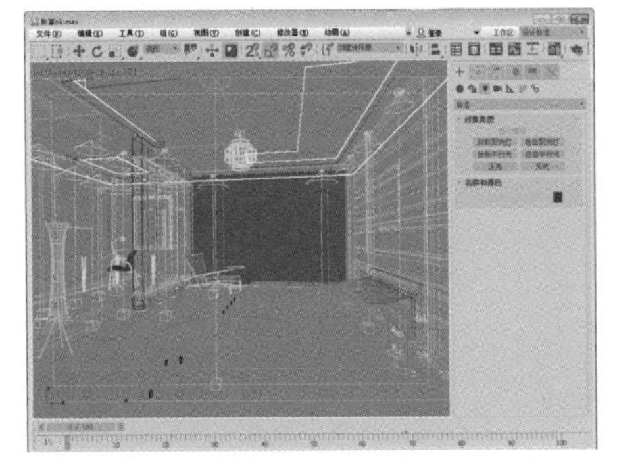

图8-39

步骤02 灯光的参数设置如图8-40所示。

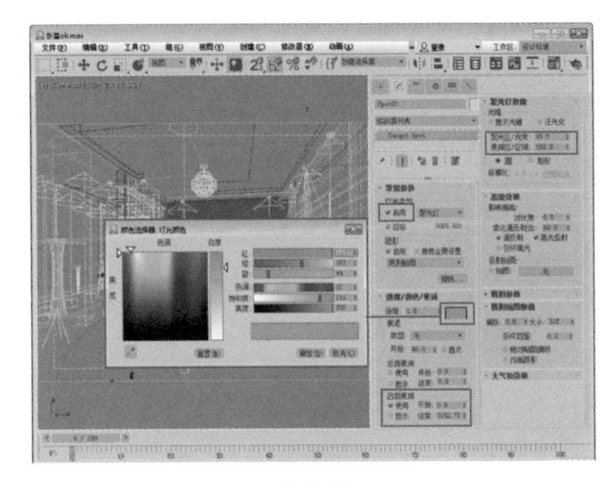

图8-40

步骤03 渲染测试效果如图8-41所示。

图8-41

知识拓展

如果场景中包含动画位图（包括材质、投影灯、环境等），则每帧将依次重新加载一个动画文件。如果场景中使用了多个动画，或者动画是大文件，则这样做将降低渲染性能。

8.6.2 确定主灯光源

步骤01 在天花板吊灯下面一点的位置设置一盏“泛光灯”，如图8-42所示。

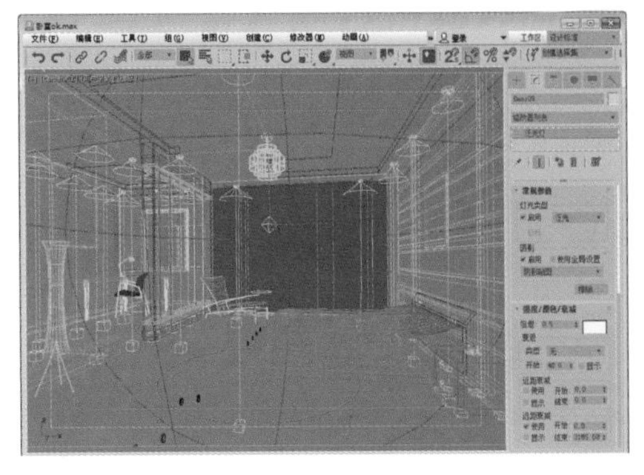

图8-42

步骤02 灯光参数设置如图8-43所示。

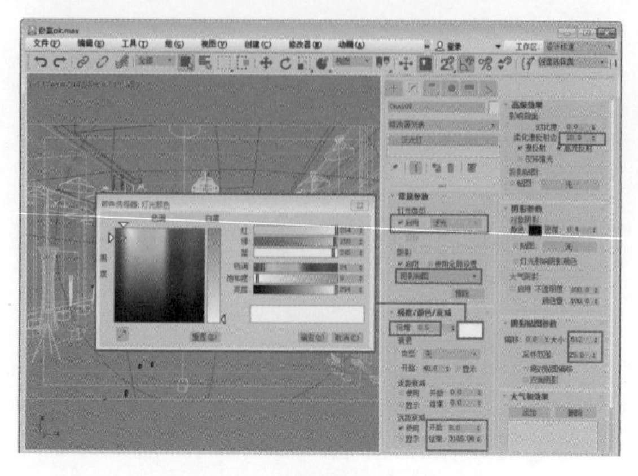

图8-43

步骤03 渲染测试效果如图8-44所示。

图8-44

8.6.3 确定辅灯光源

步骤01 再次添加“泛光灯”，位置如图8-45所示。在灯光修改面板中设置参数，如图8-46所示。

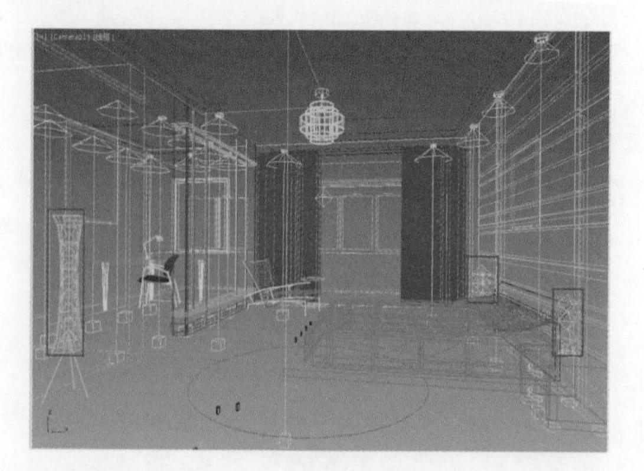

图8-45

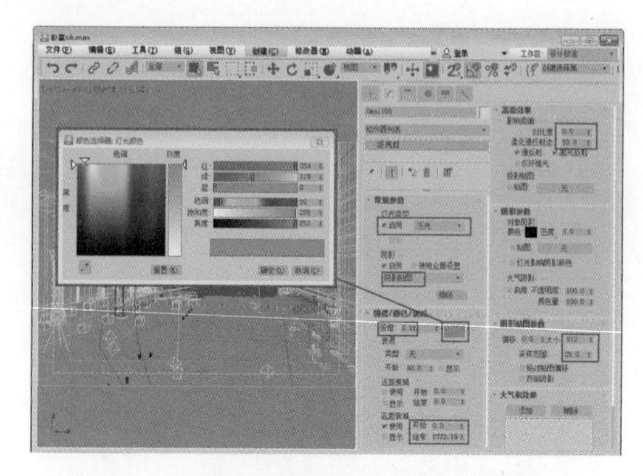

图8-46

步骤02 渲染测试效果如图8-47所示。

图8-47

步骤03 继续添加“泛光灯”，如图8-48~图8-50所示。

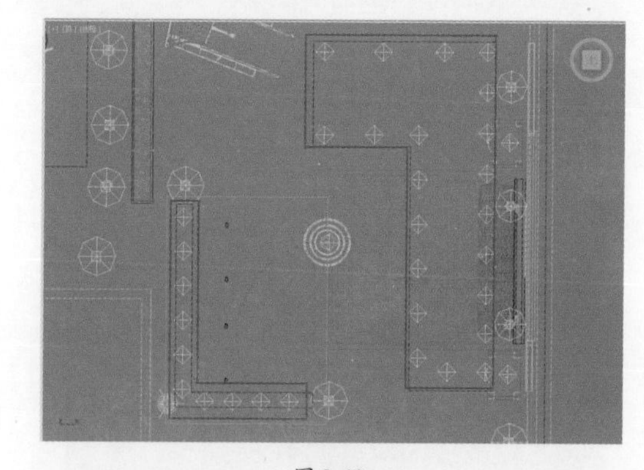

图8-48

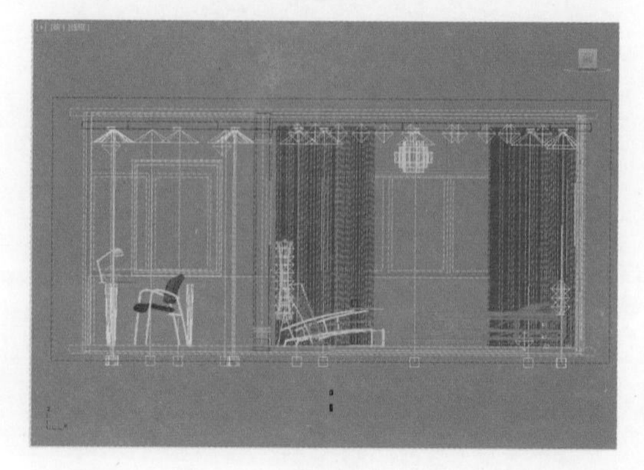

图8-49

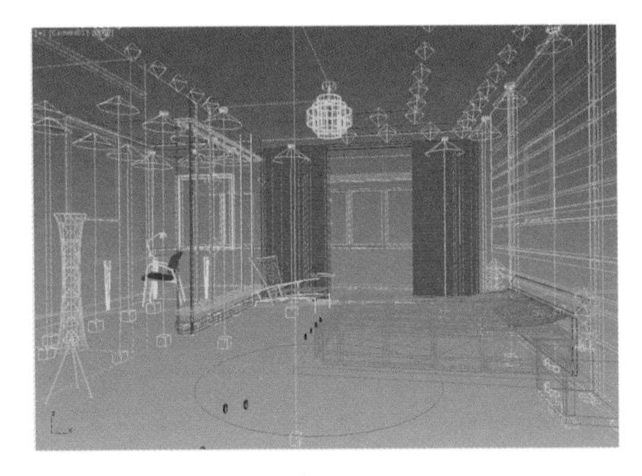

图 8-50

步骤04 灯光的参数设置如图 8-51 所示。

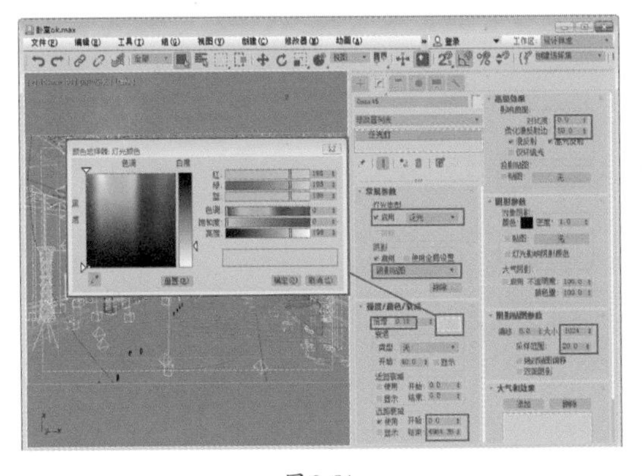

图 8-51

步骤05 渲染测试效果如图 8-52 所示。

图 8-52

8.6.4 确定玻璃装饰墙光源

步骤01 在场景中的玻璃装饰墙之间添加一排泛光灯，位置如图 8-53~图 8-56 所示。

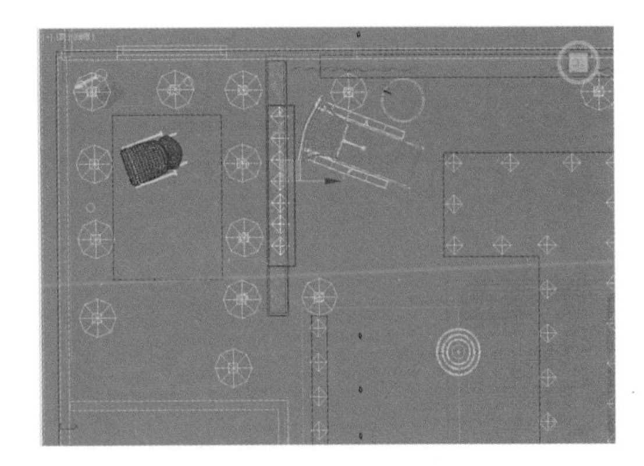

图 8-53

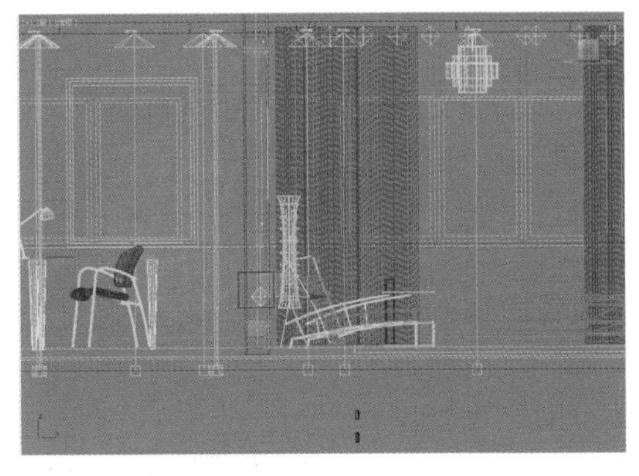

图 8-54

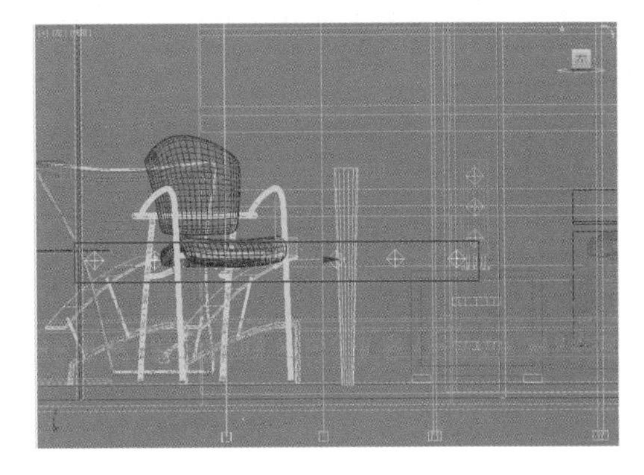

图 8-55

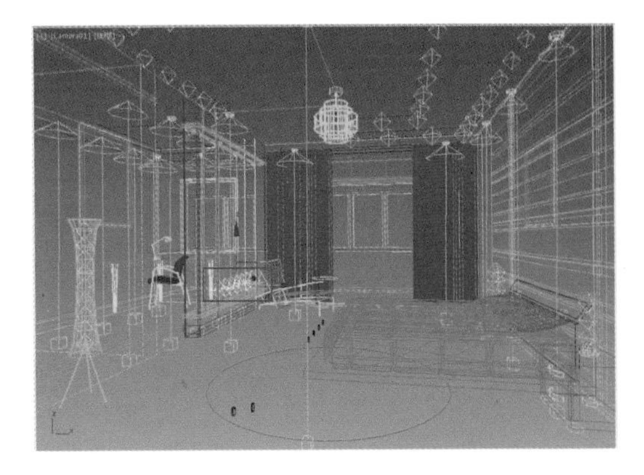

图 8-56

步骤02 灯光的参数设置如图8-57所示。

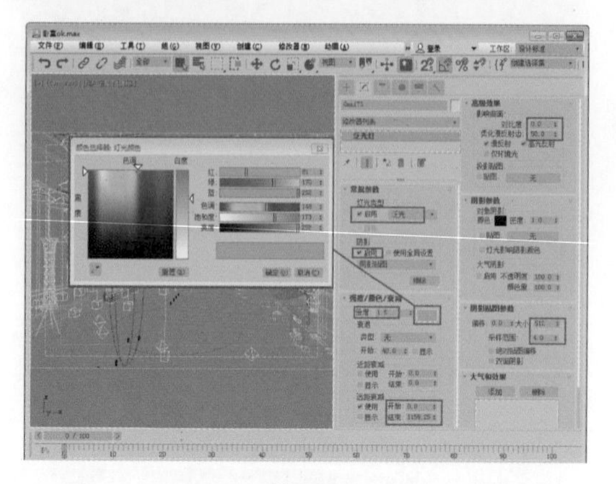

图 8-57

步骤03 灯光的渲染效果如图8-58所示。

图 8-58

知识拓展

由于灯光的衰减比较耗费渲染时间，因此最好勾选“远距衰减”区域中的“使用”复选框，以消除没必要的计算。

8.6.5 补光

步骤01 补光一般使用泛光灯，其位置如图8-59~图8-62所示。

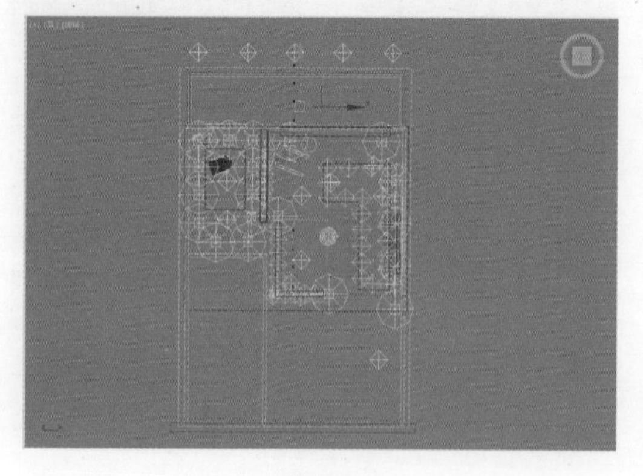

图 8-59

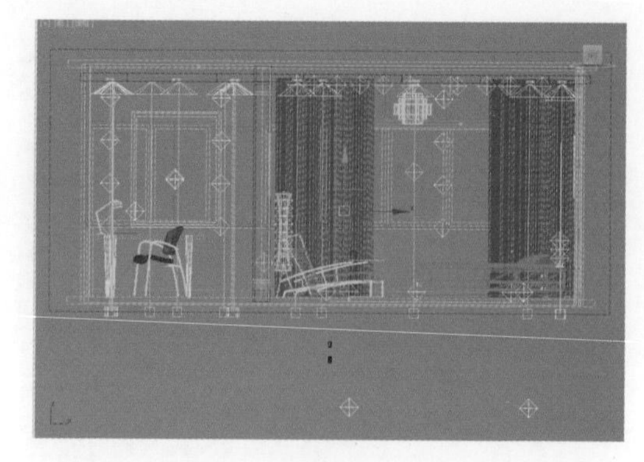

图 8-60

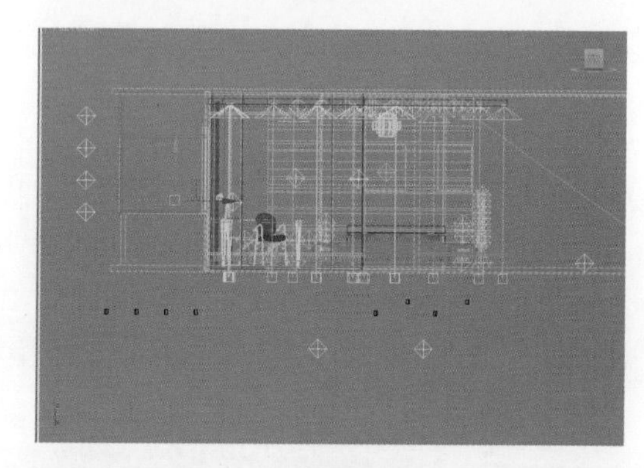

图 8-61

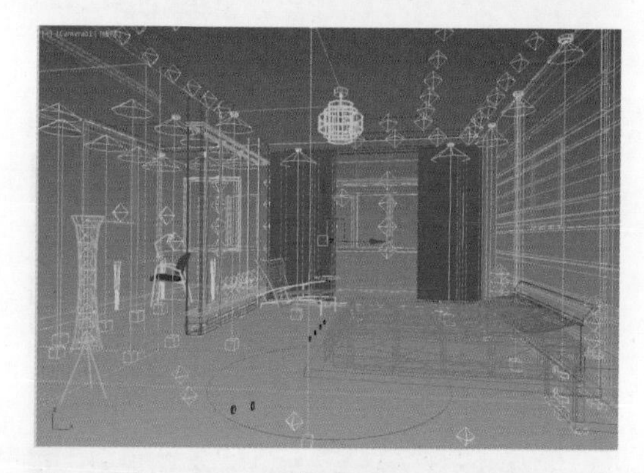

图 8-62

步骤02 灯光的参数设置如图8-63所示。

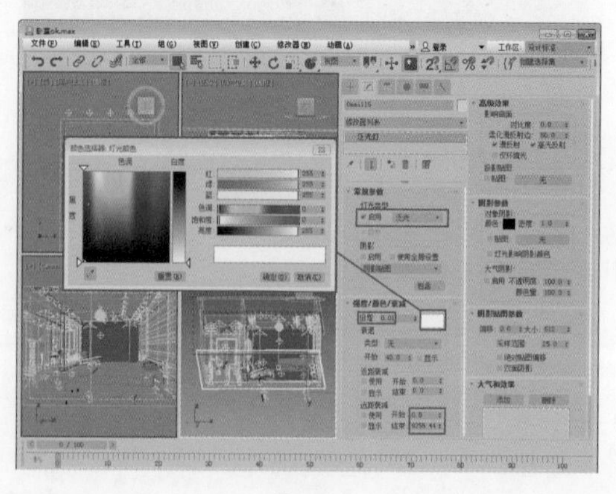

图 8-63

步骤03 最终完成渲染后的效果如图8-64所示。

图8-64

8.6.6 后期效果处理

卧室的后期效果处理不需要太大范围的调整，因为本身灯光的模拟比较到位，只需要对一些局部进行整体的融合调整。

步骤01 打开渲染好的图像及通道图如图8-65所示。

图8-65

步骤02 在photoshop中打开渲染好的图像。将通道图设置为“图层0”，将渲染好的图像设置为“图层1”，如图8-66所示。

图8-66

步骤03 在Photoshop的菜单栏中执行“选择”→“色彩范围”命令，在打开的“色彩范围”对话框中选择如图8-67所示的红色部分。

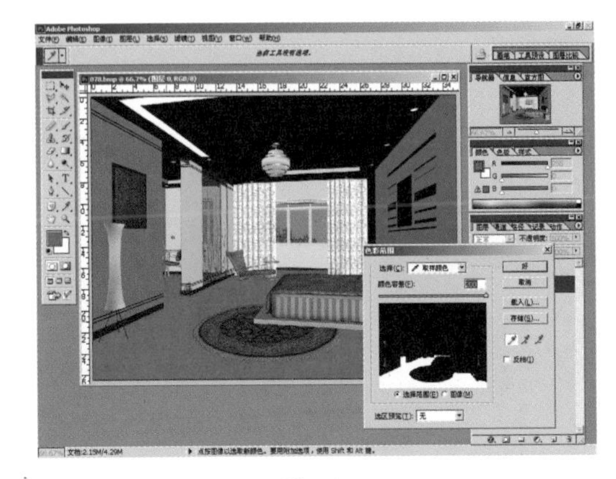

图8-67

知识拓展

使用“色彩范围”命令选择现有选区或整个图像内指定的颜色或颜色子集。如果想替换选区，那么在应用此命令前要确保已取消选择所有内容。

步骤04 执行“图像”→“调整”→“亮度/对比度”命令，调整地板的亮度/对比度，如图8-68所示。

图8-68

步骤05 使用快捷键Ctrl+B，弹出“色彩平衡”对话框，调节色彩平衡，效果如图8-69所示。

图8-69

步骤06 通过通道图选择床头装饰墙部分，使用快捷键Ctrl+M弹出“曲线”对话框，调整曲线如图8-70所示。

图8-70

步骤07 使用快捷键Ctrl+U，弹出“色相/饱和度”对话框，调整饱和度，效果如图8-71所示。

图8-71

步骤08 通过通道图选择玻璃墙部分，执行“图像”→“调整”→“亮度/对比度”命令，调整玻璃墙的对比，如图8-72所示。

图8-72

步骤09 使用快捷键Ctrl+B，弹出“色彩平衡”对话框，调整色彩平衡，效果如图8-73所示。

图8-73

步骤10 使用快捷键Ctrl+M，弹出“曲线”对话框，调节曲线，效果如图8-74所示。

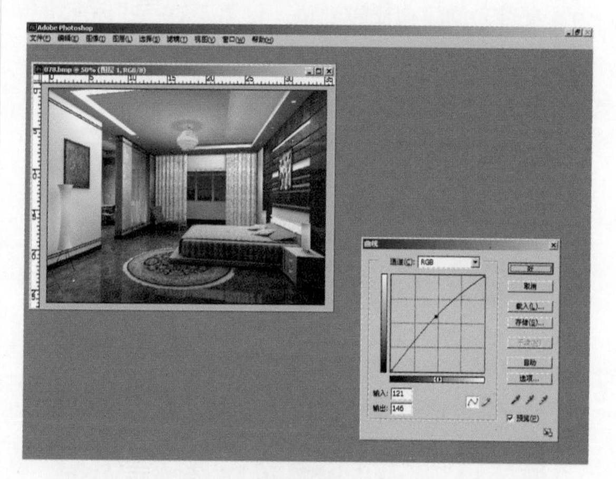

图8-74

步骤11 使用快捷键Ctrl+U，弹出“色相/饱和度”对话框，调整画面的饱和度，如图8-75所示。

图8-75

步骤12 最后，在Photoshop菜单栏中执行“滤镜”→“锐化”→“USM锐化”命令，为画面添加USM锐化滤镜，具体参数调节如图8-76所示。

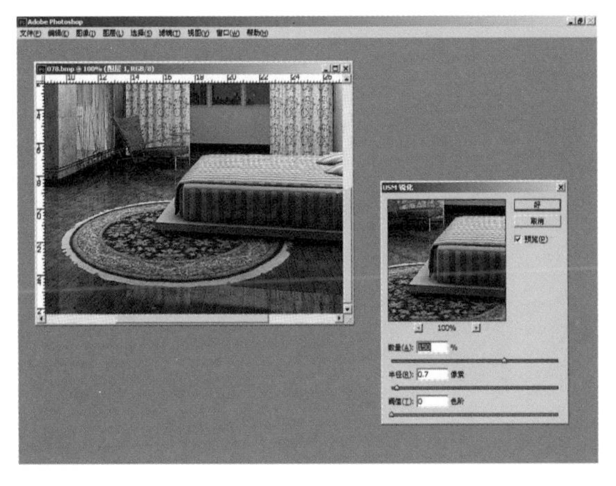

图 8-76

图 8-77

步骤13 最终完成效果如图8-77所示。

8.7 公共卫生间场景灯光表现

本案例展示了公共卫生间的效果图制作和公共设施的效果图表现。整体画面应该保持整洁、有序，灯光尽量充裕一些。通过灯光配合阴影的变化，可以产生很好的空间感觉。在渲染公共设施的灯光时，应尽量模拟真实情况，避免出现过亮或过暗的区域。此外，主光源的方向应该突出，以便确定建筑的方向等。

如图8-78所示是公共卫生间场景渲染效果图。

图 8-78

如图8-79所示为公共卫生间场景渲染效果图在Photoshop软件中进行后期处理后的最终效果。

图 8-79

8.7.1 模拟室外天光

步骤01 模拟室外天光，在“创建”面板中单击“灯光”按钮，在“灯光”面板中单击“泛光灯”按钮，阵列泛光灯，位置如图8-80所示。

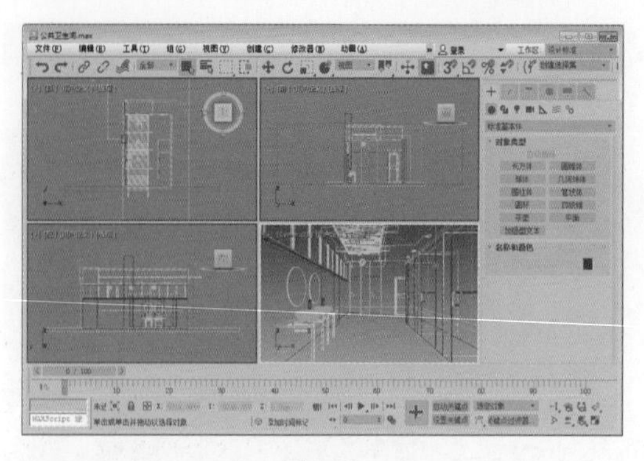

图 8-80

步骤02 灯光的参数设置如图 8-81 所示。

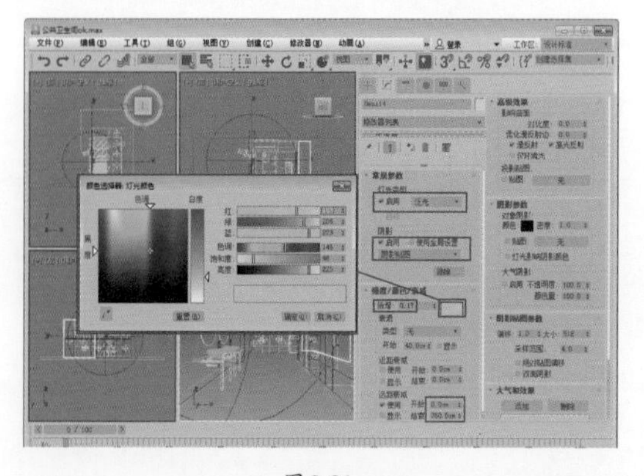

图 8-81

步骤03 渲染测试效果如图 8-82 所示，可以看出有淡淡的蓝色天光出现，阴影的过渡非常柔和。

图 8-82

步骤04 继续添加灯光，位置如图 8-83 所示。

图 8-83

步骤05 灯光 1 组的参数设置如图 8-84 所示。

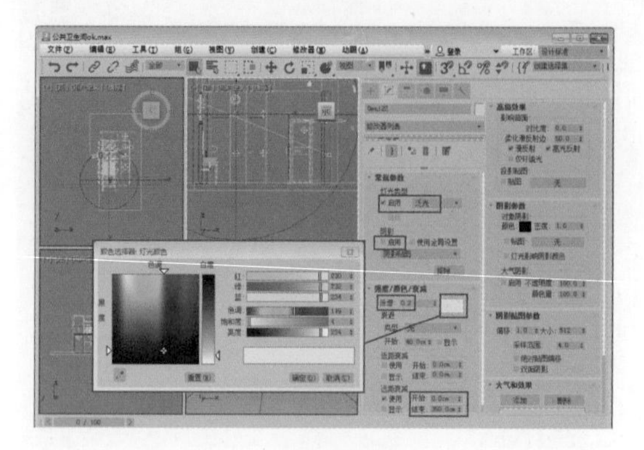

图 8-84

步骤06 渲染测试效果如图 8-85 所示。

图 8-85

步骤07 灯光 2 组的参数设置如图 8-86 所示。

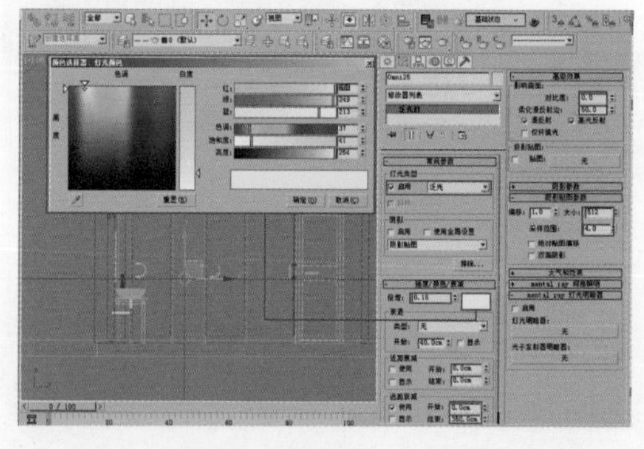

图 8-86

步骤08 渲染测试效果如图 8-87 所示。

图 8-87

步骤09 继续添加灯光，位置如图8-88所示。

图8-88

步骤10 灯光3组的参数设置如图8-89所示。

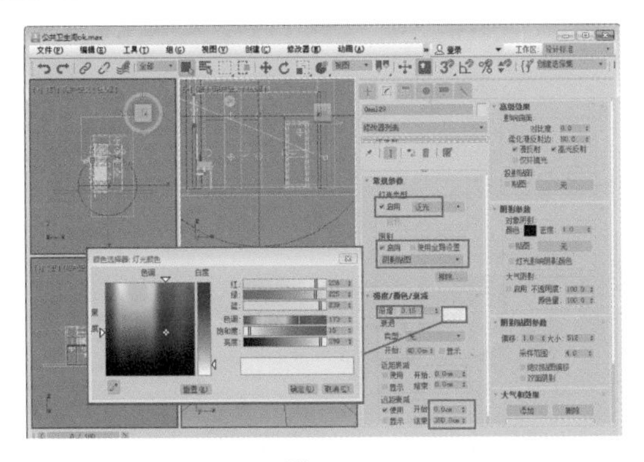

图8-89

步骤11 渲染测试效果如图8-90所示。

图8-90

步骤12 灯光4组的参数设置如图8-91所示。

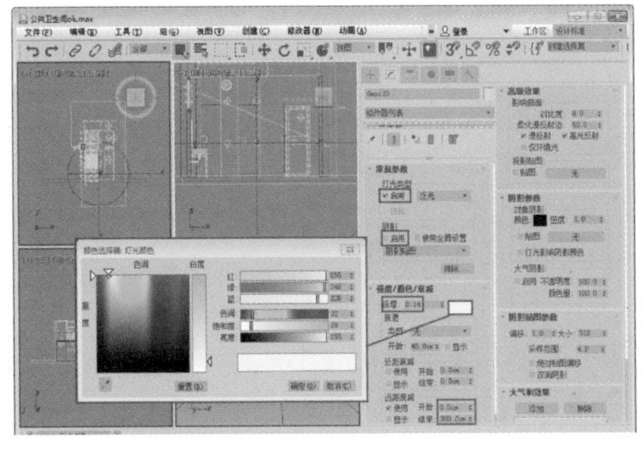

图8-91

步骤13 渲染测试效果如图8-92所示。

图8-92

步骤14 添加第5组灯光，具体位置如图8-93所示。

图8-93

步骤15 灯光的参数设置如图8-94所示。

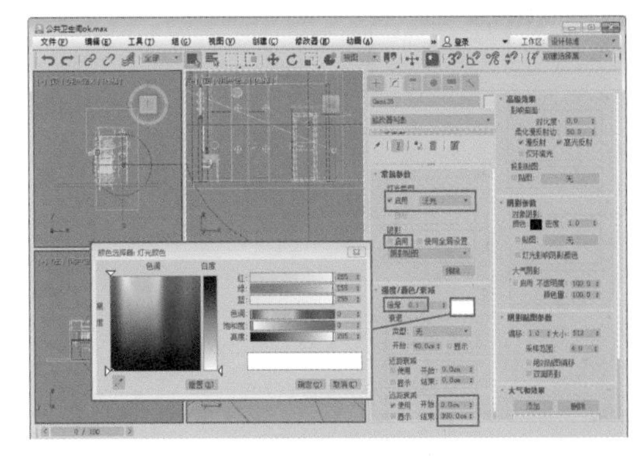

图8-94

步骤16 渲染测试效果如图8-95所示。

图8-95

8.7.2 模拟主光源

步骤01 在“创建”面板中单击“灯光”按钮，在“对象类型”卷展栏中单击“目标平行光”按钮，创建一盏“目标平行光”如图8-96所示。

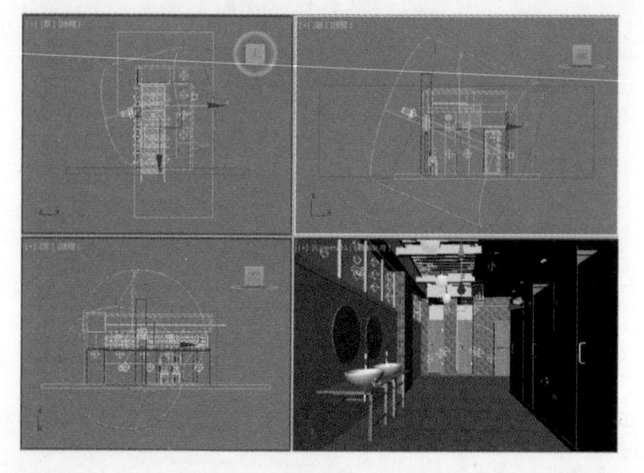

图8-96

步骤02 灯光的参数设置如图8-97所示。

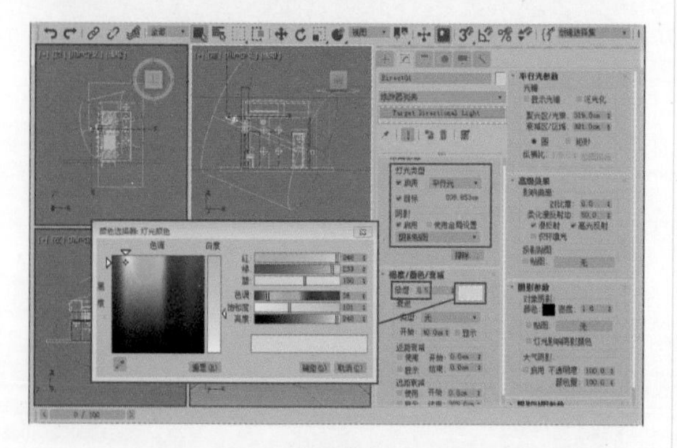

图8-97

步骤03 最终渲染效果如图8-98所示。

图8-98

8.7.3 后期效果处理

步骤01 在Photoshop中打开渲染好的图像和通道图，将通道图命名为“图层0”，将渲染好的图像命名为“图层1”，如图8-99所示。

图8-99

步骤02 执行“选择”→“色彩范围”命令，打开“色彩范围”对话框，如图8-100所示。用“吸管工具”吸取红色部分，地面部分被选择。

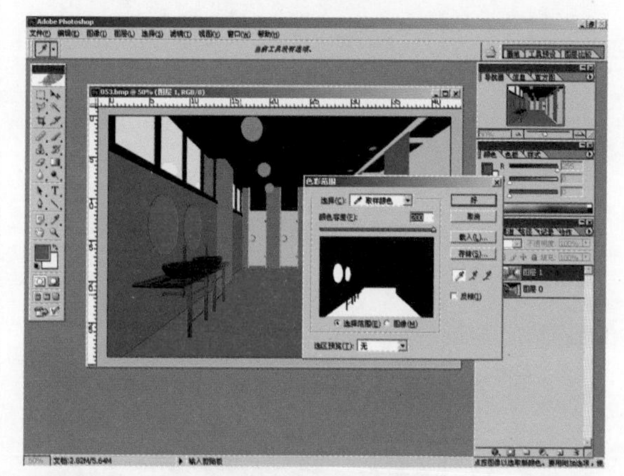

图8-100

步骤03 执行“图像”→“调整”→“亮度/对比度”命令，调整选择部分的对比度，参数设置如图8-101所示。

图8-101

步骤04 使用快捷键Ctrl+B，弹出“色彩平衡”对话框，调整色彩平衡，参数设置如图8-102所示。

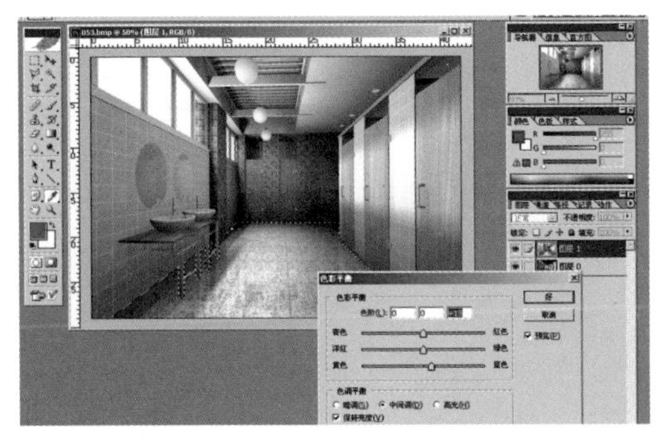

图 8-102

步骤05 通过通道图选择墙体部分，如图8-103所示。

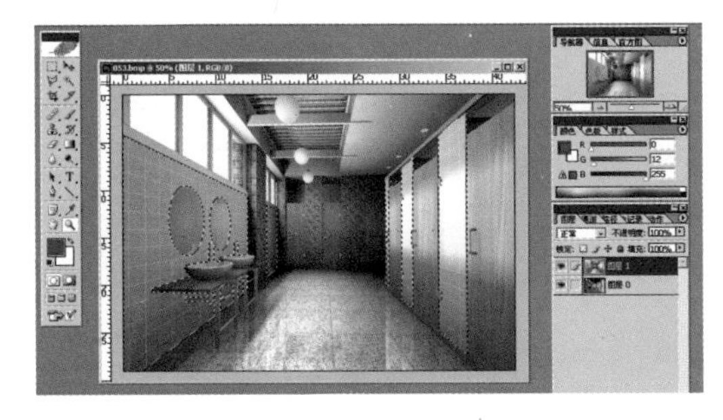

图 8-103

步骤06 执行“图像”→“调整”→“亮度/对比度”命令，调整墙体部分的对比度，如图8-104所示。

图 8-104

步骤07 使用快捷键Ctrl+B，弹出“色彩平衡”对话框，调整墙体部分的色彩平衡，如图8-105所示。

图 8-105

步骤08 通过通道图选择木门部分，如图8-106所示。

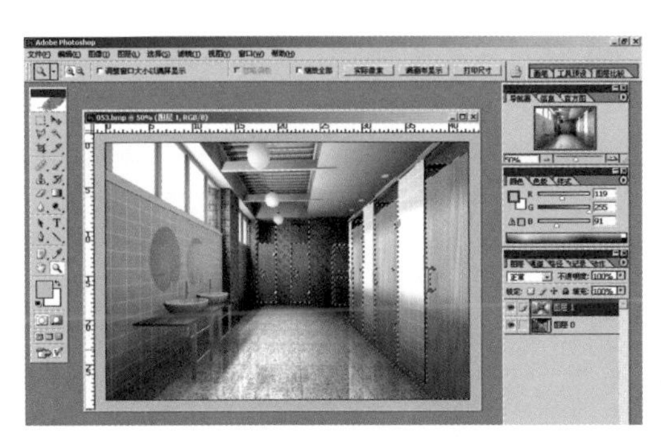

图 8-106

步骤09 使用快捷键Ctrl+B，弹出“色彩平衡”对话框，调整木门的色彩平衡，如图8-107所示。

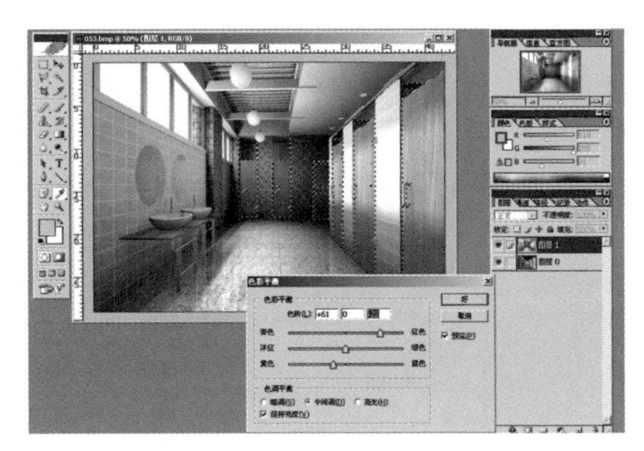

图 8-107

步骤10 执行“图像”→“调整”→“亮度/对比度”命令，调整木门的对比度。参数设置如图8-108所示。

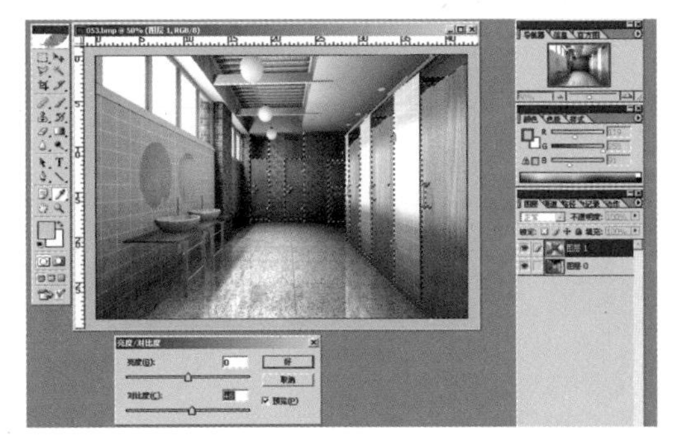

图 8-108

步骤11 通过通道图选择需要选择的部分，如图8-109所示。

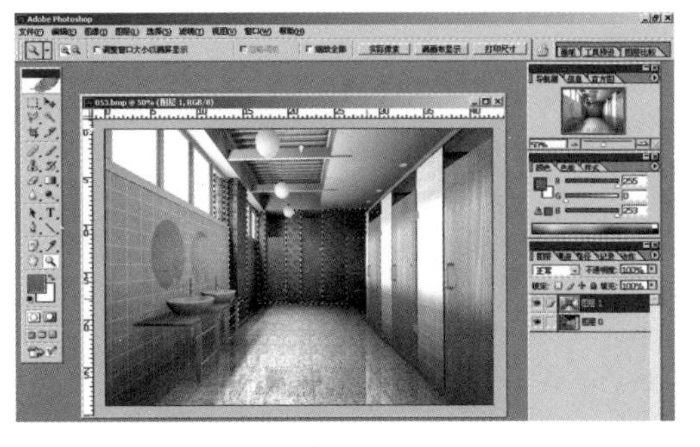

图 8-109

步骤12 使用快捷键Ctrl+B，弹出“色彩平衡”对话框，调整色彩平衡，如图8-110所示。

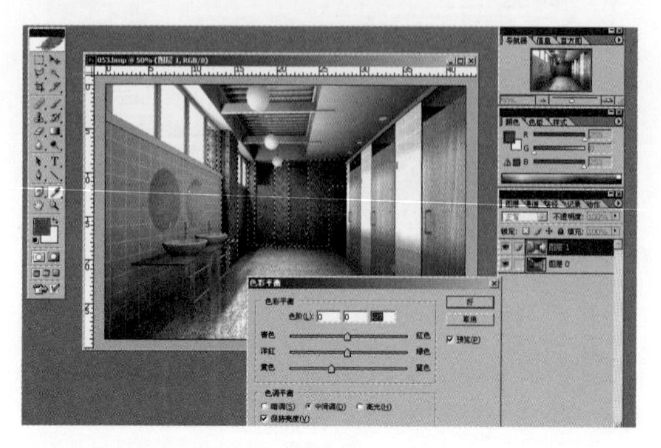

图8-110

步骤13 使用快捷键Ctrl+M，弹出“曲线”对话框，调整曲线，参数设置如图8-111所示。

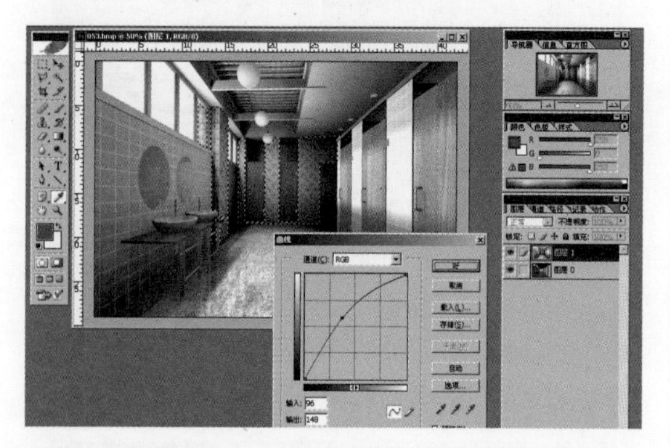

图8-111

步骤14 执行“图像”→“调整”→“亮度/对比度”命令，调整对比度。参数设置如图8-112所示。

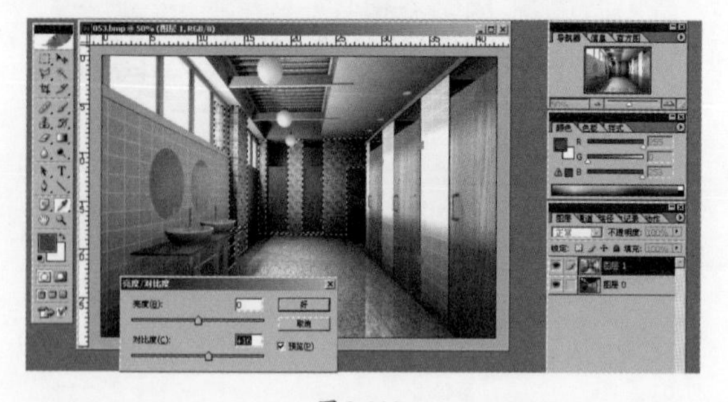

图8-112

步骤15 通过通道图选择镜子部分，执行“图像”→“调整”→“亮度/对比度”命令，调整镜子的对比度，具体参数设置如图8-113所示。

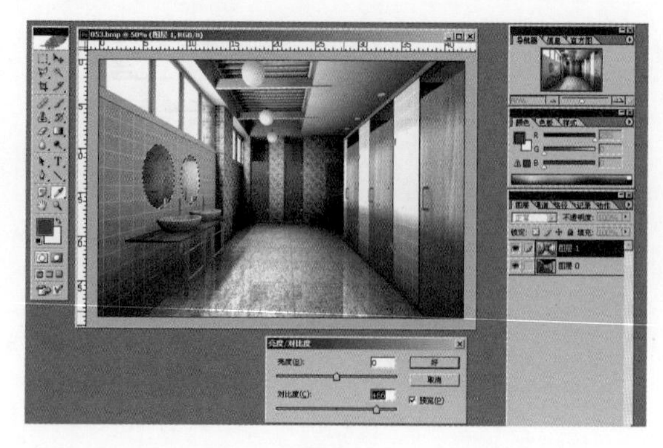

图8-113

步骤16 执行“图像”→“调整”→“亮度/对比度”命令。调整整体画面的对比度，具体参数设置如图8-114所示。

图8-114

步骤17 使用快捷键Ctrl+B，弹出“色彩平衡”对话框，调整整体画面的色彩平衡，如图8-115所示。

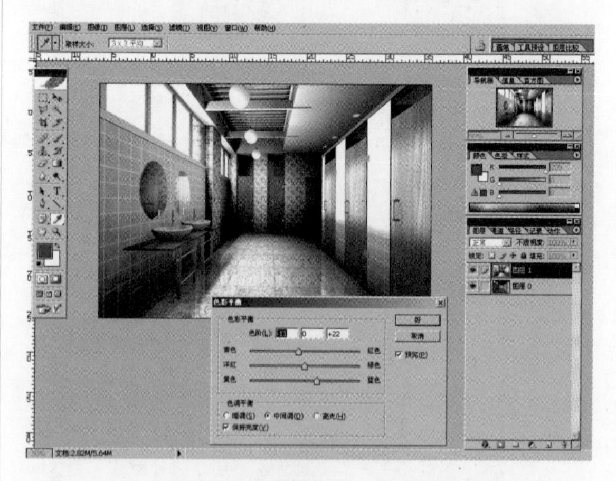

图8-115

步骤18 使用快捷键Ctrl+U，弹出“色相/饱和度”对话框，调整整体画面的饱和度，如图8-116所示。

图 8-116

步骤19 使用快捷键Ctrl+M，弹出“曲线”对话框，调整曲线，效果如图8-117所示。

图 8-117

步骤20 执行“滤镜”→“锐化”→“USM锐化”命令，为画面添加USM锐化滤镜，具体参数调节如图8-118所示。

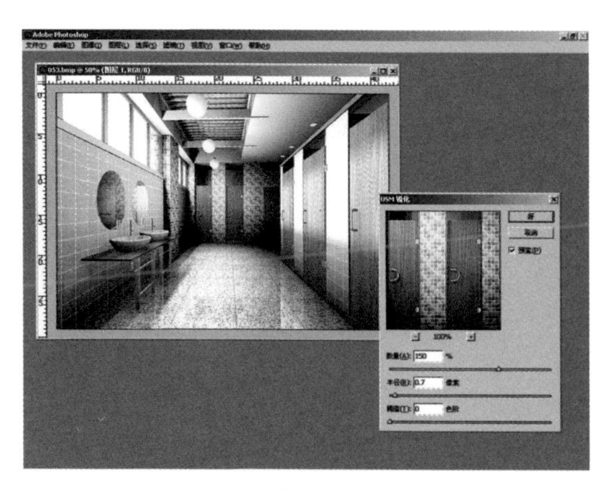

图 8-118

步骤21 最终完成效果如图8-119所示。

图 8-119

第9章 材质

本章导读

通过本章的学习，能够使读者了解材质编辑器在材质编辑过程中的重要功能。此外，本章还将介绍各种阴影类型、材质类型和各种贴图效果的制作方法。

本章重点 \ 学习目标	了解	理解	应用	实践
精简材质编辑器		√	√	√
Slate材质编辑器		√	√	√
材质阴影类型		√	√	√
标准材质类型		√	√	√
虫漆材质类型		√	√	√
VRay材质类型		√	√	√
VRay贴图类型		√	√	√
葡萄材质的制作			√	√

9.1 材质编辑器简介

“材质编辑器”是3ds Max软件中一个功能非常强大的模块，用于制作各种材质。材质是指在特定光照条件下，物体表面产生的反光度、透明度、色彩和纹理等光学效果。在3ds Max中，为了使模型的表面看起来逼真，需要按照真实三维空间中的物体形态进行装饰。

材质编辑器提供创建和编辑材质及贴图的功能，材质使场景更加具有真实感。材质详细描述对象如何反射或透射灯光，其属性与灯光属性相辅相成，通过明暗处理或渲染将两者结合起来，用于模拟对象在真实世界中的状态。可以将材质应用到单个对象或选择集上，一个场景可以包含许多不同的材质。在3ds Max中，有两个材质编辑器界面可供选择。

（1）单击主工具栏中的“材质编辑器”弹出按钮，选择精简材质编辑器。

（2）单击主工具栏中的“材质编辑器”弹出按钮，选择Slate材质编辑器。

按M键可以显示上次打开的材质编辑器的版本，包括精简材质编辑器和Slate材质编辑器。

精简材质编辑器的界面是我们熟悉的，它是一个相对较小的窗口，其中包含各种材质的快速预览。如果我们要指定已经设计好的材质，那么精简材质编辑器的界面很实用，如图9-1左图所示。

Slate材质编辑器是一个较大的窗口，其中材质和贴图显示为可以关联在一起以创建材质树的节点，包括在MetaSL明暗器之外产生的现象。如果我们要设计新材质，那么Slate材质编辑器尤其有用，它包含搜索工具，可以帮助管理具有大量材质的场景，如图9-1右图所示。

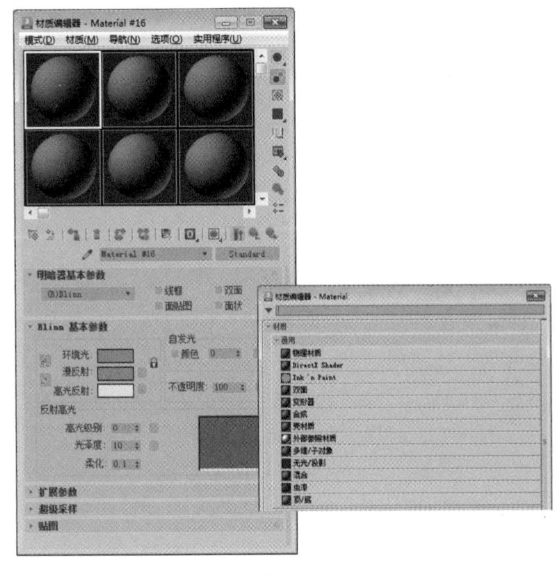

图 9-1

9.1.1 精简材质编辑器

精简材质编辑器是一个较小的材质编辑器界面，用于编辑材质。通常，Slate材质编辑器在设计材质时功能更强大。而精简材质编辑器在只需应用已设计好的材质时更方便，如图9-2所示。

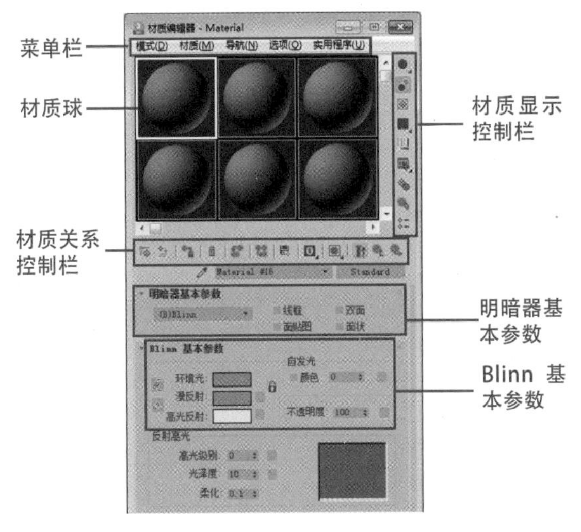

图 9-2

菜单栏主要控制材质编辑器的材质、导航、自定义、渲染材质和应用材质选择等功能。这些功能基本都能在面板中找到。通常情况下，菜单栏并不常用，只在一些特殊情况下才使用。

材质球充当了材质编辑器的显示窗口，利用硬件渲染技术，用户可以方便地查看材质的最终渲染效果。它是调节材质的重要参考项目。

材质显示控制栏（如图9-3所示）是一个工具箱，用于控制材质球的显示状态。它可以控制材质球的背景反光灯等属性，使用户能够很好地运用材质球的显示功能。同时，它还可以输出材质动画。

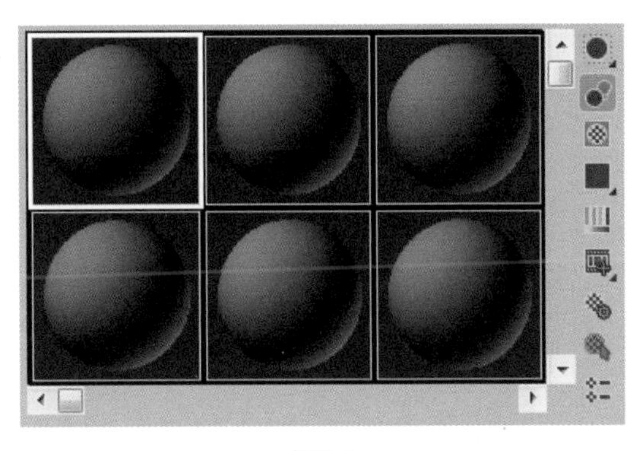

图 9-3

材质关系控制栏，如图9-4所示，是控制材质与材质的关系，贴图与贴图的关系和材质与场景物体之间的关系的工具栏。

图 9-4

明暗器基本参数面板如图9-5左图所示，用于控制阴影的特性。尽管参数较少，但需要使用基本属性面板来调整阴影的参数。

Blinn基本参数面板如图9-5右图所示，是材质编辑器的主要调节参数的区域，包含大量的材质表面的属性调节参数，也是通往下一个材质层级的入口，具有非常重要的作用。

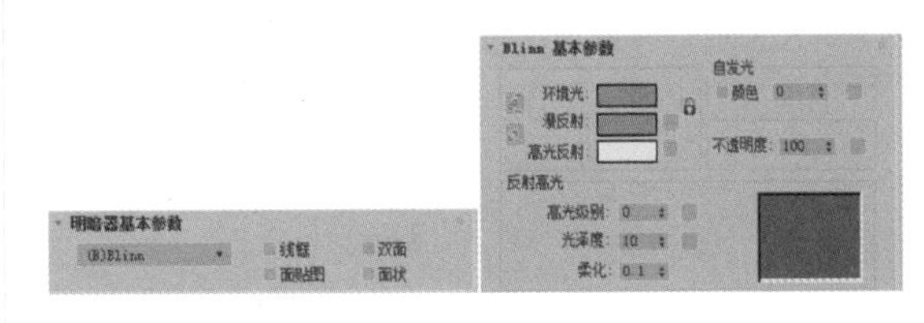

图 9-5

扩展参数面板如图9-6左图所示，用于补充基本参数面板的不足之处。它主要包括简单的反射、折射效果和一些线框参数。

超级采样面板如图9-6右图所示，是一个经常被忽视的区域，但它是提高材质质量最简单的一个面板。

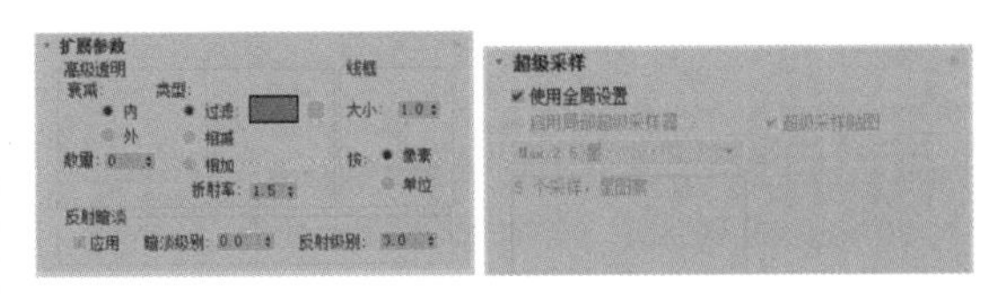

图 9-6

“贴图”卷展栏如图9-7所示，是材质编辑器中的一个入口，用于控制材质不同属性的通道，并指定下一层级的贴图。它本身只是一个入口，很多参数可以在基本参数面板中看到，可以说是基本参数面板的后台。通过“贴图”卷展栏，可以方便地控制不同通道的属性。

▾ 贴图

	数量	贴图类型
环境光颜色	100	无贴图
漫反射颜色	100	无贴图
高光颜色	100	无贴图
高光级别	100	无贴图
光泽度	100	无贴图
自发光	100	无贴图
不透明度	100	无贴图
过滤颜色	100	无贴图
凹凸	30	无贴图
反射	100	无贴图
折射	100	无贴图
置换	100	无贴图
	100	无贴图

图 9-7

9.1.2 材质编辑器的基本工具

本节运用材质编辑器的基本工具，来调整材质编辑器本身的一些特性。这些基本功能区包括菜单栏、材质显示控制栏、材质关系控制栏和材质球等。

首先我们来看一下菜单栏。菜单栏的功能与其他Windows的菜单栏比较相似，它将面板中的命令进行归类并放置在一个菜单中。下面是材质编辑器菜单栏的内容，如图9-8所示。其中常用的命令功能如下：

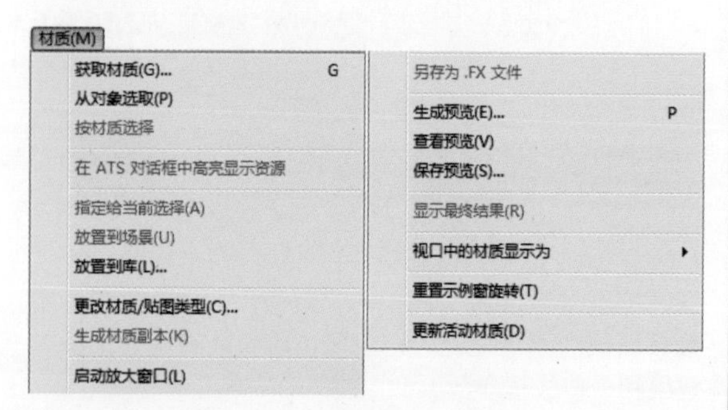

图 9-8

- ◆ 获取材质：这个命令是用来新建一个材质球的（材质类型可选），但是在正常的情况下我们更习惯使用复制的方法得到一个新的材质球。这个工具的快捷键是“G”。
- ◆ 从对象选取：使用吸管工具获取已经存在场景中的材质。
- ◆ 指定给当前选择：这是连接场景和材质编辑器的重要按钮，只有把调节好的材质指定出去，才能让它发挥作用，简单地说就是给物体添加材质。在工作中我们还可以使用另外一种方法，按住鼠标左键将材质球拖拽到物体上松开。
- ◆ 放置到场景：这个命令看起来好像和上面的将材质指定给选定对象是一样的，其实不是的，这个命令主要是激活异步材质和场景中物体材质的关系，使其变成同步材质。
- ◆ 放置到库：这个命令是用来保存材质的。当调整出一种满意的材质并希望以后再次使用时，可以使用该命令将当前材质保存到材质库中。需要注意的是，这里只保存了材质的基本参数和贴图路径，而没有保存贴图本身。因此，如果想带走一种材质时，则需要同时带走它的周边贴图文件。但如果使用的是程序纹理，则不存在这个问题。
- ◆ 更改材质/贴图类型：这个命令是用来改变材质和贴图类型的，单击该命令后，会打开“材质/贴图浏览器”对话框，如图9-9左图所示，这时只要双击选择的“新材质/贴图类型”命令，就可以用对话框中的“材质/贴图类型”来替换当前工作的材质/贴图类型，达到变更材质/贴图类型的目的。
- ◆ 生成预览，这个功能用来生成一段材质球的材质动画。在正常情况下，材质动画可以通过硬件渲染本身显示出来，但在某些情况下，由于硬件条件限制，无法很好地显示时，需要手动生成一段材质动画，来预览材质的动态效果。当单击“生成预览”工具后，会弹出“创建材质预览”对话框，如图9-9右图所示。

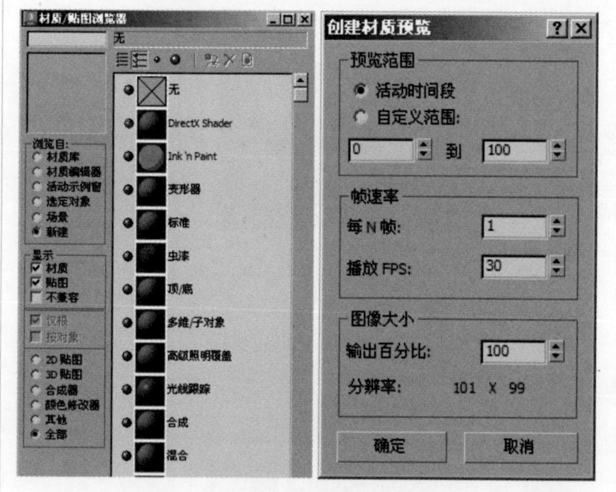

图 9-9

在“创建材质预览”对话框中，“预览范围”主要用来设置渲染的时间范围。“活动时间段”指的是动画的整体时间。“自定义范围”允许用户自定义起始和结束的渲染时间。“帧速率”区域可设置渲染的时间间隔和FPS帧速率。“图像大小”区域可设置动画预览的尺寸。

- ◆ 创建材质预览：本命令是用来播放生成的材质动画的，每当生成材质完成的时候，即使不是手动进行播放，系统也会自动播放生成的预览材质动画。
- ◆ 显示最终结果：当调节材质的时候，不可能只在材质的上面的层级活动，有时需要切换到材质的子层级，即材质的某个贴图的层级。这时，材质编辑器的材质球就显示成当前层级的效果了，如果想看到材质的最终效果，就要使用“显示最终结果”功能，如图9-10所示。

图 9-10

在视口中显示标准贴图：这个命令用于决定是否要在场景中显示材质球的贴图效果。为打开场景显示效果，为关闭场景显示效果，如图9-11所示。

有些程序纹理无法打开显示或无法正确打开显示，本命令只对场景的显示起作用，和最终的渲染无关，在调节时可灵活使用。

图 9-11

9.1.3 Slate材质编辑器

Slate材质编辑器是一个材质编辑器界面，它在我们设计和编辑材质时使用节点和关联以图形方式显示材质的结构。它是精简材质编辑器的替代项。Slate材质编辑器具有多个元素的图形界面。其最突出的特点包括：“材质/贴图浏览器”，可以在其中浏览材质、贴图、基础材质和贴图类型；当前活动视图，可以在其中组合材质和贴图；参数编辑器，可以在其中更改材质和贴图设置，如图9-12所示。

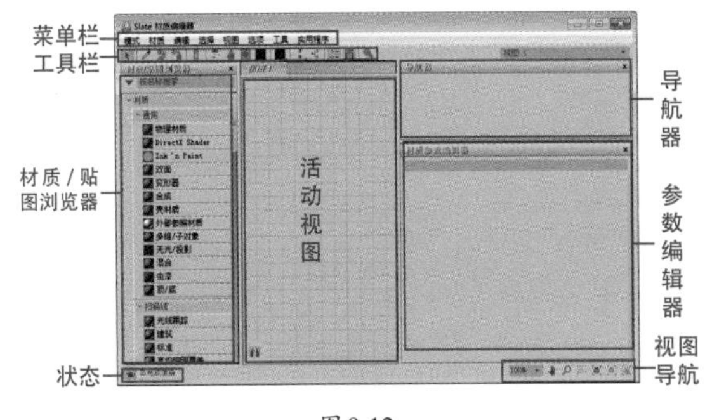

图 9-12

工具栏中常用的命令功能如下。

- 选择工具：激活“选择”工具。当其处于活动状态时，此菜单选项旁边会有一个复选标记（除非已选择一种典型导航工具，例如“缩放”或“平移”工具，否则其始终处于活动状态）。
- 从对象拾取：选择此工具后，3ds Max Design 会显示一个滴管鼠标指针。单击视图中的一个对象，以在当前视图中显示出其材质。
- 将材质指定给选定对象：将当前材质指定给当前选择中的所有对象。
- 删除选定项 ：在活动视图中，删除选定的节点或关联。
- 移动子对象：启用此选项后，移动节点将随节点一起移动其子节点。禁用此选项后，移动节点将仅移动该节点。
- 隐藏未使用的节点示例窗：对于选定的节点，在节点打开的情况下切换未使用的示例窗的显示。
- “在视口中显示明暗处理材质”用于在视口中显示贴图效果。
- 在预览中显示背景：仅当选定了单个材质节点时才启用此按钮。启用后将向该材质的“预览”窗口添加多颜色的方格背景。如果要查看不透明度和透明度的效果，则该图案背景很有帮助，如图9-13所示。

图 9-13

- 布局全部 - 垂直（默认设置）：单击此选项将以垂直模式自动布置所有节点。
- 布局全部 - 水平：单击此选项将以水平模式自动布置所有节点。
- 布局子对象：自动排列当前所选节点的子对象的布局。此操作不会更改父节点的位置。
- 材质/贴图浏览器切换 ：“材质/贴图浏览器”的显示。默认设置为启用状态。

参数编辑器中常用的命令功能如下。

- 参数编辑器的显示：默认设置为启用状态。
- 按材质选择：仅当选定单个材质节点时才启用此按钮。使用“按材质选择”命令可以基于“材质编辑器”中的活动材质选择对象。选择此命令将打开“选择对象”对话框，其操作方式与“从场景选择”类似。所有应用选定材质的对象在列表中高亮显示。

知识拓展

该列表中不显示隐藏的对象，即使已应用材质。但是，在 材质/贴图浏览器中，可以选择“从场景中进行浏览”，启用“按对象”选项，然后从场景中进行浏览。该列表在场景中列出所有对象（隐藏的和未隐藏的）和其指定的材质。

- 视图 1 命名视图下拉列表：使用此下拉列表可以从命名视图列表中选择活动视图。

视图导航中常用的命令功能如下。

- 平移工具：启用“平移”工具后，在当前视图中拖动就可以平移视图了。“平移”工具会一直保持活动状态，直到我们选择另一个典型导航工具，或再次启用“选择”工具。
- 平移至选定项：将视图平移至当前选择的节点。
- “缩放”工具：启用“缩放”工具后，在当前视图中拖动就可以缩放视图了。“缩放”工具会一直保持活动状态，直到我们选择另一个典型导航工具，或再次启用“选择”工具。
- 缩放区域工具：启用“缩放区域”工具后，在视图中拖动一块矩形选区就可以放大该区域。“缩放区域”工具会一直保持活动状态，直到我们选择另一个典型导航工具，或再次启用“选择”工具。
- 最大化显示：缩放视图，从而让视图中的所有节点都可见且居中显示。
- 最大化显示选定对象：缩放视图，从而让视图中的所有选定节点都可见且居中显示。

9.2 阴影类型分析及贴图基本属性

通过对阴影类型的了解和学习，掌握各种材质应该配合哪种阴影类型使用，才能达到最好的效果。

3ds Max的材质编辑器中提供了8种阴影类型，如图9-14所示。本节主要进行阴影类型及贴图基本属性的介绍。

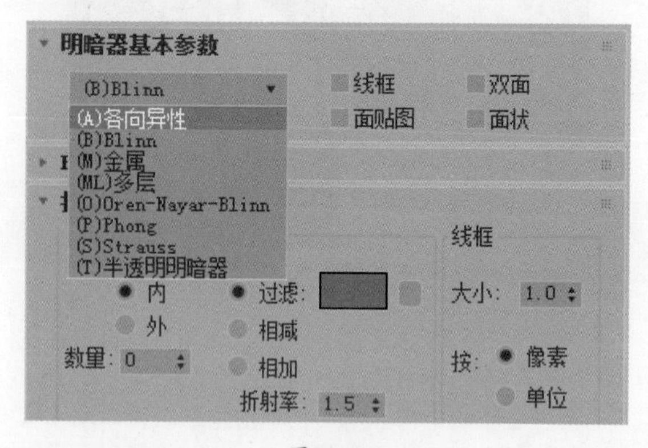

图 9-14

8种阴影类型如下：各向异性、Blinn、金属、多层、Oren-Nayar-Blinn、Phong、Strauss和半透明明暗器。各阴影类型效果如图9-15所示。

图 9-15

材质的阴影类型主要控制着材质高光的分布方式，虽然它不是材质效果的最终决定因素，但在调节材质过程中起着重要作用。它可以快速区分不同材质的属性，使你能够进一步进行调节。在3ds Max中，材质阴影类型可以方便地模拟半透明材质。8种阴影类型针对不同的表面属性，有的适合表现塑料制品，有的适合表现金属，有的适合表现粗糙陶器。因此，选择正确的材质阴影类型是调节出真实材质的良好起点。

9.2.1 材质阴影类型

各向异性材质阴影类型是在3ds Max发展过程中加入的，主要用于解决非圆形高光问题。在早期版本的3ds Max中，只有简单的圆形高光分布，对一些如不锈钢金属等非圆形高光材质感到有些束手无策了，因此，创建了这样的一种材质阴影类型来解决问题。它可以方便地调节材质高光的UV比例，从而产生一种椭圆形或线形的高光效果，如图9-16所示。

图9-16

各向异性材质阴影类型的参数设置如图9-17所示。控制高光的参数都在“发射高光”区域中。“高光级别”参数用来控制整个高光的强度，而高光有多亮则完全由这个参数决定。“光泽度”参数用来控制高光的范围，即高光覆盖的区域大小。“各向异性”是高光的异向性，是这种材质阴影类型的关键，就是用这个参数来控制椭圆的两个半径的UV比例的。

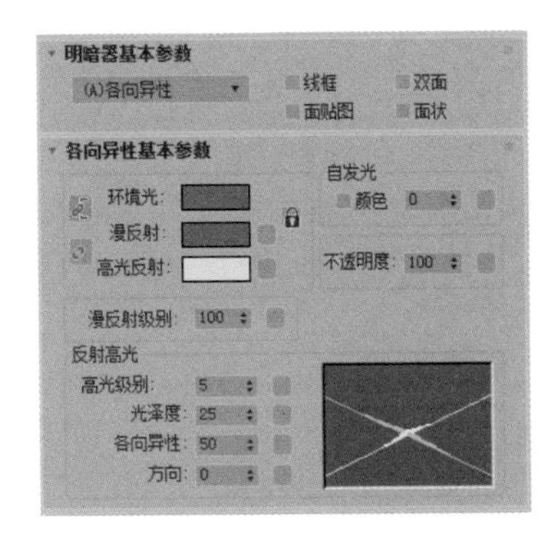

图9-17

这种材质阴影类型可以用来制作光泽度高的金属，甚至在不同的贴图通道上使用。当添加一些贴图后，可以模拟光盘和激光防伪商标等高级反光材质。这在传统的材质中很难实现这样的效果，如图9-18所示。

图9-18

9.2.2 Blinn和Phong材质阴影类型

Blinn材质阴影类型是3ds Max中比较古老的材质阴影类型之一，参数简单，主要用于模拟高光较硬朗的塑料制品。它和Phong材质阴影类型的基本参数相同，效果也非常接近，只是在背光的高光形状上略有不同。Blinn为椭圆形状的高光，而Phong材质阴影类型的高光成梭形。因此，一般使用Blinn材质阴影类型来表现反光剧烈的材质，而使用Phong材质阴影类型来表现反光较柔和的材质。尽管区别不大，但读者可以根据实际情况进行选择。一般来说，Phong材质阴影类型表现凹凸、反射、反光和不透明等效果的计算比较精确，如图9-19所示。

图9-19

我们来看一下它们的基本参数。如图9-20所示，“高光级别”参数用来控制整个高光强度，高光有多亮完全由这个参数决定。“光泽度”参数用来控制高光的范围，即高光覆盖的区域大小。一般情况下，这两个参数共同作用，用于调节高光的大小和强弱。

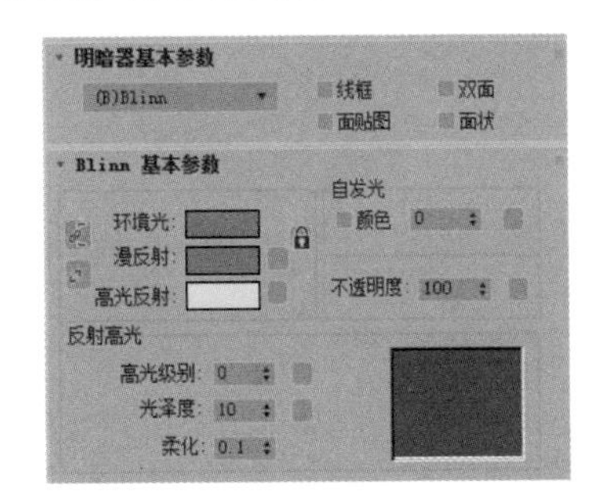

图9-20

9.2.3 金属材质阴影类型

在3ds Max中制作金属材质时，需要在反射上进行设置。首先需要选择一种与金属高光方式相对应的材质阴影类型。实际上，几乎每种材质阴影类型都可以用来制作金属效果，但如果要获得较好的效果，则金属和Strauss材质阴影类型是比较适合的选择。金属材质阴影类型是早期制作金属的主要材质阴影类型，如图9-21所示，但控制起来并不方便。相比之下，后来加入的Strauss材质阴影类型更容易控制。

图9-21

金属材质阴影类型的高光非常独特，为了展现金属的质感，其高光设计得比较尖锐，反差强烈。然而，与周围区域也存在快速的过渡区，甚至可能出现高光内反现象。这种现象可以理解为在最亮处出现边缘暗化，而次亮处反而成为最亮的效果，如图9-22所示。

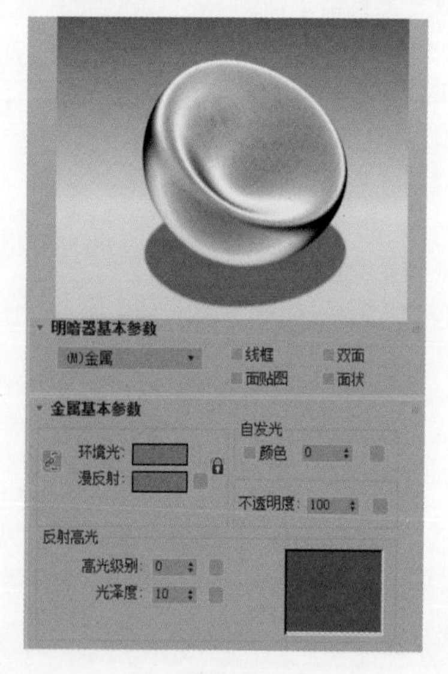

图9-22

9.2.4 多层材质阴影类型

多层材质阴影类型是一种高级的材质阴影类型。它同时具有两个各向异性材质阴影类型的高光效果，并且可以叠加在一起，产生十字交叉的高光效果。如图9-23左图所示，物体表面上同时出现两条高光。

此外，也可以利用两条高光的特点将它们调节成不同的大小，从而创造出一个具有层次感的高光效果，可以用来模拟类似汽车金属漆表面的效果，如图9-23右图所示。

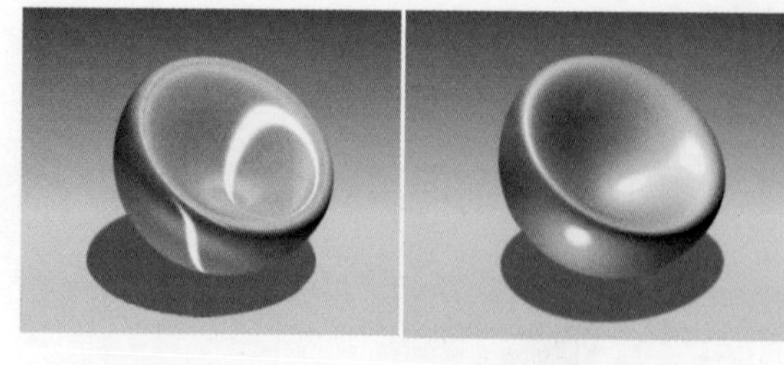

图9-23

接下来，我们看一下多层材质阴影类型的参数设置。如图9-24所示，相对于各向异性材质阴影类型，多层材质阴影类型多了很多参数，其中高光反射层区域变成了两个，可以单独调节两条高光的异向高光。“颜色”参数用来调节颜色，也可以在这个通道中添加位图或程序纹理，这会在以后的章节中进行讲解。“级别”参数用来控制整个高光的强度，高光有多亮完全由这个参数决定。“光泽度”参数用来控制高光的范围，即高光覆盖的区域大小。“各向异性”是高光的异向性，是这种材质阴影类型的关键，是用这个参数来控制椭圆的两个半径的UV比例的。当这个数值为0时，它就和其他材质阴影类型没有区别了，可以看作是Phong或Blinn材质阴影类型来使用。这个数值最大为100，当数值为100时，它的高光就成了一条线的形状。“方向”是方向性的参数，用来控制高光变为椭圆后的方向，同样也可以用图像来控制，得到不同的高光方向。这些参数和各向异性材质阴影类型的参数相同，可以参考学习。

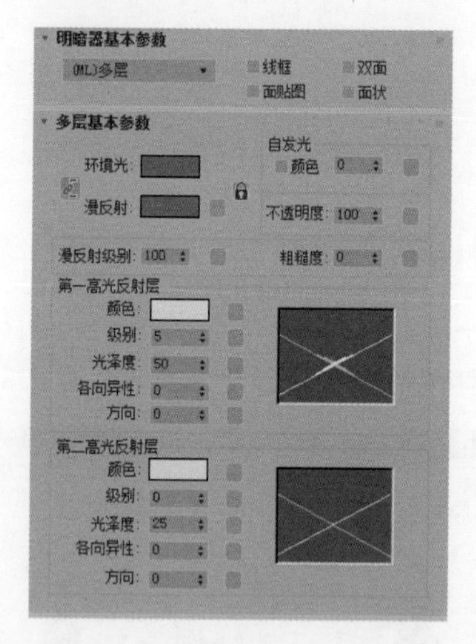

图9-24

不过，与各向异性材质阴影类型相比，多层材质阴影类型增加了一个“粗糙度”参数和“漫反射级别”参数，用来控制表面的粗糙效果和漫反射区的分布。可以使用这两个参数来制作出相对粗糙的材质效果。这一点与Oren-Nayar-Blinn材质阴影类型相似，使多层材质阴影类型基本上适用于所有材质的制作，只是在表现半透明方面相对较弱，而半透明明暗器材质阴影类型在这一点上做得非常好。

9.2.5 Oren-Nayar-Blinn材质阴影类型

Oren-Nayar-Blinn材质阴影类型是一种新型的复杂材质阴影类型，它是基于Blinn材质编辑器发展而来的。在Blinn的基础上，添加了“粗糙度”参数和“漫反射级别”参数，可以用于制作高光不明显的材质，如陶土、木材、布料等，如图9-25所示。

图9-25

下面来看看这种材质阴影类型的关键参数。“粗糙度”参数的作用是将有限的高光分散到更广阔的物体表面上，如图9-26所示为不同粗糙度值的材质效果。而“漫反射级别”参数用来控制漫反射区的强度及物体本身固有色的亮度。在实际应用中，这两个参数需要相互配合才能得到理想的材质效果。

图9-26

Phong材质阴影类型在前面和Blinn材质阴影类型已经一起讲解过了，在这里就不再重复，请参考9.2.2节的相关内容进行学习，如图9-27所示。

图9-27

9.2.6 Strauss材质阴影类型

Strauss材质阴影类型是一种用于模拟金属质感的材质阴影类型。如图9-28所示，它是在3ds Max的发展过程中引入的，旨在解决金属材质阴影类型难以控制的问题。虽然相对其他材质阴影类型来说，Strauss材质阴影类型的控制性更好一些，但其参数很简单，只有几个关键参数，可以说Strauss材质阴影类型非常实用和简洁，但使用者并不多。这可能是因为其功能相对基础，本身并没有太多的特点。

图9-28

Strauss材质阴影类型的参数控制面板如图9-29所示。

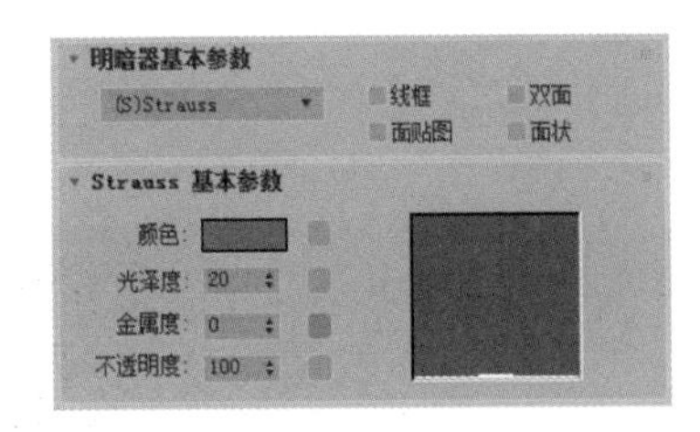

图9-29

“光泽度”是用来控制材质的高光范围的参数，而“金属度”则是用来控制材质金属性的参数。通过调节这个参数，可以在金属和非金属之间进行简单的切换，但效果一般。“不透明度”参数可以用来控制材质的透明度，但调节这个参数会影响整体的高光亮度。

9.2.7 半透明明暗器材质阴影类型

半透明明暗器材质阴影类型主要是为了解决没有半透明材质阴影类型的问题。也就是说这种材质阴影类型可以模拟像蜡烛、玉石、纸张等半透明材质。可以在材质的背面看到灯光效果，也可以模拟如人的耳朵等在背光下面的效果，如图9-30所示。

图9-30

半透明明暗器材质阴影类型在基本材质阴影类型参数的基础上，增加了半透明基本参数面板。如图9-31所示，用来控制半透明的效果。“半透明颜色”参数用来指定物体透出色，也可以理解为半透明物体内部的介质的颜色，“过滤颜色”参数用来调整透过物体后的阴影区域的颜色。

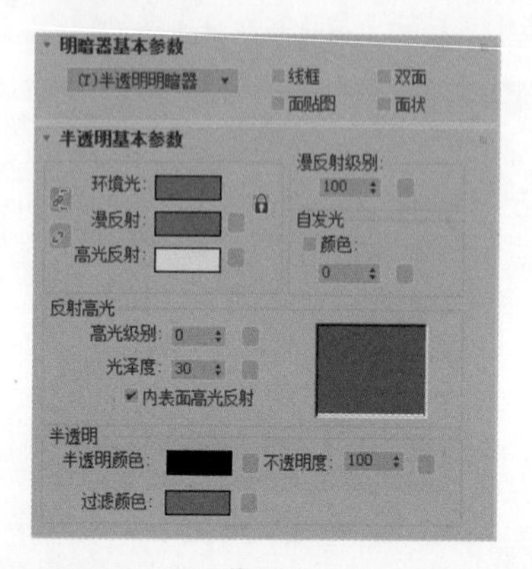

图 9-31

用半透明明暗器材质阴影类型可以模拟电影放映机投影到屏幕上的效果。这样一来可以在背面看到透过来的阴影图像，并且半透明属性还能继续向前进行照射，如图9-32所示。

图 9-32

下面来看一下明暗器基本参数面板中一些参数的用法，如图9-33所示。

图 9-33

线框：用来以线框模式进行显示和渲染，可以配合下面的线框尺寸参数一起使用。需要注意的是，线框尺寸有两种不同的单位模式：像素和系统内部单位。像素是以渲染完成的图像为单位，效果比较清晰，但没有空间的透视变化，无论远近显示效果都相同。而系统内部单位则以3ds Max的内部计量单位为标尺，效果更加真实，具有空间的透视变化，如图9-34所示。

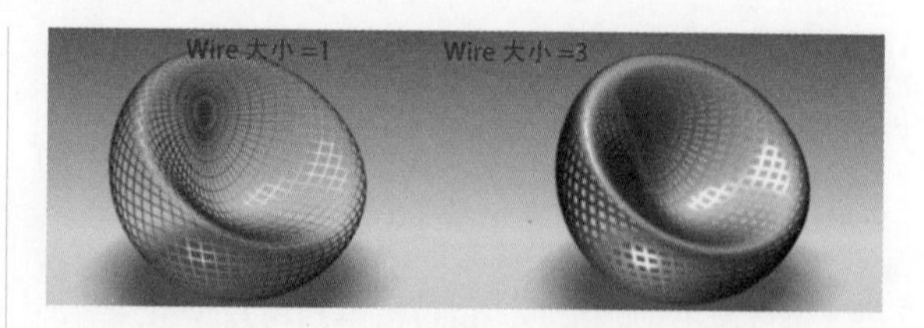

图 9-34

双面：在计算机图形学的早期，为了节省系统资源，一般物体都以单面显示，如果想看到物体的另外一面，就要打开双面渲染方式，效果如图9-35所示。

图 9-35

面贴图：这是一种抛开了其他的贴图坐标方式，直接把图像贴到每一个面上去。其结合一些粒子系统可以用来模拟烟雾效果，结合一些程序纹理可以用来模拟线框效果，如图9-36所示。

图 9-36

面状：打开相当于关闭所有光滑的组模式，相邻的面之间不产生光滑的过渡效果，表面变得像切割完的钻石一样，如图9-37所示。

图 9-37

9.3 主要材质类型

本节学习3ds Max的主要材质类型。

材质的类型决定了材质整体属性的选择方向。大千世界中的物体表面的属性千奇百怪，当想用3ds Max制作出一个材质表面属性时，首先要找到适合的材质类型，这是制作材质的大方向。如果选择错误，那么即使努力调整贴图属性和效果，也可能会事倍功半。如果不使用外挂插件，那么3ds Max本身提供了16种材质类型和35种贴图类型。我们已经学习了贴图类型的使用方法，接下来我们看看如何使用材质类型。

16种材质类型分别为：高级照明覆盖、Ink'n Paint（卡通）、变形器、标准、虫漆、顶/底、多维/子对象、光线跟踪、合成、混合、建筑、壳材质、双面、外部参考材质、无光/投影和DirectX Shader材质，如图9-38所示。

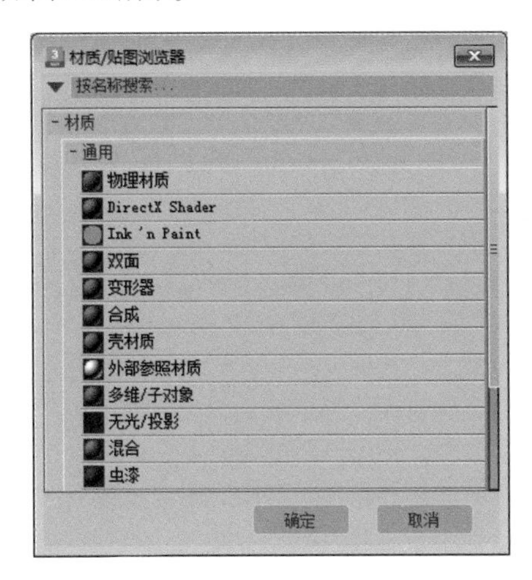

图9-38

9.3.1 高级照明覆盖材质类型

高级照明覆盖材质类型，用于配合高级光照使用。在使用3ds Max的高级照明覆盖功能时，这种材质并不是指定必须使用的。但是用了这种材质后，可以进行一些高级灯光的校正，使之达到更好的效果。它在对材质进行高级灯光的参数调节时，并不影响基本材质本身，只是在基本的属性上附加了一些加强的功能。所以当使用高级光照时，也可以选择不使用这种材质。如图9-39所示为使用高级照明覆盖材质类型制作的效果图。

图9-39

下面是高级照明覆盖材质类型的参数设置，如图9-40所示。

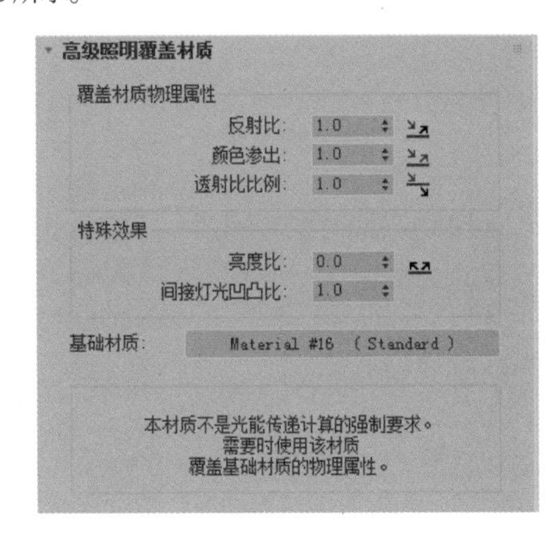

图9-40

- 反射比：是指材质颜色的反射光亮程度。在这里可以增强或减弱反射，以使更多或更少的光被反射。如图9-41所示，对橙色地面的反射比进行调节。当反射比的数值为0时，几乎不对其他物体产生反射光的影响。当反射比的数值为1时，可以看到白色小球的背光部分的颜色发生了改变，这意味着它受到了地面的影响。

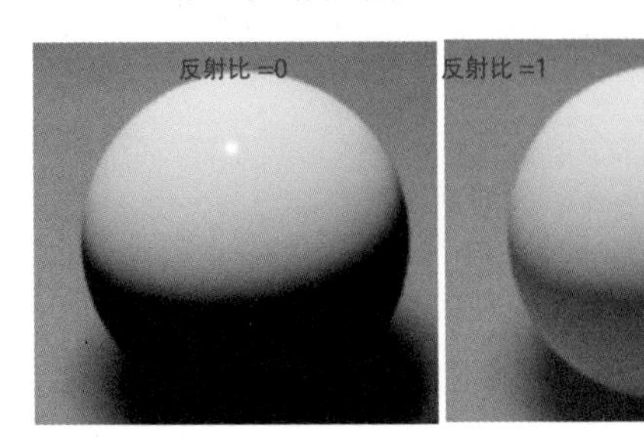

图9-41

- 颜色渗出：用来改变反射时颜色的影响强度。当增加此参数值时，颜色的影响强度会加强，反之亦然。如图9-42所示，我们可以看到相同的场景，只是改变了颜色渗出参数的值，第一个球体的反光区域的颜色完全消失。

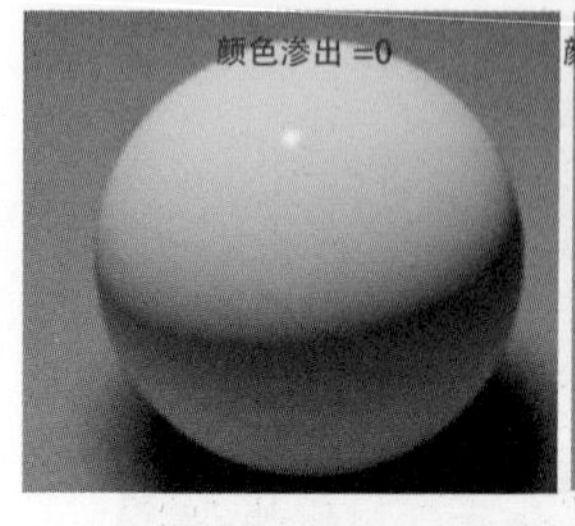

图 9-42

- 透射比比例：通过一个透明物体的光量，可以增减该数值，但不会使材质更透明。
- 亮度比：用于把自发光物体变为真正的发光体。在高级灯光属性中可以使用物体发光效果，亮度比就是用来控制使用物体发光的强度参数。
- 间接灯光凹凸比：在反射光照的区域仿真凹凸贴图。如果效果不理想，则可以手动调整该数值以优化效果。数值改变不会影响直射光照射区域的凹凸贴图。
- 基础材质：可以在这里访问原始的材质属性。

9.3.2 混合材质类型

混合材质是一种可以将两种不同的材质混合在一起的材质类型。依据一个遮罩来决定某个区域应该使用哪种材质类型。通常，这个遮罩贴图是黑白的，但有时也会使用彩色贴图的明度来控制混合效果。如图9-43所示，蜥蜴的皮肤材质就使用了混合材质类型。

图 9-43

下面来看一下混合材质类型的参数设置，“混合曲线”的设置，如图9-44所示。

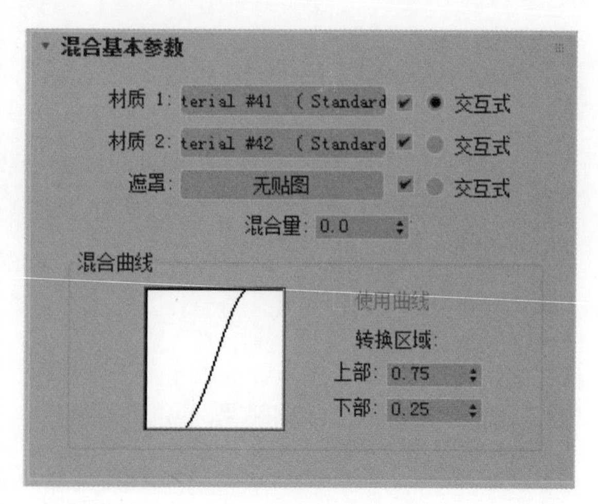

图 9-44

混合材质类型的参数比较简单，基本上就是一些和控制遮罩有关的参数。

- 材质1 和材质2：用来添加两种用来混合的材质。在调节混合时，可以先使用两种颜色来代替，这样看起来比较方便，等混合完全完成时，再用调节好的两种材质关联过来即可。
- 遮罩：用来分割两个贴图的通道，就是这张贴图的黑色区域是一种材质，白色区域是另外一种材质。
- 混合量：当不使用遮罩时，若要均匀地混合两种材质，就用这个数值来调剂两种材质在当前混合中的比例。
- 混合曲线区域：用曲线来控制混合程度，这是针对图片遮罩来说的。在使用图片进行混合时，依据图像的明暗度。这是一个黑白分明的世界，但是其中一定有过渡的灰色，灰色区域是两者混合的部分，曲线就是用来控制这种混合的倾向程度的。
- 上部：控制上端的曲线的切入点，可以用这种方法排除一些不想使用的颜色的明度区域。
- 下部：用来控制下端点的情况，用法同上，如图9-45所示。

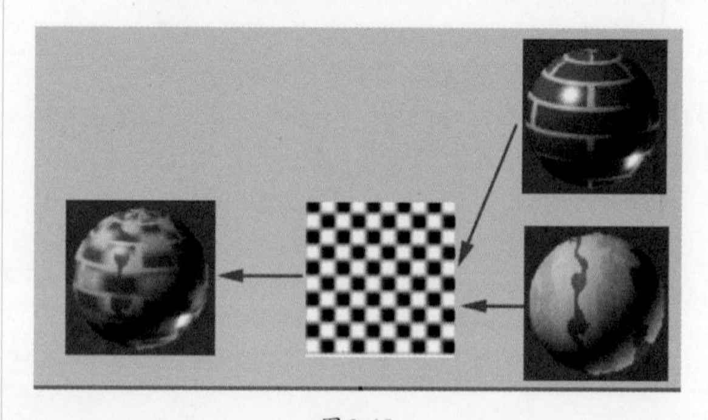

图 9-45

9.3.3 合成材质类型

合成材质类型的参数设置如图9-46所示，这是一种可以混合10种材质的材质类型。可以依据自己的要求为材质指定合成的方式，合成的方式有3种，分别是加法、减法和混合。

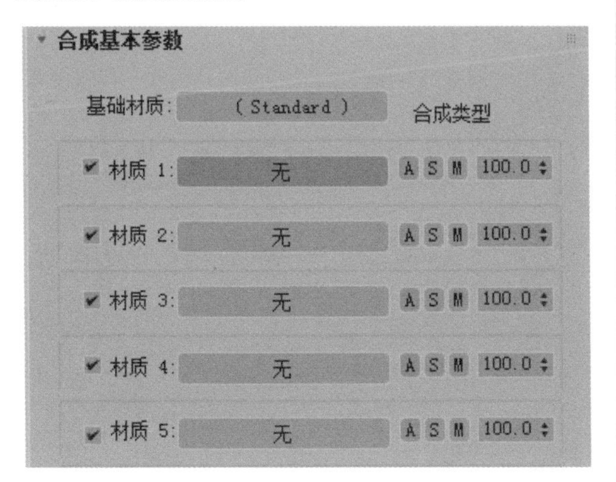

图9-46

- 基础材质：最底层的材质，可以在这种材质上面添加另外9种材质。
- 材质1~材质9：可以依据这个顺序叠加其他材质，一共有9种。

A、M、S：用来设置混合方式的按钮。

A使用加法方式计算两种材质的属性。

M使用减法方式计算两种材质的属性。

S使用混合方式计算两种材质的属性。这和上一节中讲解的混合材质类型的混合方式相同。后面是百分比微调按钮，用来调节材质在合成材质中的混合数量。

合成材质类型的制作效果如图9-47所示。

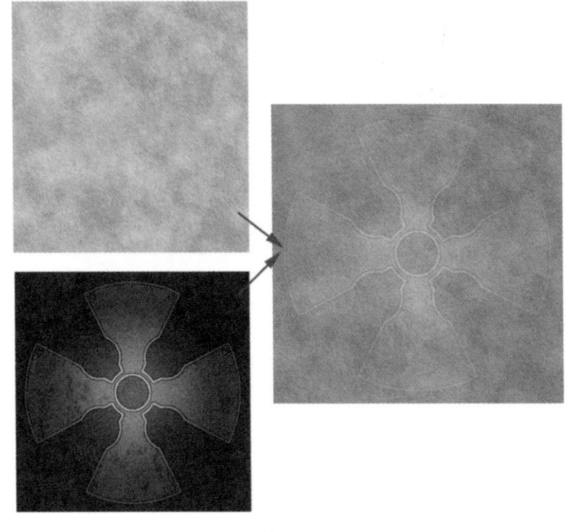

图9-47

9.3.4 双面材质类型

在很多情况下会接触到一些薄片物体，这时需要使用双面材质为这个物体指定两面的贴图效果，应用的实例还是很多的，如两面的印刷品等。双面材质类型的参数设置如图9-48所示。

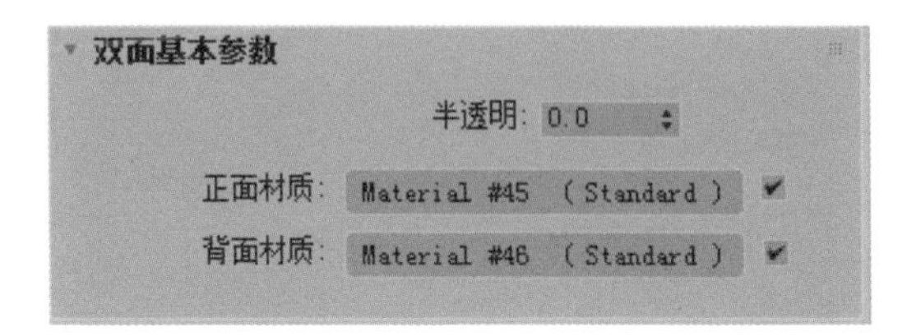

图9-48

双面材质类型比较简单，只有两个材质通道，选择后添加需要的材质就可以了，如图9-49所示的材质，就是使用双面材质类型进行指定的。

图9-49

双面材质类型只有一个可以调节的参数，就是“半透明”参数，其用来控制双面材质的透光效果。

9.3.5 Ink'n Paint材质类型

Ink 'n Paint材质类型是一种可以将三维物体转换为二维图形的神奇材质类型。如图9-50所示，这种技术具有很大的前景。传统的二维动画制作非常耗时耗力，如果能将三维动画转换为二维图形，就可以大大地提高工作效率。在3ds Max中，除使用自带的Ink 'n Paint材质类型外，还可以使用一些渲染插件如Final Toon、Cartoon Reyes等来制作卡通效果。

图9-50

卡通材质的工作原理，是将物体的外轮廓线和内结构线绘制出来，然后使用一种阶梯渐变颜色作为物体的颜色。

反真实渲染是最近兴起的一项技术，正在不断地完善，现在已经可以模拟手绘、铅笔画、国画、油画等效果。3ds Max本身的Ink ‘n Paint材质类型，就是一种很好的实现卡通效果的方法。这一特性通常被称为Toon Shader卡通光影模式。基本材质扩展参数面板如图9-51所示。

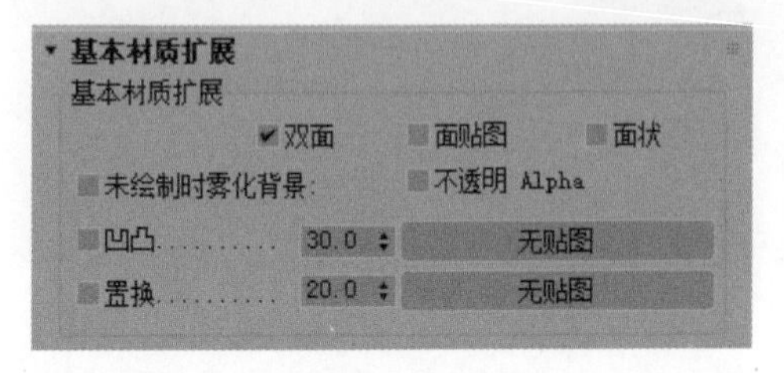

图 9-51

- 双面：使用双面贴图效果，即材质的两面都可见。
- 面贴图：使用面贴图效果，即把贴图指定到每一个面。
- 面状：使用类似于取消表面光滑组的方法，得到棱角分明的效果。
- 未绘制时雾化背景：当没有使用绘制时，物体表面以背景颜色进行填充，勾选“未绘制时雾化背景”复选框后，能在物体和摄影机之间产生雾化效果。
- 不透明Alpha：当勾选该复选框时，Alpha通道将失去作用，物体表面为不透明状态。
- 凹凸：对材质的表面产生凹凸效果的通道。
- 置换：可以添加置换贴图，对物体的表面起作用，产生真实的3D凹凸效果。

绘制控制参数面板如图9-52所示。

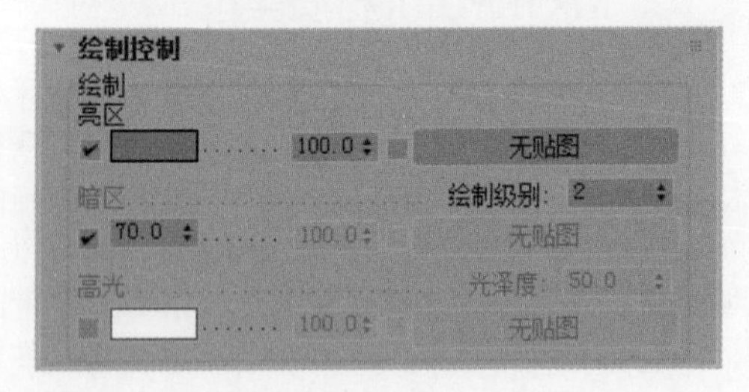

图 9-52

这个面板主要控制卡通材质的添色区域的颜色，分别控制高光区域、阴影区域和亮部颜色的指定等。

亮区：这是一个物体受到灯光照射的部分表现出来的颜色。将色块前面的对钩取消，这样就可以在整个物体上面使用背景的颜色了，如图9-53所示。

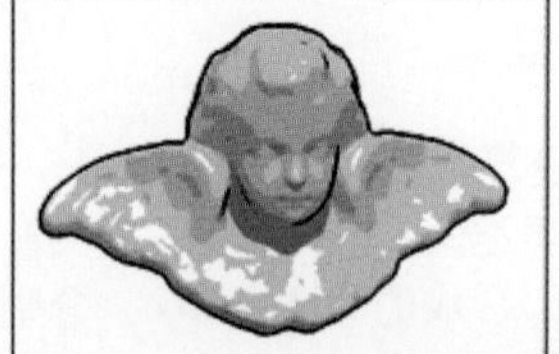

图 9-53

- 暗区：在不受光部分或者在阴影区使用的颜色。可以用参数值来设置颜色的强度。
- 高光：物体表面高光的颜色。
- 绘制级别：可以理解为从明到暗的变化过程的阶梯次数。效果如图9-54所示，左图色阶很少，基本只有几个大的色块，右图则非常细腻。

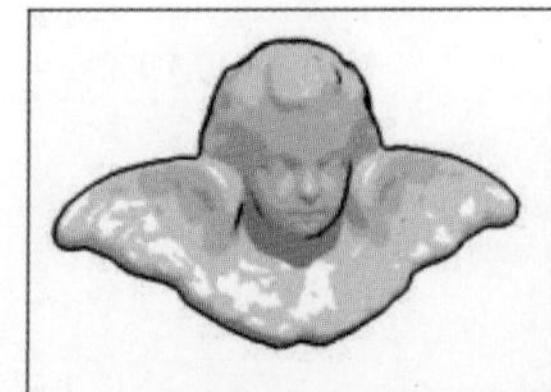
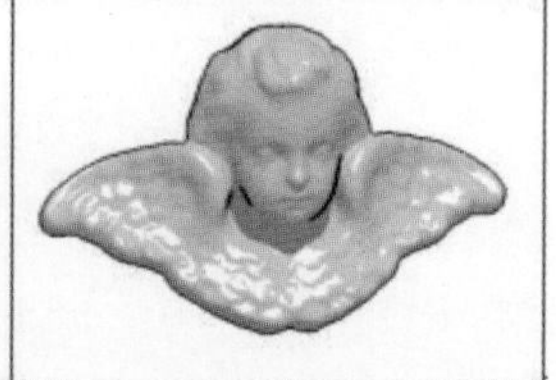

图 9-54

- 光泽度：用来控制高光的大小，但是数值越大，高光越小。

墨水控制参数面板用来设置边缘上的线和一些物体内部分界线的属性，如图9-55所示。常用参数如下。

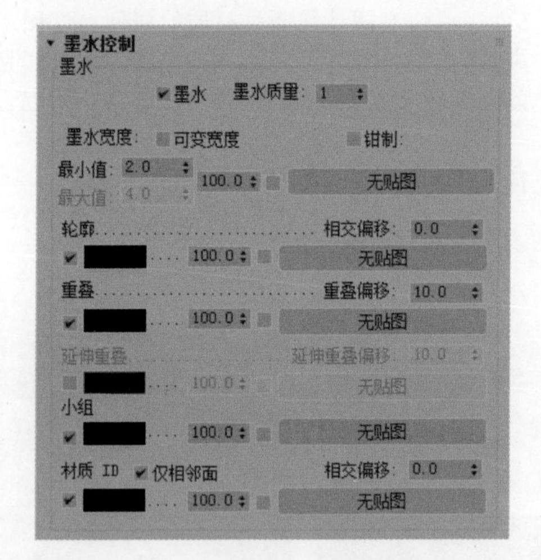

图 9-55

- 墨水：是否使用轮廓线来显示。
- 墨水质量：提高边缘检测质量，但需要花费更多的渲染时间。墨水控制使你可以自定义墨水的形态和指定贴图。如果只想用绘图功能，则可以禁用“墨水”复选框。可以改变墨水的宽度，使它更细或更粗。当“可变宽度”复选框被勾选时，亮区使用最小值，暗区使用最大值。线的粗细不仅可以使用宽度进行控制，还可以使用贴图来进行控制，达到一个有变化的边缘的效果。

- 钳制：当使用可变宽度的设置时，线条的宽度是可以产生粗细变化的。有时候由于灯光的影响，边会变得非常细，几乎看不到，这时就需要启用“钳制”复选框以保证显示的可靠性，其将使线条的显示一直在最大和最小的宽度之间变化。
- 轮廓：用来设置物体外边缘的效果。
- 重叠：自身交叠的部分，即物体本身的部分与部分之间的边缘线，或者叫作内轮廓线。
- 延伸重叠：和自身的交叠比较类似。但是当应用于更远的表面时效果会好于比较近的表面，但在一般情况下为禁用状态。
- 小组：针对光滑组的设置起作用，在不同的光滑组的分界部分会产生线。
- 材质ID：在场景中使用不同的材质ID后，可以在不同的区域之间产生一条材质ID交界线，和上面光滑组的方式十分相近，只是这种设置更为隐蔽。在编辑网格等网格编辑中使用，添加了不同的材质ID后，自然会产生区分的交界线。
- 仅相邻面：只在相邻的面之间产生材质ID的交界线。
- 相交偏移：当取消勾选“仅相邻面”复选框时，通过这个数值来控制出现在不同的ID表面间的勾线错误。

一般的线都是可以添加贴图的，这样一来可以更好地模拟手绘效果。

偏移属性一般用来控制线的分布情况，可以避免一些错误的产生。

反真实渲染技术是一项很有前景的技术，如果能很好地为动画片服务，那么将得到不可预见的良好效果。如图9-56所示是用VRary渲染器渲染的卡通效果。

图9-56

9.3.6 无光/投影材质类型

无光/投影材质类型是一种和合成材质类型紧密结合的材质类型。在很多情况下我们需要将一些3D物体放回真实的空间中，这时就会遇到一些比较棘手的问题，如3D物体的投影如何处理。在这一点上3ds Max为大家考虑得非常周全，可以使用无光/投影材质类型对3D物体产生投影，并且同时不影响后面的背景的显示。

这种材质类型的两个作用如下：

（1）使背景不被遮挡在某个物体上指定无光/投影材质后，这个物体所在的区域后的物体将不再显示，并且可以直接看到背景，就好像被这个物体穿透了一样。

（2）产生真实的投影效果。在无光/投影材质的表面可以接收其他物体产生的投影效果。

如图9-57所示，背景使用了黑蓝渐变色，给地面指定了无光/投影材质，这样一来物体将在地面上投射出阴影。在右图中给前面的球体也指定了无光/投影材质，这样球体所在的区域就被挖空了，但是还可以产生阴影效果。

图9-57

下面，我们来看一下它的参数设置，如图9-58所示。

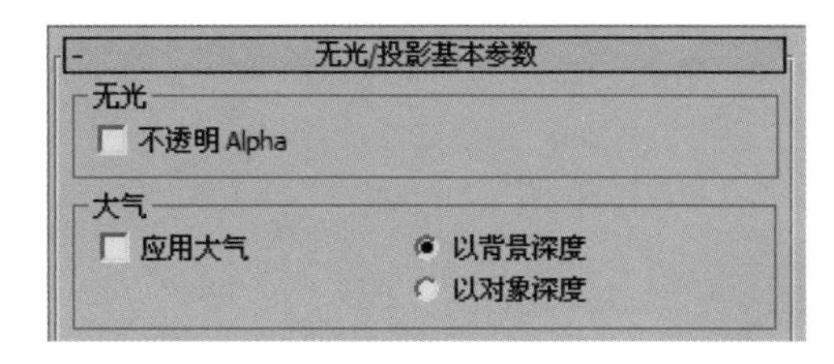

图9-58

- 不透明Alpha：处理在渲染中是否使无光/投影材质出现在Alpha通道中，如图9-59所示，这一点对后期处理是非常有用的。

图9-59

- 应用大气：用来决定大气效果是否对无光/投影材质起作用。
- 以背景深度：是一种2D模式，一般阴影会被雾效所覆盖，需要调整阴影的参数来控制显示。
- 以对象深度：这是一种3D模式，先渲染出物体的阴影，然后添加雾效果，如图9-60所示。

图 9-60

阴影/反射属性面板如图9-61所示。

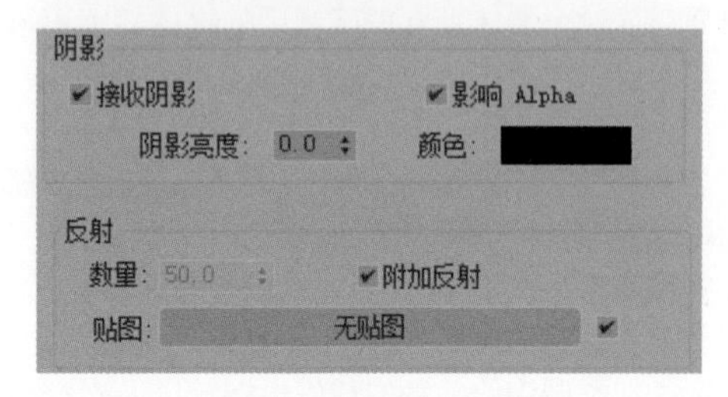

图 9-61

- 接收阴影：勾选后，会在无光/投影材质上产生阴影效果，取消勾选将不会产生阴影，当然这是在灯光的设置中打开阴影的前提下去考虑的。
- 阴影亮度：用来设置产生阴影的明亮程度。其值为0时最黑，当达到1时就不会出现阴影了，一般控制在0.5。
- 影响Alpha：用来设置是否对Alpha产生影响。
- 颜色：用来控制阴影部分的颜色。
- 数量：用来控制反射的强度，可以对反射效果进行加强或者减弱变化。
- 贴图：用来指定当前通道中使用的贴图的类型，若要产生真实的反射效果，就使用光线跟踪贴图方式。

9.3.7 变形器材质类型

在制作一些动画时会遇到这样的场面，一个物体变成了另外的物体，它的表面材质也发生了变化。变形器材质类型允许有100个通道和表情变形通道相对应。当调节变形的同时，也会使材质跟随着变形发生改变，变形器材质类型的参数面板如图9-62所示。

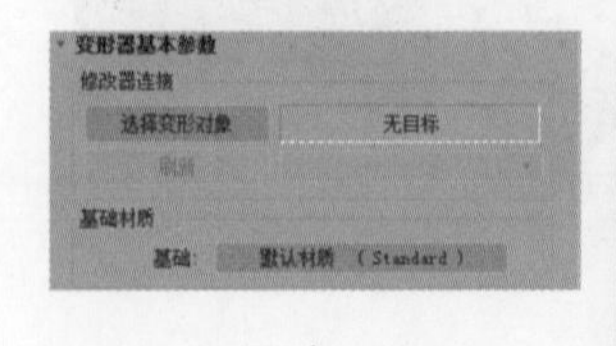

图 9-62

这样说比较抽象，我们来看一个例子。首先创建3个球体，然后对后两个球体进行形态的改变，得到3个顶点数目相同，但是形状不同的球体。对球体1添加一个变形修改器，再将其他两个球体的形态分别拾取到不同的变形通道上，这样一来球体将产生变化，这就是用来制作表情动画的方法，如图9-63所示。

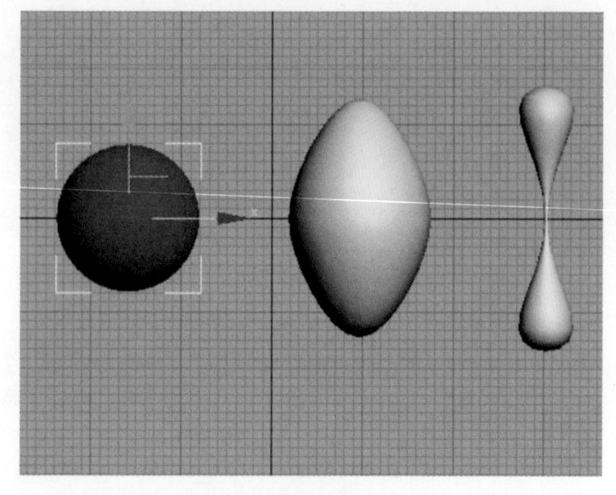

图 9-63

9.3.8 多维/子对象材质类型

多维/子对象材质类型的作用是对物体的不同区域添加不同的材质类型，并且只使用一个材质球就可以完成对物体材质的添加。通常的做法是，在多维/子对象材质中的不同材质ID号通道上，添加不同的材质，然后给物体的不同区域指定不同的ID号，再将调节好的材质赋予物体。这样一来，不同的材质会自动对位到相应的材质ID区域中去。但是在实际工作中这种方法比较费力，一般情况下我们会对物体不同的区域直接指定不同的材质，然后用一个材质采样工具采样到一个材质球上，这样就完成了多维/子对象材质的制作，如图9-64所示。

图 9-64

多维/子对象基本参数面板如图9-65所示。

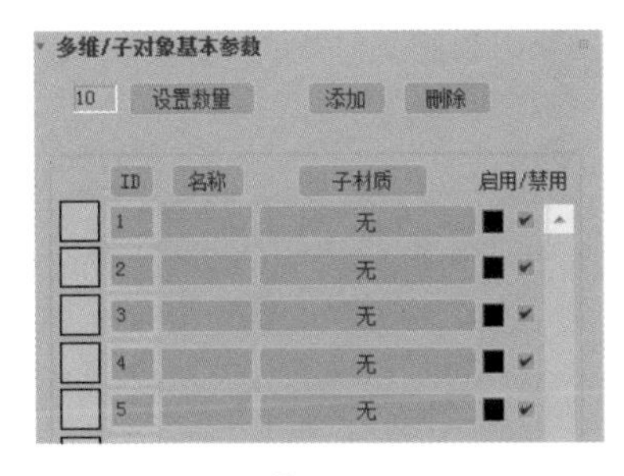

图 9-65

- 设置数量：使用多重子材质的次物体的数量。其实多维/子对象材质做次物体材质也很恰当，因为在一般情况下一个物体的不同部分使用不同的材质，共同组成的整个材质就是多重子材质。
- 添加：添加次物体材质的数目。
- 删除：删除不需要的材质。
- ID：物体材质的通道的标记号，本身没有大小的区别，用来和对应的物体表面进行匹配。上方的ID 按钮是用来排列顺序的
- 名称：对材质改名，可以在这里给材质定义一个名称。上方的按钮也是用来排序的。
- 子材质：用来设置各个子材质属性和类型。上方的按钮也是用来排列顺序的。

多维/子对象材质在动画制作中使用的范围还是非常广的，大家只要能理解ID分区的概念，就可以像使用普通材质一样使用多维/子对象材质。

9.3.9 光线跟踪材质类型

光线跟踪材质类型是3ds Max中相对来说比较复杂的材质类型。可使用光线跟踪材质类型作出比较真实的反射和折射效果，是制作玻璃和金属材质的首选。

光线跟踪材质类型的很多参数和一般的材质是一样的，只是关系到折射/反射计算的部分参数有所不同。下面来看一下光线跟踪材质类型的基本参数设置面板，如图9-66所示。常用参数如下。

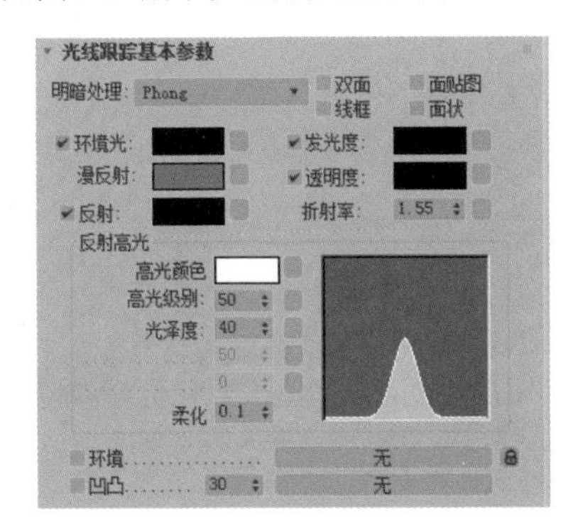

图 9-66

- “明暗处理”下拉菜单：包含5种阴影类型，这在基本材质阴影类型部分已经讲过，请见本书的相关章节。
- 线框：用来以线框模式进行显示和渲染。
- 双面：在计算机图形学的早期，为了节省系统资源，一般物体都是以单面显示，如果想看到物体的另一面，就要打开双面渲染方式。
- 面贴图：是一种抛开了其他的贴图坐标方式，直接把图像贴到每一个面上去。
- 面状：打开相当于关闭所有的光滑组的模式，相邻的面之间不产生光滑的过渡效果，表面变得像切割完的钻石一样。
- 环境光：一般材质的环境光通道的作用是一样的，用来模拟物体受到环境的影响产生的效果。一般情况下它和固有色通道捆绑在一起使用，对物体表面的影响需要和环境一起设置，控制起来不是很方便，效果好像在固有色上叠了一层。一般情况下还是直接和固有颜色一起使用较好。
- 漫反射：固有色通道，这是材质最重要的材质属性通道之一，这个通道决定了物体的本身的颜色。可以对这个通道添加位图或程序纹理。
- 反射：设置材质表面反射效果的通道，可直接使用颜色或贴图。当直接使用颜色时，如果将固有色设置成黑色，那么可以用来模拟一些有色金属表面的反射效果，如图9-67所示。

图 9-67

- 发光度：用来控制材质的自发光的情况，相当于一般材质的自发光通道。
- 透明度：用来设置材质的透明情况的通道，这个通道控制了半透明的颜色。比如要制作一个红色的玻璃效果，只要在这个通道上添加红色就可以了。不过为了更好地表现有色透明材质，一般情况下将物体的固有色和透明颜色进行关联，或者将固有色设置成黑色。
- 折射率：设置物体折射的情况，不同物质的折射率是不同的，空气的折射率为1，一般玻璃的折射率为1.6左右，钻石的折射率为2.419。其实，折射率只有在通过不同的介

质时才表现得比较明显，有的时候我们只是用不同的方法来模拟，并不一定真的按照真实的折射率来制作场景，只要折射关系正确就可以了。如图9-68所示就是不同折射率的表现，折射率分别是0.8，1.55，2.5。

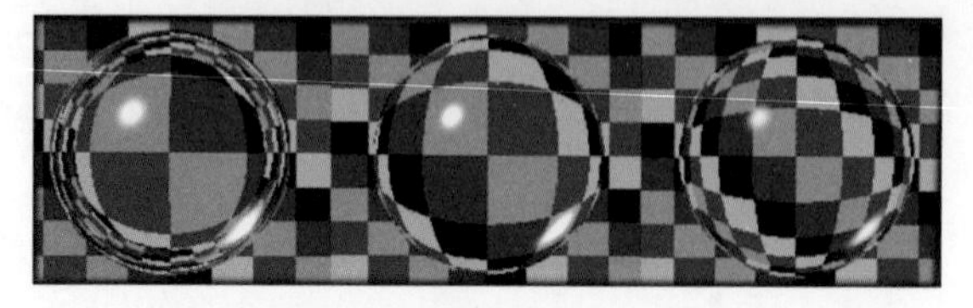

图9-68

“反射高光”面板，是一个用来控制表面高光属性的面板。大部分基本参数是和一般材质相同，都有高光颜色、高光级别、光泽度等参数，只是在个别的参数上有所差别。下面我们来介绍一下“反射高光”面板的参数，如图9-69所示。

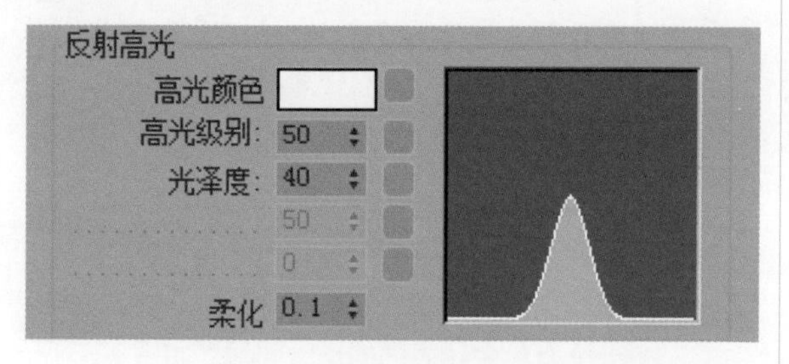

图9-69

- 高光颜色：用来控制高光区域的颜色，有时可以用来配合模拟金属的有色效果。
- 高光级别：用来控制高光亮度，即在当前位置的高光有多亮。
- 光泽度：高光衰减通道，一个高光只有强度是不够的，还要有一个通道来规定那个范围出现的过渡是什么样的，这就需要通过高光衰减通道来完成，最好还是和高光级别配合使用。
- 柔化：可以产生柔和的高光效果，使高光不是很生硬。

光线跟踪扩展参数面板用来设置一些特殊的反射/折射属性，其中包括特殊效果和高级透明属性面板。

特殊效果属性面板用来制作一些特殊的光线跟踪效果，如图9-70所示。

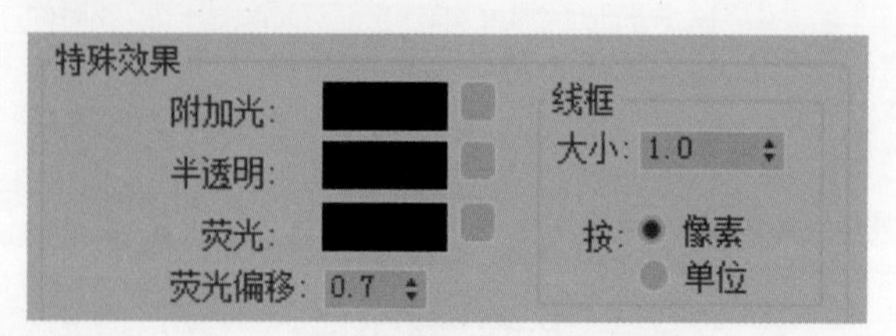

图9-70

- 附加光：使用外在的灯光影响光线跟踪材质，使其看起来好像受到了环境光的影响。这里可以使用一张贴图来模拟外部环境对材质表面的影响效果。
- 半透明：光线通过半透明物体进行散射时得到的结果。可以通过这个属性来模拟一些半透明的材质效果，如薄纸、蜡烛等。也就是说，可以在物体的背面看到光线投射出来的影子，一般可以和基础参数面板中的“透明度”参数关联使用。当然，3ds Max 5以后出现了一种半透明明暗器材质阴影类型，用来模拟半透明材质效果，如图9-71所示。

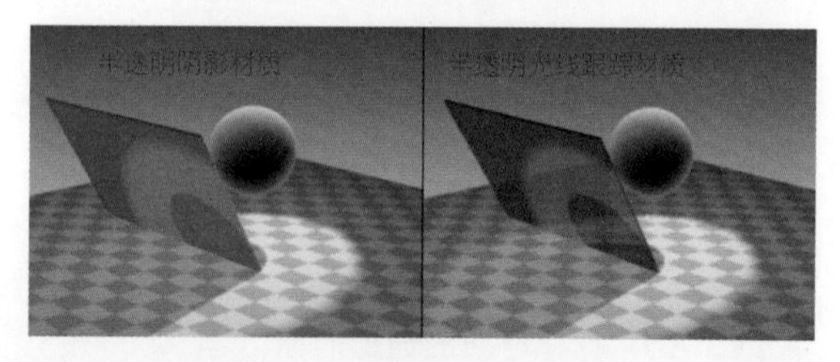

图9-71

- 荧光和荧光偏移：用来控制材质的荧光效果。在光和其他射线（紫外线）照射某些物质时所发出的可见光被称为荧光。光线跟踪材质可以对荧光现象进行模拟。如图9-72所示，当在荧光色通道上添加了一些淡绿色后，整个玻璃杯好像发出了淡淡的光。左图没有添加淡绿色的玻璃杯，基本上只反射了背景中的蓝色效果。

图9-72

- 线框：和基本材质的设置方法相同，请参见相关章节。

高级透明属性面板如图9-73所示。

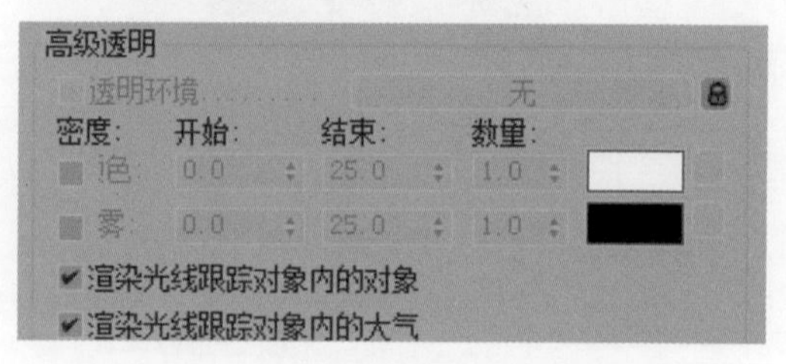

图9-73

- 透明环境：使用一张贴图来模拟周围环境在折射时对透明的影响效果，一般情况下和“环境”选项是关联使用的，也可以单独添加贴图进行设置。也就是说，可以对材质的反射和折射环境设置不同的贴图效果。

- 密度：密度控制是针对透明材质的，如果材质是完全不透明的，那么这个参数不起作用。
- 颜色：使用颜色对透明材质进行染色，可以通过“开始”和“结束”来控制衰减效果。在物体的不同深度使用的透明效果不同，甚至可以把“开始”和“结束”设置在一起，产生突然变化的效果，如图9-74所示。
- 数量：用来表现更为强烈的效果，染色会加深。

图 9-74

- 雾：和颜色一样，在物体的内部产生颜色，不同的是雾在物体的内部产生的效果是不透明的，而颜色产生的效果是透明的。可以参照光线跟踪贴图部分进行学习。
- 渲染光线跟踪对象内的对象：在禁用状态下将不会计算物体内部真实的折射效果。
- 渲染光线跟踪对象内的大气：如火、雾等效果。

反射参数设置面板如图9-75所示。

反射
类型： 默认 相加 增益： 0.5

图 9-75

- 反射类型：包括默认方式和相加方式。后面的增益微调器，是用来增强或减弱当前反射效果的。

光线跟踪器控制面板如图9-76所示。

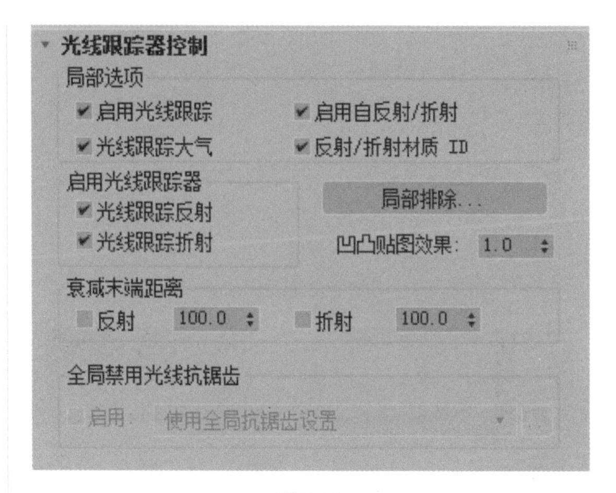

图 9-76

- 启用光线跟踪：一般情况下为启用状态。
- 光线跟踪大气：当场景中使用诸如火焰等大气效果的物体时，禁用该复选框来设置是否对这些物体进行光线跟踪计算，如图9-77所示。

图 9-77

- 反射/折射材质ID：设置能否在光线跟踪材质中看到使用的特效，全部设置要和Video Post结合使用。勾选该复选框后，物体材质的ID 信息将被光线跟踪。
- 排除/包含选项：在这里可以排除不想被光线跟踪的物体，在对话框中可以对需要排除或包含的物体进行选择，如图9-78所示。

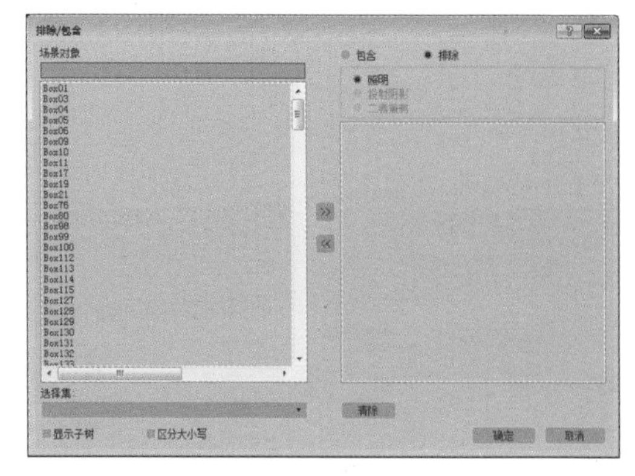

图 9-78

在左边的列表中选择想要排除的物体，然后使用向右的双箭头把它们移至右面的方框中，这时物体将不会被光线跟踪，即在反射的镜面中看不到它们。

- 凹凸贴图效果：可以使用这个参数来影响凹

凸贴图对材质表面的影响。

- 衰减末端距离：分为反射和折射。当对物体进行光线跟踪时，如果不启用该选项，那么物体的折射/反射将无限远，这在现实生活中是不可能的。因为大气透视和镜面衰减的存在，物体只能反射和折射一定距离内的光线。在3ds Max中，可以使用衰减末端距离来模拟这种效果，如图9-79所示。

图 9-79

需要注意的是，这两个参数都不可以进行动画设置。

- 全局光线抗锯齿器：为了提高图像质量，我们使用了一种在像素之间融合的技术，被称为抗锯齿。在使用材质的抗锯齿前要先执行“渲染”→“渲染设置”→“光线跟踪器”菜单命令，打开“光线跟踪器全局参数”卷展栏，设置“全局光线抗锯齿器”复选框为启用状态，如图9-80所示。

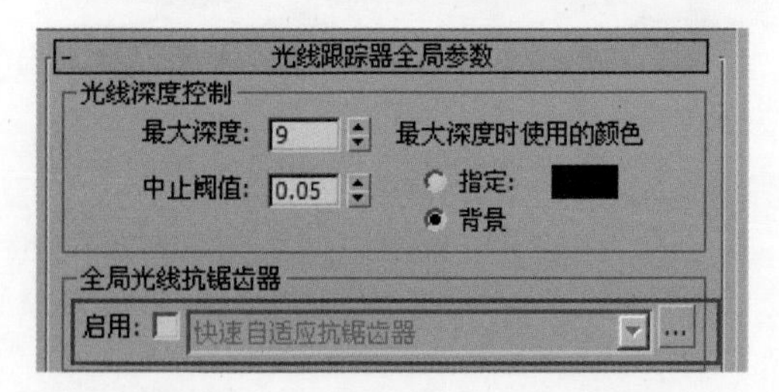

图 9-80

在启用状态下，可以选择下面的两种抗锯齿方式。

快速自适应抗锯齿器，单击右侧的■按钮，进入设置面板，如图9-81左图所示，对具体的参数进行设置。

多分辨率自适应抗锯齿器面板，如图9-81右图所示。

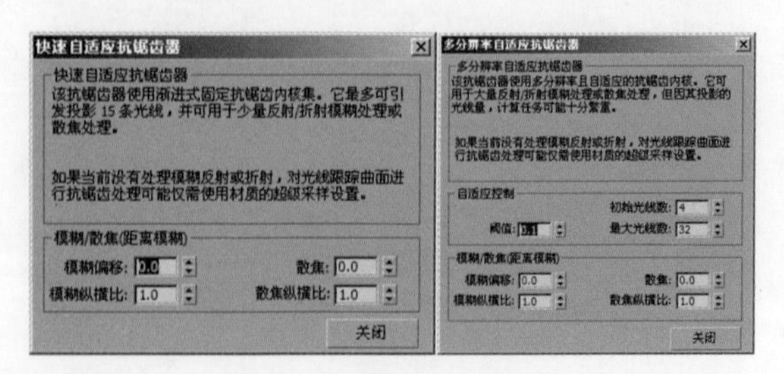

图 9-81

快速自适应抗锯齿器的参数如下。

- 模糊偏移：用来控制对反射和折射的图像单位的像素模糊处理，只对图像起作用，和距离没有关系。
- 模糊纵横比：一般情况下是不对这个参数进行设置的，但有些情况下可以改变这个比例，得到一种拉伸模糊的效果。
- 散焦：对反射表面进行模糊处理，但是会考虑距离的关系。
- 散焦纵横比：一般情况下是不对这个参数进行设置的，但有些情况下可以改变这个比例，得到一种拉伸模糊的效果。

多分辨率自适应抗锯齿器的参数如下，添加了“自适应控制”选项。

- 初始光线数：设置每个像素最初所投的射线数目，系统默认为4。
- 阈值：适应计算的敏感度，系统默认为4。
- 最大光线数：设置每个像素所投的射线的最大数目，系统默认为32。
- 模糊/散焦的设置和上面快速自适应抗锯齿器相同，请参考学习。

在使用光线跟踪材质时，还要考虑全局光线跟踪面板，这个不在材质编辑器中，是在渲染菜单下，执行“渲染”→“渲染设置”→“光线跟踪器”命令，打开“光线深度控制”区域，如图9-82所示。

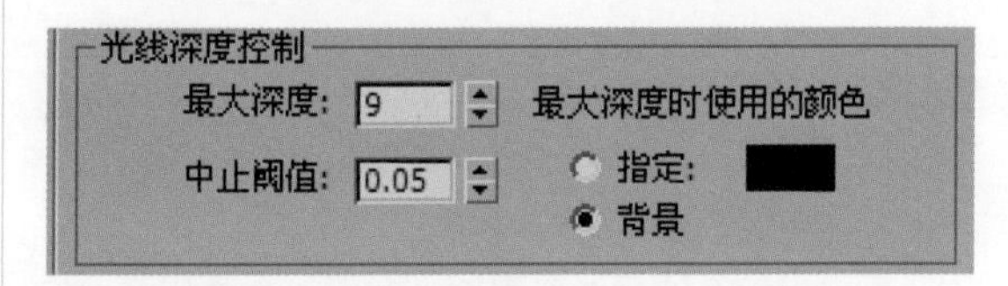

图 9-82

- 最大深度：如果使用光线跟踪而不限制深度，那么光线将无休止地进行折射和反射，这将耗费大量的时间，并且没有意义。通常情况下，系统会规定一个光线折射和反射的次数，这个数值是9。还可以手动修改这个数值，当然，数值越小，计算速度越快，但前提是不能穿帮，即由于产生出应该有的反射/折射看不到。如图9-83所示的是使用不同的反射深度时得到的结果。

图 9-83

- 中止阈值：为了节省渲染时间，我们又使用了一种技术，即终止低能量的光线进一步跟踪计算，该值一般情况下为0.05。
- 最大深度时使用的颜色：当达到最大的光线跟踪深度时使用的颜色。下面有两种选择，一种是使用自定义颜色，可以在右边的色块的位置进行设置。另一种是使用背景颜色，也就是说可以使用背景颜色作为最大深度颜色。

全局光线跟踪器设置参数如图9-84所示，这里的参数和前面面板中的参数相同，只不过使用在全部的场景设置中。

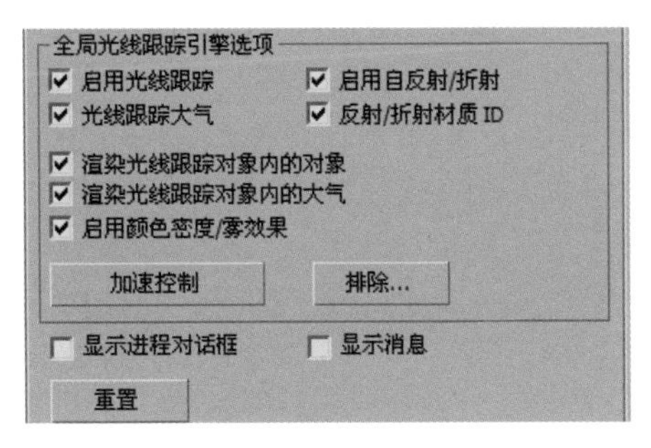

图9-84

单击“加速控制”按钮，弹出“光线跟踪加速参数”对话框，如图9-85所示。

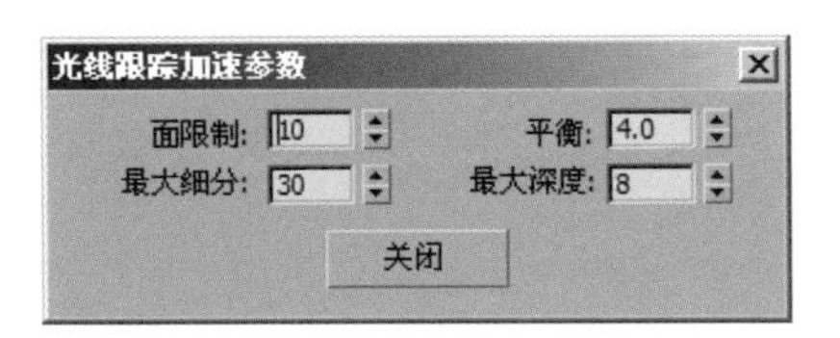

图9-85

9.3.10 壳材质类型

壳材质类型是为了与渲染纹理功能配合使用才引入的。烘焙过程将已渲染好的物体表面转换为贴图，并将其再次应用于物体表面。这看起来似乎与没有贴图时没有区别，但实际上，在重新渲染时，理论上是完全相同的。然而，由于省去了光线计算的过程，速度得到了显著提高，具有非常重要的意义。如果只是简单地解释，则可能无法很好地理解这个概念，我们通过一个小实验来更清楚地了解它。首先在场景中创建一个茶壶或者任何其他物体，然后在材质编辑器中指定一个壳材质给茶壶，这时壳材质参数面板如图9-86所示。

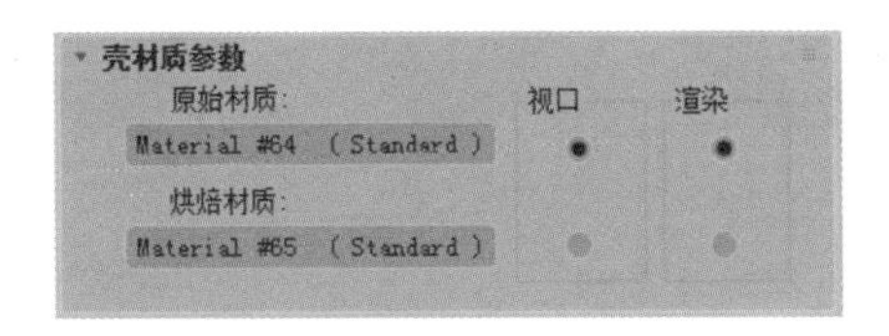

图9-86

- 原始材质：渲染前物体的基本材质，也就是为了得到烘焙给物体贴的材质。
- 烘焙材质，使用灯光照明后，将材质表面的明暗和一些其他信息渲染到纹理的图像，再贴回材质表面时使用的材质。

执行“渲染”→“渲染到纹理”菜单命令，弹出“渲染到纹理”对话框，如图9-87左图所示。

首先设置文件的输出路径，单击输出设置区域的预设右面的按钮来设置。指定完成后单击“添加”按钮，用来添加输出的纹理元素类型，如图9-87右图所示。

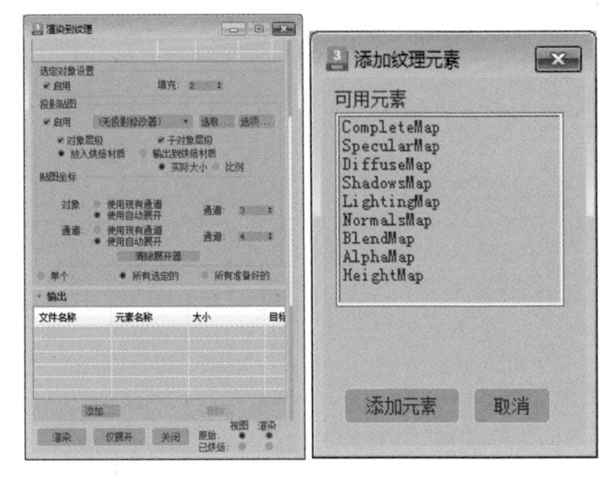

图9-87

这里使用CompleteMap（完全贴图）进行输出，单击“添加元素”按钮，就可以把本元素添加到输出列表中。但是还需要渲染到纹理才能输出给壳材质类型，单击“渲染”按钮，可以得到一张展开的图片，如图9-88所示。

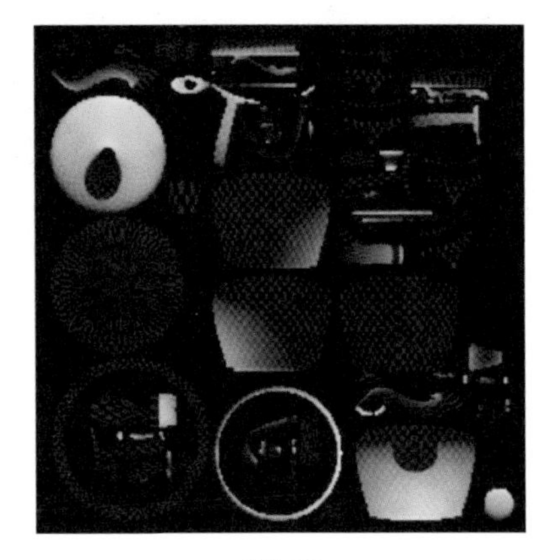

图9-88

然后，系统会将这张图自动地贴回给壳材质类型中的烘焙材质，这时就可以把灯光关闭或者删除，然后在壳材质参数面板中的“烘焙材质”选择为“渲染”，就可以进行渲染了。这时系统使用了烘焙贴图。

9.3.11 虫漆材质类型

虫漆材质类型，是可以用来混合两种材质的材质类型，即在一种材质的上面叠加另一种材质。虫漆材质类型的基本参数如图9-89所示。

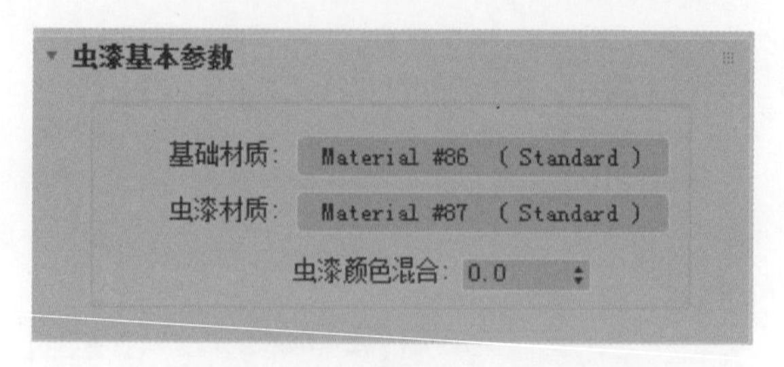

图 9-89

- 基础材质：在叠加中处于基础位置的材质，也就是下层或者叫作底层。
- 虫漆材质：是在基础材质上面叠加虫漆材质。
- 虫漆颜色混合：控制虫漆材质在基础材质表面上叠加的多少。

可以使用黑色的虫漆材质，给物体叠加额外的高光到材质表面上，如图9-90所示。

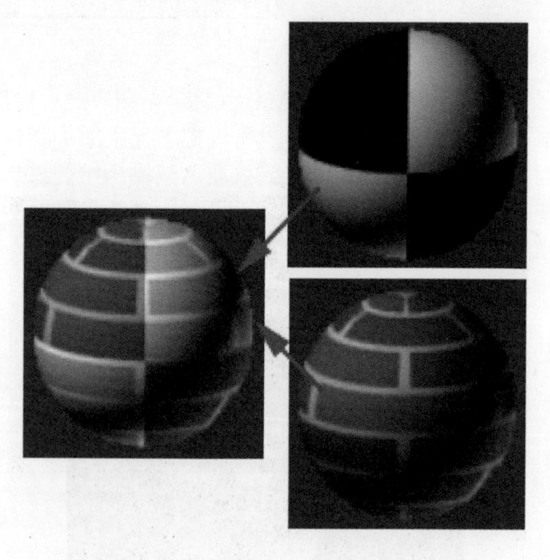

图 9-90

9.3.12 标准材质类型

标准材质类型是3ds Max中最基础的材质类型，没有任何混合和变化。标准材质类型为表面建模提供了非常直观的方式。在现实世界中，表面的外观取决于它如何反射光线。在3ds Max中，使用标准材质类型模拟表面的反射属性。如果不使用贴图，那么标准材质类型会为对象提供单一统一的颜色。

9.3.13 顶/底材质类型

顶/底材质类型同样用来混合两种材质，但是混合方式是按照方向来确定的。即物体的表面法线决定了材质的选择：向上的表面使用一种材质类型，而向下的表面则使用另一种材质类型。这种材质类型的基本参数设置比较简单，主要是围绕方向来进行设定，如图9-91所示。

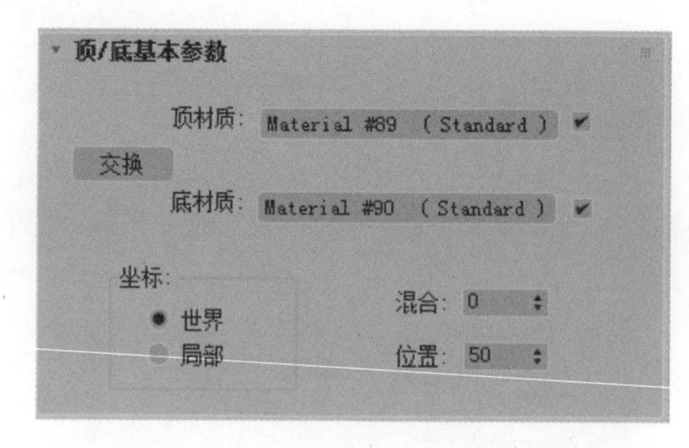

图 9-91

- 顶材质和底材质：可以通过这两个长按钮来指定其他材质作为顶、底材质。如果不勾选，则这个区域将使用黑色代替。
- 交换：交换顶、底材质位置，这里可以快速地颠倒顶、底材质的位置。
- 坐标：用来设置相匹配的坐标系统，有两种选择："世界"和"局部"。一种是使用系统中的坐标来规定物体的上下方向，另一种是使用物体自身的坐标来规定上下的方向。如图9-92所示，茶壶物体的顶、底材质的变化就是使用了不同的坐标系统的结果。

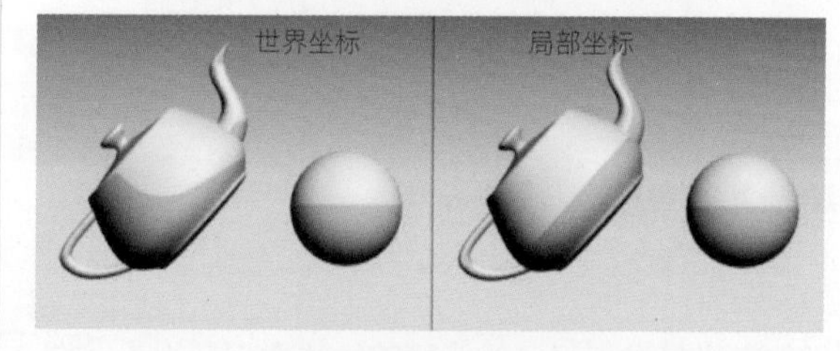

图 9-92

- 混合：对两种材质进行混合设置。上下两种材质融合到对方的多少。当该值为0时，两种材质是完全分离的。如图9-93所示表现了不同的混合程度情况。

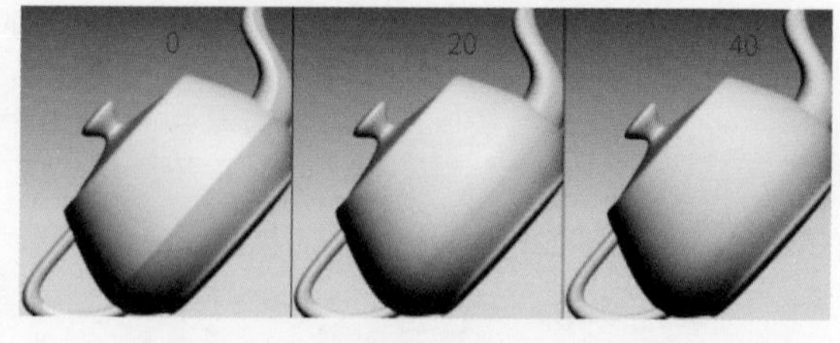

图 9-93

- 位置：控制分界线在上方和下方更偏重哪个方向的设置。数值越小，分界线越靠近下方，反之亦然，如图所示。

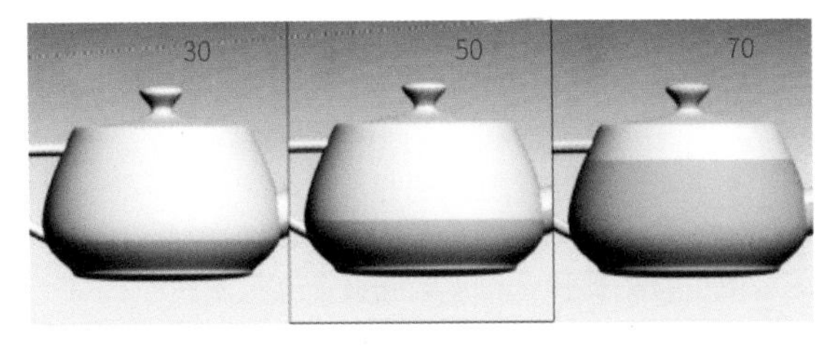

图 9-94

顶/底材质类型很多时候可以用来模拟蒙尘效果，即放了很长时间的物体表面上积了很多灰的效果。制作方法是先制作一个底材质，这是一个一般材质，然后调节出一个顶材质，作为灰尘效果，最后合成为顶/底材质，并指定给物体。

9.3.14 建筑材质类型

建筑材质类型是3ds Max6中新增加的材质类型，它可以使你更为高效地得到更好的真实效果，非常适合在建筑表面使用，主要支持3ds Max的Radiosity和Mental ray间接光照系统。这种材质是以物理学模拟为基础的，只需要使用很少的设置就可以得到很真实的效果，如图9-95所示。

图 9-95

1.“模板”卷展栏如图9-96所示，其中包含建筑中常用的材质类型，如水、石头、木料等。

图 9-96

单击“用户定义”下拉按钮，在弹出的下拉菜单中包含已经制作好的材质类型，如图9-97所示。使用者也可以自己定义材质属性。

2.“物理性质”卷展栏如图9-98所示，用来控制材质的基本属性。

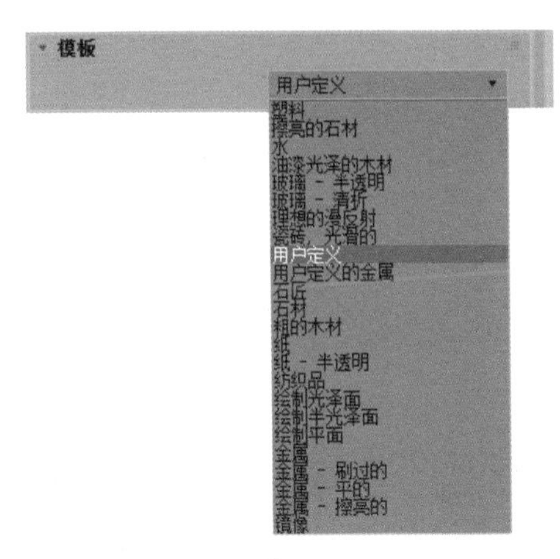

图 9-97

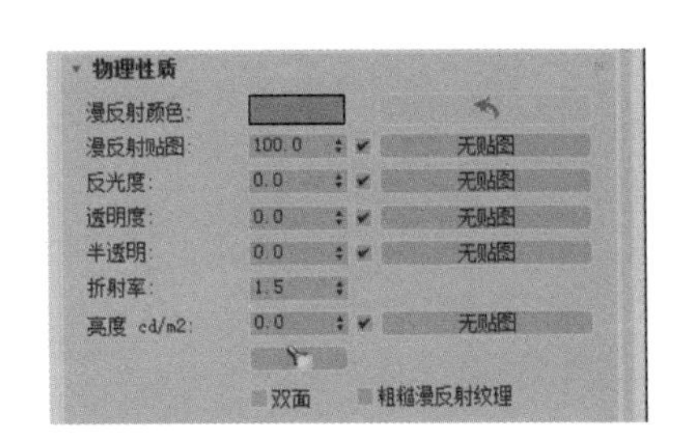

图 9-98

- 漫反射颜色：用来控制物体的基本颜色特征，相当于固有色属性。
- 漫反射贴图：一般材质的固有色贴图设置。可以通过[按钮图标]按钮来将贴图的颜色计算出一个平均值，添加给上面的漫反射颜色。如果没有贴图的话，则这个命令是不起作用的。
- 反光度：控制物体表面的高光发亮程度，但是自身不足以控制整个镜面高光属性，一般会和“折射率”参数共同使用。
- 透明度：用来控制物体的整体透明程度。当该值为100时完全透明；当该值为0时完全不透明。要注意的是，这个属性在材质球的背景中有时不能正确显示。
- 半透明：可设置一个半透明物体，不仅允许光通过，同时也散射一部分光，这个数值就是用来控制散射光的百分比的参数，当这个数值为0时将完全透明。
- 折射率：真空的折射率为1，空气的折射率为1.0003，水的折射率为1.333，玻璃的折射率为1.5~1.7，钻石的折射率为2.419。物理世界中产生折射的原因是光线通过不同的物体的速度是不同的。
- 亮度cd/m^2（烛光/平方米）：用来控制物体的发光。可以结合下面的发射能量（基于亮度）共同使用，产生物体发光的效果，并且可以参加高级光照进行光能的传递。
- 双面：与一般材质的双面性相同。

- 粗糙漫反射纹理：只渲染物体的基本颜色，有点类似卡通效果，一般为禁用状态。

3.“特殊效果”卷展栏如图9-99所示，用来控制一些如凹凸和置换的特性。

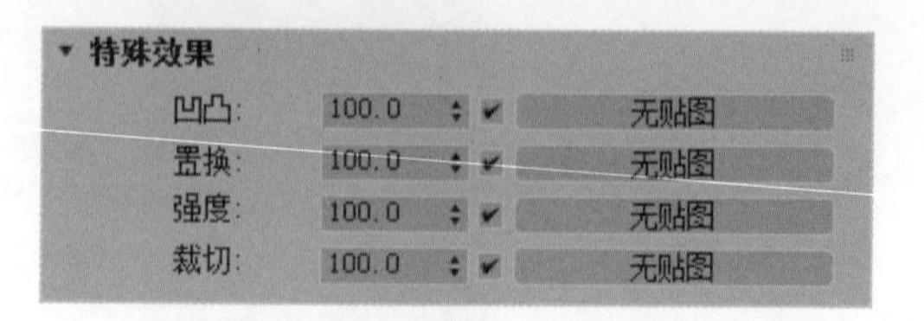

图9-99

- 凹凸：这个参数基本和一般的材质类型是相同的。用来在平面上模拟凹凸表面的效果。
- 置换：这个参数基本和一般材质类型是相同的。用来产生真实的模型凹凸不平的效果。
- 强度：用一张图的明度信息来控制固有色的亮度情况，黑色部分的固有色也为完全黑色。
- 裁切：这个参数的作用和一般材质的透明属性有点相像。不过更为完全彻底地将黑色区域的材质裁切掉。

4.“高级照明覆盖”卷展栏如图9-100所示。

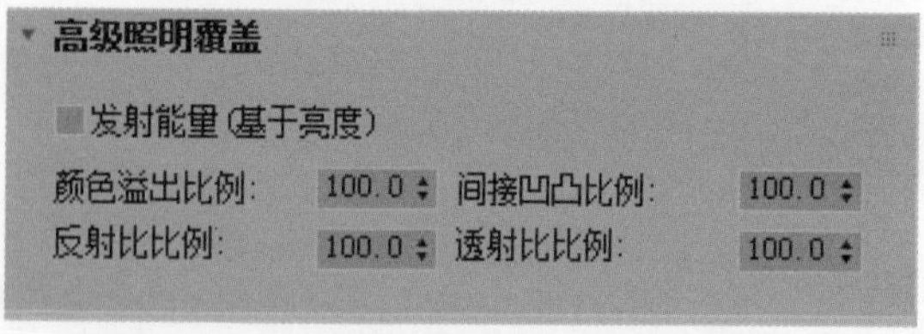

高级照明覆盖
发射能量(基于亮度)
颜色溢出比例: 100.0 间接凹凸比例: 100.0
反射比比例: 100.0 透射比比例: 100.0

图9-100

- 发射能量（基于亮度）：使用材质发出能量，用在Radiosit高级光照系统中。该设置不能被使用在Mental ray系统中。
- 颜色溢出比例：色彩混合增减控制属性。
- 间接凹凸比例：凹凸强度增减控制属性。
- 反射比比例：反射强度增减控制属性。
- 透射比比例：透光强度增减控制属性。

5.“超级采样”卷展栏如图9-101所示，用来提高材质表面的质量。

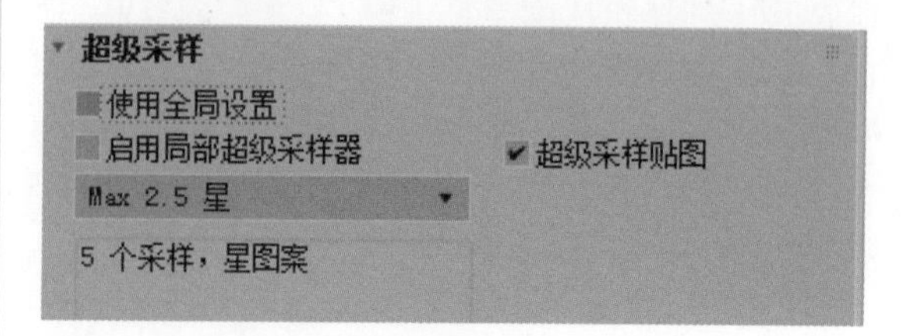

图9-101

9.4 VRay材质类型

这里介绍3种常用的VRay材质类型：VRayMtl、VRay灯光材质和VRay材质包裹器。VRayMtl可以替代3ds Max的默认材质，其突出之处在于可以轻松控制物体的模糊反射和折射，以及制作类似蜡烛效果的半透明材质；VRay灯光用于制作类似自发光灯罩等材质类型；VRay材质包裹器则类似一个材质包裹，任何经过它的包裹的材质都可以控制接收和传递光子的强度。接下来将逐一介绍它们的参数。

9.4.1 VRayMtl材质类型

认识VRayMtl材质类型的参数设置面板如图9-102所示。常用参数如下。

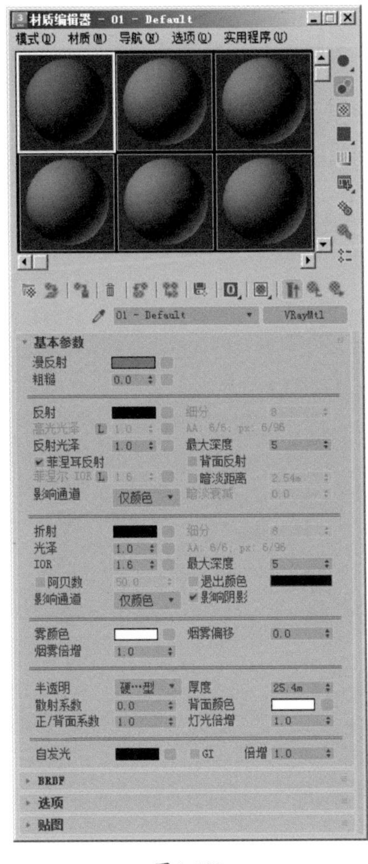

图 9-102

- 漫反射：设置材质的漫反射颜色。
- 反射：设置反射的颜色。
- 菲涅耳反射：勾选该复选框后，反射的强度将取决于物体表面的入射角，自然界中有一些材质（如玻璃）的反射就是这种方式。但要注意的是，该效果还取决于材质的折射率。
- 菲涅耳IOR：此参数在“菲涅耳反射”选项后面的L（锁定）按钮弹起时被激活，可以单独设置菲涅耳反射的折射率。
- 高光光泽：控制材质的高光状态。在默认情况下，L按钮处于被按下状态，高光光泽度处于非激活状态。
- L按钮，即锁定按钮，当其弹起时，“高光光泽”选项被激活，此时高光的效果由该选项控制，不再受“反射光泽”参数的控制。
- 反射光泽：用于设置反射的锐利效果。值为1表示一种完美的镜面反射效果，随着取值的减小，反射效果会越来越模糊。平滑反射的质量由下面的“细分”参数来控制。
- 细分：控制平滑反射的质量。较小的取值将加快渲染速度，但会导致更多的噪波，反之亦然。
- 最大深度：定义反射能完成的最大次数。注意当场景中有大量的反射/折射表面时，此参数要设置得足够大才会产生真实的效果。
- 退出颜色：当光线在场景中反射达到最大深度定义的反射次数后就会停止反射，此时这种颜色将被返回，并且不再跟踪远处的光线。
- 折射：控制物体的折射强度（该区域中的参数与反射参数相似）。
- 雾颜色：当光线穿透材质时会变稀薄，通过此选项可以模拟厚的物体比薄的物体透明度低的情形。雾颜色的效果取决于物体的绝对尺寸。
- 烟雾倍增：定义雾效果的强度，不推荐取值超过1.0。
- 影响阴影：勾选该复选框后，物体将投射透明阴影，透明阴影的颜色取决于折射颜色和雾颜色。
- 半透明：在其下拉列表中有几种材质类型可供选择，选择某种材质类型后，将会使材质呈现半透明效果，即光线可以在材质内部进行传递。需要注意的是，要使这种效果可见的前提是激活材质的折射效果。这种效果被称为SSS效果，目前VRay材质仅支持单反弹散射。
- 厚度：用于限定光线在表面下被跟踪的深度。在不想或不需要跟踪完全的散射效果时，可以通过设置此参数来达到目的。
- 灯光倍增：定义半透明效果的倍增。
- 散射系数：定义在物体内部散射的数量。值为0表示光线会在任何方向上被散射，值为1.0则表示在此表面散射过程中光线不能改变散射方向。
- 正/背面系数：控制光线散射的方向。0表示光线只能向前散射（在物体内部远离表面），0.5表示光线向前或向后散射是相等的，1表示光线只能向后散射（朝向表面，远离物体）。

9.4.2 VRay灯光材质类型

VRay灯光材质类型的参数设置面板如图9-103所示。

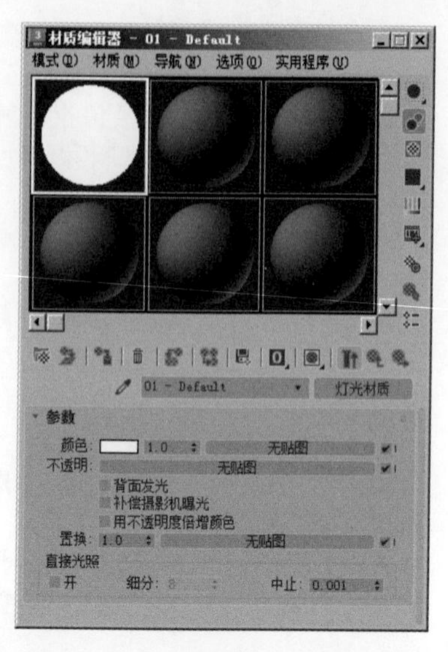

图 9-103

- 颜色：控制物体的发光色。
- 背面发光：控制是否让物体双面均产生亮度。
- 不透明：指定材质来替代颜色发光。

9.4.3 VRay材质包裹器材质类型

VRay渲染器提供的VRay材质包裹器材质类型可以嵌套VRay支持的任何一种材质类型，并且可以有效地控制VRay的色溢。VRay材质包裹器材质类型的参数设置面板如图9-104所示。

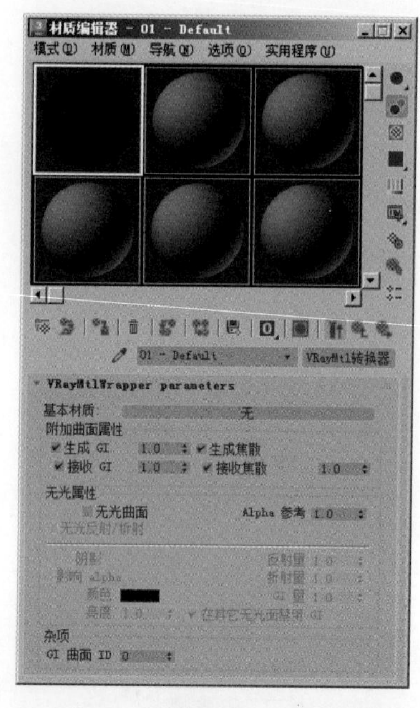

图 9-104

- 基本材质：被嵌套的材质。
- 生成GI：控制物体表面光能传递产生的强度。
- 接收GI：控制物体表面光能传递接收的强度。
- 生成焦散：控制物体表面焦散产生的强度。
- 接收焦散：控制物体表面焦散接收的强度。

9.5 VRay贴图类型

这里介绍两种VRay常用的贴图类型，分别是VRayMap和VRayHDRI。VRay贴图类型可以替代3ds Max的默认光线跟踪贴图，用于控制物体反射折射属性；VRayHDRI贴图类型用于制作天空球或作为天光使用。下面就来逐一介绍它们的参数。

9.5.1 VRayMap贴图类型

VRayMap贴图类型的主要作用是在3ds Max标准材质或第三方材质中增加反射/折射，其用法类似于3ds Max中光线跟踪类型的贴图，在VRay中是不支持这种贴图类型的，因此需要使用的时候以VRayMap贴图类型代替，如图9-105所示。

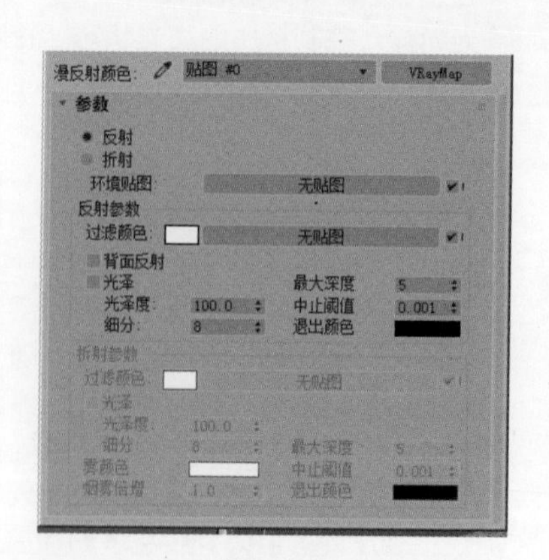

图 9-105

- 反射：选择它表示VRay贴图作为反射贴图使用，下面的参数控制组也相应地被激活。

- 折射：选择它表示VRay贴图作为折射贴图使用，下面的参数控制组也相应地被激活。
- 环境贴图：允许选择环境贴图。

反射参数

- 过滤颜色：用于定义反射的倍增值，白色表示完全反射，黑色表示没有反射。
- 背面反射：在物体的两面都反射。
- 光泽：用于控制光泽度效果（实际上是反射模糊效果）。
- 光泽度：当值为0时，产生一种非常模糊的效果。
- 细分：定义场景中用于评估材质中反射模糊的光线数量。
- 最大深度：定义反射完成的最多次数。
- 中止阈值：一般情况下，对最终渲染图像贡献较小的反射是不会被跟踪的，这个参数就是用来定义这个极限值的。
- 退出颜色：定义在场景中光线反射达到最大深度的设定值以后会以什么颜色被返回来，此时并不会停止跟踪光线，只是光线不再反射，参数如图所示。

折射参数

- 雾颜色：VRay可以用雾来控制折射物体，这里设置雾的颜色。
- 烟雾倍增：设置烟雾颜色的倍增值，取值越小，物体越透明。

其他参数与上面讲的反射参数含义基本一样，就不再重复了。

9.5.2 VRayHDRI贴图类型

VRayHDRI贴图类型用于导入高动态范围图像（HDRI）来作为环境贴图，支持大多数标准环境贴图类型，如图9-106所示。

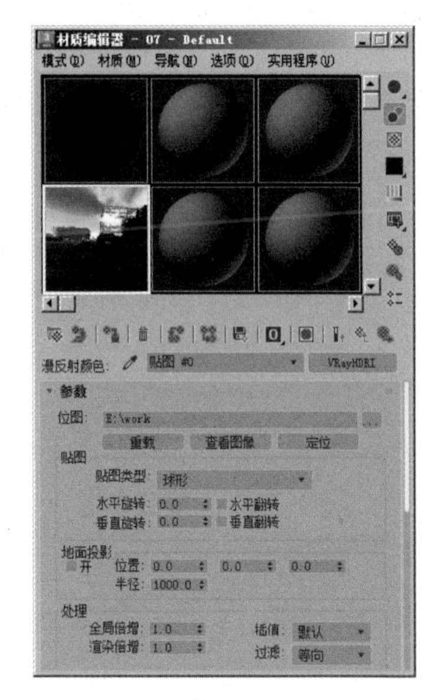

图9-106

HDRI贴图：指定使用的HDRI贴图的寻找路径。目前支持.hdr等图像文件格式，除了.hdr格式，其他格式的贴图文件虽然可以调用，但不能起到真正照明的作用。

- 位图：指定HDRI贴图。
- 贴图类型：选择环境贴图的类型。
- 水平旋转：设定环境贴图水平方向旋转的角度。
- 水平翻转：在水平方向反向设定环境贴图。
- 垂直旋转：设定环境贴图垂直方向旋转的角度。
- 垂直翻转：在垂直方向反向设定环境贴图。
- 地面投影：打开投影效果。
- 全局倍增：用于控制HDRI图像的亮度。

葡萄材质的制作

本例我们使用混合材质来制作葡萄材质。葡萄是生活中常见的水果，葡萄的种类很多，这里介绍紫葡萄的材质设置。葡萄是一种半透明的材质，在表皮上有很复杂的纹理效果，为了真实地模仿这种效果，我们使用程序贴图来进行制作；同时，在表皮上还有霜质效果，我们同样使用混合材质来模拟。这样，通过结合果肉、果皮及霜质效果来表现葡萄的整体质感。

如图9-107所示是葡萄材质最终渲染效果图。

图 9-107

如图9-108所示为葡萄材质参考图。

图 9-108

9.6.1 制作葡萄内果肉材质

步骤01 打开葡萄.max文件，场景为葡萄模型，同时在场景中创建三盏目标聚光灯和一盏泛光灯，用来照亮场景空间，并产生逼真的阴影效果。打开的场景文件如图9-109所示。

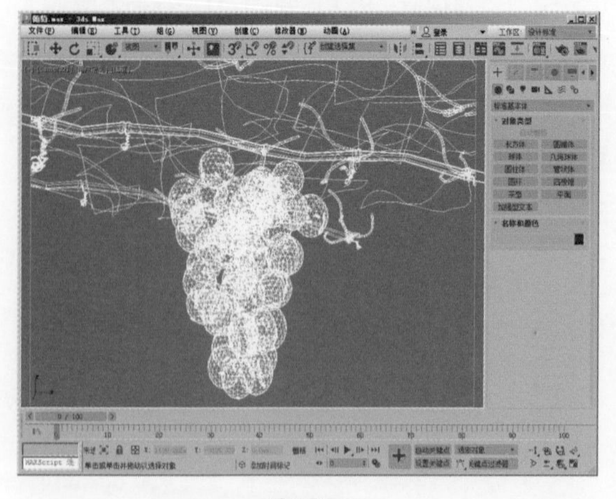

图 9-109

步骤02 下面来设置葡萄材质。打开材质编辑器，选择一个空白的材质球，单击“Standard”按钮，在弹出的“材质/贴图浏览器”对话框中选择“混合”材质类型，如图9-110所示。

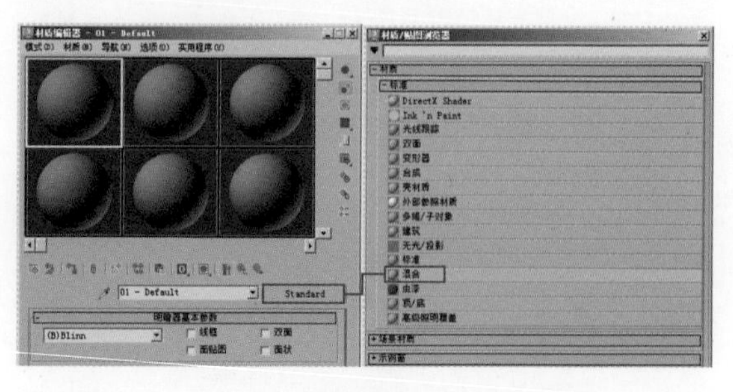

图 9-110

步骤03 混合材质由三部分组成，分别为材质1、材质2和遮罩，如图9-111所示。

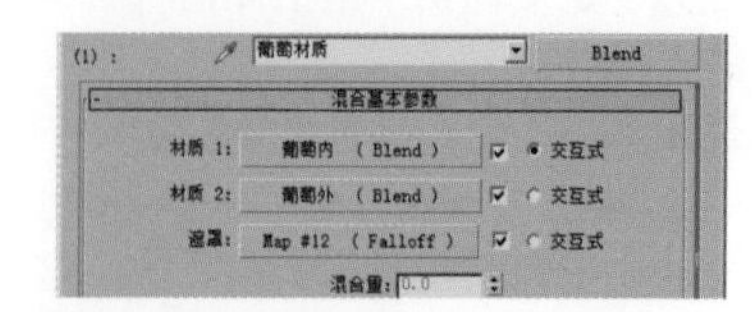

图 9-111

步骤04 首先设置“材质1”部分材质，定义名称为“葡萄内”，这部分材质为内部果肉材质。设置材质样式为“混合”材质，如图9-112所示。

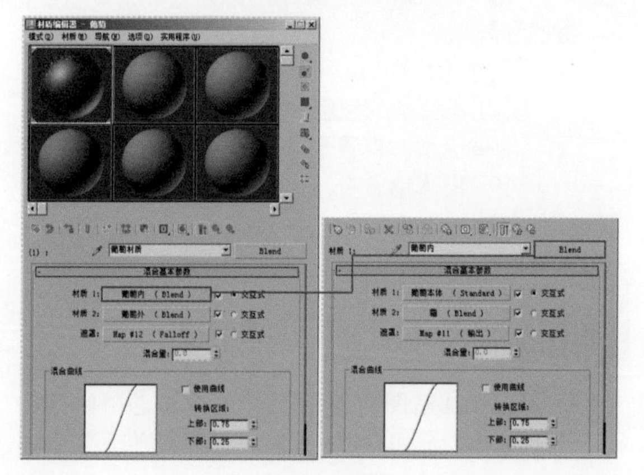

图 9-112

步骤05 设置“葡萄内”的“材质1”部分材质，定义名称为“葡萄本体”。设置材质样式为标准材质，设置“明暗器”类型为Phong方式，设置“环境光”颜色为深褐色，具体参数设置如图9-113所示。

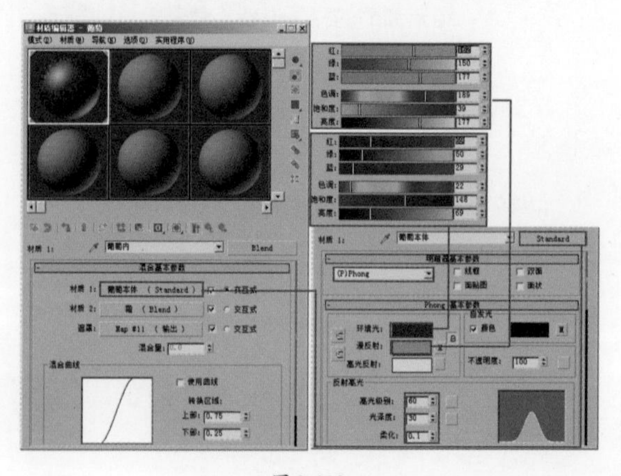

图 9-113

步骤06 在“葡萄本体”材质的“漫反射”通道中添加一张“噪波”贴图，设置“瓷砖”值为80，设置“噪波类型”为规则，“大小”值为2.0，在“颜色#2”通道中继续添加“噪波”贴图，设置“噪波类型”为规则，“大小”值为8.0，具体参数设置如图9-114所示。

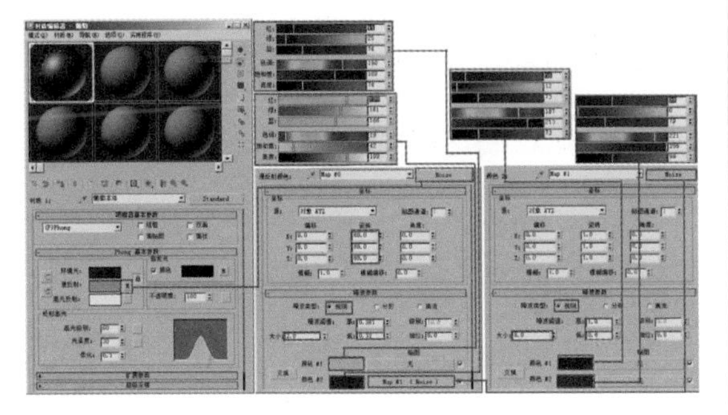

图9-114

步骤07 设置自发光效果。在“自发光”通道中添加一张“衰减”贴图，设置“衰减类型”为垂直/平行，设置前通道颜色为紫色，并在该通道中添加“输出”贴图，设置侧通道颜色为蓝色，具体参数设置如图9-115所示。

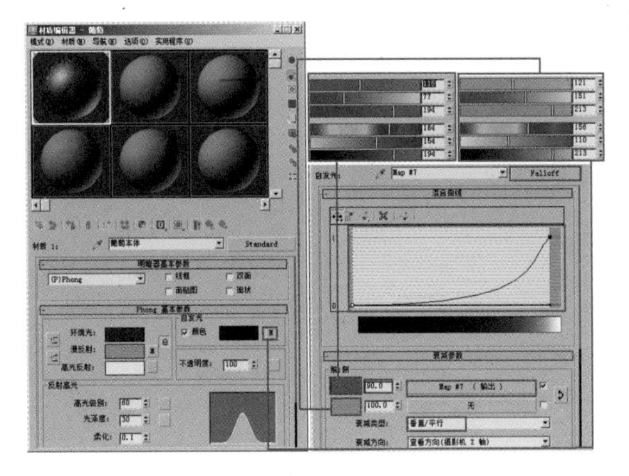

图9-115

步骤08 在“输出”的“贴图”通道中添加一张“噪波”贴图，设置“大小”值为4.0，在“颜色#1”和“颜色#2”通道中分别添加一张“噪波”贴图；单击按钮返回自发光材质层，具体参数设置如图9-116所示。

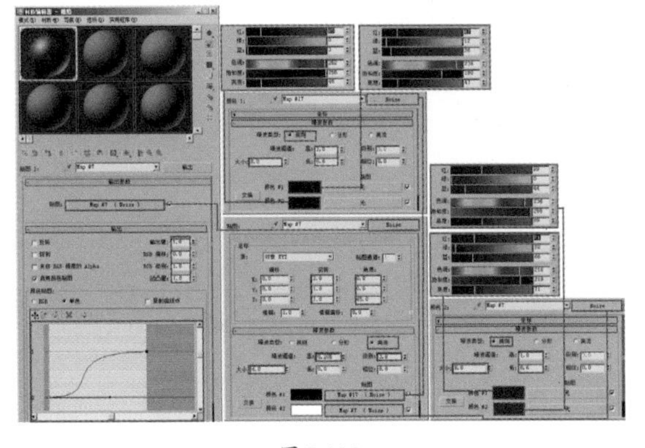

图9-116

步骤09 设置凹凸质感。打开“贴图”卷展栏，在“凹凸”通道中添加一张“噪波”贴图，设置“大小”值为0.8；单击按钮返回“葡萄本体”材质层，设置凹凸贴图强度为5，参数设置如图9-117所示。

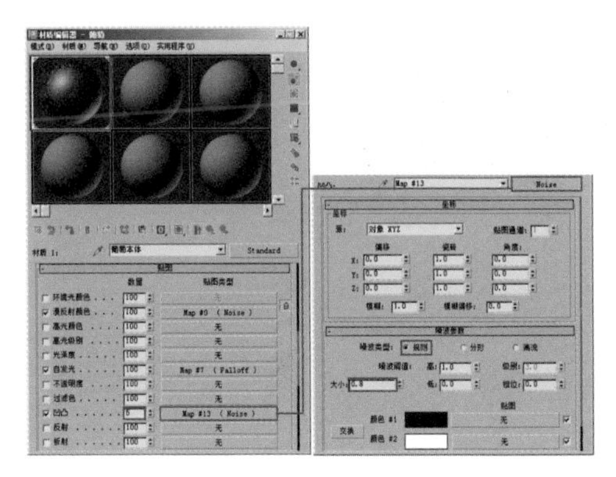

图9-117

步骤10 设置“葡萄内”材质的“材质2”部分材质，定义名称为“霜”。设置材质样式为混合材质，定义“材质1”部分材质名称为“毛”，设置“材质2”部分材质名称为“霜下层”，如图9-118所示。

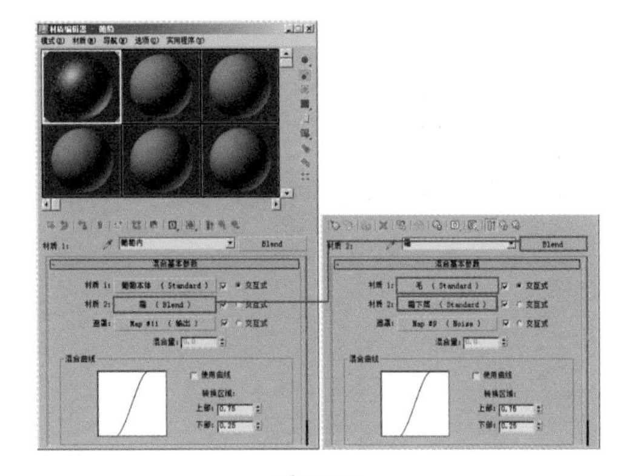

图9-118

步骤11 设置“毛”部分材质样式为标准材质，设置“明暗器”类型为Blinn方式，设置“环境光”颜色为深褐色；在“漫反射”通道中添加一张“噪波”贴图，设置3个方向的“瓷砖”值均为80，设置“大小”值为2.0，设置“颜色#1”为白色，设置“颜色#2”为浅红色，具体参数设置如图9-119所示。

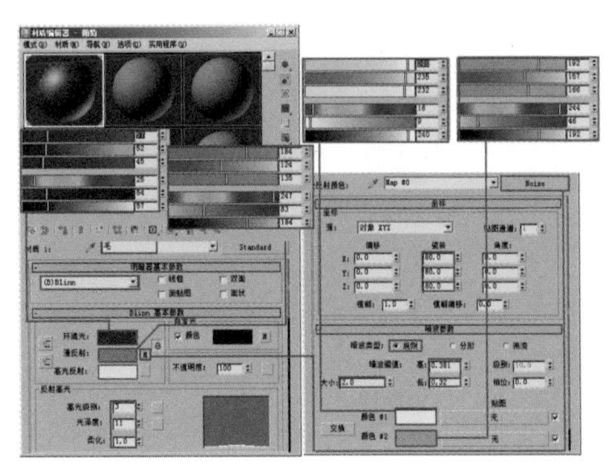

图9-119

步骤12 单击按钮返回“毛”材质层，在“自发光”通道中添加一张“衰减”贴图，设置“颜色#1”为黑色，设置“颜色#2”为蓝色，同时调节“混合曲线”弧度，具体参数设置如图9-120所示。

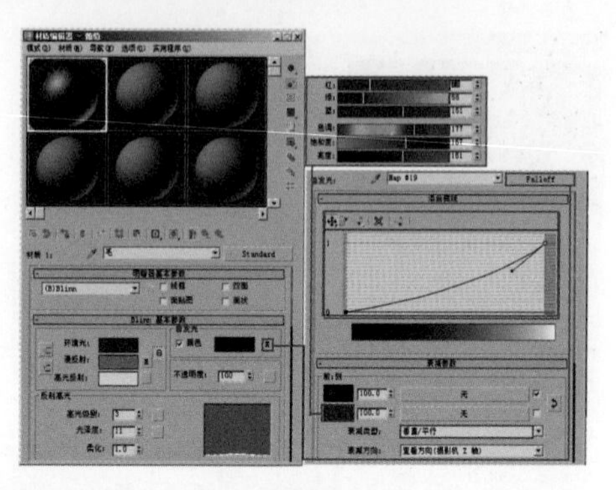

图9-120

步骤13 设置凹凸质感。打开“贴图”卷展栏，在“凹凸”通道中添加一张“噪波”贴图，设置“噪波类型”为“分形”方式，设置“大小”值为0.01；单击按钮返回“毛”材质层，设置凹凸贴图强度为4，参数设置如图9-121所示。

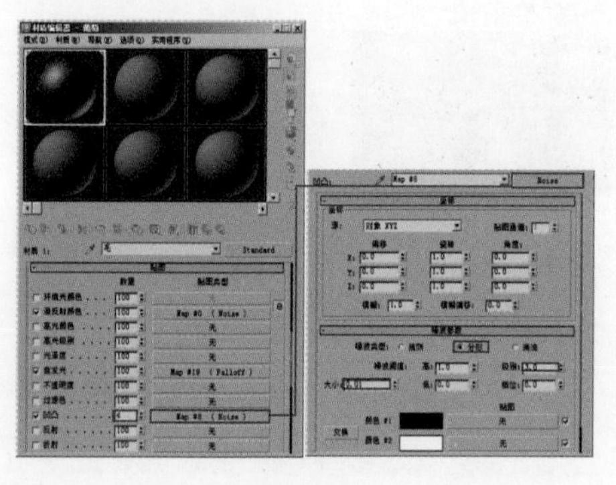

图9-121

步骤14 单击按钮返回“霜”材质层，设置“霜下层”部分材质样式为标准材质，设置“明暗器”类型为Blinn方式，设置“漫反射”颜色为深红色；在“漫反射”通道中添加“噪波”贴图，设置3个方向的“瓷砖”值均为80，设置“大小”值为2.0，具体材质设置如图9-122所示。

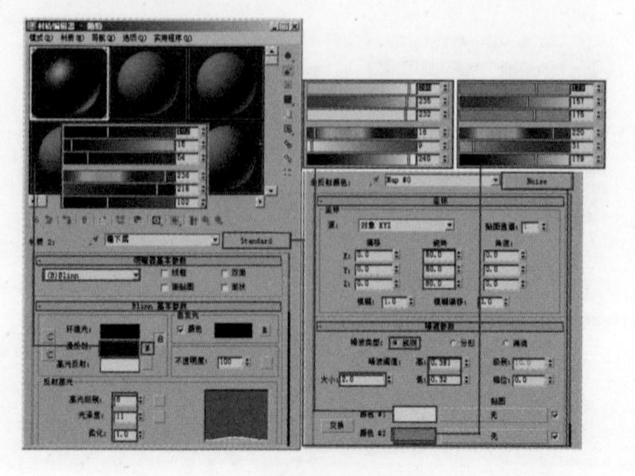

图9-122

步骤15 单击按钮返回“双下层”材质层，在“自发光”通道中添加一张“衰减”贴图，设置“颜色#1”为黑色，设置“颜色#2”为蓝色，同时调节“混合曲线”弧度，具体参数设置如图9-123所示。

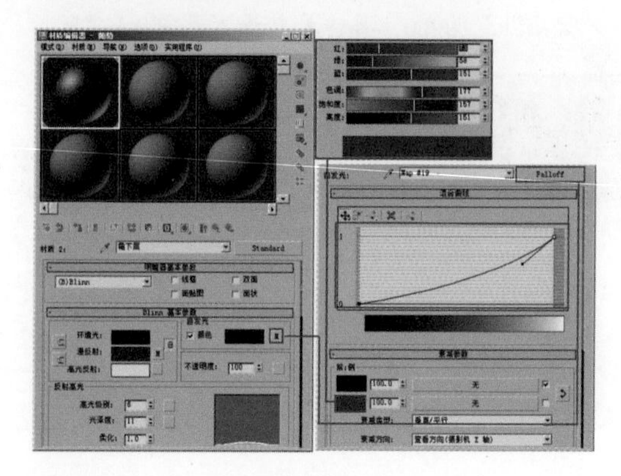

图9-123

步骤16 设置凹凸质感。打开“贴图”卷展栏，在“凹凸”通道中添加一张“噪波”贴图，设置“噪波类型”为“分形”方式，设置“大小”值为0.01；单击按钮返回“毛”材质层，设置凹凸贴图强度为2，参数设置如图9-124所示。

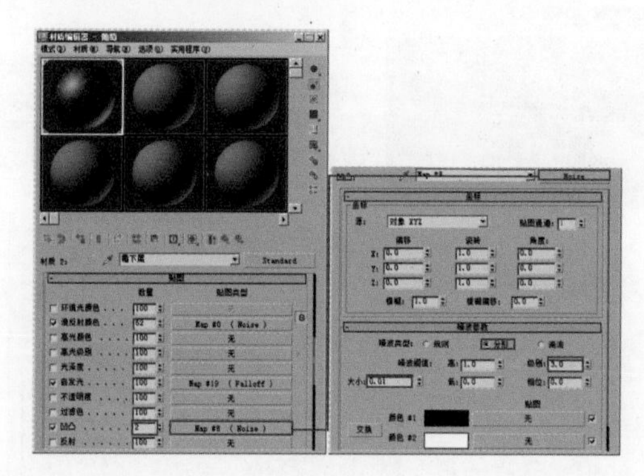

图9-124

步骤17 单击按钮返回“霜”材质层，在“遮罩”通道中添加一张“噪波”贴图，设置“噪波类型”为“湍流”方式，设置“大小”值为5.0，参数设置如图9-125所示。

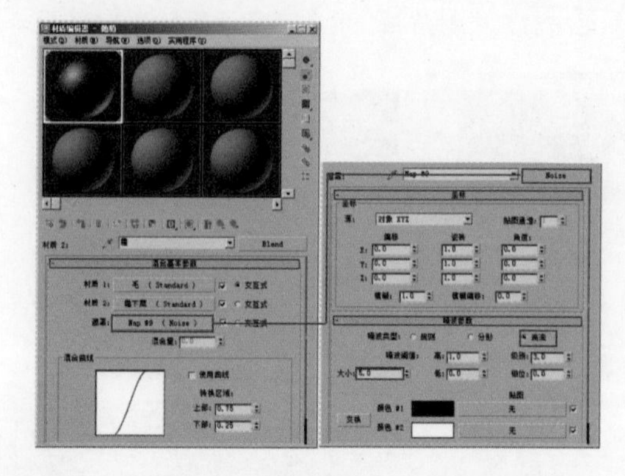

图9-125

步骤18 单击按钮返回“葡萄内”材质层，在“遮罩”通道中添加一张“输出”贴图，在“贴图”通道中添加一张“烟雾”贴图，设置“大小”值为8.0；单击按钮返回遮罩材质层，对“输出”曲线进行调节，参数设置如图9-126所示。

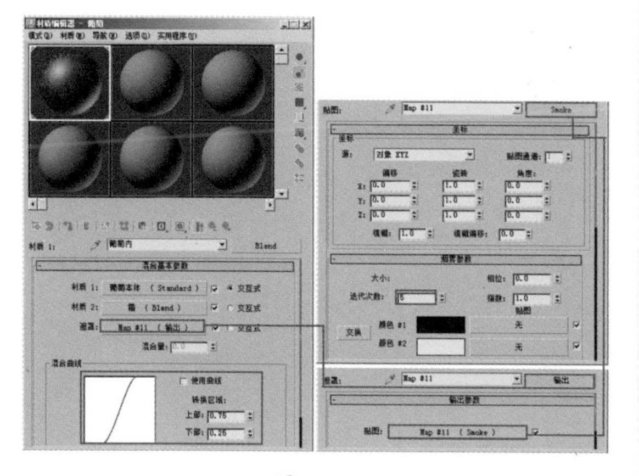

图9-126

步骤19 至此，葡萄内果肉材质制作完成，其材质球效果如图9-127所示。

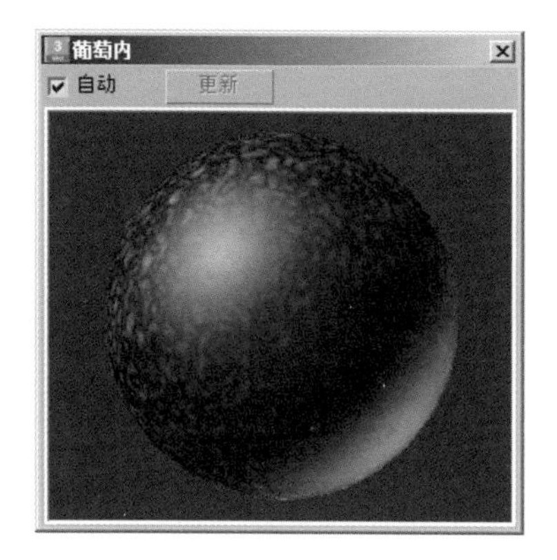

图9-127

9.6.2 制作葡萄外表皮材质

步骤01 下面来设置“材质2”部分材质，这部分材质为表皮材质，定义名称为“葡萄外”。设置材质样式为“混合”材质，命名“材质1”部分材质为“葡萄折射”，命名“材质2”部分材质为“霜2”，如图9-128所示。

图9-128

步骤02 首先来设置“材质1”部分材质，设置材质样式为标准材质，设置“明暗器”类型为Phong方式，在“漫反射”通道中添加一张“噪波”贴图，设置“大小”值为2.0，设置“颜色#1”为土灰色，在“颜色#2”通道中添加一张“噪波”贴图，设置“大小”值为8.0，设置“颜色#1”和“颜色#2”均为深蓝色，具体参数设置如图9-129所示。

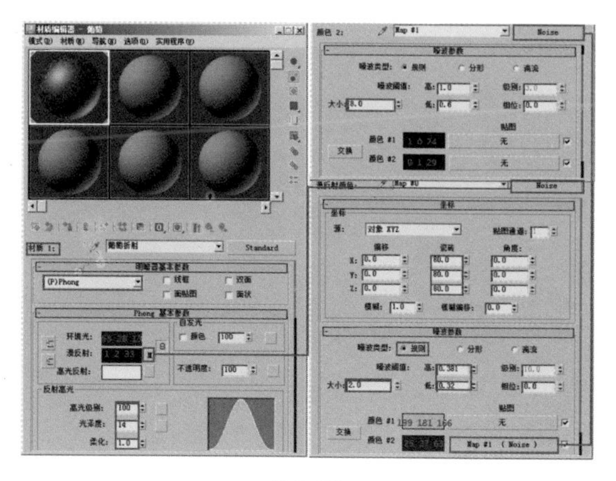

图9-129

步骤03 单击按钮返回“葡萄折射”材质层，打开“贴图”卷展栏，在“凹凸”通道中添加一张“噪波”贴图，设置“大小”值为0.8，设置贴图强度为5，参数设置如图9-130所示。

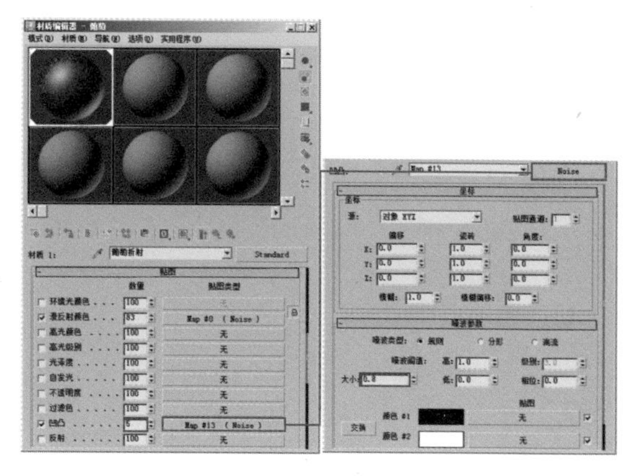

图9-130

步骤04 设置“折射”通道贴图为本书工程文件Maps目录下的001.tga文件，设置“模糊”值为10，设置贴图强度为10。参数设置如图9-131所示。

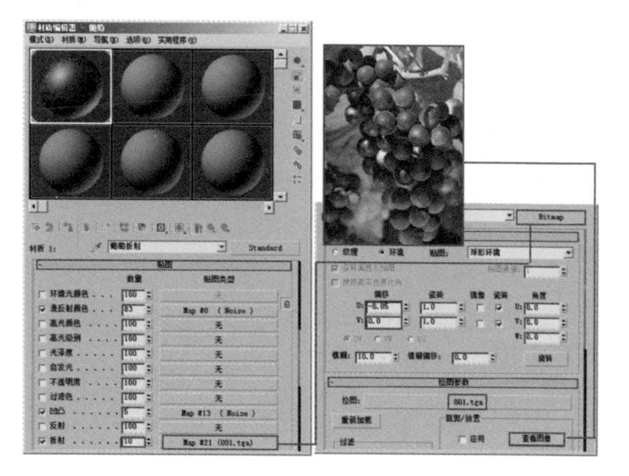

图9-131

步骤05 单击按钮返回“霜2”材质层，设置材质样式为“混合”材质，命名“材质1”部分材质为“毛2”，命名“材质2”部分材质为“霜下层2”，如图9-132所示。

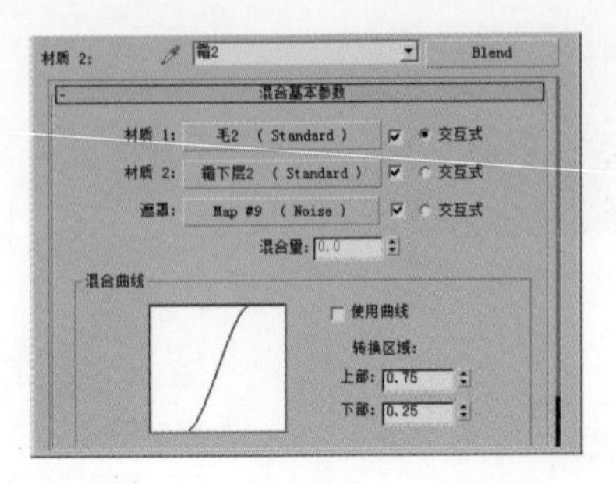

图9-132

步骤06 首先设置“材质1”部分材质，设置材质样式为标准材质，设置“明暗器”类型为Blinn方式，在“漫反射”通道中添加一张“噪波”贴图，设置3个方向的“瓷砖”值均为80，设置“大小”值为2.0，设置“颜色#1”为白色，设置“颜色#2”为浅红色，具体参数设置如图9-133所示。

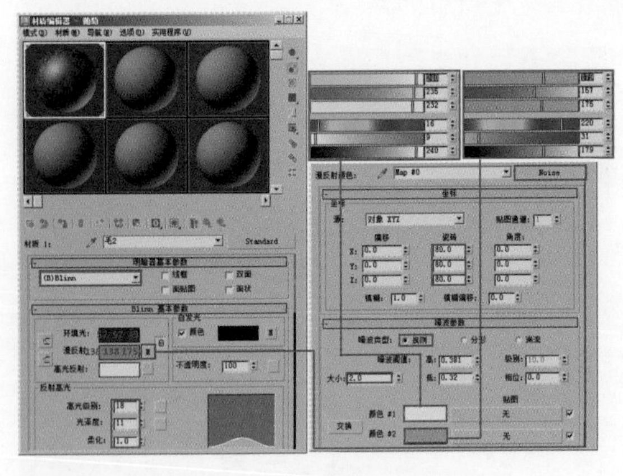

图9-133

步骤07 单击按钮返回“毛2”材质层，在“自发光”通道中添加一张“衰减”贴图，设置“颜色#1”为黑色，设置“颜色#2”为蓝色，同时调节“混合曲线”弧度。具体参数设置如图9-134所示。

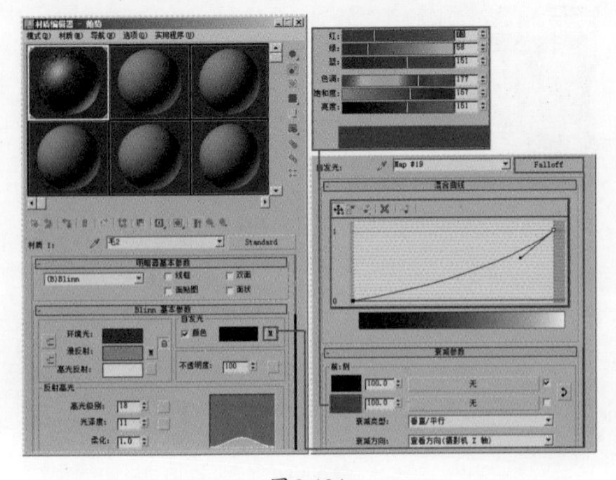

图9-134

步骤08 设置凹凸质感。打开“贴图”卷展栏，在“凹凸”通道中添加一张“噪波”贴图，设置“噪波类型”为分形方式，设置“大小”值为0.01；设置凹凸贴图强度为4，参数设置如图9-135所示。

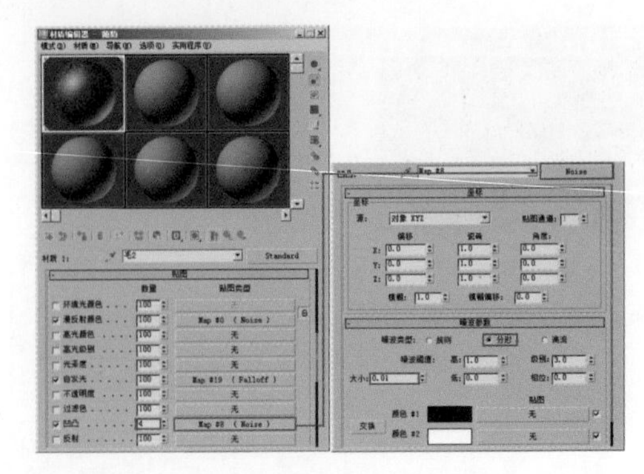

图9-135

步骤09 单击按钮返回“霜2”材质层，设置“材质2”部分材质为标准材质，设置“明暗器”类型为Blinn方式，在“漫反射”通道中添加一张“噪波”贴图，设置3个方向的“瓷砖”值均为80，设置“大小”值为2.0，设置“颜色#1”为白色，设置“颜色#2”为浅红色，具体参数设置如图9-136所示。

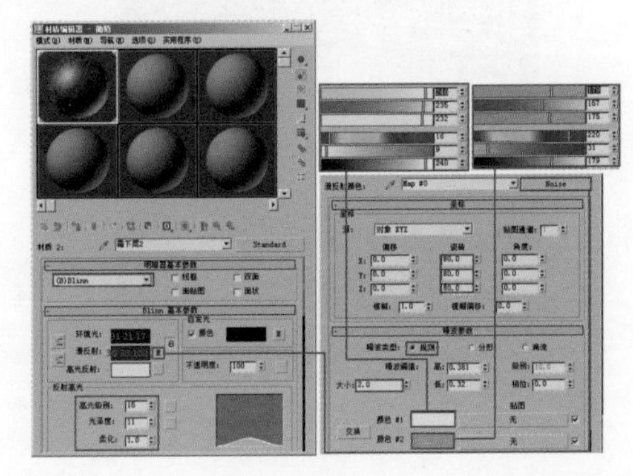

图9-136

步骤10 单击按钮返回“霜下层2”材质层，在“自发光”通道中添加一张“衰减”贴图，设置“颜色#1”为黑色，设置“颜色#2”为蓝色，同时调节“混合曲线”弧度。具体参数设置如图9-137所示。

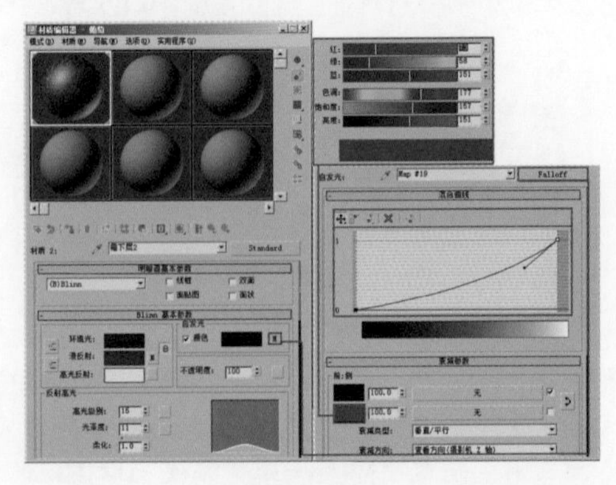

图9-137

步骤11 设置凹凸质感。打开“贴图”卷展栏，在“凹凸”通道中添加一张“噪波”贴图，设置“噪波类型”为分形方式，设置“大小”值为0.01，设置凹凸贴图强度为2，具体参数设置如图9-138所示。

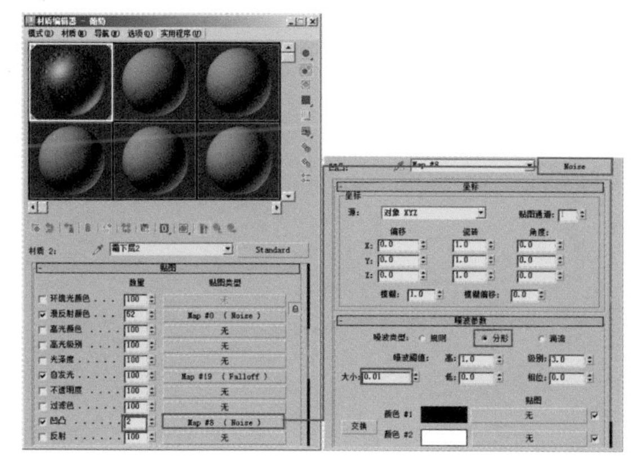

图9-138

步骤12 设置遮罩贴图。单击按钮返回“霜2”材质层，在“遮罩”通道中添加一张“噪波”贴图，设置“噪波类型”为湍流方式，设置“大小”值为5.0，具体参数设置如图9-139所示。

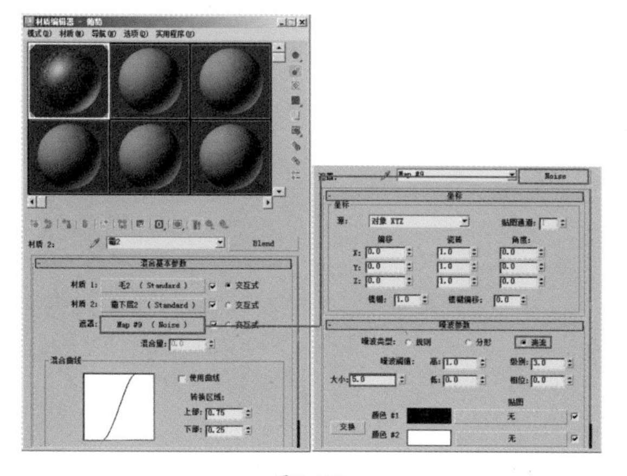

图9-139

步骤13 设置外表皮材质的遮罩贴图。单击按钮返回“葡萄外”材质层，在“遮罩”通道中添加一张“输出”贴图，在“贴图”通道中添加一张“烟雾”贴图，设置“大小”值为8.0；调节“输出曲线”的弧度，具体参数设置如图9-140所示。

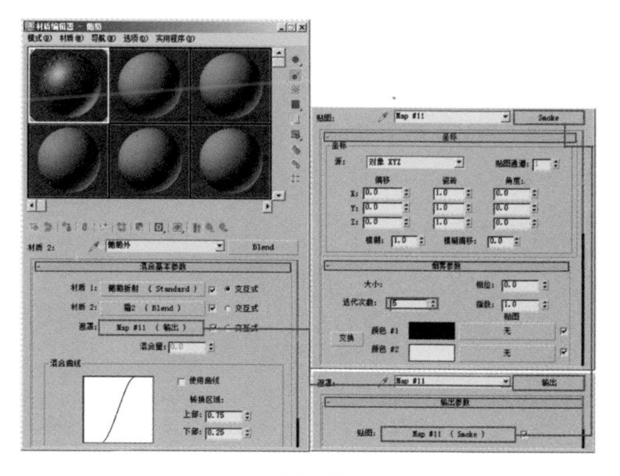

图9-140

步骤14 下面来设置“遮罩”部分材质。在“遮罩”通道中添加一张“衰减”贴图，调节“混合曲线”，具体参数设置如图9-141所示。至此，葡萄材质制作完成。

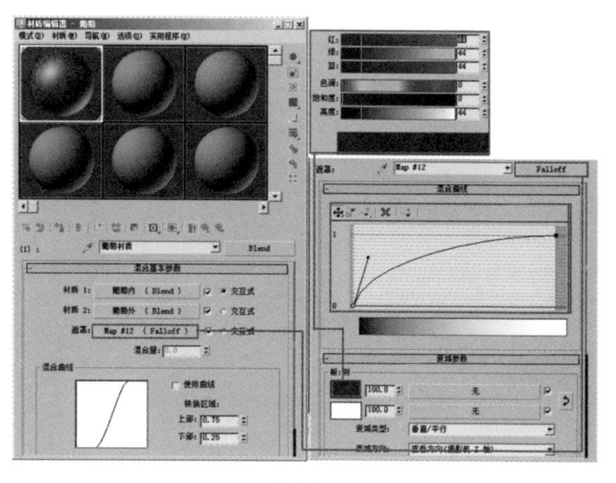

图9-141

3ds Max

第10章 VRay渲染器

本章导读

VRay渲染器是由著名的Chaos Group公司最新开发的产品（该公司还开发了Phoenix和SimCloth等插件）。其主要用于渲染一些特殊的效果，如次表面散射、光迹追踪、散焦和全局照明等。VRay的特点是快速设置而不是快速渲染，因此需要合理地调整其参数。VRay渲染器的控制参数并不复杂，完全嵌入在材质编辑器和渲染设置中，与finalRender和Brazil等渲染器非常相似。

本章重点 \ 学习目标	了解	理解	应用	实践
VRay渲染器的特色	√	√		
设置VRay渲染器			√	√
全局光照		√	√	√
光线反弹次数		√	√	√
VRay灯光			√	√
VRay太阳			√	√
VRaySky贴图			√	√
奔驰跑车材质的制作		√	√	√

10.1 VRay渲染器的特色

VRay渲染器有Basic Package和Advanced Package两种版本。Basic Package有基础功能和较低的价格，适合学生和业余艺术家使用。Advanced Package包含几种特殊功能（全局照明、软阴影、毛发、卡通、金属和玻璃材质等），适合专业制图人员使用。

本书范例使用Advanced Package版本。

1. 真实的光迹追踪效果（反射/折射效果）

VRay渲染器的光迹追踪效果来自优秀的渲染计算引擎，如：准蒙特卡罗、发光贴图、灯光贴图和光子贴图。如图10-1~图10-3所示是一些优秀光迹追踪特效的作品。

图10-1

图 10-2

图 10-3

2. 快速的半透明材质（次表面散射 SSS）效果

VRay渲染器的半透明材质效果非常真实，只需设置烟雾颜色即可，非常简单。如图10-4~图10-6所示是一些反映次表面散射SSS的作品。

图 10-4

图 10-5

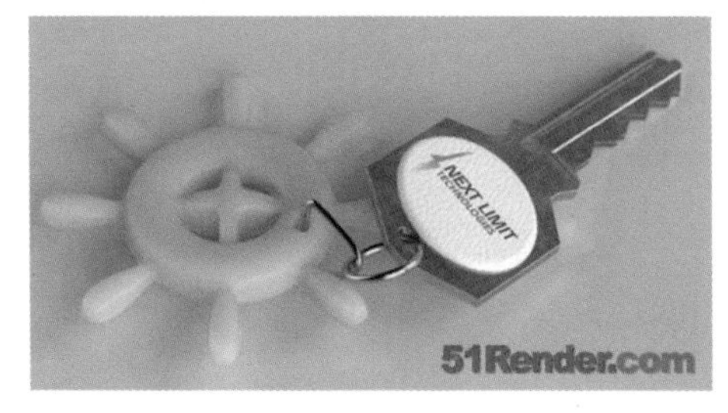

图 10-6

3. 真实的阴影效果

VRay渲染器的专用灯光阴影会自动产生真实且自然的阴影，其还支持3ds Max默认的灯光，并提供了VRayShadow专用阴影。如图10-7~图10-10所示是一些反映真实的阴影效果的作品。

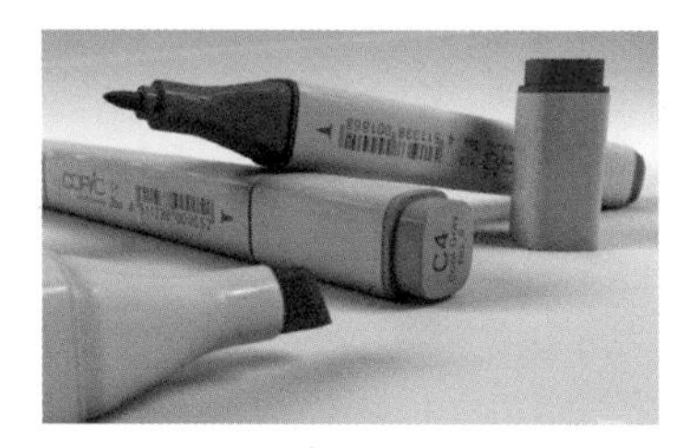

图 10-7

图 10-8

图 10-9

图 10-10

4. 真实的光影效果（环境光和 HDRI 图像功能）

VRay渲染器的环境光支持HDRI图像和纯色调，比如给出淡蓝色，就会产生蓝色的天光。HDRI图像则会产生更加真实的光线色泽。VRay渲染器还提供了类似VRay-太阳和VRay-环境光等用于控制真实效果的天光模拟工具。如图10-11~图10-13所示是一些反映真实光影效果的作品。

图10-11

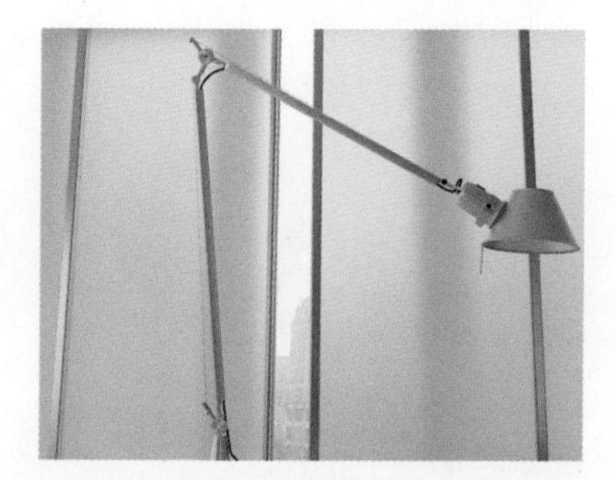

图10-12

图10-13

5. 焦散特效

VRay渲染器的焦散特效非常简单，只需激活焦散功能选项，再给出相应的光子数量，即可开始渲染焦散，前提是物体必须有反射和折射。如图10-14~图10-17所示是一些反映焦散特效的作品。

图10-14

图10-15

图10-16

图10-17

6. 快速真实的全局照明效果

VRay渲染器的全局照明是它的核心部分，可以控制一次光照和二次间接照明，得到的将是无与伦比的光影漫射真实效果，而且渲染速度可控性很强。如图10-18~图10-20所示是一些反映真实的全局照明效果的作品。

图10-18

图10-19　　图10-20

7. 运动模糊效果

VRay渲染器的运动模糊效果可以让运动的物体和摄影机镜头达到影视级的真实度，如图10-21~图10-23所示是一些反映运动模糊效果的作品。

图10-21

图10-22

图10-23

8. 景深效果

VRay渲染器的景深效果虽然渲染起来比较慢，但精度是非常高的，它还提供了类似镜头颗粒的各种景深特效，比如让模糊部分产生六棱形的镜头光斑等。如图10-24~图10-26所示是一些反映景深效果的作品。

图10-24

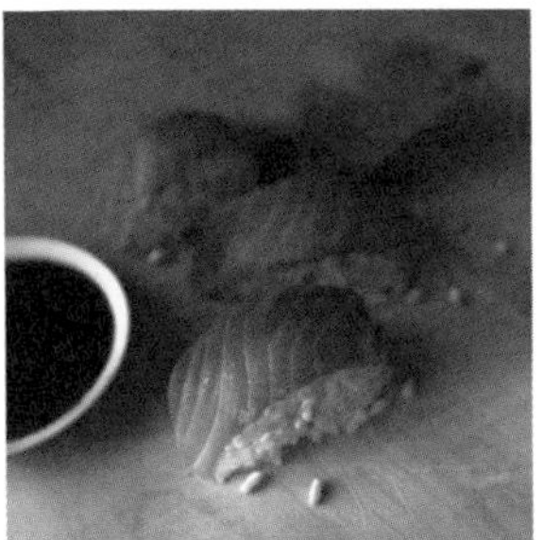

图10-25

图10-26

9. 置换特效

VRay渲染器的置换特效是一个亮点，它可以与贴图共同配合来完成建模达不到的物体表面细节。如图10-27、图10-28所示是一些反映置换特效的作品。

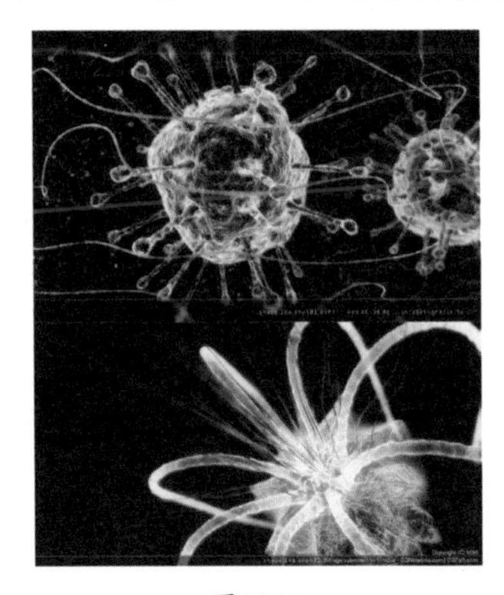

图10-27

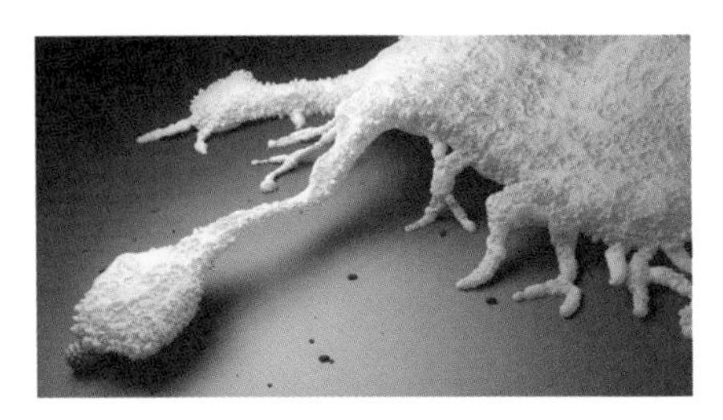

图10-28

10. 真实的毛发特效

VRay渲染器的毛发工具是新增的特效，可以制作任何漂亮的毛发特效，比如一个羊毛地毯、一片草地等。如图10-29、图10-30所示是一些反映毛发特效的作品。

图10-29

图10-30

了解了VRay渲染器的诸多优点之后，我们就来深入学习它的用法。

10.2 设置VRay渲染器

每种渲染器安装后都拥有自己的模块，例如finalRender渲染器。在完成安装后，你可以在3ds Max的许多地方找到它的身影，包括灯光创建面板、材质编辑器、渲染设置对话框和摄影机创建面板等。如果未指定渲染器进行安装，则无法正常工作。VRay渲染器的设置方法也是相同的。

下面介绍如何设置VRay渲染器。首先确保我们已经正确安装了VRay渲染器，因为3ds Max在渲染时使用的是自身默认的渲染器“默认扫描线渲染器”，所以我们要手工设置VRay渲染器为当前渲染器。

步骤01 打开3ds Max软件。

步骤02 按F10键，或在工具栏中单击按钮，打开渲染设置：扫描线渲染器对话框，如图10-31所示。

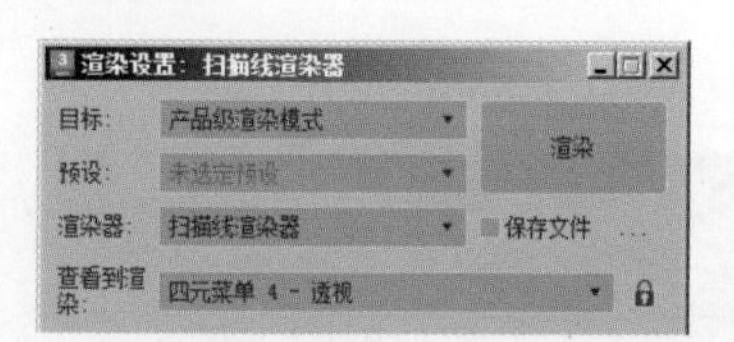

图10-31

步骤03 在渲染器下拉列表中，我们看到了已经安装好的V-Ray渲染器，如图10-32所示。

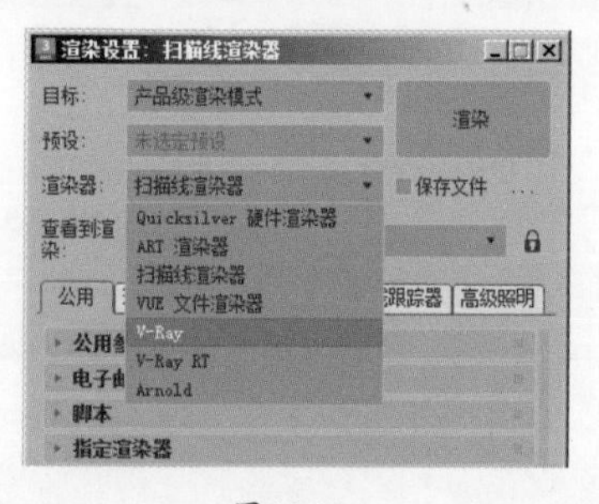

图10-32

步骤04 选择V-Ray渲染器，此时我们可以看到渲染设置：项后面的渲染器名称变成了V-Ray渲染器。对话框上方的标题栏也变成了V-Ray渲染器的名称。这说明3ds Max目前的工作渲染器为VRay渲染器，如图10-33所示。

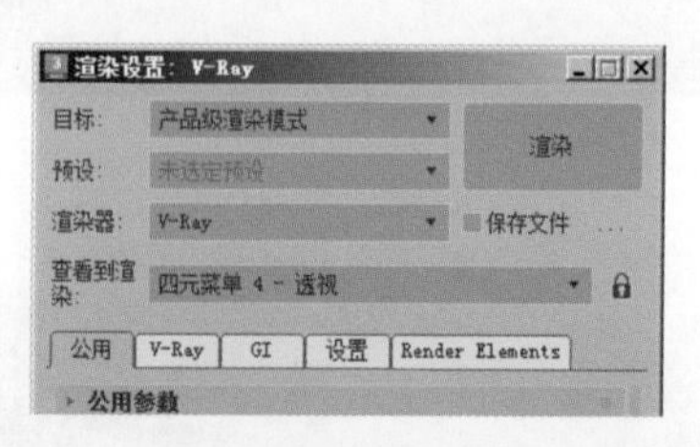

图10-33

步骤05 VRay渲染器安装完成后重新启动3ds Max软件，此时VRay渲染器就可以正常工作了。打开一个场景中带有VRay材质的文件，如果没有将VRay设置为当前渲染器，那么此时材质编辑器中的VRay专用材质是黑色的。

只有设置当前渲染器为VRay渲染器，材质编辑器中的VRay专用材质才能正常显示，而且才能够使用新的VRay专用材质。如果你想让3ds Max在默认状态下使用VRay渲染器，则可以在对话框中设置好VRay渲染器后，单击“保存为默认设置”按钮，存储默认设置。这样，下次打开3ds Max后，系统默认的渲染器就是VRay渲染器。设置当前工作的渲染器我们就先讲到这里，如何进一步设置它们，我们将其放在后面的章节中详细介绍。

10.3 VRay渲染器的真实光效

VRay渲染器的光效之所以非常真实，是因为它使用了光子的多次反弹原理，光子通过多次反弹，产生真实世界中的光线漫射效果，使原本阴影处的黑色变得通透可见。下面我们就来简单了解一下VRay渲染器提供的这几种真实光效控制参数。

10.3.1 全局光照

VRay渲染器的真实光效来自优秀的全局光照引擎。在VRay渲染器有一个GI页面（按F10键即可打开该界面），光子的一级、二级反弹就是在这里进行控制的。如图10-34所示，当勾选 启用 GI 复选框后，VRay渲染器的全局光照引擎开始产生作用，之前它相当于3ds Max的默认扫描线渲染器。

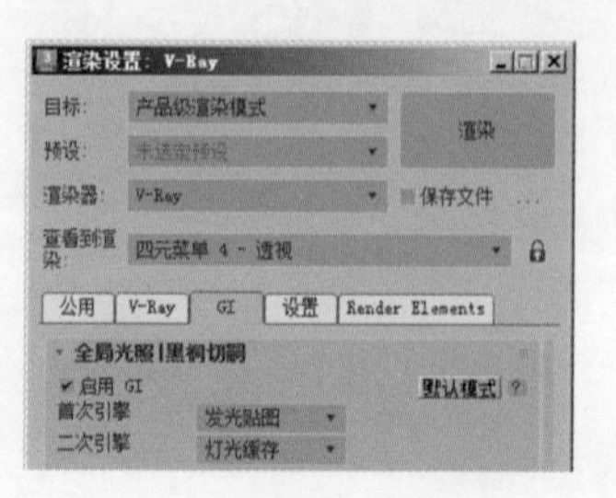

图10-34

如图10-35和图10-36所示为勾选启用 GI复选框前后的效果对比。勾选启用 GI复选框后，系统将自动打开光子反弹运算功能。当然，VRay渲染器给我们很多可控参数来调节这些光子反弹次数和强度。

图10-35

图10-36

10.3.2 一次光线反弹

VRay渲染器的一次光线反弹表示光线射入物体表面时第一次反弹到其他物体上产生的光照亮度，这种反弹不会产生光线漫射效果。初次反弹的倍增参数默认是1，如图10-37所示，这是正常亮度，降低或增加该参数则会使场景光照亮度变暗或变亮。

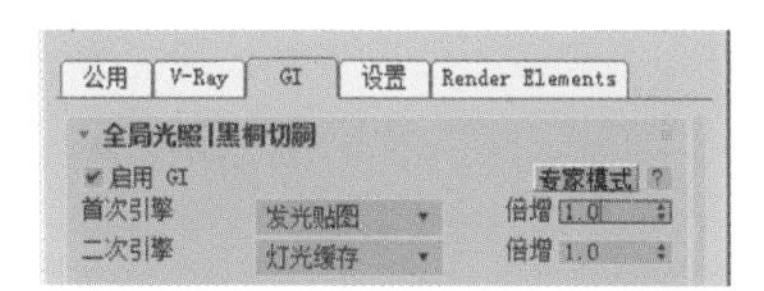

图10-37

如图10-38和图10-39所示为一次光线反弹的效果和示意图。

图10-38

图10-39

10.3.3 二次光线反弹

VRay渲染器的二次光线反弹其实是一种漫射效果。在现实世界中，光线进行一次光线反弹后在物体上的另一次反弹，不会像一次光线反弹那样强烈，呈渐弱的趋势衰减。在VRay渲染器的二次反弹参数中，这种强度是可以调节的，如图10-40所示。

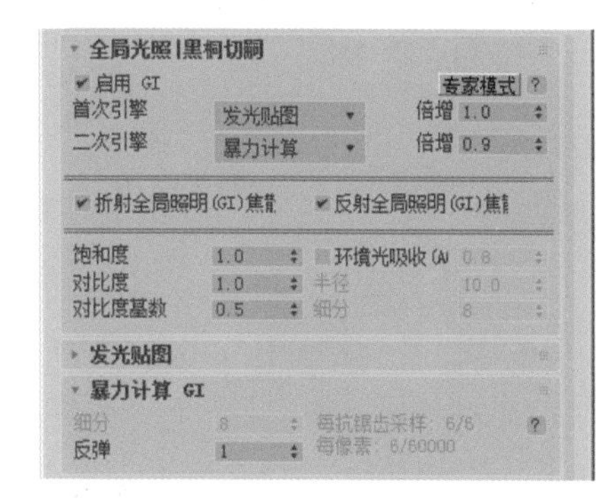

图10-40

如图10-41和图10-42所示为一次反弹和二次反弹的效果对比和示意图。

图10-41

图10-42

10.3.4 光线反弹次数

光线反弹次数在“暴力计算GI”卷展栏中可以设置，二次光线反弹次数越高，光子的效果越细腻，如图10-43所示。

图10-43

如图10-44所示为不同二次光线反弹次数的效果对比。

图10-44

10.3.5 VRay环境

VRay渲染器自带了一个能够产生大气环境的参数，如图10-45所示。它可以利用指定的颜色给场景打一层天光。

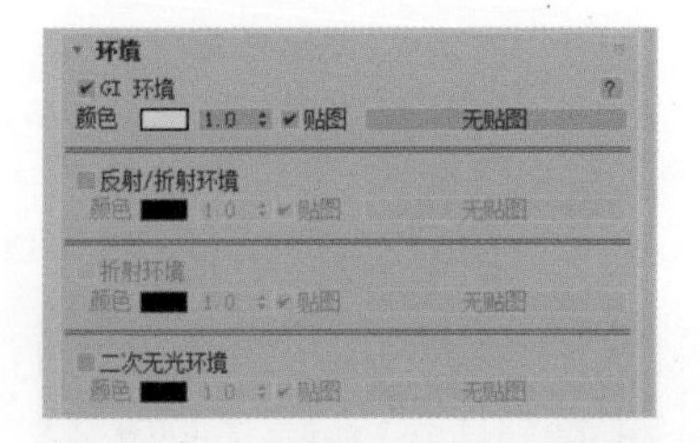

图10-45

在现实世界中，大部分时间天空呈淡蓝色，黄昏时则呈暖色。当天空没有云彩时，阴影总是蓝色的，因为此时照明阴影部分的光线是蓝色的天空光，制作出的图像颜色也必然偏向蓝色。同样，在多云的天气中，特别是当太阳被浓密的云层遮挡住时，天空中大部分是蓝光；或者当天空被高空的薄雾均匀地遮住时，制作出的图片也应该偏向蓝色，如图10-46所示。

图10-46

当太阳刚刚升起和即将落下时，它呈现出黄色或红色。这是因为大气中浓厚的雾气和尘埃层使光线散射，只有较长的红、黄光波才能穿透，使清晨和黄昏的光线具有独特的色彩。在这种光线下所反映的景物，其色彩比在白色光线下所反映的景物更暖一些，如图10-47所示。

图10-47

“GI环境”这个参数就是用于模拟这些天光色的。当我们指定了天光色后，天光漫射的发散方向为四面八方。如图10-48所示为环境天光示意图。

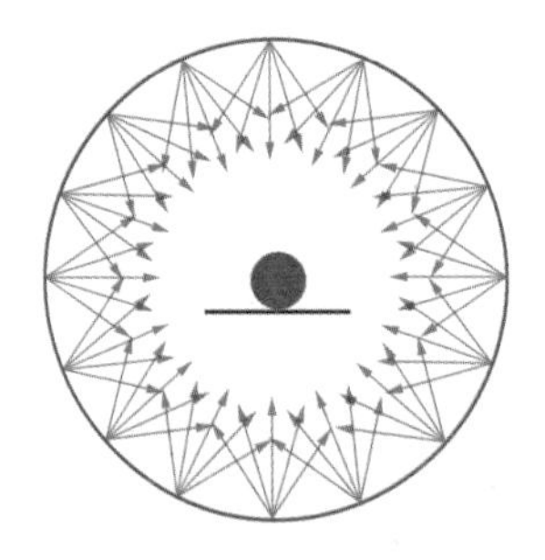

图 10-48

要想使用天光功能，必须先在GI页面勾选“启动GI”复选框，然后就可以在“GI环境”中进行天光指定了，如图10-49、图10-50所示。

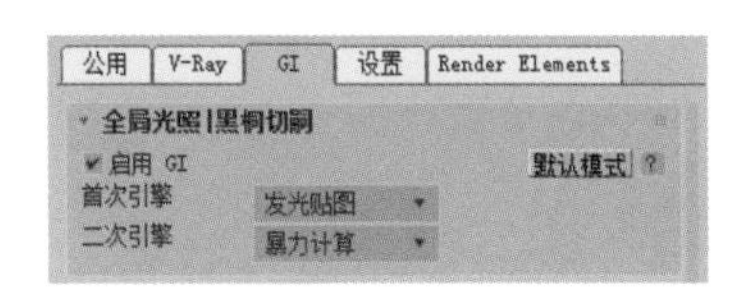

图 10-49

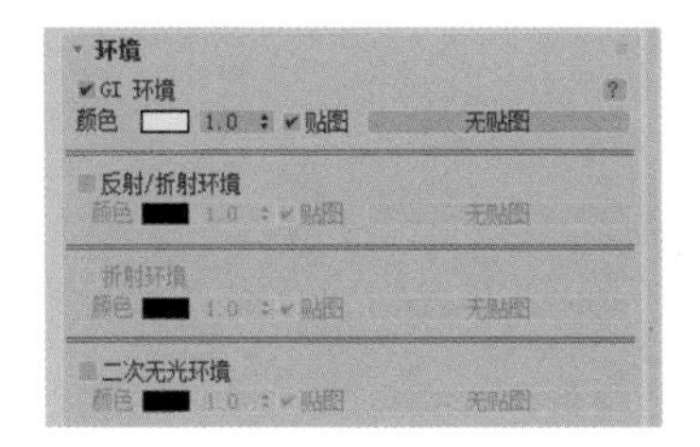

图 10-50

如图10-51和图10-52所示为场景打开天光前后的效果对比。

图 10-51

图 10-52

10.4 VRay灯光照明技术

在VRay渲染器中，只要打开间接照明开关，就会产生真实的全局照明效果。VRay渲染器对3ds Max的大部分内置灯光都支持（除了skylight和IESsky）。此外，VRay渲染器还自带了4种专用灯光，分别是VRayLight（VRay灯光）、VRayAmbientLight、VRayIES和VRaySun（VRay太阳），如图10-53所示。

VRay的灯光系统与3ds Max的主要区别在于是否具有面光。在现实世界中，所有光源都具有体积，而体积灯光主要体现在范围照明和柔和投影上。而3ds Max的标准灯光并没有体积，只有少数几种Photomeric光度灯具有体积。其实阴影并不是按体积计算的，而是需要使用Area投影来模拟面光效果。

图 10-53

10.4.1 VRay灯光

VRay灯光是VRay渲染器的专用灯光，它可以被设置为纯粹的虚拟照明体，也可以被渲染出来，甚至可以作为环境天光的入口。VRay灯光的最大特点是能够自动产生极其真实的自然光影效果。它可以创建平面光、球体光和半球光。VRay灯光可以双面发射，可以在渲染图像上不可见，并且可以更均匀地向四周发散，忽略灯光法线方向。如果不忽略，那么它会在法线方向发射更多的光线（只有在plane模式下才能看到）。此外，VRay灯光还可以选择是否启用灯光衰减（默认强度为30，不衰减为1），虽然现实中的衰减近似一样，但一般情况下还是建议使用衰减效果。

VRay灯光的参数控制面板如图10-54所示。常用参数如下。

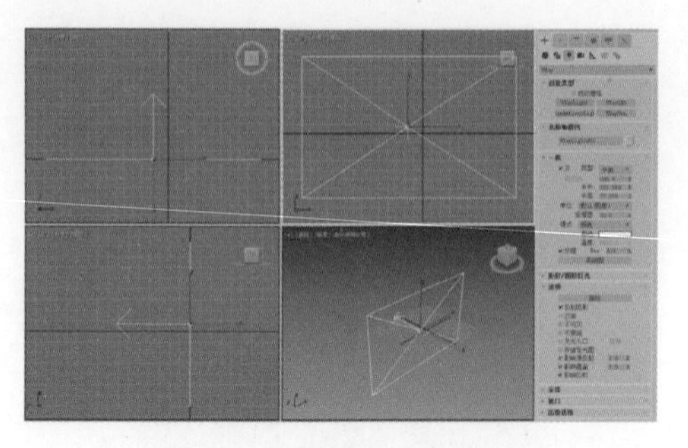

图 10-54

- 开：控制VRay灯光照明的开关，如图10-55所示。
- 双面：在灯光被设置为平面类型的时候，这个选项决定是否在平面的两边都产生灯光效果。这个选项对球形灯光没有作用。如图10-56所示的是勾选“双面”选项对场景的影响。

图 10-55

图 10-56

- 不可见：设置在最后的渲染效果中光源形状是否可见，如图10-57所示的是勾选“不可见”选项对场景的影响。

图 10-57

- 不衰减：在真实的世界中，远离光源的表面会比靠近光源的表面显得更暗。勾选这个选项后，灯光的亮度将不会因为距离而衰减。如图10-58和图10-59所示为勾选该选项前后的测试效果图。

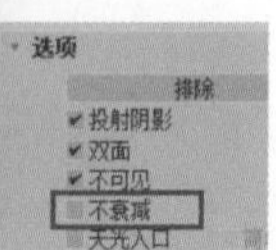

图 10-58

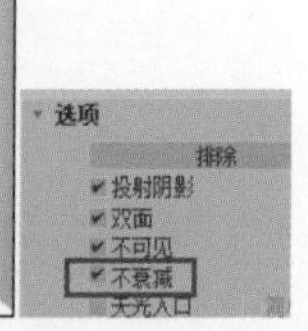

图 10-59

- 影响漫反射：在一般情况下，光源表面在空间的任何方向上发射的光线都是均匀的，在不勾选这个选项的情况下，VRay灯光会在光源表面的法线方向上发射更多的光线，如图10-60和图10-61所示的是勾选该选项和取消勾选该选项对场景的影响。

图 10-60

图 10-61

- 颜色：设置灯光的颜色。如图10-62和图10-63所示是灯光色彩的测试效果图。

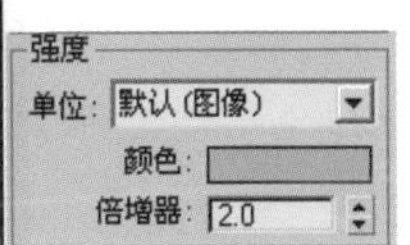

图 10-62

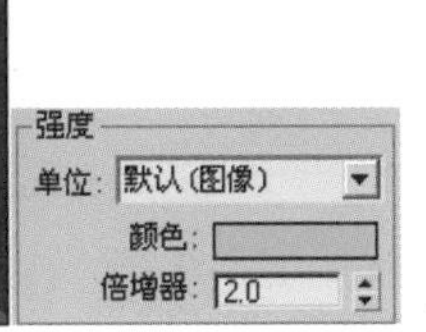

图 10-63

- 倍增器：设置灯光颜色的倍增值。如图10-64和图10-65所示为倍增器参数测试效果图。

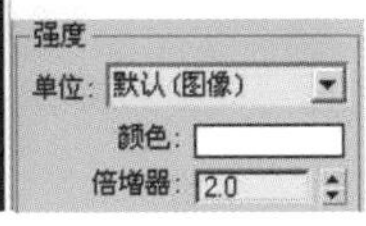

图 10-64

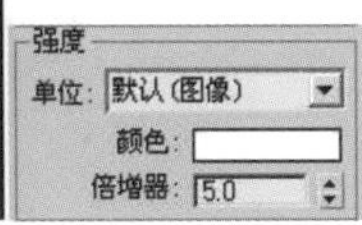

图 10-65

- 天空光入口：勾选这个选项后，前面设置的颜色和倍增器都将被VRay忽略，代之以环境的相关参数进行设置。如图10-66所示为天光入口测试效果图，VRay灯光的光照被环境光所取代，VRay灯光仅扮演了一个光线方位的角色。

图 10-66

- 存储发光图：当勾选该选项时，如果使用发光贴图方式计算全局照明（GI），那么系统将计算VRay灯光的光照效果，并将计算结果保存在发光贴图中。将间接光的计算结果保存到发光贴图中是一个不错的选择，可以显著提高渲染速度，但也受到发光贴图精度的限制。如果发光贴图的计算参数较高，那么仍然可以使用这种方法。然而，这也可能导致物体接触处出现漏光现象。为了解决这个问题，可以在渲染面板的“VRay 发光贴图”卷展栏中勾选“检查采样的可见性”选项。
- 影响镜面和影响反射：勾选这两个选项后，VRay灯光将影响镜面和反射物体的光线反弹。
- 平面：将VRay灯光设置成长方形形状。效果如图10-67所示。

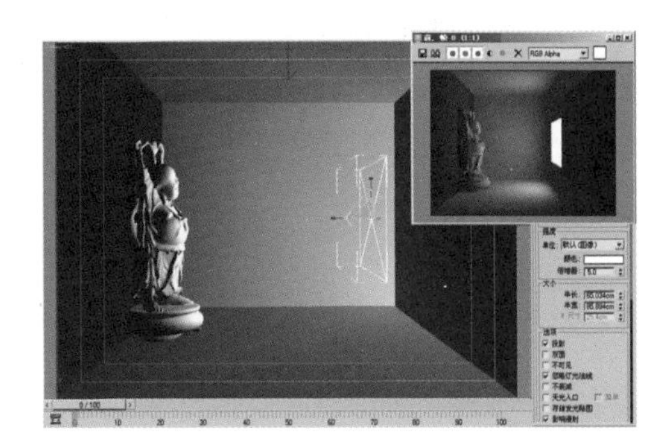

图 10-67

- 穹顶：将VRay灯光设置成圆盖形状。效果如图10-68所示。

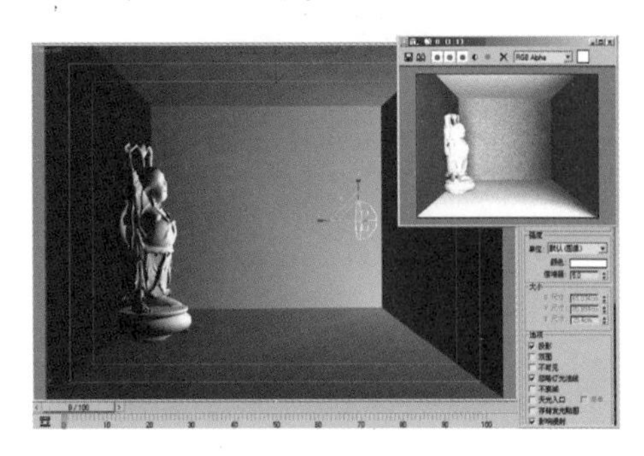

图 10-68

◆ 球体：将VRay灯光设置成球状。效果如图10-69所示。

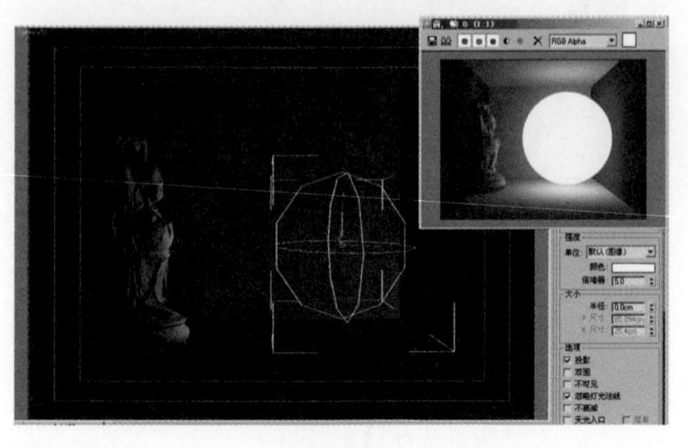

图10-69

◆ U向尺寸：设置光源的U向尺寸(如果光源为球状，则这个参数相应地设置球的半径)。
◆ V向尺寸：设置光源的V向尺寸(如果光源为球状，则这个参数没有效果)。
◆ W向尺寸：当前这个参数设置没有效果，它是一个预留的参数，如果将来有一天VRay支持方体形状的光源类型，那么它可以用来设置其W向尺寸。
◆ 细分：设置在计算灯光效果时使用的样本数量，较高的取值将产生平滑的效果，但是会耗费更多的渲染时间。如图10-70~图10-72所示为不同样本细分的测试效果图。

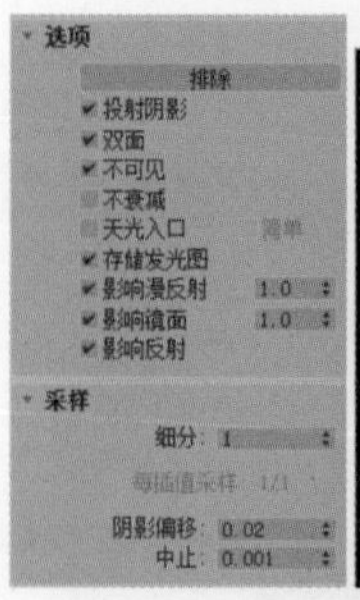

图10-70

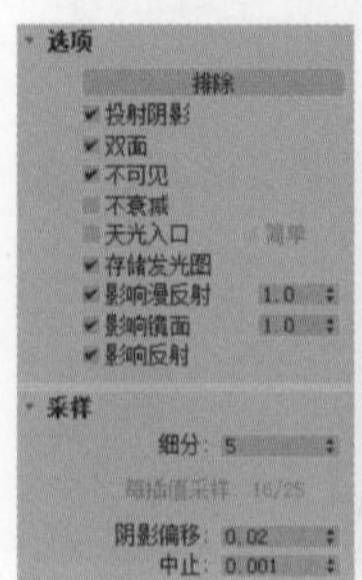

图10-71

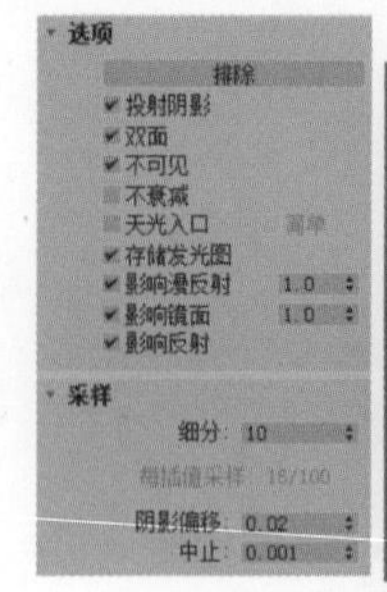

图10-72

◆ VRay灯光总结：VRay的全局光计算速度受灯光数目的影响非常大，灯光越多，计算速度越慢。因此制作夜景肯定比日景慢很多。但是，发光体的数目对速度影响较小，所以应尽可能使用发光体，而不使用灯光。

10.4.2 VRay太阳

VRay太阳是VRay渲染器新加的灯光种类，功能比较简单，主要用于模拟场景的太阳光照射。如图10-73所示为VRay太阳的面板。

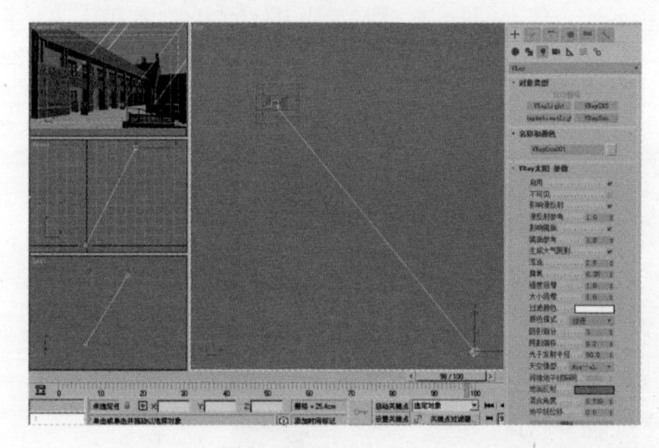

图10-73

VRay太阳参数控制面板中主要参数如下。

◆ 启用：灯光的开关。
◆ 浑浊：设置空气的浑浊度，这个参数越大，空气越不透明（光线越暗）。而且会呈现出不同的阳光色，早晨和黄昏浑浊度较高，正午浑浊度较低。如图10-74~图10-76所示为大气浑浊度的测试效果图。

图10-74

图 10-75

图 10-76

- 臭氧：设置臭氧层的稀薄指数。该参数值对场景影响较小，值越小，臭氧层越薄，到达地面的光能辐射越多（光子漫射效果越强）。如图10-77和图10-78所示为臭氧层参数测试效果图，从图中可以看到阴影区域的亮度变化。

图 10-77

图 10-78

- 强度倍增：设置阳光的亮度，在一般情况下设置较小的值就可以满足使用要求了。图10-79和图10-80所示为强度倍增测试效果图。
- 大小倍增：设置太阳的尺寸。
- 阴影细分：设置阴影的采样值，值越高，画面越细腻，但渲染速度会越慢。
- 阴影偏移：设置物体阴影的偏移距离，当值为1.0时阴影正常；当值大于1.0时，阴影远离投影对象；当值小于1.0时，阴影靠近投影对象。如图10-81和图10-82所示为阴影偏移测试图。

图 10-79

图 10-80

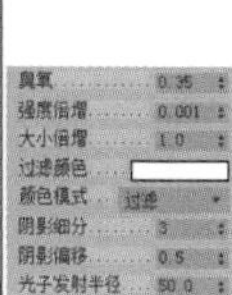

图 10-81

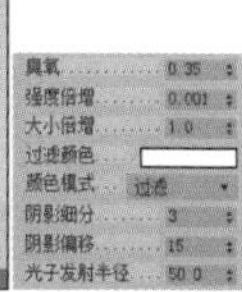

图 10-82

10.4.3 VRaySky贴图

VRay太阳灯光经常配合VRaySky专用环境贴图同时使用，在改变VRay太阳灯光位置的同时，VRaySky贴图也会随之自动变化，模拟出天空变化。VRaySky是一种天空球贴图，属于贴图类型。

下面结合VRay太阳灯光来介绍VRaySky贴图的参数使用方法。用VRay太阳灯光类型给场景中设置灯光，如图10-83所示。

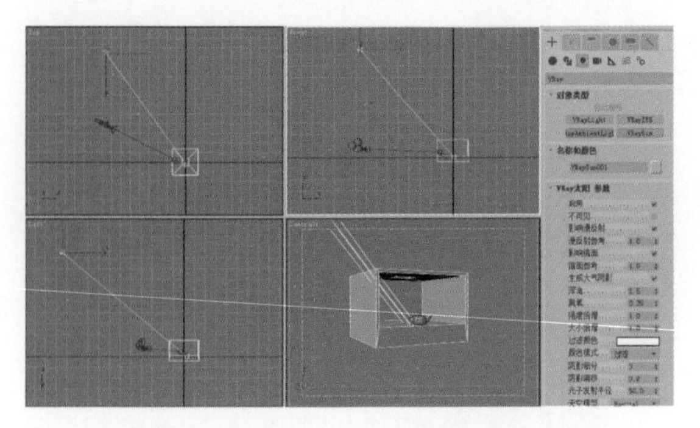

图 10-83

步骤01 执行“渲染”→“环境”命令，打开“环境和效果”对话框，如图10-84所示。

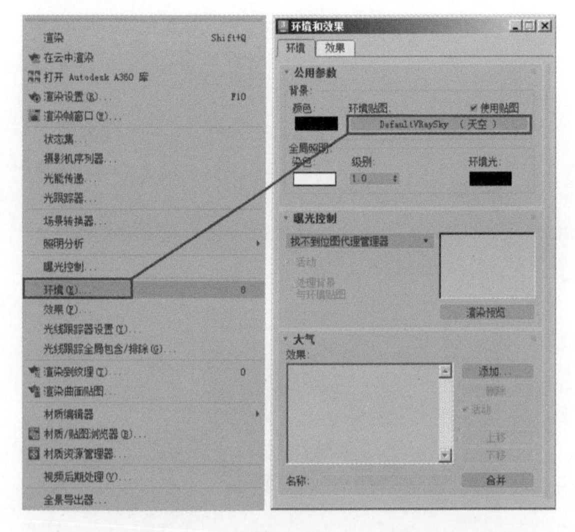

图 10-84

步骤02 在创建VRay太阳灯光时，系统会自动加载天光贴图到环境面板中，将其以实例形式复制到材质编辑器中，如图10-85所示。

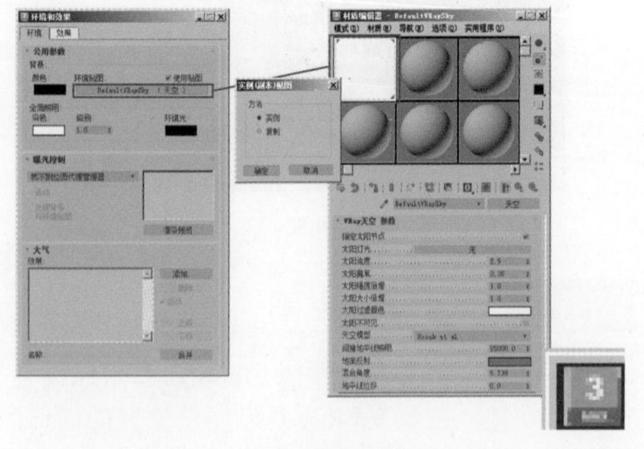

图 10-85

步骤03 单击材质编辑器的“无”按钮，选择场景中的VRay太阳灯光。这样就将太阳和天空连接在一起了，当我们移动VRay太阳的位置时，天空球也会随之转动和变换天空色。如图10-86和图10-87所示为不同灯光位置的天空球贴图效果。

图 10-86

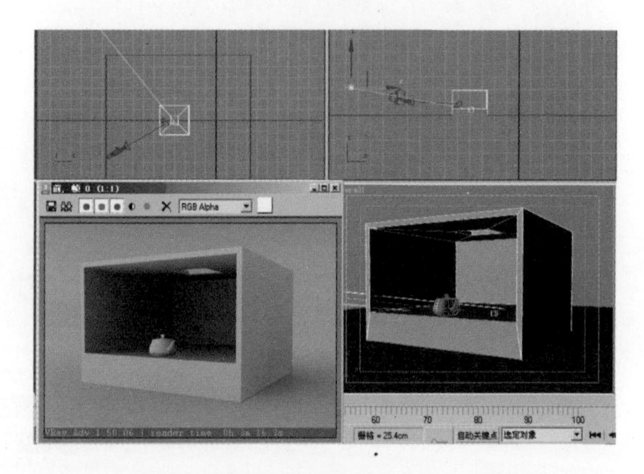

图 10-87

VRaySky贴图的参数如下。

- 指定太阳节点：激活右侧的复选框后即可指定场景中的灯光。
- 太阳灯光：指定场景中的灯光为太阳中心点。如图10-88所示为指定场景中的VRay太阳为中心点。

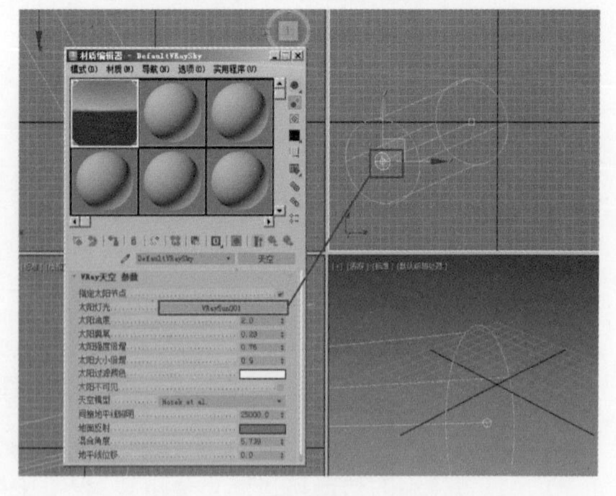

图 10-88

- 太阳浊度：设置空气的浑浊度，2.0为最晴朗的天空。如图10-89~图10-92所示为浑浊度参数测试效果图。

图 10-89

图 10-90

图 10-91

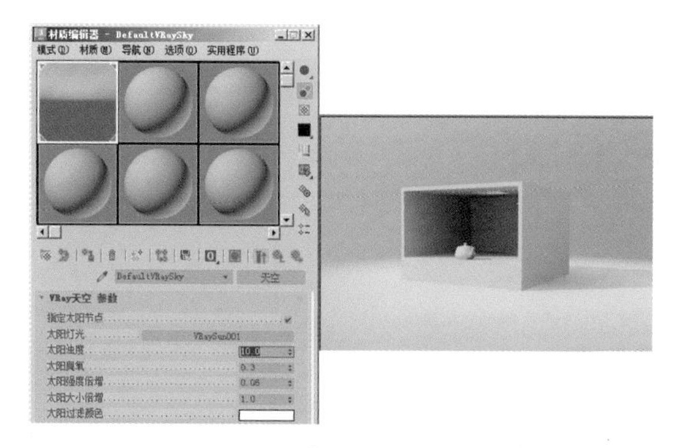

图 10-92

◆ 太阳臭氧：设置臭氧层的稀薄指数，该设置对场景影响不大。如图10-93和图10-94所示为臭氧层参数测试效果图，大家可以观察房间内部的光线反弹效果，该参数为0时室内最亮。

图 10-93

图 10-94

◆ 太阳强度倍增：设置太阳的亮度。如图10-95和图10-96所示为太阳强度倍增参数测试效果图。

图 10-95

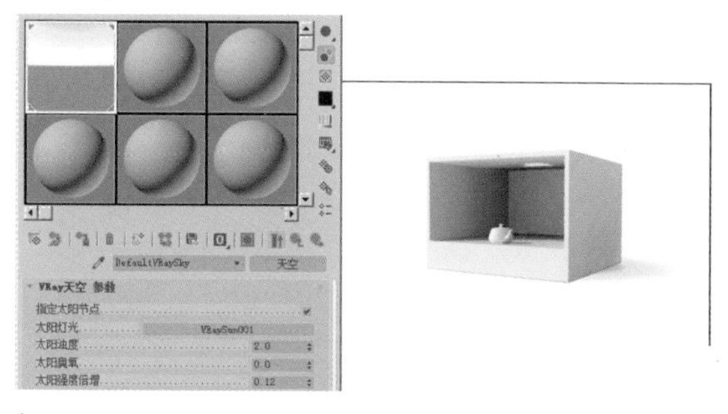

图 10-96

◆ 太阳大小倍增：设置太阳的尺寸。

10.5 奔驰跑车材质的制作

本例我们来制作一款豪华的轿车模型，在材质的设置上讲究“雍容华贵”，力求体现出轿车的“高贵”气质，同时在灯光的设置上还设置了一盏VRayLight面光源，用来模拟天光。

如图10-97所示是场景的最终渲染效果图。

图10-97

如图10-98所示为汽车材质参考图。

图10-98

10.5.1 灯光的设置

首先设置场景中的灯光。

步骤01 打开奔驰汽车.max场景文件，这是本例制作的模型，如图10-99所示。

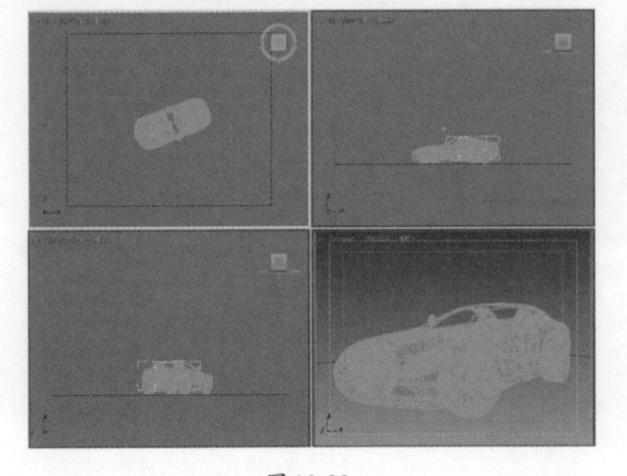

图10-99

步骤02 设置主光源面光源。在创建命令面板中单击“VRayLight”按钮，在场景中创建一盏面光源，位置如图10-100所示。

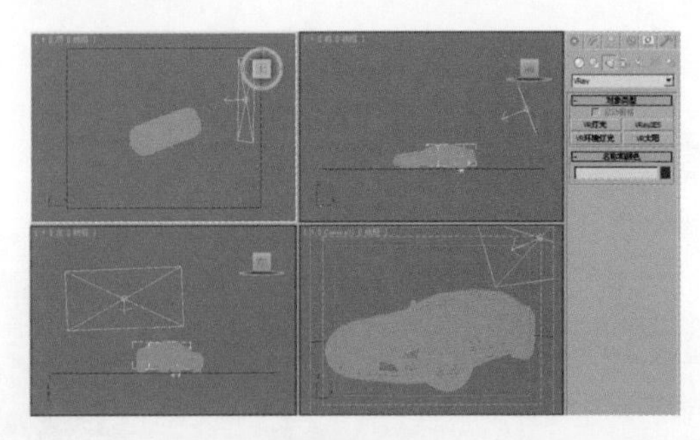

图10-100

步骤03 在修改命令面板中设置面光源参数如图10-101所示。

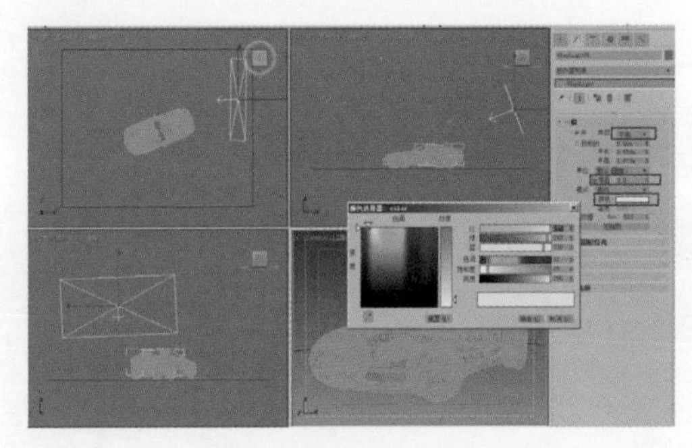

图10-101

10.5.2 渲染设置

下面我们来进行渲染设置。

步骤01 按F10键打开渲染设置对话框，设置当前渲染器为V-Ray Adv 3.6，如图10-102所示。

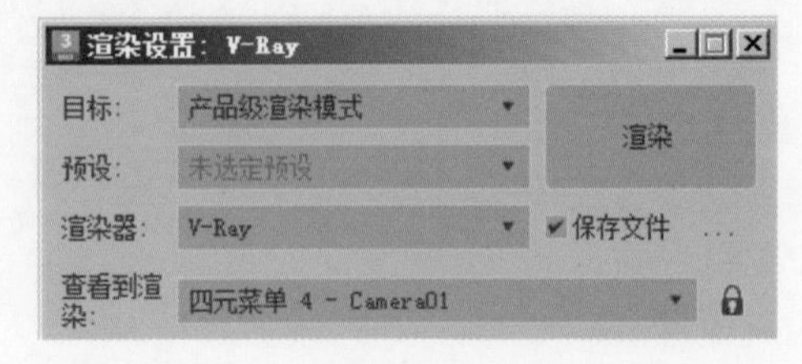

图10-102

步骤02 打开VRay页面，设置场景抗锯齿参数，如图10-103所示。

帧缓冲
启用内置帧缓冲区（VFB）
内存帧缓冲区
显示最后VFB
图像采样（抗锯齿）
类型 块
默认模式
渲染遮罩 无
<无>
图像过滤
图像过滤器
过滤器 Mitchell-Netravali
大小：4.0
圆环化：0.333
模糊：0.333

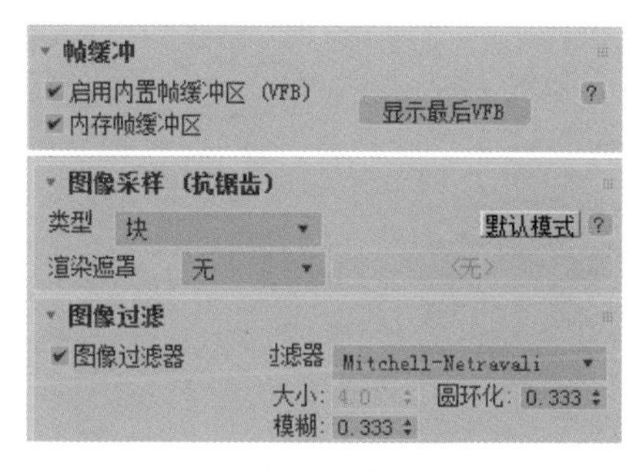

图 10-103

知识拓展

选择“Mitchell-Netravali”选项可得到较平滑的边缘。选择“Catmull-Rom”选项可得到非常锐利的边缘，其常被用于最终渲染。选择“柔化”选项可得到较平滑的边缘和较快的渲染速度。

步骤03 在GI界面中设置参数，如图10-104所示。这是间接照明参数。

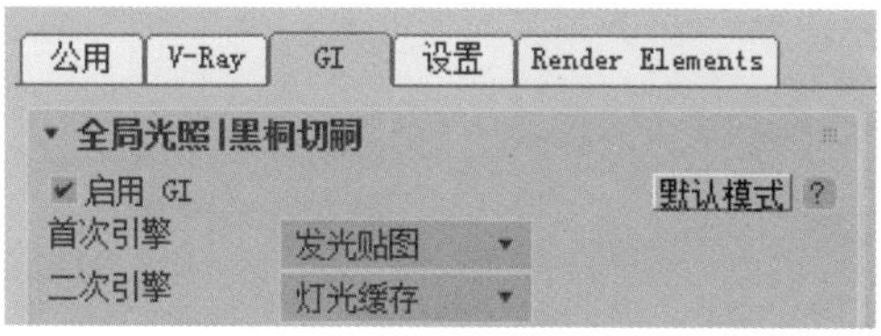

公用
V-Ray
GI
设置
Render Elements
全局光照|黑桐切嗣
启用 GI
默认模式
首次引擎 发光贴图
二次引擎 灯光缓存

图 10-104

步骤04 在“发光贴图”卷展栏中设置“当前预设”类型为“中”，如图10-105所示。

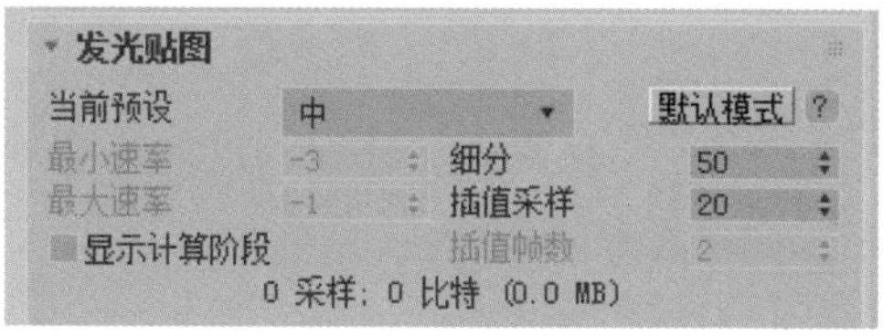

发光贴图
当前预设 中
默认模式
最小速率 -3
细分 50
最大速率 -1
插值采样 20
显示计算阶段
插值帧数 2
0 采样；0 比特（0.0 MB）

图 10-105

步骤05 在“灯光缓存”卷展栏中设置参数，如图10-106所示。这是灯光贴图设置。

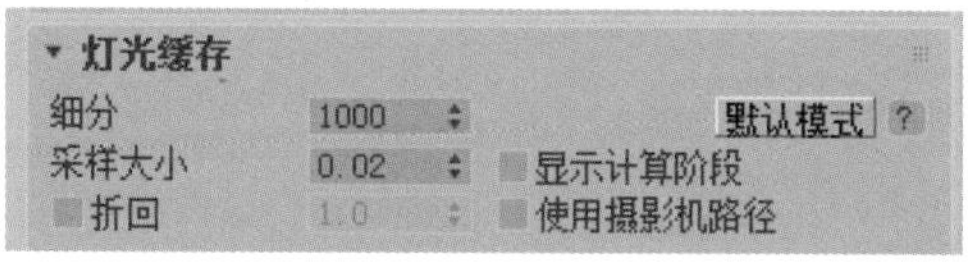

灯光缓存
细分 1000
默认模式
采样大小 0.02
显示计算阶段
折回 1.0
使用摄影机路径

图 10-106

步骤06 在VRay界面中的“块图像采样器”卷展栏中设置参数，如图10-107所示。这是准蒙特卡罗采样设置。

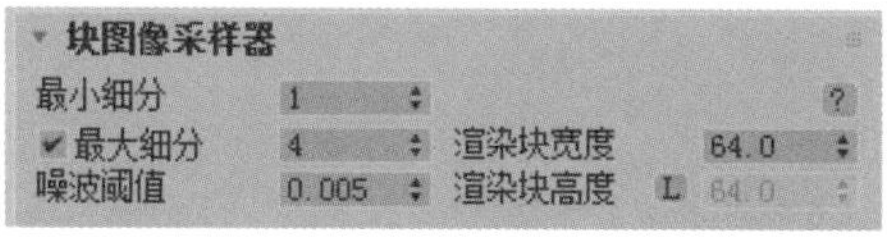

块图像采样器
最小细分 1
最大细分 4
渲染块宽度 64.0
噪波阈值 0.005
渲染块高度 64.0

图 10-107

步骤07 在“颜色贴图”卷展栏中设置曝光类型为“指数”如图10-108所示。

颜色贴图
类型 指数
默认模式
暗部倍增：1.0
亮部倍增：1.0

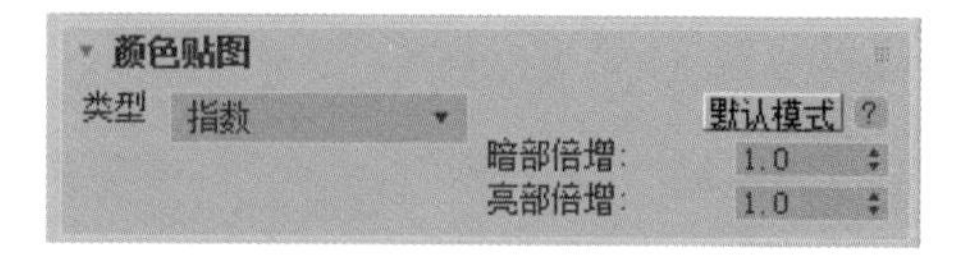

图 10-108

步骤08 打开“环境”卷展栏，在“反射/折射环境”通道中添加一张VRayHDRI贴图，参数设置如图10-109所示。

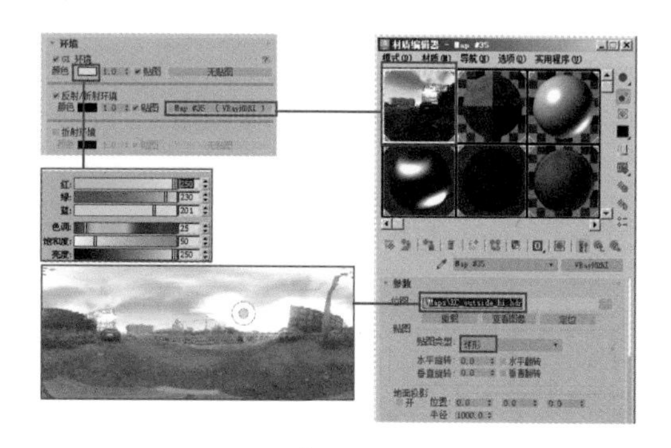

图 10-109

知识拓展

“环境”卷展栏的功能是在GI和反射/折射计算中为环境指定颜色或贴图。GI环境(天空光)区域可以在计算间接照明的时候替代3ds Max的环境设置，这种改变GI环境的效果类似天空光。只有在勾选“On”选项后，其下的参数才会被激活，在计算GI的过程中VRay才能使用指定的环境色或纹理贴图，否则系统将使用3ds Max默认的环境参数设置。

下面我们来测试灯光效果。

步骤01 按M键打开材质编辑器，选择一个空白的材质球，单击“Standard”按钮，在弹出的“材质/贴图浏览器”对话框中选择“VRayMtl”材质类型，并设置“漫反射”颜色为灰色，具体参数设置如图10-110所示。

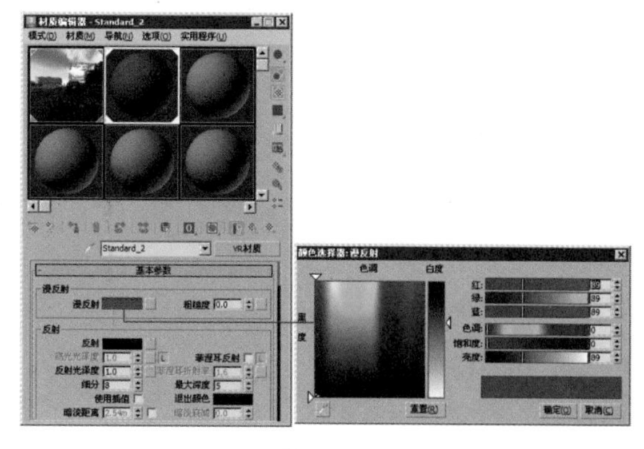

图 10-110

步骤02 按F10键打开渲染设置对话框，在VRay界面中的"全局开关"卷展栏中勾选"覆盖材质"复选框，然后将刚才在材质编辑器的材质拖动到"覆盖材质"复选框旁边的贴图按钮上，如图10-111所示。

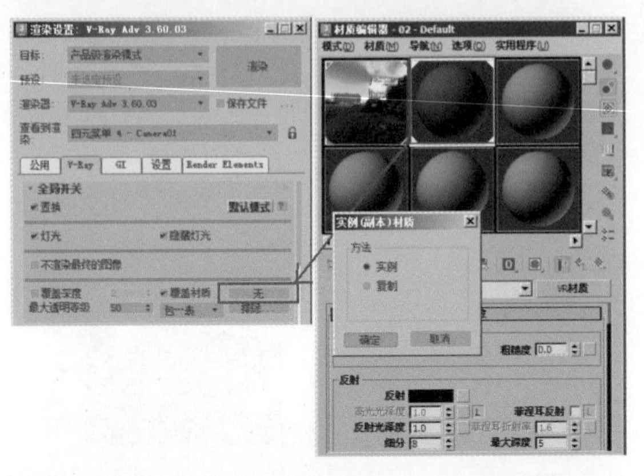

图10-111

步骤03 此时的渲染效果如图10-112所示。测试完成后，取消勾选"覆盖材质"复选框。

图10-112

10.5.3 设置车漆材质

步骤01 打开材质编辑器，选择一个空白的材质球，设置材质样式为"虫漆"材质，其由两部分组成，分别为"基础材质"和"虫漆材质"，如图10-113所示。

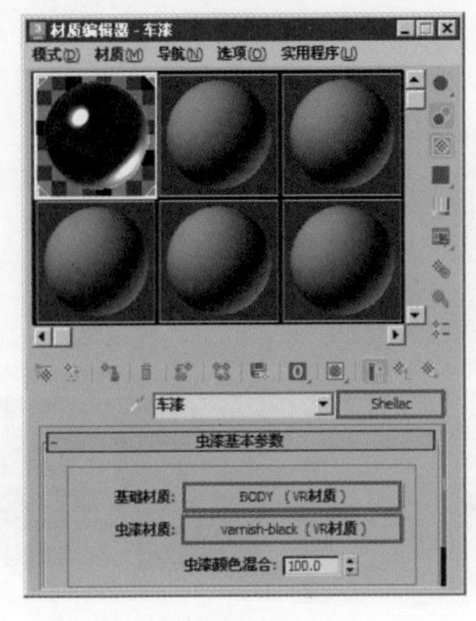

图10-113

步骤02 设置"基础材质"部分材质。设置材质样式为"VR材质"，设置"漫反射"颜色为黑色，具体参数设置如图10-114所示。

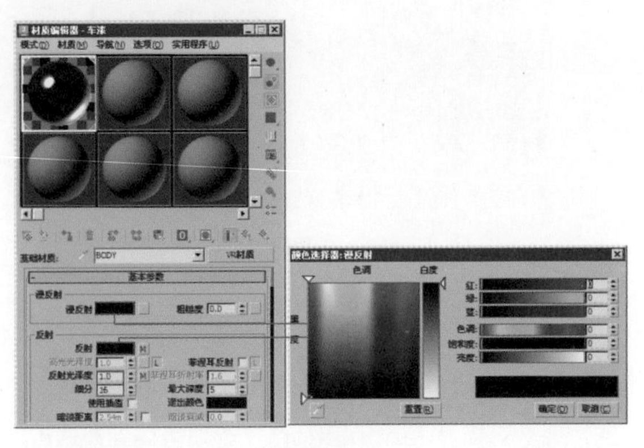

图10-114

步骤03 打开"贴图"卷展栏，在"反射"通道中添加一张"衰减"贴图，设置"衰减类型"为Fresnel，具体参数设置如图10-115所示。

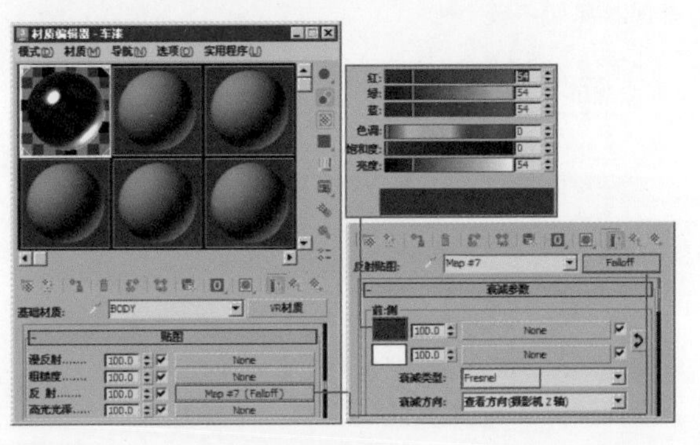

图10-115

步骤04 单击按钮返回VRay材质层，在"反射光泽"通道中添加一张"衰减"贴图，如图10-116所示。

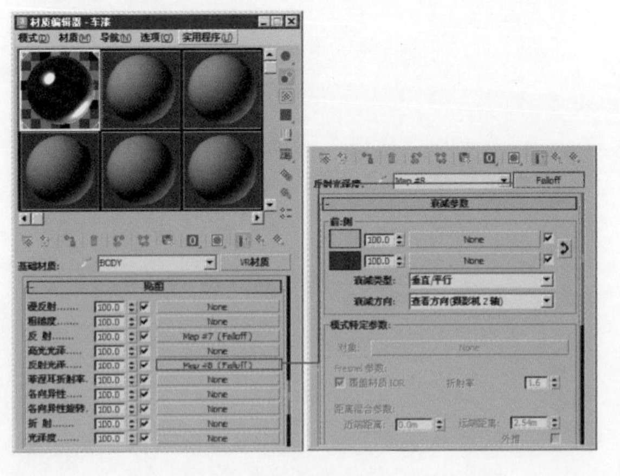

图10-116

步骤05 设置"衰减"贴图的"颜色1"通道为灰色，设置"颜色2"通道为黑色，具体参数设置如图10-117所示。

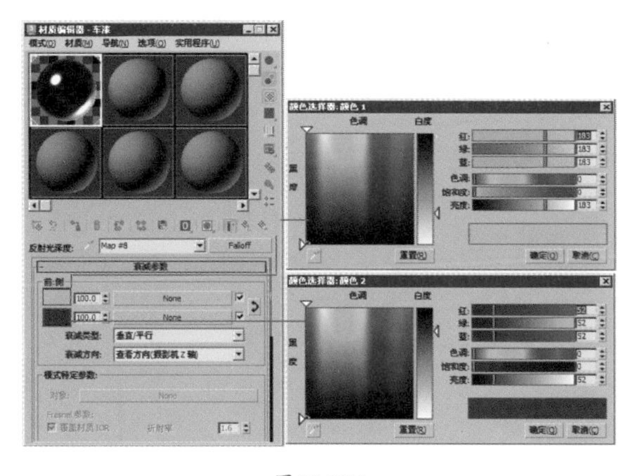

图10-117

步骤06 单击按钮返回虫漆材质层，接下来设置“虫漆材质”部分材质。设置材质样式为“VR材质”，设置“漫反射”颜色为黑色，激活菲涅耳反射效果，如图10-118所示。

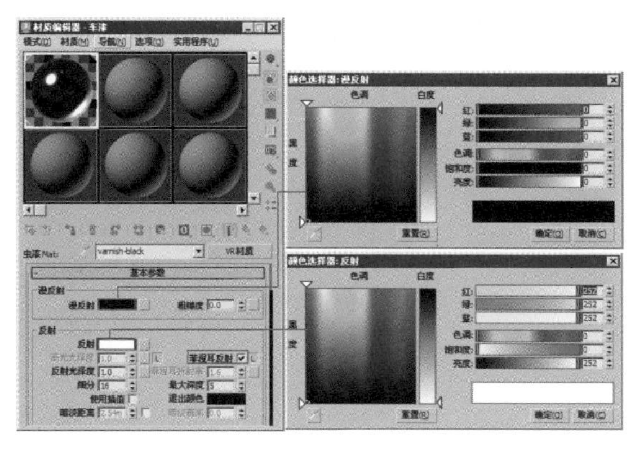

图10-118

步骤07 将所设置的材质赋予车身模型，渲染效果如图10-119所示。

图10-119

10.5.4 设置玻璃材质

步骤01 打开材质编辑器，选择一个空白的材质球，设置材质样式为“VRayMtl”材质，设置“漫反射”颜色为黑色，参数设置如图10-120所示。

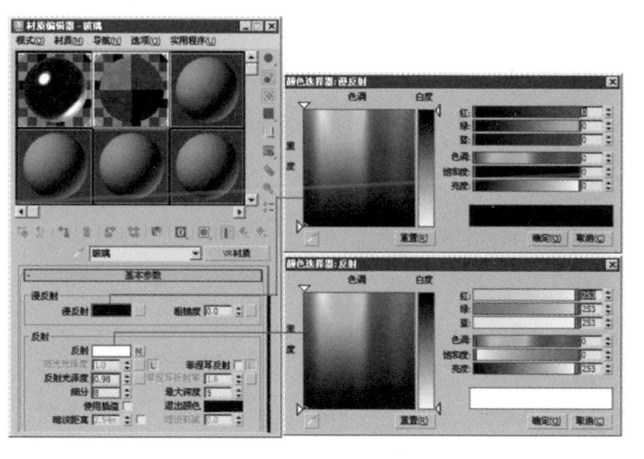

图10-120

步骤02 设置玻璃的折射参数和雾色效果，如图10-121所示。

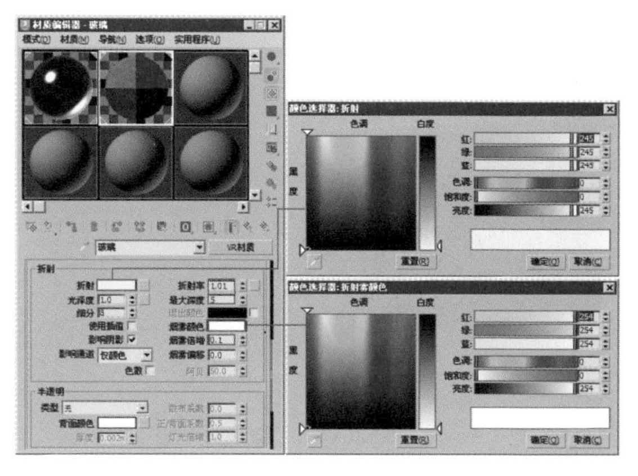

图10-121

步骤03 打开“贴图”卷展栏，在“反射”通道中添加一张“衰减”贴图，设置“衰减类型”为Fresnel方式，参数设置如图10-122所示。

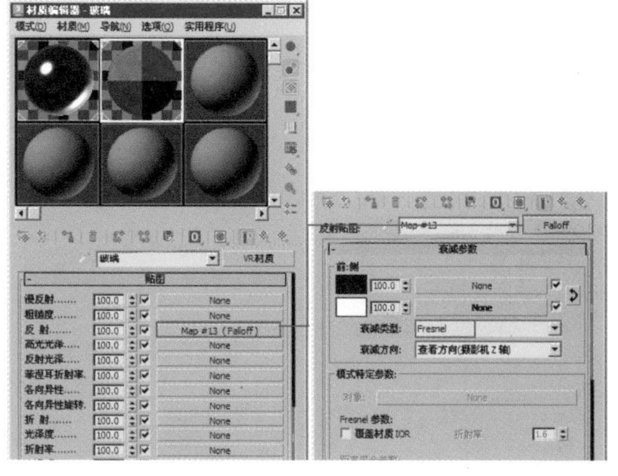

图10-122

10.5.5 设置车厢内部材质

步骤01 打开材质编辑器，选择一个空白的材质球，设置材质样式为“VRayMtl”材质，在“漫反射”通道中添加一张“噪波”贴图，设置“大小”值为0.1，参数设置如图10-123所示。

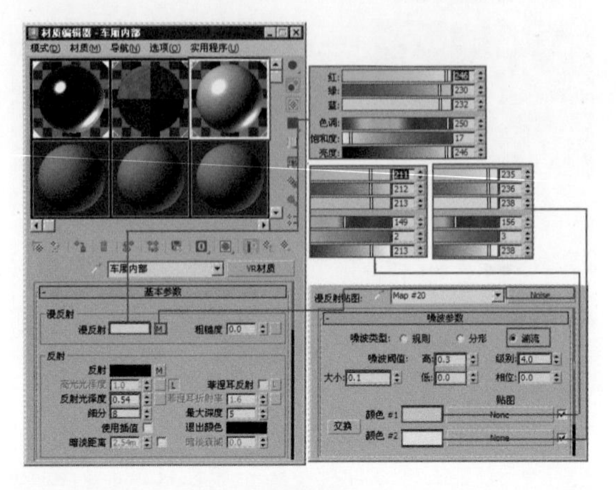

图10-123

步骤02 打开“贴图”卷展栏，在“反射”通道中添加一张“衰减”贴图，调节“混合曲线”弧度，参数设置如图10-124所示。

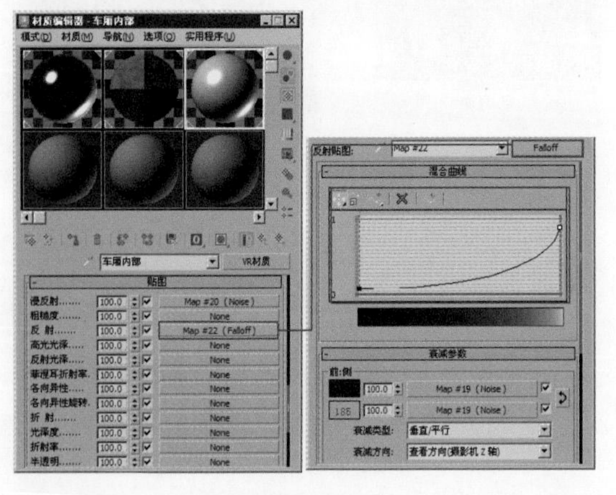

图10-124

步骤03 在“衰减”贴图的“颜色#1”通道中添加一张“噪波”贴图，设置“大小”值为0.1，具体参数设置如图10-125所示。

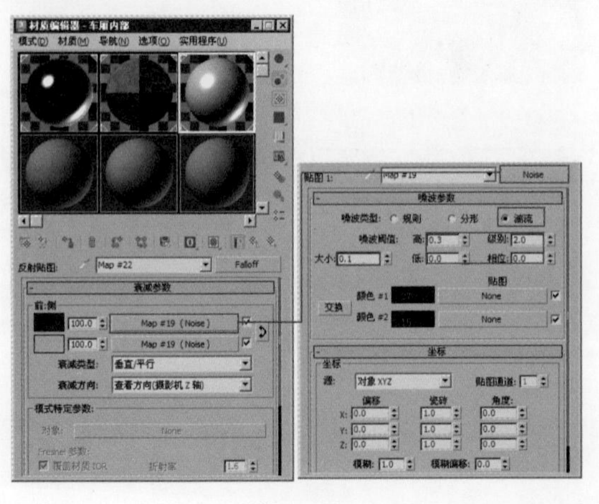

图10-125

步骤04 单击按钮返回衰减材质层，在“颜色#2”通道中添加一张“噪波”贴图，设置“大小”值为0.1，参数设置如图10-126所示。

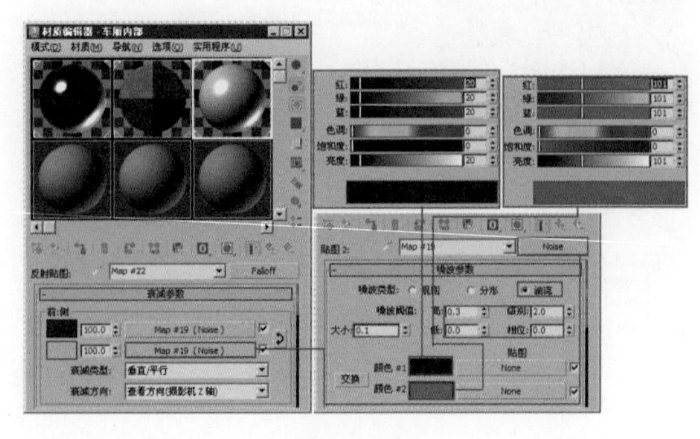

图10-126

步骤05 单击按钮返回上层，在“凹凸”通道中添加一张“噪波”贴图，设置“大小”值为0.1，设置凹凸贴图强度为8.0，参数设置如图10-127所示。

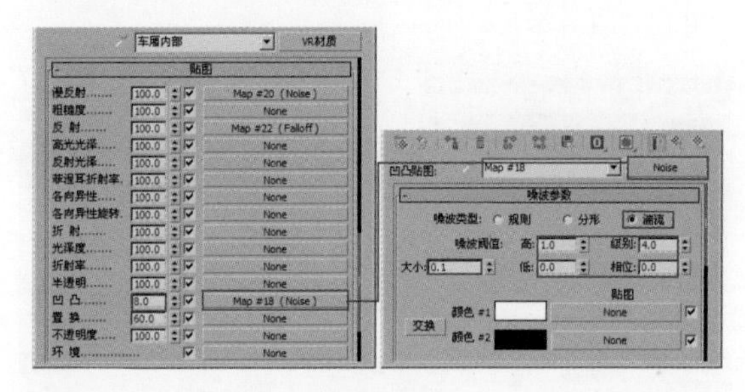

图10-127

知识拓展

凹凸贴图可以根据贴图的明度，在渲染时增加贴图的凹凸效果，使贴图看上去更加自然，数值越大，凹凸效果越明显。但它不会使模型的表面结构发生变化，只是视觉上的凹凸效果。

10.5.6 设置后视镜材质

步骤01 打开材质编辑器，选择一个空白的材质球，设置材质样式为“VRayMtl”材质，设置“漫反射”颜色为灰色，激活“菲涅耳反射”选项，并设置“反射”区域内的参数，如图10-128所示。

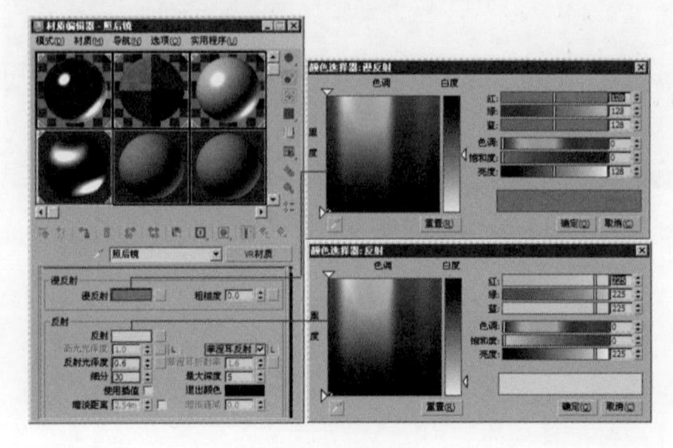

图10-128

步骤02 打开“双向反射分布函数”卷展栏，具体设置参数如图10-129所示。

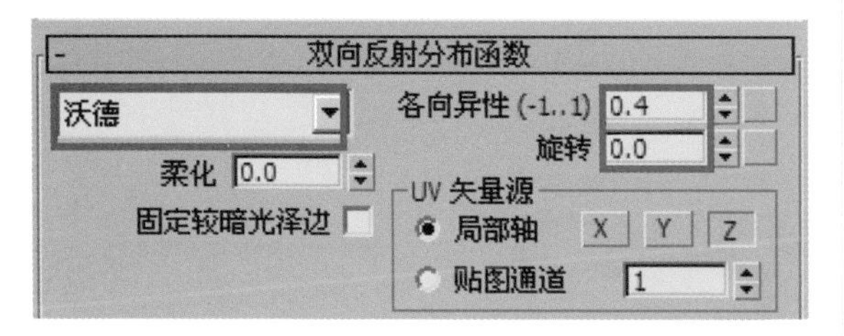

图10-129

10.5.7 设置轮胎材质

轮胎材质包括橡胶材质和金属材质。

步骤01 首先来设置橡胶材质。打开材质编辑器，选择一个空白的材质球，设置材质样式为“VRayMtl”材质，设置“漫反射”颜色为黑色，并设置反射参数、高光光泽度、反射光泽度和细分值，如图10-130所示。

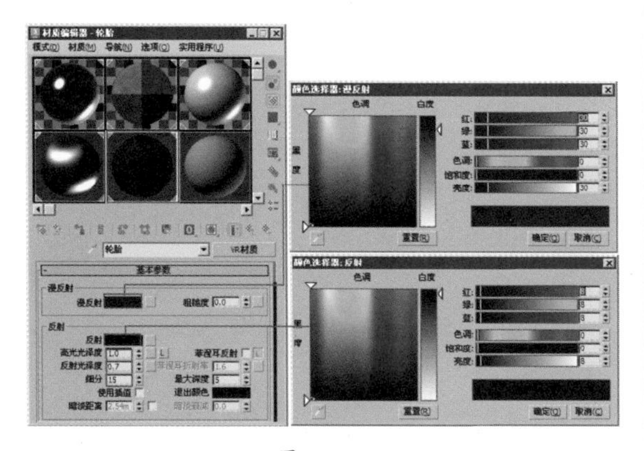

图10-130

步骤02 接下来设置金属材质。打开材质编辑器，选择一个空白的材质球，设置材质样式为“VRayMtl”材质，设置“漫反射”颜色为灰色，并设置反射参数、高光光泽度、反射光泽度和细分值，如图10-131所示。

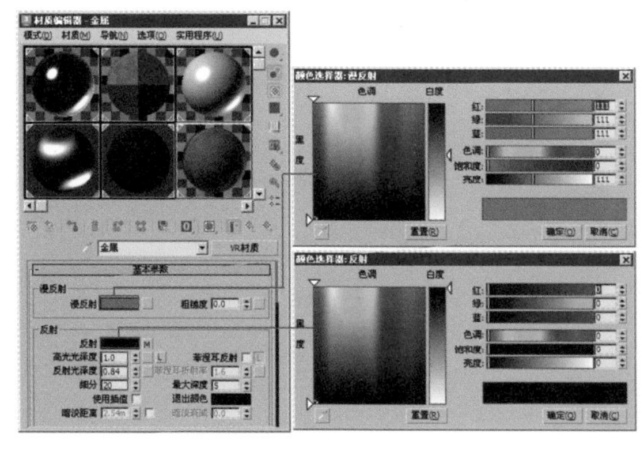

图10-131

步骤03 打开“贴图”卷展栏，在“反射”通道中添加一张“衰减”贴图，设置“颜色1”通道为黑色，设置“颜色2”通道为灰色，参数设置如图10-132所示。

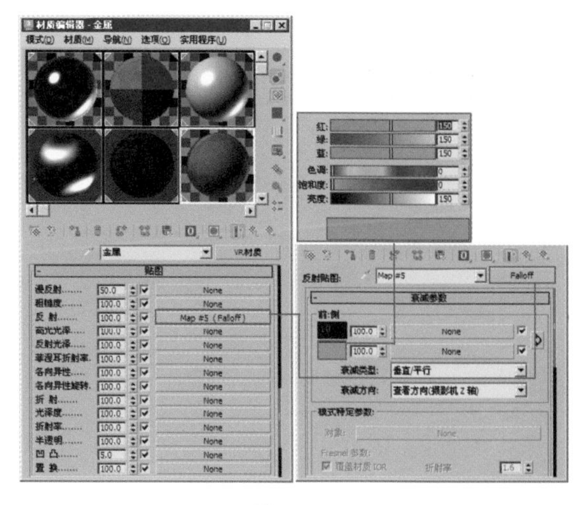

图10-132

步骤04 打开“双向反射分布函数”卷展栏，具体设置参数如图10-133所示。

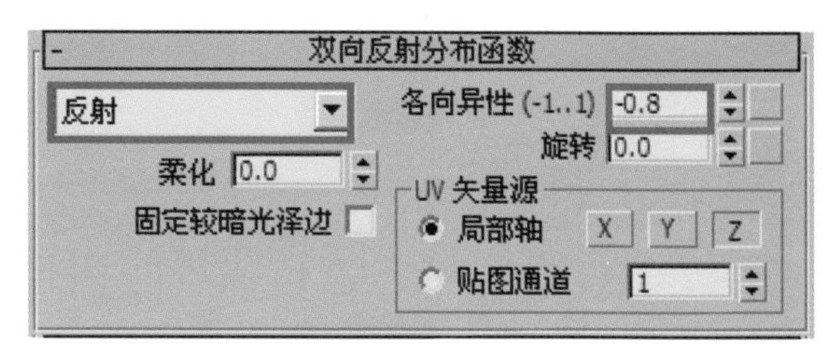

图10-133

步骤05 将所设置的材质赋予轮胎模型，渲染效果如图10-134所示。

图10-134

10.5.8 设置车后灯材质

车后灯材质包括塑料材质和不锈钢材质。

步骤01 首先来设置塑料材质。打开材质编辑器，选择一个空白的材质球，设置材质样式为“VRayMtl”材质，设置“漫反射”颜色为红色，参数设置如图10-135所示。

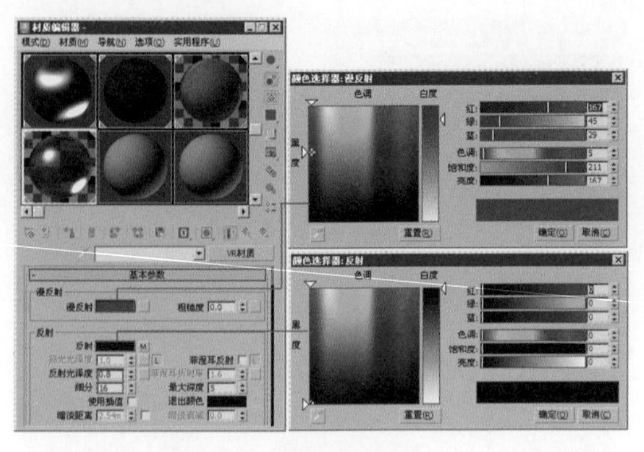

图 10-135

步骤02 设置折射参数如图 10-136 所示。

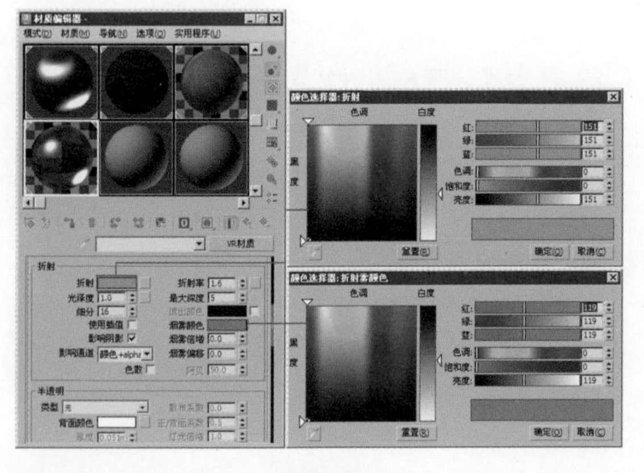

图 10-136

步骤03 打开“贴图”卷展栏，在“反射”通道中添加一张“衰减”贴图，参数设置如图 10-137 所示。

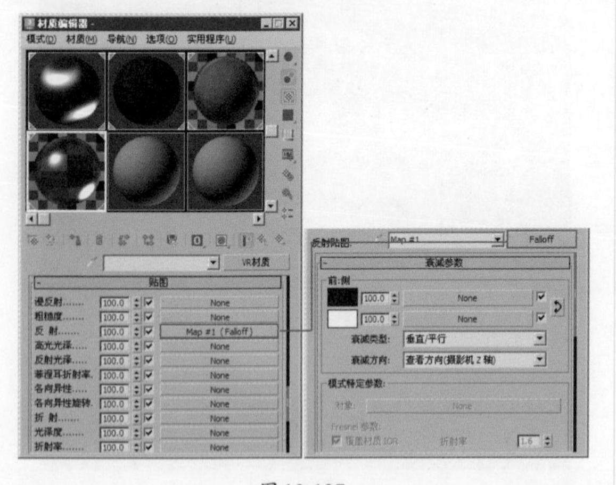

图 10-137

步骤04 接下来设置不锈钢材质。打开材质编辑器，选择一个空白的材质球，设置材质样式为“VRayMtl”材质，设置“漫反射”颜色为灰白色，并设置反射参数、高光光泽度、反射光泽度和细分值，如图 10-138 所示。

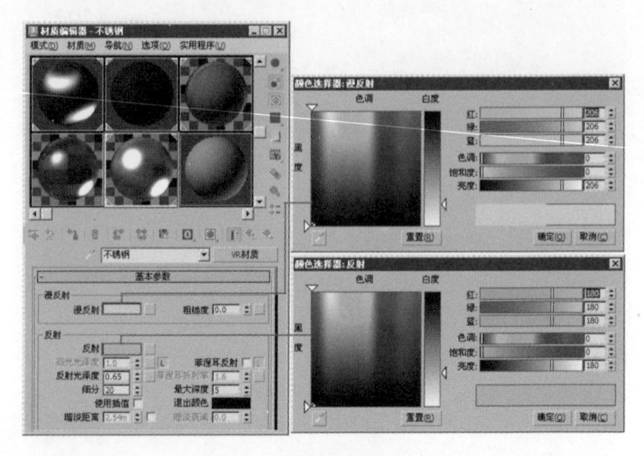

图 10-138

步骤05 关于场景中的车标志材质、烟筒材质等参数设置，这里就不再赘述。将所设置的材质赋予轿车模型，最终渲染效果如图 10-139 所示。

图 10-139

3ds Max

第11章 摄影机和环境

本章导读

通过本章的学习，读者将系统地了解摄影机各种参数的用法，能够在场景中创建摄影机视角。同时，学习曝光控制的使用，以及如何利用3ds Max制作一些简单的特效。

学习目标 本章重点	了解	理解	应用	实践
摄影机		√	√	√
环境控制		√	√	√
制作摄影机动画			√	√
制作炙热的太阳			√	√
海底体光			√	√

11.1 摄影机

在摄影机创建面板中可创建一台摄影机并设置其位置的动画。例如，可能要飞过一栋建筑或走过一条道路。也可以设置其他摄影机参数的动画。

3ds Max存在三种摄影机对象：物理、目标和自由摄影机，如图11-1所示。

图 11-1

物理摄影机可以支持VRay渲染器的特定渲染参数。自由摄影机可以不受任何限制地移动和定向，如图11-2所示。

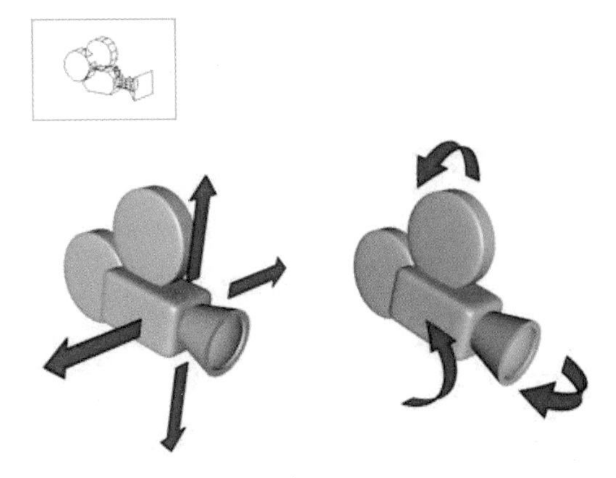

图 11-2

目标摄影机如图11-3所示，可以设置自由摄影机及其目标的动画来创建效果。

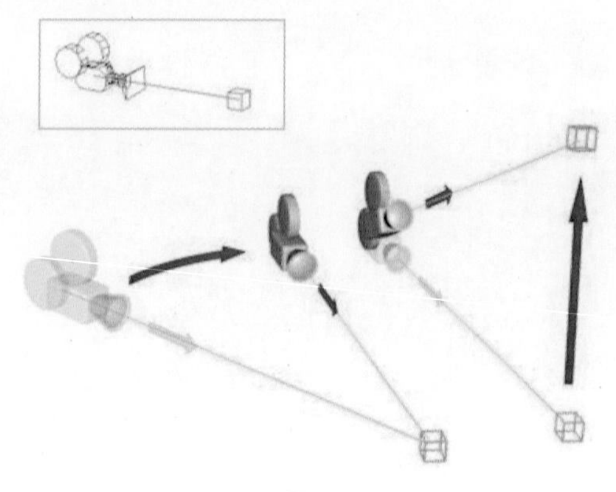

图 11-3

实例操作 景深效果制作

步骤01 打开场景文件，在场景中已经设置了一台摄影机（素材文件：第11章/Scenes/景深效果的制作.max）。

步骤02 将摄影机目标点的投射位置移至第四个人物的位置，如图11-4所示。

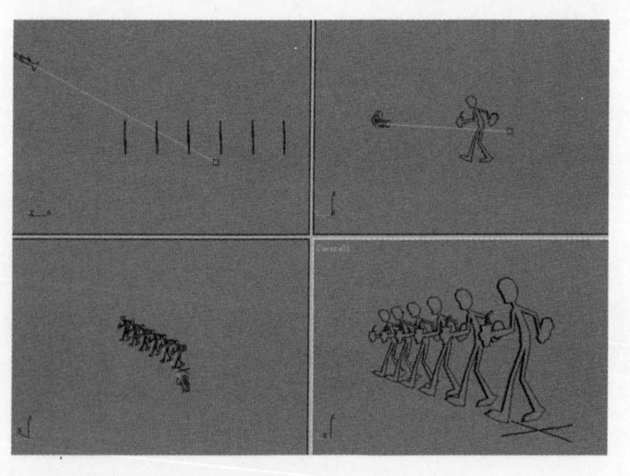

图 11-4

步骤03 选择Camera01视图，使用快捷键Shift+Q进行快速渲染。效果如图11-5所示。

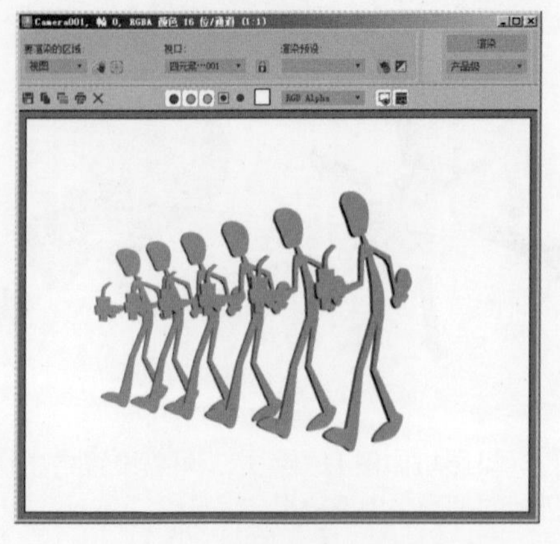

图 11-5

下面我们介绍如何将渲染好的图像加入RAM 播放器对话框的通道中，以便于进行比较。

步骤04 选择“渲染”→“比较RAM播放器中的媒体”命令，打开RAM播放器对话框。

步骤05 单击RAM播放器对话框Channel A（通道A）的按钮，打开RAM播放器配置对话框，如图11-6所示。

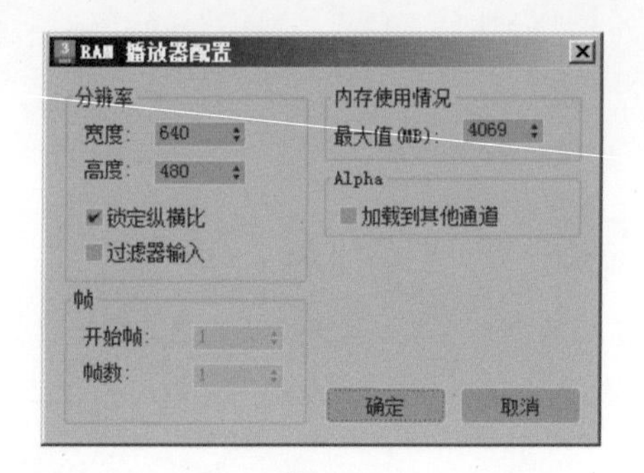

图 11-6

步骤06 单击“确定”按钮，将渲染好的图像加载到RAM播放器的通道A中，如图11-7所示。

图 11-7

步骤07 最小化RAM播放器对话框。下面设置景深效果。在视图中选择摄影机，进入命令面板，如图11-8所示，在“多过程效果”区域激活“启用”复选框，并选择“景深”选项。这样便启动了景深效果。

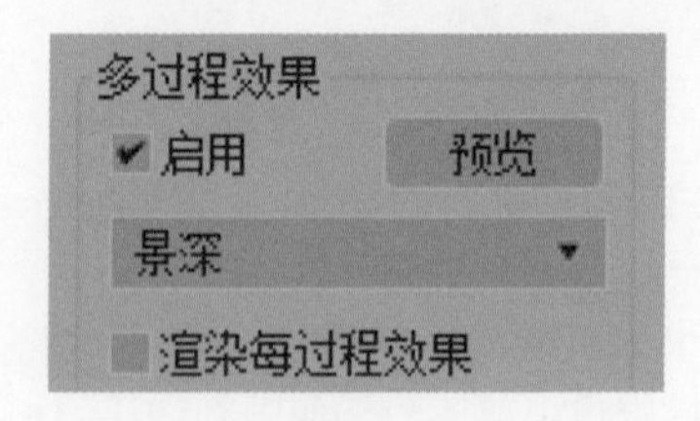

图 11-8

步骤08 在“景深参数”卷展栏中设置参数如图11-9所示。

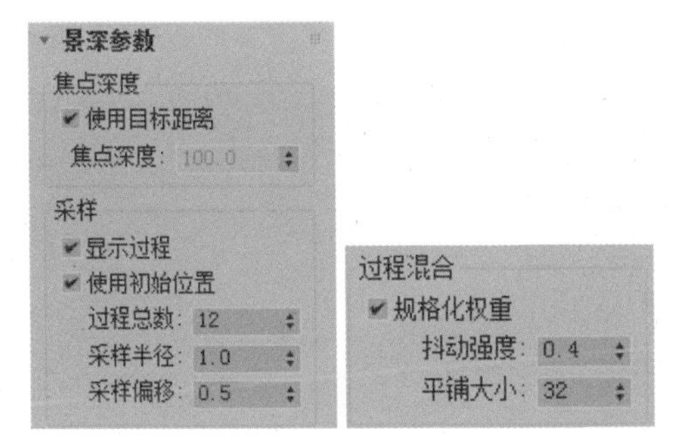

图 11-9

步骤09 使用快捷键Shift+Q对画面进行快速渲染。此时3ds Max开始独立进行各个层的渲染，然后将它们结合在一起形成最后的图像，渲染效果如图11-10所示。

图 11-10

步骤10 单击RAM播放器对话框通道B的按钮，打开RAM播放器配置对话框。单击“确定”按钮，将渲染好的图像加载到RAM播放器的通道B中。这样我们就可以对比观察两个渲染的图像了。移动画面上下的三角形滑块可以像卷帘窗一样观察通道A和B的效果，如图11-11所示。

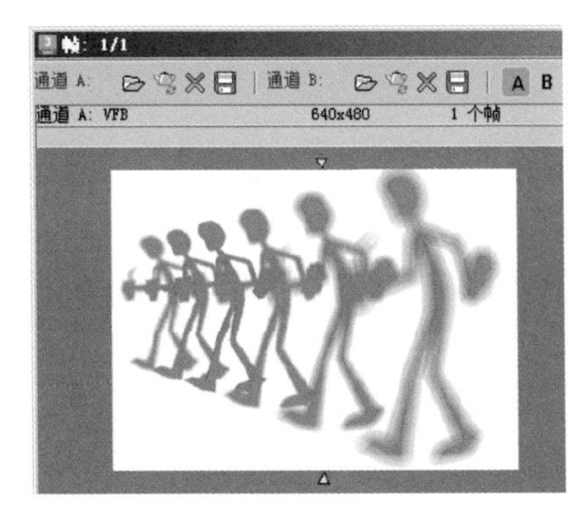

图 11-11

实例操作 制作动态模糊效果

步骤01 打开一个蝴蝶的模型文件，如图11-12所示，我们将制作蝴蝶翅膀的动态模糊效果（素材文件：第11章/Scenes/制作动态模糊效果.max）。

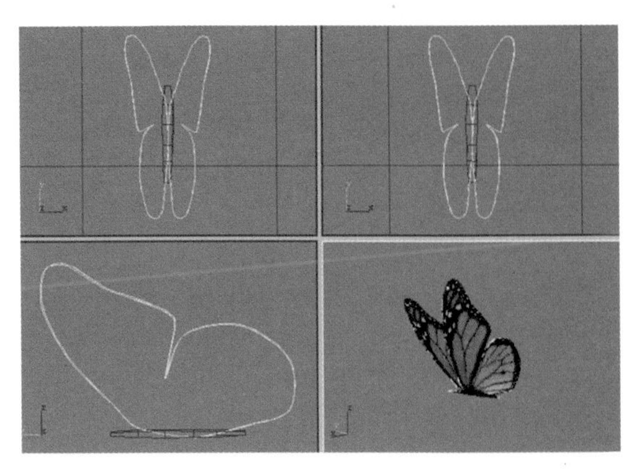

图 11-12

步骤02 单击按钮，在前视图中对蝴蝶的两只翅膀各进行45° 旋转，如图11-13所示。

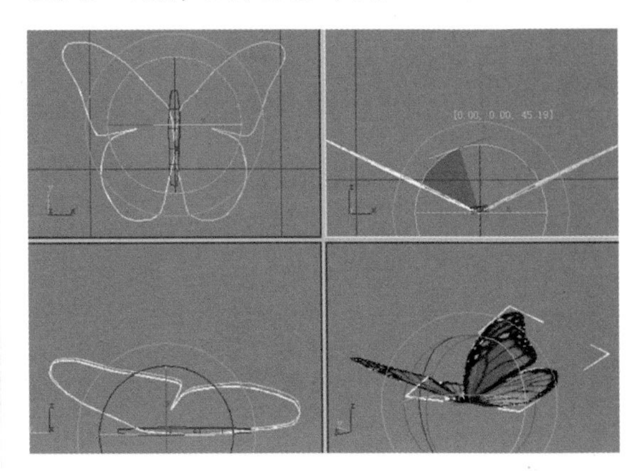

图 11-13

步骤03 单击“自动关键点”按钮，准备制作翅膀动画。移动时间滑块到第100帧，向上45° 旋转两只翅膀，如图11-14所示。

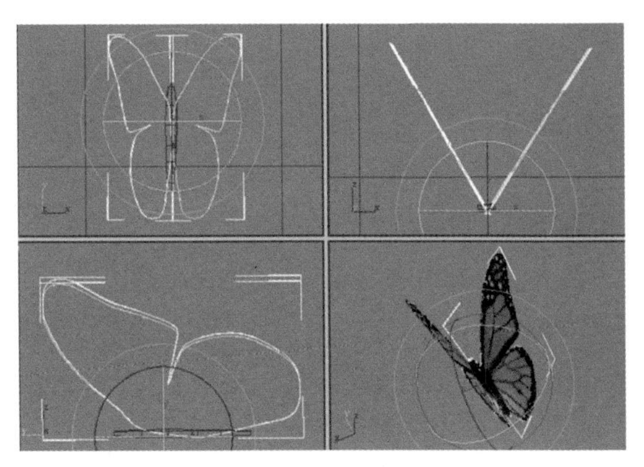

图 11-14

现在蝴蝶翅膀的一组煽动动画就制作好了。下面制作整个100帧时间内的翅膀动画。拖动时间滑块观察动画：第0帧至第100帧产生了翅膀动画效果。单击“自动关键点”按钮结束动画制作。

步骤04 下面设置运动模糊效果。选择摄影机Camera01，进入命令面板。

步骤05 勾选“多过程效果”区域中的“启用”复选

框，启用多层效果，如图11-15左图所示。

步骤06 单击“景深”右边的向下箭头，从下拉列表中选择“运动模糊”选项，如图11-15右图所示。

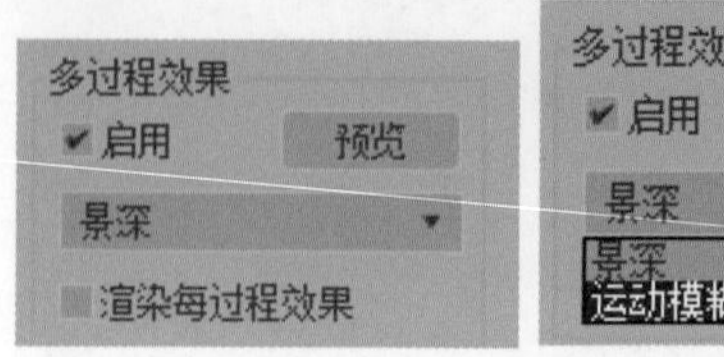

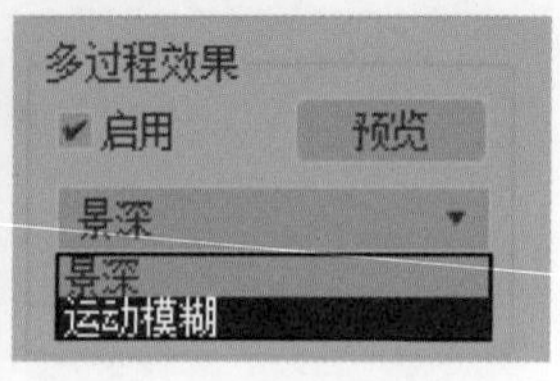

图11-15

步骤07 在“运动模糊参数”卷展栏中设置参数。

步骤08 右击蝴蝶翅膀，在弹出的快捷菜单中选择“对象属性”选项，打开物体属性对话框，如图11-16所示，在“运动模糊”区域选择“图像”单选按钮。单击“确定”按钮，这样该物体便具有了动态模糊属性。

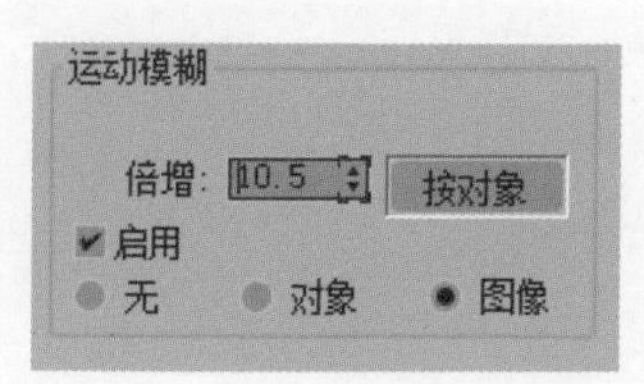

图11-16

步骤09 使用快捷键Shift+Q对摄影机视图进行渲染，蝴蝶的翅膀产生了动态模糊效果如图11-17所示。

图11-17

步骤10 用相同的方法设置另一只翅膀的动态模糊属性，此时的渲染效果如图11-18所示。

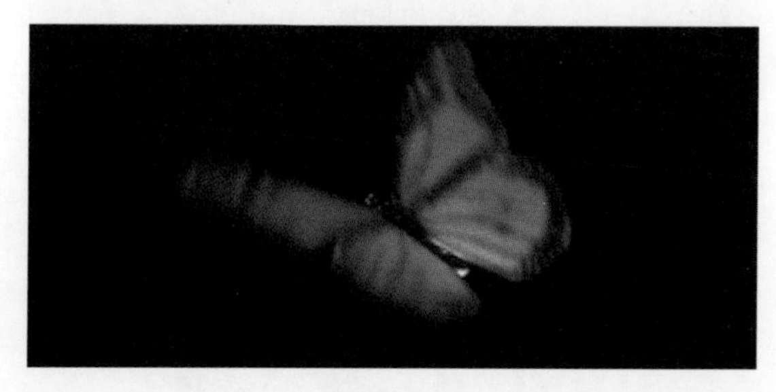

图11-18

11.2 环境控制

选择“渲染”→“环境”命令，弹出“环境和效果”对话框，如图11-19所示，用于设置大气效果和背景效果。

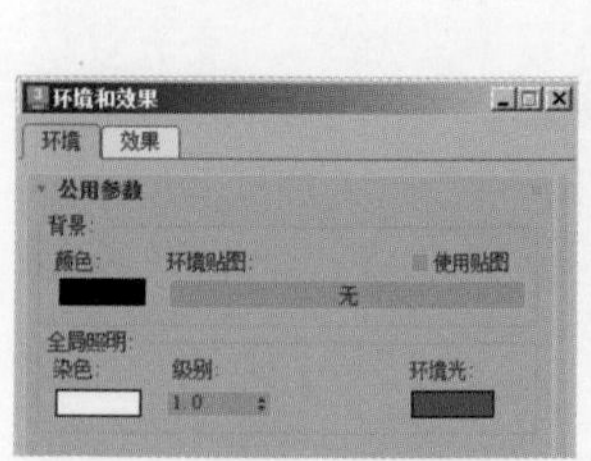

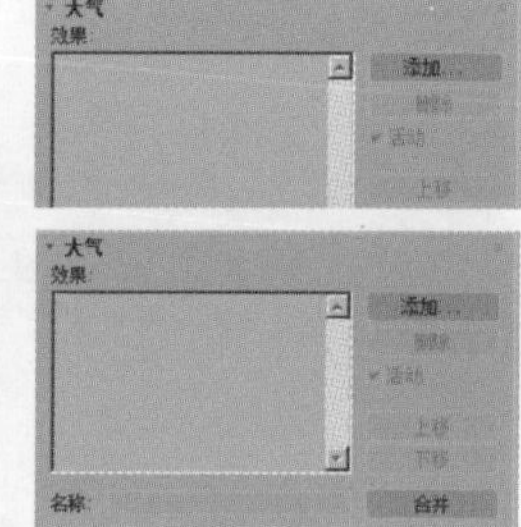

图11-19

使用环境功能可以进行以下操作：

（1）设置背景颜色和背景颜色动画。

（2）在渲染场景（屏幕环境）的背景中使用图像或纹理贴图作为球形环境、柱形环境或收缩包裹环境。

（3）设置环境光和环境光动画。

（4）在场景中使用大气插件。

（5）将曝光控制应用于渲染。

实例操作 制作大气环境

步骤01 打开场景文件，是一个贴图、灯光已经制作好的场景。按8键打开“环境和效果”对话框，单击“添加...”按钮，在弹出的对话框中双击“雾”特效，给场景加入雾效，如图11-20所示（素材文件：第11章/Scenes/制作大气环境.max）。

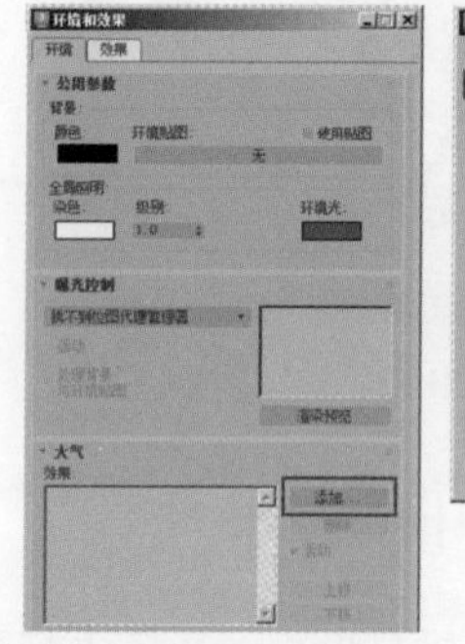
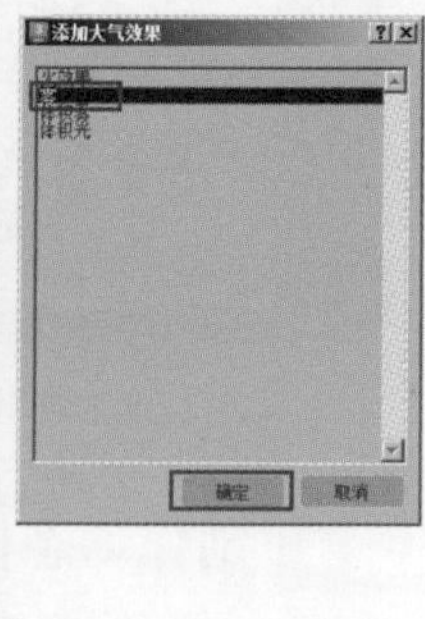

图11-20

步骤02 在“雾参数”卷展栏中设置参数，如图11-21所示。

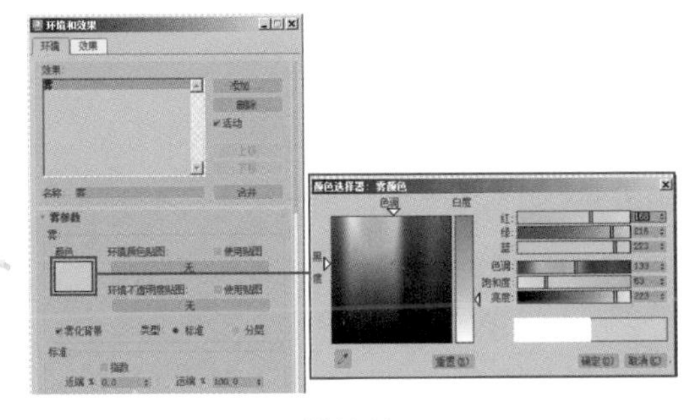

图 11-21

步骤03 渲染摄影机视图，此时效果如图 11-22 所示。

图 11-22

此时我们会发现两个问题，一个问题是雾效的浓度太大，另一个问题是镂空的植物产生了错误，雾效并没有透过镂空部分。下面我们来解决这两个问题。

步骤04 在“雾参数”卷展栏中勾选“指数”复选框，设置参数如图 11-23 所示。这是近雾效的指数。

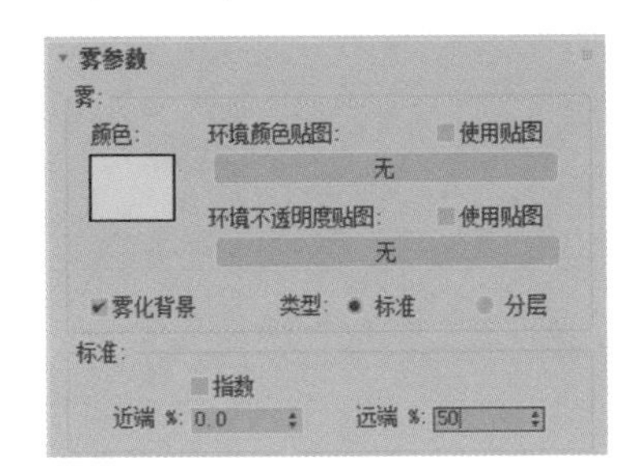

图 11-23

步骤05 重新渲染摄影机视图，此时效果如图 11-24 所示。

图 11-24

步骤06 单击“环境不透明度贴图”下方的“贴图 #1（Gradient Ramp）”按钮，在弹出的“材质/贴图浏览器”对话框中选择“渐变坡度”材质，如图 11-25 所示。

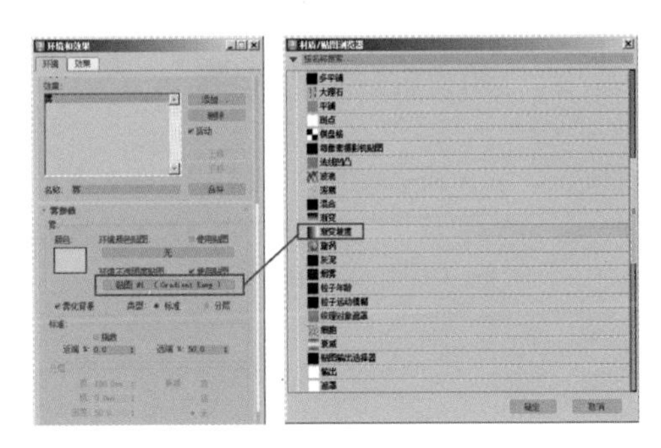

图 11-25

步骤07 打开材质编辑器，将“环境和效果”对话框的渐变材质以关联的方式拖动复制到一个材质样本球上，如图 11-26 所示。这样在材质编辑器中对该材质所做的修改，都会关联到环境贴图上。

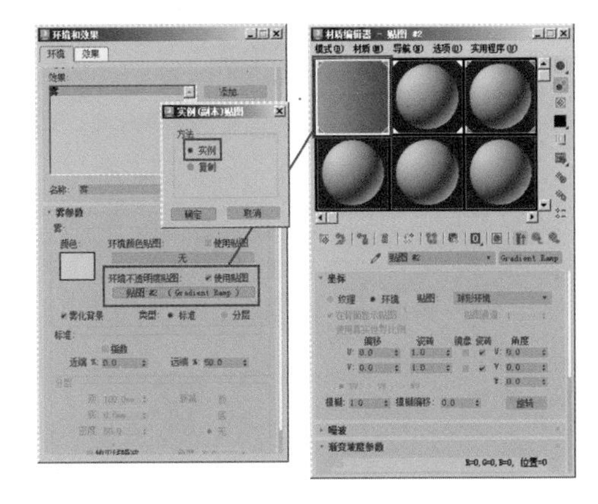

图 11-26

步骤08 在材质编辑器中，设置渐变材质的参数如图 11-27 所示。让材质渐变效果从上到下有一个灰色的过渡。

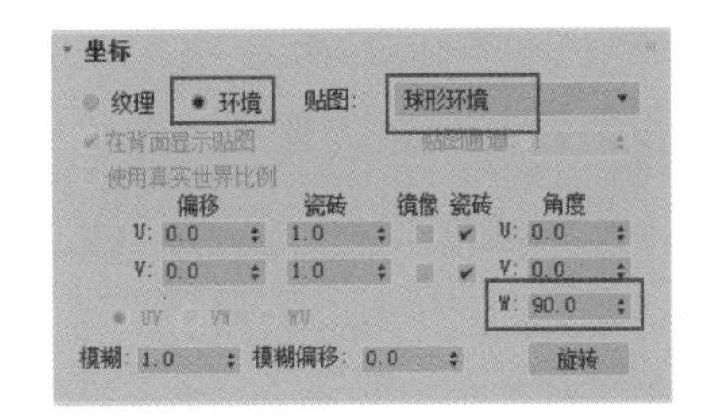

图 11-27

步骤09 渲染摄影机视图，此时效果如图 11-28 所示。

图 11-28

制作摄影机动画

在本案例中，我们将介绍如何制作摄影机动画。在建筑动画中，摄影机动画起着至关重要的作用。由于建筑物本身是静态的，要通过影片来展现建筑的视觉效果，必须从不同角度对摄影机进行巡游动画设置。因此，镜头的动画设置直接反映了导演表现影片的意图。

如图11-29所示的三幅图为场景在不同摄影机视图下的最终渲染效果。

图 11-29

11.3.1 创建并调整摄影机

摄影机动画的设置分为移动动画和变焦动画。移动动画是对摄影机机身和视点进行移动，以产生视觉巡游的效果；而变焦动画则是对摄影机的“视角”和“镜头焦距”参数进行动画设置。

步骤01 打开摄影机动画.max场景文件。在场景中创建一台目标摄影机，如图11-30所示。

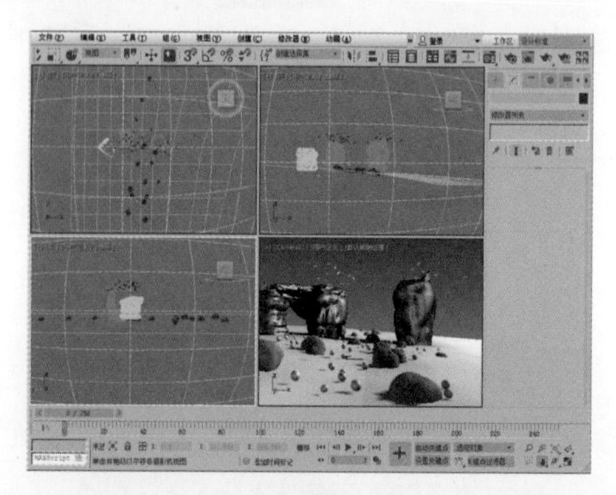

图 11-30

步骤02 当我们调整视角时，很容易产生两点透视变形。因此，在制作动画之前，我们需要选择摄影机，右击，在弹出的快捷菜单中选择“应用摄影机校正修改器”选项。这样，我们将在修改面板中看到摄影机增加了一个校正命令，如图11-31所示。

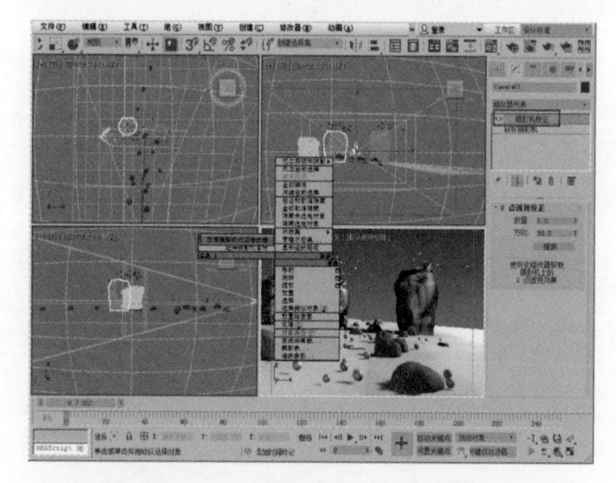

图 11-31

步骤03 为了让影片反映正常人的视觉效果，我们应该将视野设置为50，如图11-32所示。

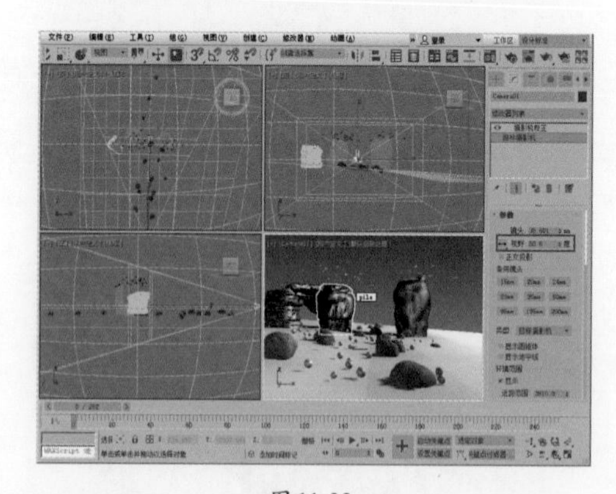

图 11-32

步骤04 单击“时间配置”按钮，打开“时间配置”对话框，设置动画制式为PAL，这是中国制式。设置时间总长度为200帧，如图11-33所示。

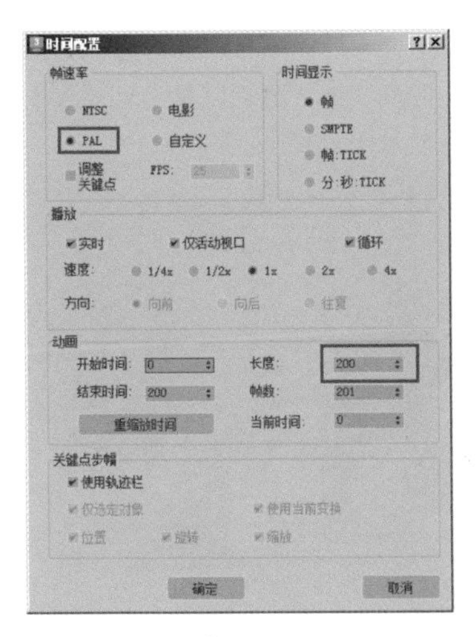

图 11-33

步骤05 单击“确定”按钮。右击Camera01视图标签，在弹出的快捷菜单中选择“显示安全框”选项，如图11-34所示。这样做的目的是，在渲染动画时可以保证安全框中的物体全部在视野内，不会超出摄影机范围。

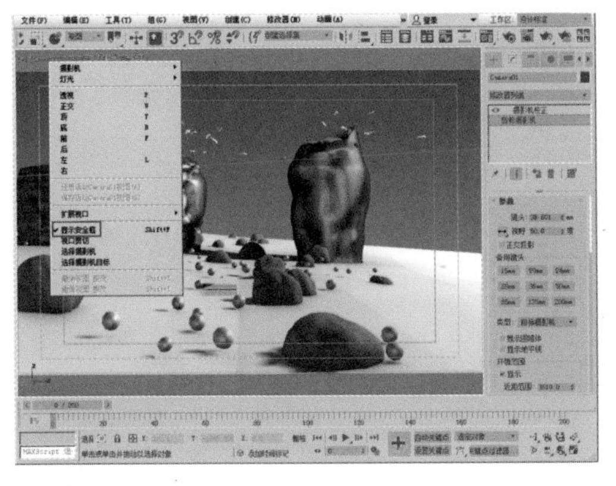

图 11-34

11.3.2 设置摄影机动画

下面设置摄影机动画。

步骤01 单击“自动关键点”按钮，将时间滑块拖动到第40帧处，移动摄影机镜头的角度，如图11-35所示。

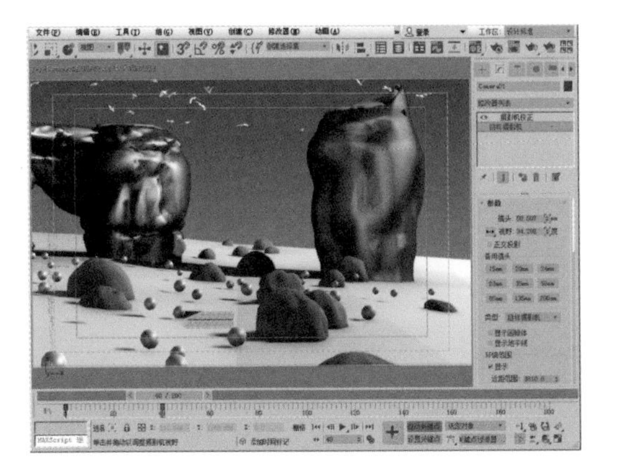

图 11-35

步骤02 将时间滑块拖动到第100帧处，移动摄影机镜头的角度，如图11-36所示。

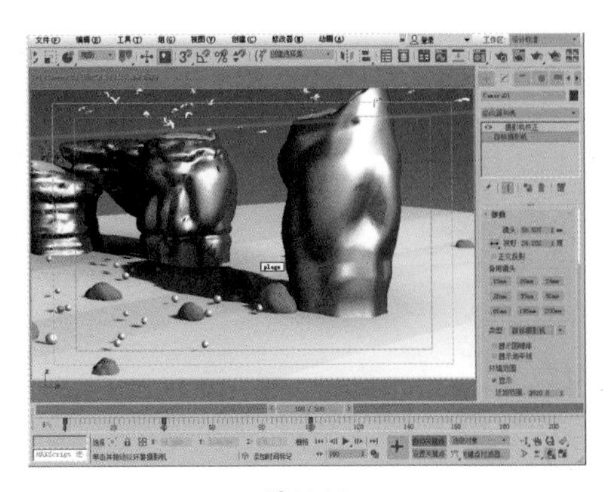

图 11-36

步骤03 将时间滑块拖动到第200帧处，设置视野参数如图11-37所示，让视角拉近。

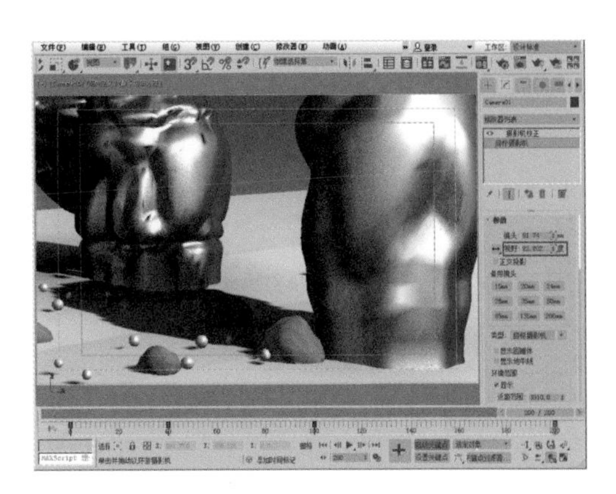

图 11-37

步骤04 关闭“自动关键点”按钮，动画关键帧设置完成。确定摄影机为选中状态，右击，在弹出的快捷菜单中选择“对象属性”选项，打开“对象属性”对话框，勾选“运动路径”复选框，如图11-38所示。

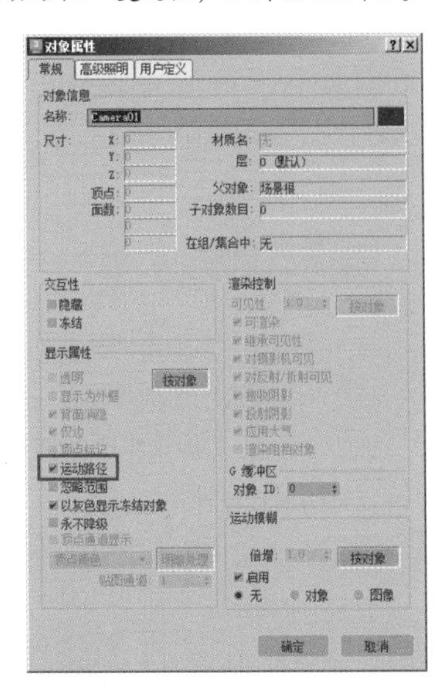

图 11-38

步骤05 单击“确定”按钮，在视图中显示摄影机的运动路径，以便随时进行调整，如图 11-39 所示。

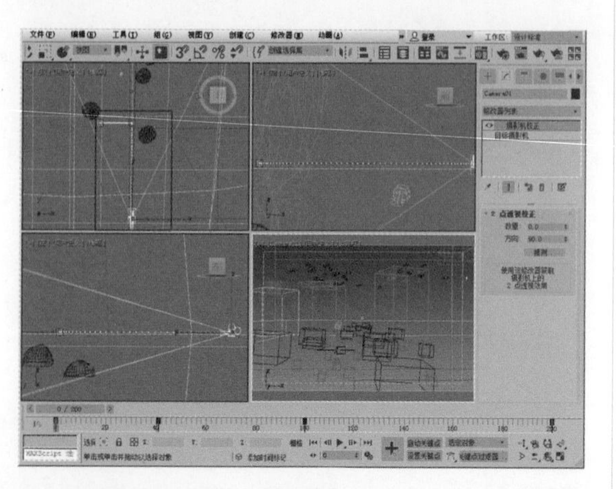

图 11-39

知识拓展

在“对象属性”对话框中勾选“运动路径”复选框的好处是，可以很直观地观察到摄影机的运动路径，以便随时对运动路径进行调整。

步骤06 右击 Camera01 视图标签，在弹出的快捷菜单中选择“边界框”选项，这样在单击▶按钮播放动画的时候会很顺畅，如图 11-40 所示。

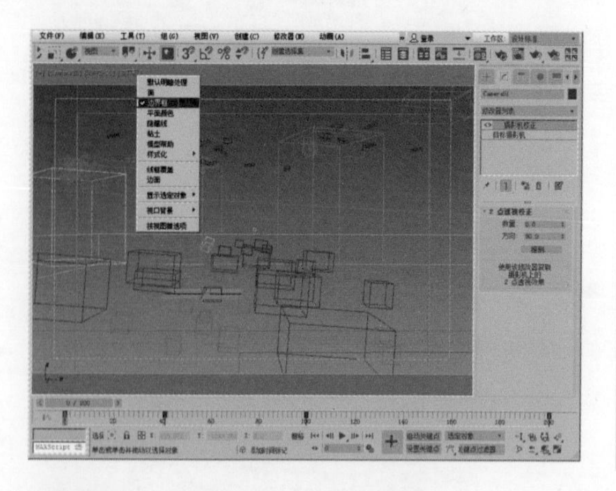

图 11-40

步骤07 最后，单击“播放”按钮，观看摄影机动画的动画效果，如图 11-41 所示。

图 11-41

11.4 制作炙热的太阳

本案例介绍如何制作炙热的太阳。首先使用几何体来构建太阳的主体模型。然后使用“球体 Gizmo”创建一个辅助体。最后在“环境和效果”面板中，我们将为辅助体添加火焰效果，并设置参数和颜色，以实现本案例最终的效果。

如图 11-42 所示的两幅图为案例制作过程中的渲染效果图和案例最终渲染效果图。

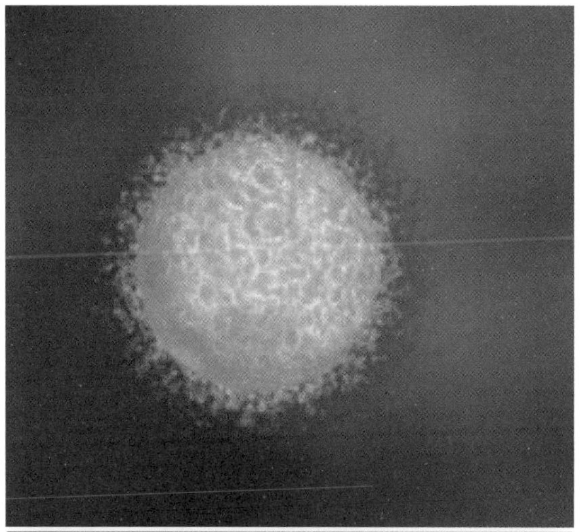

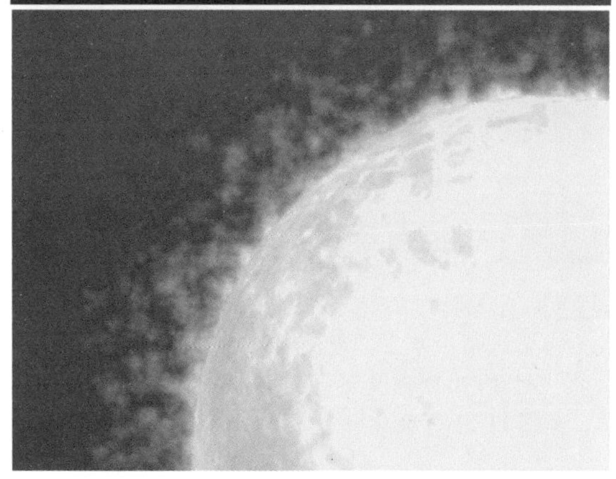

图 11-42

11.4.1 制作太阳本体和火焰辅助体

步骤01 在 命令面板中单击 按钮，在“标准基本体”卷展栏中单击“球体”按钮，在顶视图中拖动鼠标，创建一个半径为80个单位，分段数为50的球体，如图11-43所示。

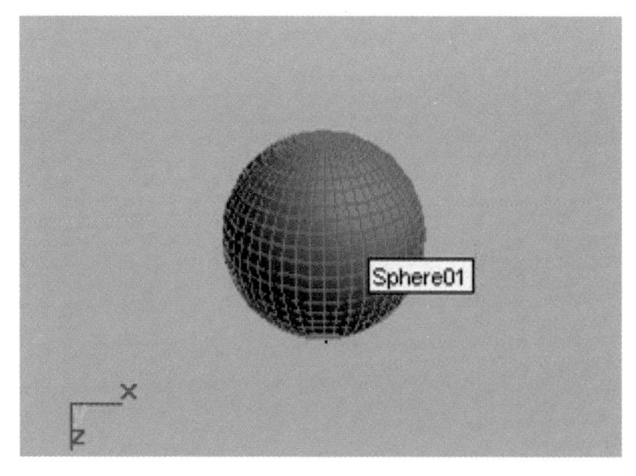

图 11-43

步骤02 选中球体并右击，在弹出的快捷菜单中选择“对象属性”选项，在弹出的“对象属性”对话框中，设置“对象ID”值为1，如图11-44所示。

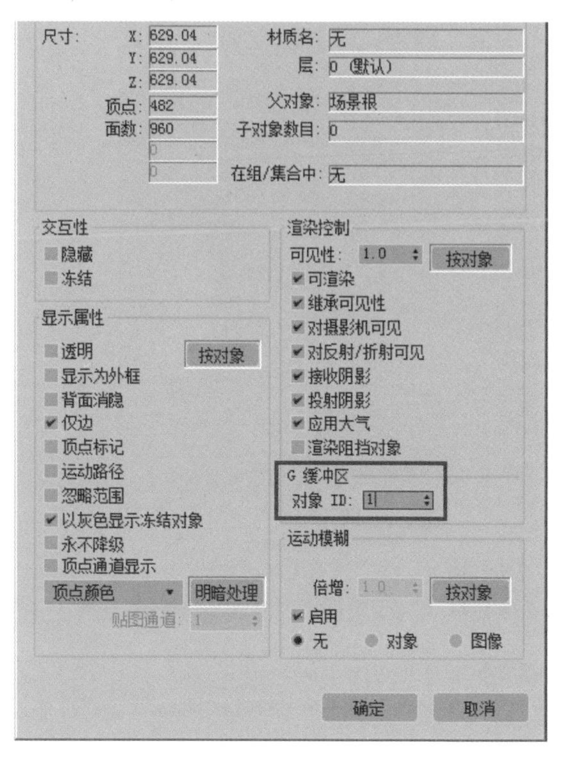

图 11-44

步骤03 单击 命令面板中的 按钮，在下拉列表框中选择“大气装置”选项，单击“球体Gizmo”按钮，在顶视图中创建一个半径稍微比Sphere01球体大一些的辅助体，如图11-45所示。

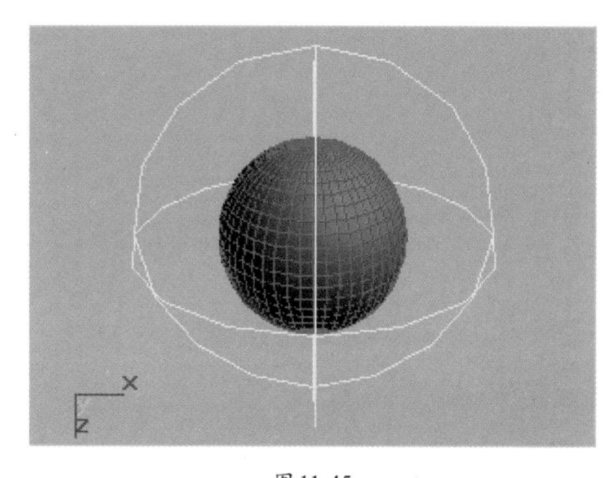

图 11-45

步骤04 确定Sphere01球体为当前选项，单击工具栏中的 按钮，再单击球体Gizmo01，弹出“对齐当前选择”对话框。在“对齐当前选择”对话框中，勾选“对齐位置（屏幕）”下方的“*X*位置”“*Y*位置”“*Z*位置”复选框，在“当前对象”和“目标对象”选项中均选择“中心”选项。单击“确定”按钮，如图11-46所示。

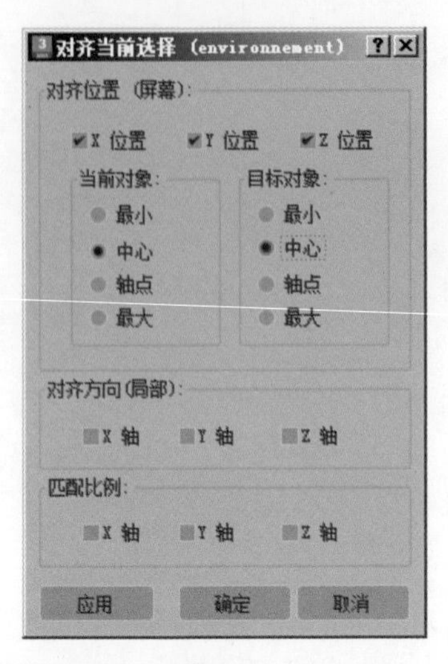

图 11-46

11.4.2 给辅助体增加火焰效果

步骤01 打开“修改”命令面板，在“新种子”下方的“大气和效果”卷展栏中单击“添加”按钮，弹出“添加大气”对话框。在该对话框中选择“火效果”选项，并保持其他选项为系统默认选项。单击“确定”按钮退出对话框，如图 11-47 所示。

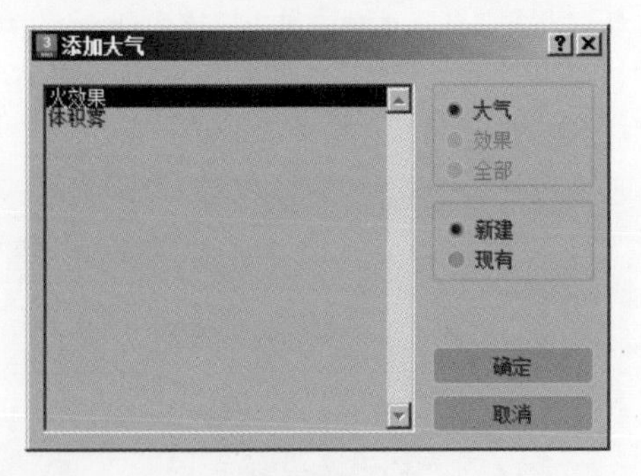

图 11-47

步骤02 在“大气”对话框选择“火效果”选项，如图 11-48 所示。

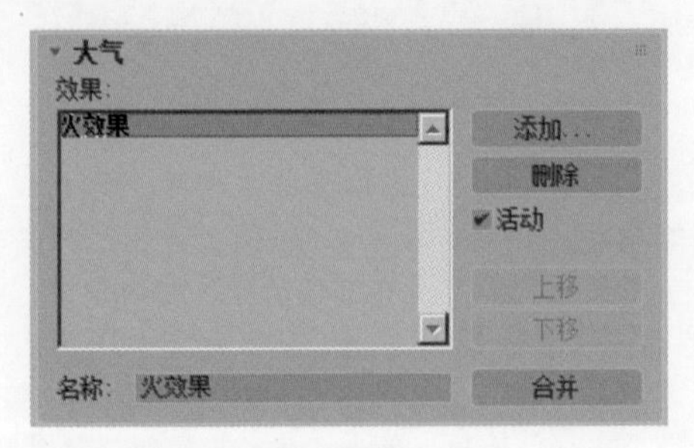

图 11-48

步骤03 在“火效果参数”卷展栏中，设置火效果最浓烈的“内部颜色”为橘黄色。设置燃烧“外部颜色”为红色，设置爆炸效果的“烟雾颜色”为黑色，如图 11-49 所示。

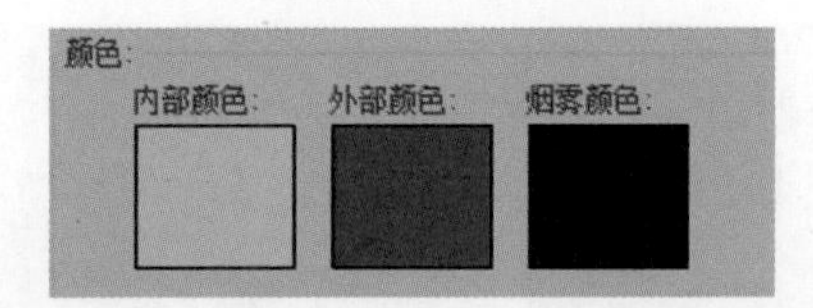

图 11-49

步骤04 设置“拉伸”值为1，设置“规则性”值为0.2。设置“特性”项下的“火焰大小”值为6，设置“密度”值为15，设置“火焰细节”值为10，设置“采样”值为15，如图 11-50 所示。

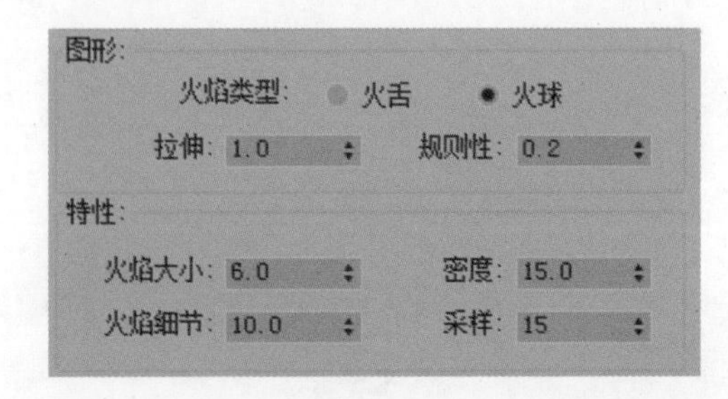

图 11-50

11.4.3 设置背景

步骤01 进入材质编辑器，选择第一个材质球，使之成为当前选项。单击“漫反射”旁边的长按钮，在弹出的“材质/贴图浏览器”对话框中选择“噪波”贴图，如图 11-51 所示。

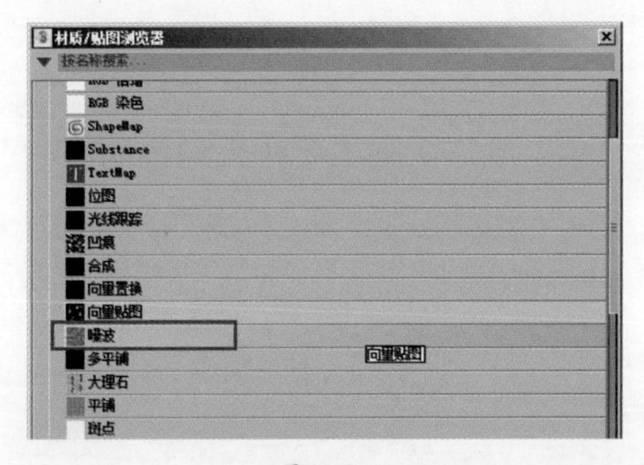

图 11-51

步骤02 在“噪波参数”卷展栏中，设置“噪波类型”为分形，在“噪波阈值”项中，设置“高”值为1，“低”值为0.7。设置“级别”为3，如图 11-52 所示。

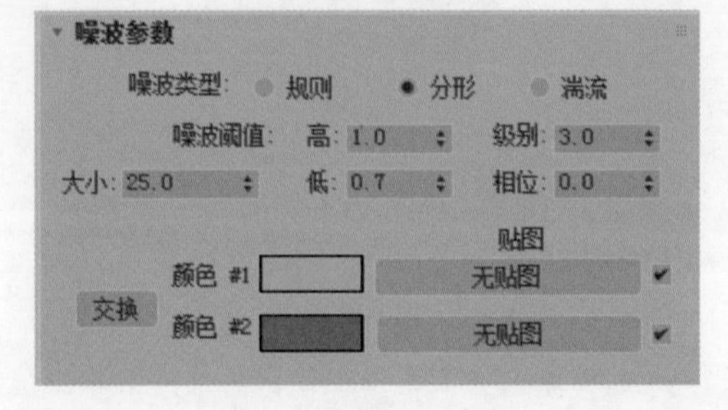

图 11-52

步骤03 选择“渲染”→“环境”菜单命令，在弹出的“环境和效果”对话框中勾选“背景”区域中的“使用贴图”复选框，并单击“无”按钮，弹出“材质/贴图浏览器”对话框。

步骤04 在“示例窗”区域中选择漫反射颜色:Map #2贴图项。单击“确定”按钮，退出该对话框。在弹出的“实例还是副本”对话框中选择“实例”选项。

11.4.4 编辑太阳材质

步骤01 进入材质编辑器，单击“漫反射”旁边的长按钮，在弹出的“材质/贴图浏览器”对话框中选择“噪波”贴图，如图11-53所示。

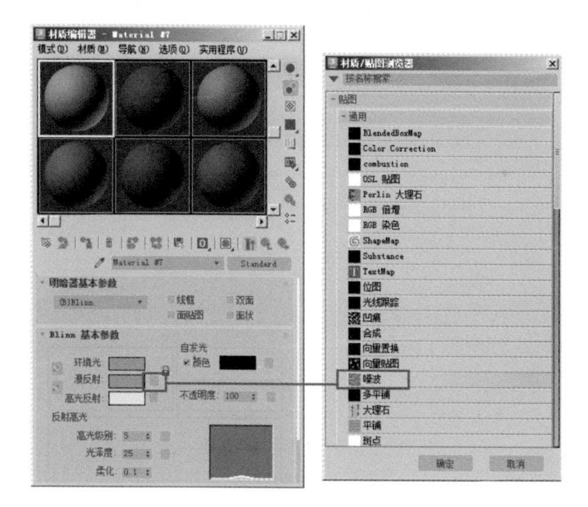

图11-53

步骤02 在“噪波参数”卷展栏中，设置“大小”值为25，设置“噪波类型”为规则。在“噪波阈值”项中，设置“高”值为1，“低”值为0。设置“级别”为3，如图11-54所示。

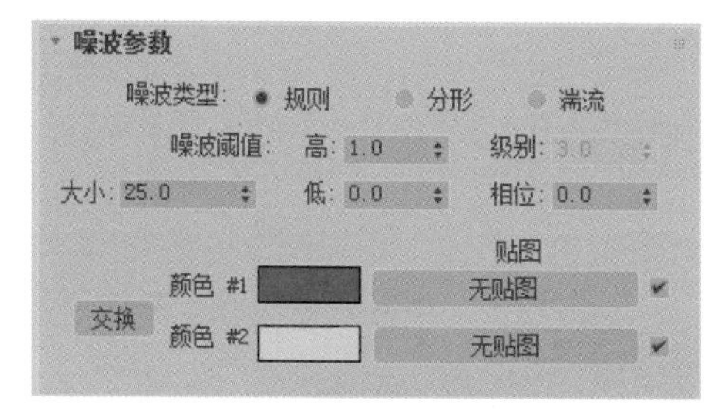

图11-54

步骤03 单击回到上一层，将“贴图”卷展栏中的“漫反射颜色”通道上的贴图拖动到“自发光”通道上，此时材质球上的明暗面消失了，如图11-55所示。

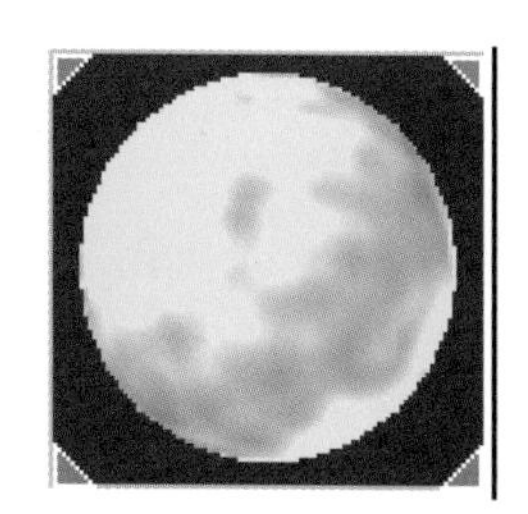

图11-55

步骤04 单击“将材质指定到选定物体之上”按钮，将此材质赋予太阳。单击按钮，观看渲染画面，我们发现太阳的火焰有些生硬，如图11-56所示。

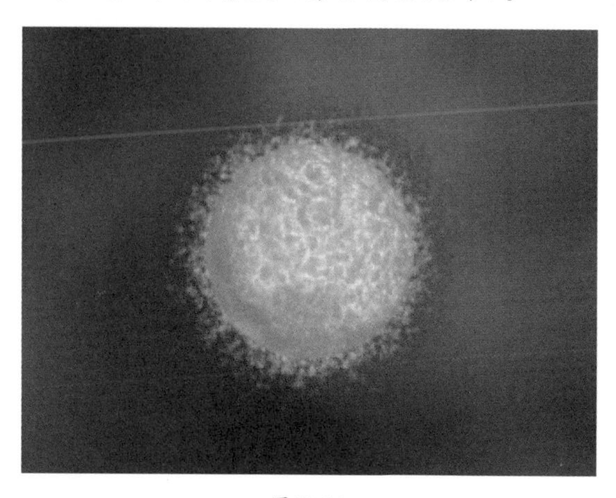

图11-56

11.4.5 加入太阳辉光效果

步骤01 单击“渲染”下的“视频后期处理”项，弹出“视频后期处理”对话框，如图11-57所示。

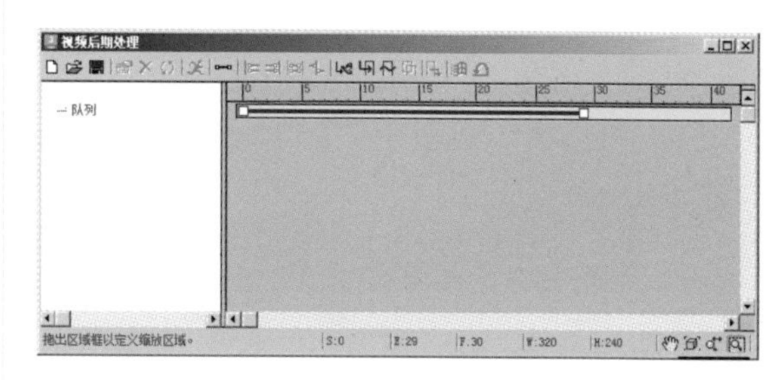

图11-57

步骤02 单击加入场景事件按钮，在队列中加入透视视窗，如图11-58所示。

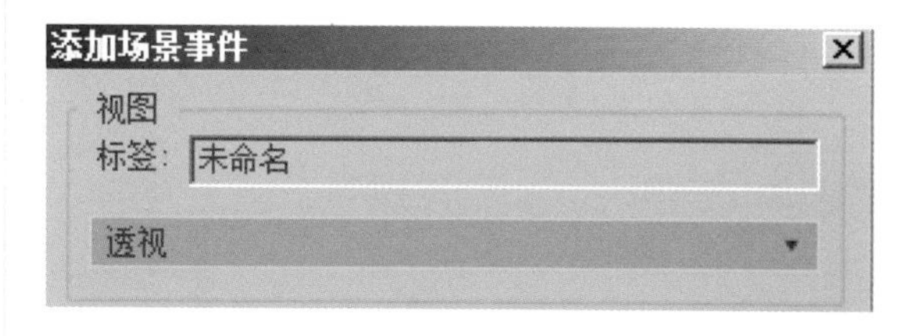

图11-58

步骤03 在弹出的“添加场景事件”对话框中，选择视窗为透视视窗，单击“确定”按钮。单击加入场景效果按钮加入效果。在“过滤器插件”区域中选择“镜头效果光晕”选项，如图11-59所示。

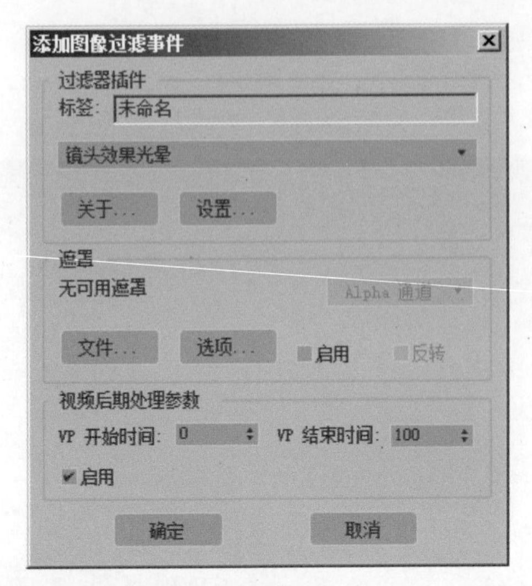

图 11-59

步骤04 单击“设置...”按钮，在弹出的“镜头效果光晕”对话框中，单击“预览”和“VP队列”按钮，显示场景渲染效果如图11-60所示。

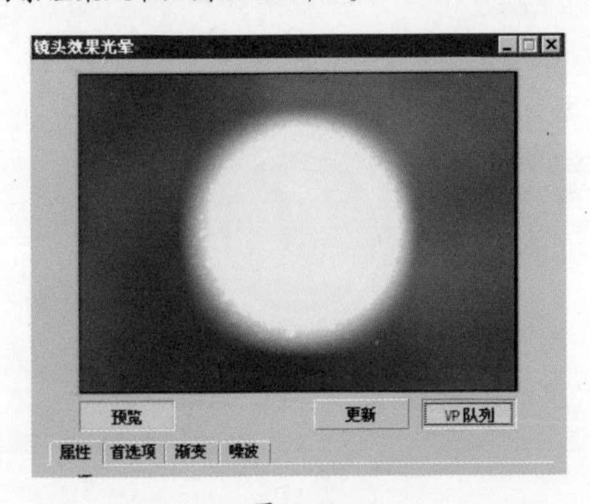

图 11-60

步骤05 将“源”区域中的 ☑对象ID 参数值设置为1。在“过滤”区域中，确定发光处理的方法为 ☑全部，如图11-61所示。

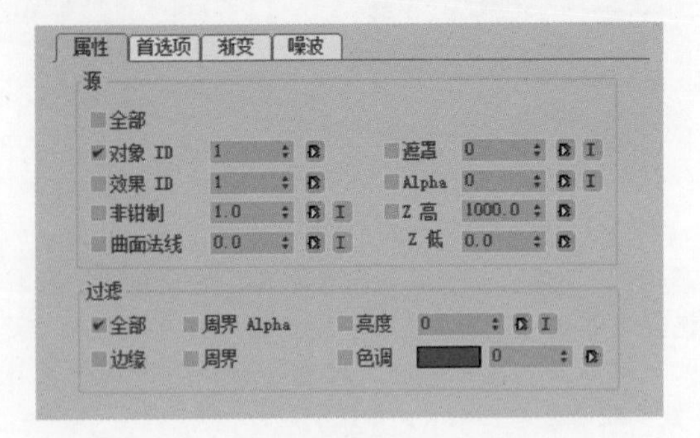

图 11-61

步骤06 在“首选项”选项卡中，设置“效果”下“大小”值为5，“柔化”值为3，如图11-62所示。

图 11-62

步骤07 在“渐变”选项卡中设置“径向颜色”右边的色表为橘红色，如图11-63所示。

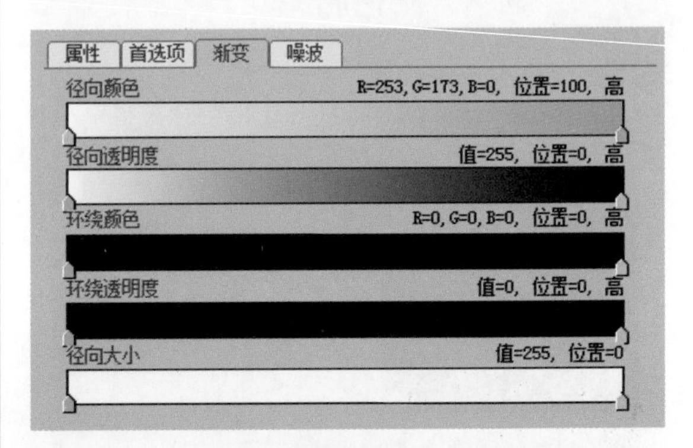

图 11-63

步骤08 单击添加图像输出事件按钮，输出名称为Sun.avi，如图11-64所示。

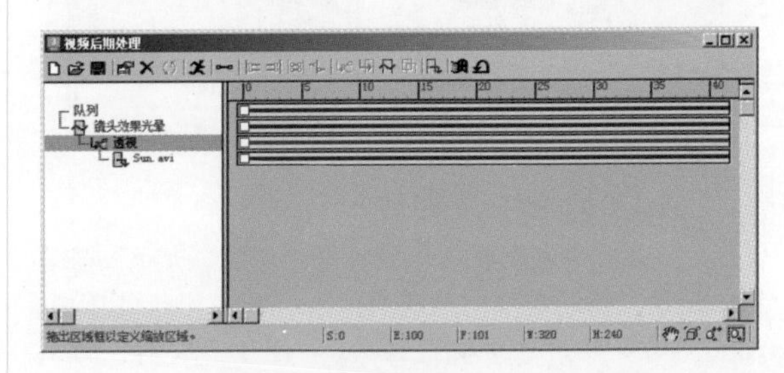

图 11-64

步骤09 移动太阳的视角，单击执行序列按钮，选择“范围”选项，确认为默认值。单击“渲染”按钮，开始渲染图像。至此，炙热的太阳效果制作完毕，如图11-65所示。

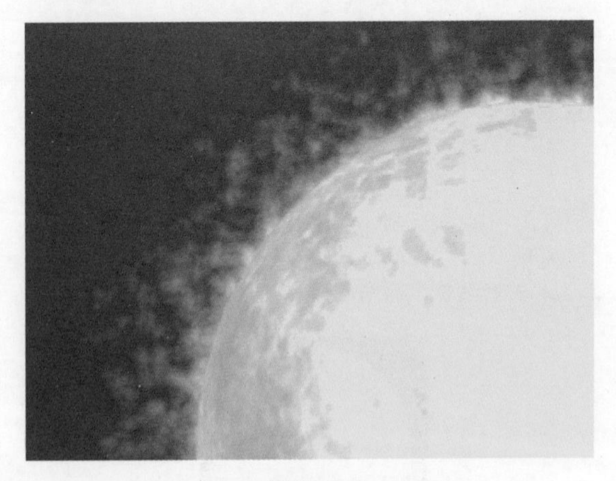

图 11-65

11.5 海底体光

本案例介绍如何制作海底体光。首先通过给平面几何体添加“噪波”修改器来制作海底模型。然后为场景添加目标摄影机、目标平行光和材质。最后通过添加“体积光”效果，并设置其颜色和参数，以实现本案例最终的效果。

如图11-66和图11-67所示的两幅图为海底渲染效果图和案例最终渲染效果图。

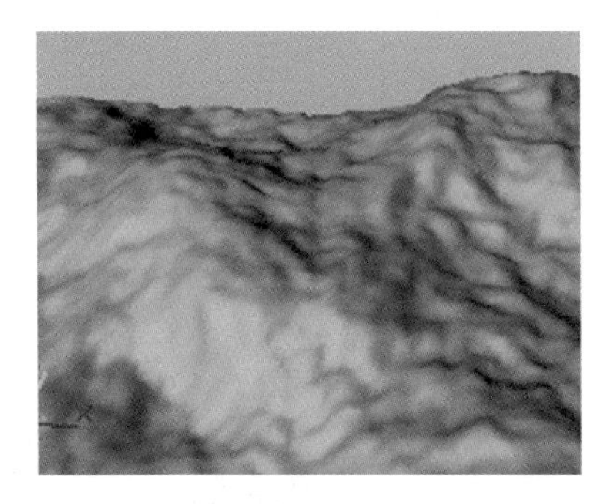

图11-66

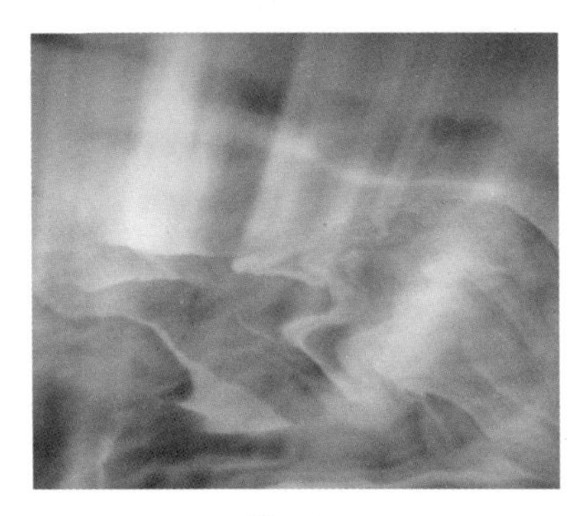

图11-67

11.5.1 制作海底

步骤01 打开╋命令面板，在“标准基本体”的创建面板中单击“平面”按钮，在顶视图中创建一个方形面片作为海底地面，如图11-68所示。

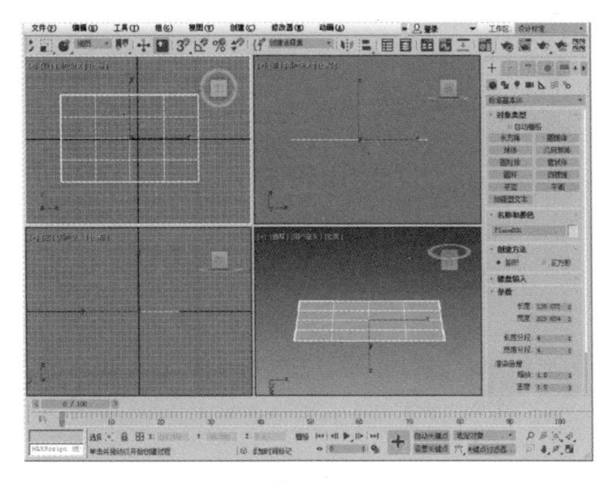

图11-68

步骤02 在修改命令面板中，设置长度、宽度均为250，长度分段和宽度分段值均为25，如图11-69所示。

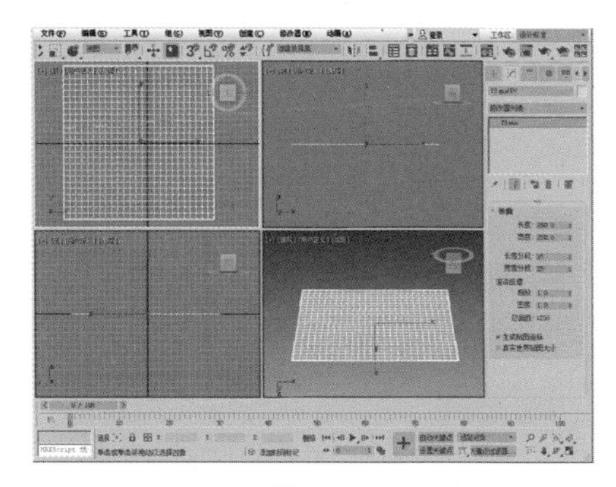

图11-69

步骤03 选择面片并右击，在弹出的快捷菜单中选择“转换为可编辑多边形”选项，在修改面板中进入多边形级别，选择中间的某个面，如图11-70所示。

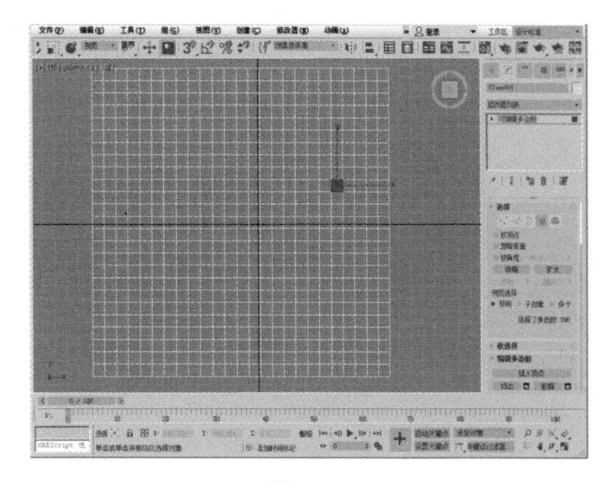

图11-70

步骤04 在“软选择”卷展栏中，勾选“使用软选择”复选框。设置“衰减”值为85，如图11-71所示。

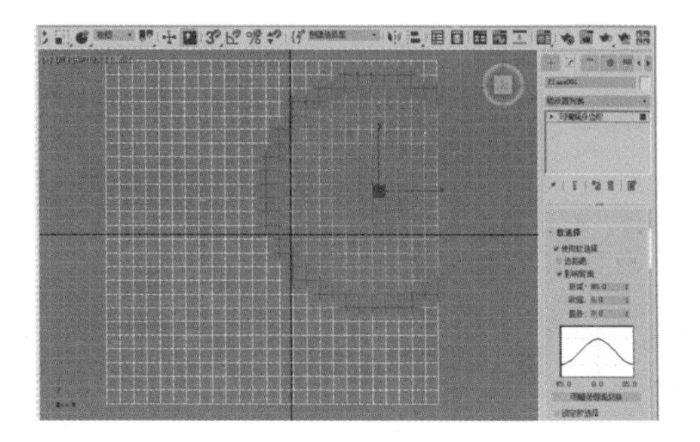

图11-71

步骤05 在前视图中向上移动被选择的面约50个单位，形成一个突起。利用相同的方法在网格体上再创建几个突起，如图11-72所示。

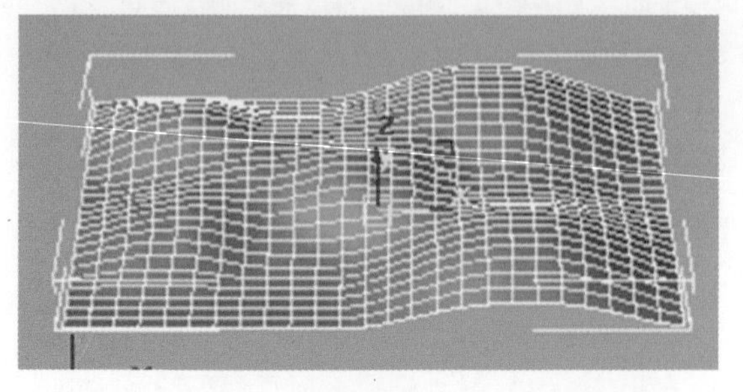

图11-72

步骤06 单击修改命令面板中的“噪波”修改器，在“参数”卷展栏中，设置“比例”为100，设置“粗糙度”为0.5，设置“迭代次数”为5，设置Y轴强度为30，使地面产生一种起伏效果，如图11-73所示。

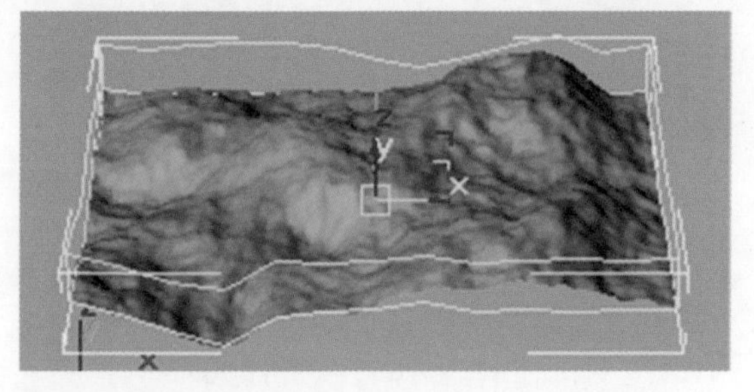

图11-73

步骤07 打开命令面板，在摄影机创建面板中单击“目标”按钮，创建一台目标摄影机，如图11-74所示。

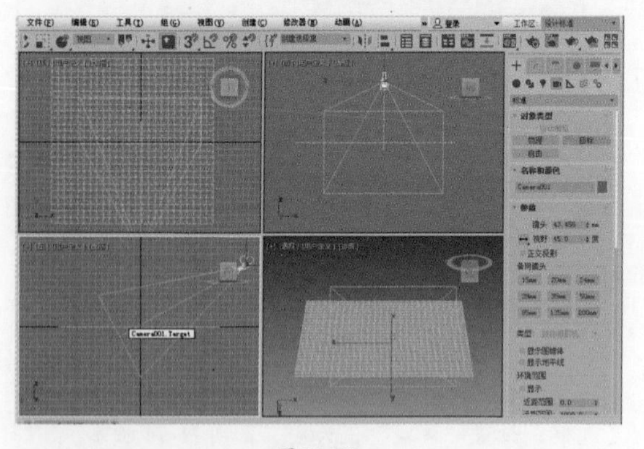

图11-74

11.5.2 制作海底光线

步骤01 激活透视图，按C键切换为Camera001视图，并调整摄影机视图的视角，如图11-75所示。

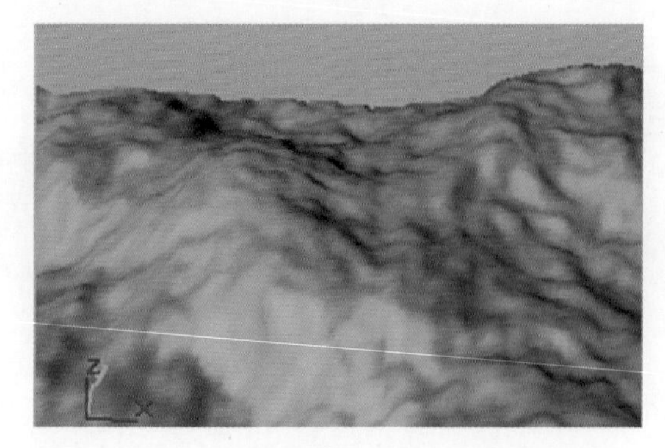

图11-75

步骤02 打开命令面板，单击创建面板中的“目标平行光”按钮，在顶视图中创建一盏平行光源，旋转并移动它的位置，然后单击“泛光灯”按钮，创建一盏昏暗的泛光灯，给整个场景增加可视度，如图11-76所示。

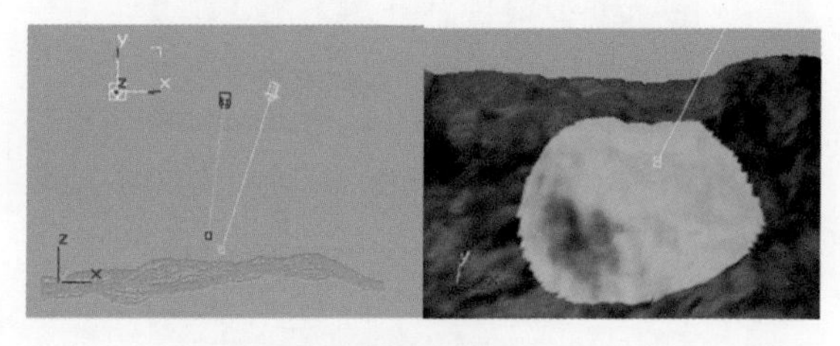

图11-76

步骤03 选择目标平行光，展开“强度/颜色/衰减”卷展栏，在“近距衰减”中勾选“使用”和“显示”复选框，把“开始”和“结束”值分别改为50和130，如图11-77所示。

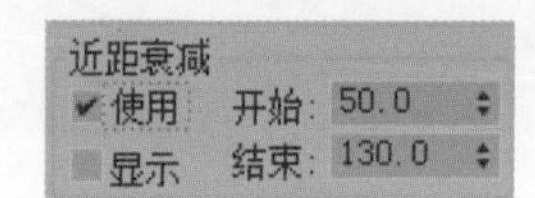

图11-77

步骤04 打开材质编辑器，选择“获取材质”命令，打开“材质/贴图浏览器”对话框，选择“Perlin大理石”材质贴图类型，单击“确定”按钮，如图11-78所示。

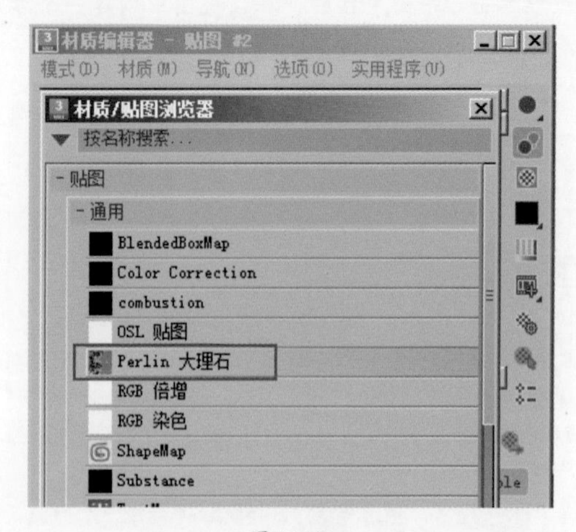

图11-78

步骤05 在“Perlin大理石”贴图设置面板中，设置“瓷砖”的X、Y、Z轴方向上的值都为3。

步骤06 激活方形面片物体，单击将材质指定到选定物体之上按钮，将材质指定给方形面片物体。

步骤07 在材质编辑器中激活第二个样本窗，单击位图贴图右侧的长按钮，在图像文件列表中选择一张彩色图像Abstrwav.jpg，如图11-79所示。

图11-79

步骤08 选择平行光源，打开“修改”命令面板，勾选“投影贴图”复选框，单击“贴图”右边的按钮，在弹出的“材质/贴图浏览器”对话框中选择材质编辑器选项，选择刚编辑好的材质贴图。

步骤09 选择“渲染”主菜单中的“环境”选项，打开“环境和效果”对话框。单击“添加”按钮，在弹出的“添加大气效果”对话框中选择“体积光”选项，单击“确定”按钮，单击“拾取灯光”按钮，在视图中选择平行光源，然后单击“衰减颜色”颜色块，设置颜色为蓝色，如图11-80所示。

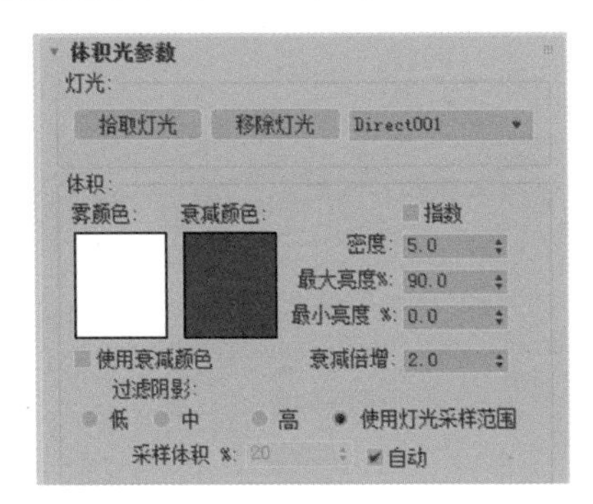

图11-80

步骤10 在“密度”数值框内输入5。单击“背景”颜色块，把背景的颜色改为淡蓝色，如图11-81所示。

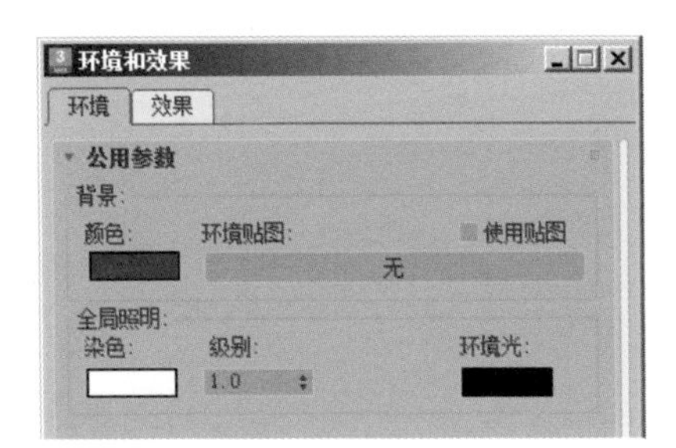

图11-81

步骤11 设置“最大亮度”参数值为90%，勾选“启用噪波”复选框。设置“数量”参数值为0.5。在“噪波阈值”项中，设置“高”值为1，“大小”值为20，如图11-82所示。

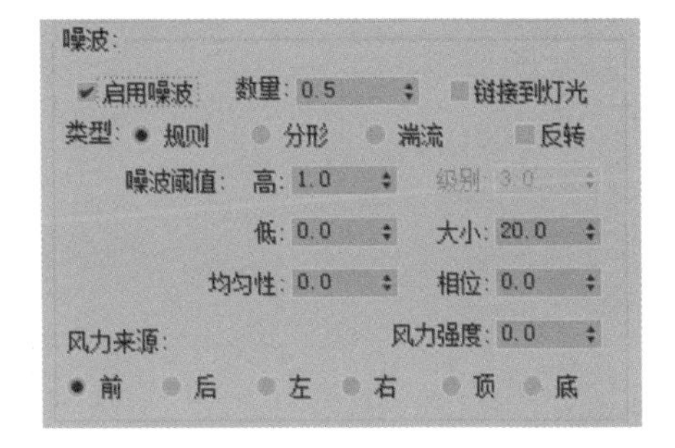

图11-82

步骤12 在场景前面加入一个贴图背景，使水下效果更加生动，如图11-83所示。

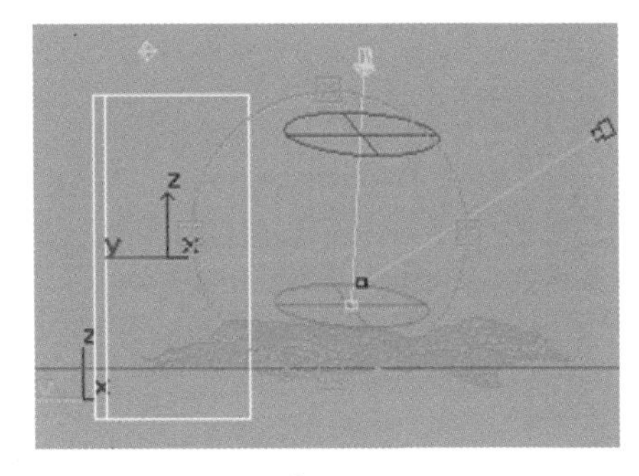

图11-83

步骤13 单击“自动关键点”按钮，开始制作动画。拖动时间滑块到第100帧处，在材质编辑器中，勾选Abstrwav.jpg贴图参数下的“启用噪波”复选框，将“相位”值设为10，如图11-84所示。

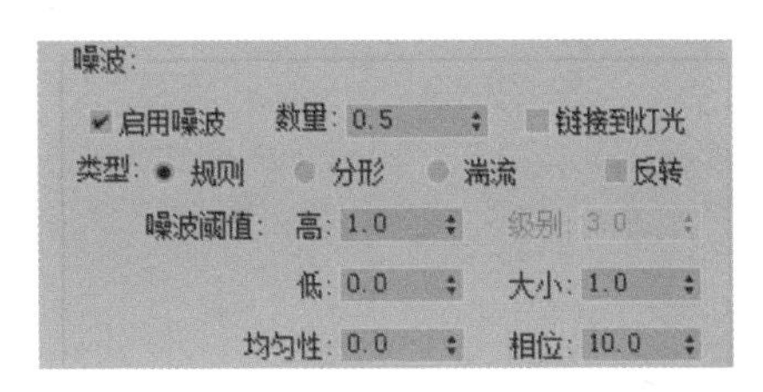

图11-84

步骤14 单击播放动画按钮，观看动画效果。至此，海底体光制作完毕，如图11-85所示。

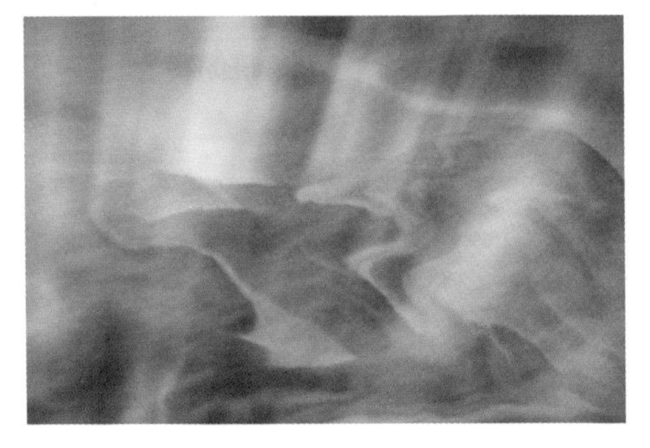

图11-85

第12章 动画制作

本章导读

通过本章的学习，读者能够清晰地了解3ds Max的动画框架结构，并熟练掌握动画关键帧技术，以制作不同速度和效果的动画。并通过各种动画工具，结合参数设置详解和范例练习，逐步深入地完成一些比较复杂的关键帧动画、约束器动画和角色动画制作。

本章重点 \ 学习目标	了解	理解	应用	实践
关键帧动画		√	√	√
动画约束		√	√	√
基本动画创建		√	√	
了解Character Studio	√	√		

12.1 关键帧动画

关键帧动画是一种通过准备一组与时间相关的属性值来创建动画效果的方法。这些值是从动画序列中的关键帧中提取出来的，而其他时间帧中的值，则可以通过特定的插值方法使用这些关键值计算得出，从而实现流畅的动画效果。

12.1.1 自动记录关键帧

单击“自动关键点”按钮开始创建动画，设置当前时间，更改场景中的事物，可以更改对象的位置、旋转或缩放等，甚至可以更改对象的任何设置或参数。

实例操作 自动记录关键帧的应用

步骤01 打开一个实例场景，如图12-1所示，是一个圆柱体和一个Box物体组成的场景，现在要把圆柱体移至Box物体的另一端（素材文件：第12章/Scenes/自动记录关键帧的应用.max）。

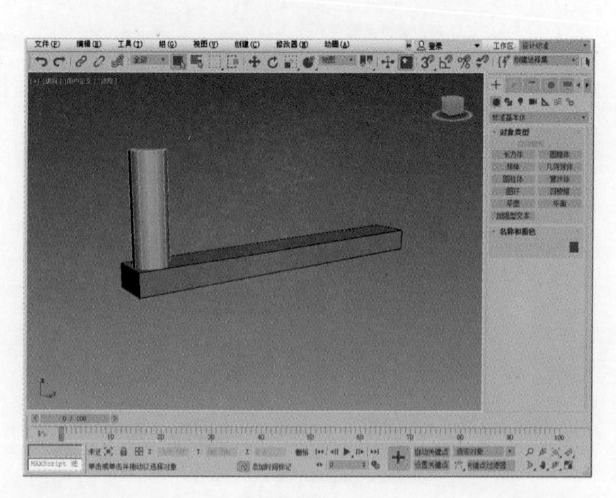

图12-1

步骤02 单击“自动关键点”按钮，将时间滑块移至第100帧的位置，然后选择圆柱体，将其沿Y轴方向移动到Box物体的另一端。如图12-2所示。这时在第0

帧和第100帧的位置会自动生成两个关键帧。

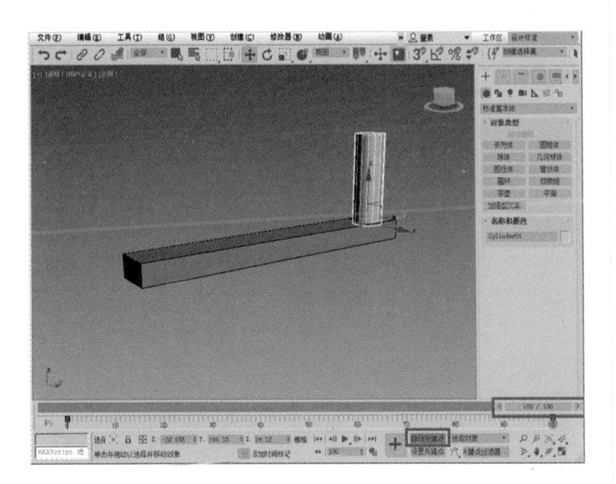

图 12-2

步骤03 如图12-3所示，当拖动时间滑块在第0帧到第100帧之间移动的时候，圆柱体会沿着Box物体从一端移至另一端。

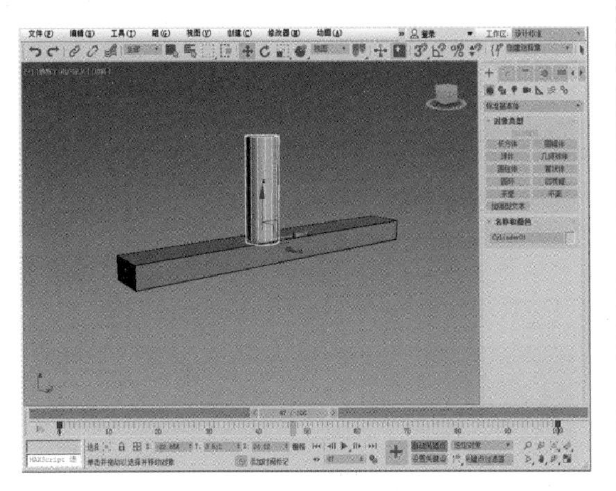

图 12-3

12.1.2 手动记录关键帧

手动记录关键帧可以人为地控制关键点，非常方便动画制作。

实例操作 手动记录关键帧的应用

步骤01 继续创建模型，如图12-4所示。首先单击“设置关键点”按钮，使手动记录关键帧处于打开状态，然后单击旁边的+按钮，在第0帧的位置就会手动记录一个关键帧（素材文件：第12章/Scenes/手动记录关键帧的应用.max）。

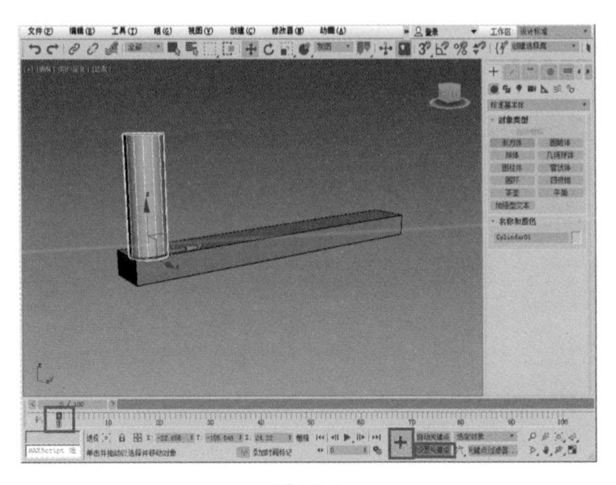

图 12-4

步骤02 移动时间滑块到第100帧的位置，再沿Y轴方向移动圆柱体到Box物体的另一端，单击+按钮，在第100帧的位置就会手动记录一个关键帧，如图12-5所示。

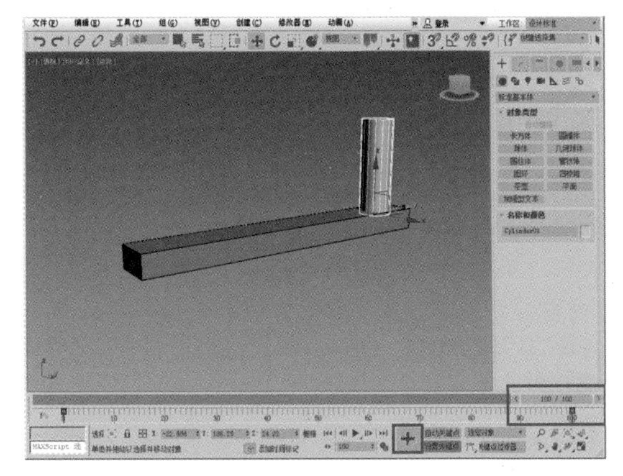

图 12-5

步骤03 如图12-6所示，用鼠标拖动时间滑块在第0帧到第100帧之间来回移动，则圆柱体就会在Box物体两端之间来回移动。

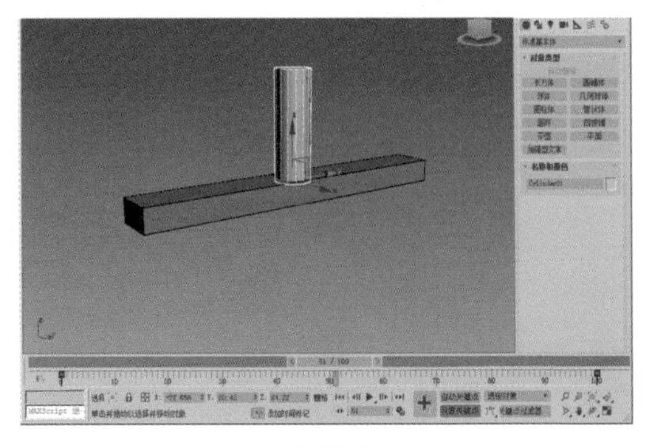

图 12-6

通过“手动记录关键帧”和“自动记录关键帧”对同一个实例场景进行同样的设置，可以发现“自动记录关键帧”的设置更为方便一些，而“手动记录关键帧”的灵活性更强一些，在具体做项目的过程中可以结合使用。

12.1.3 旋转动画

这一节我们来介绍旋转动画的制作。旋转动画和移动动画很相似，只是在工具命令上发生了变化。利用“旋转”工具改变物体的方向，然后将其改变过程记录下来就可以了。

实例操作 旋转动画实例

步骤01 选中国际象棋场景中的一个骑士，然后右击，在弹出的快捷菜单中选择“隐藏未选定对象”选项，将未被选中的物体隐藏起来，效果如图12-7所示（素材文件：第12章/Scenes/旋转动画实例.max）。

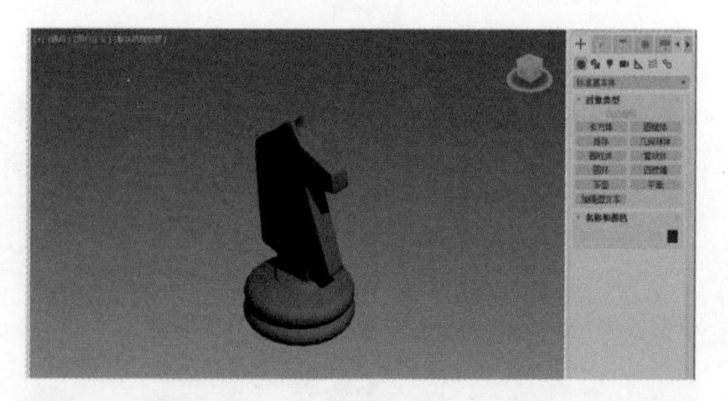

图12-7

步骤02 选中骑士，单击动画控制面板中的“自动关键点”按钮，将时间滑块拖动到第40帧处。然后利用“旋转”工具对模型进行旋转，这时系统就记录下了起始关键帧，如图12-8所示。旋转动画就制作完成了。关闭“自动关键点”按钮，单击动画控制面板右下角的▶按钮就可以预览动画了。

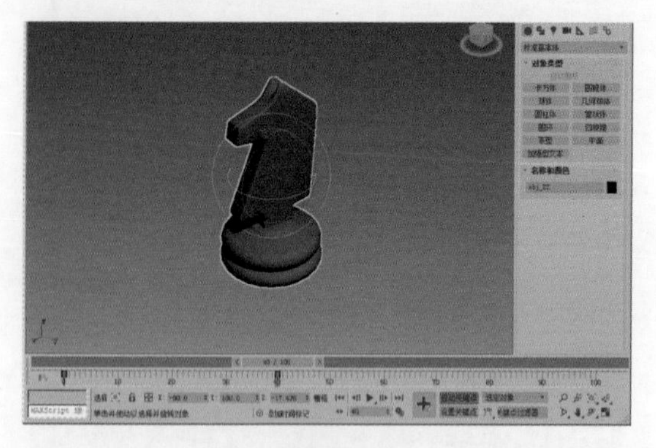

图12-8

12.1.4 缩放动画

利用“缩放”工具改变物体的方向，然后将其改变过程记录下来就可以了。

实例操作 缩放动画实例

步骤01 继续选中骑士模型，单击动画控制面板中的“自动关键点”按钮，将时间滑块拖动到第50帧处。然后使用“缩放”工具将模型进行缩小，这时系统就记录下了关键帧，如图12-9所示（素材文件：第12章/Scenes/缩放动画实例.max）。

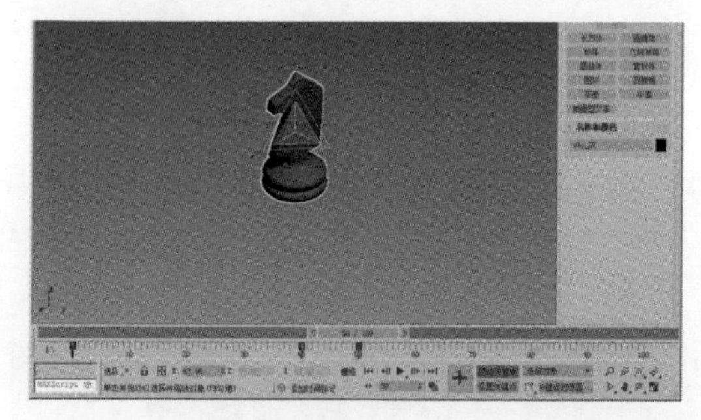

图12-9

步骤02 将时间滑块拖动到第60帧处，然后使用“缩放”工具将模型进行放大，这时系统就记录下了关键帧，如图12-10所示。再次单击“自动关键点”按钮，动画制作完成了。单击动画控制面板右下角的▶按钮就可以预览动画了。

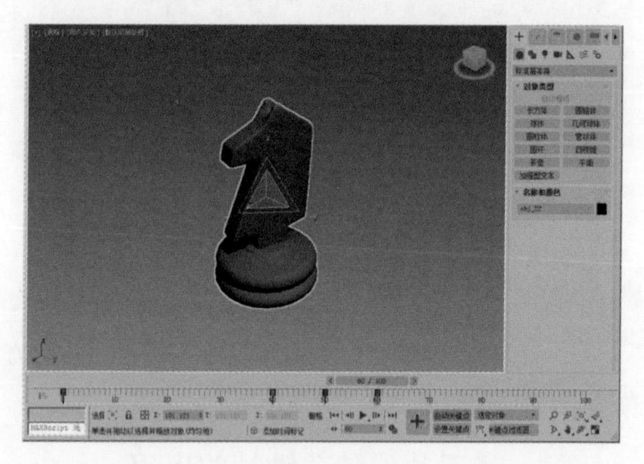

图12-10

12.2 动画约束

动画约束用于帮助动画过程自动化。其可通过与其他对象的绑定关系来控制对象的位置、旋转或缩放。约束需要一个对象和至少一个目标对象。目标对受约束的对象施加了特定的限制。例如，如果要快速设置飞机沿着预定跑道起飞的动画，则可以使用路径约束来限制飞机向样条线路径的运动。与其目标的约束绑定关系可以在一段时间内启用或禁用动画。

约束的常见用法如下：

（1）在一段时间内将一个对象链接到另一个对象上，如角色的手拾取一个棒球拍。

（2）将对象的位置链接到一个或多个对象上。

（3）在两个或多个对象之间保持对象的位置。

（4）沿着一条路径或多条路径之间约束对象。

（5）沿着一个曲面约束对象。

（6）使对象指向另一个对象的轴点。

（7）控制角色眼睛的注视方向。

（8）保持对象与另一个对象的相对方向。

约束有下面7种类型：如图12-11所示。

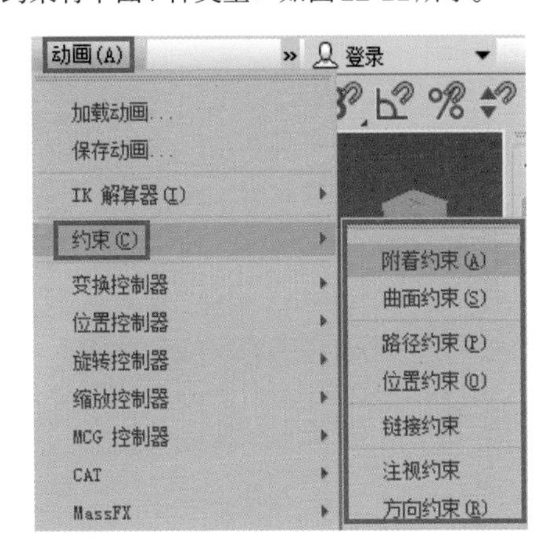

图12-11

12.2.1 附着约束

“附着约束”是一种位置约束，它使一个对象的位置附着到另一个对象的面上（目标对象不一定是网格，但必须能够转化为网格）。通过在不同时间设置不同的附着关键点，可以在另一个对象的不规则曲面上创建对象位置的动画，即使这个曲面会随时间而改变。

实例操作 制作附着约束动画

步骤01 创建一个圆柱体，并设置半径：20mm，高：40mm，高度分段：18。再继续创建一个圆锥体，设置半径1：6mm、半径2：0mm，高：20mm，如图12-12所示（素材文件：第12章/Scenes/制作附着约束动画.max）。

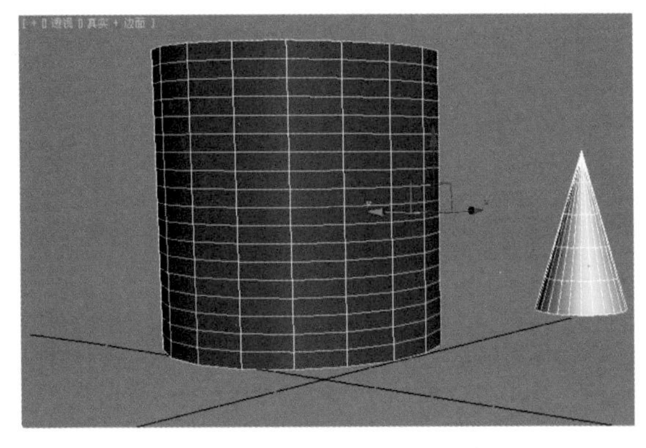

图12-12

步骤02 选择圆柱体，应用“弯曲”修改命令，设置弯曲角度为-100，如图12-13所示。

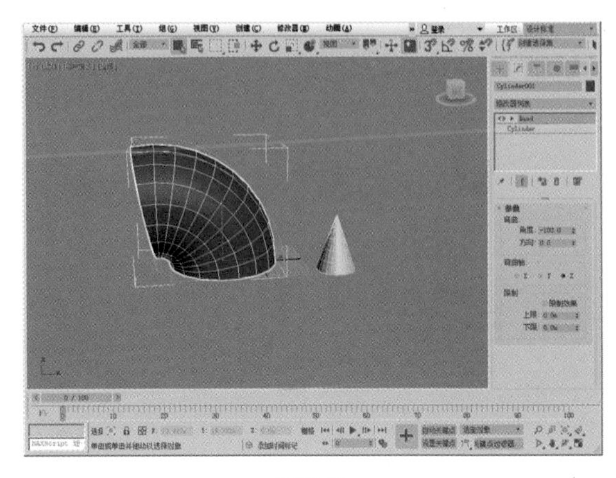

图12-13

步骤03 单击“自动关键点”按钮，在第100帧处设置弯曲角度为100。再次单击“自动关键点”按钮，如图12-14所示。

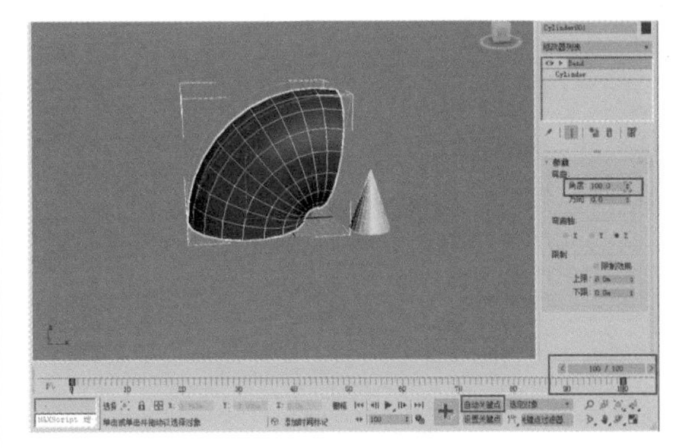

图12-14

步骤04 选择圆锥体，在“运动”面板中的“指定控制器”卷展栏，选择 位置 位置 XYZ 选项，然后单击“指定控制器”按钮，在弹出的“指定位置控制器”对话框中选择“附加”选项。圆锥体会自动移至坐标中心，附着约束的参数也会在运动面板中显示出来，如图12-15所示。

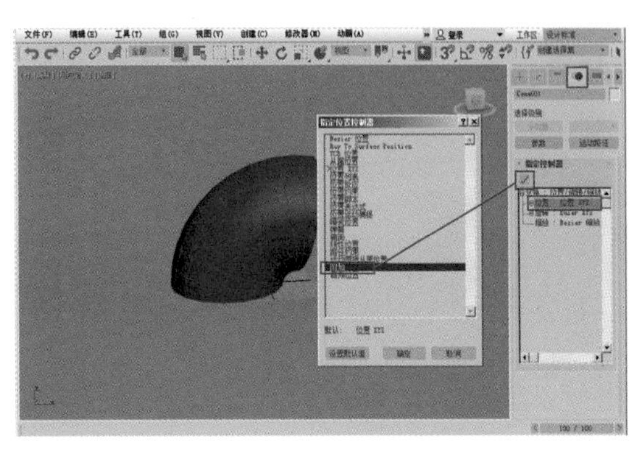

图12-15

步骤05 单击“拾取对象”按钮，在视图中选择圆柱体。单击“设置位置”按钮，在圆柱体的表面单击并拖动，圆锥体会约束到圆柱体的表面，并跟随鼠标的位置移动，如图12-16所示。

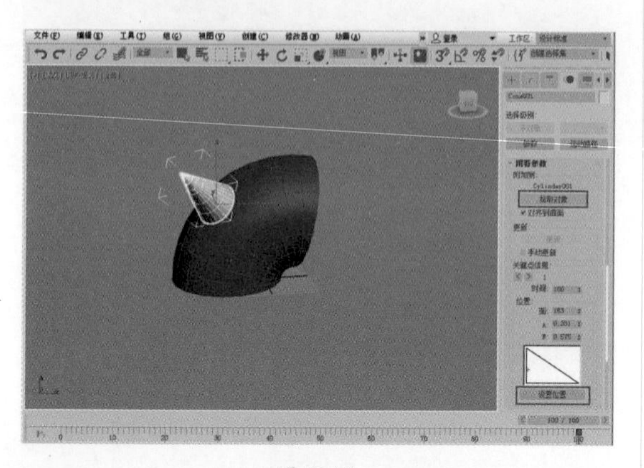

图12-16

步骤06 播放动画，在圆柱体弯曲时，圆锥体始终附着在圆柱体的表面，如图12-17所示。

图12-17

12.2.2 曲面约束

约束一个物体沿另一个物体表面进行变换，只有具有参数化表面的物体才能作为目标表面物体，这些类型包括：球体、圆锥体、圆柱体 、圆环、单个方形面片、放样物体、NURBS物体。

实例操作 制作曲面约束动画

步骤01 打开3ds Max软件，在场景中制作一个圆柱体和一个球体，如图12-18所示（素材文件：第12章/Scenes/制作曲面约束动画.max）。

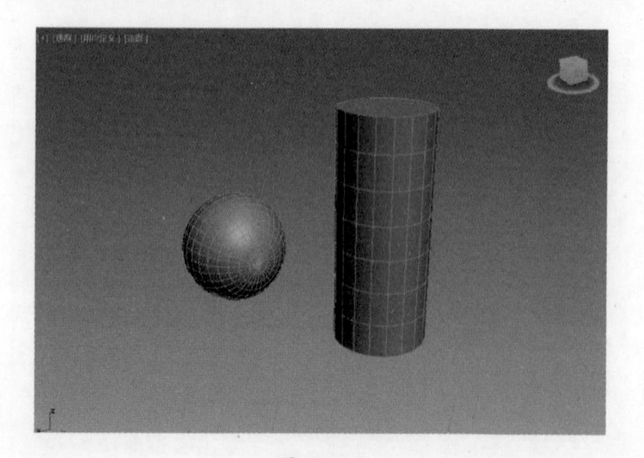

图12-18

步骤02 选择球体，选择“动画”→“约束”→“曲面约束”菜单命令，如图12-19所示。

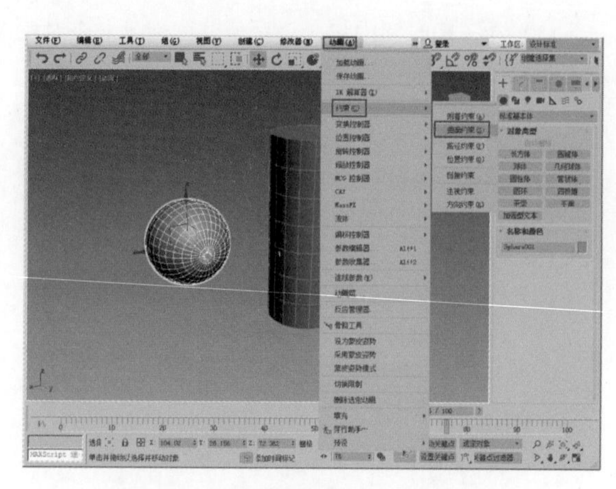

图12-19

步骤03 在视图中单击圆柱体，使球体约束到圆柱体表面，如图12-20所示。

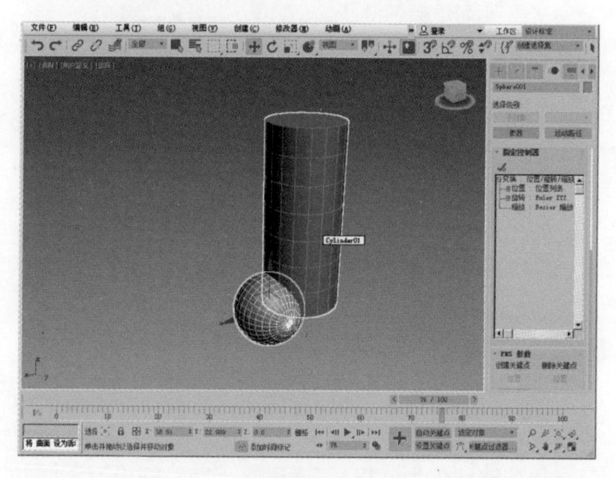

图12-20

步骤04 打开“自动关键点”按钮，在第0帧的位置，在“运动”面板中调节“V向位置”的值，使球体正好放置在圆柱体的底部，如图12-21所示。

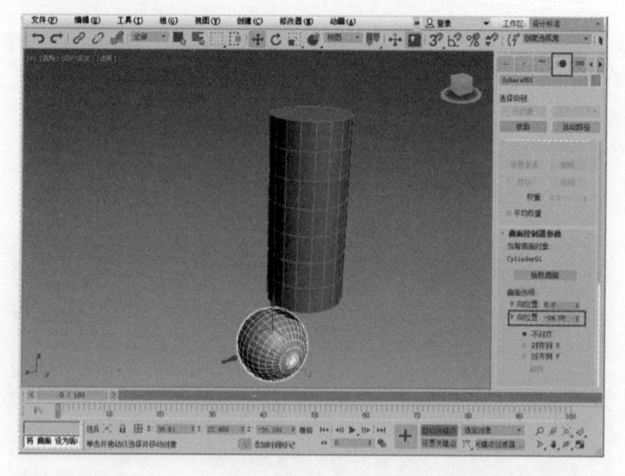

图12-21

步骤05 调节时间滑块到第100帧的位置，调节“V向位置”的值，使球体正好放置在圆柱体的顶部，设置“U向位置”的值为300。再次单击“自动关键帧”按钮，如图12-22所示。

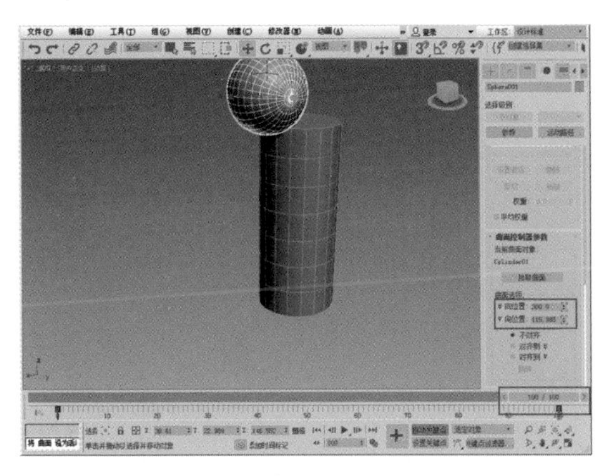

图 12-22

步骤06 播放动画，球体会沿圆柱体的表面旋转上升，效果如图 12-23 所示。

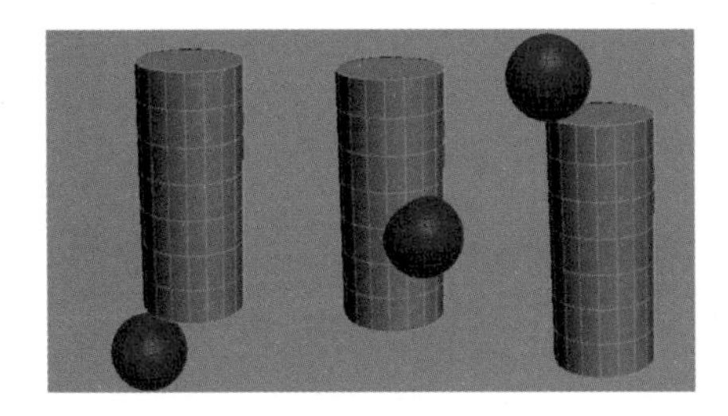

图 12-23

12.2.3 路径约束

“路径约束”限制了一个对象沿着样条线或在多条样条线之间的平均距离的移动。路径目标可以是任意类型的样条线，而样条曲线（目标）则为约束对象定义了运动的路径。目标可以使用任意的标准变换、旋转和缩放工具进行动画设置。通过在路径的子对象层级上设置关键点（例如顶点）或片段来对路径进行动画设置，可以影响约束对象。

实例操作 制作路径约束动画

步骤01 创建一个半径为10mm的球体和一个半径为60mm的圆，如图12-24所示（素材文件：第12章/Scenes/制作路径约束动画.max）。

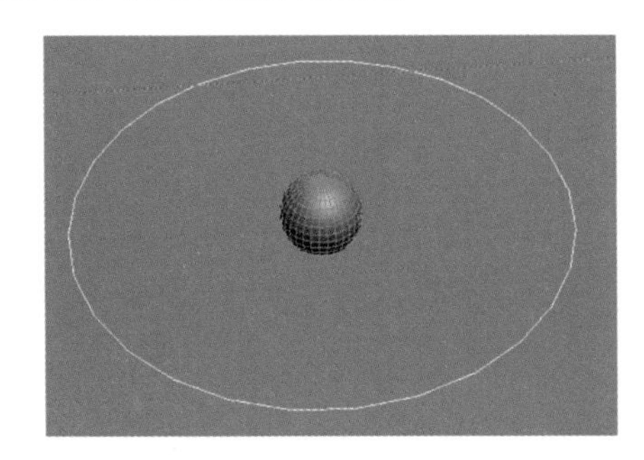

图 12-24

步骤02 在视图中选择球体，执行“动画”→“约束”→“路径约束”菜单命令，如图12-25所示。

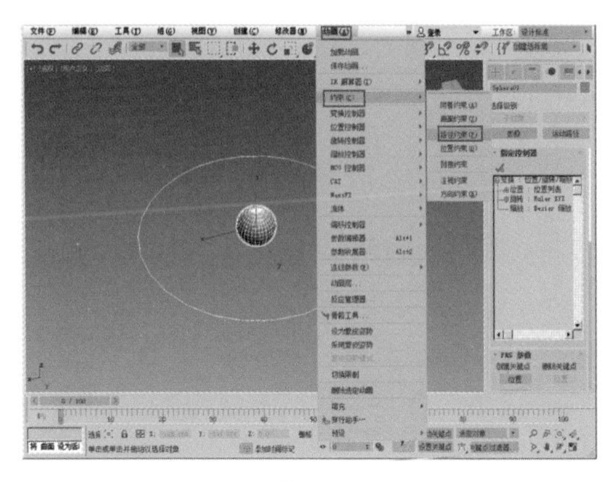

图 12-25

步骤03 移动鼠标，会从球体的轴心点处牵引出一条虚线，单击圆，球体已约束在圆上，播放动画，球体会沿着圆运动，如图12-26所示。

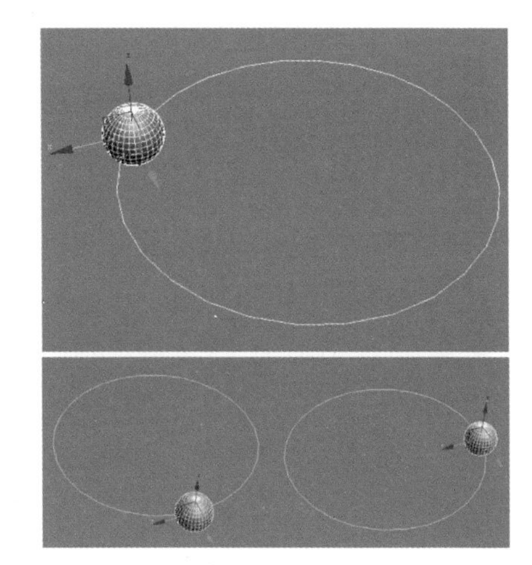

图 12-26

12.2.4 位置约束

一个物体的运动可以影响另一个物体的运动，被称为目标物体的主动物体和被称为约束物体的被动物体之间存在这种关系。一旦指定了目标物体，约束物体就无法单独运动，只有在目标物体移动时才会跟随运动。目标物体可以是多个物体，通过分配不同的权重值来控制对约束物体的影响程度。当权重值为0时，对约束物体没有任何影响。对于权重值的变化，也可以记录为动画。例如，将一个球体约束到桌子表面上，通过设置权重值的动画可以创建球体在桌子上弹跳的效果。

实例操作 制作位置约束动画

步骤01 打开3das Max软件，在场景中，分别创建1个球体、1个立方体、1个圆柱体，并放置立方体在球体和圆柱体之间，如图12-27所示（素材文件：第12章/

Scenes/制作位置约束动画.max)。

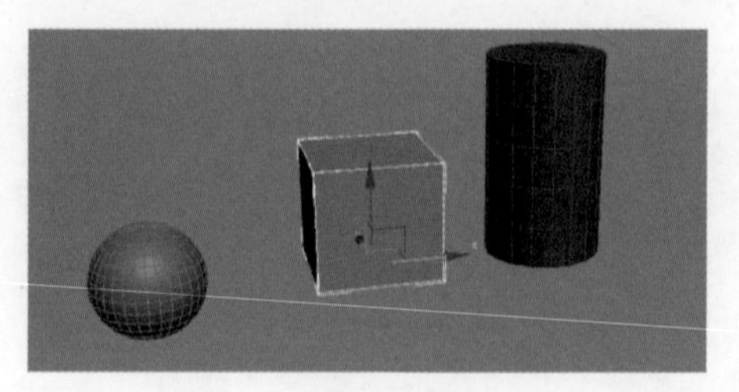

图 12-27

步骤02 选择立方体，执行“动画”→“约束”→“位置约束”菜单命令，接着在视图中单击球体作为目标物体，如图 12-28 所示。

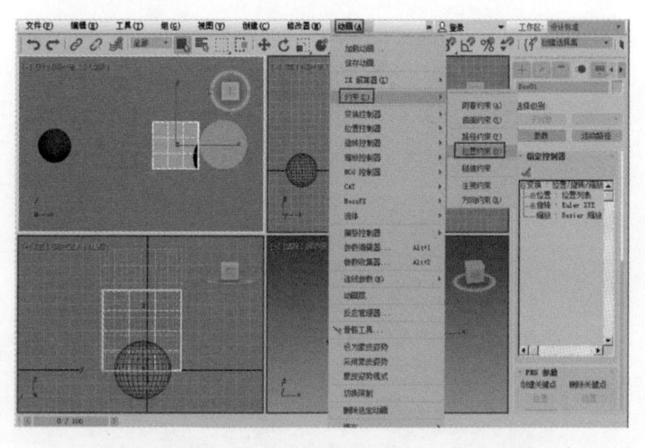

图 12-28

步骤03 在运动面板中，单击“添加位置目标”按钮，然后在视图中单击圆柱体，如图 12-29 所示。

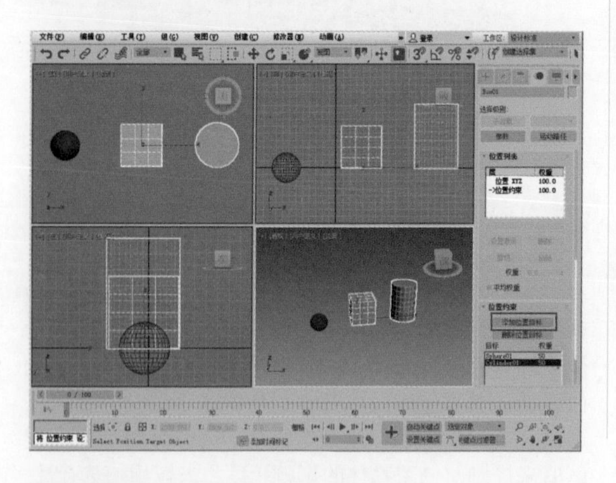

图 12-29

步骤04 在顶视图中移动球体或圆柱体，立方体总是保持在球体和圆柱体的平均距离位置，这是因为在默认情况下球体和圆柱体的权重值分配是相等的，如图 12-30 所示。

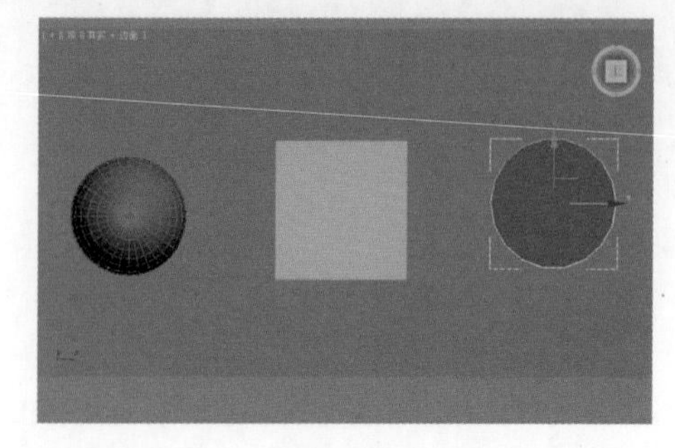

图 12-30

步骤05 选择立方体，打开运动面板，在“位置约束”卷展栏中的“目标”下的列表中选择球体的名称。改变其权重值为 22，如图 12-31 所示。

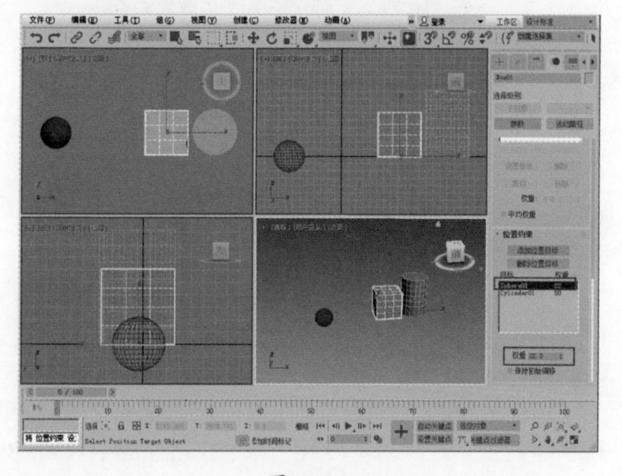

图 12-31

步骤06 这个时候在顶视图中分别移动球体和圆柱体，可以发现圆柱体对立方体的影响要比球体对立方体的影响大。

12.3 基本动画创建

本节我们将重点介绍一些基本动画的创建实例。这些简单的基本动画在本节中是相互独立的，但在大型场景动画中通常会被一起使用。现在我们先从简单的开始学习。

12.3.1 基本轨迹编辑方法

在编辑轨迹时，应了解编辑的对象是谁，动作发生的区段在哪儿，动作的具体情况怎么样，下面通过一个简单的实例来学习基本轨迹的编辑流程。

实例操作 基本轨迹视图的编辑方法

步骤01 打开3ds Max软件，在主菜单选择“图形编辑器”→“轨迹视图-曲线编辑器”命令，打开“轨迹视图-曲线编辑器”对话框，如图12-32所示。

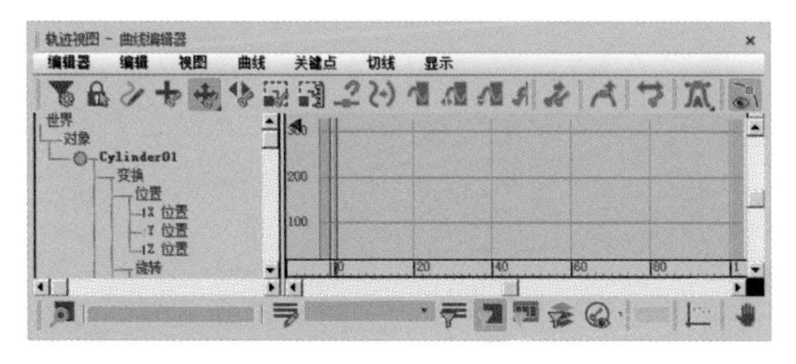

图12-32

步骤02 选择透视图，创建一个“球体”，“半径”为20mm，如图12-33所示，这个时候会发现在曲线编辑器中，对象项目下多了一个“Sphere 001”项目，表明场景中所有可动画项目在轨迹视图中都一一对应。

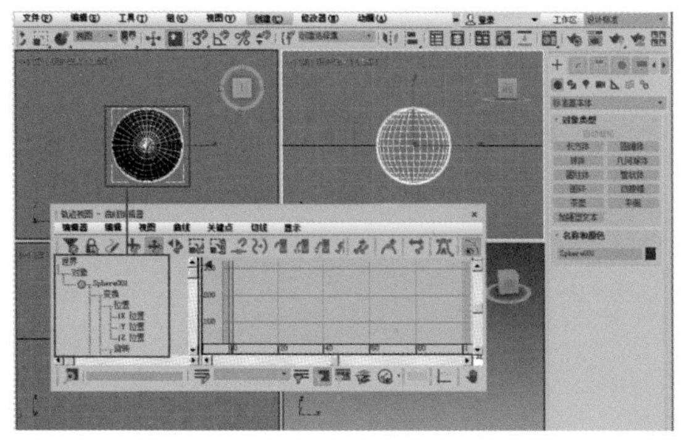

图12-33

步骤03 单击“自动关键点”按钮，拖动时间滑块至第10帧处；使用“移动”工具，在透视图中将球体向右上方（X、Z轴方向）移动一段距离，如图12-34所示。

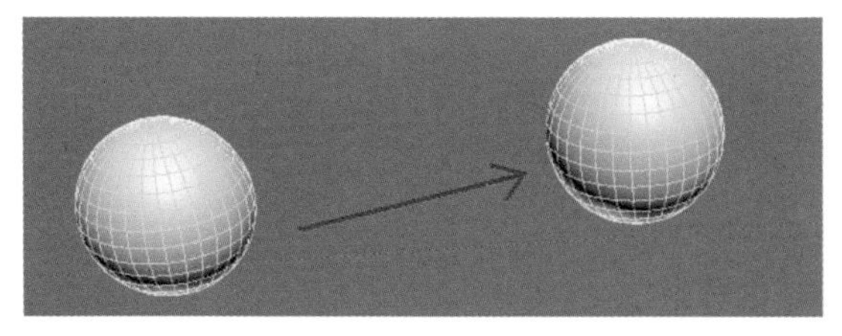

图12-34

步骤04 拖动时间滑块到第20帧处，在透视图中将球体向右下方（X、Z轴方向）移动一段距离，再次单击“自动关键点”按钮，如图12-35所示。现在拖动时间滑块，球体将会在第0~20帧表现移动的动画。

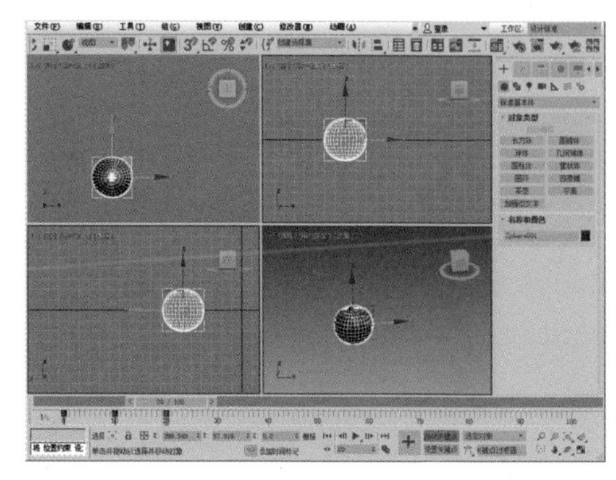

图12-35

步骤05 由于系统默认开启了变换项目的自动展开设置，所以已经自动在左侧控制器窗口中显示出了变化项目的内部项目，已经制作了动画的项目为选择状态，在右侧的编辑器窗口中也显示出了球体运动的动画曲线，如图12-36所示。

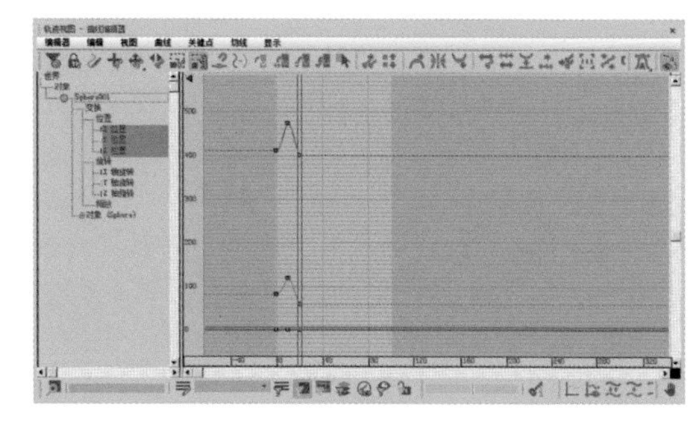

图12-36

步骤06 单击曲线隆起的顶点，将它移至水平位置以下，产生向上的抛物线形状，如图12-37所示，这时拖动时间滑块，球体在Z轴的运动方向正好与刚才的运动方向相反。

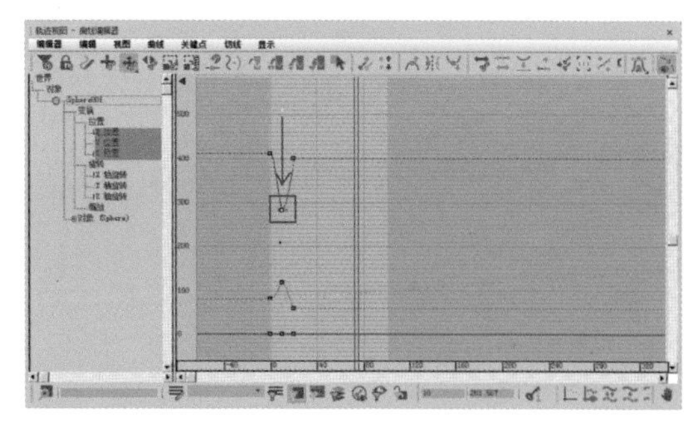

图12-37

12.3.2 Look At动画

注视约束动画，也被称为Look At动画，是一种特殊类型的约束动画，它将一个物体的方向约束到另一个物体上。这种动画通常用于指定眼球等物体，可以将眼球约束到另一个虚拟物体上，通过虚拟物体的移动变换来控制眼球的转动方向。接下来，我们将向大家介绍注视约束动画的制作方法。

实例操作 注视约束动画的制作

步骤01 打开场景文件，该场景中是一个卡通人物的头部模型，如图12-38所示（素材文件：第12章/Scenes/注视约束动画的制作.max）。

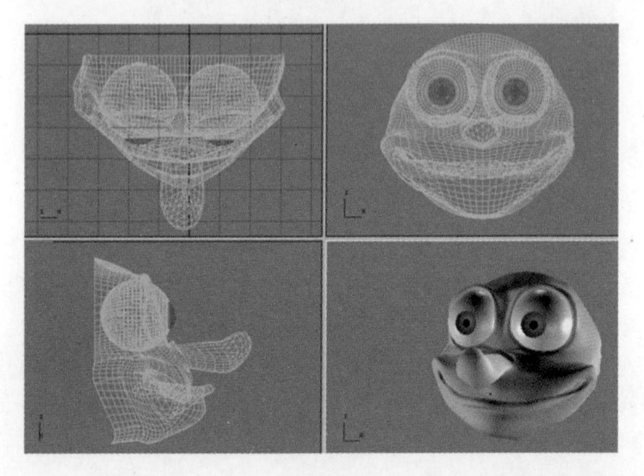

图 12-38

步骤02 要想制作眼球的动画，我们就得把眼球约束到另一个物体上。首先进入十命令面板，然后单击按钮，单击“虚拟对象”按钮，创建一个虚拟物体，并将其移至与眼球合适的位置，然后复制出一个同样的虚拟物体，并将其移至另一个眼球处，最后创建一个大点的虚拟物体放在两个小的虚拟物体之间，效果如图12-39所示。

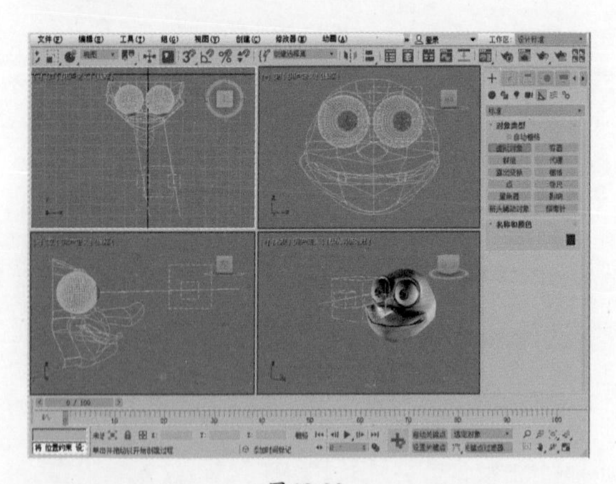

图 12-39

步骤03 选中其中一个眼球，选择“动画”→“约束”→“注视约束”菜单命令，这时将在眼球上出现一条曲线，我们去拾取眼球所对应的虚拟物体，眼球的方向将发生变化，效果如图12-40所示。

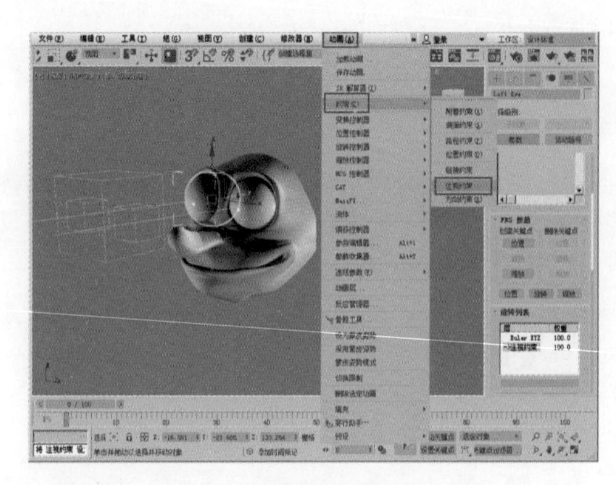

图 12-40

步骤04 在参数栏中勾选“保持初始偏移”复选框，使眼球保持原始形态，效果如图12-41所示。

图 12-41

步骤05 现在移动虚拟物体，眼球就会跟着虚拟物体的移动而变化，效果如图12-42所示。接下来我们使用同样的方法对另一个眼球进行约束。

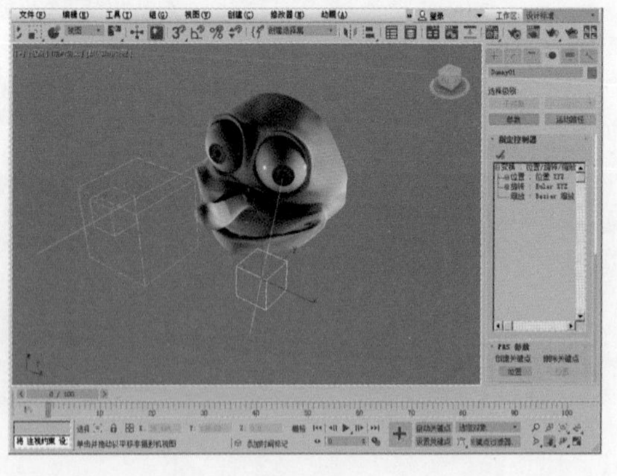

图 12-42

步骤06 人的眼球是不可以同时看两个物体的，所以我们需要让两个眼球一起动。单击工具栏中的按钮，分别将两个小的虚拟物体和大的虚拟物体进行链接。这时我们只需要移动大的虚拟物体就可以控制两个眼球的动画，如图12-43所示。

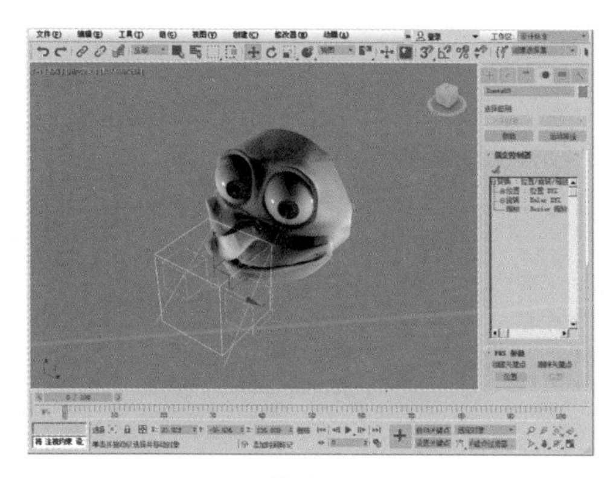

图 12-43

12.3.3 噪波动画

噪波动画就是给物体添加噪波修改器或在贴图通道中的凹凸通道中添加噪波贴图。它通常用于制作水面的波动效果。接下来，我们将学习如何制作水面波纹效果。

实例操作 噪波动画的制作

步骤01 打开场景文件，如图12-44所示（素材文件：第12章/Scenes/噪波动画的制作.max）。

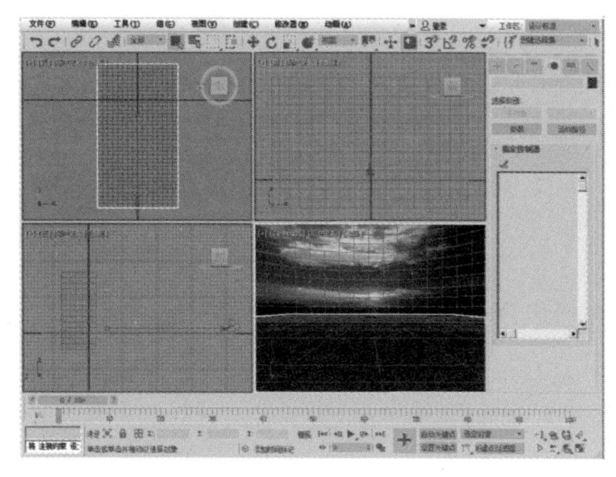

图 12-44

步骤02 选择水面物体，然后按M键打开材质编辑器，选择一个材质球赋予水面。在“贴图”卷展栏中的“凹凸”通道中添加“噪波”贴图，在“反射”通道中添加“光线跟踪”贴图，参数设置如图12-45所示。

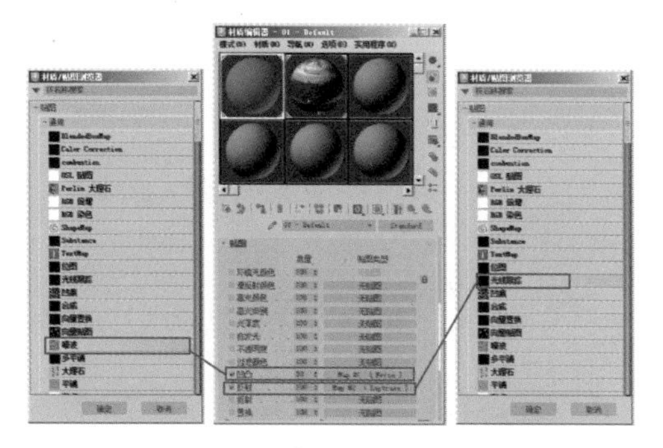

图 12-45

步骤03 接下来我们就要对水面制作动画了，其实也就是对它的噪波变化过程进行录制。单击“自动关键点”按钮，拖动时间滑块至第100帧处，然后调节“噪波参数”卷展栏中的“相位”参数值即可，如图12-46所示。

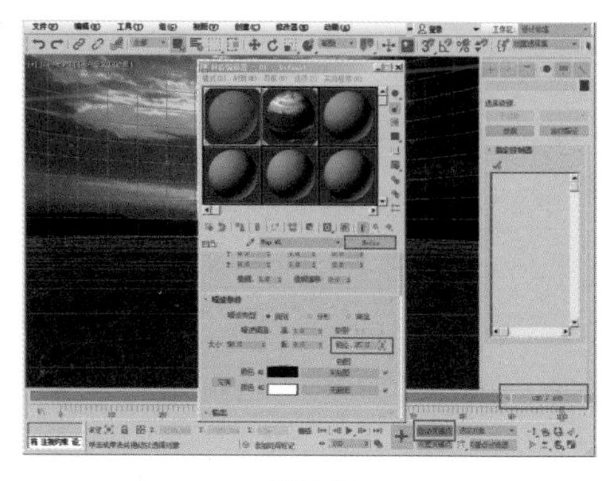

图 12-46

步骤04 动画录制完成以后，关闭动画录制器。我们可以渲染一下看看效果，如图12-47所示。

图 12-47

12.3.4 音乐动画

音乐动画就是给物体的某一个参数进行控制器的指定，从而达到物体在音乐的控制中进行变化。

实例操作 音乐动画的制作

步骤01 打开3ds Max软件，创建一个茶壶模型，如图12-48所示（素材文件：第12章/Scenes/音乐动画的制作.max）。

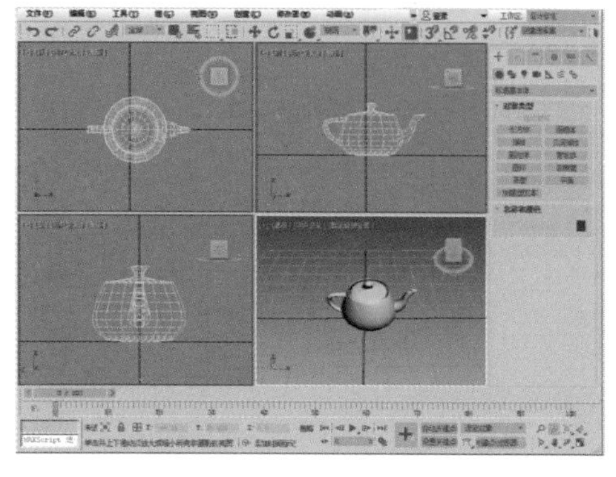

图 12-48

步骤02 选中茶壶模型并右击，在弹出的快捷菜单中选择“曲线编辑器...”选项，弹出如图12-49所示的“轨迹视图-曲线编辑器”对话框。

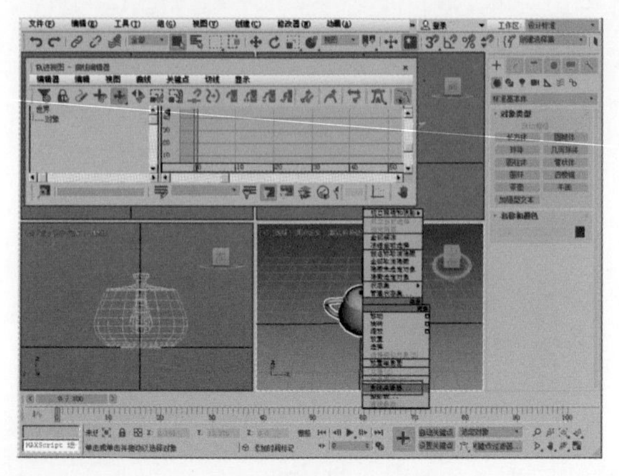

图12-49

步骤03 在“轨迹视图-曲线编辑器”对话框左侧的面板中可以找到茶壶模型的各个参数，如图12-50所示。

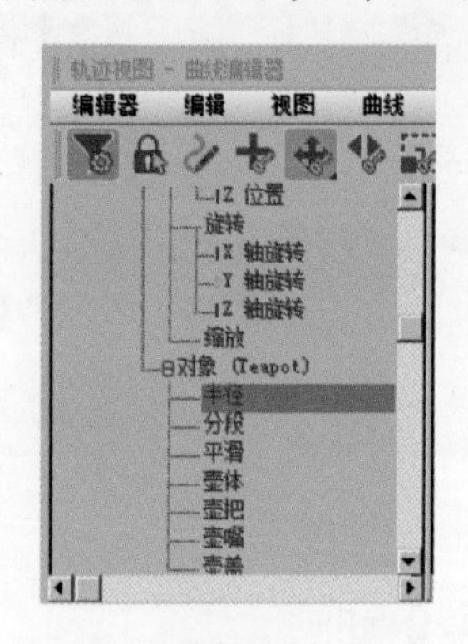

图12-50

步骤04 现在我们想用音乐来控制茶壶的半径，让茶壶半径随着音乐的节奏而变化。首先选中半径选项，然后右击，在弹出的快捷菜单中选择“指定控制器...”选项，这时将弹出如图12-51左图所示的“指定浮点控制器”对话框，选择“音频浮点”音乐控制器选项添加给半径参数。这时将弹出“音频控制器”对话框，如图12-51右图所示。

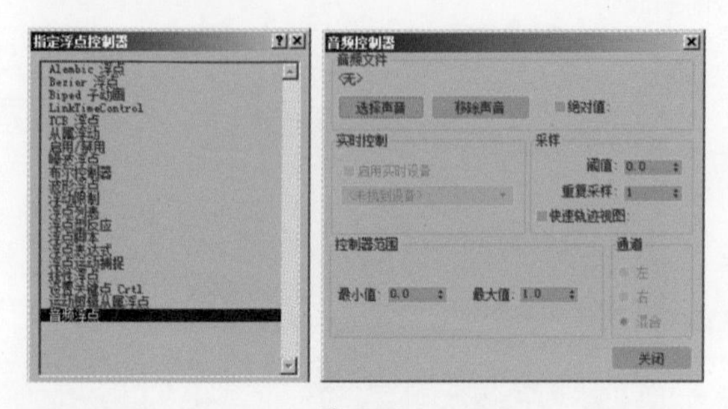

图12-51

步骤05 单击“音频控制器”对话框中的“选择声音”按钮添加音乐，然后在“控制器范围”区域中调节“最小值”和“最大值”。最后单击“关闭”按钮。当音乐添加完成后，我们就可以在“轨迹视图-曲线编辑器”对话框中看到音乐所产生的动画路径了，如图12-52所示。不同的音乐会产生不同的路径（添加的音乐格式为AVI、WAVE）。

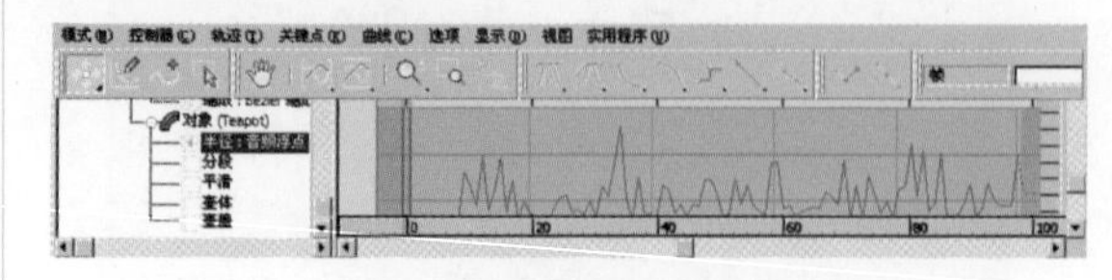

图12-52

步骤06 现在我们就可以单击动画控制面板右下角的▶按钮预览动画了。

12.3.5 蝴蝶飞舞动画

本节我们来制作蝴蝶飞舞动画。在这个动画制作过程中主要是对前面内容的综合运用。

实例操作 蝴蝶飞舞动画的制作

步骤01 打开场景文件，该场景中有一只蝴蝶和一条曲线，如图12-53所示（素材文件：第12章/Scenes/蝴蝶飞舞动画的制作.max）。

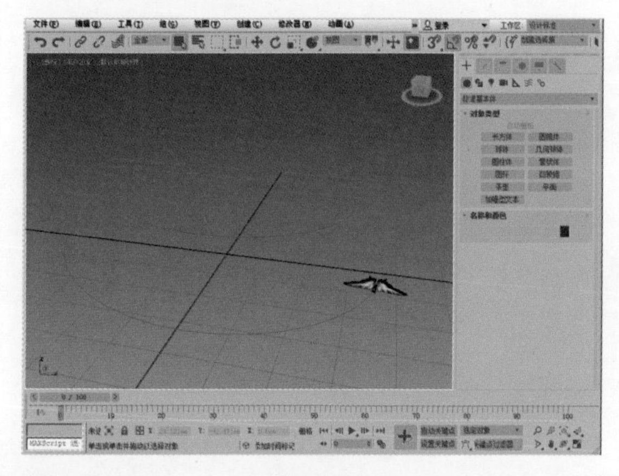

图12-53

步骤02 首先我们要对蝴蝶制作动画。选中如图12-54所示的一只翅膀，然后单击动画控制面板中的“自动关键点”按钮，使用“旋转”工具制作翅膀挥舞动画，然后对另一只翅膀制作同样的动画。

图12-54

步骤03 制作好的关键帧动画如图12-55和图12-56所示。

图12-55

图12-56

步骤04 蝴蝶飞舞动画是一个循环动画，我们只需要制作好前面3帧翅膀飞舞的动画，然后进入动画轨迹面板将动画轨迹进行复制即可。

步骤05 蝴蝶飞舞动画我们制作好了，可是我们要想让蝴蝶绕着曲线飞舞又该怎么做呢？首先要让蝴蝶的翅膀和身体链接在一起，然后将蝴蝶约束到曲线上去。进入+命令面板，单击按钮，单击“虚拟对象”按钮，在视图中创建一个虚拟物体，并将其移至与翅膀合适的位置，然后复制出一个同样的虚拟物体，并将其移至另一只翅膀处，最后创建一个大的虚拟物体放在两个小的虚拟物体之间，效果如图12-57所示。

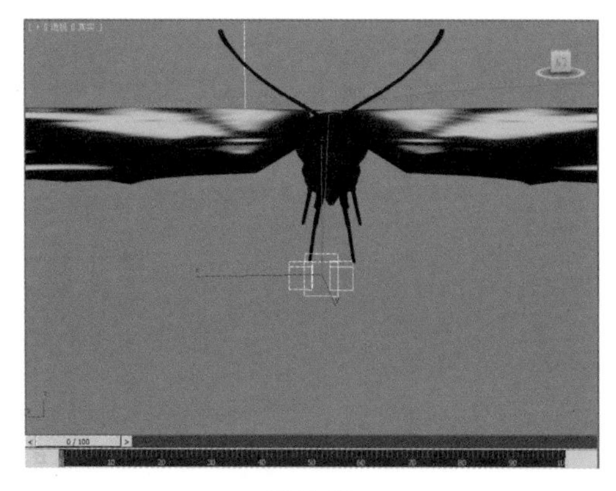

图12-57

步骤06 单击工具栏上的按钮，将蝴蝶的翅膀与相应的虚拟物体链接在一起。现在我们移动虚拟物体，蝴蝶就会随着虚拟物体的移动而变化。最后分别将两个小的虚拟物体链接到大的虚拟物体上，这样蝴蝶的翅膀和身体就链接在一起了。如果直接让翅膀和身体链接，动画效果就会出现错误，所以我们需要借助于虚拟物体。

步骤07 接下来将蝴蝶约束到曲线上，蝴蝶已经和虚拟物体链接在一起了，只需要将大的虚拟物体约束到曲线上就可以了。选择大的虚拟物体，选择“动画”→“约束”→“路径约束”菜单命令，然后拾取曲线作为路径，这时蝴蝶就会移至曲线上去，如图12-58所示。这时系统已经记录好动画了，可以单击动画控制面板右下角的按钮进行预览。

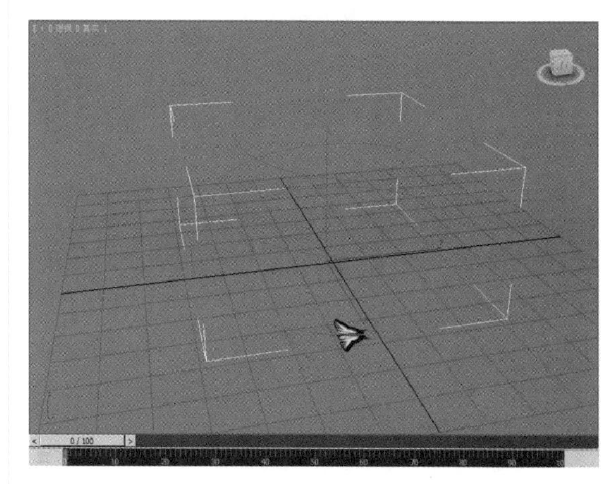

图12-58

步骤08 这时候的蝴蝶已经在沿着曲线进行飞舞了，可是蝴蝶的方向却不对。这就需要在命令面板中的“路径参数”卷展栏中勾选☑跟随复选框，让蝴蝶模型跟随曲线的法线方向飞舞，这样蝴蝶的方向就会沿曲线路径方向一致，效果如图12-59所示。我们再预览动画时，蝴蝶沿曲线飞舞时方向就不会出错了。

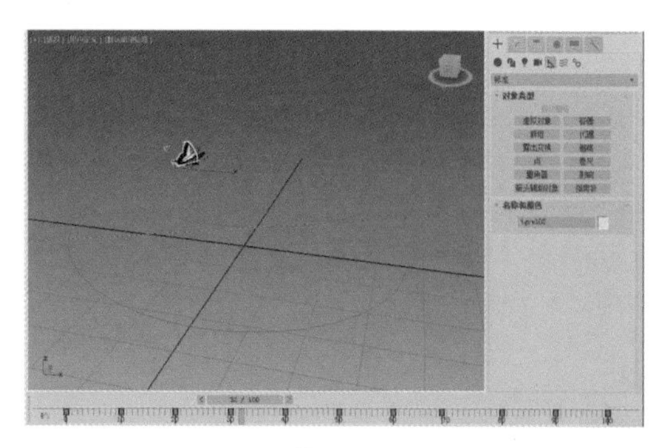

图12-59

12.3.6 乒乓球动画

这一节我们来制作一个乒乓球动画，在这个动画制作过程中，主要给大家介绍控制器对动画的影响。

实例操作 乒乓球动画的制作

步骤01 打开场景文件，在该场景中有一个乒乓球案和一个乒乓球，如图12-60所示。在该场景中我们已经配合虚拟物体打了多个关键帧，制作出了乒乓球的基本动画（素材文件：第12章/Scenes/乒乓球动画的制作.max）。

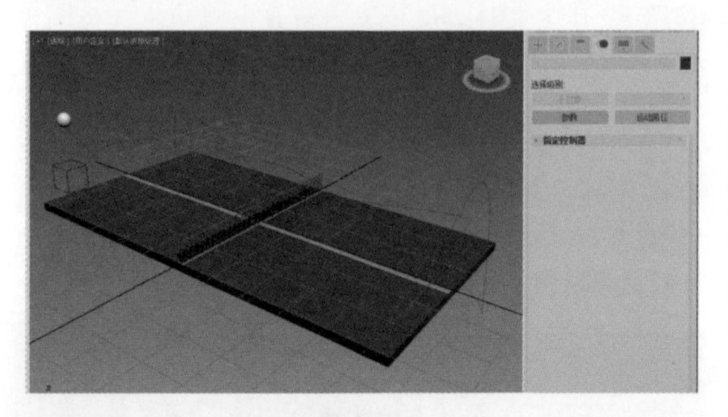

图12-60

步骤02 接下来我们要进一步完善动画效果。选中乒乓球，单击按钮进入运动面板，打开“指定控制器”卷展栏，如图12-61所示。我们看到当前物体的变换有3个选项，分别是位置、旋转和缩放。

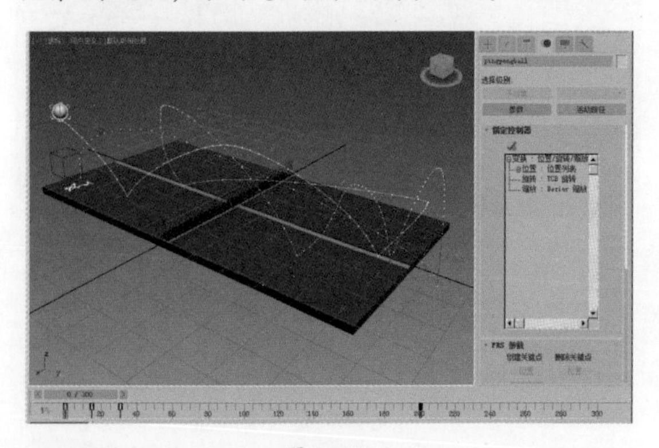

图12-61

步骤03 如果想替换当前的变换方式，那么选中想要改变的选项，然后单击✓按钮，在弹出的如图12-62左图所示的对话框中选择所需要的变换方式。

步骤04 我们都知道乒乓球在运动停止时还会在原地弹跳或抖动，那么我们就得想办法给它添加上原地弹跳或抖动的变化。如果使用上面的方法进行添加，那么只能替换掉当前的方式，所以我们得使用另一种方法来添加。选择“动画”→“位置控制器”→“噪波”菜单命令，给物体添加噪波变换方式，如图12-62右图所示。

步骤05 添加噪波变换方式后的效果如图12-63所示。这时预览动画，我们就会看到乒乓球会在运动过程中会不停地抖动。

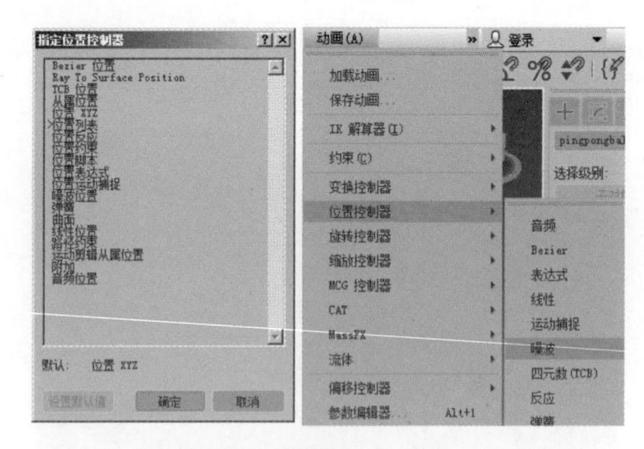

图12-62

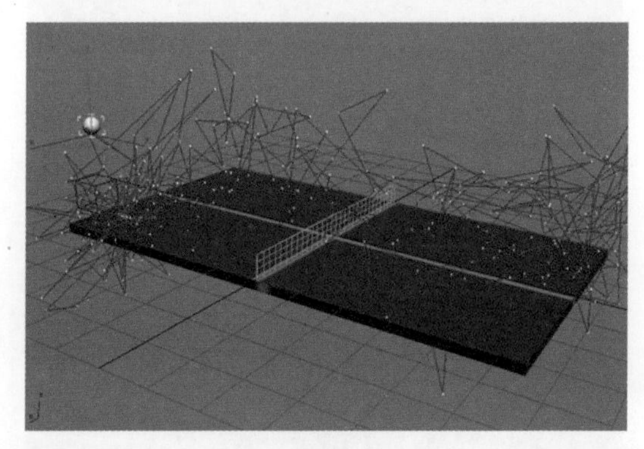

图12-63

步骤06 当我们添加噪波变换方式后，整个运动曲线都会受到噪波的影响。但我们只想让乒乓球在停下来的时候产生抖动效果，因此需要在噪波的参数面板中进行设置。在“指定控制器”卷展栏中双击⊞噪波位置 : 噪波选项，弹出“噪波控制器”对话框，在对话框中可以设置噪波的3个轴向参数，如图12-64所示。

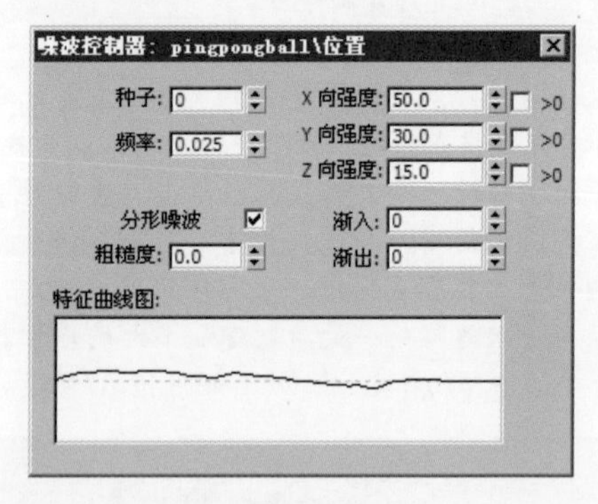

图12-64

步骤07 这时路径曲线如图12-65所示。

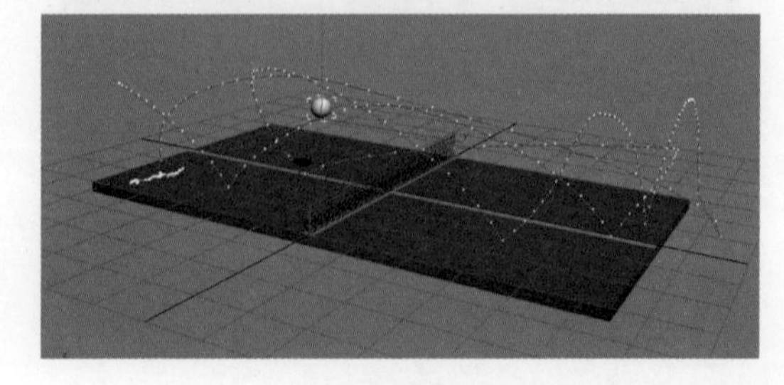

图12-65

步骤08 这时候乒乓球在运动过程中受两个控制器的约束，此时它们的权重值是相互平衡的，如图12-66所示。在实际应用中，可以调节它们的权重值来控制动画。

图12-66

步骤09 如果想让乒乓球在第0~200帧不受到噪波控制器的影响，那么单击“自动关键点”按钮，将时间滑块拖动到第200帧处，将噪波的权重值改为0，然后将第0帧处的权重值也改为0，这样乒乓球在运动过程中就不会受到“噪波”的影响了，如图12-67所示。

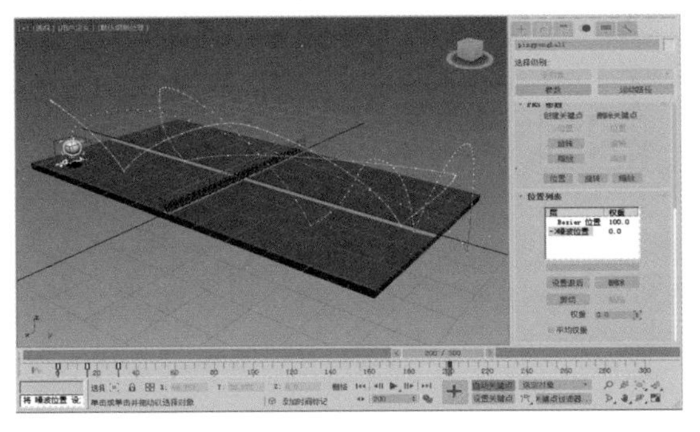

图12-67

步骤10 接下来我们将设置第200帧后不受移动控制器的约束而受噪波控制器约束的动画。在第201帧处，将移动控制器的权重值改为0，然后选择噪波控制器，将其权重值改为100，这时第201帧以后的时间将受噪波控制器的控制，效果如图12-68所示。

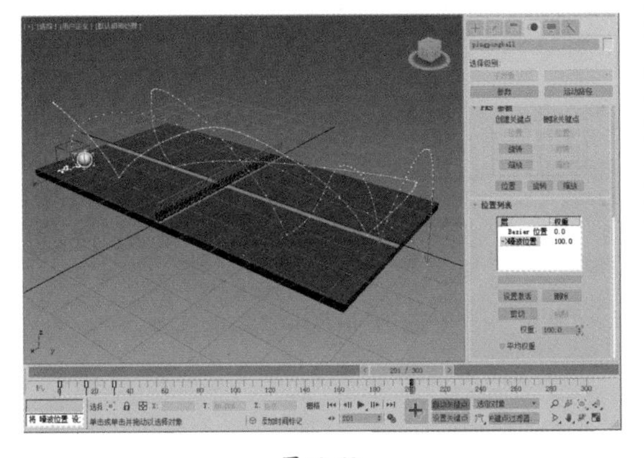

图12-68

至此，乒乓球动画就制作完成了，本节主要讲解控制器对动画的约束，通过对其权重值的调节，在不同的时间段对物体的动画进行不同性质的控制，从而达到预期的效果。

12.3.7 循环动画

循环动画就是对制作好的一段动画的运动路径进行复制，从而产生循环运动。

实例操作 循环动画的制作

步骤01 打开3ds Max软件，创建一个茶壶模型，如图12-69所示（素材文件：第12章/Scenes/循环动画的制作.max）。

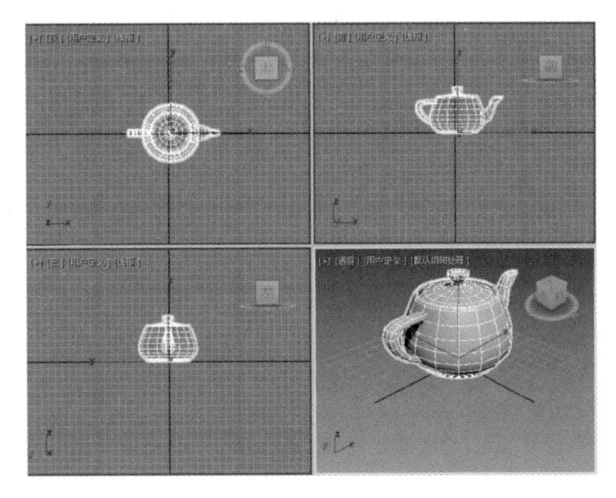

图12-69

步骤02 单击“自动关键点”按钮，将时间滑块拖动到第20帧处，对茶壶模型做移动动画。然后对茶壶模型制作循环动画。单击工具栏中的按钮，打开“轨迹视图-曲线编辑器”对话框，这里会显示茶壶模型的运动轨迹，如图12-70所示。

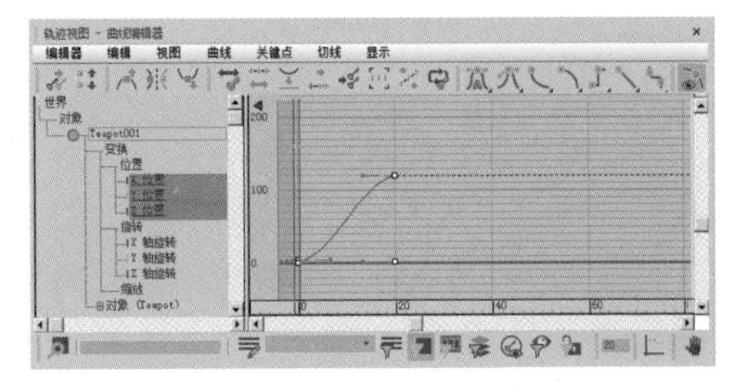

图12-70

步骤03 在动画轨迹面板中，可以自由地调整轨迹曲线，从而使动画产生相应的变化。如果想要制作循环动画，就需要将物体的运动路径进行镜像复制，选择“编辑”→“控制器”→“超出范围类型”命令，弹出一个对话框，如图12-71所示，其中包含了各种动画路径复制方式。

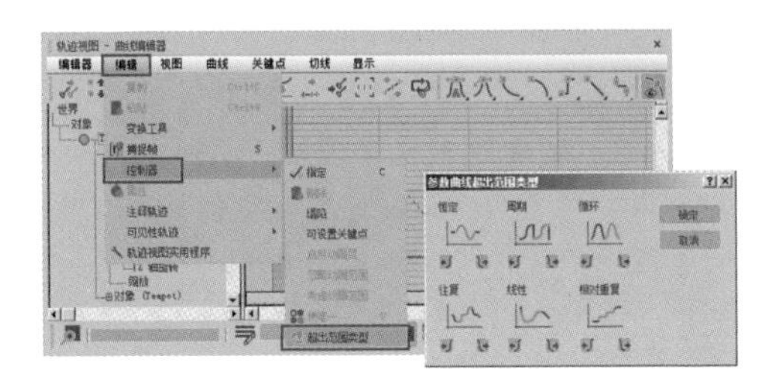

图12-71

步骤04 制作循环动画就得单击“往复”方式下面的按钮，这样曲线就会镜像复制，参数设置如图12-72所示。

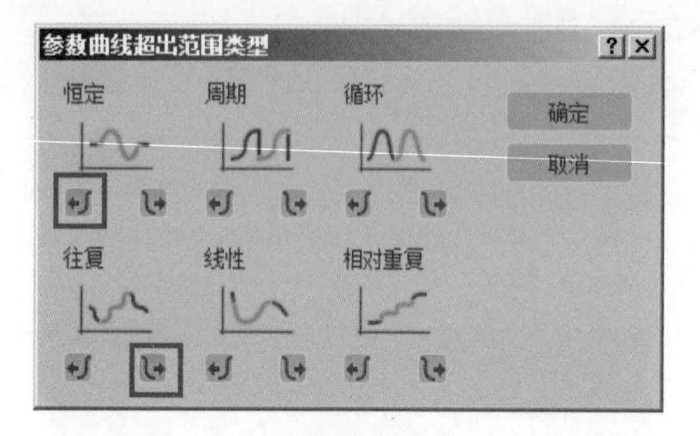

图 12-72

步骤05 路径曲线镜像复制后的效果如图12-73所示。

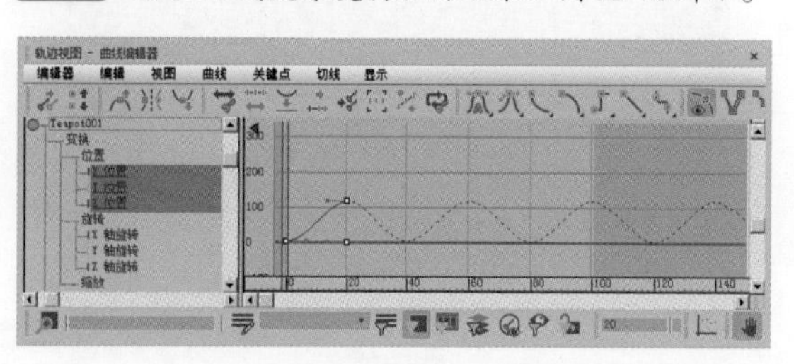

图 12-73

12.3.8 重复动画

重复动画就是将制作好的运动进行重复完成。

实例操作 重复动画的制作

步骤01 打开3ds Max软件，在场景中创建一个茶壶模型，如图12-74所示（素材文件：第12章/Scenes/重复动画的制作.max）。

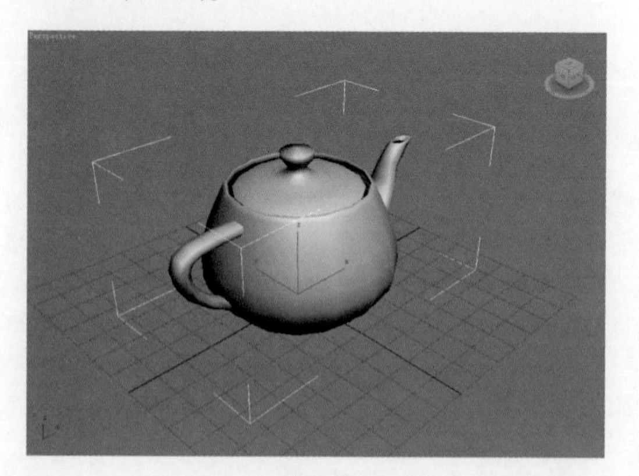

图 12-74

步骤02 单击“自动关键点”按钮，将时间滑块拖动到第20帧处，对茶壶模型制作移动动画。动画制作完成后，再次单击“自动关键点”按钮，单击工具栏中的按钮，打开“轨迹视图-曲线编辑器”对话框，如图12-75所示。

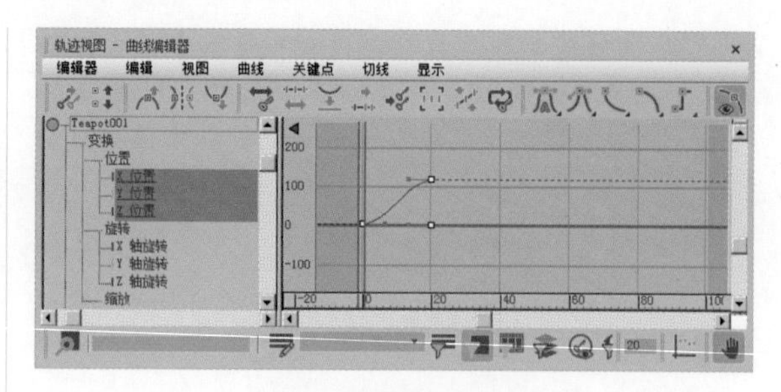

图 12-75

步骤03 执行“编辑”→“控制器”→“超出范围类型”命令，弹出如图12-76所示的对话框。在该对话框中有多种系统自带的路径复制方式。

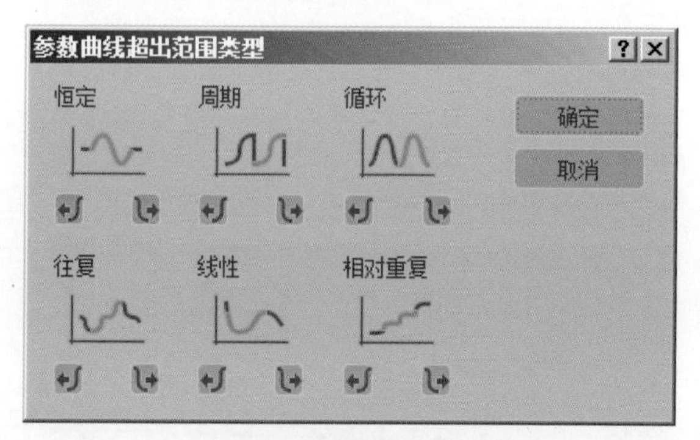

图 12-76

步骤04 接下来我们在该对话框中设置重复动画的路径复制方式，设置如图12-77所示。

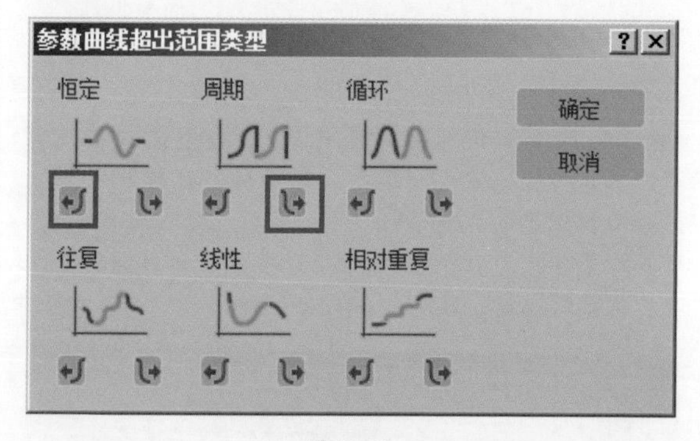

图 12-77

12.3.9 动画时间编辑

接下来给大家介绍动画时间编辑的应用。

实例操作 动画时间编辑的应用

步骤01 打开3ds Max软件，创建一个茶壶模型并为它制作*X*轴上的移动动画，如图12-78所示（素材文件：第12章/Scenes/动画时间编辑的应用.max）。

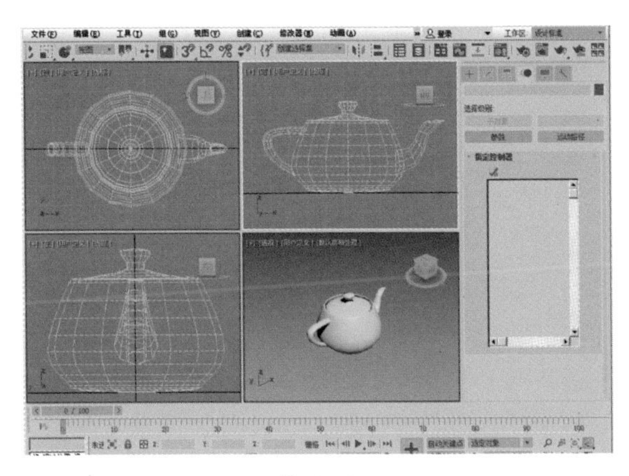

图12-78

步骤02 单击工具栏中的按钮，在打开的对话框中，执行“编辑器”→“摄影表”命令，这时动画轨迹面板将转换成映射面板，如图12-79所示。在该面板中将会显示关键帧。

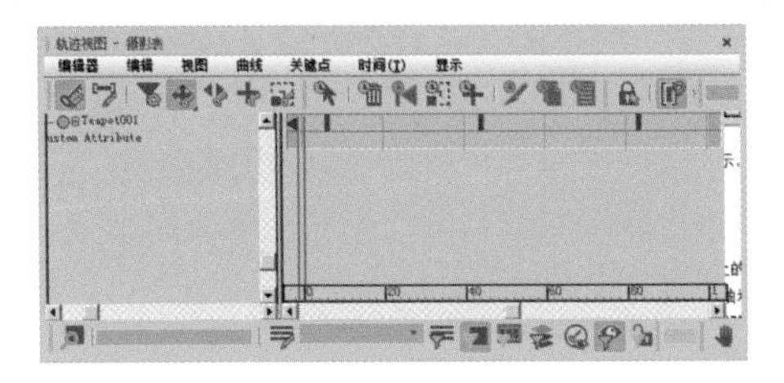

图12-79

步骤03 时间编辑所使用的工具如图12-80所示。

图12-80

步骤04 我们制作的是X轴上的移动动画，因此Y轴和Z轴上的关键帧是多余的。在这里单击按钮，选中Y轴和Z轴上的关键帧，如图12-81所示。单击按钮，将它们删除。

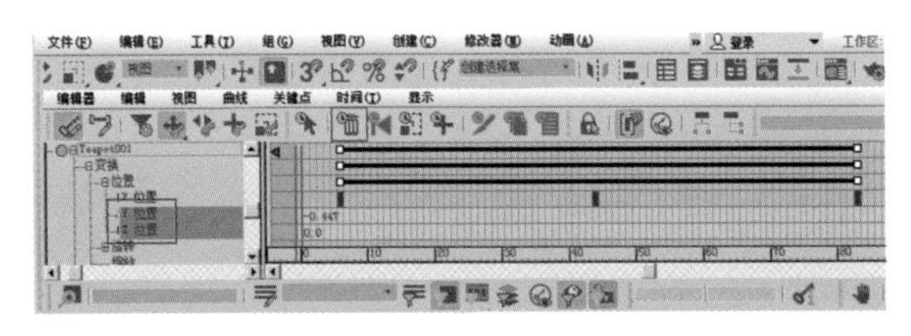

图12-81

步骤05 单击按钮，还可以选择X轴上如图12-82所示的部分关键帧。

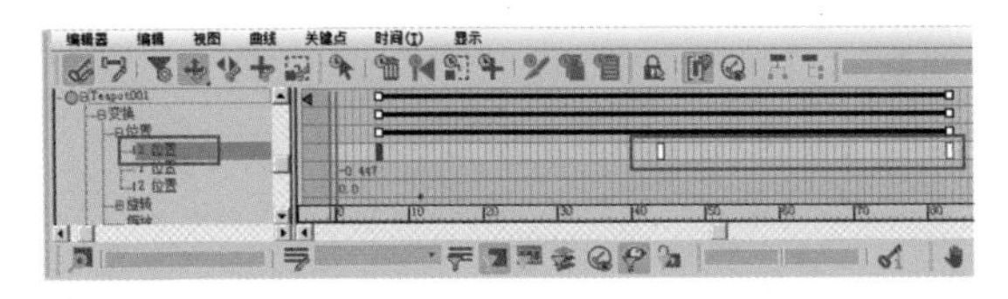

图12-82

步骤06 单击按钮将其删除，删除后效果如图12-83所示，所选择的动画范围也就删除了。

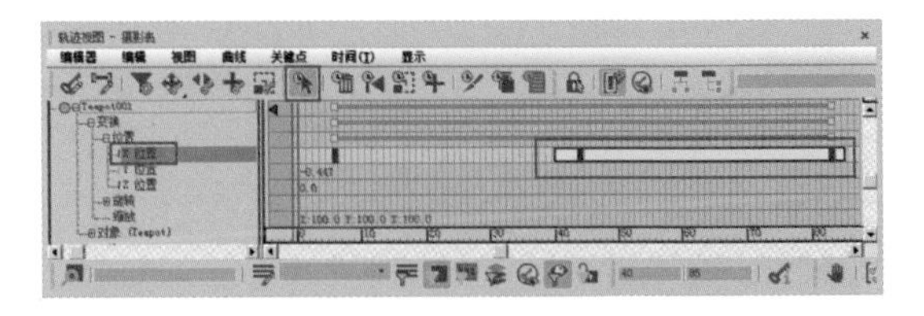

图12-83

步骤07 如图12-84所示是我们制作的动画效果。

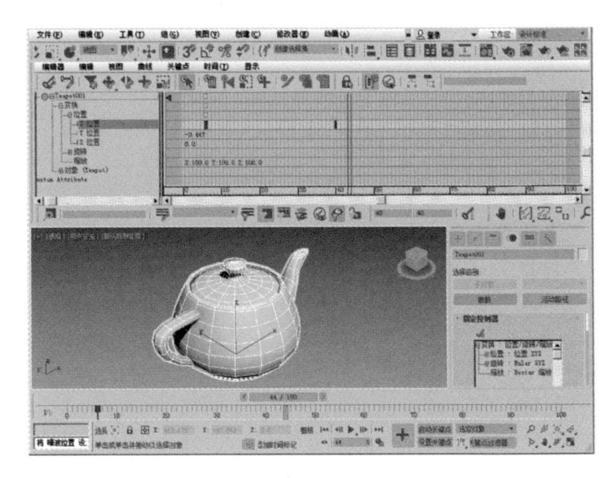

图12-84

步骤08 现在选中所有关键帧，然后单击按钮，将会把原始动画过程翻转过来，如图12-85所示。

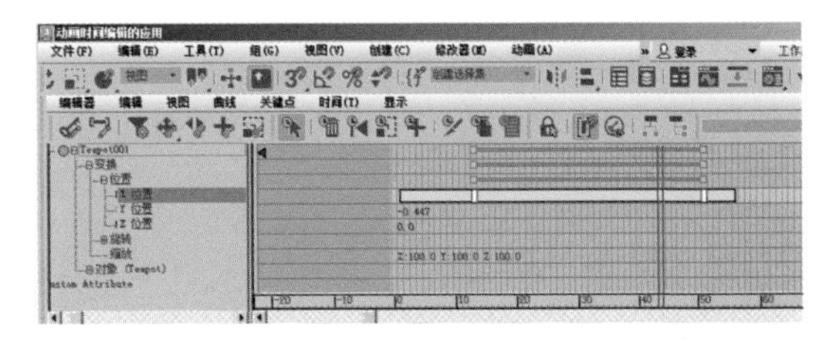

图12-85

步骤09 单击按钮，选择如图12-86所示的一段时间。

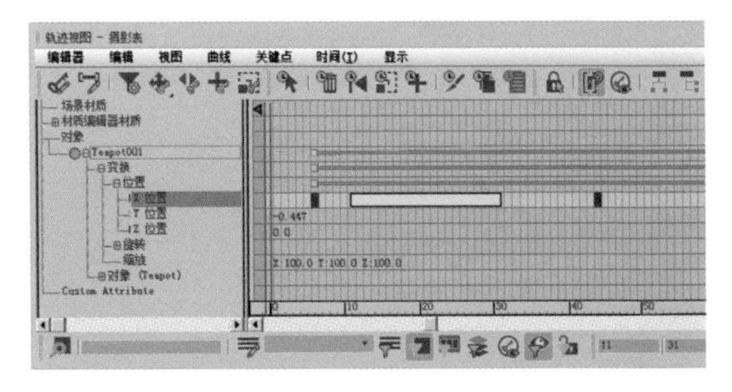

图12-86

步骤10 单击按钮，可以对所选择的时间段进行拉伸或缩放处理。效果如图12-87所示。

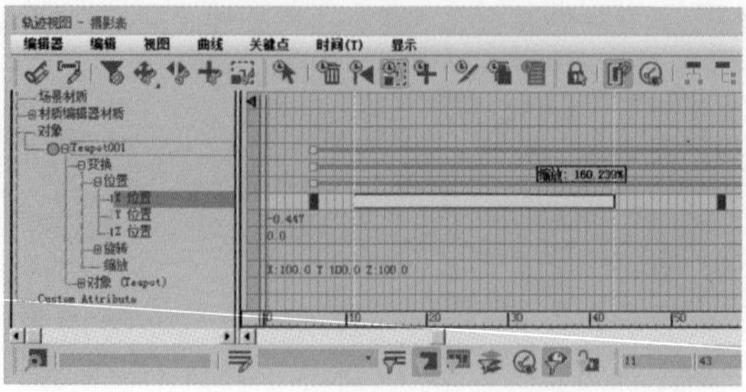

图 12-87

步骤11 单击按钮，这时在鼠标的右上角会出现一个加号标志，我们可以在任意两个关键帧之间添加时间，如图 12-88 所示。

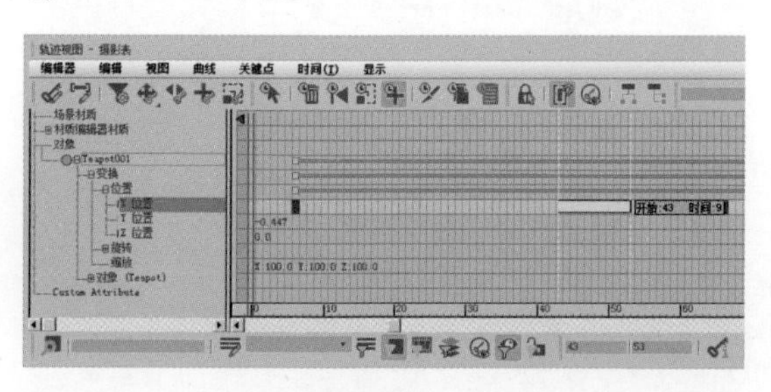

图 12-88

步骤12 还可以对时间段进行剪切处理。例如选择如图 12-89 上图中所示的时间段，然后单击按钮，就可以对其进行剪切，剪切后的效果如图 12-89 下图所示。

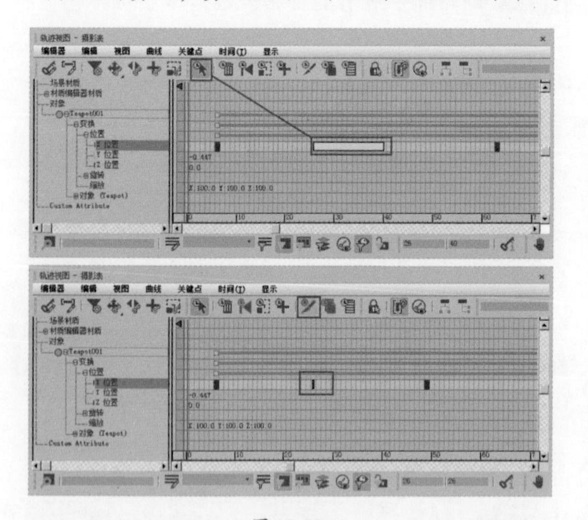

图 12-89

步骤13 上一步我们将所选的时间段进行了剪切，在想要粘贴的位置单击，如图 12-90 所示。

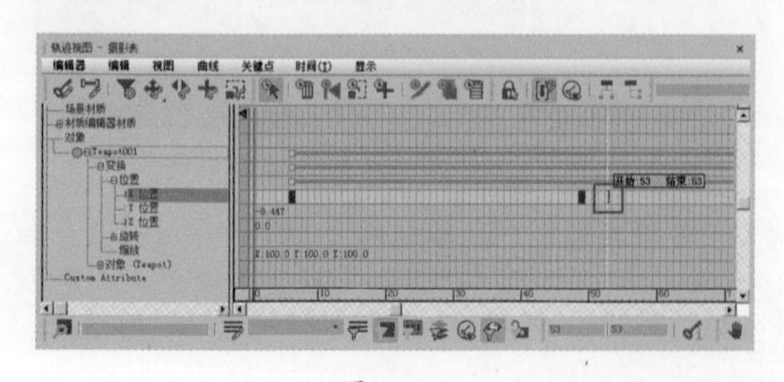

图 12-90

步骤14 单击按钮，弹出如图 12-91 所示的对话框，只需单击"确定"按钮即可。

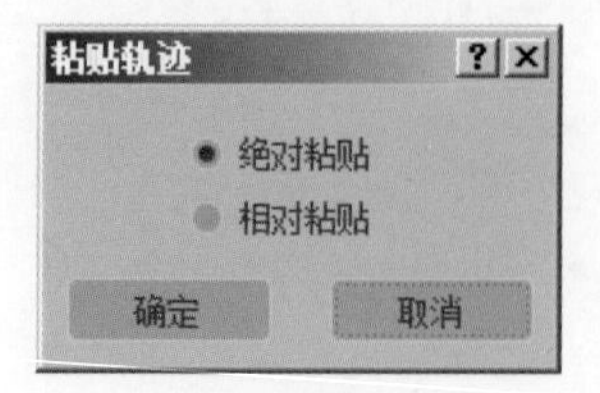

图 12-91

步骤15 这样就会将剪切下来的时间段粘贴到指定的地方，如图 12-92 所示。

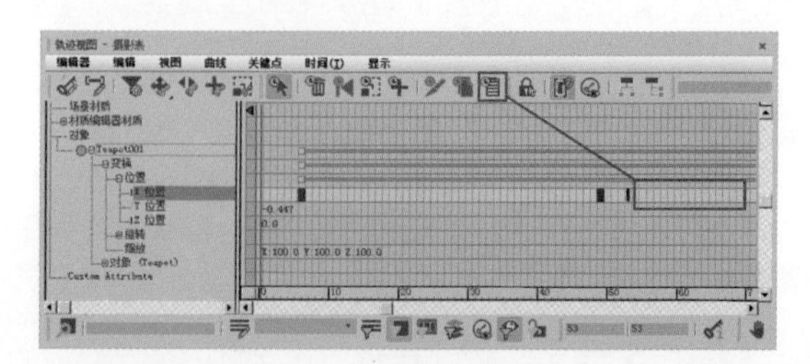

图 12-92

动画时间编辑的工具到这里就介绍完了，其在制作动画的过程中对动画的控制和修改有很大帮助，读者可以练习一下，体会其优越之处。

12.3.10 霓虹灯动画

本例我们来制作霓虹灯动画。该动画主要通过调整"路径变形"修改器的"拉伸"选项的值来控制对象在文字路径上的变形效果，也就是文字材质的动画效果。在生成文字之前，需要将该值设置为0，这样文字将不可见。

实例操作 制作霓虹灯动画

步骤01 打开3ds Max软件，在前视图中创建一个长方体物体（大小自定），将其命名为"灯箱"，如图 12-93 所示（素材文件：第 12 章/Scenes/制作霓虹灯动画.max）。

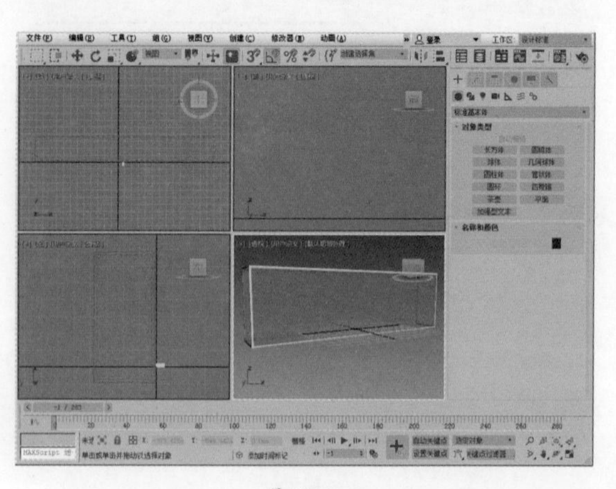

图 12-93

步骤02 单击按钮，然后单击该面板中的“文本”按钮，在前视图中创建如图12-94所示的文字图形。此处创建的文字图形便是将来文字的生成路径。在文字的创建命令面板中有一个下拉列表，其中列出了Windows系统中的所有字体，这里选择“Monotype Corsiva”字体。

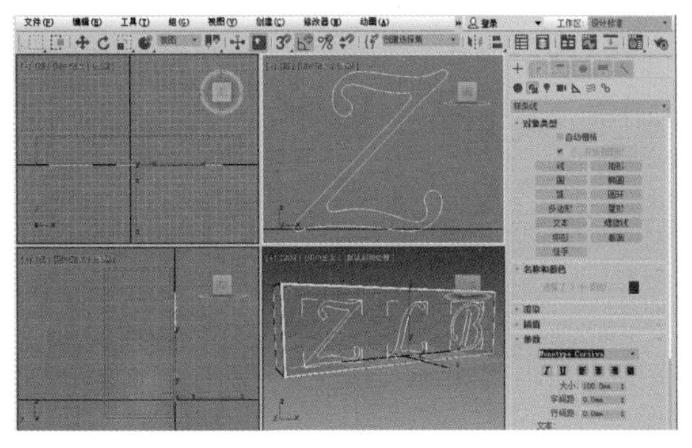

图12-94

步骤03 确认文字图形被选择，在其上右击，在弹出的快捷菜单中选择“转换为可编辑样条线”选项，将文字转换为可编辑样条曲线。

步骤04 单击按钮进入修改面板，单击按钮，选择字母Z的线条。然后单击“分离”按钮，将其分离成独立的样条曲线。使用同样的方法将L和B分离为独立的线条，如图12-95所示。

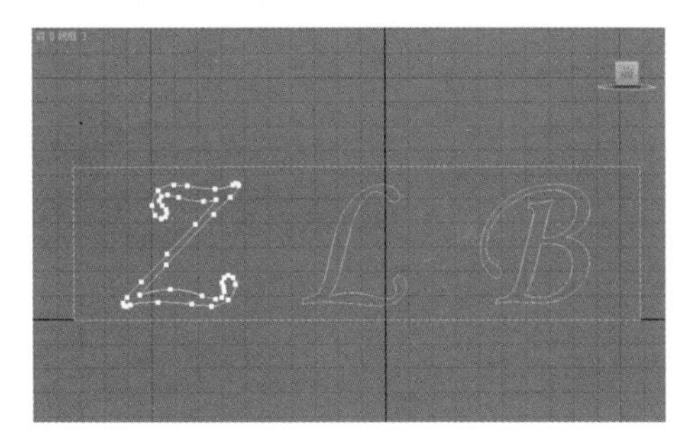

图12-95

接下来我们还需要对分离出来的图形做进一步的处理，使它们更符合变形路径的要求。

步骤05 首先处理Z图形，选择如图12-96所示的点，然后单击“设为首顶点”按钮，将所选择的点设置为起始点，从而使文字在生成时尽量符合文字的笔画顺序。

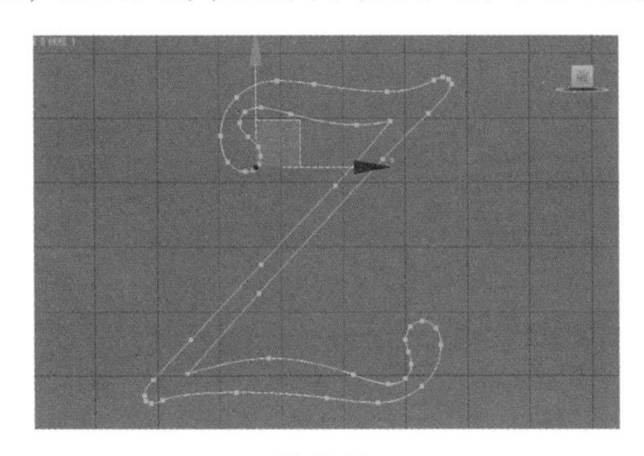

图12-96

步骤06 接下来对L图形进行处理。使用同样的方法选择如图12-97所示的点，单击“设为首顶点”按钮，将其设为起始点。

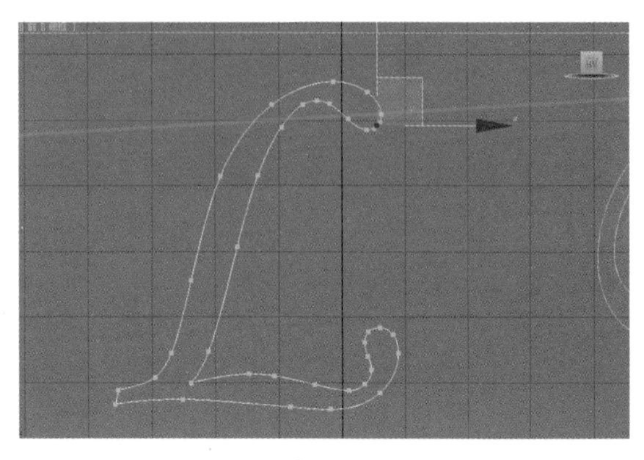

图12-97

步骤07 接下来对B图形进行处理，其与上面两个图形稍有变化。B图形包含两段封闭的线段，在设置路径变形时，一条路径只能同时指定给一个变形对象，因此在创建路径时尽量保证路径的连贯性，尽可能少地使用变形对象。

步骤08 选择如图12-98所示的两个点，然后分别单击“断开”按钮，将所选择的点断开。

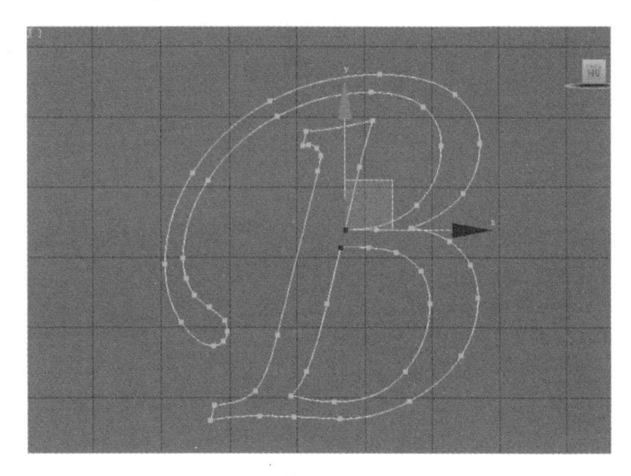

图12-98

步骤09 移动断开的点，使用“焊接”工具将它们重新进行焊接，最后使用“熔合”工具对一些角度生硬的点进行倒角处理。最终效果如图12-99所示。

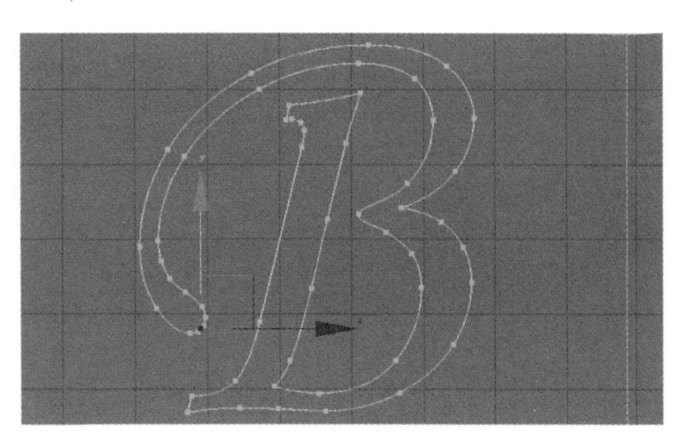

图12-99

至此，变形路径就制作好了，现在我们来制作变形对象。

步骤10 在前视图创建一个圆柱体，其参数设置如图12-100所示。

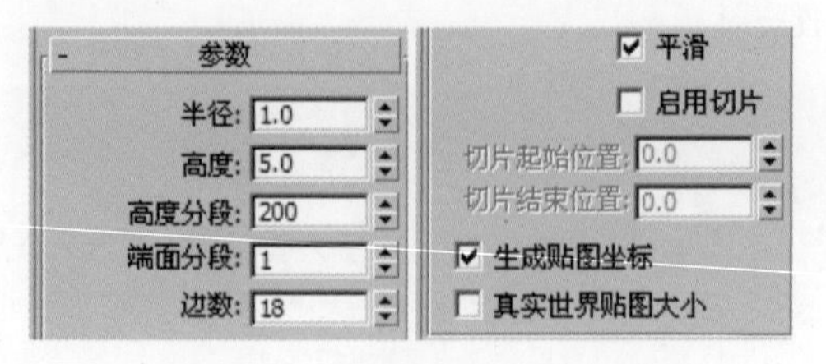

图 12-100

步骤11 复制出两个相同的圆柱体，并分别将3个圆柱体命名为Z、L、B，作为3个字母的变形对象。

步骤12 选择变形对象Z，然后单击按钮进入修改面板，给变形对象添加“路径变形（WSM）”修改器。在修改器的参数面板中单击“拾取路径”按钮，在视图中拾取字母图形Z，然后单击“转到路径”按钮，将变形对象移至路径上，如图12-101所示。

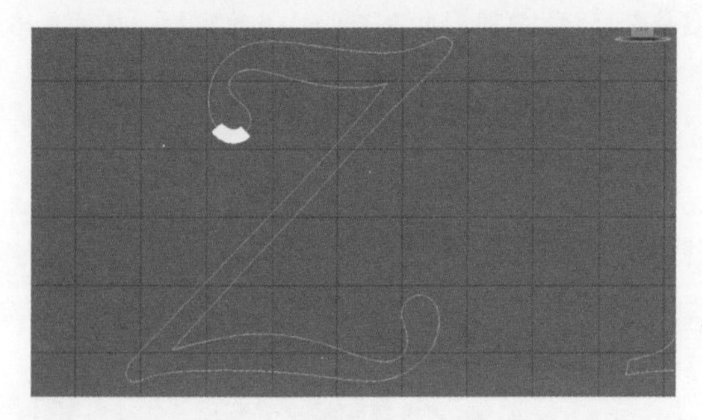

图 12-101

步骤13 使用相同的方法依次为变形对象L、B指定变形修改器，并将它们移至相应的字母路径上，各变形修改器的参数相同，如图12-102所示。

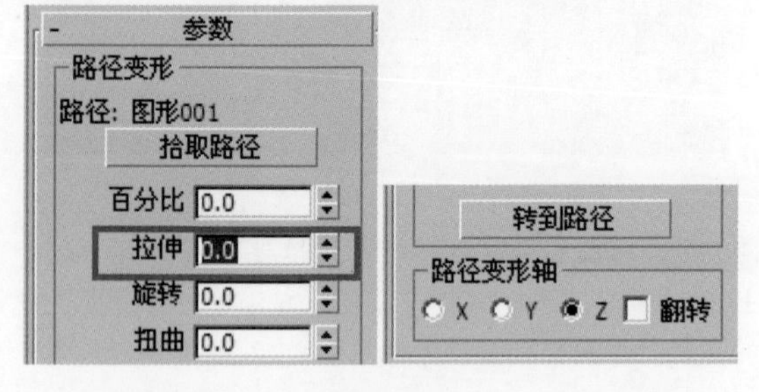

图 12-102

接下来为灯箱和变形对象制作材质。

步骤14 首先制作灯箱材质。打开材质编辑器，选择一个空白的材质球，将其命名为“灯箱”，并设置材质的各项参数，如图12-103所示。

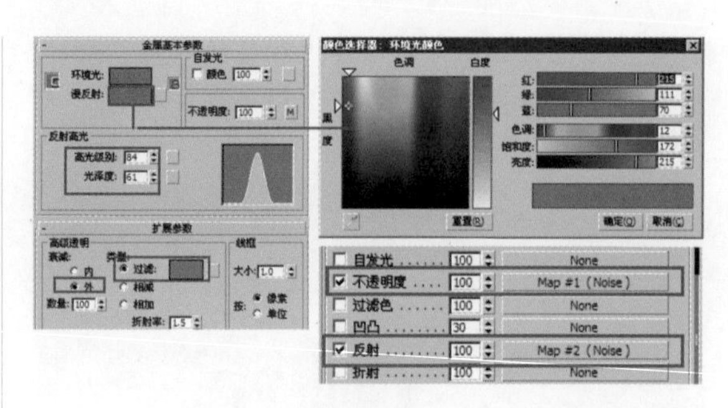

图 12-103

步骤15 接下来制作变形对象的材质。打开材质编辑器，选择一个空白的材质球，将其命名为“变形对象”，并设置材质的各项参数，如图12-104和图12-105所示。

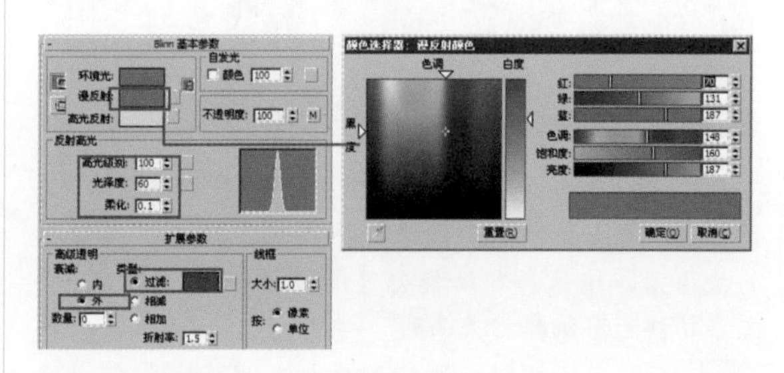

图 12-104

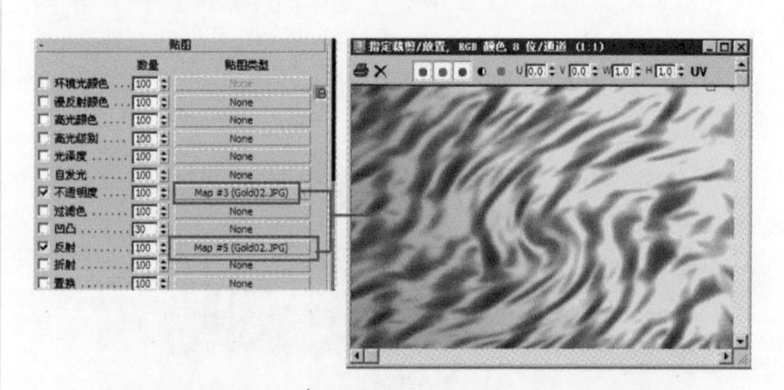

图 12-105

步骤16 最后为场景制作一张背景贴图。将制作好的材质赋予相应的物体，渲染后的效果如图12-106所示。

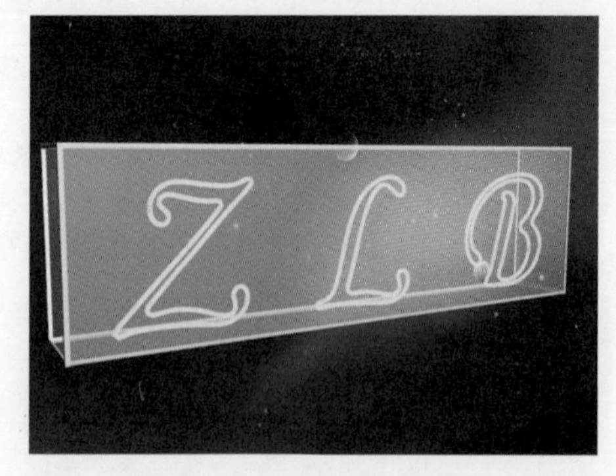

图 12-106

下面我们来设置文字生成动画。

本例动画总时长为280帧，所要表现的是Z、L、B 3个字母一个个地生成，然后闪烁两次霓虹灯效果。因为文字要一个个地生成，所以整个动画过程中就出现了许多个时间段，分别是：

第0~29帧，字母Z生成。

第30~90帧，字母L生成。

第89~180帧，字母B生成。

第220帧时，所用字母变暗。

第240帧时，所用字母变亮。

第260帧时，所用字母再次变暗。

第280帧时，所用字母再次变亮。

步骤17 打开动画录制器，将时间滑块移至第30帧处，然后选择Z变形对象，将其“拉伸”参数的值调整为67。

步骤18 将时间移至第31帧处，选择L变性对象，将其“拉伸”参数的值调整为0。将时间滑块移至第90帧处，将将其“拉伸”参数的值调整为50。

步骤19 将时间移至第89帧处，选择B变性对象，将将其“拉伸”参数的值调整为0。将时间滑块移至第180帧处，将将其“拉伸”参数的值调整为80。

至此，文字生成动画设置完成了，下面来设置文字闪烁的动画效果。

步骤20 打开动画录制器，将时间滑块移至第220帧处，打开材质编辑器，选择文字材质，将其“自发光”参数的值设置为0。

步骤21 将时间滑块移至第240帧处，打开材质编辑器，选择文字材质，将其“自发光”参数的值设置为100。

步骤22 将时间滑块移至第260帧处，打开材质编辑器，选择文字材质，将其“自发光”参数的值设置为0。

步骤23 将时间滑块移至第280帧处，打开材质编辑器，选择文字材质，将其“自发光”参数的值设置为100。

步骤24 关闭动画录制器，单击按钮进行动画预览，如图12-107所示。

图12-107

12.3.11 圣诞树动画

这一节介绍圣诞树动画的制作方法，在该动画的制作过程中，重点在于材质上的变化。

实例操作 制作圣诞树动画

步骤01 打开场景文件，如图12-108所示。在该场景中圣诞树模型已经制作完成了（素材文件：第12章/Scenes/制作圣诞树动画.max）。

图12-108

步骤02 在圣诞树上有一些小球体，作为圣诞树上的彩灯。我们主要制作的动画就是彩灯闪烁的效果。首先将彩灯分成若干部分，然后将它们分别进行群组。

步骤03 接下来，打开材质编辑器，在其中进行彩灯材质的设置，如图12-109所示。在这里我们主要设置“自发光”的颜色，从而使彩灯产生自发光的效果。

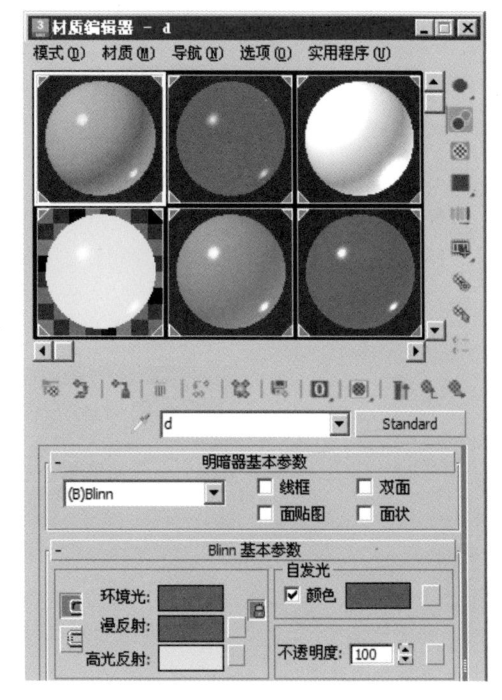

图12-109

步骤04 将设置好的材质分别赋予彩灯，效果如图12-110所示。

图 12-110

接下来设置彩灯闪烁的动画。本动画总时长为 120 帧。

步骤05 打开动画录制器，将时间滑块移至第 0 帧处。打开材质编辑器，将所有彩灯材质的“不透明度”参数值设置为 20，这时所有彩灯将为透明状态，只能看见一点点。这样我们就可以模拟彩灯变暗的效果了。

步骤06 将时间滑块移至第 20 帧处，然后将所有彩灯的“不透明度”参数值设置为 100，在第 20 帧处彩灯就会变亮。

步骤07 使用同样的方法，在不同的时间处，继续设置彩灯材质的透明度变化，从而达到彩灯闪烁的效果。

步骤08 等动画设置完成后，可以单击▶按钮进行预览。最后按快捷键 8，在弹出的窗口中的背景处添加一张背景图片，如图 12-111 所示。

图 12-111

至此，圣诞树动画就制作完成了，总体上是没有难度的。主要就是通过改变材质的透明度来控制彩灯的闪烁，从而实现动画效果。

12.3.12 光效动画

这一节介绍光效动画。

实例操作 制作光效动画

步骤01 打开场景文件，如图 12-112 所示。该场景的制作主要使用了放样工具，然后将其约束到一条曲线上。我们将使用这个场景制作游戏中的法术效果（素材文件：第 12 章 /Scenes/ 制作光效动画 .max）。

图 12-112

步骤02 选中螺旋体，单击“自动关键点”按钮，将时间滑块移至第 0 帧处，然后设置其参数，如图 12-113 和图 12-114 所示。

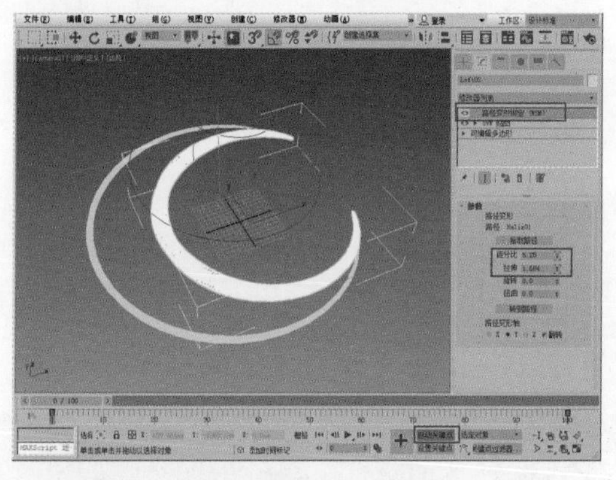

图 12-113

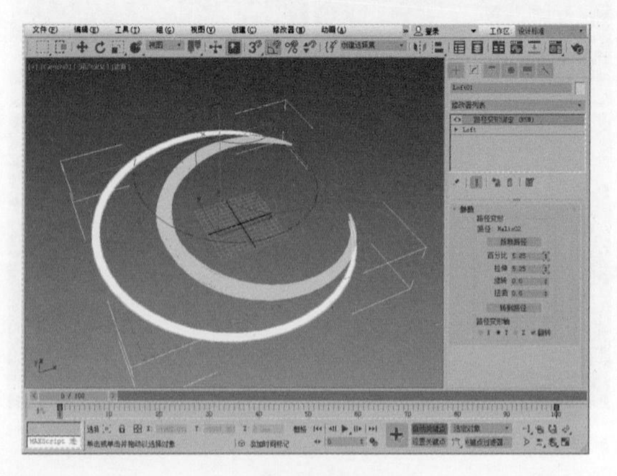

图 12-114

步骤03 接下来将时间滑块移至第 100 帧处，然后设置其参数，如图 12-115 和图 12-116 所示。

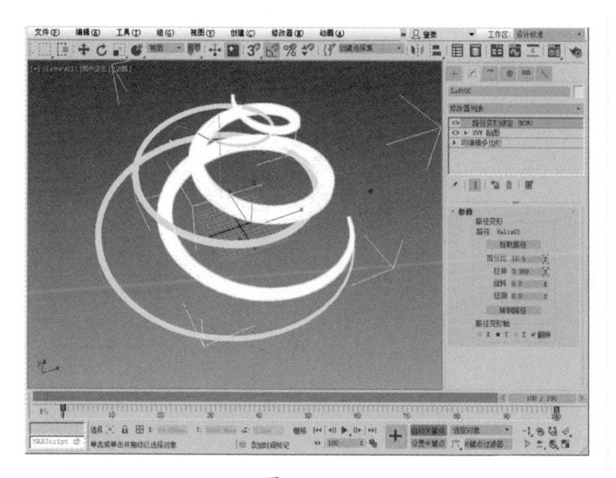

图 12-115

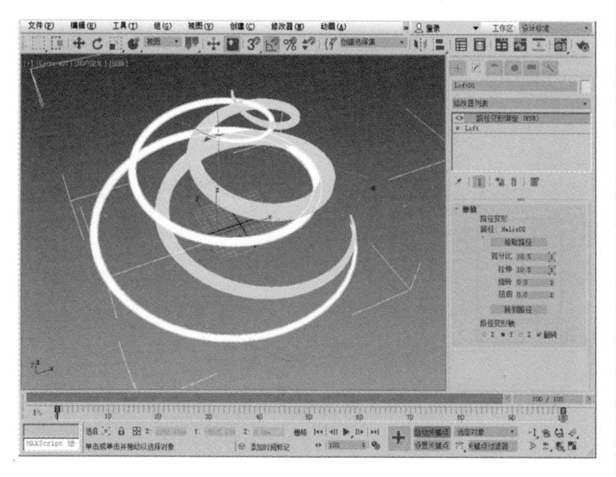

图 12-116

步骤04 如图12-117所示选中其中一个螺旋体，然后将时间滑块移至第0帧处。在被选中的螺旋体上右击，在弹出的快捷菜单中选择“对象属性（P）...”选项。接下来在弹出的对话框中将“可见性”参数值设置为0。

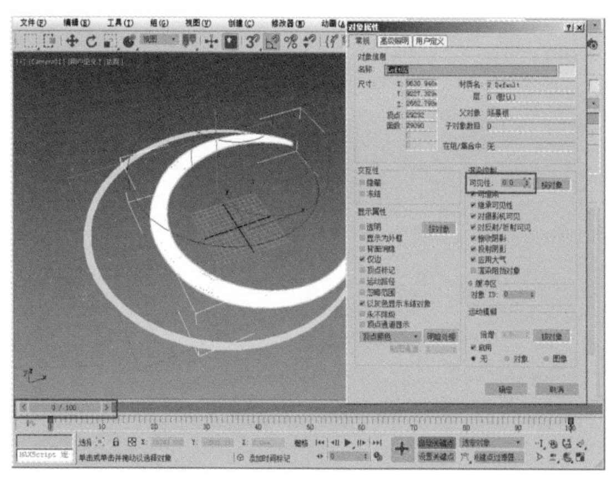

图 12-117

步骤05 使用相同的方法设置另一个螺旋体，效果如图12-118所示。

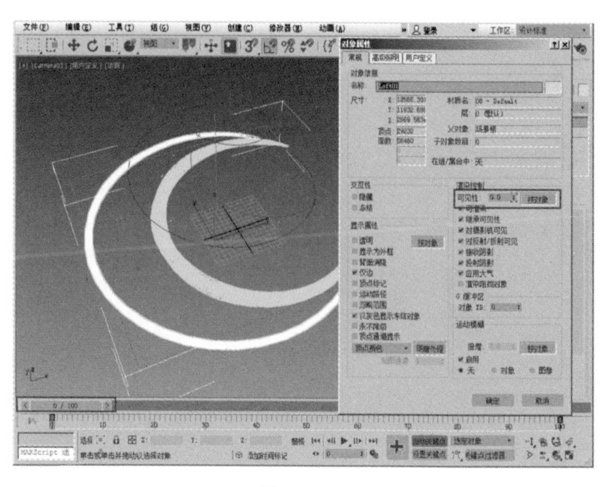

图 12-118

步骤06 选中其中一个螺旋体，将时间滑块移至第100帧处，然后设置其“可见性”参数值为1，如图12-119所示。

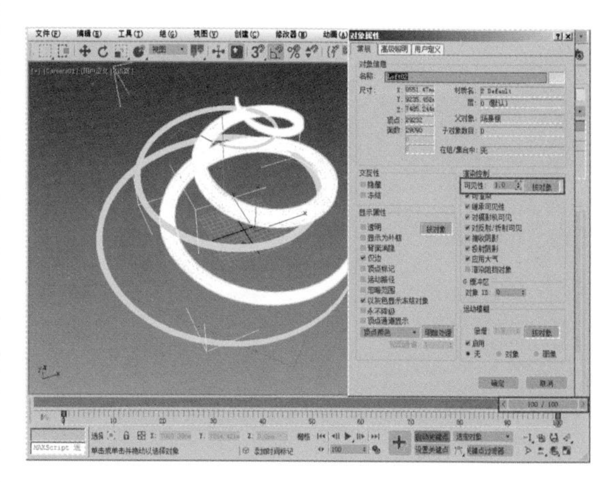

图 12-119

步骤07 使用同样的方法设置另一个螺旋体，其参数设置如图12-120所示。

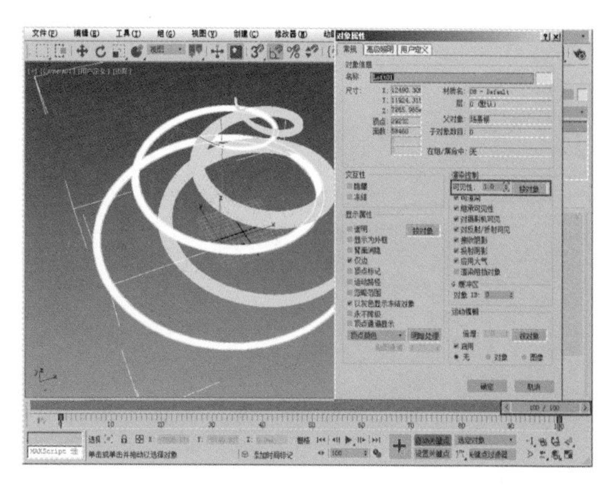

图 12-120

至此，淡入效果就设置完成了，接下来设置光晕效果。

步骤08 单击“自动关键点”按钮，将时间滑块移至第0帧处。选中其中一个螺旋体，按快捷键8，在弹出的窗口中选择要生成的效果，设置属于它的Glow参数，如图12-121所示。

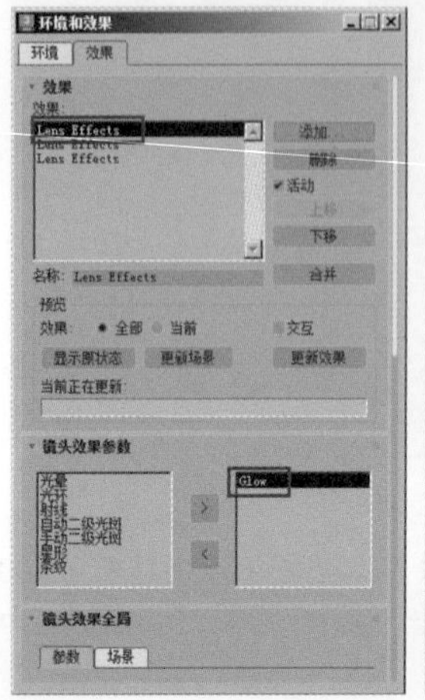

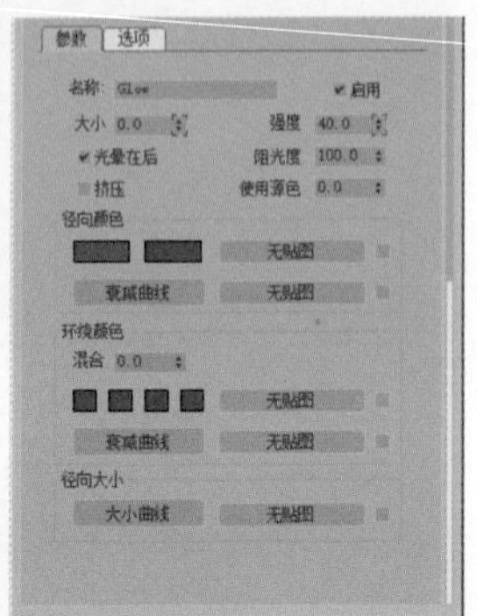

图 12-121

步骤09 使用同样的方法给另一个螺旋体添加光晕效果，如图12-122所示。

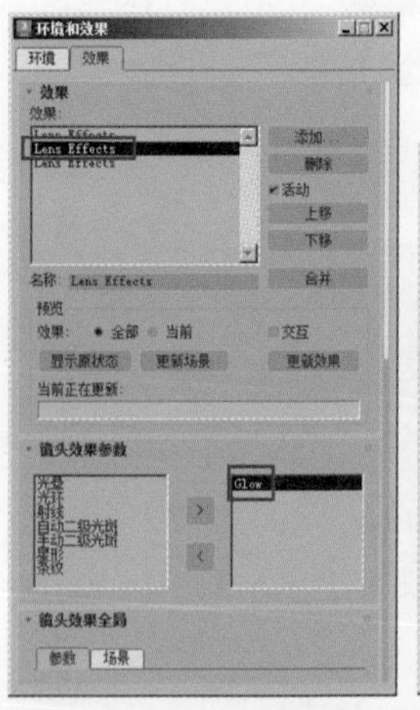

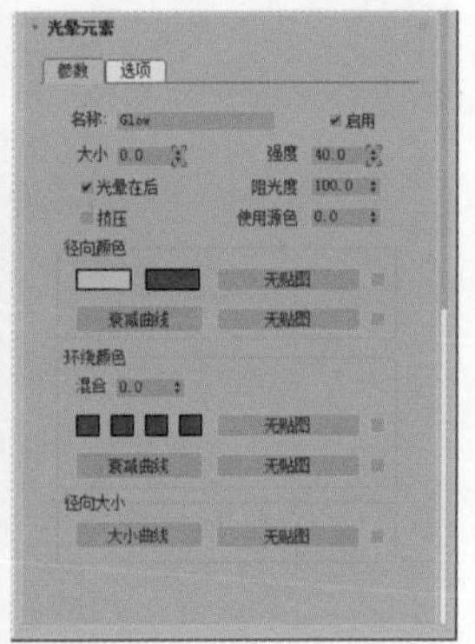

图 12-122

步骤10 将时间滑块移至第100帧处，然后调整光晕的参数，参数设置如图12-123和图12-124所示。

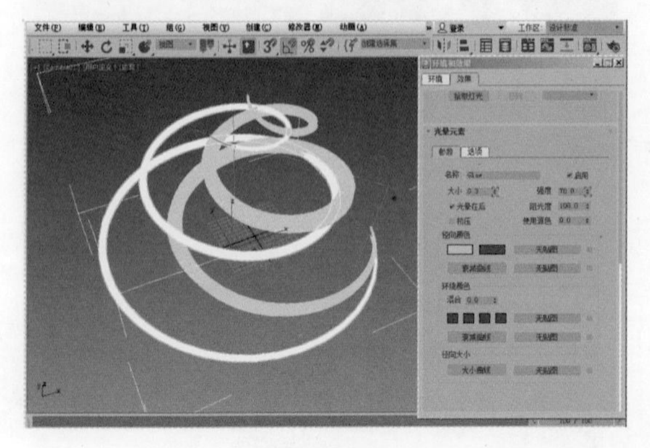

图 12-123

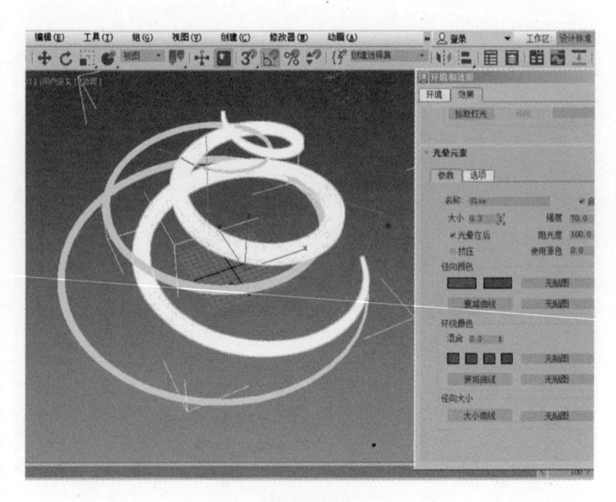

图 12-124

至此，光效动画就制作完成了，接下来我们在模型周围添加一些亮点。下面介绍周围亮点的动画教程。

步骤11 在顶视图中创建一个暴风雪粒子系统，确认粒子喷出的方向为正上方，如图12-125所示。

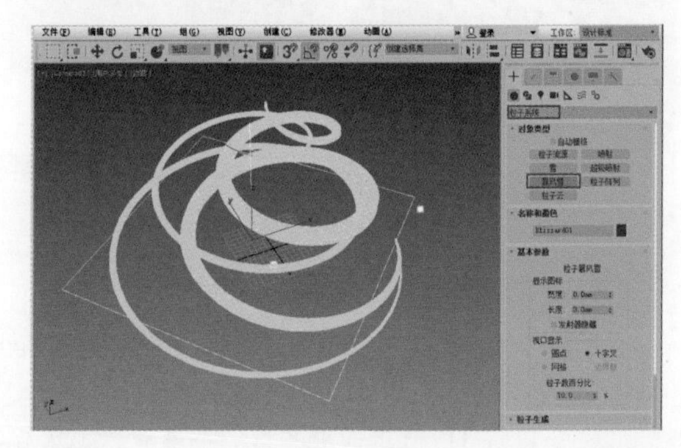

图 12-125

步骤12 进入修改命令面板，修改暴风雪粒子系统的参数，如图12-126所示。将“发射开始：”参数设置为-10帧，这样可以让粒子在第0帧之前提早发射。

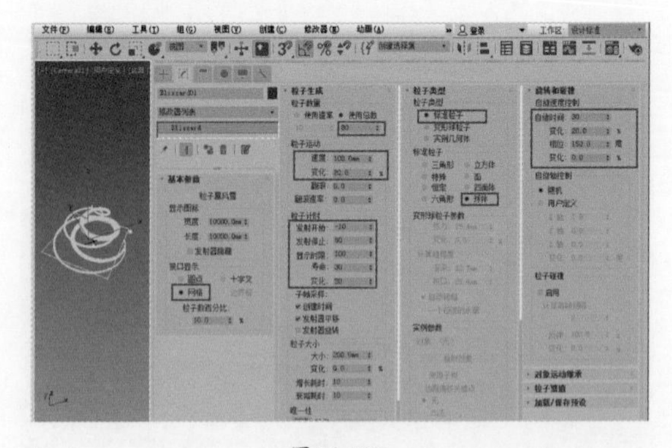

图 12-126

至此，周围的亮点就制作好了，接下来设置材质。

步骤13 打开材质编辑器，选择一个空白的材质球，然后设置其颜色及参数，如图12-127所示。

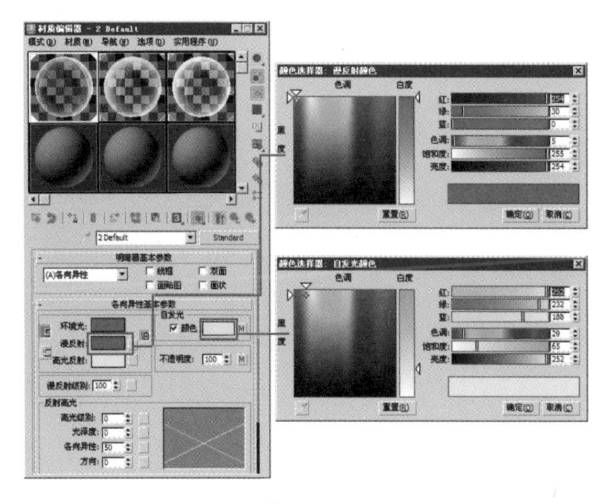

图 12-127

步骤14 在“不透明度”通道中添加“衰减”材质类型，然后在衰减材质类型的黑色通道中添加渐变贴图。具体参数设置如图 12-128 所示。

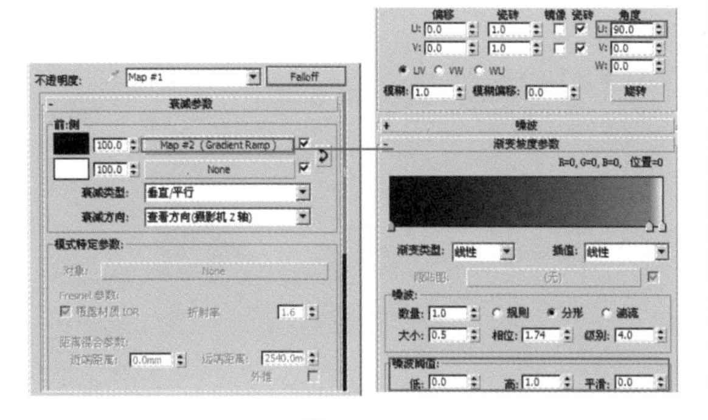

图 12-128

步骤15 在“不透明度”通道中添加“衰减”材质类型，并将其复制到“自发光”通道中。这样其中一个螺旋体的材质就设置好了。

步骤16 将设置好的材质复制出两个来，然后改变它们的颜色，就可以得到另一个螺旋体的材质和亮点的材质。

步骤17 我们将设置好的材质赋予相应的物体，然后预览动画。动画的部分效果如图 12-129 和图 12-130 所示。

图 12-129

图 12-130

至此，光效动画就制作完成了，在这里我们主要给物体添加了特效中的Glow，这样就会使螺旋体产生光效，从而达到我们所想要的效果。读者可以自行创意制作，更加熟练地掌握其用法。

12.3.13 海底体光动画

这一节为大家来介绍海底体光动画的制作。在制作海底体光动画的过程中，主要在天光内添加了一张噪波贴图，然后改变噪波贴图的相位值，记录下相位改变过程，从而达到动画的效果。

实例操作 制作海底体光动画

步骤01 打开场景文件，这是已经制作完成的简易海底，如图 12-131 所示（素材文件：第 12 章/Scenes/制作海底体光动画.max）。

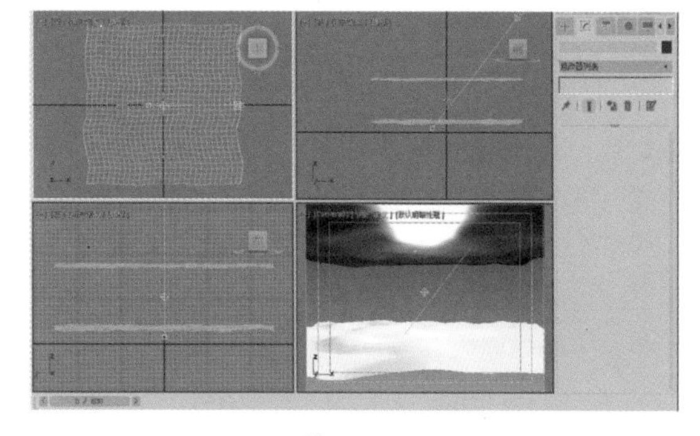

图 12-131

步骤02 模型的制作就是通过使用两个面片，并为它们添加“噪波”修改器来完成的，在这里就不再详细介绍制作过程了。

下面介绍材质的设置。

步骤03 首先设置海底的材质。按M键打开材质编辑器，选择一个空白的材质球，然后设置海底的颜色，如图 12-132 所示。

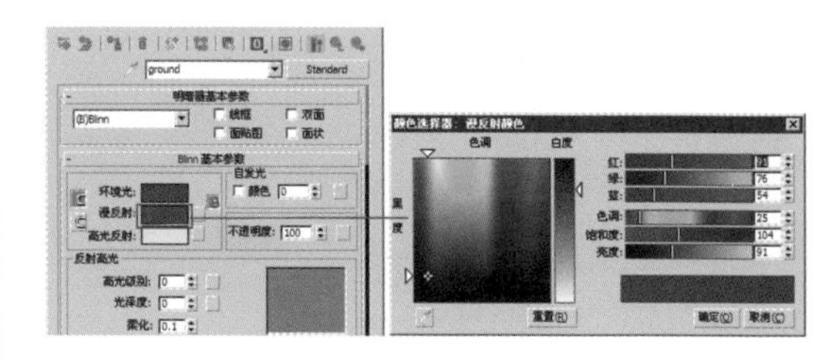

图 12-132

步骤04 在“贴图”卷展栏中的“凹凸”通道中添加“噪波”贴图类型，“噪波”参数设置如图12-133所示。

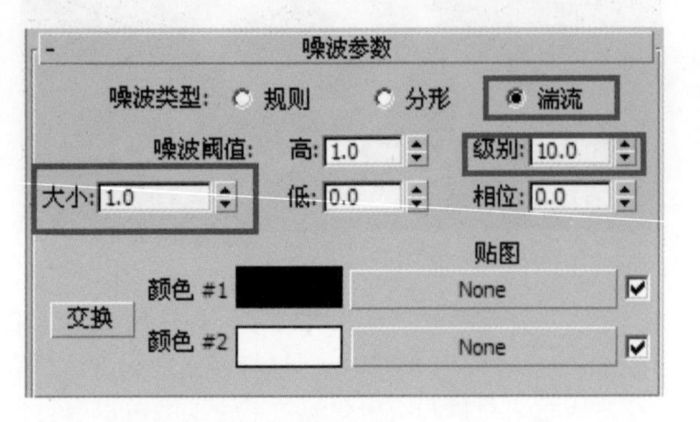

图12-133

步骤05 下面我们来设置海面的材质。首先调节海面的颜色，如图12-134所示。

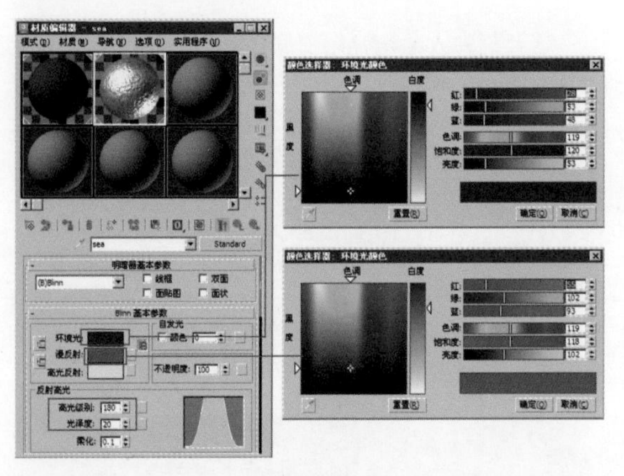

图12-134

步骤06 在“贴图”卷展栏中的“凹凸”通道中添加“混合”贴图类型，然后为“混合”参数面板中的“颜色#1”添加“噪波”贴图，参数设置如图12-135所示。

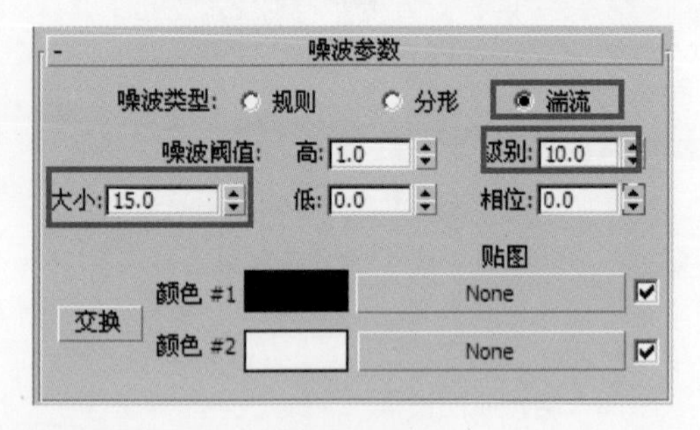

图12-135

步骤07 单击材质编辑器中的按钮，返回上一层级，然后为“颜色#2”添加“烟雾”贴图，参数设置如图12-136所示。

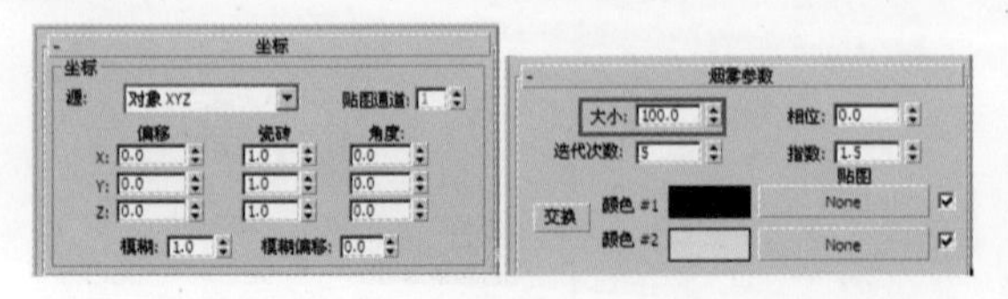

图12-136

步骤08 单击材质编辑器中的按钮，返回上一层级，设置“混合量”的值为30。

步骤09 在“贴图”卷展栏中的“反射”通道中添加一张天空贴图，如图12-137所示。

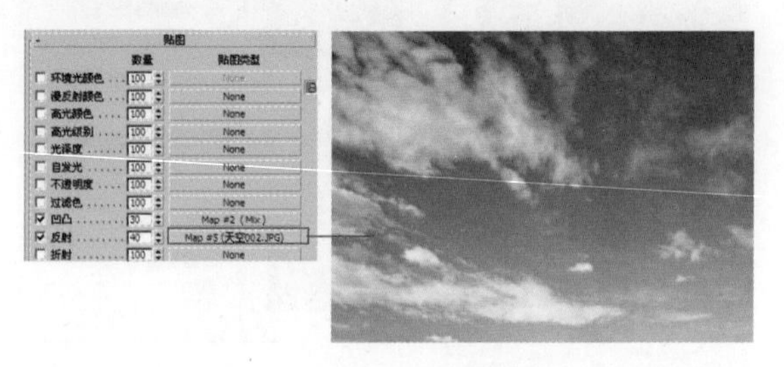

图12-137

步骤10 最后将设置好的材质赋予相应的物体。

接下来设置灯光。

步骤11 在海底与海面之间创建一盏“泛光灯”，参数设置如图12-138所示。

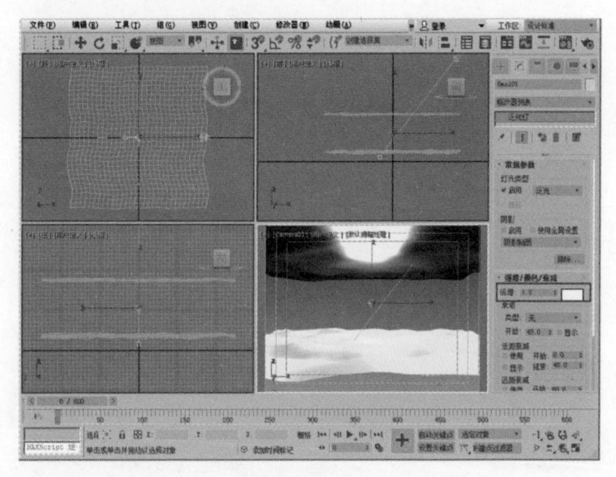

图12-138

步骤12 再创建一盏“目标平行光”来模拟天光，参数设置如图12-139所示。

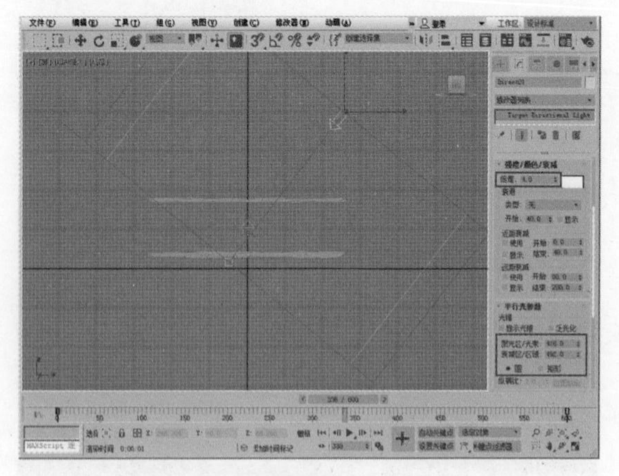

图12-139

至此，灯光就设置完成了，接下来给海底添加雾效。

步骤13 按8键，打开“环境和效果”窗口，在“环境”面板中给场景添加“雾”效果，设置如图12-140所示。

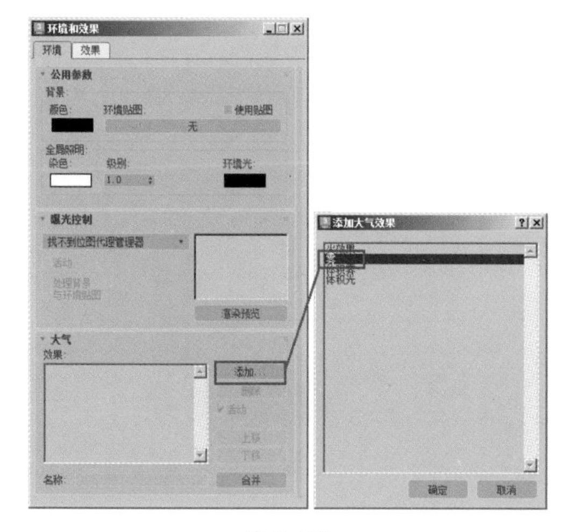

图12-140

步骤14 在“雾”区域中设置雾的颜色，添加“混合”贴图，设置如图12-141所示。

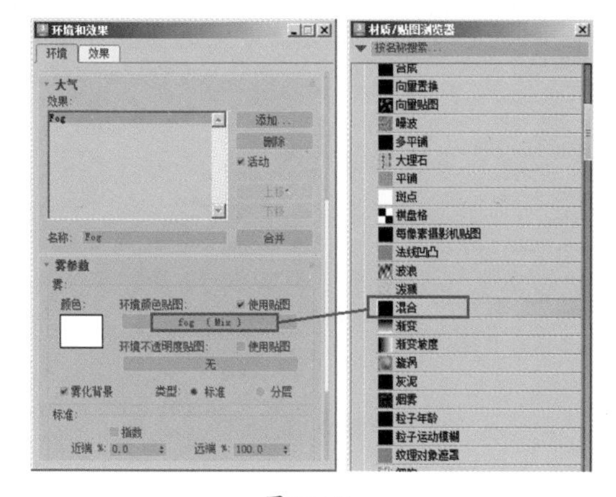

图12-141

步骤15 打开材质编辑器，将“混合”贴图以关联的方式复制到一个空白的材质球上，如图12-142所示。

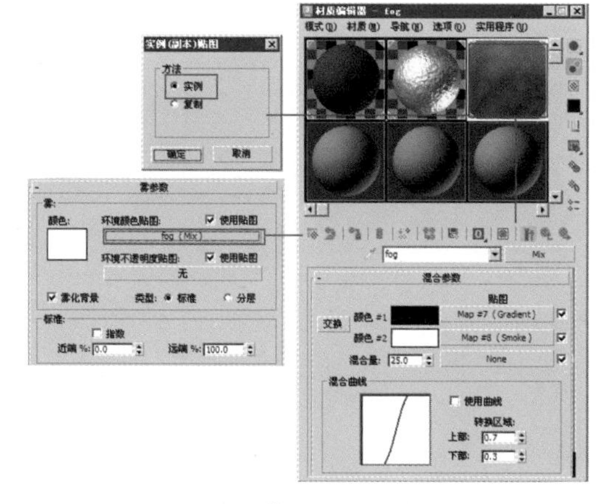

图12-142

步骤16 给“混合”贴图面板中的“颜色#1”通道添加“渐变”贴图，渐变颜色设置如图12-143所示。

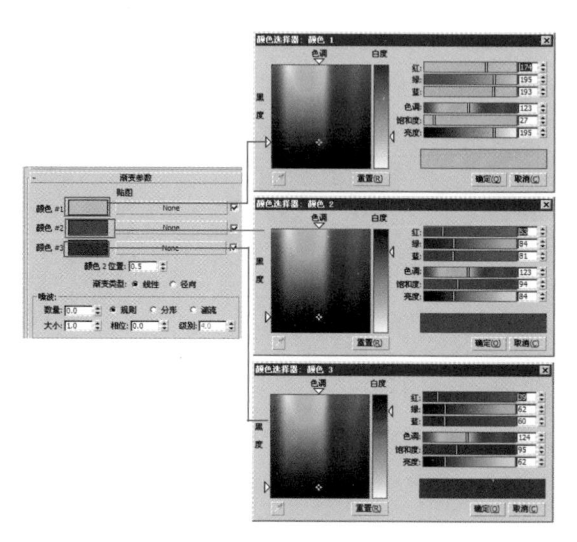

图12-143

步骤17 单击材质编辑器中的按钮，返回上一层级，为“颜色#2”通道添加“烟雾”贴图，参数设置如图12-144所示。

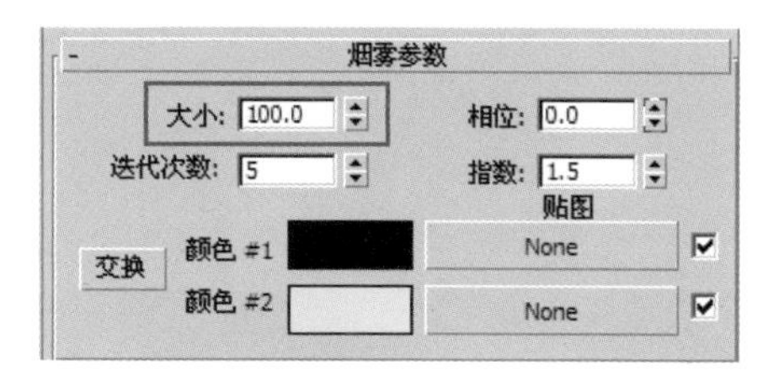

图12-144

步骤18 这时候我们可以看看渲染效果，如图12-145所示。

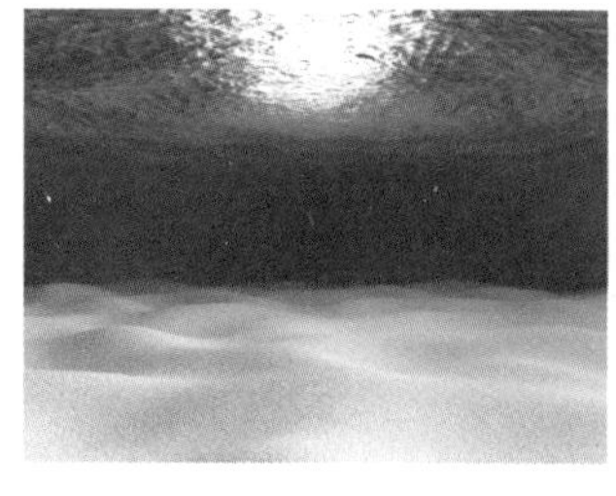

图12-145

步骤19 打开材质编辑器，选择一个空白的材质球并为其添加“噪波”贴图，参数设置如图12-146所示。

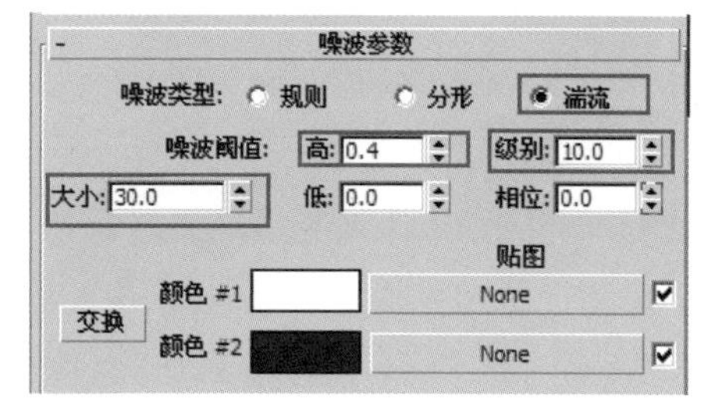

图12-146

步骤20 选中平行灯光，将上一步设置好的贴图添加给平行灯光，如图12-147所示。

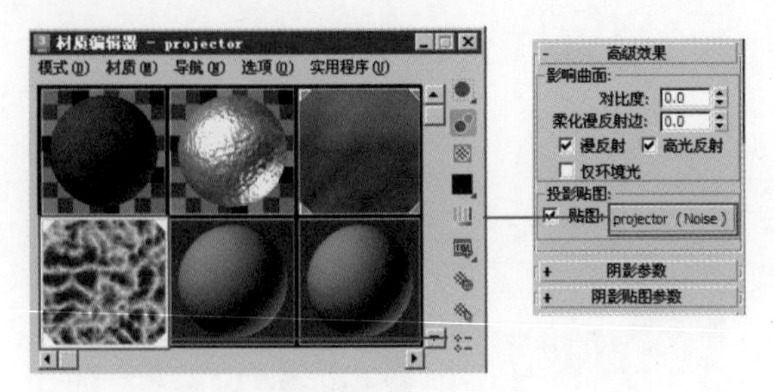

图 12-147

步骤21 这时再次进行渲染，效果如图 12-148 所示。海底出现了光斑。

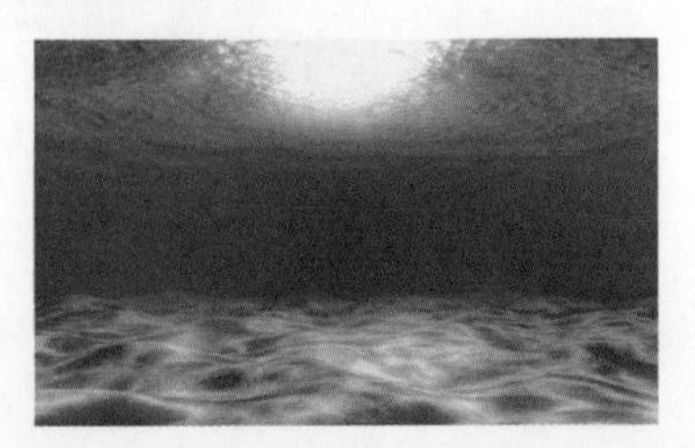

图 12-148

步骤22 我们将动画时间设置为 600 帧。单击“自动关键点”按钮，将时间滑块移至第 0 帧处。然后选中海面，在修改命令面板中的“噪波”修改器中将“相位”的值设置为 0，如图 12-149 所示。

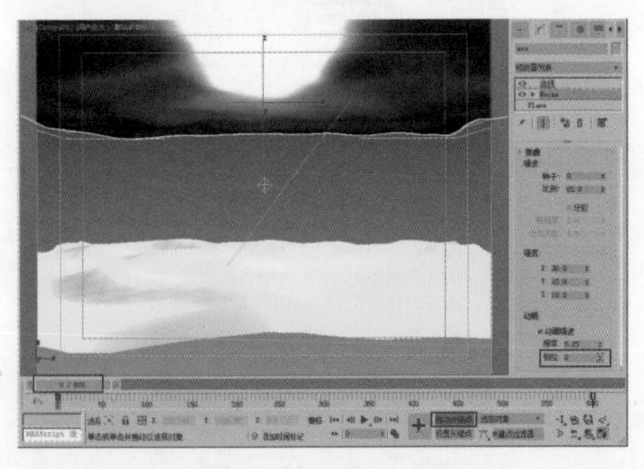

图 12-149

步骤23 将时间滑块移至第 600 帧处，将“相位”的值设置为 200，参数设置如图 12-150 所示。

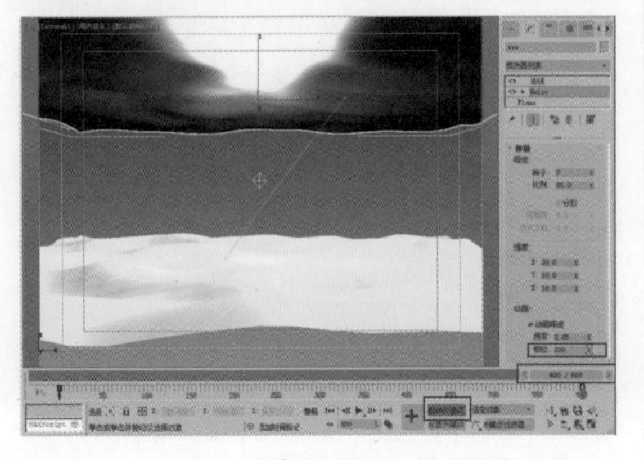

图 12-150

下面制作体光动画。体光动画的制作就是改变体光内的“噪波”贴图的相位值。

步骤24 保持动画录制器处于打开状态，将时间滑块移至第 0 帧处。打开材质编辑器，选择“噪波”贴图，然后在其参数面板中将相位值设置为 0，如图 12-151 所示。

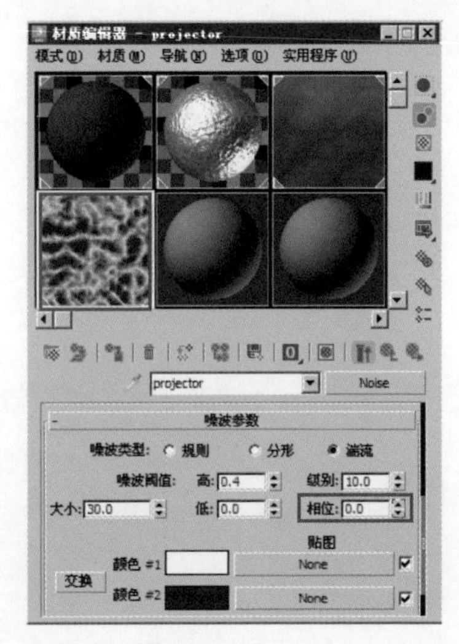

图 12-151

步骤25 将时间滑块移至第 100 帧处，将“相位”的值设置为 30，如图 12-152 所示。

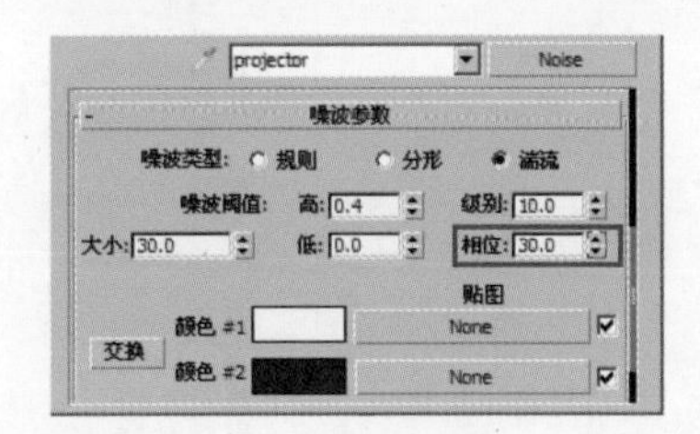

图 12-152

步骤26 到这里，海底体光动画就制作完成了。关闭动画录制器，将动画进行渲染并输出即可。动画部分帧的效果如图 12-153 所示。

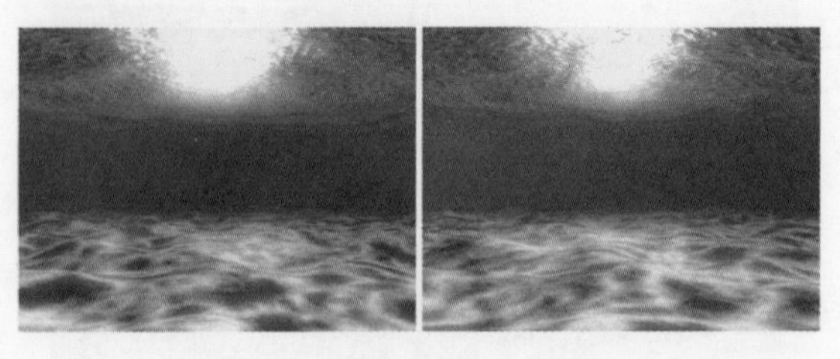

图 12-153

12.4 了解Character Studio

Character Studio为制作三维角色动画提供了专业的工具。这使动画片绘制者能够快速而轻松地创建骨骼动画效果，从而创建运动序列环境。具有动画效果的骨骼被用来驱动3ds Max几何运动，以此创建虚拟角色。使用Character Studio可以生成这些角色的群组，并轻松制作其动画效果，如图12-154所示。

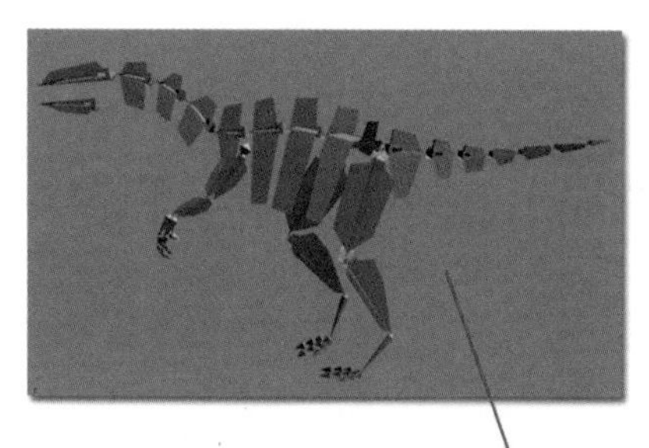

图 12-154

Character Studio是一个由3个3ds Max插件组成的工具集，分别是Biped、Physique和群组。

Biped用于构建骨骼框架并使其具有动画效果，为制作角色动画做好准备。可以将不同的动画合并成按序列或重叠的运动脚本，或将它们分层。此外，Biped还可以用于编辑运动并捕获文件。

Physique使用两足动物框架来制作实际角色网格动画，模拟与基础骨架运动一起时的网格屈曲和膨胀效果。

群组通过使用代理系统和行为制作三维对象和角色组的动画。可以使用高度复杂的行为来创建群组。

Character Studio提供了一整套用于制作角色动画的工具。使用Character Studio可以为两足角色（两足动物）创建骨骼层，并通过各种方法使其具有动画效果。如果角色用两条腿行走，那么该软件还提供了独特的“足迹动画”工具，可以根据重心、平衡和其他因素自动生成移动动作，如图12-155所示。

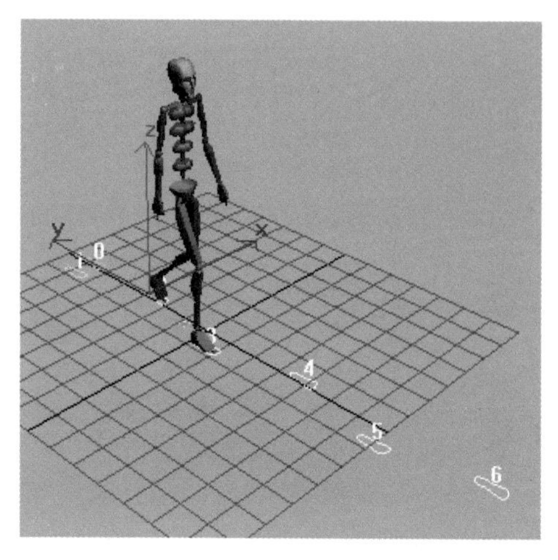

图 12-155

如果打算以手动方式制作动画效果，那么可以使用自由形式的动画。这种动画制作方式同样适用于多足角色、飞行角色或游动角色。使用自由形式的动画，可以利用传统的反向运动技术来制作骨架的动画效果。如图12-156所示为两足动物游泳的自由形式动画。

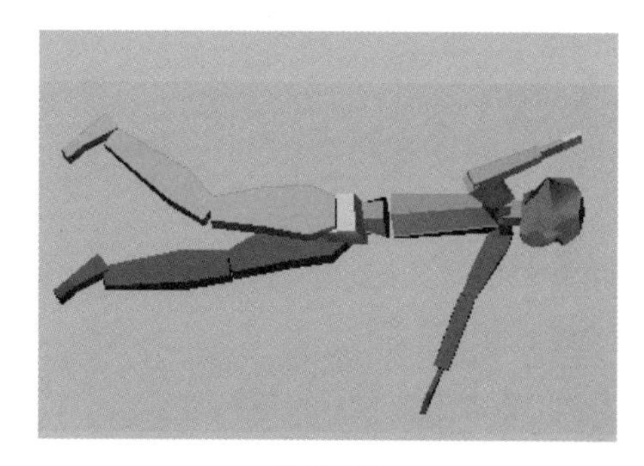

图 12-156

Biped是一个3ds Max系统插件，可以从创建面板选择。在创建一个两足动物后，使用运动面板中的Biped controls（两足动物控制）使其生成动画。Biped提供了设计动画角色体形和运动所需要的工具。

- Biped（两足动物）：与链接层次创建类似，使用Biped模块创建两足动物骨骼，用于制作动画的双腿形体。两足动物骨骼具有即时动画的特性。
- 体形和关键帧模式：Character Studio用于交换运动和角色。在体形模式中，使两足动物与角色模型相匹配。例如，为一个巨兽制作动画，然后将其加载到一个小孩身上。运动文件被保存为Character Studio BIP文件，包含两足动物骨骼大小和肢体旋转数据。它们采用原有的Character Studio运动文件格式。

- 动画两足动物：创建两足动物动画有两种主要方法：足迹方法和自由形式方法。每种方法都有其优缺点。两种方法可以互相转换，或者在单一动画中合并使用。
- 两足动物属性：两足动物骨骼有很多属性，有助于更快捷、更准确地制作动画。
- 人体构造：连接两足动物上的关节以仿效人体解剖。在默认情况下，两足动物类似于人体骨骼，具有稳定的反向运动层次。这意味着在移动手和脚时，对应的肘或膝也随之进行相应的移动，从而产生自然的人体姿势。
- 可定制非人体结构：两足动物骨骼很容易被用在四腿动物或者自然前倾的动物身上。
- 自然旋转：当旋转两足动物的脊椎时，手臂自然下垂，像在支撑地面。例如，假设两足动物站立着，手臂悬在身体的两侧；当向前旋转两足动物的脊椎时，两足动物的手指将接触地面而不指向身后。对手部而言，这是更自然的姿势，这将加速两足动物关键帧的过程。该功能也适用于两足动物的头部。当向前旋转脊椎时，头部保持着向前看的姿势。
- 设计步进：两足动物骨骼使用Character Studio步进，专门为动画设计，用来帮助解决锁定脚在地面的常见问题。步进动画还提供了快速勾画出动画的简易方法。

实例操作 制作走路动画

步骤01 在＋命令面板中单击按钮，进入系统面板。单击“Biped”按钮，在视图中拖动鼠标，创建一个人体骨骼模型，如图12-157所示。

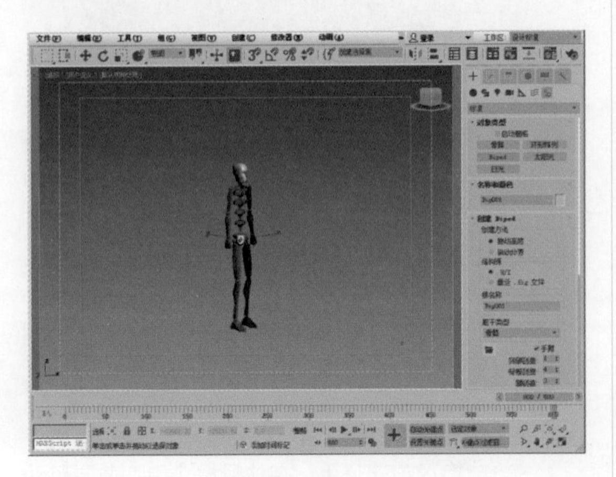

图 12-157

步骤02 在顶视图中创建一台摄影机，适当调节摄影机的角度和位置，将透视视图转换为摄影机视图，如图12-158所示。

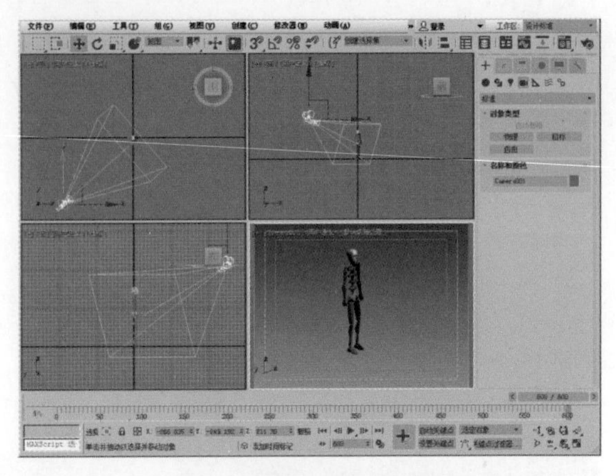

图 12-158

步骤03 选中人体骨骼模型，单击按钮进入运动面板，人体骨骼运动面板参数栏如图12-159所示。

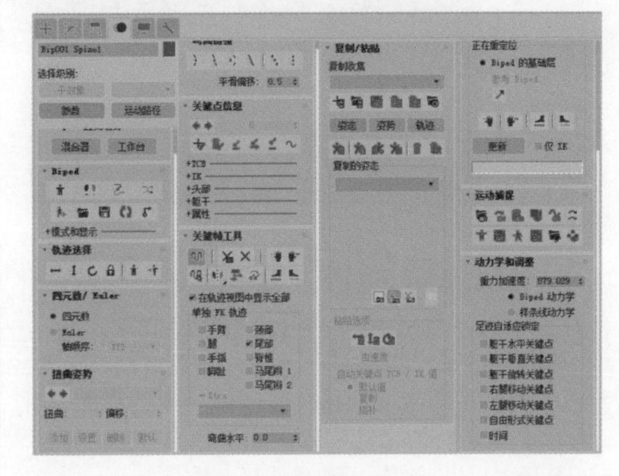

图 12-159

步骤04 接下来使用系统自带的参数制作人物的行走动画。系统自带了两种制作步伐的工具，一种是自动生成步伐，另一种是手动设置步伐。下面我们先来介绍自动生成步伐的用法。选中人体骨骼模型，单击“Biped”卷展栏中的按钮，然后单击“足迹创建”卷展栏中的按钮，这时会弹出如图12-160所示的对话框。

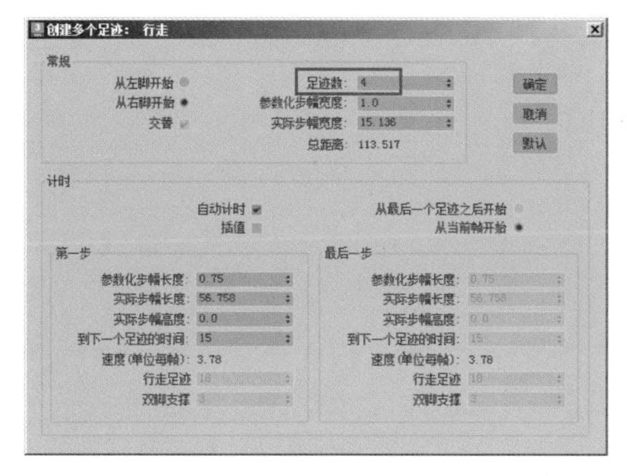

图 12-160

步骤05 在“足迹数”微调框中设置步数，然后单击“确定”按钮即可。这时在人体骨骼模型脚下就会出现脚印，如图 12-161 所示。

图 12-161

步骤06 此时步伐已经生成了，单击“足迹操作”卷展栏中的按钮进行动画记录即可。单击▶按钮可以预览动画，效果如图 12-162 所示。

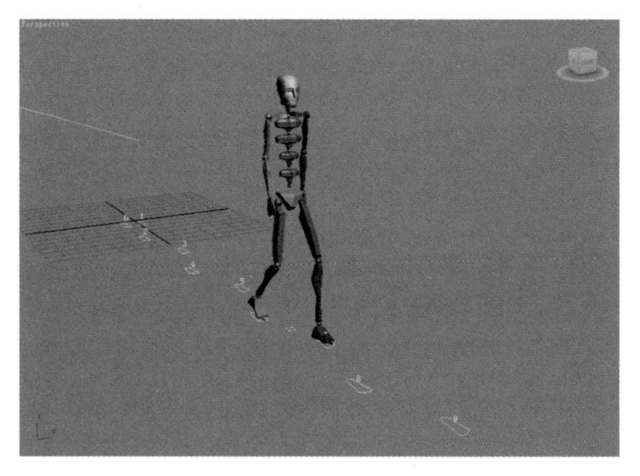

图 12-162

系统设置步伐已经讲完了，下面再来介绍一下手动设置步伐的方法。

步骤07 选中人体骨骼模型，单击“Biped”卷展栏中的按钮，然后单击“足迹创建”卷展栏中的按钮，当将鼠标光标移至工作区域时，鼠标光标上就会有一个脚印的图标出现，这时我们就可以手动设置步伐了，如图 12-163 所示。

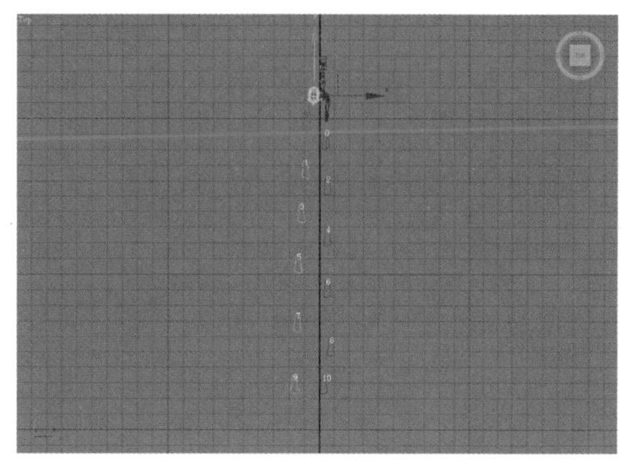

图 12-163

步骤08 同样，步伐生成后只需要单击“足迹操作”卷展栏中的按钮进行动画记录即可。预览动画，效果如图 12-164 所示。

图 12-164

第13章 工业级汽车建模

本章导读

本章我们使用3ds Max中最强大的多边形建模工具制作一辆工业级汽车模型，它属于自由多边形物体的一种。在之前的模型制作过程中用到了可编辑多边形下的细分选项。事实上细分并不是可编辑多边形所特有的功能，我们将在后面对细分进行更加详细的讲解。因此，大家要熟练掌握可编辑多边形中的命令，这对模型制作非常有帮助。

学习目标 本章重点	了解	理解	应用	实践
布线的技巧与规律	√	√		
制作汽车前保险杠模型		√	√	√
制作汽车车门模型		√	√	√
制作汽车后视镜模型		√	√	√
制作汽车车顶模型		√	√	√
制作汽车底盘模型		√	√	√
制作汽车轮胎模型		√	√	√

13.1 布线的技巧与规律

科学的布线方法应该是四边形布线和按物体结构走向布线的综合运用，下面介绍这两种布线方法的使用。这个规律已经经过大多数建模专家的验证。

1. 四边形布线

四边形布线方法要求线条在模型上分布平均且每个单位形状为四边形，如图13-1所示。

图13-1

由于面与面排列有序，为后续的贴图、变形等工作提供了方便，而且在修改外形的时候很适合使用雕刻刀工具。然而，这种方法的缺点是，要想体现更多的细节，面数会成倍增加。

2. 按物体结构走向布线

这是一种要求按照物体结构的走向来布线的方法，如图13-2所示。这种方法能够以更少的面数体现更真实的结构细节，但也存在一些缺点，如果模型的疏密差别很大，那么在展开UV的命令中便不能轻易使用“平均化”这个命令，这会增加作业时的工作量。一般在重叠的地方只能靠手工一点一点地拉了。如果强行使用“平均化”命令，那么将导致贴图的精度不平均，出现细节上的问题。

图 13-2

最佳的布线方法是将四边形布线和按物体结构走向布线结合起来使用。在制作动画时，重点部位应采用四边形布线，而动画幅度较小的部位则应使用按物体结构走向布线。如图13-3所示，这是一个典型的四边形布线和按物体结构走向布线结合的案例。

对于需要大空间和复杂变形的局部，采用四边形布线可以确保线条数量充足，并能够实现合理的伸展，从而支持更大的运动幅度。这在图13-4中的红线处得到了体现。而对于变形较少的局部，可以使用按物体结构走向布线方法来处理细节，因为其运动伸展性不需要过多考虑，如图13-4中的绿线处所示。

图 13-3

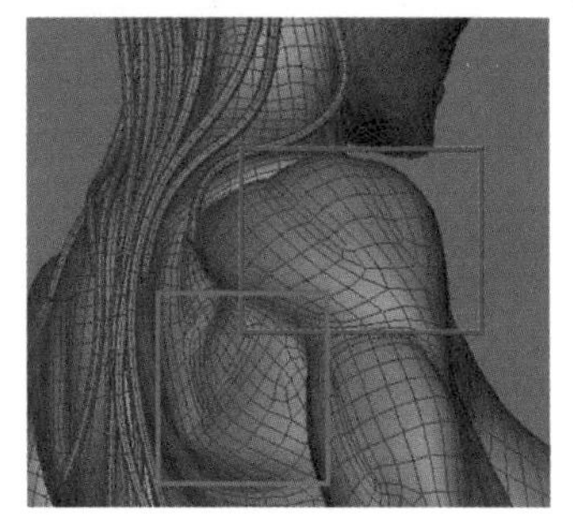

图 13-4

13.2 制作工业级汽车模型

在本实例中，我们将通过在场景中创建基本体，并将其转换为可编辑多边形模型进行编辑来制作汽车模型。在制作过程中，要注意一些细小零件的制作，以确保最终的汽车模型完整且精细。

如图13-5所示是汽车模型最终渲染效果图。

图 13-5

如图13-6所示为汽车模型参考图。

图 13-6

13.2.1 制作汽车前盖模型

步骤01 打开3ds Max，使用快捷键Alt+B打开“视口配置”对话框，单击“文件...”按钮，如图13-7左图所示，此时，弹出“选择背景图像”对话框，找到参考图，如图13-7右图所示，单击“打开（O）”按钮。

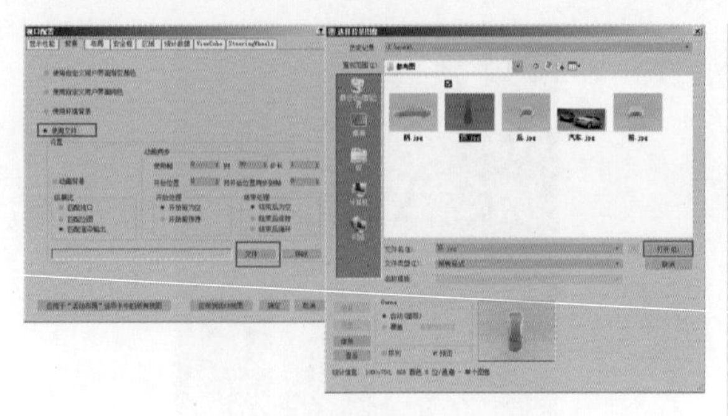

图 13-7

步骤02 此时，设置“视口配置”对话框中的参数如图13-8所示，单击“确定”按钮，参考图导入成功，如图13-9所示。

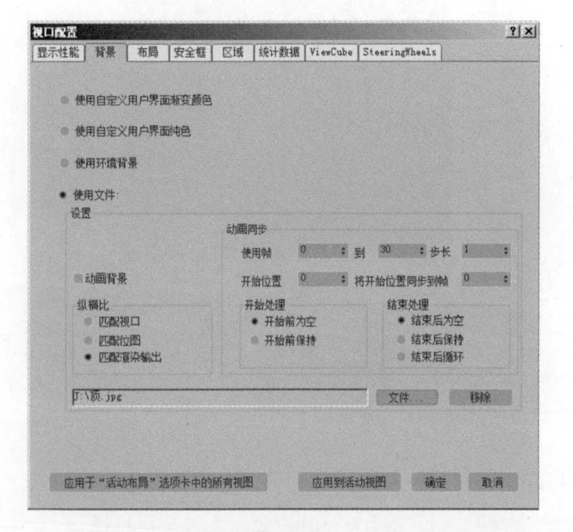

图 13-8

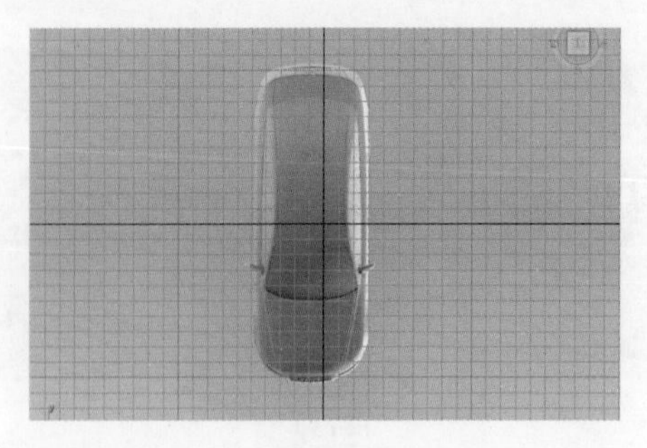

图 13-9

步骤03 使用快捷键G取消视图网格化，图像效果如图13-10所示，使用同样的方法导入其他几个视图的参考图，图像效果如图13-11所示。

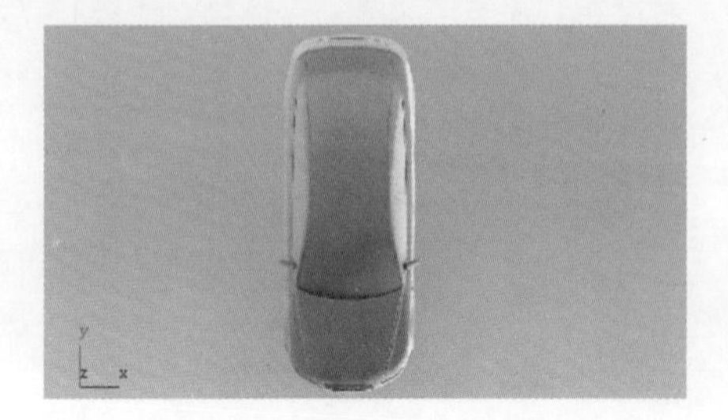

图 13-10

图 13-11

步骤04 单击“长方体”按钮，在场景中创建一个Box物体，如图13-12所示，然后将Box物体转化为可编辑多边形，切换到点级别，调节节点到如图13-13所示的位置。

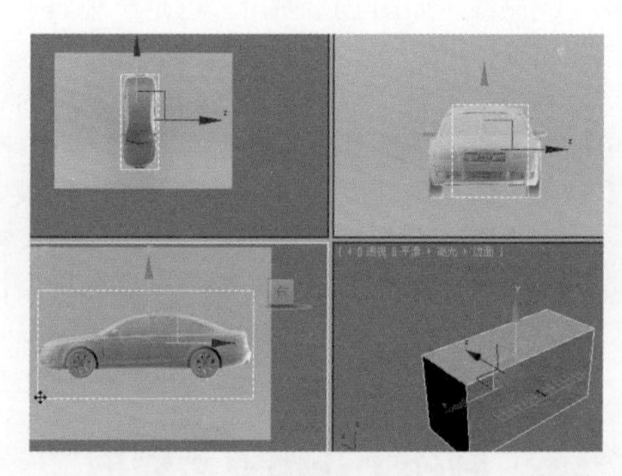

图 13-12

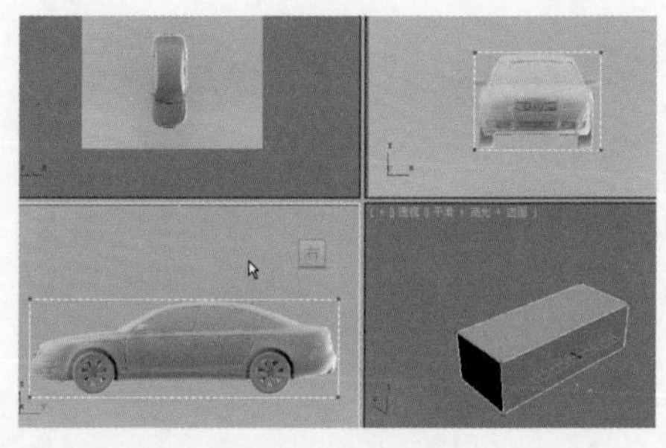

图 13-13

步骤05 将参考图导入Photoshop中对其进行调整，然后再切换到3ds Max视图中，图像效果如图13-14所示。按Delete键删除Box物体，单击“平面”按钮，在场景中创建一个平面模型，如图13-15所示，然后将模型转换为可编辑多边形。

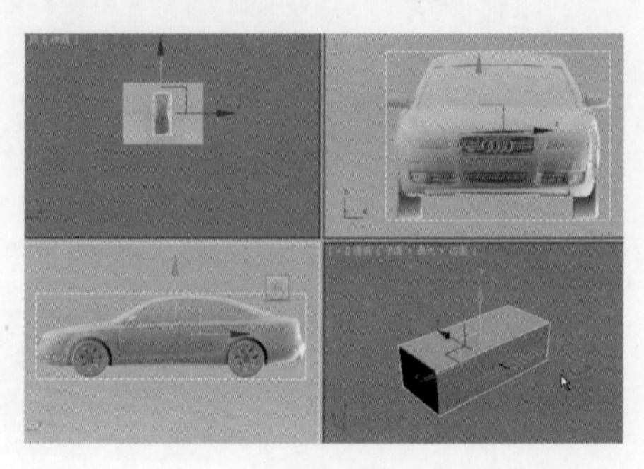

图 13-14

图 13-15

步骤06 切换到边级别，选择如图13-16左图所示的边，使用快捷键Ctrl+Shift+E对模型进行细分，切换到点级别，调节节点到如图13-16右图所示的位置。

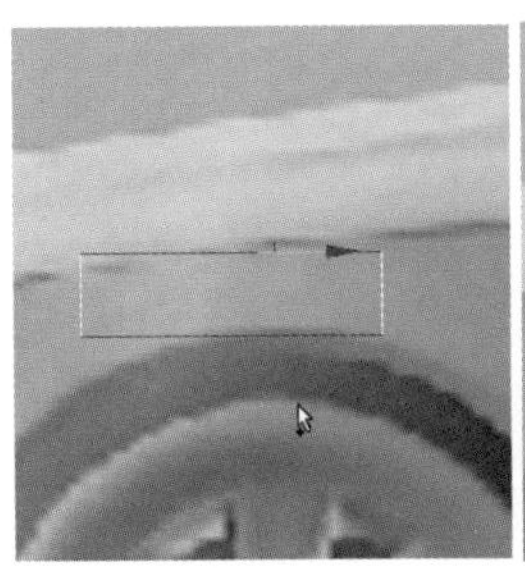
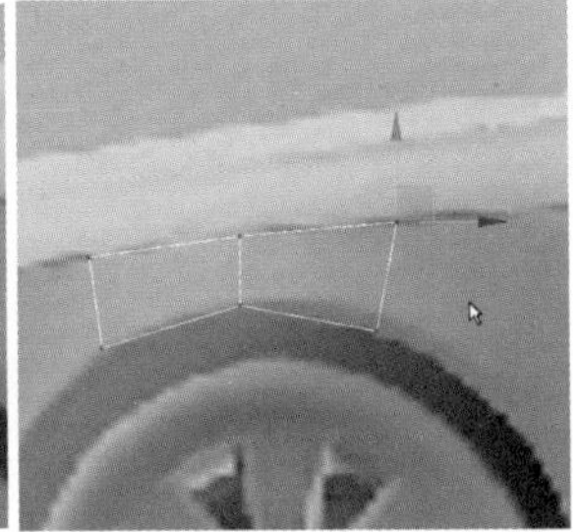

图 13-16

步骤07 切换到边级别，选择如图13-17左图所示的边，按住Shift对边进行复制，然后选择如图13-17右图所示的边。

图 13-17

步骤08 继续按住Shift键对边进行复制，切换到点级别，调节节点到如图13-18左图所示的位置，继续使用同样的方法对边进行复制，然后调节节点到如图13-18右图所示的位置。

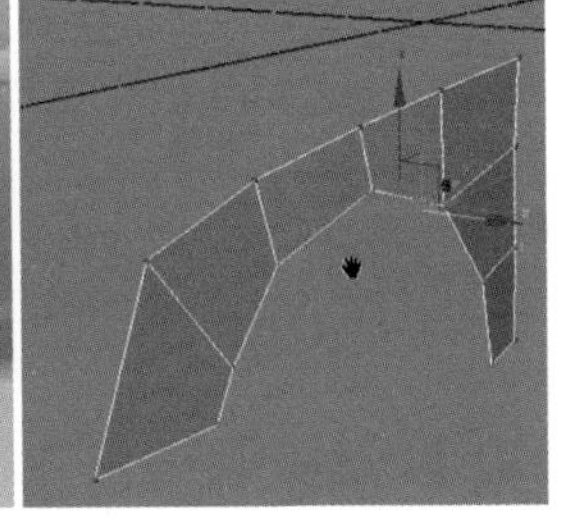

图 13-18

步骤09 切换到边级别，选择如图13-19左图所示的边，单击“切角”按钮，设置参数如图13-19右图所示。

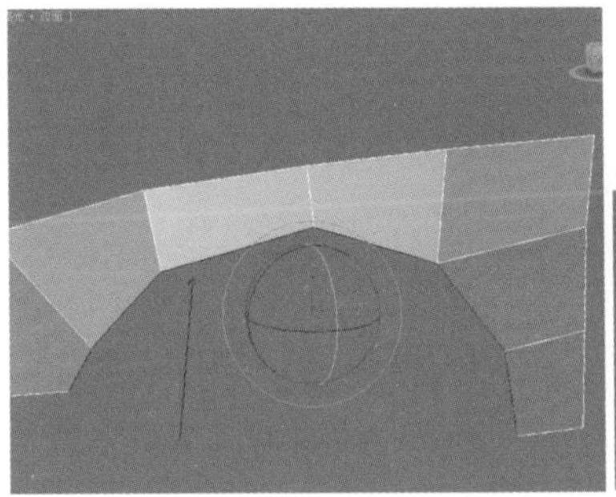

图 13-19

步骤10 图像效果如图13-20左图所示，切换到点级别，调节节点到如图13-20右图所示的位置。

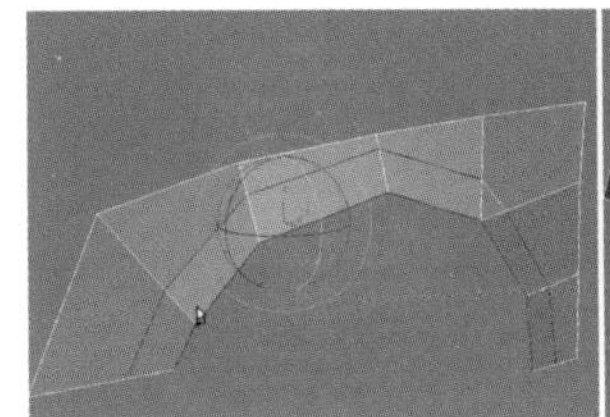
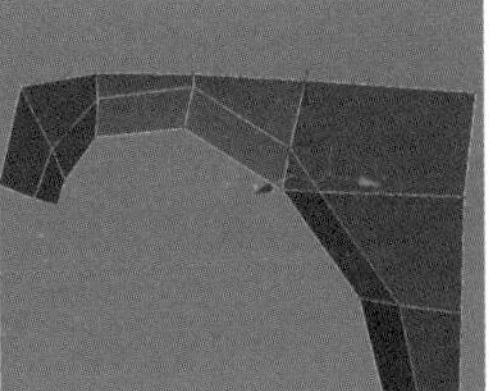

图 13-20

13.2.2 继续制作汽车前盖模型

步骤01 选择如图13-21左图所示的两个点，单击“焊接”按钮，设置参数如图13-21右图所示，对选择的节点进行焊接操作。

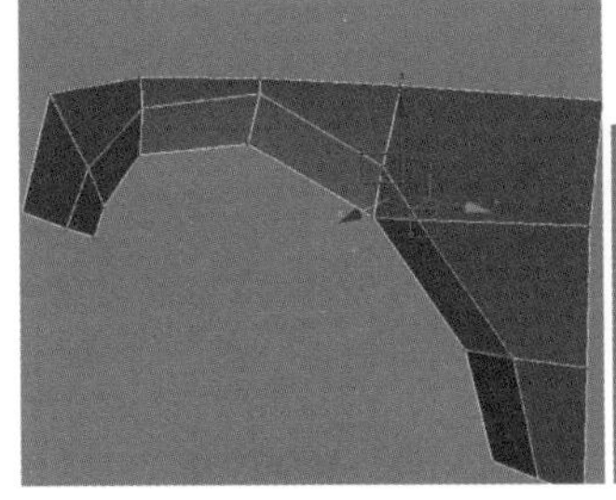
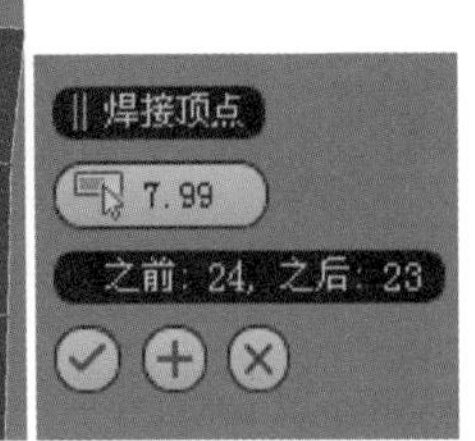

图 13-21

步骤02 切换到边级别，选择边，继续对边进行切角操作，切换到面级别，选择如图13-22左图所示的面，单击“平面化”按钮，对面进行平面化操作，使用BackSpace键移除选择的边，右击，在弹出的快捷菜单中选择“剪切”选项，对模型进行加线，选择“目标焊接”选项，焊接多余的节点，效果如图13-22右图所示。

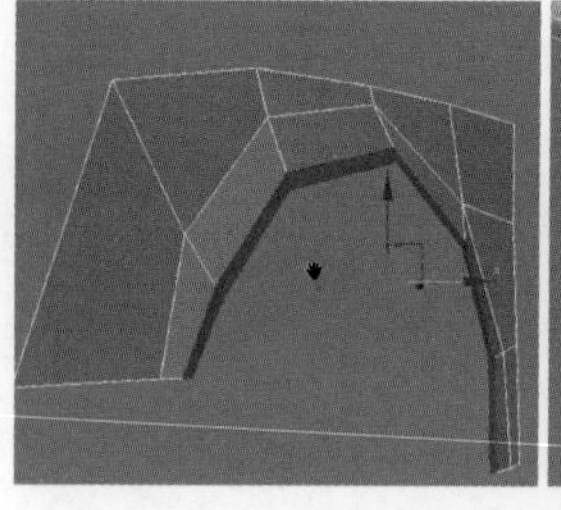 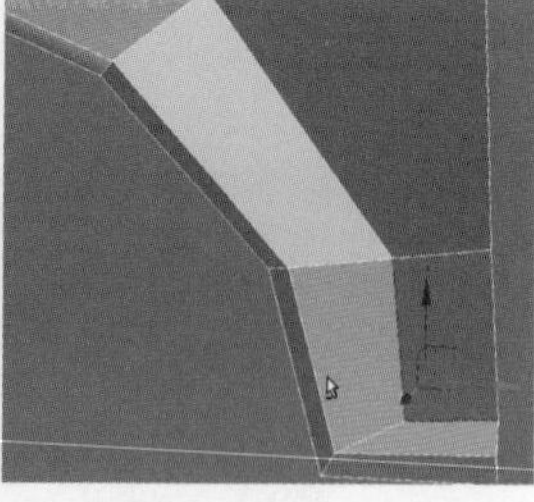

图 13-22

步骤03 切换到边级别，选择如图13-23左图所示的边，按住Shift键对边进行复制，切换到点级别，调节节点到如图13-23右图所示的位置。

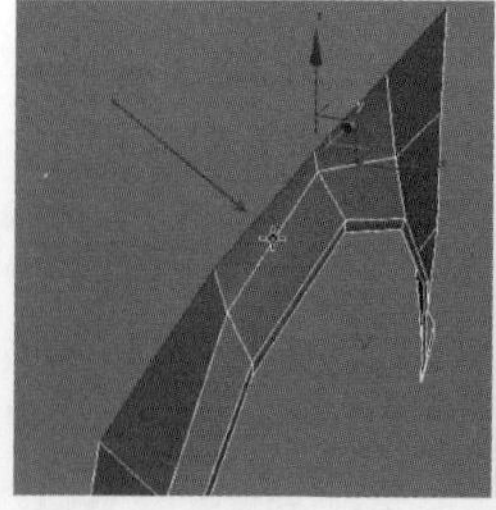 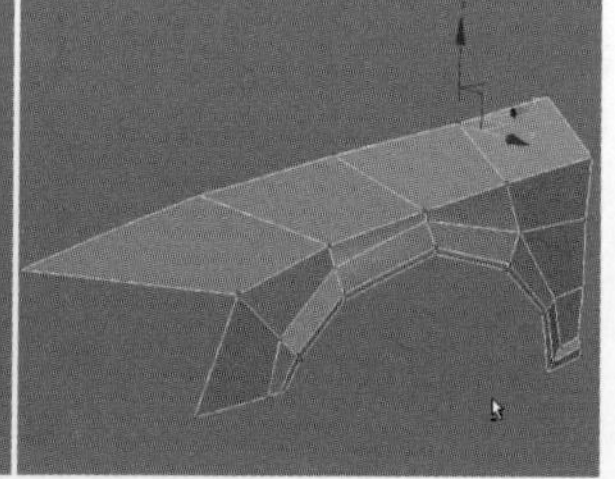

图 13-23

步骤04 继续选择如图13-24左图所示的边，右击，在弹出的快捷菜单中选择“连接”选项，设置参数如图13-24右图所示。

 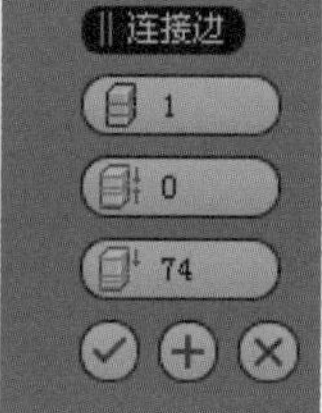

图 13-24

步骤05 使用同样的方法继续对模型进行细分，然后选择如图13-25左图所示的边，按住Shift键对边进行复制，切换到点级别，调节节点到如图13-25右图所示的位置。

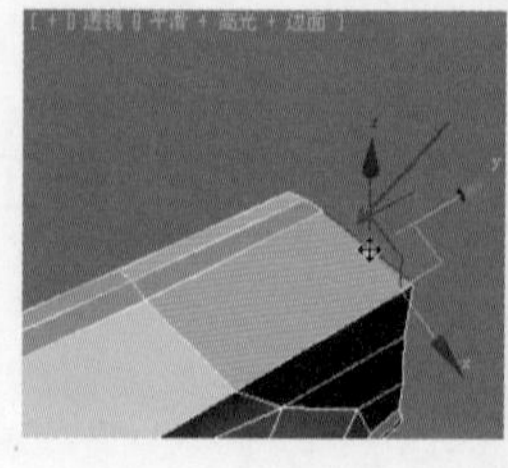 

图 13-25

步骤06 继续对边进行细分，并调整模型到如图13-26左图所示的位置，单击“平面”按钮，继续在场景中创建一个平面模型，将模型转换为可编辑多边形，切换到点级别，调节节点到如图13-26右图所示的位置。

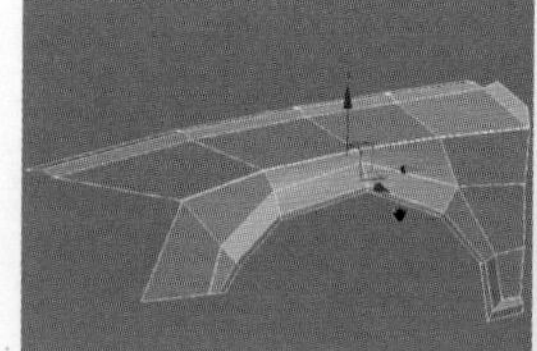 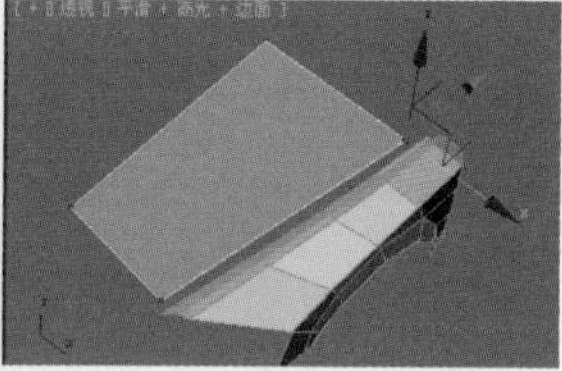

图 13-26

知识拓展

由于在修改器命令中没有直接可以转换为可编辑多边形物体的命令，在转换为多边形物体后，会塌陷以前的创建参数，如果想保留以前的创建参数，则可执行 Poly Select 修改命令。

步骤07 切换到边级别，选择如图13-27左图所示的边，使用快捷键Ctrl+Shift+E对模型进行细分，使用同样的方法继续对选择的边进行细分，然后切换到点级别，调节节点到如图13-27右图所示的位置。

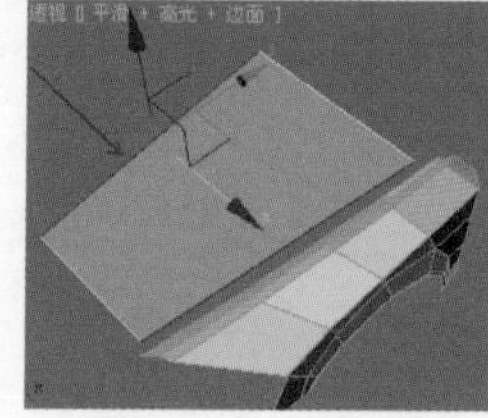 

图 13-27

步骤08 使用同样的方法继续对边进行细分和复制，切换到点级别，调节节点到如图13-28左图所示的位置，使用快捷键Ctrl+Q对模型进行光滑显示，设置光滑级别为2，图像效果如图13-28右图所示。

图 13-28

13.2.3 制作汽车前保险杠模型

步骤01 单击“平面”按钮，在场景中创建一个平面模型，如图13-29左图所示，将模型转换为可编辑多边形，切换到边级别，选择如图13-29右图所示的边。

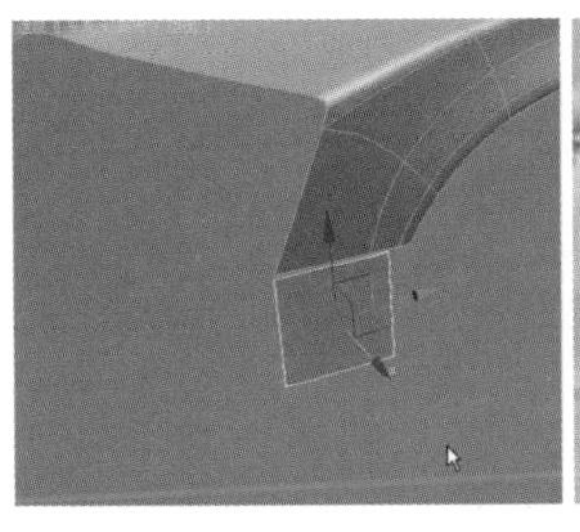
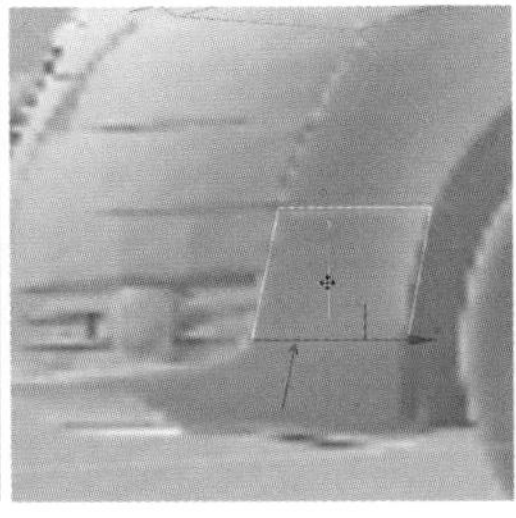

图 13-29

步骤02 按住Shift键对选择的边进行复制，此时图像效果如图13-30左图所示，继续选择边，按住Shift键对边进行复制，切换到点级别，调节节点的位置，选择如图13-30右图所示的点。

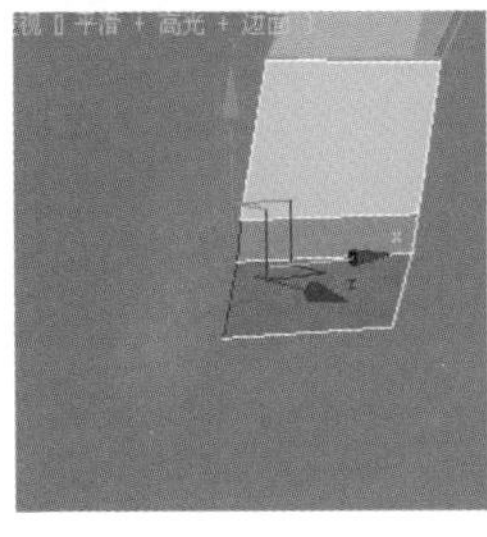
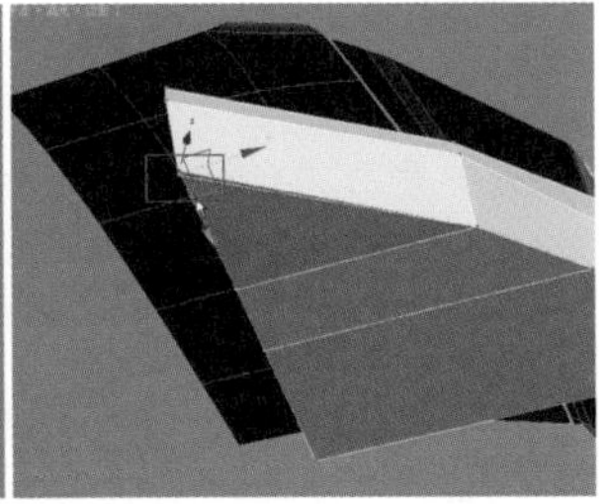

图 13-30

步骤03 单击“焊接”按钮，设置参数如图13-31左图所示，焊接完成后，图像效果如图13-31右图所示。

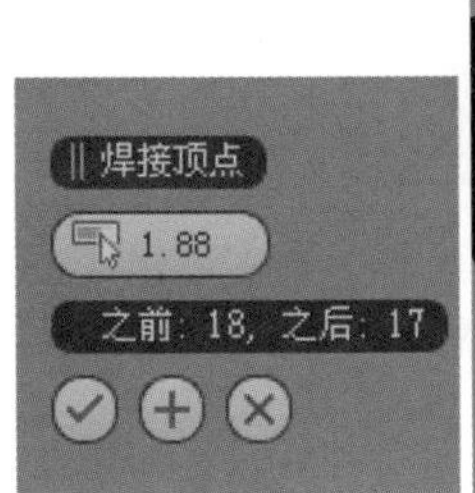

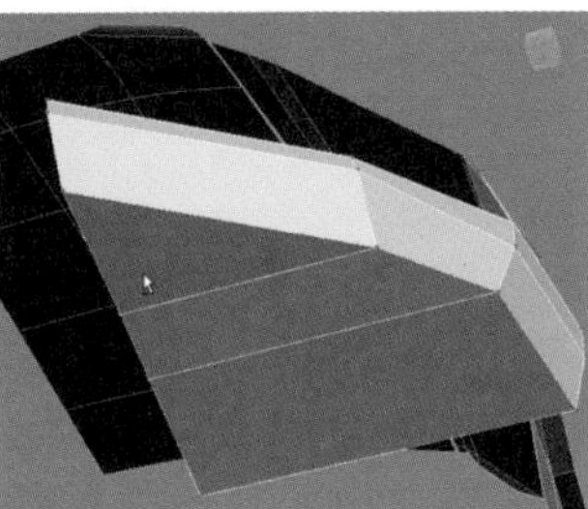

图 13-31

知识拓展

“组”菜单中的组命令相当于其他软件中的组合命令，其只是将物体组合在了一起，组合在一起的物体还可以解组。

步骤04 继续选择边，然后按住Shift键对边进行复制，切换到点级别，调节节点到如图13-32左图所示的位置，右击，在弹出的快捷菜单中选择“剪切”选项，使用剪切工具对模型进行加线，然后调节边到如图13-32右图所示的位置。

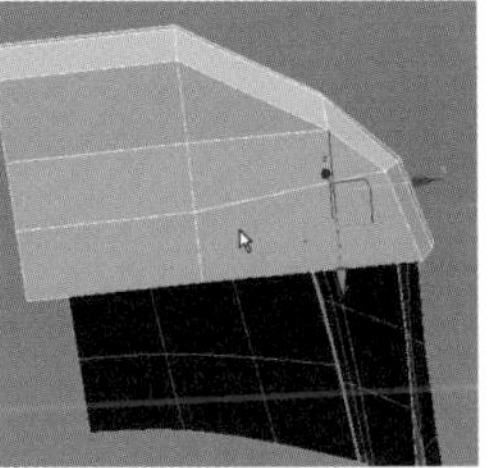

图 13-32

步骤05 切换到面级别，选择如图13-33左图所示的面，单击“挤出”按钮，设置参数如图13-33右部三图所示。

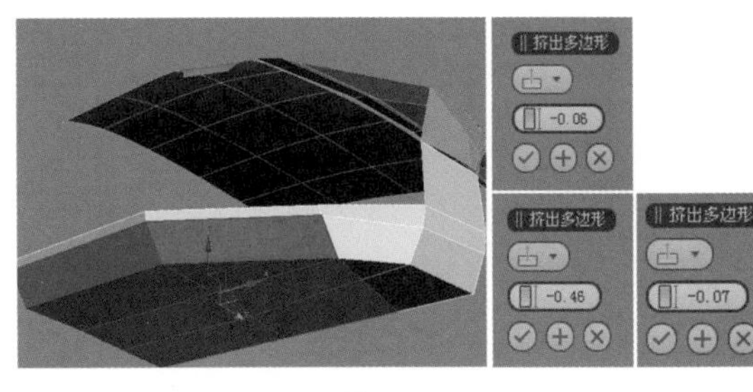

图 13-33

步骤06 放大视图，挤压效果如图13-34左图所示，按Delete键删除如图13-34右图所示的面。

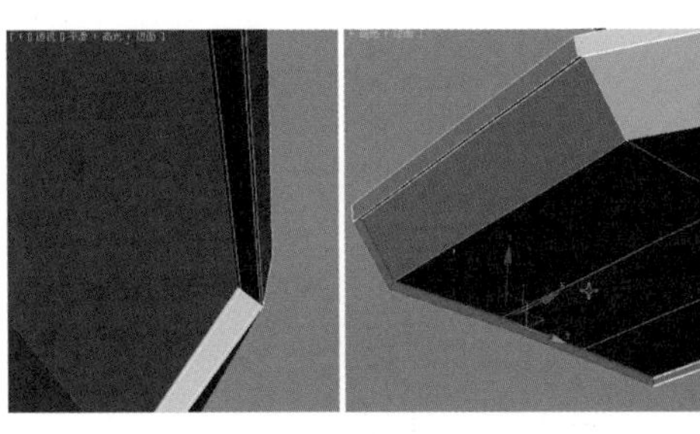

图 13-34

步骤07 右击，在弹出的快捷菜单中选择“剪切”选项，使用剪切工具对模型进行加线，然后调节节点到如图13-35左图所示的位置，切换到面级别，选择如图13-35右图所示的面。

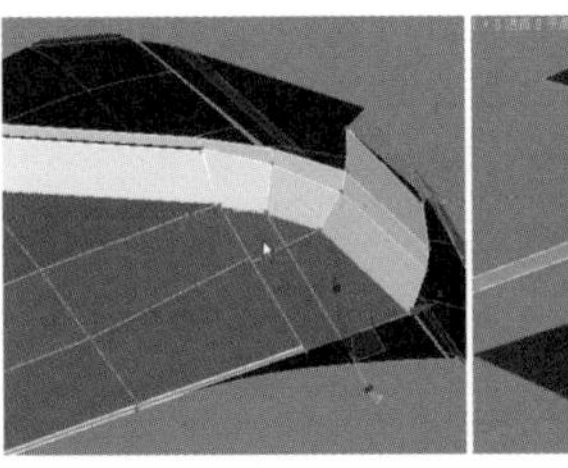
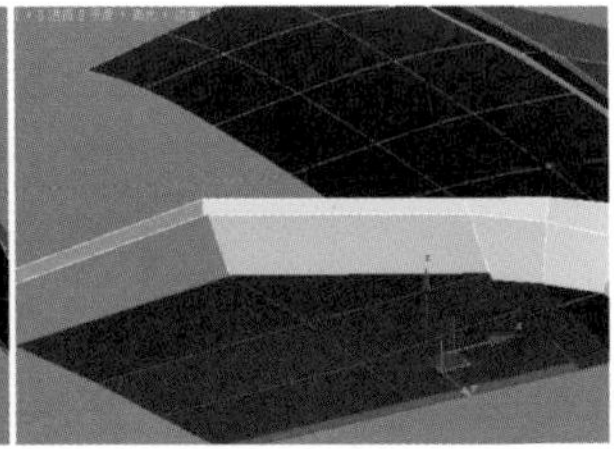

图 13-35

步骤08 单击“倒角”按钮，设置参数如图13-36左部三图所示，使用快捷键Ctrl+Q对模型进行光滑显示，设置光滑级别为2，图像效果如图13-36右图所示。

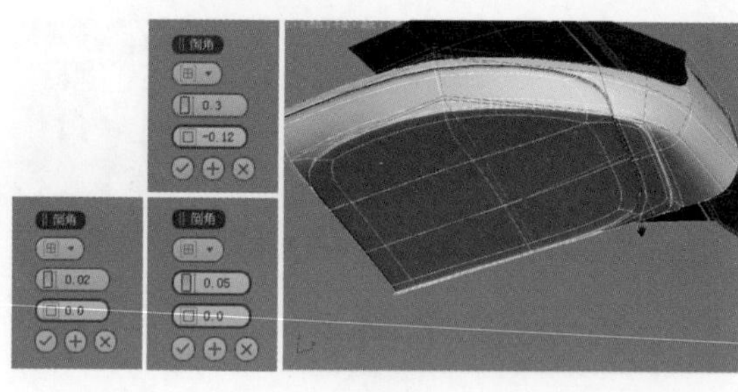

图 13-36

步骤09 按Delete键删除多余的面，切换到点级别，调节节点到如图13-37所示的位置。使用同样的方法继续对边进行细分和复制，调节边的位置，并选择如图13-38所示的边。

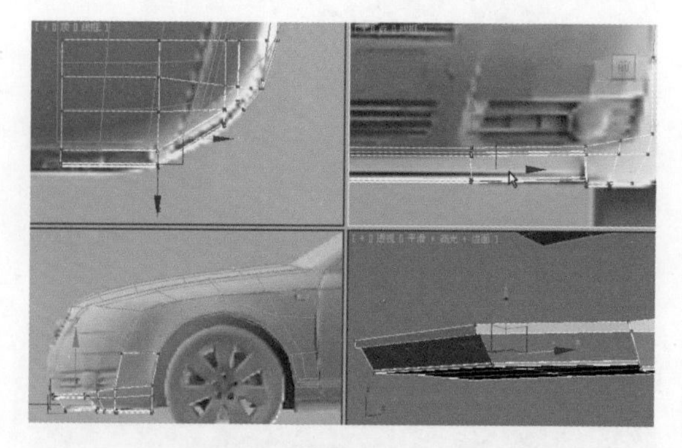

图 13-37

图 13-38

步骤10 按住Shift键对边进行复制，切换到点级别，调节节点到如图13-39左图所示的位置，切换到边级别，选择边并按住Shift键对边进行复制，然后调节边到如图13-39右图所示的位置。

图 13-39

13.2.4 制作汽车前保险杠细节

步骤01 切换到边级别，选择如图13-40左图所示的边，按住Shift键对边进行复制，然后切换到边的位置，然后选择如图13-40右图所示的边，单击“环形”按钮，得到环形的一圈边。

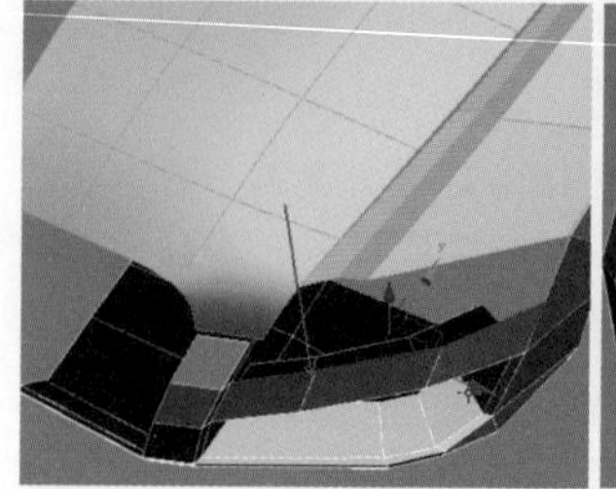

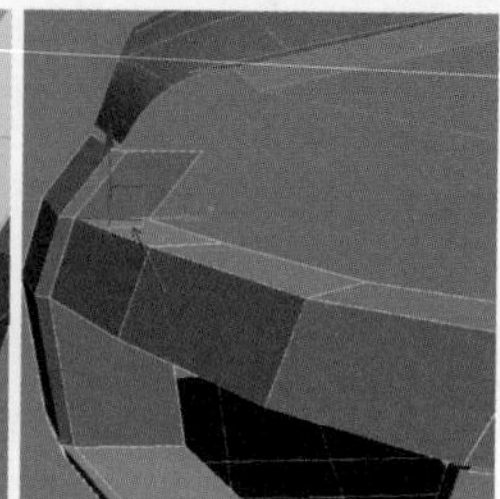

图 13-40

步骤02 右击，在弹出的快捷菜单中选择“连接”选项，设置参数如图13-41左图所示，细分效果如图13-41右图所示。

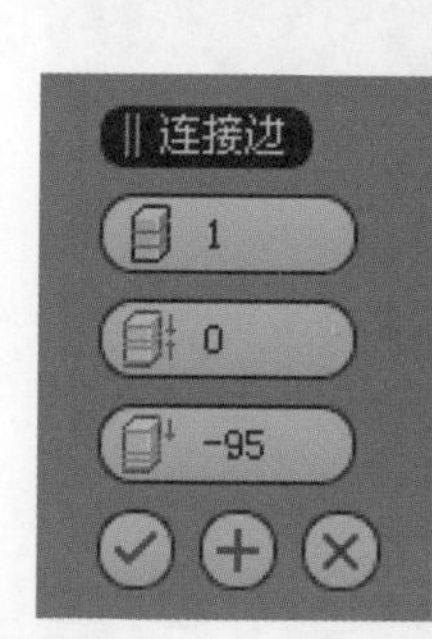

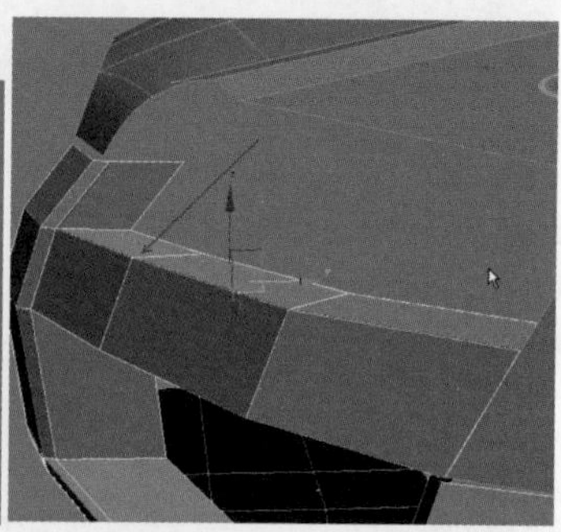

图 13-41

步骤03 使用同样的方法继续对模型进行细分，使用快捷键Ctrl+Q对模型进行光滑显示，图像效果如图13-42左图所示，取消光滑显示模式，切换到边级别，选择如图13-42右图所示的边。

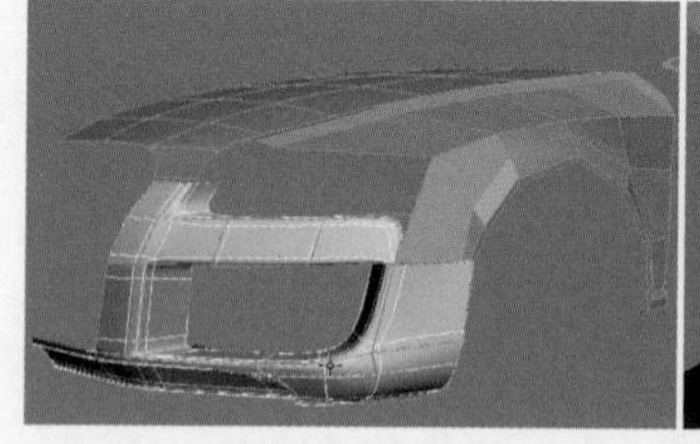

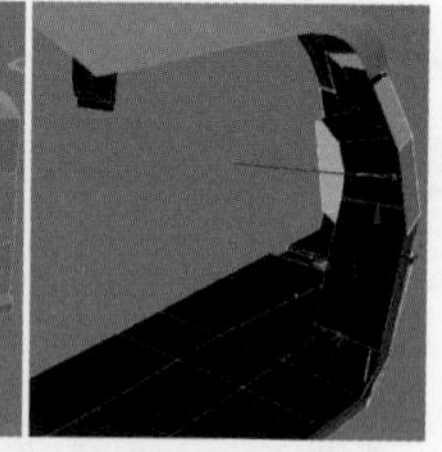

图 13-42

步骤04 按住Shift键对边进行复制，效果如图13-43左图所示，使用快捷键Alt+Q对模型进行独立化显示，继续选择边并对选择的边进行复制，切换到点级别，单击“目标焊接”按钮，目标焊接如图13-43右图所示的节点。

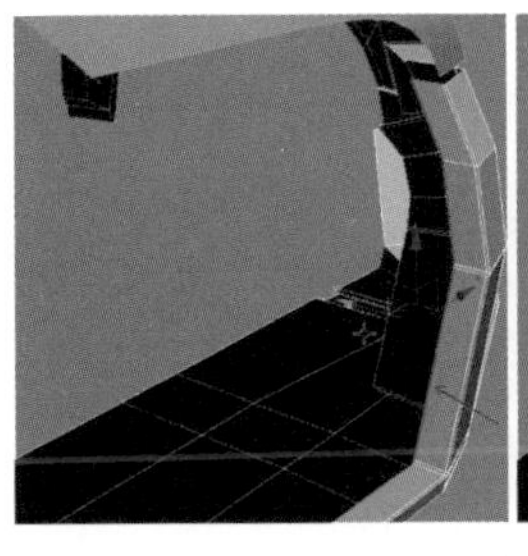
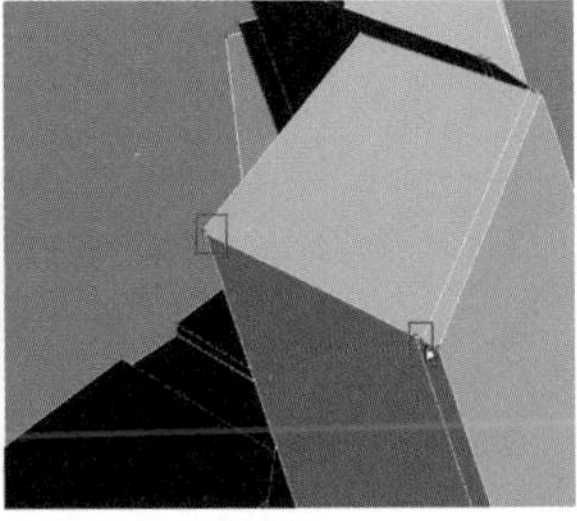

图 13-43

步骤05 使用同样的方法继续焊接节点，切换到边级别，选择如图13-44左图所示的边，右击，在弹出的快捷菜单中选择“插入顶点”选项，在边上插入节点，然后单击“目标焊接”按钮，目标焊接如图13-44右图所示的点。

图 13-44

步骤06 切换到边级别，选择如图13-45左图所示的边，右击，在弹出的快捷菜单中选择“连接”选项，设置参数如图13-45右图所示。

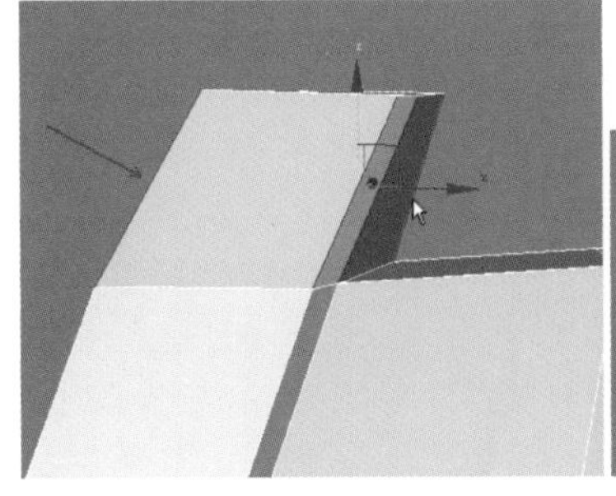
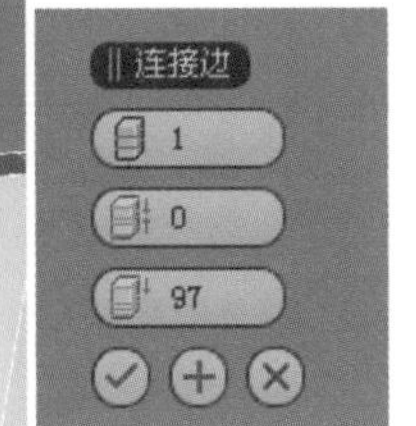

图 13-45

步骤07 继续选择边，使用同样的方法对模型进行细分，切换到点级别，使用快捷键Ctrl+Q对模型进行光滑显示，调节节点到如图13-46左图所示的位置，取消光滑显示，使用快捷键Alt+X对模型进行透明化显示，选择边，按住Shift键对边进行复制，然后切换到点级别，调节节点到如图13-46右图所示的位置。

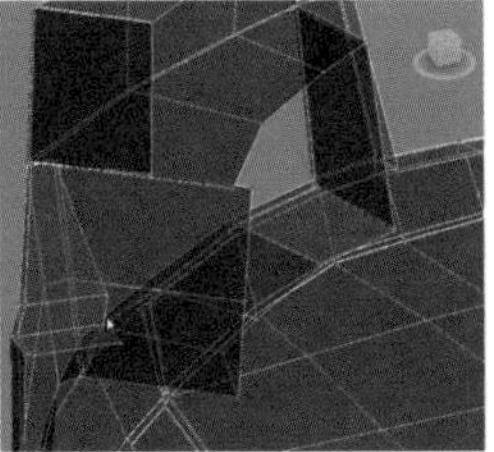

图 13-46

步骤08 取消透明化显示模式，切换到边级别，选择如图13-47左图所示的边，按住Shift键对边进行复制，切换到点级别，单击“目标焊接”按钮，目标焊接如图13-47右图所示的节点。

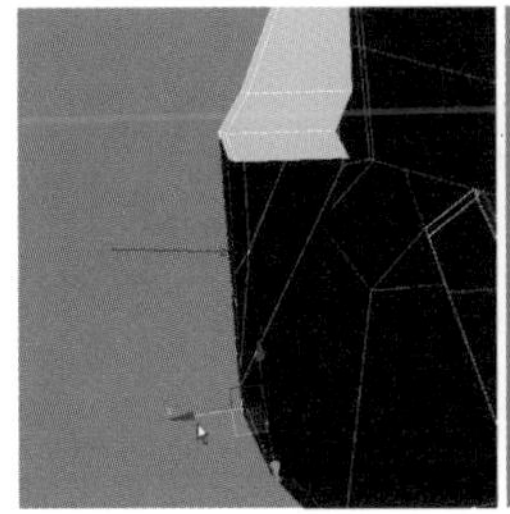
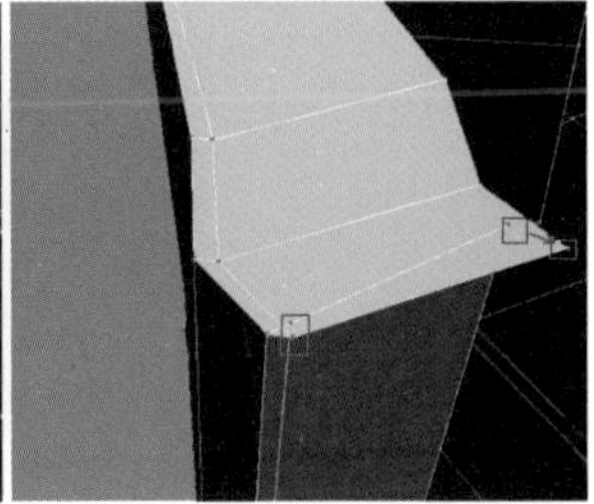

图 13-47

步骤09 切换到边级别，继续选择如图13-48所示的边，按住Shift键对边进行复制，同步骤08相同，目标焊接节点，使用快捷键Ctrl+Q对模型进行光滑显示，效果如图13-49所示。

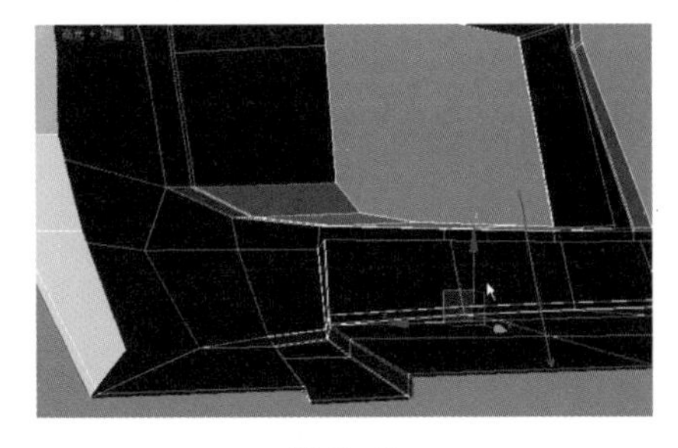

图 13-48

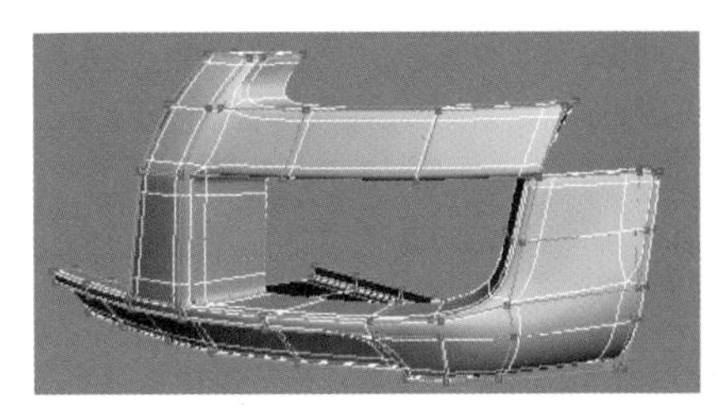

图 13-49

13.2.5 继续制作汽车前保险杠细节

步骤01 取消光滑显示模式，切换到边级别，选择如图13-50左图所示的边，单击“切角”按钮，设置参数如图13-50右图所示。

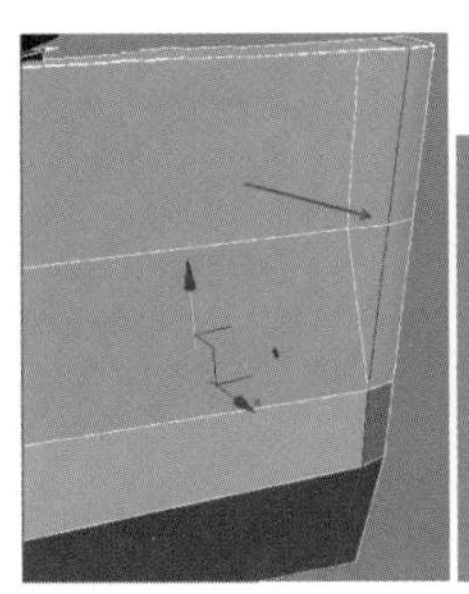

图 13-50

步骤02 使用同样的方法继续对边进行切角操作，图像效果如图13-51左图所示，切换到点级别，单击“目标焊接”按钮，目标焊接如图13-51右图所示的节点。

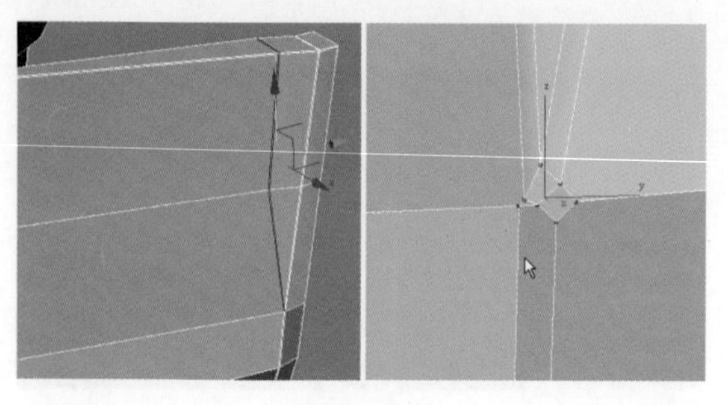

图13-51

步骤03 焊接完成后，图像效果如图13-52左图所示，退出子物体层级，使用快捷键Ctrl+Q对模型进行光滑显示，然后显示场景中的所有模型，效果如图13-52右图所示。

图13-52

步骤04 切换到边级别，选择如图13-53左图所示的边，单击“切角”按钮，设置参数如图13-53右图所示。

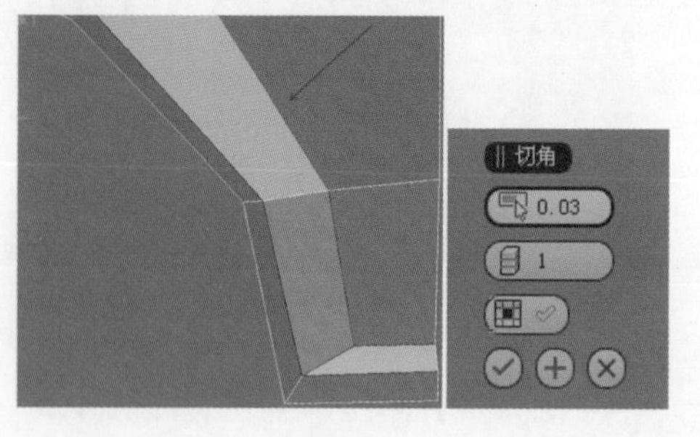

图13-53

步骤05 切换到点级别，单击“目标焊接”按钮，目标焊接节点，图像效果如图13-54左图所示，切换到边级别，选择如图13-54右图所示的边。

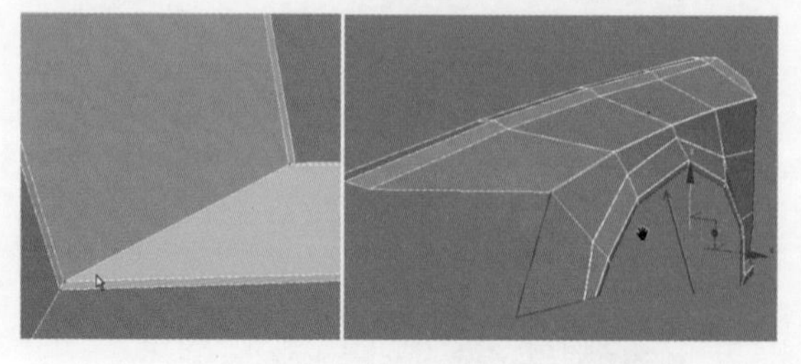

图13-54

步骤06 按住Shift键对边进行复制，切换到点级别，单击“目标焊接”按钮，目标焊接如图13-55左图所示的点，焊接完成后，图像效果如图13-55右图所示。

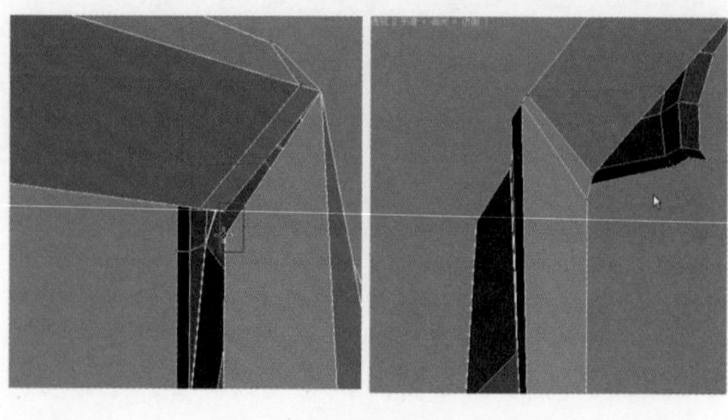

图13-55

步骤07 使用同样的方法继续制作模型，调节节点到如图13-56左图所示的位置。使用快捷键2切换到边级别，选择如图13-56右图所示的边，单击“环形”按钮，得到环形的一圈边。

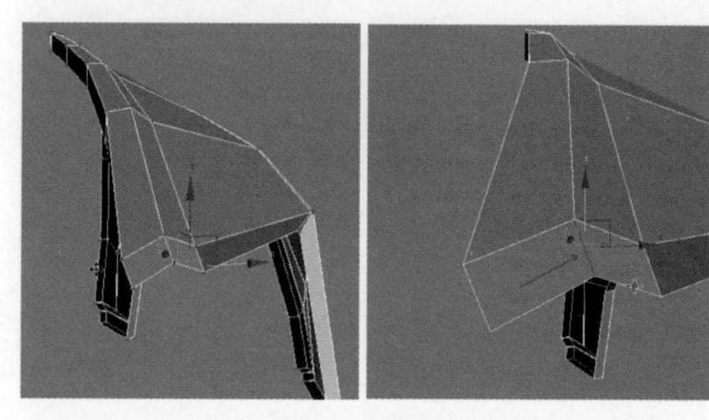

图13-56

步骤08 右击，在弹出的快捷菜单中选择“连接”选项，设置参数如图13-57左图所示，对模型进行细分，使用快捷键Ctrl+Q对模型进行光滑显示，图像效果如图13-57右图所示。

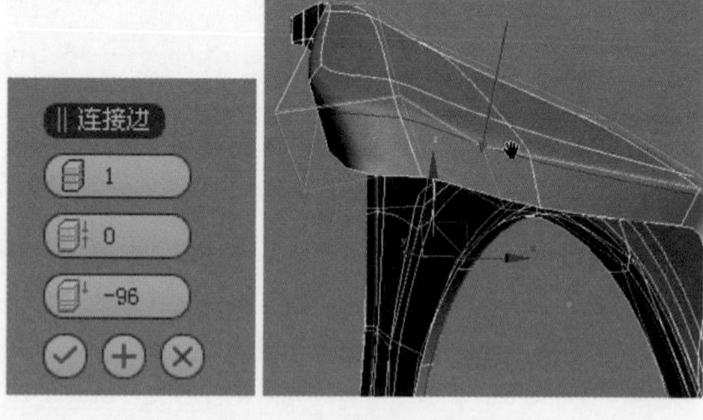

图13-57

知识拓展

在这里加线时要注意，选择边的时候不能漏掉模型下面凹进去的边。否则将会连接出几条边。

13.2.6 继续制作汽车前保险杠细节2

步骤01 使用快捷键Ctrl+Q取消光滑显示，使用同样的方法继续制作细节模型，然后右击，在弹出的快捷菜单中选择“剪切”选项，使用剪切工具对模型进行加线，效果如图13-58左图所示，单击“目标焊接”按钮，目标焊接选择的节点。切换到边级别，选择如图13-58右图所示的边。

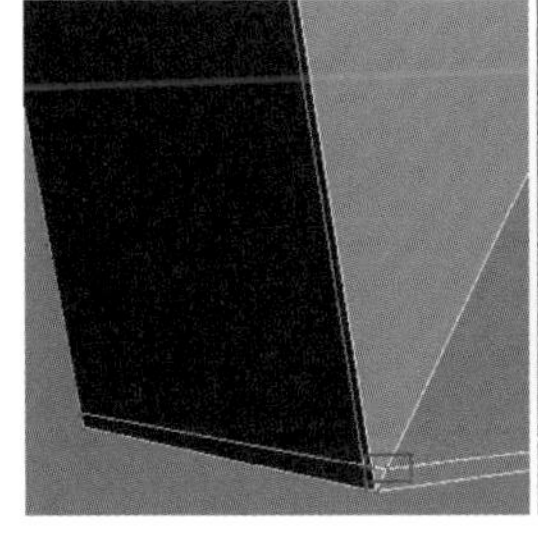

图13-58

步骤02 单击“切角”按钮，设置参数如图13-59左图所示，切换到点级别，单击“目标焊接”按钮，焊接目标节点，然后调节节点到如图13-59右图所示的位置。

图13-59

步骤03 退出子物体层级，对模型进行光滑显示，取消独立化显示模式，图像效果如图13-60左图所示，选择模型，使用快捷键Alt+Q对模型进行独立化显示，使用快捷键3切换到边界级别，选择如图13-60右图所示的边。

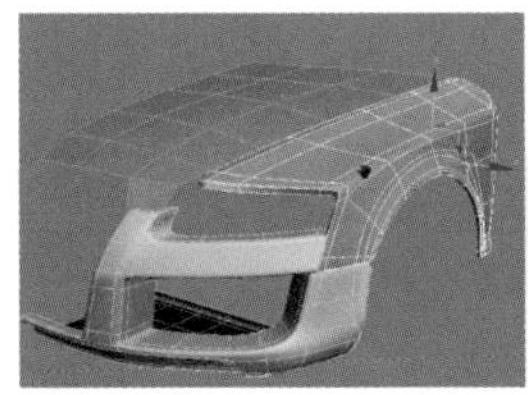

图13-60

步骤04 按住Shift键对边进行复制，然后选择如图13-61左图所示的一圈平行边，继续对模型进行细分，切换到面级别，按Delete键删除如图13-61右图所示的面。

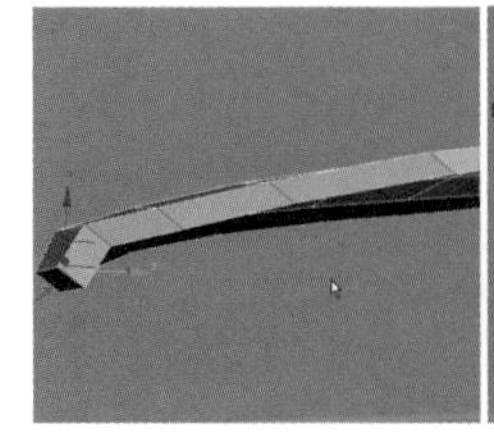

图13-61

步骤05 继续对模型进行细分，并调节边的位置，取消独立化显示模式，对模型进光滑显示，选择如图13-62左图所示的模型，在修改器下拉列表中选择“对称”命令，为模型添加 对称 修改器，图像效果如图13-62右图所示。

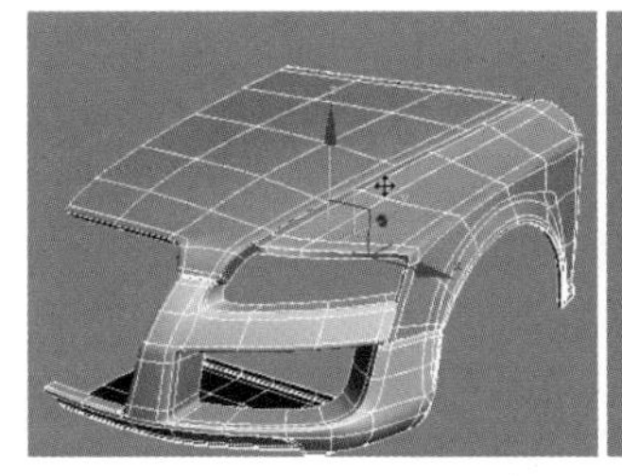
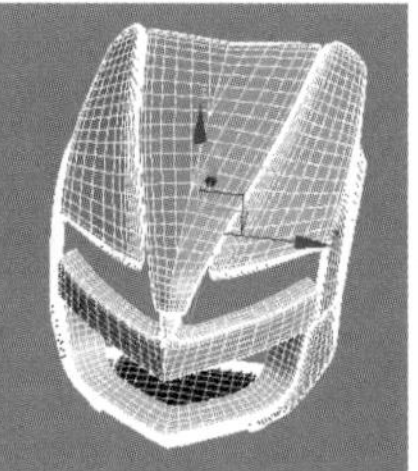

图13-62

知识拓展

在制作建筑模型时，如果该建筑两边对称，则可以在刚开始建模时就为模型添加对称修改器，这样在建模时就只需要创建一半模型。

步骤06 切换到子物体层级，调整对称中心，图像效果如图13-63左图所示，取消光滑显示模式，效果如图13-63右图所示。

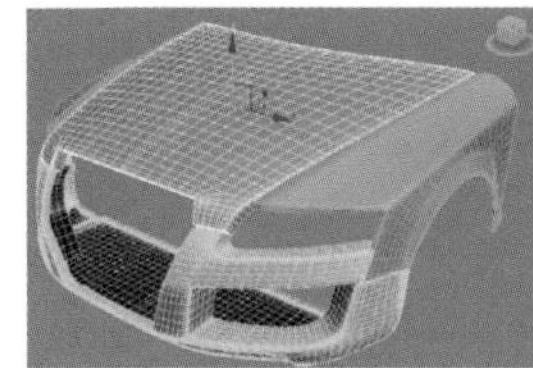
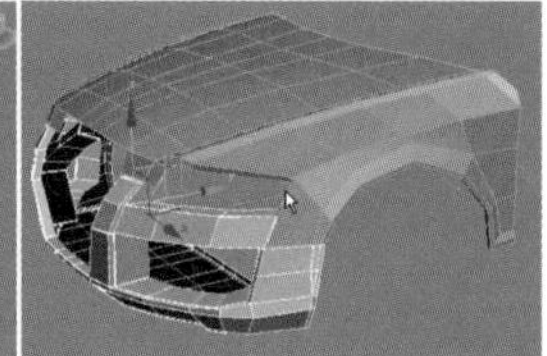

图13-63

13.2.7 制作汽车框架模型

步骤01 使用同样的方法我们制作出如图13-64左图所示的细节模型，然后选择如图13-64右图所示的模型，将选择的模型归为一个群组。

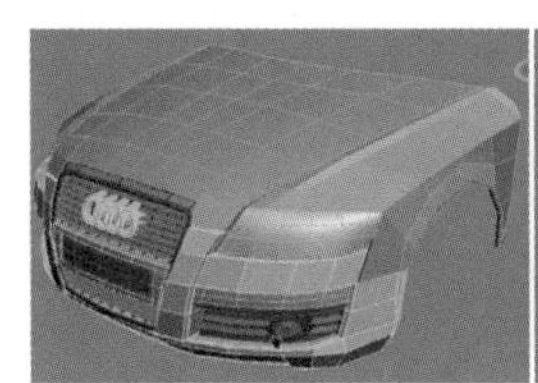

图13-64

步骤02 单击▌按钮，弹出“镜像：世界 坐标”对话框，设置对话框中的参数如图13-65左图所示，然后调节镜像得到的模型到如图13-65右图所示的位置。

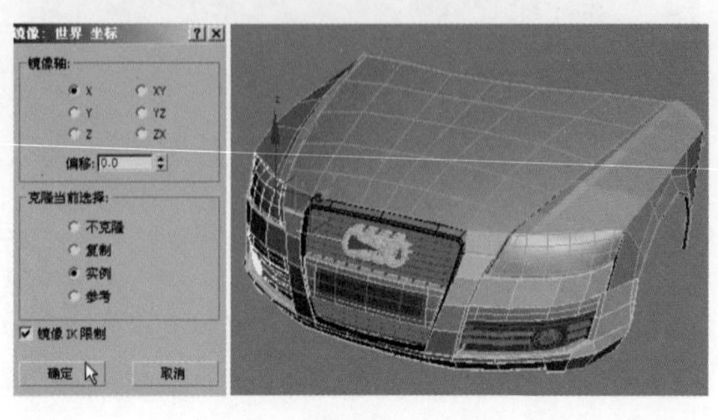

图13-65

步骤03 单击“平面”按钮，在场景中创建一个平面模型，将模型转换为可编辑多边形，切换到边级别，调节边到图13-66左图所示的位置，按住Shift键对选择的边进行复制，然后调节边到如图13-66右图所示的位置。

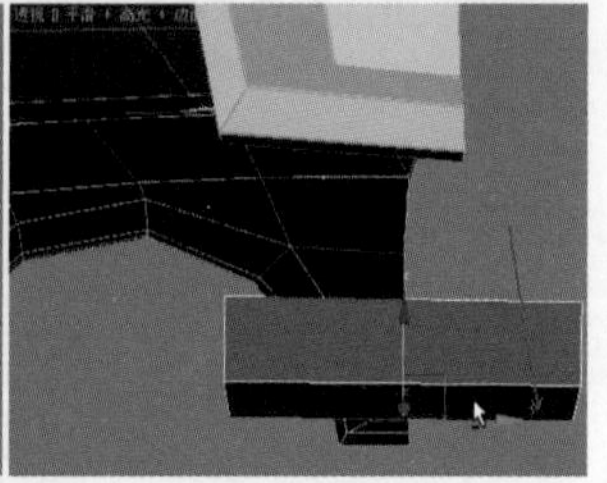

图13-66

步骤04 继续选择如图13-67左图所示的边，按住Shift键对选择的边进行复制，切换到点级别，调节节点到如图13-67右图所示的位置。

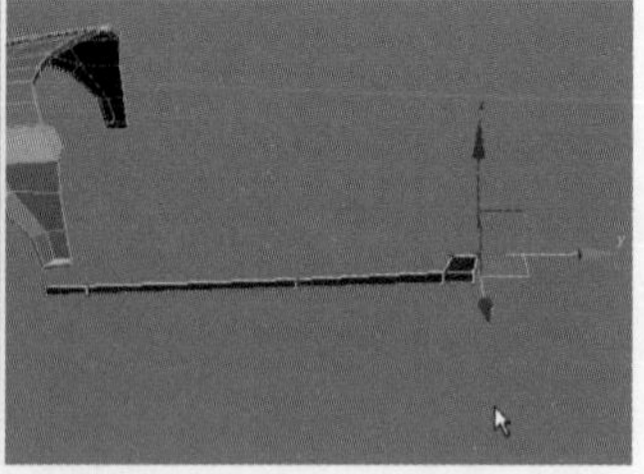

图13-67

步骤05 继续选择边，按住Shift键对边进行复制，然后切换到点级别，调节节点到如图13-68左图所示的位置。切换到边级别，选择如图13-68右图所示的边。

图13-68

步骤06 按住Shift键对选择的边进行复制，切换到点级别，调节节点到如图13-69左图所示的位置，切换到边级别，继续选择边，并按住Shift键对边进行复制，然后切换到点级别，调节节点到如图13-69右图所示的位置。

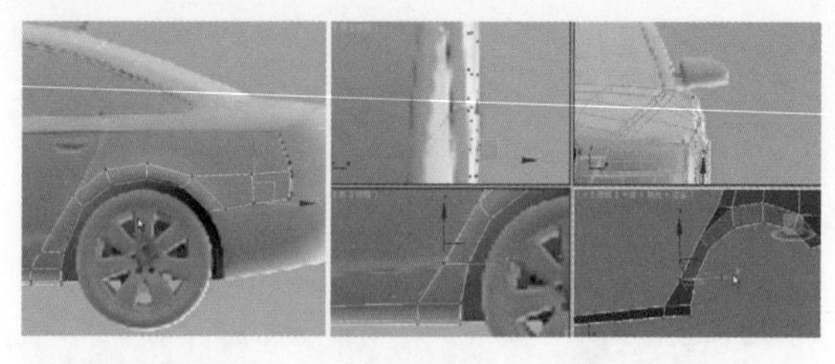

图13-69

步骤07 切换到边级别，选择如图13-70左图所示的边，单击“环形”按钮，得到环形的一圈边，右击，在弹出的快捷菜单中选择“连接”选项，设置参数对模型进行细分，如图13-70右图所示。

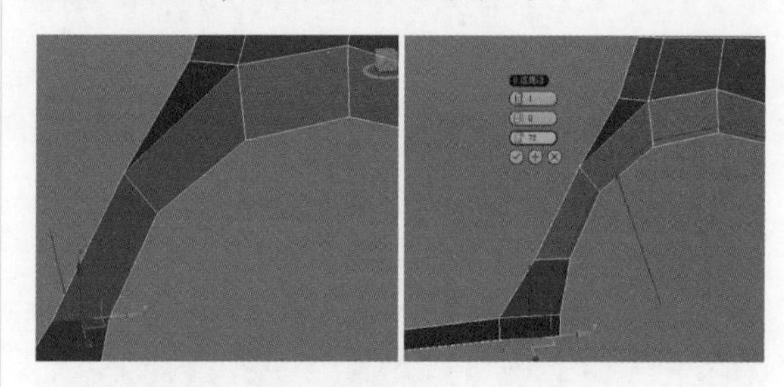

图13-70

知识拓展

在这里为模型加线选择边的时候，可以在选择一条边之后，单击“环形”按钮，这样可以选择与选定边平行的所有边。

步骤08 右击，在弹出的快捷菜单中选择“剪切”选项，使用剪切工具对模型加线，如图13-71左图所示，然后使用BackSpace键移除多余的边，效果如图13-71右图所示。

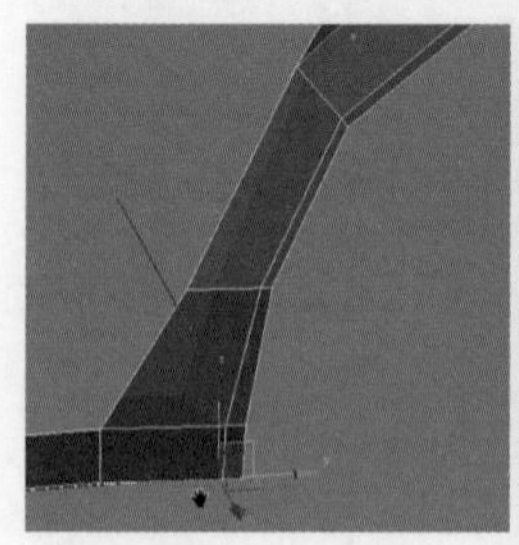
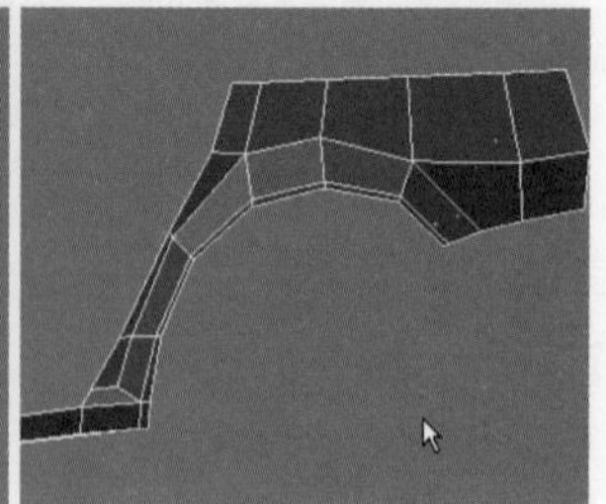

图13-71

步骤09 切换到边级别，继续选择边，按住Shift键对选择的边进行挤压复制，调节边的位置，然后选择如图13-72左图所示的边，右击，在弹出的快捷菜单中选择“连接”选项，设置参数如图13-72右图所示。

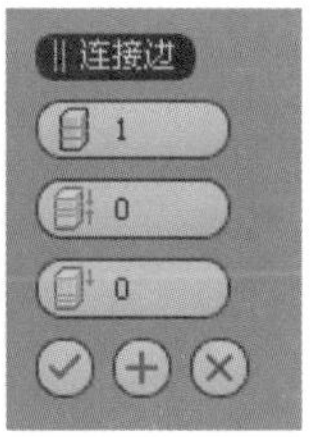

图 13-72

步骤10 切换到点级别，调节节点到如图13-73左图所示的位置，切换到边级别，继续选择如图13-73右图所示的边。

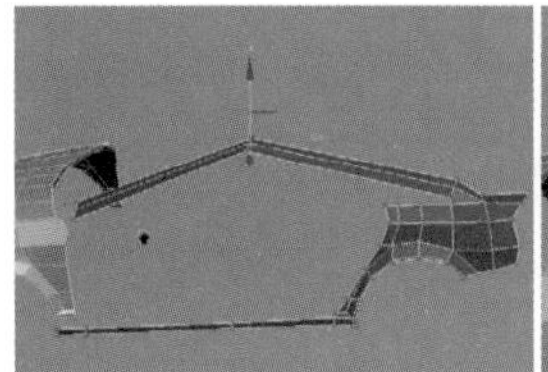
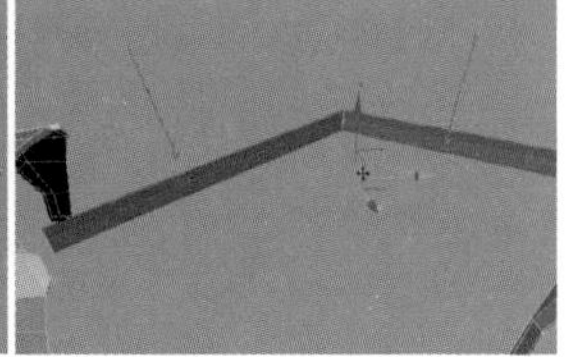

图 13-73

步骤11 使用快捷键Ctrl+Shift+E对模型进行细分，然后切换到点级别，调节节点到如图13-74左图所示的位置，使用同样的方法继续对选择的边进行细分，使用快捷键Ctrl+Q对模型进行光滑显示，切换到点级别，调节节点到如图13-74右图所示的位置。

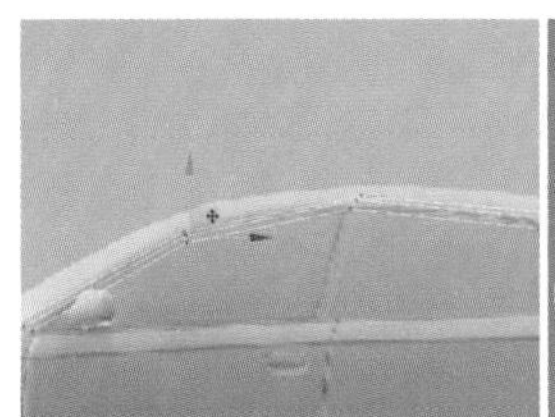
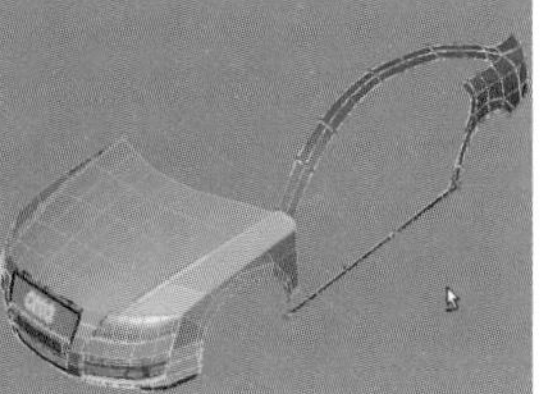

图 13-74

13.2.8 继续制作汽车框架模型

步骤01 取消光滑显示模式，右击，在弹出的快捷菜单中选择“剪切”选项，使用剪切工具对模型进行加线，切换到点级别，调节节点到如图13-75左图所示的位置。使用快捷键2切换到边级别，选择如图13-75右图所示的边。

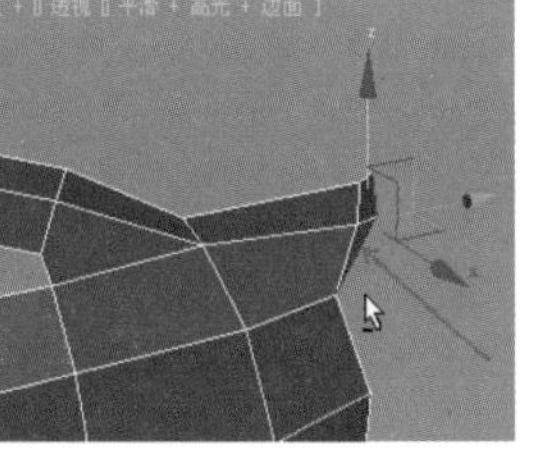

图 13-75

步骤02 按住Shift键对边进行复制，切换到点级别，调节节点到如图13-76左图所示的位置。使用快捷键2切换到边级别，选择如图13-76右图所示的边。

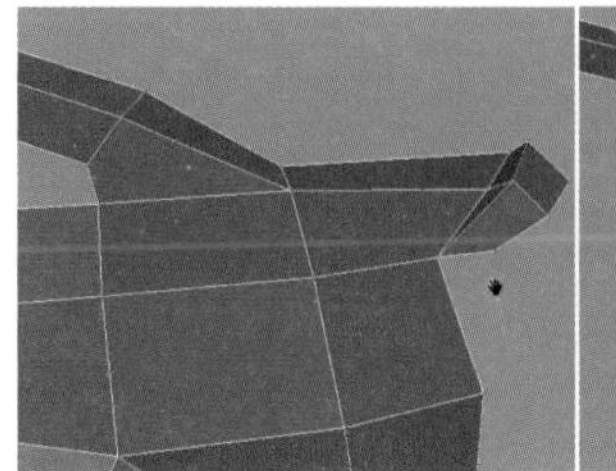

图 13-76

步骤03 单击“切角”按钮，设置参数如图13-77左图所示，对边进行切角操作，继续选择如图13-77右图所示的边，使用同样的方法对选择的边进行切角操作。

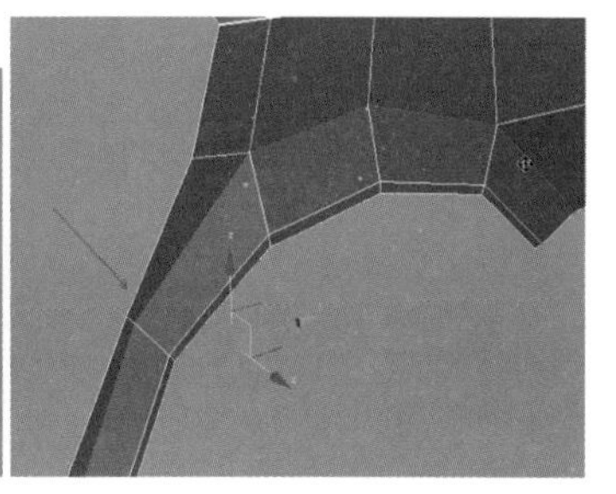

图 13-77

步骤04 切换到点级别，单击“目标焊接”按钮，目标焊接如图13-78左图所示的点，焊接完成后，切换到边级别，选择如图13-78右图所示的边，单击“循环”按钮，得到循环的一圈边。

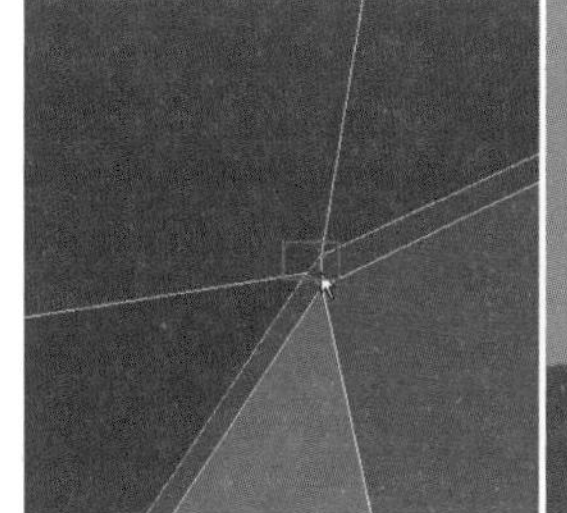
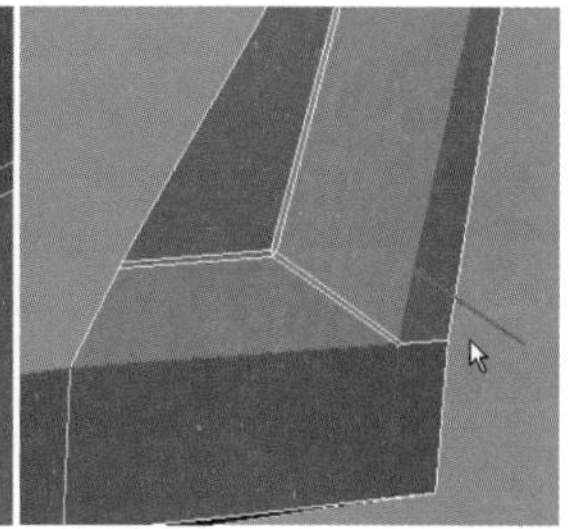

图 13-78

步骤05 单击“切角”按钮，设置参数如图13-79左图所示，切角效果如图13-79右图所示。

图 13-79

步骤06 切换到点级别，单击“目标焊接”按钮，目标焊接如图13-80左图所示的节点，焊接完成后，图像效果如图13-80右图所示。

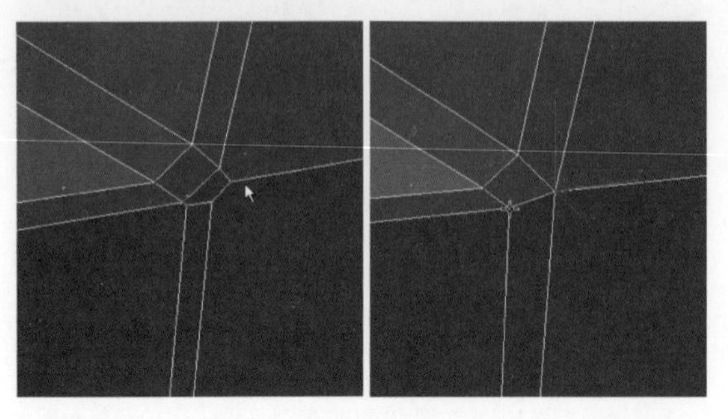

图13-80

步骤07 使用快捷键3切换到边界级别，选择边，按住Shift键对边进行复制，效果如图13-81左图所示，使用同样的方法继续制作模型，切换到点级别，调节节点到如图13-81右图所示的位置。

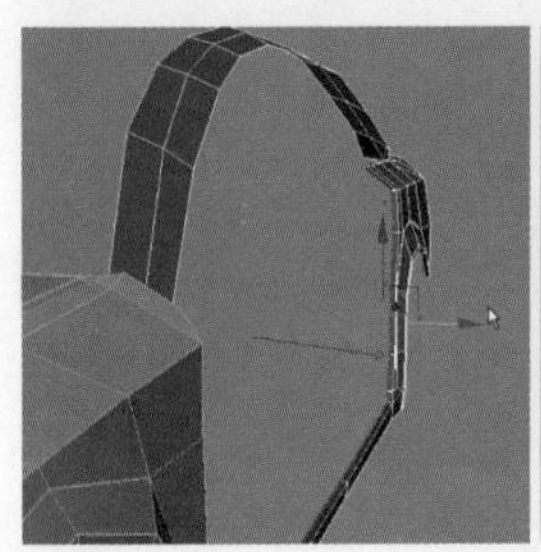

图13-81

步骤08 单击“目标焊接”按钮，目标焊接节点，效果如图13-82左图所示。继续选择如图13-82右图所示的边，单击“环形”按钮，得到环形的一圈边。

图13-82

步骤09 右击，在弹出的快捷菜单中选择“连接”选项，设置参数如图13-83左图所示。使用同样的方法继续对模型进行细分，图像效果如图13-83右图所示。

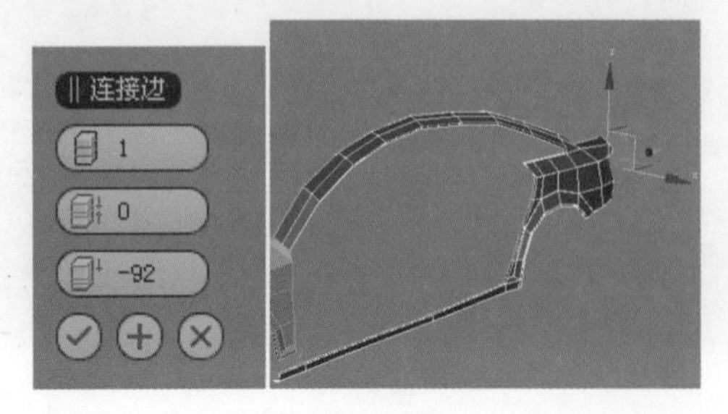

图13-83

步骤10 使用快捷键Ctrl+Q对模型进行光滑显示，图像效果如图13-84所示。

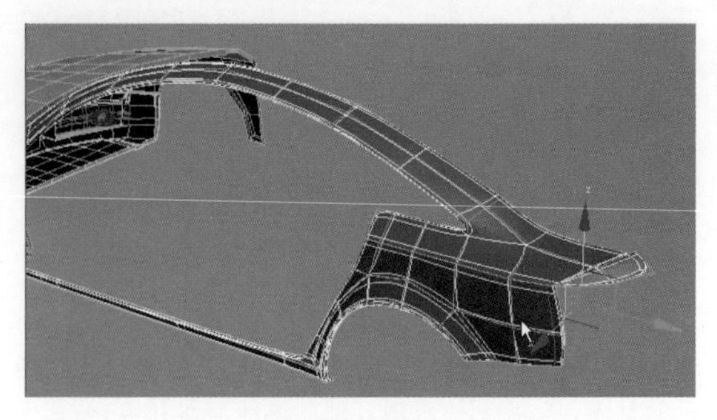

图13-84

13.2.9 制作汽车车门模型

步骤01 切换到“标准基本体”面板，单击“平面”按钮，在场景中创建一个平面模型，如图13-85左图所示，将模型转换为可编辑多边形，切换到点级别，调节节点的位置，切换到边级别，选择如图13-85右图所示的边。

图13-85

步骤02 使用快捷键Ctrl+Shift+E对模型进行细分，然后选择下面的边，如图13-86左图所示，按住Shift键对边进行复制，并调节边到如图13-86右图所示的位置。

图13-86

步骤03 使用快捷键4切换到面级别，按Delete键删除如图13-87左图所示的面。使用快捷键1切换到顶点级别，调节节点到如图13-87右图所示的位置。

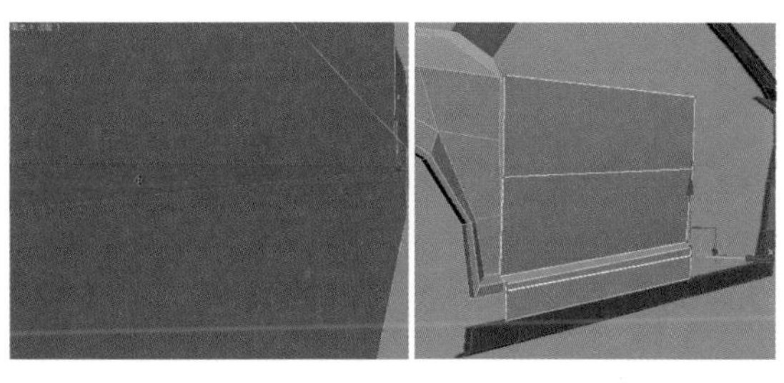

图 13-87

步骤04 切换到边级别，选择如图13-88左图所示的边，按住Shift键对边进行复制，然后选择如图13-88右图所示的边。

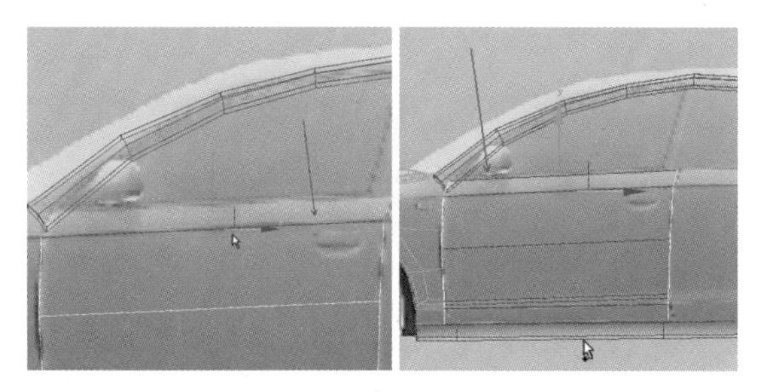

图 13-88

步骤05 使用快捷键Ctrl+Shift+E对选择的边进行细分，继续选择边并使用同样的方法对模型进行细分，切换到点级别，调节节点到如图13-89左图所示的位置。使用快捷键3切换到边界级别，选择如图13-89右图所示的边。

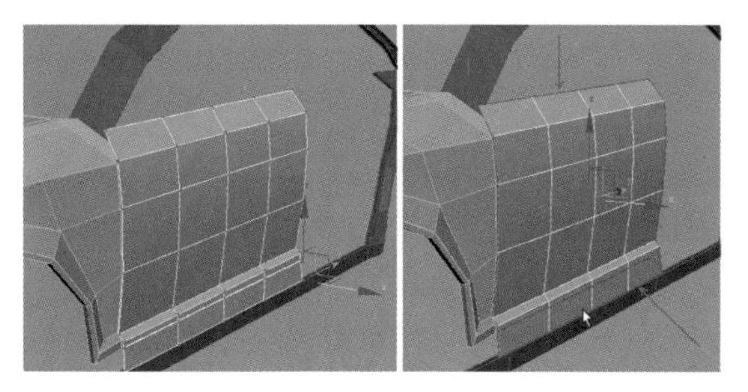

图 13-89

知识拓展

通过按住 Shift 键并在空间中进行单击操作，可以在这种模式下添加顶点；此时，这些顶点将被合并到正在创建的多边形中。

步骤06 使用快捷键Alt+Q对模型进行独立化显示，按住Shift键对边进行复制，如图13-90左图所示，调节边的位置，然后选择如图13-90右图所示的边，单击“环形”按钮，得到环形的一圈边。

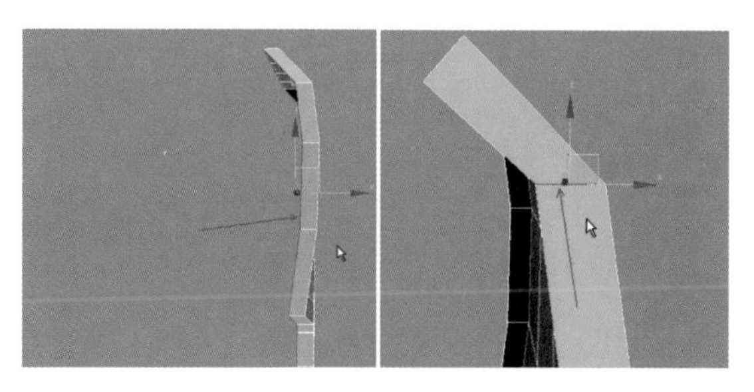

图 13-90

步骤07 右击，在弹出的快捷菜单中选择“连接”选项，设置参数如图13-91左图所示，细分效果如图13-91右图所示。

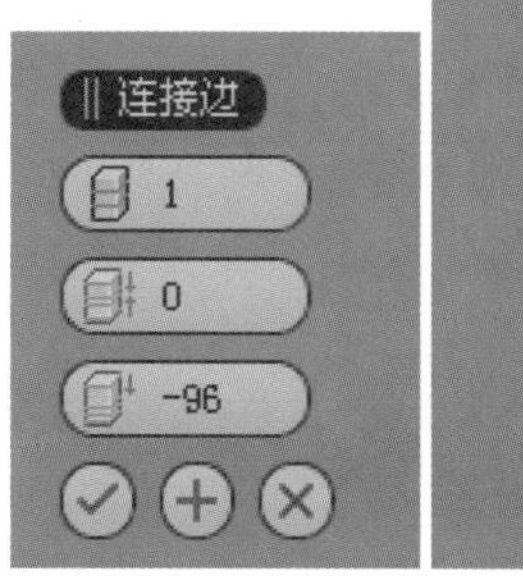

图 13-91

步骤08 使用同样的方法继续选择边，并对模型进行细分，效果如图13-92左图所示，切换到面级别，选择如图13-92右图所示的面。

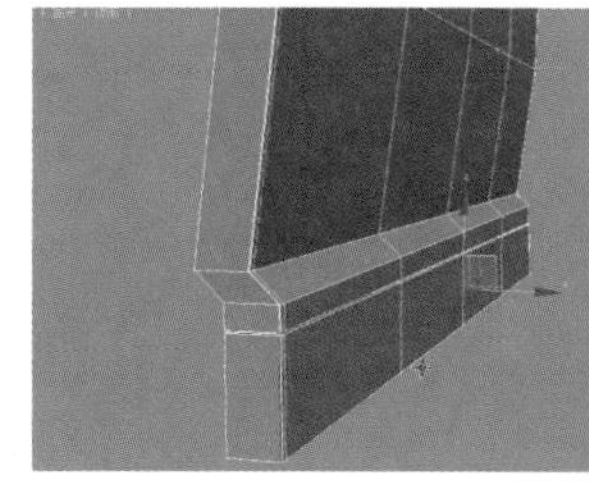

图 13-92

步骤09 单击“倒角”按钮，设置参数如图13-93左图所示，为模型挤出一个新的面。切换到点级别，调节节点到如图13-93右图所示。

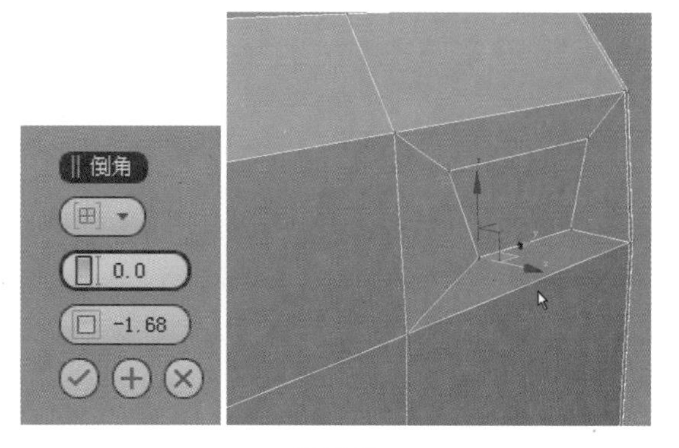

图 13-93

步骤10 使用快捷键4切换到面级别，继续选择面，同步骤09相同，对面进行倒角挤压操作，图像效果如图13-94左图所示。切换到边级别，选择如图13-94右图所示的边。

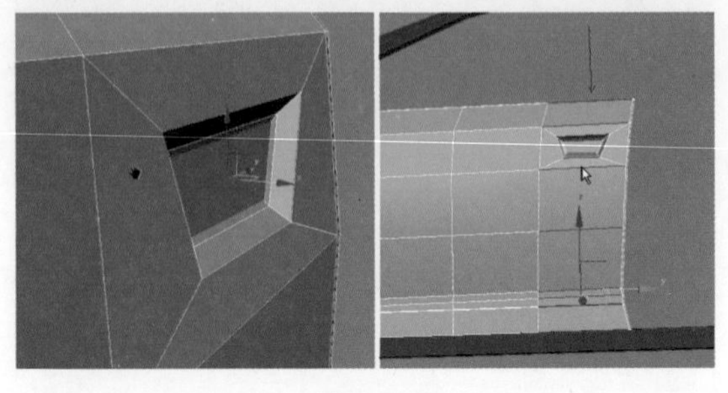

图13-94

步骤11 右击，在弹出的快捷菜单中选择“连接”选项，设置参数如图13-95左图所示，对模型进行细分。切换到边级别，选择如图13-95右图所示。

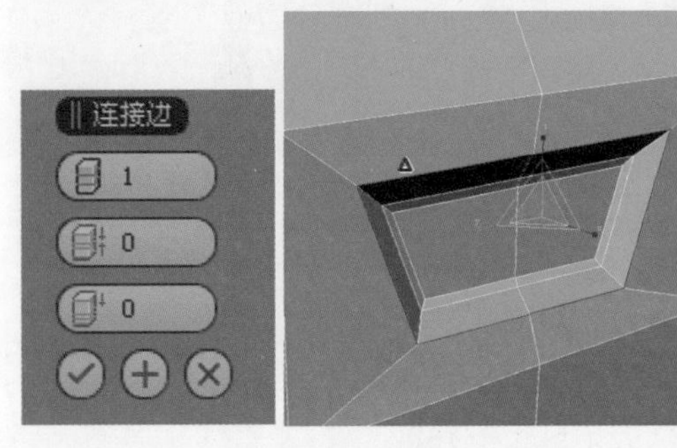

图13-95

步骤12 单击“切角”按钮，设置参数如图13-96左图所示，进行切角操作，使用快捷键Ctrl+Q对模型进行光滑显示，图像效果如图13-96右图所示。

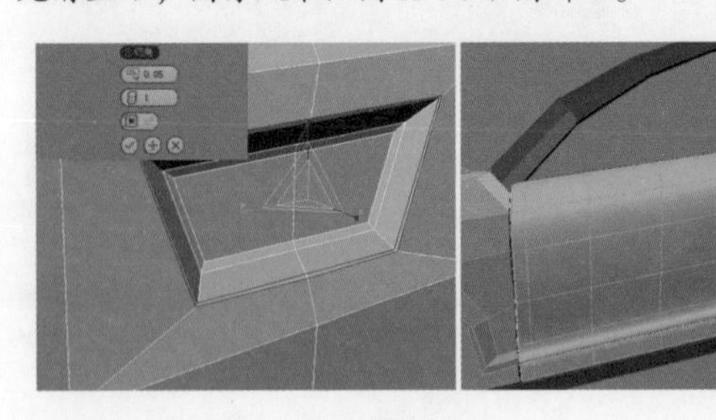

图13-96

13.2.10 制作汽车侧面模型

步骤01 取消光滑显示模型，选择如图13-97左图所示的模型，按住Shift键对模型进行复制，并调节复制得到的模型的位置，切换到边级别，使用快捷键Ctrl+BackSpace移除如图13-97右图所示的边。

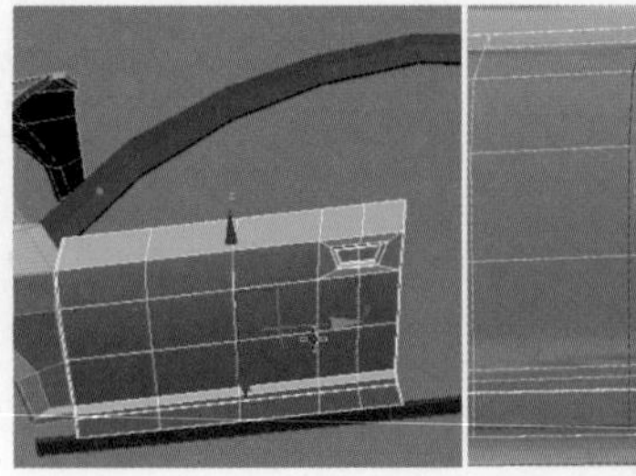

图13-97

步骤02 使用快捷键1切换到顶点级别，调节节点到如图13-98左图所示的位置。使用快捷键Ctrl+Q对模型进行光滑显示，然后使用快捷键F9对模型进行渲染，渲染效果如图13-98右图所示。

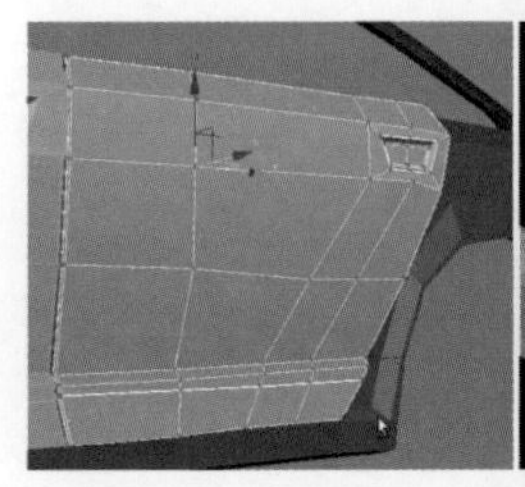

图13-98

步骤03 取消光滑显示模式，切换到边级别，选择如图13-99左图所示的边，单击“切角”按钮，设置参数，对边进行切角操作，效果如图13-99右图所示。

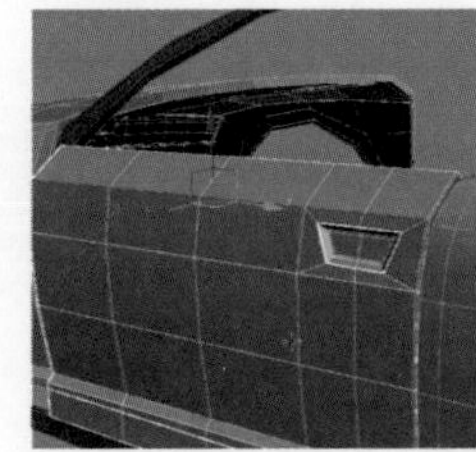
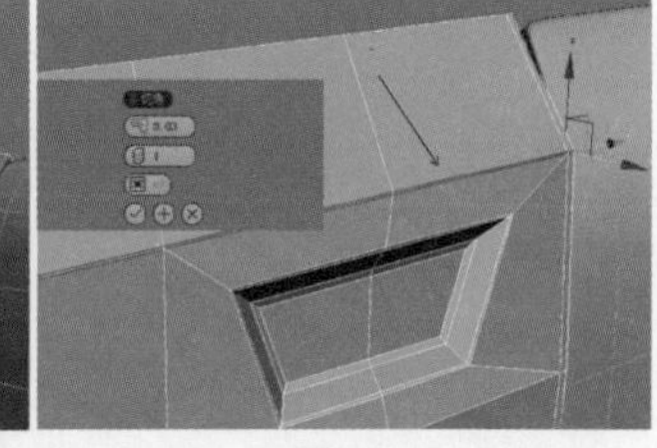

图13-99

步骤04 使用同样的方法继续对选择的边进行切角操作，使用快捷键Ctrl+Q对模型进行光滑显示，切换到点级别，调节节点到如图13-100左图所示的位置。使用同样的方法制作出玻璃的边框模型，如图13-100右图所示。

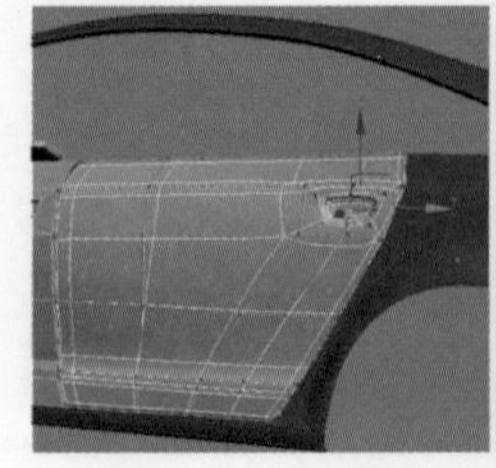

图13-100

步骤05 接下来制作玻璃模型，单击“平面”按钮，在场景中创建一个平面模型，并将其转换为可编辑多边形，切换到点级别，调节节点到如图13-101左图所示的位置。使用快捷键2切换到边级别，选择如图13-

101右图所示的边。

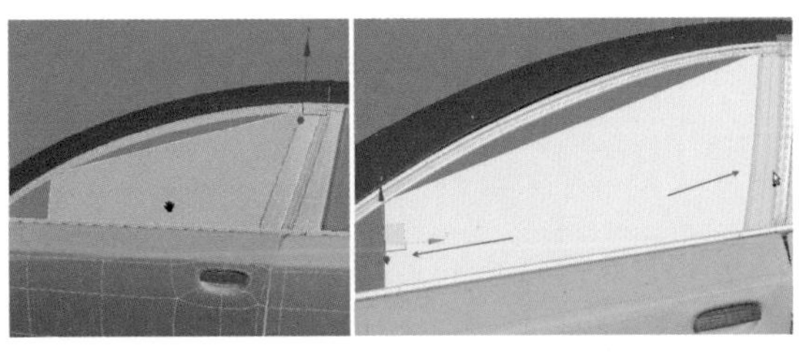

图 13-101

知识拓展

“平面”对象是特殊类型的平面多边形网格，可在渲染时无限放大。用户可以指定放大分段大小和/或数量的因子。

步骤06 使用快捷键Ctrl+Shift+E对模型进行细分，继续选择边，并使用同样的方法对模型进行细分，切换到点级别，调节节点到如图13-102左图所示的位置，使用同样的方法制作出另一个玻璃模型，如图13-102右图所示。

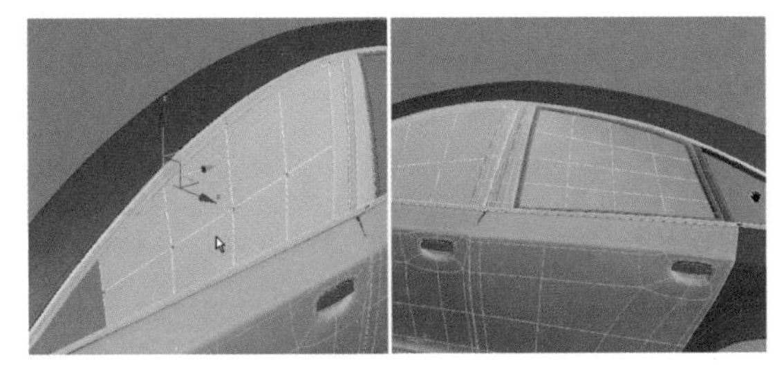

图 13-102

步骤07 使用同样的方法继续制作玻璃模型的细节部分，效果如图13-103所示。

图 13-103

13.2.11 制作汽车后视镜模型

步骤01 单击●按钮，切换到“标准基本体”创建面板，单击“长方体”按钮，在场景中创建一个Box物体，并将其转换为可编辑多边形，选择如图13-104左图所示的边，使用快捷键Ctrl+Shift+E对模型进行细分，效果如图13-104右图所示。

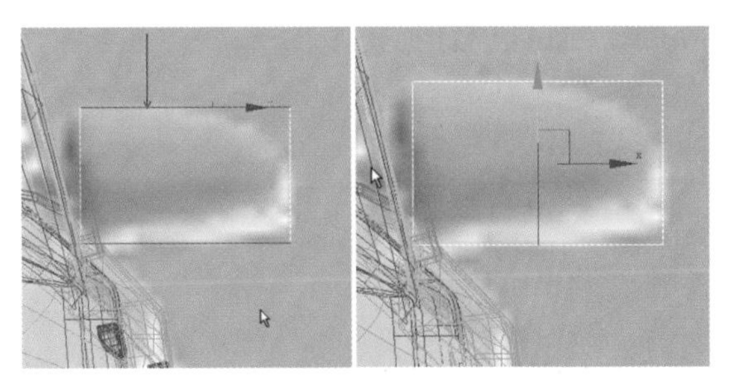

图 13-104

步骤02 使用同样的方法继续对模型进行细分，使用快捷键1切换到顶点级别，调节节点到如图13-105左图所示的位置。使用快捷键2切换到边级别，选择如图13-105右图所示的边。

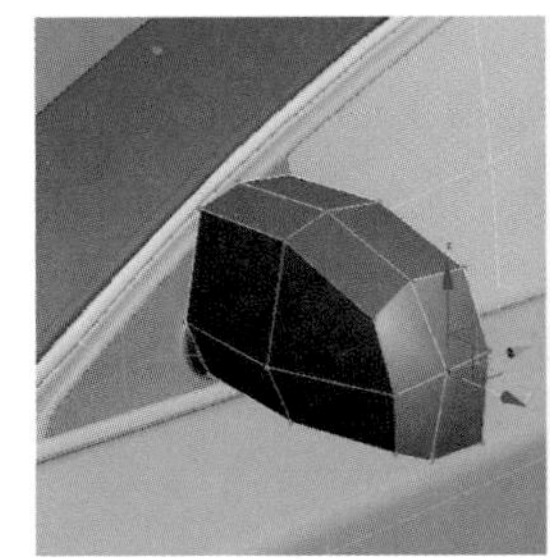

图 13-105

步骤03 右击，在弹出的快捷菜单中选择“连接”选项，设置参数如图13-106左图所示，效果如图13-106右图所示。

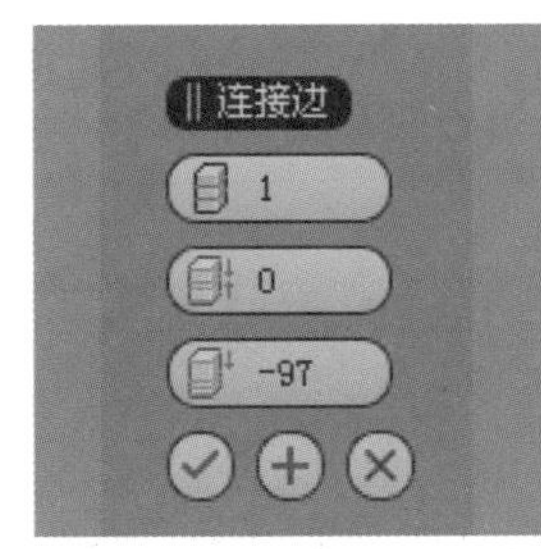

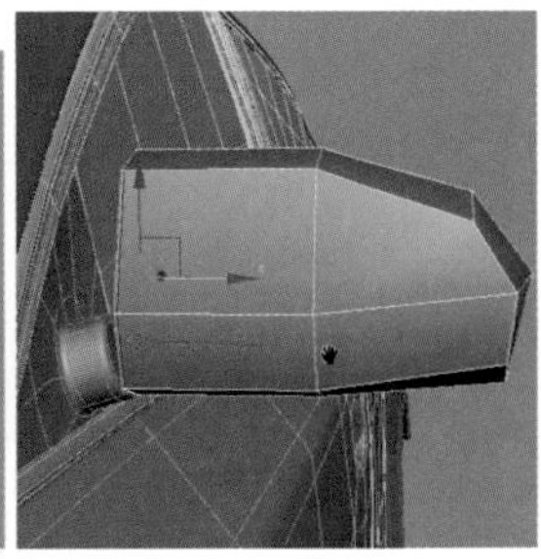

图 13-106

步骤04 切换到面级别，选择如图13-107左图所示的面，单击“倒角”按钮，设置参数如图13-107右部二图所示。

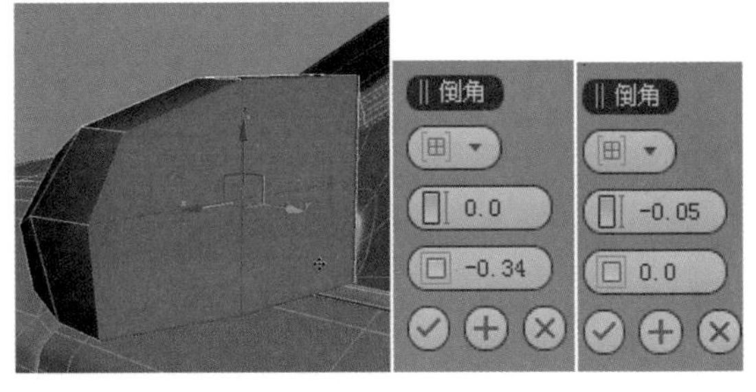

图 13-107

步骤05 使用同样的方法继续对模型进行倒角挤压操

作，图像效果如图13-108左图所示，退出子物体层级，使用快捷键Ctrl+Q对模型进行光滑显示，图像整体效果如图13-108右图所示。

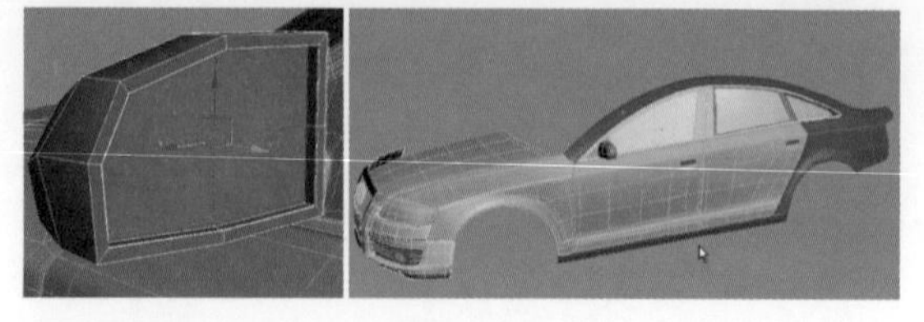

图13-108

13.2.12 制作汽车车顶模型

步骤01 单击●按钮，切换到“标准基本体”创建面板，单击“平面”按钮，在场景中创建一个平面模型如图13-109左图所示，并将其转换为可编辑多边形，切换到点级别，调节节点到如图13-109右图所示的位置。

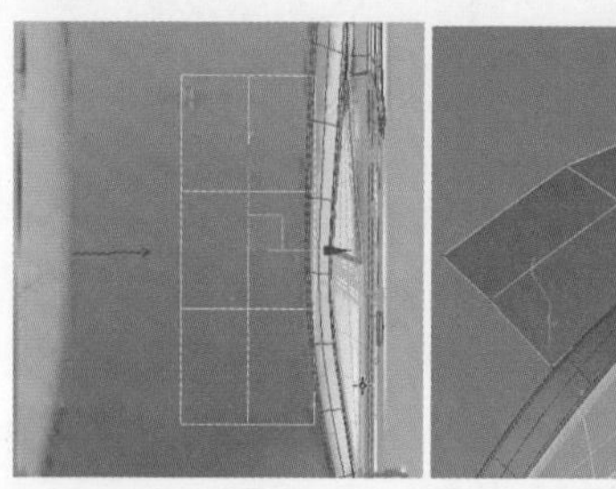

图13-109

步骤02 切换到边级别，选择如图13-110左图所示的边，按住Shift键对选择的边进行复制，效果如图13-110右图所示。

图13-110

步骤03 继续单击“平面”按钮，在场景中创建一个平面模型，如图13-111左图所示，然后将模型转换为可编辑多边形，切换到点级别，调节节点到如图13-111右图所示的位置。

图13-111

步骤04 使用快捷键4切换到面级别，选择如图13-112左图所示的面。单击“插入”按钮，设置参数如图13-112右图所示，在模型中插入面。

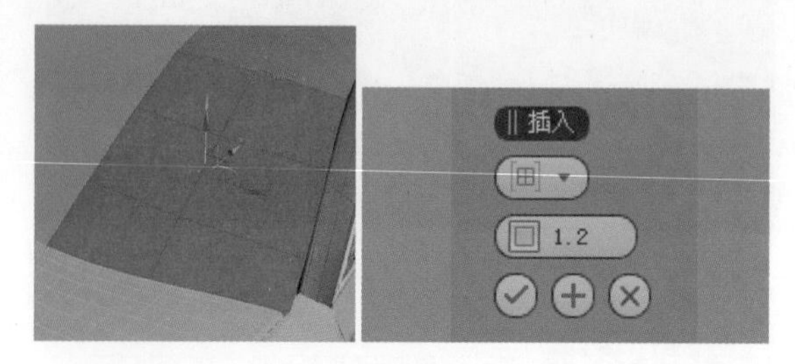

图13-112

步骤05 按Delete键删除如图13-113左图所示的面。切换到边级别，调节边的位置，使用快捷键Alt+Q对模型进行独立化显示，然后选择如图13-113右图所示的边。

图13-113

步骤06 按住Shift键对边进行复制，效果如图13-114左图所示。取消独立化显示模式，选择如图13-114右图所示的边，单击“环形”按钮，得到环形的一圈边。

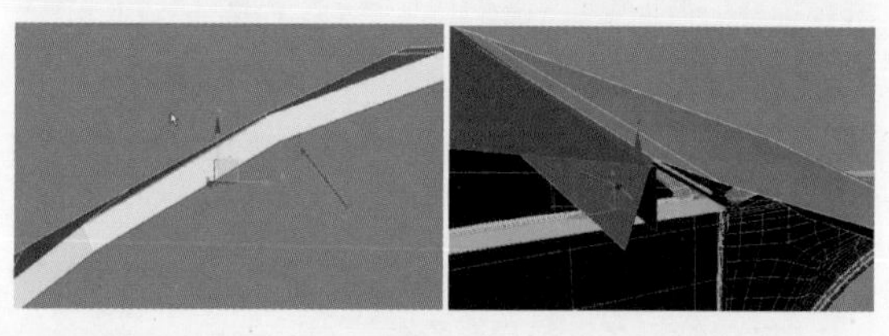

图13-114

步骤07 单击“连接”按钮，设置参数如图13-115左图所示，继续选择如图13-115右图所示的边，然后单击“循环”按钮，得到循环的边。

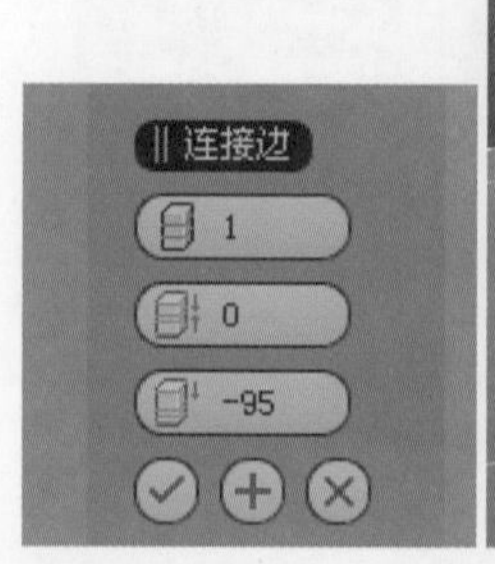

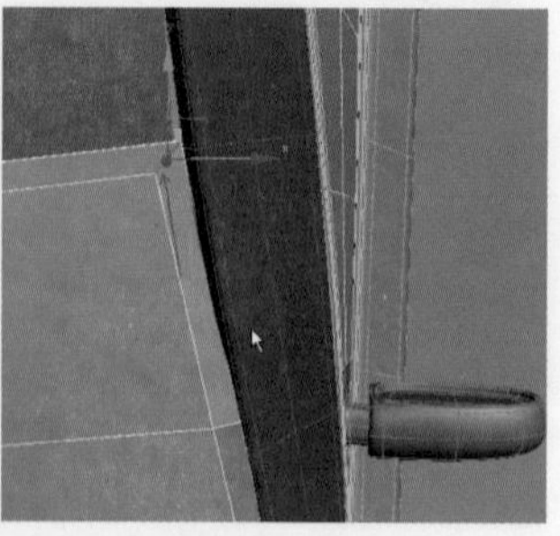

图13-115

步骤08 单击“切角”按钮，设置参数，对边进行切角操作，图像效果如图13-116左图所示，使用同样的方法继续对选择的边进行切角操作，然后使用快捷键

Ctrl+Q对模型进行光滑显示，图像效果如图13-116右图所示。

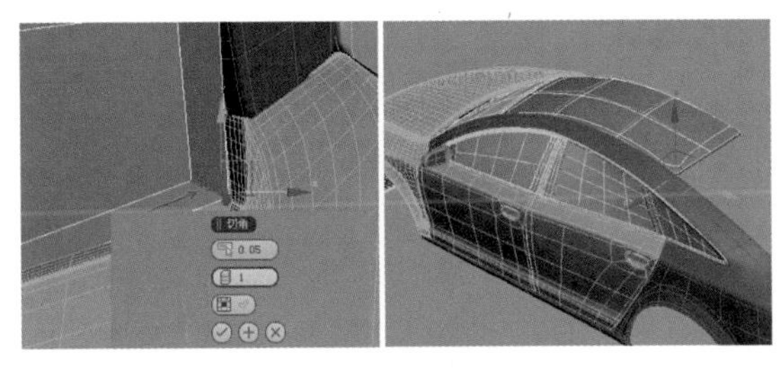

图13-116

13.2.13 继续制作汽车车顶模型

步骤01 切换到前视图中，将后视图中的参考图导入到3ds Max视图中。选择车前面的模型，然后右击，在弹出的快捷菜单中选择如图13-117左图所示的选项，隐藏所选择的模型。使用同样的方法继续隐藏选择的物体，效果如图13-117右图所示。

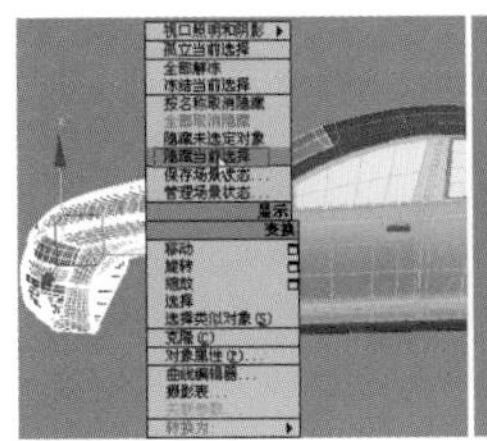
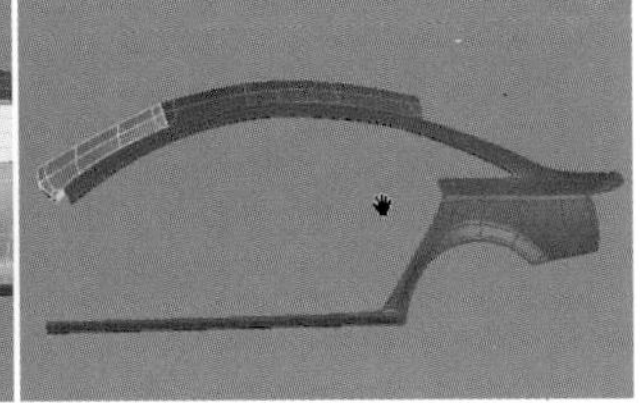

图13-117

步骤02 调整好视图，图像效果如图13-118左图所示。调整好之后，制作出如图13-118右图所示的模型。

图13-118

步骤03 取消光滑显示模式，切换到边级别，选择如图13-119左图所示的边，按住Shift键对选择的边进行复制，然后选择如图13-119右图所示的边，单击“环形”按钮，得到环形的一圈边。

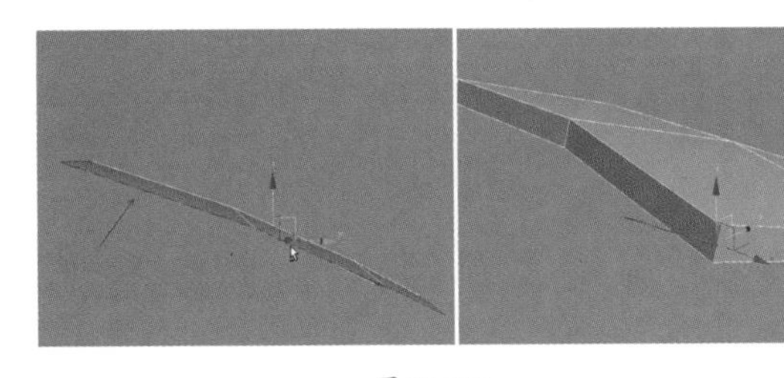

图13-119

步骤04 单击“连接”按钮，设置参数如图13-120左图所示，继续选择如图13-120右图所示的边，单击“环形”按钮，得到环形的一圈边。

图13-120

步骤05 单击“切角”按钮，设置参数，对边进行切角操作，图像效果如图13-121左图所示。取消独立化显示模式，使用快捷键Ctrl+Q对模型进行光滑显示，设置光滑级别为2，图像效果如图13-121右图所示。

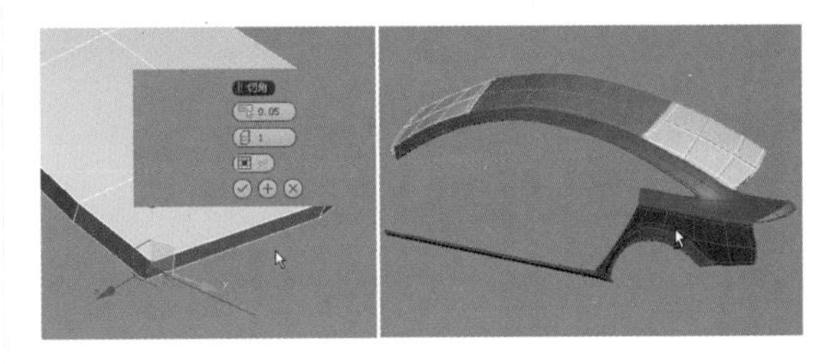

图13-121

步骤06 单击“平面”按钮，在场景中创建一个平面模型，将模型转换为可编辑多边形，切换到点级别，调节节点到如图13-122左图所示的位置。使用快捷键2切换到边级别，选择如图13-122右图所示的边。

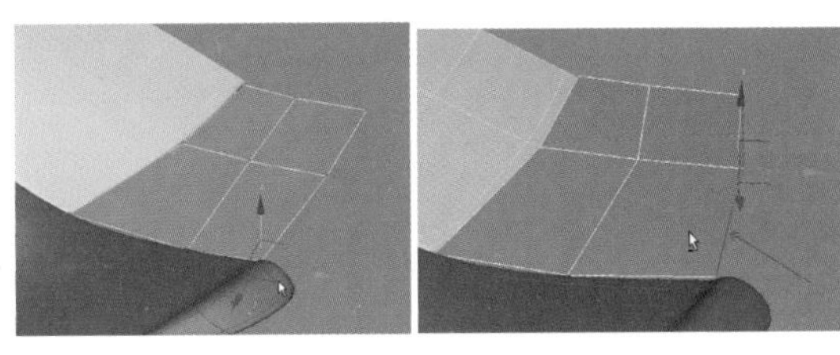

图13-122

步骤07 按住Shift键对边进行复制，切换到点级别，调节节点到如图13-123左图所示的位置。继续对模型进行细分，然后切换到点级别，调节节点到如图13-123右图所示的位置。

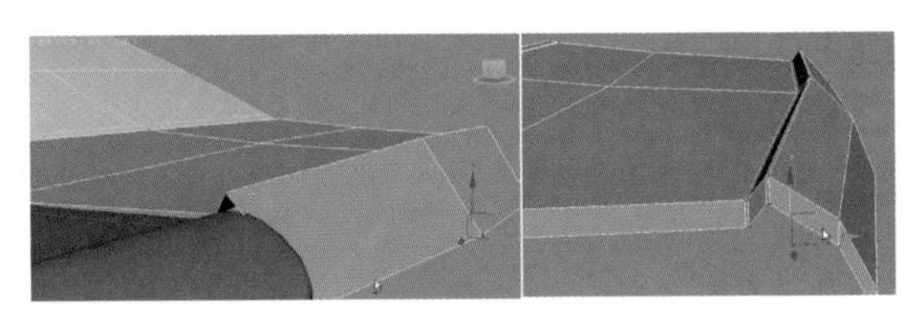

图13-123

步骤08 继续选择边，然后按住Shift键对边进行复制，切换到点级别，单击“目标焊接”按钮，目标焊接如图13-124左图所示的点。继续对模型进行细分，并调节边到如图13-124右图所示的位置。

图 13-124

步骤09 使用快捷键Ctrl+Q对模型进行光滑显示，图像效果如图13-125左图所示，取消独立化显示模式，效果如图13-125右图所示。

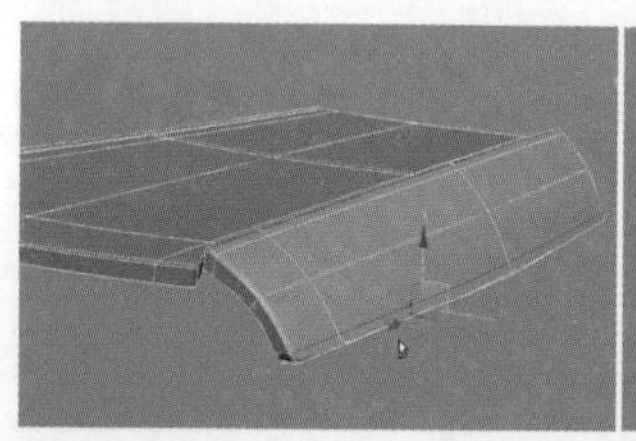
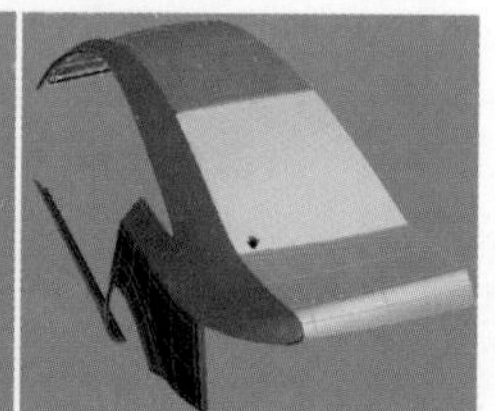

图 13-125

13.2.14 制作汽车后盖模型

步骤01 继续隐藏模型，然后单击“平面”按钮，在场景中创建一个平面模型，将模型转换为可编辑多边形，切换到点级别，调节节点到如图13-126左图所示的位置。使用快捷键2切换到边级别，选择如图13-126右图所示的边。

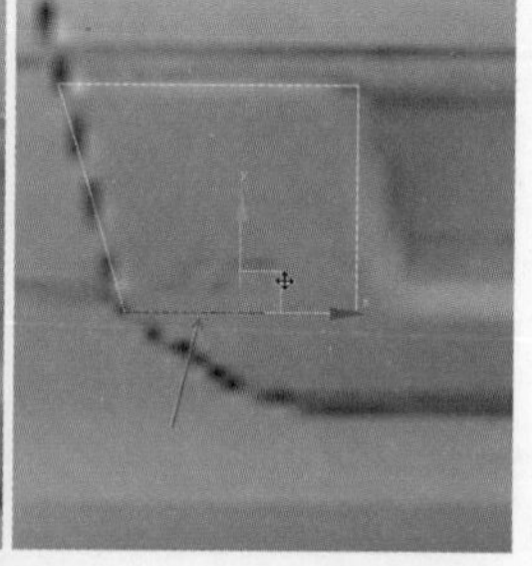

图 13-126

步骤02 按住Shift键对边进行复制，然后调节边到如图13-127左图所示的位置。继续选择边，并按住Shift键对边进行复制，切换到点级别，调节节点的位置，然后单击“焊接”按钮，焊接如图13-127右图所示的点。

图 13-127

步骤03 切换到边级别，选择如图13-128左图所示的边，单击“切角”按钮，设置参数对边进行切角操作，效果如图13-128右图所示。

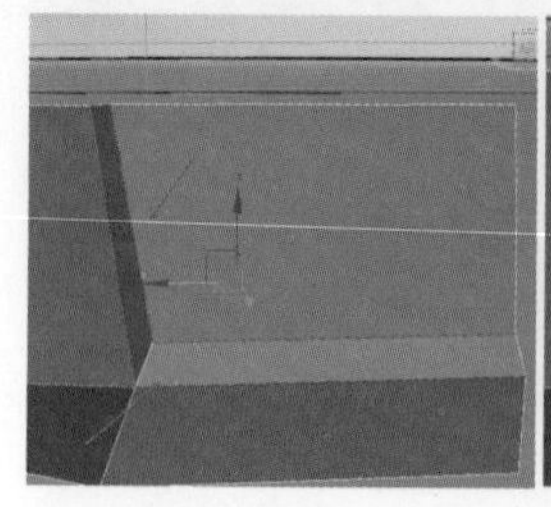
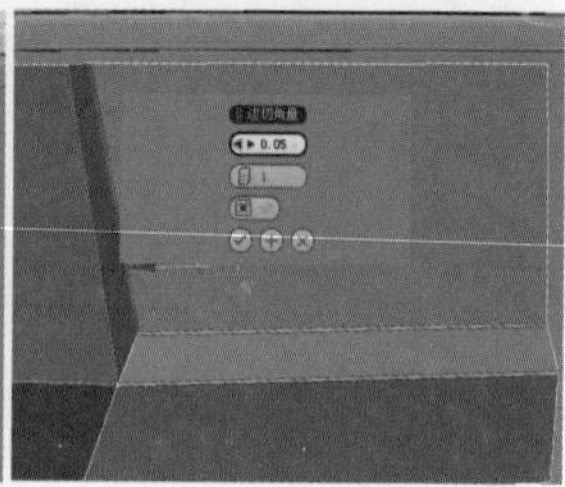

图 13-128

步骤04 切换到点级别，单击“焊接”按钮，焊接如图13-129左图所示的点。切换到边级别，同步骤03相同，继续选择边并对边进行切角操作，焊接多余的节点，图像效果如图13-129右图所示。

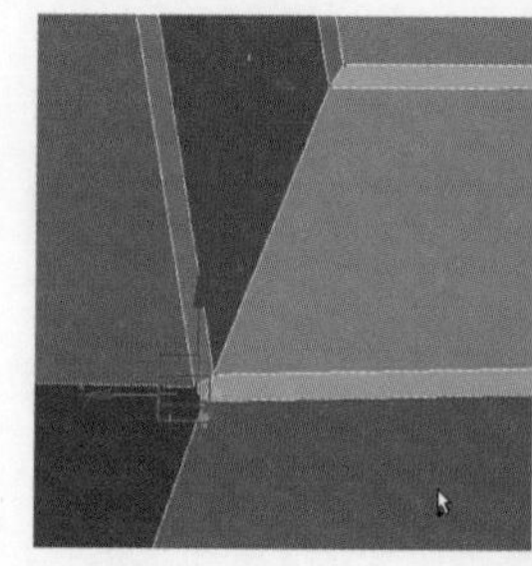
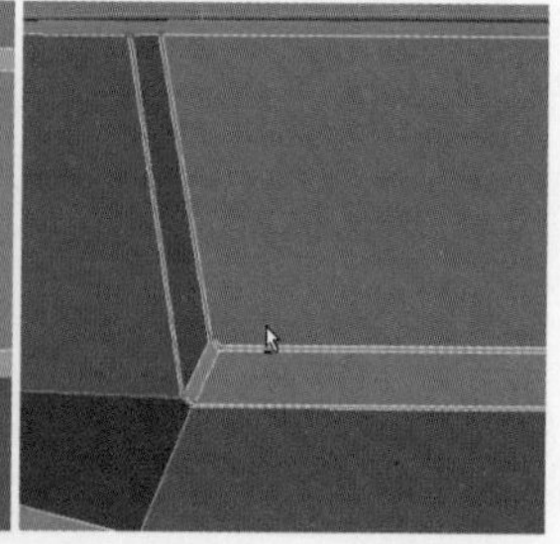

图 13-129

步骤05 右击，在弹出的快捷菜单中选择“剪切”选项，使用剪切工具对模型进行加线，效果如图13-130左图所示。同制作汽车车顶模型一样，选择边，对边进行复制，对模型进行细分，切换到面级别，按Delete键删除如图13-130右图所示的面。

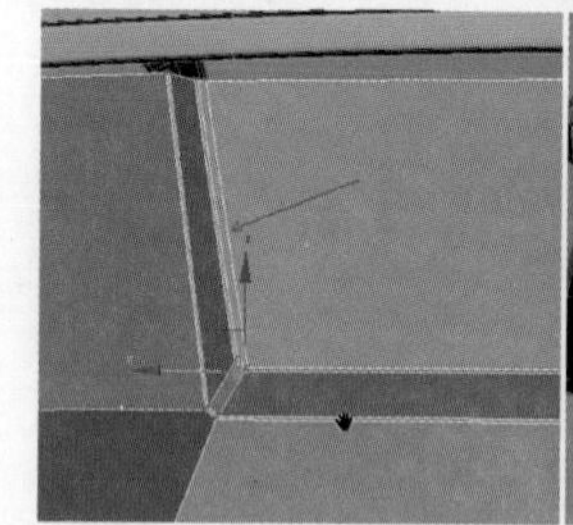
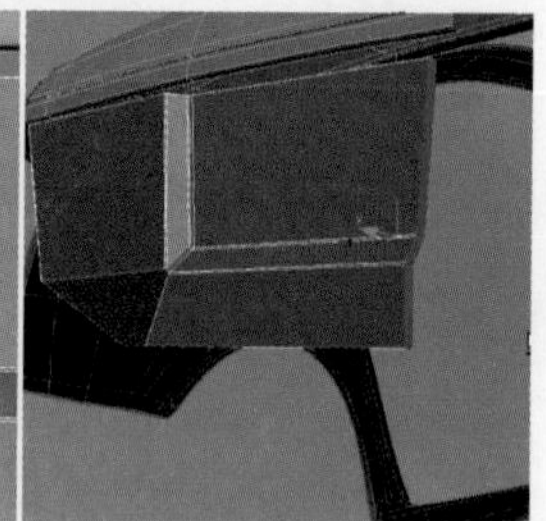

图 13-130

步骤06 继续对模型进行细分和切角操作，然后切换到点级别，调节节点到如图13-131左图所示的位置，继续对模型进行细节，然后切换到点级别，选择如图13-131右图所示的点，使用快捷键Ctrl+Shift+E在选择的两点之间创建边。

图13-131

步骤07 退出子物体层级，图像效果如图13-132左图所示。此时，图像整体效果如图13-132右图所示。

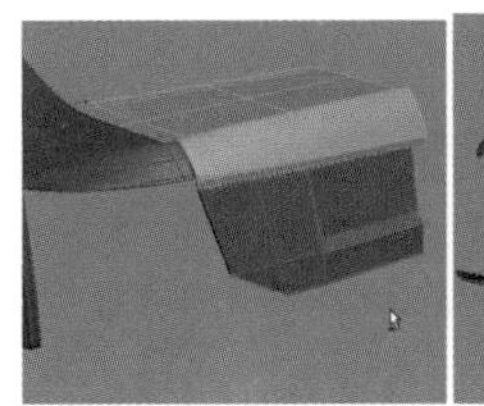
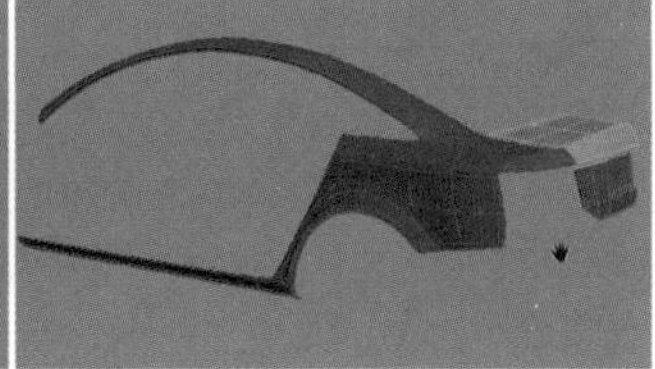

图13-132

13.2.15 制作汽车后保险杠模型

步骤01 单击“平面”按钮，在场景中创建一个平面模型，将模型转换为可编辑多边形，切换到点级别，调节节点到如图13-133左图所示的位置。使用快捷键2切换到边级别，选择如图13-133右图所示的边。

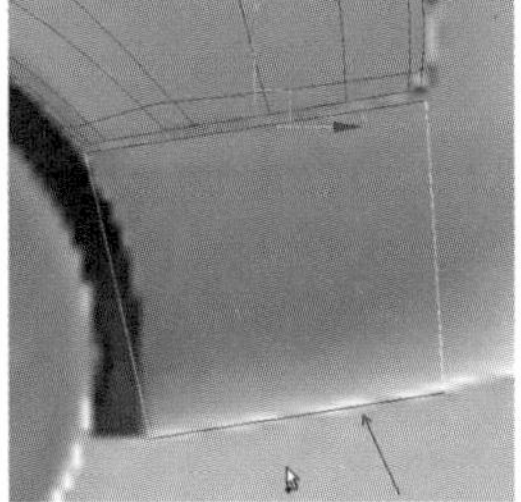

图13-133

步骤02 右击，在弹出快捷菜单中选择“连接”选项，设置参数如图13-134左图所示，效果如图13-134右图所示。

图13-134

步骤03 使用同样的方法继续对模型进行细分，然后切换到点级别，调节节点到如图13-135左图所示的位置。使用快捷键2切换到边级别，选择如图13-135右图所示的边。

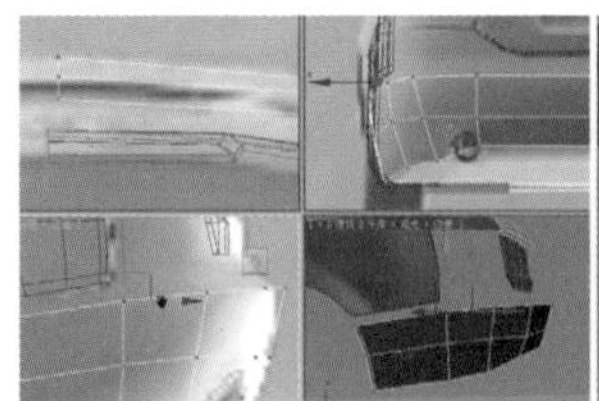
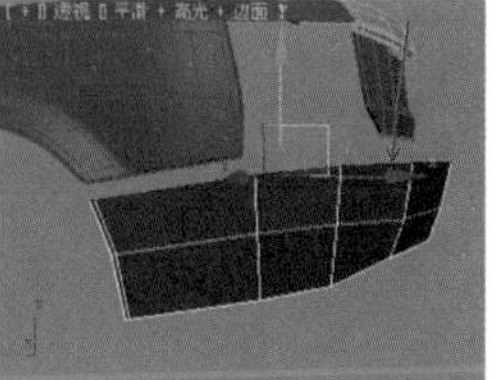

图13-135

步骤04 按住Shift键对边进行复制，然后切换到点级别，调节节点到如图13-136左图所示的位置。继续使用同样的方法制作模型，切换到点级别，调节节点到如图13-136右图所示的位置。

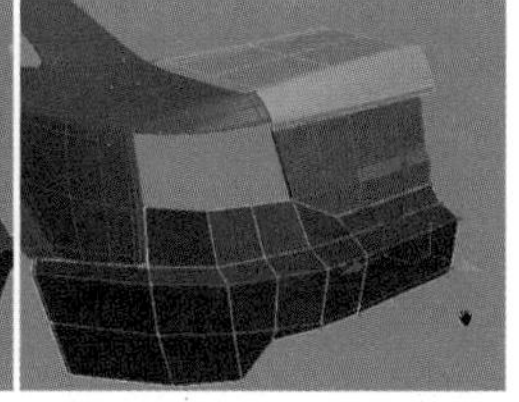

图13-136

步骤05 切换到边级别，选择如图13-137左图所示的边，按住Shift键对边进行复制，然后切换到点级别，调节节点到如图13-137右图所示的位置。

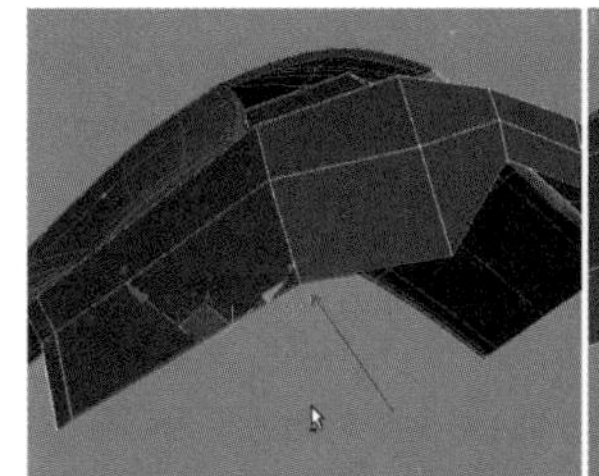
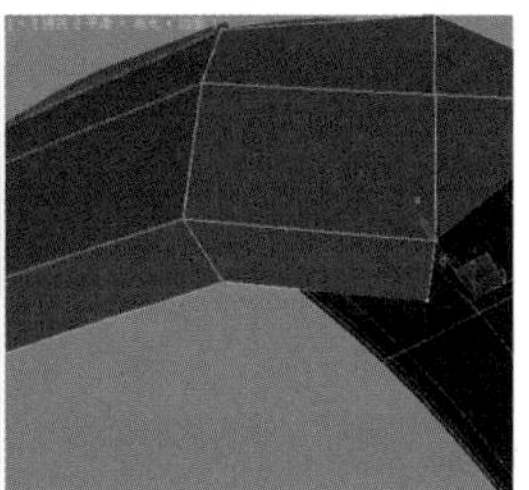

图13-137

步骤06 继续选择边，并按住Shift键对边进行复制，切换到点级别，单击“目标焊接”按钮，焊接如图13-138左图所示的节点，焊接完成后，图像效果如图13-138右图所示。

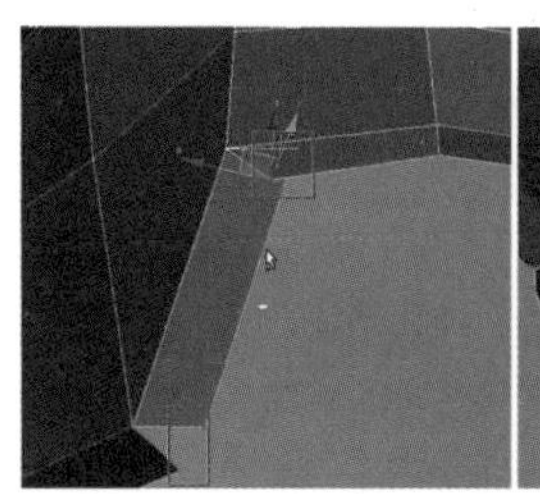
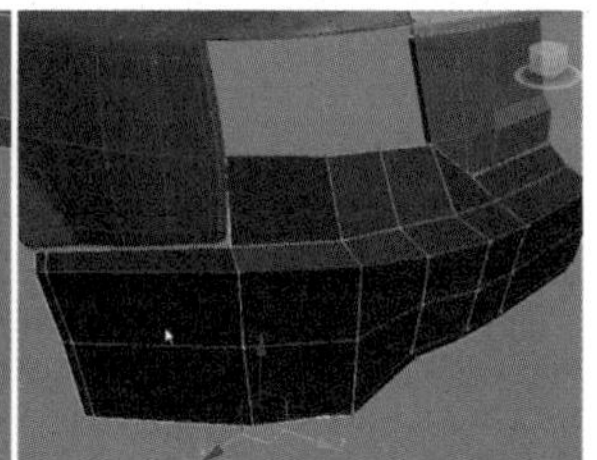

图13-138

步骤07 使用快捷键2切换到边级别，选择如图13-139左图所示的边，单击“切角”按钮，设置参数，对边进行切角操作，图像效果如图13-139右图所示。

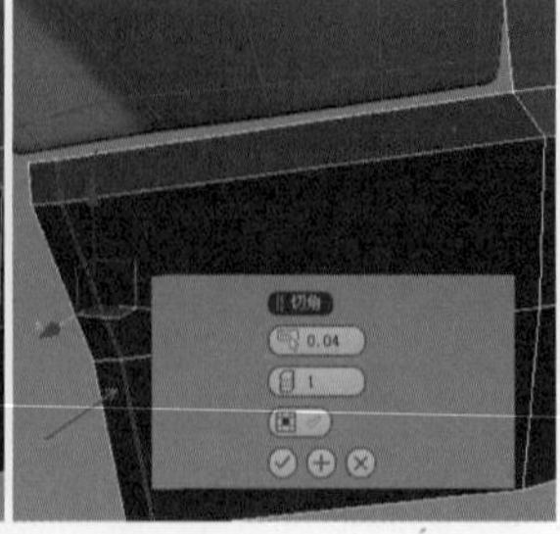

图 13-139

步骤08 继续选择边，使用同样的方法对边进行切角操作，然后切换到点级别，调节节点到如图13-140左图所示的位置。继续选择边，按住Shift键对边进行复制，切换到点级别，使用快捷键Alt+Q对模型进行独立化显示，调节节点到如图13-140右图所示的位置。

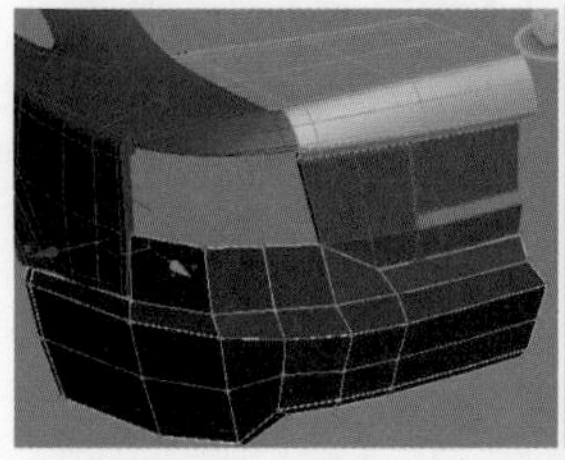
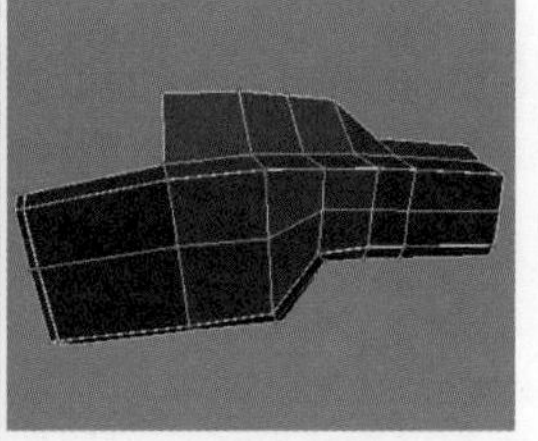

图 13-140

步骤09 同步骤07相同，选择边，并对边进行切角操作，切换到点级别，单击“目标焊接”按钮，目标焊接如图13-141左图所示的节点，使用快捷键Ctrl+Q对模型进行光滑显示，调节节点到如图13-141右图所示的位置。

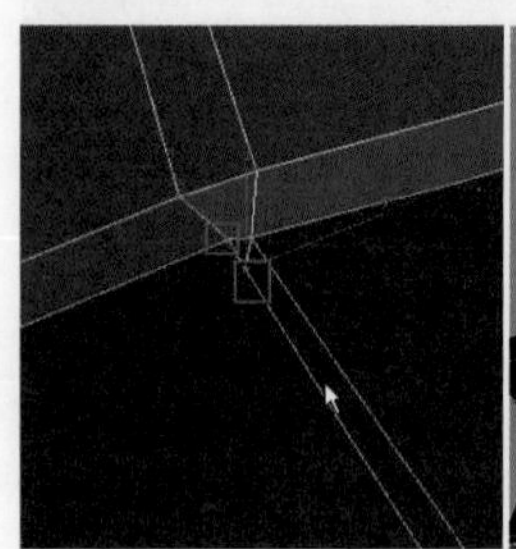
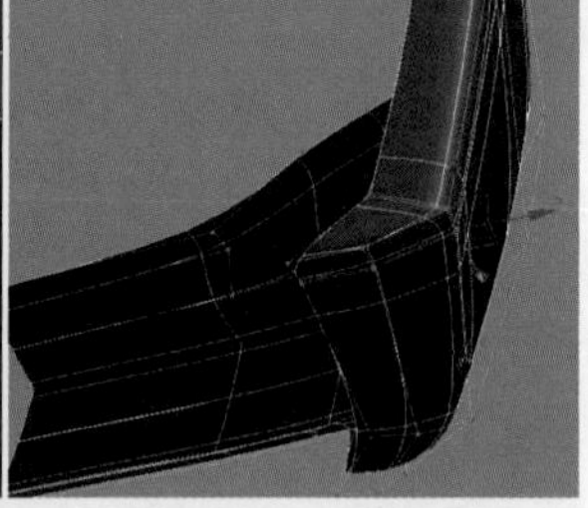

图 13-141

步骤10 使用同样的方法继续制作模型，然后切换到点级别，调节节点到如图13-142左图所示的位置。退出子物体层级，使用同样的方法继续制作汽车模型，图像效果如图13-142右图所示。

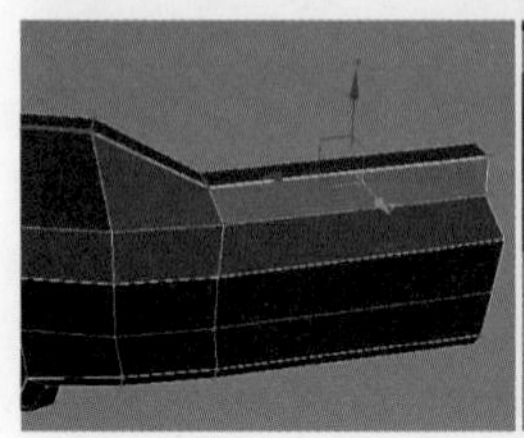

图 13-142

步骤11 显示场景中的所有模型，然后选择如图13-143左图所示的模型。在修改器下拉列表中选择“对称”命令，为模型添加对称修改器，图像效果如图13-143右图所示。

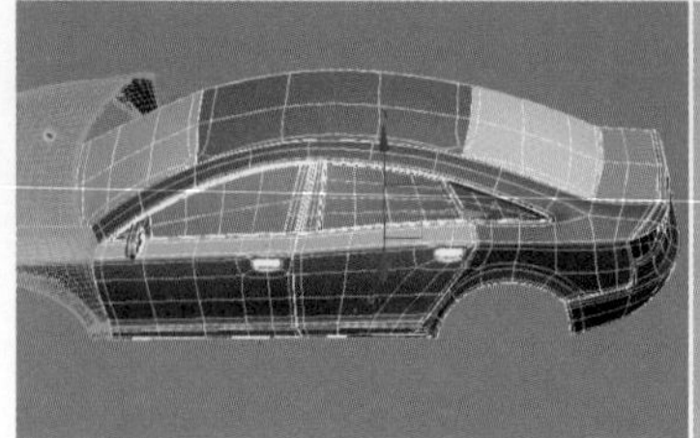
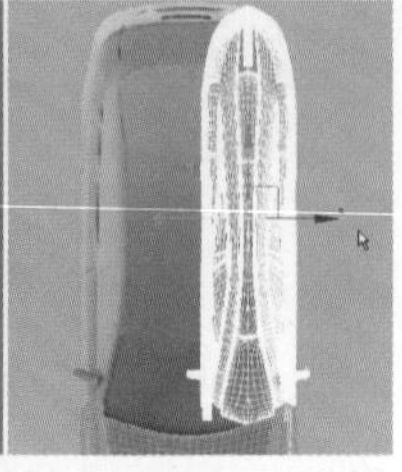

图 13-143

步骤12 切换到“镜像”层级，调整对称中心，图像效果如图13-144左图所示。对模型进行光滑显示，使用快捷键F4取消边框显示，图像效果如图13-144右图所示。

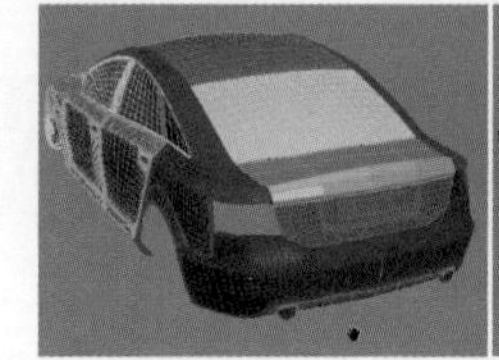

图 13-144

知识拓展

镜像 IK 限制：当围绕一个轴镜像几何体时，会导致镜像 IK 约束（与几何体一起镜像）。 如果不希望 IK 约束受“镜像”命令的影响，那么请禁用此选项。

13.2.16 制作汽车底盘模型

步骤01 单击按钮，切换到“标准基本体”创建面板，单击“圆柱体”按钮，在场景中创建一个圆柱体模型，将模型转化为可编辑多边形，使用快捷键4切换到面级别，按Delete键删除如图13-145左图所示的面。使用快捷键1切换到顶点级别，选择如图13-145右图所示的点。

图 13-145

步骤02 使用快捷键Ctrl+Shift+E在选择的两点之间创建边，效果如图13-146左图所示。使用Delete键删除多余的节点，然后使用快捷键2切换到边级别，选择如图13-146右图所示的边。

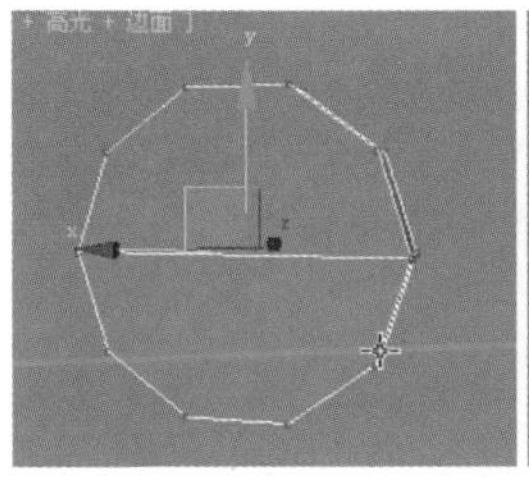

图13-146

步骤03 按住Shift键对边进行复制，然后右击，在弹出的快捷菜单中选择“剪切”选项，使用剪切工具对模型进行加线，效果如图13-147左图所示。使用快捷键2切换到边级别，选择如图13-147右图所示的边。

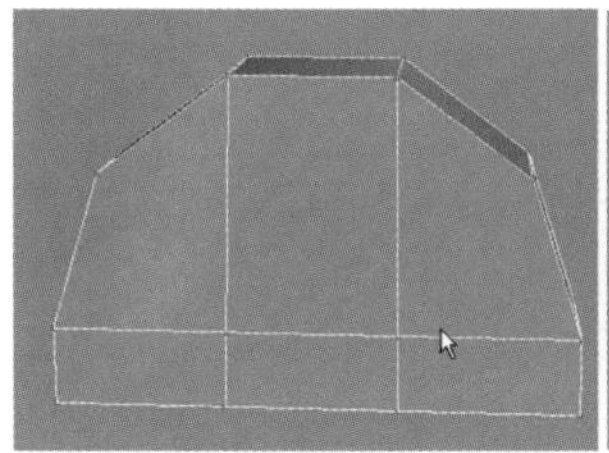
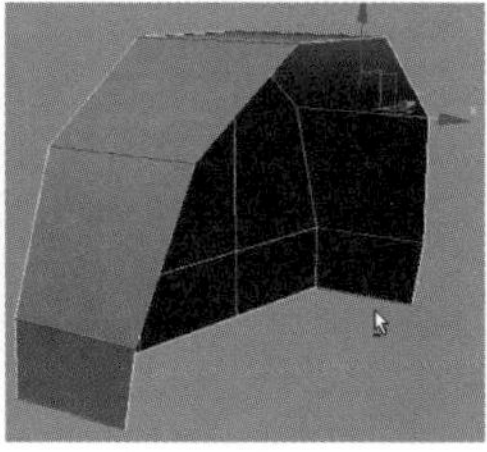

图13-147

步骤04 单击“连接”按钮，设置参数，对模型进行细分，图像效果如图13-148左图所示。使用快捷键5切换到元素级别，选择如图13-148右图所示的面，单击“翻转”按钮，反转法线。

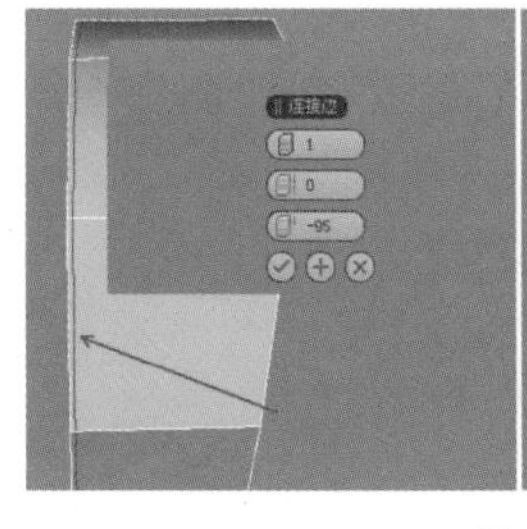

图13-148

步骤05 使用快捷键2切换到边级别，选择如图13-149左图所示的边，按住Shift键对边进行复制，图像效果如图13-149右图所示。

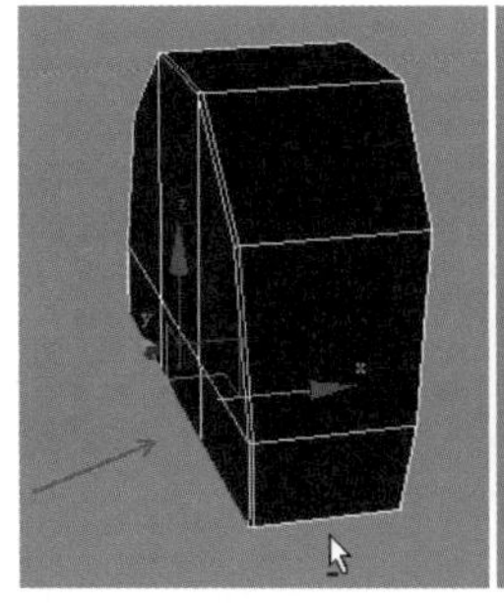
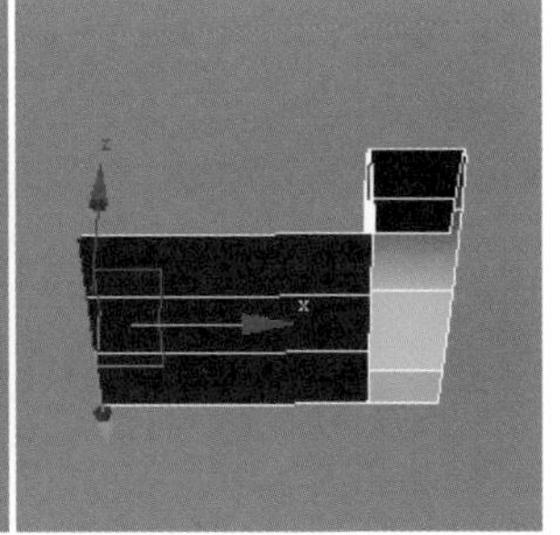

图13-149

步骤06 继续选择边，按住Shift键对边进行复制，切换到点级别，调节节点到如图13-150左图所示的位置。退出子物体层级，按住Shift键对模型进行复制，单击“附加...”按钮，将两个模型附加在一起，如图13-150右图所示。

图13-150

知识拓展

使用“附加”命令可以把其他物体附加进来，变成一个整体。单击其按钮可以从列表中选择物体。

步骤07 切换到点级别，单击“目标焊接”按钮，目标焊接如图13-151左图所示的点。焊接完成后，调节节点到如图13-151右图所示的位置。

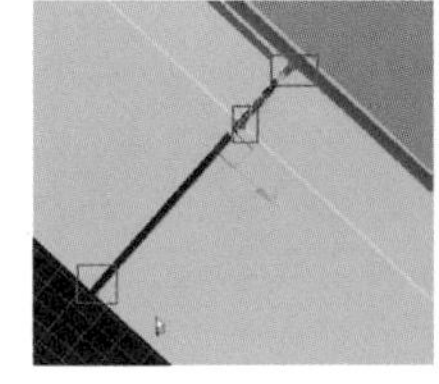
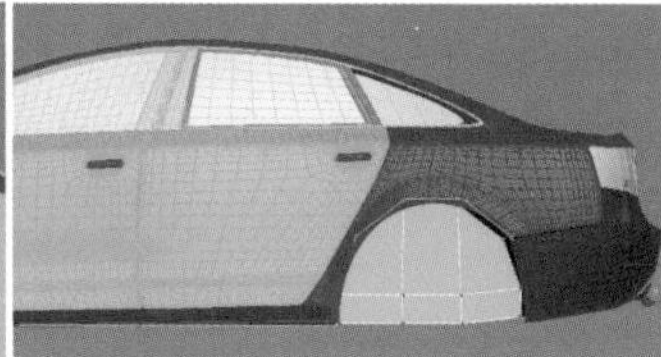

图13-151

步骤08 切换到边级别，选择如图13-152左图所示的一圈平行边，右击，在弹出的快捷菜单中选择“连接”选项，设置参数，对模型进行细分，效果如图13-152右图所示。

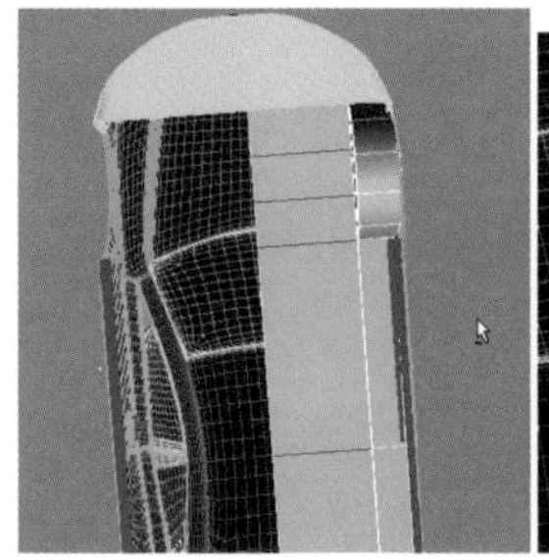
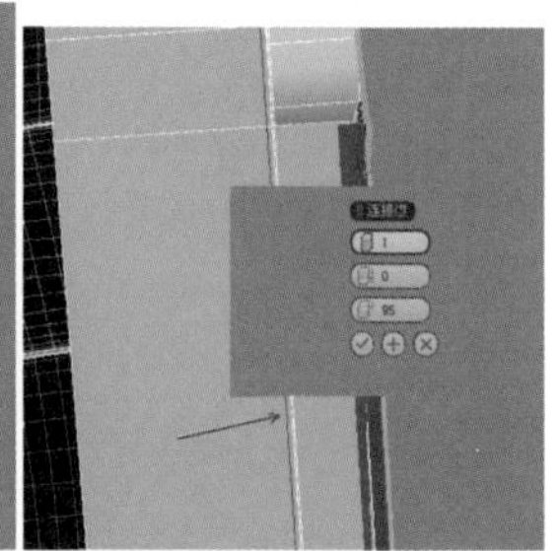

图13-152

步骤09 退出子物体层级，选择如图13-153左图所示的模型，在修改器下拉列表中选择“对称”命令，为模型添加对称修改器，设置修改面板参数，如图13-153右图所示。

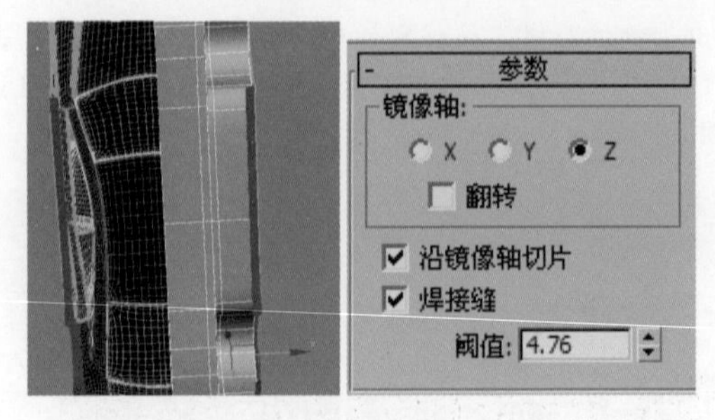

图13-153

步骤10 调整对称中心，图像效果如图13-154左图所示，此时，图像整体效果如图13-154右图所示。

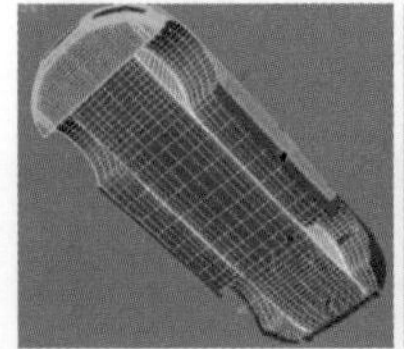

图13-154

13.2.17 制作汽车轮胎模型

步骤01 单击“管状体”按钮，在场景中创建一个管状体模型，将模型转化为可编辑多边形，使用快捷键Alt+Q对模型进行独立化显示，然后切换到边级别，选择如图13-155左图所示的一圈平行边。右击，在弹出的快捷菜单中选择“连接”选项，设置参数，对模型进行细分，效果如图13-155右图所示。

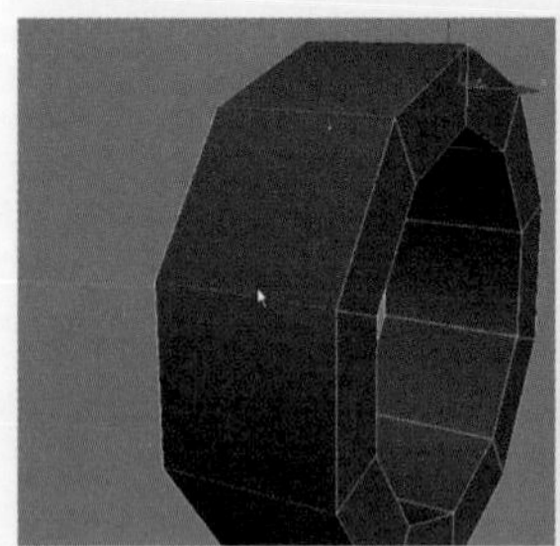
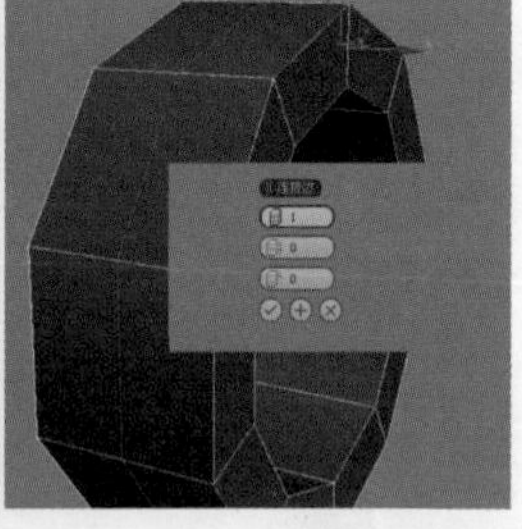

图13-155

步骤02 使用同样的方法继续对模型进行细分，然后调节边到如图13-156左图所示的位置。使用快捷键4切换到面级别，选择如图13-156右图所示的面。

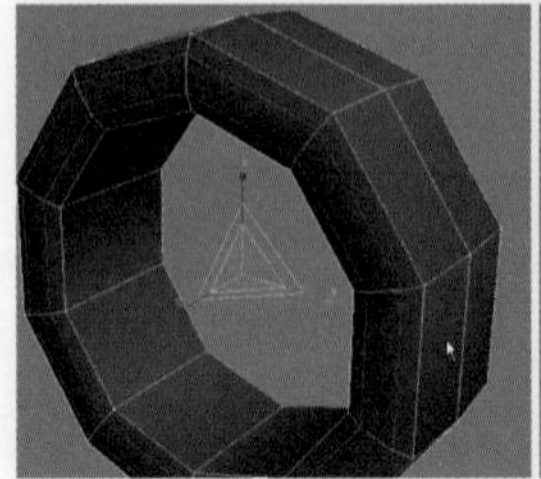
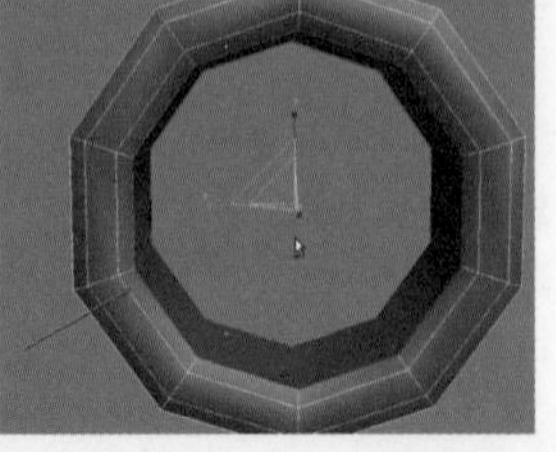

图13-156

步骤03 按住Shift键，使用“缩放”工具对面进行复制，然后选择复制得到的模型，使用快捷键3切换到边界级别，选择如图13-157左图所示的边，按住Shift键对边进行复制，图像效果如图13-157右图所示。

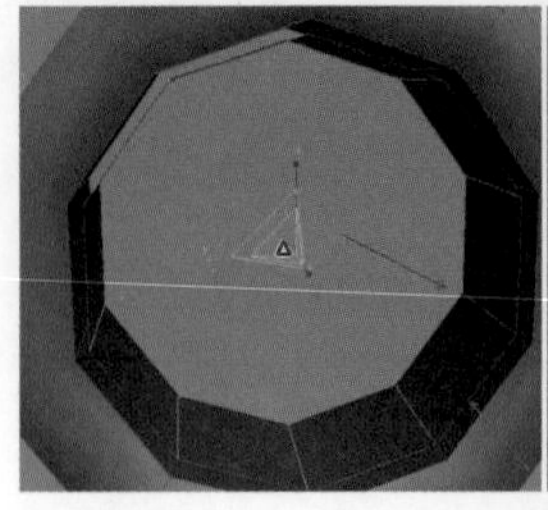
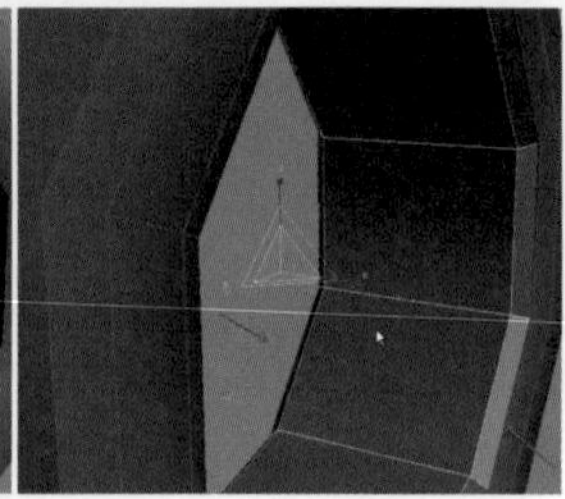

图13-157

步骤04 使用快捷键Ctrl+Q对模型进行光滑显示，图像效果如图13-158左图所示。为模型变化颜色，然后切换到边级别，选择如图13-158右图所示的边。

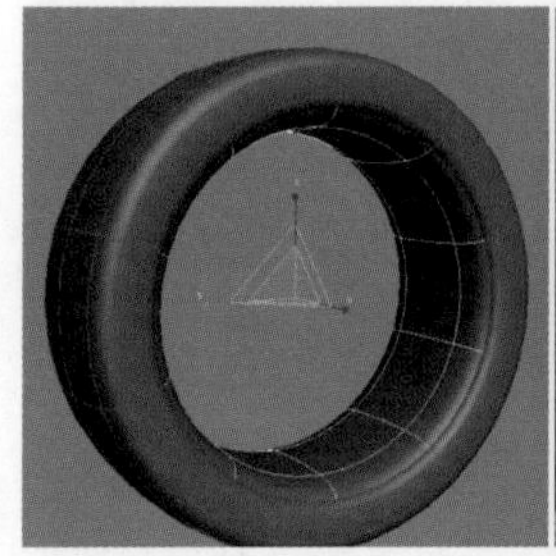

图13-158

步骤05 继续对模型进行细分，调节细分得到的边到如图13-159左图所示的位置，使用快捷键4切换到面级别，选择如图13-159右图所示的面。

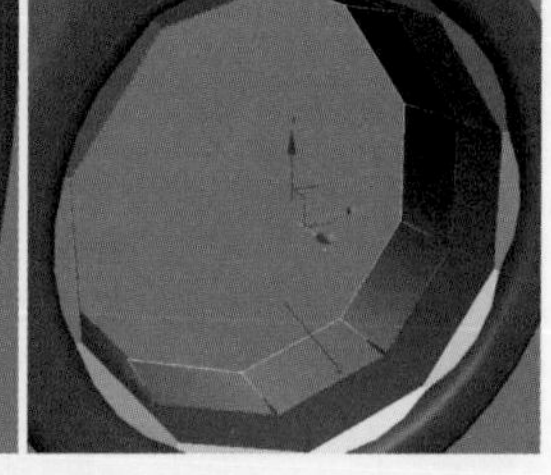

图13-159

步骤06 单击“倒角”按钮，设置参数如图13-160左图所示。使用快捷键2切换到边级别，继续对选择的边进行细分，然后调节边到如图13-160右图所示的位置。

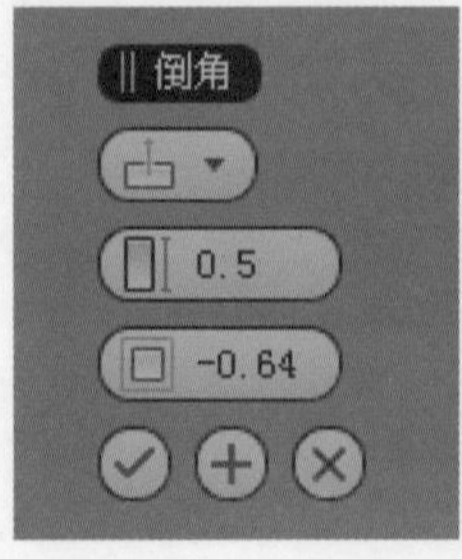

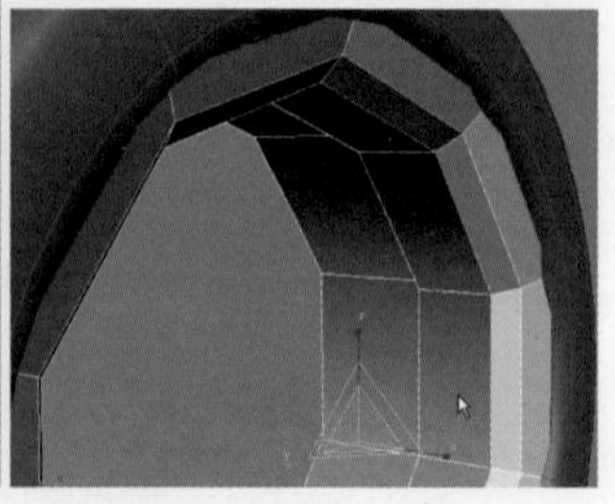

图13-160

步骤07 使用快捷键Alt+Q对模型进行独立化显示，按住Shift键对边进行复制，图像效果如图13-161左图所示，继续选择如图13-161右图所示的边。

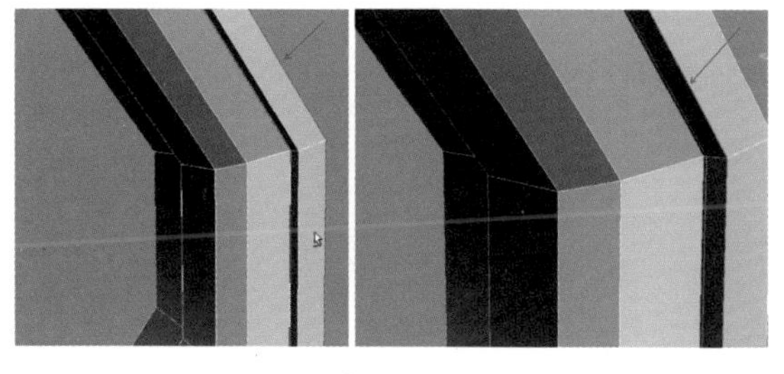

图13-161

步骤08 单击“切角”按钮，设置参数如图13-162左图所示，使用同样的方法继续制作模型，取消独立化显示模式，使用快捷键Ctrl+Q对模型进行光滑显示，图像效果如图13-162右图所示。

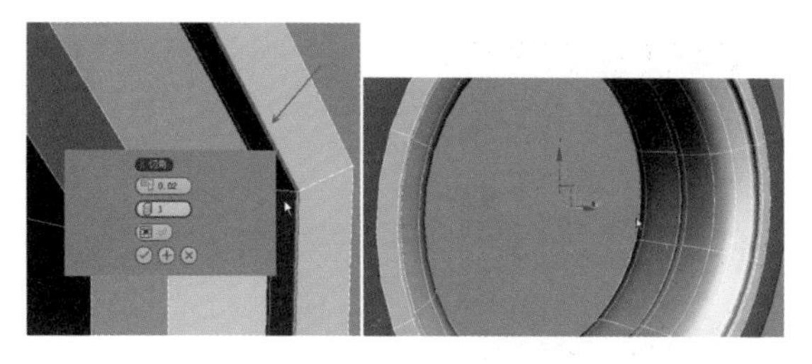

图13-162

步骤09 单击“圆柱体”按钮，在场景中创建一个圆柱体，将模型转化为可编辑多边形，切换到点级别，按Delete键删除如图13-163左图所示的点。使用快捷键4切换到面级别，选择如图13-163右图所示的面。

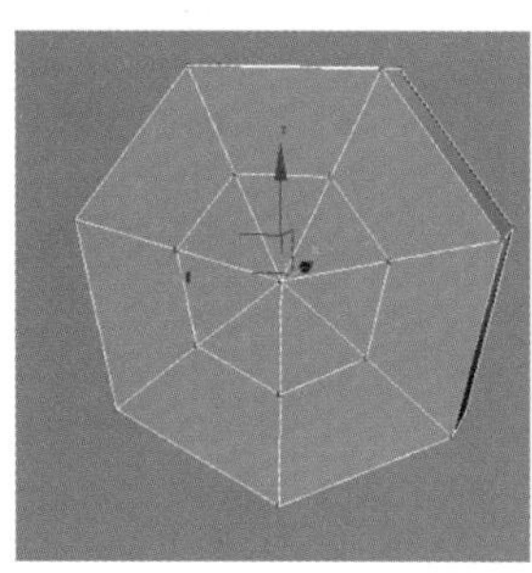
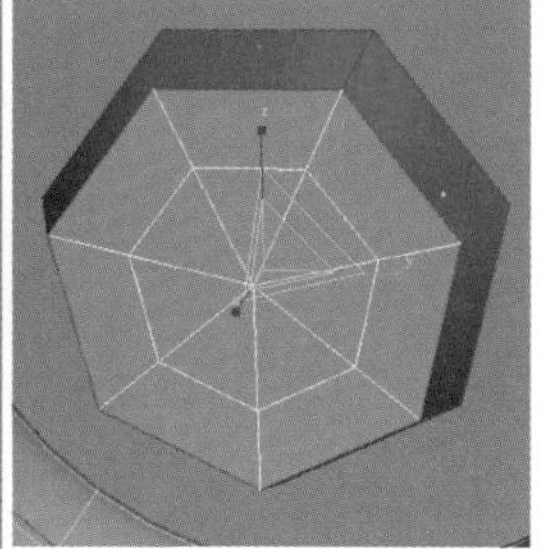

图13-163

步骤10 单击“倒角”按钮，设置参数如图13-164左图所示，然后使用“移动”工具移动面到如图13-164右图所示的位置。

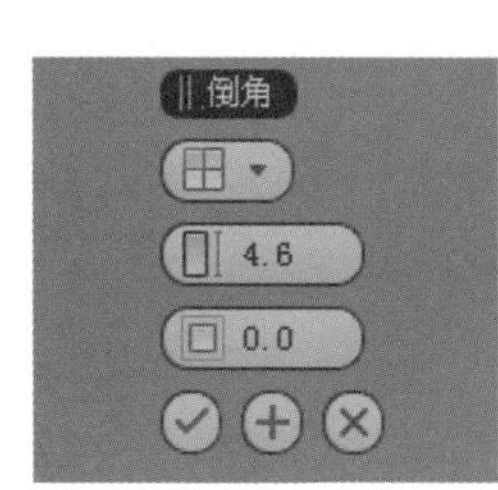

图13-164

步骤11 切换到边级别，调节边到如图13-165左图所示的位置，使用快捷键1切换到顶点级别，调节节点到如图13-165右图所示的位置。

图13-165

13.2.18 制作轮胎模型细节

步骤01 使用快捷键4切换到面级别，按Delete键删除多余的面，图像效果如图13-166左图所示。使用快捷键2切换到边级别，选择如图13-166右图所示的一圈平行边。

图13-166

步骤02 右击，在弹出的快捷菜单中选择“连接”选项，设置参数如图13-167左图所示，使用快捷键1切换到顶点级别，调节节点位置，然后退出子物体层级，调节模型到如图13-167右图所示的位置。

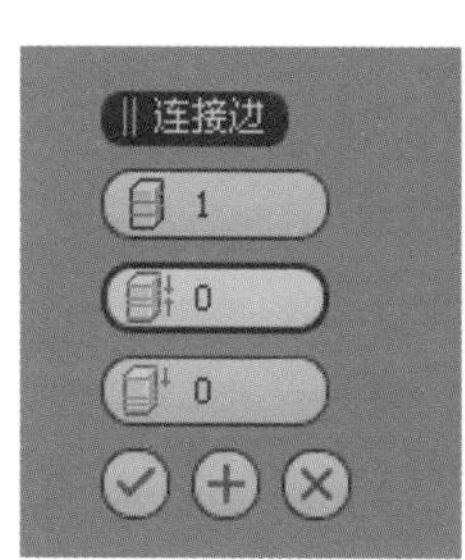

图13-167

步骤03 按住Shift键对模型进行复制，使用快捷键4切换到面级别，按Delete键删除多余的面，图像效果如图13-168左图所示。使用快捷键2切换到边级别，选择如图13-168右图所示的边。

图 13-168

步骤04 单击“切角”按钮，设置参数如图13-169左图所示。继续选择如图13-169右图所示的边。

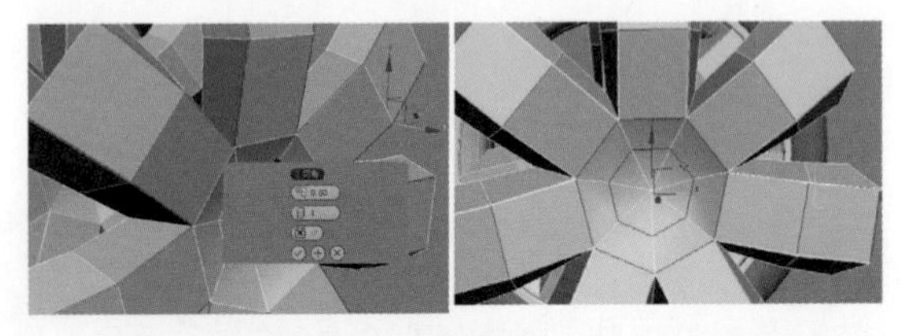

图 13-169

知识拓展

切角命令有“切角量”，在可编辑曲线和可编辑网格下看不到这个命令，只有在可编辑多边形状态下才可以看到。

步骤05 继续对模型进行细分，使用快捷键1切换到顶点级别，选择如图13-170左图所示的点，使用快捷键Ctrl+Shift+E在选择的点之间创建边，效果如图13-170右图所示。

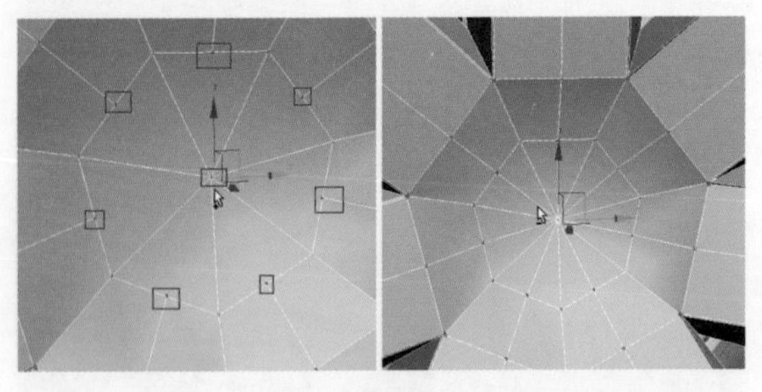

图 13-170

步骤06 单击“切角”按钮，设置参数如图13-171左图所示，使用快捷键4切换到面级别，选择如图13-171右图所示的面。

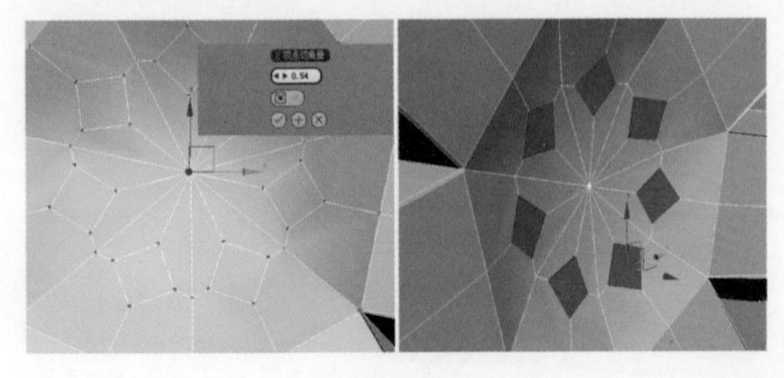

图 13-171

步骤07 单击“挤出”按钮，设置参数，对面进行挤压操作，图像效果如图13-172左图所示，按Delete键删除多余的面，使用快捷键3切换到边界级别，选择如图13-172右图所示的边。

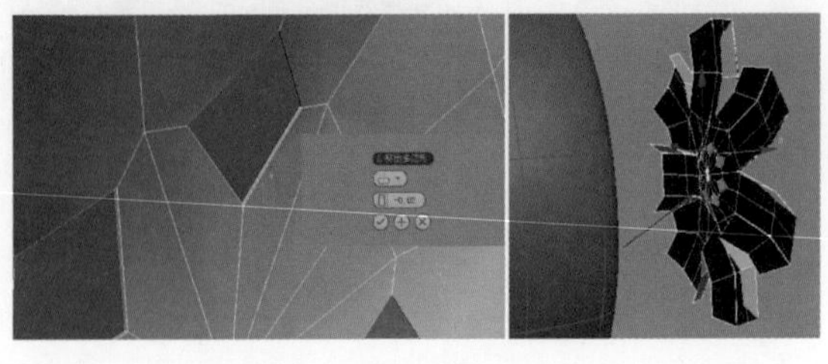

图 13-172

步骤08 按住Shift键对边进行复制，单击“封口”按钮，对边进行封口操作，图像效果如图13-173左图所示。使用快捷键1切换到顶点级别，选择如图13-173右图所示的点。

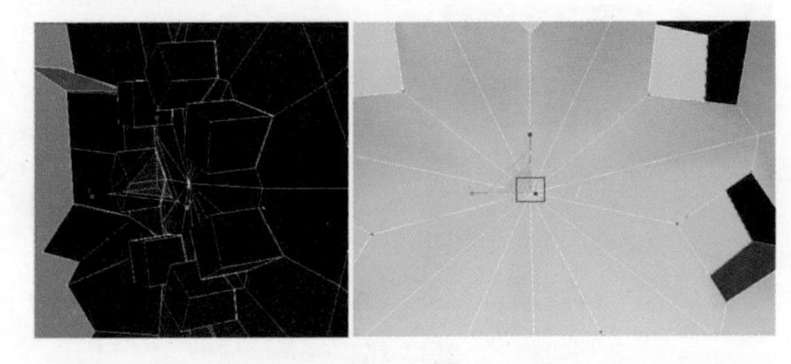

图 13-173

步骤09 单击“切角”按钮，设置参数，对模型进行切角操作，图像效果如图13-174左图所示。使用快捷键4切换到面级别，选择如图13-174右图所示的面。

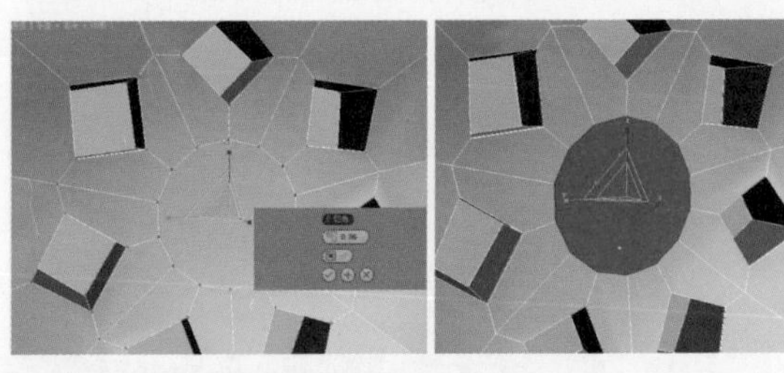

图 13-174

步骤10 单击“挤出”按钮，设置参数如图13-175左部三图所示。使用快捷键Ctrl+Q对模型进行光滑显示，调整模型到如图13-175右图所示的位置。

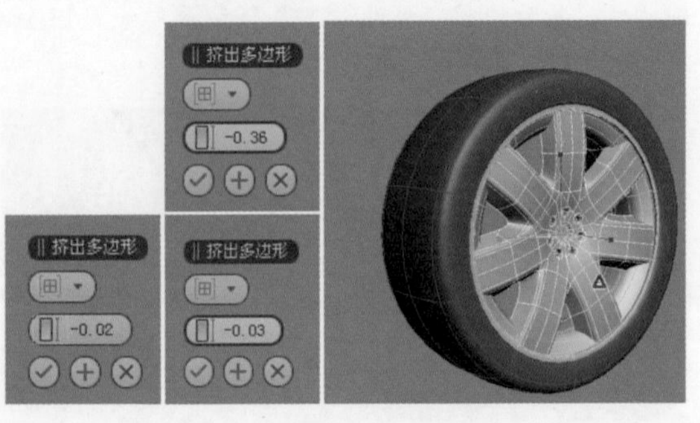

图 13-175

13.2.19 继续刻画模型细节

步骤01 单击“圆柱体”按钮，在场景中创建一个圆柱体模型，将模型转换为可编辑多边形，调节边的位置，然后使用快捷键4切换到面级别，选择如图13-176左图所示的面，单击“挤出”按钮，设置参数如图13-176右图所示。

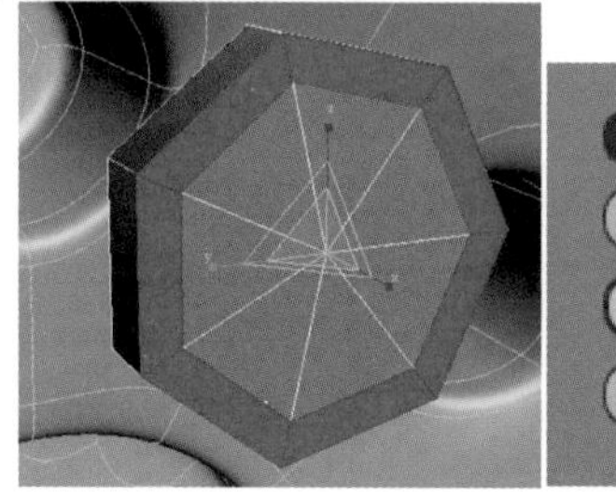

图13-176

步骤02 切换到点级别，按Delete键删除多余的节点，图像效果如图13-177左图所示。退出子物体层级，调节模型到如图13-177右图所示的位置。

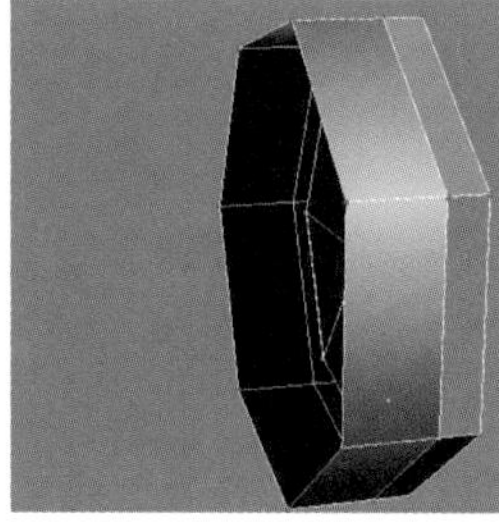
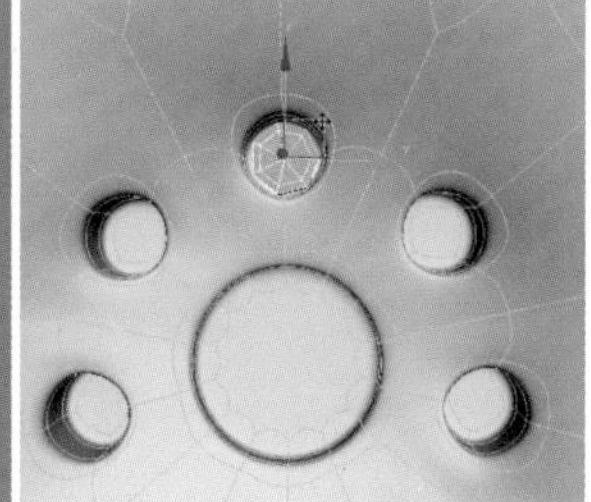

图13-177

步骤03 按住Shift键对模型进行复制，并调整模型到如图13-178左图所示的位置。单击“圆柱体”按钮，在场景中创建一个圆柱体模型，将圆柱体模型转化为可编辑多边形，使用快捷键4切换到面级别，按Delete键删除如图13-178右图所示的面。

图13-178

步骤04 调节模型的位置，然后选择如图13-179左图所示的面。单击“倒角”按钮，设置参数如图13-179右部二图所示。

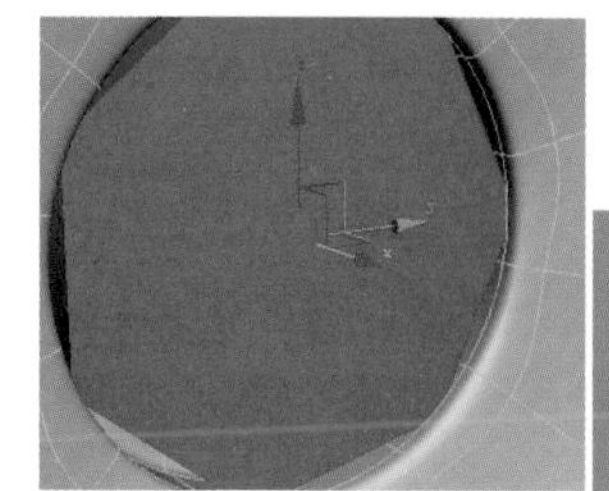
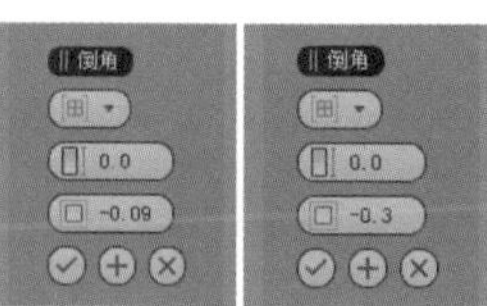

图13-179

步骤05 移动面到如图13-180左图所示的面，单击“插入”按钮，设置参数如图13-180右图所示。

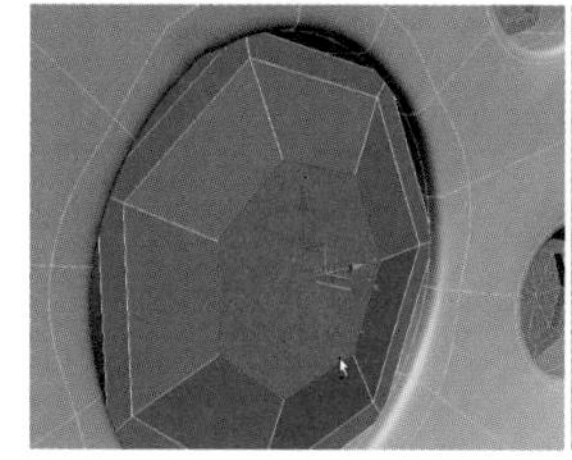
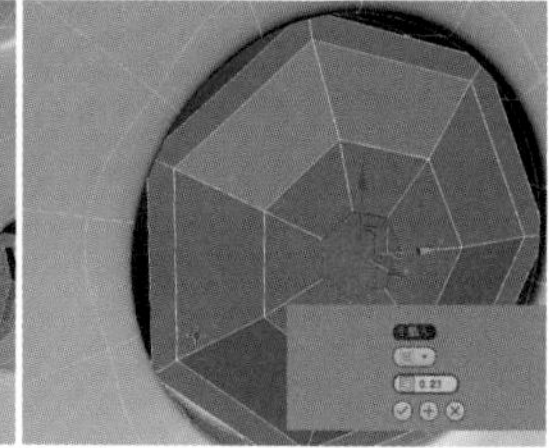

图13-180

步骤06 继续选择如图13-181左图所示的面，同步骤04相同，继续对模型进行倒角挤压操作。使用快捷键Ctrl+Q对模型进行光滑显示，图像效果如图13-181右图所示。

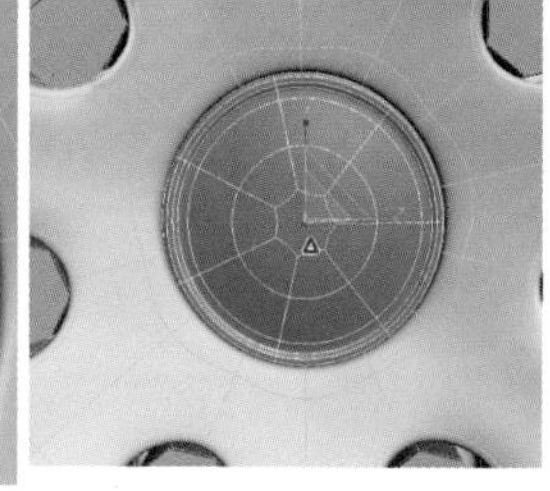

图13-181

步骤07 使用同样的方法继续制作模型，得到如图13-182左图所示的模型。在修改器下拉菜单中选择“弯曲”命令，为模型添加“弯曲”修改器，设置修改面板参数如图13-182右图所示。

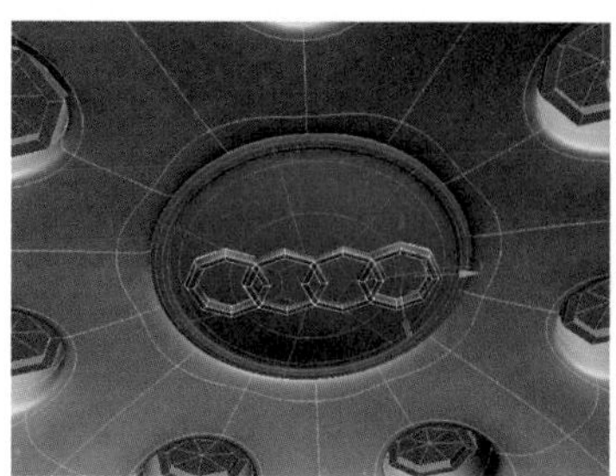
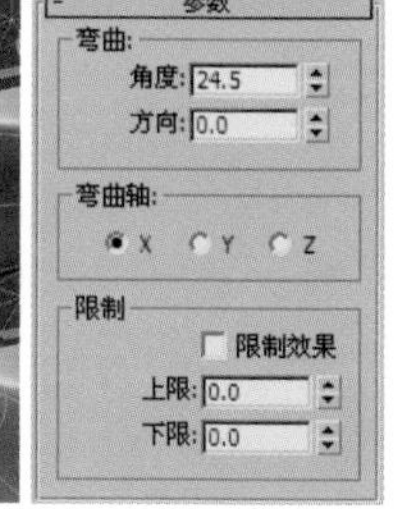

图13-182

知识拓展

“弯曲”修改器允许将当前选中的对象围绕单独轴弯曲360°，在对象几何体中产生均匀的弯曲。

可以在任意3个轴上控制弯曲的角度和方向。也可以对几何体的一端限制弯曲。

步骤08 调节模型到如图3-183左图所示的位置。使用同样的方法继续制作出如图3-183右图所示的模型。

图13-183

步骤09 调节模型的位置，然后选择如图13-184左图所示的模型，将模型归为一组，取消独立化显示模式，按住Shift键对模型进行复制，并调节模型到如图13-184右图所示的位置。

图13-184

步骤10 单击按钮，弹出“镜像：世界 坐标”对话框，设置对话框中的参数，如图13-185左图所示。调节镜像复制得到的模型到如图13-185右图所示的位置。

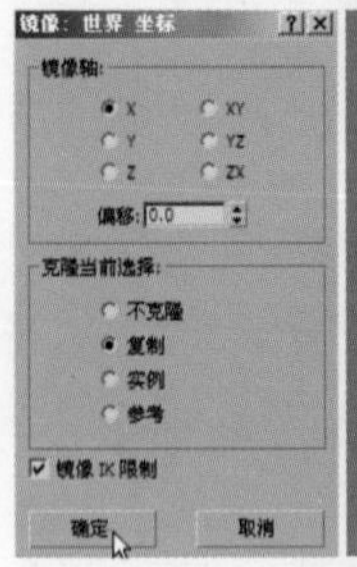

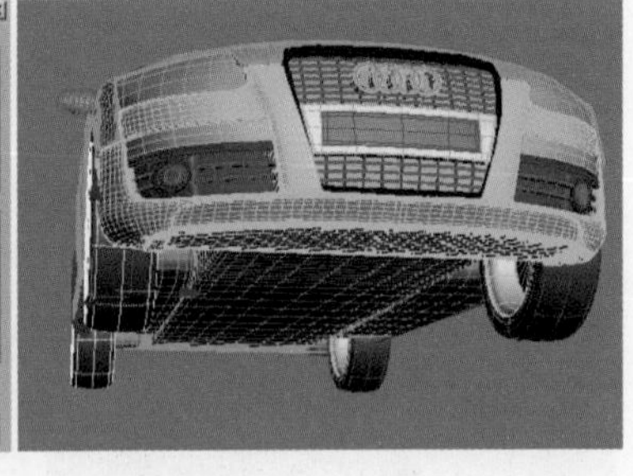

图13-185

步骤11 使用快捷键F4取消边框显示，图像效果如图13-186左图所示，使用快捷键F9对模型进行渲染，渲染效果如图13-186右图所示，至此完成本实例的制作。

图13-186

步骤12 模型线框渲染效果图如图13-187所示。

图13-187

第14章
厨房效果图制作

本章导读

本章介绍厨房效果图的制作，制作重点在于灯光、材质和渲染方法。首先进行渲染测试，通过最初级的渲染设置，快速统一地测试出渲染结果。在灯光和材质方面，本章给出了一些有价值的操作技法。最后用商业出图的标准来给出设置方法。

本章重点 \ 学习目标	了解	理解	应用	实践
渲染前的准备工作		√	√	√
场景材质设置		√	√	√
场景灯光和最终渲染设置		√	√	√

14.1 渲染前的准备工作

本案例在场景灯光的设置上使用VRay灯光进行窗口的暖色补光和室内补光，以及模拟灯槽照明，使用球形面光源进行台灯照明，使用目标点灯光模拟射灯照明。

本场景所处的时间是白天，天气为阴天。墙体以白色乳胶漆材质和红色砖块材质为主，展现出实木的朴实感。地板采用白色大理石材质，洁白纯净。家具主要采用红色木质材质，与整体环境相得益彰，使厨房显得温馨而浪漫。最终渲染效果如图14-1所示。

图 14-1

本场景的灯光布局如图14-2所示。场景中使用VRay灯光进行窗口补光和室内补光。

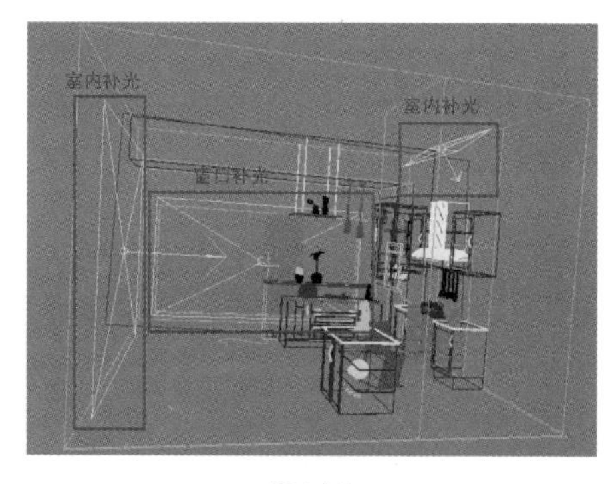

图 14-2

下面我们来进行渲染前的准备工作。主要分为摄影机的放置和模型的检查。

14.1.1 摄影机的放置

在放置摄影机前，需要考虑场景想要表达的内容。

步骤01 打开本例场景文件，如图14-3所示，这是一个厨房模型。

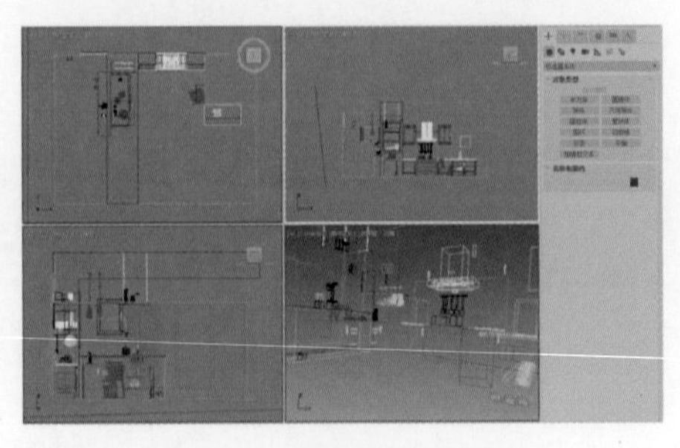

图 14-3

步骤02 在顶视图中创建一台摄影机，并将其放置到合适的位置，如图 14-4 所示。

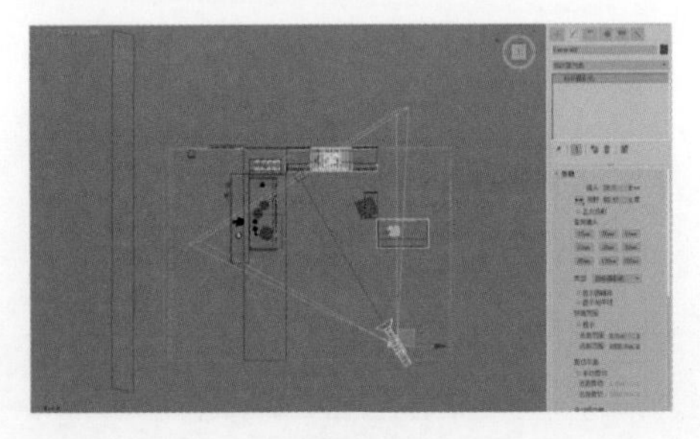

图 14-4

步骤03 切换到左视图，调整摄影机的高度，如图 14-5 所示。

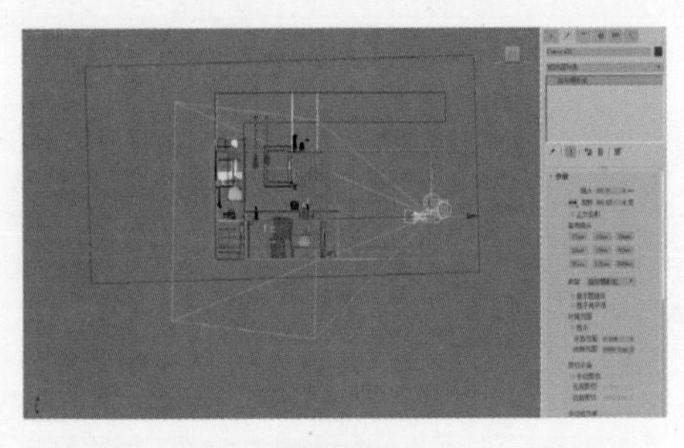

图 14-5

步骤04 设置摄影机的参数，设定镜头为 28mm，视野为 65.47 度，如图 14-6 所示。

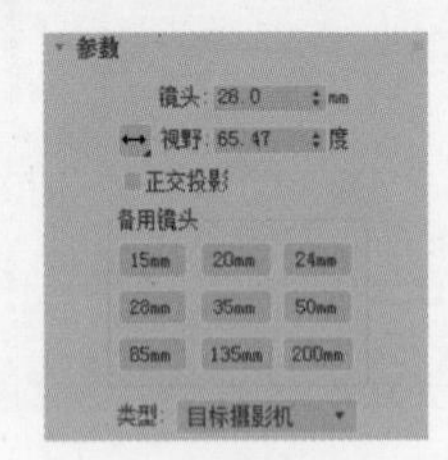

图 14-6

步骤05 在渲染尺寸中设置成横向构图，同时锁定比例，如图 14-7 所示。

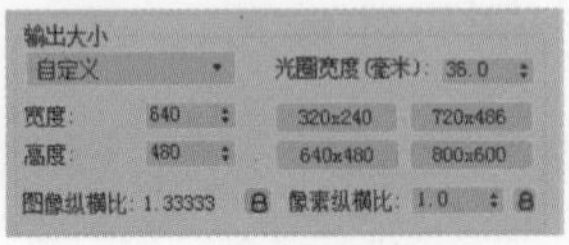

图 14-7

知识拓展

当创建摄影机时，目标摄影机可以查看所放置的目标图标周围的区域。与自由摄影机相比，目标摄影机更容易定向，因为只需将目标对象定位在所需位置的中心即可。

这样，摄影机就放置好了，最后的摄影机视图效果如图 14-8 所示。

图 14-8

14.1.2 模型的检查

在设定好摄影机之后，就需要检查模型是否存在问题。一旦拿到模型师制作的模型，首要任务就是检查是否存在漏光、破面、重面等问题。在已经放置好摄影机的情况下，可以粗略地渲染一个小样，检查模型是否有问题。这样做的好处在于，如果在渲染过程中出现问题，那么可以在很大程度上排除模型的错误，也就是说，这可以提醒我们应该在其他方面寻找问题的症结所在。

步骤01 通过设定一个通用材质球来替代场景中所有物体的材质。将漫反射通道里的材质颜色设为灰白色，主要是为了让物体对光线的反弹更充分一些，方便观察暗部。因为在物理世界中，越白的物体对光线的反射越充分。其他地方的参数保持默认值即可，如图 14-9 所示。

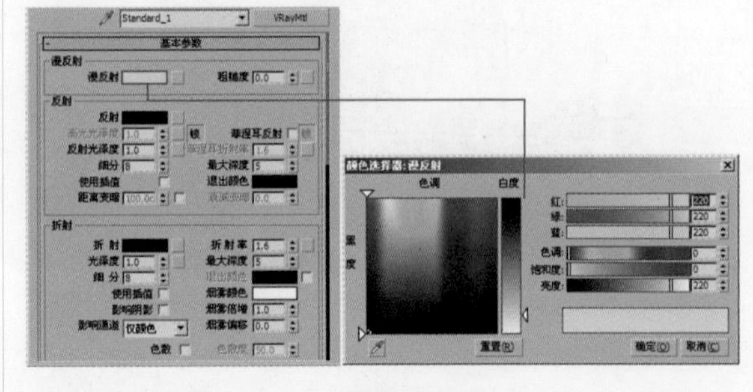

图 14-9

步骤02 按快捷键 F10 打开渲染面板，在渲染面板里设置 V-Ray 的基本参数，在“全局开关”卷展栏中把刚才设置的基本测试材质拖曳到“覆盖材质”右侧的按钮上，如图14-10所示。

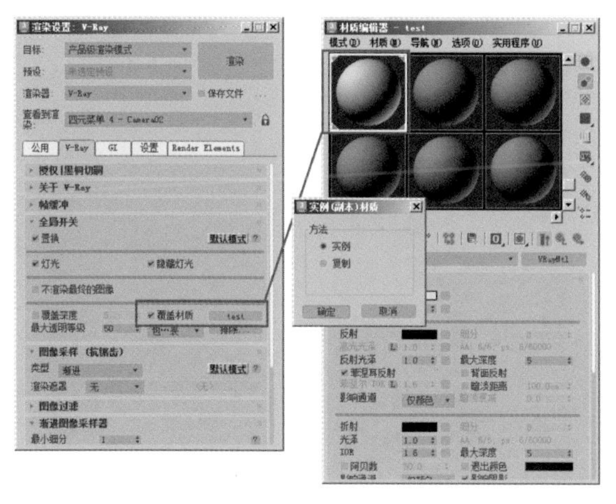

图14-10

步骤03 因为是测试模型，为了保证速度，所以渲染图像的尺寸设置得比较小，如图14-11所示。

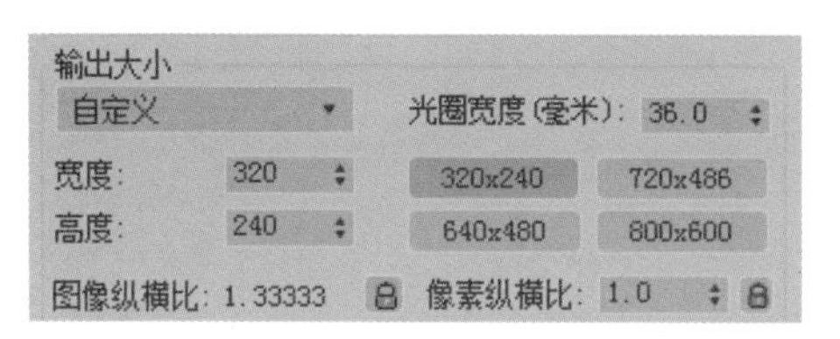

图14-11

步骤04 同样是为了提高速度，设置使用低参数的抗锯齿方式，同时取消勾选“图像过滤器”复选框，再将细分值设置为1，如图14-12所示。

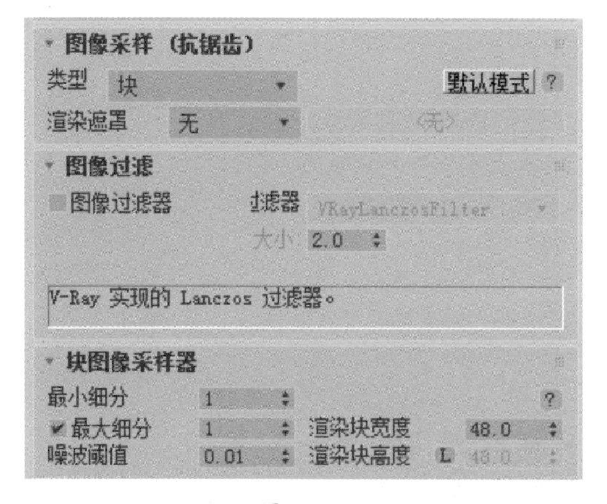

图14-12

步骤05 在渲染引擎里，设置首次引擎为“发光贴图”方式，二次引擎为“灯光缓存”方式，如图14-13所示。

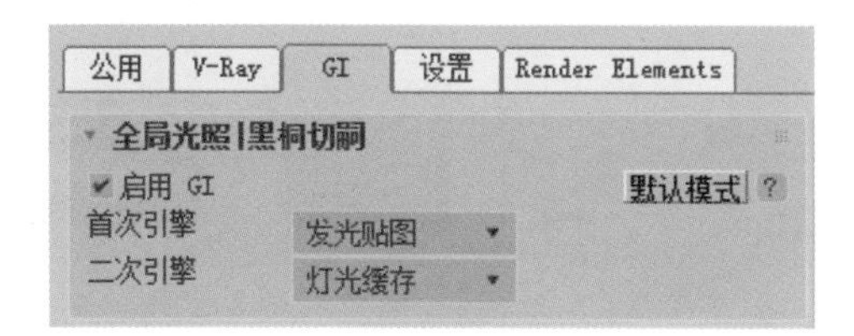

图14-13

步骤06 “发光贴图”和“灯光缓存”的具体参数设置如图14-14和图14-15所示。

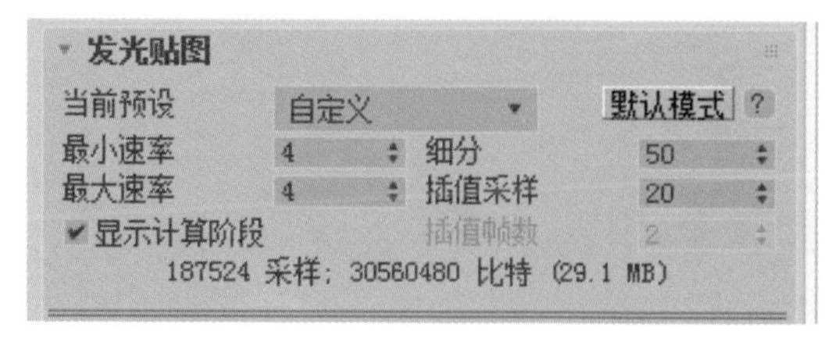

图14-14

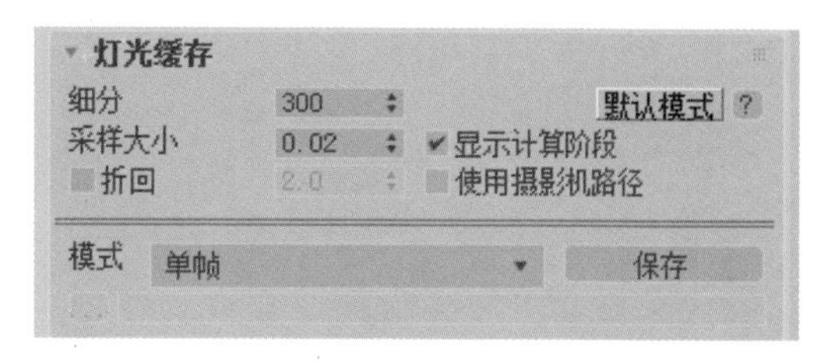

图14-15

步骤07 打开V-Ray面板中的“颜色贴图”卷展栏，设置曝光类型为“线性叠加”，如图14-16所示。渲染面板里的其他参数保持默认值就行了。

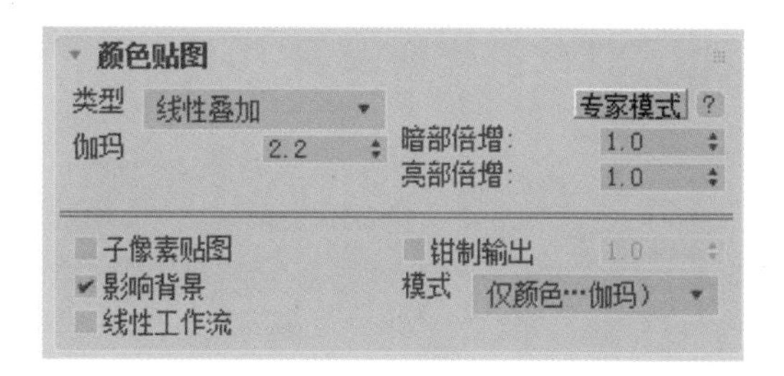

图14-16

步骤08 在场景中创建一盏VRay灯光，灯光的位置如图所示，灯光的颜色可以设置为接近天光的颜色，其他参数如图14-17和图14-18所示。

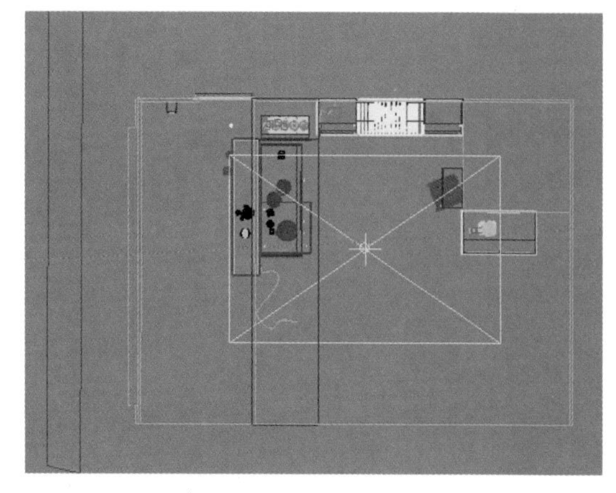

图14-17

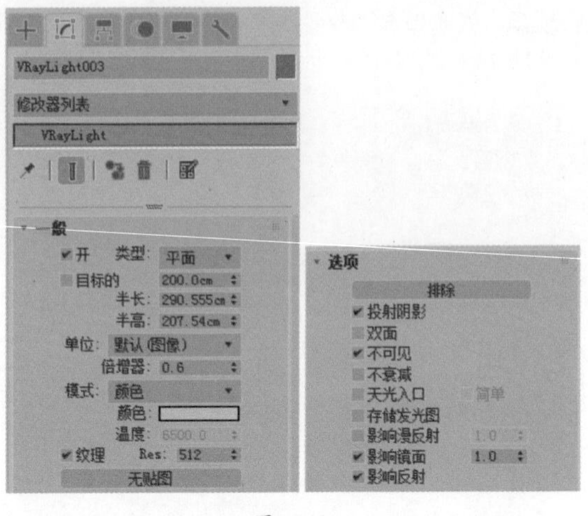

图 14-18

步骤09 这样，场景的基本设置就完成了，接下来开始渲染。其效果如图 14-19 所示。

图 14-19

知识拓展

通过对渲染图像的观察，我们发现没有任何异常情况。如果有异常情况发生，那么就说明模型的某个地方存在问题，需要对模型进行修改。接下来，我们将开始制作场景中模型的材质。

14.2 场景材质设置

根据物理世界中的物体，真实地表现出物体材质的属性。例如，物体的基本颜色、光的反射率和吸收率、光的穿透能力、物体内部对光的阻碍能力和表面光滑度等。在这里就不一一说明了，后面关于材质的内容都会紧密围绕这个中心进行讲解。

14.2.1 墙面材质设置

墙面材质分为白色乳胶漆材质、红色砖块材质和小型方块大理石材质。

步骤01 设置白色乳胶漆墙面材质，首先来看看现实世界中的白色乳胶漆墙面照片，如图 14-20 所示。

图 14-20

知识拓展

乳胶漆的颜色相对较白，这是因为在自然界中，完全反光的物体被认为是白色的。此外，乳胶漆表面可能会有些粗糙，出现划痕和凹凸不平的情况。

步骤02 在 VRay 的材质球中创建一个墙体的材质球，具体参数设置如图 14-21 所示。

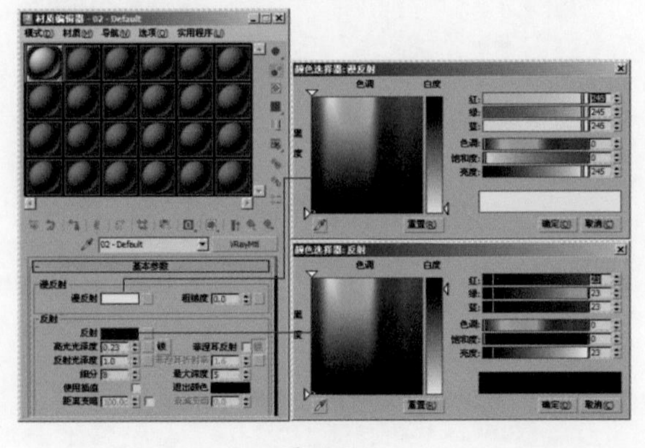

图 14-21

知识拓展

在“贴图”卷展栏中的通道中，这里没有进行任何设置。但在真实情况下，需要为墙面添加凹凸贴图以增加细节。然而，由于在这个场景中摄影机离墙面较远，所以指定凹凸贴图和不指定凹凸贴图的效果基本相同。

步骤03 材质编辑器中的白色乳胶漆墙面材质的材质球效果如图14-22所示。

图14-22

步骤04 设置砖块墙面的材质，具体参数设置如图14-23所示。

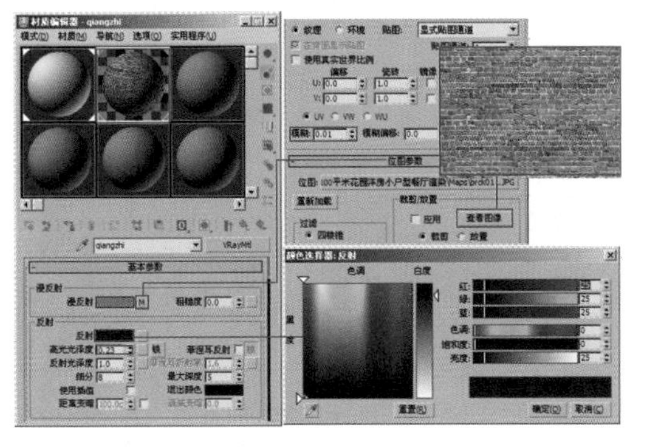

图14-23

步骤05 为了反映砖块墙体表面的凹凸效果，在“凹凸”通道中添加贴图，设置贴图为本书Ch14\Maps\brck011.jpg文件，参数设置如图14-24所示。

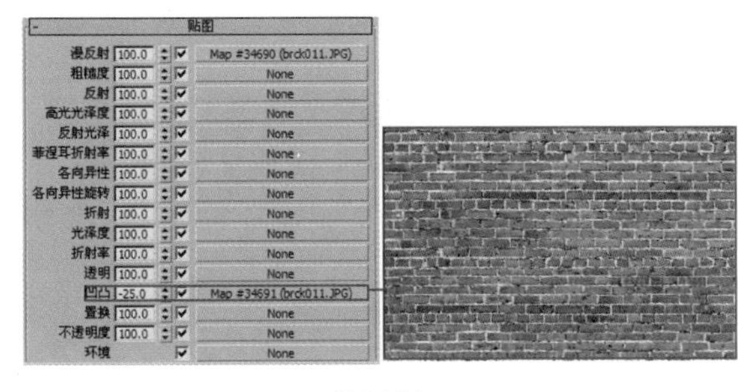

图14-24

知识拓展

在贴图参数里，把“模糊”参数的默认值1改为0.01，目的是让渲染出来的贴图更清晰。

步骤06 材质编辑器中的砖块墙面材质的材质球效果如图14-25所示。

图14-25

步骤07 接下来设置大理石墙体材质。首先来看看现实世界中的大理石墙体瓷砖照片，如图14-26所示。

图14-26

步骤08 设置大理石墙面材质，参数设置如图14-27和图14-28所示。

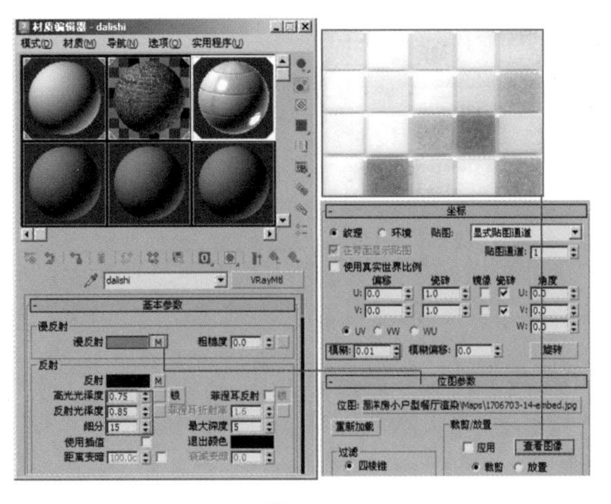

图14-27

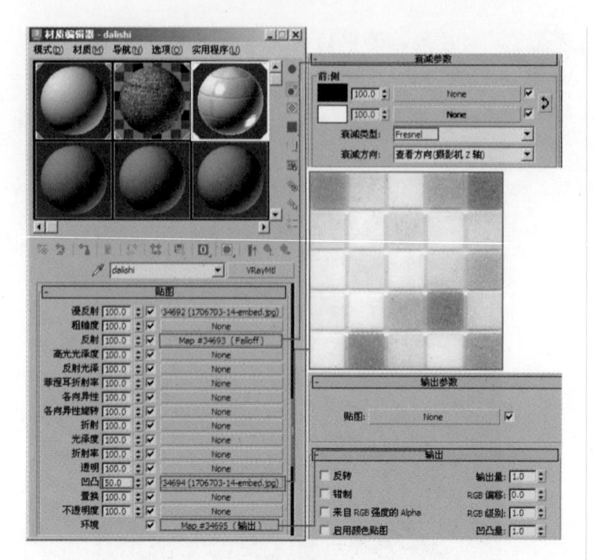

图 14-28

步骤09 大理石墙面材质的材质球效果如图14-29所示。

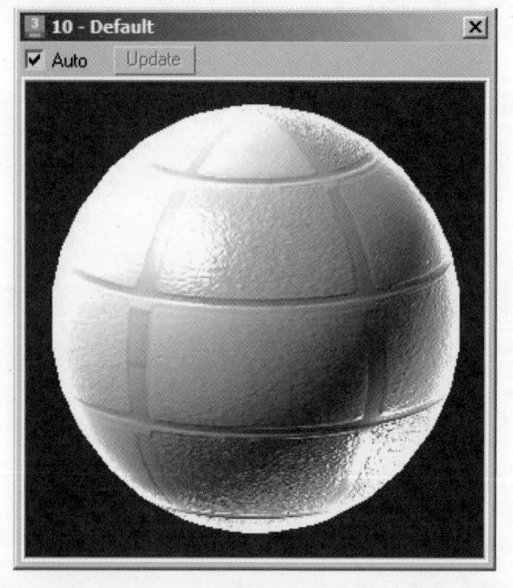

图 14-29

步骤10 墙面材质的最终渲染效果如图14-30和图14-31所示。

图 14-30

图 14-31

14.2.2 地板材质设置

地板表面比较光滑，反射强度比较大；有比较小的高光，带有菲涅耳反射，表面有凹凸不平的情况。

步骤01 设置地板材质，具体参数设置如图14-32和图14-33所示。

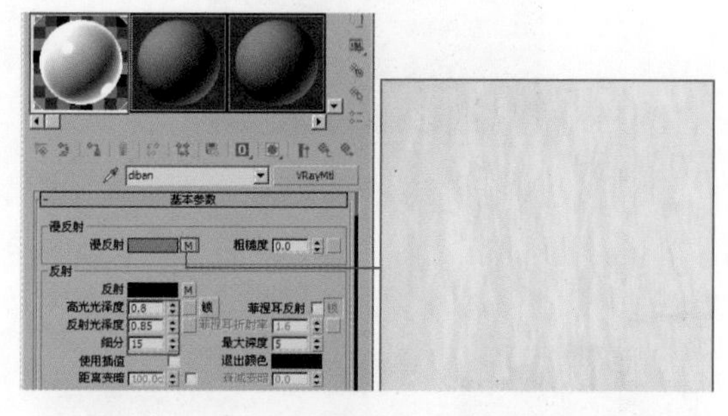

图 14-32

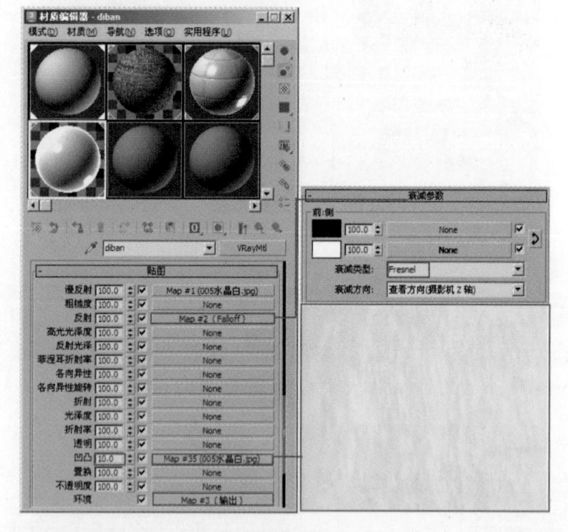

图 14-33

知识拓展

“粗糙度”参数设置物体表面漫反射的粗糙度，其取值范围为0~1，0代表光滑的表面，1代表粗糙的表面，如图14-34所示为粗糙度测试效果图。

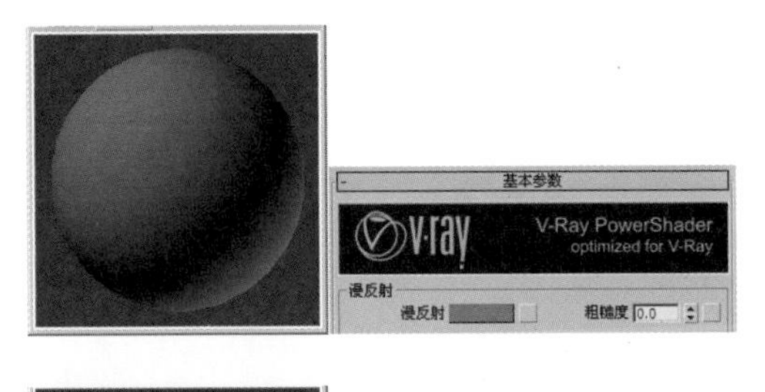

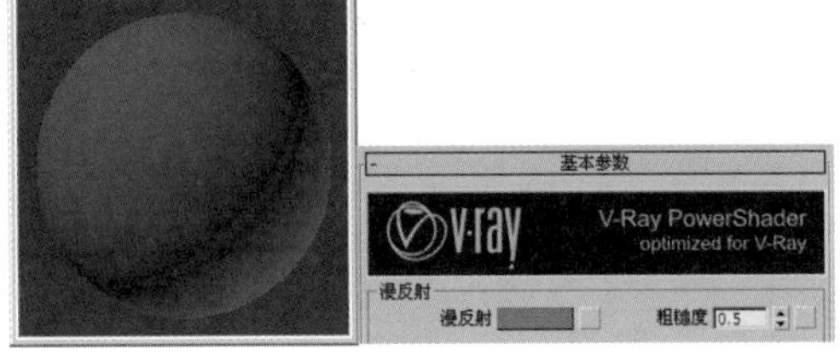

图 14-34

知识拓展

“衰减”贴图是一种用于控制材质中光线衰减效果的贴图。它可以根据法线的方向来改变材质的颜色和亮度，从而实现物体表面的阴影和光照效果。

步骤02 大理石地板材质的材质球效果如图14-35所示。

图 14-35

步骤03 最终渲染效果如图14-36所示。

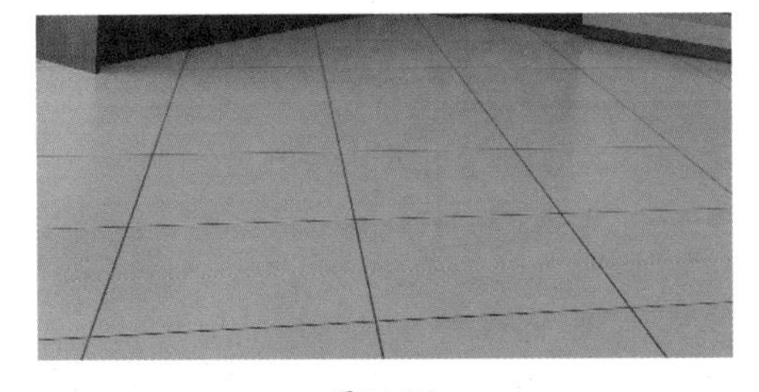

图 14-36

14.2.3 柜子材质设置

下面我们进行柜子材质的参数设置，柜子材质分为3种：木质柜门材质、石质柜面材质和不锈钢把手材质，首先设置木质柜门材质。

步骤01 设置木质柜门材质，将材质类型设置为“VR_覆盖材质”，如图14-37所示。

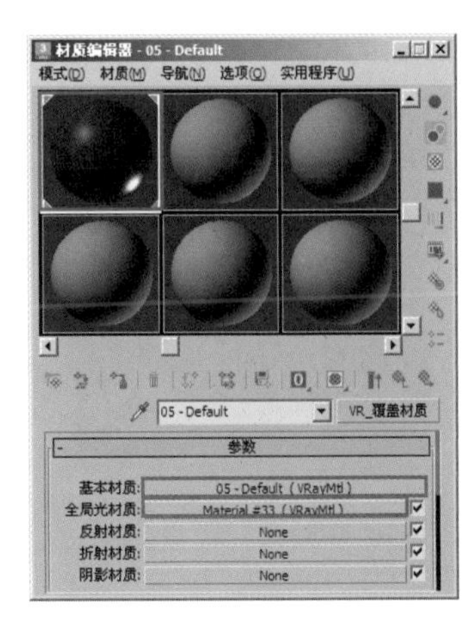

图 14-37

步骤02 在“漫反射”通道中添加一张木纹贴图，设置贴图为本书Ch17\Maps\ww-082.jpg文件，设置反射区域参数，如图14-38所示。

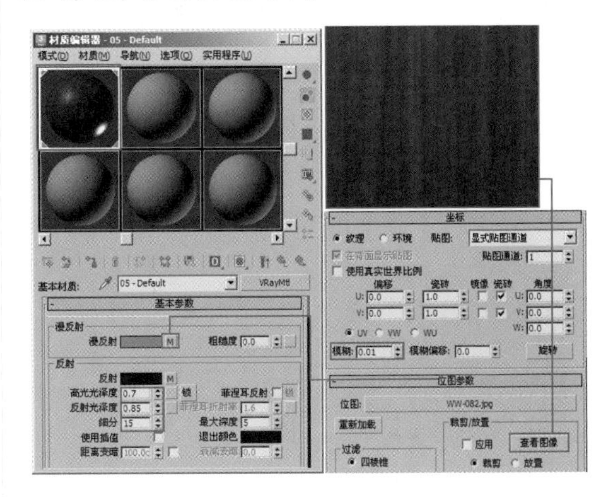

图 14-38

步骤03 由于存在菲涅耳反射现象，所以在“反射”通道中添加菲涅耳反射，如图14-39所示。同样，木纹表面有凹凸不平的情况，因此在“凹凸”通道中设置凹凸值为10。

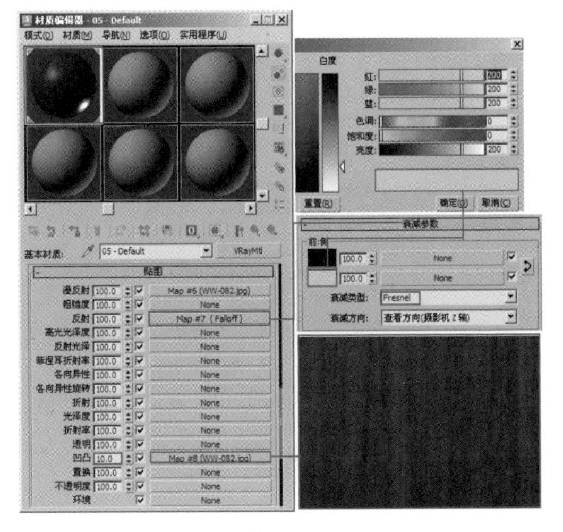

图 14-39

步骤04 木纹材质的材质球效果如图 14-40 所示。

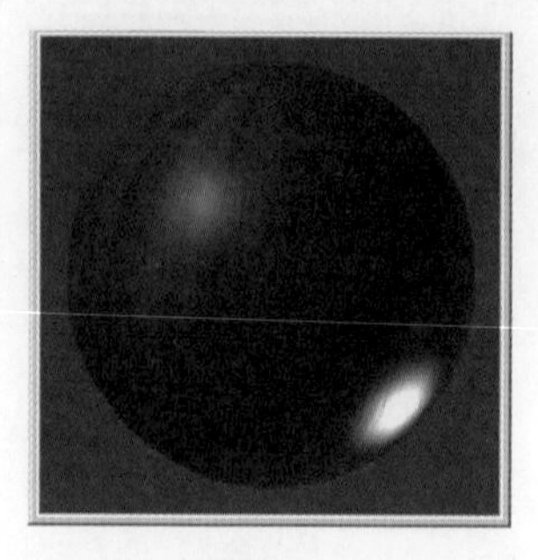

图 14-40

步骤05 设置石质柜面材质，具体参数设置如图 14-41 和图 14-42 所示。

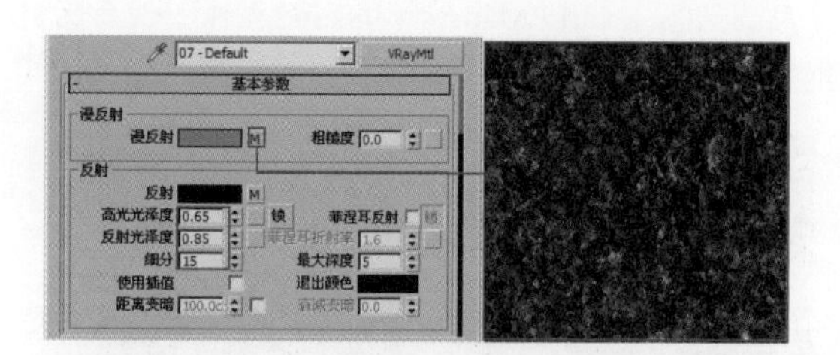

图 14-41

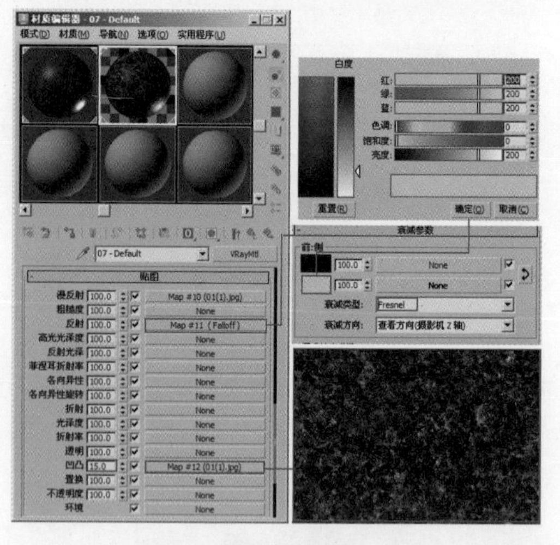

图 14-42

步骤06 石质柜面材质的材质球效果如图 14-43 所示。

图 14-43

步骤07 设置不锈钢把手材质。其设置比较简单，这里不再进行具体分析，其具体的材质参数设置如图 14-44 所示。

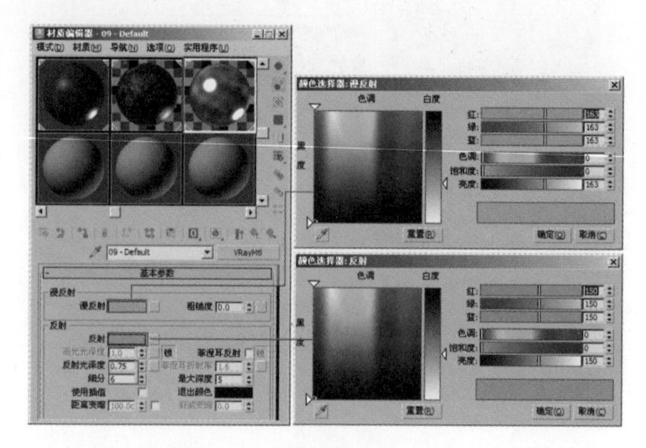

图 14-44

知识拓展

不锈钢表面确实具有一定的粗糙度，因此将模糊度设置为0.75，可以更好地模拟其表面细节。至于为什么没有使用菲涅耳反射来模拟不锈钢，这是因为不锈钢的菲涅耳现象相对较弱。

步骤08 不锈钢把手材质的材质球效果如图 14-45 所示。

图 14-45

步骤09 渲染柜子材质，效果如图 14-46 所示。

图 14-46

14.2.4 磨砂玻璃材质设置

真实的磨砂玻璃表面凹凸不平，光线通过磨砂玻璃以后，会在各个方向上产生折射光线，这样观察者就看到了磨砂玻璃的特点。

步骤01 设置磨砂玻璃材质，采用折射模糊来实现磨砂效果，具体参数设置如图14-47所示。

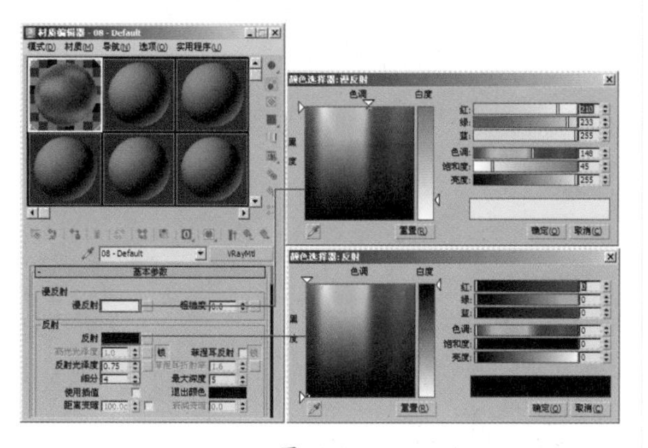

图14-47

步骤02 设置折射率为1.5，和真实的玻璃折射率一样；为了让光能通过磨砂玻璃，还需要勾选“影响阴影”复选框，材质球效果如图14-48所示。

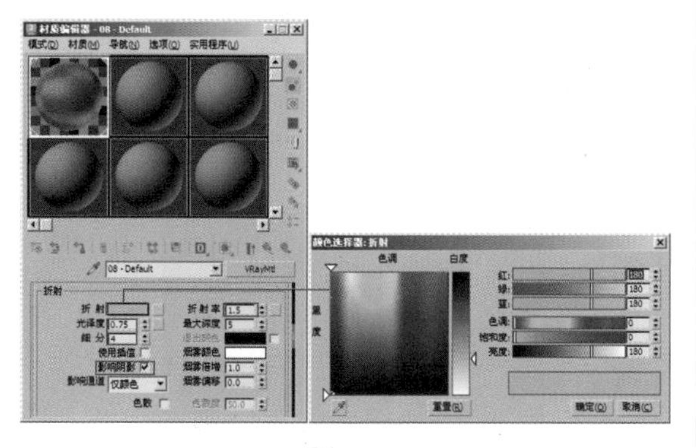

图14-48

步骤03 磨砂玻璃的渲染效果如图14-49所示。

图14-49

14.2.5 烤箱材质设置

烤箱材质包括黑色亚光漆材质、灰色灶面材质、白色塑料旋钮材质、灰色塑料材质和金属搁架材质。

步骤01 设置黑色亚光漆材质，参数设置如图14-50所示。

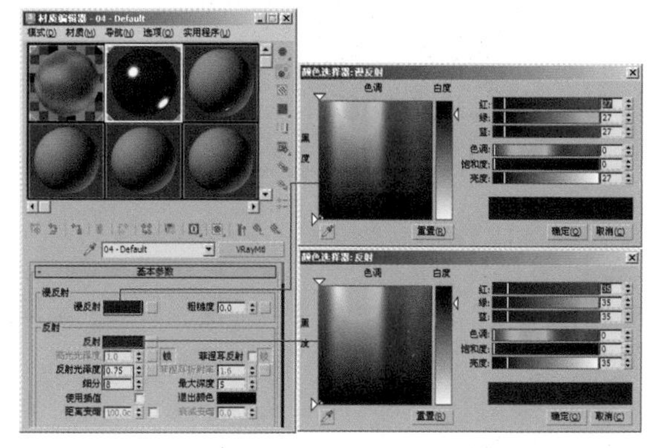

图14-50

步骤02 黑色亚光漆材质的材质球效果如图14-51所示。

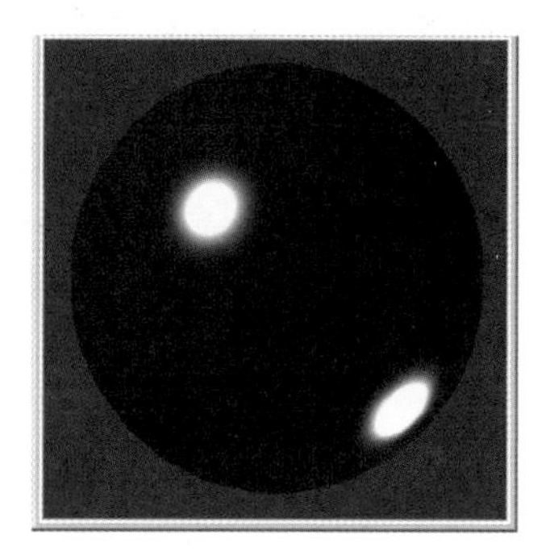

图14-51

步骤03 设置灰色灶面材质，具体参数设置如图14-52所示。

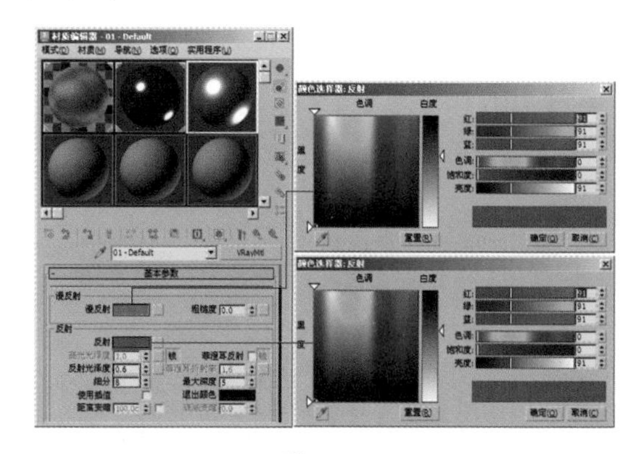

图14-52

知识拓展

灰色灶面材质的特征有三个：一是具有较大的高光；二是反射比较弱；三是材质表面可能有些模糊。

步骤04 灰色灶面材质的材质球效果如图14-53所示。

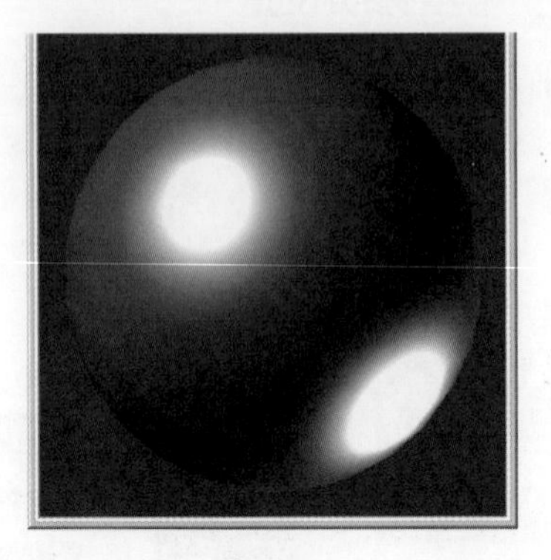

图 14-53

步骤05 设置白色塑料旋钮材质。该材质具有较弱的反射，带有一定的高光，具体参数设置如图14-54所示。

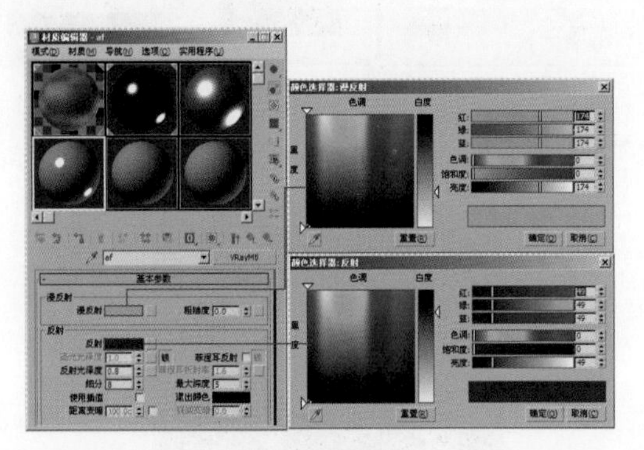

图 14-54

知识拓展

“菲涅耳折射率”参数在后面的“锁定”按钮弹起时被激活，可以单独设置菲涅耳反射的反射率，下面进行“菲涅耳折射率”参数测试，大家可以观察圆球中心的反射效果，如图14-55所示。

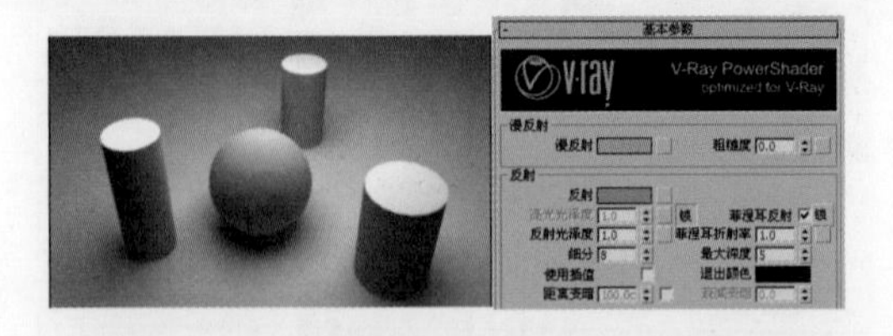

图 14-55

步骤06 白色塑料旋钮材质的材质球效果如图14-56所示。

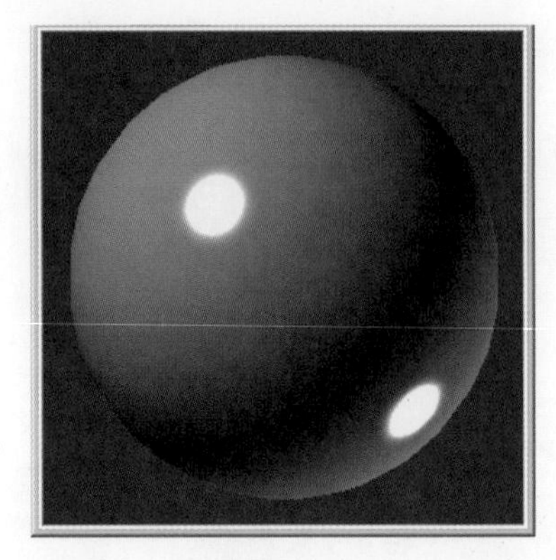

图 14-56

步骤07 设置灰色塑料材质，具体参数设置如图14-57所示。

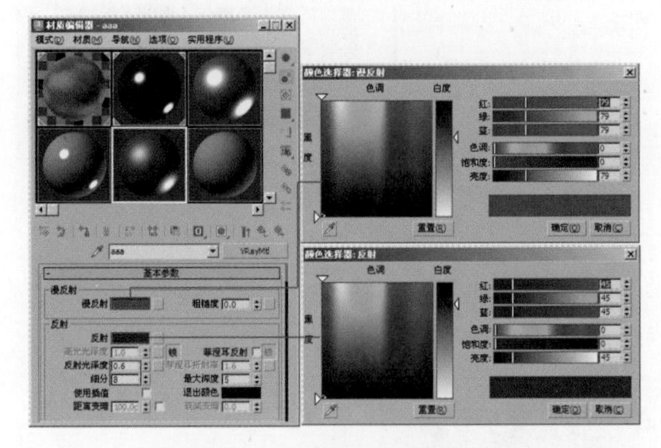

图 14-57

步骤08 灰色塑料材质的材质球效果如图14-58所示。

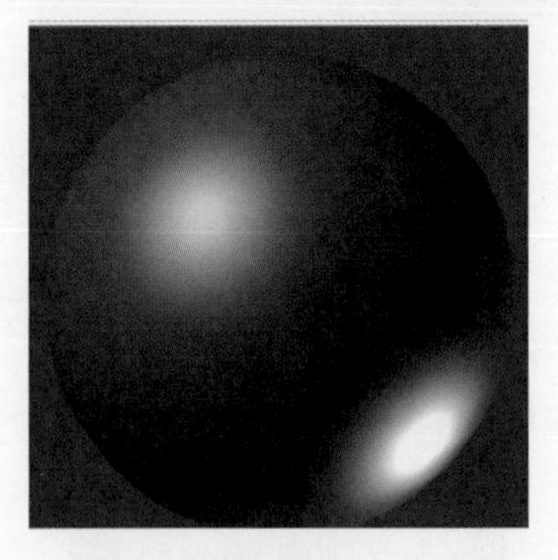

图 14-58

步骤09 设置金属搁架材质，具体参数设置如图14-59所示。

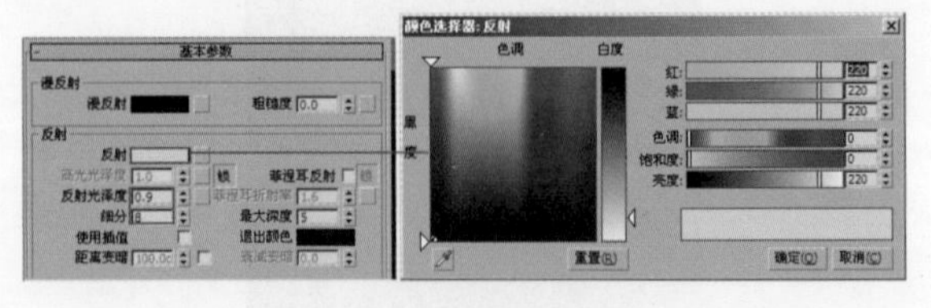

图 14-59

步骤10 金属搁架材质的材质球效果如图14-60所示。

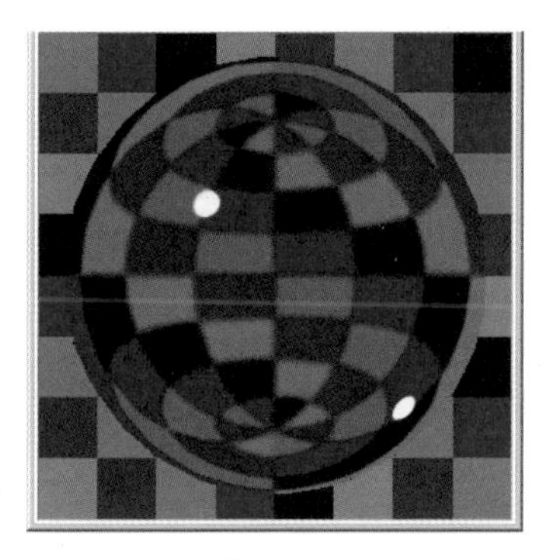

图 14-60

步骤11 烤箱的渲染效果如图 14-61 所示。

图 14-61

14.2.6 椅子材质设置

步骤01 使用 VRayMtl 材质制作椅子材质，具体参数设置如图 14-62 和图 14-63 所示。

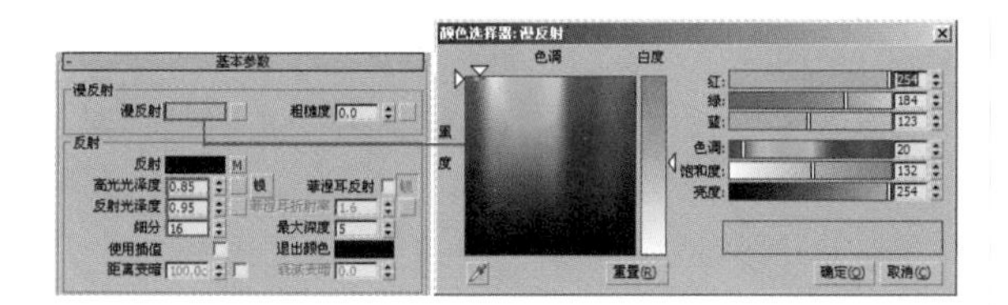

图 14-62

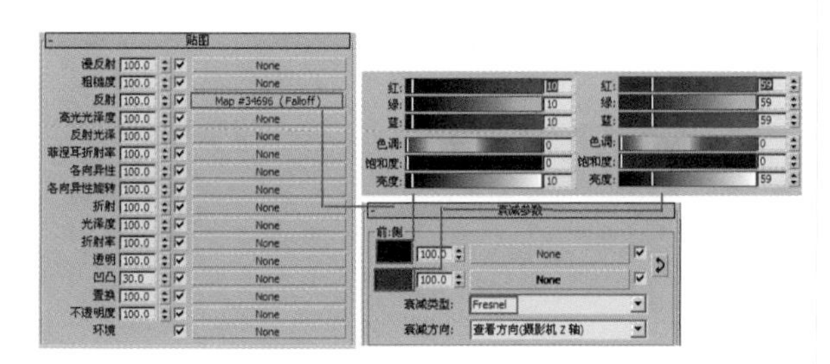

图 14-63

知识拓展

真实椅子的材质特征有三个：一是椅子表面比较光滑；二是带有少许的高光；三是椅子具有菲涅耳反射现象。

步骤02 椅子材质的材质球效果如图 14-64 所示。

图 14-64

步骤03 椅子的渲染效果如图 14-65 所示。

图 14-65

14.2.7 炊具材质设置

炊具材质包括锅材质和水壶材质。

知识拓展

锅的材质有三个特征：一是反射比较弱；二是不具有高光；三是表面有凹凸不平的情况。

步骤01 设置锅材质。具体参数设置如图 14-66 和图 14-67 所示。

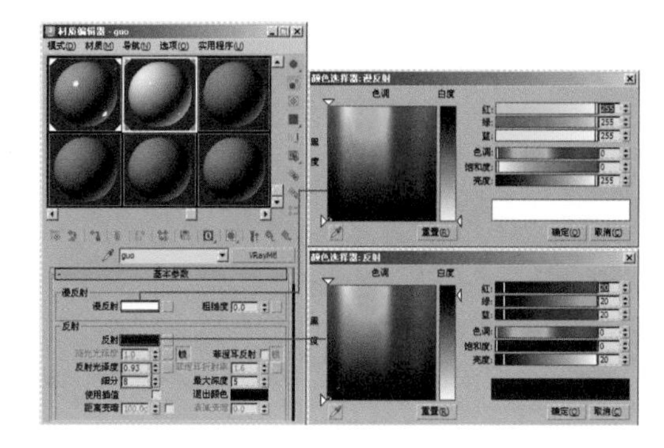

图 14-66

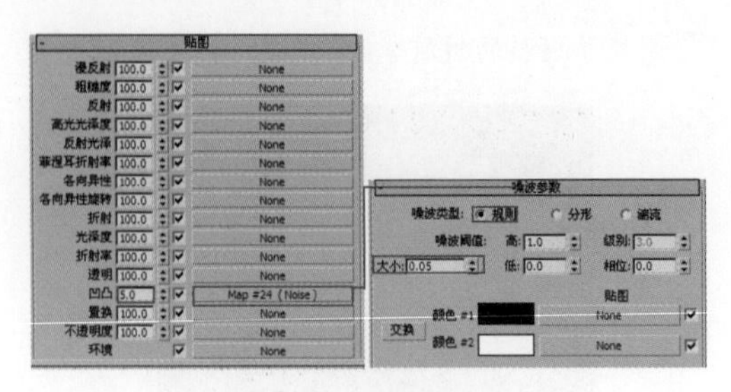

图 14-67

步骤02 锅材质的材质球效果如图 14-68 所示。

图 14-68

步骤03 设置水壶材质。根据真实水壶材质特征进行参数设置，如图 14-69 和图 14-70 所示。

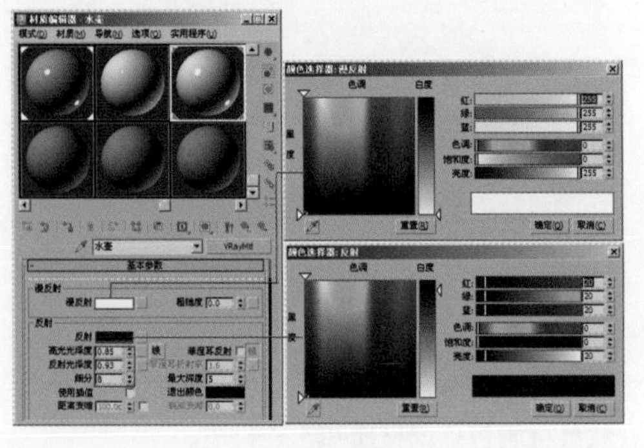

图 14-69

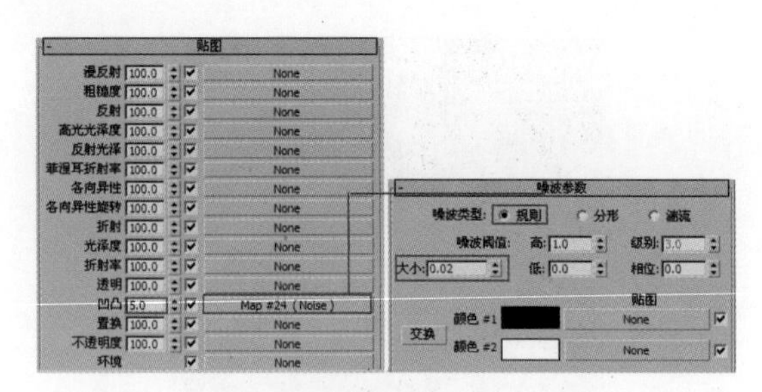

图 14-70

步骤04 炊具的渲染效果如图 14-71 所示。

图 14-71

14.2.8 户外环境材质设置

户外环境为自发光材质。

步骤01 设置户外环境材质，参数如图 14-72 左图所示。

图 14-72

14.3 场景灯光和最终渲染设置

接下来进行场景的灯光设置，以白天的灯光效果来展现整个场景的亮度。在材质设置完成后，我们将进行最终成图渲染。通常情况下，我们需要渲染尺寸较大的图像用于印刷。在渲染大图时，首先需要保存小尺寸的发光贴图和灯光贴图，然后使用这些发光贴图和灯光贴图来渲染大尺寸的图像，这样可以节省大量渲染时间。

14.3.1 灯光设置

步骤01 在十命令面板的区域，选择“VRay”类型，单击“VRayLight”按钮，在视图中创建两盏 VRay 灯光，具体位置如图 14-73 所示。

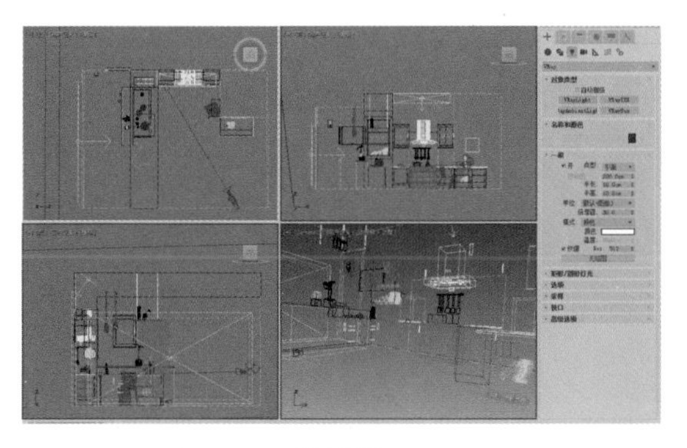

图 14-73

步骤02 在修改命令面板中分别设置灯光参数，如图14-74所示。

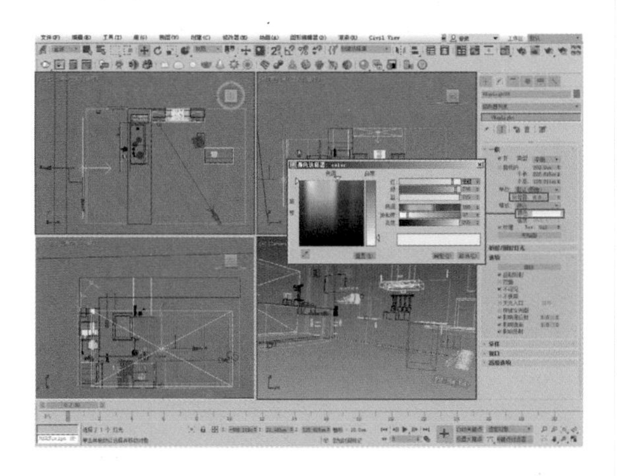

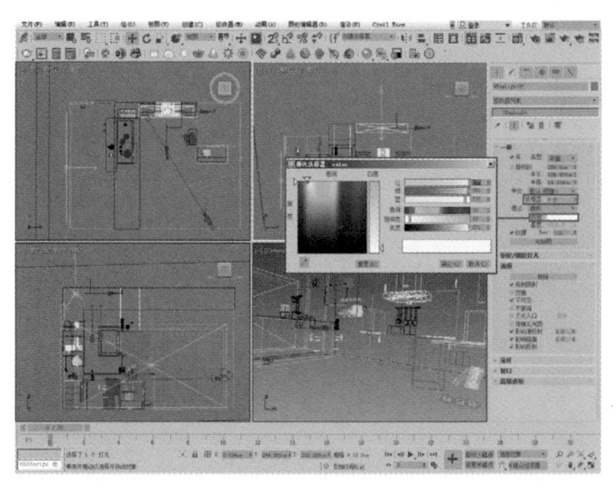

图 14-74

14.3.2 最终渲染设置

步骤01 按F10键打开“渲染设置”对话框，设置渲染尺寸为需要的大尺寸。

步骤02 在“全局开关”卷展栏中取消勾选“覆盖材质”复选框，如图14-75所示。

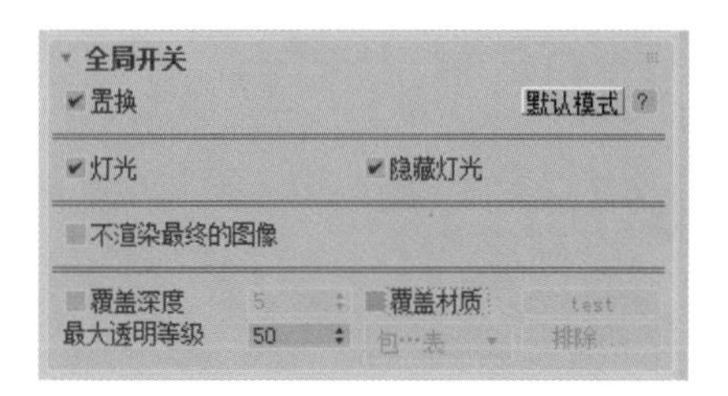

图 14-75

步骤03 在“发光贴图”卷展栏设置高采样值，如图14-76所示。

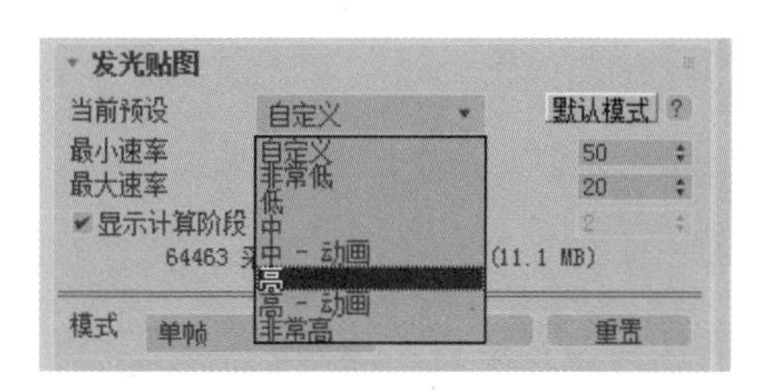

图 14-76

步骤04 在“灯光缓存”卷展栏设置“细分”值为1200，勾选“折回”复选框，如图14-77所示。

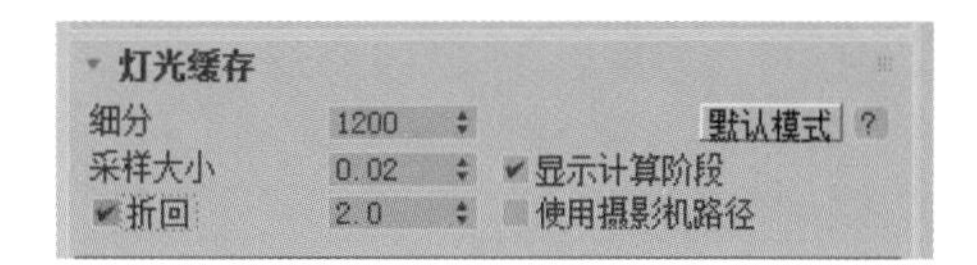

图 14-77

步骤05 最终效果如图14-78所示。

图 14-78

3ds Max

第15章 客厅场景渲染

本章导读

本章介绍欧式客厅的设计方法和设计理念。客厅雅致富丽，带有浓烈的古典欧式色彩。墙面为冷色调，搭配宽大的白色石膏线，是典型的古典欧式风格的客厅。沙发和家具在造型和色彩上紧随欧式风格，窗帘的样式和灯具的选择也毫不马虎。客厅的大部分面积处在挑空结构之下，大面积的玻璃窗带来了良好的采光，落地的窗帘很是气派。布艺沙发组合具有丝绒的质感和流畅的木质曲线，将传统欧式家居的奢华与现代家居的实用性完美结合。壁炉自然不可或缺，它被安置在空间结构的交汇处，与圆形的镜子相呼应，敞开式的客厅提供了一个视觉中心。

学习目标 本章重点	了解	理解	应用	实践
场景灯光设置			√	√
设置墙体和地面材质			√	√
设置窗帘材质			√	√
设置沙发材质			√	√
设置台灯和花瓶材质			√	√
设置吊灯材质			√	√

15.1 场景渲染和灯光设置

本案例在场景灯光的设置上使用VRay灯光进行窗口的暖色补光和室内补光及模拟灯槽照明，使用球形面光源模拟台灯照明，使用目标点灯光模拟射灯照明。

如图15-1所示为客厅场景渲染最终效果图。

图15-1

本场景的灯光布局如图15-2所示。

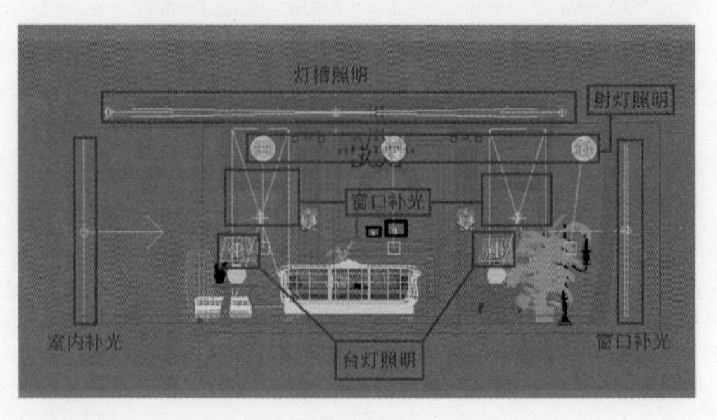

图15-2

15.1.1 测试渲染设置

对采样值和渲染参数进行最低级别的设置，可以达到既能够观察渲染效果又能快速渲染的目的。

步骤01 打开工程文件中Scenes目录下的客厅场景.max文件。这是一个欧式客厅的场景模型，场景内的模型包括墙体、地板、地毯、沙发、茶几、台灯、吊灯、壁炉及一些摆设品，如图15-3所示。

图 15-3

步骤02 按F10键打开“渲染设置”对话框，设置V-Ray Adv 3.60.03为当前渲染器，如图15-4所示。

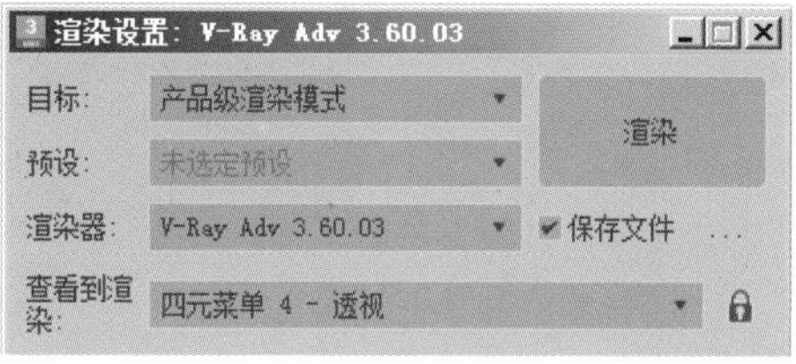

图 15-4

步骤03 在“全局开关”卷展栏中设置总体参数，如图15-5所示。因为我们要调整灯光，所以在这里关闭了默认的灯光。勾选“反射/折射”和“光泽效果”复选框，这两项都是非常影响渲染速度的。

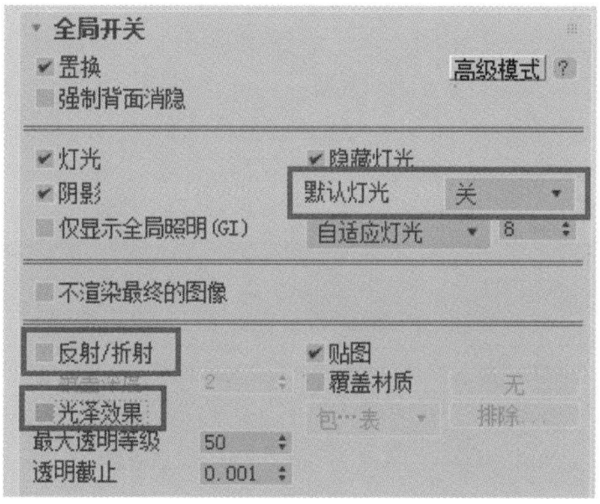

图 15-5

步骤04 在“图像采样（抗锯齿）”卷展栏中，设置参数如图15-6所示，这是抗锯齿采样设置。

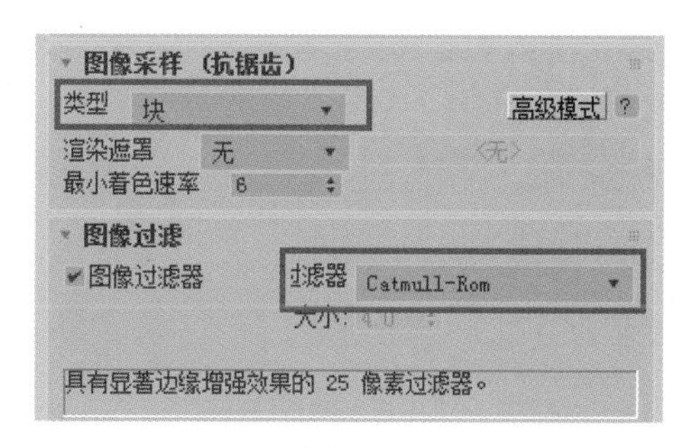

图 15-6

步骤05 在“全局光照”卷展栏中设置参数如图15-7所示，这是间接照明设置。

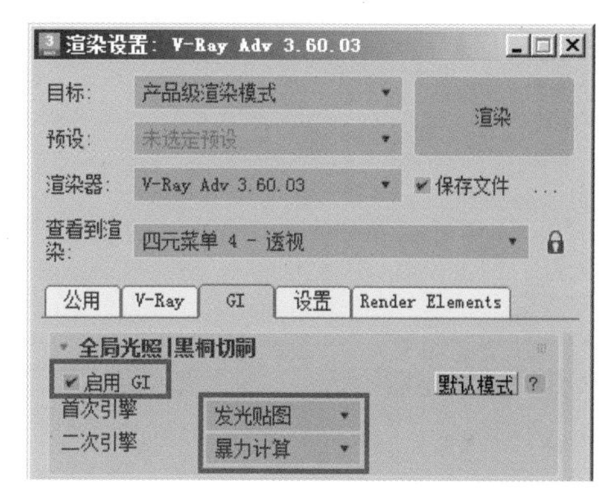

图 15-7

步骤06 在“发光贴图”卷展栏中，设置“当前预设”为自定义，如图15-8所示，这是发光贴图参数设置。

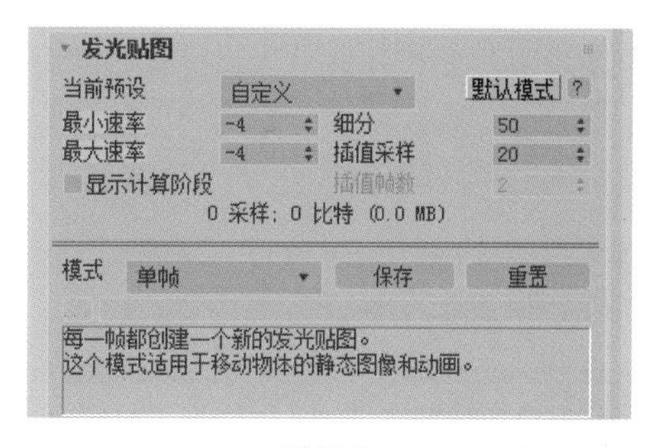

图 15-8

步骤07 在“暴力计算GI”卷展栏中设置灯光贴图的参数，如图15-9所示。

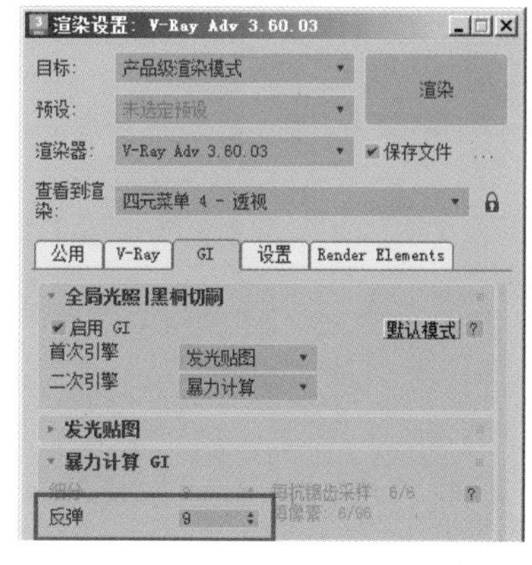

图 15-9

步骤08 在“颜色贴图”卷展栏中设置曝光类型为“线性叠加”，参数设置如图15-10所示。

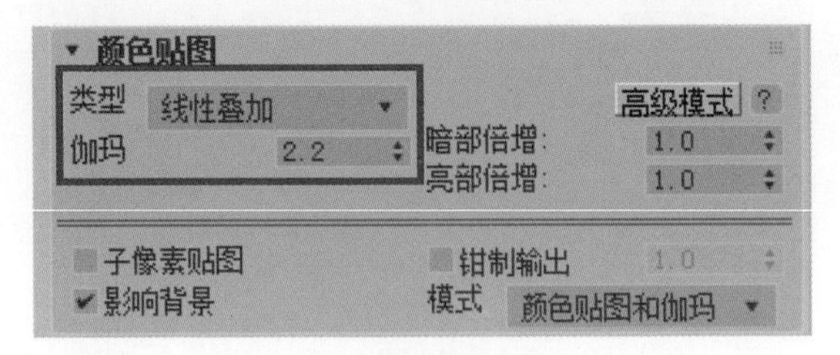

图15-10

步骤09 按8键打开“环境和效果”对话框，设置背景颜色为白色，如图15-11所示。

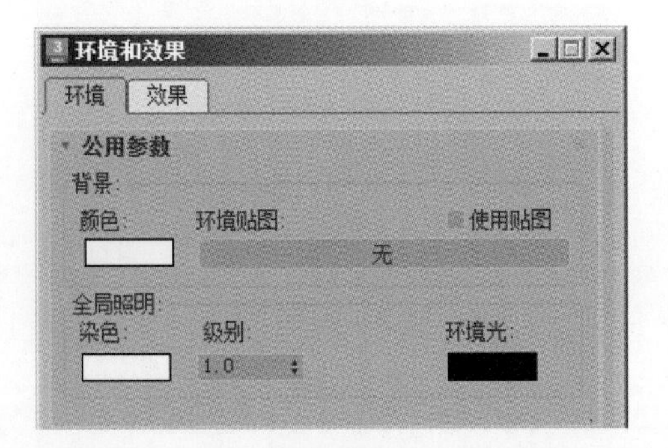

图15-11

15.1.2 场景灯光设置

目前我们关闭了默认的灯光，所以要创建灯光。在灯光的设置上使用VRay灯光进行窗口的暖色补光和室内补光及模拟灯槽照明，使用球形面光源进行台灯照明，使用目标点灯光模拟射灯照明。

步骤01 首先制作一个统一的材质测试模型。按M键打开材质编辑器，选择一个空白的材质球，设置材质的样式为“VR材质”，如图15-12所示。

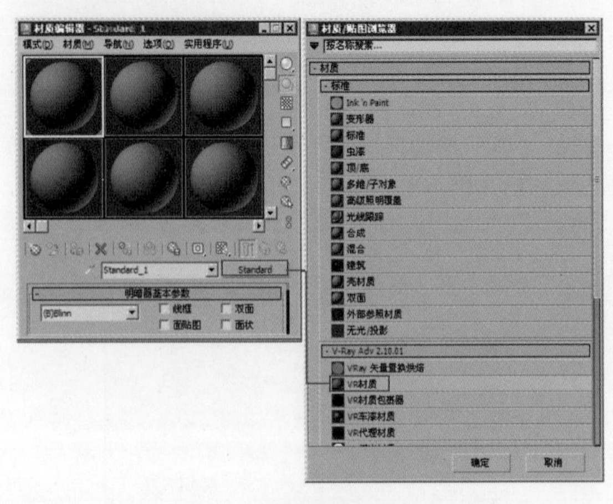

图15-12

步骤02 在参数面板中设置“漫反射”颜色为浅灰色，如图15-13所示。

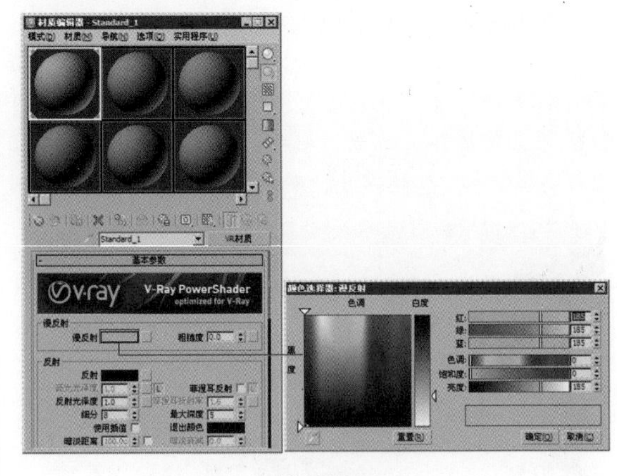

图15-13

步骤03 按F10键打开“渲染设置”对话框，勾选“覆盖材质：”复选框，将该材质拖动到“None”按钮上，这样就给整体场景设置了一个临时的测试用的材质，如图15-14所示。

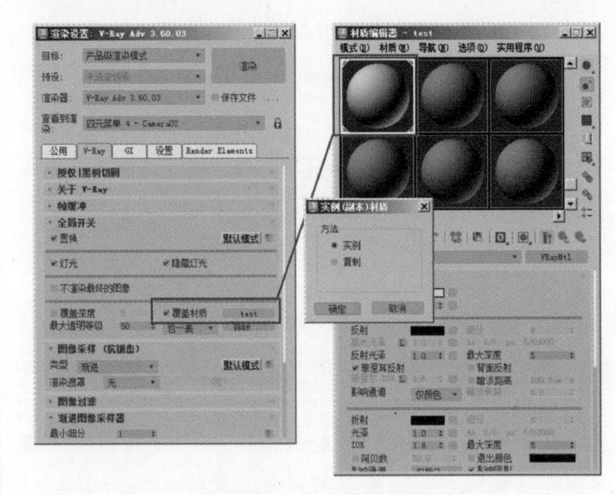

图15-14

步骤04 设置窗口补光。在十命令面板的区域，选择“VRay”类型，单击“VRayLight”按钮，在窗口处创建六盏VRay灯光，用来进行窗口的补光，具体的位置如图15-15所示。

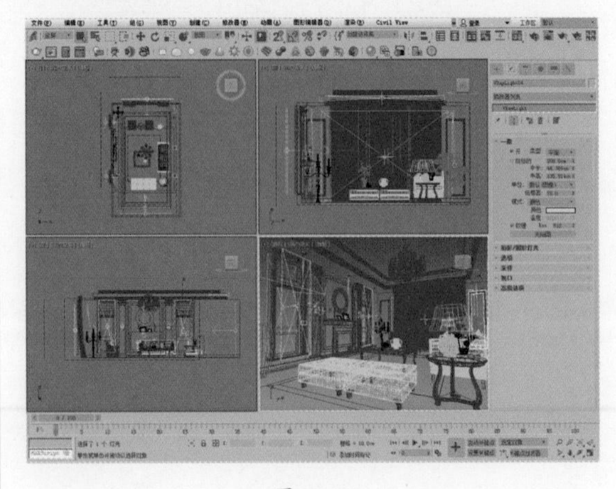

图15-15

步骤05 在修改命令面板中设置灯光参数，如图15-

16~图15-18所示。

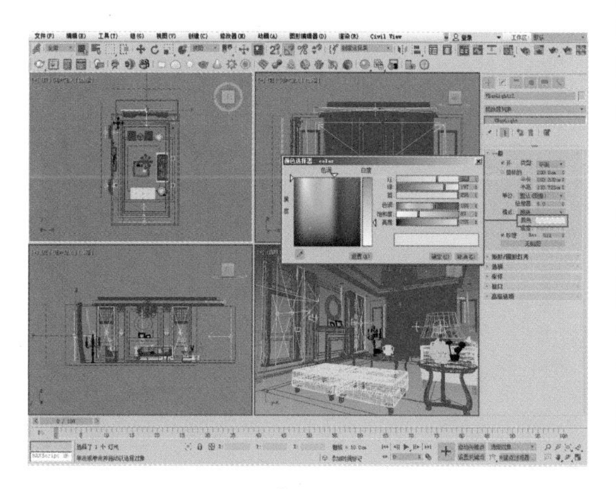

图 15-16

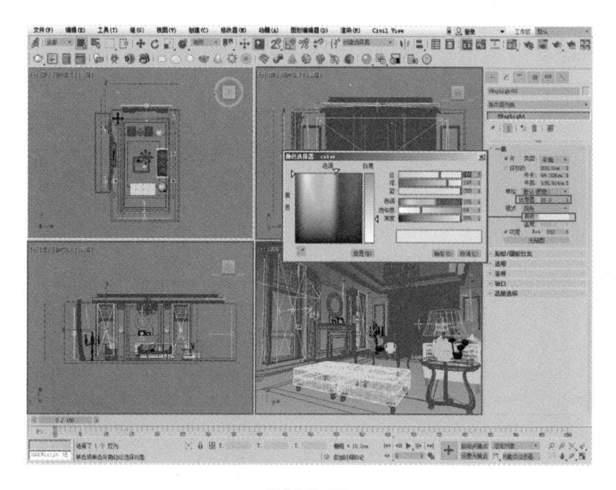

图 15-17

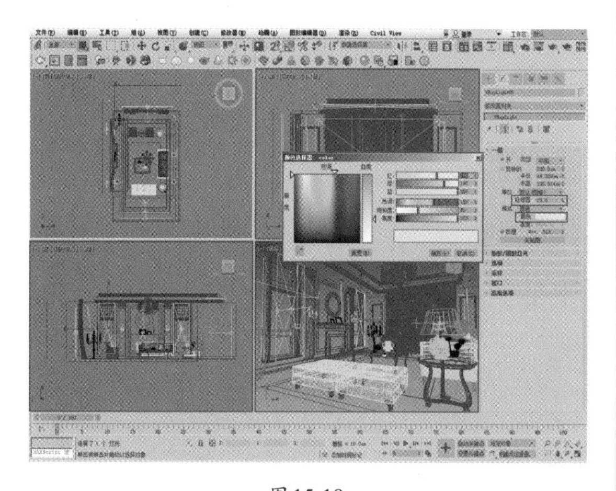

图 15-18

步骤06 按F9键对视图进行渲染，此时的渲染效果如图15-19所示。

图 15-19

步骤07 设置室内补光。在＋命令面板的区域，选择“VRay”类型，单击“VRayLight”按钮，在室内创建一盏VRayLight面光源，用来进行室内补光，具体的位置如图15-20所示。

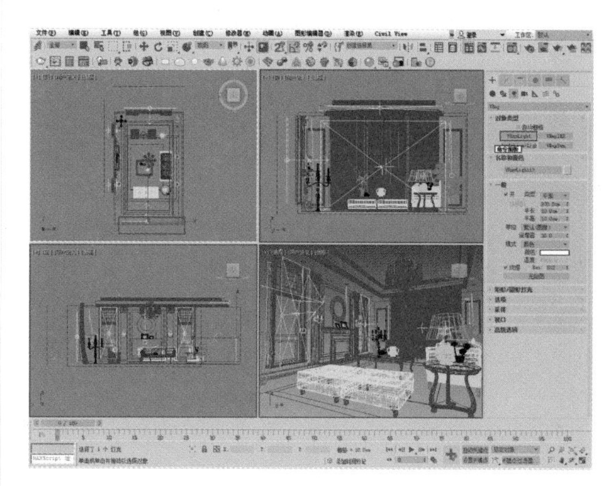

图 15-20

步骤08 在修改命令面板中设置面光源参数，如图15-21所示。

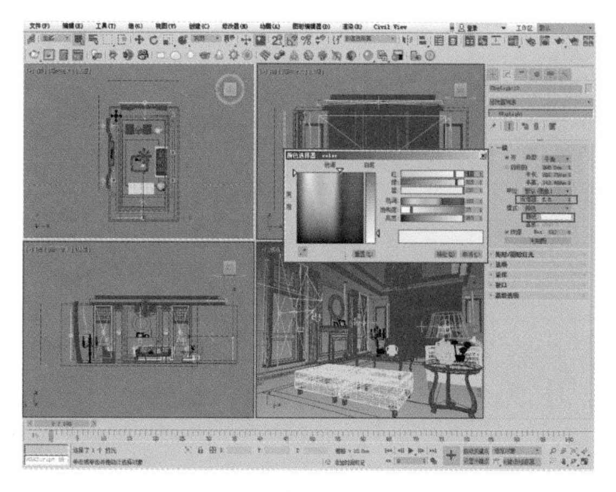

图 15-21

步骤09 按F9键对视图进行渲染，此时的渲染效果如图15-22所示。

图 15-22

步骤10 设置灯槽和台灯照明。在+命令面板的区域，选择“VRay”类型，单击“VRayLight”按钮，在天花板处创建四盏VRayLight面光源，用来进行灯槽照明；在台灯处创建两盏VRayLight球形面光源，用来模拟台灯照明，具体位置如图15-23和图15-24所示。

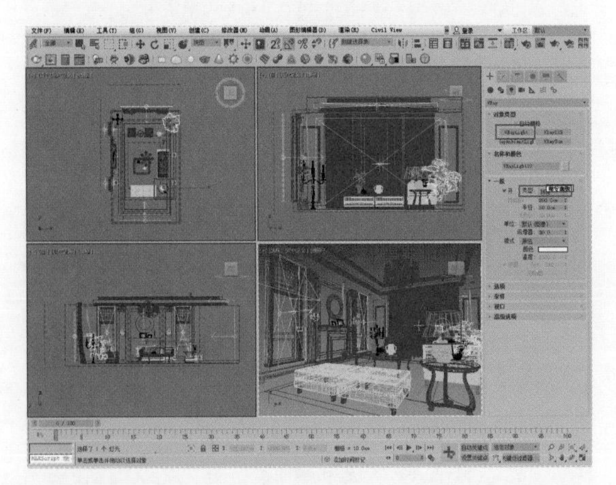

图 15-23

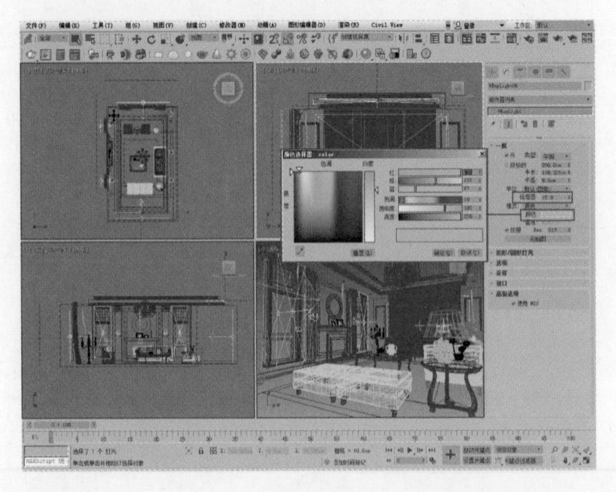

图 15-24

步骤11 在修改命令面板中设置面光源参数如图15-25所示。

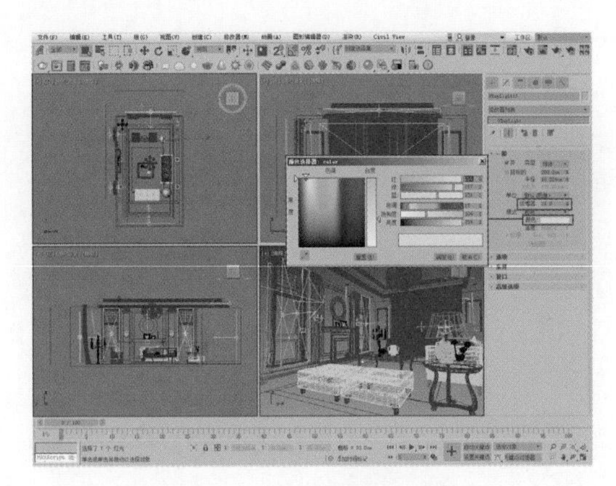

图 15-25

知识拓展

“细分”参数用来设置灯光的细腻程度（确定有多少条来自模拟摄影机的路径被追踪），一般开始制图时设置为100，进行快速渲染测试，而在正式渲染时设置为1000~1500，速度是很快的。

步骤12 按F9键对视图进行渲染，此时的渲染效果如图15-26所示。

图 15-26

步骤13 设置射灯照明。在+命令面板单击“目标灯光”按钮，在室内创建五盏目标点灯光，用来模拟射灯照明，具体位置如图15-27所示。

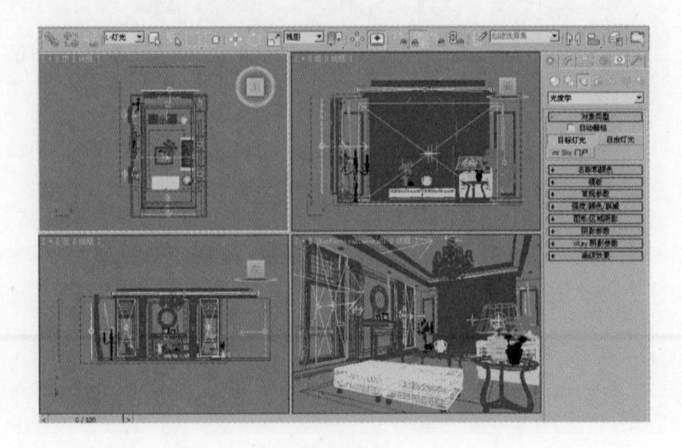

图 15-27

步骤14 在修改命令面板中设置射灯参数，如图15-28

所示（光域网见工程文件中Maps目录下的“15.IES”文件）。

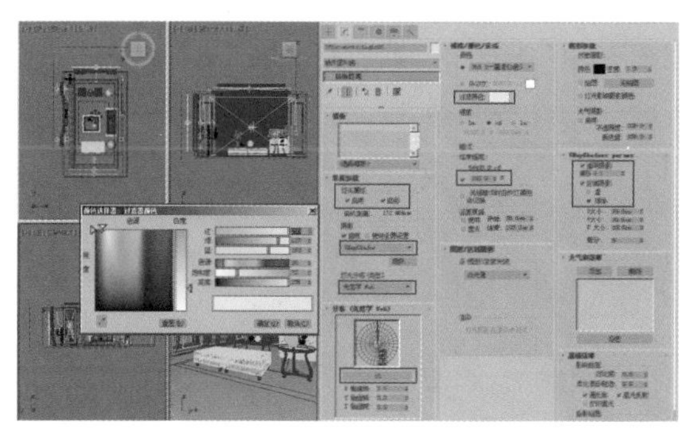

图 15-28

知识拓展

VRay阴影是3ds Max标准灯光或VRay灯光的选项之一，主要用于产生光线跟踪阴影。标准的3ds Max光线跟踪阴影在VRay中无法正常工作，这时必须使用VRay阴影。VRay阴影的优点在于，除支持模糊（或面积）阴影外，还能正确表现来自VRay置换物体或者透明物体的阴影。

步骤15 重新对摄影机视图进行渲染，效果如图15-29所示。灯光设置完成。

图 15-29

15.2 场景材质设置

客厅场景的家具及摆设品种类繁多，主要的家具包括沙发、茶几、炉壁、桌子及灯具等，在家具材质的设置上以布料材质、皮革材质、木质材质、不锈钢材质和玻璃材质为主。

15.2.1 设置墙体和地面材质

墙体材质包括白色乳胶漆材质、黄色乳胶漆材质、白色亚光漆材质、黄色大理石材质、磨砂不锈钢材质；地面材质包括浅黄色大理石材质、棕色大理石材质和地毯材质。

步骤01 设置白色乳胶漆墙体材质。打开材质编辑器，选择一个空白的材质球，设置材质样式为“VR材质”专用材质，设置“漫反射”颜色为白色，设置“反射”区域中的参数如图15-30所示。

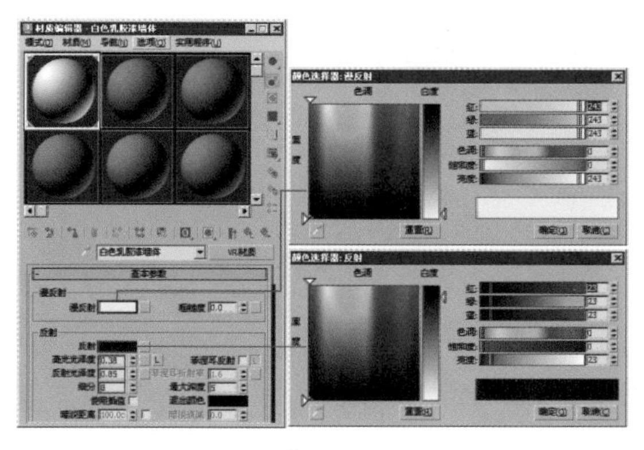

图 15-30

步骤02 设置黄色乳胶漆墙体材质。打开材质编辑器，选择一个空白的材质球，设置材质样式为“VR材质”专用材质，设置“漫反射”颜色为黄色，设置“反射”区域中的参数，如图15-31所示。

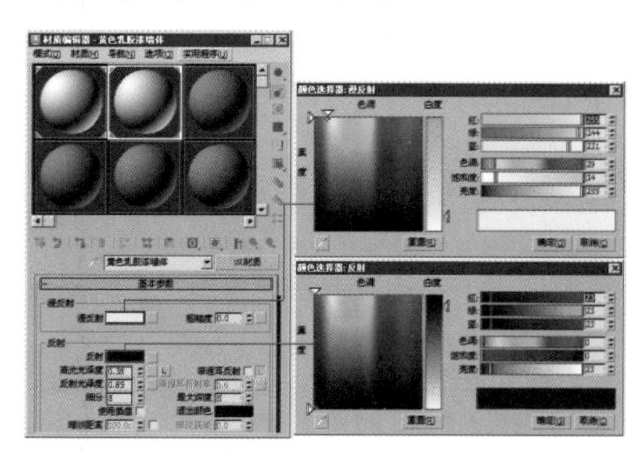

图 15-31

步骤03 设置黄色大理石墙体材质。打开材质编辑器，选择一个空白的材质球，设置材质样式为“VR材质”专用材质，设置“漫反射”通道贴图为Ch15/Maps/b0000016.jpg文件，参数设置如图15-32所示。

步骤04 打开“贴图”卷展栏，在“反射”通道中添加一张“衰减”贴图，设置“衰减类型”为Fresnel，具体参数设置如图15-33所示。

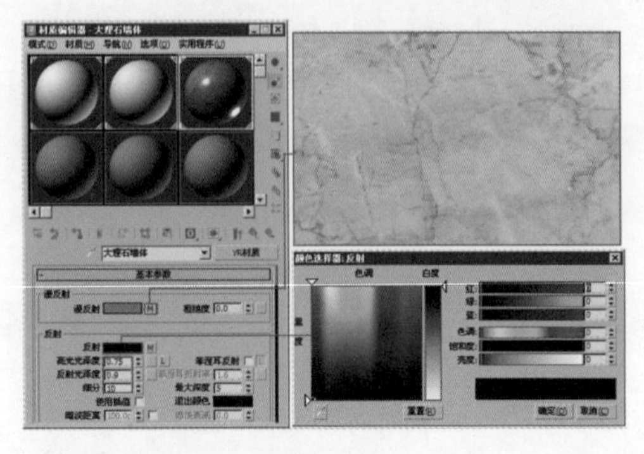

图 15-32

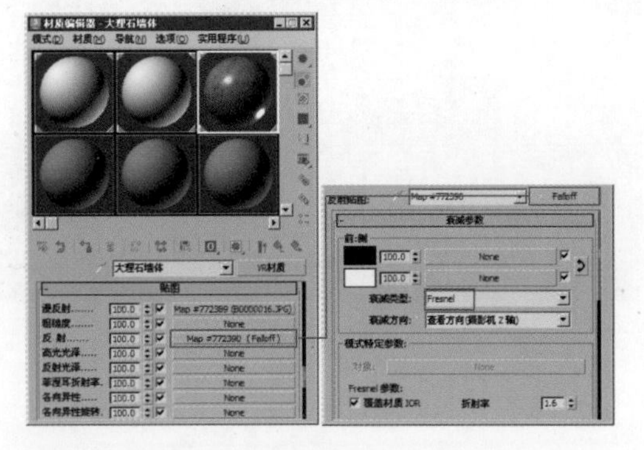

图 15-33

步骤05 单击按钮返回上层，设置“凹凸”通道贴图为Ch15/Maps/b0000016.jpg文件，设置贴图强度为30，参数设置如图15-34所示。

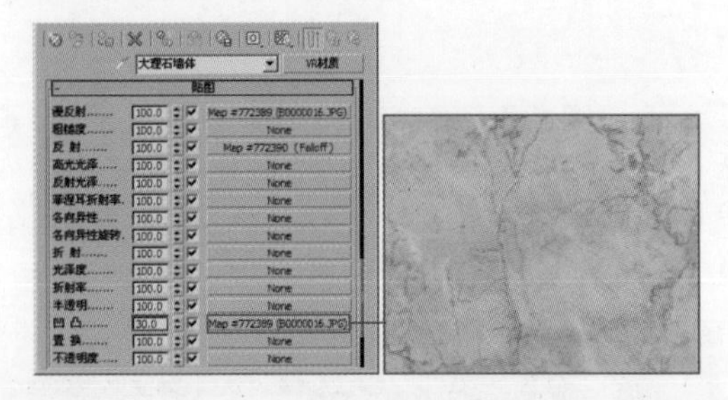

图 15-34

步骤06 设置磨砂不锈钢墙体材质。打开材质编辑器，选择一个空白的材质球，设置材质样式为“VR材质”专用材质，设置“漫反射”颜色为灰白色，设置“反射”区域中的参数，如图15-35所示。

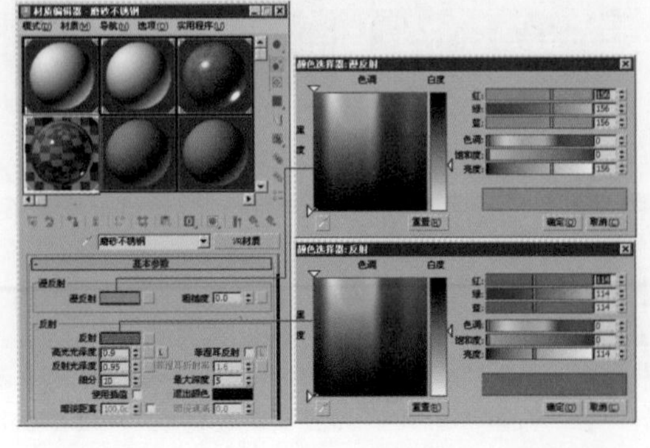

图 15-35

步骤07 设置白色亚光漆墙体材质。打开材质编辑器，选择一个空白的材质球，设置材质样式为“VR材质”专用材质，设置“漫反射”颜色为白色，设置“反射”区域中的参数，如图15-36所示。

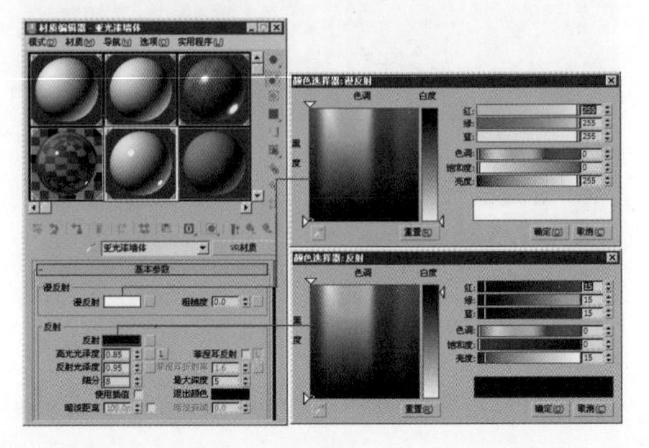

图 15-36

步骤08 打开“双向反射分布函数”卷展栏，具体参数设置如图15-37所示。

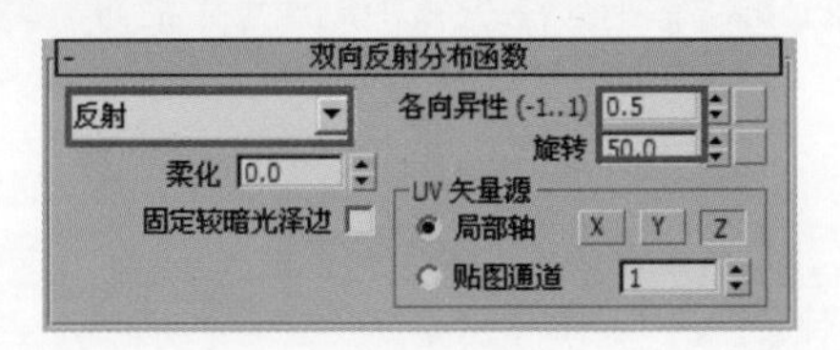

图 15-37

知识拓展

“反射光泽度”参数用于设置反射的锐利效果。值为1表示一种完美的镜面反射效果，随着取值的减小，反射效果会越来越模糊。平滑反射的品质由下面的“细分”参数来控制。

步骤09 设置浅黄色大理石地面材质。打开材质编辑器，选择一个空白的材质球，设置材质样式为“VR材质”专用材质，设置“漫反射”通道贴图为Ch15/Maps/贴图7.jpg文件，参数设置如图15-38所示。

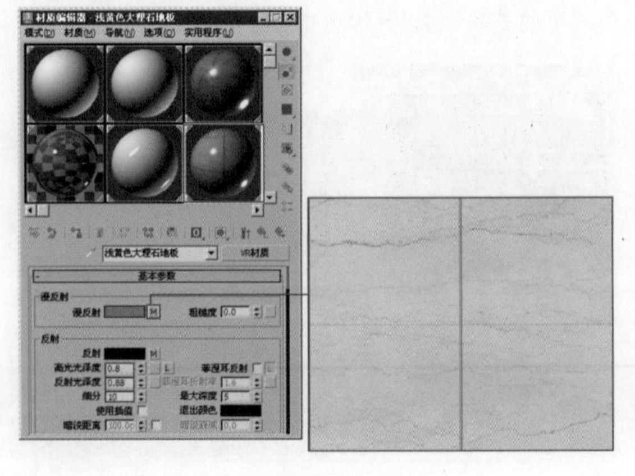

图 15-38

步骤10 打开“贴图”卷展栏，在“反射”通道中添加一张“衰减”贴图，设置前通道颜色为黑色，设置侧通道颜色为蓝色，设置“衰减类型”为Fresnel，参数设置如图15-39所示。

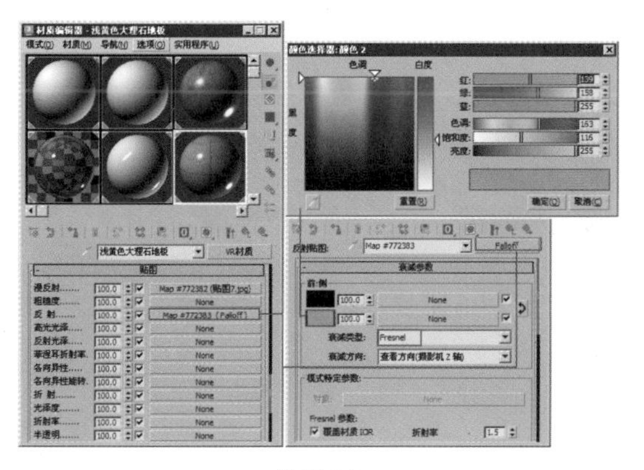

图15-39

步骤11 单击按钮返回最上层，设置“凹凸”通道贴图为Ch15/Maps/贴图7.jpg文件，设置贴图强度为20，具体参数设置如图15-40所示。

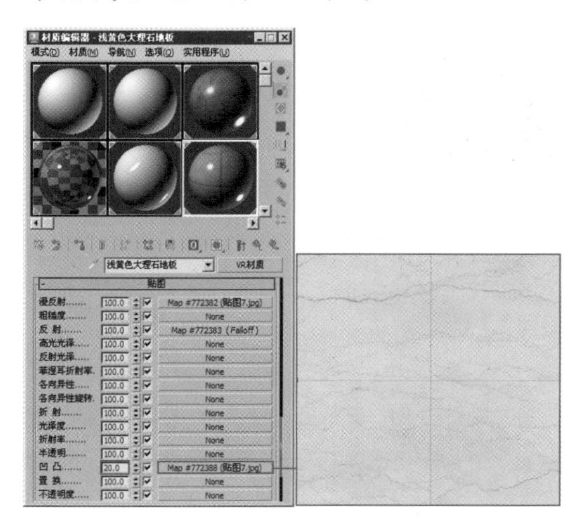

图15-40

步骤12 设置棕色大理石地板材质。打开材质编辑器，选择一个空白的材质球，设置材质样式为“VR材质”专用材质，设置“漫反射”通道贴图为Ch15/Maps/sc-080.jpg文件，参数设置如图15-41所示。

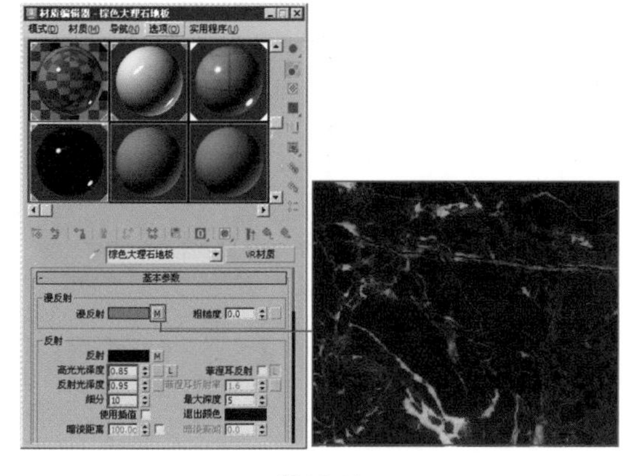

图15-41

步骤13 打开“贴图”卷展栏，在“反射”通道中添加一张“衰减”贴图，设置前通道颜色为黑色，设置侧通道颜色为蓝色，设置衰减类型为Fresnel，具体参数设置如图15-42所示。

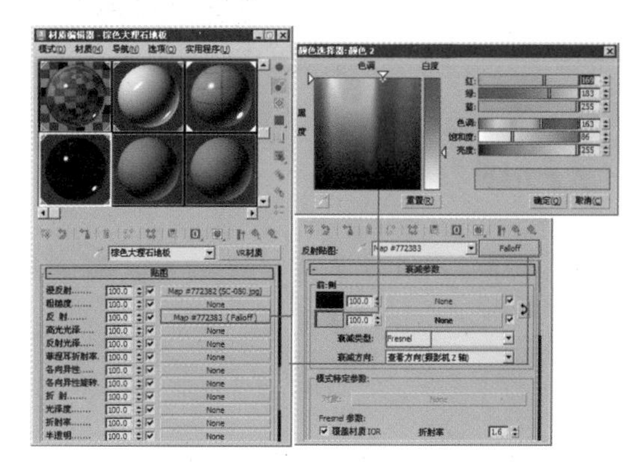

图15-42

步骤14 单击按钮返回上层，设置“凹凸”通道贴图为Ch15/Maps/贴图7.jpg文件，设置贴图强度为20，参数设置如图15-43所示。

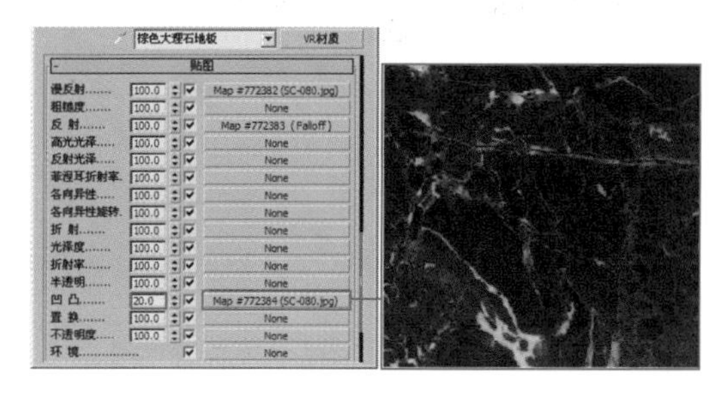

图15-43

步骤15 设置地毯材质。打开材质编辑器，选择一个空白的材质球，设置材质样式为“VR材质”专用材质，设置“漫反射”通道贴图为Ch15/Maps/sa-persianepicmultia.jpg文件，参数设置如图15-44所示。

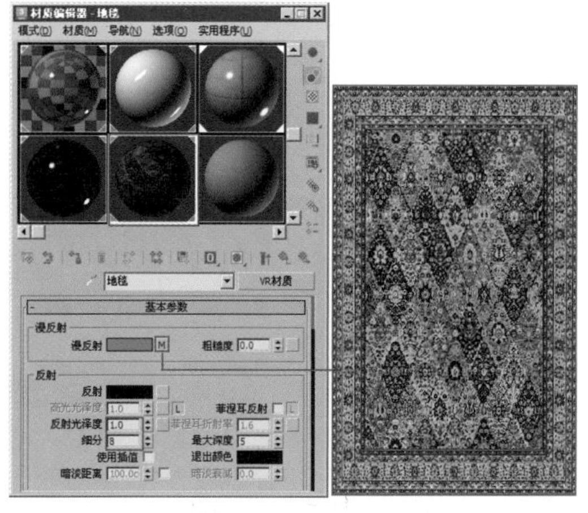

图15-44

步骤16 打开“贴图”卷展栏，设置“凹凸”通道贴图为Ch15/ Maps/sa-persianepicmultia.jpg文件，设置贴图强度为100，参数设置如图15-45所示。

图 15-45

步骤17 将所设置的材质赋予墙体和地面模型，渲染效果如图 15-46 所示。

图 15-46

15.2.2 设置窗帘材质

窗帘材质分为白色窗帘材质、浅蓝色窗帘材质和紫色窗帘材质。

步骤01 设置白色窗帘材质。打开材质编辑器，选择一个空白的材质球，设置材质样式为“VR双面材质”专用材质，如图 15-47 所示。

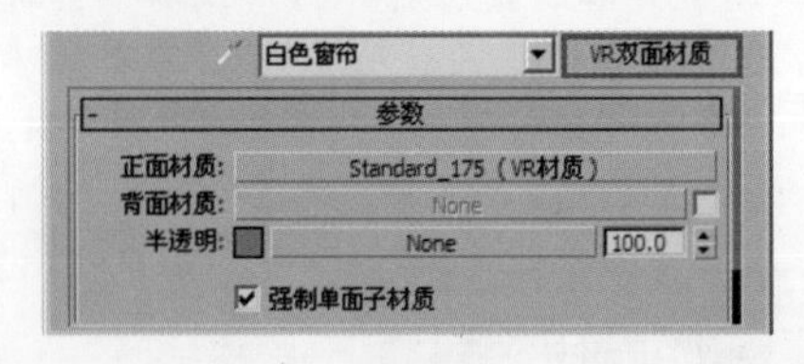

图 15-47

步骤02 设置“正面材质”部分材质。设置材质样式为“VR材质”专用材质，设置“漫反射”颜色为白色，具体参数设置如图 15-48 所示。

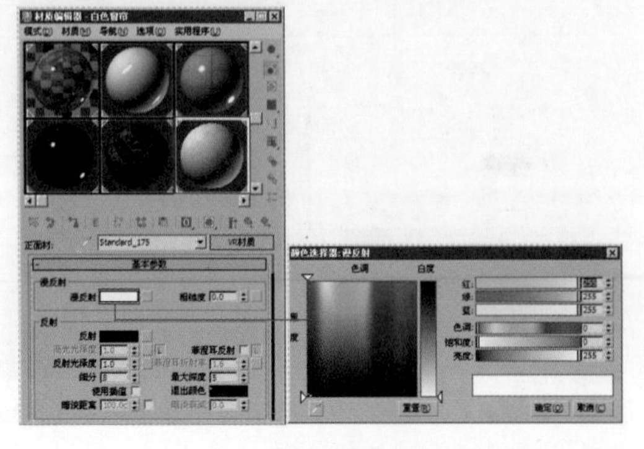

图 15-48

步骤03 打开“贴图”卷展栏，在“折射”通道中添加一张“混合”贴图，在“颜色#1”通道中添加一张“衰减”贴图，设置前通道颜色为黑色，设置侧通道颜色为灰色，设置“衰减类型”为Fresnel，并调节混合曲线到如图 15-49 所示的位置。

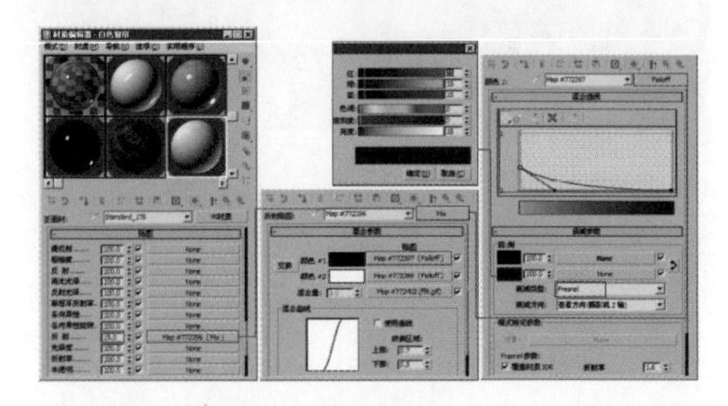

图 15-49

步骤04 在“颜色#2”通道中添加一张“衰减”贴图，设置前通道贴图为Ch15/Maps/ff8.gif文件，设置侧通道颜色为灰色，设置“衰减类型”为Fresnel，并调节混合曲线到如图 15-50 所示的位置。

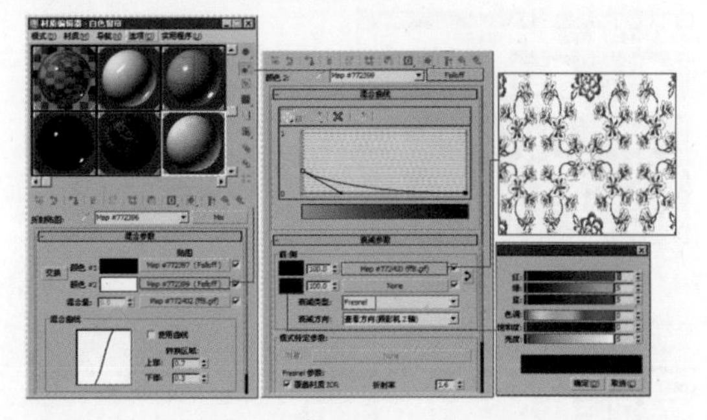

图 15-50

步骤05 设置“混合量”通道贴图为Ch15/Maps/ff8.gif文件，设置“折射”贴图强度为15，具体参数设置如图 15-51 所示。

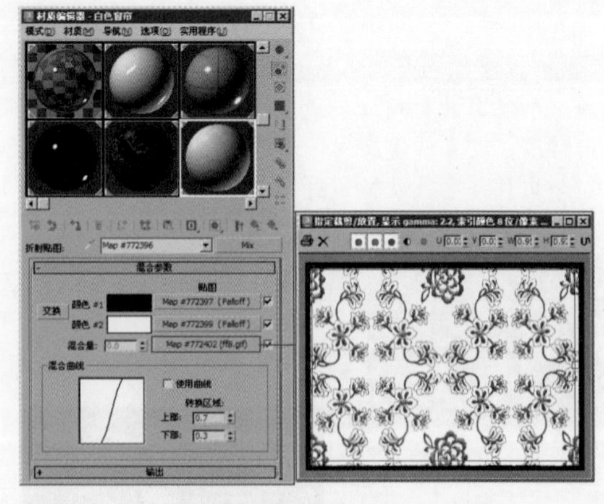

图 15-51

步骤06 单击按钮返回最上层，设置“凹凸”通道贴图为Ch15/Maps/ff8.gif文件，设置贴图强度为30；在环境通道中添加一张输出贴图，设置输出量为3.0，具体参数设置如图 15-52 所示。

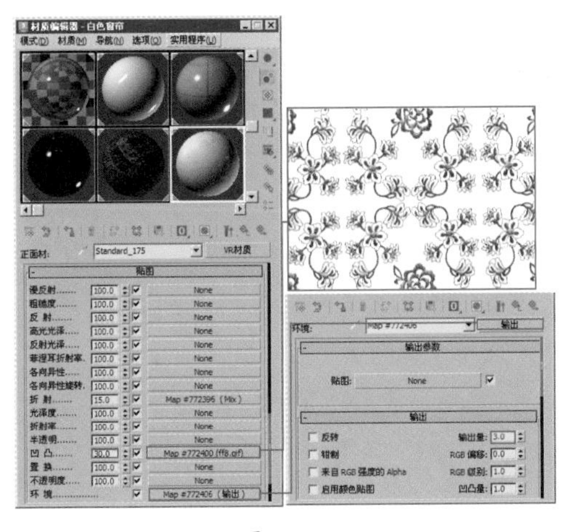

图 15-52

步骤07 设置紫色窗帘材质。打开材质编辑器，选择一个空白的材质球，设置材质样式为“VR材质”专用材质，设置“漫反射”颜色为紫色，参数设置如图15-53所示。

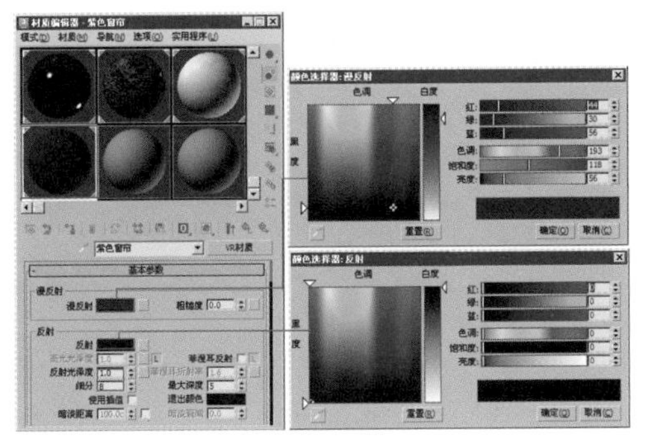

图 15-53

步骤08 打开“贴图”卷展栏，在“折射”通道中添加一张“衰减”贴图，设置前通道颜色为黑色，设置侧通道颜色为灰色，并调节混合曲线，设置“折射”贴图强度为100，参数如图15-54所示。

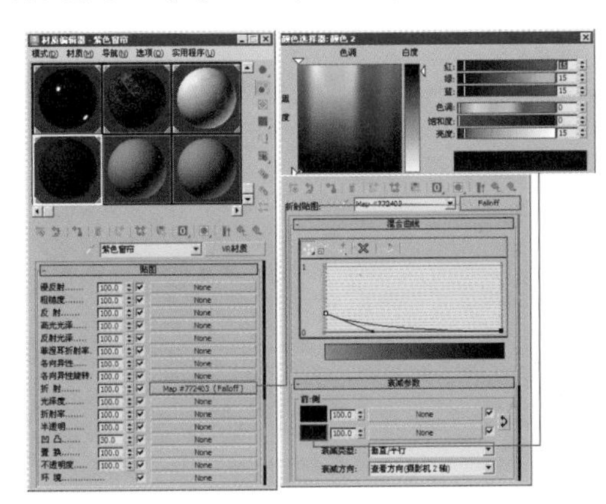

图 15-54

步骤09 设置浅蓝色窗帘材质。打开材质编辑器，选择一个空白的材质球，设置材质样式为“VR材质”专用材质，设置“漫反射”颜色为浅蓝色，参数设置如图15-55所示。

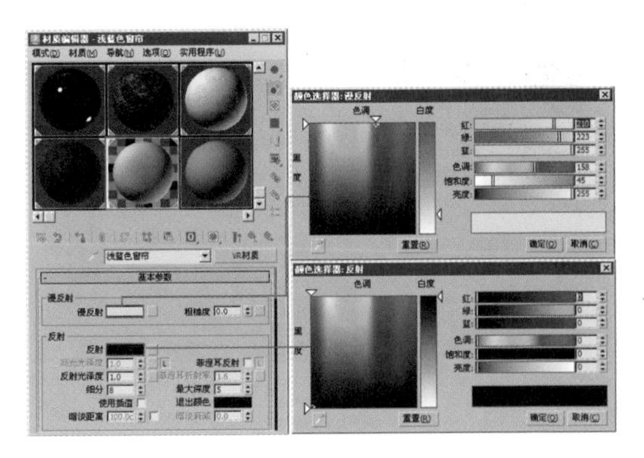

图 15-55

步骤10 打开“贴图”卷展栏，在“折射”通道中添加一张“衰减”贴图，设置前通道颜色为黑色，设置侧通道颜色为灰色，并调节混合曲线，设置“折射”贴图强度为100，参数设置如图15-56所示。

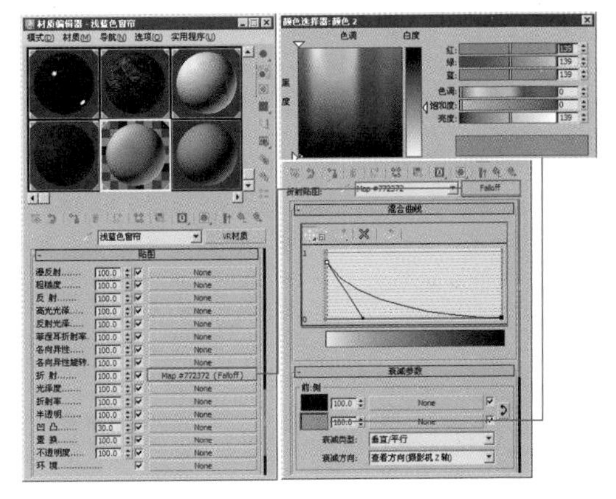

图 15-56

步骤11 将所设置的材质赋予窗帘模型，渲染效果如图15-57所示。

图 15-57

15.2.3 设置沙发材质

沙发材质包括白色亚光漆材质、皮革材质和布料靠垫材质。

步骤01 设置白色亚光漆材质。打开材质编辑器，选择一个空白的材质球，设置材质样式为“VR材质”专用材质，设置“漫反射”颜色为白色，设置“反射”区域中的参数，如图15-58所示。

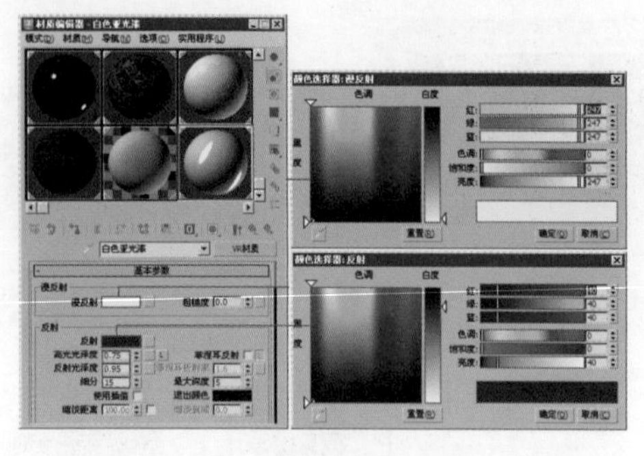
图 15-58

步骤02 打开“双向反射分布函数”卷展栏，参数设置如图15-59所示。

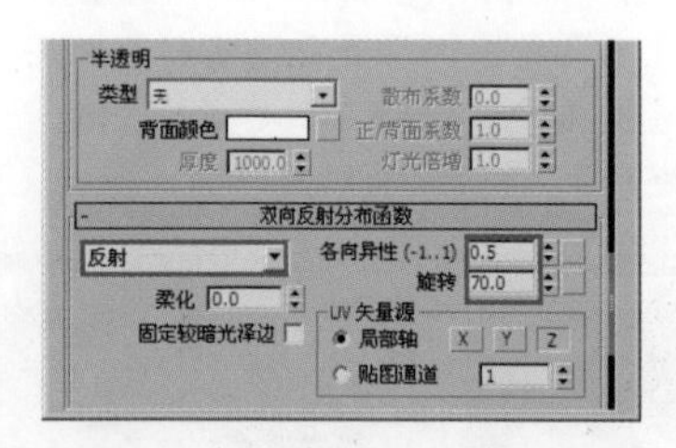

图 15-59

步骤03 设置皮革材质。打开材质编辑器，选择一个空白的材质球，设置材质样式为“VR材质”专用材质，设置“漫反射”颜色为白色，设置“反射”区域中的参数，如图15-60所示。

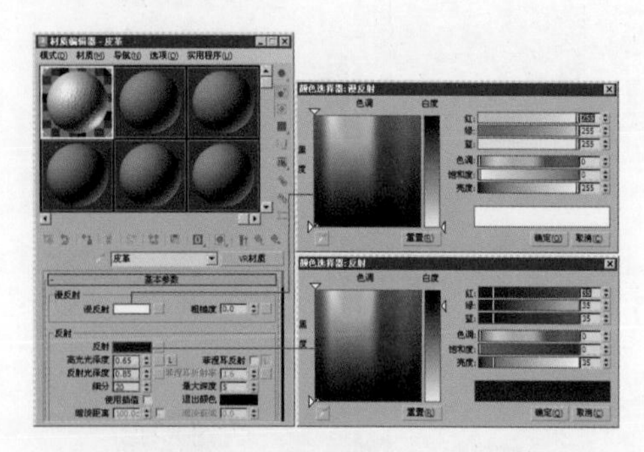
图 15-60

步骤04 打开“贴图”卷展栏，设置“凹凸”通道贴图为Ch15/Maps/leather_bump.jpg文件，设置贴图强度为30，参数设置如图15-61所示。

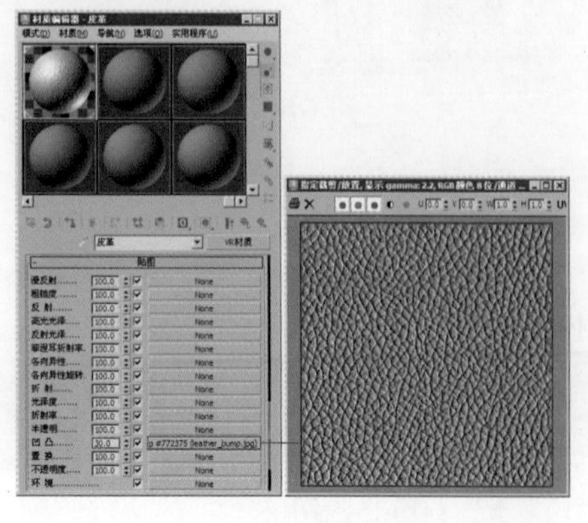
图 15-61

步骤05 打开“双向反射分布函数”卷展栏，参数设置如图15-62所示。

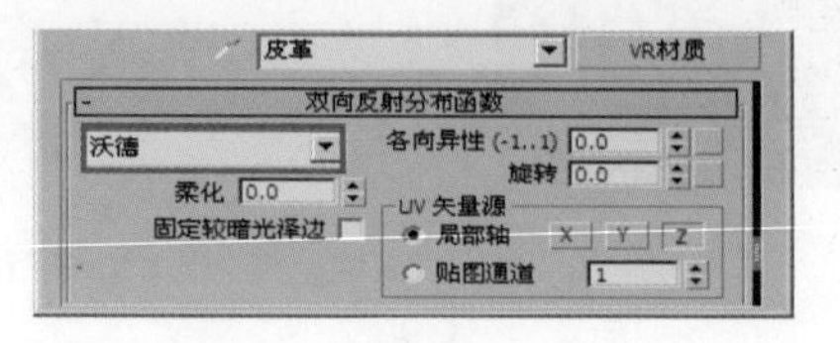

图 15-62

步骤06 设置靠垫材质。打开材质编辑器，选择一个空白的材质球，设置材质样式为“VR材质”专用材质，在“漫反射”通道中添加一张“衰减”贴图，设置前通道贴图为Ch15/Maps/bwS-028.jpg文件，设置侧通道颜色为白色，设置“衰减类型”为Fresnel，并设置“反射”区域中的参数，如图15-63所示。

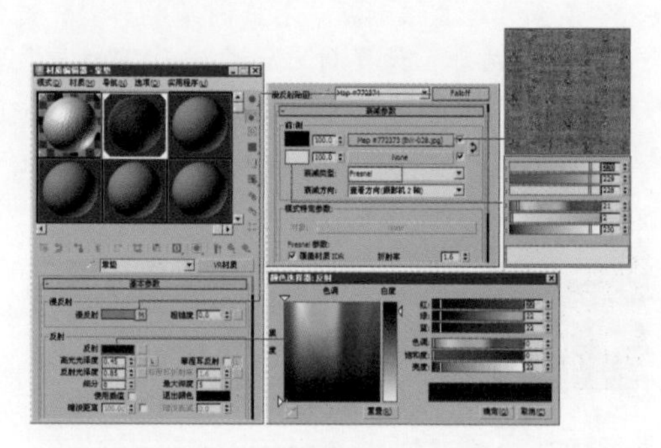
图 15-63

知识拓展

使用“高光光泽度”参数可控制VRay材质的高光状态。在默认情况下，当L按钮为按下状态时，“高光光泽度”处于非激活状态。在其他参数不变的条件下，反射颜色决定高光颜色。当L按钮弹起时，“高光光泽度”选项被激活，此时高光效果由该选项控制，不再受模糊反射的控制。

步骤07 打开“贴图”卷展栏，设置“凹凸”通道贴图为Ch15/Maps/bw-028.jpg文件，设置贴图强度为70，参数设置如图15-64所示。

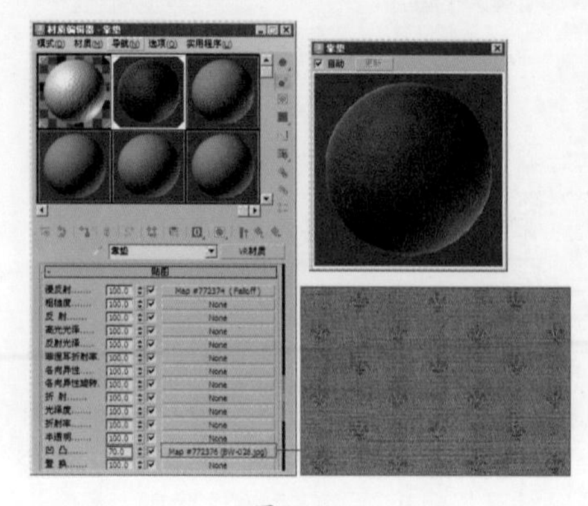
图 15-64

步骤08 将所设置的材质赋予沙发模型，渲染效果如图15-65所示。

图15-65

15.2.4 设置坐垫和木质材质

步骤01 设置紫色坐垫材质。打开材质编辑器，选择一个空白的材质球，设置材质样式为“VR材质”专用材质，在“漫反射”通道中添加一张“衰减”贴图，在前通道中添加一张“噪波”贴图，设置“大小”值为0.5；设置侧通道颜色为紫色，设置“衰减类型”为Fresnel，具体参数设置如图15-66所示。

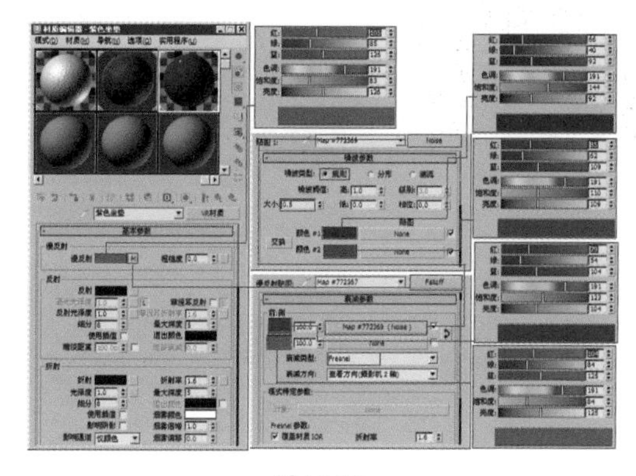

图15-66

步骤02 打开“贴图”卷展栏，在“凹凸”通道中添加一张“噪波”贴图，设置“大小”值为3.0，设置贴图强度为40，参数设置如图15-67所示。

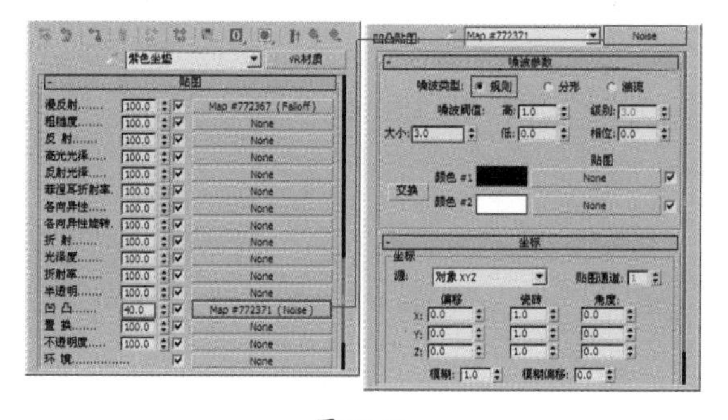

图15-67

步骤03 设置红色木质材质。打开材质编辑器，选择一个空白的材质球，设置材质样式为“VR材质”专用材质，设置“漫反射”通道贴图为Ch15/Maps/arch39_007.jpg文件，参数设置如图15-68所示。

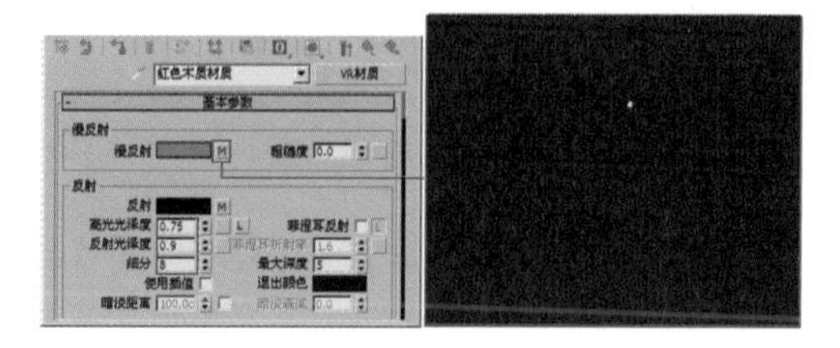

图15-68

步骤04 打开“贴图”卷展栏，在“反射”通道中添加一张“衰减”贴图，设置前通道颜色为黑色，设置侧通道颜色为蓝色，设置“衰减类型”为Fresnel，参数设置如图15-69所示。

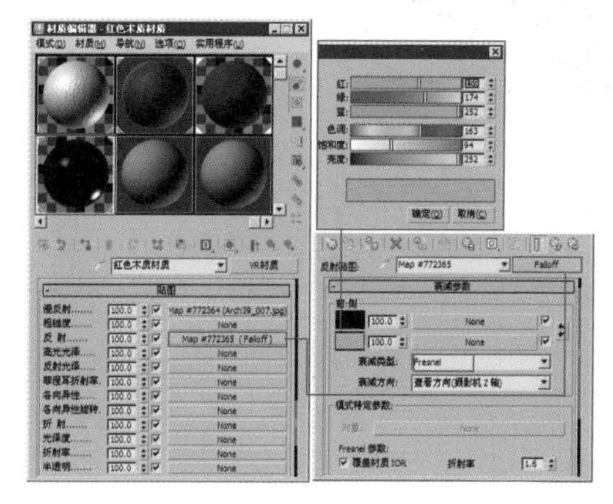

图15-69

步骤05 单击按钮返回最上层，设置“凹凸”通道贴图为Ch15/Maps/arch39_007.jpg文件，设置贴图强度为40，参数设置如图15-70所示。

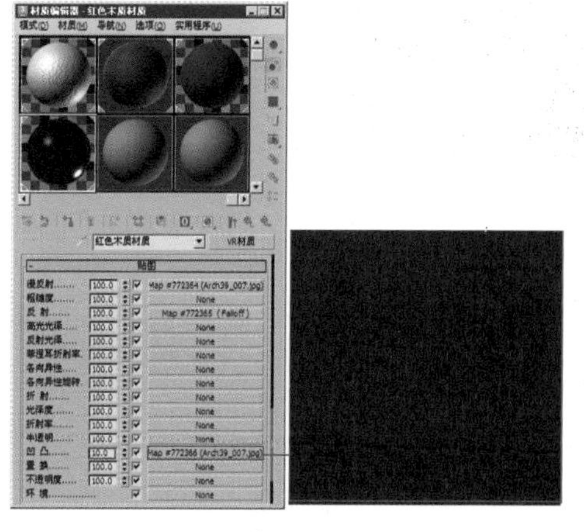

图15-70

步骤06 将所设置的材质赋予对应的模型，渲染效果如图15-71所示。

图15-71

15.2.5 设置炉壁和香炉材质

炉壁材质为白色大理石材质，香炉材质为不锈钢材质。

步骤01 设置炉壁材质。打开材质编辑器，选择一个空白的材质球，设置材质样式为“VR材质”专用材质，设置“漫反射”通道贴图为Ch15/Maps/sc-048.jpg文件，参数设置如图15-72所示。

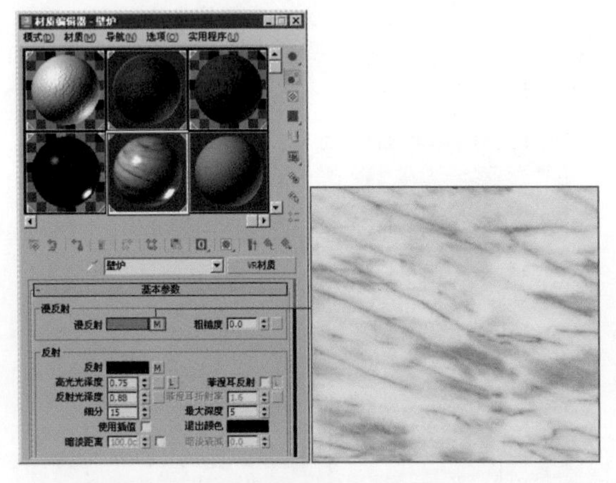

图15-72

步骤02 打开“贴图”卷展栏，在“反射”通道中添加一张“衰减”贴图，设置前通道颜色为黑色，设置侧通道颜色为浅蓝色，设置“衰减类型”为Fresnel，参数设置如图15-73所示。

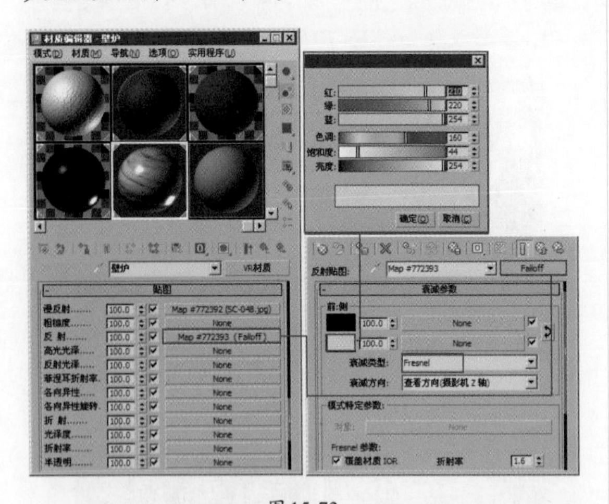

图15-73

步骤03 单击按钮返回最上层，设置“凹凸”通道贴图为Ch15/Maps/sc-048.jpg文件，设置贴图强度为40，参数设置如图15-74所示。

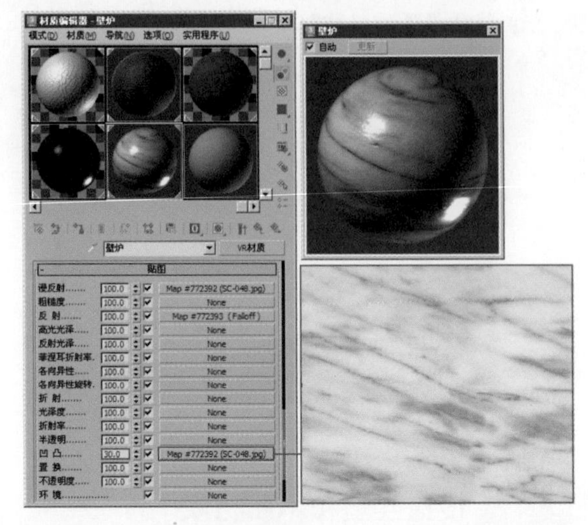

图15-74

步骤04 设置不锈钢材质。打开材质编辑器，选择一个空白的材质球，设置材质样式为“VR材质”专用材质，设置“漫反射”颜色为灰色，设置“反射”区域中的参数，如图15-75所示。

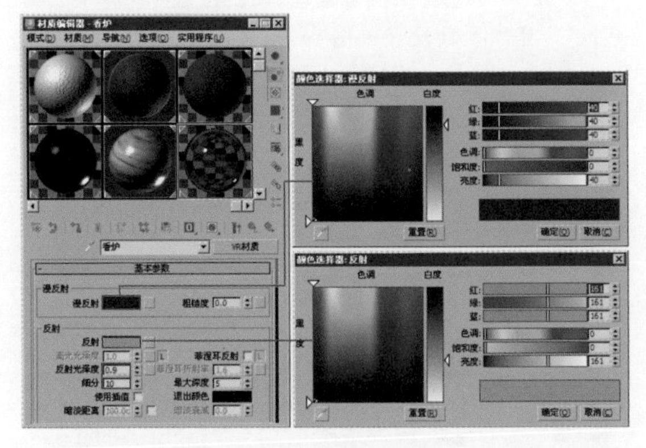

图15-75

步骤05 将所设置的材质赋予炉壁和香炉模型，渲染效果如图15-76所示。

图15-76

15.2.6 设置烛台和蜡烛材质

步骤01 设置烛台材质。打开材质编辑器，选择一个空白的材质球，设置材质样式为“VR材质”专用材质，设置“漫反射”颜色为黄色，设置“反射”区域中的参数，如图15-77所示。

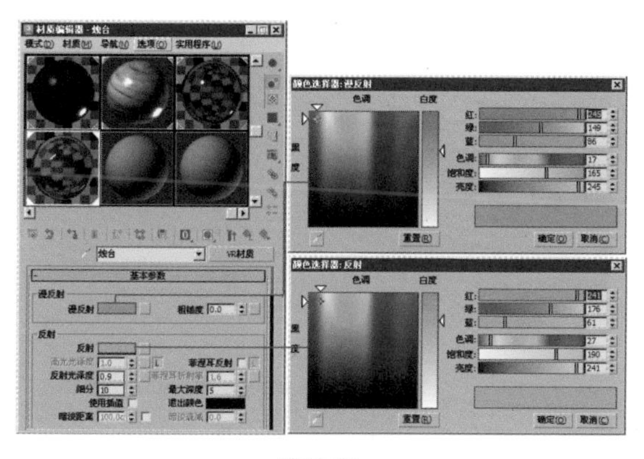

图 15-77

步骤02 打开“双向反射分布函数”卷展栏，参数设置如图15-78所示。

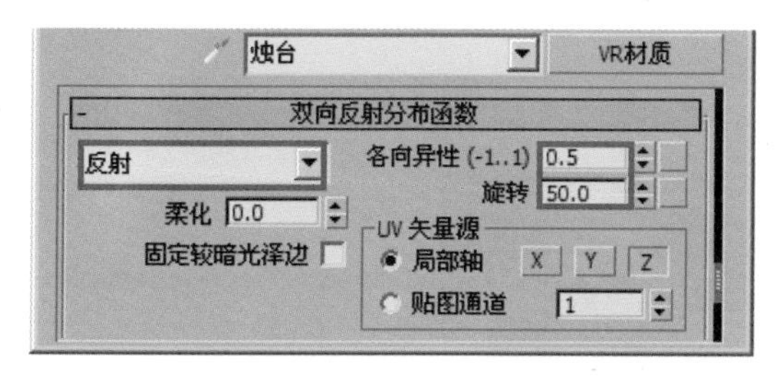

图 15-78

知识拓展

“最大深度”参数定义反射能完成的最大次数。注意，当场景中具有大量的反射/折射表面时，该参数要设置得足够大才会产生真实的效果。

步骤03 设置蜡烛材质。打开材质编辑器，选择一个空白的材质球，设置材质样式为“VR材质”专用材质，设置“漫反射”颜色为白色，设置“反射”区域中的参数，如图15-79所示。

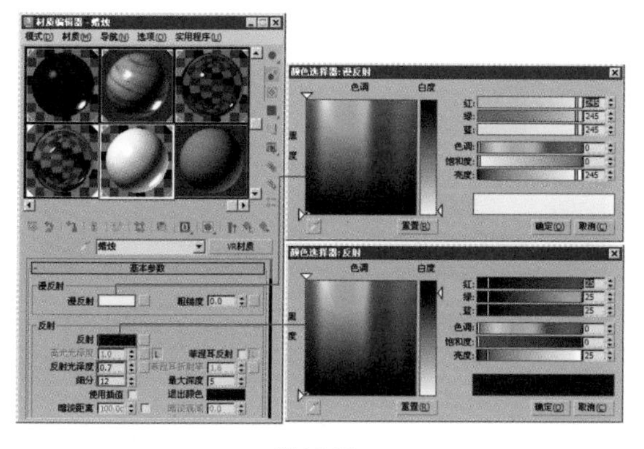

图 15-79

步骤04 设置蜡烛的折射参数和雾色效果，如图15-80所示。

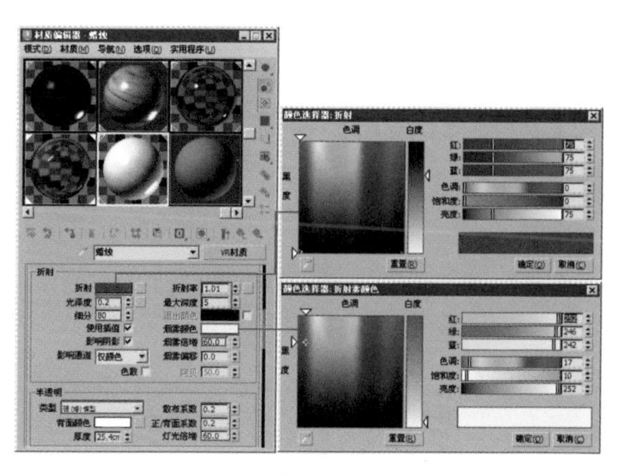

图 15-80

步骤05 将所设置的材质赋予烛台和蜡烛模型，渲染效果如图15-81所示。

图 15-81

15.2.7 设置台灯和花瓶材质

台灯材质包括灯座材质和灯罩材质；花瓶材质包括玻璃材质、水材质、花枝材质和花瓣材质。

步骤01 设置灯座材质。打开材质编辑器，选择一个空白的材质球，设置材质样式为“VR材质”专用材质，设置“漫反射”颜色为灰色，设置“反射”区域中的参数，如图15-82所示。

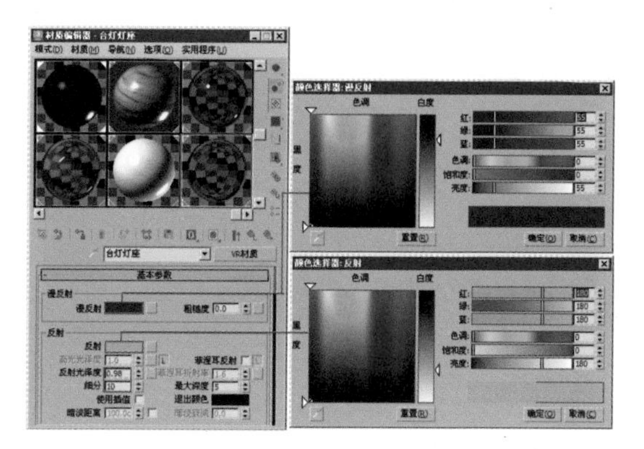

图 15-82

步骤02 设置灯罩材质。打开材质编辑器，选择一个空白的材质球，设置材质样式为“VR材质”专用材质，设置“漫反射”颜色为白色，设置“反射”区域中的参数，如图15-83所示。

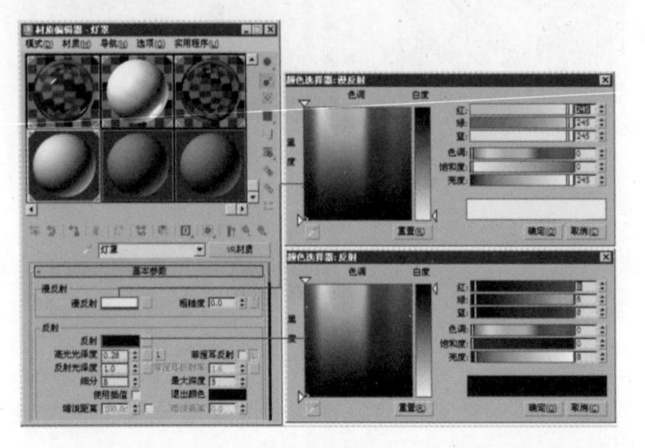

图15-83

步骤03 设置花瓶玻璃材质。打开材质编辑器，选择一个空白的材质球，设置材质样式为“VR材质”专用材质，设置“漫反射”颜色为灰色，勾选“菲涅耳反射”复选框，并设置“反射”区域中的参数，如图15-84所示。

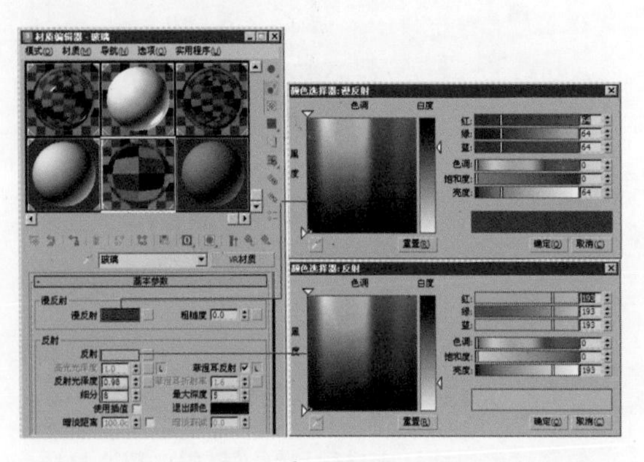

图15-84

步骤04 设置玻璃的折射参数和雾色效果，如图15-85所示。

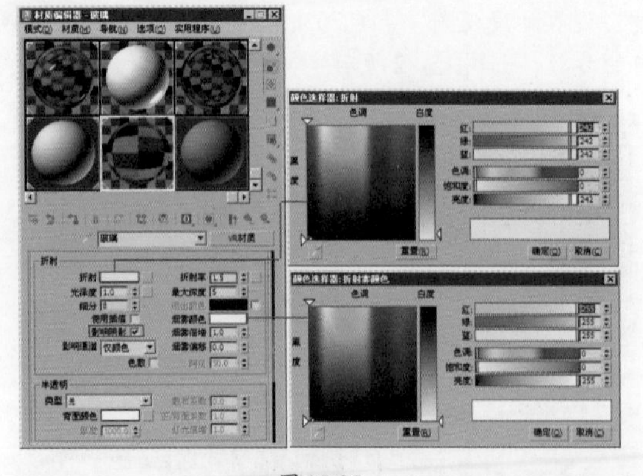

图15-85

步骤05 设置水材质。打开材质编辑器，选择一个空白的材质球，设置材质样式为“VR材质”专用材质，在“漫反射”通道中添加一张“衰减”贴图，设置前通道颜色为蓝色，设置侧通道颜色为白色，勾选“菲涅耳反射”复选框，并设置“反射”区域中的参数，如图15-86所示。

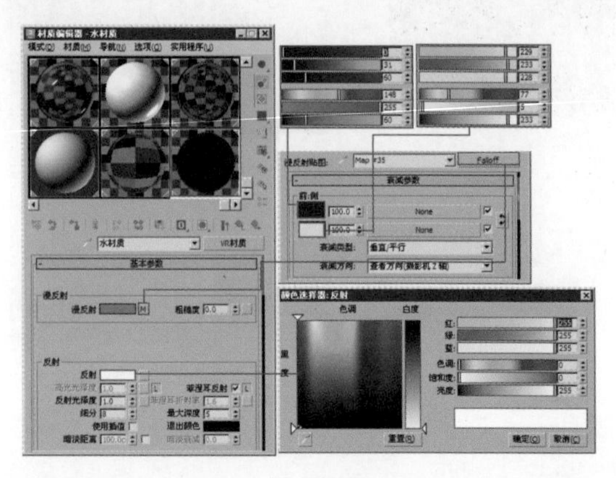

图15-86

步骤06 设置水材质的折射参数和雾色效果，如图15-87所示。

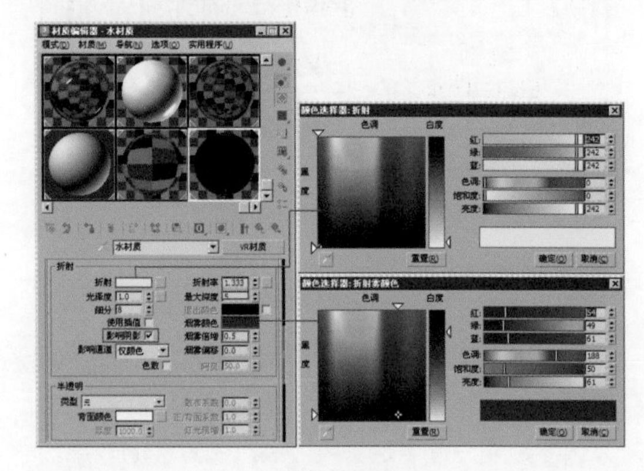

图15-87

步骤07 设置花枝材质。打开材质编辑器，选择一个空白的材质球，设置材质样式为“VR材质”专用材质，设置“漫反射”通道贴图为Ch15/Maps/arch24_leaf-01b.jpg文件，并设置“反射”区域中的参数，如图15-88所示。

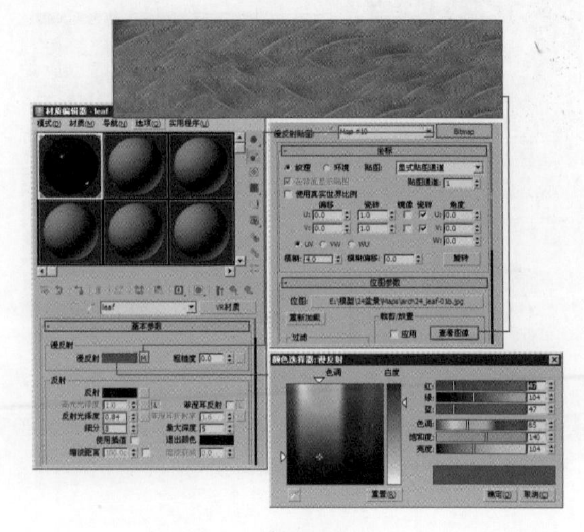

图15-88

步骤08 打开“贴图”卷展栏，设置“凹凸”通道贴图为Ch15/Maps/arch24_leaf 07 bump.jpg文件，设置贴图强度为30，参数设置如图15-89所示。

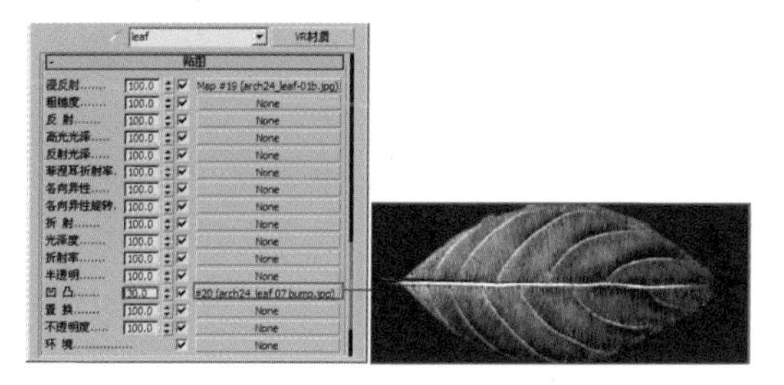

图15-89

步骤09 设置花瓣材质。打开材质编辑器，选择一个空白的材质球，设置材质样式为“VR材质”专用材质，在“漫反射”通道中添加一张“渐变”贴图，设置“颜色#1”通道贴图为Ch15/Maps/arch24_leaf-01-yellow-.jpg文件，设置“颜色#2”通道贴图为Ch15/Maps/arch24_leaf-01-red.jpg文件，设置“颜色#3”通道贴图为Ch15/Maps/arch24_leaf-01-red2.jpg文件，并设置“反射”区域中的参数，如图15-90所示。

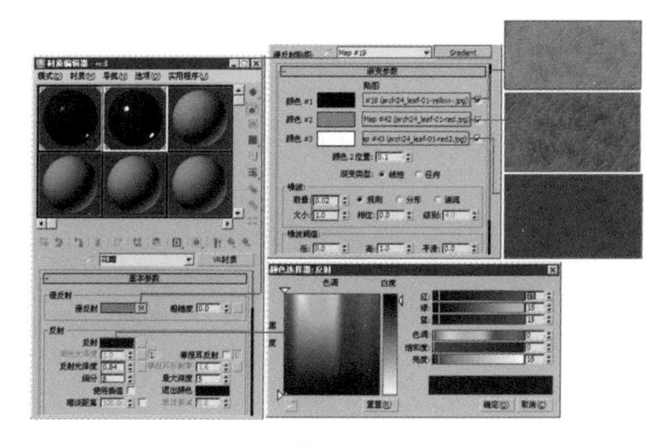

图15-90

步骤10 打开“贴图”卷展栏，设置“折射”通道和“凹凸”通道贴图为Ch15/Maps/arch24_leaf-01-bump.jpg文件，设置“折射”贴图强度为100，设置“凹凸”贴图强度为25，具体参数设置如图15-91所示。

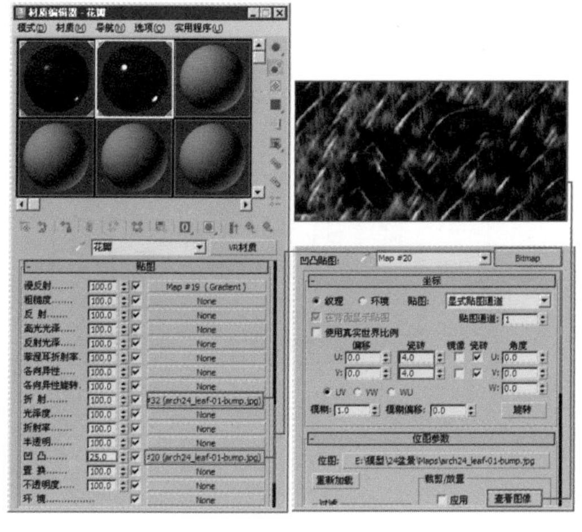

图15-91

步骤11 其他颜色的花瓣材质与此类似，这里就不再赘述了。将所设置的材质赋予台灯和花瓶模型，效果如图15-92所示。

图15-92

15.2.8 设置吊灯材质

吊灯材质包括玻璃灯座材质、灯罩材质和灯泡材质。

步骤01 设置玻璃灯座材质。打开材质编辑器，选择一个空白的材质球，设置材质样式为“VR材质”专用材质。设置“漫反射”颜色为黑色，勾选“菲涅耳反射”复选框，并设置“反射”区域中的参数，如图15-93所示。

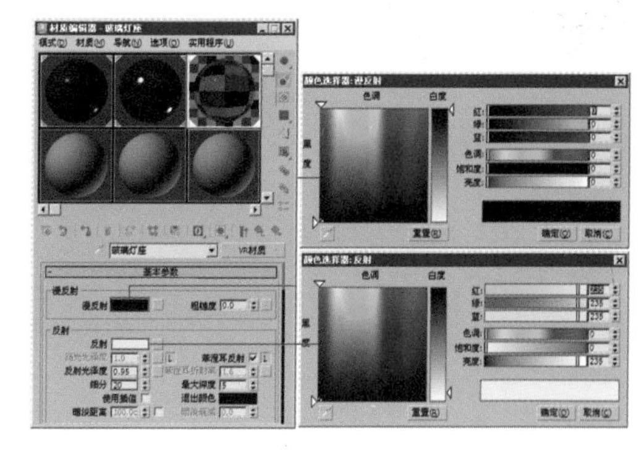

图15-93

步骤02 设置玻璃的折射参数和雾色效果，如图15-94所示。

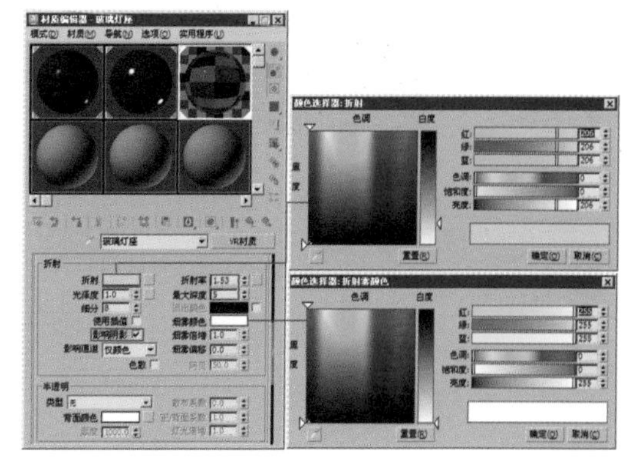

图15-94

步骤03 设置灯罩材质。打开材质编辑器，选择一个空白的材质球，设置材质样式为“VR材质”专用材质。设置“漫反射”颜色为灰色，并设置“反射”区域中的参数，如图15-95所示。

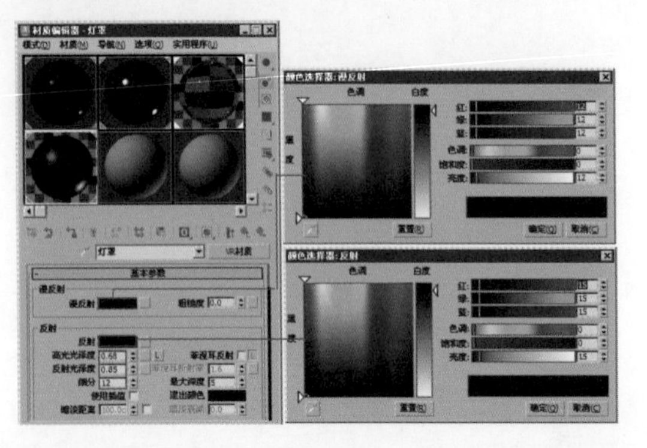

图15-95

步骤04 设置灯泡材质。打开材质编辑器，选择一个空白的材质球，设置材质样式为“VR灯光材质”，在颜色通道中添加一张渐变坡度贴图，参数设置如图15-96所示。

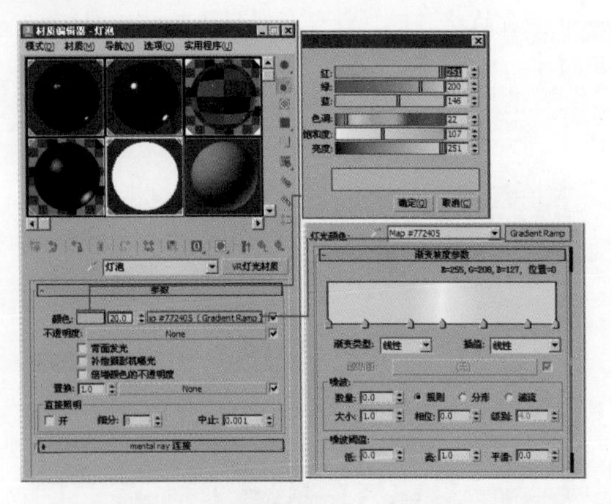

图15-96

步骤05 将所设置的材质赋予吊灯模型，渲染效果如图15-97所示。

图15-97

15.2.9 最终渲染设置

步骤01 按F10键打开“渲染设置”对话框，设置需要的渲染尺寸。在“全局开关”卷展栏中勾选“反射/折射”和“光泽效果”复选框，如图15-98所示。

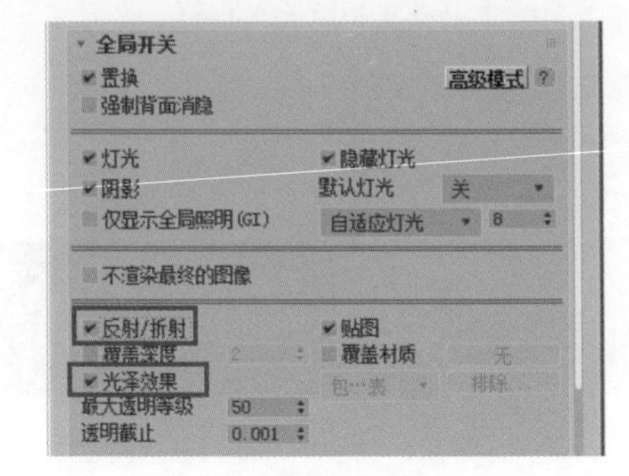

图15-98

步骤02 在“发光贴图”卷展栏中设置高采样值，如图15-99所示。

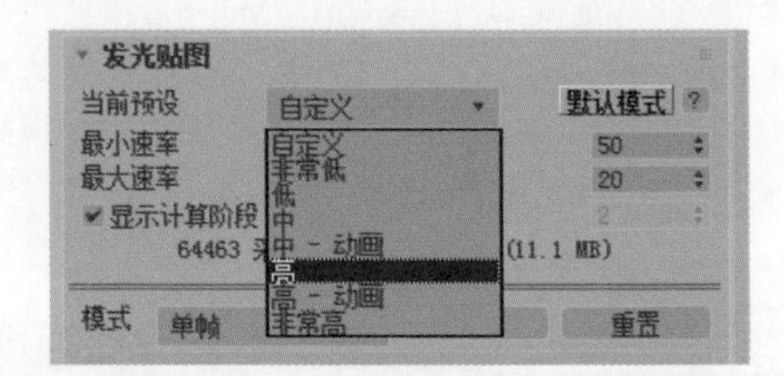

图15-99

步骤03 最终效果如图15-100和图15-101所示。

图15-100

图15-101

3ds Max

第16章 会议室场景渲染

本章导读

本章介绍会议室效果图的制作方法。在制作会议室效果图时，应注重把握其特有的氛围。灯光一般不要太亮，整体灯光的变化应尽量控制得比较柔和。此外，灯光的颜色以暖色为主色调。

学习目标 / 本章重点	了解	理解	应用	实践
设置场景材质	√	√		
设置场景灯光			√	√
后期效果处理		√	√	√

16.1 设置场景材质

会议室场景材质贴图的设置以写实为主，不可以为了追求效果而随意改变物体本身的材质。在设置材质之前，需要与甲方进行充分的沟通，了解材质的颜色、质地等要求。下面将对场景进行材质设置。

如图16-1所示是会议室场景最终渲染效果图。
如图16-2所示为在Photoshop软件中进行后期处理之后的场景最终效果。

图16-1

图16-2

16.1.1 设置天花板材质

步骤01 打开会议室.max文件，为会议室模型，同时在场景中创建多盏目标聚光灯和多盏泛光灯，用来照亮场景空间，并产生逼真的灯光照明效果，如图16-3所示。

图 16-3

步骤02 按M键打开“材质编辑器”，天花板材质为白色的乳胶漆材质，具体参数设置如图16-4所示。

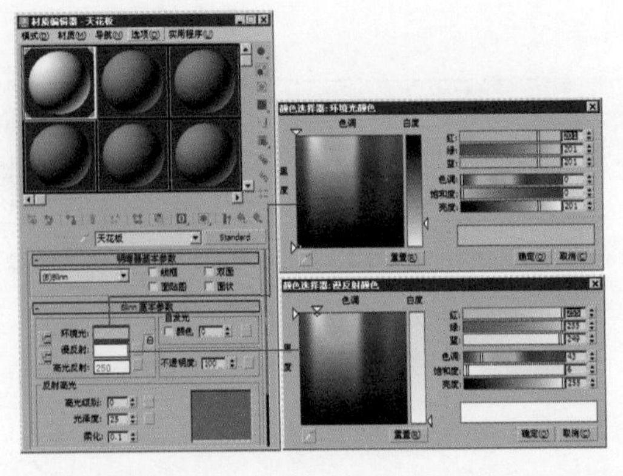

图 16-4

步骤03 设置好天花板材质后，使用快捷键Shirt+Q快速渲染场景，观察材质效果，如图16-5所示。

图 16-5

16.1.2 设置吊灯材质

如图16-6所示，吊灯包括四部分，分别为A支座部分、B链接部分、C拉环部分、D灯罩部分。下面分别设置这四部分的材质。

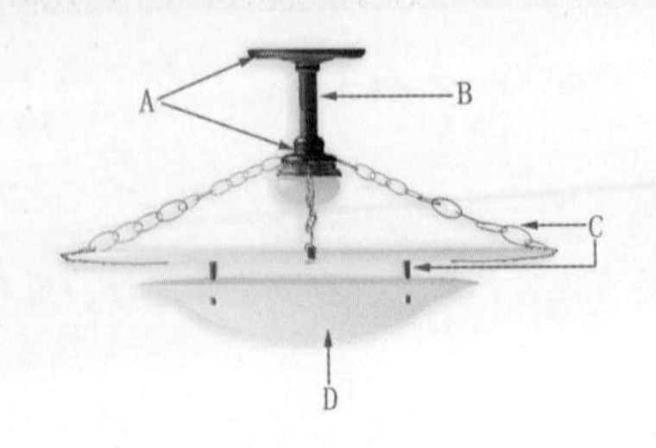

图 16-6

步骤01 按M键打开“材质编辑器”，A支座部分为磨砂金属材质，具体参数设置如图16-7所示。

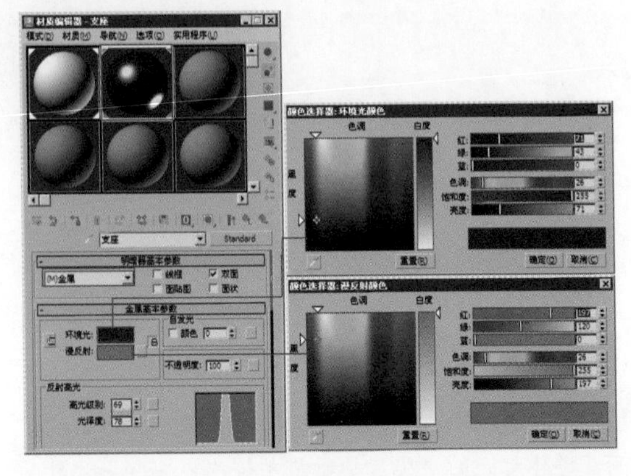

图 16-7

步骤02 打开“贴图”卷展栏，在“凹凸”通道中添加“噪波”贴图，参数设置如图16-8所示。

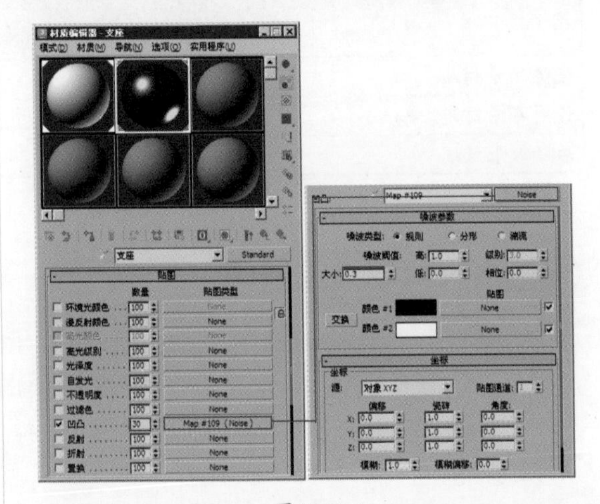

图 16-8

步骤03 选择B链接部分。打开“材质编辑器”，选择一个空白的材质球，设置材质类型为“金属”类型，参数设置如图16-9所示。

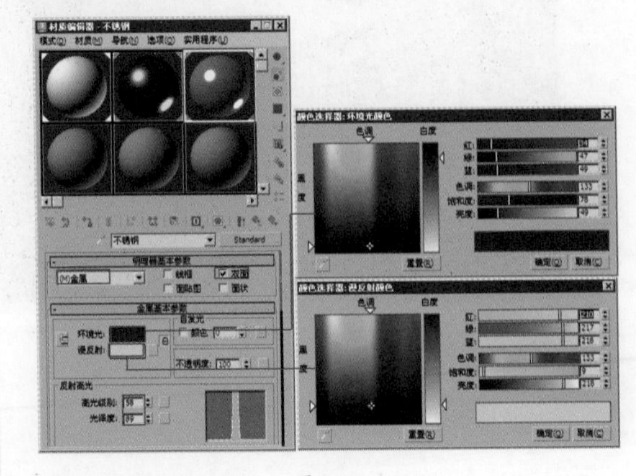

图 16-9

步骤04 打开“贴图”卷展栏，在“反射”通道中添加“光线跟踪”贴图，参数设置如图16-10所示。

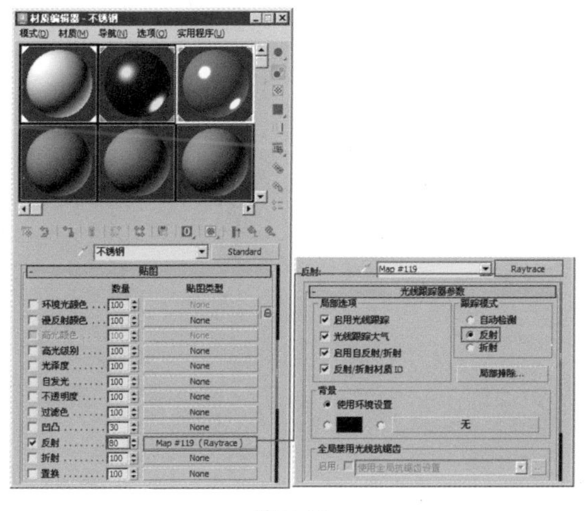

图 16-10

步骤05 C拉环部分为不锈钢材质，设置材质类型为“金属”类型，参数设置如图16-11所示。

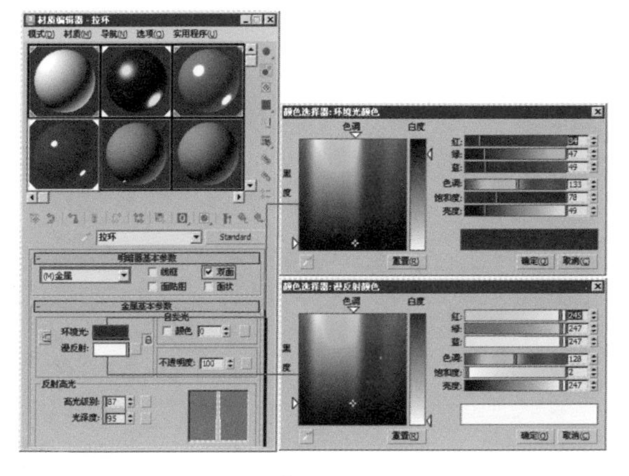

图 16-11

步骤06 打开“贴图”卷展栏，在“反射”通道中添加“光线跟踪”贴图，参数设置如图16-12所示。

图 16-12

知识拓展

金属着色提供效果逼真的金属表面及各种看上去像有机体的材质。对于反射高光，金属着色具有不同的曲线。金属表面还拥有掠射高光。对金属材质计算自己的高光颜色，该颜色可以在材质的漫反射颜色和灯光颜色之间变化。然而，无法设置金属材质的高光颜色。

步骤07 D灯罩部分为标准材质，设置明暗器类型为“Blinn”类型，具体参数设置如图16-13所示。

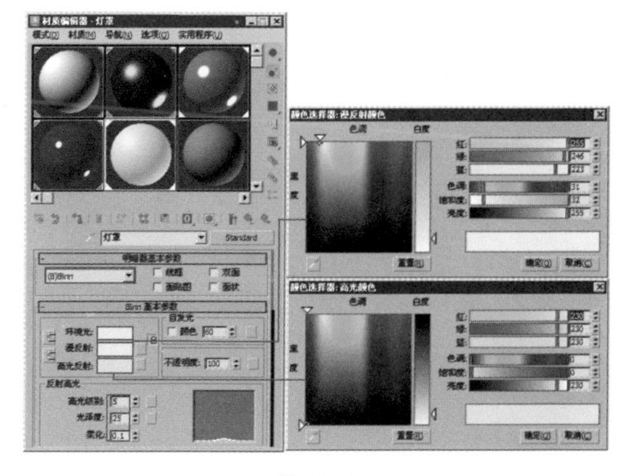

图 16-13

16.1.3 设置墙体材质

步骤01 按M键打开“材质编辑器”，在“漫反射”通道中添加位图，设置位图为Ch17/Maps/木纹.tif文件，如图16-14所示。

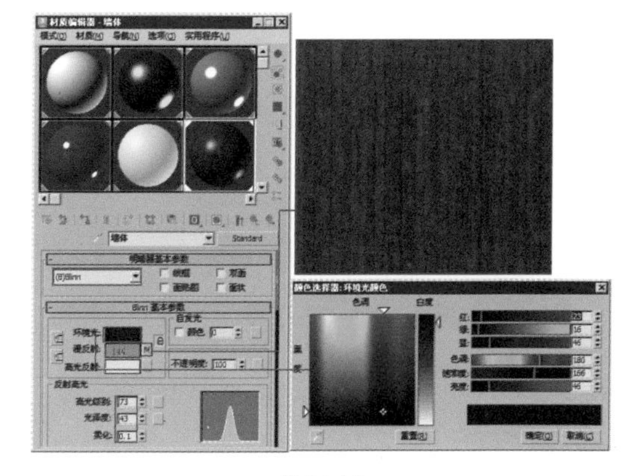

图 16-14

步骤02 打开“贴图”卷展栏，在“反射”通道中添加“光线跟踪”贴图，设置强度为5，使其有轻微的反射，效果如图16-15所示。

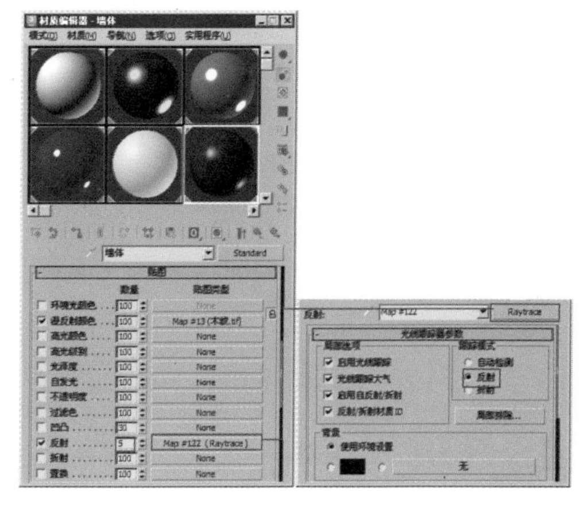

图 16-15

步骤03 设置完成后，渲染场景，观察材质效果，如图16-16所示。

图16-16

16.1.4 设置电视墙材质

电视墙材质包括六部分，这里分别用A、B、C、D、E、F表示，如图16-17所示。下面分别对这六种材质进行设置。

图16-17

步骤01 A部分材质为不锈钢材质。按M键打开“材质编辑器”，设置材质类型为标准材质，设置明暗器类型为“金属”类型，具体参数设置如图16-18所示。

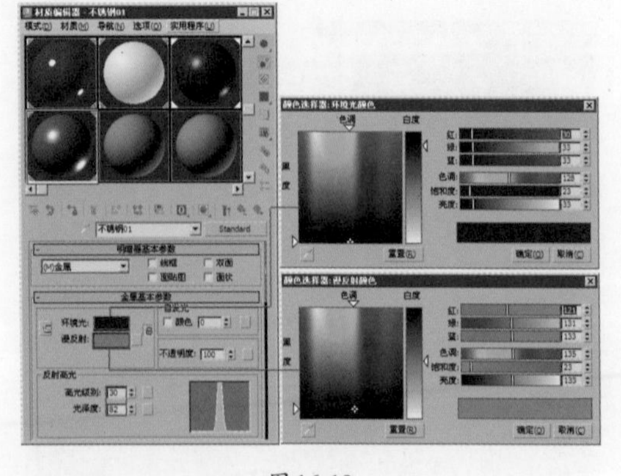

图16-18

步骤02 打开“贴图”卷展栏，在“反射”通道中添加“光线跟踪”贴图，参数设置如图16-19所示。

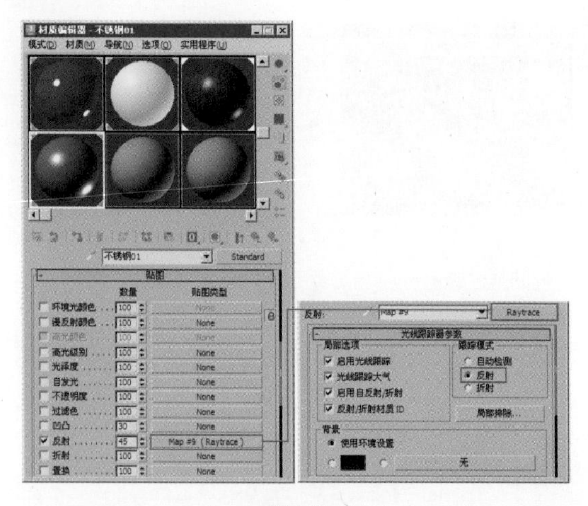

图16-19

步骤03 B部分为一面凹凸不平的乳胶漆墙面材质，其参数设置如图16-20所示。

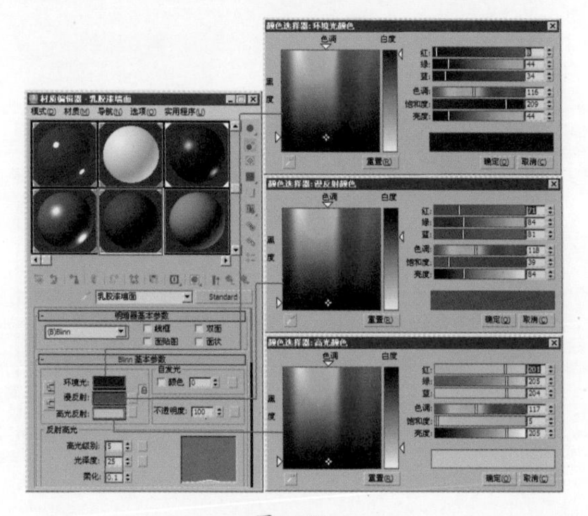

图16-20

步骤04 打开“贴图”卷展栏，在“凹凸”通道中添加一张凹凸贴图，设置贴图为Ch17/Maps//98372-1_2.jpg文件，如图16-21所示。

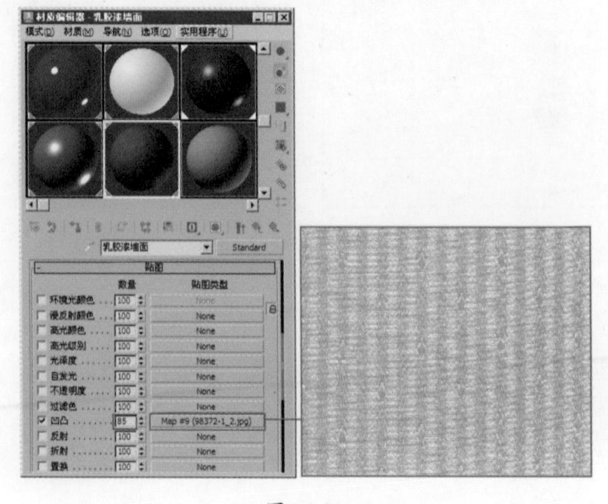

图16-21

步骤05 C部分材质为木纹材质，在“漫反射”通道中为其添加一张木纹贴图，设置贴图为Ch17/Maps/木纹.tif文件，如图16-22所示。

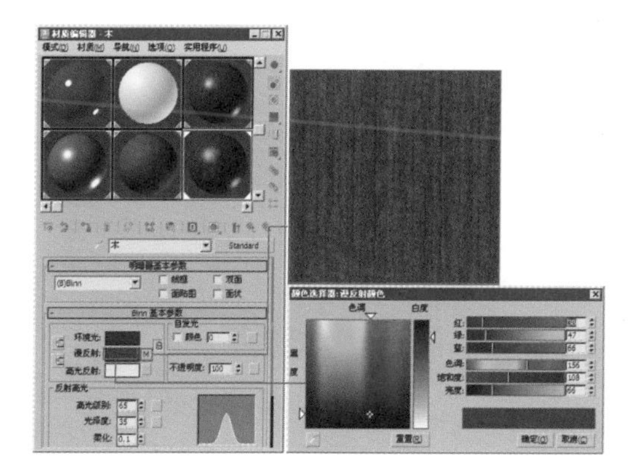

图16-22

步骤06 D部分材质为电视的显示器材质，设置材质样式为标准材质，设置漫反射颜色、环境光颜色和高光级别颜色，具体参数设置如图16-23所示。

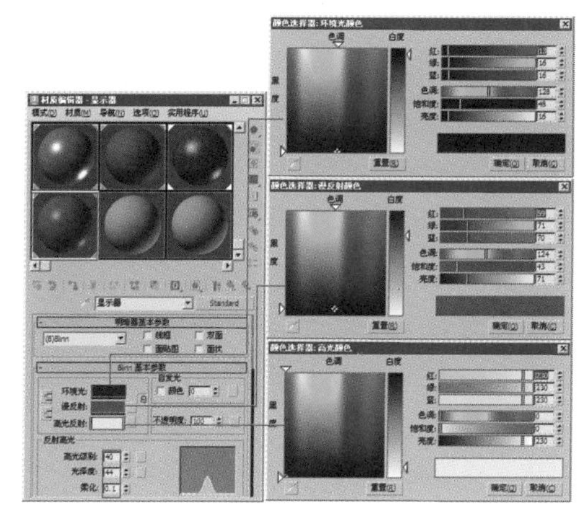

图16-23

步骤07 打开“贴图”卷展栏，在“反射”通道中添加“光线跟踪”贴图，参数设置如图16-24所示。

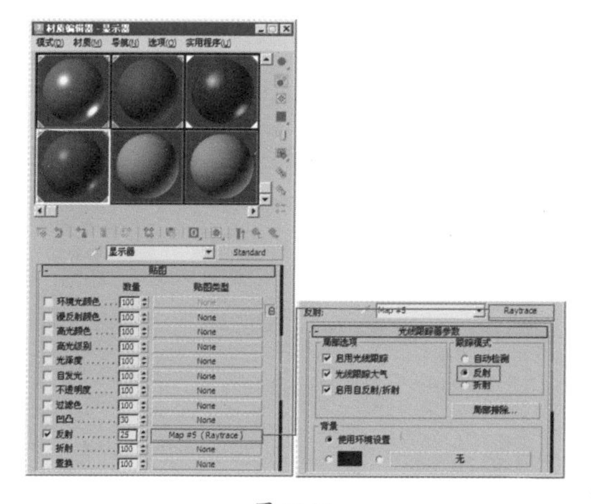

图16-24

步骤08 E部分为电视的音箱材质，设置材质样式为标准材质，设置漫反射颜色、环境光颜色和高光级别颜色，具体参数设置如图16-25所示。

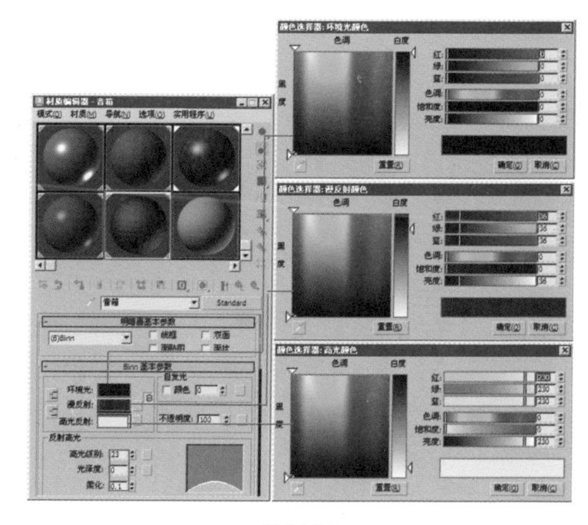

图16-25

步骤09 打开“贴图”卷展栏，在“凹凸”贴图通道中添加一张凹凸贴图，设置贴图为Ch17/Maps/BuYi_087.jpg，设置贴图强度为50，如图16-26所示。

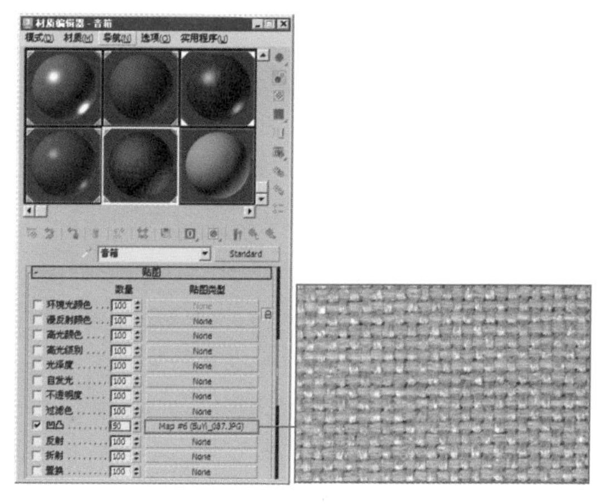

图16-26

步骤10 F部分材质为不锈钢材质，设置材质样式为标准材质，设置漫反射颜色、环境光颜色和高光级别颜色，具体参数设置如图16-27所示。

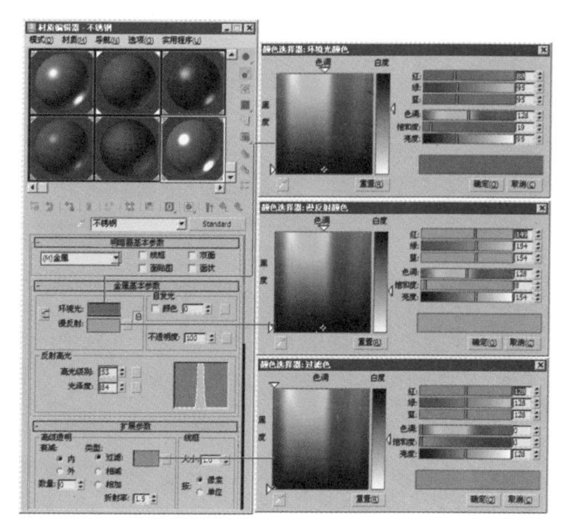

图16-27

步骤11 打开“贴图”卷展栏，在“反射”通道中添加“光线跟踪”贴图，如图16-28所示。

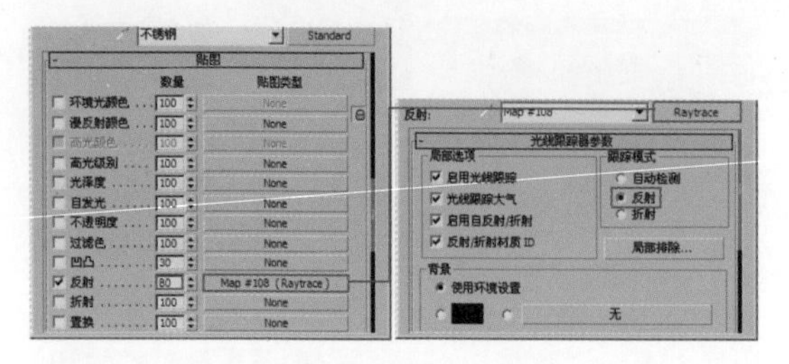

图16-28

16.1.5 设置椅子材质

如图16-29所示，椅子的材质可以分为三部分进行设置。其中A部分为椅子的靠背、B部分为椅子的扶手、C部分为椅子的滚轮。

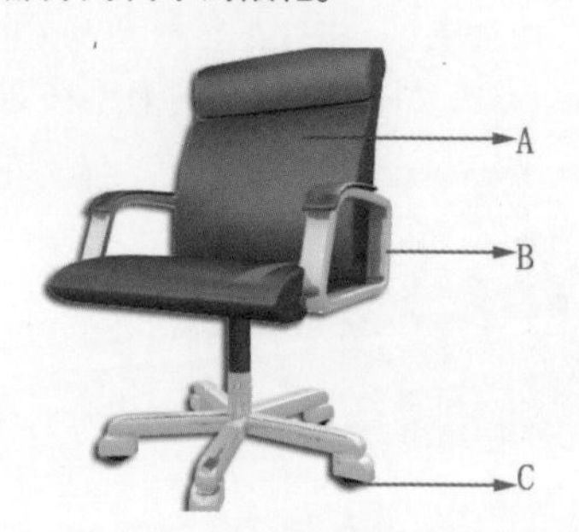

图16-29

步骤01 A部分靠背为真皮材质。按M键打开“材质编辑器”，在“漫反射”通道中添加一张真皮的纹理贴图，设置贴图为Ch17/Maps/PW-007.jpg文件，如图16-30所示。

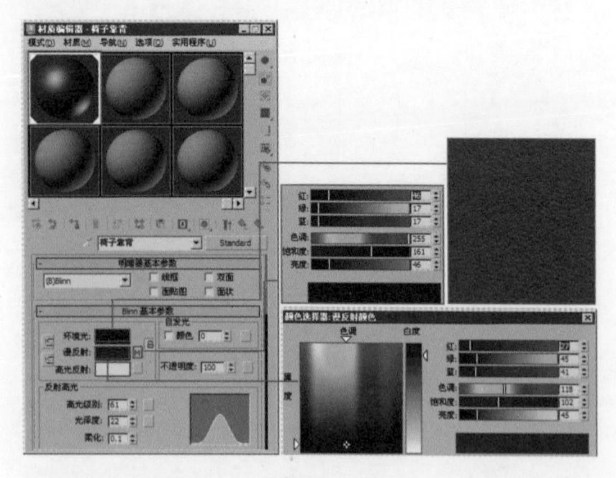

图16-30

步骤02 B部分扶手为不锈钢材质。设置材质样式为标准材质，设置明暗器类型为“金属”类型，设置漫反射颜色、环境光颜色和高光级别颜色，具体参数设置如图16-31所示。

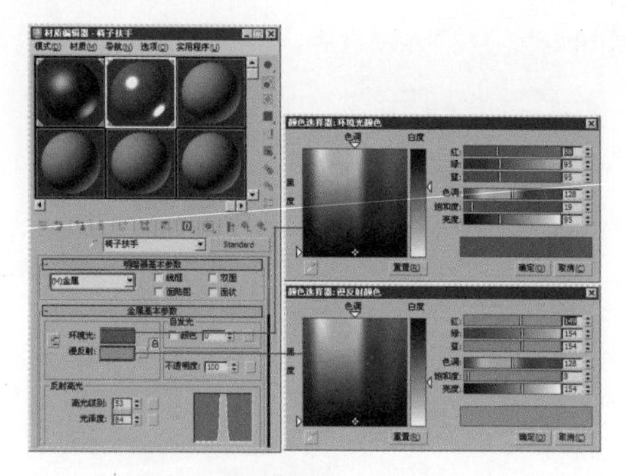

图16-31

步骤03 打开“贴图”卷展栏，在“反射”通道中添加“光线跟踪”贴图，参数设置如图16-32所示。

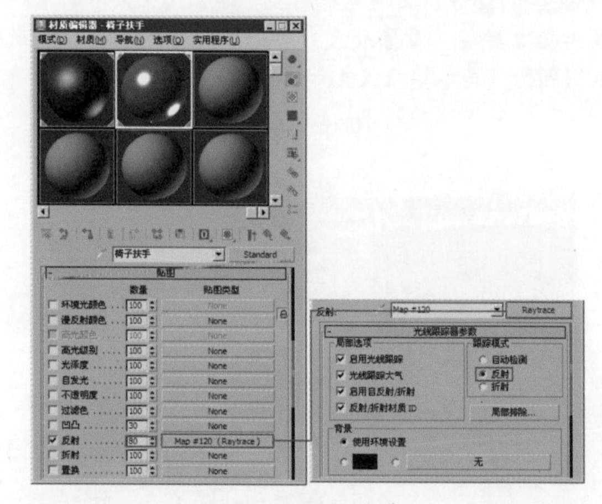

图16-32

步骤04 C部分滚轮材质，设置材质类型为标准材质，设置明暗器类型为“金属”类型，参数设置如图16-33所示。

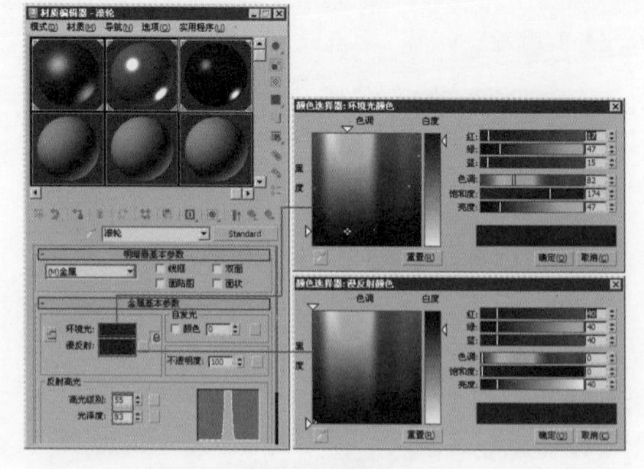

图16-33

16.1.6 制作其他部分材质

步骤01 设置窗户的玻璃材质。按M键打开“材质编辑器”，设置材质类型为“Blinn”类型，在“Blinn基本参数”卷展栏中设置“不透明度”为18，具体参数设置如图16-34所示。

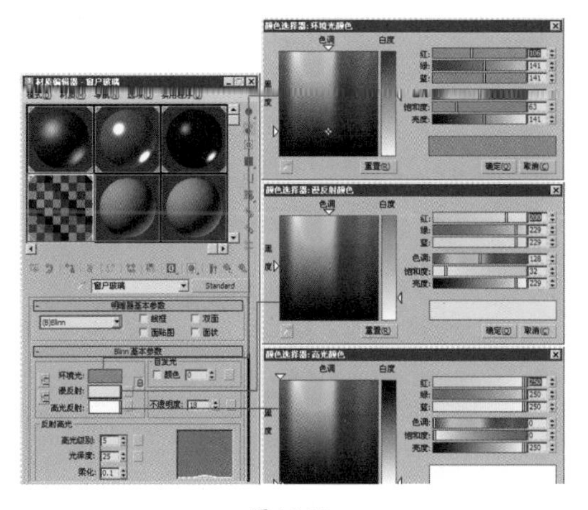

图 16-34

步骤02 设置百叶的材质。设置明暗器类型为“Blinn”类型，具体参数设置如图16-35所示。

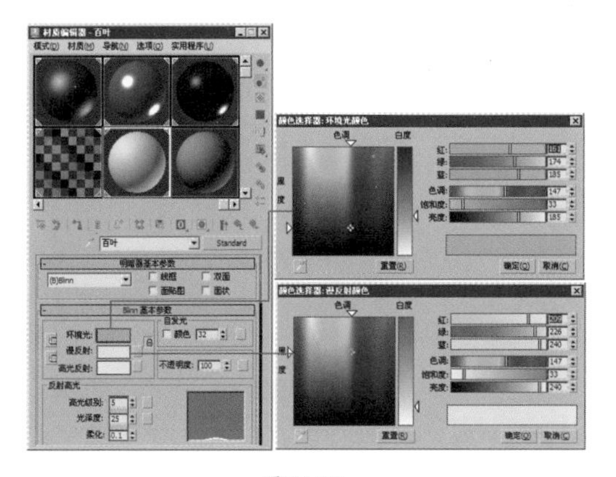

图 16-35

步骤03 设置会议桌材质。设置材质样式为标准材质，设置漫反射颜色、环境光颜色和高光反射颜色，具体参数设置如图16-36所示。

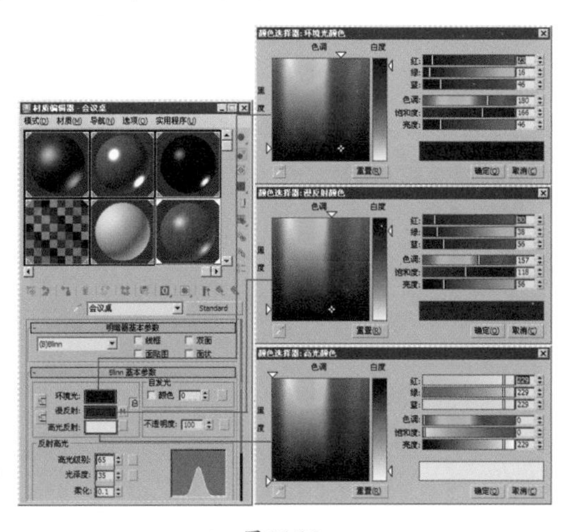

图 16-36

步骤04 按M键打开“材质编辑器”，在“漫反射”贴图通道中添加一张木纹的纹理贴图，设置贴图为CH17/Maps/木纹.tif文件，在“反射”通道添加“光线跟踪”贴图，如图16-37所示。

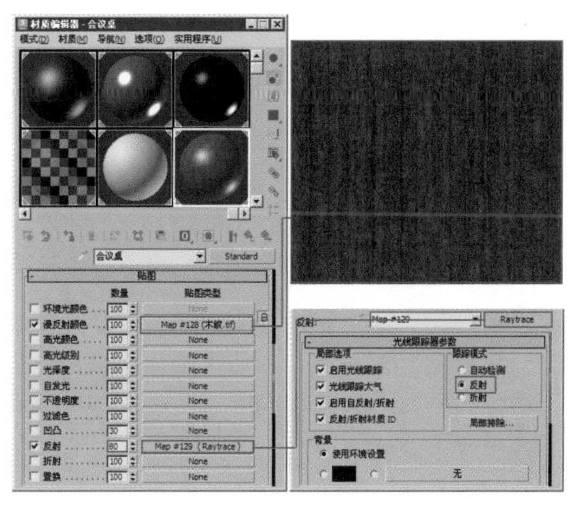

图 16-37

步骤05 使用快捷键Shift+Q对场景进行渲染，会议桌渲染效果如图16-38所示。

图 16-38

步骤06 设置地毯材质。设置材质类型为标准材质，设置漫反射颜色、环境光颜色和高光反射颜色，具体参数设置如图16-39所示。

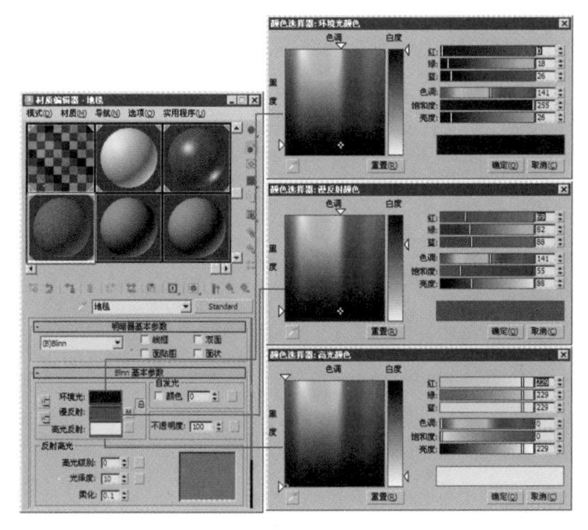

图 16-39

步骤07 打开“材质编辑器”，在“漫反射颜色”通道中添加一张地毯的纹理贴图，设置贴图为Ch17/Maps/ditan.bmp文件，在“反射”通道添加“光线跟踪”贴图，如图16-40所示。

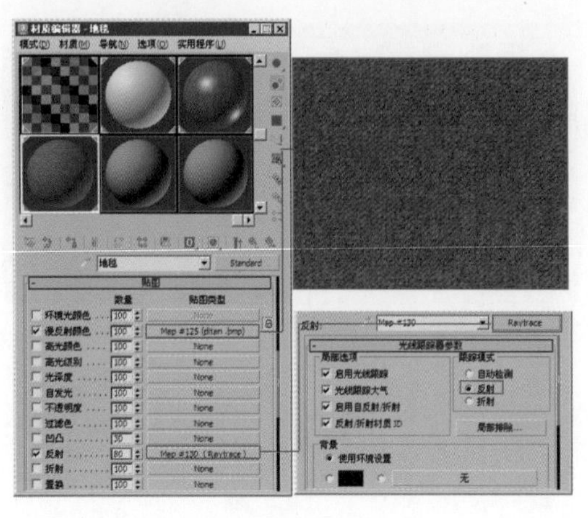

图 16-40

步骤08 使用快捷键Shift+Q对场景进行渲染，地毯渲染效果如图16-41所示。

图 16-41

16.2 设置场景灯光

在设置灯光渲染之前，要确定灯光的次序，一般半封闭的室内表现，首先要确定室外天光的范围，然后确定室内人工光源对环境的影响，最后确定主光源的方向和强度。

16.2.1 制作室外天光

步骤01 打开场景。在“创建”面板中单击“灯光”按钮，在“灯光”面板中单击“泛光”按钮，创建一盏泛光灯，并阵列泛光灯，位置如图16-42所示。

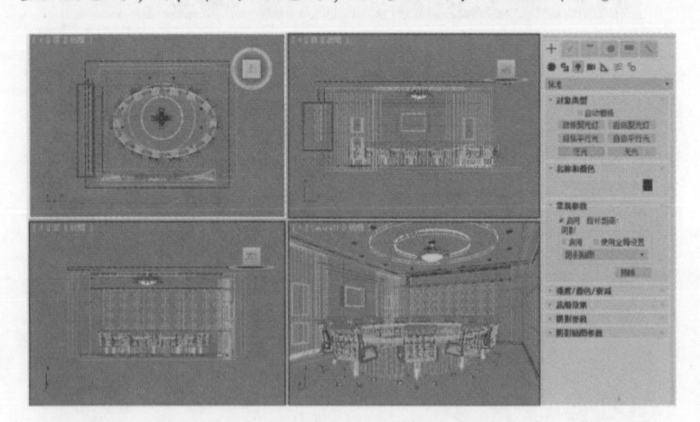

图 16-42

步骤02 设置灯光参数如图16-43所示。

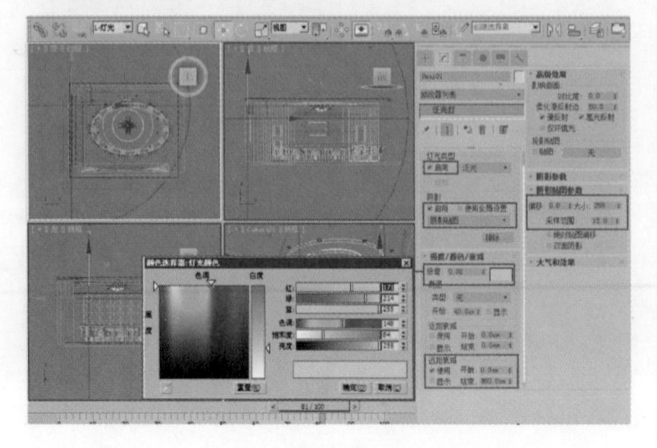

图 16-43

步骤03 渲染效果如图16-44所示，可以看见有了淡淡的蓝色天光。显然灯光的亮度还不够，下面继续以同样的方式进行模拟设置。

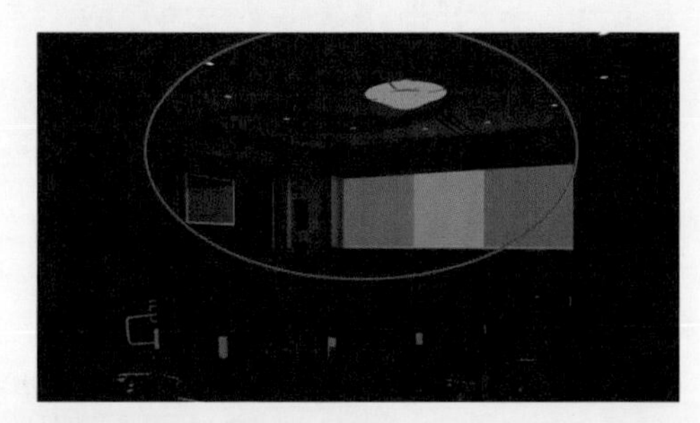

图 16-44

步骤04 继续添加泛光灯，位置如图16-45所示。

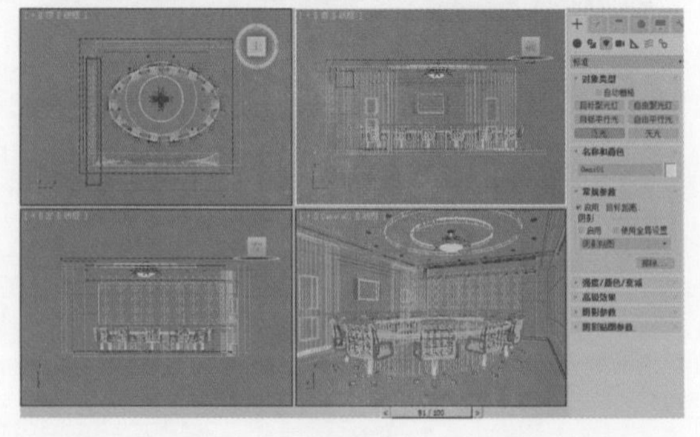

图 16-45

步骤05 这次灯光的参数设置与上一次有所不同，将灯光的强度增大，颜色设置得偏亮一些。参数设置如图16-46所示。

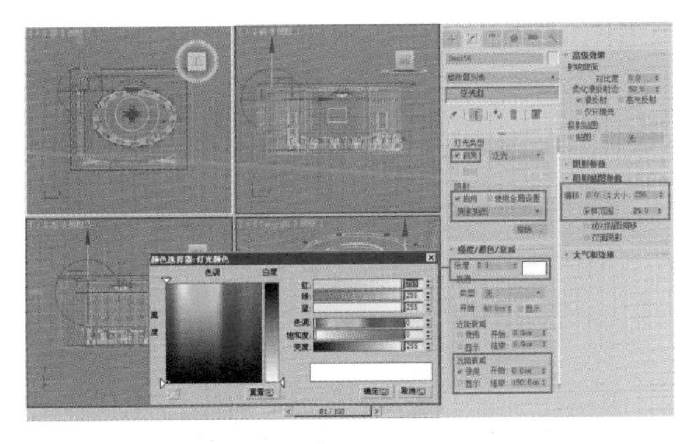

图 16-46

步骤06 渲染测试灯光效果如图16-47所示，可以看到产生了比较柔和的阴影，整体亮度也有所增加。

图 16-47

16.2.2 模拟天光对室内的影响

步骤01 添加泛光灯，分别在顶视图、前视图、左视图、摄影机视图中对灯光的位置进行布置，并在前视图对具有相同参数设置的灯光进行分组，如图16-48~图16-51所示。

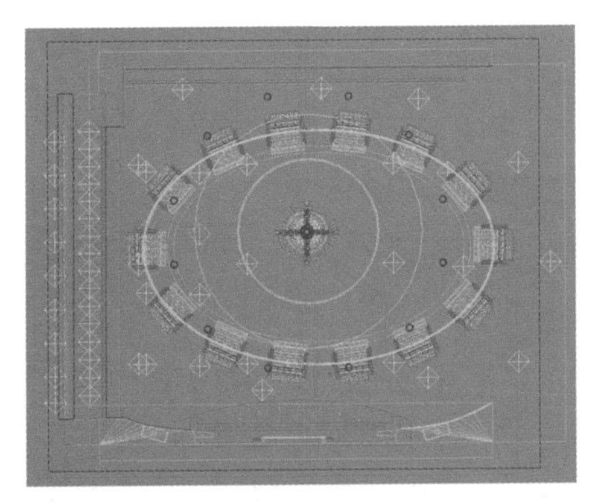

图 16-48

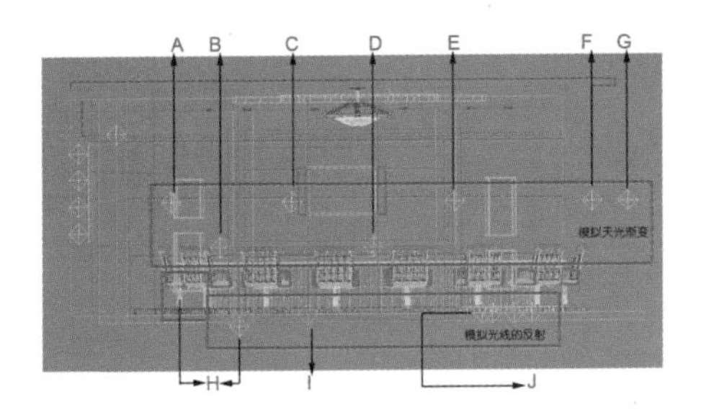

图 16-49

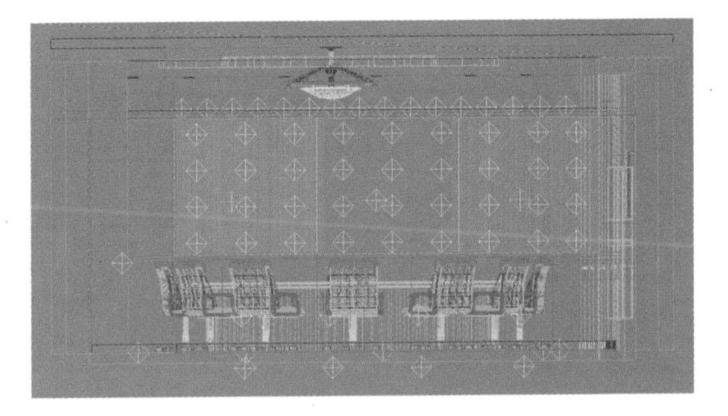

图 16-50

图 16-51

步骤02 A组灯光参数设置如图16-52所示。

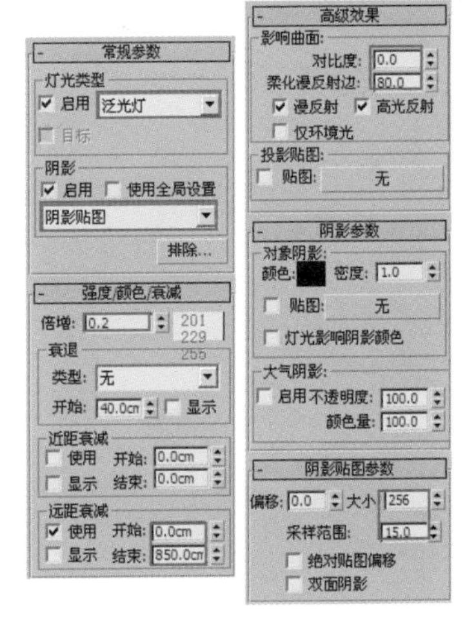

图 16-52

步骤03 渲染测试效果如图16-53所示。

图 16-53

步骤04 B组灯光参数设置如图16-54所示。

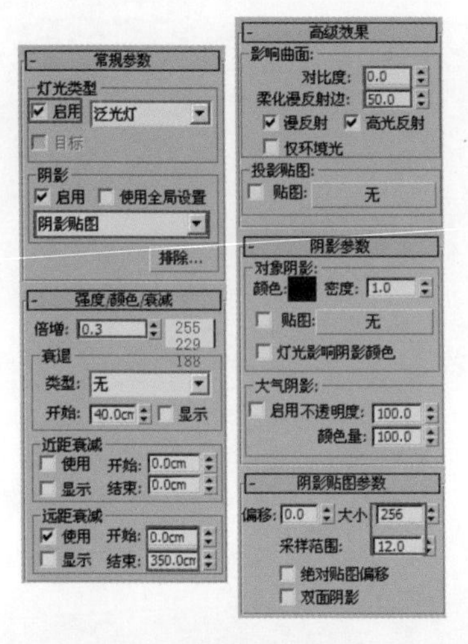

图 16-54

步骤05 渲染测试效果如图 16-55 所示。

图 16-55

步骤06 C组灯光参数设置如图 16-56 所示。

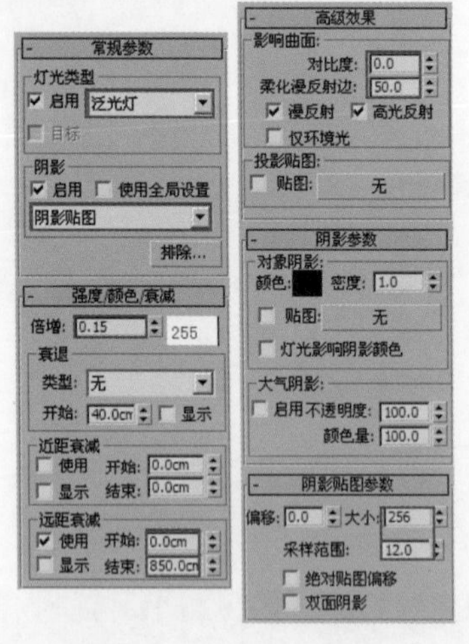

图 16-56

知识拓展

在“强度/颜色/衰减参数”卷展栏可以设置灯光的颜色和强度。也可以定义灯光的衰减。衰减是指灯光的强度随着距离的加长而减弱的效果。3ds Max中可以明确设置衰减值。该效果与现实世界的灯光不同，它使你获得对灯光淡入或淡出方式的更直接控制。

步骤07 渲染测试效果如图 16-57 所示。

图 16-57

步骤08 D组灯光参数设置如图 16-58 所示。

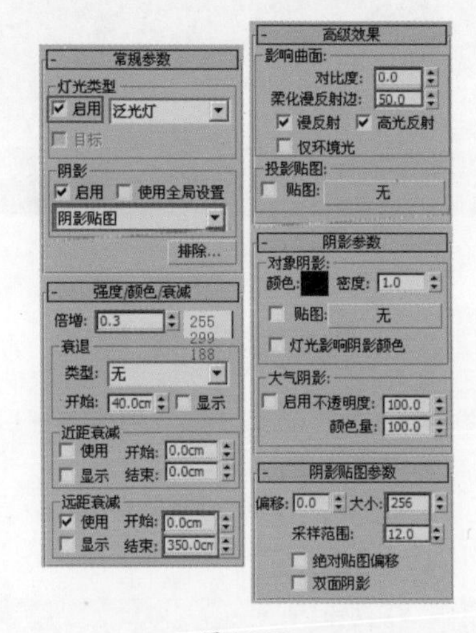

图 16-58

步骤09 渲染测试效果如图 16-59 所示。

图 16-59

步骤10 E组灯光参数设置如图 16-60 所示。

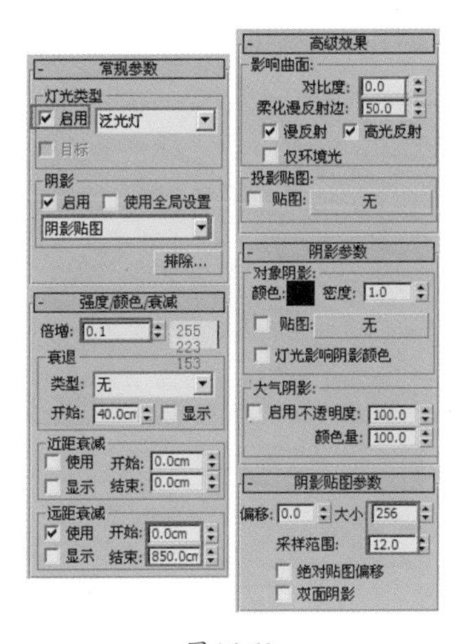

图 16-60

步骤11 渲染测试效果如图16-61所示。

图 16-61

步骤12 F组灯光参数设置如图16-62所示。

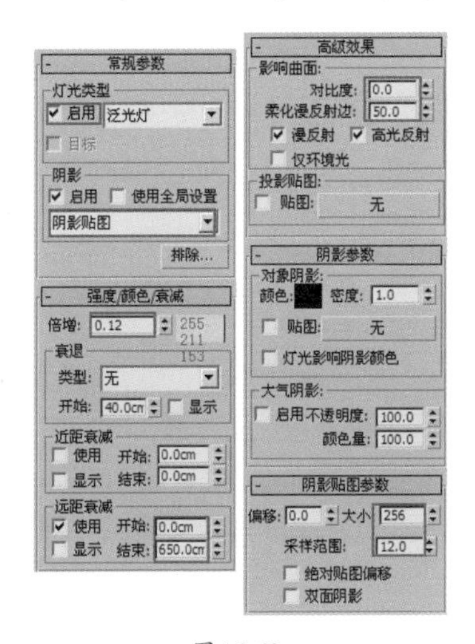

图 16-62

步骤13 渲染测试效果如图16-63所示。

图 16-63

步骤14 G组灯光参数设置如图16-64所示。

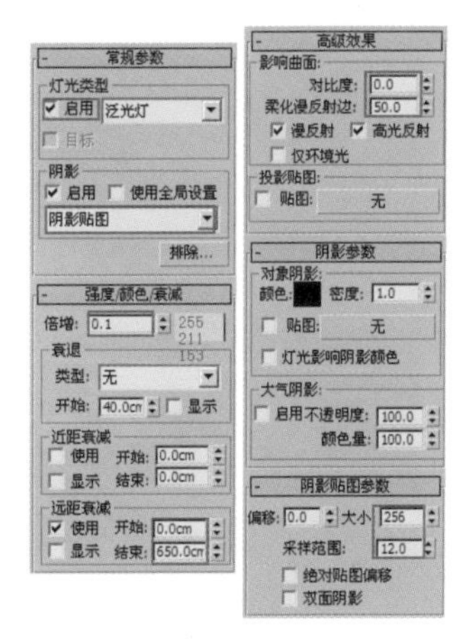

图 16-64

步骤15 渲染测试效果如图16-65所示。

图 16-65

步骤16 H组灯光参数设置如图16-66所示。

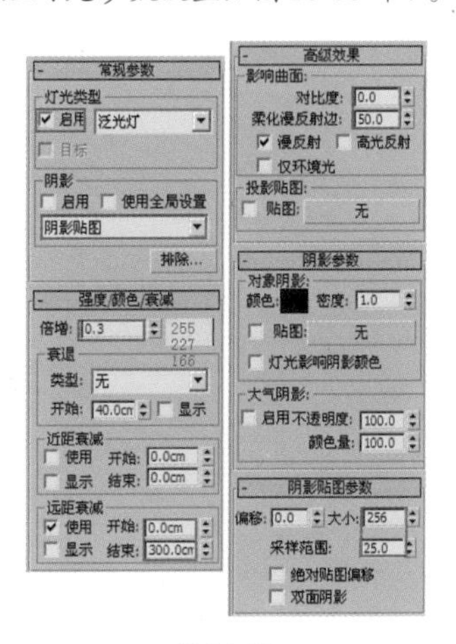

图 16-66

步骤17 渲染测试效果如图16-67所示。

图16-67

步骤18 I组灯光参数设置如图16-68所示。

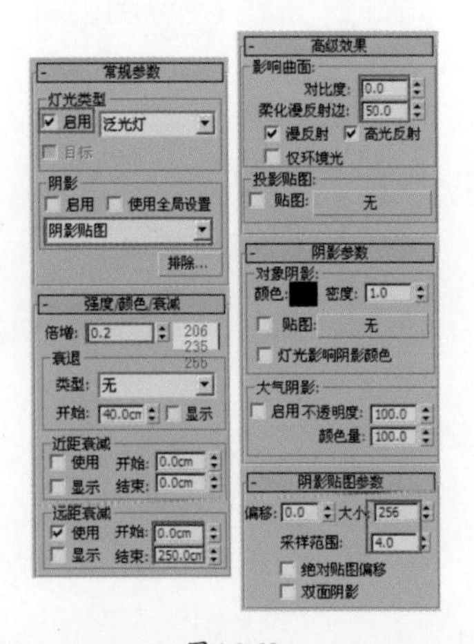

图16-68

步骤19 渲染测试效果如图16-69所示。

图16-69

步骤20 J组灯光参数设置如图16-70所示。

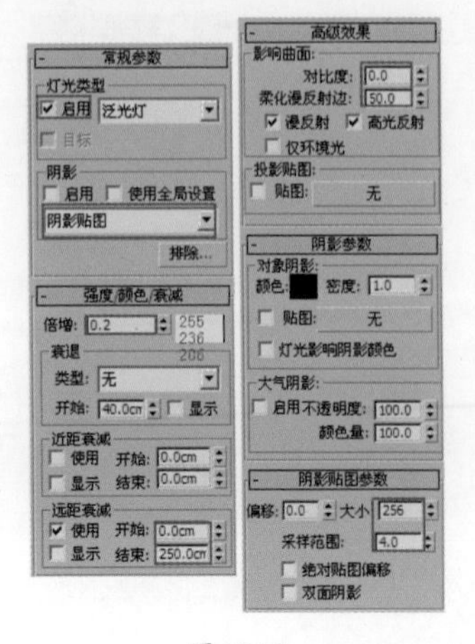

图16-70

步骤21 渲染测试效果如图16-71所示。

图16-71

16.2.3 模拟人工光源

步骤01 确定灯光位置，在天花板筒灯的位置分别放置目标聚光灯，位置如图16-72所示。

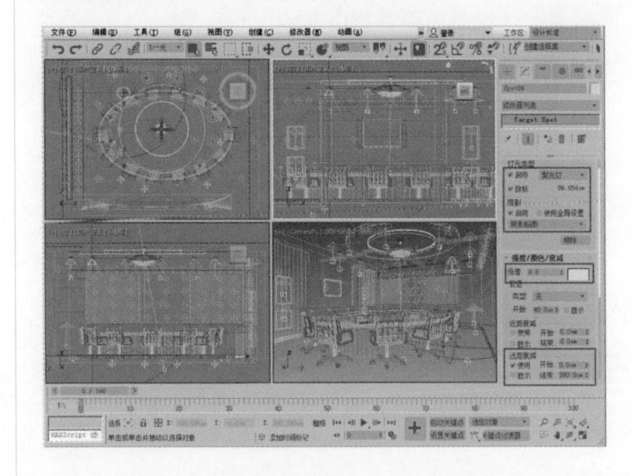

图16-72

步骤02 灯光参数设置如图16-73所示。

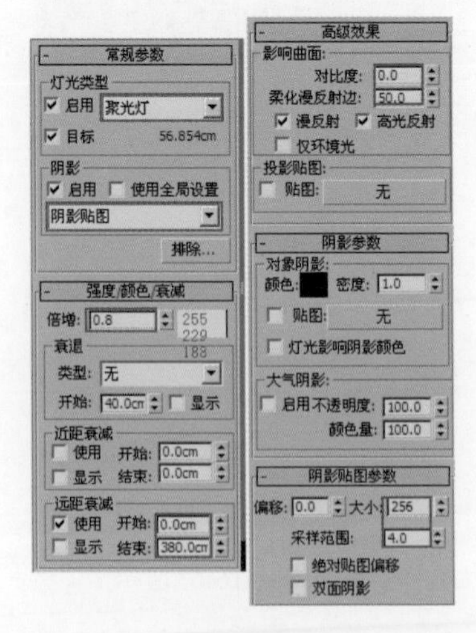

图16-73

步骤03 渲染测试效果如图16-74所示。

图 16-74

16.2.4 确定主光源

步骤01 确定主光源的位置及方向，创建一盏“目标平行光”，具体位置如图 16-75 所示。

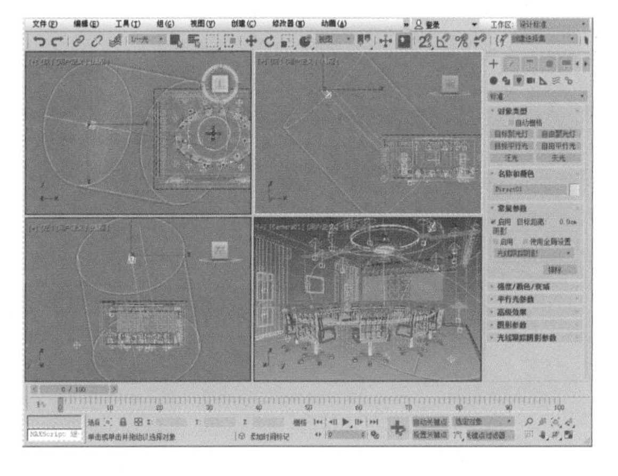

图 16-75

步骤02 灯光参数设置如图 16-76 所示，阴影方式选择“光线跟踪阴影”。这种方式可以产生比较真实的阴影。

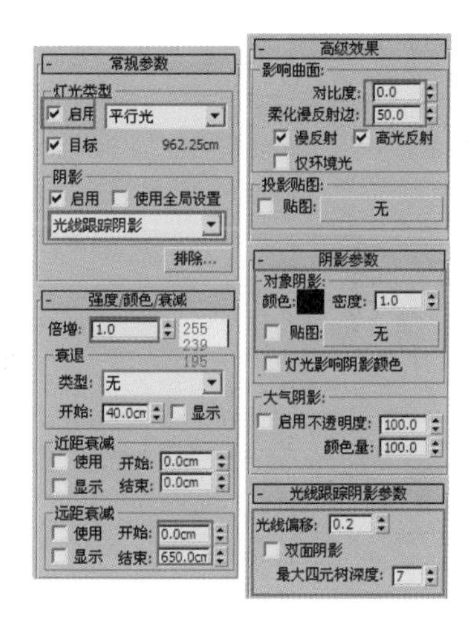

图 16-76

步骤03 按F10键打开“渲染设置”对话框，最终渲染参数设置如图 16-77 所示。

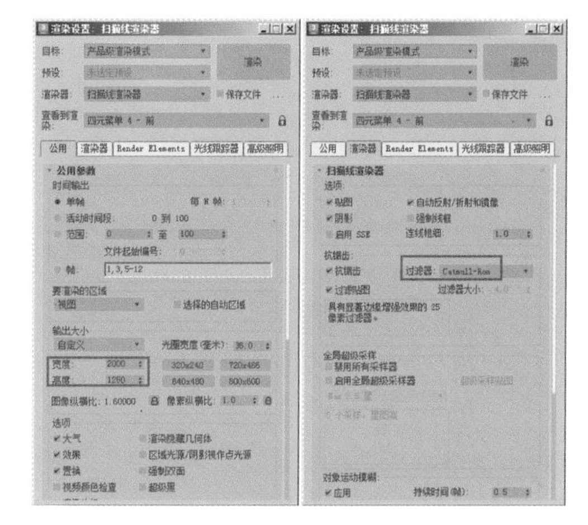

图 16-77

步骤04 最终渲染效果如图 16-78 所示。

图 16-78

16.3 后期效果处理

效果图的后期处理是制作过程中一个至关重要的环节，通过后期处理，可以更好地调整整体画面的色调、亮度和饱和度等。此外，在后期处理中所有操作都能迅速完成，效率远高于直接在三维软件中进行渲染。如果能够掌握好后期处理技巧，那么将事半功倍地完成商业效果图制作。

16.3.1 渲染通道图

步骤01 打开3ds Max场景文件，将同一类型的材质更改为自发光材质。将不同的材质用不同的颜色区分开来，如图16-79所示。

图16-79

步骤02 具体材质设置参数如图16-80所示，按M键打开“材质编辑器”，在“Blinn基本参数”卷展栏中勾选“自发光”区域中“颜色”复选框。设置颜色为绿色。其他材质的设置步骤相同，只是颜色不同而已。

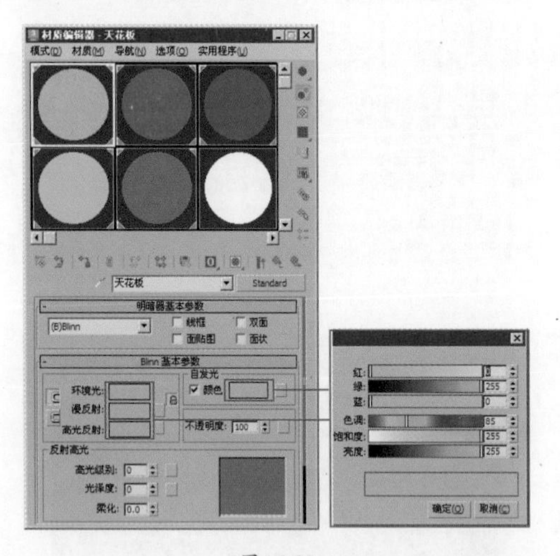

图16-80

步骤03 渲染场景，这样就得到了一张便于在Photoshop中进行不同材质选择的通道图，如图16-81所示。

图16-81

16.3.2 拼合渲染图和通道图

步骤01 在Photoshop中打开渲染好的场景最终图像和通道图，如图16-82所示。

图16-82

步骤02 按住Shift键拖动“通道图”到“背景”图层，这样可以保证两个图层完全对齐，如图16-83所示。

图16-83

步骤03 颠倒“图层0”和“图层1”的位置，降低“图层1”的透明度，可以看到它们是完全对齐的。保存为psd01文件，如图16-84所示。

知识拓展

使用图层可以在不影响图像中其他图素的情况下处理某一图素。可以将图层想象成是一张张叠起来的醋酸纸。如果图层上没有图像，就可以一直看到底下图层。

图 16-84

16.3.3 添加窗外配景

步骤01 打开psd01文件，如图16-85所示。

图 16-85

步骤02 在Photoshop的工具栏中选择多边形套索工具，拖动鼠标选择如图16-86所示部分。

图 16-86

步骤03 选择“图层”→“新建”命令，或者直接使用快捷键Ctrl+J新建一个图层，如图16-87所示。

图 16-87

步骤04 按住Ctrl键，单击“图层2”，然后选择“图层0”，选择“反选”命令，如图16-88所示。

图 16-88

步骤05 单击“选择图层蒙版”按钮，关闭“图层2”，如图16-89所示。

图 16-89

步骤06 在Photoshop中，打开一张准备好的风景图片，效果如图16-90所示。

图16-90

步骤07 在Photoshop工具栏中，选择“移动”工具，将风景图片移至“图层3”的位置，如图16-91所示。

图16-91

步骤08 打开“图层2”，观察显示后的效果，如图16-92所示。

图16-92

步骤09 除了“图层1”，将其余的图层全部合并，命名为“图层2”。保存为psd02文件，如图16-93所示。

图16-93

16.3.4 整体画面调节

步骤01 打开上一节保存的psd文件，选择“图层2”。选择“图像”→“调整”→“曲线”命令，在打开的对话框中调节画面整体曲线，如图16-94所示。

图16-94

步骤02 使用快捷键Ctrl+B，弹出“色彩平衡”对话框，调节色彩平衡，如图16-95所示。

图16-95

步骤03 使用快捷键Ctrl+U，弹出“色相/饱和度”对话框，调节画面的饱和度，如图16-96所示。